现代
机械设计手册

第二版

轴 承

郭宝霞 徐 华 主编

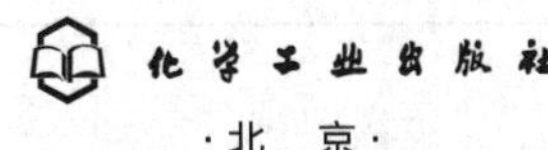

·北 京·

《现代机械设计手册》第二版单行本共20个分册，涵盖了机械常规设计的所有内容。各分册分别为：《机械零部件结构设计与禁忌》《机械制图及精度设计》《机械工程材料》《连接件与紧固件》《轴及其连接件设计》《轴承》《机架、导轨及机械振动设计》《弹簧设计》《机构设计》《机械传动设计》《减速器和变速器》《润滑和密封设计》《液力传动设计》《液压传动与控制设计》《气压传动与控制设计》《智能装备系统设计》《工业机器人系统设计》《疲劳强度可靠性设计》《逆向设计与数字化设计》《创新设计与绿色设计》。

本书为《轴承》，主要介绍了滚动轴承的分类及结构代号、滚动轴承的特点与选用、滚动轴承的计算、滚动轴承的应用设计、常用滚动轴承的基本尺寸及性能参数；滑动轴承的分类及选用、滑动轴承材料、不完全流体润滑轴承、液体动压润滑轴承、液体静压轴承、气体润滑轴承、气体箔片轴承、流体动静压润滑轴承、电磁轴承、智能轴承等。本书可作为机械设计人员和有关工程技术人员的工具书，也可供高等院校相关专业师生参考。

图书在版编目（CIP）数据

现代机械设计手册：单行本．轴承/郭宝霞，徐华主编．—2版．—北京：化学工业出版社，2020.2

ISBN 978-7-122-35651-2

Ⅰ.①现… Ⅱ.①郭… ②徐… Ⅲ.①机械设计-手册②轴承-手册 Ⅳ.①TH122-62②TH133.3-62

中国版本图书馆CIP数据核字（2019）第252648号

责任编辑：张兴辉　王烨　贾娜　邢涛　项潋　曾越　金林茹

责任校对：边　涛　　　　装帧设计：尹琳琳

出版发行：化学工业出版社（北京市东城区青年湖南街13号　邮政编码100011）

印　　装：北京天宇星印刷厂

787mm×1092mm　1/16　印张38½　字数1320千字　2020年2月北京第2版第1次印刷

购书咨询：010-64518888　　售后服务：010-64518899

网　　址：http://www.cip.com.cn

凡购买本书，如有缺损质量问题，本社销售中心负责调换。

定　　价：118.00元

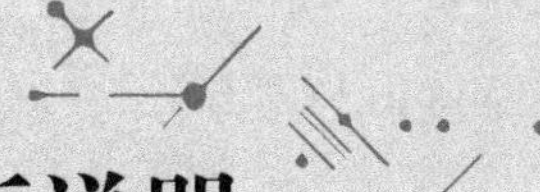

《现代机械设计手册》第二版单行本出版说明

《现代机械设计手册》是一部面向“中国制造2025”，适应智能装备设计开发新要求、技术先进、数据可靠、符合现代机械设计潮流的现代化机械设计大型工具书，涵盖现代机械零部件设计、智能装备及控制设计、现代机械设计方法三部分内容。旨在将传统设计和现代设计有机结合，力求体现“内容权威、凸显现代、实用可靠、简明便查”的特色。

《现代机械设计手册》自2011年出版以来，赢得了广大机械设计工作者的青睐和好评，先后荣获全国优秀畅销书、中国机械工业科学技术奖等，第二版于2019年初出版发行。为了给读者提供篇幅较小、便携便查、定价低廉、针对性更强的实用性工具书，根据读者的反映和建议，我们在深入调研的基础上，决定推出《现代机械设计手册》第二版单行本。

《现代机械设计手册》第二版单行本，保留了《现代机械设计手册》（第二版6卷本）的优势和特色，结合机械设计人员工作细分的实际状况，从设计工作的实际出发，将原来的6卷35篇重新整合为20个分册，分别为：《机械零部件结构设计与禁忌》《机械制图及精度设计》《机械工程材料》《连接件与紧固件》《轴及其连接件设计》《轴承》《机架、导轨及机械振动设计》《弹簧设计》《机构设计》《机械传动设计》《减速器和变速器》《润滑和密封设计》《液力传动设计》《液压传动与控制设计》《气压传动与控制设计》《智能装备系统设计》《工业机器人系统设计》《疲劳强度可靠性设计》《逆向设计与数字化设计》《创新设计与绿色设计》。

《现代机械设计手册》第二版单行本，是为了适应机械设计行业发展和广大读者的需要而编辑出版的，将与《现代机械设计手册》第二版（6卷本）一起，成为机械设计工作者、工程技术人员和广大读者的良师益友。

化学工业出版社

前言

FORWORD

《现代机械设计手册》第一版自2011年3月出版以来，赢得了机械设计人员、工程技术人员和高等院校专业师生广泛的青睐和好评，荣获了2011年全国优秀畅销书（科技类）。同时，因其在机械设计领域重要的科学价值、实用价值和现实意义，《现代机械设计手册》还荣获2009年国家出版基金资助和2012年中国机械工业科学技术奖。

《现代机械设计手册》第一版出版距今已经8年，在这期间，我国的装备制造业发生了许多重大的变化，尤其是2015年国家部署并颁布了实现中国制造业发展的十年行动纲领——中国制造2025，发布了针对“中国制造2025”的五大“工程实施指南”，为机械制造业的未来发展指明了方向。在国家政策号召和驱使下，我国的机械工业获得了快速的发展，自主创新的能力不断加强，一批高技术、高性能、高精尖的现代化装备不断涌现，各种新材料、新工艺、新结构、新产品、新方法、新技术不断产生、发展并投入实际应用，大大提升了我国机械设计与制造的技术水平和国际竞争力。《现代机械设计手册》第二版最重要的原则就是紧密结合“中国制造2025”国家规划和创新驱动发展战略，在内容上与时俱进，全面体现创新、智能、节能、环保的主题，进一步呈现机械设计的现代感。鉴于此，《现代机械设计手册》第二版被列入了“十三五国家重点出版物规划项目”。

在本版手册的修订过程中，我们广泛深入机械制造企业、设计院、科研院所和高等院校进行调研，听取各方面读者的意见和建议，最终确定了《现代机械设计手册》第二版的根本宗旨：一方面，新版手册进一步加强机、电、液、控制技术的有机融合，以全面适应机器人等智能化装备系统设计开发的新要求；另一方面，随着现代机械设计方法和工程设计软件的广泛应用和普及，新版手册继续促进传动设计与现代设计的有机结合，将各种新的设计技术、计算技术、设计工具全面融入传统的机械设计实际工作中。

《现代机械设计手册》第二版共6卷35篇，它是一部面向“中国制造2025”，适应智能装备设计开发新要求、技术先进、数据可靠、符合现代机械设计潮流的现代化的机械设计大型工具书，涵盖现代机械零部件及传动设计、智能装备及控制设计、现代机械设计方法及应用三部分内容，具有以下六大特色。

1. 权威性。《现代机械设计手册》阵容强大，编、审人员大都来自设计、生产、教学和科研第一线，具有深厚的理论功底、丰富的设计实践经验。他们中很多人都是所属领域的知名专家，在业内有广泛的影响力和知名度，获得过多项国家和省部级科技进步奖、发明奖和技术专利，承担了许多机械领域国家重要的科研和攻关项目。这支专业、权威的编审队伍确保了手册准确、实用的内容质量。

2. 现代感。追求现代感，体现现代机械设计气氛，满足时代要求，是《现代机械设计手册》的基本宗旨。“现代”二字主要体现在：新标准、新技术、新材料、新结构、新工艺、新产品、智能化、现代的设计理念、现代的设计方法和现代的设计手段等几个方面。第二版重点加强机械智能化产品设计（3D打印、智能零部件、节能元器件）、智能装备（机器人及智能化装备）控制及系统设计、数字化设计等内容。

(1)“零件结构设计”等篇进一步完善零部件结构设计的内容，结合目前的3D打印（增材制造）技术，增加3D打印工艺下零件结构设计的相关技术内容。

“机械工程材料”篇增加3D打印材料以及新型材料的内容。

(2) 机械零部件及传动设计各篇增加了新型智能零部件、节能元器件及其应用技术，例如“滑动轴承”篇增加了新型的智能轴承，“润滑”篇增加了微量润滑技术等内容。

(3) 全面增加了工业机器人设计及应用的内容：新增了“工业机器人系统设计”篇；“智能装备系统设计”篇增加了工业机器人应用开发的内容；“机构”篇增加了自动化机构及机构创新的内容；“减速器、变速器”篇增加了工业机器人减速器选用设计的内容；“带传动、链传动”篇增加并完善了工业机器人适用的同步带传动设计的内容；“齿轮传动”篇增加了RV减速器传动设计、谐波齿轮传动设计的内容等。

(4)“气压传动与控制”“液压传动与控制”篇重点加强并完善了控制技术的内容，新增了气动系统自动控制、气动人工肌肉、液压和气动新型智能元器件及新产品等内容。

(5) 继续加强第5卷机电控制系统设计的相关内容：除增加“工业机器人系统设计”篇外，原“机电一体化系统设计”篇充实扩充形成“智能装备系统设计”篇，增加并完善了智能装备系统设计的相关内容，增加智能装备系统开发实例等。

“传感器”篇增加了机器人传感器、航空航天装备用传感器、微机械传感器、智能传感器、无线传感器的技术原理和产品，加强传感器应用和选用的内容。

“控制元器件和控制单元”篇和“电动机”篇全面更新产品，重点推荐了一些新型的智能和节能产品，并加强产品选用的内容。

(6) 第6卷进一步加强现代机械设计方法应用的内容：在3D打印、数字化设计等智能制造理念的倡导下，“逆向设计”“数字化设计”等篇全面更新，体现了“智能工厂”的全数字化设计的时代特征，增加了相关设计应用实例。

增加“绿色设计”篇；“创新设计”篇进一步完善了机械创新设计原理，全面更新创新实例。

(7) 在贯彻新标准方面，收录并合理编排了目前最新颁布的国家和行业标准。

3. 实用性。新版手册继续加强实用性，内容的选定、深度的把握、资料的取舍和章节的编排，都坚持从设计和生产的实际需要出发：例如机械零部件数据资料主要依据最新国家和行业标准，并给出了相应的设计实例供设计人员参考；第5卷机电控制设计部分，完全站在机械设计人员的角度来编写——注重产品如何选用，摒弃或简化了控制的基本原理，突出机电系统设计，控制元器件、传感器、电动机部分注重介绍主流产品的技术参数、性能、应用场合、选用原则，并给出了相应的设计选用实例；第6卷现代机械设计方法中简化了烦琐的数学推导，突出了最终的计算结果，结合具体的算例将设计方法通俗地呈现出来，便于读者理解和掌握。

为方便广大读者的使用，手册在具体内容的表述上，采用以图表为主的编写风格。这样既增加了手册的信息容量，更重要的是方便了读者的查阅使用，有利于提高设计人员的工作效率和设计速度。

为了进一步增加手册的承载容量和时效性，本版修订将部分篇章的内容放入二维码中，读者可以用手机扫描查看、下载打印或存储在PC端进行查看和使用。二维码内容主要涵盖以下几方面的内容：即将被废止的旧标准（新标准一旦正式颁布，会及时将二维码内容更新为新标准的内容）；部分推荐产品及参数；其他相关内容。

4. 通用性。本手册以通用的机械零部件和控制元器件设计、选用内容为主，主要包括机械设计基础资料、机械制图和几何精度设计、机械工程材料、机械通用零部件设计、机械传动系统设计、液压和气压传动系统设计、机构设计、机架设计、机械振动设计、智能装备系统设计、控制元器件和控制单元等，既适用于传统的通用机械零部件设计选用，又适用于智能化装备的整机系统设计开发，能够满足各类机械设计人员的工作需求。

5. 准确性。本手册尽量采用原始资料，公式、图表、数据力求准确可靠，方法、工艺、技术力求成熟。所有材料、零部件和元器件、产品和工艺方面的标准均采用最新公布的标准资料，对于标准规范的编写，手册没有简单地照抄照搬，而是采取选用、摘录、合理编排的方式，强调其科学性和准确性，尽量避免差错和谬误。所有设计方法、计算公式、参数选用均经过长期检验，设计实例、各种算例均来自工程实际。手册中收录通用性强、标准化程度高的产品，供设计人员在了解企业实际生产品种、规格尺寸、技术参数，以及产品质量和用户的实际反映后选用。

6. 全面性。本手册一方面根据机械设计人员的需要，按照“基本、常用、重要、发展”的原则选取内容，另一方面兼顾了制造企业和大型设计院两大群体的设计特点，即制造企业侧重基础性的设计内容，而大型的设计院、工程公司侧重于产品的选用。因此，本手册力求实现零部件设计与整机系统开发的和谐统一，促进机械设计与控制设计的有机融合，强调产品设计与工艺技术的紧密结合，重视工艺技术与选用材料的合理搭配，倡导结构设计与造型设计的完美统一，以全面适应新时代机械新产品设计开发的需要。

经过广大编审人员和出版社的不懈努力，新版《现代机械设计手册》将以崭新的风貌和鲜明的时代气息展现在广大机械设计工作者面前。值此出版之际，谨向所有给过我们大力支持的单位和各界朋友表示衷心的感谢！

主　编

目录

CONTENTS

第 7 篇 滚动轴承

第 1 章 滚动轴承的分类、结构型式及代号

第 2 章 滚动轴承的特点与选用

第 3 章 滚动轴承的计算

第4章 滚动轴承的应用设计

第5章 常用滚动轴承的基本尺寸及性能参数

第8篇 滑动轴承

第1章 滑动轴承分类、特点与应用及选择

第2章 滑动轴承材料

第3章 不完全流体润滑轴承

第 4 章 液体动压润滑轴承

第 5 章 液体静压轴承

第 6 章 气体润滑轴承

第7章 气体箔片轴承

第8章 流体动静压润滑轴承

第9章 电磁轴承

第10章 智能轴承

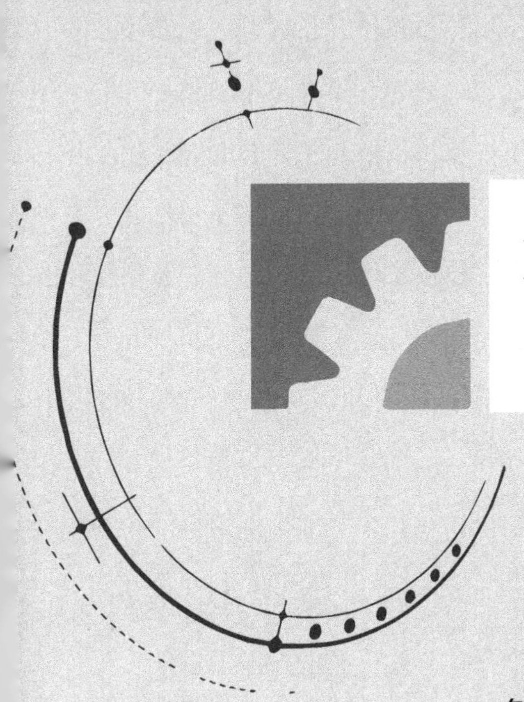

第7篇
滚动轴承

篇主编：郭宝霞

撰　稿：郭宝霞　周　宇　勇泰芳　张小玲
秦汉涛　陈庆熙　张　松

审　稿：杨晓蔚

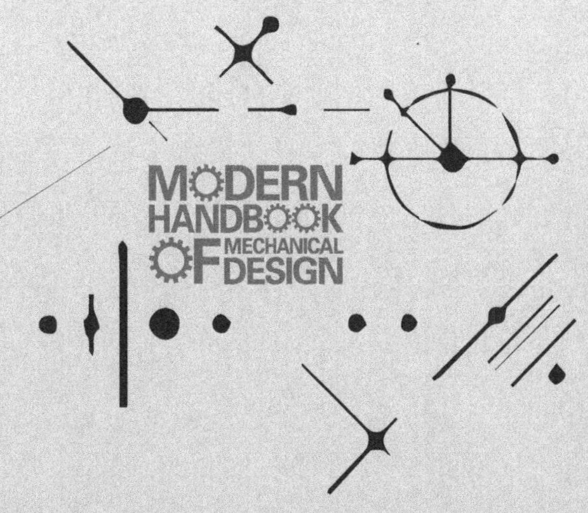

第 1 章　滚动轴承的分类、结构型式及代号

1.1　滚动轴承的常用分类

表 7-1-1　　滚动轴承的常用分类

分类方法	名称	
按尺寸大小		公称外径 D/mm
	微型轴承	$D \leqslant 26$
	小型轴承	$26 < D < 60$
	中小型轴承	$60 \leqslant D < 120$
	中大型轴承	$120 \leqslant D < 200$
	大型轴承	$200 \leqslant D \leqslant 440$
	特大型轴承	$440 < D \leqslant 2000$
	重大型轴承	$D > 2000$
滚动轴承按其所能承受的载荷方向或公称接触角 α	向心轴承——主要用于承受径向载荷（$0° \leqslant \alpha \leqslant 45°$）	径向接触轴承（$\alpha = 0°$） 角接触向心轴承（$0° < \alpha \leqslant 45°$）
	推力轴承——主要用于承受轴向载荷（$45° < \alpha \leqslant 90°$）	轴向接触轴承（$\alpha = 90°$） 角接触推力轴承（$45° < \alpha < 90°$）
按滚动体的种类	球轴承——滚动体为球	
	滚子轴承——滚动体为滚子	圆柱滚子轴承——滚动体是圆柱滚子 滚针轴承——滚动体是滚针 圆锥滚子轴承——滚动体是圆锥滚子 调心滚子轴承——滚动体是球面滚子 长弧面滚子轴承——滚动体是长弧面滚子
按滚动体的列数	单列轴承——具有一列滚动体的轴承 双列轴承——具有两列滚动体的轴承 多列轴承——具有多于两列的滚动体并承受同一方向载荷的轴承	
按能否调心	调心轴承——滚道是球面形的，能适应两滚道轴心线间的角偏差及角运动的轴承 非调心轴承——能阻抗滚道间轴心线角偏移的轴承	
按主要用途	通用轴承——用于通用机械或一般用途的轴承 专用轴承——专门用于或主要用于特定主机或特殊工况的轴承。如汽车轴承、铁路轴承等	
按应用领域	民品轴承——用于民用领域的轴承 军品轴承——专门或主要用于国防军工装备的轴承	
按外形尺寸是否符合标准尺寸系列	标准轴承——外形尺寸符合标准尺寸系列规定的轴承 非标轴承——外形尺寸中任一尺寸不符合标准尺寸系列规定的轴承	
按是否有密封圈或防尘盖	开式轴承——无防尘盖及密封圈的轴承 闭式轴承——带有一个或两个防尘盖、一个或两个密封圈、一个防尘盖和一个密封圈的轴承	
按外形尺寸及公差的表示单位	公制（米制）轴承——外形尺寸及公差采用公制（米制）单位表示的轴承 英制轴承——外形尺寸及公差采用英制单位表示的轴承	

续表

<table>
<tr><th>分类方法</th><th colspan="2">名　称</th></tr>
<tr><td>按组件能否分离</td><td colspan="2">可分离轴承——具有可分离组件的轴承
不可分离轴承——轴承在最终配套后,套圈均不能任意自由分离的轴承</td></tr>
<tr><td>按基本结构特征</td><td colspan="2">深沟球轴承
调心球轴承
角接触球轴承
圆柱滚子轴承
滚针轴承
调心滚子轴承
圆锥滚子轴承
推力球轴承
推力滚子轴承</td></tr>
<tr><td rowspan="3">按产品扩展分类</td><td colspan="2">轴承</td></tr>
<tr><td>组合轴承——不同类型轴承组合而成的轴承</td><td>滚针和推力球组合轴承
滚针和角接触球组合轴承
滚针和双向角接触球组合轴承
滚针和推力圆柱滚子组合轴承
滚针和双向推力圆柱滚子组合轴承</td></tr>
<tr><td>轴承单元——以轴承为核心零件,对相关的其他功能零、部件进行集成所形成的轴承功能部件(或组件、总成等)</td><td>铁路轴承单元
机床主轴轴承单元
汽车轮毂轴承单元
汽车离合器轴承单元
汽车张紧轮轴承单元
计算机磁盘驱动器主轴轴承单元
纺织轴承单元
洗衣机轴承单元
牙钻轴承单元等</td></tr>
<tr><td>按其结构形状</td><td colspan="2">可以分为多种结构类型。如:有无内外圈、有无保持架、有无装填槽、套圈的形状、挡边的结构等</td></tr>
<tr><td>综合分类</td><td colspan="2">滚动轴承<ul><li>轴承<ul><li>向心轴承<ul><li>径向接触轴承<ul><li>径向接触球轴承—深沟球轴承</li><li>径向接触滚子轴承<ul><li>圆柱滚子轴承</li><li>滚针轴承</li></ul></li></ul></li><li>角接触向心轴承<ul><li>角接触向心球轴承<ul><li>调心球轴承</li><li>角接触球轴承</li></ul></li><li>角接触向心滚子轴承<ul><li>圆锥滚子轴承</li><li>调心滚子轴承</li></ul></li></ul></li></ul></li><li>推力轴承<ul><li>轴向接触轴承<ul><li>轴向接触球轴承—推力球轴承</li><li>轴向接触滚子轴承<ul><li>推力圆柱滚子轴承</li><li>推力滚针轴承</li></ul></li></ul></li><li>角接触推力轴承<ul><li>角接触推力球轴承—推力角接触球轴承</li><li>角接触推力滚子轴承<ul><li>推力圆锥滚子轴承</li><li>推力调心滚子轴承</li></ul></li></ul></li></ul></li></ul></li><li>组合轴承</li><li>轴承单元</li></ul></td></tr>
</table>

1.2　滚动轴承其他分类

表 7-1-2　**滚动轴承其他分类**

分类方法	名　　称
按应用主机	汽车轴承(汽车轮毂轴承、水泵轴承、汽车离合器轴承、张紧轮轴承、汽车变速箱轴承、汽车发动机轴承等) 铁路轴承(铁路机车轴承、铁路货车轴承、铁路客车轴承等) 机床轴承(机床主轴轴承、机床丝杠轴承等) 电机轴承 摩托车轴承 轧机轴承 计算机轴承 精密仪器轴承 机器人轴承 输送机械轴承 风机轴承 农机轴承 纺织轴承
按结构和使用特点	外球面轴承 外调心轴承 锥孔轴承 轴连轴承 薄壁轴承 剖分轴承 凸缘轴承 带座轴承 满滚动体轴承 非磨轴承
按使用性能	高速轴承 精密轴承 高温轴承 低温轴承 低噪声轴承 长寿命轴承 耐腐蚀轴承 绝缘轴承 无磁轴承 涂覆轴承 传感器轴承:具有一个或多个由机电或电子元件组成的集成传感器的滚动轴承 自润滑轴承 真空轴承
按使用材料	铬钢轴承 不锈钢轴承 碳钢轴承 陶瓷轴承: ①全陶瓷轴承:滚动体和套圈都是陶瓷材料制造 ②混合陶瓷轴承:滚动体是陶瓷材料制造,至少一个套圈是轴承钢制造 塑料轴承
按组配方式	配对轴承 组配轴承 万能组配轴承

1.3　带座外球面球轴承分类

表 7-1-3　**带座外球面球轴承分类**

分 类 方 法	名　　称
按轴承座的加工方式	带铸造座轴承 带冲压座轴承
按座内的轴承结构型式	带座顶丝外球面球轴承 带座偏心套外球面球轴承 带座紧定套外球面球轴承
按轴承座的材料	带铸铁座轴承 带铸钢座轴承 带不锈钢座轴承 带塑料座轴承
按轴承座的形状	带立式座轴承 带方形座轴承 带菱形座轴承 带圆形座轴承 带滑块座轴承 带环形座轴承 带悬挂式座轴承 带悬吊式座轴承 带三角形座轴承

1.4 滚动轴承的代号

滚动轴承代号是用字母加数字来表示滚动轴承的结构、尺寸、公差等级、技术性能等特征的产品符号。

轴承代号由基本代号、前置代号和后置代号构成，其排列顺序见表 7-1-4。

表 7-1-4 **轴承代号的构成及排列**

前置代号（成套轴承分部件）			基本代号							后置代号（组）							
			通用轴承（滚针轴承除外）					滚针轴承		1	2	3	4	5	6	7	8
			类型代号														
代号	含义	示例	现代号	轴承类型	原代号	尺寸系列代号	内径代号	类型代号	表示轴承配合安装特征尺寸	内部结构	密封与防尘套圈变型	保持架及其材料	轴承材料	公差等级	游隙	配置	振动噪声及其他
L	可分离轴承的可分离内圈或外圈	LNU 207	0	双列角接触球轴承	6												
		LN 207	1	调心球轴承	1												
R	不带可分离内圈或外圈的轴承（滚针轴承仅适用于 NA 型）	RNU 207	2	调心滚子轴承	3												
		RNA 6904		推力调心滚子轴承	9												
			3	圆锥滚子轴承①	7												
K	滚子和保持架组件	K 81107	4	双列深沟球轴承	0												
WS	推力圆柱滚子轴承轴圈	WS 81107	5	推力球轴承	8												
			6	深沟球轴承	0												
GS	推力圆柱滚子轴承座圈	GS 81107	7	角接触球轴承	6	见表 7-1-5	见表 7-1-6	见表 7-1-8		见表 7-1-9	见表 7-1-10	见表 7-1-11、表 7-1-12	见表 7-1-13	见表 7-1-14	见表 7-1-15	见表 7-1-16	见表 7-1-17
F	凸缘外圈的向心球轴承（仅适用于 $d \leqslant 10$mm）	F 618/4	8	推力圆柱滚子轴承	9												
			N	圆柱滚子轴承 双列或多列用字母 NN 表示	2												
FSN	凸缘外圈分离型微型角接触球轴承（仅适用于 $d \leqslant 10$mm）	FSN 719/5-Z															
KOW-	无轴圈推力轴承	KOW-51108	U	外球面球轴承	0												
KIW-	无座圈推力轴承	KIW-51108	QJ	四点接触球轴承	6												
LR	带可分离的内圈或外圈与滚动体组件轴承	—	C	长弧面滚子轴承（圆环轴承）													
			滚动轴承的基本结构型式和代号构成见表 7-1-7														

① 符合 GB/T 273.1 的圆锥滚子轴承代号见 1.4.10。

1.4.1　基本代号

滚动轴承（滚针轴承除外）基本代号由轴承的类型代号、尺寸系列代号和内径代号构成，是轴承代号的基础，见表 7-1-4～表 7-1-7。

滚针轴承基本代号由轴承类型代号和表示轴承配合安装特征的尺寸构成，见表 7-1-4 和表 7-1-8。

（1）尺寸系列代号（见表 7-1-5）

表 7-1-5　**轴承尺寸系列代号**

直径系列代号	向心轴承								推力轴承			
	宽度系列代号								高度系列代号			
	8	0	1	2	3	4	5	6	7	9	1	2
	尺寸系列代号											
7	—	—	17	—	37	—	—	—	—	—	—	—
8	—	08	18	28	38	48	58	68	—	—	—	—
9	—	09	19	29	39	49	59	69	—	—	—	—
0	—	00	10	20	30	40	50	60	70	90	10	—
1	—	01	11	21	31	41	51	61	71	91	11	—
2	82	02	12	22	32	42	52	62	72	92	12	22
3	83	03	13	23	33	—	—	—	73	93	13	23
4	—	04	—	24	—	—	—	—	74	94	14	24
5	—	—	—	—	—	—	—	—	—	95	—	—

（2）内径代号（见表 7-1-6）

表 7-1-6　**轴承内径代号**

轴承公称内径/mm		内径代号	示例
0.6～10(非整数)		用公称内径毫米数直接表示，在其与尺寸系列代号之间用“/”分开	深沟球轴承　618/2.5 d=2.5mm
1～9(整数)		用公称内径毫米数直接表示，对深沟及角接触球轴承 7、8、9 直径系列，内径与尺寸系列代号之间用“/”分开	深沟球轴承　625　618/5 d=5mm
10～17	10 12 15 17	00 01 02 03	深沟球轴承　6200 d=10mm
20～480 (22、28、32 除外)		公称内径除以 5 的商数为个位数，需在商数左边加“0”，如 08	调心滚子轴承　23208 d=40mm
≥500 以及 22、28、32		用公称内径毫米数直接表示，但在与尺寸系列之间用“/”分开	调心滚子轴承　230/500 d=500mm 深沟球轴承　62/22 d=22mm

1.4.2 常用滚动轴承的基本结构型式和代号构成

表 7-1-7 滚动轴承的基本结构型式和代号构成

轴承类型		简图	类型代号	尺寸系列代号	组合代号	标准号
深沟球轴承	深沟球轴承	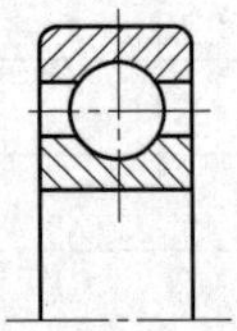	6 6 6 6 16 6 6 6 6	17 37 18 19 (0)0 (1)0 (0)2 (0)3 (0)4	61700 63700 61800 61900 16000 6000 6200 6300 6400	GB/T 276—2013
	有装球缺口的带保持架深沟球轴承	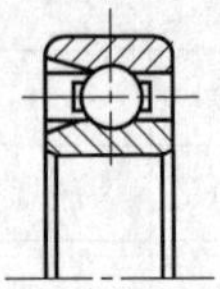	(6)	(0)2 (0)3	200 300	—
	双列深沟球轴承	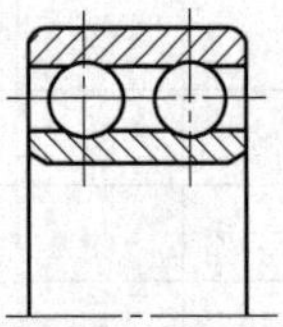	4 4	(2)2 (2)3	4200 4300	—
外球面球轴承	带顶丝外球面球轴承	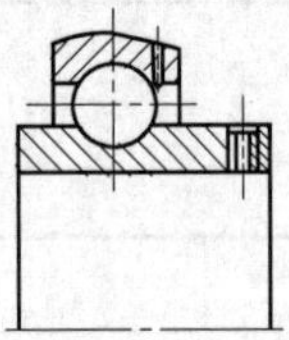	UC UC	2 3	UC 200 UC 300	GB/T 3882—2017
	带偏心套外球面球轴承	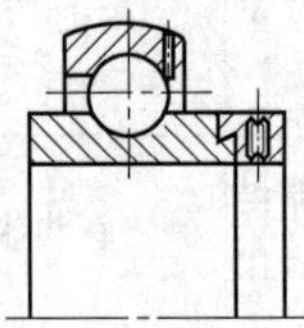	UEL UEL	2 3	UEL 200 UEL 300	
	圆锥孔外球面球轴承	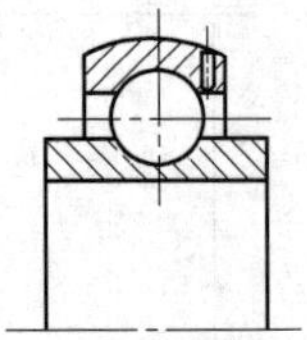	UK UK	2 3	UK 200 UK 300	
调心球轴承		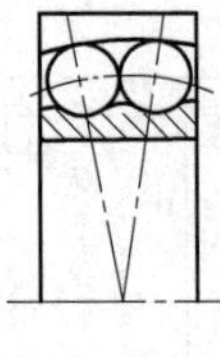	1 1 1 1 (1) 1 (1)	39 (1)0 30 (0)2 22 (0)3 23	13900 1000 13000 1200 2200 1300 2300	GB/T 281—2013

续表

轴承类型		简　图	类型代号	尺寸系列代号	组合代号	标准号
圆柱滚子轴承	外圈无挡边圆柱滚子轴承	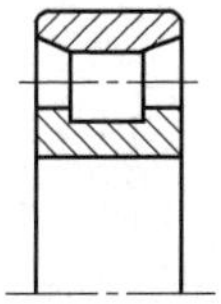	N N N N N N	10 (0)2 22 (0)3 23 (0)4	N1000 N200 N2200 N300 N2300 N400	GB/T 283—2007
	内圈无挡边圆柱滚子轴承	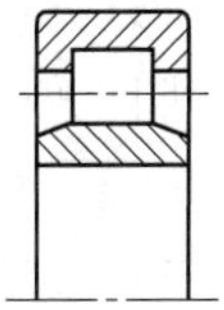	NU NU NU NU NU NU	10 (0)2 22 (0)3 23 (0)4	NU 1000 NU 200 NU 2200 NU 300 NU 2300 NU 400	
	内圈单挡边圆柱滚子轴承	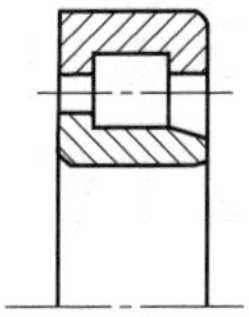	NJ NJ NJ NJ NJ	(0)2 22 (0)3 23 (0)4	NJ 200 NJ 2200 NJ 300 NJ 2300 NJ 400	
	内圈单挡边并带平挡圈圆柱滚子轴承	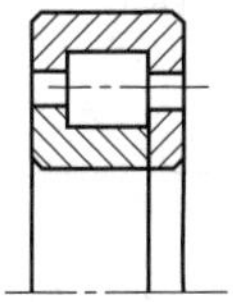	NUP NUP NUP NUP	(0)2 22 (0)3 23	NUP 200 NUP 2200 NUP 300 NUP 2300	
	外圈单挡边圆柱滚子轴承	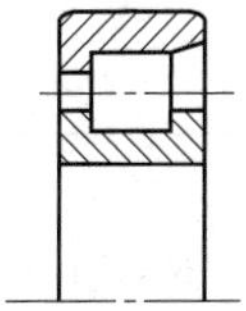	NF	(0)2 (0)3 23	NF 200 NF 300 NF 2300	
	无挡边的圆柱滚子轴承	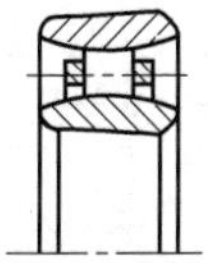	NB		NB 0000	—
	外圈有单挡边并带平挡圈的圆柱滚子轴承	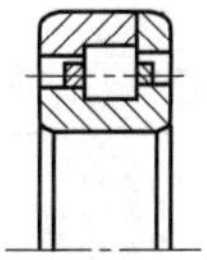	NFP		NFP 0000	—
	内圈无挡边但带平挡圈的圆柱滚子轴承	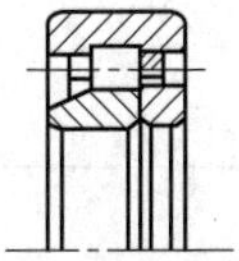	NJP		NJP 0000	—
	外圈无挡边带双锁圈的无保持架圆柱滚子轴承	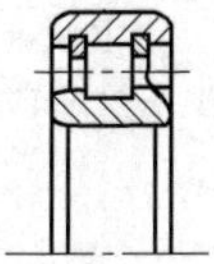	NCL		NCL 0000 V	—

续表

轴承类型		简　图	类型代号	尺寸系列代号	组合代号	标准号
圆柱滚子轴承	内圈单挡边、大端面凸出外圈的圆柱滚子轴承	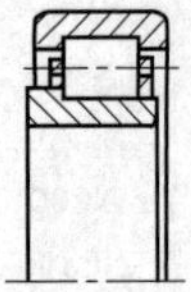	NJG		NJG 0000	—
	外圈单挡边带锁圈的无保持架圆柱滚子轴承	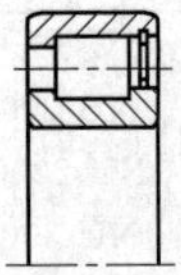	NFL		NFL 0000 V	—
	套圈无挡边外圈带双锁圈的无保持架圆柱滚子轴承	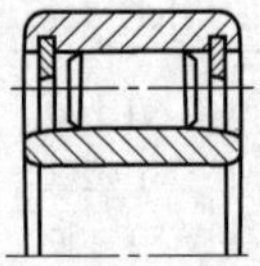	NBCL		NBCL 0000 V	—
	内圈无挡边但带双锁圈的无保持架圆柱滚子轴承	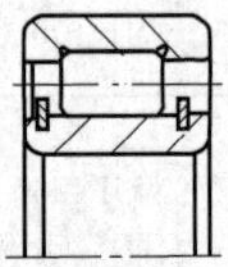	NUCL		NUCL 0000 V	—
	双列圆柱滚子轴承	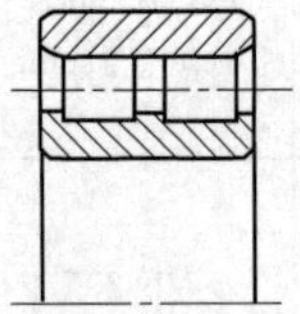	NN	49 30	NN 4900 NN 3000	GB/T 285—2013
	内圈无挡边双列圆柱滚子轴承	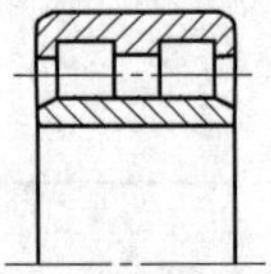	NNU	49 41	NNU 4900 NNU 4100	GB/T 285—2013
	内圈无挡边两面带平挡圈的无保持架双列圆柱滚子轴承	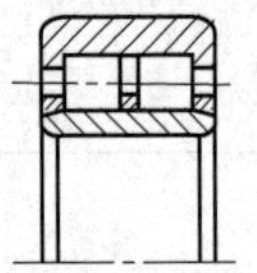	NNUP		NNUP 0000 V	—
	外圈两面带平挡圈的双列圆柱滚子轴承	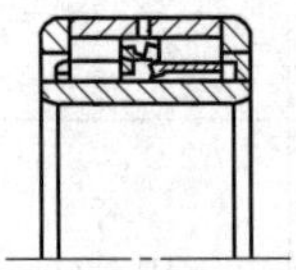	NNP		NNP 0000	—
	外圈有止动槽两面带密封圈的双内圈无保持架双列圆柱滚子轴承	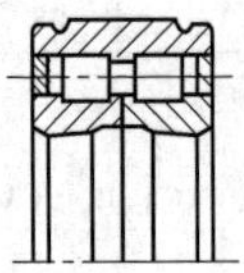	NNF		NNF 0000 —2LSNV	—

续表

轴承类型		简　图	类型代号	尺寸系列代号	组合代号	标准号
圆柱滚子轴承	外圈有单挡边并带单平挡圈的双列圆柱滚子轴承	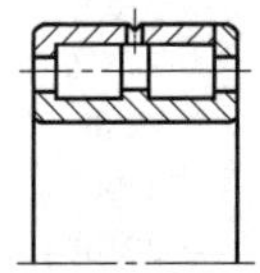	NNFP		NNFP 0000	—
	外圈无挡边带双锁圈的无保持架双列圆柱滚子轴承	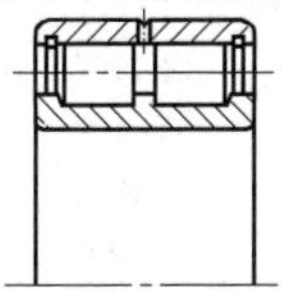	NNCL		NNCL 0000 V	—
	外圈有单挡边并带锁圈的双列圆柱滚子轴承	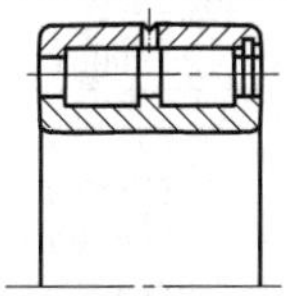	NNFL		NNFL 0000	—
	外圈有挡边、双外圈的无保持架双列圆柱滚子轴承	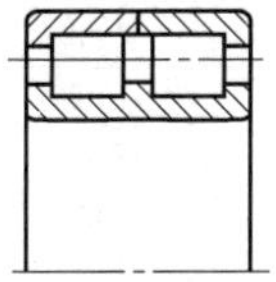	NNC		NNC 0000 V	—
	无挡边双列圆柱滚子轴承	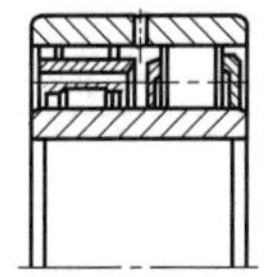	NNB		NNB 0000	—
	内圈单挡边的双列圆柱滚子轴承	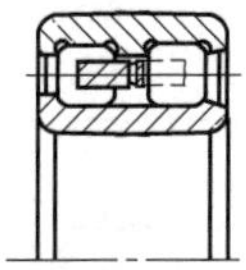	NNJ		NNJ 0000	—
	无挡边三列圆柱滚子轴承	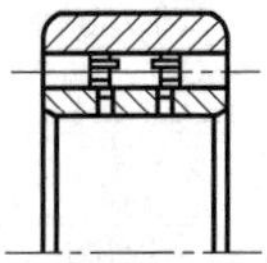	NNTB		NNTB 0000	—
	内圈无挡边两面带平挡圈的无保持架三列圆柱滚子轴承	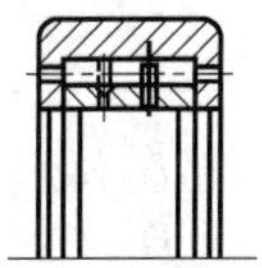	NNTUP		NNTUP 0000 V	—
	外圈带平挡圈的四列圆柱滚子轴承	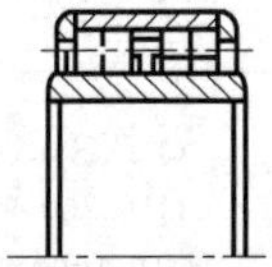	NNQP		NNQP 0000	—
	无挡边四列圆柱滚子轴承	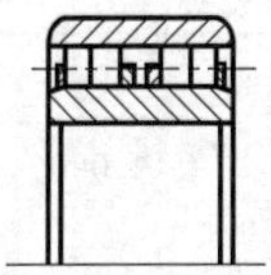	NNQB		NNQB 0000	—

续表

轴承类型		简图	类型代号	尺寸系列代号	组合代号	标准号
调心滚子轴承	调心滚子轴承	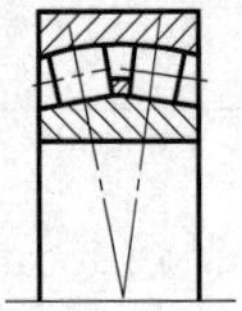	2 2 2 2 2 2 2 2 2 2 2 2	03[①] 22 23 30 31 32 40 41 38 39 48 49	21300 22200 22300 23000 23100 23200 24000 24100 23800 23900 24800 24900	GB/T 288—2013
	单列调心滚子轴承	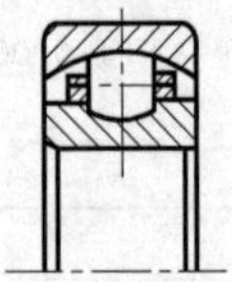	2	02 03 04	20200 20300 20400	—
角接触球轴承	角接触球轴承	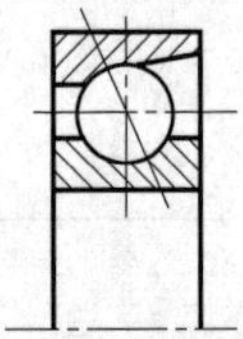	7 7 7 7 7 7	18 19 (1)0 (0)2 (0)3 (0)4	71800 71900 7000 7200 7300 7400	GB/T 292—2007
	分离型角接触球轴承	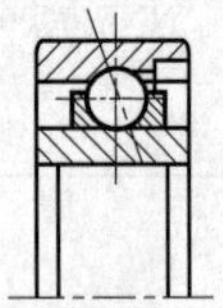	S7		S70000	—
	锁圈在内圈上的角接触球轴承	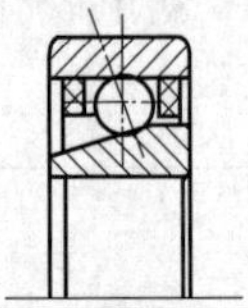	B7	(1)0 (0)2 (0)3	B7000 B7200 B7300	GB/T 292—2007
	内圈分离型角接触球轴承	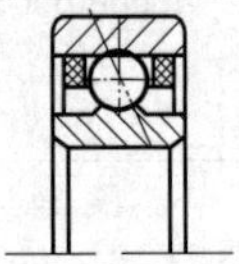	SN7		SN70000	—
	四点接触球轴承		QJ	(0)2 (0)3 10	QJ 200 QJ 300 QJ 1000	GB/T 294—2015
	双半外圈四点接触球轴承	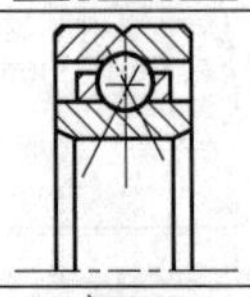	QJF	(0)2 (0)3 10	QJF 200 QJF 300 QJF 1000	GB/T 294—2015
	双半外圈三点接触球轴承	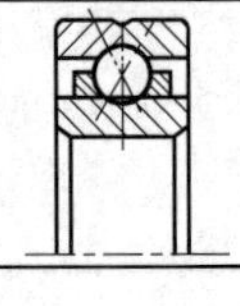	QJT		QJT 0000	—

续表

轴承类型		简　图	类型代号	尺寸系列代号	组合代号	标准号
角接触球轴承	双半内圈三点接触球轴承		QJS	(0)2 (0)3 10	QJS 200 QJS 300 QJS 1000	GB/T 294—2015
	双列角接触球轴承		(0) (0)	32 33	3200 3300	GB/T 296—2015
圆锥滚子轴承	单列圆锥滚子轴承		3 3 3 3 3 3 3 3 3 3	02 03 13 20 22 23 29 30 31 32	30200 30300 31300 32000 32200 32300 32900 33000 33100 33200	GB/T 297—2015
	双内圈双列圆锥滚子轴承		35	19 29 10 20 11 21 22 13	351900 352900 351000 352000 351100 352100 352200 351300	GB/T 299—2008
	双外圈双列圆锥滚子轴承		37		370000	—
	四列圆锥滚子轴承		38	19 29 10 20 11 21	381900 382900 381000 382000 381100 382100	GB/T 300—2008
长弧面滚子轴承			C	29 39 49 59 69 30 40 50 60 31 41 22 32	C2900 C3900 C4900 C5900 C6900 C3000 C4000 C5000 C6000 C3100 C4100 C2200 C3200	—

续表

轴承类型		简图	类型代号	尺寸系列代号	组合代号	标准号
推力球轴承	推力球轴承		5	11 12 13 14	51100 51200 51300 51400	GB/T 301—2015
	双向推力球轴承		5 5 5	22 23 24	52200 52300 52400	GB/T 301—2015
	带球面座圈的推力球轴承		5 5 5	12[2] 13 14	53200 53300 53400	GB/T 28697—2012
	带球面座圈的双向推力球轴承		5 5 5	22[3] 23 24	54200 54300 54400	GB/T 28697—2012
推力角接触球轴承	推力角接触球轴承		56 76		560000 760000	JB/T 8717—2010 GB/T 24604—2009
	双向推力角接触球轴承		23	44[4] 47 49	234400 234700 234900	JB/T 6362—2007
推力圆柱滚子轴承	推力圆柱滚子轴承		8 8	11 12	81100 81200	GB/T 4663—2017
	双列或多列推力圆柱滚子轴承		8	93 74 94	89300 87400 89400	—
	双向推力圆柱滚子轴承		8	22 23	82200 82300	GB/T 4663—2017
推力圆锥滚子轴承			9	11 12	91100 91200	JB/T 7751—2016
			9	21	92100	
推力调心滚子轴承			2 2 2	92 93 94	29200 29300 29400	GB/T 5859—2008

① 尺寸系列实为03，用13表示。
② 尺寸系列实为12、13、14，分别用32、33、34表示。
③ 尺寸系列实为22、23、24，分别用42、43、44表示。
④ 尺寸系列不同于表7-1-5。
注：表中用“（　）”括住的数字表示在组合代号中省略。

1.4.3　滚针轴承的基本结构型式和代号构成

表 7-1-8　滚针轴承的基本结构型式和代号构成

轴承类型		简图	类型代号	配合安装特征尺寸表示	轴承基本代号	标准号
滚针和保持架组件	向心滚针和保持架组件	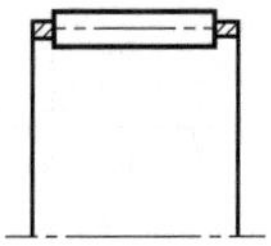	K	$F_w \times E_w \times B_c$	K $F_w \times E_w \times B_c$	GB/T 20056—2015
	推力滚针和保持架组件	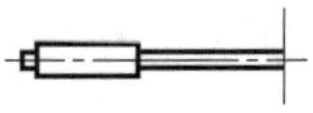	AXK	$D_{c1}D_c$	AXK $D_{c1}D_c$	GB/T 4605—2003
	带冲压中心套的推力滚针和保持架组件	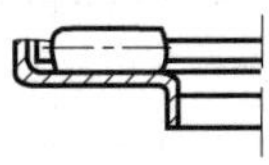	AXW	D_1	AXW D_1	—
滚针轴承	滚针轴承	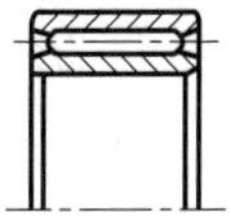	NKI	d/B	NKI d/B	GB/T 5801—2006
			NA	用尺寸系列代号、内径代号表示 尺寸系列代号：48、49、69 内径代号见表7-1-6	NA 4800 NA 4900 NA 6900	
	无内圈滚针轴承　轻系列	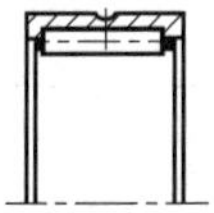	NK	F_w/B	NK F_w/B	—
	无内圈滚针轴承　重系列		NKS NKH	F_w F_w	NKS F_w NKH F_w	—
	外圈无挡边滚针轴承	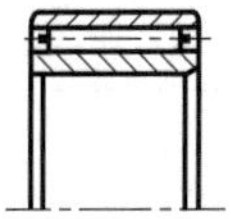	NAO	$d \times D \times B$	NAO $d \times D \times B$	—
	满装滚针轴承	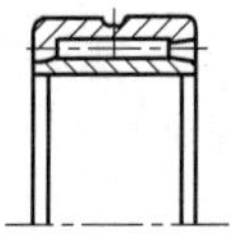	NAV	用尺寸系列代号、内径代号表示 尺寸系列代号：40、48、49 内径代号见表7-1-6	NAV 4000 NAV 4800 NAV 4900	JB/T 3588—2007
	穿孔型冲压外圈滚针轴承	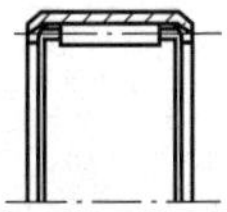	HK	F_wC	HK F_wC	GB/T 290—2017
	封口型冲压外圈滚针轴承	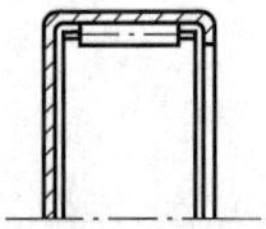	BK	F_wC	BK F_wC	
	穿孔型冲压外圈满装滚针轴承 (1 系列) (2 系列)	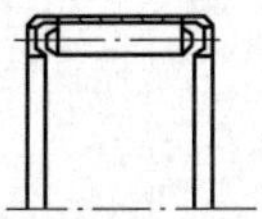	F- FH-	F_wC ①	F-F_wC FH-F_wC	GB/T 290—2017 GB/T 12764—2009

续表

轴承类型		简图	类型代号	配合安装特征尺寸表示	轴承基本代号	标准号
滚针轴承	封口型冲压外圈满装滚针轴承 （1系列） （2系列）	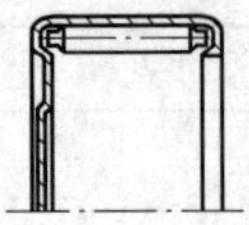	MF- MFH-	F_wC ①	MF-F_wC MFH-F_wC	GB/T 290—2017 GB/T 12764—2009
	穿孔型冲压外圈满装滚针轴承（油脂限位） （1系列） （2系列）	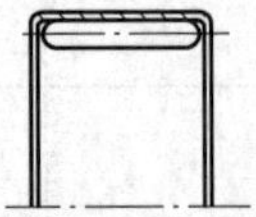	FY- FYH-	F_wC ①	FY-F_wC FYH-F_wC	
	封口型冲压外圈满装滚针轴承（油脂限位） （1系列） （2系列）	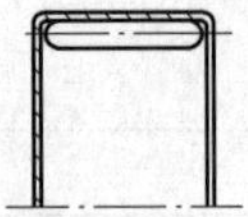	MFY- MFYH-	F_wC ①	MFY-F_wC MFYH-F_wC	
滚针组合轴承	滚针和推力圆柱滚子组合轴承	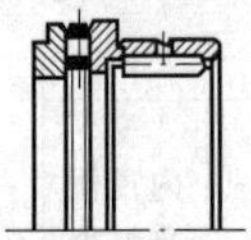	NKXR	F_w	NKXR F_w	GB/T 16643—2015
	滚针和推力球组合轴承	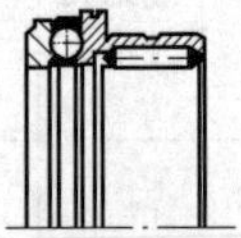	NKX	F_w	NKX F_w	GB/T 25760—2010
	带外罩的滚针和满装推力球组合轴承（油润滑）	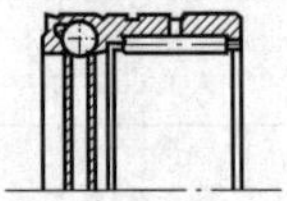	NX	F_w	NX F_w	
	滚针和角接触球组合轴承（单向）	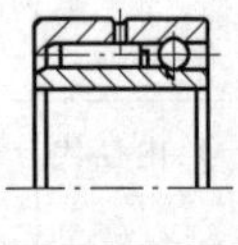	NKIA	用尺寸系列代号、内径代号表示 尺寸系列代号 59 内径代号见表 7-1-6	NKIA 5900	GB/T 25761—2010
	滚针和角接触球组合轴承（双向）	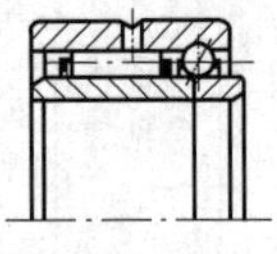	NKIB		NKIB 5900	
	滚针和双向推力圆柱滚子组合轴承	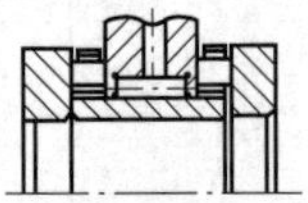	ZARN	dD	ZARN dD	GB/T 25768—2010
	带法兰盘的滚针和双向推力圆柱滚子组合轴承	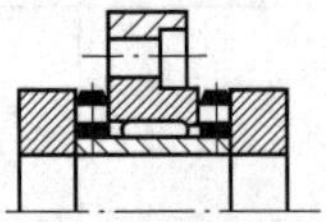	ZARF	dD	ZARF dD	
	圆柱滚子和双向推力滚针组合轴承	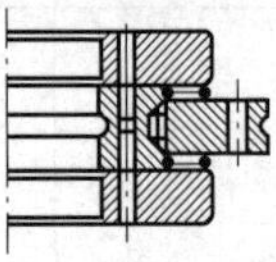	YRT	d	YRT d	—

续表

轴承类型		简　图	类型代号	配合安装特征尺寸表示	轴承基本代号	标准号
长圆柱滚子轴承	长圆柱滚子轴承	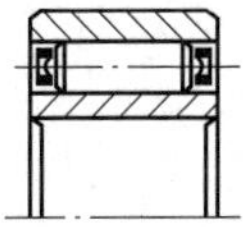	NAOL	用尺寸系列代号、内径代号表示	NAOL 0000	—
	外圈带双挡边的长圆柱滚子轴承	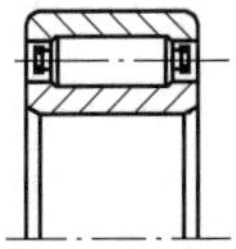	NAL	用尺寸系列代号、内径代号表示	NAL 0000	—
滚轮滚针轴承	无挡边滚轮滚针轴承	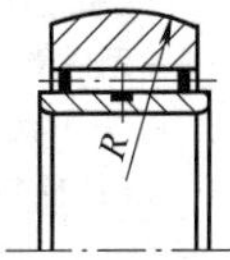	STO	*d*	STO *d*	—
	两面带密封圈、外圈双挡边的滚轮滚针轴承	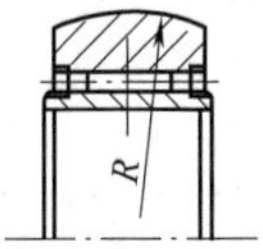	NA	用尺寸系列代号、内径代号表示 尺寸系列代号 22 / 内径[2]代号	NA 2200-2RS	—
滚轮轴承	平挡圈滚轮滚针轴承 （轻系列） （重系列）		NATR	*d* *dD*	NATR *d* NATR *dD*	GB/T 6445—2007
	平挡圈滚轮满装滚针轴承 （轻系列） （重系列）	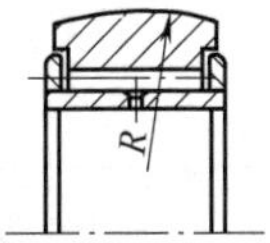	NATV	*d* *dD*	NATV *d* NATV *dD*	
	带螺栓轴滚轮滚针轴承 （轻系列） （重系列）	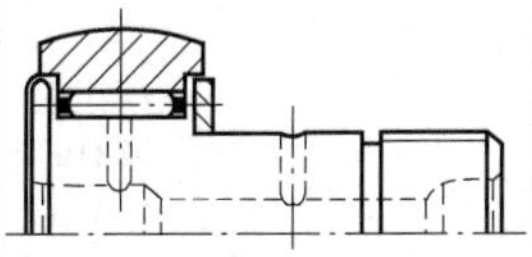	KR[3]	*D* Dd_1	KR *D* KR Dd_1	
	带螺栓轴满装滚轮滚针轴承 （轻系列） （重系列）	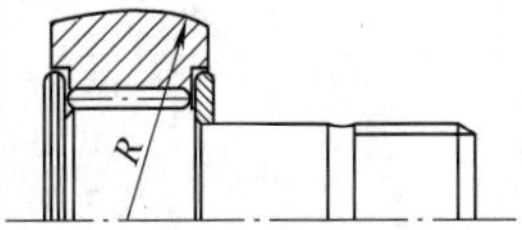	KRV[3]	*D* Dd_1	KRV *D* KRV Dd_1	
	平挡圈型双列满装圆柱滚子滚轮轴承 （轻系列） （重系列）	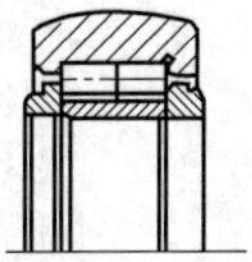	NUTR	*d* *dD*	NUTR *d* NUTR *dD*	JB/T 7754—2007

第7篇

续表

轴承类型		简 图	类型代号	配合安装特征尺寸表示	轴承基本代号	标准号
滚轮轴承	螺栓型双列满装圆柱滚子滚轮轴承		NUKR③	D	NUKR D	JB/T 7754—2007
特种滚针轴承	调心滚针轴承		PNA	d/D	PNA d/D	—

① 尺寸直接用毫米数表示时，如是个位数，需在其左边加“0”。如8mm用08表示。

② 内径代号除 $d<10$mm 用“/实际公称毫米数”表示外，其余按表7-1-6。

③ KR、KRV、NUKR型轴承带偏心套时，应在该类型代号后加E，则代号分别变为KRE、KRVE、NUKRE。

注：表中 F_w——无内圈滚针轴承滚针总体内径（滚针保持架组件内径）；E_w——滚针保持架组件外径；B——轴承公称宽度；B_c——滚针保持架组件宽度；D_{c1}——推力滚针保持架组件内径；D_c——推力滚针保持架组件外径。

1.4.4 前置代号

前置代号用字母表示，代号及其含义见表7-1-4。

1.4.5 后置代号

后置代号用字母（或加数字）表示，代号及其含义见表7-1-9～表7-1-17，排列顺序见表7-1-4。

(1) 内部结构代号（后置代号第1组）

表7-1-9 内部结构变化代号

代 号	含 义	示 例
	1)表示内部结构改变 2)表示标准设计，其含义随不同类型、结构而异	
A、B C、D E	A ①无装球缺口的双列角接触或深沟球轴承 ②滚针轴承外圈带双锁圈($d>9$mm，$F_w>12$mm) ③套圈直滚道的深沟球轴承 B ① 角接触球轴承 公称接触角 $\alpha=40°$ ② 圆锥滚子轴承 接触角加大 C ① 角接触球轴承 公称接触角 $\alpha=15°$ ② 调心滚子轴承 C型 E 加强型 即内部结构设计改进，增大轴承承载能力	3205 A — — 7210 B 32310 B 7005 C 23122 C NU 207 E
AC D ZW	角接触球轴承 公称接触角 $\alpha=25°$ 剖分式轴承 滚针保持架组件 双列	7210 AC K 50×55×20 D K 20×25×40 ZW
CA CC CAB CABC CAC	C型调心滚子轴承，内圈带挡边，活动中挡圈，实体保持架 C型调心滚子轴承，滚子引导方式有改进 CA型调心滚子轴承，滚子中部穿孔，带柱销式保持架 CAB型调心滚子轴承，滚子引导方式有改进 CA型调心滚子轴承，滚子引导方式有改进	23084 CA/W33 22205 CC — — 22252 CACK

（2）密封、防尘与外部形状变化代号（后置代号第 2 组）

表 7-1-10　　密封、防尘与外部形状变化代号

代号		含义	示例
密封与防尘	-RS	轴承一面带骨架式橡胶密封圈(接触式)	6210-RS
	-2RS	轴承两面带骨架式橡胶密封圈(接触式)	6210-2RS
	-RZ	轴承一面带骨架式橡胶密封圈(非接触式)	6210-RZ
	-2RZ	轴承两面带骨架式橡胶密封圈(非接触式)	6210-2RZ
	-RSL	轴承一面带骨架式橡胶密封圈(轻接触式)	6210-RSL
	-2RSL	轴承两面带骨架式橡胶密封圈(轻接触式)	6210-2RSL
	-Z	轴承一面带防尘盖	6210-Z
	-2Z	轴承两面带防尘盖	6210-2Z
	-RSZ	轴承一面带骨架式橡胶密封圈(接触式)、一面带防尘盖	6210-RSZ
	-RZZ	轴承一面带骨架式橡胶密封圈(非接触式)、一面带防尘盖	6210-RZZ
	-ZN	轴承一面带防尘盖,另一面外圈有止动槽	6210-ZN
	-ZNR	轴承一面带防尘盖,另一面外圈有止动槽并带止动环	6210-ZNR
	-ZNB	轴承一面带防尘盖,同一面外圈有止动槽	6210-ZNB
	-2ZN	轴承两面带防尘盖,外圈有止动槽	6210-2ZN
	-FS	轴承一面带毡圈密封	6203-FS
	-2FS	轴承两面带毡圈密封	6206-2FSWB
	-LS	轴承一面带骨架式橡胶密封圈(接触式,套圈不开槽)	—
	-2LS	轴承两面带骨架式橡胶密封圈(接触式,套圈不开槽)	NNF 5012-2LSNV
	PP	轴承两面带软质橡胶密封圈	NATR 8 PP
	Z	①带防尘罩的滚针组合轴承	NK 25 Z
		②带外罩的滚针和满装推力球组合轴承(脂润滑)	—
	ZH	推力轴承,座圈带防尘罩	—
	ZS	推力轴承,轴圈带防尘罩	—
	SC	带外罩向心轴承	—
外部形状变化	K	圆锥孔轴承　锥度 1∶12(外球面球轴承除外)	1210 K
	K30	圆锥孔轴承　锥度 1∶30	24122 K30
	-2K	双圆锥孔轴承,锥度 1∶12	QF 2308-2K
	R	轴承外圈有止动挡边(凸缘外圈)(不适用于内径小于 10mm 的向心球轴承)	30307 R
	N	轴承外圈上有止动槽	6210 N
	NR	轴承外圈上有止动槽,并带止动环	6210 NR
	N1	轴承外圈有一个定位槽口	—
	N2	轴承外圈有两个或两个以上的定位槽口	—
	N4	N+N2　定位槽口和止动槽不在同一侧	—
	N6	N+N2　定位槽口和止动槽在同一侧	—
	P	双半外圈的调心滚子轴承	—
	PR	同 P,两半外圈间有隔圈	—
	-2PS	滚轮轴承,滚轮两端为多片卡簧式密封	—
	SK	螺栓型滚轮轴承①,螺栓轴端部有内六角盲孔	—
	U	推力球轴承　带球面垫圈	53210 U
	D	①双列角接触球轴承,双内圈	
		②双列圆锥滚子轴承,无内隔圈,端面不修磨	3307 D
	DC	双列角接触球轴承,双外圈	3924-2KDC
	D1	双列圆锥滚子轴承,无内隔圈,端面修磨	—
	DH	有两个座圈的单向推力轴承	—
	DS	有两个轴圈的单向推力轴承	—
	S	①轴承外圈表面为球面(球面球轴承和滚轮轴承除外)	NA 4906 S
		②游隙可调(滚针轴承)	—
	WB	宽内圈轴承(双面宽);WB1—单面宽	—
	WC	宽外圈轴承	—
	X	滚轮滚针轴承外圈表面为圆柱面	KR 30 X

① 对螺栓型滚轮轴承，滚轮两端为多片卡簧式密封，螺栓轴端部有内六角盲孔，后置代号可简化为-2PSK。

注：密封圈代号与防尘盖代号同样可以与止动槽代号进行多种组合。

第 7 篇

(3) 保持架代号（后置代号第3组）

表 7-1-11 保持架代号

代号		含义	备注
保持架材料代号	F	钢、球墨铸铁或粉末冶金实体保持架	
	Q	青铜实体保持架	
	M	黄铜实体保持架	
	L	轻合金实体保持架	
	T	酚醛层压布管实体保持架	
	TH	玻璃纤维增强酚醛树脂保持架(筐形)	
	TN	工程塑料模注保持架	
	J	钢板冲压保持架	
	Y	铜板冲压保持架	
	ZA	锌铝合金保持架	
	SZ	保持架由弹簧丝或弹簧制造	
保持架结构型式及表面处理代号	H	自锁兜孔保持架	注：本条的代号只能与保持架材料代号结合使用。例：MPS—有拉孔或冲孔(窗形保持架)的黄铜实体保持架，外圈或内圈引导，引导面有润滑油槽 JA—钢板冲压保持架，外圈引导 FE—经磷化处理的钢制实体保持架
	W	焊接保持架	
	R	铆接保持架(用于大型轴承)	
	E	磷化处理保持架	
	D	碳氮共渗保持架	
	D1	渗碳保持架	
	D2	渗氮保持架	
	D3	低温碳氮共渗保持架	
	C	有镀层的保持架(C1—镀银)	
	A	外圈引导	
	B	内圈引导	
	P	由内圈或外圈引导的拉孔或冲孔的窗形保持架	
	S	引导面有润滑槽	
无保持架代号	V	满装滚动体(无保持架)	6208V—满装球深沟球轴承
不编制保持架代号的轴承		凡轴承的保持架采用表7-1-12规定的结构和材料时，不编制保持架材料改变的后置代号	见表7-1-12

表 7-1-12 不编制保持架后置代号的轴承

序号	轴承类型	保持架的结构和材料
1	深沟球轴承	1)当轴承外径 $D\leqslant 400$mm 时，采用钢板(带)或黄铜板(带)冲压保持架 2)当轴承外径 $D>400$mm 时，采用黄铜实体保持架
2	调心球轴承	1)当轴承外径 $D\leqslant 200$mm 时，采用钢板(带)冲压保持架 2)当轴承外径 $D>200$mm 时，采用黄铜实体保持架
3	圆柱滚子轴承	1)圆柱滚子轴承：轴承外径 $D\leqslant 400$mm 时，采用钢板(带)冲压保持架，轴承外径 $D>400$mm 时，采用钢制实体保持架 2)双列圆柱滚子轴承，采用黄铜实体保持架
4	调心滚子轴承	1)对称调心滚子轴承(带活动中挡圈)，采用钢板(带)冲压保持架 2)其他调心滚子轴承，采用黄铜实体保持架
5	滚针轴承 长圆柱滚子轴承	采用钢板或硬铝冲压保持架 采用钢板(带)冲压保持架

续表

序号	轴承类型	保持架的结构和材料
6	角接触球轴承	1)分离型角接触球轴承采用酚醛层压布管实体保持架 2)双半内圈或双半外圈(三点、四点接触)球轴承采用铜制实体保持架 3)角接触球轴承及其变形： 当轴承外径 $D \leqslant 250$mm 时,接触角 ——$\alpha=15°$、25°采用酚醛层压布管实体保持架 ——$\alpha=40°$采用钢板冲压保持架 当轴承外径 $D>250$mm 时,采用黄铜或硬铝制实体保持架 ——5、4、2 级公差轴承采用酚醛层压布管实体保持架 ——锁口在内圈的角接触球轴承及其变形采用酚醛层压布管实体保持架 4)双列角接触球轴承,采用钢板(带)冲压保持架
7	圆锥滚子轴承	1)当轴承外径 $D \leqslant 650$mm 时,采用钢板冲压保持架 2)当轴承外径 $D>650$mm 时,采用钢制实体保持架
8	推力球轴承	1)当轴承外径 $D \leqslant 250$mm 时,采用钢板(带)冲压保持架 2)当轴承外径 $D>250$mm 时,采用实体保持架
9	推力滚子轴承	1)推力圆柱滚子轴承、推力调心滚子轴承、推力圆锥滚子轴承,采用实体保持架 2)推力滚针轴承,采用冲压保持架

(4) 轴承材料（后置代号第 4 组）

表 7-1-13　轴承材料代号

代号	含　义	示　例
/HE	套圈、滚动体和保持架或仅是套圈和滚动体由电渣重熔轴承钢 GCr15Z 制造	6204/HE
/HA	套圈、滚动体和保持架或仅是套圈和滚动体由真空冶炼轴承钢制造	6204/HA
/HU	套圈、滚动体和保持架或仅是套圈和滚动体由不可淬硬不锈钢 1Cr18Ni9Ti 制造	6004/HU
/HV	套圈、滚动体和保持架或仅是套圈和滚动体由可淬硬不锈钢(/HV—9Cr18;/HV1—9Cr18Mo;/HV2—GCr18Mo)制造	6014/HV
/HN	套圈、滚动体由高温轴承钢(/HN—Cr4Mo4V;/HN1—Cr14Mo4;/HN2—Cr15Mo4V;/HN3—W18Cr4V)制造	NU 208/HN
/HC	套圈和滚动体或仅是套圈由高温渗碳轴承钢(/HC—20Cr2Ni4A;/HC1—20Cr2Mn2MoA;/HC2—15Mn)制造	—
/HP	套圈和滚动体由铍青铜或其他防磁材料制造	—
/HQ	套圈和滚动体由非金属材料(/HQ—塑料;/HQ1—陶瓷)制造	—
/HG	套圈和滚动体或仅是套圈由其他轴承钢(/HG—5CrMnMo;/HG1—55SiMoVA)制造	—
/CS	轴承零件采用碳素结构钢制造	—

(5) 公差等级代号（后置代号第 5 组）

表 7-1-14　公差等级代号

代　号	含　义	示　例
/PN	公差等级符合标准规定的普通级,代号中省略不表示	6203
/P6	公差等级符合标准规定的 6 级	6203/P6
/P6x	公差等级符合标准规定的 6x 级	30210/P6x
/P5	公差等级符合标准规定的 5 级	6203/P5
/P4	公差等级符合标准规定的 4 级	6203/P4
/P2	公差等级符合标准规定的 2 级	6203/P2
/SP	尺寸精度相当于 5 级,旋转精度相当于 4 级	234420/SP
/UP	尺寸精度相当于 4 级,旋转精度高于 4 级	234730/UP

注：/SP、/UP 公差等级主要用于精密机床主轴轴承。

第7篇

（6）游隙代号（后置代号第6组）

表 7-1-15 **游隙代号**

代号	含义	示例
/C1	游隙符合标准规定的1组	NN 3006 K/C1
/C2	游隙符合标准规定的2组	6210/C2
/CN	游隙符合标准规定的N组，代号中省略不表示 N组游隙。/CN与字母H、M和L组合，表示游隙范围减半，或与P组合，表示游隙范围偏移，如： /CNH N组游隙减半，位于上半部 /CNM N组游隙减半，位于中部 /CNL N组游隙减半，位于下半部 /CNP 游隙范围位于N组的上半部及3组的下半部	6210
/C3	游隙符合标准规定的3组	6210/C3
/C4	游隙符合标准规定的4组	NN 3006 K/C4
/C5	游隙符合标准规定的5组	NNU 4920 K/C5
/CM	电机深沟球轴承游隙	—
/C9	轴承游隙不同于现标准	6205-2RS/C9

注：公差等级代号与游隙代号需同时表示时，可进行简化，取公差等级代号加上游隙组号（N组不表示）组合表示。例：/P63表示轴承公差等级6级，径向游隙3组；/P52表示轴承公差等级5级，径向游隙2组。

（7）配置代号（后置代号第7组）

表 7-1-16 **配置代号**

代号	含义		示例
/DB /DF /DT	成对配置	成对背对背安装 成对面对面安装 成对串联安装	7210 C/DB 32208/DF 7210 C/DT
/D /T /Q /P /S	配置组中轴承数目	两套轴承 三套轴承 四套轴承 五套轴承 六套轴承	这两条可以组合成多种配置方式： 三套配置：/TBT、/TFT、/TT 四套配置：/QBC、/QFC、/QT、/QBT、/QFT等 7210 C/PT——接触角α＝15°的角接触球轴承7210 C，五套串联配置 7210 C/TFT——接触角α＝15°的角接触球轴承7210 C，三套配置，两套串联和一套面对面 7210 AC/QBT——接触角α＝25°的角接触球轴承7210 AC，四套成组配置，三套串联和一套背对背
B F T G BT FT BC FC	配置组中轴承排列	背对背 面对面 串联 万能组配 背对背和串联 面对面和串联 成对串联的背对背 成对串联的面对面	
GA GB GC G××× G CA CB CC CG R	配置时的轴向游隙、预紧及轴向载荷分配	在配置代号后加文字表示轴承配置后具有： 轻预紧，预紧值较小（深沟及角接触球轴承） 中预紧，预紧值大于GA（深沟及角接触球轴承） 重预紧，预紧值大于GB（深沟及角接触球轴承） 预载荷为×××的特殊预紧（代号后直接加预载荷值，单位为N） 用于角接触球轴承时，“G”可省略。特殊预紧，附加数字直接表示预紧的大小 轴向游隙较小（深沟及角接触球轴承） 轴向游隙大于CA（深沟及角接触球轴承） 轴向游隙大于CB（深沟及角接触球轴承） 轴向游隙为零（圆锥滚子轴承） 径向载荷均匀分配	6210/DFGA——深沟球轴承6210，修磨端面后，成对面对面配置，有轻预紧 7210 C/G325——接触角α＝15°的角接触球轴承7210 C，特殊预载荷为325N NU 210/QTR——圆柱滚子轴承NU 210，四套串联配置，均匀预紧

（8）其他特性代号（后置代号第 8 组）

表 7-1-17　其他特性代号

代　号	含　　义	示　　例
/Z	轴承的振动加速度级极值组别。附加数字表示极值不同：	
	Z1—轴承的振动加速度级极值符合有关标准中规定的 Z1 组	6204/Z1
	Z2—轴承的振动加速度级极值符合有关标准中规定的 Z2 组	6205-2RS/Z2
	Z3—轴承的振动加速度级极值符合有关标准中规定的 Z3 组	—
	Z4—轴承的振动加速度级极值符合有关标准中规定的 Z4 组	—
/V	轴承的振动速度级极值组别。附加数字表示极值不同：	—
	V1—轴承的振动速度级极值符合有关标准中规定的 V1 组	6306/V1
	V2—轴承的振动速度级极值符合有关标准中规定的 V2 组	6304/V2
	V3—轴承的振动速度级极值符合有关标准中规定的 V3 组	—
	V4—轴承的振动速度级极值符合有关标准中规定的 V4 组	—
/VF3	振动速度达到 V3 组且振动速度波峰因数达到 F 组	—
/VF4	振动速度达到 V4 组且振动速度波峰因数达到 F 组	—
	F—低频振动速度波峰因数不大于 4，中、高频振动速度波峰因数不大于 6	
/ZF3	振动加速度级达到 Z3 组，且振动加速度峰值与振动加速度级之差不大于 15dB	
/ZF4	振动加速度级达到 Z4 组，且振动加速度峰值与振动加速度级之差不大于 15dB	
/ZC	轴承噪声极值有规定，附加数字表示极值不同	—
/T	对启动力矩有要求的轴承，后接数字表示启动力矩	—
/RT	对转动力矩有要求的轴承，后接数字表示转动力矩	—
/S0	轴承套圈经过高温回火处理，工作温度可达 150℃	N 210/S0
/S1	轴承套圈经过高温回火处理，工作温度可达 200℃	NUP 212/S1
/S2	轴承套圈经过高温回火处理，工作温度可达 250℃	NU 214/S2
/S3	轴承套圈经过高温回火处理，工作温度可达 300℃	NU 308/S3
/S4	轴承套圈经过高温回火处理，工作温度可达 350℃	NU 214/S4
/W20	轴承外圈上有三个润滑油孔	—
/W26	轴承内圈上有六个润滑油孔	—
/W33	轴承外圈上有润滑油槽和三个润滑油孔	23120 CC/W33
/W33X	轴承外圈上有润滑油槽和六个润滑油孔	—
/W513	W26＋W33	—
/W518	W20＋W26	—
/AS	外圈有油孔，附加数字表示油孔数（滚针轴承）	HK 2020/AS1
/IS	内圈有油孔，附加数字表示油孔数（滚针轴承）	NAO 17×30×13/IS1
	在 AS、IS 后加“R”分别表示内圈或外圈上有润滑油孔和沟槽	NAO 15×28×13/ASR
/HT	轴承内充特殊高温润滑脂。当轴承内润滑脂的装填量和标准值不同时附加字母表示： A—润滑脂的装填量少于标准值；　B—润滑脂的装填量多于标准值；　C—润滑脂的装填量多于 B（充满）	NA 6909/ISR/HT
/LT	轴承内充特殊低温润滑脂	—
/MT	轴承内充特殊中温润滑脂	—
/LHT	轴承内充特殊高、低温润滑脂	—
/Y	Y 和另一个字母（如 YA、YB）组合用来识别无法用现有后置代号表达的非成系列的改变 YA—结构改变（综合表达）；YB—技术条件改变（综合表达）	

注：凡轴承代号中有 Y 的后置代号，应查阅图纸或补充技术条件以便了解其改变的具体内容。

1.4.6 代号编制规则

表 7-1-18 代号编制规则

代 号	编制规则	示 例
基本代号	基本代号中当轴承类型代号用字母表示时,编排时应与表示轴承尺寸的系列代号、内径代号或安装配合特征尺寸的数字之间空半个汉字距	NJ 230、AXK 0821
后置代号	1)后置代号置于基本代号的右边并与基本代号空半个汉字距(代号中有符号"-"、"/"除外)。当改变项目多,具有多组后置代号,按表 7-1-4 所列从左至右的顺序排列	
	2)改变为 4 组(含 4 组)以后的内容,则在其代号前用"/"与前面代号隔开	6205-2Z/P6
	3)改变内容为第 4 组后的两组,在前组与后组代号中的数字或文字表示含义可能混淆时,两代号间空半个汉字距	22308/P63 6208/P63 V1

1.4.7 带附件轴承代号

带附件的轴承是轴承带有紧定套、退卸套和挡圈等,其代号由轴承代号＋附件代号构成,见表7-1-19。

1.4.8 非标准轴承代号

当轴承内径或轴承外径、宽(高)度尺寸不符合 GB/T 273.1—2011、GB/T 273.2—2006、GB/T 273.3—2015 或其他有关标准规定的轴承外形尺寸时,称为非标准尺寸轴承(以下简称非标准轴承)。

非标准轴承的类型代号、前置和后置代号同前所述。尺寸表示有两种方法:

1) 用尺寸系列代号和内径代号表示的非标准轴承(见表 7-1-20～表 7-1-22)。

2) 用表征配合安装特征尺寸表示的非标准轴承。轴承的尺寸表示为:"/内径×外径×宽度 (实际尺寸的毫米数)"。

表 7-1-19 带附件轴承代号

所带附件名称	带附件轴承代号①	示 例
紧定套	轴承代号 ＋ 紧定套代号	22208 K＋H 308
退卸套	轴承代号 ＋ 退卸套代号	22208 K＋AH 308
内圈	适用于无内圈的滚针轴承、滚针组合轴承 轴承代号 ＋ IR	NKX 30＋IR
斜挡圈	适用于圆柱滚子轴承 轴承代号 ＋ 斜挡圈代号②	NJ 210＋HJ 210

① 仅适用于带附件轴承的包装及图纸、设计文件、手册的标记,不适用于轴承标志。

② 可组合简化 NJ…＋HJ…＝NH…,例:NH 210。

表 7-1-20 尺寸系列代号

字 母	含 义	字 母	含 义
X1	外径非标准	X3	外径、宽(高)度非标准(标准内径)
X2	宽度(高度)非标准		

注:非标准外径或宽(高)度尺寸用对照标准尺寸的方法或按 GB/T 273.2—2006、GB/T 273.3—2015 规定的外形尺寸延伸的规则,取最接近的直径系列或宽(高)度系列,并在基本代号后加字母表示。

表 7-1-21 不定系列代号

轴承类型	不定系列		备 注
	宽(高)度系列代号	直径系列代号	
向心轴承	0(4)	6	1)双列角接触球轴承不定系列为 46 2)不定系列 06 与类型代号组合时"0"省略(圆锥滚子轴承、双列深沟球轴承除外)
推力轴承	1 2	7	单向推力轴承、不定系列 17 双向推力轴承、不定系列 27

注:非标准内径、外径、宽(高)度,尺寸无法采用对照标准尺寸的方法或按 GB/T 273.2—2006、GB/T 273.3—2015 规定的外形尺寸延伸的规则时,用不定系列表示。轴承的直径系列和宽度系列无法确定的尺寸系列为不定系列。

表 7-1-22　内径代号

内　径	表　示　法
标准尺寸	按表 7-1-6 的规定
非标准尺寸	500mm 以下能用 5 整除的整数，用除以 5 的商数表示，其他尺寸用实际内径毫米数直接表示，但应与尺寸系列代号间用"/"分开

1.4.9　非标准轴承代号示例

表 7-1-23　非标准轴承代号示例

代　号	轴承类型	说　明
66/6.4	深沟球轴承	不定系列，内径 6.4mm
61700X1	深沟球轴承	外径非标准，接近直径系列 7
62/14.5	深沟球轴承	尺寸系列 02，内径 14.5mm
52706	双向推力球轴承	不定系列，内径 30mm
K/13×17×13	滚针和保持架组件	F_w=13mm，D=17mm，B=13mm

1.4.10　符合 GB/T 273.1—2011 规定的圆锥滚子轴承代号

1.4.10.1　圆锥滚子轴承代号构成

按 GB/T 273.1—2011 规定的系列代号表示时，圆锥滚子轴承代号由基本代号和后置代号构成（大接触角后置代号 B 不适用）。

1.4.10.2　基本代号

1）圆锥滚子轴承基本代号由三部分组成：类型代号＋尺寸系列代号＋内径代号。

2）类型代号用英文字母"T"表示圆锥滚子轴承。

3）尺寸系列代号由三个符号组成（表 7-1-24～表 7-1-26），为角度系列、直径系列与宽度系列的组合，如 2AC。第一个符号为数字，为接触角系列代号，表示接触角的范围；第二个符号为英文字母，为直径系列代号，表示外径对内径相互关系的数值范围；第三个符号为英文字母，为宽度系列代号，表示单列轴承宽度对高度相互关系的数值范围。尺寸系列代号按 GB/T 273.1—2011 中的规定。

表 7-1-24　接触角系列代号

接触角系列代号	α	
	>	≤
1	备用	
2	10°	13°52′
3	13°52′	15°59′
4	15°59′	18°55′
5	18°55′	23°
6	23°	27°
7	27°	30°

表 7-1-25　直径系列代号

直径系列代号	$\frac{D}{d^{0.77}}$	
	>	≤
A	备用	
B	3.4	3.8
C	3.8	4.4
D	4.4	4.7
E	4.7	5
F	5	5.6
G	5.6	7

表 7-1-26　宽度系列代号

宽度系列代号	$\frac{T}{(D-d)^{0.95}}$	
	>	≤
A	备用	
B	0.5	0.68
C	0.68	0.8
D	0.8	0.88
E	0.88	1

4）轴承内径代号用轴承内径毫米数的三位数字表示。

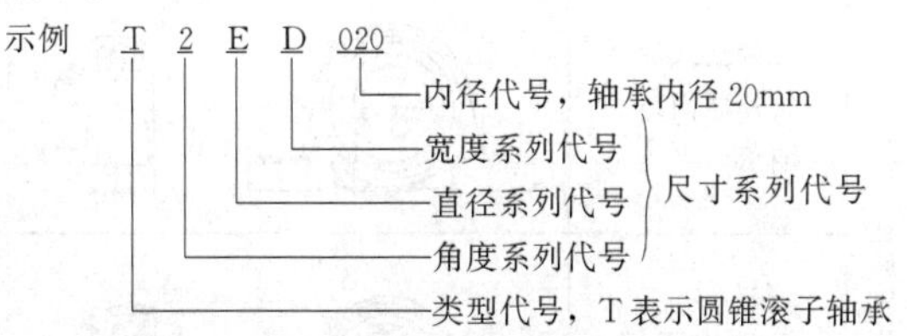

1.4.10.3　后置代号

后置代号如前述。

1.5 带座外球面球轴承代号

1.5.1 带座轴承代号的构成及排列

表 7-1-27 带座轴承代号的构成及排列

前置代号		基本代号						后置代号	
		带座轴承结构型式代号				尺寸系列代号	内径代号		
		外球面球轴承结构型式代号		外球面球轴承座结构型式代号					
代号	含义	代号	含义	代号	含义			代号	含义
C-	带座轴承两侧(对法兰座只有一侧)为铸造通盖	UC	带顶丝外球面球轴承	P	铸造立式座	2 3	见表7-1-6	/RS	密封结构改变
CM-	带座轴承一侧为铸造通盖,而另一侧(对法兰座只有这一侧)为铸造盲盖	UEL	带偏心套外球面球轴承	PH	铸造高中心立式座			/R3	带三唇密封圈
S-	带座轴承两侧(对法兰座只有一侧)为钢板冲压通盖	UK	有圆锥孔外球面球轴承	PA	铸造窄立式座			—	轴承与轴承座的球面内径采用H7公差相配合
SM-	带座轴承一侧为钢板冲压通盖,而另一端(对法兰座只有这一侧)为钢板冲压盲盖	UB	一端平头带顶丝外球面球轴承	FU	铸造方形座			/J	轴承与轴承座的球面内径采用J7公差相配合
		UE	一端平头带偏心套外球面球轴承	FS	铸造凸台方形座			/K	轴承与轴承座的球面内径采用K7公差相配合
		UD	两端平头外球面球轴承	FLU	铸造菱形座			G	轴承外圈上有润滑油槽
				FA	铸造可调菱形座				
				FC	铸造凸台圆形座				
				K	铸造滑块座				
				C	铸造环形座				
				FT	铸造三角形座				
				FB	铸造悬挂式座				
				HA	铸造悬吊式座				
				PP	冲压立式座				
				PF	冲压圆形座				
				PFT	冲压三角形座				
				PFL	冲压菱形座				
方形、菱形、圆形、三角形座属法兰座		带座轴承基本结构及代号构成见表7-1-28						其后置代号同通用滚动轴承	

1.5.2 带座轴承基本结构及代号构成

表 7-1-28 带座轴承基本结构及代号构成

轴承结构类型		结构简图	带座轴承结构型式代号		尺寸系列代号	基本代号	标准号
			轴承结构型式代号	轴承座结构型式代号			
带铸造座轴承	带立式座顶丝外球面球轴承	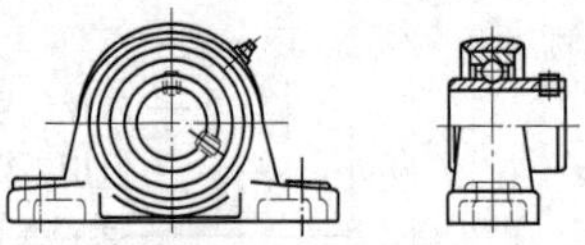	UC	P	2 3	UCP 200 UCP 300	GB/T 7810—2017
	带立式座偏心套外球面球轴承	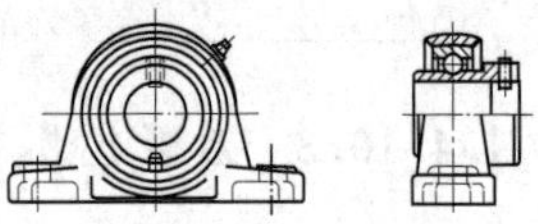	UEL	P	2 3	UELP 200 UELP 300	

续表

<table>
<tr><th colspan="2" rowspan="2">轴承结构类型</th><th rowspan="2">结构简图</th><th colspan="2">带座轴承结构型式代号</th><th rowspan="2">尺寸系列代号</th><th rowspan="2">基本代号</th><th rowspan="2">标准号</th></tr>
<tr><th>轴承结构型式代号</th><th>轴承座结构型式代号</th></tr>
<tr><td rowspan="10">带铸造座轴承</td><td>带高中心立式座顶丝外球面球轴承</td><td> 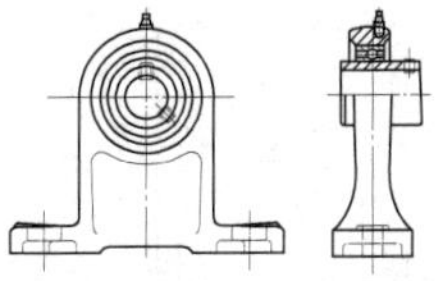</td><td>UC</td><td>PH</td><td>2</td><td>UCPH 200</td><td rowspan="2">JB/T 5303—2002</td></tr>
<tr><td>带窄立式座顶丝外球面球轴承</td><td> 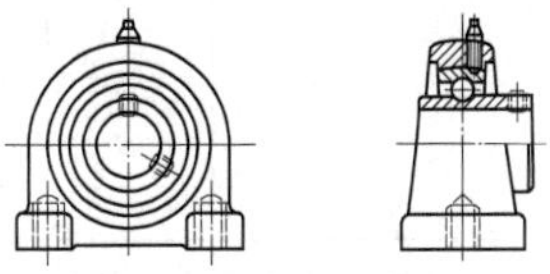</td><td>UC</td><td>PA</td><td>2</td><td>UCPA 200</td></tr>
<tr><td>带方形座顶丝外球面球轴承</td><td> 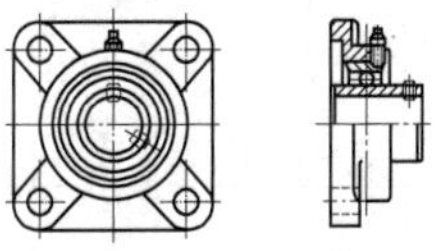</td><td>UC</td><td>FU</td><td>2
3</td><td>UCFU 200
UCFU 300</td><td rowspan="2">GB/T 7810—2017</td></tr>
<tr><td>带方形座偏心套外球面球轴承</td><td> 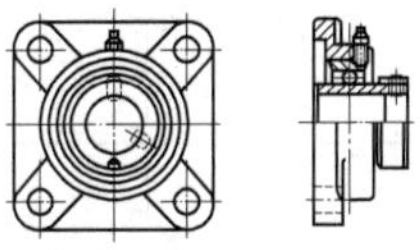</td><td>UEL</td><td>FU</td><td>2
3</td><td>UELFU 200
UELFU 300</td></tr>
<tr><td>带凸台方形座顶丝外球面球轴承</td><td> 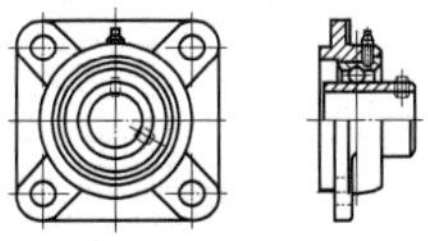</td><td>UC</td><td>FS</td><td>3</td><td>UCFS 300</td><td>—</td></tr>
<tr><td>带菱形座顶丝外球面球轴承</td><td> 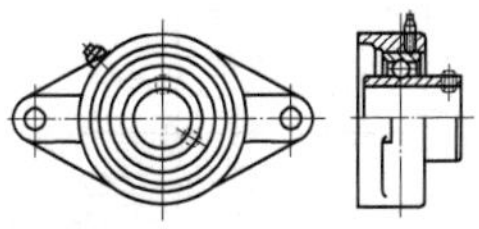</td><td>UC</td><td>FLU</td><td>2
3</td><td>UCFLU 200
UCFLU 300</td><td rowspan="2">GB/T 7810—2017</td></tr>
<tr><td>带菱形座偏心套外球面球轴承</td><td> 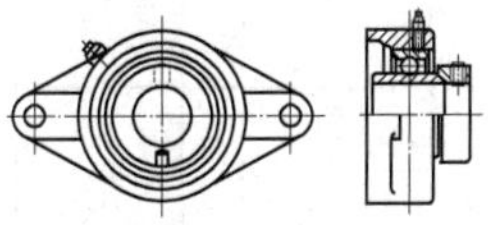</td><td>UEL</td><td>FLU</td><td>2
3</td><td>UELFLU 200
UELFLU 300</td></tr>
<tr><td>带可调菱形座顶丝外球面球轴承</td><td> 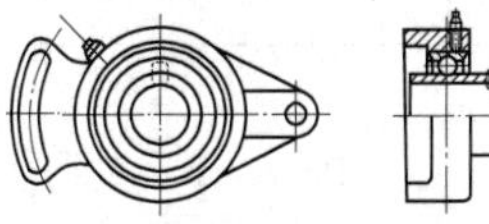</td><td>UC</td><td>FA</td><td>2</td><td>UCFA 200</td><td>JB/T 5303—2002</td></tr>
<tr><td>带凸台圆形座顶丝外球面球轴承</td><td> 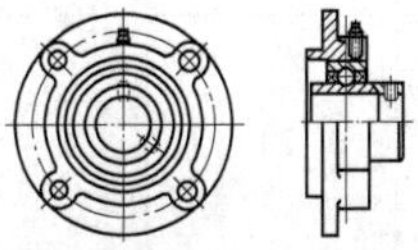</td><td>UC</td><td>FC</td><td>2</td><td>UCFC 200</td><td rowspan="2">GB/T 7810—2017</td></tr>
<tr><td>带凸台圆形座偏心套外球面球轴承</td><td> 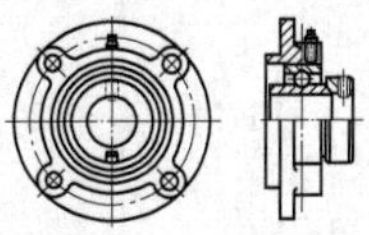</td><td>UEL</td><td>FC</td><td>2</td><td>UELFC 200</td></tr>
</table>

续表

轴承结构类型		结构简图	带座轴承结构型式代号		尺寸系列代号	基本代号	标准号
			轴承结构型式代号	轴承座结构型式代号			
带铸造座轴承	带滑块座顶丝外球面球轴承	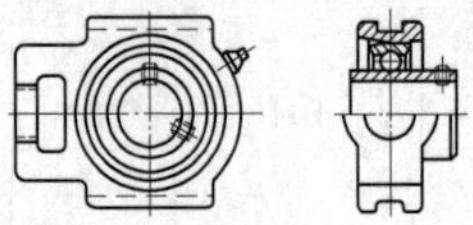	UC	K	2 3	UCK 200 UCK 300	—
	带滑块座偏心套外球面球轴承	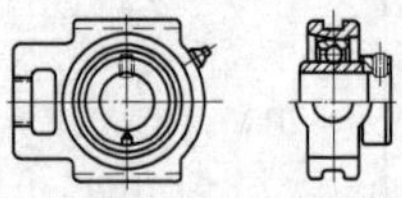	UEL	K	2 3	UELK 200 UELK 300	
	带环形座顶丝外球面球轴承	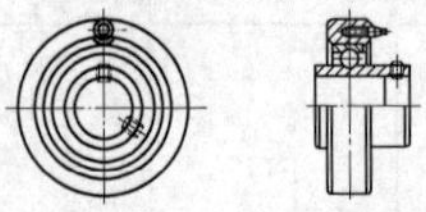	UC	C	2 3	UCC 200 UCC 300	GB/T 7810—2017
	带环形座偏心套外球面球轴承	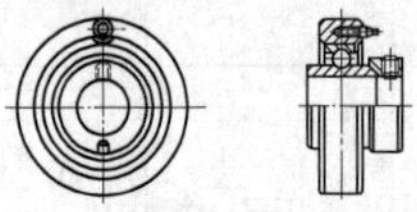	UEL	C	2 3	UELC 200 UELC 300	
	带悬挂式座顶丝外球面球轴承	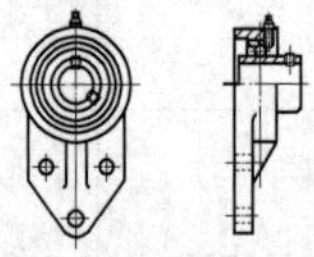	UC	FB	2	UCFB 200	JB/T 5303—2002
	带悬吊式座顶丝外球面球轴承	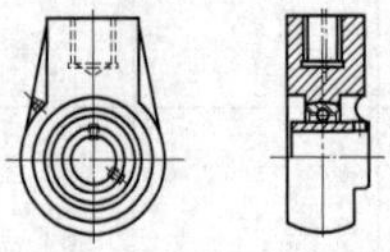	UC	HA	2	UCHA 200	
带冲压座轴承	带冲压立式座顶丝外球面球轴承	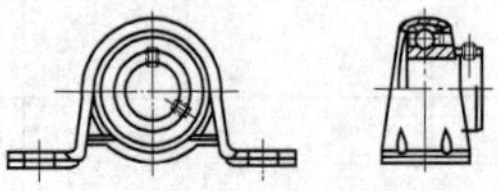	UB	PP	2	UBPP 200	GB/T 7810—2017
	带冲压立式座偏心套外球面球轴承	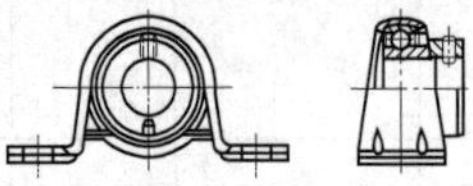	UE	PP	2	UEPP 200	
	带冲压圆形座顶丝外球面球轴承	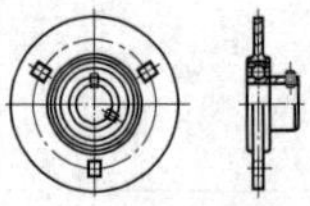	UB	PF	2	UBPF 200	
	带冲压圆形座偏心套外球面球轴承	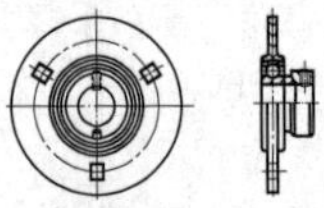	UE	PF	2	UEPF 200	GB/T 7810—2017
	带冲压三角形座顶丝外球面球轴承	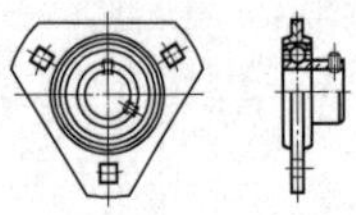	UB	PFT	2	UBPFT 200	

续表

轴承结构类型		结构简图	带座轴承结构型式代号		尺寸系列代号	基本代号	标准号
			轴承结构型式代号	轴承座结构型式代号			
带冲压座轴承	带冲压三角形座偏心套外球面球轴承		UE	PFT	2	UEPFT 200	GB/T 7810—2017
	带冲压菱形座顶丝外球面球轴承		UB	PFL	2	UBPFL 200	
	带冲压菱形座偏心套外球面球轴承		UE	PFL	2	UEPFL 200	

第7篇

1.5.3　带附件的带座轴承代号

表 7-1-29　带紧定套的带座轴承代号

结构型式	带座轴承结构型式代号	紧定套代号	组合代号
带立式座紧定套外球面球轴承	UKP	H 000	UKP 000+H 000
带方形座紧定套外球面球轴承	UKFU	H 000	UKFU 000+H 000
带菱形座紧定套外球面球轴承	UKFL	H 000	UKFL 000+H 000
带凸台圆形座紧定套外球面球轴承	UKFC	H 000	UKFC 000+H 000
带滑块座紧定套外球面球轴承	UKK	H 000	UKK 000+H 000

1.6　专用轴承的分类和代号

一些专用轴承的分类、结构和代号有其特殊的要求，主要规定在以下标准中。

机床丝杠用推力角接触球轴承的代号，按 GB/T 24604—2009 的规定。

摩托车连杆支承用滚针和保持架组件的代号，按 GB/T 25762—2010 的规定。

汽车变速箱用滚针轴承的代号，按 GB/T 25763—2010 的规定。

汽车变速箱用滚子轴承的代号，按 GB/T 25764—2010 的规定。

汽车变速箱用球轴承的代号，按 GB/T 25765—2010 的规定。

铁路货车轴承的代号，按 GB/T 25770—2010 的规定。

铁路机车轴承的代号，按 GB/T 25771—2010 的规定。

铁路客车轴承的代号，按 GB/T 25772—2010 的规定。

机床主轴用圆柱滚子轴承的代号，按 GB/T 27559—2011 的规定。

风力发电机组偏航、变桨轴承的代号，按 GB/T 29717—2013 的规定。

风力发电机组主轴轴承的代号，按 GB/T 29718—2013 的规定。

风力发电机组齿轮箱轴承的代号，按 GB/T 33623—2017 的规定。

工业机器人谐波齿轮减速器用柔性轴承的代号，按 GB/T 34884—2017 的规定。

工业机器人 RV 减速器用精密轴承的代号，按 GB/T 34897—2017 的规定。

万向节滚针轴承的代号，按 JB/T 3232—2017 的规定。

万向节圆柱滚子轴承的代号，按 JB/T 3370—2011 的规定。

轧机压下机构用满装圆锥滚子推力轴承的代号，按 JB/T 3632—2015 的规定。

汽车离合器分离轴承单元的代号，按 JB/T 5312—2011 的规定。

轧机用四列圆柱滚子轴承的代号，按 JB/T 5389.1—2016 的规定。

轧机用双列和四列圆锥滚子轴承的代号，按 JB/T 5389.2—2017 的规定。

机床主轴用双向推力角接触球轴承的代号，按 JB/T 6362—2007 的规定。

变速传动用轴承的代号，按 JB/T 6635—2007 的规定。

机器人用薄壁密封轴承的代号，按 JB/T 6636—2007 的规定。

水泵轴连轴承的代号，按 JB/T 8563—2010 的规定。

输送链用圆柱滚子滚轮轴承的代号，按 JB/T 8568—2010 的规定。

转向器用推力角接触球轴承的代号，按 JB/T 8717—2010 的规定。

磁电机球轴承的代号，按 JB/T 8721—2010 的规定。

煤矿输送机械用轴承的代号，按 JB/T 8722—2010 的规定。

汽车转向节用推力轴承的代号，按 JB/T 10188—2010 的规定。

汽车用等速万向节及其总成的代号，按 JB/T 10189—2010 的规定。

汽车轮毂轴承单元的代号，按 JB/T 10238—2017 的规定。

转盘轴承的代号，按 JB/T 10471—2017 的规定。

汽车空调电磁离合器用双列角接触球轴承的代号，按 JB/T 10531—2005 的规定。

农机用圆盘轴承的代号，按 JB/T 10857—2008 的规定。

汽车发动机张紧轮和惰轮轴承及其单元的代号，按 JB/T 10859—2008 的规定。

摩托车用超越离合器的代号，按 JB/T 11086—2011 的规定。

冲压外圈滚针离合器的代号，按 JB/T 11251—2011 的规定。

圆柱滚子离合器和球轴承组件的代号，按 JB/T 11252—2011 的规定。

汽/柴油发动机起动机用滚针轴承的代号，按 JB/T 11613—2013 的规定。

电梯曳引机用轴承的代号，按 JB/T 13348—2017 的规定。

汽车发电机单向皮带轮轴承组件的代号，按 JB/T 13350—2017 的规定。

汽车缓速器用轴承的代号，按 JB/T 13351—2017 的规定。

汽车减振器用轴承的代号，按 JB/T 13352—2017 的规定。

第2章　滚动轴承的特点与选用

2.1　滚动轴承结构类型的特点及适用范围

表 7-2-1　　滚动轴承的主要结构类型特点及适用范围

序号	类型	主要结构型式	结构特点	适用范围
1	深沟球轴承	基本型深沟球轴承 60000 型	1)结构简单,使用方便,密封和防尘轴承在安装使用时不用清洗和添加润滑剂,应用范围广 2)主要用于承受径向载荷,也可承受一定的轴向载荷。当深沟球轴承的径向游隙加大时,具有角接触球轴承的功能,可承受较大的轴向载荷 3)摩擦因数小,振动与噪声较低,极限转速高 4)不耐冲击,不适应承受较重载荷 5)带止动槽的轴承,装入止动环后可简化轴承在轴承座孔内的轴向定位,缩小部件的轴向尺寸	主要应用于汽车、拖拉机、机床、电机、水泵、农业机械、纺织机械等
2		外圈有止动槽的深沟球轴承 60000 N 型		
3		带防尘盖的深沟球轴承 60000-Z 和 60000-2Z 型		
4		带密封圈的深沟球轴承(接触式)60000-RS60000-2RS		
5		带密封圈的深沟球轴承(非接触式)60000-RZ 和 60000-2RZ		
6		外圈有止动槽的深沟球轴承 60000 N 型		
7	调心球轴承	圆柱孔调心球轴承 10000 型	1)主要承受径向载荷,同时,也可承受较小的轴向载荷,一般不承受纯轴向载荷 2)具有自动调心的性能,可以自动补偿由于轴的挠曲和轴承座孔变形产生的同轴误差,适用于支承座孔不能保证严格同轴度的部件中 3)极限转速较深沟球轴承低 4)装在紧定套上的调心球轴承,适于安装在无轴肩的光轴上,安装和拆卸都很方便。用紧定套还可调整轴承的径向游隙	主要用在联合收割机等农业机械、鼓风机、造纸机、纺织机械、木工机械、桥式吊车走轮及传动轴上
8		圆锥孔(锥度 1∶12)调心球轴承 10000 K 型		
9		装在紧定套上的调心球轴承 10000 K+H 型		
10	角接触球轴承	不可分离型锁口在外圈角接触球轴承 70000 C 型、70000 AC 型、70000 B 型	1)可以同时承受径向载荷和轴向载荷,也可以承受纯轴向载荷,接触角越大,承受轴向载荷的能力也越大 2)载荷能力在球轴承中最大,刚性大,且可预调,制造精度是各类轴承中最高的类型之一,尤其适用于高速、高精度的场合 3)单列角接触球轴承只能承受单向轴向载荷,在承受径向载荷时,由于在轴承内部产生轴向分力而导致内外圈分离,因此必须对置、配对或组配使用 4)双半内圈角接触球轴承可承受任一方向的轴向载荷,也可承受以轴向载荷为主的轴向径向联合载荷,在纯轴向载荷作用下,可承受双向轴向载荷。还可以承受力矩载荷,不宜承受以径向为主的载荷	适用于支承间距不大、刚性好的双支承轴上,如机床主轴,尤其是磨床砂轮轴,内燃机液力变速箱、蜗杆减速器、电钻、离心机和增压器等
11		三点和四点接触球轴承(双半内圈)QJS 0000 型和 QJ 0000 型		
12		成对安装角接触球轴承		
13		外圈可分离型角接触球轴承 S70000 型		
14		双列角接触球轴承 3200 型、3300 型		
15	圆柱滚子轴承	单列圆柱滚子轴承 N 0000 型和 NU 0000 型、NF 0000 型、NJ 0000 +HJ 0000 型、NUP 0000 型	1)径向承载能力高,若内外圈都有挡边,可承受一定的轴向载荷 2)在滚子轴承中,摩擦因数最小,极限转速高 3)属于可分离型轴承。安装、拆卸方便,尤其是当要求内、外圈与轴、轴承座孔都是过盈配合时更显其优点	主要用于大型电机、机床主轴、车轴轴箱、柴油机曲轴以及汽车、拖拉机、轧机等
16		双列圆柱滚子轴承 NN 0000 型、NNU 0000 型		
17		四列圆柱滚子轴承 FC 型、FCD 型和 FCDP 型		

第7篇

续表

<table>
<tr><th>序号</th><th>类型</th><th>主要结构型式</th><th>结构特点</th><th>适用范围</th></tr>
<tr><td>18</td><td rowspan="3">调心滚子轴承</td><td>圆柱孔调心滚子轴承 20000 型</td><td rowspan="3">1)主要承受径向载荷,同时也能承受任一方向的轴向载荷,但不能承受纯轴向载荷
2)具有自动调心性能,能补偿同轴度误差
3)适于在重载或振动载荷下工作</td><td rowspan="3">主要用于承受较大冲击载荷或挠曲度、同心度误差较大的支承部位,如矿山、冶金和海运等重型机械</td></tr>
<tr><td>19</td><td>圆锥孔(锥度 1∶12)调心滚子轴承 20000 K 型</td></tr>
<tr><td>20</td><td>装在紧定套上的调心滚子轴承 20000 K+H 型</td></tr>
<tr><td>21</td><td rowspan="3">圆锥滚子轴承</td><td>单列圆锥滚子轴承 30000 型</td><td rowspan="3">1)主要适用于承受以径向载荷为主的径向与轴向联合载荷,接触角越大,轴向载荷能力也越大
2)与单列角接触球轴承相同,在承受径向载荷时,需对置、配对或组配使用
3)为分离型轴承,装拆方便</td><td rowspan="3">用于汽车后桥轮毂、大型机床主轴、大功率减速器、车轴轴箱、输送装置的滚轮,以及轧钢机上的支承辊和工作辊等</td></tr>
<tr><td>22</td><td>双列圆锥滚子轴承 350000 型</td></tr>
<tr><td>23</td><td>四列圆锥滚子轴承 380000 型</td></tr>
<tr><td>24</td><td rowspan="3">滚针轴承</td><td>滚针和保持架组件 K 000000 型</td><td rowspan="3">1)径向结构紧凑
2)极限转速较低,带保持架的滚针轴承,适用于较高转速
3)径向承载能力大,刚性较高,摩擦力矩较大</td><td rowspan="3">适用于径向安装尺寸受限制的支承结构。用于万向节轴、液压泵、薄板轧机、凿岩机、机床齿轮箱、汽车及拖拉机变速箱、连杆和轴(或外壳)有摆动运动的机械部件以及纺织设备</td></tr>
<tr><td>25</td><td>实体套圈滚针轴承 NA 0000 型</td></tr>
<tr><td>26</td><td>冲压外圈滚针轴承 HK 型、BK 型</td></tr>
<tr><td>27</td><td rowspan="2">推力球轴承</td><td>单向推力球轴承 51000 型</td><td>1)只能承受一个方向的轴向载荷,可以限制轴和外壳一个方向和轴向移动
2)极限转速低</td><td rowspan="2">用于立式钻床、立式水泵、车床顶针座、机床主轴、汽车离合器、蜗杆减速器、千斤顶、阀门、钻探机转盘、起重机和天车吊钩等机械中</td></tr>
<tr><td>28</td><td>双向推力球轴承 52000 型</td><td>1)能承受两个方向的轴向载荷,可限制轴和外壳两个方向的轴向移动
2)极限转速低</td></tr>
<tr><td>29</td><td rowspan="4">推力滚子轴承</td><td>推力调心滚子轴承 29000 型</td><td>1)承受轴向载荷为主的轴、径向联合载荷。但径向载荷不得超过轴向载荷的 55%
2)具有调心性能
3)与其他推力滚子轴承相比,此种轴承摩擦因数较低,转速较高</td><td>用于石油钻机、远洋货轮螺旋桨轴、联合掘进机、高架起重机、大型塔吊转盘、钻探机转盘</td></tr>
<tr><td>30</td><td>推力圆柱滚子轴承 80000 型</td><td rowspan="2">1)能承受单向轴向载荷,双向推力圆柱滚子轴承可以承受双向轴向载荷
2)载荷能力较大
3)极限转速低</td><td rowspan="2">用于重型机床、大功率船用齿轮箱、石油钻机、立式钻机等</td></tr>
<tr><td>31</td><td>推力圆锥滚子轴承 90000 型</td></tr>
<tr><td>32</td><td>推力滚针轴承 AXK 型</td><td>1)能承受轴向载荷,能限制轴承单向轴向位移
2)轴向尺寸较小</td><td>用于轴向尺寸受限制的机械</td></tr>
<tr><td>33</td><td rowspan="3">组合轴承</td><td>滚针和推力球组合轴承 NKX 型</td><td rowspan="3">1)能承受较大的径向和轴向的联合载荷
2)能限制轴或外壳的轴向位移
3)结构紧凑,极限转速较低</td><td rowspan="3">适用于径向尺寸特别受限制的部件</td></tr>
<tr><td>34</td><td>滚针和推力圆柱滚子组合轴承 NKXR 型</td></tr>
<tr><td>35</td><td>滚针和角接触球组合轴承 NKIA5900 型(单向)、NKIB 5900 型(双向)</td></tr>
</table>

续表

序号	类型	主要结构型式	结构特点	适用范围
36	外球面球轴承	带顶丝外球面球轴承 UC	1)结构紧凑,重量轻、体积小,装拆方便 2)具有良好的自动调心性能 3)承载能力同深沟球轴承	适用于多支承轴、长轴、刚度小易变形的轴的主机,如采矿、冶金、农业、化工、输送机械
37		带偏心套外球面球轴承 UEL		
38		带紧定套外球面球轴承 UK		

2.2　滚动轴承的选用

2.2.1　轴承的类型选用

（1）按安装空间选用

一般是根据轴的尺寸选用轴承，通常小轴选用球轴承；大轴选用滚子轴承。对于小直径的轴，所有种类的球轴承都适合，最常用的是深沟球轴承，滚针轴承也很适合。对于大直径的轴，圆柱、圆锥、调心滚子和深沟球轴承都适合。

若轴承的安装空间在径向受限制，应选用径向截面高度尺寸较小的轴承，如滚针和保持架组件、冲压外圈滚针轴承和无内圈或甚至带有内圈的滚针轴承、单套圈或无套圈轴承、直径系列为 7、8、9 的轴承或专用的薄壁轴承以及一些系列的深沟和角接触球轴承，圆柱、圆锥、调心滚子轴承等。

若轴承的安装空间在轴向受限制，应选用宽度尺寸较小的轴承，如宽度系列为 8、0、1 的轴承或高度系列为 7、9 的轴承。如果是单纯的轴向载荷，可以用滚针轴承和保持架推力组件（带或不带垫圈），以及推力球轴承和推力圆柱滚子轴承。

（2）按载荷选用

载荷大小通常是决定选用轴承的因素之一。轻载荷或中等载荷时大部分用球轴承。在重载荷和大轴径情况下，滚子轴承通常是更合适的选择，而满装滚动体的轴承比带保持架的轴承可承受更大的载荷。在基本外形尺寸相同的情况下，滚子轴承的承载能力为球轴承的 1.5～3 倍。即球轴承一般适用于承受轻、中载荷，滚子轴承一般适用于承受中、重载荷以及冲击载荷。

各类向心轴承都适用于承受纯径向载荷，但单列角接触球轴承和单列圆锥滚子轴承不能单独使用；各类推力轴承都适用于承受纯轴向载荷，但单向推力轴承只能承受一个方向的轴向载荷，双向推力轴承则可以承受两个方向的轴向载荷。

以径向载荷为主的联合载荷，一般可选用角接触球轴承和圆锥滚子轴承；若轴向载荷较小时，还可选用深沟球轴承和内、外圈都有挡边的圆柱滚子轴承。以轴向载荷为主的联合载荷，一般可选用推力角接触球轴承、四点接触球轴承、推力调心滚子轴承等。当联合载荷中的轴向载荷为双向交替时，单列角接触球轴承、圆锥滚子轴承需对置或配对、组配使用。

对于力矩载荷，一般可选用配对角接触球轴承和配对圆锥滚子轴承，也可选用交叉滚子轴承、双列深沟球轴承或双列角接触球轴承。

（3）按转速选用

滚动轴承的工作转速主要取决于其允许运转温度。摩擦阻力低、内部发热较少的轴承适用于高速运转的场合。

仅承受径向载荷时，深沟球轴承和圆柱滚子轴承适应于较高转速。当承受联合载荷时，可选用角接触球轴承。高精度角接触球轴承可以达到很高转速，尤其是装有陶瓷球的深沟球轴承和角接触球轴承。

一般各种推力轴承的极限转速均低于相应类型的向心轴承。

（4）按精度选用

对于多数用途而言，采用普通级公差轴承已足以满足要求，只有在对轴的旋转精度、运转平稳性、转速、振动和噪声、摩擦力矩有更高要求时，如机床主轴、计算机磁盘驱动器主轴、精密仪器、涡轮增压器等所用轴承，才选用更高公差等级的轴承。一般称 5 级公差轴承为精密轴承；4 级公差轴承为高精密轴承；2 级公差轴承为超精密轴承。

深沟球轴承、角接触球轴承和圆柱滚子轴承，适宜于制造高精密轴承，适用于高旋转精度的用途，但轴和外壳的精度和刚度也应与之匹配。

（5）按不对中选用

由于轴和轴承座或外壳孔的制造误差、安装误差以及轴在承载后出现的挠曲等，常使轴承内、外圈之间产生倾斜即不对中现象。对于有较大不对中的情况，可选用调心球轴承、调心滚子轴承、带座外球面球轴承、推力调心滚子轴承等具有调心功能的轴承。常用轴承允许的偏斜量见表 7-2-2。

表 7-2-2　　常用轴承允许的偏斜量

轴承类型	允许的偏斜量
深沟球轴承(基本组游隙)	2′～10′
圆柱滚子轴承	3′～4′
单列圆锥滚子轴承	2′～4′
调心球轴承	1.5°～3°
调心滚子轴承	1.5°～3.5°

(6) 按刚性选用

在尺寸相同的情况下，滚子轴承的刚度比球轴承大。在大多数应用场合不需要考虑刚性问题。只有在旋转精度要求高的场合，如主轴轴承、薄板轧机等轴承对刚度有要求。对于选定的轴承，特别是角接触类轴承和带紧定套的轴承，还可以通过适当的预紧来提高轴承的刚度。

(7) 按振动与噪声选用

对于要求低振动与低噪声的工况，可选用深沟球轴承、圆柱滚子轴承和圆锥滚子轴承等低噪声轴承。其中深沟球轴承可制造的振动和噪声限值最低。

(8) 按轴向移动选用

在轴的支承中，通常轴的一端采用一个定位轴承限制轴的自由游动，另一端采用一个可自由移动的游动轴承，以此来补偿轴在使用中，因热胀冷缩而引起轴向伸长或缩短。定位轴承宜选用深沟球轴承、双列或配对角接触球轴承等，或仅承受轴向载荷的双向推力轴承等来实现轴向限位；游动轴承通常选用内圈或外圈无挡边的 NU 型及 N 型圆柱滚子轴承，也可使用 NJ 型圆柱滚子轴承或滚针轴承。若采用深沟球轴承、调心滚子轴承等不可分离型轴承，内圈或外圈的配合应采用间隙配合。

(9) 按摩擦力矩选用

一般情况下，球轴承比滚子轴承的摩擦力矩小。受纯径向载荷作用时，径向接触轴承的摩擦力矩小；受纯轴向载荷作用时，轴向接触轴承的摩擦力矩小；受径向和轴向联合载荷作用时，轴承接触角与载荷角相近的角接触球轴承摩擦力矩最小。在需要低摩擦力矩的仪器和机械中，选用球轴承或圆柱滚子轴承较适宜。

(10) 按便于安装与拆卸选用

圆柱滚子轴承、圆锥滚子轴承、滚针轴承、推力轴承、四点接触球轴承等内、外圈可分离的轴承，安装或拆卸较为方便，适用于经常定期检查、拆装频繁的场合。

有锥形内孔的轴承，若适宜紧定套或退卸套，安装和拆卸轴承也较方便。

(11) 综合工作性能比较(表 7-2-3)

表 7-2-3　　滚动轴承综合工作性能比较

轴承类型		承载能力		高速性能	旋转精度	振动噪声	摩擦性能	刚性	调心性	耐冲击性	可分离性	固定轴承	游动轴承	内圈有锥孔
		径向	轴向											
深沟球轴承		中	双向	优	优	优	优	中	中	差	不可	可	可	不可
角接触球轴承		中	单向	优	优	优	优	中	中	差	不可	可	不可	不可
四点接触球轴承		差	双向	良	中	中	良	中	无	差	可	可	不可	不可
双列角接触球轴承		良	双向	中	良	中	中	良	差	中	不可	可	可	不可
成对安装角接触球轴承		良	双向	良	优	良	良	良	中	差	不可	可	可	不可
调心球轴承		中	双向	中	差	中	良	差	优	无	不可	可	可	可
圆柱滚子轴承	内圈无挡边	良	无	优	优	良	良	良	中	良	可	不可	可	不可
圆柱滚子轴承	内圈单挡边	良	单向	良	良	良	中	良	中	良	可	不可	可	不可
圆柱滚子轴承	内圈单挡边并带平挡圈	良	双向	良	中	良	中	良	中	良	可	可	可	不可
圆柱滚子轴承	双列	优	无	良	优	良	中	优	差	良	可	不可	可	可
滚针轴承		良	无	良	中	良	差	良	差	良	可	不可	可	不可
圆锥滚子轴承		良	单向	良	优	中	中	良	中	良	可	可	不可	不可
双、四列圆锥滚子轴承		优	双向	中	中	中	中	优	差	优	可	可	可	不可
调心滚子轴承		优	双向	中	差	中	中	优	优	优	不可	可	可	可
推力球轴承		无	单向	差	中	中	中	差	无	差	可	不可	不可	不可
带调心垫圈的推力球轴承		无	单向	差	差	中	中	差	优	差	可	不可	不可	不可

续表

轴承类型	承载能力		高速性能	旋转精度	振动噪声	摩擦性能	刚性	调心性	耐冲击性	可分离性	固定轴承	游动轴承	内圈有锥孔
	径向	轴向											
推力圆柱滚子轴承	无	单向	差	差	中	中	优	无	优	可	不可	不可	不可
推力圆锥滚子轴承	无	单向	差	差	中	中	优	—	—	可	不可	不可	不可
推力调心滚子轴承	差	单向	差	差	中	中	优	优	优	可	不可	不可	不可
双向推力角接触球轴承	无	双向	良	优	中	中	良	无	无	可	不可	不可	不可
推力滚针轴承	无	单向	差	差	中	中	良	无	—	可	不可	不可	不可
外球面球轴承	中	双向	差	差	差	差	中	中	—	不可	可	不可	不可

2.2.2　滚动轴承的尺寸选择

轴承的类型确定后，轴承尺寸的选择主要是根据轴承所承受的载荷、轴承的寿命及可靠性等要求。一般而言，轴承的尺寸越大，其所能承受的载荷越大。基本额定载荷是评定轴承承载能力的技术指标，各类轴承的基本额定动载荷和基本额定静载荷的数值列入第 5 章的轴承尺寸性能表中。

（1）轴承寿命与承载能力的基本概念

寿命：指轴承的一个套圈（或垫圈）或滚动体材料上出现第一个疲劳扩展迹象之前，轴承的一个套圈（或垫圈）相对另一个套圈（或垫圈）旋转的转数。寿命还可用在给定的恒定转速下运转的小时数表示。

可靠度（属轴承寿命范畴）：指一组在相同条件下运转、近于相同的滚动轴承期望达到或超过规定寿命的百分率。单个滚动轴承的可靠度为该轴承达到或超过规定寿命的概率。

额定寿命：以径向基本额定动载荷或轴向基本额定动载荷为基础的寿命的预测值。

基本额定寿命：对于单个滚动轴承或一组在相同条件下运转、近于相同的滚动轴承，其寿命是与 90% 的可靠度、当代常用材料和加工质量以及常规运转条件相关的。所谓基本额定寿命，即一组相同轴承，逐个地在同一运转条件下运转，其中 90%（可靠度 90%）的轴承不发生滚动疲劳性剥落的运转总转数。在旋转速度一定的情况下，则以总运转时间来表示。

修正额定寿命：考虑到 90% 以外的可靠度和（或）非惯用材料特性和非常规运转条件而对基本额定寿命进行修正所得到的额定寿命。

中值寿命：在同一条件下运转的一组近于相同的滚动轴承的 50%达到或超过的寿命。

中值额定寿命：与 50%可靠度关联的额定寿命，即以径向基本额定动载荷或轴向基本额定动载荷为基础的预测中值寿命。

静载荷：轴承套圈或垫圈彼此相对旋转速度为零时（向心或推力轴承）或滚动元件在滚动方向无运动时（直线轴承），作用在轴承上的载荷。

动载荷：轴承套圈或垫圈彼此相对旋转时（向心或推力轴承）或滚动元件间沿滚动方向运动时（直线轴承），作用在轴承上的载荷。

静载荷或动载荷可以是恒定载荷，也可以是可变载荷。所谓静和动，是指轴承的工作状态，而不是指载荷的性质。

径向基本额定动载荷 C_r：指一套滚动轴承理论上所能承受的恒定的径向载荷。在该载荷作用下，轴承的基本额定寿命为一百万转。对于单列角接触轴承，该载荷是指引起轴承套圈相互间产生纯径向位移的载荷的径向分量。

轴向基本额定动载荷 C_a：是指一套滚动轴承理论上所能承受的恒定的中心轴向载荷。在该载荷作用下，轴承的基本额定寿命为一百万转。

径向当量动载荷 P_r：是指一恒定的径向载荷，在该载荷作用下，滚动轴承具有与实际载荷条件下相同的寿命。

轴向当量动载荷 P_a：是指一恒定的中心轴向载荷，在该载荷作用下，滚动轴承具有与实际载荷条件下相同的寿命。

径向基本额定静载荷 C_{0r}：在最大载荷滚动体和滚道接触中心处产生与下列计算接触应力相当的径向静载荷。

——4600 MPa　调心球轴承；

——4200 MPa　其他类型的向心球轴承；

——4000 MPa　向心滚子轴承。

对于单列角接触球轴承，径向额定静载荷是指引起轴承套圈相互间纯径向位移的载荷的径向分量。

轴向基本额定静载荷 C_{0a}：在最大载荷滚动体和滚道接触中心处产生与下列计算接触应力相当的中心轴向静载荷。

——4200 MPa 推力球轴承；

——4000 MPa 推力滚子轴承。

上述这些接触应力是指引起滚动体与滚道产生总永久变形量约为滚动体直径的 0.0001 倍时的应力。换言之，轴承基本额定静载荷就是对应于最大载荷滚动体与滚道接触中心处产生的总永久变形量约为滚动体直径的万分之一时的载荷。

径向当量静载荷 P_{0r}：是指在最大载荷滚动体与滚道接触中心处产生与实际载荷条件下相同接触应力的径向静载荷。

轴向当量静载荷 P_{0a}：是指在最大载荷滚动体与滚道接触中心处产生与实际载荷条件下相同接触应力的中心轴向静载荷。

(2) 按额定动载荷选择轴承尺寸

根据 GB/T 6391—2010，轴承基本额定寿命为：

$$L_{10}=\left(\frac{C}{P}\right)^{\varepsilon} \qquad (7\text{-}2\text{-}1)$$

式中 L_{10}——基本额定寿命，10^6 转（百万转）；

C——基本额定动载荷，N；

P——当量动载荷，N；

ε——寿命指数（球轴承 $\varepsilon=3$，滚子轴承 $\varepsilon=10/3$）。

当轴承转速不变时，可用时间来表示轴承的疲劳寿命：

$$L_{10h}=\frac{10^6}{60n}\left(\frac{C}{P}\right)^{\varepsilon} \quad 或 \quad L_{10h}=\frac{10^6}{60n}L_{10} \qquad (7\text{-}2\text{-}2)$$

式中 L_{10h}——基本额定寿命，h；

n——轴承转速，r/min。

汽车、车辆等用轴承，基本额定寿命可用其行驶千米数表示：

$$L_{10k}=\pi D\left(\frac{C}{P}\right)^{\varepsilon} \quad 或 \quad L_{10k}=\pi D\,L_{10} \qquad (7\text{-}2\text{-}3)$$

式中 L_{10k}——基本额定寿命，km；

D——车轮直径，mm。

可以根据不同工况条件下轴承的预期寿命选取轴承尺寸，再根据式 (7-2-1)～式 (7-2-3) 验算所选定的轴承是否满足寿命的要求。一般情况下，轴承的尺寸越大，其疲劳寿命也越长。各类机械所需轴承使用寿命的推荐值见表 7-2-4。

轴承的预期寿命确定后，再进行额定动载荷和额定静载荷的计算。

由式 (7-2-2)

$$L_{10h}=\frac{10^6}{60n}L_{10}=\frac{L_{10}\times 500\times 33\frac{1}{3}\times 60}{n\times 60}$$

则

$$\frac{L_{10h}}{500}=\left(\frac{C}{P}\right)^{\varepsilon}\times\left(\frac{33\frac{1}{3}}{n}\right) \qquad (7\text{-}2\text{-}4)$$

表 7-2-4 不同类型机械用轴承疲劳寿命推荐值

使用条件	使用寿命/h
不经常使用的仪器和设备，如家用机器、农用机械、仪器、医疗设备	300～3000
短期或间断使用的机械，中断使用不致引起严重后果，如手动机械、农业机械、装配吊车；自动送料装置、车间里的卷扬机，建筑设备等	3000～8000
间断使用机械，中断使用将引起严重后果，如发电站辅助设备、流水线传动装置、皮带运输机、电梯、车间起重机等	8000～12000
每天 8h 但非经常满负荷工作的机械，如电机、一般齿轮装置、起重机、旋转粉碎机及一般用途的齿轮传动装置等	10000～25000
每天 8h 满负荷工作的机械，如机床、木工机械、工程机械、印刷机械、通风机风扇、传送带、印刷设备、分离机和离心机等	20000～30000
24h 连续工作的机械，如压缩机、泵、电机、轧机齿轮装置、纺织机械、中型电力机械、矿用升降机泵等	40000～50000
风能机械，包括主轴，侧滑，俯仰齿轮箱，发电机轴承	30000～100000
自来水厂机械，转炉，电缆绞线机，远洋轮船的推进机器	60000～100000
24h 连续工作的机械，中断使用将引起严重后果，如纤维机械、造纸机械、电站主设备、大型电机、矿用泵、矿用通风机风扇、远洋轮船的中间轴等	>100000

为了简化计算，引入速度系数 f_n 和寿命系数 f_h，取 $f_h=1$ 时，额定寿命为 500h，则

速度系数 $$f_n=\left(\frac{33\frac{1}{3}}{n}\right)^{\frac{1}{\varepsilon}} \qquad (7\text{-}2\text{-}5)$$

寿命系数 $$f_h=\left(\frac{L_{10h}}{500}\right)^{\frac{1}{\varepsilon}} \qquad (7\text{-}2\text{-}6)$$

由此轴承的额定寿命、速度系数和寿命系数的关系为：

$$C=\frac{f_h}{f_n}P \qquad (7\text{-}2\text{-}7)$$

球轴承和滚子轴承的寿命系数 f_h 和速度系数 f_n 见表 7-2-5 和表 7-2-6，可以从本篇的第 5 章中选定轴承的基本额定动载荷不小于式 (7-2-7) 中的计算值。

表 7-2-5　　**寿命系数 f_h**

L_{10h} /h	f_h		L_{10h} /h	f_h		L_{10h} /h	f_h		L_{10h} /h	f_h	
	球轴承	滚子轴承		球轴承	滚子轴承		球轴承	滚子轴承		球轴承	滚子轴承
100	0.585	0.617	600	1.06	1.06	3800	1.97	1.84	22000	3.53	3.11
110	0.604	0.635	650	1.09	1.08	4000	2	1.87	24000	3.63	3.19
120	0.622	0.652	700	1.12	1.11	4200	2.03	1.89	26000	3.37	3.27
130	0.639	0.668	750	1.14	1.13	4400	2.06	1.92	28000	3.83	3.35
140	0.654	0.683	800	1.17	1.15	4600	2.1	1.95	30000	3.91	3.42
150	0.67	0.697	850	1.19	1.17	4800	2.13	1.97	32000	4	3.48
160	0.684	0.71	900	1.22	1.19	5000	2.15	2	34000	4.08	3.55
170	0.698	0.723	950	1.24	1.21	5500	2.22	2.05	36000	4.16	3.61
180	0.712	0.736	1000	1.26	1.23	6000	2.29	2.11	38000	4.24	3.67
190	0.724	0.748	1100	1.3	1.27	6500	2.35	2.16	40000	4.31	3.72
200	0.737	0.76	1200	1.34	1.3	7000	2.41	2.21	42000	4.38	3.78
220	0.761	0.782	1300	1.38	1.33	7500	2.47	2.25	44000	4.45	3.83
240	0.783	0.802	1400	1.41	1.36	8000	2.52	2.3	46000	4.51	3.88
260	0.804	0.822	1500	1.44	1.39	8500	2.57	2.34	48000	4.58	3.93
280	0.824	0.84	1600	1.47	1.42	9000	2.62	2.38	50000	4.64	3.98
300	0.843	0.858	1700	1.5	1.44	9500	2.67	2.42	55000	4.79	4.1
320	0.861	0.875	1800	1.53	1.47	10000	2.71	2.46	60000	4.93	4.2
340	0.879	0.891	1900	1.56	1.49	11000	2.8	2.53	65000	5.07	4.31
360	0.896	0.906	2000	1.59	1.52	12000	2.88	2.59	70000	5.19	4.4
380	0.913	0.921	2200	1.64	1.56	13000	2.96	2.66	75000	5.31	4.5
400	0.928	0.935	2400	1.69	1.6	14000	3.04	2.72	80000	5.43	4.58
420	0.944	0.949	2600	1.73	1.64	15000	3.11	2.77	85000	5.54	4.68
440	0.959	0.962	2800	1.78	1.68	16000	3.17	2.83	90000	5.65	4.75
460	0.973	0.975	3000	1.82	1.71	17000	3.24	2.88	100000	5.85	4.9
480	0.987	0.988	3200	1.86	1.75	18000	3.3	2.93			
500	1	1	3400	1.89	1.78	19000	3.36	2.98			
550	1.03	1.03	3600	1.93	1.81	20000	3.42	3.02			

注：表中 L_{10h}为轴承的预期的额定寿命（以小时计），根据不同设备的预期，先确定轴承的预期额定寿命，查出相应的寿命系数 f_h，再根据公式（7-2-7）求出额定动载荷 C，确定轴承的型号。反之，知道轴承的型号，可以计算出轴承的寿命。

表 7-2-6　　**速度系数 f_n**

n/r·min^{-1}	f_n		n/r·min^{-1}	f_n		n/r·min^{-1}	f_n		n/r·min^{-1}	f_n	
	球轴承	滚子轴承		球轴承	滚子轴承		球轴承	滚子轴承		球轴承	滚子轴承
10	1.494	1.435	20	1.186	1.166	30	1.036	1.032	40	0.941	0.947
11	1.447	1.395	21	1.166	1.149	31	1.024	1.022	41	0.933	0.940
12	1.406	1.359	22	1.149	1.133	32	1.014	1.012	42	0.926	0.933
13	1.369	1.326	23	1.132	1.118	33	1.003	1.003	43	0.919	0.927
14	1.335	1.297	24	1.116	1.104	34	0.993	0.994	44	0.912	0.920
15	1.305	1.271	25	1.110	1.090	35	0.984	0.985	45	0.905	0.914
16	1.277	1.246	26	1.086	1.077	36	0.975	0.977	46	0.898	0.908
17	1.252	1.224	27	1.073	1.065	37	0.966	0.969	47	0.892	0.902
18	1.228	1.203	28	1.060	1.054	38	0.957	0.961	48	0.886	0.896
19	1.206	1.184	29	1.048	1.043	39	0.949	0.954	49	0.880	0.891

续表

n/r·min^{-1}	f_n		n/r·min^{-1}	f_n		n/r·min^{-1}	f_n		n/r·min^{-1}	f_n	
	球轴承	滚子轴承		球轴承	滚子轴承		球轴承	滚子轴承		球轴承	滚子轴承
50	0.874	0.885	180	0.570	0.603	640	0.737	0.412	2300	0.244	0.281
52	0.862	0.875	185	0.565	0.598	660	0.370	0.408	2400	0.240	0.277
54	0.851	0.865	190	0.560	0.593	680	0.366	0.405	2500	0.237	0.274
56	0.841	0.856	195	0.555	0.589	700	0.363	0.401	2600	0.234	0.271
58	0.831	0.847	200	0.550	0.584	720	0.539	0.398	2700	0.231	0.268
60	0.822	0.838	210	0.541	0.576	740	0.356	0.395	2800	0.228	0.265
62	0.813	0.830	220	0.533	0.568	760	0.353	0.391	2900	0.226	0.262
64	0.805	0.822	230	0.525	0.560	780	0.350	0.388	3000	0.223	0.259
66	0.797	0.815	240	0.518	0.553	800	0.347	0.385	3100	0.221	0.257
68	0.788	0.807	250	0.511	0.546	820	0.344	0.383	3200	0.218	0.254
70	0.781	0.800	260	0.504	0.540	840	0.341	0.380	3300	0.216	0.252
72	0.774	0.794	270	0.498	0.534	860	0.338	0.377	3400	0.214	0.250
74	0.767	0.787	280	0.492	0.528	880	0.336	0.375	3500	0.212	0.248
76	0.760	0.781	290	0.486	0.523	900	0.333	0.372	3600	0.210	0.246
78	0.753	0.775	300	0.481	0.517	920	0.331	0.370	3700	0.208	0.243
80	0.747	0.769	310	0.476	0.512	940	0.329	0.367	3800	0.206	0.242
82	0.741	0.763	320	0.471	0.507	960	0.326	0.366	3900	0.205	0.240
84	0.735	0.758	330	0.466	0.503	980	0.324	0.363	4000	0.203	0.238
86	0.729	0.753	340	0.461	0.498	1000	0.322	0.360	4100	0.201	0.236
88	0.724	0.747	350	0.457	0.494	1050	0.317	0.355	4200	0.199	0.234
90	0.718	0.742	360	0.452	0.490	1100	0.312	0.350	4300	0.198	0.233
92	0.713	0.737	370	0.448	0.486	1150	0.307	0.346	4400	0.196	0.231
94	0.708	0.733	380	0.444	0.482	1200	0.303	0.341	4500	0.195	0.230
96	0.703	0.728	390	0.441	0.478	1250	0.299	0.337	4600	0.193	0.228
98	0.698	0.724	400	0.437	0.475	1300	0.295	0.333	4700	0.192	0.227
100	0.693	0.719	410	0.433	0.471	1350	0.291	0.329	4800	0.191	0.225
105	0.682	0.709	420	0.430	0.467	1400	0.288	0.326	4900	0.190	0.224
110	0.672	0.699	430	0.426	0.464	1450	0.284	0.322	5000	0.188	0.222
115	0.662	0.690	440	0.423	0.461	1500	0.281	0.319	5200	0.186	0.220
120	0.652	0.681	450	0.420	0.458	1550	0.278	0.316	5400	0.183	0.217
125	0.644	0.673	460	0.417	0.455	1600	0.275	0.313	5600	0.181	0.215
130	0.635	0.665	470	0.414	0.452	1650	0.272	0.310	5800	0.179	0.213
135	0.627	0.657	480	0.411	0.449	1700	0.270	0.307	6000	0.177	0.211
140	0.620	0.650	490	0.408	0.447	1750	0.267	0.305	6200	0.175	0.209
145	0.613	0.643	500	0.405	0.444	1800	0.265	0.302	6400	0.173	0.207
150	0.606	0.637	520	0.400	0.439	1850	0.262	0.300	6600	0.172	0.205
155	0.599	0.631	540	0.395	0.434	1900	0.260	0.297	6800	0.170	0.203
160	0.953	0.625	560	0.390	0.429	1950	0.258	0.295	7000	0.168	0.201
165	0.587	0.619	580	0.386	0.424	2000	0.255	0.293	7200	0.167	0.199
170	0.581	0.613	600	0.382	0.420	2100	0.251	0.289	7400	0.165	0.198
175	0.575	0.608	620	0.377	0.416	2200	0.247	0.285	7600	0.164	0.196

续表

n/r·min^{-1}	f_n		n/r·min^{-1}	f_n		n/r·min^{-1}	f_n		n/r·min^{-1}	f_n	
	球轴承	滚子轴承		球轴承	滚子轴承		球轴承	滚子轴承		球轴承	滚子轴承
7800	0.162	0.195	10000	0.140	0.181	15500	0.129	0.158	22000	0.115	0.143
8000	0.161	0.193	10500	0.147	0.178	16000	0.128	0.157	23000	0.113	0.141
8200	0.160	0.192	11000	0.145	0.176	16500	0.126	0.155	24000	0.112	0.139
8400	0.158	0.190	11500	0.143	0.173	17000	0.125	0.154	25000	0.110	0.137
8600	0.157	0.189	12000	0.141	0.171	17500	0.124	0.153	26000	0.109	0.136
8800	0.156	0.188	12500	0.139	0.169	18000	0.123	0.151	27000	0.107	0.134
9000	0.155	0.187	13000	0.137	0.167	18500	0.122	0.150	28000	0.106	0.133
9200	0.154	0.185	13500	0.135	0.165	19000	0.121	0.149	29000	0.105	0.131
9400	0.153	0.184	14000	0.134	0.163	19500	0.120	0.148	30000	0.104	0.130
9600	0.152	0.183	14500	0.132	0.162	20000	0.119	0.147			
9800	0.150	0.182	15000	0.131	0.160	21000	0.117	0.146			

（3）按额定静载荷选择轴承尺寸

对低速旋转（$n \leqslant 10$r/min）或缓慢摆动的轴承，其主要破坏形式不是疲劳失效，而是滚动体和滚道接触处产生的塑性变形，这时要根据额定静载荷而不是轴承寿命来选择轴承的尺寸，静载荷计算主要是验证是否选用了承载能力合适的轴承。

按静载荷选择轴承的基本公式为：

$$S_0=\frac{C_0}{P_0} \tag{7-2-8}$$

式中　S_0——静载荷安全系数；

C_0——基本额定静载荷，N；

P_0——当量静负荷，N。

一般情况下，轴承安全系数参照表 7-2-7 选取，一些主机轴承的安全系数参照表 7-2-8 选取。如果求得的 S_0 值小于所推荐的指导值，应选一个基本额定静载荷更高的轴承。

表 7-2-7　静载荷安全系数 S_0

工作条件	$S_{0\min}$	
	球轴承	滚子轴承
运转条件平稳：运转平稳、无振动、旋转精度高	2	3
运转条件正常：运转平稳、无振动、正常旋转精度	1	1.5
承受冲击载荷条件：显著的冲击载荷①	1.5	3

① 当载荷大小是未知的时，球轴承 S_0 值至少取 1.5，滚子轴承 S_0 值至少取 3；当冲击载荷的大小可精确地得到时，可采用较小的 S_0 值。

注：对于推力球面滚子轴承在所有的工作条件下，S_0 的最小推荐值为 4。对于表面硬化的冲压外圈滚子轴承在所有的工作条件下，S_0 的最小推荐值为 3。

表 7-2-8　主机轴承的静载荷安全系数

轴承使用场合	S_0
飞机变距螺旋桨叶片	≥0.5
水坝闸门装置	≥1
吊桥	≥1.5
附加动载荷较小的大型起重机吊钩	≥1
附加动载荷较大的小型起重机吊钩	≥1.6

2.2.3　滚动轴承的游隙选择

所谓游隙就是轴承内圈、外圈、滚动体之间的间隙量。滚动轴承的游隙分为径向游隙和轴向游隙。即在不同的角度方向，不承受任何外载荷，一套圈相对另一套圈从一个径向（轴向）偏心极限位置移到相反的极限位置的径向（轴向）距离的算术平均值即为径向（轴向）游隙，见图 7-2-1。

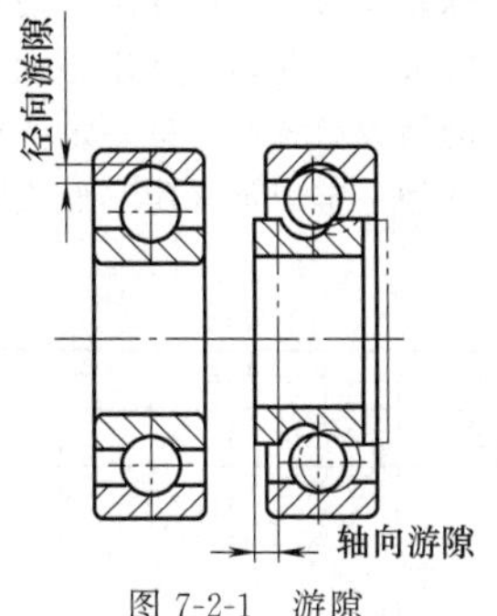

图 7-2-1　游隙

轴向游隙与径向游隙有一定的对应关系：

向心球轴承

$$G_a=\sqrt{4G_r(r_i+r_e-D_w)-G_r^2}\approx 2\sqrt{G_r(r_i+r_e-D_w)} \tag{7-2-9}$$

式中　G_a——轴向游隙，mm；

G_r——径向游隙，mm；

D_w——钢球直径，mm；

r_i——内圈沟道曲率半径，mm；

r_e——外圈沟道曲率半径，mm。

双、四列圆锥滚子轴承

$$G_a = G_r \cot\alpha \qquad (7\text{-}2\text{-}10)$$

式中 α——接触角。

在实际工作中，常常又把游隙分为原始游隙、安装游隙和工作游隙。原始游隙指安装前的游隙；安装游隙是轴承安装后的游隙，轴承安装到轴上和轴承座中之后由于过盈配合，内圈膨胀，外圈收缩，导致径向游隙减小。安装游隙为理论径向游隙减去内圈和轴的配合引起的游隙减少量（近似取为其配合过盈量的80%），再减去外圈和轴承座的配合引起的游隙减少量（近似取为其配合过盈量的70%）；工作游隙是轴承在实际运转条件下的游隙。轴承在工作时，由于内、外圈温度差的原因使安装游隙减小，而工作载荷的作用使滚动体与套圈产生弹性变形导致原始游隙增大，工作游隙为安装游隙减去由于内外套圈温差引起的游隙减小量与由于内圈高速旋转引起的游隙减小量之和，再加上由于载荷引起的游隙增量。

在一般情况下，安装游隙小于原始游隙，工作游隙大于安装游隙。轴承的游隙与轴承的寿命、温升、振动以及噪声有着密切的关系，严格说来，轴承的基本额定动载荷是随游隙的大小而变化的，轴承产品样本上所列的额定载荷是工作游隙为零时的载荷数值。

(1) 轴承游隙的选择原则

① 在实际运转时，球轴承的径向游隙应接近于零，滚子轴承应保留一定的径向游隙。滚子轴承的径向游隙之所以要求比球轴承的略大一些，是因为滚子轴承的刚性比球轴承大，若内外圈出现温差时，径向卡死的危险性较大，因此，要采用略大的径向游隙予以避免。对于刚性或运转精度有一定要求的部分类型轴承，还需要施加一定的预载荷，形成所谓的“负游隙”。总之，根据合适的工作游隙，考虑安装游隙的因素，才能确定出合理的原始游隙。

② 对于轻载荷、高转速、高精度、轴承工作温度较低的场合可选择较小的游隙组别，对于重载荷、冲击载荷、工作温度较高的场合可选择较大的游隙组别。

③ 轴承在工作时，由于内、外圈温度差的原因使安装游隙减小，而工作载荷的作用使滚动体与套圈产生弹性变形导致原始游隙增大。

④ 轴承与轴和外壳孔配合的松紧会导致轴承游隙值的变化，一般轴承安装后游隙值会缩小；在轴承运转过程中，由于轴与外壳的散热条件不同，使内圈和外圈之间产生温度差，也会导致轴承游隙值缩小；轴和外壳材料因膨胀系数不同，游隙值会缩小或增大。

(2) 轴承游隙的分组

向心轴承的径向游隙一般分为2组、N组、3组、4组、5组，游隙值依次由小到大，代号用C表示。N组适用于一般使用条件。

电机轴承的径向游隙为CM组，其径向游隙范围较小，以降低电机的噪声。

四点接触球轴承的轴向游隙分为2组、N组、3组、4组，游隙值依次由小到大。

(3) 轴承游隙值

轴承的常用径向游隙值见表7-2-9～表7-2-19（GB/T 4604《滚动轴承　径向游隙》），对配对用单列角接触球轴承和圆锥滚子轴承、双列角接触球轴承和四点接触球轴承，给出的是轴向游隙值，而不是径向游隙值，因为这些轴承类型在实际应用中轴向游隙更为重要。标准中所给出的是原始游隙值，轴承安装前的游隙。

表7-2-9　　深沟球轴承径向游隙值　　μm

公称内径 d/mm		2组		N组		3组		4组		5组	
超过	到	min	max	min	max	min	max	min	max	min	max
2.5	6	0	7	2	13	8	23	—	—	—	—
6	10	0	7	2	13	8	23	14	29	20	37
10	18	0	9	3	18	11	25	18	33	25	45
18	24	0	10	5	20	13	28	20	36	28	48
24	30	1	11	5	20	13	28	23	41	30	53
30	40	1	11	6	20	15	33	28	46	40	64
40	50	1	11	6	23	18	36	30	51	45	73
50	65	1	15	8	28	23	43	38	61	55	90
65	80	1	15	10	30	25	51	46	71	65	105
80	100	1	18	12	36	30	58	53	84	75	120
100	120	2	20	15	41	36	66	61	97	90	140
120	140	2	23	18	48	41	81	71	114	105	160

续表

公称内径 d/mm		2 组		N 组		3 组		4 组		5 组	
超过	到	min	max	min	max	min	max	min	max	min	max
140	160	2	23	18	53	46	91	81	130	120	180
160	180	2	25	20	61	53	102	91	147	135	200
180	200	2	30	25	71	63	117	107	163	150	230
200	225	2	35	25	85	75	140	125	195	175	265
225	250	2	40	30	95	85	160	145	225	205	300
250	280	2	45	35	105	90	170	155	245	225	340
280	315	2	55	40	115	100	190	175	270	245	370
315	355	3	60	45	125	110	210	195	300	275	410
355	400	3	70	55	145	130	240	225	340	315	460
400	450	3	80	60	170	150	270	250	380	350	510
450	500	3	90	70	190	170	300	280	420	390	570
500	560	10	100	80	210	190	330	310	470	440	630
560	630	10	110	90	230	210	360	340	520	490	690
630	710	20	130	110	260	240	400	380	570	540	760
710	800	20	140	120	290	270	450	430	630	600	840
800	900	20	160	140	320	300	500	480	700	670	940
900	1000	20	170	150	350	330	550	530	770	740	1040
1000	1120	20	180	160	380	360	600	580	850	820	1150
1120	1250	20	190	170	410	390	650	630	920	890	1260
1250	1400	30	200	190	440	420	700	680	1000	—	—
1400	1600	30	210	210	470	450	750	730	1060	—	—

表 7-2-10　电机用深沟球轴承径向游隙　μm

轴承公称内径 d/mm		径向游隙		轴承公称内径 d/mm		径向游隙	
超过	到	min	max	超过	到	min	max
3①	10	3	10	30	50	9	17
10	18	4	11	50	80	12	22
18	30	5	12	80	120	18	30

① 包括 3mm。

表 7-2-11　调心球轴承径向游隙　μm

公称内径 d/mm		圆柱孔										圆锥孔									
		2 组		N 组		3 组		4 组		5 组		2 组		N 组		3 组		4 组		5 组	
超过	到	min	max	min	max	min	max	min	max	min	max	min	max	min	max	min	max	min	max	min	max
2.5	6	1	8	5	15	10	20	15	25	21	33										
6	10	2	9	6	17	12	25	19	33	27	42	—	—	—	—	—	—	—	—	—	—
10	14	2	10	6	19	13	26	21	35	30	48										
14	18	3	12	8	21	15	28	23	37	32	50	—	—	—	—	—	—	—	—	—	—
18	24	4	14	10	23	17	30	25	39	34	52	7	17	13	26	20	33	28	42	37	55
24	30	5	16	11	24	19	35	29	46	40	58	9	20	15	28	23	39	33	50	44	62
30	40	6	18	13	29	23	40	34	53	46	66	12	24	19	35	29	46	40	59	52	72
40	50	6	19	14	31	25	44	37	57	50	71	14	27	22	39	33	52	45	65	58	79
50	65	7	21	16	36	30	50	45	69	62	88	18	32	27	47	41	61	56	80	73	99
65	80	8	24	18	40	35	60	54	83	76	108	23	39	35	57	50	75	69	98	91	123
80	100	9	27	22	48	42	70	64	96	89	124	29	47	42	68	62	90	84	116	109	144
100	120	10	31	25	56	50	83	75	114	105	145	35	56	50	81	75	108	100	139	130	170

续表

公称内径 d/mm		圆柱孔										圆锥孔									
		2组		N组		3组		4组		5组		2组		N组		3组		4组		5组	
超过	到	min	max	min	max	min	max	min	max	min	max	min	max	min	max	min	max	min	max	min	max
120	140	10	38	30	68	60	100	90	135	125	175	40	68	60	98	90	130	120	165	155	205
140	160	15	44	35	80	70	120	110	161	150	210	45	74	65	110	100	150	140	191	180	240
160	180	15	50	40	92	82	138	126	185	—	—	50	85	75	127	117	173	161	220	—	—
180	200	17	57	47	105	93	157	144	212	—	—	55	95	85	143	131	195	182	250	—	—
200	225	18	62	50	115	100	170	155	230	—	—	63	107	95	160	145	215	200	275	—	—
225	250	20	70	57	130	115	195	175	255	—	—	70	120	107	180	165	245	230	310	—	—
250	280	23	78	65	145	125	220	200	295	—	—	78	133	120	200	180	275	255	350	—	—
280	315	27	90	75	165	145	250	230	335	—	—	87	150	135	225	205	310	280	385	—	—
315	355	32	100	85	185	165	285	260	380	—	—	97	165	150	250	220	340	310	430	—	—
355	400	35	110	90	205	185	325	295	430	—	—	105	180	160	275	245	350	335	470	—	—
400	450	38	125	100	230	205	345	315	465	—	—	115	200	170	300	260	400	360	510	—	—
450	500	40	135	110	255	230	380	345	510	—	—	120	215	180	325	275	425	380	545	—	—

表 7-2-12 **圆柱滚子轴承和滚针轴承径向游隙** μm

d /mm		圆柱孔圆柱滚子轴承和滚针轴承										圆锥孔圆柱滚子轴承							
		2组		N组		3组		4组		5组		2组		N组		3组		4组	
超过	到	min	max	min	max	min	max	min	max	min	max	min	max	min	max	min	max	min	max
—	10	0	25	20	45	35	60	50	75	—	—	15	40	30	55	40	65	50	75
10	24	0	25	20	45	35	60	50	75	65	90	15	40	30	55	40	65	50	75
24	30	0	25	20	45	35	60	50	75	70	95	20	45	35	60	45	70	55	80
30	40	5	30	25	50	45	70	60	85	80	105	20	45	40	65	55	80	70	95
40	50	5	35	30	60	50	80	70	100	95	125	25	55	45	75	60	90	75	105
50	65	10	40	40	70	60	90	80	110	110	140	30	60	50	80	70	100	90	120
65	80	10	45	40	75	65	100	90	125	130	165	35	70	60	95	85	120	110	145
80	100	15	50	50	85	75	110	105	140	155	190	40	75	70	105	95	130	120	155
100	120	15	55	50	90	85	125	125	165	180	220	50	90	90	130	115	155	140	180
120	140	15	60	60	105	100	145	145	190	200	245	55	100	100	145	130	175	160	205
140	160	20	70	70	120	115	165	165	215	225	275	60	110	110	160	145	195	180	230
160	180	25	75	75	125	120	170	170	220	250	300	75	125	125	175	160	210	195	245
180	200	35	90	90	145	140	195	195	250	275	330	85	140	140	195	180	235	220	275
200	225	45	105	105	165	160	220	220	280	305	365	95	155	155	215	200	260	245	305
225	250	45	110	110	175	170	235	235	300	330	395	105	170	170	235	220	285	270	335
250	280	55	125	125	195	190	260	260	330	370	440	115	185	185	255	240	310	295	365
280	315	55	130	130	205	200	275	275	350	410	485	130	205	205	280	265	340	325	400
315	355	65	145	145	225	225	305	305	385	455	535	145	225	225	305	290	370	355	435
355	400	100	190	190	280	280	370	370	460	510	600	165	255	255	345	330	420	405	495
400	450	110	210	210	310	310	410	410	510	565	665	185	285	285	385	370	470	455	555
450	500	110	220	220	330	330	440	440	550	625	735	205	315	315	425	410	520	505	615
500	560	120	240	240	360	360	480	480	600	—	—	230	350	350	470	455	575	560	680
560	630	140	260	260	380	380	500	500	620	—	—	260	380	380	500	500	620	620	740
630	710	145	285	285	425	425	565	565	705	—	—	295	435	435	575	565	705	695	835
710	800	150	310	310	470	470	630	630	790	—	—	325	485	485	645	630	790	775	935
800	900	180	350	350	520	520	690	690	860	—	—	370	540	540	710	700	870	860	1030

续表

d/mm		圆柱孔圆柱滚子轴承和滚针轴承										圆锥孔圆柱滚子轴承							
		2 组		N 组		3 组		4 组		5 组		2 组		N 组		3 组		4 组	
超过	到	min	max	min	max	min	max	min	max	min	max	min	max	min	max	min	max	min	max
900	1000	200	390	390	580	580	770	770	960	—	—	410	600	600	790	780	970	960	1150
1000	1120	220	430	430	640	640	850	850	1060	—	—	455	665	665	875	865	1075	1065	1275
1120	1250	230	470	470	710	710	950	950	1190	—	—	490	730	730	970	960	1200	1200	1440
1250	1400	270	530	530	790	790	1050	1050	1310	—	—	550	810	810	1070	1070	1330	1330	1590
1400	1600	330	610	610	890	890	1170	1170	1450	—	—	640	920	920	1200	1200	1480	1480	1760
1600	1800	380	700	700	1020	1020	1340	1340	1660	—	—	700	1020	1020	1340	1340	1660	1660	1980
1800	2000	400	760	760	1120	1120	1480	1480	1840	—	—	760	1120	1120	1480	1480	1840	1840	2200

注：滚针轴承的径向游隙值仅适用于带内圈、按成套轴承制造和交货的组合件。对于内圈作为一个分离零件交货的滚针轴承，其径向游隙由内圈滚道直径和滚针总体内径决定。

表 7-2-13　　调心滚子轴承径向游隙　　μm

公称内径 d/mm		圆柱孔										圆锥孔									
		2 组		N 组		3 组		4 组		5 组		2 组		N 组		3 组		4 组		5 组	
超过	到	min	max	min	max	min	max	min	max	min	max	min	max	min	max	min	max	min	max	min	max
14	18	10	20	20	35	35	45	45	60	60	75	—	—	—	—	—	—	—	—	—	—
18	24	10	20	20	35	35	45	45	60	60	75	15	25	25	35	35	45	45	60	60	75
24	30	15	25	25	40	40	55	55	75	75	95	20	30	30	40	40	55	55	75	75	95
30	40	15	30	30	45	45	60	60	80	80	100	25	35	35	50	50	65	65	85	85	105
40	50	20	35	35	55	55	75	75	100	100	125	30	45	45	60	60	80	80	100	100	130
50	65	20	40	40	65	65	90	90	120	120	150	40	55	55	75	75	95	95	120	120	160
65	80	30	50	50	80	80	110	110	145	145	180	50	70	70	95	95	120	120	150	150	200
80	100	35	60	60	100	100	135	135	180	180	225	55	80	80	110	110	140	140	180	180	230
100	120	40	75	75	120	120	160	160	210	210	260	65	100	100	135	135	170	170	220	220	280
120	140	50	95	95	145	145	190	190	240	240	300	80	120	120	160	160	200	200	260	260	330
140	160	60	110	110	170	170	220	220	280	280	350	90	130	130	180	180	230	230	300	300	380
160	180	65	120	120	180	180	240	240	310	310	390	100	140	140	200	200	260	260	340	340	430
180	200	70	130	130	200	200	260	260	340	340	430	110	160	160	220	220	290	290	370	370	470
200	225	80	140	140	220	220	290	290	380	380	470	120	180	180	250	250	320	320	410	410	520
225	250	90	150	150	240	240	320	320	420	420	520	140	200	200	270	270	350	350	450	450	570
250	280	100	170	170	260	260	350	350	460	460	570	150	220	220	300	300	390	390	490	490	620
280	315	110	190	190	280	280	370	370	500	500	630	170	240	240	330	330	430	430	540	540	680
315	355	120	200	200	310	310	410	410	550	550	690	190	270	270	360	360	470	470	590	590	740
355	400	130	220	220	340	340	450	450	600	600	750	210	300	300	400	400	520	520	650	650	820
400	450	140	240	240	370	370	500	500	660	660	820	230	330	330	440	440	570	570	720	720	910
450	500	140	260	260	410	410	550	550	720	720	900	260	370	370	490	490	630	630	790	790	1000
500	560	150	280	280	440	440	600	600	780	780	1000	290	410	410	540	540	680	680	870	870	1100
560	630	170	310	310	480	480	650	650	850	850	1100	320	460	460	600	600	760	760	980	980	1230
630	710	190	350	350	530	530	700	700	920	920	1190	350	510	510	670	670	850	850	1090	1090	1360
710	800	210	390	390	580	580	770	770	1010	1010	1300	390	570	570	750	750	960	960	1220	1220	1500
800	900	230	430	430	650	650	860	860	1120	1120	1440	440	640	640	840	840	1070	1070	1370	1370	1690
900	1000	260	480	480	710	710	930	930	1220	1220	1570	490	710	710	930	930	1190	1190	1520	1520	1860

表 7-2-14 **长弧面滚子轴承的径向游隙** μm

公称内径 d/mm		圆柱孔										圆锥孔									
		2组		N组		3组		4组		5组		2组		N组		3组		4组		5组	
超过	到	min	max	min	max	min	max	min	max	min	max	min	max	min	max	min	max	min	max	min	max
18	24	15	30	25	40	35	55	50	65	65	85	15	35	30	45	40	55	55	70	65	85
24	30	15	35	30	50	45	60	60	80	75	95	20	40	35	55	50	65	65	85	80	100
30	40	20	40	35	55	55	75	70	95	90	120	25	50	45	65	60	80	80	100	100	125
40	50	25	45	45	65	65	85	85	110	105	140	30	55	50	75	70	95	90	120	115	145
50	65	30	55	50	80	75	105	100	140	135	175	40	65	60	90	85	115	110	150	145	185
65	80	40	70	65	100	95	125	120	165	160	210	50	80	75	110	105	140	135	180	175	220
80	100	50	85	80	120	120	160	155	210	205	260	60	100	95	135	130	175	170	220	215	275
100	120	60	100	100	145	140	190	185	245	240	310	75	115	115	155	155	205	200	255	255	325
120	140	75	120	115	170	165	215	215	280	280	350	90	135	135	180	180	235	230	295	290	365
140	160	85	140	135	195	195	250	250	325	320	400	100	155	155	215	210	270	265	340	335	415
160	180	95	155	150	220	215	280	280	365	360	450	115	175	170	240	235	305	300	385	380	470
180	200	105	175	170	240	235	310	305	395	390	495	130	195	190	260	260	330	325	420	415	520
200	225	115	190	185	265	260	340	335	435	430	545	140	215	210	290	285	365	360	460	460	575
225	250	125	205	200	285	280	370	365	480	475	605	160	235	235	315	315	405	400	515	510	635
250	280	135	225	220	310	305	410	405	520	515	655	170	260	255	345	340	445	440	560	555	695
280	315	150	240	235	330	330	435	430	570	570	715	195	285	280	380	375	485	480	620	615	765
315	355	160	260	255	360	360	485	480	620	620	790	220	320	315	420	415	545	540	680	675	850
355	400	175	280	280	395	395	530	525	675	675	850	250	350	350	475	470	600	595	755	755	920
400	450	190	310	305	435	435	580	575	745	745	930	280	385	380	525	525	655	650	835	835	1005
450	500	205	335	335	475	475	635	630	815	810	1015	305	435	435	575	575	735	730	915	910	1115
500	560	220	360	360	520	510	690	680	890	890	1110	330	480	470	640	630	810	800	1010	1000	1230
560	630	240	400	390	570	560	760	750	980	970	1220	380	530	530	710	700	890	880	1110	1110	1350
630	710	260	440	430	620	610	840	830	1080	1070	1340	420	590	590	780	770	990	980	1230	1230	1490
710	800	300	500	490	680	680	920	920	1200	1200	1480	480	680	670	860	860	1100	1100	1380	1380	1660
800	900	320	540	530	760	750	1020	1010	1330	1320	1660	520	740	730	960	950	1220	1210	1530	1520	1860
900	1000	370	600	590	830	830	1120	1120	1460	1460	1830	580	820	810	1040	1040	1340	1340	1670	1670	2050
1000	1120	410	660	660	930	930	1260	1260	1640	1640	2040	640	900	890	1170	1160	1500	1490	1880	1870	2280
1120	1250	450	720	720	1020	1020	1380	1380	1800	1800	2240	700	980	970	1280	1270	1640	1630	2060	2050	2500
1250	1400	490	800	800	1130	1130	1510	1510	1970	1970	2 460	770	1080	1080	1410	1410	1790	1780	2250	2250	2740
1400	1600	570	890	890	1250	1250	1680	1680	2200	2200	2 740	870	1200	1200	1550	1550	1990	1990	2500	2500	3050
1600	1800	650	1010	1010	1390	1390	1870	1870	2430	2430	3000	950	1320	1320	1690	1690	2180	2180	2730	2730	3310

表 7-2-15 **机床用圆柱滚子轴承径向游隙** μm

公称内径 d/mm		圆柱孔						圆锥孔					
		2组		CN组		CA①组		2组		CN组		CA①组	
超过	到	min	max	min	max	min	max	min	max	min	max	min	max
18	24	0	25	20	45	5	15	15	40	30	55	10	20
24	30	0	25	20	45	5	15	20	45	35	60	15	25
30	40	5	30	25	50	5	15	20	45	40	65	15	25
40	50	5	35	30	60	5	18	25	55	45	75	17	30
50	65	10	40	40	70	5	20	30	60	50	80	20	35
65	80	10	45	40	75	10	25	35	70	60	95	25	40

续表

公称内径 d/mm		圆柱孔						圆锥孔					
		2 组		CN 组		CA①组		2 组		CN 组		CA①组	
超过	到	min	max	min	max	min	max	min	max	min	max	min	max
80	100	15	50	50	80	10	30	40	75	70	105	35	55
100	120	15	55	50	90	10	30	50	90	90	130	40	60
120	140	15	60	60	105	10	35	55	100	100	145	45	70
140	160	20	70	70	120	10	35	60	110	110	160	50	75
160	180	25	75	75	125	10	40	75	125	125	175	55	85
180	200	35	90	90	145	15	45	85	140	140	195	60	90
200	225	45	105	105	165	15	50	95	155	155	215	60	95
225	250	45	110	110	175	15	50	105	170	170	235	65	100
250	280	55	125	125	195	20	55	115	185	185	255	75	110
280	315	55	130	130	205	20	60	130	205	205	280	80	120
315	355	65	145	145	225	20	65	145	225	225	305	90	135
355	400	100	190	190	280	25	75	165	255	255	345	100	150
400	450	110	210	210	310	25	85	185	285	285	385	110	170
450	500	110	220	220	330	25	95	205	315	315	425	120	190
500	560	120	240	240	360	25	100	230	350	350	470	130	210
560	630	140	260	260	380	30	110	260	380	380	500	140	230
630	710	145	285	285	425	30	130	295	435	435	575	160	260
710	800	150	310	310	470	35	140	325	485	485	645	170	290

① 适用于公差等级为 SP 和 UP 的单列和双列圆柱滚子轴承。

表 7-2-16　轧机用四列圆柱滚子轴承（圆柱孔）径向游隙　μm

公称内径 d/mm		2 组		N 组		3 组		4 组		5 组	
超过	到	min	max	min	max	min	max	min	max	min	max
80	100	15	50	50	85	75	110	105	140	155	190
100	120	15	55	50	90	85	125	125	165	180	220
120	140	15	60	60	105	100	145	145	190	200	245
140	160	20	70	70	120	115	165	165	215	225	275
160	180	25	75	75	125	120	170	170	220	250	300
180	200	35	90	90	145	140	195	195	250	275	330
200	225	45	105	105	165	160	220	220	280	305	365
225	250	45	110	110	175	170	235	235	300	330	395
250	280	55	125	125	195	190	260	260	330	370	440
280	315	55	130	130	205	200	275	275	350	410	485
315	355	65	145	145	225	225	305	305	385	455	535
355	400	100	190	190	280	280	370	370	460	510	600
400	450	110	210	210	310	310	410	410	510	565	665
450	500	110	220	220	330	330	440	440	550	625	735
500	560	120	240	240	360	360	480	480	600	—	—
560	630	140	260	260	380	380	500	500	620	—	—
630	710	145	285	285	425	425	565	565	705	—	—
710	800	150	310	310	470	470	630	630	790	—	—
800	900	180	350	350	520	520	690	690	860	—	—
900	1000	200	390	390	580	580	770	770	960	—	—
1000	1120	220	430	430	640	640	850	850	1060	—	—
1120	1250	230	470	470	710	710	950	950	1190	—	—

表 7-2-17 **双列和四列圆锥滚子轴承径向游隙** μm

公称内径 d/mm		1组		2组		N组		3组		4组		5组	
超过	到	min	max	min	max	min	max	min	max	min	max	min	max
—	30	0	10	10	20	20	30	40	50	50	60	70	80
30	40	0	12	12	25	25	40	45	60	60	75	80	95
40	50	0	15	15	30	30	45	50	65	65	80	90	110
50	65	0	15	15	30	30	50	50	70	70	90	90	120
65	80	0	20	20	40	40	60	60	80	80	110	110	150
80	100	0	20	20	45	45	70	70	100	100	130	130	170
100	120	0	25	25	50	50	80	80	110	110	150	150	200
120	140	0	30	30	60	60	90	90	120	120	170	170	230
140	160	0	30	30	65	65	100	100	140	140	190	190	260
160	180	0	35	35	70	70	110	110	150	150	210	210	280
180	200	0	40	40	80	80	120	120	170	170	230	230	310
200	225	0	40	40	90	90	140	140	190	190	260	260	340
225	250	0	50	50	100	100	150	150	210	210	290	290	380
250	280	0	50	50	110	110	170	170	230	230	320	320	420
280	315	0	60	60	120	120	180	180	250	250	350	350	460
315	355	0	70	70	140	140	210	210	280	280	390	390	510
355	400	0	70	70	150	150	230	230	310	310	440	440	580
400	450	0	80	80	170	170	260	260	350	350	490	490	650
450	500	0	90	90	190	190	290	290	390	390	540	540	720
500	560	0	100	100	210	210	320	320	430	430	590	590	790
560	630	0	110	110	230	230	350	350	480	480	660	660	880
630	710	0	130	130	260	260	400	400	540	540	740	740	910
710	800	0	140	140	290	290	450	450	610	610	830	830	1100
800	900	0	160	160	330	330	500	500	670	670	920	920	1240
900	1000	0	180	180	360	360	540	540	720	720	980	980	1300
1000	1120	0	200	200	400	400	600	600	820	—	—	—	—
1120	1250	0	220	220	450	450	670	670	900	—	—	—	—
1250	1400	0	250	250	500	500	750	750	980	—	—	—	—

表 7-2-18 **外球面球轴承径向游隙** μm

公称内径 d/mm		圆柱孔						圆锥孔					
		2组		N组		3组		2组		N组		3组	
超过	到	min	max	min	max	min	max	min	max	min	max	min	max
10	18	3	18	10	25	18	33	10	25	18	33	25	45
18	24	5	20	12	28	20	36	12	28	20	36	28	48
24	30	5	20	12	28	23	41	12	28	23	41	30	53
30	40	6	20	13	33	28	46	13	33	28	46	40	64
40	50	6	23	14	36	30	51	14	36	30	51	45	73
50	65	8	28	18	43	38	61	18	43	38	61	55	90
65	80	10	30	20	51	46	71	20	51	46	71	65	105
80	100	12	36	24	58	53	84	24	58	53	84	75	120
100	120	15	41	28	66	61	97	28	66	61	97	90	140
120	140	18	48	33	81	71	114	33	81	71	114	105	160

表 7-2-19　接触角为 35°的四点接触球轴承轴向游隙　μm

公称内径 d/mm		2 组		N 组		3 组		4 组	
超过	到	min	max	min	max	min	max	min	max
10	18	15	65	50	95	85	130	120	165
18	40	25	75	65	110	100	150	135	185
40	60	35	85	75	125	110	165	150	200
60	80	45	100	85	140	125	175	165	215
80	100	55	110	95	150	135	190	180	235
100	140	70	130	115	175	160	220	205	265
140	180	90	155	135	200	185	250	235	300
180	220	105	175	155	225	210	280	260	330
220	260	120	195	175	250	230	305	290	360
260	300	135	215	195	275	255	335	315	390
300	350	155	240	220	305	285	370	350	430
350	400	175	265	245	330	310	400	380	470
400	450	190	285	265	360	340	435	415	510
450	500	210	310	290	390	365	470	445	545
500	560	225	335	315	420	400	505	485	595
560	630	250	365	340	455	435	550	530	645
630	710	270	395	375	500	475	600	580	705
710	800	290	425	405	540	520	655	635	770
800	900	315	460	440	585	570	715	695	840
900	1000	335	490	475	630	615	770	755	910

2.2.4　滚动轴承公差等级的选用

轴承的公差等级按尺寸公差和旋转精度分级，目前我国轴承采用 ISO 公差等级，代号用“P”表示。向心轴承（圆锥滚子轴承除外）公差等级分为五级，即：N（普通）、6、5、4、2 级；圆锥滚子轴承公差等级分为五级，即：N（普通）、6（6x）、5、4、2 级；推力轴承公差等级共分为四级，即：N（普通）、6、5、4 级。其精度均依次由低到高。我国轴承公差的主要标准：GB/T 307.1—2017《滚动轴承　向心轴承　产品几何技术规范（GPS）和公差值》（等同采用 ISO 492）；GB/T 307.4—2017《滚动轴承　推力轴承　产品几何技术规范（GPS）和公差值》（等同采用 ISO 104）。

各主要类型轴承的制造公差等级如表 7-2-20 所示。对于一些特殊要求的主机，也可生产超出标准规定的精度，如所谓的“超 2 级”轴承等。

对于一些专用轴承，还规定有特殊公差等级，主要有：

机床用精密轴承——SP、UP；4A、2A 级。

仪器用精密轴承——5A、4A 级。

表 7-2-20　轴承的制造公差等级

轴承类型	公差等级				
	N	6(6x)	5	4	2
深沟球轴承	√	√	√	√	√
调心球轴承	√	√	√	—	—
角接触球轴承	√	√	√	√	√
圆柱滚子轴承	√	√	√	√	√
滚针轴承	√	√	√	—	—
调心滚子轴承	√	√	√	—	—
圆锥滚子轴承	√	√	√	√	—
推力球轴承	√	√	√	√	—
推力调心滚子轴承	√	—	—	—	—

使用高精度等级的轴承，其与之相配的轴和外壳孔的加工精度也应提高。

2.2.5　滚动轴承公差

轴承公称尺寸符号、特性符号和规范修饰符见表

7-2-21、表 7-2-22 和图 7-2-2～图 7-2-6（圆柱孔为例），与特性相关的公差值用 t 加特性符号表示，如 t_{VBs}。详细内容见 GB/T 307.1—2017《滚动轴承 向心轴承 产品几何技术规范（GPS）和公差值》（等同采用 ISO 492）；GB/T 307.4—2017《滚动轴承 推力轴承 产品几何技术规范（GPS）和公差值》（等同采用 ISO 104）。

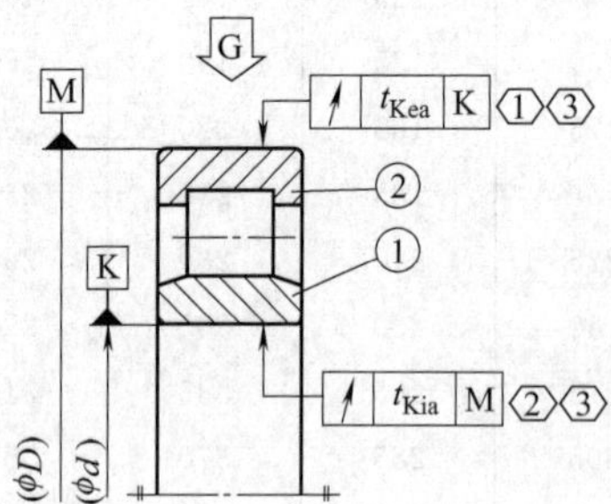

⟨1⟩ = FP ① -MP ②, G

⟨2⟩ = FP ② -MP ①, G

⟨3⟩ = **滚动体和内、外圈滚道均接触**

图 7-2-2 圆柱孔成套轴承的几何公差——圆柱滚子轴承、调心滚子轴承、长弧面滚子轴承和调心球轴承

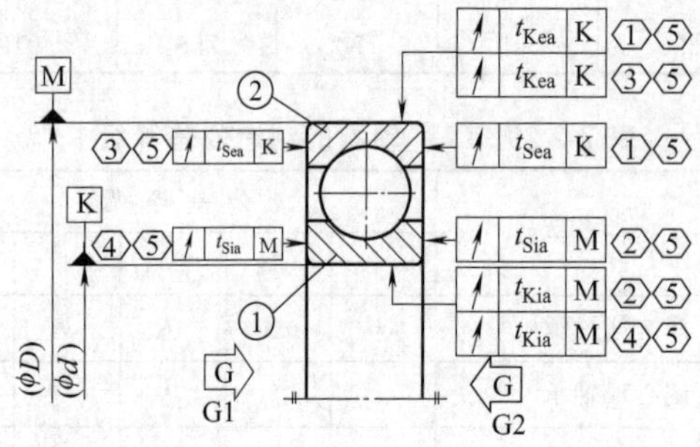

⟨1⟩ = FP ① -MP ②, G2

⟨2⟩ = FP ② -MP ①, G2

⟨3⟩ = FP ① -MP ②, G1

⟨4⟩ = FP ② -MP ①, G1

⟨5⟩ = **滚动体和内、外圈滚道均接触**

图 7-2-3 圆柱孔成套轴承的几何公差——深沟球轴承、双列深沟球轴承、双列角接触球轴承和四点接触球轴承

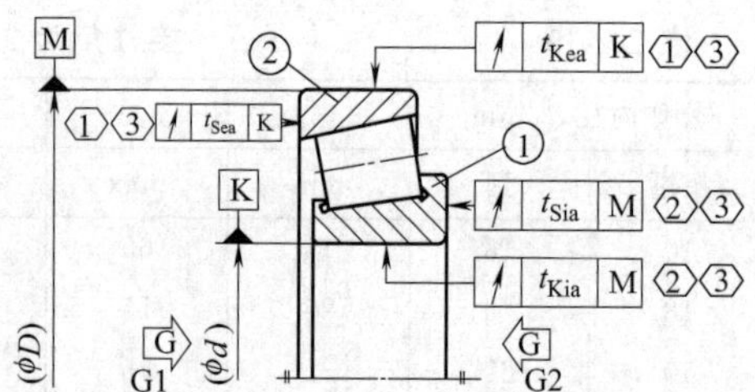

⟨1⟩ = FP ① -MP ②, G1

⟨2⟩ = FP ② -MP ①, G2

⟨3⟩ = **滚动体和内、外圈滚道均接触;对于圆锥滚子轴承,滚动体和内圈背面挡边也接触**

图 7-2-4 圆柱孔成套轴承的几何公差——单列角接触球轴承和圆锥滚子轴承

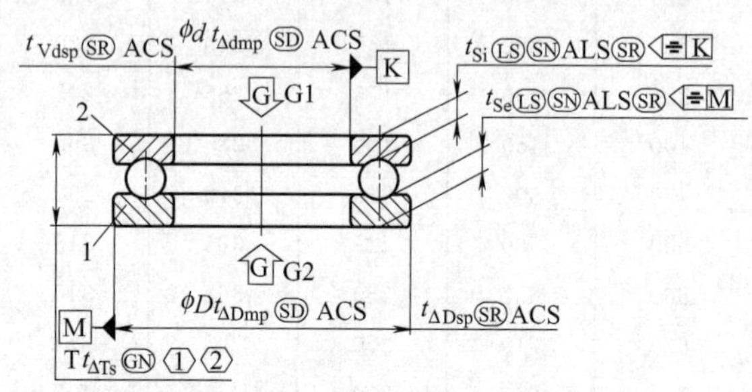

⟨1⟩ =**G1或G2**

⟨2⟩ =**滚动体和轴、座圈滚道均接触**

图 7-2-5 单向轴承尺寸规范——推力球轴承

1—座圈；2—轴圈

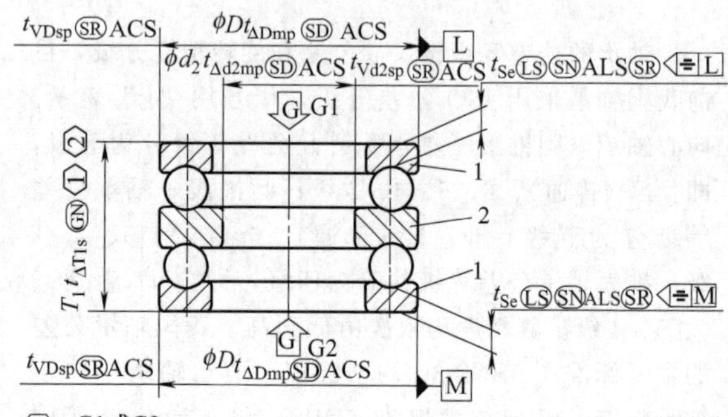

⟨1⟩ =**G1或G2**

⟨2⟩ =**滚动体和轴、座圈滚道均接触**

图 7-2-6 双向轴承尺寸规范——推力球轴承

1—座圈；2—轴圈

表 7-2-21 向心轴承公称尺寸符号、特性符号和规范修饰符

公称尺寸(尺寸和距离)符号	特性符号	GPS符号和规范修饰符	说 明	上一版标准中的术语
B			内圈公称宽度	内圈公称宽度
	VBs	(LP)(SR)	对称套圈：内圈宽度的两点尺寸的范围	内圈宽度变动量

续表

公称尺寸(尺寸和距离)符号	特性符号	GPS 符号和规范修饰符	说　明	上一版标准中的术语
B	VBs	(GN) ALS (SR) ◁≡▭	非对称套圈:由通过内圈内孔轴线的任意纵向截面得到的两相对直线之间的内圈宽度的最小外接尺寸的范围	内圈宽度变动量
	ΔBs	(LP)	对称套圈:内圈宽度的两点尺寸与其公称尺寸的偏差	内圈单一宽度偏差
		(GN) ALS ◁≡▭	非对称套圈,上极限:由通过内圈内孔轴线的任意纵向截面得到的两相对直线之间的内圈宽度的最小外接尺寸与其公称尺寸的偏差	
		(LP)	非对称套圈,下极限:内圈宽度的两点尺寸与其公称尺寸的偏差	
C			外圈公称宽度	外圈公称宽度
	VCs	(LP)(SR)	对称套圈:外圈宽度的两点尺寸的范围	外圈宽度变动量
		(GN) ALS (SR) ◁≡▭	非对称套圈:由通过外圈外表面轴线的任意纵向截面得到的两相对直线之间的外圈宽度的最小外接尺寸的范围	
	ΔCs	(LP)	对称套圈:外圈宽度的两点尺寸与其公称尺寸的偏差	外圈单一宽度偏差
		(GN) ALS ◁≡▭	非对称套圈,上极限:由通过外圈外表面轴线的任意纵向截面得到的两相对直线之间的外圈宽度的最小外接尺寸与其公称尺寸的偏差	
		(LP)	非对称套圈,下极限:外圈宽度的两点尺寸与其公称尺寸的偏差	
C_1			外圈凸缘公称宽度	外圈凸缘公称宽度
	VC1s	(LP)(SR)	外圈凸缘宽度的两点尺寸的范围	外圈凸缘宽度变动量
	ΔC1s	(LP)	外圈凸缘宽度的两点尺寸与其公称尺寸的偏差	外圈凸缘单一宽度偏差
d			圆柱孔或圆锥孔理论小端的公称内径	公称内径
	Vdmp	(LP)(SD)ACS (SR)	由圆柱孔任意截面得到的内径的平均尺寸(出自两点尺寸)的范围	平均内径变动量
	Δdmp	(LP)(SD)ACS	圆柱孔:任意截面内,内径的平均尺寸(出自两点尺寸)与其公称尺寸的偏差	单一平面平均内径偏差
		(LP)(SD)SCS	圆锥孔:理论小端内径的平均尺寸(出自两点尺寸)与其公称尺寸的偏差	内孔理论小端单一平面平均内径偏差
	Vdsp	(LP)(SR)ACS	圆柱孔或圆锥孔任意截面内,内径的两点尺寸的范围	单一平面内径变动量
	Δds	(LP)	圆柱孔内径的两点尺寸与其公称尺寸的偏差	单一内径偏差
d_1			圆锥孔理论大端的公称内径	基本圆锥孔理论大端直径
	Δd1mp	(LP)(SD) SCS	圆锥孔理论大端内径的平均尺寸(出自两点尺寸)与其公称尺寸的偏差	基本圆锥孔理论大端的单一平面平均内径偏差
D			公称外径	公称外径
	VDmp	(LP)(SD) ACS (SR)	由任意截面得到的外径的平均尺寸(出自两点尺寸)的范围	平均外径变动量
	ΔDmp	(LP)(SD) ACS	任意截面内,外径的平均尺寸(出自两点尺寸)与其公称尺寸的偏差	单一平面平均外径偏差

续表

公称尺寸(尺寸和距离)符号	特性符号	GPS符号和规范修饰符	说明	上一版标准中的术语
D	VDsp	(LP)(SR) ACS	任意截面内,外径的两点尺寸的范围	单一平面外径变动量
	ΔDs	(LP)	外径的两点尺寸与其公称尺寸的偏差	单一外径偏差
D_1			外圈凸缘公称外径	外圈凸缘公称外径
	ΔD1s	(LP)	外圈凸缘外径的两点尺寸与其公称尺寸的偏差	外圈凸缘单一外径偏差
	Kea	↗	成套轴承外圈外表面对基准(即由内圈内孔表面确定的轴线)的径向圆跳动	成套轴承外圈径向跳动
	Kia	↗	成套轴承内圈内孔表面对基准(即由外圈外表面确定的轴线)的径向圆跳动	成套轴承内圈径向跳动
	Sd	↗	内圈端面对基准(即由内圈内孔表面确定的轴线)的轴向圆跳动	内圈端面对内孔的垂直度
	SD	⊥	外圈外表面轴线对基准(由外圈端面确定)的垂直度	外圈外表面对端面的垂直度
	SD1	⊥	外圈外表面轴线对基准(由外圈凸缘背面确定)的垂直度	外圈外表面对凸缘背面的垂直度
	Sea	↗	成套轴承外圈端面对基准(即由内圈内孔表面确定的轴线)的轴向圆跳动	成套轴承外圈轴向跳动
	Sea1	↗	成套轴承外圈凸缘背面对基准(即由内圈内孔表面确定的轴线)的轴向圆跳动	成套轴承外圈凸缘背面轴向跳动
	Sia	↗	成套轴承内圈端面对基准(即由外圈外表面确定的轴线)的轴向圆跳动	成套轴承内圈轴向跳动
SL			圆锥坡高,即圆锥孔理论大端和小端公称直径之差(d_1-d)	—
	ΔSL		锥形内圈的圆锥坡高与其公称尺寸的偏差	—
T			成套轴承公称宽度	成套轴承宽度
	ΔTs	(GN)	成套轴承宽度的最小外接尺寸与其公称尺寸的偏差	(成套)轴承实际宽度偏差
T_1			内组件与标准外圈装配后的公称有效宽度	内组件与标准外圈装配后的有效宽度
	ΔT1s	(GN)	有效宽度(内组件与标准外圈装配后)的最小外接尺寸与其公称尺寸的偏差	内组件与标准外圈装配后的实际有效宽度偏差
T_2			外圈与标准内组件装配后的公称有效宽度	外圈与标准内组件装配后的公称有效宽度
	ΔT2s	(GN)	有效宽度(外圈与标准内组件装配后)的最小外接尺寸与其公称尺寸的偏差	有效宽度(外圈与标准内组件装配后)的最小外接尺寸与其公称尺寸的偏差
T_F			成套凸缘轴承公称宽度	成套凸缘轴承公称宽度
	ΔTFs	(GN)	成套凸缘轴承宽度的最小外接尺寸与其公称尺寸的偏差	成套凸缘轴承宽度的最小外接尺寸与其公称尺寸的偏差
T_{F2}			外圈与标准内组件装配后的公称有效宽度	外圈与标准内组件装配后的公称有效宽度
	ΔTF2s	(GN)	有效宽度(凸缘外圈与标准内组件装配后)的最小外接尺寸与其公称尺寸的偏差	有效宽度(凸缘外圈与标准内组件装配后)的最小外接尺寸与其公称尺寸的偏差

续表

公称尺寸(尺寸和距离)符号	特性符号	GPS 符号和规范修饰符	说　明	上一版标准中的术语
α			截头圆锥内孔的角度	截头圆锥内孔的角度
a			端面到 SD 或 SD1 约束区边界的距离	端面到 SD 或 SD1 约束区边界的距离

表 7-2-22　**推力轴承公称尺寸符号、特性符号和规范修饰符**

公称尺寸符号	特性符号	GPS 符号和规范修饰符	说　明	上一版标准中的术语
d			单向轴承轴圈公称内径	单向轴承轴圈公称内径
	Δdmp	(LP)(SD) ACS	任意截面内，轴圈内径的平均尺寸（出自两点尺寸）与其公称尺寸的偏差	单向轴承轴圈单一平面平均内径偏差
	Vdsp	(LP)(SR) ACS	任意截面内，轴圈内径的两点尺寸的范围	单向轴承轴圈单一平面内径变动量
d_2			双向轴承中轴圈公称内径	双向轴承中轴圈公称内径
	Δd2mp	(LP)(SD) ACS	任意截面内，中轴圈内径的平均尺寸（出自两点尺寸）与其公称尺寸的偏差	双向轴承中轴圈单一平面平均内径偏差
	Vd2sp	(LP)(SR) ACS	任意截面内，中轴圈内径的两点尺寸的范围	双向轴承中轴圈单一平面内径变动量
D			座圈公称外径	座圈公称外径
	ΔDmp	(LP)(SD) ACS	任意截面内，座圈外径的平均尺寸（出自两点尺寸）与其公称尺寸的偏差	座圈单一平面平均外径偏差
	VDsp	(LP)(SR) ACS	任意截面内，座圈外径的两点尺寸的范围	座圈单一平面外径变动量
T			单向轴承成套轴承公称高度	单向轴承公称高度
	ΔTs	(GN)	单向轴承成套轴承高度的最小外接尺寸与其公称尺寸的偏差	单向轴承实际高度偏差
T_1			双向轴承成套轴承公称高度	双向轴承公称高度
	ΔT1s	(GN)	双向轴承成套轴承高度的最小外接尺寸与其公称尺寸的偏差	双向轴承实际高度偏差
—	Se	(LP)(SR)	推力圆柱滚子轴承：座圈滚道和背面之间厚度的两点尺寸的范围	座圈滚道与背面间的厚度变动量
		(LS)(SN)ALS(SR)◁[≡]	推力球轴承：由通过座圈外表面轴线的任意纵向截面得到的滚道和座圈背面的对应点之间的最小球形尺寸的范围	
—	Si	(LS)(SR)	推力圆柱滚子轴承：轴圈滚道和背面之间厚度的两点尺寸的范围	轴圈滚道与背面间的厚度变动量
		(LS)(SN)ALS(SR)◁[≡]	推力球轴承：由通过轴圈内孔轴线的任意纵向截面得到的滚道和轴圈背面的对应点之间的最小球形尺寸的范围	

2.2.5.1　向心轴承公差（圆锥滚子轴承除外）

圆柱孔轴承的内径极限偏差和公差值见表 7-2-23～表 7-2-32。

表 7-2-23 **普通级轴承内圈公差** μm

d/mm		$t_{\Delta dmp}$		t_{Vdsp}			t_{Vdmp}	t_{Kia}	$t_{\Delta Bs}$			t_{VBs}
				直径系列					全部	正常	修正①	
超过	到	上偏差	下偏差	9	0、1	2、3、4			上偏差	下偏差		
—	0.6	0	−8	10	8	6	6	10	0	−40	—	12
0.6	2.5	0	−8	10	8	6	6	10	0	−40	—	12
2.5	10	0	−8	10	8	6	6	10	0	−120	−250	15
10	18	0	−8	10	8	6	6	10	0	−120	−250	20
18	30	0	−10	13	10	8	8	13	0	−120	−250	20
30	50	0	−12	15	12	9	9	15	0	−120	−250	20
50	80	0	−15	19	19	11	11	20	0	−150	−380	25
80	120	0	−20	25	25	15	15	25	0	−200	−380	25
120	180	0	−25	31	31	19	19	30	0	−250	−500	30
180	250	0	−30	38	38	23	23	40	0	−300	−500	30
250	315	0	−35	44	44	26	26	50	0	−350	−500	35
315	400	0	−40	50	50	30	30	60	0	−400	−630	40
400	500	0	−45	56	56	34	34	65	0	−450	—	50
500	630	0	−50	63	63	38	38	70	0	−500	—	60
630	800	0	−75	—	—	—	—	80	0	−750	—	70
800	1000	0	−100	—	—	—	—	90	0	−1000	—	80
1000	1250	0	−125	—	—	—	—	100	0	−1250	—	100
1250	1600	0	−160	—	—	—	—	120	0	−1600	—	120
1600	2000	0	−200	—	—	—	—	140	0	−2000	—	140

① 适用于成对或成组安装时单个轴承的内、外圈，也适用于 $d \geqslant 50$mm 锥孔轴承的内圈。

表 7-2-24 **普通级轴承外圈公差** μm

D/mm		$t_{\Delta Dmp}$		t_{VDsp}①				t_{VDmp}①	t_{Kea}	$t_{\Delta Cs}$ $t_{\Delta C1s}$②		t_{VCs} t_{VC1s}②
				开型轴承			闭型轴承					
				直径系列								
超过	到	上偏差	下偏差	9	0、1	2、3、4	2、3、4			上偏差	下偏差	
—	2.5	0	−8	10	8	6	10	6	15	与同一轴承内圈的 $t_{\Delta Bs}$ 及 t_{VBs} 相同		
2.5	6	0	−8	10	8	6	10	6	15			
6	18	0	−8	10	8	6	10	6	15			
18	30	0	−9	12	9	7	12	7	15			
30	50	0	−11	14	11	8	16	8	20			
50	80	0	−13	16	13	10	20	10	25			
80	120	0	−15	19	19	11	26	11	35			
120	150	0	−18	23	23	14	30	14	40			
150	180	0	−25	31	31	19	38	19	45			
180	250	0	−30	38	38	23	—	23	50			
250	315	0	−35	44	44	26	—	26	60			

续表

D/mm		$t_{\Delta Dmp}$		t_{VDsp}①				t_{VDmp}①	t_{Kea}	$t_{\Delta Cs}$ $t_{\Delta C1s}$②		t_{VCs} t_{VC1s}②
				开型轴承			闭型轴承					
				直径系列								
超过	到	上偏差	下偏差	9	0、1	2、3、4	2、3、4			上偏差	下偏差	
315	400	0	−40	50	50	30	—	30	70	与同一轴承内圈的 $t_{\Delta Bs}$ 及 t_{VBs} 相同		
400	500	0	−45	56	56	34	—	34	80			
500	630	0	−50	63	63	38	—	38	100			
630	800	0	−75	94	94	55	—	55	120			
800	1000	0	−100	125	125	75	—	75	140			
1000	1250	0	−125	—	—	—	—	—	160			
1250	1600	0	−160	—	—	—	—	—	190			
1600	2000	0	−200	—	—	—	—	—	220			
2000	2500	0	−250	—	—	—	—	—	250			

① 适用于内、外止动环安装前或拆卸后。

② 仅适用于沟型球轴承。

表 7-2-25　　6 级轴承内圈公差　　μm

d/mm		$t_{\Delta dmp}$		t_{Vdsp}			t_{Vdmp}	t_{Kia}	$t_{\Delta Bs}$			t_{VBs}
				直径系列					全部	正常	修正①	
超过	到	上偏差	下偏差	9	0、1	2、3、4			上偏差	下偏差		
—	0.6	0	−7	9	7	5	5	5	0	−40	—	12
0.6	2.5	0	−7	9	7	5	5	5	0	−40	—	12
2.5	10	0	−7	9	7	5	5	6	0	−120	−250	15
10	18	0	−7	9	7	5	5	7	0	−120	−250	20
18	30	0	−8	10	8	6	6	8	0	−120	−250	20
30	50	0	−10	13	10	8	8	10	0	−120	−250	20
50	80	0	−12	15	15	9	9	10	0	−150	−380	25
80	120	0	−15	19	19	11	11	13	0	−200	−380	25
120	180	0	−18	23	23	14	14	18	0	−250	−500	30
180	250	0	−22	28	28	17	17	20	0	−300	−500	30
250	315	0	−25	31	31	19	19	25	0	−350	−500	35
315	400	0	−30	38	38	23	23	30	0	−400	−630	40
400	500	0	−35	44	44	26	26	35	0	−450	—	45
500	630	0	−40	50	50	30	30	40	0	−500	—	50

① 适用于成对或成组安装时单个轴承的内、外圈，也适用于 $d \geqslant 50$mm 锥孔轴承的内圈。

表 7-2-26　　6 级轴承外圈公差　　μm

D/mm		$t_{\Delta Dmp}$		t_{VDsp}①				t_{VDmp}①	t_{Kea}	$t_{\Delta Cs}$ $t_{\Delta C1s}$②		t_{VCs} t_{VC1s}②
				开型轴承			闭型轴承					
				直径系列								
超过	到	上偏差	下偏差	9	0、1	2、3、4	0、1、2、3、4			上偏差	下偏差	
—	2.5	0	−7	9	7	5	9	5	8	与同一轴承内圈的 $t_{\Delta Bs}$ 及 t_{VBs} 相同		
2.5	6	0	−7	9	7	5	9	5	8			

续表

D/mm		$t_{\Delta Dmp}$		t_{VDsp}①				t_{VDmp}①	t_{Kea}	$t_{\Delta Cs}$ $t_{\Delta C1s}$②		t_{VCs} t_{VC1s}②
				开型轴承			闭型轴承					
				直径系列								
超过	到	上偏差	下偏差	9	0、1	2、3、4	0、1、2、3、4			上偏差	下偏差	
6	18	0	−7	9	7	5	9	5	8	与同一轴承内圈的 $t_{\Delta Bs}$ 及 t_{VBs} 相同		
18	30	0	−8	10	8	6	10	6	9			
30	50	0	−9	11	9	7	13	7	10			
50	80	0	−11	14	11	8	16	8	13			
80	120	0	−13	16	16	10	20	10	18			
120	150	0	−15	19	19	11	25	11	20			
150	180	0	−18	23	23	14	30	14	23			
180	250	0	−20	25	25	15	—	15	25			
250	315	0	−25	31	31	19	—	19	30			
315	400	0	−28	35	35	21	—	21	35			
400	500	0	−33	41	41	25	—	25	40			
500	630	0	−38	48	48	29	—	29	50			
630	800	0	−45	56	56	34	—	34	60			
800	1000	0	−60	75	75	45	—	45	75			

① 适用于内、外止动环安装前或拆卸后。

② 仅适用于沟型球轴承。

表 7-2-27　　5级轴承内圈公差　　μm

d/mm		$t_{\Delta dmp}$		t_{Vdsp}		t_{Vdmp}	t_{Kia}	t_{Sd}	t_{Sia}①	$t_{\Delta Bs}$			t_{VBs}
				直径系列						全部	正常	修正②	
超过	到	上偏差	下偏差	9	0、1、2、3、4					上偏差	下偏差		
—	0.6	0	−5	5	4	3	4	7	7	0	−40	−250	5
0.6	2.5	0	−5	5	4	3	4	7	7	0	−40	−250	5
2.5	10	0	−5	5	4	3	4	7	7	0	−40	−250	5
10	18	0	−5	5	4	3	4	7	7	0	−80	−250	5
18	30	0	−6	6	5	3	4	8	8	0	−120	−250	5
30	50	0	−8	8	6	4	5	8	8	0	−120	−250	5
50	80	0	−9	9	7	5	5	8	8	0	−150	−250	6
80	120	0	−10	10	8	5	6	9	9	0	−200	−380	7
120	180	0	−13	13	10	7	8	10	10	0	−250	−380	8
180	250	0	−15	15	12	8	10	11	13	0	−300	−500	10
250	315	0	−18	18	14	9	13	13	15	0	−350	−500	13
315	400	0	−23	23	18	12	15	15	20	0	−400	−630	15

① 仅适用于沟型球轴承。

② 适用于成对或成组安装时单个轴承的内、外圈，也适用于 $d \geqslant 50$mm 锥孔轴承的内圈。

表 7-2-28　**5 级轴承外圈公差**　μm

D/mm		$t_{\Delta Dmp}$		t_{VDsp}①②		t_{VDmp}②	t_{Kea}	t_{SD}③⑤ t_{SD1}④⑤	t_{Sea}③④	t_{Sea1}④	$t_{\Delta Cs}$ $t_{\Delta C1s}$④		t_{VCs} t_{VC1s}④
				直径系列									
超过	到	上偏差	下偏差	9	0、1、2、3、4						上偏差	下偏差	
—	2.5	0	−5	5	4	3	5	4	8	11	与同一轴承内圈的 $t_{\Delta Bs}$ 相同		5
2.5	6	0	−5	5	4	3	5	4	8	11			5
6	18	0	−5	5	4	3	5	4	8	11			5
18	30	0	−6	6	5	3	6	4	8	11			5
30	50	0	−7	7	5	4	7	4	8	11			5
50	80	0	−9	9	7	5	8	4	10	14			6
80	120	0	−10	10	8	5	10	4.5	11	16			8
120	150	0	−11	11	8	6	11	5	13	18			8
150	180	0	−13	13	10	7	13	5	14	20			8
180	250	0	−15	15	11	8	15	5.5	15	21			10
250	315	0	−18	18	14	9	18	6.5	18	25			11
315	400	0	−20	20	15	10	20	6.5	20	28			13
400	500	0	—23	23	17	12	23	7.5	23	33			15
500	630	0	—28	28	21	14	25	9	25	35			18
630	800	0	−35	35	26	18	30	10	30	42			20

① 对闭型轴承未规定数值。

② 适用于内、外止动环安装前或拆卸后。

③ 不适用于凸缘外圈轴承。

④ 仅适用于沟型球轴承。

⑤ 与上一版标准相比，公差值已变为原数值的一半，因为本版已将 SD 和 SD1 定义为外圈外表面轴线对基准（由外圈端面或外圈凸缘背面确定）的垂直度。

表 7-2-29　**4 级轴承内圈公差**　μm

d/mm		$t_{\Delta dmp}$① $t_{\Delta ds}$②		t_{Vdsp}		t_{Vdmp}	t_{Kia}	t_{Sd}	t_{Sia}③	$t_{\Delta Bs}$			t_{VBs}
				直径系列						全部	正常	修正④	
超过	到	上偏差	下偏差	9	0、1、2、3、4					上偏差	下偏差		
—	0.6	0	−4	4	3	2	2.5	3	3	0	−40	−250	2.5
0.6	2.5	0	−4	4	3	2	2.5	3	3	0	−40	−250	2.5
2.5	10	0	−4	4	3	2	2.5	3	3	0	−40	−250	2.5
10	18	0	−4	4	3	2	2.5	3	3	0	−80	−250	2.5
18	30	0	−5	5	4	2.5	3	4	4	0	−120	−250	2.5
30	50	0	−6	6	5	3	4	4	4	0	−120	−250	3
50	80	0	−7	7	5	3.5	4	5	5	0	−150	−250	4
80	120	0	−8	8	6	4	5	5	5	0	−200	−380	4
120	180	0	−10	10	8	5	6	6	7	0	−250	−380	5
180	250	0	−12	12	9	6	8	7	8	0	−300	−500	6

① 这些偏差仅适用于直径系列 9。

② 这些偏差仅适用于直径系列 0、1、2、3 和 4。

③ 仅适用于沟型球轴承。

④ 适用于成对或成组安装时单个轴承的内、外圈。

表 7-2-30　　**4 级轴承外圈公差**　　μm

D/mm		$t_{\Delta Dmp}$ ① $t_{\Delta Ds}$ ②		t_{VDsp} ③④ 直径系列		t_{VDmp} ④	t_{Kea}	t_{SD} ⑤⑥ t_{SD1} ⑥⑦	t_{Sea} ⑤⑦	t_{Sea1} ⑦	$t_{\Delta Cs}$ $t_{\Delta C1s}$ ⑦		t_{VCs} t_{VC1s} ⑦
超过	到	上偏差	下偏差	9	0、1、2、3、4						上偏差	下偏差	
—	2.5	0	−4	4	3	2	3	2	5	7	与同一轴承内圈的 $t_{\Delta Bs}$ 相同		2.5
2.5	6	0	−4	4	3	2	3	2	5	7			2.5
6	18	0	−4	4	3	2	3	2	5	7			2.5
18	30	0	−5	5	4	2.5	4	2	5	7			2.5
30	50	0	−6	6	5	3	5	2	5	7			2.5
50	80	0	−7	7	5	3.5	5	2	5	7			3
80	120	0	−8	8	6	4	6	2.5	6	8			4
120	150	0	−9	9	7	5	7	2.5	7	10			5
150	180	0	−10	10	8	5	8	2.5	8	11			5
180	250	0	−11	11	8	6	10	3.5	10	14			7
250	315	0	−13	13	10	7	11	4	10	14			7
315	400	0	−15	15	11	8	13	5	13	18			8

① 这些偏差仅适用于直径系列 9。

② 这些偏差仅适用于直径系列 0、1、2、3 和 4。

③ 对闭型轴承未规定数值。

④ 适用于内、外止动环安装前或拆卸后。

⑤ 不适用于凸缘外圈轴承。

⑥ 与上一版标准相比，公差值已变为原数值的一半，因为本版已将 SD 和 SD1 定义为外圈外表面轴线对基准（由外圈端面或外圈凸缘背面确定）的垂直度。

⑦ 仅适用于沟型球轴承。

表 7-2-31　　**2 级轴承内圈公差**　　μm

d/mm		$t_{\Delta dmp}$ ① $t_{\Delta ds}$ ②		t_{Vdsp}	t_{Vdmp}	t_{Kia}	t_{Sd}	t_{Sia} ③	$t_{\Delta Bs}$			t_{VBs}
									全部	正常	修正④	
超过	到	上偏差	下偏差						上偏差	下偏差		
—	0.6	0	−2.5	2.5	1.5	1.5	1.5	1.5	0	−40	−250	1.5
0.6	2.5	0	−2.5	2.5	1.5	1.5	1.5	1.5	0	−40	−250	1.5
2.5	10	0	−2.5	2.5	1.5	1.5	1.5	1.5	0	−40	−250	1.5
10	18	0	−2.5	2.5	1.5	1.5	1.5	1.5	0	−80	−250	1.5
18	30	0	−2.5	2.5	1.5	2.5	1.5	2.5	0	−120	−250	1.5
30	50	0	−2.5	2.5	1.5	2.5	1.5	2.5	0	−120	−250	1.5
50	80	0	−4	4	2	2.5	1.5	2.5	0	−150	−250	1.5
80	120	0	−5	5	2.5	2.5	2.5	2.5	0	−200	−380	2.5
120	150	0	−7	7	3.5	2.5	2.5	2.5	0	−250	−380	2.5
150	180	0	−7	7	3.5	5	4	5	0	−250	−380	4
180	250	0	−8	8	4	5	5	5	0	−300	−500	5

① 这些偏差仅适用于直径系列 9。

② 这些偏差仅适用于直径系列 0、1、2、3 和 4。

③ 仅适用于沟型球轴承。

④ 适用于成对或成组安装时单个轴承的内、外圈。

表 7-2-32 2 级轴承外圈公差 μm

D/mm		$t_{\Delta Dmp}$ ① $t_{\Delta Ds}$ ②		t_{VDsp} ③④	t_{VDmp} ④	t_{Kea}	t_{SD} ⑤⑥ t_{SD1} ⑤⑦	t_{Sea} ⑤⑦	t_{Sea1} ⑦	$t_{\Delta Cs}$ $t_{\Delta C1s}$ ⑦		t_{VCs} t_{VC1s} ⑦
超过	到	上偏差	下偏差							上偏差	下偏差	
—	2.5	0	−2.5	2.5	1.5	1.5	0.75	1.5	3			1.5
2.5	6	0	−2.5	2.5	1.5	1.5	0.75	1.5	3			1.5
6	18	0	−2.5	2.5	1.5	1.5	0.75	1.5	3			1.5
18	30	0	−4	4	2	2.5	0.75	2.5	4			1.5
30	50	0	−4	4	2	2.5	0.75	2.5	4			1.5
50	80	0	−4	4	2	4	0.75	4	6	与同一轴承内圈的 $t_{\Delta Bs}$ 相同		1.5
80	120	0	−5	5	2.5	5	1.25	5	7			2.5
120	150	0	−5	5	2.5	5	1.25	5	7			2.5
150	180	0	−7	7	3.5	5	1.25	5	7			2.5
180	250	0	−8	8	4	7	2	7	10			4
250	315	0	−8	8	4	7	2.5	7	10			5
315	400	0	−10	10	5	8	3.5	8	11			7

① 这些偏差仅适用于直径系列 9。
② 这些偏差仅适用于直径系列 0、1、2、3 和 4。
③ 对闭型轴承未规定数值。
④ 适用于内、外止动环安装前或拆卸后。
⑤ 不适用于凸缘外圈轴承。
⑥ 与上一版标准相比，公差值已变为原数值的一半，因为本版已将 SD 和 SD1 定义为外圈外表面轴线对基准（由外圈端面或外圈凸缘背面确定）的垂直度。
⑦ 仅适用于沟型球轴承。

2.2.5.2 圆锥滚子轴承公差

圆锥滚子轴承的内径公差适用于基本圆柱孔（见表 7-2-33～表 7-2-45）。

表 7-2-33 普通级圆锥滚子轴承内圈公差 μm

d/mm		$t_{\Delta dmp}$		t_{Vdsp}	t_{Vdmp}	t_{Kia}
超过	到	上偏差	下偏差			
—	10	0	−12	12	9	15
10	18	0	−12	12	9	15
18	30	0	−12	12	9	18
30	50	0	−12	12	9	20
50	80	0	−15	15	11	25
80	120	0	−20	20	15	30
120	180	0	−25	25	19	35
180	250	0	−30	30	23	50
250	315	0	−35	35	26	60
315	400	0	−40	40	30	70
400	500	0	−45	45	34	80
500	630	0	−60	60	40	90
630	800	0	−75	75	45	100
800	1000	0	−100	100	55	115
1000	1250	0	−125	125	65	130
1250	1600	0	−160	160	80	150
1600	2000	0	−200	200	100	170

表 7-2-34 **普通级圆锥滚子轴承外圈公差** μm

D/mm		$t_{\Delta Dmp}$		t_{VDsp}	t_{VDmp}	t_{Kea}
超过	到	上偏差	下偏差			
—	18	0	−12	12	9	18
18	30	0	−12	12	9	18
30	50	0	−14	14	11	20
50	80	0	−16	16	12	25
80	120	0	−18	18	14	35
120	150	0	−20	20	15	40
150	180	0	−25	25	19	45
180	250	0	−30	30	23	50
250	315	0	−35	35	26	60
315	400	0	−40	40	30	70
400	500	0	−45	45	34	80
500	630	0	−50	60	38	100
630	800	0	−75	80	55	120
800	1000	0	−100	100	75	140
1000	1250	0	−125	130	90	160
1250	1600	0	−160	170	100	180
1600	2000	0	−200	210	110	200
2000	2500	0	−250	265	120	220

表 7-2-35 **普通级圆锥滚子轴承宽度公差——内、外圈，单列轴承及组件** μm

d/mm		$t_{\Delta Bs}$		$t_{\Delta Cs}$		$t_{\Delta Ts}$ $t_{\Delta TFs}$		$t_{\Delta T1s}$		$t_{\Delta T2s}$ $t_{\Delta TF2s}$	
超过	到	上偏差	下偏差	上偏差	下偏差	上偏差	下偏差	上偏差	下偏差	上偏差	下偏差
—	10	0	−120	0	−120	+200	0	+100	0	+100	0
10	18	0	−120	0	−120	+200	0	+100	0	+100	0
18	30	0	−120	0	−120	+200	0	+100	0	+100	0
30	50	0	−120	0	−120	+200	0	+100	0	+100	0
50	80	0	−150	0	−150	+200	0	+100	0	+100	0
80	120	0	−200	0	−200	+200	−200	+100	−100	+100	−100
120	180	0	−250	0	−250	+350	−250	+150	−150	+200	−100
180	250	0	−300	0	−300	+350	−250	+150	−150	+200	−100
250	315	0	−350	0	−350	+350	−250	+150	−150	+200	−100
315	400	0	−400	0	−400	+400	−400	+200	−200	+200	−200
400	500	0	−450	0	−450	+450	−450	+225	−225	+225	−225
500	630	0	−500	0	−500	+500	−500	—	—	—	—
630	800	0	−750	0	−750	+600	−600	—	—	—	—
800	1000	0	−1000	0	−1000	+750	−750	—	—	—	—
1000	1250	0	−1250	0	−1250	+900	−900	—	—	—	—
1250	1600	0	−1600	0	−1600	+1050	−1050	—	—	—	—
1600	2000	0	−2000	0	−2000	+1200	−1200	—	—	—	—

表 7-2-36　6X 级圆锥滚子轴承公差宽度——内、外圈，单列轴承及组件　μm

d/mm		$t_{\Delta Bs}$		$t_{\Delta Cs}$		$t_{\Delta Ts}$ $t_{\Delta TFs}$		$t_{\Delta T1s}$		$t_{\Delta T2s}$ $t_{\Delta TF2s}$	
超过	到	上偏差	下偏差	上偏差	下偏差	上偏差	下偏差	上偏差	下偏差	上偏差	下偏差
—	10	0	−50	0	−100	+100	0	+50	0	+50	0
10	18	0	−50	0	−100	+100	0	+50	0	+50	0
18	30	0	−50	0	−100	+100	0	+50	0	+50	0
30	50	0	−50	0	−100	+100	0	+50	0	+50	0
50	80	0	−50	0	−100	+100	0	+50	0	+50	0
80	120	0	−50	0	−100	+100	0	+50	0	+50	0
120	180	0	−50	0	−100	+150	0	+50	0	+100	0
180	250	0	−50	0	−100	+150	0	+50	0	+100	0
250	315	0	−50	0	−100	+200	0	+100	0	+100	0
315	400	0	−50	0	−100	+200	0	+100	0	+100	0
400	500	0	−50	0	−100	+200	0	+100	0	+100	0

注：本公差级内圈和外圈的直径公差和径向跳动与普通级公差规定的数值相同。

表 7-2-37　5 级圆锥滚子轴承内圈公差　μm

d/mm		$t_{\Delta dmp}$		t_{Vdsp}	t_{Vdmp}	t_{Kia}	t_{Sd}
超过	到	上偏差	下偏差				
—	10	0	−7	5	5	5	7
10	18	0	−7	5	5	5	7
18	30	0	−8	6	5	5	8
30	50	0	−10	8	5	6	8
50	80	0	−12	9	6	7	8
80	120	0	−15	11	8	8	9
120	180	0	−18	14	9	11	10
180	250	0	−22	17	11	13	11
250	315	0	−25	19	13	13	13
315	400	0	−30	23	15	15	15
400	500	0	−35	28	17	20	17
500	630	0	−40	35	20	25	20
630	800	0	−50	45	25	30	25
800	1000	0	−60	60	30	37	30
1000	1250	0	−75	75	37	45	40
1250	1600	0	−90	90	45	55	50

表 7-2-38　5 级圆锥滚子轴承外圈公差　μm

D/mm		$t_{\Delta Dmp}$		t_{VDsp}	t_{VDmp}	t_{Kea}	t_{SD} ①② t_{SD1} ②
超过	到	上偏差	下偏差				
—	18	0	−8	6	5	6	4
18	30	0	−8	6	5	6	4
30	50	0	−9	7	5	7	4
50	80	0	−11	8	6	8	4
80	120	0	−13	10	7	10	4.5
120	150	0	−15	11	8	11	5
150	180	0	−18	14	9	13	5

续表

D/mm		$t_{\Delta Dmp}$		t_{VDsp}	t_{VDmp}	t_{Kea}	t_{SD} ①② t_{SD1} ②
超过	到	上偏差	下偏差				
180	250	0	−20	15	10	15	5.5
250	315	0	−25	19	13	18	6.5
315	400	0	−28	22	14	20	6.5
400	500	0	−33	26	17	24	8.5
500	630	0	−38	30	20	30	10
630	800	0	−45	38	25	36	12.5
800	1000	0	−60	50	30	43	15
1000	1250	0	−80	65	38	52	19
1250	1600	0	−100	90	50	62	25
1600	2000	0	−125	120	65	73	32.5

① 不适用于凸缘外圈轴承。

② 与上一版标准相比，公差值已变为原数值的一半，因为本版已将 SD 和 SD1 定义为外圈外表面轴线对基准（由外圈端面或外圈凸缘背面确定）的垂直度。

表 7-2-39　　5级圆锥滚子轴承宽度公差——内、外圈，单列轴承及组件　　μm

d/mm		$t_{\Delta Bs}$		$t_{\Delta Cs}$		$t_{\Delta Ts}$ $t_{\Delta TFs}$		$t_{\Delta T1s}$		$t_{\Delta T2s}$ $t_{\Delta TF2s}$	
超过	到	上偏差	下偏差	上偏差	下偏差	上偏差	下偏差	上偏差	下偏差	上偏差	下偏差
—	10	0	−200	0	−200	+200	−200	+100	−100	+100	−100
10	18	0	−200	0	−200	+200	−200	+100	−100	+100	−100
18	30	0	−200	0	−200	+200	−200	+100	−100	+100	−100
30	50	0	−240	0	−240	+200	−200	+100	−100	+100	−100
50	80	0	−300	0	−300	+200	−200	+100	−100	+100	−100
80	120	0	−400	0	−400	+200	−200	+100	−100	+100	−100
120	180	0	−500	0	−500	+350	−250	+150	−150	+200	−100
180	250	0	−600	0	−600	+350	−250	+150	−150	+200	−100
250	315	0	−700	0	−700	+350	−250	+150	−150	+200	−100
315	400	0	−800	0	−800	+400	−400	+200	−200	+200	−200
400	500	0	−900	0	−900	+450	−450	+225	−225	+225	−225
500	630	0	−1100	0	−1100	+500	−500	—	—	—	—
630	800	0	−1600	0	−1600	+600	−600	—	—	—	—
800	1000	0	−2000	0	−2000	+750	−750	—	—	—	—
1000	1250	0	−2000	0	−2000	+750	−750	—	—	—	—
1250	1600	0	−2000	0	−2000	+900	−900	—	—	—	—

表 7-2-40　　4级圆锥滚子轴承内圈公差　　μm

d/mm		$t_{\Delta dmp}$ $t_{\Delta ds}$		t_{Vdsp}	t_{Vdmp}	t_{Kia}	t_{Sd}	t_{Sia}
超过	到	上偏差	下偏差					
—	10	0	−5	4	4	3	3	3
10	18	0	−5	4	4	3	3	3
18	30	0	−6	5	4	3	4	4
30	50	0	−8	6	5	4	4	4
50	80	0	−9	7	5	4	5	4
80	120	0	−10	8	5	5	5	5
120	180	0	−13	10	7	6	6	7
180	250	0	−15	11	8	8	7	8
250	315	0	−18	12	9	9	8	9

表 7-2-41　　**4 级圆锥滚子轴承外圈公差**　　μm

D/mm		$t_{\Delta Ds}$		t_{VDsp}	t_{VDmp}	t_{Kea}	t_{SD} ①② t_{SD1} ②	t_{Sea} ①	t_{Sea1}
超过	到	上偏差	下偏差						
—	18	0	−6	5	4	4	2	5	7
18	30	0	−6	5	4	2	2	5	7
30	50	0	−7	5	5	5	2	5	7
50	80	0	−9	7	5	5	2	5	7
80	120	0	−10	8	5	6	2.5	6	8
120	150	0	−11	8	6	7	2.5	7	10
150	180	0	−13	10	7	8	2.5	8	11
180	250	0	−15	11	8	10	3.5	10	14
250	315	0	−18	14	9	11	4	10	14
315	400	0	−20	15	10	13	5	13	18

① 不适用于凸缘外圈轴承。

② 与上一版标准相比，公差值已变为原数值的一半，因为本版已将 SD 和 SD1 定义为外圈外表面轴线对基准（由外圈端面或外圈凸缘背面确定）的垂直度。

表 7-2-42　　**4 级圆锥滚子轴承宽度公差——内、外圈，单列轴承及组件**　　μm

d/mm		$t_{\Delta Bs}$		$t_{\Delta Cs}$		$t_{\Delta Ts}$ $t_{\Delta TFs}$		$t_{\Delta T1s}$		$t_{\Delta T2s}$ $t_{\Delta TF2s}$	
超过	到	上偏差	下偏差	上偏差	下偏差	上偏差	下偏差	上偏差	下偏差	上偏差	下偏差
—	10	0	−200	0	−200	+200	−200	+100	−100	+100	−100
10	18	0	−200	0	−200	+200	−200	+100	−100	+100	−100
18	30	0	−200	0	−200	+200	−200	+100	−100	+100	−100
30	50	0	−240	0	−240	+200	−200	+100	−100	+100	−100
50	80	0	−300	0	−300	+200	−200	+100	−100	+100	−100
80	120	0	−400	0	−400	+200	−200	+100	−100	+100	−100
120	180	0	−500	0	−500	+350	−250	+150	−150	+200	−100
180	250	0	−600	0	−600	+350	−250	+150	−150	+200	−100
250	315	0	−700	0	−700	+350	−250	+150	−150	+200	−100

表 7-2-43　　**2 级圆锥滚子轴承内圈公差**　　μm

d/mm		$t_{\Delta ds}$		t_{Vdsp}	t_{Vdmp}	t_{Kia}	t_{Sd}	t_{Sia}
超过	到	上偏差	下偏差					
—	10	0	−4	2.5	1.5	2	1.5	2
10	18	0	−4	2.5	1.5	2	1.5	2
18	30	0	−4	2.5	1.5	2.5	1.5	2.5
30	50	0	−5	3	2	2.5	2	2.5
50	80	0	−5	4	2	3	2	3
80	120	0	−6	5	2.5	3	2.5	3
120	180	0	−7	7	3.5	4	3.5	4
180	250	0	−8	7	4	5	5	5
250	315	0	−8	8	5	6	5.5	6

表 7-2-44 2级圆锥滚子轴承外圈公差 μm

D/mm		$t_{\Delta Ds}$		t_{VDsp}	t_{VDmp}	t_{Kea}	t_{SD}①②、t_{SD1}②	t_{Sea}①	t_{Sea1}
超过	到	上偏差	下偏差						
—	18	0	−5	4	2.5	2.5	1.5	2.5	4
18	30	0	−5	4	2.5	2.5	1.5	2.5	4
30	50	0	−5	4	2.5	2.5	2	2.5	4
50	80	0	−6	4	2.5	4	2.5	4	6
80	120	0	−6	5	3	5	3	5	7
120	150	0	−7	5	3.5	5	3.5	5	7
150	180	0	−7	7	4	5	4	5	7
180	250	0	−8	8	5	7	5	7	10
250	315	0	−9	8	5	7	6	7	10
315	400	0	−10	10	6	8	7	8	11

① 不适用于凸缘外圈轴承。

② 与上一版标准相比，公差值已变为原数值的一半，因为本版已将 SD 和 SD1 定义为外圈外表面轴线对基准（由外圈端面或外圈凸缘背面确定）的垂直度。

表 7-2-45 2级圆锥滚子轴承宽度公差——内、外圈，单列轴承及组件 μm

d/mm		$t_{\Delta Bs}$		$t_{\Delta Cs}$		$t_{\Delta Ts}$ $t_{\Delta TFs}$		$t_{\Delta T1s}$		$t_{\Delta T2s}$ $t_{\Delta TF2s}$	
超过	到	上偏差	下偏差	上偏差	下偏差	上偏差	下偏差	上偏差	下偏差	上偏差	下偏差
—	10	0	−200	0	−200	+200	−200	+100	−100	+100	−100
10	18	0	−200	0	−200	+200	−200	+100	−100	+100	−100
18	30	0	−200	0	−200	+200	−200	+100	−100	+100	−100
30	50	0	−240	0	−240	+200	−200	+100	−100	+100	−100
50	80	0	−300	0	−300	+200	−200	+100	−100	+100	−100
80	120	0	−400	0	−400	+200	−200	+100	−100	+100	−100
120	180	0	−500	0	−500	+200	−250	+100	−100	+100	−150
180	250	0	−600	0	−600	+200	−300	+100	−150	+100	−150
250	315	0	−700	0	−700	+200	−300	+100	−150	+100	−150

2.2.5.3 向心轴承外圈凸缘公差

表 7-2-46 向心轴承外圈凸缘公差 μm

D_1/mm		$t_{\Delta D1s}$			
		定位凸缘		非定位凸缘	
超过	到	上偏差	下偏差	上偏差	下偏差
—	6	0	−36	+220	−36
6	10	0	−36	+220	−36
10	18	0	−43	+270	−43
18	30	0	−52	+330	−52
30	50	0	−62	+390	−62
50	80	0	−74	+460	−74
80	120	0	−87	+540	−87
120	180	0	−100	+630	−100
180	250	0	−115	+720	−115
250	315	0	−130	+810	−130

续表

D_1/mm		$t_{\Delta D1s}$			
		定位凸缘		非定位凸缘	
超过	到	上偏差	下偏差	上偏差	下偏差
315	400	0	−140	+890	−140
400	500	0	−155	+970	−155
500	630	0	−175	+1100	−175
630	800	0	−200	+1250	−200
800	1000	0	−230	+1400	−230
1000	1250	0	−260	+1650	−260
1250	1600	0	−310	+1950	−310
1600	2000	0	−370	+2300	−370
2000	2500	0	−440	+2800	−440

注：凸缘外径公差适用于向心球轴承和圆锥滚子轴承。

2.2.5.4　圆锥孔公差

表 7-2-47　　圆锥孔（锥度 1∶12）普通级公差　　μm

d/mm		$t_{\Delta dmp}$		$t_{\Delta SL}$		t_{Vdsp}①②
超过	到	上偏差	下偏差	上偏差	下偏差	max
—	10	+22	0	+15	0	9
10	18	+27	0	+18	0	11
18	30	+33	0	+21	0	13
30	50	+39	0	+25	0	16
50	80	+46	0	+30	0	19
80	120	+54	0	+35	0	22
120	180	+63	0	+40	0	40
180	250	+72	0	+46	0	46
250	315	+81	0	+52	0	52
315	400	+89	0	+57	0	57
400	500	+97	0	+63	0	63
500	630	+110	0	+70	0	70
630	800	+125	0	+80	0	—
800	1000	+140	0	+90	0	—
1000	1250	+165	0	+105	0	—
1250	1600	+195	0	+125	0	—

① 适用于内孔的任一单一径向平面。
② 不适用于直径系列 7 和 8。

表 7-2-48　　圆锥孔（锥度 1∶30）普通级公差　　μm

d/mm		$t_{\Delta dmp}$		$t_{\Delta SL}$		t_{Vdsp}①②
超过	到	上偏差	下偏差	上偏差	下偏差	max
—	50	+15	0	+30	0	19
50	80	+15	0	+30	0	19
80	120	+20	0	+35	0	22
120	180	+25	0	+40	0	40

续表

d/mm		$t_{\Delta dmp}$		$t_{\Delta SL}$		t_{Vdsp} ①②
超过	到	上偏差	下偏差	上偏差	下偏差	max
180	250	+30	0	+46	0	46
250	315	+35	0	+52	0	52
315	400	+40	0	+57	0	57
400	500	+45	0	+63	0	63
500	630	+50	0	+70	0	70

① 适用于内孔的任一单一径向平面。

② 不适用于直径系列7和8。

第7篇

2.2.5.5 推力轴承公差

表 7-2-49 普通级轴承轴圈和轴承高度公差 μm

d 和 d_2/mm		$t_{\Delta dmp}$, $t_{\Delta d2mp}$		t_{Vdsp}、t_{Vd2sp}	t_{Si} ①	$t_{\Delta Ts}$		$t_{\Delta T1s}$	
超过	到	上偏差	下偏差			上偏差	下偏差	上偏差	下偏差
—	18	0	−8	6	10	+20	−250	+150	−400
18	30	0	−10	8	10	+20	−250	+150	−400
30	50	0	−12	9	10	+20	−250	+150	−400
50	80	0	−15	11	10	+20	−300	+150	−500
80	120	0	−20	15	15	+25	−300	+200	−500
120	180	0	−25	19	15	+25	−400	+200	−600
180	250	0	−30	23	20	+30	−400	+250	−600
250	315	0	−35	26	25	+40	−400	—	—
315	400	0	−40	30	30	+40	−500	—	—
400	500	0	−45	34	30	+50	−500	—	—
500	630	0	−50	38	35	+60	−600	—	—
630	800	0	−75	55	40	+70	−750	—	—
800	1000	0	−100	75	45	+80	−1000	—	—
1000	1250	0	−125	95	50	+100	−1400	—	—
1250	1600	0	−160	120	60	+120	−1600	—	—
1600	2000	0	−200	150	75	+140	−1900	—	—
2000	2500	0	−250	190	90	+160	−2300	—	—

① 仅适用于接触角为90°的推力球和推力圆柱滚子轴承。

注：对于双向轴承，公差值只适用于 $d_2 \leqslant 190$mm 的轴承。

表 7-2-50 普通级轴承座圈公差 μm

D/mm		$t_{\Delta Dmp}$		t_{VDsp}	t_{Se} ①
超过	到	上偏差	下偏差		
10	18	0	−11	8	与同一轴承轴圈的 t_{Si} 值相同
18	30	0	−13	10	
30	50	0	−16	12	
50	80	0	−19	14	
80	120	0	−22	17	
120	180	0	−25	19	
180	250	0	−30	23	
250	315	0	−35	26	
315	400	0	−40	30	
400	500	0	−45	34	
500	630	0	−50	38	
630	800	0	−75	55	

续表

D/mm		$t_{\Delta Dmp}$		t_{VDsp}	t_{Se}
超过	到	上偏差	下偏差		
800	1000	0	−100	75	与同一轴承轴圈的 t_{Si} 值相同
1000	1250	0	−125	95	
1250	1600	0	−160	120	
1600	2000	0	−200	150	
2000	2500	0	−250	190	
2500	2850	0	−300	225	

① 仅适用于接触角为 90°的推力球和推力圆柱滚子轴承。

注：对于双向轴承，公差值只适用于 $D\leqslant360$mm 的轴承。

表 7-2-51　6 级轴承轴圈和轴承高度公差　μm

d 和 d_2/mm		$t_{\Delta dmp}$,$t_{\Delta d2mp}$		t_{Vdsp}、t_{Vd2sp}	t_{Si} ①	$t_{\Delta Ts}$		$t_{\Delta T1s}$	
超过	到	上偏差	下偏差			上偏差	下偏差	上偏差	下偏差
—	18	0	−8	6	5	+20	−250	+150	−400
18	30	0	−10	8	5	+20	−250	+150	−400
30	50	0	−12	9	6	+20	−250	+150	−400
50	80	0	−15	11	7	+20	−300	+150	−500
80	120	0	−20	15	8	+25	−300	+200	−500
120	180	0	−25	19	9	+25	−400	+200	−600
180	250	0	−30	23	10	+30	−400	+250	−600
250	315	0	−35	26	13	+40	−400	—	—
315	400	0	−40	30	15	+40	−500	—	—
400	500	0	−45	34	18	+50	−500	—	—
500	630	0	−50	38	21	+60	−600	—	—
630	800	0	−75	55	25	+70	−750	—	—
800	1000	0	−100	75	30	+80	−1000	—	—
1000	1250	0	−125	95	35	+100	−1400	—	—
1250	1600	0	−160	120	40	+120	−1600	—	—
1600	2000	0	−200	150	45	+140	−1900	—	—
2000	2500	0	−250	190	50	+160	−2300	—	—

① 仅适用于接触角为 90°的推力球和推力圆柱滚子轴承。

注：对于双向轴承，公差值只适用于 $d_2\leqslant190$mm 的轴承。

表 7-2-52　6 级轴承座圈公差　μm

D/mm		$t_{\Delta Dmp}$		t_{VDsp}	t_{Se} ①
超过	到	上偏差	下偏差		
10	18	0	−11	8	与同一轴承轴圈的 t_{Si} 值相同
18	30	0	−13	10	
30	50	0	−16	12	
50	80	0	−19	14	
80	120	0	−22	17	
120	180	0	−25	19	
180	250	0	−30	23	
250	315	0	−35	26	
315	400	0	−40	30	
400	500	0	−45	34	
500	630	0	−50	38	
630	800	0	−75	55	

续表

D/mm		$t_{\Delta Dmp}$		t_{VDsp}	t_{Se}①
超过	到	上偏差	下偏差		
800	1000	0	−100	75	与同一轴承轴圈的 t_{Si} 值相同
1000	1250	0	−125	95	
1250	1600	0	−160	120	
1600	2000	0	−200	150	
2000	2500	0	−250	190	
2500	2850	0	−300	225	

① 仅适用于接触角为90°的推力球和推力圆柱滚子轴承。

注：对于双向轴承，公差值只适用于 $D \leqslant 360$mm 的轴承。

表 7-2-53　　5级轴承轴圈和轴承高度公差　　μm

d 和 d_2/mm		$t_{\Delta dmp}$，$t_{\Delta d2mp}$		t_{Vdsp}，t_{Vd2sp}	t_{Si}①②	$t_{\Delta Ts}$		$t_{\Delta T1s}$	
超过	到	上偏差	下偏差			上偏差	下偏差	上偏差	下偏差
—	18	0	−8	6	3	+20	−250	+150	−400
18	30	0	−10	8	3	+20	−250	+150	−400
30	50	0	−12	9	3	+20	−250	+150	−400
50	80	0	−15	11	4	+20	−300	+150	−500
80	120	0	−20	15	4	+25	−300	+200	−500
120	180	0	−25	19	5	+25	−400	+200	−600
180	250	0	−30	23	5	+30	−400	+250	−600
250	315	0	−35	26	7	+40	−400	—	—
315	400	0	−40	30	7	+40	−500	—	—
400	500	0	−45	34	9	+50	−500	—	—
500	630	0	−50	38	11	+60	−600	—	—
630	800	0	−75	55	13	+70	−750	—	—
800	1000	0	−100	75	15	+80	−1000	—	—
1000	1250	0	−125	95	18	+100	−1400	—	—
1250	1600	0	−160	120	25	+120	−1600	—	—
1600	2000	0	−200	150	30	+140	−1900	—	—
2000	2500	0	−250	190	40	+160	−2300	—	—

① 仅适用于接触角为90°的推力球和推力圆柱滚子轴承。

② 不适用于中轴圈。

注：对于双向轴承，公差值只适用于 $d_2 \leqslant 190$mm 的轴承。

表 7-2-54　　5级轴承座圈公差　　μm

D/mm		$t_{\Delta Dmp}$		t_{VDsp}	t_{Se}①
超过	到	上偏差	下偏差		
10	18	0	−11	8	与同一轴承轴圈的 t_{Si} 值相同
18	30	0	−13	10	
30	50	0	−16	12	
50	80	0	−19	14	
80	120	0	−22	17	
120	180	0	−25	19	
180	250	0	−30	23	
250	315	0	−35	26	
315	400	0	−40	30	
400	500	0	−45	34	
500	630	0	−50	38	
630	800	0	−75	55	

续表

D/mm		$t_{\Delta Dmp}$		t_{VDsp}	t_{Se} ①
超过	到	上偏差	下偏差		
800	1000	0	−100	75	与同一轴承轴圈的 t_{Si} 值相同
1000	1250	0	−125	95	
1250	1600	0	−160	120	
1600	2000	0	−200	150	
2000	2500	0	−250	190	
2500	2850	0	−300	225	

① 仅适用于接触角为 90°的推力球和推力圆柱滚子轴承。

注：对于双向轴承，公差值只适用于 $D \leqslant 360$mm 的轴承。

表 7-2-55　4 级轴承轴圈和轴承高度公差　μm

d 和 d_2/mm		$t_{\Delta dmp}$, $t_{\Delta d2mp}$		t_{Vdsp}, t_{Vd2sp}	t_{Si} ①②	$t_{\Delta Ts}$		$t_{\Delta T1s}$	
超过	到	上偏差	下偏差			上偏差	下偏差	上偏差	下偏差
—	18	0	−7	5	2	+20	−250	+150	−400
18	30	0	−8	6	2	+20	−250	+150	−400
30	50	0	−10	8	2	+20	−250	+150	−400
50	80	0	−12	9	3	+20	−300	+150	−500
80	120	0	−15	11	3	+25	−300	+200	−500
120	180	0	−18	14	4	+25	−400	+200	−600
180	250	0	−22	17	4	+30	−400	+250	−600
250	315	0	−25	19	5	+40	−400	—	—
315	400	0	−30	23	5	+40	−500	—	—
400	500	0	−35	26	6	+50	−500	—	—
500	630	0	−40	30	7	+60	−600	—	—
630	800	0	−50	40	8	+70	−750	—	—

① 仅适用于接触角为 90°的推力球和推力圆柱滚子轴承。

② 不适用于中轴圈。

注：对于双向轴承，公差值只适用于 $d_2 \leqslant 190$mm 的轴承。

表 7-2-56　4 级轴承座圈公差　μm

D/mm		$t_{\Delta Dmp}$		t_{VDsp}	t_{Se} ①
超过	到	上偏差	下偏差		
10	18	0	−7	5	与同一轴承轴圈的 t_{Si} 值相同
18	30	0	−8	6	
30	50	0	−9	7	
50	80	0	−11	8	
80	120	0	−13	10	
120	180	0	−15	11	
180	250	0	−20	15	
250	315	0	−25	19	
315	400	0	−28	21	
400	500	0	−33	25	
500	630	0	−38	29	
630	800	0	−45	34	
800	1000	0	−60	45	

① 仅适用于接触角为 90°的推力球和推力圆柱滚子轴承。

注：对于双向轴承，公差值只适用于 $D \leqslant 360$mm 的轴承。

第 7 篇

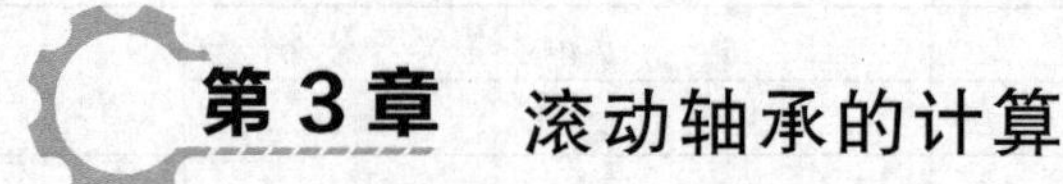

第3章 滚动轴承的计算

3.1 滚动轴承寿命计算

疲劳寿命是滚动轴承最重要的性能指标之一，轴承的设计和应用都需要分析和计算疲劳寿命。对给定尺寸和载荷条件的轴承，最长疲劳寿命是通用轴承设计的目标。基本额定寿命是与90%的可靠度、常用优质材料和良好加工质量以及常规运转条件相关的寿命。此外，寿命计算还考虑了不同可靠度、润滑条件、被污染的润滑剂和轴承疲劳载荷的修正额定寿命的计算方法。该方法是等同采用国际标准（ISO 281：2007）的国家标准（GB/T 6391—2010）。

3.1.1 基本概念和术语

1）寿命（单个滚动轴承的）：指轴承的一个套圈或垫圈或滚动体材料上出现第一个疲劳扩展迹象之前，轴承的一个套圈或垫圈相对另一个套圈或垫圈旋转的转数。寿命也可用某一给定的恒定转速下运转的小时数表示。

2）可靠度（属轴承寿命范畴）：指一组在相同条件下运转、近于相同的滚动轴承期望达到或超过规定寿命的百分率。单个滚动轴承的可靠度为该轴承达到或超过规定寿命的概率。

3）静载荷：轴承套圈或垫圈彼此相对旋转速度为零时（向心或推力轴承）或滚动元件沿在滚动方向无运动时（直线轴承），作用在轴承上的载荷。

4）动载荷：轴承套圈或垫圈彼此相对旋转时（向心或推力轴承）或滚动元件间沿滚动方向运动时（直线轴承），作用在轴承上的载荷。

5）额定寿命：以径向基本额定动载荷或轴向基本额定动载荷为基础的寿命的预测值。

6）基本额定寿命：对于采用当代常用优质材料和具有良好加工质量并在常规运转条件下运转的轴承系指与90%的可靠度相关的额定寿命。

7）修正额定寿命：考虑90%或其他可靠度水平、轴承疲劳载荷和（或）特殊的轴承性能和（或）被污染的润滑剂和（或）其他非常规运转条件，而对基本额定寿命进行修正所得到的额定寿命。

8）径向基本额定动载荷：系指一套滚动轴承理论上所能承受的恒定不变的径向载荷。在该载荷作用下，轴承的基本额定寿命为一百万转。对于单列角接触轴承，该载荷系指引起轴承套圈相互间产生纯径向位移的载荷的径向分量。

9）轴向基本额定动载荷：系指一套滚动轴承理论上所能承受的恒定的中心轴向载荷。在该载荷作用下，轴承的基本额定寿命为一百万转。

10）径向（轴向）当量动载荷：系指一恒定的径向（中心轴向）载荷，在该载荷作用下，滚动轴承具有与实际载荷条件下相同的寿命。

11）径向基本额定静载荷：在最大载荷滚动体和滚道接触中心处产生与下列计算接触应力相当的径向静载荷。对于单列角接触球轴承，径向额定静载荷是指引起轴承套圈相互间纯径向位移的载荷的径向分量。

4600MPa——调心球轴承；

4200MPa——其他类型的向心球轴承；

4000MPa——向心滚子轴承。

12）轴向基本额定静载荷：在最大载荷滚动体和滚道接触中心处产生与下列计算接触应力相当的中心轴向静载荷。

4200MPa——推力球轴承；

4000MPa——推力滚子轴承。

上述这些接触应力系指引起滚动体与滚道产生总永久变形量约为滚动体直径的0.0001倍时的应力。

13）径向（轴向）当量静载荷：系指在最大载荷滚动体与滚道接触中心处产生与实际载荷条件下相同接触应力的径向（中心轴向）静载荷。

14）常规运转条件：可以假定这种运转条件为：轴承正确安装，无外来物侵入，润滑充分，按常规加载，工作温度不很苛刻，运转速度不是特别高或特别低。

15）疲劳载荷极限：滚道最大承载接触处应力刚好达到疲劳应力极限 σ_u 时的轴承载荷。

16）黏度比：工作温度下油的实际运动黏度除以为达到充分润滑所需的参考运动黏度。

17）油膜参数：油膜厚度与综合表面粗糙度之比，用于评定润滑对轴承寿命的影响。

18）黏压系数：表征滚动体接触处油压对油黏度影响的参数。

19）黏度指数：表征温度对润滑油黏度影响程度的指数。

3.1.2　符号

表 7-3-1　**计算轴承寿命和额定载荷的符号**

符号	含　义	单位
a_{ISO}	寿命修正系数，基于寿命计算的系统方法	
a_1	可靠度寿命修正系数	
b_m	当代常用优质淬硬轴承钢和良好加工方法的额定系数，该值随轴承类型和设计不同而异	
C_a	轴向基本额定动载荷	N
C_r	径向基本额定动载荷	N
C_u	疲劳载荷极限	N
C_{0a}	轴向基本额定静载荷	N
C_{0r}	径向基本额定静载荷	N
D	轴承外径	mm
D_{pw}	球组或滚子组节圆直径	mm
D_w	球公称直径	mm
D_{we}	用于额定载荷计算的滚子直径	mm
d	轴承内径	mm
e	适用于不同 X 和 Y 系数值的 F_a/F_r 的极限值	
e_C	污染系数	
F_a	轴承轴向载荷(轴承实际载荷的轴向分量)	N
F_r	轴承径向载荷(轴承实际载荷的径向分量)	N
f_c	与轴承零件几何形状、制造精度及材料有关的系数	
f_0	用于基本额定静载荷计算的系数	
i	滚动体列数	
L_{nm}	修正额定寿命	百万转
L_{we}	用于额定载荷计算的滚子有效长度	mm
L_{10}	基本额定寿命	百万转
n	转速	r/min
n	失效概率的下标	%
P	当量动载荷	N
P_a	轴向当量动载荷	N
P_r	径向当量动载荷	N
P_{0r}	径向当量静载荷	N
P_{0a}	轴向当量静载荷	N
S	可靠度(幸存概率)	%
X	径向动载荷系数	
Y	轴向动载荷系数	
X_0	径向静载荷系数	
Y_0	轴向静载荷系数	
Z	单列轴承中的滚动体数；每列滚动体数相同的多列轴承中的每列滚动体数	
α	公称接触角	(°)
κ	黏度比，ν/ν_1	
Λ	油膜参数	
ν	工作温度下润滑剂的实际运动黏度	mm^2/s
ν_1	为达到充分润滑条件所要求的参考运动黏度	mm^2/s
σ	用于疲劳判据的实际应力	N/mm^2
σ_u	滚道材料的疲劳应力极限	N/mm^2
E	弹性模量	N/mm^2
$E(\chi)$	第二类完全椭圆积分	
e	外圈或座圈的下标	
$F(\rho)$	相对曲率差	
i	内圈或轴圈的下标	
$K(\chi)$	第一类完全椭圆积分	
Q_u	单个接触处的疲劳载荷极限	N
r_e	外圈沟曲率半径	mm
r_i	内圈沟曲率半径	mm
χ	接触椭圆长半轴与短半轴之比	
γ	辅助参数，$\gamma=\dfrac{D_w\cos\alpha}{D_{pw}}$	
φ	滚动体的角位置	(°)
υ_E	泊松比	
ρ	接触表面的曲率	mm^{-1}
$\sum\rho$	曲率和	mm^{-1}
σ_{Hu}	达到滚道材料疲劳载荷极限时的赫兹接触应力	N/mm^2

3.1.3　基本额定寿命的计算

$$L_{10}=\left(\frac{C}{P}\right)^{\varepsilon} \tag{7-3-1}$$

式中　C——基本额定动载荷，N（向心轴承为径向基本额定动载荷 C_r，推力轴承为轴向基本额定动载荷 C_a）；

P——当量动载荷，N（向心轴承为径向当量动载荷 P_r，推力轴承为轴向当量动载荷 P_a）；

ε——寿命指数（球轴承 $\varepsilon=3$，滚子轴承 $\varepsilon=10/3$）。

轴承以一定的转速使用时，轴承的疲劳寿命用时间来表示比较方便。

如将轴承的基本额定寿命以时间表示，此时式（7-3-1）为：

$$L_{10h}=\frac{10^6}{60n}\left(\frac{C}{P}\right)^{\varepsilon}\quad \text{或}\quad L_{10h}=\frac{10^6}{60n}L_{10} \tag{7-3-2}$$

式中　L_{10h}——基本额定寿命，h。

汽车等用轴承，基本额定寿命可用其行驶公里数表示：

$$L_{10s}=\pi D\left(\frac{C}{P}\right)^{\varepsilon}\quad \text{或}\quad L_{10s}=\pi D L_{10} \tag{7-3-3}$$

式中　L_{10s}——基本额定寿命，km；

D——车轮直径，mm。

3.1.4　修正额定寿命的计算

通常，采用基本额定寿命 L_{10} 作为衡量轴承性能的准则就足以满足要求，然而，有时需要计算更高可靠度下的寿命。对于许多应用场合，还希望更精确、更完善地计算特定润滑和清洁条件下、采用更优质轴承钢的轴承寿命，修正额定寿命则考虑了这些因素。

$$L_{nm}=a_1 a_{\mathrm{ISO}} L_{10} \tag{7-3-4}$$

可靠度寿命修正系数 a_1 的数值见表 7-3-2。

表 7-3-2　**可靠度寿命修正系数 a_1**

可靠度 S	L_{nm}	a_1	可靠度 S	L_{nm}	a_1
90	L_{10m}	1	99.2	$L_{0.8m}$	0.22
95	L_{5m}	0.64	99.4	$L_{0.6m}$	0.19
96	L_{4m}	0.55	99.6	$L_{0.4m}$	0.16
97	L_{3m}	0.47	99.8	$L_{0.2m}$	0.12
98	L_{2m}	0.37	99.9	$L_{0.1m}$	0.093
99	L_{1m}	0.25	99.92	$L_{0.08m}$	0.087
			99.94	$L_{0.06m}$	0.080
			99.95	$L_{0.05m}$	0.077

3.1.5　系统方法的寿命修正系数 a_{ISO}

轴承寿命的不同影响因素之间是相互关联的。由于在系统方法中考虑到相关因素的变化和相互作用对系统寿命的影响，因此，采用系统方法计算疲劳寿命是恰当的，这些方法考虑了轴承钢的疲劳应力极限，并易于估算出润滑和污染对轴承寿命的影响。

a_{ISO} 用 σ_u/σ（疲劳应力极限与实际应力之比）的函数表示，它包含了所能考虑到的诸多影响因素（图 7-3-1）。

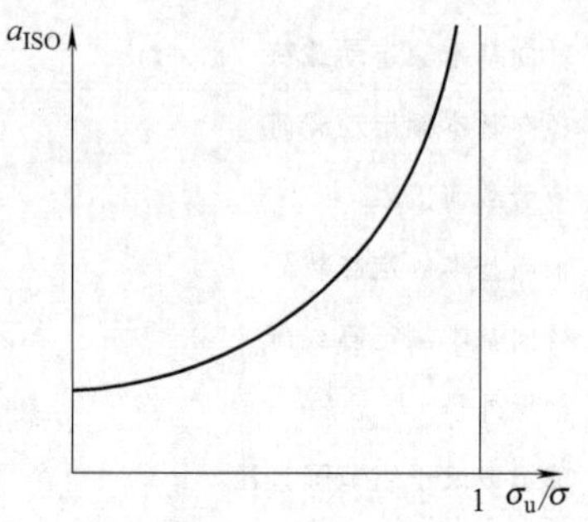

图 7-3-1　寿命修正系数 a_{ISO}

图 7-3-1 中，对于某一给定的润滑条件，曲线表明了使用疲劳判据时，如果实际应力 σ 降至疲劳应力极限 σ_u，a_{ISO} 如何逐渐趋近于无限大。传统的轴承寿命计算是将正交剪切应力作为疲劳判据，图 7-3-1 中的曲线也是基于剪切疲劳强度的。

图 7-3-1 中的曲线可用下列公式表示：

$$a_{\mathrm{ISO}}=f\left(\frac{\sigma_u}{\sigma}\right) \tag{7-3-5}$$

滚道上决定性的疲劳应力主要取决于轴承内部载荷分布和最大承载接触处次表面应力的分布，比值 σ_u/σ 十分接近比值 C_u/P，寿命修正系数 a_{ISO} 则可表示为：

$$a_{\mathrm{ISO}}=f\left(\frac{C_u}{P}\right) \tag{7-3-6}$$

3.1.6　疲劳载荷极限 C_u

计算轴承疲劳载荷极限 C_u 有两种方法。一种精确方法和一种估算方法，计算结果可能有显著差异，应优先采用先进方法得出的结果。

（1）C_u 的简化计算方法（表 7-3-3）

（2）C_u 的精确计算方法

1）单个接触的 C_u。单个接触的疲劳载荷极限是滚道表面的应力刚好达到该材料的疲劳极限时的载荷，推荐的滚动体和滚道间的接触应力为 1500MPa（$1\mathrm{MPa}=1\mathrm{N/mm^2}$）。对于点接触，该载荷可解析计

表 7-3-3　C_u 的简化计算方法

轴承类型	计算公式	
球轴承	$C_u=\frac{C_0}{22}$	$D_{pw}\leqslant 100mm$
	$C_u=\frac{C_0}{22}\left(\frac{100}{D_{pw}}\right)^{0.5}$	$D_{pw}>100mm$
滚子轴承	$C_u=\frac{C_0}{8.2}$	$D_{pw}\leqslant 100mm$
	$C_u=\frac{C_0}{8.2}\left(\frac{100}{D_{pw}}\right)^{0.3}$	$D_{pw}>100mm$

注：比率 $C_0/C_u=8.2$ 部分考虑了滚子轮廓的影响。

算；但对于修形的线接触，则需要进行更复杂的数值分析。

计算内圈（轴圈）滚道最大承载接触处的疲劳载荷极限 Q_{ui} 和外圈（座圈）滚道最大承载接触处的疲劳载荷极限 Q_{ue} 时，应考虑实际的接触几何形状，即滚动体和滚道的轮廓和实际的曲率半径。

单个内圈（轴圈）滚道接触处和单个外圈（座圈）滚道接触处的疲劳载荷极限按下式计算：

$$Q_{u\,i,e}=\sigma_{Hu}{}^3\times\frac{32\pi\chi_{i,e}}{3}\left[\frac{1-\nu_E{}^2}{E}\times\frac{E(\chi_{i,e})}{\sum\rho_{i,e}}\right]^2 \tag{7-3-7}$$

接触椭圆长半轴与短半轴之比可从式（7-3-8）推出：

$$1-\frac{2}{\chi^2-1}\left[\frac{K(\chi)}{E(\chi)}-1\right]-F(\rho)=0 \tag{7-3-8}$$

式（7-3-8）中的第一类完全椭圆积分为：

$$K(\chi)=\int_0^{\frac{\pi}{2}}\left[1-\left(1-\frac{1}{\chi^2}\right)(\sin\varphi)^2\right]^{-\frac{1}{2}}d\varphi \tag{7-3-9}$$

第二类完全椭圆积分为：

$$E(\chi)=\int_0^{\frac{\pi}{2}}\left[1-\left(1-\frac{1}{\chi^2}\right)(\sin\varphi)^2\right]^{\frac{1}{2}}d\varphi \tag{7-3-10}$$

式（7-3-7）中内圈（轴圈）滚道接触处的曲率和为：

$$\sum\rho_i=\frac{2}{D_w}\left(2+\frac{\gamma}{1-\gamma}-\frac{D_w}{2r_i}\right) \tag{7-3-11}$$

外圈（座圈）滚道接触处的曲率和为：

$$\sum\rho_e=\frac{2}{D_w}\left(2-\frac{\gamma}{1+\gamma}-\frac{D_w}{2r_e}\right) \tag{7-3-12}$$

内圈（轴圈）滚道接触处的相对曲率差为：

$$F_i(\rho)=\frac{\frac{\gamma}{1-\gamma}+\frac{D_w}{2r_i}}{2+\frac{\gamma}{1-\gamma}-\frac{D_w}{2r_i}} \tag{7-3-13}$$

外圈（座圈）滚道接触处的相对曲率差为：

$$F_e(\rho)=\frac{\frac{-\gamma}{1+\gamma}+\frac{D_w}{2r_e}}{2-\frac{\gamma}{1+\gamma}-\frac{D_w}{2r_e}} \tag{7-3-14}$$

计算疲劳载荷极限 C_u 时，使用计算值 Q_{ui} 和 Q_{ue} 两者的最小值，即

$$Q_u=\min(Q_{ui},Q_{ue}) \tag{7-3-15}$$

对于调心球轴承，外圈滚道接触处的疲劳载荷极限允许高于向心球轴承相应值的 60%。

2）成套轴承的 C_u。成套轴承的疲劳载荷极限 C_u 可通过最大承载接触处的疲劳载荷极限的最小值 Q_u 计算，见表 7-3-4。

表 7-3-4　成套轴承的 C_u 的精确计算方法

轴承类型	计算公式	
向心球轴承	$C_u=0.2288ZQ_ui\cos\alpha$	$D_{pw}\leqslant$ 100mm
	$C_u=0.2288ZQ_ui\cos\alpha\left(\frac{100}{D_{pw}}\right)^{0.5}$	$D_{pw}>$ 100mm
推力球轴承	$C_u=ZQ_u\sin\alpha$	$D_{pw}\leqslant$ 100mm
	$C_u=ZQ_u\sin\alpha\left(\frac{100}{D_{pw}}\right)^{0.5}$	$D_{pw}>$ 100mm
向心滚子轴承	$C_u=0.2453ZQ_ui\cos\alpha$	$D_{pw}\leqslant$ 100mm
	$C_u=0.2453ZQ_ui\cos\alpha\left(\frac{100}{D_{pw}}\right)^{0.3}$	$D_{pw}>$ 100mm
推力滚子轴承	$C_u=ZQ_u\sin\alpha$	$D_{pw}\leqslant$ 100mm
	$C_u=ZQ_u\sin\alpha\left(\frac{100}{D_{pw}}\right)^{0.3}$	$D_{pw}>$ 100mm

3.1.7　寿命修正系数 a_{ISO} 的简化方法

可从下列公式中推导出轴承寿命修正系数 a_{ISO}：

$$a_{ISO}=f\left(\frac{e_CC_u}{P},\kappa\right) \tag{7-3-16}$$

第 7 篇

各类轴承的修正系数 a_{ISO} 的简化计算方法可按图7-3-2～图7-3-5或表7-3-5确定。

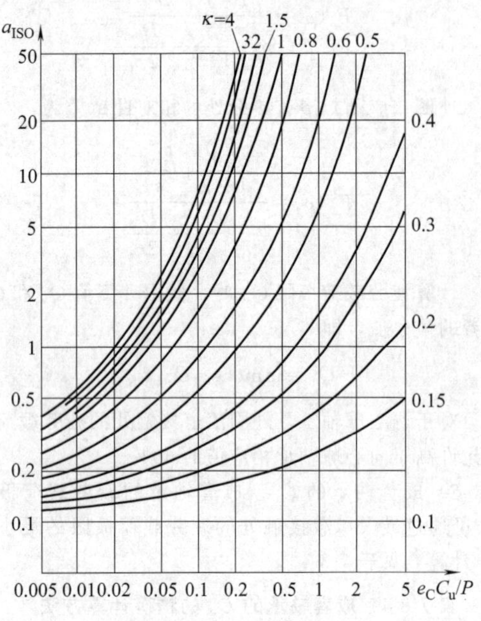

图 7-3-2 向心球轴承的 a_{ISO}

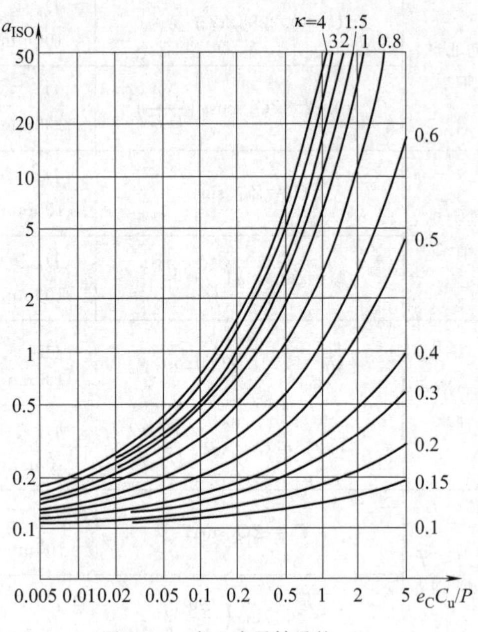

图 7-3-3 向心滚子轴承的 a_{ISO}

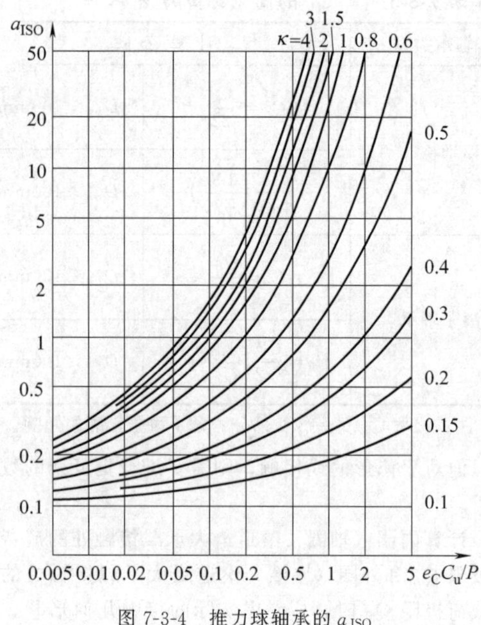

图 7-3-4 推力球轴承的 a_{ISO}

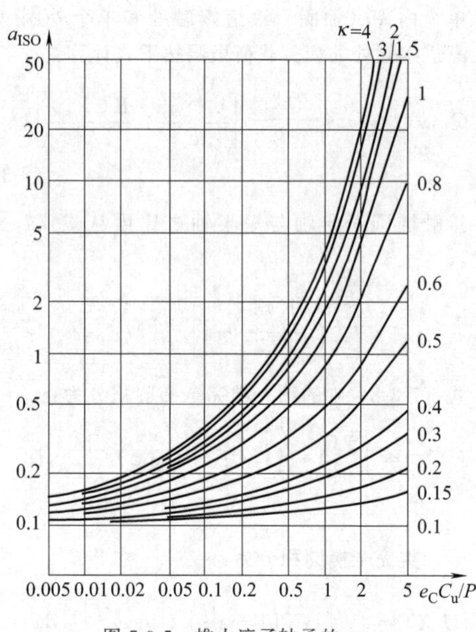

图 7-3-5 推力滚子轴承的 a_{ISO}

计算 a_{ISO} 时除须考虑轴承类型、疲劳载荷和轴承载荷外，还应考虑以下影响因素：

——润滑（如润滑剂类型、黏度、轴承转速、轴承尺寸、添加剂）；

——环境（如污染程度、密封）；

——污染物颗粒（如硬度、相对于轴承尺寸的颗粒尺寸、润滑方法、过滤法）；

——安装（安装中的清洁度，如仔细清洗，过滤供给油）。

考虑到实际情况，寿命修正系数 a_{ISO} 应限制到 $a_{ISO} \leqslant 50$ 的范围内，该极限也适用于 $\frac{e_C C_u}{P} > 5$ 时。

$\kappa > 4$ 时，按 $\kappa = 4$ 计。

$\kappa<0.1$ 时，按目前的经验无法计算 a_{ISO} 系数，$\kappa<0.1$ 的 a_{ISO} 值超出了公式和线图的范围。

图 7-3-2～图 7-3-5 中的曲线是基于表 7-3-5 中的公式。

表 7-3-5　**寿命修正系数 a_{ISO} 计算方法**

轴承类型	计算公式	
向心球轴承	$a_{ISO}=0.1\left[1-\left(2.5671-\frac{2.2649}{\kappa^{0.054381}}\right)^{0.83}\left(\frac{e_C C_u}{P}\right)^{\frac{1}{3}}\right]^{-9.3}$	$0.1\leqslant\kappa<0.4$
	$a_{ISO}=0.1\left[1-\left(2.5671-\frac{1.9987}{\kappa^{0.19087}}\right)^{0.83}\left(\frac{e_C C_u}{P}\right)^{\frac{1}{3}}\right]^{-9.3}$	$0.4\leqslant\kappa<1$
	$a_{ISO}=0.1\left[1-\left(2.5671-\frac{1.9987}{\kappa^{0.071739}}\right)^{0.83}\left(\frac{e_C C_u}{P}\right)^{\frac{1}{3}}\right]^{-9.3}$	$1\leqslant\kappa\leqslant4$
向心滚子轴承	$a_{ISO}=0.1\left[1-\left(1.5859-\frac{1.3993}{\kappa^{0.054381}}\right)\left(\frac{e_C C_u}{P}\right)^{0.4}\right]^{-9.185}$	$0.1\leqslant\kappa<0.4$
	$a_{ISO}=0.1\left[1-\left(1.5859-\frac{1.2348}{\kappa^{0.19087}}\right)\left(\frac{e_C C_u}{P}\right)^{0.4}\right]^{-9.185}$	$0.4\leqslant\kappa<1$
	$a_{ISO}=0.1\left[1-\left(1.5859-\frac{1.2348}{\kappa^{0.071739}}\right)\left(\frac{e_C C_u}{P}\right)^{0.4}\right]^{-9.185}$	$1\leqslant\kappa\leqslant4$
推力球轴承	$a_{ISO}=0.1\left[1-\left(2.5671-\frac{2.2649}{\kappa^{0.054381}}\right)^{0.83}\left(\frac{e_C C_u}{3P}\right)^{\frac{1}{3}}\right]^{-9.3}$	$0.1\leqslant\kappa<0.4$
	$a_{ISO}=0.1\left[1-\left(2.5671-\frac{1.9987}{\kappa^{0.19087}}\right)^{0.83}\left(\frac{e_C C_u}{3P}\right)^{\frac{1}{3}}\right]^{-9.3}$	$0.4\leqslant\kappa<1$
	$a_{ISO}=0.1\left[1-\left(2.5671-\frac{1.9987}{\kappa^{0.071739}}\right)^{0.83}\left(\frac{e_C C_u}{3P}\right)^{\frac{1}{3}}\right]^{-9.3}$	$1\leqslant\kappa\leqslant4$
推力滚子轴承	$a_{ISO}=0.1\left[1-\left(1.5859-\frac{1.3993}{\kappa^{0.054381}}\right)\left(\frac{e_C C_u}{2.5P}\right)^{0.4}\right]^{-9.185}$	$0.1\leqslant\kappa<0.4$
	$a_{ISO}=0.1\left[1-\left(1.5859-\frac{1.2348}{\kappa^{0.19087}}\right)\left(\frac{e_C C_u}{2.5P}\right)^{0.4}\right]^{-9.185}$	$0.4\leqslant\kappa<1$
	$a_{ISO}=0.1\left[1-\left(1.5859-\frac{1.2348}{\kappa^{0.071739}}\right)\left(\frac{e_C C_u}{2.5P}\right)^{0.4}\right]^{-9.185}$	$1\leqslant\kappa\leqslant4$

3.1.8　污染系数 e_C

（1）估算 e_C 的简化方法

污染系数的参考值见表 7-3-6，表 7-3-6 仅列出了润滑良好的轴承的常见的污染级别。严重污染（$e_C\to0$）时，将产生磨损失效，轴承的寿命将远远低于计算的修正额定寿命。

表 7-3-6　**污染系数 e_C**

污染级别	e_C	
	$D_{pw}<100$mm	$D_{pw}\geqslant100$mm
极度清洁 颗粒尺寸约为润滑油膜厚度 实验室条件	1	1
高度清洁 油经过极精细的过滤器过滤 密封型脂润滑（终身润滑）轴承的一般情况	0.8～0.6	0.9～0.8

续表

污染级别	e_C	
	D_{pw}<100mm	D_{pw}≥100mm
一般清洁 油经过精细的过滤器过滤 防尘型脂润滑(终身润滑)轴承的一般情况	0.6～0.5	0.8～0.6
轻度污染 润滑剂轻度污染	0.5～0.3	0.6～0.4
常见污染 非整体密封轴承的一般情况；一般过滤 有磨损颗粒并从周围侵入	0.3～0.1	0.4～0.2
严重污染 轴承环境被严重污染且轴承配置密封不合适	0.1～0	0.1～0
极严重污染	0	0

(2) 估算 e_C 的详细方法

1) 使用在线过滤器的循环油润滑的污染系数 e_C。污染系数 e_C 可用图 7-3-6～图 7-3-9 中的线图或公式确定。线图或公式的选用基本上由过滤比 $\beta_{x(c)}$ 决定，而且所选 x(c) 的 $\beta_{x(c)}$ 值应等于或大于每一线图中的示值。润滑油系统的清洁度也应在清洁度代号(符合 GB/T 14039—2002 的规定) 所示范围内。

2) 未经过滤或使用离线过滤器的油润滑的污染系数 e_C。对于未经过滤或使用离线过滤器的油润滑，污染系数 e_C 可用图 7-3-10～图 7-3-14 中的线图或公式确定。每一线图中所示的清洁度代号（符合 GB/T 14039—2002 的规定）用于选择适用的线图或公式。

3) 脂润滑的污染系数 e_C。脂润滑的污染系数 e_C 可用图 7-3-15～图 7-3-19 中的线图或公式确定。表 7-3-7用于选择适用的线图或公式。

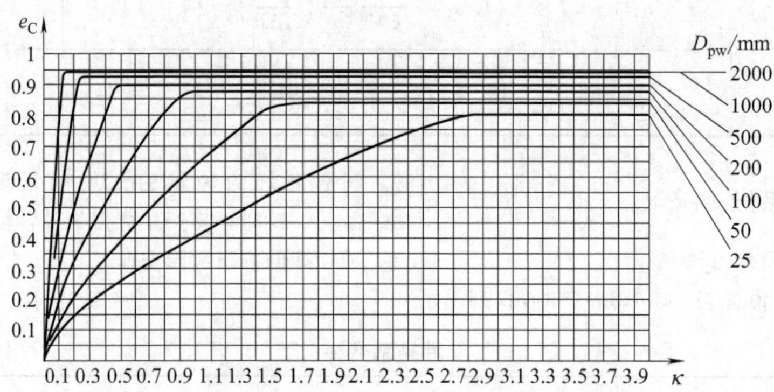

公式：$e_C=a\left(1-\dfrac{0.5663}{D_{pw}{}^{1/3}}\right)$，式中，$a=0.0864\kappa^{0.68}D_{pw}{}^{0.55}$ 且 $a\leqslant 1$

GB/T 14039—2002 代号范围：—/13/10，—/12/10，—/13/11，—/14/11

式中 x——按照 GB/T 18854—2015 标定的污染物颗粒尺寸，μm (c)；

$\beta_{x(c)}$——对污染物颗粒尺寸 x 的过滤比；

代号 (c) 表示计数尺寸为 x 的颗粒计数器是按照 GB/T 18854—2015 校准的自动光学单粒计数器 (APC)。

图 7-3-6 使用在线过滤器的循环油润滑的 e_C 系数

$\beta_{6(c)}=200$，GB/T 14039—2002 代号—/13/10

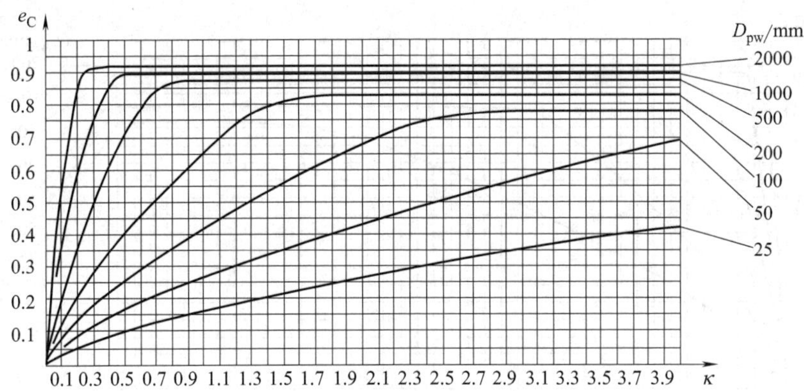

公式：$e_C=a\left(1-\frac{0.9987}{D_{pw}^{\frac{1}{3}}}\right)$，式中，$a=0.0432\kappa^{0.68}D_{pw}^{0.55}$且 $a\leqslant1$

GB/T 14039—2002 代号范围：—/15/12，—/16/12，—/15/13，—/16/13

图 7-3-7　使用在线过滤器的循环油润滑的 e_C 系数

$\beta_{12(c)}=200$，GB/T 14039—2002 代号—/15/12

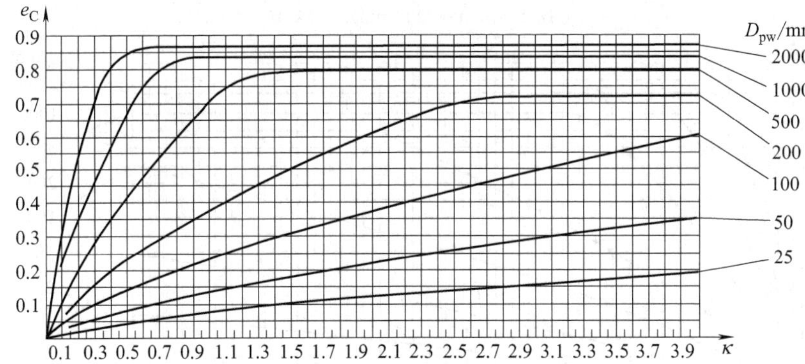

公式：$e_C=a\left(1-\frac{1.6329}{D_{pw}^{\frac{1}{3}}}\right)$，式中，$a=0.0288\kappa^{0.68}D_{pw}^{0.55}$且 $a\leqslant1$

GB/T 14039—2002 代号范围：—/17/14，—/18/14，—/18/15，—/19/15

图 7-3-8　使用在线过滤器的循环油润滑的 e_C 系数

$\beta_{25(c)}\geqslant75$，GB/T 14039—2002 代号—/17/14

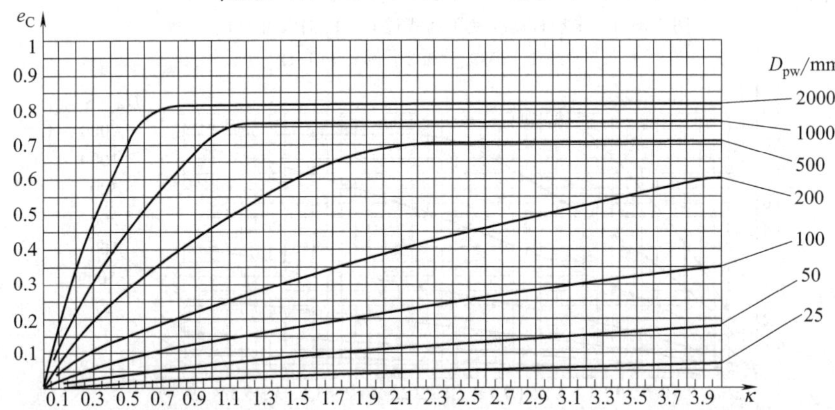

公式：$e_C=a\left(1-\frac{2.3362}{D_{pw}^{\frac{1}{3}}}\right)$，式中，$a=0.0216\kappa^{0.68}D_{pw}^{0.55}$且 $a\leqslant1$

GB/T 14039—2002 代号范围：—/19/16，—/20/17，—/21/18，—/22/18

图 7-3-9　使用在线过滤器的循环油润滑的 e_C 系数

$\beta_{40(c)}\geqslant75$，GB/T 14039—2002 代号—/19/16

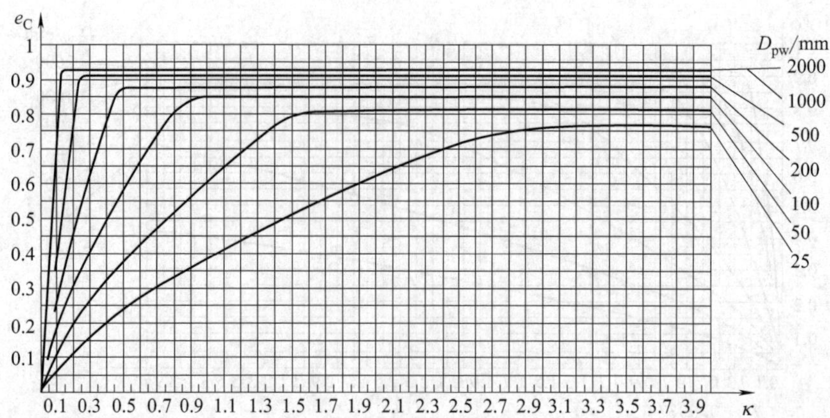

公式：$e_C=a\left(1-\frac{0.6796}{D_{pw}^{\frac{1}{3}}}\right)$，式中，$a=0.0864\kappa^{0.68}D_{pw}^{0.55}$ 且 $a\leqslant1$

GB/T 14039—2002 代号范围：—/13/10，—/12/10，—/11/9，—/12/9

图 7-3-10　未经过滤或使用离线过滤器的油润滑的 e_C 系数

GB/T 14039—2002 代号—/13/10

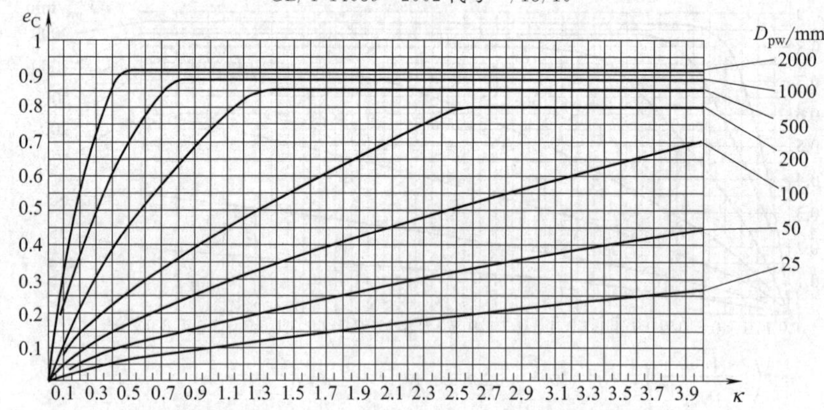

公式：$e_C=a\left(1-\frac{1.141}{D_{pw}^{\frac{1}{3}}}\right)$，式中，$a=0.0288\kappa^{0.68}D_{pw}^{0.55}$ 且 $a\leqslant1$

GB/T 14039—2002 代号范围：—/15/12，—/14/12，—/16/12，—/16/13

图 7-3-11　未经过滤或使用离线过滤器的油润滑的 e_C 系数

GB/T 14039—2002 代号—/15/12

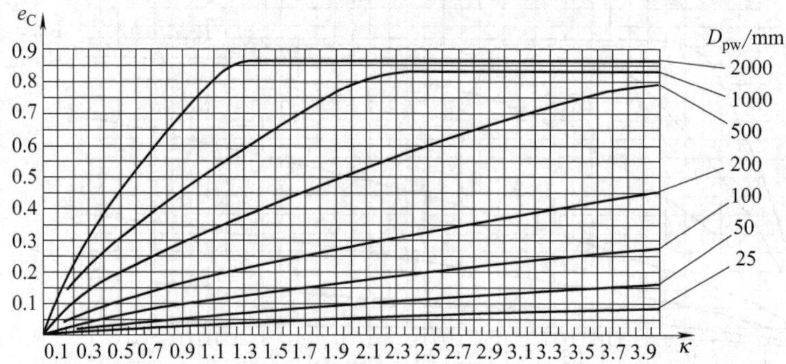

公式：$e_C=a\left(1-\frac{1.67}{D_{pw}^{\frac{1}{3}}}\right)$，式中，$a=0.0133\kappa^{0.68}D_{pw}^{0.55}$ 且 $a\leqslant1$

GB/T 14039—2002 代号范围：—/17/14，—/18/14，—/18/15，—/19/15

图 7-3-12　未经过滤或使用离线过滤器的油润滑的 e_C 系数

GB/T 14039—2002 代号—/17/14

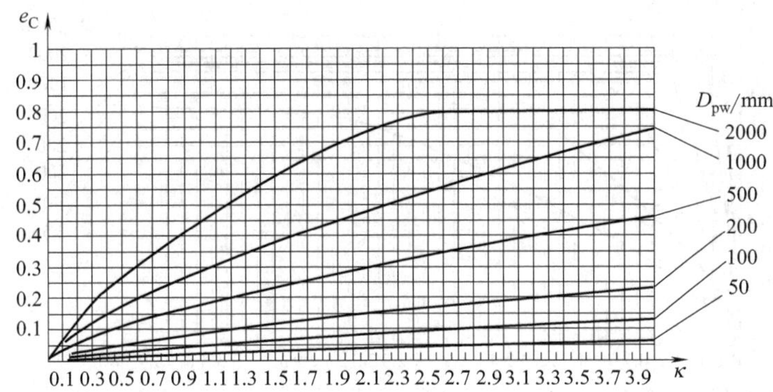

公式：$e_C=a\left(1-\dfrac{2.5164}{D_{pw}^{\frac{1}{3}}}\right)$，式中，$a=0.00864\kappa^{0.68}D_{pw}^{0.55}$ 且 $a\leqslant 1$

GB/T 14039—2002 代号范围：—/19/16，—/18/16，—/20/17，—/21/17

图 7-3-13　未经过滤或使用离线过滤器的油润滑的 e_C 系数
GB/T 14039—2002 代号—/19/16

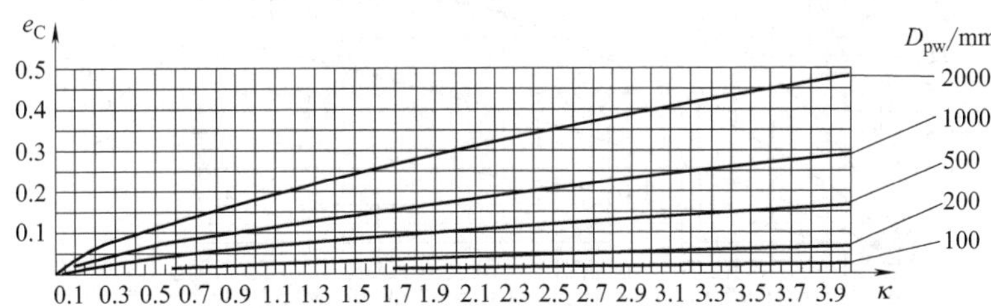

公式：$e_C=a\left(1-\dfrac{3.8974}{D_{pw}^{\frac{1}{3}}}\right)$，式中，$a=0.00411\kappa^{0.68}D_{pw}^{0.55}$ 且 $a\leqslant 1$

GB/T 14039—2002 代号范围：—/21/18，—/21/19，—/22/19，—/23/19

图 7-3-14　未经过滤或使用离线过滤器的油润滑的 e_C 系数
GB/T 14039—2002 代号—/21/18

表 7-3-7　脂润滑选用的线图和公式

工作条件	污染级别
仔细清洗、极洁净安装；密封相对工作条件优良；连续或在很短的间隔内再加脂 脂润滑（终身润滑）密封轴承，且密封能力相对工作条件有效	高度清洁 图 7-3-15
清洗、洁净安装；密封相对工作条件良好；按照制造厂的规定再加脂 脂润滑（终身润滑）密封轴承，密封能力相对工作条件适当，如防尘轴承	一般清洁 图 7-3-16
洁净安装；密封能力相对工作条件一般；按照制造厂的规定再加脂	轻度至常见污染 图 7-3-17
在车间安装；安装后，轴承和应用场合未充分清洗；密封能力相对工作条件较差；再加脂间隔长于制造厂推荐的时间	严重污染 图 7-3-18
在污染的环境下安装；密封不适；再加脂间隔长	极严重污染 图 7-3-19

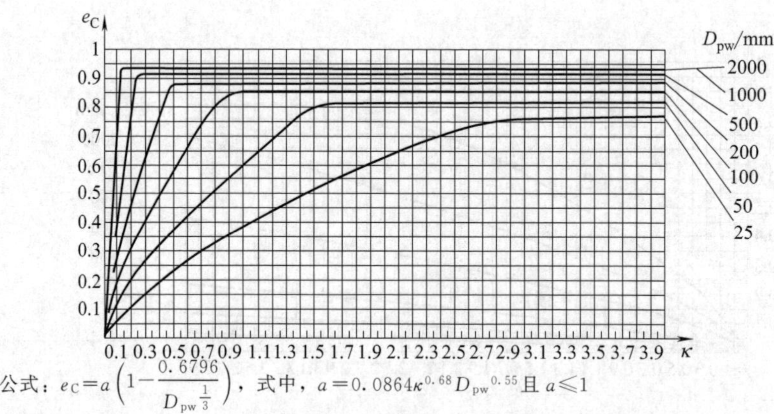

公式：$e_C=a\left(1-\frac{0.6796}{D_{pw}^{\frac{1}{3}}}\right)$，式中，$a=0.0864\kappa^{0.68}D_{pw}^{0.55}$且$a\leqslant1$

图 7-3-15 高度清洁的脂润滑的 e_C 系数

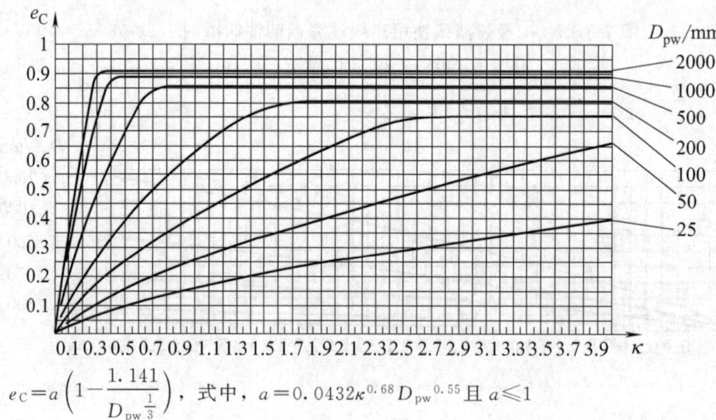

公式：$e_C=a\left(1-\frac{1.141}{D_{pw}^{\frac{1}{3}}}\right)$，式中，$a=0.0432\kappa^{0.68}D_{pw}^{0.55}$且$a\leqslant1$

图 7-3-16 一般清洁的脂润滑的 e_C 系数

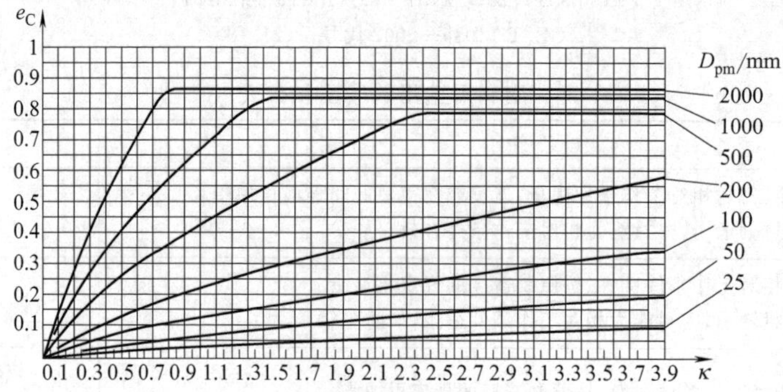

公式：$D_{pw}<500$mm 时，$e_C=a\left(1-\frac{1.887}{D_{pw}^{\frac{1}{3}}}\right)$，式中，$a=0.0177\kappa^{0.68}D_{pw}^{0.55}$且$a\leqslant1$

$D_{pw}\geqslant500$mm 时，$e_C=a\left(1-\frac{1.677}{D_{pw}^{\frac{1}{3}}}\right)$，式中，$a=0.0177\kappa^{0.68}D_{pw}^{0.55}$且$a\leqslant1$

图 7-3-17 轻度至常见污染的脂润滑的 e_C 系数

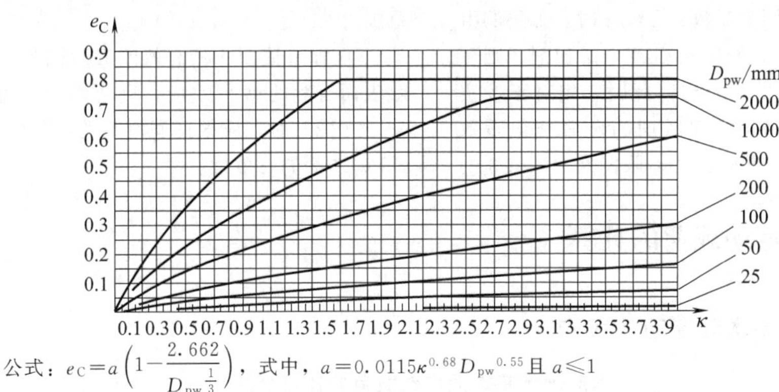

公式：$e_C=a\left(1-\frac{2.662}{D_{pw}^{\frac{1}{3}}}\right)$，式中，$a=0.0115\kappa^{0.68}D_{pw}^{0.55}$ 且 $a\leqslant1$

图 7-3-18　严重污染的脂润滑的 e_C 系数

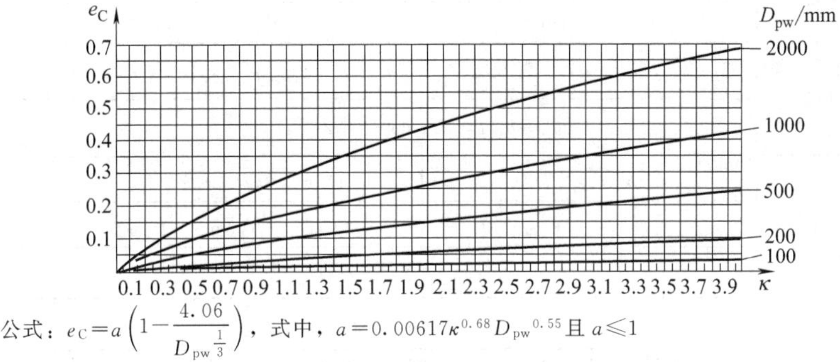

公式：$e_C=a\left(1-\frac{4.06}{D_{pw}^{\frac{1}{3}}}\right)$，式中，$a=0.00617\kappa^{0.68}D_{pw}^{0.55}$ 且 $a\leqslant1$

图 7-3-19　极严重污染的脂润滑的 e_C 系数

3.1.9　黏度比 κ 的计算

润滑剂的有效性主要取决于滚动接触表面的分离程度。若要形成充分润滑分离油膜，润滑剂在达到其工作温度时应具有一定的最小黏度。润滑剂将表面分离所需的条件可用黏度比（实际运动黏度 ν 与参考运动黏度 ν_1 之比）来表示。实际运动黏度 ν 是指润滑剂在工作温度下的运动黏度。

参考运动黏度 ν_1 可利用图 7-3-20 中的线图来估算，它取决于轴承转速和节圆直径 D_{pw}［也可采用轴承平均直径 $0.5(d+D)$］，或按式（7-3-17）和式（7-3-18）来计算：

$n<1000$r/min

$$\nu_1=45000n^{-0.83}D_{pw}^{-0.5} \tag{7-3-17}$$

$n\geqslant1000$r/min

$$\nu_1=4500n^{-0.5}D_{pw}^{-0.5} \tag{7-3-18}$$

如果需要更精确地估算 κ 值，如：尤其是对于机加工滚道表面的粗糙度、特殊的黏压系数和特殊的密度等，可使用油膜参数。

计算出 Λ 后，κ 值可用下列公式近似地估算：

$$\kappa\approx\Lambda^{1.3} \tag{7-3-19}$$

① κ 的计算是基于矿物油和具有良好加工质量的轴承滚道表面的。合成烃（SHC）类的合成油也可参照使用图 7-3-20 中的线图以及式（7-3-17）和式（7-3-18）。相对于矿物油，其较大的黏度指数（黏度随温度变化不大），可通过其较大的黏压系数来补偿。因此，虽然两种类型的油在 40℃时具有相同的黏度，但其形成相同油膜的工作温度却不相同。

② κ 的计算也适用于润滑脂的基础油黏度。

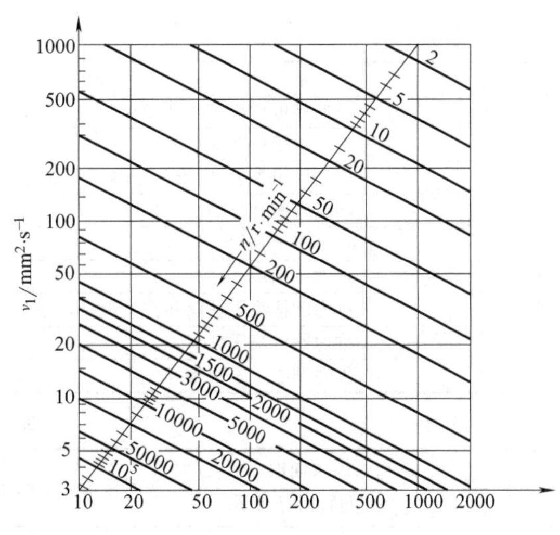

图 7-3-20　参考运动黏度 ν_1

③ 黏度比 $\kappa<1$、污染系数 $e_C \geqslant 0.2$ 时，如果润滑剂中加入了经证实是有效的极压（EP）添加剂，则可在 e_C 和 a_{ISO} 的计算中采用 $\kappa=1$。此时，相对于按实际 κ 值计算出来的使用正常润滑剂的寿命修正系数 a_{ISO}，如果该 $a_{ISO}>3$，也应将 a_{ISO} 限制在 $a_{ISO} \leqslant 3$ 的范围内。

④ 如果使用一种有效的 EP 添加剂，能产生对接触表面有利的磨平效应，则可增大 κ 值。严重污染（$e_C<0.2$）时，应根据润滑剂的实际污染程度，确认 EP 添加剂的有效性。

3.2　基本额定动载荷的计算

3.2.1　轴承的基本额定动载荷 C

表 7-3-8　　滚动轴承基本额定动载荷的计算公式

<table>
<tr><th colspan="3" rowspan="2">轴承类型</th><th rowspan="2">名称</th><th colspan="2">计算公式</th><th rowspan="2">说　明</th></tr>
<tr><th>$D_w \leqslant 25.4mm$</th><th>$D_w \leqslant 25.4mm$</th></tr>
<tr><td rowspan="2">向心轴承</td><td colspan="2">球轴承</td><td rowspan="2">径向基本额定动载荷 C_r</td><td>$C_r=b_m f_c (i\cos\alpha)^{0.7} Z^{2/3} D_w{}^{1.8}$</td><td>$C_r=3.647 b_m f_c (i\cos\alpha)^{0.7} Z^{\frac{2}{3}} D_w{}^{1.4}$</td><td rowspan="6">$b_m$ 见表 7-3-9；f_c 见表 7-3-10、表 7-3-11</td></tr>
<tr><td colspan="2">滚子轴承</td><td colspan="2">$C_r=b_m f_c (i L_{we} \cos\alpha)^{7/9} Z^{3/4} D_{we}{}^{29/27}$</td></tr>
<tr><td rowspan="4">单列推力轴承</td><td rowspan="2">球轴承</td><td>$\alpha=90°$</td><td rowspan="4">轴向基本额定动载荷 C_a</td><td>$C_a=b_m f_c Z^{\frac{2}{3}} D_w{}^{1.8}$</td><td>$C_a=3.647 b_m f_c Z^{\frac{2}{3}} D_w{}^{1.4}$</td></tr>
<tr><td>$\alpha \neq 90°$</td><td>$C_a=b_m f_c (\cos\alpha)^{0.7} \tan\alpha Z^{\frac{2}{3}} D_w{}^{1.8}$</td><td>$C_a=3.647 b_m f_c (\cos\alpha)^{0.7} \tan\alpha Z^{\frac{2}{3}} D_w{}^{1.4}$</td></tr>
<tr><td rowspan="2">滚子轴承</td><td>$\alpha=90°$</td><td colspan="2">$C_a=b_m f_c L_{we}{}^{\frac{7}{9}} Z^{\frac{3}{4}} D_{we}{}^{\frac{29}{27}}$</td></tr>
<tr><td>$\alpha \neq 90°$</td><td colspan="2">$C_a=b_m f_c (L_{we}\cos\alpha)^{\frac{7}{9}} \tan\alpha Z^{\frac{3}{4}} D_{we}{}^{\frac{29}{27}}$</td></tr>
</table>

注：表中公式适用于内圈滚道沟曲率半径不大于 $0.52D_w$、外圈滚道沟曲率半径不大于 $0.53D_w$ 的深沟球和角接触球轴承，内圈滚道沟曲率半径不大于 $0.53D_w$ 的调心球轴承和沟曲率半径不大于 $0.54D_w$ 的推力球轴承。采用更小的滚道曲率半径未必能提高轴承的承载能力，但采用大于上述值的沟曲率半径，则会降低承载能力。

表 7-3-9　　系数 b_m 值

<table>
<tr><th colspan="3">轴承类型</th><th>b_m</th></tr>
<tr><td rowspan="5">向心轴承</td><td rowspan="2">向心球轴承</td><td>径向接触和角接触球轴承(有装填槽的轴承除外)以及调心球轴承和外球面轴承</td><td>1.3</td></tr>
<tr><td>有装填槽的球轴承</td><td>1.1</td></tr>
<tr><td rowspan="3">向心滚子轴承</td><td>圆柱滚子轴承、圆锥滚子轴承和机制套圈滚针轴承</td><td>1.1</td></tr>
<tr><td>冲压外圈滚针轴承</td><td>1.0</td></tr>
<tr><td>调心滚子轴承</td><td>1.15</td></tr>
<tr><td rowspan="4">推力轴承</td><td>推力球轴承</td><td>推力球轴承</td><td>1.3</td></tr>
<tr><td rowspan="3">推力滚子轴承</td><td>推力圆柱滚子轴承和推力滚针轴承</td><td>1.0</td></tr>
<tr><td>推力圆锥滚子轴承</td><td>1.1</td></tr>
<tr><td>推力调心滚子轴承</td><td>1.15</td></tr>
</table>

表 7-3-10　　向心轴承 f_c 值

$\frac{D_w\cos\alpha}{D_{pw}}$	单列深沟球轴承和单、双列角接触球轴承	双列深沟球轴承	单、双列调心球轴承	分离型单列径向接触球轴承(磁电机轴承)	向心滚子轴承
0.01	29.1	27.5	9.9	9.4	52.1
0.02	35.8	33.9	12.4	11.7	60.8
0.03	40.3	38.2	14.3	13.4	66.5
0.04	43.8	41.5	15.9	14.9	70.7
0.05	46.7	44.2	17.3	16.2	74.1
0.06	49.1	46.5	18.6	17.4	76.9
0.07	51.1	48.4	19.9	18.5	79.2
0.08	52.8	50	21.1	19.5	81.2
0.09	54.3	51.4	22.3	20.6	82.8
0.1	55.5	52.6	23.4	21.5	84.2

续表

$\frac{D_w\cos\alpha}{D_{pw}}$	单列深沟球轴承和单、双列角接触球轴承	双列深沟球轴承	单、双列调心球轴承	分离型单列径向接触球轴承(磁电机轴承)	向心滚子轴承
0.11	56.6	53.6	24.5	22.5	85.4
0.12	57.5	54.5	25.6	23.4	86.4
0.13	58.2	55.2	26.6	24.4	87.1
0.14	58.8	55.7	27.7	25.3	87.7
0.15	59.3	56.1	28.7	26.2	88.2
0.16	59.6	56.5	29.7	27.1	88.5
0.17	59.8	56.7	30.7	27.9	88.7
0.18	59.9	56.8	31.7	28.8	88.8
0.19	60	56.8	32.6	29.7	88.8
0.2	59.9	56.8	33.5	30.5	88.7
0.21	59.8	56.6	34.4	31.3	88.5
0.22	59.6	56.5	35.2	32.1	88.2
0.23	59.3	56.2	36.1	32.9	87.9
0.24	59	55.9	36.8	33.7	87.5
0.25	58.6	55.5	37.5	34.5	87
0.26	58.2	55.1	38.2	35.2	86.4
0.27	57.7	54.6	38.8	35.9	85.8
0.28	57.1	54.1	39.4	36.6	85.2
0.29	56.6	53.6	39.9	37.2	84.5
0.3	56	53	40.3	37.8	83.8
0.31	55.3	52.4	40.6	38.4	—
0.32	54.6	51.8	40.9	38.9	—
0.33	53.9	51.1	41.1	39.4	—
0.34	53.2	50.4	41.2	39.8	—
0.35	52.4	49.7	41.3	40.1	—
0.36	51.7	48.9	41.3	40.4	—
0.37	50.9	48.2	41.2	40.7	—
0.38	50	47.4	41	40.8	—
0.39	49.2	46.6	40.7	40.9	—
0.4	48.4	45.8	40.4	40.9	—

注：对于$\frac{D_w\cos\alpha}{D_{pw}}$的中间值，其 f_c 值可由线性内插法求得。

表 7-3-11　推力轴承的 f_c 值

$\frac{D_w}{D_{pw}}$	f_c		$\frac{D_w\cos\alpha}{D_{pw}}$	f_c					
	球轴承	滚子轴承 max		球轴承			滚子轴承 max		
	$\alpha=90°$			$\alpha=45°$	$\alpha=60°$	$\alpha=75°$	$\alpha=50°$ $45°<\alpha<60°$	$\alpha=65°$ $60°\leqslant\alpha<75°$	$\alpha=80°$ $75°\leqslant\alpha<90°$
0.01	36.7	105.4	0.01	42.1	39.2	37.3	109.7	107.1	105.6
0.02	45.2	122.9	0.02	51.7	48.1	45.9	127.8	124.7	123
0.03	51.1	134.5	0.03	58.2	54.2	51.7	139.5	136.2	134.3
0.04	55.7	143.4	0.04	63.3	58.9	56.1	148.3	144.7	142.8
0.05	59.5	150.7	0.05	67.3	62.6	59.7	155.2	151.5	149.4
0.06	62.9	156.9	0.06	70.7	65.8	62.7	160.9	157	154.9

续表

$\frac{D_w}{D_{pw}}$	f_c		$\frac{D_w\cos\alpha}{D_{pw}}$	f_c					
	球轴承	滚子轴承 max		球轴承			滚子轴承 max		
	$\alpha=90°$			$\alpha=45°$	$\alpha=60°$	$\alpha=75°$	$\alpha=50°$ $45°<\alpha<60°$	$\alpha=65°$ $60°\leqslant\alpha<75°$	$\alpha=80°$ $75°\leqslant\alpha<90°$
0.07	65.8	162.4	0.07	73.5	68.4	65.2	165.6	161.6	159.4
0.08	68.5	167.2	0.08	75.9	70.7	67.3	169.5	165.5	163.2
0.09	71	171.7	0.09	78	72.6	69.2	172.8	168.7	166.4
0.1	73.3	175.7	0.1	79.7	74.2	70.7	175.5	171.4	169
0.11	75.4	179.5	0.11	81.1	75.5		177.8	173.6	171.2
0.12	77.4	183	0.12	82.3	76.6		179.7	175.4	173
0.13	79.3	186.3	0.13	83.3	77.5		181.1	176.8	174.4
0.14	81.1	189.4	0.14	84.1	78.3		182.3	177.9	175.5
0.15	82.7	192.3	0.15	84.7	78.8		183.1	178.8	176.3
0.16	84.4	195.1	0.16	85.1	79.2		183.7	179.3	
0.17	85.9	197.7	0.17	85.4	79.5		184	179.6	
0.18	87.4	200.3	0.18	85.5	79.6		184.1	179.7	
0.19	88.8	202.7	0.19	85.5	79.6		184	179.6	
0.2	90.2	205	0.2	85.4	79.5		183.7	179.3	
0.21	91.5	207.2	0.21	85.2			183.2		
0.22	92.8	209.4	0.22	84.9			182.6		
0.23	94.1	211.5	0.23	84.5			181.8		
0.24	95.3	213.5	0.24	84			180.9		
0.25	96.4	215.4	0.25	83.4			179.8		
0.26	97.6	217.3	0.26	82.8			178.7		
0.27	98.7	219.1	0.27	82					
0.28	99.8	220.9	0.28	81.3					
0.29	100.8	222.7	0.29	80.4					
0.3	101.9	224.3	0.3	79.6					
0.31	102.9								
0.32	103.9								
0.33	104.8								
0.34	105.8								
0.35	106.7								

注：对于$\frac{D_w}{D_{pw}}$或$\frac{D_w\cos\alpha}{D_{pw}}$或接触角非表中所列值时，其 f_c 值可用线性内插法求得。

对于$\alpha>45°$的推力轴承，$\alpha=45°$的值可用于α在$45°\sim60°$之间的内插计算。

3.2.2 双列或多列推力轴承轴向基本额定动载荷 C_a

承受同一方向载荷的双列或多列推力球轴承的 C_a：

$$C_a=(Z_1+Z_2+\cdots+Z_n)\times\left[\left(\frac{Z_1}{C_{a1}}\right)^{\frac{10}{3}}+\left(\frac{Z_2}{C_{a2}}\right)^{\frac{10}{3}}+\cdots+\left(\frac{Z_n}{C_{an}}\right)^{\frac{10}{3}}\right]^{-\frac{3}{10}} \tag{7-3-20}$$

承受同一方向载荷的双列或多列推力滚子轴承的 C_a：

$$C_a=(Z_1L_{we1}+Z_2L_{we2}+\cdots+Z_nL_{wen})\times\left[\left(\frac{Z_1L_{we1}}{C_{a1}}\right)^{\frac{9}{2}}+\left(\frac{Z_2L_{we2}}{C_{a2}}\right)^{\frac{9}{2}}+\cdots+\left(\frac{Z_nL_{wen}}{C_{an}}\right)^{\frac{9}{2}}\right]^{-\frac{2}{9}} \tag{7-3-21}$$

式中 Z_1、Z_2、…、Z_n——各列轴承的滚动体数；

C_{a1}、C_{a2}、…、C_{an}——单列轴承的轴向基本额定动载荷；

L_{we1}、L_{we2}、…、L_{wen}——各列滚子的有效长度。

3.3 基本额定静载荷的计算

对于缓慢运动、低速旋转（$n\leqslant10$r/min）或载荷变动较大（尤其是受严重冲击载荷）的轴承，其允许的工作载荷取决于滚动接触处产生的永久变形量，即塑性变形。通常，塑性变形量不允许超过滚动体直径的万分之一。这类应用场合一般不必考虑轴承的疲劳寿命。

滚动轴承基本额定静载荷的计算公式见表 7-3-12。

表 7-3-12　**基本额定静载荷的计算公式**

轴承类型	名称	计算公式	说明
向心球轴承	径向基本额定静载荷 C_{0r}	$C_{0r}=f_0 iZD_w^2\cos\alpha$	f_0 见表 7-3-13
向心滚子轴承		$C_{0r}=44\left(1-\dfrac{D_{we}\cos\alpha}{D_{pw}}\right)iZL_{we}D_{we}\cos\alpha$	
单向或双向推力球轴承	轴向基本额定静载荷 C_{0a}	$C_{0a}=f_0 ZD_w^2\sin\alpha$	
单向和双向推力滚子轴承		$C_{0a}=220\left(1-\dfrac{D_{we}\cos\alpha}{D_{pw}}\right)ZL_{we}D_{we}\sin\alpha$	

注：对于球轴承，公式适用于内圈滚道沟曲率半径不大于 $0.52D_w$、外圈滚道沟曲率半径不大于 $0.53D_w$ 的深沟球轴承和角接触球轴承，内圈滚道沟曲率半径不大于 $0.53D_w$ 的调心球轴承和沟曲率半径不大于 $0.54D_w$ 的推力球轴承。

表 7-3-13　**球轴承的 f_0 值**

$\dfrac{D_w\cos\alpha}{D_{pw}}$	f_0			$\dfrac{D_w\cos\alpha}{D_{pw}}$	f_0		
	深沟球轴承、角接触球轴承	调心球轴承	推力球轴承		深沟球轴承、角接触球轴承	调心球轴承	推力球轴承
0	14.7	1.9	61.6	0.21	13.7	2.8	45
0.01	14.9	2	60.8	0.22	13.5	2.9	44.2
0.02	15.1	2	59.9	0.23	13.2	2.9	43.5
0.03	15.3	2.1	59.1	0.24	13	3	42.7
0.04	15.5	2.1	58.3	0.25	12.8	3	41.9
0.05	15.7	2.1	57.5	0.26	12.5	3.1	41.2
0.06	15.9	2.2	56.7	0.27	12.3	3.1	40.5
0.07	16.1	2.2	55.9	0.28	12.1	3.2	39.7
0.08	16.3	2.3	55.1	0.29	11.8	3.2	39
0.09	16.5	2.3	54.3	0.3	11.6	3.3	38.2
0.1	16.4	2.4	53.5	0.31	11.4	3.3	37.5
0.11	16.1	2.4	52.7	0.32	11.2	3.4	36.8
0.12	15.9	2.4	51.9	0.33	10.9	3.4	36
0.13	15.6	2.5	51.2	0.34	10.7	3.5	35.3
0.14	15.4	2.5	50.4	0.35	10.5	3.5	34.6
0.15	15.2	2.6	49.6	0.36	10.3	3.6	—
0.16	14.9	2.6	48.8	0.37	10	3.6	—
0.17	14.7	2.7	48	0.38	9.8	3.7	—
0.18	14.4	2.7	47.3	0.39	9.6	3.8	—
0.19	14.2	2.8	46.5	0.4	9.4	3.8	—
0.2	14	2.8	45.7				

3.4　当量载荷的计算

表 7-3-14　**滚动轴承当量载荷的计算公式**

轴承类型		名称	计算公式	说明
向心轴承	$\alpha\neq0°$	径向当量动载荷 P_r	$P_r=XF_r+YF_a$	系数 X_0 和 Y_0：见表 7-3-15 系数 X 和 Y：推力轴承见表 7-3-16 向心轴承见表 7-3-17
	$\alpha=0°$		$P_r=F_r$	
	取两式计算值的较大者	径向当量静载荷 P_{0r}	$P_{0r}=X_0F_r+Y_0F_a$	
			$P_{0r}=F_r$	
推力轴承	$\alpha\neq90°$	轴向当量动载荷 P_a	$P_a=XF_r+YF_a$	
	$\alpha=90°$		$P_a=F_a$	
	$\alpha\neq90°$	轴向当量静载荷 P_{0a}	$P_{0a}=2.3F_r\tan\alpha+F_a$	
	$\alpha=90°$		$P_{0a}=F_a$	

表 7-3-15 **向心轴承的 X_0 和 Y_0 值**

轴承类型	单列轴承		双列轴承	
	X_0	Y_0	X_0	Y_0
深沟球轴承[①]	0.6	0.5	0.6	0.5
5°	0.5	0.52	1	1.04
10°	0.5	0.5	1	1
15°	0.5	0.46	1	0.92
20°	0.5	0.42	1	0.84
25°	0.5	0.38	1	0.76
角接触球轴承 $\alpha=30°$	0.5	0.33	1	0.66
35°	0.5	0.29	1	0.58
40°	0.5	0.26	1	0.52
45°	0.5	0.22	1	0.44
调心球轴承 $\alpha\neq0°$	0.5	$0.22\cot\alpha$	1	$0.44\cot\alpha$
向心滚子轴承 $\alpha\neq0°$	0.5	$0.22\cot\alpha$	1	$0.44\cot\alpha$

① 允许的 F_a/C_{0r} 最大值与轴承设计（内部游隙和沟道深度）有关。

表 7-3-16 **推力轴承的 X 和 Y 值**

轴承类型	α	单向轴承		双向轴承				e
		$F_a/F_r>e$		$F_a/F_r\leqslant e$		$F_a/F_r>e$		
		X	Y	X	Y	X	Y	
推力球轴承	45°	0.66		1.18	0.59	0.66		1.25
	50°	0.73		1.37	0.57	0.73		1.49
	55°	0.81		1.6	0.56	0.81		1.79
	60°	0.92		1.9	0.55	0.92		2.17
	65°	1.06	1	2.3	0.54	1.06	1	2.68
	70°	1.28		2.9	0.53	1.28		3.43
	75°	1.66		3.89	0.52	1.66		4.67
	80°	2.43		5.86	0.52	2.43		7.09
	85°	4.8		11.75	0.51	4.8		14.29
	$\alpha\neq90°$	$1.25\tan\alpha\left(1-\frac{2}{3}\sin\alpha\right)$	1	$\frac{20}{13}\tan\alpha\left(1-\frac{1}{3}\sin\alpha\right)$	$\frac{10}{13}\left(1-\frac{1}{3}\sin\alpha\right)$	$1.25\tan\alpha\left(1-\frac{2}{3}\sin\alpha\right)$	1	$1.25\tan\alpha$
推力滚子轴承	$\alpha\neq90°$	$\tan\alpha$	1	$1.5\tan\alpha$	0.67	$\tan\alpha$	1	$1.5\tan\alpha$

注：1. 对于 α 的中间值，X、Y 和 e 的值由线性内插法求得。

2. $\frac{F_a}{F_r}\leqslant e$ 不适用于单向轴承。

3. 对于 $\alpha>45°$ 的推力轴承，$\alpha=45°$ 的值可用于 α 在 45°～50°之间的内插计算。

表 7-3-17 **向心轴承的 X 和 Y 值**

轴承类型	相对轴向载荷		单列轴承				双列轴承				e
	$\frac{f_0F_a}{C_{0r}}$	$\frac{F_a}{iZD_w^2}$	$F_a/F_r\leqslant e$		$F_a/F_r>e$		$F_a/F_r\leqslant e$		$F_a/F_r>e$		
			X	Y	X	Y	X	Y	X	Y	
深沟球轴承	0.172	0.172				2.3				2.3	0.19
	0.345	0.345				1.99				1.99	0.22
	0.689	0.689				1.71				1.71	0.26
	1.03	1.03				1.55				1.55	0.28
	1.38	1.38	1	0	0.56	1.45	1	0	0.56	1.45	0.3
	2.07	2.07				1.31				1.31	0.34
	3.45	3.45				1.15				1.15	0.38
	5.17	5.17				1.04				1.04	0.42
	6.89	6.89				1				1	0.44

续表

轴承类型		相对轴向载荷		单列轴承				双列轴承				e
		$\frac{f_0 i F_a}{C_{0r}}$	$\frac{F_a}{ZD_w^2}$	$F_a/F_r \leqslant e$		$F_a/F_r > e$		$F_a/F_r \leqslant e$		$F_a/F_r > e$		
				X	Y	X	Y	X	Y	X	Y	
		0.173	0.172						2.78		3.74	0.23
		0.346	0.345						2.4		3.23	0.26
		0.692	0.689						2.07		2.78	0.3
		1.04	1.03						1.87		2.52	0.34
	$\alpha=5°$	1.38	1.38	1	0	此类轴承的 X、Y 和 e 值用单列径向接触沟型球轴承的值		1	1.75	0.78	2.36	0.36
		2.08	2.07						1.58		2.13	0.4
		3.46	3.45						1.39		1.87	0.45
		5.19	5.17						1.26		1.69	0.5
		6.92	6.89						1.21		1.63	0.52
		0.175	0.172				1.88		2.18		3.06	0.29
		0.35	0.345				1.71		1.98		2.78	0.32
		0.7	0.689				1.52		1.76		2.47	0.36
		1.05	1.03				1.41		1.63		2.29	0.38
角接触球轴承	$\alpha=10°$	1.4	1.38	1	0	0.46	1.34	1	1.55	0.75	2.18	0.4
		2.1	2.07				1.23		1.42		2	0.44
		3.50	3.45				1.1		1.27		1.79	0.49
		5.25	5.17				1.01		1.17		1.64	0.54
		7	6.89				1		1.16		1.63	0.54
		0.178	0.172				1.47		1.65		2.39	0.38
		0.357	0.345				1.4		1.57		2.28	0.4
		0.714	0.689				1.3		1.46		2.11	0.43
		1.07	1.03				1.23		1.38		2	0.46
	$\alpha=15°$	1.43	1.38	1	0	0.44	1.19	1	1.34	0.72	1.93	0.47
		2.14	2.07				1.12		1.26		1.82	0.5
		3.57	3.45				1.02		1.14		1.66	0.55
		5.35	5.17				1		1.12		1.63	0.56
		7.14	6.89				1		1.12		1.63	0.56
	$\alpha=20°$	—	—			0.43	1		1.09	0.7	1.63	0.57
	$\alpha=25°$	—	—			0.41	0.87		0.92	0.67	1.41	0.68
	$\alpha=30°$	—	—	1	0	0.39	0.76	1	0.78	0.63	1.24	0.8
	$\alpha=35°$	—	—			0.37	0.66		0.66	0.6	1.07	0.95
	$\alpha=40°$	—	—			0.35	0.57		0.55	0.57	0.93	1.14
	$\alpha=45°$	—	—			0.33	0.5		0.47	0.54	0.81	1.34
调心球轴承				1	0	0.4	$0.4\cot\alpha$	1	$0.42\cot\alpha$	0.65	$0.65\cot\alpha$	$1.5\tan\alpha$
分离型单列径向接触球轴承（磁电机轴承）				1	0	0.5	2.5	—	—	—	—	0.2
向心滚子轴承	$\alpha \neq 0$			1	0	0.4	$0.4\cot\alpha$	1	$0.45\cot\alpha$	0.67	$0.67\cot\alpha$	$1.5\tan\alpha$

注：对于相对轴向载荷或接触角的中间值，其 X、Y 和 e 值可由线性内插法求得。

3.5　轴承组的基本额定载荷和当量载荷

表 7-3-18　　轴承组的静载荷计算公式

<table>
<tr><th rowspan="3">轴承类型</th><th colspan="2">额定静载荷 C_0</th><th colspan="2">当量静载荷 P_0</th><th rowspan="3">F_r、F_a</th></tr>
<tr><th colspan="4">轴承组配方式</th></tr>
<tr><th>面对面或背靠背</th><th>串联</th><th>面对面或背靠背</th><th>串联</th></tr>
<tr><td>单列角接触滚子轴承</td><td>—</td><td>—</td><td rowspan="2">X_0 和 Y_0 取双列轴承的值</td><td rowspan="2">X_0 和 Y_0 取单列轴承的值</td><td rowspan="4">取作用在该轴承组上的总载荷</td></tr>
<tr><td>径向接触或角接触沟型球轴承</td><td rowspan="2">一套单列轴承径向基本额定静载荷的两倍</td><td rowspan="2">一套单列轴承的径向基本额定静载荷乘以轴承套数</td></tr>
<tr><td>向心滚子轴承</td><td>—</td><td>—</td></tr>
<tr><td>推力滚子轴承</td><td>—</td><td>一套单向轴承的轴向基本额定静载荷乘以轴承套数</td><td>—</td><td>—</td></tr>
</table>

表 7-3-19　　轴承组的动载荷计算公式

<table>
<tr><th rowspan="3">轴承类型</th><th colspan="3">额定动载荷 C</th><th colspan="2">当量动载荷 P</th></tr>
<tr><th colspan="5">轴承组配方式</th></tr>
<tr><th>面对面或背靠背</th><th>串联</th><th>两套作为一个整体</th><th>面对面或背靠背</th><th>串联</th></tr>
<tr><td>径向接触或角接触沟型球轴承</td><td></td><td>轴承套数的 0.7 次幂乘以一套单列轴承的 C_r</td><td>按一套双列轴承的 C_r</td><td></td><td rowspan="2">取单列轴承的 X 和 Y 值，“相对轴向载荷”按 $i=1$ 和一套轴承的 F_a、C_{0r}</td></tr>
<tr><td>角接触球轴承</td><td rowspan="2">按一套双列轴承的 C_r</td><td></td><td></td><td>按一套双列轴承的 P_r</td></tr>
<tr><td>向心滚子轴承</td><td>轴承套数的 7/9 次幂乘以一套单列轴承的 C_r</td><td></td><td></td><td></td></tr>
<tr><td>角接触滚子轴承</td><td></td><td></td><td></td><td>按一套双列轴承的 P_r</td><td>取单列轴承的 X 和 Y 值</td></tr>
<tr><td>推力滚子轴承</td><td></td><td>轴承套数的 7/9 次幂乘以一套单列轴承的 C_a</td><td></td><td></td><td></td></tr>
</table>

3.6　变化工作条件下的平均载荷

每个载荷周期内的工作条件可和公称值稍有不同。假定工作条件如速度和载荷方向相当稳定，而且载荷的大小始终在最低值 F_{min} 和最高值 F_{max} 之间变化（图 7-3-21），可用公式计算其平均载荷：

$$F_m=(F_{最小}+2F_{最大})/3 \tag{7-3-22}$$

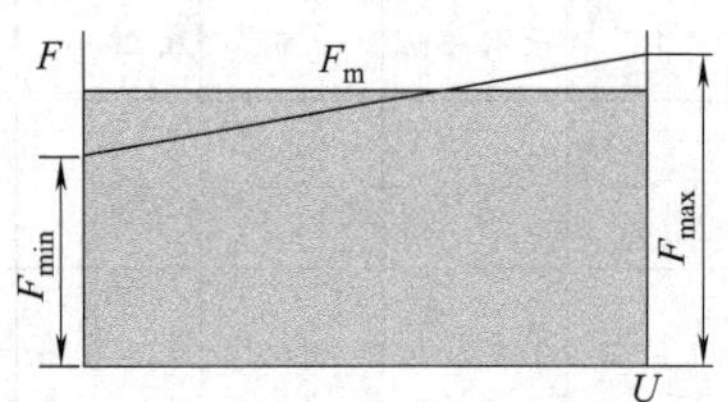

图 7-3-21　变化工作条件下的平均载荷（一）

如果作用在轴承上的载荷由大小和方向不变的载荷 F_1（如转子的重量）和一个固定的转动载荷 F_2（如不平衡载荷）组成（图 7-3-22），则平均载荷由下式计算：

$$F_m=f_m(F_1+F_2) \tag{7-3-23}$$

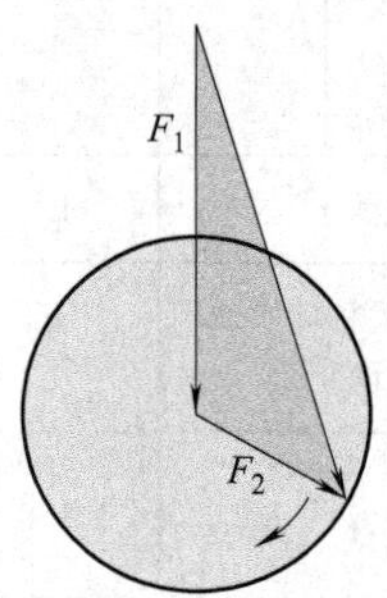

图 7-3-22　变化工作条件下的平均载荷（二）

f_m 的数值可从图 7-3-23 得出。

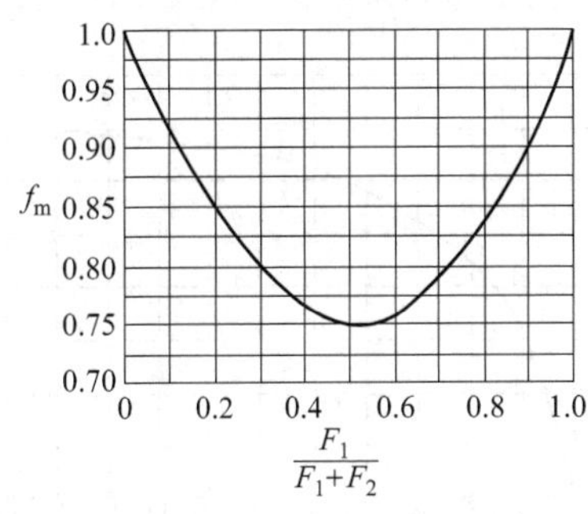

图 7-3-23　变化工作条件下的平均载荷（三）

3.7　变化工作条件下的寿命计算

在一些应用中，轴承载荷的大小和方向会随时间而改变，速度、温度、润滑条件和污染程度也会发生变化，此时，轴承寿命不能直接计算，须对变化的载荷条件分阶段进行当量载荷的计算。

变化的工作条件下，需要将载荷变化的范围或周期简化为更简单的载荷情况（图 7-3-24）。对于持续变动的载荷，根据不同的载荷情况累计，将其简化为恒定载荷段的柱状图，每个载荷段都以运行的百分比或分数表示。由于冲击载荷和重载荷对轴承寿命的影响要比轻载荷大得多，所以必须将其分离出来，即使这些载荷作用的时间很短。

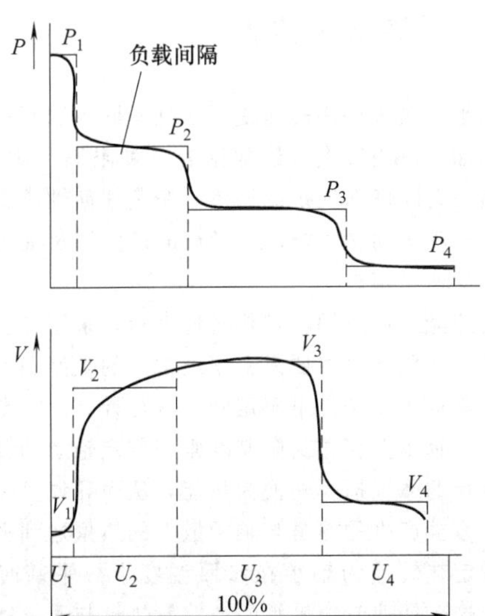

图 7-3-24　变化工作条件下的寿命计算

在每个载荷段内，把轴承载荷和工作条件用恒定的平均值表示。然后根据每个载荷段所需的工作小时数或转数，计算该载荷段的分段寿命。例如 N_1 表示载荷条件 P_1 所需要的转数，N 表示整个寿命周期的总转数，则载荷条件 P_1 分段寿命 $U_1=N_1/N$，其计算寿命为 L_{10m1}。在变化的工作条件下，轴承的寿命可用以下公式估算：

$$L_{10m}=\frac{1}{\dfrac{U_1}{L_{10m1}}+\dfrac{U_2}{L_{10m2}}+\dfrac{U_3}{L_{10m3}}+\cdots+\dfrac{U_n}{L_{10mn}}} \tag{7-3-24}$$

式中　L_{10m}——额定寿命（90%可靠性），百万转；

L_{10m1}、L_{10m2}、…、L_{10mn}——恒定条件 1、2、…下的额定寿命（90%可靠性），百万转；

U_1、U_2、…、U_n——条件 1、2、…下的分段寿命，$U_1+U_2+\cdots+U_n=1$。

3.8　轴承极限转速的确定方法

滚动轴承的极限转速是在一定载荷、润滑条件下允许的最高转速。与轴承类型、尺寸、载荷大小和方向、润滑、游隙、保持架及冷却条件等诸多因素有关。由于问题的复杂性，没有精确的计算方法来确定各类轴承的极限转速，只能进行近似计算。列于滚动轴承样本中的极限转速分别是在脂润滑和油润滑条件下确定的，仅适用于：轴承当量动载荷 $P\leqslant 0.1C$（C 为轴承额定动载荷）；润滑冷却条件正常；向心轴承仅承受径向载荷，推力轴承仅承受轴向载荷；轴承公差为 N 级；刚性轴承座和轴。

在上述假定条件下，轴承的极限转速可由下式计算：

向心轴承：

$$n_g=\frac{f_1A}{D_m} \tag{7-3-25}$$

推力轴承：

$$n_g=\frac{f_1A}{\sqrt{DH}} \tag{7-3-26}$$

式中　n_g——轴承极限转速，r/min；

D_m——轴承平均直径，mm；

H——推力轴承高度，mm；

D——轴承外径，mm；

f_1——尺寸系数，由图 7-3-25 根据向心轴承的 D_m 或推力轴承的 $\sqrt{DH}$ 查出；

A——结构系数，由表 7-3-20 查出。

当轴承在 $P>0.1C$ 载荷条件下运转时，滚动体与滚道的接触面的接触应力增大，温升增高，影响润滑剂的性能。因此，应将样本中极限转速的数值乘以载荷系数 f_2，见图 7-3-26。

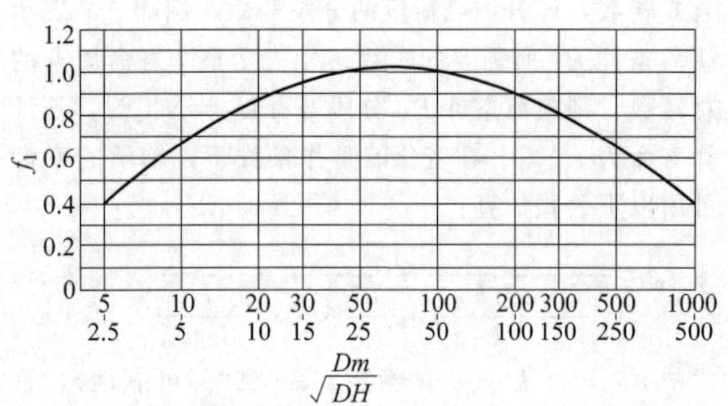

图 7-3-25　尺寸系数 f_1

表 7-3-20　　结构系数 A　　10^4

轴承类型		脂润滑	油润滑
深沟球轴承	带防尘盖	48	60
	带密封圈	34	—
	有装球缺口	38	48
	双列有装球缺口	30	38
角接触球轴承	单列	45	60
	双列	32	43
	成对安装	32	43
	四点接触	36	48
	磁电机轴承	48	60
圆柱滚子轴承		43	53
滚针轴承	无保持架	9	12
	有保持架	24	36
	有保持架带冲压外圈	20	28
调心滚子轴承		28	34
圆锥滚子轴承	单列	30	38
	双列	22	28
	四列	18	22
推力球轴承		9	13
推力圆柱滚子轴承、推力圆锥滚子轴承		6.7	9
推力调心滚子轴承		—	18

对于承受联合载荷作用的向心轴承，由于承受载荷的滚动体数量增加，摩擦发热大，润滑条件变差。因此，应根据轴承类型和载荷角大小，将样本中极限转速的数值乘以载荷系数 f_3，见图 7-3-27。

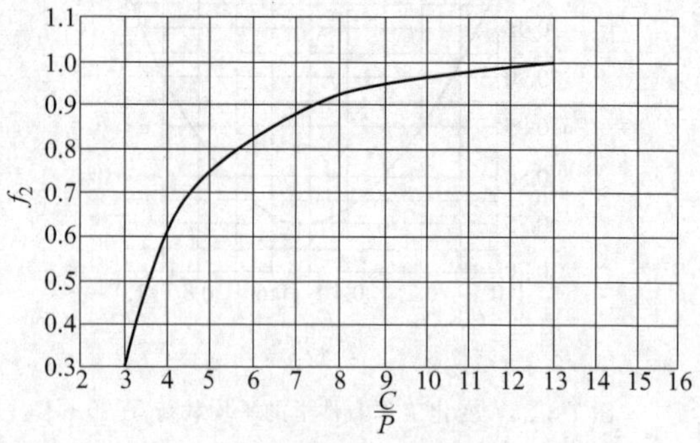

图 7-3-26　载荷系数 f_2

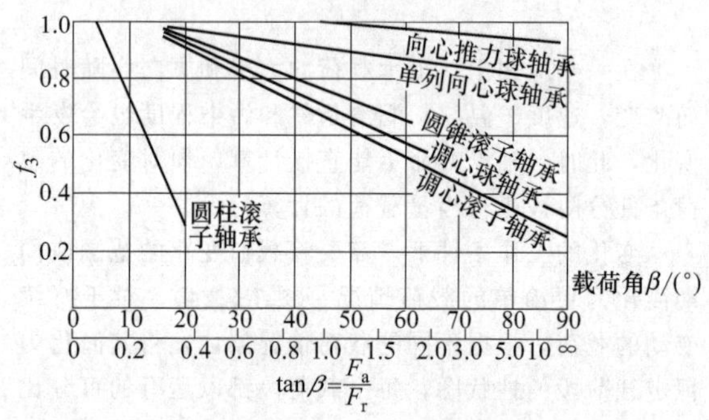

图 7-3-27　载荷系数 f_3

3.9　额定热转速

轴承的最大许用转速受到各种不同限制判据的限制，例如：许用温度（最常见的一种限制准则）、考虑到离心力时确保充足的润滑、避免任何轴承零件的断裂、滚动运动学、振动、噪声的产生以及轴承密封唇的运动速度等。

转速能力可以用额定热转速表示，采用统一的参照条件（参照条件主要是根据最常用的类型和尺寸的轴承在常规工作条件下确定的）进行计算。额定热转速就是将轴承温度作为限制准则来判定轴承的转速能力。轴承的摩擦损耗转换为热能，从而导致温度升高直至由摩擦产生的热量与轴承散发的热量达到平衡。

额定热转速为轴承在参照温度下热平衡时的转速。在这个转速时，轴承的摩擦发热量与通过轴承座散热量速率相等，达到热平衡。其计算方法是依据 GB/T 24609—2009《滚动轴承　额定热转速　计算方法和系数》（等同采用 ISO 15312：2003），适用于 N 组游隙的开式轴承。

3.9.1　定义及符号

表 7-3-21　额定热转速定义及符号

名称	定　义	名称	定　义
额定热转速	指在参照条件下由轴承摩擦产生的热量与通过轴承座(轴或座孔)散发的热量达到平衡时的内圈或轴圈的转速	参照热流量	参照条件下运转的轴承，由摩擦力产生的热量以热传导方式通过轴承散热参照表面散发的热量
参照条件	与额定热转速有关的条件：1)参照温度。2)决定轴承摩擦损失的因素：①轴承载荷的大小和方向；②润滑方式、润滑剂类型以及运动黏度和剂量；③其他通用参照条件。3)轴承的散热量："轴承的散热参照表面积"和"轴承的参照热流密度"的乘积	参照载荷	由参照条件决定的轴承载荷，是引起与载荷有关的摩擦力矩的载荷 向心轴承：一个稳定的径向载荷，径向基本额定静载荷 C_{0r} 的 5%作为纯径向载荷 推力滚子轴承：一个稳定的轴向载荷，轴向基本额定静载荷 C_{0a} 的 2%作为中心轴向载荷
参照热流密度	单位散热参照表面积的参照热流量	散热参照表面积	通过内圈(轴圈)与轴之间及外圈(座圈)与座孔之间散发热量的接触面积的总和
参照温度	参照条件下，轴承静止的外圈或座圈的平均温度 $\theta_r=70$℃	环境温度	参照条件下，轴承配置的平均环境温度 $\theta_{Ar}=20$℃
A_r	散热参照表面积，mm^2	Φ_r	参照热流量，W
B	轴承宽度，mm	$n_{\theta r}$	额定热转速，min^{-1}
C_{0a}	GB/T 4662 中的轴向基本额定静载荷，N	α	接触角，(°)
C_{0r}	GB/T 4662 中的径向基本额定静载荷，N	N_r	在参照条件及额定热转速 $n_{\theta r}$ 下轴承功率损耗，W
d	轴承内径，mm	P_{1r}	参照载荷，N
d_m	轴承平均直径 $d_m=0.5(D+d)$，mm	q_r	参照热流密度，W/mm^2
d_1	推力调心滚子轴承内圈外径，mm	T	圆锥滚子轴承总宽度，mm
D	轴承外径，mm	θ_{Ar}	参照环境温度，℃
D_1	推力调心滚子轴承外圈内径，mm	θ_r	参照温度，℃
f_{0r}	参照条件下与载荷无关的摩擦力矩的系数	ν_r	在参照条件(滚动轴承的参照温度 θ_r)下润滑剂的运动黏度，mm^2/s
f_{1r}	参照条件下与载荷有关的摩擦力矩的系数	M_1	与载荷有关的摩擦力矩，N·mm
M_0	与载荷无关的摩擦力矩，N·mm	M_{1r}	在参照条件及额定热转速 $n_{\theta r}$ 下与载荷有关的摩擦力矩，N·mm
M_{0r}	在参照条件及额定热转速 $n_{\theta r}$ 下与载荷无关的摩擦力矩，N·mm		

3.9.2　额定热转速的计算

额定热转速的计算是基于在参照条件下，轴承系统的能量达到平衡。即轴承所产生的摩擦热等于轴承所散发的热流量：

$$N_r=\Phi_r \tag{7-3-27}$$

参照热流密度 q_r 为：

$$q_r=\frac{\Phi_r}{A_r} \tag{7-3-28}$$

(1) 散热参照表面积 A_r

各类轴承散热参照表面积 A_r（图 7-3-28）的计算见表 7-3-22。

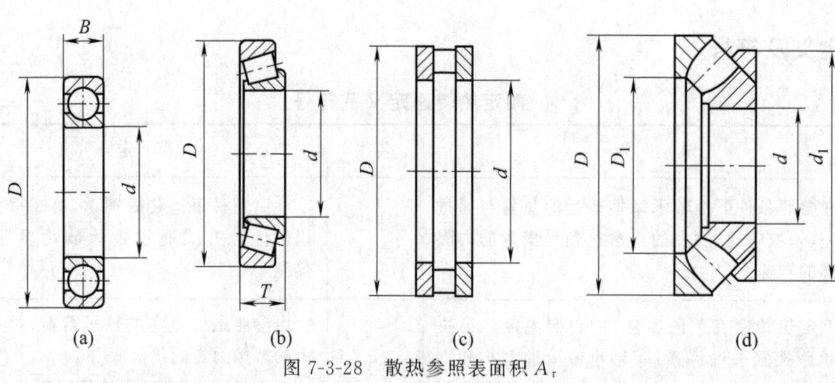

图 7-3-28 散热参照表面积 A_r

表 7-3-22 **散热参照表面积 A_r 计算公式**

轴承类型	计算公式	运动黏度 ν_r
图(a)向心轴承(圆锥滚子轴承除外)	$A_r=\pi B(D+d)$	$\nu_r=12mm^2/s$(ISO VG32)
图(b)圆锥滚子轴承	$A_r=\pi T(d+D)$	
图(c)推力圆柱滚子轴承和推力滚针轴承	$A_r=0.5\pi(D^2-d^2)$	$\nu_r=24mm^2/s$(ISO VG68)
图(d)推力调心滚子轴承	$A_r=0.25\pi(D^2+d_1{}^2-D_1{}^2-d^2)$	

注：计算时采用轴承的总宽度而不采用单个套圈的宽度，这样计算的结果更接近于经验数据。

(2) 参照热流密度 q_r 计算（表 7-3-23）

表 7-3-23 **参照热流密度 q_r 计算公式**

轴承类型	计算公式		说明
向心轴承	$q_r=0.016W/mm^2$	$A_r\leqslant 50000mm^2$	见图 7-3-29 曲线 1
	$q_r=0.016\times\left(\frac{A_r}{50000}\right)^{-0.34}W/mm^2$	$A_r>50000mm^2$	
推力轴承	$q_r=0.020W/mm^2$	$A_r\leqslant 50000mm^2$	见图 7-3-29 曲线 2
	$q_r=0.020\times\left(\frac{A_r}{50000}\right)^{-0.16}W/mm^2$	$A_r>50000mm^2$	

正常应用的场合，温差 $\theta_r-\theta_{A_r}=50℃$。

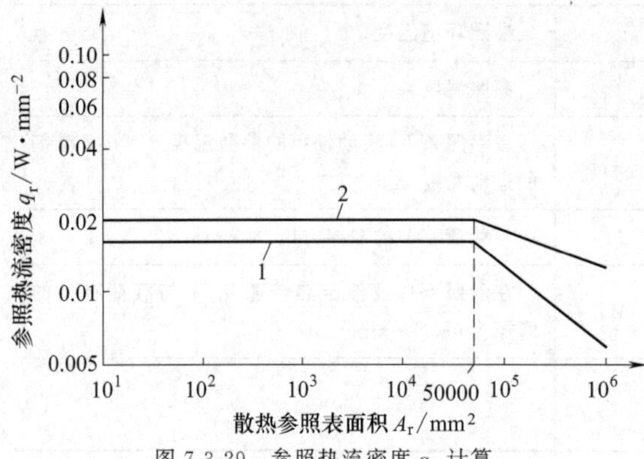

图 7-3-29 参照热流密度 q_r 计算

(3) 轴承的摩擦热计算 N_r

$$N_r=\frac{\pi n_{\theta r}}{30\times10^3}(M_{0r}+M_{1r})$$

$$=\frac{\pi n_{\theta r}}{30\times10^3}[10^{-7}f_{0r}(\nu_r n_{\theta r})^{2/3}d_m{}^3+f_{1r}P_{1r}d_m] \tag{7-3-29}$$

$$M_{0r}=10^{-7}f_{0r}(\nu_r n_{\theta r})^{2/3}d_m{}^3 \tag{7-3-30}$$

$$M_{1r}=f_{1r}P_{1r}d_m \tag{7-3-31}$$

轴承的散热量根据参照热流密度 q_r 和散热参照表面积 A_r 计算：

$$\Phi_r=q_rA_r \tag{7-3-32}$$

由摩擦热公式（7-3-29）和散热量公式（7-3-32）可得出额定热转速 $n_{\theta r}$ 的计算公式：

$$\frac{\pi n_{\theta r}}{30\times10^3}[10^{-7}f_{0r}(\nu_r n_{\theta r})^{2/3}d_m{}^3+f_{1r}P_{1r}d_m]=q_rA_r \tag{7-3-33}$$

额定热转速 $n_{\theta r}$ 通过迭代法，由式（7-3-33）确定。

与载荷无关的摩擦力矩 M_0 考虑了轴承的黏滞摩擦，取决于滚动轴承的类型、尺寸（轴承的平均直径）、速度以及润滑条件的影响。润滑条件包括润滑方式、润滑剂类型、运动黏度和润滑剂注入量等。

与载荷有关的摩擦力矩 M_1 考虑了机械摩擦，取决于轴承类型、尺寸（轴承的平均直径）以及载荷的大小及方向。

该计算方法不包括推力球轴承，因为推力球轴承在高速运转时，其性能是由运动学准则而非热应力确定的，该方法虽然是为油润滑制定的，其润滑剂为含有矿物基油的常规锂皂油脂润滑，基油的运动黏度在40℃时为 100～200mm²/s（ISO VG150）。润滑脂剂量大约是轴承内部有效空间的 30%。

该计算方法对油脂润滑同样有效。在脂润滑轴承启动时，可能出现一次温度峰值。因此，轴承可能需要运转 10～20h 后方可达到正常运行温度。在这些特定的条件下，油润滑和脂润滑的参考速度相等。在外圈转动的情况下，能达到的转速会比较低。

（4）系数 f_{0r} 和 f_{1r}（表 7-3-24）

表 7-3-24　　**系数 f_{0r} 和 f_{1r}**

轴承类型	尺寸系列	f_{0r}	f_{1r}
单列深沟球轴承	18	1.7	0.00010
	28	1.7	0.00010
	38	1.7	0.00010
	19	1.7	0.00015
	39	1.7	0.00015
	00	1.7	0.00015
	10	1.7	0.00015
	02	2	0.00020
	03	2.3	0.00020
	04	2.3	0.00020
调心球轴承	02	2.5	0.00008
	22	3	0.00008
	03	3.5	0.00008
	23	4	0.00008
单列角接触球轴承 22°<α≤45°	02	2	0.00025
	03	3	0.00035
双列或组配单列角接触球轴承	32	5	0.00035
	33	7	0.00035
滚针轴承	48	5	0.00050
	49	5.5	0.00050
	69	10	0.00050
调心滚子轴承	39	4.5	0.00017
	30	4.5	0.00017
	40	6.5	0.00027
	31	5.5	0.00027
	41	7	0.00049
	22	4	0.00019
	32	6	0.00036
	03	3.5	0.00019
	23	4.5	0.00030
推力调心滚子轴承	92	3.7	0.00030
	93	4.5	0.00040
	94	5	0.00050
推力滚针轴承		5	0.00150

轴承类型	尺寸系列	f_{0r}	f_{1r}
四点接触球轴承	02	2	0.00037
	03	3	0.00037
有保持架的单列圆柱滚子轴承	10	2	0.00020
	02	2	0.00030
	22	3	0.00040
	03	2	0.00035
	23	4	0.00040
	04	2	0.00040
满装单列圆柱滚子轴承	18	5	0.00055
	29	6	0.00055
	30	7	0.00055
	22	8	0.00055
	23	12	0.00055
满装双列圆柱滚子轴承	48	9	0.00055
	49	11	0.00055
	50	13	0.00055
推力圆柱滚子轴承	11	3	0.00150
	12	4	0.00150
圆锥滚子轴承	02	3	0.00040
	03	3	0.00040
	30	3	0.00040
	29	3	0.00040
	20	3	0.00040
	22	4.5	0.00040
	23	4.5	0.00040
	13	4.5	0.00040
	31	4.5	0.00040
	32	4.5	0.00040
修正结构推力调心滚子轴承(优化内部结构)	92	2.5	0.00023
	93	3	0.00030
	94	3.3	0.00033

3.10 滚动轴承的摩擦计算

滚动轴承的摩擦主要有滚动体与滚道之间的滚动摩擦和滑动摩擦；保持架与滚动体及套圈引导面之间的滑动摩擦；滚子端面与套圈挡边之间的滑动摩擦；润滑剂的黏性阻力；密封装置的滑动摩擦等。其大小取决于轴承的类型、尺寸、载荷、转速、润滑、密封等多方面因素。用于评定轴承的摩擦性能的方法一般有两种，即摩擦力矩法和摩擦因数法。通常将轴承中的总摩擦，即滚动摩擦、滑动摩擦和润滑剂摩擦的总和产生的阻滞轴承运转的力矩称为摩擦力矩。

3.10.1 轴承的摩擦力矩

轴承的摩擦力矩一般可按下式计算：

$$M=M_0+M_1 \tag{7-3-34}$$

式中 M——轴承摩擦力矩，N·mm；

M_0——与载荷无关的摩擦力矩，又称为速度项摩擦力矩，N·mm；

M_1——与载荷有关的摩擦力矩，又称为载荷项摩擦力矩，N·mm。

M_0 主要与轴承类型、润滑剂的黏度和数量、轴承转速有关。在高速轻载的应用场合，M_0 起主要作用。

$\nu n \geqslant 2000$

$$M_0=10^{-7}f_0(\nu n)^{2/3}D_m^3 \tag{7-3-35}$$

$\nu n<2000$

$$M_0=160\times10^{-7}f_0D_m^3 \tag{7-3-36}$$

式中 D_m——轴承平均直径，mm，$D_m=0.5(D+d)$；

f_0——与轴承类型和润滑有关的系数，列入表7-3-25中；

n——轴承转速，r/min；

ν——在轴承工作温度下润滑剂的运动黏度（对润滑脂取基油的黏度），mm^2/s。

M_1 主要是弹性滞后和接触表面差动滑动的摩擦损耗，由下式计算：

$$M_1=f_1P_1D_m \tag{7-3-37}$$

式中 f_1——与轴承类型和载荷有关的系数，列入表7-3-25中；

P_1——计算轴承摩擦力矩时的轴承载荷，N，列入表7-3-25中。

表7-3-25 系数 f_0、f_1、P_1

轴承类型		f_0			f_1	$P_1$①
		油雾润滑	油浴润滑或脂润滑	立式轴油浴润滑或喷油润滑		
深沟球轴承		0.7～1	1.5～2	3～4	$0.0009(P_0/C_0)^{0.55}$	$3F_a-0.1F_r$
调心球轴承					$0.0003(P_0/C_0)^{0.4}$	$1.4Y_2F_a-0.1F_r$
角接触球轴承	单列	1	2	4	$0.0013(P_0/C_0)^{0.33}$	$F_a-0.1F_r$
	双列	2	4	8	$0.001(P_0/C_0)^{0.33}$	$1.4F_a-0.1F_r$
向心圆柱滚子轴承	带保持架	1～1.5	2～3	4～6	0.00025～0.0003②	F_r
	满装滚子	—	2.5～4	—	0.00045	F_r
调心滚子轴承		2～3	4～6	8～12	0.0005②	$1.2Y_2F_a$
圆锥滚子轴承		1.5～2	3～4	6～8	0.0004～0.0005②	$2YF_a$
推力球轴承		0.7～1	1.5～2	3～4	$0.0012(P_0/C_0)^{0.33}$	F_a
推力圆柱滚子轴承		—	2.5	5	0.0018	F_a
推力调心滚子轴承		—	3～4	6～8	0.0005～0.0006②	$F_a(F_{rmax}\leqslant0.55F_a)$

① 若 $P_1<F_r$，则取 $P_1=F_r$。

② 对轻系列轴承，取偏小的值；对重系列轴承，取偏大值。

注：圆柱滚子轴承若承受轴向载荷，则应考虑附加力矩 M_2。

表中 P_0——当量静载荷，N；

C_0——轴承额定静载荷，N；

F_a——轴向载荷，N；

F_r——径向载荷，N；

Y、Y_2——$F_a/F_r>e$ 和 $F_a/F_r\leqslant e$ 时的轴向载荷系数。

圆柱滚子轴承同时承受径向载荷和轴向载荷，则应考虑附加力矩 M_2，即在此的摩擦力矩为

$$M=M_0+M_1+M_2 \tag{7-3-38}$$

$$M_2=f_2F_aD_m \tag{7-3-39}$$

式中　f_2——与轴承结构及润滑方式有关的系数，见表 7-3-26。

表 7-3-26　系数 f_2

轴承结构	油润滑	脂润滑	说明
带保持架	0.006	0.009	适用于 $K_ν=ν/ν_1=1.5$ 以及 $F_a/F_r\leqslant 4$ 的情况，$ν$ 为轴承工作温度下润滑油的运动黏度，$ν_1$ 为形成润滑油膜所必需的润滑油最小黏度
满装滚子	0.003	0.006	

3.10.2　轴承的摩擦因数

轴承摩擦因数一般按下式计算：

$$\mu=\frac{2M}{Pd} \tag{7-3-40}$$

式中　μ——轴承摩擦因数；
d——轴承内径，mm；
P——轴承当量动载荷，N。

在 $P\approx 1$、$n=0.5n_g$（n_g 为极限转速）、润滑充足、运转正常的情况下，μ 的数值可参考表 7-3-27 选取。对主要承受径向载荷的向心轴承，μ 取较小值；对主要承受轴向载荷的向心轴承，μ 取较大值；对推力轴承，由于作用于滚动体的离心力随转速而变化，μ 值变化范围较大。若轴承承受力矩载荷，就一般情况而言，随着轴承的载荷增加、转速增高、润滑油量增多，μ 值会相应增大。

表 7-3-27　滚动轴承摩擦因数 μ

轴承类型	μ
深沟球轴承	0.0015～0.0022
调心球轴承	0.0010～0.0018
角接触球轴承	0.0018～0.0025
圆柱滚子轴承	0.0011～0.002
滚针轴承	0.0025～0.0040
调心滚子轴承	0.0018～0.0025
圆锥滚子轴承	0.0018～0.0028
推力球轴承	0.0013～0.0020
推力调心滚子轴承	0.0018～0.0030

3.11　圆柱滚子轴承的轴向承载能力

内、外圈带有挡边的圆柱滚子轴承，如 NJ、NUP 和 NF 型轴承，主要用于承受径向载荷，也能承受一定的单向轴向载荷，因此这些轴承可作为固定支承使用。

这些轴承的轴向承载能力取决于滚子端面与套圈引导挡边之间滑动摩擦面的承载能力，即由滑动摩擦面之间的润滑状态、工作温度、轴承散热条件所决定。下面的经验公式供选用轴承时估算其轴向承载能力：

$$F_{aP}=\frac{K_1C_0\times 10^4}{n(d+D)}-K_2F_r \tag{7-3-41}$$

式中　F_{aP}——最大允许轴向载荷，N；
C_0——基本额定静载荷，N；
F_r——轴承径向载荷，N；
n——轴承转速，r/min；
d——轴承内径，mm；
D——轴承外径，mm；
K_1、K_2——系数，见表 7-3-28。

表 7-3-28　系数 K_1、K_2

轴承型式	脂润滑		油润滑	
	K_1	K_2	K_1	K_2
EC 型轴承 其他轴承	1.5 0.5	0.15 0.05	1 0.3	0.1 0.03

注：以上公式适用于下列轴承工作条件：
1）作用于轴承上的轴向载荷是连续作用的稳定载荷；
2）轴承工作温度与环境的温差不大于 60℃；
3）轴承温度升高引起的功率损失为 0.5mW/(mm² · ℃)；
4）黏度比 $k=2$。

3.12　轴承需要的最小轴向载荷的计算

为保证轴承正常工作，必须施加一定的轴向载荷预紧。各类推力轴承所需的最小轴向载荷的计算公式列于表 7-3-29 中。

在多数情况下，推力轴承的实际载荷大于最小轴向载荷的计数值，此时轴承不需要预紧。但当实际载荷小于最小轴向载荷的计数值，轴承必须预紧。

第7篇

表 7-3-29 **最小轴向载荷 F_{amin}**

轴承类型		F_{amin}	说明
推力球轴承		$F_{amin}>A\left(\frac{n}{1000}\right)^2$	式中 F_{amin}——最小轴向载荷,N F_r——径向载荷,N n——轴承转速,r/min C_{0a}——轴向基本额定静载荷,N α——接触角 A——最小载荷常数,$A=k\left(\frac{C_{0a}}{10^4}\right)^2$
推力角接触球轴承	$\alpha=45°$	$F_{amin}>0.19F_r+A\left(\frac{n}{1000}\right)^2$	
	$\alpha=60°$	$F_{amin}>0.33F_r+A\left(\frac{n}{1000}\right)^2$	
推力调心滚子轴承		$\frac{C_{0a}}{10^4}\leqslant F_{amin}>0.18F_r+A\left(\frac{n}{1000}\right)^2$ F_{amin}取两者较小值	推力球轴承,$k=0.01$ 推力角接触球轴承,$k=0.004$ 推力调心滚子轴承,$k=0.0004$ 推力圆柱滚子轴承,$k=0.0004$ 推力圆锥滚子轴承,$k=0.0002$
推力滚子轴承		$\frac{C_{0a}}{10^4}\leqslant F_{amin}>A\left(\frac{n}{1000}\right)^2$ F_{amin}取两者较小值	

第 4 章　滚动轴承的应用设计

4.1　滚动轴承的配合

轴承配合是指轴承内圈与轴、外圈与外壳孔之间的配合。配合的目的是防止轴承在运转时，在内圈与轴、外圈与外壳孔之间产生径向、轴向和圆周切向的滑动现象。

4.1.1　滚动轴承配合的特点

轴承内圈与轴的配合采用基孔制，外圈与外壳孔的配合采用基轴制。与一般机器制造采用的配合不同，轴承内外径公差带均为单向制，即上偏差为零、下偏差为负的分布，所以，轴承内圈与轴相配合时，要比其他同类基孔制配合紧得多，许多过渡配合变成了过盈配合，有些间隙配合变成了过渡配合。轴承外圈的公差虽为负公差，但其公差取值也与一般公差制不同。

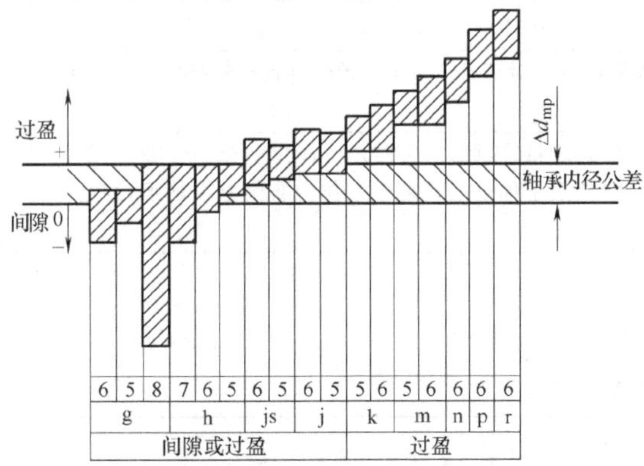

注：Δd_{mp}为轴承内圈单一平面平均内径的偏差。

图 7-4-1　轴承与轴配合的常用公差带

相配零件的加工精度应与轴承精度相对应。一般轴的加工精度取轴承同级精度或高一级精度；外壳孔则取低一级精度或同级精度。

4.1.2　轴承（普通、6 级）与轴和外壳配合的常用公差带

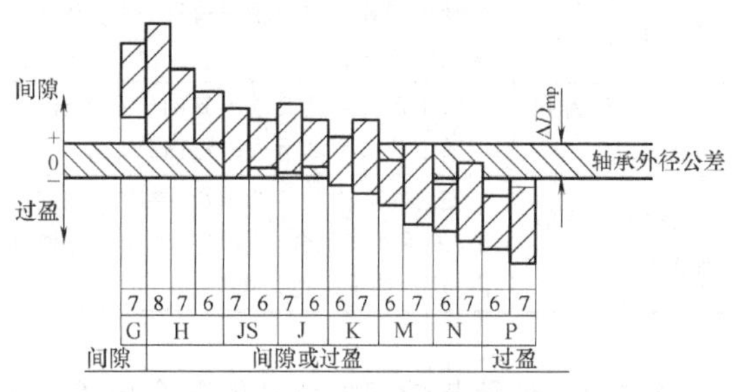

注：ΔD_{mp}为轴承外圈单一平面平均外径的偏差。

图 7-4-2　轴承与外壳配合常用公差带

4.1.3　轴承配合的选择

表 7-4-1　轴承配合选择的基本原则

考虑因素	配合选择	
载荷类型	旋转载荷 载荷作用的方向相对轴承某一套圈是旋转的	对承受旋转载荷的套圈，应采用过盈配合或过渡配合 对承受静止载荷的套圈，一般可采用间隙配合，不宜采用过盈配合 对承受不定载荷的套圈，应采用与旋转载荷相同的配合 对承受冲击和振动载荷的套圈，应采用过盈配合。对于需要采用过盈配合但由于工作条件等因素的限制不得不采用间隙配合时，应考虑对配合面进行润滑，以防止滑动磨损和烧黏
	静止载荷 载荷作用的方向相对轴承某一套圈是静止的	
	不定载荷 载荷作用的方向相对轴承某一套圈是不定的	

续表

<table>
<tr><th>考虑因素</th><th colspan="5">配合选择</th></tr>
<tr><td rowspan="5">载荷大小</td><td>P</td><td>球轴承</td><td>滚子轴承(圆锥滚子轴承除外)</td><td>圆锥滚子轴承</td><td rowspan="5">作用在轴承上的载荷会使配合表面发生局部变形,从而导致配合处的有效过盈量减小,若发生松动,在压力作用下则会产生蠕动磨损。因此,一般而言,载荷越大,配合越紧。载荷的大小一般用轴承径向当量动载荷 P 与额定动载荷 C 之比作为参考</td></tr>
<tr><td>轻载荷</td><td>$P\leqslant 0.07C$</td><td>$P\leqslant 0.08C$</td><td>$P\leqslant 0.13C$</td></tr>
<tr><td>正常载荷</td><td>$0.07C<P\leqslant 0.15C$</td><td>$0.08C<P\leqslant 0.18C$</td><td>$0.13C<P\leqslant 0.26C$</td></tr>
<tr><td>重载荷</td><td>$P>0.15C$</td><td>$P>0.18C$</td><td>$P>0.26C$</td></tr>
<tr></tr>
<tr><td>工作温度</td><td colspan="5">轴承在运转时,其温度通常要比相邻零件的温度高。因此,轴承内圈可能因为热膨胀而与轴的配合松动,轴承外圈可能因为热膨胀而影响轴承的轴向游动。所以,在选择配合时必须注意考虑相关温差及热传导的方向。若轴承内圈与轴的误差大,应考虑选择更紧一些的过盈配合;若要保证轴承的轴向游动,外圈的配合间隙则应略大一些</td></tr>
<tr><td>旋转精度</td><td colspan="5">对轴承的旋转精度和运转平稳性要求较高时,为了消除弹性变形及振动的影响,应尽量避免采用间隙配合。在提高轴承公差等级的同时,轴承配合部位也应按相应精度提高。与轴承配合的轴应采用公差等级IT5制造,外壳孔至少应采用IT7制造</td></tr>
<tr><td>轴和轴承座的结构与材料</td><td colspan="5">对于对开式轴承座,与轴承外圈的配合不宜采用过盈配合,但也应保证轴承外圈不在轴承座孔内转动。当轴承安装于空心轴或薄壁、轻合金轴承座孔时,应采用比安装于实心轴或厚壁轴承座、铸铁轴承座上更紧一些的配合</td></tr>
<tr><td>便于安装和拆卸</td><td colspan="5">对于运转精度要求不高的应用场合,可采用间隙配合。对于必须采用过盈配合且经常装拆的应用场合,可采用分离型轴承或锥形内孔轴承</td></tr>
<tr><td>非固定端的轴向移动</td><td colspan="5">安装在非固定端的轴承,要求在轴向应用一定的游动量,因此,通常对承受固定载荷的套圈(一般为外圈)采用间隙配合。若采用内圈或外圈无挡边的圆柱滚子轴承或滚针轴承作为非固定端轴承,则指出的内、外圈均采用过盈配合</td></tr>
</table>

4.1.4 轴承与轴和外壳孔的配合公差带选择

表 7-4-2 安装向心轴承的轴公差带

<table>
<tr><th colspan="2">内圈工作条件</th><th rowspan="2">应用举例</th><th>深沟球轴承
调心球轴承
角接触球轴承</th><th>圆柱滚子轴承
圆锥滚子轴承</th><th>调心滚子轴承</th><th rowspan="2">公差带</th></tr>
<tr><th>旋转状态</th><th>载荷</th><th colspan="3">轴承公称内径 d/mm</th></tr>
<tr><td colspan="7">圆柱孔轴承</td></tr>
<tr><td rowspan="3">内圈相对于载荷方向旋转或静止或不定</td><td>轻载荷</td><td>仪器仪表、机床(主轴)、精密机械泵、通风机传送带</td><td>≤18
>18～100
>100～200
—</td><td>—
≤40
>40～140
>140～200</td><td>—
≤40
>40～100
>100～200</td><td>h5
j6[①]
k6[①]
m6[①]</td></tr>
<tr><td>正常载荷</td><td>一般通用机械、电动机、涡轮机、泵、内燃机变速箱、木工机械</td><td>≤18
>18～100
>100～140
>140～200
>200～280
—
—</td><td>—
≤40
>40～100
>100～140
>140～200
>200～400
—</td><td>—
≤40
>40～65
>65～100
>100～140
>140～280
>280～500</td><td>j5
k5[②]
m5[②]
m6
n6
p6
r6</td></tr>
<tr><td>重载荷</td><td>铁路机车车辆轴箱、牵引电机、轧机、破碎机等重型机械</td><td>—</td><td>>50～140
>140～200
>200
—</td><td>>50～100
>100～140
>140～200
>200</td><td>n6[③]
p6[③]
r6[③]
r7[③]</td></tr>
</table>

续表

内圈工作条件			应用举例	深沟球轴承 调心球轴承 角接触球轴承	圆柱滚子轴承 圆锥滚子轴承	调心滚子轴承	公差带
旋转状态	载荷			轴承公称内径 d/mm			
圆柱孔轴承							
内圈相对于载荷方向静止	所有载荷	内圈须在轴向容易移动	静止轴上的各种轮子	所有尺寸			g6①
		内圈不必在轴向移动	张紧滑轮、绳索轮				h6①
纯轴向载荷			所有应用场合				j6 或 js6
圆锥孔轴承（带锥形套）							
所有载荷	铁路机车车辆轴箱			装在退卸套上的所有尺寸			h8(IT5)④
	一般机械或传动轴			装在紧定套上的所有尺寸			h9(IT5)⑤

① 对精度要求较高的场合，应选用 j5、k5、m5 代替 j6、k6、m6。

② 单列圆锥滚子轴承和单列角接触球轴承，因内部游隙的影响不太重要，可用 k6、m6 代替 k5、m5。

③ 应选用轴承径向游隙大于基本组的滚子轴承。

④ 凡有较高精度或转速要求的场合，应选用 h7，轴颈形状公差为 IT5。

⑤ 尺寸≥500mm，轴颈形状公差为 IT7。

表 7-4-3　安装向心轴承的外壳孔公差带

外圈工作条件				应用举例	公差带①
旋转状态	载荷	轴向位移要求	其他情况		
外圈相对于载荷方向静止	轻载荷 正常载荷 重载荷	轴向容易移动	轴处于高温	烘干筒、采用调心滚子轴承的大型电动机	G7
			剖分式外壳	一般机械 铁路车辆轴箱	H7②
	冲击载荷	轴向能移动	整体或剖分式外壳	铁路车辆轴箱	J7②
载荷方向不定	轻载荷 正常载荷			电动机、泵、曲轴主轴承	
	正常或重载荷	轴向不移动	整体式外壳	电动机、泵、曲轴主轴承	K7②
	重冲击载荷			牵引电动机	M7②
外圈相对于载荷方向旋转	轻载荷			张紧滑轮	M7②
	正常或重载荷			装用球轴承的轮毂	N7②
	重冲击载荷		薄壁、整体式外壳	装用滚子轴承的轮毂	P7②

① 对于轻合金外壳应选择比钢和铸铁外壳较紧的配合组别。

② 对精度要求较高的场合，应选用标准公差 P6、N6、M6、K6、H6、J6、H6 代替 P7、N7、M7、K7、H7、J7、H7，并应选用整体式外壳。

表 7-4-4　安装推力轴承的轴公差带

轴圈工作条件		推力球和推力圆柱滚子轴承	推力调心滚子轴承	公差带
		轴承公称内径 d/mm		
纯轴向载荷		所有尺寸		j6、js6
径向和轴向联合载荷	轴圈相对于载荷方向静止	— —	≤250 >250	j6 js6
	轴圈相对于载荷方向旋转或不定	— — —	≤200 >200～400 >400	k6 m6 n6

表 7-4-5 **安装推力轴承的外壳孔公差带**

座圈工作条件		轴承类型	公差带	备注
纯轴向载荷		推力球轴承	H8	
		推力圆柱滚子轴承	H7	
		推力调心滚子轴承	—	外壳孔与座圈间的配合间隙为0.001D(D为轴承公称外径)
径向和轴向联合载荷	座圈相对于载荷方向静止或载荷方向不定	推力调心滚子轴承	H7	
	座圈相对于载荷方向旋转		M8	

4.1.5 配合表面的形位公差与表面粗糙度

轴颈和外壳孔表面的圆柱度公差、轴肩及外壳孔肩的端面圆跳动（见图 7-4-3）可参考表 7-4-6 选定。轴与外壳孔配合表面的表面粗糙度可参考表 7-4-7 选定。

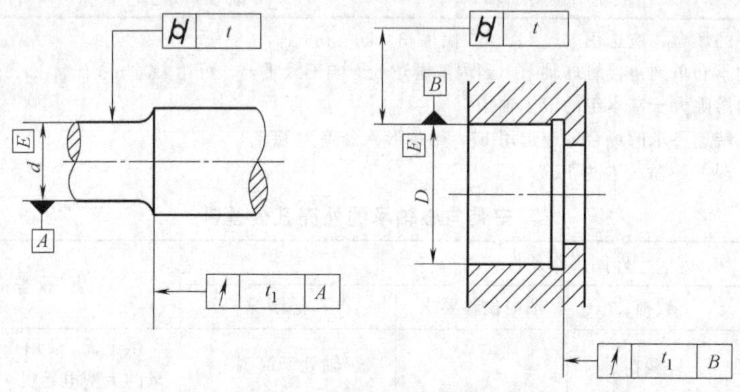

图 7-4-3 轴和外壳孔配合表面的形位公差

表 7-4-6 **轴和外壳的形位公差**

基本尺寸/mm		圆柱度 t				端面圆跳动 t_1			
		轴颈		外壳孔		轴肩		外壳孔肩	
		轴承公差等级							
		普通	6(6X)	普通	6(6X)	普通	6(6X)	普通	6(6X)
超过	到	公差值/μm							
—	6	2.5	1.5	4	2.5	5	3	8	5
6	10	2.5	1.5	4	2.5	6	4	10	6
10	18	3.0	2.0	5	3.0	8	5	12	8
18	30	4.0	2.5	6	4.0	10	6	15	10
30	50	4.0	2.5	7	4.0	12	8	20	12
50	80	5.0	3.0	8	5.0	15	10	25	15
80	120	6.0	4.0	10	6.0	15	10	25	15
120	180	8.0	5.0	12	8.0	20	12	30	20
180	250	10.0	7.0	14	10.0	20	12	30	20
250	315	12.0	8.0	16	12.0	25	15	40	25
315	400	13.0	9.0	18	13.0	25	15	40	25
400	500	15.0	10.0	20	15.0	25	15	40	25
500	630	—	—	22	16.0	—	—	50	30
630	800	—	—	25	18.0	—	—	50	30
800	1000	—	—	28	20.0	—	—	60	40
1000	1250	—	—	33	24.0	—	—	60	40

表 7-4-7　**配合面和端面的表面粗糙度**　μm

轴或轴承座孔直径/mm		轴或轴承座孔配合表面直径公差等级					
		IT7		IT6		IT5	
		表面粗糙度　Ra /μm					
超过	到	磨	车	磨	车	磨	车
—	80	1.6	3.2	0.8	1.6	0.4	0.8
80	500	1.6	3.2	1.6	3.2	0.8	1.6
500	1250	3.2	6.3	1.6	3.2	1.6	3.2
端面		3.2	6.3	6.3	6.3	6.3	3.2

4.1.6　轴承与空心轴、铸铁和轻金属轴承座配合的选择

如果轴承是以过盈配合安装在空心轴上，当空心轴的直径比 $C_i \geqslant 0.5$ 时，壁厚对所选配合才有影响，影响的大小则与轴承内圈的直径比 C_e 有关；当空心轴的直径比 $C_i < 0.5$ 时，所取的过盈量与实心轴相同。

$$C_i = d_i / d$$

$$C_e = d / d_e \approx \frac{d}{K(D-d)+d}$$

式中　C_i——空心轴的直径比；

C_e——轴承内圈的直径比；

d——轴承内径及空心轴的外径，mm；

d_i——空心轴的内径，mm；

d_e——轴承内圈的外径，mm；

D——轴承外径，mm；

K——轴承类型系数，圆柱滚子轴承和调心滚子轴承 $K=0.25$，其他轴承 $K=0.3$。

按照实心轴选好配合查出相应的平均过盈量 ΔV 后，根据轴承内圈直径比 C_e，在图 7-4-4 的曲线上由 C_i 查出对应的 $\Delta H/\Delta V$，即可计算空心轴所需的平均过盈量 ΔH，查出对应的配合。

例　深沟球轴承 6208 装于直径比 $C_i=0.8$ 的空心轴上，载荷正常、精度一般，试选空心轴的配合。

解　根据表 7-4-2 的推荐取 k5 配合。由 GB/T 275 查出轴颈为 40mm 的轴配合为 k5 时的实心轴平均过盈量 $\Delta V=(2+25)/2=13.5\mu m$

$$C_e = \frac{d}{K(D-d)+d} = \frac{40}{0.3\times(80-40)+40} = 0.77$$

在图 7-4-4 上查出，当 $C_i=0.8$，$C_e=0.77$ 时，$\Delta H/\Delta V=1.7$。$\Delta H=1.7\Delta V=1.7\times13.5=23\mu m$。

由 GB/T 275 查出平均过盈量 23μm 的配合为 m6，所以空心轴与轴承内圈的配合应选 m6。

4.1.7　轴承与实心轴配合过盈量的估算

轴承与实心轴采用过盈配合时，其所需配合的过盈量与轴承载荷的大小、工作温度及轴的精度有关。通常是根据轴承的使用情况和经验，用类比法并参考标准的推荐进行选择。但也可根据表 7-4-8 所列公式进行估算，用所需最小过盈量作为选择配合的依据，或对已选配合进行最小过盈量的校核计算。

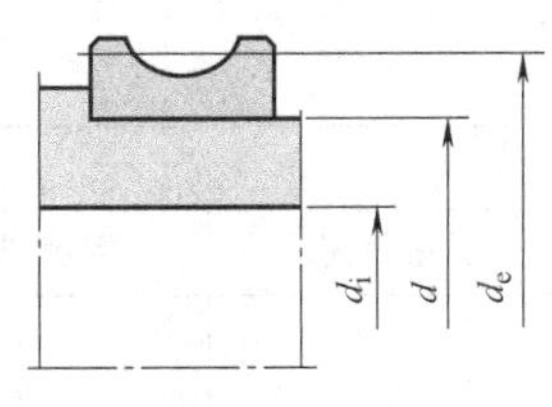

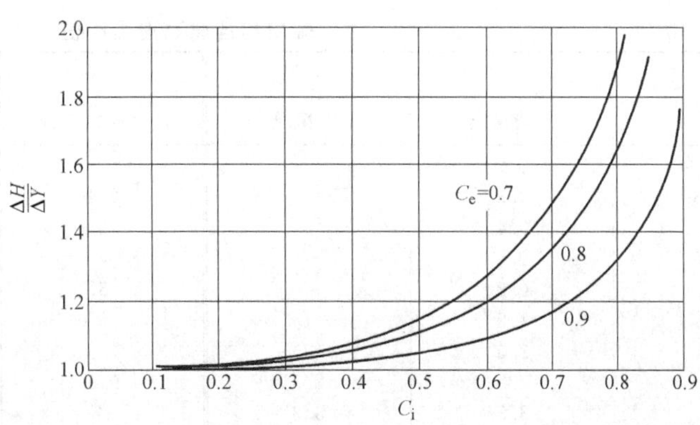

图 7-4-4　空心轴与实心轴过盈量的关系

表 7-4-8　　名义过盈量 Δd 的估算

名　称	计算公式	符　号
有效过盈量 $\Delta d_y/\mu m$	$\Delta d_y=\frac{d}{d+A}\Delta d$	d——轴承内径，mm Δd——名义过盈量，μm A——常数，磨削轴 $A=3$，精研轴 $A=2$
由载荷引起的过盈量的减小值 $\Delta d_F/\mu m$	$\Delta d_F=0.08\sqrt{\frac{d}{B}F_r}$	B——轴承内圈宽度，mm F_r——径向载荷，N
由温差引起的过盈量的减小值 $\Delta d_T/\mu m$	$\Delta d_T\approx 0.0015\Delta Td$	ΔT——轴承内部与周围环境温差，℃
过盈条件	$\Delta d_y-\Delta d_F-\Delta d_T\geqslant 0$	
名义过盈量 $\Delta d/\mu m$	$\Delta d\geqslant\frac{d+A}{d}\left(0.08\sqrt{\frac{d}{B}F_r}+0.0015\Delta Td\right)$	

注：当轴承及其环境不受冷或热时，其内、外圈温差一般为 5～10℃。

4.2　滚动轴承的轴向紧固

轴承的轴向紧固包括轴向定位和轴向固定。为了防止轴承在轴上和外壳孔内移动，轴承内圈或外圈应作轴向紧固。

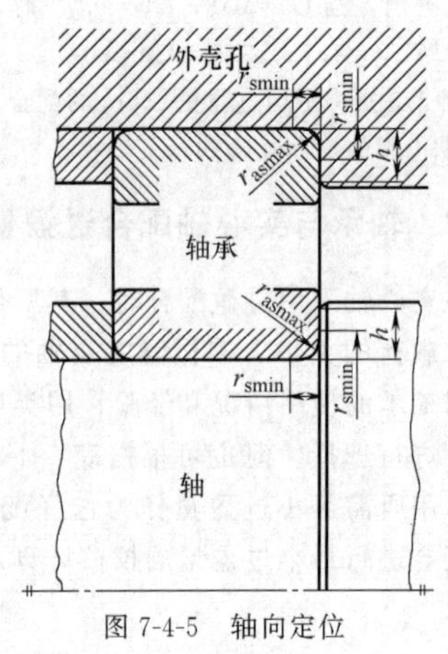

图 7-4-5　轴向定位

4.2.1　轴向定位

轴承内外圈，一般采用轴和外壳孔的挡肩定位。为了确保轴肩和挡肩的定位作用，应使轴承内外圈端面贴紧轴肩和挡肩，防止过渡圆角与轴承倒角相碰（图7-4-5），轴和外壳孔的最大单一圆角半径 r_{asmax}（表 7-4-9）不应大于轴承最小单一倒角尺寸 r_{smin}。轴肩和挡肩的高度也应按标准选取，既保证定位强度又便于装拆，轴肩和挡肩高度最小值取表 7-4-10 的规定值。

表 7-4-9　轴和外壳孔的最大单一圆角半径　　mm

r_{smin}	r_{asmax}	r_{smin}	r_{asmax}
0.05	0.05	2	2
0.08	0.08	2.1	2
0.1	0.1	3	2.5
0.15	0.15	4	3
0.2	0.2	5	4
0.3	0.3	6	5
0.6	0.6	7.5	6
1	1	9.5	8
1.1	1.1	12	10
1.5	1.5	15	12

表 7-4-10　　轴肩和挡肩高度最小值　　mm

r_{smin}	h		r_{smin}	h	
	一般情况	特殊情况①		一般情况	特殊情况①
0.05	0.2	—	2	5	4.5
0.08	0.3	—	2.1	6	5.5
0.1	0.4	—	3	7	6.5
0.15	0.6	—	4	9	8
0.2	0.8	—	5	11	10
0.3	1.2	1	6	14	12
0.6	2.5	2	7.5	18	—
1	3	2.5	9.5	22	—
1.1	3.5	3.3	12	27	—
1.5	4.5	4	15	32	—

① 特殊情况是指推力载荷极小，或设计上要求挡肩必须小的情况。

4.2.2　轴向固定

轴承的轴向固定，是为了使轴承始终处于定位面所限定的位置上，应根据轴承的单向限位支承、双向限位支承或游动支承选择不同的轴向固定结构。

4.2.3　轴向紧固装置

轴承的紧固装置种类很多，一般根据轴承类型、轴向载荷、转速以及在轴上的位置和装拆条件等决定。轴向载荷越大，转速越高，轴承的紧固应精确可靠。轴承内、外圈紧固方式及其特点见表 7-4-11。

表 7-4-11　轴承的紧固方式

	简　图	紧固方法	特　点
内圈的紧固	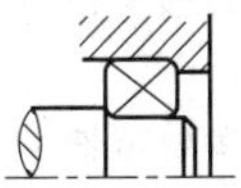	外壳有凸肩时，利用轴肩作为内圈的单面支承	结构简单，轴向尺寸小，可承受单向的轴向载荷
内圈的紧固	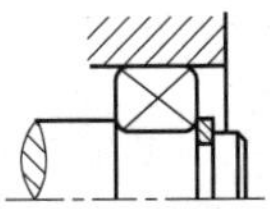	用弹性挡圈	结构简单，轴向尺寸紧凑，可承受不大的轴向载荷
内圈的紧固	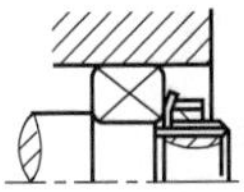	用圆螺母和止动垫圈	可承受较大的轴向载荷
内圈的紧固	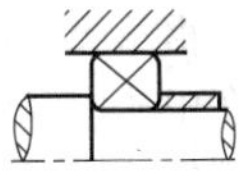	用轴套和其他零件压紧	可同时固定轴承和其他零件，能承受较大的轴向载荷
内圈的紧固	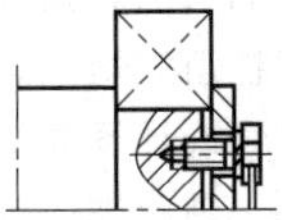	用轴端挡圈、螺栓和铁丝	用于轴端切削螺纹有困难的场合，可承受较大的轴向载荷
内圈的紧固	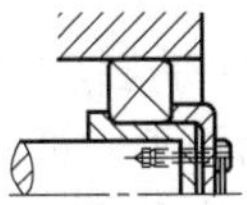	用带挡边的套筒和端盖	用于光轴，可承受较大的轴向载荷
内圈的紧固	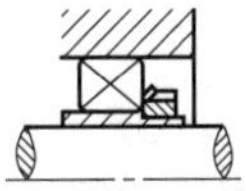	用紧定衬套、圆螺母和止动垫圈	用于带锥孔的轴承，安装在光轴上，便于调整轴向尺寸，结构简单，适用于转速不高、轴向载荷不大的条件下
内圈的紧固	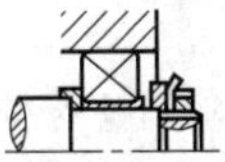	用退卸套、圆螺母和止动垫圈	用于带锥孔的轴承，装拆方便，能承受一定的轴向载荷
内圈的紧固	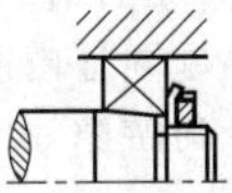	用圆螺母和止动垫圈	把带有锥孔的轴承直接装在锥形轴颈上
外圈的紧固	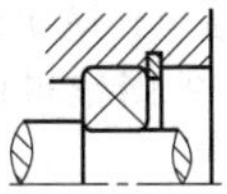	用弹性挡圈	结构简单、装拆方便，尺寸小，下图内孔为通孔，加工方便
外圈的紧固	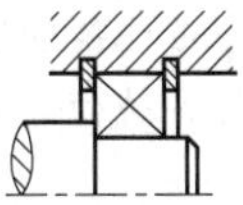	用两个弹性挡圈	
外圈的紧固	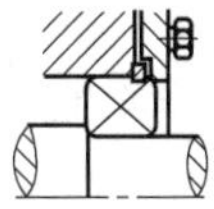	用止动环和轴承盖	用于外圈有止动槽的轴承，结构简单，轴向尺寸小，内孔无凸肩
外圈的紧固	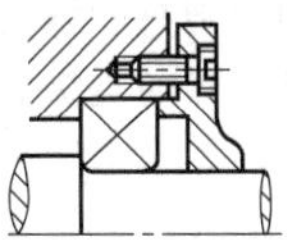	用轴承盖	可承受较大的轴向载荷
外圈的紧固	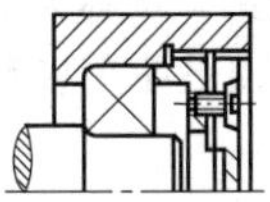	用外圆柱表面有螺纹和开口的轴承盖	在径向尺寸小、不宜使用轴承盖的情况下采用，可承受较大的轴向载荷
外圈的紧固	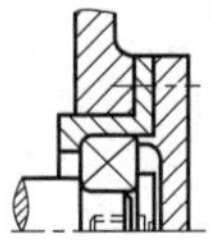	用衬套和轴承盖	壳体可做成通孔，轴上零件可在壳体外安装，可用增减垫片的方法调整轴向尺寸
外圈的紧固	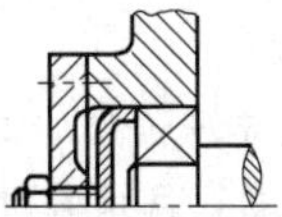	用轴承盖、压盖和调节螺钉	常用于角接触轴承，可调整轴向游隙，能承受较大的轴向载荷
外圈的紧固		用两个压环	用于内孔不能加工凸肩时

4.3 滚动轴承的预紧

滚动轴承的预紧是将轴承装入轴和外壳孔后，施加一定的预载荷，使轴承滚动体和内、外套圈产生一定的预变形，以保持内、外圈处于压紧状态。相对于滑动轴承一般不能在预紧状态下工作，预紧则是滚动轴承的使用特点之一。

预紧的目的是增加轴承的刚性；提高轴承的定位精度和旋转精度、降低轴承的振动和噪声；减小由于惯性力矩所引起的滚动体相对于内、外圈滚道的滑动等。

在很多情况下，例如机床主轴轴承、汽车车轴传动器上的小齿轮轴承、小型电动机轴承或作摇摆运动的轴承等，需要负的工作游隙，即要加预载荷，来提高轴承配置的刚性或提高运行精度。

4.3.1 预紧方式

轴承的预紧分为轴向预紧和径向预紧，轴向预紧又分为定位预紧和定压预紧。

圆柱滚子轴承由于其设计特点只能承受径向预紧，而推力球轴承与推力圆柱滚子轴承则只能承受轴向预紧，大多向心轴承采用轴向预紧，目的是提高轴承的径向刚度和角刚度。

4.3.2 定位预紧

通过控制轴向预紧量来实现预紧的方法称为定位预紧，如图 7-4-6 所示。常用的配对或组配角接触球轴承，所用的就是定位预紧。

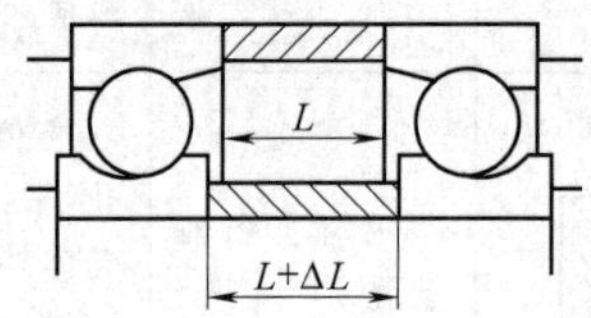

图 7-4-6 定位预紧

4.3.3 定压预紧

通过预紧力实现预紧的方法称为定压预紧，如图 7-4-7 所示。定压预紧的轴承不会卸紧，且预紧量不受温度变化的影响。对于刚度的提高，定压预紧比定位预紧要小。所以，在要求高刚度时，可选择定位预紧；在高速运转时，可选用定压预紧。

4.3.4 卸紧载荷

采用定位预紧的以“背对背、面对面”方式安装的角接触球轴承或圆锥滚子轴承，都存在一个“卸紧载荷”。当外加轴向载荷大于卸紧载荷时，轴向载荷完全由一套轴承承受。此时，安装的轴承相当于单套轴承，失去了预紧的作用。

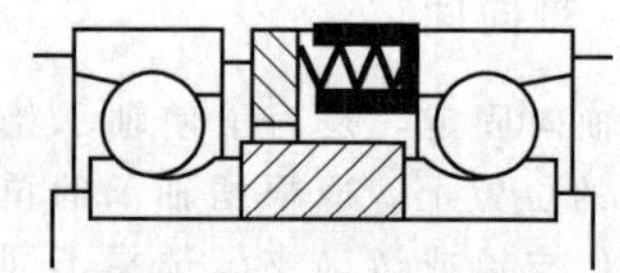

图 7-4-7 定压预紧

两个相同型号的成对安装的角接触球轴承和圆锥滚子轴承的卸紧载荷，分别为：

$$F_{au}=2.83F_{a0} \tag{7-4-1}$$

$$F_{au}=2F_{a0} \tag{7-4-2}$$

式中 F_{au}——轴承卸紧载荷，N；

F_{a0}——轴承预载荷，N。

4.3.5 最小轴向预紧载荷

预载荷的选取，应根据载荷情况和使用要求确定。在高速轻载条件下，为了减小支承系统的振动和提高旋转精度，应选择较轻预紧；在中速中载或低速重载条件下，为了增加支承系统的刚度，应选择较重的预紧。预载荷过小将达不到预紧的目的，预载荷过大，又会使轴承中的接触应力和摩擦阻力增大，从而导致轴承寿命的降低。一般应通过精确计算并结合使用经验决定预紧量和预载荷的大小。轴承轴向变形量与最小预紧载荷的计算见表 7-4-12。

按照预紧载荷的大小，轴向预紧分为轻、中、重预载荷，GB/T 32334—2015《滚动轴承 组配角接触球轴承 技术条件》给出了配对角接触球轴承（DB 型）或（DF 型）的轻（A）、中（B）、重（C）预载荷值，见表 7-4-13 和表 7-4-14。

4.3.6 径向预紧

径向预紧是指利用过盈配合使轴承内圈膨胀或外圈紧缩，消除径向游隙，使轴承处于预紧状态的一种预紧方法。圆柱滚子轴承和滚针轴承只能承受径向预紧。

径向预紧的目的是增加载荷区内的滚动体数，提高支承刚度。在高速圆柱滚子轴承中，径向预紧可以减小在离心力作用下滚动体与滚道打滑的现象。圆锥形内孔的轴承，可采用锁紧螺母调整内圈与紧定套的相对位置，以减小轴承的径向游隙，实现径向预紧。

表 7-4-12　**轴承轴向变形量与最小预紧载荷**

<table>
<tr><th>轴承类型</th><th>轴向变形量 δ_a</th><th colspan="2">最小预紧载荷 F_{a0}</th></tr>
<tr><td rowspan="2">角接触球轴承</td><td rowspan="2">$\delta_a=\dfrac{0.00044F_a^{2/3}}{D_w^{1/3}Z^{2/3}\sin^{5/3}\alpha}$</td><td>$F_{a0}\geqslant 0.35F_a$</td><td>轴向载荷</td></tr>
<tr><td>$F_{a0}\geqslant 1.7F_{r\mathrm{I}}\tan\alpha_{\mathrm{I}}-F_a/2$
$F_{a0}\geqslant 1.7F_{r\mathrm{II}}\tan\alpha_{\mathrm{II}}-F_a/2$</td><td>径向轴向
联合载荷</td></tr>
<tr><td rowspan="2">圆锥滚子轴承</td><td rowspan="2">$\delta_a=\dfrac{0.000077F_a^{0.9}}{Z^{0.9}L_{we}^{0.8}\sin^{1.9}\alpha}$</td><td>$F_{a0}\geqslant 0.5F_a$</td><td>轴向载荷</td></tr>
<tr><td>$F_{a0}\geqslant 1.9F_{r\mathrm{I}}\tan\alpha_{\mathrm{I}}-F_a/2$
$F_{a0}\geqslant 1.9F_{r\mathrm{II}}\tan\alpha_{\mathrm{II}}-F_a/2$</td><td>径向轴向
联合载荷</td></tr>
</table>

注：Z 为滚动体数；D_w 为滚动体直径；L_{we} 为滚动体有效接触长度；$F_{r\mathrm{I}}$、α_{I} 和 $F_{r\mathrm{II}}$、α_{II} 分别为轴承Ⅰ和轴承Ⅱ的径向载荷和接触角；F_a 为轴向载荷。

表 7-4-13　**公称接触角 $\alpha=15°$ 配对轴承（DB 和 DF 型）的预载荷**　N

内径代号	(B)71800 C			(B)71900 C			(B)7000 C			(B)7200 C		
	A	B	C	A	B	C	A	B	C	A	B	C
6	—	—	—	—	—	—	7	13	25	—	—	—
7	—	—	—	—	—	—	9	18	35	12	24	48
8	—	—	—	—	—	—	10	20	40	14	28	56
9	—	—	—	—	—	—	10	20	40	15	30	60
00	10	30	60	10	20	40	15	30	60	20	40	80
01	11	33	66	10	20	40	15	30	60	20	40	80
02	12	36	72	15	30	60	20	40	80	30	60	120
03	12	37	75	15	30	60	25	50	100	35	70	140
04	20	60	120	25	50	100	35	70	140	45	90	180
05	22	66	132	25	50	100	35	70	140	50	100	200
06	23	70	140	25	50	100	50	100	200	90	180	360
07	25	75	150	35	70	140	60	120	240	120	240	480
08	26	78	155	45	90	180	60	120	240	150	300	600
09	27	80	160	50	100	200	110	220	440	160	320	640
10	40	120	240	50	100	200	110	220	440	170	340	680
11	55	165	330	70	140	280	150	300	600	210	420	840
12	70	210	420	70	140	280	150	300	600	250	500	1000
13	71	215	430	80	160	320	160	320	640	290	580	1160
14	73	220	440	130	260	520	200	400	800	300	600	1200
15	76	225	450	130	260	520	200	400	800	310	620	1240
16	78	235	470	140	280	560	240	480	960	370	740	1480
17	115	345	690	170	340	680	250	500	1000	370	740	1480
18	116	350	700	180	360	720	300	600	1200	480	960	1920
19	117	355	710	190	380	760	310	620	1240	520	1040	2080
20	120	360	720	230	460	920	310	620	1240	590	1180	2360
21	130	390	780	230	460	920	360	720	1440	650	1300	2600
22	160	500	1000	230	460	920	420	840	1680	670	1340	2680
24	180	550	1100	290	580	1160	430	860	1720	750	1500	3000
26	210	620	1230	350	700	1400	560	1120	2240	800	1600	3200
28	240	720	1440	360	720	1440	570	1140	2280	—	—	—
30	270	820	1630	470	940	1880	650	1300	2600	—	—	—
32	280	850	1700	490	980	1960	730	1460	2920	—	—	—
34	—	—	—	500	1000	2000	800	1600	3200	—	—	—
36	—	—	—	630	1260	2520	900	1800	3600	—	—	—
38	—	—	—	640	1280	2560	950	1900	3800	—	—	—
40	—	—	—	800	1600	3200	1100	2200	4400	—	—	—
44	—	—	—	850	1700	3400	1250	2500	5000	—	—	—

续表

内径代号	(B)71800 C			(B)71900 C			(B)7000 C			(B)7200 C		
	A	B	C	A	B	C	A	B	C	A	B	C
48	—	—	—	860	1720	3440	1300	2600	5200	—	—	—
52	—	—	—	1050	2110	4220	1550	3100	6200	—	—	—
56	—	—	—	1090	2180	4360	—	—	—	—	—	—
60	—	—	—	1400	2800	5600	—	—	—	—	—	—
64	—	—	—	1400	2800	5600	—	—	—	—	—	—

表 7-4-14　公称接触角 $\alpha=25°$ 和 $\alpha=40°$ 配对轴承（DB 和 DF 型）的预载荷　N

内径代号	(B)71900 AC			(B)7000 AC			(B)7200 AC			7200 B、7300 B		
	A	B	C	A	B	C	A	B	C	A	B	C
8	—	—	—	20	40	80	—	—	—	—	—	—
9	—	—	—	20	40	80	—	—	—	—	—	—
00	15	30	60	25	50	100	35	70	140	80	330	660
01	15	30	60	25	50	100	35	70	140	80	330	660
02	25	50	100	30	60	120	45	90	180	80	330	660
03	25	50	100	40	80	160	60	120	240	80	330	660
04	35	70	140	50	100	200	70	140	280	120	480	970
05	40	80	160	60	120	240	80	160	320	120	480	970
06	40	80	160	90	180	360	150	300	600	120	480	970
07	60	120	240	90	180	360	190	380	760	160	630	1280
08	70	140	280	100	200	400	240	480	960	160	630	1280
09	80	160	320	170	340	680	260	520	1040	160	630	1280
10	80	160	320	180	360	720	260	520	1040	160	630	1280
11	120	240	480	230	460	920	330	660	1320	380	1500	3050
12	120	240	480	240	480	960	400	800	1600	380	1500	3050
13	120	240	480	240	480	960	450	900	1800	380	1500	3050
14	200	400	800	300	600	1200	480	960	1920	380	1500	3050
15	210	420	840	310	620	1240	500	1000	2000	380	1500	3050
16	220	440	880	390	780	1560	580	1160	2320	380	1500	3050
17	270	540	1080	400	800	1600	600	1200	2400	410	1600	3250
18	280	560	1120	460	920	1840	750	1500	3000	410	1600	3250
19	290	580	1160	480	960	1920	850	1700	3400	410	1600	3250
20	360	720	1440	500	1000	2000	950	1900	3800	410	1600	3250
21	360	720	1440	560	1120	2240	1000	2000	4000	410	1600	3250
22	370	740	1480	650	1300	2600	1050	2100	4200	410	1600	3250
24	450	900	1800	690	1380	2760	1200	2400	4800	410	1600	3250
26	540	1080	2160	900	1800	3600	1250	2500	5000	540	2150	4300
28	560	1120	2240	900	1800	3600	—	—	—	540	2150	4300
30	740	1480	2960	1000	2000	4000	—	—	—	540	2150	4300
32	800	1600	3200	1150	2300	4600	—	—	—	540	2150	4300
34	800	1600	3200	1250	2500	5000	—	—	—	540	2150	4300
36	1000	2000	4000	1450	2900	5800	—	—	—	540	2150	4300
38	1000	2000	4000	1450	2900	5800	—	—	—	940	3700	7500
40	1250	2500	5000	1750	3500	7000	—	—	—	940	3700	7500
44	1300	2600	5200	2000	4000	8000	—	—	—	940	3700	7500
48	1430	2860	5720	2050	4100	8200	—	—	—	940	3700	7500
52	1730	3510	7020	—	—	—	—	—	—	—	—	—
56	1820	3640	7280	—	—	—	—	—	—	—	—	—
60	2200	4400	8800	—	—	—	—	—	—	—	—	—
64	2200	4400	8800	—	—	—	—	—	—	—	—	—

4.4　滚动轴承的密封

滚动轴承密封的作用是防止润滑剂的泄漏，同时确保尘埃、金属或非金属颗粒以及其他杂物、水分等侵入轴承，以保证轴承具有良好的润滑条件和正常的工作环境。对轴承密封装置的要求是能够达到长期密封和防尘作用，同时要求摩擦和安装误差小、安装和拆卸方便，维修和保养简单。

4.4.1　选择轴承密封形式应考虑的因素

选择正确的密封件对轴承性能至关重要，在选择轴承密封形式时，应考虑以下因素：

1）轴承外部工作环境；

2）轴承的转速与工作温度；

3）轴承的支承结构与特点；

4）润滑剂的种类与性能。

4.4.2　轴承的主要密封形式

按密封的结构型式，轴承的密封装置一般分为接触式密封和非接触式密封。

按密封装置的安装部位，一般分为轴承的支承密封和轴承的自身密封。

轴承接触式密封的主要形式有毛毡圈密封、外向式唇形密封、内向式唇形密封、双唇形密封、填料密封，以上几种形式为径向接触式密封。同时，接触式密封还有外侧密封、内侧密封、外侧双密封、浮动油封密封和自润滑材料密封等端面接触式密封形式。

轴承非接触式密封的主要形式有缝隙密封、沟槽密封、迷宫密封、斜向迷宫密封、冲压钢片式迷宫密封及甩油环密封等。非接触式密封多用于脂润滑场合，为提高密封的可靠性，可以将两种或两种以上的密封形式组合起来应用。

4.4.3　轴承的自身密封

轴承的自身密封是指轴承本身设置密封圈或防尘盖等密封件。轴承在装配时已填入适量的润滑脂，无需保养。能防止润滑脂泄漏和外部杂质进入轴承内部，轴承外部不需加装密封装置，既简化结构又节省空间。

4.4.4　轴承的支承密封

轴承支承密封是指在轴承外部，如轴承的外壳体部位、轴颈部位及端盖处所附加的密封装置。支承密封的主要结构型式与特点见表 7-4-15。

表 7-4-15　支承密封的主要结构型式与特点

密封形式			简图	特点
非接触式密封 这类密封件由于没有接触，几乎不发生摩擦，也不会磨损。一般不容易被固体杂质破坏，特别适合于高速和高温场合。为了增强其密封效果，可将油脂压入迷宫游隙	间隙式	缝隙式		轴与端盖配合面之间，间隙越小，轴向宽度越长，密封效果越好。一般间隙在 0.1～0.3mm。适用于环境比较干净的脂润滑的工作条件
		沟槽式		在端盖配合面上，开有三个以上的宽为 3～4mm、深为 4～5mm 的沟槽，充填润滑脂，以提高密封效果
		螺旋沟槽式		螺旋线方向与轴的旋转方向相反，沿着轴泄逸的油又被输回轴承中
		W 形沟槽式		用于油润滑。在轴上或套上开有“W”形槽，借以甩回渗漏出来的润滑油。端盖孔壁上相应开有回油槽，将甩到孔壁上的油回收流入轴承内（或箱内）

续表

密封形式			简图	特点
非接触式密封 这类密封件由于没有接触，几乎不发生摩擦，也不会磨损。一般不容易被固体杂质破坏，特别适合于高速和高温场合。为了增强其密封效果，可将油脂压入迷宫游隙	迷宫式	轴向式	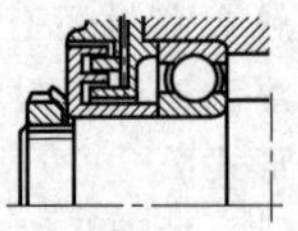	轴向迷宫曲路是由套和端盖的轴向间隙组成。但迷宫曲路沿径向展开，故曲路折回次数不宜过多。由于装拆方便，端盖不需剖分，因此轴向迷宫比径向迷宫应用广泛
		径向式	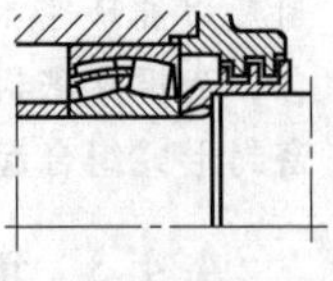	径向迷宫曲路是由套和端盖的径向间隙组成。端盖应剖分 迷宫曲路沿轴向展开，故径向尺寸比较紧凑。曲路折回次数越多，密封越可靠。适用于比较脏的工作环境，如金属切削机床的工作端多采用此种密封形式
		斜向式	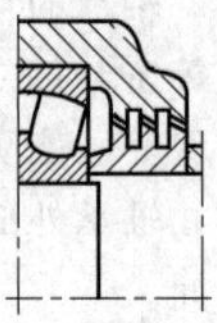	其倾斜面可绕轴承中心作一定摆动，适用于轴摆动较大的地方，如调心轴承支承
		组合式	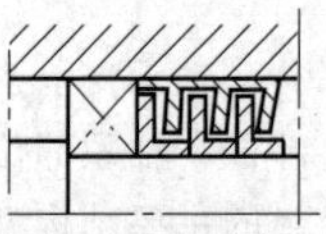	组合式迷宫曲路是由两组“Γ”形垫圈组成。占用空间小，成本低。适用于成批生产的条件。此类垫圈成组安装，数量越多，密封效果越好
	垫圈式	旋转垫圈	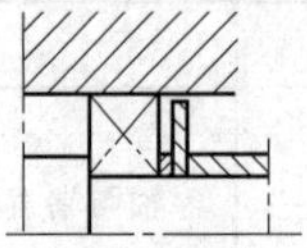	工作时，垫圈与轴一起转动，轴的转速越高，密封效果越好。旋转垫圈既可用来阻挡油的泄出，也可用来阻挡杂物的侵入，视垫圈所在位置而定
		静止垫圈	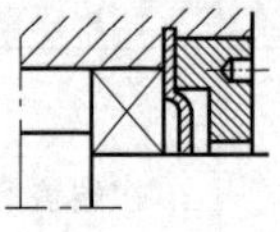	固定在轴承外圈上的垫圈工作时静止不动。主要用来阻挡外界灰尘、杂物的侵入
	甩油环式		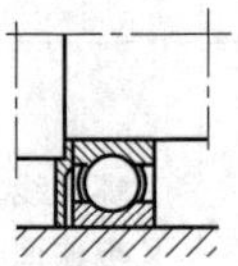	靠甩油环旋转将油甩出进行密封，转速越高，密封效果越好。一般多用于油润滑的地方
	挡油圈式		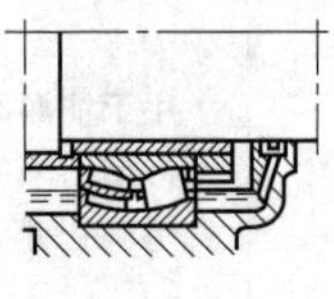	靠挡油圈挡住油并借离心力将油甩入箱内，然后由油道流回，转速越高，密封效果越好。适用于油润滑处

续表

<table>
<tr><th colspan="2">密封形式</th><th>简　图</th><th>特　点</th></tr>
<tr><td rowspan="3">接触式密封
必须有一定贴合压力使密封圈贴附滑动面，但摩擦力矩大、温升较高、转速较低</td><td>毡封式</td><td>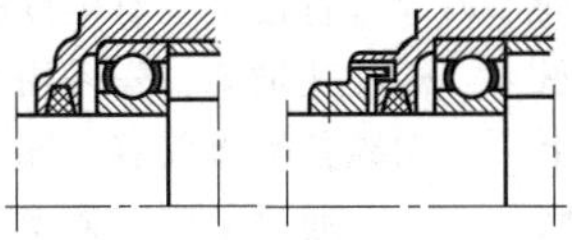</td><td>主要用于脂润滑，工作环境比较干净的轴承密封。一般接触处的圆周速度不超过 4～5m/s，允许工作温度可达 90℃。如果轴表面经过抛光，毛毡质量较好，圆周速度可允许到 7～8m/s
毡圈与轴之间的摩擦较大，长期使用易把轴磨出沟槽。因此，一般多采用轴套与毛毡圈接触，以保护轴
毛毡式密封效果欠佳，虽然多毡圈式比单、双毡圈式密封效果要好一些，但因为外面的毡圈首先与污物接触却得不到轴承内部的润滑剂，逐渐干燥失去弹性</td></tr>
<tr><td>油封式（皮碗式）</td><td>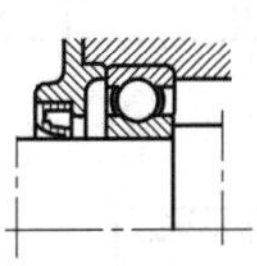
图 (a)
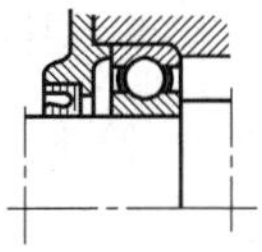
图 (b)</td><td>油封密封圈是用耐油橡胶制成。用于脂润滑或油润滑的轴承密封中。接触处的圆周速度不大于 7m/s，适用于温度－40～100℃
为了保持密封圈的压力，皮碗用弹簧圈紧箍在轴上，使密封唇呈锐角状。图(a)的密封唇面向轴承，主要用于防止润滑油的泄出。图(b)的密封唇背向轴承，主要用于阻止灰尘杂物的侵入
同时采用两个油封相对安装。面向轴承者为阻止润滑油流出，背向轴承者为阻止灰尘杂物的侵入</td></tr>
<tr><td>V 形圈密封件</td><td>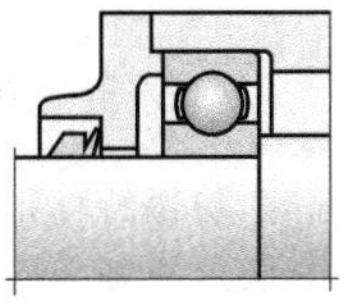</td><td>可用于油润滑和脂润滑。密封件的弹性橡胶圈（体）抱住轴并随轴旋转，而密封唇对静止部件（如轴承座）施加轻的轴向压力。根据使用的材料，V 形圈可用于－40～150℃的运行温度。V 形圈容易安装，在低速下允许轴相对较大的角位移。与密封唇接触的表面，表面粗糙度 Ra 在 2～3μm 就足够了。圆周速度超过 8m/s 时，V 形圈在轴上必须轴向固定在轴上。在使用油润滑时，V 形圈一般配置安装在轴承座外面；而使用油润滑时，一般安装在轴承座内部，密封唇背向轴承</td></tr>
<tr><td colspan="2">组合式密封</td><td colspan="2">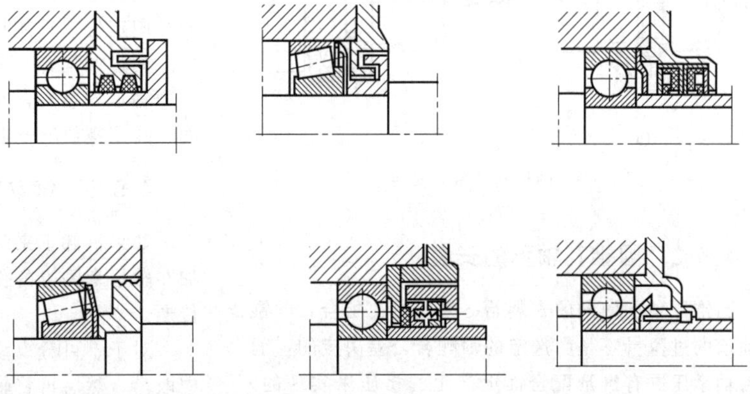</td></tr>
</table>

4.5 滚动轴承的安装与拆卸

轴承装拆方法不正确是导致轴承早期损坏的原因之一。因此在设计支承时，必须考虑轴承如何装拆和便于装拆的问题。轴承的安装和拆卸方法，应根据轴承的结构、尺寸及配合性质而定。一般情况下，轴承的装拆主要通过两种途径：一是将过盈套圈压入轴上或压入轴承座孔内；二是通过加热轴承使其内径胀大，或冷却轴承使其外径缩小，将轴承轻易装在轴上或推入座孔内。但无论采用哪种方法，都不可直接敲击轴承套圈、保持架和滚动部件或密封件等，且不可通过滚动体传递安装力。轴承安装的过程也是轴承游隙调整的过程，轴承安装可采用机械、加热或液压的方法。

4.5.1 圆柱孔轴承的安装

1）内、外圈不可分离的向心轴承，内圈与轴紧配合，外圈与外壳孔配合较松，可用压力将轴承先压装在轴上，然后将轴及轴承一起装入外壳孔内，如图7-4-8（a）所示。

2）图7-4-8（b）所示为不可分离型轴承须同时装入轴上和外壳孔内。

3）对于过盈量较大的中、大型轴承，常采用加热安装的方法。轴承套圈和轴或轴承箱之间的温差，取决于过盈量和轴承直径。轴承加热时，温度不应超过125℃，否则轴承材料结构的变化可引起尺寸的变化。装有防尘罩或密封件的轴承，由于采用润滑脂填充或密封材料，加热时不应超过80℃。加热时，应避免局部过热。

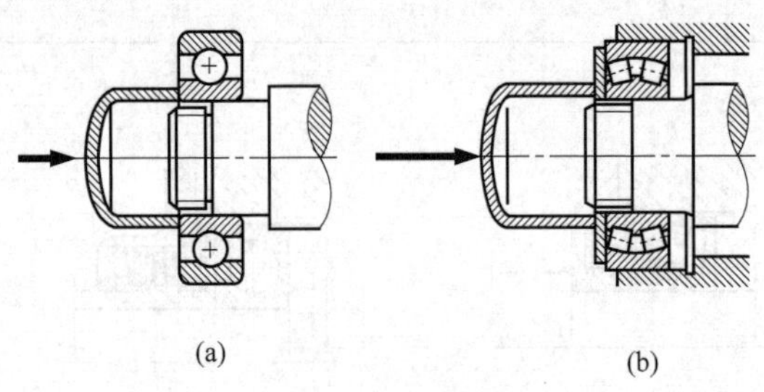

图7-4-8 圆柱孔轴承的安装

4.5.2 圆锥孔轴承的安装

圆锥孔轴承内圈的安装始终采用过盈配合，圆锥孔轴承的过盈量不是由选定的轴配合公差决定的，而是由轴承压进有锥形配合面上产生的挤压来实现的。当轴承压进有锥度的轴颈上时，由于内圈膨胀使轴承径向游隙减小，因此可用径向游隙减小值来衡量配合的松紧程度。对于实心轴，当锥度为1∶12时，轴承在锥面上的轴向移动量约为径向游隙减小量的15倍。

圆锥孔轴承可以直接装在有锥度的轴颈上［图7-4-9（a）］，或装在紧定套［图7-4-9（b）］或退卸套［图7-4-9（c）］的锥面上。

直接装在有锥度的轴颈上的圆锥孔轴承，可以和圆柱孔轴承一样采用装配套管和加热安装，也可以采用锁紧螺母安装［图7-4-9（d）］。

通过紧定套或退卸套安装的圆锥孔轴承，一般采用锁紧螺母安装。

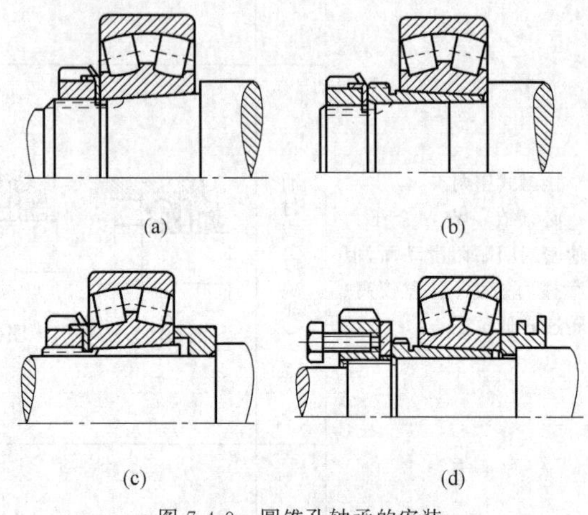

图7-4-9 圆锥孔轴承的安装

4.5.3 角接触轴承的安装

角接触球轴承一般采用圆柱孔轴承的安装方法。安装这类轴承时，应仔细调整轴承的轴向游隙和预紧量。轴向游隙的调整是用轴承外圈轴向移动量来实现的，游隙可通过端盖、端盖垫圈和锁紧螺母调整。

4.5.4 推力轴承的安装

无论是单向推力轴承，还是双向推力轴承，都不能径向定位，只能轴向限位。推力轴承的轴圈和轴一般采用过渡配合，座圈与外壳孔一般采用间隙配合。推力轴承安装时，其轴向游隙要进行调整，一般用垫圈、孔用螺纹套筒和弹簧调整。

4.5.5 滚动轴承的拆卸

如果拆卸下来的轴承需要再次使用，在拆卸时施加在轴承套圈上的作用力，绝对不可以通过滚动体来传递。

对于不可分离型轴承，先将轴连同轴承从外壳孔中取出，然后再将轴承从轴上拆下，见图7-4-10。

对于分离型轴承，先将轴连同内圈拆下，然后再将内圈从轴上拆下，见图7-4-11。

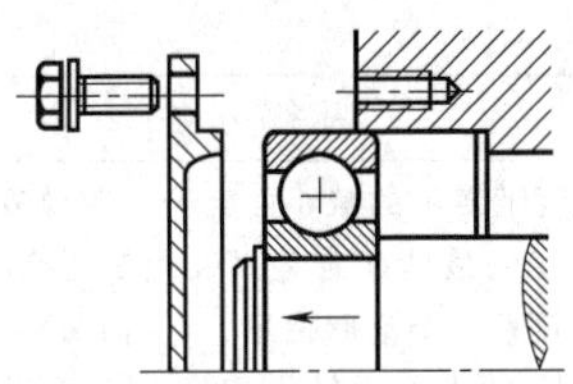

图 7-4-10　滚动轴承的拆卸（一）

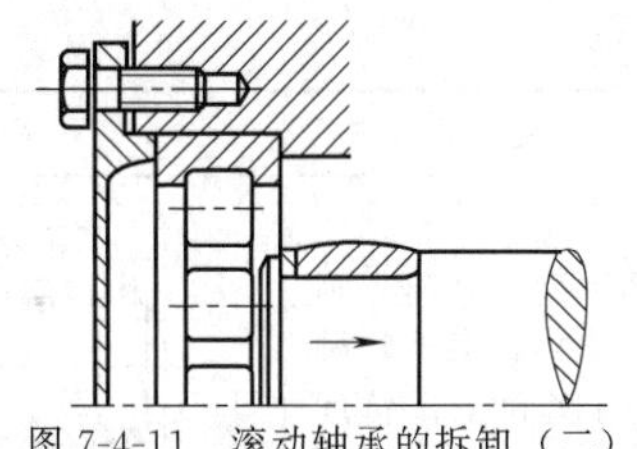

图 7-4-11　滚动轴承的拆卸（二）

轴承拆卸的方法与轴承安装方法类似，也有压力法、温差法和液压法等，但使用的工具有所不同。其中温差法可以采用电磁感应加热或热油浇淋零件（可分离轴承）加热，加热后将零件卸下。

4.6　游隙的调整方法

表 7-4-16　　游隙的调整方法

机器部位及工况	简　　图	调 整 方 法
轿车前轮轮毂中的圆锥滚子轴承内圈		一般采用带有开口销的冠状螺母、带翅垫圈、止动垫圈调整固定(使用背螺母来锁紧轴颈螺母是不可取的，因为调整好的轴承游隙会因螺纹的啮合间隙变化而改变),使支承带有少量预过盈
运输矿车的游动轮对中		类似于汽车轮毂;差别在于行驶的冲击力较大,转速较低,所以需要进行较紧一些的调整。调整固定方法同上
静止状态下以及较小回转运动中都会承受很强振动的轴承		不能有游隙,否则滚子就会撞击滚道。所以安装前的轴承径向游隙应小于 N 组游隙。可由原来的径向游隙值、轴承圆锥配合面的锥度和压紧螺钉螺纹的螺距算出,需要将压紧螺钉旋多少转才能达到轴承无间隙配合所要求的预过盈
转速低、受力大的起重机重型钢绳支架	M	用螺母 M 来紧定调整圆锥滚子轴承,使带有必要的预过盈
转向器主销轴承,承受冲击载荷,轴承中的游隙是有害的	S	对于这里的推力轴承、转向节叉和轴卡爪的结构高度公差,在装配时用垫圈 S 调整。因而应备有各种不同厚度的垫圈

续表

机器部位及工况	简图	调整方法
车床主轴中的圆柱滚子轴承及推力球轴承。支承的游隙越小，其刚度和工作精度越高	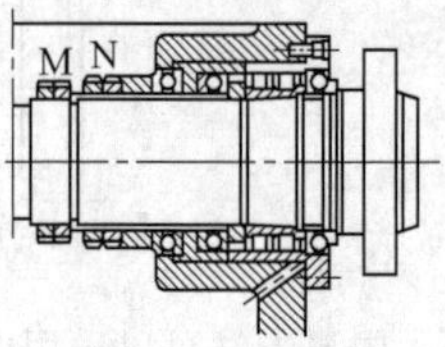 M N	工作温度随游隙的减小而上升。因此安装时要找出游隙与温度的最佳配合关系。用螺母M将圆柱滚子轴承的内圈紧固于锥形轴颈上，从而减小其径向游隙；同时用螺母N将推力轴承组调整至无游隙。配置在两推力轴承之间的弹簧可使因工作压力而卸载的轴承保持要求的预过盈
主要承受静载荷并工作在振动之下的圆柱滚子轴承	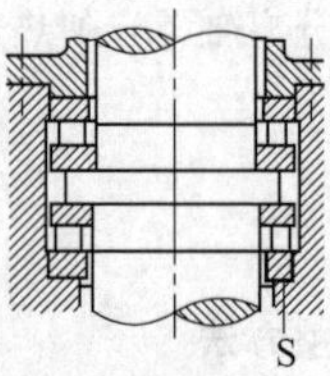 S	装入精整片S进行调整，必须带有少量预过盈
双向推力球轴承	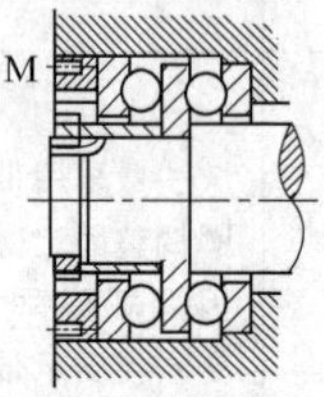 M	用螺母M进行调整。调整后轴承应有相当的预过盈，使工作中卸载的一列球仍能可靠地沿着沟底运动
推力球轴承	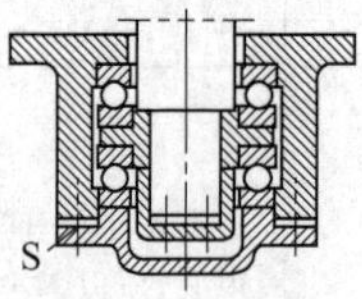 S	通常也用装有垫片S的固定盖进行游隙调整。推力球轴承最好装在立轴上，因为这样钢球保持架能与套圈保持相对同心

4.7 轴承的组合设计

4.7.1 轴承的配置

轴承的支承结构对于保证轴的旋转精度和充分发挥轴承的应用特性有着重要的作用。轴一般采用双支承结构，每个支承中由单套或两套轴承组成。轴的径向位置一般由两个支承共同限定，每个支承处应有起径向定位作用的向心或角接触轴承。而轴向位置可由两个支承各限制一个方向的轴向位移，也可由一个支承限制两个方向的位移，同时承受径向载荷和轴向载荷的轴，支承通常采用同型号的角接触球轴承和圆锥滚子轴承成对安装，轴承的配置方式见表7-4-17。

表7-4-17 轴承配置与支承结构的基本形式

形式			简图	特点
轴承配置形式	背对背	载荷作用中心处于轴承中心线之外	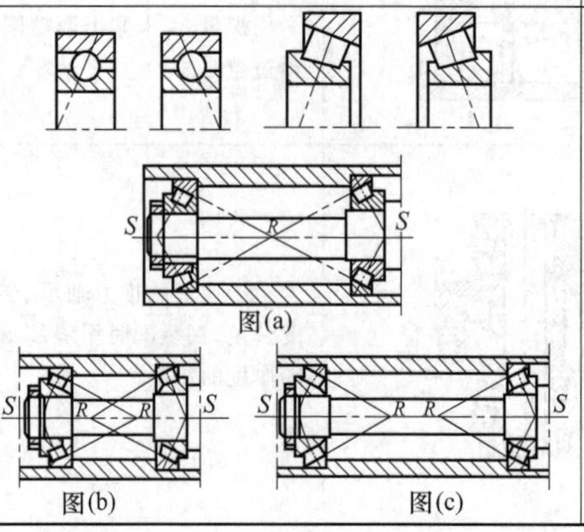 S R S 图(a) S R R S 图(b) S R R S 图(c)	交点间跨距较大，悬臂长度较小，故悬臂端刚性较大，当轴受热伸长时，轴承游隙增大，轴承不会卡死破坏 对于背对背排列的圆锥滚子轴承支承结构，其游隙变化如下： 1)外滚道锥尖重合时[图(a)]，轴向膨胀量和径向膨胀量基本平衡，预调游隙保持不变 2)外滚道锥尖交错时[图(b)]，径向膨胀量大于轴向膨胀量，工作游隙减小 3)外滚道锥尖不相交时[图(c)]，轴向膨胀量大于径向膨胀量，工作游隙增大，如果采用预紧安装，当轴受热伸长时，预紧量将减小

续表

形式			简图	特点
轴承配置形式	面对面	载荷作用中心处于轴承中心线之内	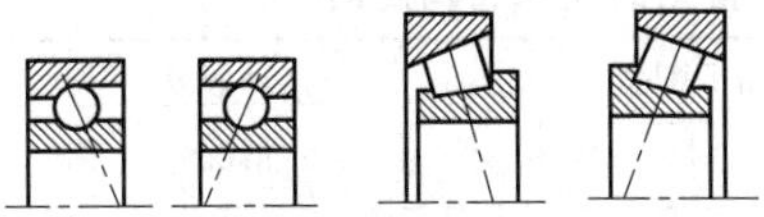	结构简单，装拆方便，当轴受热伸长时，轴承游隙减小，容易造成轴承卡死，因此要特别注意轴承游隙的调整
	串联	载荷作用中心处于轴承中心线同一侧	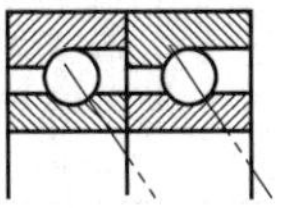	适合于轴向载荷大，需多个轴承联合承担的情况，采用此种排列应注意使每个轴承均匀承受载荷
轴承支承结构型式	两端固定支承	指两个支承端各限制一个方向的轴向位移的支承	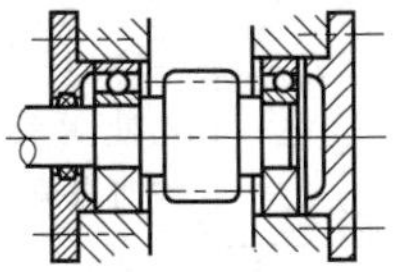	承受纯径向载荷或轴向载荷较小的联合载荷作用的轴 一般采用向心型轴承组成两端固定支承，并在其中一个支承端，使轴承外圈与外壳孔间采用较松的配合，同时在外圈与端盖间留出适当空隙，以适应轴的受热伸长
			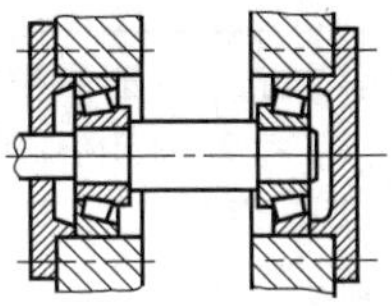	承受径向和轴向载荷联合作用的轴 多采用角接触型轴承面对面或背对背排列组成两端固定支承。这种支承可通过调整某个轴承套圈的轴向位置，使轴承达到所要求的游隙或预紧量，所以特别适合于旋转精度要求高的机械
	固定-游动支承	指在轴的一个支承端使轴承与轴及外壳孔的位置相对固定，以实现轴向定位，另一端轴承与轴或外壳孔可相对移动	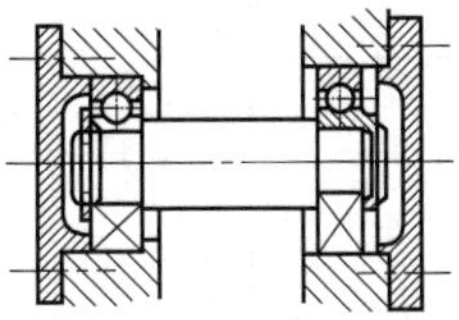	一般精密机床主轴或要求高速、高热、高精度及承受载荷较大的轴，多采用该支承形式 轴的轴向定位精度取决于固定端轴承的轴向游隙大小。因此用一对角接触球轴承或圆锥滚子轴承组成的固定端的轴向定位精度，比用一套深沟球轴承的高 固定端轴承通常选用： 1)受径向载荷和一定的轴向载荷——深沟球轴承 2)受径向载荷和双向轴向载荷——一对角接触球轴承或圆锥滚子轴承 3)分别受径向载荷和轴向载荷——向心轴承与推力轴承组合，或不同类型角接触轴承组合
	两端游动支承	两个支承端的轴承对轴都不作精确的轴向定位	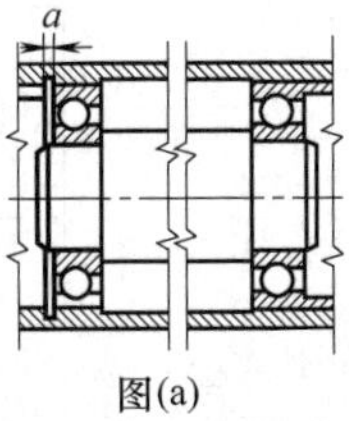 a 图(a) a 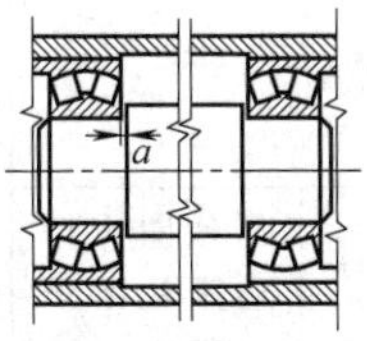 图(b) 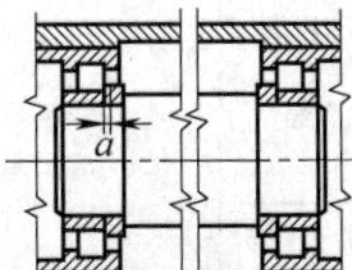 a 图(c)	图(a)工作中，即使处于不利的发热状态，轴承也不会被卡死 图(b)常用于轴的位置已由其他零件限定的场合，如人字齿轮轴支承 图(c)几乎所有不需要调整的轴承，均可作游动支承。角接触球轴承不宜作游动支承

4.7.2 常见的支承结构简图

表 7-4-18　　常见的支承结构简图

序号	支承形式	配置简图	轴承配置		承受载荷情况	轴热伸长补偿方式	其他特点
			固定端	游动端			
1	两端固定支承		深沟球轴承		能承受单向轴向载荷(应指向不留间隙的一端)	外圈端面与端盖间隙	转速高，结构简单，调整方便
2		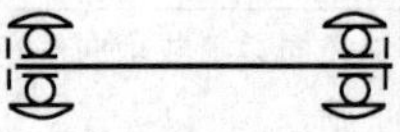	外球面球轴承		能承受双向轴向载荷	轴承游隙	
3		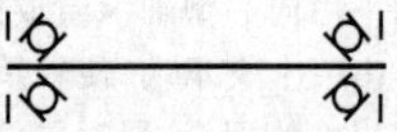	角接触球轴承(面对面)				
4		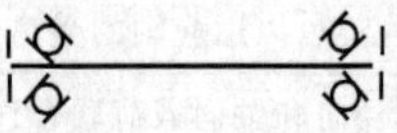	角接触球轴承(背对背)				
5			外圈带单挡边的圆柱滚子轴承		能承受较小的双向轴向载荷	外圈端面与端盖间隙	结构简单，调整方便
6		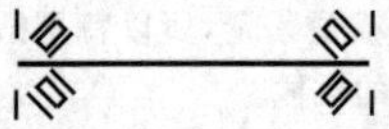	圆锥滚子轴承(面对面)		能承受双向轴向载荷	轴承游隙	
7			圆锥滚子轴承(背对背)				
8		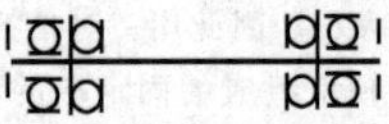	深沟球轴承和推力球轴承组合				用于转速较低的立轴
9		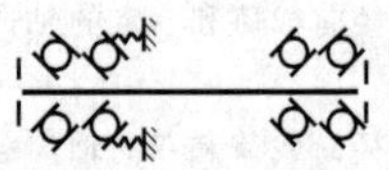	角接触球轴承串联后背对背排列			轴热伸长后轴承游隙增大，靠预紧弹簧保持预紧量补偿方式	用于转速较高的场合
10		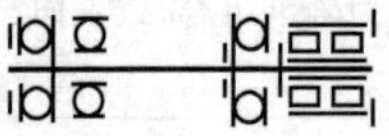	深沟球轴承、推力球轴承与圆锥孔的双列圆锥滚子轴承组合			轴承游隙	通过径向预紧可提高刚性
11		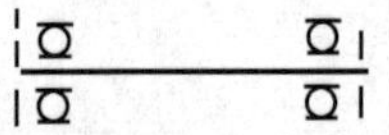	深沟球轴承			右端向心球轴承外圈与外壳孔为间隙配合	转速高，结构简单，调整方便
12	一端固定一端游动支承	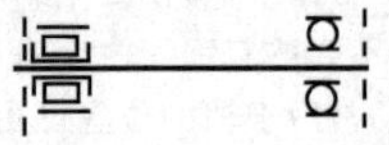	深沟球轴承	外圈无挡边圆柱滚子轴承		右端轴承滚子相对外圈滚道轴向移动	结构简单，调整方便
13		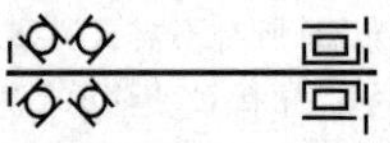	成对安装角接触球轴承(背对背)	外圈无挡边圆柱滚子轴承			通过轴向预紧可提高支承刚性
14			成对安装角接触球轴承(面对面)	外圈无挡边圆柱滚子轴承			

续表

序号	支承形式	配置简图	轴承配置		承受载荷情况	轴热伸长补偿方式	其他特点
			固定端	游动端			
15	一端固定一端游动支承		双半内圈角接触球轴承与外圈无挡边圆柱滚子轴承	外圈无挡边圆柱滚子轴承	能承受双向轴向载荷	左端轴承滚子相对外圈滚道轴向移动	转速较高，能承受较大的径向载荷，结构紧凑
16			圆锥孔双列圆柱滚子轴承与双向推力球轴承	圆锥孔双列圆柱滚子轴承			可承受较大的径、轴向载荷，支承刚性好
17			成对安装圆锥滚子轴承(背对背)	外圈无挡边圆柱滚子轴承			可承受较大的径、轴向载荷，结构简单，调整方便
18			成对安装圆锥滚子轴承(面对面)	外圈无挡边圆柱滚子轴承			
19			成对安装角接触球轴承(串联)	成对安装角接触球轴承(串联)		右端轴承外圈与外壳孔为间隙配合	转速较高
20			双向推力角接触球轴承与圆锥孔双列圆柱滚子轴承	内圈无挡边圆柱滚子轴承		左端轴承滚子相对内圈滚道轴向移动	旋转精度较高，可承受较大的径、轴向载荷，刚性好
21			推力调心滚子轴承、外圈无挡边圆柱滚子轴承与推力球轴承	外圈无挡边圆柱滚子轴承	能承受双向轴向载荷，一个方向的轴向载荷可较大	右端轴承滚子相对外圈滚道轴向移动	用于承受两个方向轴向载荷的悬臂轴
22			内外圈均带挡边的圆柱滚子轴承	外圈无挡边圆柱滚子轴承	能承受较小的双向轴向载荷	右端各支承处滚子相对外圈滚道轴向移动	适用于主要承受径向载荷的多支点轴，结构简单，调整方便
23			调心滚子轴承			右端轴承外圈与外壳孔为间隙配合	适用于径向载荷较大的轴，具有调心性能
24	两端游动支承		外圈无挡边圆柱滚子轴承		不能承受轴向载荷	两端轴承的滚子相对外圈滚道轴向移动	用于要求轴能够轴向游动的场合
25			无内圈滚针轴承			两端支承处的滚针相对轴移动	

4.7.3　滚动轴承组合设计的典型结构

表 7-4-19　　滚动轴承组合设计的典型结构

型号	结构型式	其他组合	特　点
1	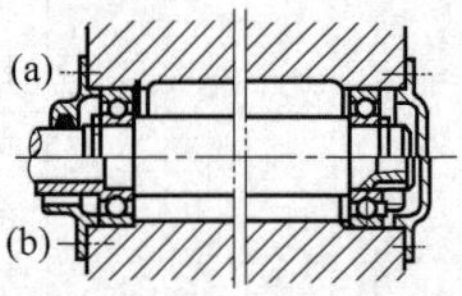	左端:深沟球轴承 右端:单列圆柱滚子轴承	左端为固定支点,右端为浮动支点。结构简单,拧紧轴承盖时轴承不会被压紧。(a)型箱体为通孔,便于加工,(b)型可承受稍大的轴向载荷。本结构用以承受径向载荷和不大的轴向载荷。广泛用于各种机械 当右端使用圆柱滚子轴承时,其外圈也应做轴向固定
2	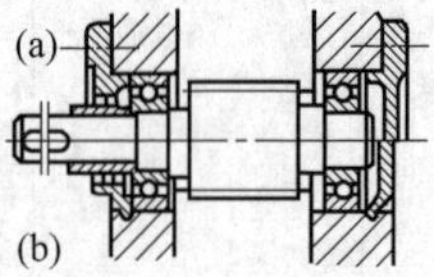	带单挡边的单列圆柱滚子轴承	轴承靠端盖轴向固定。右端轴承外圈与端盖间留有不大的间隙(0.5～1mm),以便游动。主要用于承受径向力。结构简单,加工及安装均方便
3	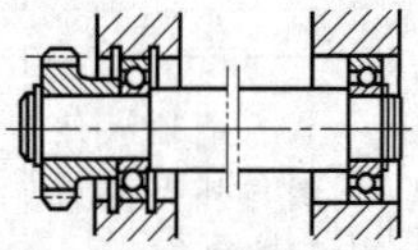		左端为固定支点,右端为游动支点。结构简单,装卸容易,外壳为通孔,便于加工,广泛用于轴向力较小的场合
4	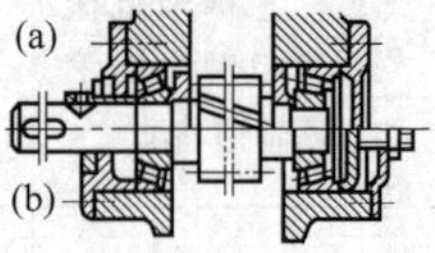	推力球轴承	(a)型用轴承盖与箱体间的垫片,(b)型用螺钉和压盖调整轴向间隙或预紧。结构简单,装拆简便,箱体为通孔,加工容易,能同时承受径向载荷和较大的轴向载荷
5	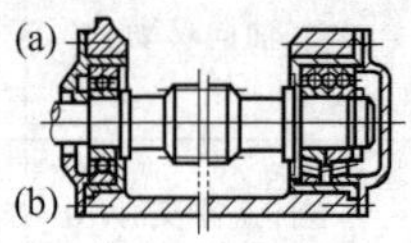		右端为固定支点,用两个圆锥滚子轴承承受轴向载荷,左端为游动支点。轴承装在套筒中,便于提高轴承孔的配合精度,但加工面增多。能承受较大的径向和轴向载荷
6	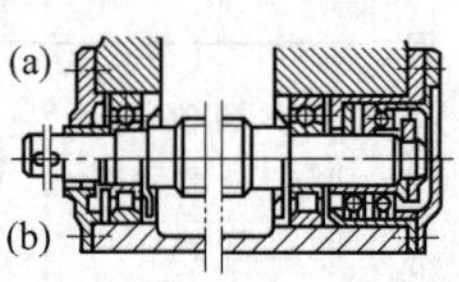	单列圆柱滚子轴承	左端是游动支点,右端是固定支点,(a)型使用双向推力球轴承,(b)型使用两个单向推力球轴承。本结构能承受很大的轴向和径向载荷 当采用圆柱滚子轴承时,应考虑外圈的轴向固定问题
7	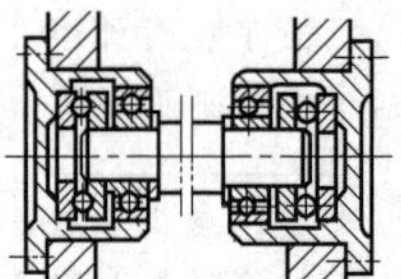	单列圆柱滚子轴承	用对称安装的两个单向推力球轴承承受轴向载荷,用套筒与箱体间的垫片调整轴向间隙。当采用圆柱滚子轴承时,应注意外圈的轴向固定问题

续表

型号	结构型式	其他组合	特　点
8	(a) (b)	调心滚子轴承	本方案轴是游动的，常用在人字齿轮传动中（往往是高速轴），用以自动调节两边齿的受力。一般用于重载
9	(a) (b)	推力球轴承	适用于小圆锥齿轮的支承，(a)型：①轴向载荷由受径向载荷小的右端轴承承受；②结构简单；③用轴承盖与套筒间的垫片调整轴向间隙，调整方便。(b)型：①结构刚性大；②允许轴的热胀量大
10			向心球轴承只承受轴向载荷，为便于装配，外圈与套筒的内孔之间留有径向间隙。适用于径向载荷较大，轴向载荷较小，精度要求较高的情况下
11	(a) (b)	圆锥孔调心球轴承	采用自动调心型轴承，适用于两轴承座不同轴度较大，轴的刚性较小的场合。左端为固定支点，右端为游动支点。(a) 型能承受较大的轴向载荷，(b) 型装在光轴上，便于调整轴向尺寸，但不能用于轴向载荷较大的场合（图中所用轴承座为对开式）
12			车床主轴的一种典型结构。为增加轴的刚性，采用三点支撑，右端为固定支点，其余两支点皆可游动。用两个单向推力球轴承承受轴向载荷，用套筒压紧带锥孔的双列圆柱滚子轴承，并以此来调整径向游隙。右端有退卸套，便于拆卸。此结构能承受较大的径向和轴向载荷且精度较高

4.8　滚动轴承通用技术规则

滚动轴承的通用技术规则适用于一般用途的滚动轴承。

4.8.1　外形尺寸

轴承的外形尺寸按 GB/T 273.1—2011、GB/T 273.2—2018、GB/T 273.3—2015 的规定。

4.8.2　公差等级与公差

轴承按尺寸公差与旋转精度分级。公差等级依次由低到高排列，其公差值按 GB/T 307.1—2017、GB/T 307.4—2017 的规定。

向心轴承（圆锥滚子轴承除外）分为普通级、6、5、4、2 五级。

圆锥滚子轴承分为普通级、6X、5、4、2 五级。

推力轴承分为普通级、6、5、4 四级。

4.8.3　倒角尺寸最大值

轴承的倒角尺寸最大值按 GB/T 274—2000 的规定。

4.8.4　游隙

向心轴承的径向游隙按 GB/T 4604.1—2012 的规定。

四点接触球轴承的轴向游隙按 GB/T 4604.2—2013 的规定。

双列和四列圆锥滚子轴承游隙按 JB/T 8236—2010 的规定。

4.8.5　表面粗糙度

轴承配合表面和端面的表面粗糙度按表 7-4-20 的规定。

表7-4-20　轴承配合表面和端面的表面粗糙度

表面名称	轴承公差等级	轴承公称直径①/mm					
		>	30	80	200	500	1600
		≤30	80	200	500	1600	2500
		Ra max/μm					
内圈内孔表面	普通级	0.8	0.8	0.8	1	1.25	1.6
	6X(6)	0.63	0.63	0.8	1	1.25	—
	5	0.5	0.5	0.63	0.8	1	—
	4	0.25	0.25	0.4	0.5	—	—
	2	0.16	0.2	0.32	0.4	—	—
外圈外圆柱表面	普通级	0.63	0.63	0.63	0.8	1	1.25
	6X(6)	0.32	0.32	0.5	0.63	1	—
	5	0.32	0.32	0.5	0.63	0.8	—
	4	0.25	0.25	0.4	0.5	—	—
	2	0.16	0.2	0.32	0.4	—	—
套圈端面	普通级	0.8	0.8	0.8	1	1.25	1.6
	6X(6)	0.63	0.63	0.8	1	1	—
	5	0.5	0.5	0.63	0.8	0.8	—
	4	0.4	0.4	0.5	0.63	—	—
	2	0.32	0.32	0.4	0.4	—	—

① 内圈内孔及其端面按内孔直径查表，外圈外圆柱表面及其端面按外径查表。单向推力轴承垫圈及其端面，按轴圈内孔直径查表，双向推力轴承垫圈（包括中圈）及其端面按座圈圆整的内孔直径查表。

4.8.6　轴承套圈和滚动体材料及热处理

轴承套圈和滚动体的材料一般采用符合GB/T 18254—2016规定的高碳铬轴承钢，热处理质量按GB/T 34891—2017的规定；也可采用满足性能要求的其他材料，热处理质量按相关标准的规定。

4.8.7　残磁限值

轴承残磁限值按JB/T 6641—2017的规定。

4.8.8　振动限值

轴承振动限值分别按GB/T 32325—2015、GB/T 32333—2015、JB/T 8922—2011、JB/T 10236—2014、JB/T 10237—2014的规定。

4.8.9　密封性

密封轴承应具有良好的密封性能，密封深沟球轴承的技术条件按JB/T 7752—2017的规定。

4.8.10　清洁度

轴承的清洁度按GB/T 33624—2017和JB/T 7050—2005的规定。

4.8.11　外观质量

轴承不允许有裂纹、锈蚀、明显的磕碰伤等影响安装或使用性能的表面缺陷。

4.8.12　互换性

普通级公差的分离型角接触球轴承（S70000型），普通级、6X级公差的圆锥滚子轴承，其分部件应能互换。

普通级公差的圆柱滚子轴承，有内、外圈及保持架的滚针轴承，当用户有互换性要求时，应按互换提交。

4.8.13　额定载荷、额定寿命和额定热转速

轴承的基本额定动载荷与额定寿命的计算方法按GB/T 6391—2010的规定。

轴承的基本额定静载荷的计算方法按GB/T 4662—2012的规定。

轴承的额定热转速的计算方法按GB/T 24609—2009的规定。

4.8.14　测量方法

轴承的尺寸公差和旋转精度的测量按GB/T 307.2—2005的规定。

下列轴承允许用成品零件检查代替成套轴承的检查。零件的各项公差值按成品零件技术要求执行。

1）分离型角接触球轴承（S70000型）；

2）内径小于10mm的调心球轴承；

3）滚道表面带凸度的圆锥滚子轴承；

4）直径系列 7 的向心轴承；

5）外径大于 300mm 或内径小于 3mm 的其他类型的轴承；

6）推力轴承。

轴承游隙的测量按 GB/T 25769—2010、GB/T 32323—2015 和 JB/T 8236—2010 的规定。

轴承表面粗糙度的测量按 JB/T 7051—2006 的规定。

轴承热处理质量的检测按 GB/T 34891—2017 的规定。

轴承残磁的测量按 JB/T 6641—2017 的规定。

轴承振动的测量按 GB/T 24610.2—2009、GB/T 24610.3—2009、GB/T 24610.4—2009 或 GB/T 32333—2015 的规定。

轴承清洁度的测试按 GB/T 33624—2017 和 JB/T 7050—2005 的规定。

轴承的外观质量在散光灯下目视检查。

轴承寿命的试验与评定按 GB/T 24607—2009 的规定。

4.8.15　标志

轴承的标志按 GB/T 24605—2009 的规定。

4.8.16　检验规则

轴承成品应由制造厂质量管理部门进行检验。提交给用户的轴承，其检验规则按 GB/T 24608—2009 的规定。

质量合格的产品，应附有质量合格证，合格证上应注明：

1）制造厂厂名（或商标）；

2）轴承代号；

3）本标准编号或补充技术条件编号；

4）包装日期。

4.8.17　包装

轴承的包装按 GB/T 8597—2013 的规定。

4.8.18　轴承用零件和附件

（1）滚动体

轴承用钢球按 GB/T 308.1—2013 的规定；陶瓷球按 GB/T 308.2—2010 的规定；圆柱滚子按 GB/T 4661—2015 的规定；滚针按 GB/T 309—2000 的规定；圆锥滚子按 GB/T 25767—2010 的规定。

（2）保持架

冲压保持架按 GB/T 28268—2012 的规定；金属实体保持架按 JB/T 11841—2014 的规定；工程塑料保持架按 JB/T 7048—2011 的规定。

（3）密封圈和防尘盖

密封圈按 JB/T 6639—2015 的规定；防尘盖按 JB/T 10239—2011 的规定。

（4）止动环

轴承用止动环按 GB/T 305—1998 的规定。

（5）轴承座

轴承用轴承座按 GB/T 7813—2008 和 JB/T 8874—2010 的规定。

（6）紧定套和退卸衬套

轴承用紧定套和退卸衬套按 GB/T 9160.1—2017 的规定。

（7）锁紧螺母和锁紧装置

轴承用锁紧螺母和锁紧装置按 GB/T 9160.2—2017 的规定。

4.9　轴承的应用

轴承的安装尺寸按 GB/T 5868—2003 的规定。

轴承的配合按 GB/T 275—2015 的规定。

轴承在使用中出现的失效模式分类和原因分析见 GB/T 24611—2009。

第5章　常用滚动轴承的基本尺寸及性能参数

5.1　深沟球轴承

表 7-5-1　　深沟球轴承（GB/T 276—2013）

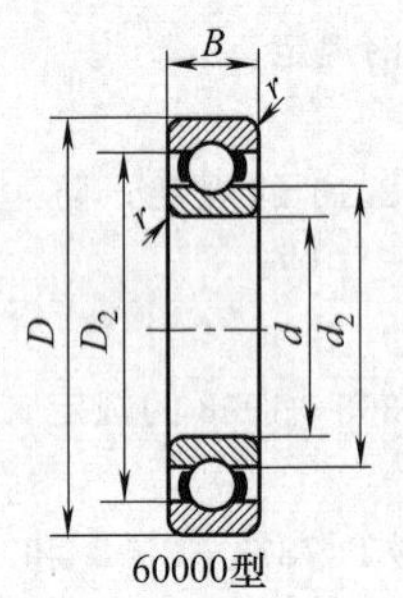

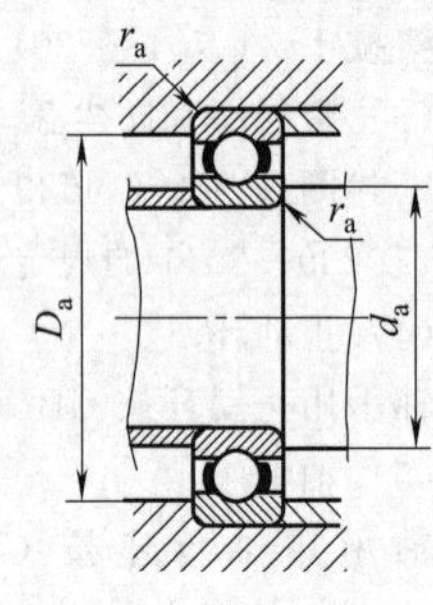

径向当量动载荷　$P_r=XF_r+YF_a$

径向当量静载荷

单列、双列：$P_{0r}=0.6F_r+0.5F_a$

当 $P_{0r}<F_r$ 时取 $P_{0r}=F_r$

相对轴向载荷	f_0F_a/C_{0r}		0.172	0.345	0.689	1.03	1.38	2.07	3.45	5.17	6.89
	$F_a/(iZD_w^2)$		0.172	0.345	0.689	1.03	1.38	2.07	3.45	5.17	6.89
深沟球轴承	$F_a/F_r\leqslant e$	X	1								
		Y	0								
	$F_a/F_r>e$	X	0.56								
		Y	2.3	1.99	1.71	1.55	1.45	1.31	1.15	1.04	1
	e		0.19	0.22	0.26	0.28	0.30	0.34	0.38	0.42	0.44

表 7-5-2　　深沟球轴承

轴承型号	基本尺寸/mm			基本额定载荷/kN		极限转速/r·min^{-1}		质量/kg	安装尺寸/mm			其他尺寸/mm		
60000型	d	D	B	C_r	C_{0r}	脂	油	W ≈	d_a min	D_a max	r_a max	d_2 ≈	D_2 ≈	r min
619/3	3	8	3	0.45	0.15	38000	48000	0.0008	4.2	6.8	0.15	4.5	6.5	0.15
623		10	4	0.65	0.22	38000	48000	0.002	4.2	8.8	0.15	5.2	8.1	0.15
628/4	4	9	3.5	0.55	0.18	38000	48000	0.0008	4.8	8.2	0.1	5.52	7.48	0.1
619/4		11	4	0.95	0.35	36000	45000	0.002	5.2	9.8	0.15	5.9	9.1	0.15
624		13	5	1.15	0.40	36000	45000	0.0003	5.6	11.4	0.2	6.7	10.1	0.2
634		16	5	1.88	0.68	32000	40000	0.005	6.4	13.6	0.3	8.4	10.1	0.3
619/5	5	13	4	1.08	0.42	34000	43000	0.0025	6.6	11.4	0.2	7.35	10.1	0.2
605		14	5	1.05	0.50	30000	38000	0.0045	6.6	12.4	0.2	7.35	10.1	0.2
625		16	5	1.88	0.68	32000	40000	0.004	7.4	13.6	0.3	8.4	12.6	0.3
635		19	6	2.80	1.02	28000	36000	0.008	7.4	17.0	0.3	10.7	15.3	0.3
628/6	6	13	5	1.08	0.42	34000	43000	0.0021	7.2	11.8	0.15	7.9	11.1	0.15
619/6		15	5	1.48	0.60	32000	40000	0.0045	7.6	13.4	0.2	8.6	12.4	0.2
606		17	6	1.95	0.72	30000	38000	0.006	8.4	14.6	0.3	9.0	14	0.3
626		19	6	2.80	1.05	28000	36000	0.008	8.4	17.0	0.3	10.7	15.7	0.3
628/7	7	14	5	1.18	0.50	32000	40000	0.0024	8.2	12.8	0.15	9.0	12	0.15
619/7		17	5	2.02	0.80	30000	38000	0.0057	9.4	15.2	0.3	9.6	14.4	0.3
607		19	6	2.88	1.08	28000	36000	0.007	9.4	16.6	0.3	10.7	15.3	0.3
627		22	7	3.28	1.35	26000	34000	0.014	9.4	19.6	0.3	11.8	18.2	0.3

续表

轴承型号	基本尺寸/mm			基本额定载荷/kN		极限转速/r·min^{-1}		质量/kg	安装尺寸/mm			其他尺寸/mm		
60000 型	d	D	B	C_r	C_{0r}	脂	油	W ≈	d_a min	D_a max	r_a max	d_2 ≈	D_2 ≈	r min
628/8	8	16	5	1.32	0.65	30000	38000	0.004	9.6	14.4	0.2	10.8	14	0.2
619/8		19	6	2.25	0.92	28000	36000	0.0085	10.4	17.2	0.3	11.0	16	0.3
608		22	7	2.32	1.38	26000	34000	0.015	10.4	19.6	0.3	11.8	18.2	0.3
628		24	8	3.35	1.40	24000	32000	0.016	10.4	21.6	0.3	12.8	19.2	0.3
628/9	9	17	5	1.60	0.72	28000	36000	0.0042	10.6	15.4	0.2	11.1	14.9	0.2
619/9		20	6	2.48	1.08	27000	34000	0.0092	11.4	18.2	0.3	12.0	17	0.3
609		24	7	3.35	1.40	22000	30000	0.016	11.4	21.6	0.3	14.2	19.2	0.3
629		26	8	4.45	1.95	22000	30000	0.019	11.4	23.6	0.3	14.4	21.1	0.3
61800	10	19	5	1.80	0.93	28000	36000	0.005	12.0	17	0.3	12.6	16.4	0.3
61900		22	6	2.70	1.30	25000	32000	0.011	12.4	20	0.3	13.5	18.5	0.3
6000		26	8	4.58	1.98	22000	30000	0.019	12.4	23.6	0.3	14.9	21.3	0.3
6200		30	9	5.10	2.38	20000	26000	0.032	15.0	26.0	0.6	17.4	23.8	0.6
6300		35	11	7.65	3.48	18000	24000	0.053	15.0	30.0	0.6	19.4	27.6	0.6
61801	12	21	5	1.90	1.00	24000	32000	0.007	14.0	19	0.3	14.6	18.4	0.3
61901		24	6	2.90	1.50	22000	28000	0.013	14.4	22	0.3	15.5	20.6	0.3
16001		28	7	5.10	2.40	20000	26000	0.019	14.4	25.6	0.3	16.7	23.3	0.3
6001		28	8	5.10	2.38	20000	26000	0.022	14.4	25.6	0.3	17.4	23.8	0.3
6201		32	10	6.82	3.05	19000	24000	0.035	17.0	28	0.6	18.3	26.1	0.6
6301		37	12	9.72	5.08	17000	22000	0.057	18.0	32	1	19.3	29.7	1
61802	15	24	5	2.10	1.30	22000	30000	0.008	17	22	0.3	17.6	21.4	0.3
61902		28	7	4.30	2.30	20000	26000	0.018	17.4	26	0.3	18.3	24.7	0.3
16002		32	8	5.60	2.80	19000	24000	0.025	17.4	29.6	0.3	20.2	26.8	0.3
6002		32	9	5.58	2.85	19000	24000	0.031	17.4	29.6	0.3	20.4	26.6	0.3
6202		35	11	7.65	3.72	18000	22000	0.045	20.0	32	0.6	21.6	59.4	0.6
6302		42	13	11.5	5.42	16000	20000	0.080	21.0	37	1	24.3	34.7	1
61803	17	26	5	2.20	1.5	20000	28000	0.008	19.0	24	0.3	19.6	23.4	0.3
61903		30	7	4.60	2.6	19000	24000	0.020	19.4	28	0.3	20.3	26.7	0.3
16003		35	8	6.00	3.3	18000	22000	0.027	19.4	32.6	0.3	22.7	29.3	0.3
6003		35	10	6.00	3.25	17000	21000	0.040	19.4	32.6	0.3	22.9	29.1	0.3
6203		40	12	9.58	4.78	16000	20000	0.064	22.0	36	0.6	24.6	33.4	0.6
6303		47	14	13.5	6.58	15000	18000	0.109	23.0	41.0	1	26.8	38.2	1
6403		62	17	22.7	10.8	11000	15000	0.268	24.0	55.0	1	31.9	47.1	1.1
61804	20	32	7	3.50	2.20	18000	24000	0.020	22.4	30	0.3	23.5	28.6	0.3
61904		37	9	6.40	3.70	17000	22000	0.040	22.4	34.6	0.3	25.2	31.8	0.3
16004		42	8	7.90	4.50	16000	19000	0.050	22.4	39.6	0.3	27.1	34.9	0.3
6004		42	12	9.38	5.02	16000	19000	0.068	25.0	38	0.6	26.9	35.1	0.6
6204		47	14	12.8	6.65	14000	18000	0.103	26.0	42	1	29.3	39.7	1
6304		52	15	15.8	7.88	13000	16000	0.142	27.0	45.0	1	29.8	42.2	1.1
6404		72	19	31.0	15.2	9500	13000	0.400	27.0	65.0	1	38.0	56.1	1.1
61805	25	37	7	4.3	2.90	16000	20000	0.022	27.4	35	0.3	28.2	33.8	0.3
61905		42	9	7.0	4.50	14000	18000	0.050	27.4	40	0.3	30.2	36.8	0.3
16005		47	8	8.8	5.60	13000	17000	0.060	27.4	44.6	0.3	33.1	40.9	0.3
6005		47	12	10.0	5.85	13000	17000	0.078	30	43	0.6	31.9	40.1	0.6
6205		52	15	14.0	7.88	12000	15000	0.127	31	47	1	33.8	44.2	1
6305		62	17	22.2	11.5	10000	14000	0.219	32	55	1	36.0	51.0	1.1

续表

轴承型号	基本尺寸/mm			基本额定载荷/kN		极限转速/r·min^{-1}		质量/kg	安装尺寸/mm			其他尺寸/mm		
60000型	d	D	B	C_r	C_{0r}	脂	油	W ≈	d_a min	D_a max	r_a max	d_2 ≈	D_2 ≈	r min
6405	25	80	21	38.2	19.2	8500	11000	0.529	34	71	1.5	42.3	62.7	1.5
61806	30	42	7	4.70	3.60	13000	17000	0.026	32.4	40	0.3	33.2	38.8	0.3
61906		47	9	7.20	5.00	12000	16000	0.060	32.4	44.6	0.3	35.2	41.8	0.3
16006		55	9	11.2	7.40	11000	14000	0.085	32.4	52.6	0.3	38.1	47.0	0.3
6006		55	13	13.2	8.30	11000	14000	0.110	36	50.0	1	38.4	47.7	1
6206		62	16	19.5	11.5	9500	13000	0.200	36	56	1	40.8	52.2	1
6306		72	19	27.0	15.2	9000	11000	0.349	37	65	1	44.8	59.2	1.1
6406		90	23	47.5	24.5	8000	10000	0.710	39	81	1.5	48.6	71.4	1.5
61807	35	47	7	4.90	4.00	11000	15000	0.030	37.4	45	0.3	38.2	43.8	0.3
61907		55	10	9.50	6.80	10000	13000	0.086	40	51	0.6	41.1	48.9	0.6
16007		62	9	12.2	8.80	9500	12000	0.100	37.4	59.6	0.3	44.6	53.5	0.3
6007		62	14	16.2	10.5	9500	12000	0.148	41	56	1	43.3	53.7	1
6207		72	17	25.5	15.2	8500	11000	0.288	42	65	1	46.8	60.2	1.1
6307		80	21	33.4	19.2	8000	9500	0.455	44	71	1.5	50.4	66.6	1.5
6407		100	25	56.8	29.5	6700	8500	0.926	44	91	1.5	54.9	80.1	1.5
61808	40	52	7	5.10	4.40	10000	13000	0.034	42.4	50	0.3	43.2	48.8	0.3
61908		62	12	13.7	9.90	9500	12000	0.110	45	58	0.6	46.3	55.7	0.6
16008		68	9	12.6	9.60	9000	11000	0.130	42.4	65.6	0.3	49.6	58.5	0.3
6008		68	15	17.0	11.8	9000	11000	0.185	46	62	1	48.8	59.2	1
6208		80	18	29.5	18.0	8000	10000	0.368	47	73	1	52.8	67.2	1.1
6308		90	23	40.8	24.0	7000	8500	0.639	49	81	1.5	56.5	74.6	1.5
6408		110	27	65.5	37.5	6300	8000	1.221	50	100	2	63.9	89.1	2
61809	45	58	7	6.40	5.60	9000	12000	0.040	47.4	56	0.3	48.3	54.7	0.3
61909		68	12	14.1	10.90	8500	11000	0.140	50	63	0.6	51.8	61.2	0.6
16009		75	10	15.6	12.2	8000	10000	0.170	50	70	0.6	55.5	65.0	0.6
6009		75	16	21.0	14.8	8000	10000	0.230	51	69	1	54.2	65.9	1
6209		85	19	31.5	20.5	7000	9000	0.416	52	78	1	58.8	73.2	1.1
6309		100	25	52.8	31.8	6300	7500	0.837	54	91	1.5	63.0	84.0	1.5
6409		120	29	77.5	45.5	5600	7000	1.520	55	110	2	70.7	98.3	2
61810	50	65	7	6.6	6.1	8500	10000	0.057	52.4	62.6	0.3	54.3	60.7	0.3
61910		72	12	14.5	11.7	8000	9500	0.140	55	68	0.6	56.3	65.7	0.6
16010		80	10	16.1	13.1	8000	9500	0.180	55	75	0.6	60.0	70.0	0.6
6010		80	16	22.0	16.2	7000	9000	0.258	56	74	1	59.2	70.9	1
6210		90	20	35.0	23.2	6700	8500	0.463	57	83	1	62.4	77.6	1.1
6310		110	27	61.8	38.0	6000	7000	1.082	60	100	2	69.1	91.9	2
6410		130	31	92.2	55.2	5300	6300	1.855	62	118	2.1	77.3	107.8	2.1
61811	55	72	9	9.1	8.4	8000	9500	0.083	57.4	69.6	0.3	60.2	66.9	0.3
61911		80	13	15.9	13.2	7500	9000	0.19	61	75	1	62.9	72.2	1
16011		90	11	19.4	16.2	7000	8500	0.260	60	85	0.6	67.3	77.7	0.6
6011		90	18	30.2	21.8	7000	8500	0.362	62	83	1	65.4	79.7	1.1
6211		100	21	43.2	29.2	6000	7500	0.603	64	91	1.5	68.9	86.1	1.5
6311		120	29	71.5	44.8	5600	6700	1.367	65	110	2	76.1	100.9	2
6411		140	33	100	62.5	4800	6000	2.316	67	128	2.1	82.8	115.2	2.1

续表

轴承型号	基本尺寸/mm			基本额定载荷/kN		极限转速/r·min^{-1}		质量/kg	安装尺寸/mm			其他尺寸/mm		
60000 型	d	D	B	C_r	C_{0r}	脂	油	W ≈	d_a min	D_a max	r_a max	d_2 ≈	D_2 ≈	r min
61812	60	78	10	9.1	8.7	7000	8500	0.11	62.4	75.6	0.3	66.2	72.9	0.3
61912		85	13	16.4	14.2	6700	8000	0.230	66	80	1	67.9	77.2	1
16012		95	11	19.9	17.5	6300	7500	0.280	65	90	0.6	72.3	82.7	0.6
6012		95	18	31.5	24.2	6300	7500	0.385	67	89	1	71.4	85.7	1.1
6212		110	22	47.8	32.8	5600	7000	0.789	69	101	1.5	76.0	94.1	1.5
6312		130	31	81.8	51.8	5000	6000	1.710	72	118	2.1	81.7	108.4	2.1
6412		150	35	109	70.0	4500	5600	2.811	72	138	2.1	87.9	122.2	2.1
61813	65	85	10	11.9	11.5	6700	8000	0.13	69	81	0.6	71.1	78.9	0.6
61913		90	13	17.4	16.0	6300	7500	0.22	71	85	1	72.9	82.2	1
16013		100	11	20.5	18.6	6000	7000	0.300	70	95	0.6	77.3	87.7	0.6
6013		100	18	32.0	24.8	6000	7000	0.410	72	93	1	75.3	89.7	1.1
6213		120	23	57.2	40.0	5000	6300	0.990	74	111	1.5	82.5	102.5	1.5
6313		140	33	93.8	60.5	4500	5300	2.100	77	128	2.1	88.1	116.9	2.1
6413		160	37	118	78.5	4300	5300	3.342	77	148	2.1	94.5	130.6	2.1
61814	70	90	10	12.1	11.9	6300	7500	0.114	74	86	0.6	76.1	83.9	0.6
61914		100	16	23.7	21.1	6000	7000	0.35	76	95	1	79.3	90.7	1
16014		110	13	27.9	25.0	5600	6700	0.430	75	105	0.6	83.8	96.2	0.6
6014		110	20	38.5	30.5	5600	6700	0.575	77	103	1	82.0	98.0	1.1
6214		125	24	60.8	45.0	4800	6000	1.084	79	116	1.5	89.0	109.0	1.5
6314		150	35	105	68.0	4300	5000	2.550	82	138	2.1	94.8	125.3	2.1
6414		180	42	140	99.5	3800	4500	4.896	84	166	2.5	105.6	146.4	3
61815	75	95	10	12.5	12.8	6000	7000	0.150	79	91	0.6	81.1	88.9	0.6
61915		105	16	24.3	22.5	5600	6700	0.420	81	100	1	84.3	95.7	1
16015		115	13	28.7	26.8	5300	6300	0.460	80	110	0.6	88.8	101.2	0.6
6015		115	20	40.2	33.2	5300	6300	0.603	82	108	1	88.0	104.0	1.1
6215		130	25	66.0	49.5	4500	5600	1.171	84	121	1.5	94.0	115.0	1.5
6315		160	37	113	76.8	4000	4800	3.050	87	148	2.1	101.3	133.7	2.1
6415		190	45	154	115	3600	4300	5.739	89	176	2.5	112.1	155.9	3
61816	80	100	10	12.7	13.3	5600	6700	0.160	84	96	0.6	86.1	93.9	0.6
61916		110	16	24.9	23.9	5300	6300	0.440	86	105	1	89.3	100.7	1
16016		125	14	33.1	31.4	5000	6000	0.600	85	120	0.6	95.8	109.2	0.6
6016		125	22	47.5	39.8	5000	6000	0.821	87	118	1	95.2	112.8	1.1
6216		140	26	71.5	54.2	4300	5300	1.448	90	130	2	100.0	122.0	2
6316		170	39	123	86.5	3800	4500	3.610	92	158	2.1	107.9	142.2	2.1
6416		200	48	163	125	3400	4000	6.740	94	186	2.5	117.1	162.9	3
61817	85	110	13	19.2	19.8	5000	6300	0.285	90	105	1	92.5	102.5	1
61917		120	18	31.9	29.7	4800	6000	0.620	92	113.5	1	95.8	109.2	1.1
16017		130	14	34	33.3	4500	5600	0.630	90	125	0.6	100.8	114.2	0.6
6017		130	22	50.8	42.8	4500	5600	0.848	92	123	1	99.4	117.6	1.1
6217		150	28	83.2	63.8	4000	5000	1.803	95	140	2	107.1	130.9	2
6317		180	41	132	96.5	3600	4300	4.284	99	166	2.5	114.4	150.6	3
6417	85	210	52	175	138	3200	3800	7.933	103	192	3	123.5	171.5	4

续表

轴承型号	基本尺寸/mm			基本额定载荷/kN		极限转速/$r\cdot min^{-1}$		质量/kg	安装尺寸/mm			其他尺寸/mm		
60000型	d	D	B	C_r	C_{0r}	脂	油	W ≈	d_a min	D_a max	r_a max	d_2 ≈	D_2 ≈	r min
61818	90	115	13	19.5	20.5	4800	6000	0.28	95	110	1	97.5	107.5	1
61918		125	18	32.8	31.5	4500	5600	0.650	97	118.5	1	100.8	114.5	1.1
16018		140	16	41.5	39.3	4300	5300	0.850	96	134	1	107.3	122.8	1
6018		140	24	50.8	49.8	4300	5300	1.10	99	131	1.5	107.2	126.8	1.5
6218		160	30	95.8	71.5	3800	4800	2.17	100	150	2	111.7	138.4	2
6318		190	43	145	108	3400	4000	4.97	104	176	2.5	120.8	159.2	3
6418		225	54	192	158	2800	3600	9.56	108	207	3	131.8	183.2	4
61819	95	120	13	19.8	21.3	4500	5600	0.30	100	115	1	102.5	112.5	1
61919		130	18	33.7	33.3	4300	5300	0.56	102	124	1	105.8	119.2	1.1
16019		145	16	42.7	41.9	4000	5000	0.89	101	139	1	112.3	127.8	1
6019		145	24	57.8	50.0	4000	5000	1.15	104	136	1.5	110.2	129.8	1.5
6219		170	32	110	82.8	3600	4500	2.62	107	158	2.1	118.1	146.9	2.1
6319		200	45	157	122	3200	3800	5.74	109	186	2.5	127.1	167.9	3
61820	100	125	13	20.1	22.0	4300	5300	0.31	105	120	1	107.5	117.5	1
61920		140	20	42.7	41.9	4000	5000	0.92	107	133	1	112.3	127.8	1.1
16020		150	16	43.8	44.3	3800	4800	0.91	106	144	1	118.3	133.8	1
6020		150	24	64.5	56.2	3800	4800	1.18	109	141	1.5	114.6	135.4	1.5
6220		180	34	122	92.8	3400	4300	3.19	112	168	2.1	124.8	155.3	2.1
6320		215	47	173	140	2800	3600	7.07	114	201	2.5	135.6	179.4	3
6420		250	58	223	195	2400	3200	12.9	118	232	3	146.4	203.6	4
61821	105	130	13	20.3	22.7	4000	5000	0.34	110	125	1	112.5	122.5	1
61921		145	20	43.9	44.3	3800	4800	0.96	112	138	1	117.3	132.8	1.1
16021		160	18	51.8	50.6	3600	4500	1.20	111	154	1	123.7	141.3	1
6021		160	26	71.8	63.2	3600	4500	1.52	115	150	2	121.5	143.6	2
6221		190	36	133	105	3200	4000	3.78	117	178	2.1	131.3	163.7	2.1
6321		225	49	184	153	2600	3200	8.05	119	211	2.5	142.1	187.9	3
61822	110	140	16	28.1	30.7	3800	5000	0.60	115	135	1	119.3	130.7	1
61922		150	20	43.6	44.4	3600	4500	1.00	117	143	1	122.3	137.8	1.1
16022		170	19	57.4	50.7	3400	4300	1.42	116	164	1	130.7	149.3	1
6022		170	28	81.8	72.8	3400	4300	1.89	120	160	2	129.1	152.9	2
6222		200	38	144	117	3000	3800	4.42	122	188	2.1	138.9	173.2	2.1
6322		240	50	205	178	2400	3000	9.53	124	226	2.5	150.2	199.8	3
6422		280	65	225	238	2000	2800	18.34	128	262	3	163.6	226.5	4
61824	120	150	16	28.9	32.9	3400	4300	0.65	125	145	1	129.3	140.7	1
61924		165	22	55.0	56.9	3200	4000	1.40	127	158	1	133.7	151.3	1.1
16024		180	19	58.8	60.4	3000	3800	1.80	126	174	1	140.7	159.3	1
6024		180	28	87.5	79.2	3000	3800	1.99	130	170	2	137.7	162.4	2
6224		215	40	155	131	2600	3400	5.30	132	203	2.1	149.4	185.6	2.1
6324		260	55	228	208	2200	2800	12.2	134	246	2.5	163.3	216.7	3

续表

轴承型号	基本尺寸/mm			基本额定载荷/kN		极限转速/r·min^{-1}		质量/kg	安装尺寸/mm			其他尺寸/mm		
60000 型	d	D	B	C_r	C_{0r}	脂	油	W ≈	d_a min	D_a max	r_a max	d_2 ≈	D_2 ≈	r min
61826	130	165	18	37.9	42.9	3200	4000	0.736	137	158	1	140.8	154.2	1.1
61926		180	24	65.1	67.2	3000	3800	1.8	139	171	1.5	145.2	164.8	1.5
16026		200	22	79.7	79.2	2800	3600	2.63	137	193	1	153.6	176.4	1.1
6026		200	33	105	96.8	2800	3600	3.08	140	190	2	151.4	178.7	2
6226		230	40	165	148.0	2400	3200	6.12	144	216	2.5	162.9	199.1	3
6326		280	58	253	242	2000	2600	14.77	148	262	3	176.2	233.8	4
61828	140	175	18	38.2	44.3	3000	3800	0.784	147	168	1	150.8	164.2	1.1
61928		190	24	66.6	71.2	2800	3600	1.90	149	181	1.5	155.2	174.8	1.5
16028		210	22	82.1	85	2400	3200	3.08	147	203	1	163.6	186.4	1.1
6028		210	33	116	108	2400	3200	3.17	150	200	2	160.6	189.5	2
6228		250	42	179	167	2000	2800	7.77	154	236	2.5	175.8	214.2	3
6328		300	62	275	272	1900	2400	18.33	158	282	3	189.5	250.5	4
61830	150	190	20	49.1	57.1	2800	3400	1.114	157	183	1	162.3	177.8	1.1
61930		210	28	84.7	90.2	2600	3200	2.454	160	180	2	168.6	191.4	2
16030		225	24	91.9	98.5	2200	3000	3.580	157	218	1	175.6	199.4	1.1
6030		225	35	132	125	2200	3000	3.940	162	213	2.1	172.0	203.0	2.1
6230		270	45	203	199	1900	2600	9.779	164	256	2.5	189.0	231.0	3
6330		320	65	288	295	1700	2200	21.87	168	302	3	203.6	266.5	4
61832	160	200	20	49.6	59.1	2600	3200	1.250	167	193	1	172.3	187.8	1
61932		220	28	86.9	95.5	2400	3000	2.589	170	190	2	178.6	201.4	2
16032		240	25	98.7	107	2000	2800	4.32	169	231	1.5	187.6	212.4	1.5
6032		240	38	145	138	2000	2800	4.83	172	228	2.1	183.8	216.3	2.1
6232		290	48	215	218	1800	2400	12.22	174	276	2.5	203.1	246.9	3
6332		340	68	313	340	1600	2000	26.43	178	322	3	221.6	284.5	4
61834	170	215	22	61.5	73.3	2200	3000	1.810	177	208	1.1	183.7	201.3	1
61934		230	28	88.8	100	2000	2800	3.40	180	220	2	188.6	211.4	2
16034		260	28	118	130	1900	2600	5.770	179	251	1.5	201.4	228.7	1.5
6034		260	42	170	170	1900	2600	6.50	182	248	2.1	196.8	233.2	2.1
6234		310	52	245	260	1700	2200	15.241	188	292	3	216.0	264.0	4
6334		360	72	335	378	1500	1900	31.43	188	342	3	237.0	303.0	4
61836	180	225	22	62.3	75.9	2000	2800	2.00	187	218	1.1	193.7	211.3	1
61936		250	33	118	133	1900	2600	4.80	190	240	2	201.6	228.5	2
16036		280	31	144	157	1800	2400	7.60	190	270	2	214.5	245.5	2
6036		280	46	188	198	1800	2400	8.51	192	268	2.1	212.4	251.6	2.1
6236		320	52	262	285	1600	2000	15.518	198	302	3	227.5	277.9	4
61838	190	240	24	75.1	91.6	1900	2600	2.38	199	231	1.5	205.2	224.9	1.5
61938		260	33	117	133	1800	2400	5.25	200	250	2	211.6	238.5	2
16038		290	31	149	168	1700	2200	7.89	200	280	2	224.5	255.5	2

续表

轴承型号	基本尺寸/mm			基本额定载荷/kN		极限转速/r·min^{-1}		质量/kg	安装尺寸/mm			其他尺寸/mm		
60000型	d	D	B	C_r	C_{0r}	脂	油	W ≈	d_a min	D_a max	r_a max	d_2 ≈	D_2 ≈	r min
6038	190	290	46	188	200	1700	2200	8.865	202	278	2.1	220.4	259.7	2.1
6238		340	55	285	322	1500	1900	18.691	208	322	3	241.2	294.6	4
61840	200	250	24	74.2	91.2	1800	2400	8.28	209	241	1.5	215.2	234.9	1.5
61940		280	38	149	168	1700	2200	7.4	212	268	2.1	224.5	255.5	2.1
16040		310	34	167	191	1800	2000	10.10	210	300	2	238.5	271.6	2
6040		310	51	205	225	1600	2000	11.64	212	298	2.1	234.2	275.8	2.1
6240		360	58	288	332	1400	1800	22.577	218	342	3	253.0	307.0	4
61844	220	270	24	76.4	97.8	1700	2200	3.00	229	261	1.5	235.2	254.9	1.5
61944		300	38	152	178	1600	2000	7.60	232	288	2.1	244.5	275.5	2.1
16044		340	37	181	216	1400	1800	11.5	232	328	2.1	262.5	297.6	2.1
6044		340	56	252	268	1400	1800	18.0	234	326	3	257.0	304.0	2.5
6244		400	65	355	365	1200	1600	36.5	238	382	3	282.0	336.0	4
61848	240	300	28	83.5	108	1500	1900	4.50	250	290	2	259.0	282.0	2
61948		320	38	142	178	1400	1800	8.2	252	308	2.1	266.0	294.0	2.1
16048		360	37	172	210	1200	1600	14.5	252	348	2.1	281.0	319.0	2.1
6048		360	56	270	292	1200	1600	20.0	254	346	3	277.0	324.0	2.5
6248		440	72	358	467	1000	1400	53.9	258	422	3	308.0	373.0	4
61852	260	320	28	95	128	1300	1700	4.85	270	310	2	279.0	302.0	2
61952		360	46	210	268	1200	1600	13.70	272	348	2.1	292.0	328.0	2.1
16052		400	44	235	310	1100	1500	22.5	274	386	2.5	306.0	354.0	3
6052		400	65	292	372	1100	1500	28.80	278	382	3	304.0	357.0	4
61856	280	350	33	135	178	1100	1500	7.4	290	340	2	302.0	329.0	2
61956		380	46	210	268	1000	1400	15.0	292	368	2.1	312.0	349.0	2.1
6056		420	65	305	408	950	1300	32.10	298	402	3	324.0	376.0	4
61860	300	380	38	162	222	1000	1400	11.0	312	368	2.1	326.0	356.0	2.1
61960		420	56	270	370	950	1300	21.10	314	406	2.5	338.0	382.0	3
61864	320	400	38	168	235	950	1300	11.80	332	388	2.1	346.0	375.0	2.1
61964		440	56	275	392	900	1200	23.0	334	426	2.5	358.0	402.0	3
6064		480	74	345	510	850	1100	48.4	338	462	3	370.0	431.0	4
61968	340	460	56	292	418	850	1100	27.0	354	446	2.5	378.0	422.0	3
6072	360	540	82	400	622	750	950	68.0	382	518	4	416.0	485.0	5
61876	380	480	46	235	348	800	1000	20.5	392	468	2.1	412.0	449.0	2.1
6080	400	600	90	512	868	630	800	89.4	422	478	4	462.0	536.0	5
61892	460	580	56	322	538	600	750	36.28	474	566	2.5	498.0	542.0	3
619/500	500	670	78	445	808	500	630	79.50	522	648	4	555.0	615.0	5
60/500		720	100	625	1178	450	560	117.00	528	692	5	568.0	650.0	6

表 7-5-3　　**带防尘盖的深沟球轴承**（GB/T 276—2013）

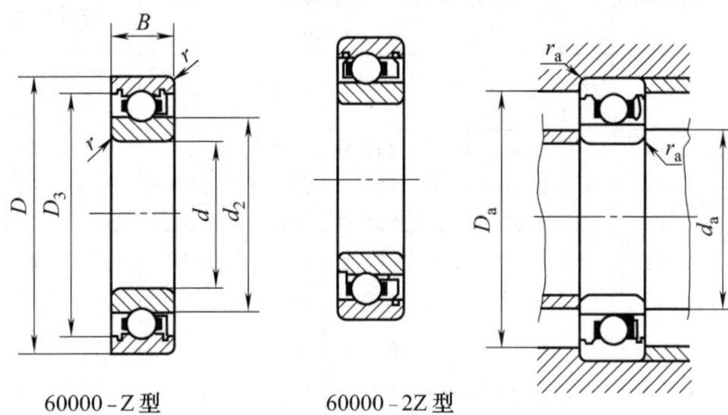

60000-Z 型　　60000-2Z 型

轴承型号		基本尺寸/mm			基本额定载荷/kN		极限转速/r·min^{-1}		质量/kg	安装尺寸/mm			其他尺寸/mm		
60000-Z 型	60000-2Z 型	d	D	B	C_r	C_{0r}	脂	油	W ≈	d_a min	D_a max	r_a max	d_2 ≈	D_3 ≈	r min
619/3-Z	619/3-2Z	3	8	3	0.45	0.15	38000	48000	0.0008	4.2	6.8	0.15	4.5	—	0.15
623-Z	623-2Z		10	4	0.65	0.22	38000	48000	0.002	4.2	8.8	0.15	5.2	8.2	0.15
628/4-Z	628/4-2Z	4	9	3.5	0.55	0.18	38000	48000	0.0008	4.8	8.2	0.1	5.52	—	0.1
619/4-Z	619/4-2Z		11	4	0.95	0.35	36000	45000	0.002	5.2	9.8	0.15	5.9	—	0.15
624-Z	624-2Z		13	5	1.15	0.40	36000	45000	0.0003	5.6	11.4	0.2	6.7	11.2	0.2
634-Z	634-2Z		16	5	1.88	0.68	32000	40000	0.005	6.4	13.6	0.3	8.4	13.3	0.3
619/5-Z	619/5-2Z	5	13	4	1.08	0.42	34000	43000	0.0025	6.6	11.4	0.2	7.35	—	0.2
605-Z	605-2Z		14	5	1.05	0.50	30000	38000	0.0045	6.6	12.4	0.2	7.35	—	0.2
625-Z	625-2Z		16	5	1.88	0.68	32000	40000	0.004	7.4	13.6	0.3	8.4	13.3	0.3
635-Z	635-2Z		19	6	2.80	1.02	28000	36000	0.008	7.4	16.6	0.3	10.7	16.5	0.3
628/6-Z	628/6-2Z	6	13	5	1.08	0.42	34000	43000	0.0021	7.2	11.8	0.15	7.9	—	0.15
619/6-Z	619/6-2Z		15	5	1.48	0.60	32000	40000	0.0045	7.6	13.4	0.2	8.6	—	0.2
606-Z	606-2Z		17	6	1.95	0.72	30000	38000	0.006	8.4	14.6	0.3	9.0	—	0.3
626-Z	626-2Z		19	6	2.80	1.05	28000	36000	0.008	8.4	16.6	0.3	10.7	16.5	0.3
628/7-Z	628/7-2Z	7	14	5	1.18	0.50	32000	40000	0.0024	8.2	12.8	0.15	—	—	0.15
619/7-Z	619/7-2Z		17	5	2.02	0.80	30000	38000	0.0057	9.4	15.2	0.3	—	—	0.3
607-Z	607-2Z		19	6	2.88	1.08	28000	36000	0.007	9.4	16.6	0.3	10.7	16.5	0.3
627-Z	627-2Z		22	7	3.28	1.35	26000	34000	0.014	9.4	19.6	0.3	11.8	19	0.3
628/8-Z	628/8-2Z	8	16	5	1.32	0.65	30000	38000	0.004	9.6	14.4	0.2	—	—	0.2
619/8-Z	619/8-2Z		19	6	2.25	0.92	28000	36000	0.0085	10.4	16.6	0.3	—	—	0.3
608-Z	608-2Z		22	7	2.32	1.38	26000	34000	0.015	10.4	19.6	0.3	11.8	19	0.3
628-Z	628-2Z		24	8	3.35	1.40	24000	32000	0.016	10.4	21.6	0.3	—	—	0.3
628/9-Z	628/9-2Z	9	17	5	1.60	0.72	28000	36000	0.0042	10.6	15.4	0.2	—	—	0.2
619/9-Z	619/9-2Z		20	6	2.48	1.08	27000	34000	0.0092	11.4	17.6	0.3	—	—	0.3
609-Z	609-2Z		24	7	3.35	1.40	22000	30000	0.016	11.4	21.6	0.3	14.2	21.2	0.3
629-Z	629-2Z		26	8	4.45	1.95	22000	30000	0.019	11.4	23.6	0.3	14.4	22.6	0.3
61800-Z	61800-2Z	10	19	5	1.80	0.93	28000	36000	0.005	12.0	17	0.3	12.6	17.3	0.3
62800-Z	62800-2Z		19	6	1.6	0.75	26000	34000	0.0063	12.0	17	0.3	12.6	16.4	0.3
61900-Z	61900-2Z		22	6	2.70	1.30	25000	32000	0.011	12.4	20	0.3	13.5	19.4	0.3
62900-Z	62900-2Z		22	8	2.70	1.30	25000	32000	0.008	12.4	20	0.3	13.5	18.5	0.3
6000-Z	6000-2Z		26	8	4.58	1.98	22000	30000	0.015	12.4	23.6	0.3	14.9	22.6	0.3
6200-Z	6200-2Z		30	9	5.10	2.38	20000	26000	0.030	15.0	26.0	0.6	17.4	25.2	0.6
6300-Z	6300-2Z		35	11	7.65	3.48	18000	24000	0.050	15.0	30.0	0.6	19.4	29.5	0.6

续表

轴承型号		基本尺寸/mm			基本额定载荷/kN		极限转速/$r\cdot min^{-1}$		质量/kg	安装尺寸/mm			其他尺寸/mm		
60000-Z型	60000-2Z型	d	D	B	C_r	C_{0r}	脂	油	W ≈	d_a min	D_a max	r_a max	d_2 ≈	D_3 ≈	r min
61801-Z	61801-2Z	12	21	5	1.90	1.00	24000	32000	0.005	14.0	19	0.3	14.6	19.3	0.3
61901-Z	61901-2Z		24	6	2.90	1.50	22000	28000	0.008	14.4	22	0.3	15.5	21.5	0.3
6001-Z	6001-2Z		28	8	5.10	2.38	20000	26000	0.022	14.4	25.6	0.3	17.4	24.8	0.3
6201-Z	6201-2Z		32	10	6.82	3.05	19000	24000	0.040	17.0	28	0.6	18.3	28.0	0.6
6301-Z	6301-2Z		37	12	9.72	5.08	17000	22000	0.060	18.0	32	1	19.3	31.6	1
61802-Z	61802-2Z	15	24	5	2.10	1.30	22000	30000	0.005	17	22	0.3	17.6	22.3	0.3
61902-Z	61902-2Z		28	7	4.30	2.30	20000	26000	0.012	17.4	26	0.3	18.3	25.6	0.3
6002-Z	6002-2Z		32	9	5.58	2.85	19000	24000	0.030	17.4	29.6	0.3	20.4	28.5	0.3
6202-Z	6202-2Z		35	11	7.65	3.72	18000	22000	0.040	20.0	32	0.6	21.6	31.3	0.6
6302-Z	6302-2Z		42	13	11.5	5.42	16000	20000	0.080	21.0	37	1	24.3	36.6	1
61803-Z	61803-2Z	17	26	5	2.20	1.5	20000	28000	0.007	19.0	24	0.3	19.6	24.3	0.3
61903-Z	61903-2Z		30	7	4.60	2.6	19000	24000	0.014	19.4	28	0.3	20.3	27.6	0.3
6003-Z	6003-2Z		35	10	6.00	3.25	17000	21000	0.040	19.4	32.6	0.3	22.9	31.0	0.3
6203-Z	6203-2Z		40	12	9.58	4.78	16000	20000	0.060	22.0	36	0.6	24.6	35.3	0.6
6303-Z	6303-2Z		47	14	13.5	6.58	15000	18000	0.110	23.0	41.0	1	26.8	40.1	1
61804-Z	61804-2Z	20	32	7	3.50	2.20	18000	24000	0.015	22.4	30	0.3	23.5	29.7	0.3
61904-Z	61904-2Z		37	9	6.40	3.70	17000	22000	0.031	22.4	34.6	0.3	25.2	32.9	0.3
6004-Z	6004-2Z		42	12	9.38	5.02	16000	19000	0.070	25.0	38	0.6	26.9	37.0	0.6
6204-Z	6204-2Z		47	14	12.8	6.65	14000	18000	0.10	26.0	42	1	29.3	41.6	1
6304-Z	6304-2Z		52	15	15.8	7.88	13000	16000	0.140	27.0	45.0	1	29.8	44.4	1.1
61805-Z	61805-2Z	25	37	7	4.3	2.90	16000	20000	0.017	27.4	35	0.3	28.2	34.9	0.3
61905-Z	61905-2Z		42	9	7.0	4.50	14000	18000	0.038	27.4	40	0.3	30.2	37.9	0.3
6005-Z	6005-2Z		47	12	10.0	5.85	13000	17000	0.080	30	43	0.6	31.9	42.0	0.6
6205-Z	6205-2Z		52	15	14.0	7.88	12000	15000	0.120	31	47	1	33.8	46.4	1
6305-Z	6305-2Z		62	17	22.2	11.5	10000	14000	0.220	32	55	1	36.0	53.2	1.1
61806-Z	61806-2Z	30	42	7	4.70	3.60	13000	17000	0.019	32.4	40	0.3	33.2	39.9	0.3
61906-Z	61906-2Z		47	9	7.20	5.00	12000	16000	0.043	32.4	44.6	0.3	35.2	42.9	0.3
6006-Z	6006-2Z		55	13	13.2	8.30	11000	14000	0.120	36	50.0	1	38.4	49.9	1
6206-Z	6206-2Z		62	16	19.5	11.5	9500	13000	0.190	36	56	1	40.8	54.4	1
6306-Z	6306-2Z		72	19	27.0	15.2	9000	11000	0.350	37	65	1	44.8	61.4	1.1
61807-Z	61807-2Z	35	47	7	4.90	4.00	11000	15000	0.023	37.4	45	0.3	38.2	44.9	0.3
61907-Z	61907-2Z		55	10	9.50	6.80	10000	13000	0.078	40	51	0.6	41.1	50.3	0.6
6007-Z	6007-2Z		62	14	16.2	10.5	9500	12000	0.160	41	56	1	43.3	55.9	1
6207-Z	6207-2Z		72	17	25.5	15.2	8500	11000	0.270	42	65	1	46.8	62.4	1.1
6307-Z	6307-2Z		80	21	33.4	19.2	8000	9500	0.420	44	71	1.5	50.4	68.8	1.5
61808-Z	61808-2Z	40	52	7	5.10	4.40	10000	13000	0.026	42.4	50	0.3	43.2	49.9	0.3
61908-Z	61908-2Z		62	12	13.7	9.90	9500	12000	0.103	45	58	0.6	46.3	57.1	0.6
6008-Z	6008-2Z		68	15	17.0	11.8	9000	11000	0.190	46	62	1	48.8	61.4	1
6208-Z	6208-2Z		80	18	29.5	18.0	8000	10000	0.370	47	73	1	52.8	69.4	1.1
6308-Z	6308-2Z		90	23	40.8	24.0	7000	8500	0.630	49	81	1.5	56.5	77.0	1.5
61809-Z	61809-2Z	45	58	7	6.40	5.60	9000	12000	0.030	47.4	56	0.3	48.3	55.8	0.3
61909-Z	61909-2Z		68	12	14.1	10.90	8500	11000	0.123	50	63	0.6	51.8	62.6	0.6
6009-Z	6009-2Z		75	16	21.0	14.8	8000	10000	0.230	51	69	1	54.2	68.1	1
6209-Z	6209-2Z		85	19	31.5	20.5	7000	9000	0.420	52	78	1	58.8	75.7	1.1
6309-Z	6309-2Z		100	25	52.8	31.8	6300	7500	0.830	54	91	1.5	63.0	86.5	1.5

续表

轴承型号		基本尺寸/mm			基本额定载荷/kN		极限转速/r·min^{-1}		质量/kg	安装尺寸/mm			其他尺寸/mm		
60000-Z 型	60000-2Z 型	d	D	B	C_r	C_{0r}	脂	油	W ≈	d_a min	D_a max	r_a max	d_2 ≈	D_3 ≈	r min
61810-Z	61810-2Z	50	65	7	6.6	6.1	8500	10000	0.043	52.4	62.6	0.3	54.3	61.8	0.3
61910-Z	61910-2Z		72	12	14.5	11.7	8000	9500	0.122	55	68	0.6	56.3	67.1	0.6
6010-Z	6010-2Z		80	16	22.0	16.2	7000	9000	0.280	56	74	1	59.2	73.1	1
6210-Z	6210-2Z		90	20	35.0	23.2	6700	8500	0.470	57	83	1	62.4	80.1	1.1
6310-Z	6310-2Z		110	27	61.8	38.0	6000	7000	1.080	60	100	2	69.1	94.4	2
61811-Z	61811-2Z	55	72	9	9.1	8.4	8000	9500	0.070	57.4	69.6	0.3	60.2	68.3	0.3
61911-Z	61911-2Z		80	13	15.9	13.2	7500	9000	0.170	61	75	1	62.9	73.6	1
6011-Z	6011-2Z		90	18	30.2	21.8	7000	8500	0.380	62	83	1	65.4	82.2	1.1
6211-Z	6211-2Z		100	21	43.2	29.2	6000	7500	0.580	64	91	1.5	68.9	88.6	1.5
6311-Z	6311-2Z		120	29	71.5	44.8	5600	6700	1.370	65	110	2	76.1	103.4	2
61812-Z	61812-2Z	60	78	10	9.1	8.7	7000	8500	0.093	62.4	75.6	0.3	66.2	74.6	0.3
61912-Z	61912-2Z		85	13	16.4	14.2	6700	8000	0.181	66	80	1	67.9	78.6	1
6012-Z	6012-2Z		95	18	31.5	24.2	6300	7500	0.390	67	89	1	71.4	88.2	1.1
6212-Z	6212-2Z		110	22	47.8	32.8	5600	7000	0.770	69	101	1.5	76.0	96.5	1.5
6312-Z	6312-2Z		130	31	81.8	51.8	5000	6000	1.710	72	118	2.1	81.7	111.1	2.1
61813-Z	61813-2Z	65	85	10	11.9	11.5	6700	8000	0.130	69	81	0.6	71.1	80.6	0.6
61913-Z	61913-2Z		90	13	17.4	16.0	6300	7500	0.196	71	85	1	72.9	83.6	1
6013-Z	6013-2Z		100	18	32.0	24.8	6000	7000	0.420	72	93	1	75.3	92.2	1.1
6213-Z	6213-2Z		120	23	57.2	40.0	5000	6300	0.980	74	111	1.5	82.5	105.0	1.5
6313-Z	6313-2Z		140	33	93.8	60.5	4500	5300	2.090	77	128	2.1	88.1	119.7	2.1
61814-Z	61814-2Z	70	90	10	12.1	11.9	6300	7500	0.138	74	86	0.6	76.1	85.6	0.6
61914-Z	61914-2Z		100	16	23.7	21.1	6000	7000	0.336	76	95	1	79.3	92.6	1
6014-Z	6014-2Z		110	20	38.5	30.5	5600	6700	0.570	77	103	1	82.0	100.5	1.1
6214-Z	6214-2Z		125	24	60.8	45.0	4800	6000	1.040	79	116	1.5	89.0	111.8	1.5
6314-Z	6314-2Z		150	35	105	68.0	4300	5000	2.60	82	138	2.1	94.8	128.0	2.1
61815-Z	61815-2Z	75	95	10	12.5	12.8	6000	7000	0.147	79	91	0.6	81.1	90.6	0.6
61915-Z	61915-2Z		105	16	24.3	22.5	5600	6700	0.355	81	100	1	84.3	97.6	1
6015-Z	6015-2Z		115	20	40.2	33.2	5300	6300	0.640	82	108	1	88.0	106.5	1.1
6215-Z	6215-2Z		130	25	66.0	49.5	4500	5600	1.180	84	121	1.5	94.0	117.8	1.5
6315-Z	6315-2Z		160	37	113	76.8	4000	4800	3.050	87	148	2.1	101.3	136.5	2.1
61816-Z	61816-2Z	80	100	10	12.7	13.3	5600	6700	0.155	84	96	0.6	86.1	95.6	0.6
61916-Z	61916-2Z		110	16	24.9	23.9	5300	6300	0.375	86	105	1	89.3	102.6	1
6016-Z	6016-2Z		125	22	47.5	39.8	5000	6000	0.830	87	118	1	95.2	115.6	1.1
6216-Z	6216-2Z		140	26	71.5	54.2	4300	5300	1.380	90	130	2	100.0	124.8	2
6316-Z	6316-2Z		170	39	123	86.5	3800	4500	3.620	92	158	2.1	107.9	144.9	2.1
61817-Z	61817-2Z	85	110	13	19.2	19.8	5000	6300	0.245	90	105	1	92.5	104.4	1
61917-Z	61917-2Z		120	18	31.9	29.7	4800	6000	0.507	92	113.5	1	95.8	111.1	1.1
6017-Z	6017-2Z		130	22	50.8	42.8	4500	5600	0.860	92	123	1	99.4	120.4	1.1
6217-Z	6217-2Z		150	28	83.2	63.8	4000	5000	1.750	95	140	2	107.1	133.7	2
6317-Z	6317-2Z		180	41	132	96.5	3600	4300	4.270	99	166	2.5	114.4	153.4	3
61818-Z	61818-2Z	90	115	13	19.5	20.5	4800	6000	0.258	95	110	1	97.5	109.4	1
61918-Z	61918-2Z		125	18	32.8	31.5	4500	5600	0.533	97	118.5	1	100.8	116.1	1.1
6018-Z	6018-2Z		140	24	50.8	49.8	4300	5300	1.10	99	131	1.5	107.2	129.6	1.5
6218-Z	6218-2Z		160	30	95.8	71.5	3800	4800	2.20	100	150	2	111.7	141.1	2

续表

轴承型号		基本尺寸/mm			基本额定载荷/kN		极限转速/r·min⁻¹		质量/kg	安装尺寸/mm			其他尺寸/mm		
60000-Z型	60000-2Z型	d	D	B	C_r	C_{0r}	脂	油	W ≈	d_a min	D_a max	r_a max	d_2 ≈	D_3 ≈	r min
61819-Z	61819-2Z	95	120	13	19.8	21.3	4500	5600	0.27	100	115	1	102.5	114.4	1
61919-Z	61919-2Z		130	18	33.7	33.3	4300	5300	0.558	102	124	1	105.8	121.1	1.1
6019-Z	6019-2Z		145	24	57.8	50.0	4000	5000	1.14	104	136	1.5	110.2	132.6	1.5
6219-Z	6219-2Z		170	32	110	82.8	3600	4500	2.62	107	158	2.1	118.1	149.7	2.1
61820-Z	61820-2Z	100	125	13	20.1	22.0	4300	5300	0.283	105	120	1	107.5	119.4	1
61920-Z	61920-2Z		140	20	42.7	41.9	4000	5000	0.774	107	133	1	112.3	130.1	1.1
6020-Z	6020-2Z		150	24	64.5	56.2	3800	4800	1.25	109	141	1.5	114.6	138.2	1.5
6220-Z	6220-2Z		180	34	122	92.8	3400	4300	3.20	112	168	2.1	124.8	158.0	2.1
61821-Z	61821-2Z	105	130	13	20.3	22.7	4000	5000	0.295	110	125	1	112.5	124.4	1
61921-Z	61921-2Z		145	20	43.9	44.3	3800	4800	0.808	112	138	1	117.3	135.1	1.1
6021-Z	6021-2Z		160	26	71.8	63.2	3600	4500	1.52	115	150	2	121.5	146.4	2
61822-Z	61822-2Z	110	140	16	28.1	30.7	3800	5000	0.496	115	135	1	119.3	133.0	1
61922-Z	61922-2Z		150	20	43.6	44.4	3600	4500	0.835	117	143	1	122.3	140.1	1.1
6022-Z	6022-2Z		170	28	81.8	72.8	3400	4300	1.87	120	160	2	129.1	155.7	2
61824-Z	61824-2Z	120	150	16	28.9	32.9	3400	4300	0.536	125	145	1	129.3	143.0	1
61924-Z	61924-2Z		165	22	55.0	56.9	3200	4000	1.131	127	158	1	133.7	153.6	1.1
6024-Z	6024-2Z		180	28	87.5	79.2	3000	3800	2.00	130	170	2	137.7	165.2	2
61826-Z	61826-2Z	130	165	18	37.9	42.9	3200	4000	0.736	137	158	1	140.8	156.5	1.1
61926-Z	61926-2Z		180	24	65.1	67.2	3000	3800	1.496	139	171	1.5	145.2	167.1	1.5
61828-Z	61828-2Z	140	175	18	38.2	44.3	3000	3800	0.784	147	168	1	150.8	166.5	1.1

表 7-5-4 带密封圈的深沟球轴承（GB/T 276—2013）

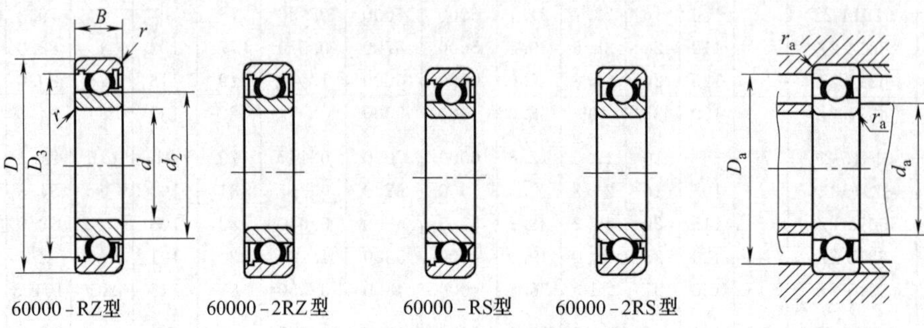

60000-RZ型 60000-2RZ型 60000-RS型 60000-2RS型

轴承型号		基本尺寸/mm			基本额定载荷/kN		极限转速/r·min⁻¹		质量/kg	安装尺寸/mm			其他尺寸/mm		
60000-RZ型 60000-RS型	60000-2RZ型 60000-2RS型	d	D	B	C_r	C_{0r}	脂	油	W ≈	d_a min	D_a max	r_a max	d_2 ≈	D_3 ≈	r min
61800-RS	61800-2RS	10	19	5	1.80	0.93	21000	—	0.005	12.0	17	0.3	12.6	17.3	0.3
61800-RZ	61800-2RZ		19	5	1.80	0.93	28000	36000	0.005	12.0	17	0.3	12.6	17.3	0.3
61900-RS	61900-2RS		22	6	2.70	1.30	19000	—	0.008	12.4	20	0.3	13.5	19.4	0.3
61900-RZ	61900-2RZ		22	6	2.70	1.30	25000	32000	0.008	12.4	20	0.3	13.5	19.4	0.3
6000-RS	6000-2RS		26	8	4.58	1.98	15000	—	0.019	12.4	23.6	0.3	14.9	22.6	0.3
6000-RZ	6000-2RZ		26	8	4.58	1.98	22000	28000	0.019	12.4	23.6	0.3	14.9	22.6	0.3
6200-RS	6200-2RS		30	9	5.10	2.38	14000	—	0.032	15.0	26.0	0.6	17.4	25.4	0.6
6200-RZ	6200-2RZ		30	9	5.10	2.38	20000	26000	0.032	15.0	26.0	0.6	17.4	25.4	0.6
6300-RS	6300-2RS		35	11	7.65	3.48	12000	—	0.053	15.0	30.0	0.6	19.4	29.5	0.6
6300-RZ	6300-2RZ		35	11	7.65	3.48	18000	24000	0.053	15.0	30.0	0.6	19.4	29.5	0.6

续表

轴承型号		基本尺寸/mm			基本额定载荷/kN		极限转速/r·min^{-1}		质量/kg	安装尺寸/mm			其他尺寸/mm		
60000-RZ 型 60000-RS 型	60000-2RZ 型 60000-2RS 型	d	D	B	C_r	C_{0r}	脂	油	W ≈	d_a min	D_a max	r_a max	d_2 ≈	D_3 ≈	r min
61801-RS	61801-2RS	12	21	5	1.90	1.00	18000	—	0.007	14.0	19	0.3	14.6	19.3	0.3
61801-RZ	61801-2RZ		21	5	1.90	1.00	24000	32000	0.007	14.0	19	0.3	14.6	19.3	0.3
61901-RS	61901-2RS		24	6	2.90	1.50	17000	—	0.013	14.4	22	0.3	15.5	21.5	0.3
61901-RZ	61901-2RZ		24	6	2.90	1.50	22000	28000	0.013	14.4	22	0.3	15.5	21.5	0.3
6001-RS	6001-2RS		28	8	5.10	2.38	14000	—	0.020	14.4	25.6	0.3	17.4	24.8	0.3
6001-RZ	6001-2RZ		28	8	5.10	2.38	20000	26000	0.020	14.4	25.6	0.3	17.4	24.8	0.3
6201-RS	6201-2RS		32	10	6.82	3.05	13000	—	0.040	17.0	28	0.6	18.3	28.0	0.6
6201-RZ	6201-2RZ		32	10	6.82	3.05	19000	24000	0.040	17.0	28	0.6	18.3	28.0	0.6
6301-RS	6301-2RS		37	12	9.72	5.08	12000	—	0.060	18.0	32	1	19.3	31.6	1
6301-RZ	6301-2RZ		37	12	9.72	5.08	17000	22000	0.060	18.0	32	1	19.3	31.6	1
61802-RS	61802-2RS	15	24	5	2.10	1.30	17000	—	0.005	17	22	0.3	17.6	22.3	0.3
61802-RZ	61802-2RZ		24	5	2.10	1.30	22000	30000	0.005	17	22	0.3	17.6	22.3	0.3
61902-RS	61902-2RS		28	7	4.30	2.30	15000	—	0.012	17.4	26	0.3	18.3	25.6	0.3
61902-RZ	61902-2RZ		28	7	4.30	2.30	20000	26000	0.012	17.4	26	0.3	18.3	25.6	0.3
6002-RS	6002-2RS		32	9	5.58	2.85	13000	—	0.030	17.4	29.6	0.3	20.4	28.5	0.3
6002-RZ	6002-2RZ		32	9	5.58	2.85	19000	24000	0.030	17.4	29.6	0.3	20.4	28.5	0.3
6202-RS	6202-2RS		35	11	7.65	3.72	12000	—	0.040	20.0	32	0.6	21.6	31.3	0.6
6202-RZ	6202-2RZ		35	11	7.65	3.72	18000	22000	0.040	20.0	32	0.6	21.6	31.3	0.6
6302-RS	6302-2RS		42	13	11.5	5.42	11000	—	0.080	21.0	37	1	24.3	36.6	1
6302-RZ	6302-2RZ		42	13	11.5	5.42	16000	20000	0.080	21.0	37	1	24.3	36.6	1
61803-RS	61803-2RS	17	26	5	2.20	1.5	15000	—	0.007	19.0	24	0.3	19.6	24.3	0.3
61803-RZ	61803-2RZ		26	5	2.20	1.5	20000	28000	0.007	19.0	24	0.3	19.6	24.3	0.3
61903-RS	61903-2RS		30	7	4.60	2.6	14000	—	0.014	19.4	28	0.3	20.3	27.6	0.3
61903-RZ	61903-2RZ		30	7	4.60	2.6	19000	24000	0.014	19.4	28	0.3	20.3	27.6	0.3
6003-RS	6003-2RS		35	10	6.00	3.25	12000	—	0.040	19.4	32.6	0.3	22.9	31.0	0.3
6003-RZ	6003-2RZ		35	10	6.00	3.25	17000	21000	0.040	19.4	32.6	0.3	22.9	31.0	0.3
6203-RS	6203-2RS		40	12	9.58	4.78	11000	—	0.060	22.0	36	0.6	24.6	35.3	0.6
6203-RZ	6203-2RZ		40	12	9.58	4.78	16000	20000	0.060	22.0	36	0.6	24.6	35.3	0.6
6303-RS	6303-2RS		47	14	13.5	6.58	10000	—	0.110	23.0	41.0	1	26.8	40.1	1
6303-RZ	6303-2RZ		47	14	13.5	6.58	15000	18000	0.110	23.0	41.0	1	26.8	40.1	1
61804-RS	61804-2RS	20	32	7	3.50	2.20	14000	—	0.015	22.4	30	0.3	23.5	29.7	0.3
61804-RZ	61804-2RZ		32	7	3.50	2.20	18000	24000	0.015	22.4	30	0.3	23.5	29.7	0.3
61904-RS	61904-2RS		37	9	6.40	3.70	13000	—	0.031	22.4	34.6	0.3	25.2	32.9	0.3
61904-RZ	61904-2RZ		37	9	6.40	3.70	17000	22000	0.031	22.4	34.6	0.3	25.2	32.9	0.3
6004-RS	6004-2RS		42	12	9.38	5.02	11000	—	0.070	25.0	38	0.6	26.9	37.0	0.6
6004-RZ	6004-2RZ		42	12	9.38	5.02	16000	19000	0.070	25.0	38	0.6	26.9	37.0	0.6
6204-RS	6204-2RS		47	14	12.8	6.65	9500	—	0.100	26.0	42	1	29.3	41.6	1
6204-RZ	6204-2RZ		47	14	12.8	6.65	14000	18000	0.100	26.0	42	1	29.3	41.6	1
6304-RS	6304-2RS		52	15	15.8	7.88	9000	—	0.140	27.0	45.0	1	29.8	44.4	1.1
6304-RZ	6304-2RZ		52	15	15.8	7.88	13000	16000	0.140	27.0	45.0	1	29.8	44.4	1.1
61805-RS	61805-2RS	25	37	7	4.3	2.90	12000	—	0.017	27.4	35	0.3	28.2	34.9	0.3
61805-RZ	61805-2RZ		37	7	4.3	2.90	16000	20000	0.017	27.4	35	0.3	28.2	34.9	0.3
61905-RS	61905-2RS		42	9	7.0	4.50	11000	—	0.038	27.4	40	0.3	30.2	37.9	0.3
61905-RZ	61905-2RZ		42	9	7.0	4.50	14000	18000	0.038	27.4	40	0.3	30.2	37.9	0.3
6005-RS	6005-2RS		47	12	10.0	5.85	9000	—	0.080	30	43	0.6	31.9	42.0	0.6
6005-RZ	6005-2RZ		47	12	10.0	5.85	13000	17000	0.080	30	43	0.6	31.9	42.0	0.6
6205-RS	6205-2RS		52	15	14.0	7.88	8000	—	0.120	31	47	1	33.8	46.4	1
6205-RZ	6205-2RZ		52	15	14.0	7.88	12000	15000	0.120	31	47	1	33.8	46.4	1
6305-RS	6305-2RS		62	17	22.2	11.5	6800	—	0.220	32	55	1	36.0	53.2	1.1
6305-RZ	6305-2RZ		62	17	22.2	11.5	10000	14000	0.220	32	55	1	36.0	53.2	1.1
61806-RS	61806-2RS	30	42	7	4.70	3.60	11000	—	0.019	32.4	40	0.3	33.2	39.9	0.3
61806-RZ	61806-2RZ		42	7	4.70	3.60	13000	17000	0.019	32.4	40	0.3	33.2	39.9	0.3
61906-RS	61906-2RS		47	9	7.20	5.00	9000	—	0.043	32.4	44.6	0.3	35.2	42.9	0.3

续表

轴承型号		基本尺寸/mm			基本额定载荷/kN		极限转速/r·min^{-1}		质量/kg	安装尺寸/mm			其他尺寸/mm		
60000-RZ型 60000-RS型	60000-2RZ型 60000-2RS型	d	D	B	C_r	C_{0r}	脂	油	W ≈	d_a min	D_a max	r_a max	d_2 ≈	D_3 ≈	r min
61906-RZ	61906-2RZ	30	47	9	7.20	5.00	12000	16000	0.043	32.4	44.6	0.3	35.2	42.9	0.3
6006-RS	6006-2RS		55	13	13.2	8.30	7500	—	0.120	36	50.0	1	38.4	49.9	1
6006-RZ	6006-2RZ		55	13	13.2	8.30	11000	14000	0.120	36	50.0	1	38.4	49.9	1
6206-RS	6206-2RS		62	16	19.5	11.5	6700	—	0.190	36	56	1	40.8	54.4	1
6206-RZ	6206-2RZ		62	16	19.5	11.5	9500	13000	0.190	36	56	1	40.8	54.4	1
6306-RS	6306-2RS		72	19	27.0	15.2	6000	—	0.350	37	65	1	44.8	61.4	1.1
6306-RZ	6306-2RZ		72	19	27.0	15.2	9000	11000	0.350	37	65	1	44.8	61.4	1.1
61807-RS	61807-2RS	35	47	7	4.90	4.00	9000	—	0.023	37.4	45	0.3	38.2	44.9	0.3
61807-RZ	61807-2RZ		47	7	4.90	4.00	11000	15000	0.023	37.4	45	0.3	38.2	44.9	0.3
61907-RS	61907-2RS		55	10	9.50	6.80	7500	—	0.078	40	51	0.6	41.1	50.3	0.6
61907-RZ	61907-2RZ		55	10	9.50	6.80	10000	13000	0.078	40	51	0.6	41.1	50.3	0.6
6007-RS	6007-2RS		62	14	16.2	10.5	6500	—	0.160	41	56	1	43.3	55.9	1
6007-RZ	6007-2RZ		62	14	16.2	10.5	9500	12000	0.160	41	56	1	43.3	55.9	1
6207-RS	6207-2RS		72	17	25.5	15.2	5800	—	0.270	42	65	1	46.8	62.4	1.1
6207-RZ	6207-2RZ		72	17	25.5	15.2	8500	11000	0.270	42	65	1	46.8	62.4	1.1
6307-RS	6307-2RS		80	21	33.4	19.2	5400	—	0.420	44	71	1.5	50.4	68.8	1.5
6307-RZ	6307-2RZ		80	21	33.4	19.2	8000	9500	0.420	44	71	1.5	50.4	68.8	1.5
61808-RS	61808-2RS	40	52	7	5.10	4.40	7500	—	0.026	42.4	50	0.3	43.2	49.9	0.3
61808-RZ	61808-2RZ		52	7	5.10	4.40	10000	13000	0.026	42.4	50	0.3	43.2	49.9	0.3
61908-RS	61908-2RS		62	12	13.7	9.90	7000	—	0.103	45	58	0.6	46.3	57.1	0.6
61908-RZ	61908-2RZ		62	12	13.7	9.90	9500	12000	0.103	45	58	0.6	46.3	57.1	0.6
6008-RS	6008-2RS		68	15	17.0	11.8	6000	—	0.190	46	62	1	48.8	61.4	1
6008-RZ	6008-2RZ		68	15	17.0	11.8	9000	11000	0.190	46	62	1	48.8	61.4	1
6208-RS	6208-2RS		80	18	29.5	18.0	5400	—	0.370	47	73	1	52.8	69.4	1.1
6208-RZ	6208-2RZ		80	18	29.5	18.0	8000	10000	0.370	47	73	1	52.8	69.4	1.1
6308-RS	6308-2RS		90	23	40.8	24.0	4800	—	0.630	49	81	1.5	56.5	77.0	1.5
6308-RZ	6308-2RZ		90	23	40.8	24.0	7000	8500	0.630	49	81	1.5	56.5	77.0	1.5
61809-RS	61809-2RS	45	58	7	6.40	5.60	6800	—	0.030	47.4	56	0.3	48.3	55.8	0.3
61809-RZ	61809-2RZ		58	7	6.40	5.60	9000	12000	0.030	47.4	56	0.3	48.3	55.8	0.3
61909-RS	61909-2RS		68	12	14.1	10.90	6400	—	0.123	50	63	0.6	51.8	62.6	0.6
61909-RZ	61909-2RZ		68	12	14.1	10.90	8500	11000	0.123	50	63	0.6	51.8	62.6	0.6
6009-RS	6009-2RS		75	16	21.0	14.8	5400	—	0.240	51	69	1	54.2	68.1	1
6009-RZ	6009-2RZ		75	16	21.0	14.8	8000	10000	0.240	51	69	1	54.2	68.1	1
6209-RS	6209-2RS		85	19	31.5	20.5	4800	—	0.420	52	78	1	58.8	75.7	1.1
6209-RZ	6209-2RZ		85	19	31.5	20.5	4300	9000	0.420	52	78	1	58.8	75.7	1.1
6309-RS	6309-2RS		100	25	52.8	31.8	6300	—	0.830	54	91	1.5	63.0	86.5	1.5
6309-RZ	6309-2RZ		100	25	52.8	31.8	6300	7500	0.830	54	91	1.5	63.0	86.5	1.5
61810-RS	61810-2RS	50	65	7	6.6	6.1	6400	—	0.043	52.4	62.6	0.3	54.3	61.8	0.3
61810-RZ	61810-2RZ		65	7	6.6	6.1	8500	10000	0.043	52.4	62.6	0.3	54.3	61.8	0.3
61910-RS	61910-2RS		72	12	14.5	11.7	6000	—	0.122	55	68	0.6	56.3	67.1	0.6
61910-RZ	61910-2RZ		72	12	14.5	11.7	8000	9500	0.122	55	68	0.6	56.3	67.1	0.6
6010-RS	6010-2RS		80	16	22.0	16.2	4800	—	0.280	56	74	1	59.2	80.1	1
6010-RZ	6010-2RZ		80	16	22.0	16.2	7000	9000	0.280	56	74	1	59.2	80.1	1
6210-RS	6210-2RS		90	20	35.0	23.2	4600	—	0.470	57	83	1	62.4	80.1	1.1
6210-RZ	6210-2RZ		90	20	35.0	23.2	6700	8500	0.470	57	83	1	62.4	80.1	1.1
6310-RS	6310-2RS		110	27	61.8	38.0	4100	—	1.080	60	100	2	69.1	94.4	2
6310-RZ	6310-2RZ		110	27	61.8	38.0	6000	7000	1.080	60	100	2	69.1	94.4	2
61811-RS	61811-2RS	55	72	9	9.1	8.4	6000	—	0.070	57.4	69.6	0.3	60.2	68.3	0.3
61811-RZ	61811-2RZ		72	9	9.1	8.4	8000	9500	0.070	57.4	69.6	0.3	60.2	68.3	0.3
61911-RS	61911-2RS		80	13	15.9	13.2	5600	—	0.170	61	75	1	62.9	73.6	1
61911-RZ	61911-2RZ		80	13	15.9	13.2	7500	9000	0.170	61	75	1	62.9	73.6	1
6011-RS	6011-2RS		90	18	30.2	21.8	4800	—	0.380	62	83	1	65.4	82.2	1.1
6011-RZ	6011-2RZ		90	18	30.2	21.8	7000	8500	0.380	62	83	1	65.4	82.2	1.1

续表

轴承型号		基本尺寸/mm			基本额定载荷/kN		极限转速/r·min^{-1}		质量/kg	安装尺寸/mm			其他尺寸/mm		
60000-RZ 型 60000-RS 型	60000-2RZ 型 60000-2RS 型	d	D	B	C_r	C_{0r}	脂	油	W ≈	d_a min	D_a max	r_a max	d_2 ≈	D_3 ≈	r min
6211-RS	6211-2RS	55	100	21	43.2	29.2	4100	—	0.580	64	91	1.5	68.9	88.6	1.5
6211-RZ	6211-2RZ		100	21	43.2	29.2	6000	7500	0.580	64	91	1.5	68.9	88.6	1.5
6311-RS	6311-2RS		120	29	71.5	44.8	3800	—	1.370	65	110	2	76.1	103.4	2
6311-RZ	6311-2RZ		120	29	71.5	44.8	5600	6700	1.370	65	110	2	76.1	103.4	2
61812-RS	61812-2RS	60	78	10	9.1	8.7	5300	—	0.093	62.4	75.6	0.3	66.2	74.6	0.3
61812-RZ	61812-2RZ		78	10	9.1	8.7	7000	8500	0.093	62.4	75.6	0.3	66.2	74.6	0.3
61912-RS	61912-2RS		85	13	16.4	14.2	5000	—	0.181	66	80	1	67.9	78.6	1
61912-RZ	61912-2RZ		85	13	16.4	14.2	6700	8000	0.181	66	80	1	67.9	78.6	1
6012-RS	6012-2RS		95	18	31.5	24.2	4300	—	0.410	67	89	1	71.4	88.2	1.1
6012-RZ	6012-2RZ		95	18	31.5	24.2	6300	7500	0.410	67	89	1	71.4	88.2	1.1
6212-RS	6212-2RS		110	22	47.8	32.8	3800	—	0.770	69	101	1.5	76.0	96.5	1.5
6212-RZ	6212-2RZ		110	22	47.8	32.8	5600	7000	0.770	69	101	1.5	76.0	96.5	1.5
6312-RS	6312-2RS		130	31	81.8	51.8	3400	—	1.710	72	118	2.1	81.7	111.1	2.1
6312-RZ	6312-2RZ		130	31	81.8	51.8	5000	6000	1.710	72	118	2.1	81.7	111.1	2.1
61813-RS	61813-2RS	65	85	10	11.9	11.5	5000	—	0.130	69	81	0.6	71.1	80.6	0.6
61813-RZ	61813-2RZ		85	10	11.9	11.5	6700	8000	0.130	69	81	0.6	71.1	80.6	0.6
61913-RS	61913-2RS		90	13	17.4	16.0	4700	—	0.196	71	85	1	72.9	83.6	1
61913-RZ	61913-2RZ		90	13	17.4	16.0	6300	7500	0.196	71	85	1	72.9	83.6	1
6013-RS	6013-2RS		100	18	32.0	24.8	4100	—	0.410	72	93	1	75.3	92.2	1.1
6013-RZ	6013-2RZ		100	18	32.0	24.8	6000	7000	0.410	72	93	1	75.3	92.2	1.1
6213-RS	6213-2RS		120	23	57.2	40.0	3400	—	0.980	74	111	1.5	82.5	105.0	1.5
6213-RZ	6213-2RZ		120	23	57.2	40.0	5000	6300	0.980	74	111	1.5	82.5	105.0	1.5
6313-RS	6313-2RS		140	33	93.8	60.5	3000	—	2.090	77	128	2.1	88.1	119.7	2.1
6313-RZ	6313-2RZ		140	33	93.8	60.5	4500	5300	2.090	77	128	2.1	88.1	119.7	2.1
61814-RS	61814-2RS	70	90	10	12.1	11.9	4700	—	0.138	74	86	0.6	76.1	85.6	0.6
61814-RZ	61814-2RZ		90	10	12.1	11.9	6300	7500	0.138	74	86	0.6	76.1	85.6	0.6
61914-RS	61914-2RS		100	16	23.7	21.1	4500	—	0.336	76	95	1	79.3	92.6	1
61914-RZ	61914-2RZ		100	16	23.7	21.1	6000	7000	0.336	76	95	1	79.3	92.6	1
6014-RS	6014-2RS		110	20	38.5	30.5	3800	—	0.60	77	103	1	82.0	100.5	1.1
6014-RZ	6014-2RZ		110	20	38.5	30.5	5600	6700	0.60	77	103	1	82.0	100.5	1.1
6214-RS	6214-2RS		125	24	60.8	45.0	3300	—	1.04	79	116	1.5	89.0	111.8	1.5
6214-RZ	6214-2RZ		125	24	60.8	45.0	4800	6000	1.04	79	116	1.5	89.0	111.8	1.5
6314-RS	6314-2RS		150	35	105	68.0	2900	—	2.60	82	138	2.1	94.8	128.0	2.1
6314-RZ	6314-2RZ		150	35	105	68.0	4300	5000	2.60	82	138	2.1	94.8	128.0	2.1
61815-RS	61815-2RS	75	95	10	12.5	12.8	4500	—	0.147	79	91	0.6	81.1	90.6	0.6
61815-RZ	61815-2RZ		95	10	12.5	12.8	6000	7000	0.147	79	91	0.6	81.1	90.6	0.6
61915-RS	61915-2RS		105	16	24.3	22.5	4200	—	0.355	81	100	1	84.3	97.6	1
61915-RZ	61915-2RZ		105	16	24.3	22.5	5600	6700	0.355	81	100	1	84.3	97.6	1
6015-RS	6015-2RS		115	20	40.2	33.2	3600	—	0.64	82	108	1	88.0	106.5	1.1
6015-RZ	6015-2RZ		115	20	40.2	33.2	5300	6300	0.64	82	108	1	88.0	106.5	1.1
6215-RS	6215-2RS		130	25	66.0	49.5	3000	—	1.18	84	121	1.5	94.0	117.8	1.5
6215-RZ	6215-2RZ		130	25	66.0	49.5	4500	5600	1.18	84	121	1.5	94.0	117.8	1.5
6315-RS	6315-2RS		160	37	113	76.8	2800	—	3.0	87	148	2.1	101.3	136.5	2.1
6315-RZ	6315-2RZ		160	37	113	76.8	4000	4800	3.0	87	148	2.1	101.3	136.5	2.1
61816-RS	61816-2RS	80	100	10	12.7	13.3	4200	—	0.155	84	96	0.6	86.1	95.6	0.6
61816-RZ	61816-2RZ		100	10	12.7	13.3	5600	6700	0.155	84	96	0.6	86.1	95.6	0.6
61916-RS	61916-2RS		110	16	24.9	23.9	4000	—	0.375	86	105	1	89.3	102.6	1
61916-RZ	61916-2RZ		110	16	24.9	23.9	5300	6300	0.375	86	105	1	89.3	102.6	1
6016-RS	6016-2RS		125	22	47.5	39.8	3400	—	1.05	87	118	1	95.2	115.6	1.1
6016-RZ	6016-2RZ		125	22	47.5	39.8	5000	6000	1.05	87	118	1	95.2	115.6	1.1
6216-RS	6216-2RS		140	26	71.5	54.2	2900	—	1.38	90	130	2	100.0	124.8	2
6216-RZ	6216-2RZ		140	26	71.5	54.2	4300	5300	1.38	90	130	2	100.0	124.8	2
6316-RS	6316-2RS		170	39	123	86.5	2600	—	3.62	92	158	2.1	107.9	144.9	2.1
6316-RZ	6316-2RZ		170	39	123	86.5	3800	4500	3.62	92	158	2.1	107.9	144.9	2.1

续表

轴承型号		基本尺寸/mm			基本额定载荷/kN		极限转速/r·min^{-1}		质量/kg	安装尺寸/mm			其他尺寸/mm		
60000-RZ型 60000-RS型	60000-2RZ型 60000-2RS型	d	D	B	C_r	C_{0r}	脂	油	W ≈	d_a min	D_a max	r_a max	d_2 ≈	D_3 ≈	r min
61817-RS	61817-2RS	85	110	13	19.2	19.8	3800	—	0.245	90	105	1	92.5	104.4	1
61817-RZ	61817-2RZ		110	13	19.2	19.8	5000	6300	0.245	90	105	1	92.5	104.4	1
61917-RS	61917-2RS		120	18	31.9	29.7	3600	—	0.507	92	113.5	1	95.8	111.1	1.1
61917-RZ	61917-2RZ		120	18	31.9	29.7	4800	6000	0.507	92	113.5	1	95.8	111.1	1.1
6017-RS	6017-2RS		130	22	50.8	42.8	3200	—	1.10	92	123	1	99.4	120.4	1.1
6017-RZ	6017-2RZ		130	22	50.8	42.8	4500	5600	1.10	92	123	1	99.4	120.4	1.1
6217-RS	6217-2RS		150	28	83.2	63.8	2800	—	1.75	95	140	2	107.1	133.7	2
6217-RZ	6217-2RZ		150	28	83.2	63.8	4000	5000	1.75	95	140	2	107.1	133.7	2
6317-RS	6317-2RS		180	41	132	96.5	2400	—	4.27	99	166	2.5	114.4	153.4	3
6317-RZ	6317-2RZ		180	41	132	96.5	3600	4300	4.27	99	166	2.5	114.4	153.4	3
61818-RS	61818-2RS	90	115	13	19.5	20.5	3600	—	0.258	95	110	1	97.5	109.4	1
61818-RZ	61818-2RZ		115	13	19.5	20.5	4800	6000	0.258	95	110	1	97.5	109.4	1
61918-RS	61918-2RS		125	18	32.8	31.5	3400	—	0.533	97	118.5	1	100.8	116.1	1.1
61918-RZ	61918-2RZ		125	18	32.8	31.5	4500	5600	0.533	97	118.5	1	100.8	116.1	1.1
6018-RS	6018-2RS		140	24	50.8	49.8	3000	—	1.16	99	131	1.5	107.2	129.6	1.5
6018-RZ	6018-2RZ		140	24	50.8	49.8	4300	5300	1.16	99	131	1.5	107.2	129.6	1.5
6218-RS	6218-2RS		160	30	95.8	71.5	2600	—	2.18	100	150	2	111.7	141.1	2
6218-RZ	6218-2RZ		160	30	95.8	71.5	3800	4800	2.18	100	150	2	111.7	141.1	2
6318-RS	6318-2RS		190	43	145	108	2200	—	4.96	104	176	2.5	120.8	164.0	3
6318-RZ	6318-2RZ		190	43	145	108	3400	4000	4.96	104	176	2.5	120.8	164.0	3
61819-RS	61819-2RS	95	120	13	19.8	21.3	3400	—	0.27	100	115	1	102.5	114.4	1
61819-RZ	61819-2RZ		120	13	19.8	21.3	4500	5600	0.27	100	115	1	102.5	114.4	1
61919-RS	61919-2RS		130	18	33.7	33.3	3200	—	0.558	102	124	1	105.8	121.1	1.1
61919-RZ	61919-2RZ		130	18	33.7	33.3	4300	5300	0.558	102	124	1	105.8	121.1	1.1
6019-RS	6019-2RS		145	24	57.8	50.0	2800	—	1.21	104	136	1.5	110.2	132.6	1.5
6019-RZ	6019-2RZ		145	24	57.8	50.0	4000	5000	1.21	104	136	1.5	110.2	132.6	1.5
6219-RS	6219-2RS		170	32	110	82.8	2400	—	2.62	107	158	2.1	118.1	149.7	2.1
6219-RZ	6219-2RZ		170	32	110	82.8	3600	4500	2.62	107	158	2.1	118.1	149.7	2.1
61820-RS	61820-2RS	100	125	13	20.1	22.0	3200	—	0.283	105	120	1	107.5	119.4	1
61820-RZ	61820-2RZ		125	13	20.1	22.0	4300	5300	0.283	105	120	1	107.5	119.4	1
61920-RS	61920-2RS		140	20	42.7	41.9	3000	—	0.774	107	133	1	112.3	130.1	1.1
61920-RZ	61920-2RZ		140	20	42.7	41.9	4000	5000	0.774	107	133	1	112.3	130.1	1.1
6020-RS	6020-2RS		150	24	64.5	56.2	2600	—	1.25	109	141	1.5	114.6	138.2	1.5
6020-RZ	6020-2RZ		150	24	64.5	56.2	3800	4800	1.25	109	141	1.5	114.6	138.2	1.5
6220-RS	6220-2RS		180	34	122	92.8	2200	—	3.20	112	168	2.1	124.8	158.0	2.1
6220-RZ	6220-2RZ		180	34	122	92.8	3400	4300	3.20	112	168	2.1	124.8	158.0	2.1
61821-RS	61821-2RS	105	130	13	20.3	22.7	3000	—	0.295	110	125	1	112.5	124.4	1
61821-RZ	61821-2RZ		130	13	20.3	22.7	4000	5000	0.295	110	125	1	112.5	124.4	1
61921-RS	61921-2RS		145	20	43.9	44.3	2900	—	0.808	112	138	1	117.3	135.1	1.1
61921-RZ	61921-2RZ		145	20	43.9	44.3	3800	4800	0.808	112	138	1	117.3	135.1	1.1
6021-RS	6021-2RS		160	26	71.8	63.2	2400	—	1.52	115	150	2	121.5	146.4	2
6021-RZ	6021-2RZ		160	26	71.8	63.2	3600	4500	1.52	115	150	2	121.5	146.4	2
61822-RS	61822-2RS	110	140	16	28.1	30.7	2900	—	0.496	115	135	1	119.3	133.0	1
61822-RZ	61822-2RZ		140	16	28.1	30.7	3800	5000	0.496	115	135	1	119.3	133.0	1
61922-RS	61922-2RS		150	20	43.6	44.4	2700	—	0.835	117	143	1	122.3	140.1	1.1
61922-RZ	61922-2RZ		150	20	43.6	44.4	3600	4500	0.835	117	143	1	122.3	140.1	1.1
6022-RS	6022-2RS		170	28	81.8	72.8	2200	—	1.87	120	160	2	129.1	155.7	2
6022-RZ	6022-2RZ		170	28	81.8	72.8	3400	4300	1.87	120	160	2	129.1	155.7	2
61824-RS	61824-2RS	120	150	16	28.9	32.9	2600	—	0.536	125	145	1	129.3	143.0	1
61824-RZ	61824-2RZ		150	16	28.9	32.9	3400	4300	0.536	125	145	1	129.3	143.0	1
61924-RS	61924-2RS		165	22	55.0	56.9	2400	—	1.131	127	158	1	133.7	153.6	1.1
61924-RZ	61924-2RZ		165	22	55.0	56.9	3200	4000	1.131	127	158	1	133.7	153.6	1.1
6024-RS	6024-2RS		180	28	87.5	79.2	2000	—	2	130	170	2	137.7	165.2	2
6024-RZ	6024-2RZ		180	28	87.5	79.2	3000	3800	2	130	170	2	137.7	165.2	2

表 7-5-5　**带止动槽的深沟球轴承**（GB/T 276—2013）

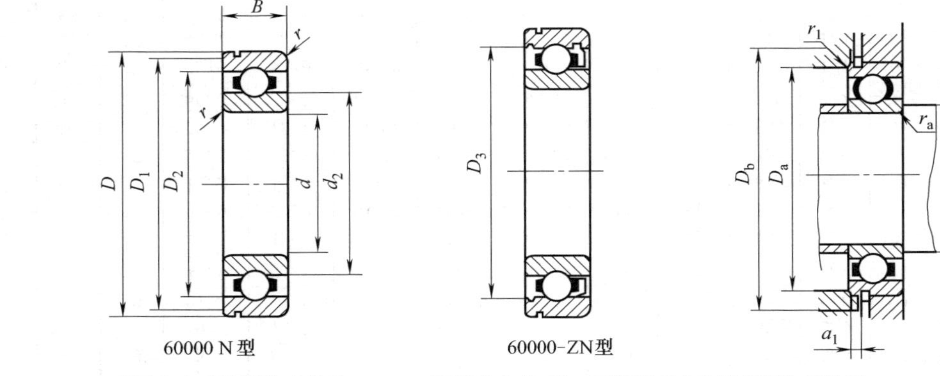

60000 N型　　60000-ZN型

外圈有止动槽深沟球轴承　　一面带防尘盖、另一面外圈有止动槽的深沟球轴承

轴承型号		基本尺寸/mm			基本额定载荷/kN		极限转速/r·min^{-1}		质量/kg	安装尺寸/mm						其他尺寸/mm				
60000 N 型	60000-ZN 型	d	D	B	C_r	C_{0r}	脂	油	W ≈	d_a min	D_a max	D_b	a_1	r_a max	r_1 max	d_2 ≈	D_2	D_1 max	D_3 ≈	r min
61800 N	61800-ZN	10	19	5	1.80	0.93	28000	36000	0.005	12.0	17	—	—	0.3	—	12.6	16.4	—	17.3	0.3
61900 N	61900-ZN		22	6	2.70	1.30	25000	32000	0.008	12.4	20	26	0.8	0.3	0.2	13.5	18.5	20.8	19.4	0.3
6000 N	6000-ZN		26	8	4.58	1.98	22000	30000	0.019	12.4	23.6	31	1.4	0.3	0.3	14.9	21.3	25.15	22.6	0.3
6200 N	6200-ZN		30	9	5.10	2.38	20000	26000	0.030	15.0	26.0	36	1.6	0.6	0.5	17.4	23.8	28.17	25.2	0.6
6300 N	6300-ZN		35	11	7.65	3.48	18000	24000	0.050	15.0	30.0	41	1.6	0.6	0.5	19.4	27.6	33.17	29.5	0.6
61801 N	61801-ZN	12	21	5	1.90	1.00	24000	32000	0.005	14.0	19	—	—	0.3	—	14.6	18.4	—	19.3	0.3
61901 N	61901-ZN		24	6	2.90	1.50	22000	28000	0.008	14.4	22	28	0.8	0.3	0.2	15.5	20.6	22.8	21.5	0.3
6001 N	6001-ZN		28	8	5.10	2.38	20000	26000	0.020	14.4	25.6	32	1.4	0.3	0.3	17.4	23.8	26.7	24.8	0.3
6201 N	6201-ZN		32	10	6.82	3.05	19000	24000	0.035	17.0	28	38	1.6	0.6	0.5	18.3	26.1	30.15	28.0	0.6
6301 N	6301-ZN		37	12	9.72	5.08	17000	22000	0.050	18.0	32	43	1.6	1	0.5	19.3	29.7	34.77	31.6	1
61802 N	61802-ZN	15	24	5	2.10	1.30	22000	30000	0.005	17	22	28	—	0.3	—	17.6	21.4	22.8	22.3	0.3
61902 N	61902-ZN		28	7	4.30	2.30	20000	26000	0.012	17.4	26	32	1.1	0.3	0.3	18.3	24.7	25.6	25.6	0.3
6002 N	6002-ZN		32	9	5.58	2.85	19000	24000	0.030	17.4	29.6	38	1.6	0.3	0.3	20.4	26.6	28.5	28.5	0.3
6202 N	6202-ZN		35	11	7.65	3.72	18000	22000	0.040	20.0	32	41	1.6	0.6	0.5	21.6	59.4	31.3	31.3	0.6
6302 N	6302-ZN		42	13	11.5	5.42	1 000	20000	0.080	21.0	37	48	1.6	1	0.5	24.3	34.7	36.6	36.6	1
61803 N	61803-ZN	17	26	5	2.20	1.5	20000	28000	0.007	19.0	24	—	—	0.3	—	19.6	23.4	—	24.3	0.3
61903 N	61903-ZN		30	7	4.60	2.6	19000	24000	0.014	19.4	28	34	1.1	0.3	0.2	20.3	26.7	28.7	27.6	0.3

续表

轴承型号		基本尺寸/mm			基本额定载荷/kN		极限转速/r·min^{-1}		质量/kg	安装尺寸/mm						其他尺寸/mm				
60000 N型	60000-ZN型	d	D	B	C_r	C_{0r}	脂	油	W ≈	d_a min	D_a max	D_b	a_1	r_a max	r_1 max	d_2 ≈	D_2	D_1 max	D_3 ≈	r min
6003 N	6003-ZN	17	35	10	6.00	3.25	17000	21000	0.040	19.4	32.6	42	1.6	0.3	0.3	22.9	29.1	33.17	31.0	0.3
6203 N	6203-ZN		40	12	9.58	4.78	16000	20000	0.060	22.0	36	46	1.6	0.6	0.5	24.6	33.4	38.1	35.3	0.6
6303 N	6303-ZN		47	14	13.5	6.58	15000	18000	0.110	23.0	41.0	54	2	1	0.5	26.8	38.2	44.6	40.1	1
6403 N	6403-ZN		62	17	22.7	10.8	11000	15000	0.268	24.0	55.0	69	2.7	1	0.5	31.9	47.1	59.61	—	1.1
61804 N	61804-ZN	20	32	7	3.50	2.20	18000	24000	0.015	22.4	30	36	1.1	0.3	0.3	23.5	28.6	30.7	29.7	0.3
61904 N	61904-ZN		37	9	6.40	3.70	17000	22000	0.031	22.4	34.6	41	1.4	0.3	0.3	25.2	31.8	35.7	32.9	0.3
6004 N	6004-ZN		42	12	9.38	5.02	16000	19000	0.070	25.0	38	49	1.6	0.6	0.5	26.9	35.1	39.75	37.0	0.6
6204 N	6204-ZN		47	14	12.8	6.65	14000	18000	0.100	26.0	42	54	2	1	0.5	29.3	39.7	44.6	41.6	1
6304 N	6304-ZN		52	15	15.8	7.88	13000	16000	0.140	27.0	45.0	59	2	1	0.5	29.8	42.2	49.73	44.4	1.1
6404 N	6404-ZN		72	19	31.0	15.2	9500	13000	0.400	27.0	65.0	80	2.7	1	0.5	38.0	56.1	68.81	—	1.1
61805 N	61805-ZN	25	37	7	4.3	2.90	16000	20000	0.017	27.4	35	41	1.1	0.3	0.3	28.2	33.8	35.7	34.9	0.3
61905 N	61905-ZN		42	9	7.0	4.50	14000	18000	0.038	27.4	40	46	1.4	0.3	0.3	30.2	36.8	40.7	37.9	0.3
6005 N	6005-ZN		47	12	10.0	5.85	13000	17000	0.080	30	43	54	1.6	0.6	0.5	31.9	40.1	44.6	42.0	0.6
6205 N	6205-ZN		52	15	14.0	7.88	12000	15000	0.120	31	47	59	2	1	0.5	33.8	44.2	49.73	46.4	1
6305 N	6305-ZN		62	17	22.2	11.5	10000	14000	0.220	32	55	69	2.6	1	0.5	36.0	51.0	59.61	53.2	1.1
6405 N	6405-ZN		80	21	38.2	19.2	8500	11000	0.529	34	71	88	2.7	1.5	0.5	42.3	62.7	76.81	—	1.5
61806 N	61806-ZN	30	42	7	4.70	3.60	13000	17000	0.019	32.4	40	46	1.1	0.3	0.3	33.2	38.8	40.7	39.9	0.3
61906 N	61906-ZN		47	9	7.20	5.00	12000	16000	0.043	32.4	44.6	51	1.4	0.3	0.3	35.2	41.8	45.7	42.9	0.3
6006 N	6006-ZN		55	13	13.2	8.30	11000	14000	0.120	36	50.0	62	1.6	1	0.5	38.4	47.7	52.6	49.9	1
6206 N	6206-ZN		62	16	19.5	11.5	9500	13000	0.190	36	56	69	2.6	1	0.5	40.8	52.2	59.61	54.4	1
6306 N	6306-ZN		72	19	27.0	15.2	9000	11000	0.350	37	65	80	2.6	1	0.5	44.8	59.2	68.81	61.4	1.1
6406 N	6406-ZN		90	23	47.5	24.5	8000	10000	0.710	39	81	98	2.7	1.5	0.5	48.6	71.4	86.79	—	1.5
61807 N	61807-ZN	35	47	7	4.90	4.00	11000	15000	0.023	37.4	45	46	1.1	0.3	0.3	38.2	43.8	45.7	44.9	0.3
61907 N	61907-ZN		55	10	9.50	6.80	10000	13000	0.078	40	51	54	1.4	0.6	0.5	41.1	48.9	53.7	50.3	0.6
6007 N	6007-ZN		62	14	16.2	10.5	9500	12000	0.160	41	56	69	1.6	1	0.5	43.3	53.7	59.61	55.9	1
6207 N	6207-ZN		72	17	25.5	15.2	8500	11000	0.270	42	65	80	2.6	1	0.5	46.8	60.2	68.81	62.4	1.1
6307 N	6307-ZN		80	21	33.4	19.2	8000	9500	0.420	44	71	88	2.6	1.5	0.5	50.4	66.6	76.81	68.8	1.5
6407 N	6407-ZN		100	25	56.8	29.5	6700	8500	0.926	44	91	108	2.7	1.5	0.5	54.9	80.1	96.8	—	1.5
61808 N	61808-ZN	40	52	7	5.10	4.40	10000	13000	0.026	42.4	50	51	1.1	0.3	0.3	43.2	48.8	50.7	49.9	0.3
61908 N	61908-ZN		62	12	13.7	9.90	9500	12000	0.103	45	58	61	1.4	0.6	0.5	46.3	55.7	60.7	57.1	0.6
6008 N	6008-ZN		68	15	17.0	11.8	9000	11000	0.190	46	62	76	2	1	0.5	48.8	59.2	64.82	61.4	1
6208 N	6208-ZN		80	18	29.5	18.0	8000	10000	0.370	47	73	88	2.6	1	0.5	52.8	67.2	76.81	69.4	1.1
6308 N	6308-ZN		90	23	40.8	24.0	7000	8500	0.630	49	81	98	2.6	1.5	0.5	56.5	74.6	86.79	77.0	1.5
6408 N	6408-ZN		110	27	65.5	37.5	6300	8000	1.221	50	100	118	2.7	2	0.5	63.9	89.1	106.81	—	2

续表

轴承型号		基本尺寸/mm			基本额定载荷/kN		极限转速/r·min^{-1}		质量/kg	安装尺寸/mm						其他尺寸/mm				
60000 N 型	60000-ZN 型	d	D	B	C_r	C_{0r}	脂	油	W ≈	d_a min	D_a max	D_b	a_1	r_a max	r_1 max	d_2 ≈	D_2	D_1 max	D_3 ≈	r min
61809 N	61809-ZN	45	58	7	6.40	5.60	9000	12000	0.030	47.4	56	57	1.1	0.3	0.3	48.3	54.7	56.7	55.8	0.3
61909 N	61909-ZN		68	12	14.1	10.90	8500	11000	0.123	50	63	66	1.4	0.6	0.5	51.8	61.2	66.7	62.6	0.6
6009 N	6009-ZN		75	16	21.0	14.8	8000	10000	0.230	51	69	83	2	1	0.5	54.2	65.9	71.83	68.1	1
6209 N	6209-ZN		85	19	31.5	20.5	7000	9000	0.420	52	78	93	2.6	1	0.5	58.8	73.2	81.81	75.7	1.1
6309 N	6309-ZN		100	25	52.8	31.8	6300	7500	0.837	54	91	108	2.6	1.5	0.5	63.0	84.0	96.8	86.5	1.5
6409 N	6409-ZN		120	29	77.5	45.5	5600	7000	1.520	55	110	131	3.4	2	0.5	70.7	98.3	115.21	—	2
61810 N	61810-ZN	50	65	7	6.6	6.1	8500	10000	0.043	52.4	62.6	69	1.1	0.3	0.3	54.3	60.7	63.7	61.8	0.3
61910 N	61910-ZN		72	12	14.5	11.7	8000	95000	0.122	55	68	76	1.4	0.6	0.5	56.3	65.7	70.7	67.1	0.6
6010 N	6010-ZN		80	16	22.0	16.2	7000	9000	0.280	56	74	88	2	1	0.5	59.2	70.9	76.81	80.1	1
6210 N	6210-ZN		90	20	35.0	23.2	6700	8500	0.470	57	83	98	2.6	1	0.5	62.4	77.6	86.79	94.4	1.1
6310 N	6310-ZN		110	27	61.8	38.0	6000	7000	1.080	60	100	118	2.6	2	0.5	69.1	91.9	106.81	80.1	2
6410 N	6410-ZN		130	31	92.2	55.2	5300	6300	1.855	62	118	141	3.4	2.1	0.5	77.3	107.8	125.22	—	2.1
61811 N	61811-ZN	55	72	9	9.1	8.4	8000	9500	0.070	57.4	69.6	76	1.4	0.3	0.3	60.2	66.9	70.7	68.3	0.3
61911 N	61911-ZN		80	13	15.9	13.2	7500	9000	0.170	61	75	86	1.7	1	0.5	62.9	72.2	77.9	73.6	1
6011 N	6011-ZN		90	18	30.2	21.8	7000	8500	0.380	62	83	98	2.2	1	0.5	65.4	79.7	86.79	82.2	1.1
6211 N	6211-ZN		100	21	43.2	29.2	6000	7500	0.580	64	91	108	2.6	1.5	0.5	68.9	86.1	96.8	88.6	1.5
6311 N	6311-ZN		120	29	71.5	44.8	5600	6700	1.370	65	110	131	3.2	2	0.5	76.1	100.9	115.21	103.4	2
6411 N	6411-ZN		140	33	100	62.5	4800	6000	2.316	67	128	151	4.1	2.1	0.5	82.8	115.2	135.23	—	2.1
61812 N	61812-ZN	60	78	10	9.1	8.7	7000	8500	0.093	62.4	75.6	84	1.4	0.3	0.3	66.2	72.9	76.2	74.6	0.3
61912 N	61912-ZN		85	13	16.4	14.2	6700	8000	0.181	66	80	91	1.7	1	0.5	67.9	77.2	82.9	78.6	1
6012 N	6012-ZN		95	18	31.5	24.2	6300	7500	0.390	67	89	103	2.2	1	0.5	71.4	85.7	91.82	88.2	1.1
6212 N	6212-ZN		110	22	47.8	32.8	5600	7000	0.770	69	101	118	2.6	1.5	0.5	76.0	94.1	106.81	96.5	1.5
6312 N	6312-ZN		130	31	81.8	51.8	5000	6000	1.710	72	118	141	3.2	2.1	0.5	81.7	108.4	125.22	111.1	2.1
6412 N	6412-ZN		150	35	109	70.0	4500	5600	2.811	72	138	161	4.1	2.1	0.5	87.9	122.2	145.24	—	2.1
61813 N	61813-ZN	65	85	10	11.9	11.5	6700	8000	0.130	69	81	91	1.4	0.6	0.5	71.1	78.9	82.9	80.6	0.6
61913 N	61913-ZN		90	13	17.4	16.0	6300	7500	0.196	71	85	96	1.7	1	0.5	72.9	82.2	87.9	83.6	1
6013 N	6013-ZN		100	18	32.0	24.8	6000	7000	0.420	72	93	108	2.2	1	0.5	75.3	89.7	96.8	92.2	1.1
6213 N	6213-ZN		120	23	57.2	40.0	5000	6300	0.980	74	111	131	3.2	1.5	0.5	82.5	102.5	115.21	105.0	1.5
6313 N	6313-ZN		140	33	93.8	60.5	4500	5300	2.090	77	128	151	3.9	2.1	0.5	88.1	116.9	135.23	119.7	2.1
6413 N	6413-ZN		160	37	118	78.5	4300	5300	3.342	77	148	171	4.1	2.1	0.5	94.5	130.6	155.22	—	2.1
61814 N	61814-ZN	70	90	10	12.1	11.9	6300	7500	0.138	74	86	96	1.4	0.6	0.5	76.1	83.9	87.9	85.6	0.6
61914 N	61914-ZN		100	16	23.7	21.1	6000	7000	0.336	76	95	106	2.1	1	0.5	79.3	90.7	97.9	92.6	1
6014 N	6014-ZN		110	20	38.5	30.5	5600	6700	0.57	77	103	118	2.2	1	0.5	82.0	98.0	106.81	100.5	1.1
6214 N	6214-ZN		125	24	60.8	45.0	4800	6000	1.04	79	116	136	3.2	1.5	0.5	89.0	109.0	120.22	111.8	1.5

续表

轴承型号		基本尺寸/mm			基本额定载荷/kN		极限转速/r·min^{-1}		质量/kg	安装尺寸/mm						其他尺寸/mm				
60000 N 型	60000-ZN 型	d	D	B	C_r	C_{0r}	脂	油	W ≈	d_a min	D_a max	D_b	a_1	r_a max	r_1 max	d_2 ≈	D_2	D_1 max	D_3 ≈	r min
6314 N	6314-ZN	70	150	35	105	68.0	4300	5000	2.60	82	138	161	3.9	2.1	0.5	94.8	125.3	145.24	128.0	2.1
6414 N	6414-ZN		180	42	140	99.5	3800	4500	4.896	84	166	194	4.8	2.5	0.5	105.6	146.4	173.66	—	3
61815 N	61815-ZN	75	95	10	12.5	12.8	6000	7000	0.147	79	91	101	1.4	0.6	0.5	81.1	88.9	92.9	90.6	0.6
61915 N	61915-ZN		105	16	24.3	22.5	5600	6700	0.355	81	100	112	2.1	1	0.5	84.3	95.7	102.6	97.6	1
6015 N	6015-ZN		115	20	40.2	33.2	5300	6300	0.64	82	108	123	2.2	1	0.5	88.0	104.0	111.81	106.5	1.1
6215 N	6215-ZN		130	25	66.0	49.5	4500	5600	1.180	84	121	141	3.2	1.5	0.5	94.0	115.0	125.22	117.8	1.5
6315 N	6315-ZN		160	37	113	76.8	4000	4800	3.050	87	148	171	3.9	2.1	0.5	101.3	133.7	155.22	136.5	2.1
6415 N	6415-ZN		190	45	154	115	3600	4300	5.739	89	176	204	4.8	2.5	0.5	112.1	155.9	183.64	—	3
61816 N	61816-ZN	80	100	10	12.7	13.3	5600	6700	0.155	84	96	106	1.4	0.6	0.5	86.1	93.9	97.9	95.6	0.6
61916 N	61916-ZN		110	16	24.9	23.9	5300	6300	0.375	86	105	117	2.1	1	0.5	89.3	100.7	107.6	102.6	1
6016 N	6016-ZN		125	22	47.5	39.8	5000	6000	0.830	87	118	136	2.2	1	0.5	95.2	112.8	120.22	115.6	1.1
6216 N	6216-ZN		140	26	71.5	54.2	4300	5300	1.448	90	130	151	3.9	2	0.5	100.0	122.0	135.23	124.8	2
6316 N	6316-ZN		170	39	123	86.5	3800	4500	3.620	92	158	184	4.6	2.1	0.5	107.9	142.2	163.65	144.9	2.1
6416 N	6416-ZN		200	48	163	125	3400	4000	6.740	94	186	214	4.8	2.5	0.5	117.1	162.9	193.65	—	3
61817 N	61817-ZN	85	110	13	19.2	19.8	5000	6300	0.245	90	105	91	1.7	1	0.5	92.5	102.5	107.6	104.4	1
61917 N	61917-ZN		120	18	31.9	29.7	4800	6000	0.507	92	113.5	127	2.6	1	0.5	95.8	109.2	117.6	111.1	1.1
6017 N	6017-ZN		130	22	50.8	42.8	4500	5600	0.860	92	123	141	2.2	1	0.5	99.4	117.6	125.22	120.4	1.1
6217 N	6217-ZN		150	28	83.2	63.8	4000	5000	1.750	95	140	161	3.9	2	0.5	107.1	130.9	145.24	133.7	2
6317 N	6317-ZN		180	41	132	96.5	3600	4300	4.270	99	166	191	4.6	2.5	0.5	114.4	150.6	173.66	153.4	3
6417 N	6417-ZN		210	52	175	138	3200	3800	7.933	103	192	224	4.8	3	0.5	123.5	171.5	203.6	—	4
61818 N	61818-ZN	90	115	13	19.5	20.5	4800	6000	0.258	95	110	122	1.7	1	0.5	97.5	107.5	112.6	109.4	1
61918 N	61918-ZN		125	18	32.8	31.5	4500	5600	0.533	97	118.5	132	2.6	1	0.5	100.8	114.5	122.6	116.1	1.1
6018 N	6018-ZN		140	24	50.8	49.8	4300	5300	1.10	99	131	151	2.8	1.5	0.5	107.2	126.8	135.23	129.6	1.5
6218 N	6218-ZN		160	30	95.8	71.5	3800	4800	2.20	100	150	171	3.9	2	0.5	111.7	138.4	155.22	141.1	2
61819 N	61819-ZN	95	120	13	19.8	21.3	4500	5600	0.270	100	115	127	1.7	1	0.5	102.5	112.5	117.6	114.4	1
61919 N	61919-ZN		130	18	33.7	33.3	4300	5300	0.558	102	124	137	2.8	1	0.5	105.8	119.2	127.6	121.1	1.1
6019 N	6019-ZN		145	24	57.8	50.0	4000	5000	1.140	104	136	156	2.8	1.5	0.5	110.2	129.8	140.23	132.6	1.5
6219 N	6219-ZN		170	32	110	82.8	3600	4500	2.350	107	158	184	4.6	2.1	0.5	118.1	146.9	163.65	149.7	2.1
61820 N	61820-ZN	100	125	13	20.1	22.0	4300	5300	0.283	105	120	132	1.7	1	0.5	107.5	117.5	122.6	119.4	1
61920 N	61920-ZN		140	20	42.7	41.9	4000	5000	0.774	107	133	147	2.8	1	0.5	112.3	127.8	137.6	130.1	1.1
6020 N	6020-ZN		150	24	64.5	56.2	3800	4800	1.250	109	141	161	2.8	1.5	0.5	114.6	135.4	145.24	138.2	1.5
6220 N	6220-ZN		180	34	122	92.8	3400	4300	3.120	112	168	194	4.6	2.1	0.5	124.8	155.3	173.66	158.0	2.1

5.2　调心球轴承

表 7-5-6　调心球轴承（GB/T 281—2013）

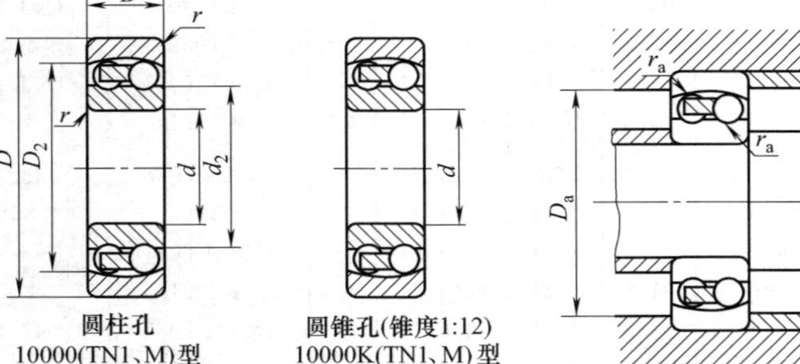

径向当量动载荷

$P_r = F_r + Y_1 F_a$　　当 $F_a/F_r \leqslant e$

$P_r = 0.65F_r + Y_2 F_a$　　当 $F_a/F_r > e$

径向当量静载荷

$P_{0r} = F_r + Y_0 F_a$

轴承型号		基本尺寸/mm			基本额定载荷/kN		极限转速/r·min⁻¹		质量/kg	安装尺寸/mm			其他尺寸/mm			计算系数			
10000(TN1、M)型	10000K(TN1、M)型	d	D	B	C_r	C_{0r}	脂	油	W ≈	d_a min	D_a max	r_a max	d_2 ≈	D_2 ≈	r min	e	Y_1	Y_2	Y_0
1200	1200 K	10	30	9	5.48	1.20	24000	28000	0.035	15	25	0.6	16.7	24.4	0.6	0.32	2.0	3.0	2.0
1200 TN1	1200 KTN1		30	9	5.40	1.20	24000	28000	0.035	15	25	0.6	16.7	23.5	0.6	0.31	2.1	3.17	2.1
2200	2200 K		30	14	7.12	1.58	24000	28000	0.050	15	25	0.6	15.3	25.2	0.6	0.62	1.0	1.6	1.1
2200 TN1	2200 KTN1		30	14	8.00	1.70	24000	28000	0.054	15	25	0.6	15.6	23.0	0.6	0.48	1.3	2.0	1.4
1300	1300 K		35	11	7.22	1.62	20000	24000	0.06	15	30	0.6	—	—	0.6	0.33	1.9	3.0	2.0
1300 TN1	1300 K TN1		35	11	7.30	1.60	20000	24000	0.061	15	30	0.6	18.5	26.4	0.6	0.33	1.9	3.0	2.0
2300	2300 K		35	17	11.0	2.45	18000	22000	0.09	15	30	0.6	—	—	0.6	0.66	0.95	1.5	1.0
2300 TN1	2300 KTN1		35	17	10.8	2.40	18000	22000	0.097	15	30	0.6	17.0	25.4	0.6	0.56	1.1	1.7	1.1
1201	1201 K	12	32	10	5.55	1.25	22000	26000	0.042	17	27	0.6	18.5	26.2	0.6	0.33	1.9	2.9	2.0
1201 TN1	1201 K TN1		32	10	6.20	1.40	22000	26000	0.042	17	27	0.6	18.4	25.5	0.6	0.33	1.9	2.9	2.0
2201	2201 K		32	14	8.80	1.80	22000	26000	—	17	27	0.6	—	—	0.6	—	—	—	—
2201 TN1	2201 KTN1		32	14	8.50	1.90	22000	26000	0.059	17	27	0.6	17.6	25.5	0.6	0.45	1.4	2.2	1.5
1301	1301 K		37	12	9.42	2.12	18000	22000	0.07	18	31	1	20.0	30.8	1	0.35	1.8	2.8	1.9

第7篇

续表

轴承型号		基本尺寸/mm			基本额定载荷/kN		极限转速/r·min^{-1}		质量/kg	安装尺寸/mm			其他尺寸/mm			计算系数			
10000 (TN1、M)型	10000K (TN1、M)型	d	D	B	C_r	C_{0r}	脂	油	W ≈	d_a min	D_a max	r_a max	d_2 ≈	D_2 ≈	r min	e	Y_1	Y_2	Y_0
1301 TN1	1301 KTN1	12	37	12	9.40	2.10	18000	22000	0.071	18	31	1	20.0	29.2	1	0.34	1.8	2.8	1.9
2301	2301 K		37	17	12.5	2.72	17000	22000	—	18	31	1	—	—	1	—	—	—	—
2301 TN1	2301 KTN1		37	17	11.5	2.60	17000	22000	0.104	18	31	1	18.9	27.6	1	0.53	1.1	1.9	1.3
1202	1202 K	15	35	11	7.48	1.75	18000	22000	0.051	20	30	0.6	20.9	29.9	0.6	0.33	1.9	3.0	2.0
1202 TN1	1202 KTN1		35	11	7.40	1.70	18000	22000	0.051	20	30	0.6	21.0	28.9	0.6	0.30	2.1	3.2	2.2
2202	2202 K		35	14	7.65	1.80	18000	22000	0.06	20	30	0.6	20.8	30.4	0.6	0.50	1.3	2.0	1.3
2202 TN1	2202 KTN1		35	14	9.20	2.10	18000	22000	0.063	20	30	0.6	20.5	29.2	0.6	0.39	1.6	2.5	1.7
1302	1302 K		42	13	9.50	2.28	16000	20000	0.1	21	36	1	23.6	34.1	1	0.33	1.9	2.9	2.0
1302 TN1	1302 KTN1		42	13	10.8	2.60	16000	20000	0.097	21	36	1	23.9	33.7	1	0.31	2.0	3.1	2.1
2302	2302 K		42	17	12.0	2.88	14000	18000	0.11	21	36	1	23.2	35.2	1	0.51	1.2	1.9	1.3
2302 TN1	2302 KTN1		42	17	11.8	2.90	14000	18000	0.125	21	36	1	23.9	30.5	1	0.46	1.4	2.1	1.4
1203	1203 K	17	40	12	7.90	2.02	16000	20000	0.076	22	35	0.6	24.2	33.7	0.6	0.31	2.0	3.2	2.1
1203 TN1	1203 KTN1		40	12	8.90	2.20	16000	20000	0.075	22	35	0.6	24.1	32.7	0.6	0.30	2.1	3.2	2.2
2203	2203 K		40	16	9.00	2.45	16000	20000	0.09	22	35	0.6	23.5	34.3	0.6	0.50	1.2	1.9	1.3
2203 TN1	2203 KTN1		40	16	10.8	2.50	16000	20000	0.095	22	35	0.6	23.6	33.1	0.6	0.40	1.6	2.4	1.6
1303	1303 K		47	14	12.5	3.18	14000	17000	0.14	23	41	1	26.4	38.3	1	0.33	1.9	3.0	2.0
1303 TN1	1303 KTN1		47	14	12.8	3.40	14000	17000	0.13	23	41	1	28.9	39.5	1	0.30	2.1	3.2	2.2
2303	2303 K		47	19	14.5	3.58	13000	16000	0.17	23	41	1	25.8	39.4	1	0.52	1.2	1.9	1.3
2303 TN1	2303 KTN1		47	19	14.5	3.60	13000	16000	0.175	23	41	1	26.5	37.5	1	0.50	1.3	1.9	1.3
1204	1204 K	20	47	14	9.95	2.65	14000	17000	0.12	26	41	1	28.9	39.1	1	0.27	2.3	3.6	2.4
1204 TN1	1204 KTN1		47	14	12.8	3.40	14000	17000	0.12	26	41	1	29.2	39.5	1	0.30	2.1	3.2	2.2
2204	2204 K		47	18	12.5	3.28	14000	17000	0.15	26	41	1	28.0	40.4	1	0.48	1.3	2.0	1.4
2204 TN1	2204 KTN1		47	18	16.8	4.20	14000	17000	0.15	26	41	1	27.4	39.3	1	0.40	1.6	2.4	1.6
1304	1304 K		52	15	12.5	3.38	12000	15000	0.17	27	45	1	31.3	43.6	1.1	0.29	2.2	3.4	2.3
1304 TN1	1304 KTN1		52	15	14.2	4.00	12000	15000	0.17	27	45	1	32.4	43.4	1.1	0.28	2.2	3.4	2.3
2304	2304 K		52	21	17.8	4.75	11000	14000	0.22	27	45	1	28.8	43.7	1.1	0.51	1.2	1.9	1.3
2304 TN1	2304 KTN1		52	21	18.2	4.70	11000	14000	0.22	27	45	1	29.5	40.9	1.1	0.44	1.4	2.2	1.5
1205	1205 K	25	52	15	12.0	3.30	12000	14000	0.14	31	46	1	33.1	44.9	1	0.27	2.3	3.6	2.4
1205 TN1	1205 KTN1		52	15	14.2	4.00	12000	14000	0.148	31	46	1	33.3	44.2	1	0.28	2.3	3.5	2.4

续表

轴承型号		基本尺寸/mm			基本额定载荷/kN		极限转速/r·min^{-1}		质量/kg	安装尺寸/mm			其他尺寸/mm			计算系数			
10000（TN1、M）型	10000K（TN1、M）型	d	D	B	C_r	C_{0r}	脂	油	W ≈	d_a min	D_a max	r_a max	d_2 ≈	D_2 ≈	r min	e	Y_1	Y_2	Y_0
2205	2205 K	25	52	18	12.5	3.40	12000	14000	0.19	31	46	1	33.0	44.7	1	0.41	1.5	2.3	1.5
2205 TN1	2205 KTN1		52	18	16.8	4.40	12000	14000	0.169	31	46	1	32.6	44.6	1	0.33	1.9	3.0	2.0
1305	1305 K		62	17	17.8	5.05	10000	13000	0.26	32	55	1	37.8	52.5	1.1	0.27	2.3	3.5	2.4
1305 TN1	1305 KTN1		62	17	18.8	5.50	10000	13000	0.26	32	55	1	37.3	50.3	1.1	0.28	2.2	3.5	2.3
2305	2305 K		62	24	24.5	6.48	9500	12000	0.35	32	55	1	35.2	52.5	1.1	0.47	1.3	2.1	1.4
2305 TN1	2305 K TN1		62	24	24.5	6.50	9500	12000	0.35	32	55	1	36.1	49.9	1.1	0.41	1.5	2.3	1.6
1206	1206 K	30	62	16	15.8	4.70	10000	12000	0.23	36	56	1	40.1	53.2	1	0.24	2.6	4.0	2.7
1206 TN1	1206 KTN1		62	16	15.5	4.70	10000	12000	0.22	36	56	1	40.0	51.6	1	0.25	2.5	3.9	2.7
2206	2206 K		62	20	15.2	4.60	10000	12000	0.26	36	56	1	40.0	53.0	1	0.39	1.6	2.4	1.7
2206 TN1	2206 KTN1		62	20	23.8	6.60	10000	12000	0.274	36	56	1	38.8	53.4	1	0.33	1.9	3.0	2.0
1306	1306 K		72	19	21.5	6.28	8500	11000	0.4	37	65	1	44.9	60.9	1.1	0.26	2.4	3.8	2.6
1306 TN1	1306 KTN1		72	19	21.2	6.30	8500	11000	0.398	37	65	1	44.9	59.0	1.1	0.25	2.5	3.9	2.6
2306	2306 K		72	27	31.5	8.68	8000	10000	0.5	37	65	1	41.7	60.9	1.1	0.44	1.4	2.2	1.5
2306 TN1	2306 KTN1		72	27	31.5	8.70	8000	10000	0.555	37	65	1	41.9	58.4	1.1	0.43	1.5	2.3	1.5
1207	1207 K	35	72	17	15.8	5.08	8500	10000	0.32	42	65	1	47.5	60.7	1.1	0.23	2.7	4.2	2.9
1207 TN1	1207 KTN1		72	17	18.8	5.90	8500	10000	0.327	42	65	1	47.1	60.2	1.1	0.23	2.7	4.2	2.9
2207	2207 K		72	23	21.8	6.65	8500	10000	0.44	42	65	1	46.0	62.2	1.1	0.38	1.7	2.6	1.8
2207 TN1	2207 KTN1		72	23	30.5	8.70	8500	10000	0.423	42	65	1	45.1	61.8	1.1	0.31	2.0	3.1	2.1
1307	1307 K		80	21	25.0	7.95	7500	9500	0.54	44	71	1.5	51.5	69.5	1.5	0.25	2.6	4.0	2.7
1307 TN1	1307 KTN1		80	21	26.2	8.50	7500	9500	0.533	44	71	1.5	51.7	67.1	1.5	0.25	2.5	3.9	2.6
2307	2307 K		80	31	39.2	11.0	7100	9000	0.68	44	71	1.5	46.5	68.4	1.5	0.46	1.4	2.1	1.4
2307 TN1	2307 KTN1		80	31	39.5	11.2	7100	9000	0.761	44	71	1.5	47.7	65.9	1.5	0.39	1.6	2.5	1.7
1208	1208 K	40	80	18	19.2	6.40	7500	9000	0.41	47	73	1	53.6	68.8	1.1	0.22	2.9	4.4	3.0
1208 TN1	1208 KTN1		80	18	20.0	6.90	7500	9000	0.429	47	73	1	53.6	66.7	1.1	0.22	2.9	4.5	3.0
2208	2208 K		80	23	22.5	7.38	7500	9000	0.53	47	73	1	52.4	68.8	1.1	0.24	1.9	2.9	2.0
2208 TN1	2208 KTN1		80	23	31.8	10.2	7500	9000	0.521	47	73	1	52.1	69.2	1.1	0.29	2.2	3.4	2.3
1308	1308 K		90	23	29.5	9.50	6700	8500	0.71	49	81	1.5	57.5	76.8	1.5	0.24	2.6	4.0	2.7
1308 TN1	1308 KTN1		90	23	32.5	11.0	6700	8500	0.727	49	81	1.5	61.3	78.7	1.5	0.24	2.6	4.1	2.8
2308	2308 K		90	33	44.8	13.2	6300	8000	0.93	49	81	1.5	53.5	76.8	1.5	0.43	1.5	2.3	1.5
2308 TN1	2308 KTN1		90	33	54.0	15.8	6300	8000	1.01	49	81	1.5	53.4	76.1	1.5	0.40	1.6	2.5	1.7

续表

轴承型号		基本尺寸/mm			基本额定载荷/kN		极限转速/r·min^{-1}		质量/kg	安装尺寸/mm			其他尺寸/mm			计算系数			
10000(TN1、M)型	10000K(TN1、M)型	d	D	B	C_r	C_{0r}	脂	油	W ≈	d_a min	D_a max	r_a max	d_2 ≈	D_2 ≈	r min	e	Y_1	Y_2	Y_0
1209	1209 K	45	85	19	21.8	7.32	7100	8500	0.49	52	78	1	57.3	73.7	1.1	0.21	2.9	4.6	3.1
1209 TN1	1209 KTN1		85	19	23.5	8.30	7100	8500	0.488	52	78	1	57.4	71.7	1.1	0.22	2.9	4.5	3.0
2209	2209 K		85	23	23.2	8.00	7100	8500	0.55	52	78	1	57.5	74.1	1.1	0.31	2.1	3.2	2.2
2209 TN1	2209 KTN1		85	23	32.5	10.5	7100	8500	0.572	52	78	1	55.3	72.4	1.1	0.26	2.4	3.8	2.5
1309	1309 K		100	25	38.0	12.8	6000	7500	0.96	54	91	1.5	63.7	85.7	1.5	0.25	2.5	3.9	2.6
1309 TN1	1309 KTN1		100	25	38.8	13.5	6000	7500	0.975	54	91	1.5	67.7	86.9	1.5	0.23	2.7	4.2	2.8
2309	2309 K		100	36	55.0	16.2	5600	7100	1.25	54	91	1.5	60.2	86.0	1.5	0.42	1.5	2.3	1.6
2309 TN1	2309 KTN1		100	36	63.8	19.2	5600	7100	1.347	54	91	1.5	60.0	84.9	1.5	0.37	1.7	2.6	1.8
1210	1210 K	50	90	20	22.8	8.08	6300	8000	0.54	57	83	1	62.3	78.7	1.1	0.20	3.1	4.8	3.3
1210 TN1	1210 K TN1		90	20	26.5	9.50	6300	8000	0.548	57	83	1	62.3	77.4	1.1	0.21	3.0	4.6	3.1
2210	2210 K		90	23	23.2	8.45	6300	8000	0.68	57	83	1	62.5	79.3	1.1	0.29	2.2	3.4	2.3
2210 TN1	2210 K TN1		90	23	33.5	11.2	6300	8000	0.594	57	83	1	61.3	79.3	1.1	0.24	2.7	4.1	2.8
1310	1310 K		110	27	43.2	14.2	5600	6700	1.21	60	100	2	70.1	95.0	2	0.24	2.7	4.1	2.8
1310 TN1	1310 KTN1		110	27	43.8	15.2	5600	6700	1.297	60	100	2	70.3	90.5	2	0.24	2.7	4.1	2.8
2310	2310 K		110	40	64.5	19.8	5000	6300	1.64	60	100	2	65.8	94.4	2	0.43	1.5	2.3	1.6
2310 TN1	2310 KTN1		110	40	64.8	20.2	5000	6300	1.835	60	100	2	67.7	91.3	2	0.34	1.9	2.9	2.0
1211	1211 K	55	100	21	26.8	10.0	6000	7100	0.72	64	91	1.5	70.1	88.4	1.5	0.20	3.2	5.0	3.4
1211 TN1	1211 KTN1		100	21	27.8	10.5	6000	7100	0.715	64	91	1.5	70.7	86.4	1.5	0.19	3.3	5.1	3.4
2211	2211 K		100	25	26.8	9.95	6000	7100	0.81	64	91	1.5	69.7	87.8	1.5	0.28	2.3	3.5	2.4
2211 TN1	2211 KTN1		100	25	39.2	13.5	6000	7100	0.806	64	91	1.5	67.6	87.4	1.5	0.23	2.7	4.2	2.8
1311	1311 K		120	29	51.5	18.2	5000	6300	1.58	65	110	2	77.7	104.0	2	0.23	2.7	4.2	2.8
1311 TN1	1311 KTN1		120	29	52.8	18.8	5000	6300	1.636	65	110	2	78.7	101.5	2	0.23	2.7	4.2	2.8
2311	2311 K		120	43	75.2	23.5	4800	6000	2.1	65	110	2	72.0	103.0	2	0.41	1.5	2.4	1.6
2311 TN1	2311 KTN1		120	43	75.2	24.0	4800	6000	2.341	65	110	2	73.9	99.7	2	0.33	1.9	3.0	2.0
1212	1212 K	60	110	22	30.2	11.5	5300	6300	0.9	69	101	1.5	77.8	97.5	1.5	0.19	3.4	5.3	3.6
1212 TN1	1212 KTN1		110	22	31.2	12.2	5300	6300	0.915	69	101	1.5	78.6	95.6	1.5	0.18	3.4	5.3	3.6
2212	2212 K		110	28	34.0	12.5	5300	6300	1.1	69	101	1.5	75.5	96.1	1.5	0.28	2.3	3.5	2.4
2212 TN1	2212 KTN1		110	28	38.2	17.2	5300	6300	1.122	69	101	1.5	74.8	90.5	1.5	0.24	2.6	4.0	2.7
1312	1312 K		130	31	57.2	20.8	4500	5600	1.96	72	118	2.1	87.0	115.0	2.1	0.23	2.8	4.3	2.9

续表

轴承型号		基本尺寸/mm			基本额定载荷/kN		极限转速/r·min^{-1}		质量/kg	安装尺寸/mm			其他尺寸/mm			计算系数			
10000(TN1、M)型	10000K(TN1、M)型	d	D	B	C_r	C_{0r}	脂	油	W ≈	d_a min	D_a max	r_a max	d_2 ≈	D_2 ≈	r min	e	Y_1	Y_2	Y_0
1312 TN1	1312 KTN1	60	130	31	58.2	21.2	4500	5600	2.019	72	118	2.1	87.1	111.4	2.1	0.23	2.8	4.3	2.9
2312	2312 K		130	46	86.8	27.5	4300	5300	2.6	72	118	2.1	76.9	112.0	2.1	0.41	1.6	2.5	1.6
2312 TN1	2312 KTN1		130	46	87.5	28.2	4300	5300	2.912	72	118	2.1	80.0	108.4	2.1	0.33	1.9	3.0	2.0
1213	1213 K	65	120	23	31.0	12.5	4800	6000	0.92	74	111	1.5	85.3	105.0	1.5	0.17	3.7	5.7	3.9
1213 TN1	1213 KTN1		120	23	35.0	13.8	4800	6000	1.152	74	111	1.5	85.7	104.0	1.5	0.18	3.6	5.6	3.8
2213	2213 K		120	31	43.5	16.2	4800	6000	1.5	74	111	1.5	81.9	105.0	1.5	0.28	2.3	3.5	2.4
2213 TN1	2213 KTN1		120	31	59.2	21.5	4800	6000	1.504	74	111	1.5	80.9	104.9	1.5	0.24	2.6	4.0	2.7
1313	1313 K		140	33	61.8	22.8	4300	5300	2.39	77	128	2.1	92.5	122.0	2.1	0.23	2.8	4.3	2.9
1313 TN1	1313 KTN1		140	33	65.8	24.2	4300	5300	2.533	77	128	2.1	89.8	115.7	2.1	0.23	2.7	4.2	2.9
2313	2313 K		140	48	96.0	32.5	3800	4800	3.2	77	128	2.1	85.5	122.0	2.1	0.38	1.6	2.6	1.7
2313 TN1	2313 KTN1		140	48	97.2	31.8	3800	4800	3.472	77	128	2.1	87.6	118.4	2.1	0.32	2.0	3.1	2.1
1214	1214 K	70	125	24	34.5	13.5	4800	5600	1.29	79	116	1.5	87.4	109	1.5	0.18	3.5	5.4	3.7
1214 M	1214 KM		125	24	34.5	13.5	4800	5600	1.345	79	116	1.5	88.7	106.9	1.5	0.18	3.5	5.4	3.7
2214	2214 K		125	31	44.0	17.0	4500	5600	1.62	79	116	1.5	87.5	111	1.5	0.27	2.4	3.7	2.5
2214 TN1	2214 KTN1		125	31	54.2	20.8	4500	5600	1.575	79	116	1.5	88.1	110.7	1.5	0.23	2.7	4.2	2.9
1314	1314 K		150	35	74.5	27.5	4000	5000	3.0	82	138	2.1	97.7	129	2.1	0.22	2.8	4.4	2.9
1314 M	1314 KM		150	35	75.0	28.5	4000	5000	3.267	82	138	2.1	97.7	125.1	2.1	0.23	2.8	4.3	2.9
2314	2314 K		150	51	110	37.5	3600	4500	3.9	82	138	2.1	91.6	130	2.1	0.38	1.7	2.6	1.8
2314 M	2314 KM		150	51	112	37.2	3600	4500	5.358	82	138	2.1	91.7	126.0	2.1	0.37	1.7	2.6	1.8
1215	1215 K	75	130	25	38.8	15.2	4300	5300	1.35	84	121	1.5	93	116	1.5	0.17	3.6	5.6	3.8
1215 M	1215 KM		130	25	38.8	15.2	4300	5300	1.461	84	121	1.5	93.9	113.2	1.5	0.17	3.7	5.7	3.8
2215	2215 K		130	31	44.2	18.0	4300	5300	1.72	84	121	1.5	93.1	117	1.5	0.25	2.5	3.9	2.6
2215 TN1	2215 KTN1		130	31	52.8	20.2	4300	5300	1.627	84	121	1.5	93.2	115.9	1.5	0.22	2.9	4.4	3.0
1315	1315 K		160	37	79.0	29.8	3800	4500	3.6	87	148	2.1	104	138	2.1	0.22	2.8	4.4	3.0
1315 M	1315 KM		160	37	81.5	31.5	3800	4500	3.911	87	148	2.1	106.0	135.0	2.1	0.22	2.8	4.4	3.0
2315	2315 K		160	55	122	42.8	3400	4300	4.7	87	148	2.1	97.8	139	2.1	0.38	1.7	2.6	1.7
2315 M	2315 KM		160	55	125	42.2	3400	4300	6.535	87	148	2.1	98.8	135.2	2.1	0.37	1.7	2.7	1.8
1216	1216 K	80	140	26	39.5	16.8	4000	5000	1.65	90	130	2	101	125	2	0.18	3.6	5.5	3.7
1216 M	1216 KM		140	26	39.5	16.2	4000	5000	1.792	90	130	2	102	121.7	2	0.17	3.7	5.7	3.9

续表

轴承型号		基本尺寸/mm			基本额定载荷/kN		极限转速/r·min^{-1}		质量/kg	安装尺寸/mm			其他尺寸/mm			计算系数			
10000(TN1、M)型	10000K(TN1、M)型	d	D	B	C_r	C_{0r}	脂	油	W ≈	d_a min	D_a max	r_a max	d_2 ≈	D_2 ≈	r min	e	Y_1	Y_2	Y_0
2216	2216 K	80	140	33	48.8	20.2	4000	5000	2.19	90	130	2	98.8	124	2	0.25	2.5	3.9	2.6
2216 TN1	2216 KTN1		140	33	65.2	25.5	4000	5000	2.053	90	130	2	98.9	124.5	2	0.22	2.9	4.4	3.0
1316	1316 K		170	39	88.5	32.8	3600	4300	4.2	92	158	2.1	109	147	2.1	0.22	2.9	4.5	3.1
1316 M	1316 KM		170	39	89.8	35.0	3600	4300	4.652	92	158	2.1	110.6	141	2.1	0.22	2.8	4.4	3.0
2316	2316 K		170	58	128	45.5	3200	4000	5.7	92	158	2.1	104	148	2.1	0.39	1.6	2.5	1.7
2316 M	2316 KM		170	58	135	47.5	3200	4000	7.785	92	158	2.1	105.4	144.3	2.1	0.37	1.7	2.6	1.8
1217	1217 K	85	150	28	48.8	20.5	3800	4500	2.1	95	140	2	107	134	2	0.17	3.7	5.7	3.9
1217 M	1217 KM		150	28	47.8	19.5	3800	4500	2.240	95	140	2	107.1	129	2	0.17	3.6	5.6	3.8
2217	2217 K		150	36	58.2	23.5	3800	4500	2.53	95	140	2	105	133	2	0.25	2.5	3.8	2.6
2217 TN1	2217 KTN1		150	36	65.5	26.2	3800	4500	2.606	95	140	2	104.7	130.3	2	0.22	2.9	4.5	3.0
1317	1317 K		180	41	97.8	37.8	3400	4000	5.0	99	166	2.5	117	158	3	0.22	2.9	4.5	3.0
1317 M	1317 KM		180	41	97.8	38.5	3400	4000	5.475	99	166	2.5	117.4	149.4	3	0.22	2.9	4.5	3.0
2317	2317 K		180	60	140	51.0	3000	3800	6.70	99	166	2.5	111	157	3	0.38	1.7	2.6	1.7
2317 M	2317 KM		180	60	140	51.5	3000	3800	8.982	99	166	2.5	114.6	153.5	3	0.36	1.8	2.7	1.8
1218	1218 K	90	160	30	56.5	23.2	3600	4300	2.5	100	150	2	112	142	2	0.17	3.8	5.7	4.0
1218 M	1218 KM		160	30	52.5	21.7	3600	4300	2.753	100	150	2	113.9	137.3	2	0.18	3.6	5.5	3.7
2218	2218 K		160	40	70.0	28.5	3600	4300	3.22	100	150	2	112	142	2	0.27	2.4	3.7	2.5
2218 M	2218 KM		160	40	70.2	28.5	3600	4300	4.073	100	150	2	112.6	139	2	0.26	2.4	3.7	2.5
1318	1318 K		190	43	115	44.5	3200	3800	6.0	104	176	2.5	122	165	3	0.22	2.8	4.4	2.9
1318 M	1318 KM		190	43	115.8	46.2	3200	3800	6.418	104	176	2.5	126.7	162.4	3	0.23	2.7	4.2	2.9
2318	2318 K		190	64	142	57.2	2800	3600	7.9	104	176	2.5	115	164	3	0.39	1.6	2.5	1.7
2318 M	2318 KM		190	64	152	57.8	2800	3600	10.722	104	176	2.5	119.4	160.5	3	0.37	1.7	2.6	1.8
1219	1219 K	95	170	32	63.5	27.0	3400	4000	3.0	107	158	2.1	120	151	2.1	0.17	3.7	5.7	3.9
1219 M	1219 KM		170	32	63.8	26.8	3400	4000	3.314	107	158	2.1	121.8	147.6	2.1	0.17	3.7	5.7	3.8
2219	2219 K		170	43	82.8	33.8	3400	4000	4.2	107	158	2.1	118	151	2.1	0.26	2.4	3.7	2.5
2219 M	2219 KM		170	43	83.2	34.2	3400	4000	5.024	107	158	2.1	119.1	147.9	2.1	0.27	2.3	3.6	2.5
1319	1319 K		200	45	132	50.8	3000	3600	7.0	109	186	2.5	127	174	3	0.23	2.8	4.3	2.9

续表

轴承型号		基本尺寸/mm			基本额定载荷/kN		极限转速/r·min^{-1}		质量/kg	安装尺寸/mm			其他尺寸/mm			计算系数			
10000 (TN1、M)型	10000K (TN1、M)型	d	D	B	C_r	C_{0r}	脂	油	W ≈	d_a min	D_a max	r_a max	d_2 ≈	D_2 ≈	r min	e	Y_1	Y_2	Y_0
1319 M	1319 KM	95	200	45	125	50.2	3000	3600	7.450	109	186	2.5	133.0	170.1	3	0.24	2.6	4.0	2.7
2319	2319 K		200	67	162	64.2	2800	3400	9.2	109	186	2.5	—	—	3	0.38	1.7	2.6	1.8
2319 M	2319 KM		200	67	165	64.2	2800	3400	12.414	109	186	2.5	125.1	168.7	3	0.37	1.7	2.7	1.8
1220	1220 K	100	180	34	68.5	29.2	3200	3800	3.7	112	168	2.1	127	159	2.1	0.18	3.5	5.4	3.7
1220 M	1220 KM		180	34	69.2	29.5	3200	3800	3.979	112	168	2.1	128.5	155.4	2.1	0.17	3.7	5.7	3.8
2220	2220 K		180	46	97.2	40.5	3200	3800	5.0	112	168	2.1	125	160	2.1	0.27	2.3	3.6	2.5
2220 M	2220 KM		180	46	97.5	40.5	3200	3800	6.605	112	168	2.1	125.7	156.8	2.1	0.27	2.4	3.7	2.5
1320	1320 K		215	47	142	57.2	2800	3400	8.64	114	201	2.5	136	185	3	0.24	2.7	4.1	2.8
1320 M	1320 KM		215	47	145	59.5	2800	3400	9.240	114	201	2.5	140.3	181	3	0.24	2.7	4.1	2.8
2320	2320 K		215	73	192	78.5	2400	3200	12.4	114	201	2.5	—	—	3	0.37	1.7	2.6	1.8
2320 M	2320 KM		215	73	192	78.5	2400	3200	15.949	114	201	2.5	134.5	182.5	3	0.37	1.7	2.6	1.8
1221	1221 K	105	190	36	74	32.2	3000	3600	4.4	117	178	2.1	134	167	2.1	0.18	3.5	5.5	3.7
1221 M	1221 KM		190	36	74.5	32.2	3000	3600	4.727	117	178	2.1	135.6	163.7	2.1	0.17	3.7	5.7	3.9
2221	2221 K		190	50	—	—	3000	3600	—	117	178	2.1	—	—	2.1	—	—	—	—
2221 M	2221 KM		190	50	101	46.5	3000	3600	7.391	117	178	2.1	131.9	164.8	2.1	0.27	2.3	—	2.4
1321	1321 K		225	49	152	64.5	2600	3200	9.55	119	211	2.5	—	—	3	0.24	2.6	4.1	2.7
1321 M	1321 KM		225	49	150	63.5	2600	3200	10.544	119	211	2.5	148.5	190.8	3	0.24	2.7	4.3	2.8
2321 M	2321 KM		225	77	218	92.5	2400	3000	18.485	119	211	2.5	139	190	3	0.36	1.7	2.7	1.8
1222	1222 K	110	200	38	87.2	37.5	2800	3400	5.2	122	188	2.1	140	176	2.1	0.17	3.6	5.6	3.8
1222 M	1222 KM		200	38	88.0	38.5	2800	3400	5.578	122	188	2.1	142.5	173.1	2.1	0.17	3.6	5.6	3.8
2222	2222 K		200	53	125	52.2	2800	3400	7.2	122	188	2.1	137	177	2.1	0.28	2.2	3.5	2.4
2222 M	2222 KM		200	53	125	52.2	2800	3400	8.759	122	188	2.1	138.3	174.1	2.1	0.28	2.3	3.5	2.4
1322	1322 K		240	50	162	72.8	2400	3000	11.8	124	226	2.5	154	206	3	0.23	2.8	4.3	2.9
1322 M	1322 KM		240	50	162	72.5	2400	3000	12.452	124	226	2.5	157.8	201.9	3	0.23	2.8	4.3	2.9
2322	2322 K		240	80	215	94.2	2200	2800	17.6	124	226	2.5	—	—	3	0.39	1.6	2.5	1.7
2322 M	2322 KM		240	80	215	94.2	2200	2800	21.967	124	226	2.5	149.8	202.0	3	0.37	1.7	2.7	1.8

第7篇

表 7-5-7 带紧定套的调心球轴承（GB/T 281—2013）

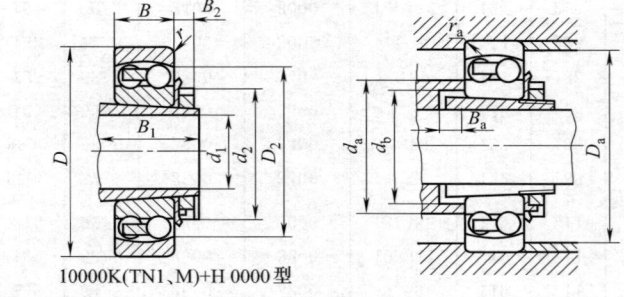

10000K(TN1、M)+H 0000型

轴承型号	基本尺寸/mm			基本额定载荷/kN		极限转速/r·min^{-1}		质量/kg	安装尺寸/mm					其他尺寸/mm					计算系数			
10000K(TN1、M)＋H 0000 型	d_1	D	B	C_r	C_{0r}	脂	油	W ≈	d_a max	d_b min	D_a max	B_a min	r_a max	d_2	D_2	B_1	B_2	r min	e	Y_1	Y_2	Y_0
1204 K＋H 204	17	47	14	9.95	2.65	14000	17000	—	28	23	41	5	1	32	39.1	24	7	1	0.27	2.3	3.6	2.4
1204 KTN1＋H 204		47	14	12.8	3.40	14000	17000	—	29	23	41	5	1	32	39.5	24	7	1	0.30	2.1	3.2	2.2
2204 K＋H 304		47	18	12.5	3.28	14000	17000	—	28	23	41	5	1	32	40.4	28	7	1	0.48	1.3	2.0	1.4
2204 KTN1＋H 304		47	18	16.8	4.20	14000	17000	—	27	23	41	5	1	32	39.3	28	7	1	0.40	1.6	2.4	1.6
1304 K＋H 304		52	15	12.5	3.38	12000	15000	—	31	23	45	8	1	32	43.6	28	7	1.1	0.29	2.2	3.4	2.3
1304 KTN1＋H 304		52	15	14.2	4.00	12000	15000	—	32	23	45	8	1	32	43.4	28	7	1.1	0.28	2.2	3.4	2.3
2304 K＋H 2304		52	21	17.8	4.75	11000	14000	—	28	24	45	5	1	32	43.7	31	7	1.1	0.51	1.2	1.9	1.3
2304 KTN1＋H 2304		52	21	18.2	4.70	11000	14000	—	29	25	45	5	1	32	40.9	31	7	1.1	0.44	1.4	2.2	1.5
1205 K＋H 205	20	52	15	12.0	3.30	12000	14000	0.21	33	28	46	5	1	45	44.9	26	8	1	0.27	2.3	3.6	2.4
1205 KTN1＋H 205		52	15	14.2	4.00	12000	14000	0.218	33	28	46	5	1	45	44.2	26	8	1	0.28	2.3	3.5	2.4
2205 K＋H 305		52	18	12.5	3.40	12000	14000	0.35	33	28	46	5	1	45	44.7	29	8	1	0.41	1.5	2.3	1.5
2205 KTN1＋H 305		52	18	16.8	4.40	12000	14000	0.329	32	28	46	5	1	45	44.6	29	8	1	0.33	1.9	3.0	2.0
1305 K＋H 305		62	17	17.8	5.05	10000	13000	0.51	37	28	55	6	1	45	52.5	29	8	1.1	0.27	2.3	3.5	2.4
1305 KTN1＋H 305		62	17	18.8	5.50	10000	13000	0.521	37	28	55	6	1	45	50.3	29	8	1.1	0.28	2.2	3.5	2.3
2305 K＋H 2305		62	24	24.5	6.48	9500	12000	—	34	30	55	5	1	45	52.5	35	8	1.1	0.47	1.3	2.1	1.4
2305 KTN1＋H 2305		62	24	24.5	6.50	9500	12000	—	36	30	55	5	1	45	49.9	35	8	1.1	0.41	1.5	2.3	1.6

续表

轴承型号	基本尺寸/mm			基本额定载荷/kN		极限转速/r·min^{-1}		质量/kg	安装尺寸/mm					其他尺寸/mm					计算系数			
10000K(TN1、M)+H 0000 型	d_1	D	B	C_r	C_{0r}	脂	油	W ≈	d_a max	d_b min	D_a max	B_a min	r_a max	d_2	D_2	B_1	B_2	r min	e	Y_1	Y_2	Y_0
1206 K+H 206	25	62	16	15.8	4.70	10000	12000	0.33	40	33	56	5	1	45	53.2	27	8	1	0.24	2.6	4.0	2.7
1206 KTN1+H 206		62	16	15.5	4.70	10000	12000	0.328	40	33	56	5	1	45	51.6	27	8	1	0.25	2.5	3.9	2.7
2206 K+H 306		62	20	15.2	4.60	10000	12000	0.37	40	33	56	5	1	45	53.0	31	8	1	0.39	1.6	2.4	1.7
2206 KTN1+H 306		62	20	23.8	6.60	10000	12000	0.384	38	33	56	5	1	45	53.4	31	8	1	0.33	1.9	3.0	2.0
1306 K+H 306		72	19	21.5	6.28	8500	11000	0.51	44	33	65	6	1	45	60.9	31	8	1.1	0.26	2.4	3.8	2.6
1306 KTN1+H 306		72	19	21.2	6.30	8500	11000	0.504	44	33	65	6	1	45	59.0	31	8	1.1	0.25	2.5	3.9	2.6
2306 K+H 2306		72	27	31.5	8.68	8000	10000	0.63	41	35	65	5	1	45	60.9	38	8	1.1	0.44	1.4	2.2	1.5
2306 KTN1+H 2306		72	27	31.5	8.70	8000	10000	0.685	41	35	65	5	1	45	58.4	38	8	1.1	0.43	1.5	2.3	1.5
1207 K+H 207	30	72	17	15.8	5.08	8500	10000	0.45	47	38	65	5	1	52	60.7	29	9	1.1	0.23	2.7	4.2	2.9
1207 KTN1+H 207		72	17	18.8	5.90	8500	10000	0.457	47	38	65	5	1	52	60.2	29	9	1.1	0.23	2.7	4.2	2.9
2207 K+H 307		72	23	21.8	6.65	8500	10000	0.58	46	39	65	5	1	52	62.2	35	9	1.1	0.38	1.7	2.6	1.8
2207 KTN1+H 307		72	23	30.5	8.70	8500	10000	0.563	45	39	65	5	1	52	61.8	35	9	1.1	0.31	2.0	3.1	2.1
1307 K+H 307		80	21	25.0	7.95	7500	9500	0.68	51	39	71	7	1.5	52	69.5	35	9	1.5	0.25	2.6	4.0	2.7
1307 KTN1+H 307		80	21	26.2	8.50	7500	9500	0.673	51	39	71	7	1.5	52	67.1	35	9	1.5	0.25	2.5	3.9	2.6
2307 K+H 2307		80	31	39.2	11.0	7100	9000	0.85	46	40	71	5	1.5	52	68.4	43	9	1.5	0.46	1.4	2.1	1.4
2307 KTN1+H 2307		80	31	39.5	11.2	7100	9000	0.931	47	40	71	5	1.5	52	65.9	43	9	1.5	0.39	1.6	2.5	1.7
1208 K+H 208	35	80	18	19.2	6.40	7500	9000	0.58	53	43	73	6	1	58	68.8	31	10	1.1	0.22	2.9	4.4	3.0
1208 KTN1+H 208		80	18	20.0	6.90	7500	9000	0.599	53	43	73	6	1	58	66.7	31	10	1.1	0.22	2.9	4.5	3.0
2208 K+H 308		80	23	22.5	7.38	7500	9000	0.72	52	44	73	6	1	58	68.8	36	10	1.1	0.24	1.9	2.9	2.0
2208 KTN1+H 308		80	23	31.8	10.2	7500	9000	0.711	52	44	73	6	1	58	69.3	36	10	1.1	0.29	2.2	3.4	2.3
1308 K+H 308		90	23	29.5	9.50	6700	8500	0.9	57	44	81	6	1.5	58	76.8	36	10	1.5	0.24	2.6	4.0	2.7
1308 KTN1+H 308		90	23	32.5	11.0	6700	8500	0.917	61	44	81	6	1.5	58	78.7	36	10	1.5	0.24	2.6	4.1	2.8
2308 K+H 2308		90	33	44.8	13.2	6300	8000	1.15	53	45	81	6	1.5	58	76.8	46	10	1.5	0.43	1.5	2.3	1.5
2308 KTN1+H 2308		90	33	54.0	15.8	6300	8000	1.23	53	45	81	6	1.5	58	76.2	46	10	1.5	0.40	1.6	2.5	1.7
1209 K+H 209	40	85	19	21.8	7.32	7100	8500	0.72	57	48	78	6	1	65	73.7	33	11	1.1	0.21	2.9	4.6	3.1
1209 KTN1+H 202		85	19	23.5	8.30	7100	8500	0.718	59	48	78	6	1	65	71.7	33	11	1.1	0.22	2.9	4.5	3.0
2209 K+H 309		85	23	23.2	8.00	7100	8500	0.8	57	50	78	8	1	65	74.1	39	11	1.1	0.31	2.1	3.2	2.2
2209 KTN1+H 309		85	23	32.5	10.5	7100	8500	0.822	55	50	78	8	1	65	72.4	39	11	1.1	0.26	2.4	3.8	2.5
1309 K+H 309		100	25	38.0	12.8	6000	7500	1.21	63	50	91	6	1.5	65	85.7	39	11	1.5	0.25	2.5	3.9	2.6
1309 KTN1+H 309		100	25	38.8	13.5	6000	7500	1.225	67	50	91	6	1.5	65	87.0	39	11	1.5	0.23	2.7	4.2	2.8
2309 K+H 2309		100	36	55.0	16.2	5600	7100	1.51	60	50	91	6	1.5	65	86	50	11	1.5	0.42	1.5	2.3	1.6
2309 KTN1+H 2309		100	36	63.8	19.2	5600	7100	1.625	60	50	91	6	1.5	65	85	50	11	1.5	0.37	1.7	2.6	1.8

续表

轴承型号	基本尺寸/mm			基本额定载荷/kN		极限转速/r·min^{-1}		质量/kg	安装尺寸/mm					其他尺寸/mm					计算系数			
10000K(TN1、M)+H 0000 型	d_1	D	B	C_r	C_{0r}	脂	油	W ≈	d_a max	d_b min	D_a max	B_a min	r_a max	d_2	D_2	B_1	B_2	r min	e	Y_1	Y_2	Y_0
1210 K+H 210	45	90	20	22.8	8.08	6300	8000	0.81	62	53	83	6	1	70	78.7	35	12	1.1	0.20	3.1	4.8	3.3
1210 K TN1+H 210		90	20	26.5	9.50	6300	8000	0.816	62	53	83	6	1	70	78.5	35	12	1.1	0.21	3.0	4.6	3.1
2210 K +H 310		90	23	23.2	8.45	6300	8000	0.98	62	55	83	10	1	70	77.5	42	12	1.1	0.29	2.2	3.4	2.3
2210 KTN1+H 310		90	23	33.5	11.2	6300	8000	0.859	61	55	83	10	1	70	79.3	42	12	1.1	0.24	2.7	4.1	2.8
1310 K+H 310		110	27	43.2	14.2	5600	6700	1.51	70	55	100	6	2	70	95.0	42	12	2	0.24	2.7	4.1	2.8
1310 KTN1+H 310		110	27	43.8	15.2	5600	6700	1.602	70	55	100	6	2	70	90.6	42	12	2	0.24	2.7	4.1	2.8
2310 K+H 2310		110	40	64.5	19.8	5000	6300	2	65	56	100	6	2	70	94.4	55	12	2	0.43	1.5	2.3	1.6
2310 KTN1+H 2310		110	40	64.8	20.2	5000	6300	2.097	67	56	100	6	2	70	91.4	55	12	2	0.34	1.9	2.9	2.0
1211 K+H 211	50	100	21	26.8	10.0	6000	7100	1.03	70	60	91	7	1.5	75	88.4	37	12	1.5	0.20	3.2	5.0	3.4
1211 KTN1+H 211		100	21	27.8	10.5	6000	7100	1.025	70	60	91	7	1.5	75	86.4	37	12	1.5	0.19	3.3	5.1	3.4
2211 K+H 311		100	25	26.8	9.95	6000	7100	1.2	69	60	91	11	1.5	75	87.8	45	12	1.5	0.28	2.3	3.5	2.4
2211 KTN1+H 311		100	25	39.2	13.5	6000	7100	1.196	67	60	91	11	1.5	75	87.4	45	12	1.5	0.24	2.7	4.1	2.8
1311 K+H 311		120	29	51.5	18.2	5000	6300	1.97	77	60	110	7	2	75	104.0	45	12	2	0.23	2.7	4.2	2.8
1311 KTN1+H 311		120	29	52.5	18.8	5000	6300	2.026	78	60	110	7	2	75	101.5	45	12	2	0.23	2.7	4.2	2.8
2311 K+H 2311		120	43	75.2	23.5	4800	6000	2.52	72	61	110	7	2	75	103.0	59	12	2	0.41	1.5	2.4	1.6
2311 KTN1+H 2311		120	43	75.2	24.0	4800	6000	2.761	73	61	110	7	2	75	99.7	59	12	2	0.33	1.9	3.0	2.0
1212 K+H 212	55	110	22	30.2	11.5	5300	6300	1.25	77	64	101	7	1.5	80	97.5	38	13	1.5	0.19	3.4	5.3	3.6
1212 KTN1+H 212		110	22	31.2	12.2	5300	6300	1.265	78	64	101	7	1.5	80	95.6	38	13	1.5	0.18	3.4	5.3	3.6
2212 K+H 312		110	28	34.0	12.5	5300	6300	1.49	75	65	101	10	1.5	80	96.1	47	13	1.5	0.28	2.3	3.5	2.4
2212 KTN1+H 312		110	28	48.2	17.2	5300	6300	1.512	74	65	101	10	1.5	80	96.5	47	13	1.5	0.24	2.6	4.0	2.7
1312 K+H 312		130	31	57.2	21.2	4500	5600	2.35	87	65	118	7	2.1	80	115.0	47	13	2.1	0.23	2.8	4.3	2.9
1312 KTN1+H 312		130	31	58.2	21.2	4500	5600	2.49	87	65	118	7	2.1	80	111.5	47	13	2.1	0.23	2.8	4.3	2.9
2312 K+H 2312		130	46	86.8	27.5	4300	5300	3.09	76	66	118	7	2.1	80	112.0	62	13	2.1	0.41	1.6	2.5	1.6
2312 KTN1+H 2312		130	46	87.5	28.2	4300	5300	3.402	80	66	118	7	2.1	80	108.4	62	13	2.1	0.33	1.9	3.0	2.0
1213 K+H 213	60	120	23	31.0	12.5	4800	6000	1.32	85	70	111	7	1.5	85	105.0	40	14	1.5	0.17	3.7	5.7	3.9
1213 KTN1+H 213		120	23	35.0	13.8	4800	6000	1.552	85	70	111	7	1.5	85	104.0	40	14	1.5	0.18	3.6	5.6	3.8
2213 K+H 313		120	31	43.5	16.2	4800	6000	1.96	81	70	111	9	1.5	85	105.0	50	14	1.5	0.28	2.3	3.5	2.4
2213 KTN1+H 313		120	31	59.2	21.5	4800	6000	1.964	80	70	111	9	1.5	85	104.9	50	14	1.5	0.24	2.6	4.0	2.7
1313 K+H 313		140	33	61.8	22.8	4300	5300	2.85	92	70	128	7	2.1	85	122.0	50	14	2.1	0.23	2.8	4.3	2.9
1313 KTN1+H 313		140	33	65.8	24.2	4300	5300	2.993	89	70	128	7	2.1	85	115.7	50	14	2.1	0.23	2.7	4.2	2.9
2313 K+H 2313		140	48	96.0	32.5	3800	4800	3.75	85	72	128	7	2.1	85	122.0	65	14	2.1	0.38	1.6	2.6	1.7
2313 KTN1+H 2313		140	48	97.2	31.8	3800	4800	4.022	87	72	128	7	2.1	85	118.4	65	14	2.1	0.32	2.0	3.0	2.1

续表

轴承型号	基本尺寸/mm			基本额定载荷/kN		极限转速/r·min^{-1}		质量/kg	安装尺寸/mm					其他尺寸/mm					计算系数			
10000K(TN1、M)+H 0000 型	d_1	D	B	C_r	C_{0r}	脂	油	W ≈	d_a max	d_b min	D_a max	B_a min	r_a max	d_2	D_2	B_1	B_2	r min	e	Y_1	Y_2	Y_0
1215 K+H 215	65	130	25	38.8	15.2	4300	5300	2.06	93	80	121	7	1.5	98	116	43	15	1.5	0.17	3.6	5.6	3.8
1215 KM+H 215		130	25	38.8	15.2	4300	5300	2.171	93	80	121	7	1.5	98	113.3	43	15	1.5	0.17	3.7	5.7	3.8
2215 K+H 315		130	31	44.2	18.0	4300	5300	2.55	93	80	121	13	1.5	98	117	55	15	1.5	0.25	2.5	3.9	2.6
2215 KTN1+H 315		130	31	52.8	20.2	4300	5300	2.457	93	80	121	13	1.5	98	115.9	55	15	1.5	0.22	2.9	4.4	3.0
1315 K+H 315		160	37	79.0	29.8	3800	4500	4.43	104	80	148	7	2.1	98	138	55	15	2.1	0.22	2.8	4.4	3.0
1315 KM+H 315		160	37	81.5	31.5	3800	4500	4.741	106	80	148	7	2.1	98	135.0	55	15	2.1	0.22	2.8	4.4	3.0
2315 K+H 2315		160	55	122	42.8	3400	4300	5.75	97	82	148	7	2.1	98	139	73	15	2.1	0.38	1.7	2.6	1.7
2315 KM+H 2315		160	55	125	42.2	3400	4300	7.587	98	82	148	7	2.1	98	135.2	73	15	2.1	0.37	1.7	2.7	1.8
1216 K+H 216	70	140	26	39.5	16.8	4000	5000	2.53	101	85	130	7	2	105	125	46	17	2	0.18	3.6	5.5	3.7
1216 KM+H 216		140	26	39.5	16.2	4000	5000	2.672	102	85	130	7	2	105	121.7	46	17	2	0.17	3.7	5.7	3.9
2216 K+H 316		140	33	48.8	20.2	4000	5000	3.19	98	85	130	13	2	105	124	59	17	2	0.25	2.5	3.9	2.6
2216 KTN1+H 316		140	33	65.2	25.5	4000	5000	3.053	98	85	130	13	2	105	124.5	59	17	2	0.22	2.9	4.4	3.0
1316 K+H 316		170	39	88.5	32.8	3600	4300	5.2	109	85	158	7	2.1	105	147	59	17	2.1	0.22	2.9	4.5	3.1
1316 KM+H 316		170	39	89.8	35.0	3600	4300	5.652	110	85	158	7	2.1	105	141	59	17	2.1	0.22	2.8	4.4	3.0
2316 K+H 2316		170	58	128	45.5	3200	4000	7.0	104	88	158	7	2.1	105	148	78	17	2.1	0.39	1.6	2.5	1.7
2316 KM+H 2316		170	58	135	47.5	3200	4000	9.085	105	88	158	7	2.1	105	144.4	78	17	2.1	0.37	1.7	2.6	1.8
1217 K+H 217	75	150	28	48.8	20.5	3800	4500	3.1	107	90	140	8	2	110	134	50	18	2	0.17	3.7	5.7	3.9
1217 KM+H 217		150	28	47.8	19.5	3800	4500	3.24	107	90	140	8	2	110	129	50	18	2	0.17	3.6	5.6	3.8
2217 K+H 317		150	36	58.2	23.5	3800	4500	3.73	105	91	140	13	2	110	133	63	18	2	0.25	2.5	3.8	2.6
2217 KTN1+H 317		150	36	66.2	26.2	3800	4500	3.805	104	91	140	13	2	110	130.3	63	18	2	0.22	2.9	4.5	3.0
1317 K+H 317		180	41	97.8	37.8	3400	4000	6.7	117	91	166	8	2.1	110	158	63	18	3	0.22	2.9	4.5	3.0
1317 KM+H 317		180	41	97.5	38.5	3400	4000	7.175	117	91	166	8	2.1	110	149.4	63	18	3	0.22	2.9	4.5	3.0
2317 K+H 2317		180	60	140	51.0	3000	3800	8.15	111	94	166	8	2.5	110	157	82	18	3	0.38	1.7	2.6	1.7
2317 KM+H 2317		180	60	140	51.5	3000	3800	10.432	114	94	166	8	2.5	110	153.6	82	18	3	0.36	1.8	2.7	1.8
1218 K+H 218	80	160	30	56.5	23.2	3600	4300	3.7	112	95	150	8	2	120	142	52	18	2	0.17	3.8	5.7	4.0
1218 KM+H 218		160	30	52.5	21.7	3600	4300	3.953	113	95	150	8	2	120	137.3	52	18	2	0.17	3.6	5.5	3.7
2218 K+H 318		160	40	70.0	28.5	3600	4300	4.57	112	96	150	11	2	120	142	65	18	2	0.27	2.4	3.7	2.5
2218 KM+H 318		160	40	70.2	28.5	3600	4300	5.423	112	96	150	11	2	120	139	65	18	2	0.26	2.4	3.7	2.5
1318 K+H 318		190	43	115	44.5	3200	3800	7.35	122	96	176	8	2.5	120	165	65	18	3	0.22	2.8	4.4	2.9
1318 KM+H 318		190	43	115.8	46.2	3200	3800	7.768	126	96	176	8	2.5	120	162.4	65	18	3	0.23	2.7	4.2	2.9
2318 K+H 2318		190	64	142	57.2	2800	3600	9.6	115	100	176	8	2.5	120	164	86	18	3	0.39	1.6	2.5	1.7
2318 KM+H 2318		190	64	152	57.8	2800	3600	12.422	119	100	176	8	2.5	120	160.5	86	18	3	0.37	1.7	2.6	1.8

续表

轴承型号	基本尺寸/mm			基本额定载荷/kN		极限转速/r·min^{-1}		质量/kg	安装尺寸/mm					其他尺寸/mm					计算系数			
10000K(TN1、M)+H 0000 型	d_1	D	B	C_r	C_{0r}	脂	油	W ≈	d_a max	d_b min	D_a max	B_a min	r_a max	d_2	D_2	B_1	B_2	r min	e	Y_1	Y_2	Y_0
1219 K+H 219	85	170	32	63.5	27.0	3400	4000	4.35	120	100	158	8	2.1	125	151	55	19	2.1	0.17	3.7	5.7	3.9
1219 KM+H 219		170	32	63.8	26.8	3400	4000	4.664	121	100	158	8	2.1	125	147.6	55	19	2.1	0.17	3.7	5.7	3.8
2219 K+H 319		170	43	82.8	33.8	3400	4000	5.75	118	102	158	10	2.1	125	157	68	19	2.1	0.26	2.4	3.7	2.7
2219 KM+H 319		170	43	83.2	34.2	3400	4000	6.574	119	102	158	10	2.1	125	147.9	68	19	2.1	0.27	2.3	3.6	2.5
1319 K+H 319		200	45	132	50.8	3000	3600	8.55	126	102	186	8	2.5	125	174	68	19	3	0.23	2.8	4.3	2.9
1319 KM+H 319		200	45	125	50.2	3000	3600	9.0	133	102	186	8	2.5	125	170.1	68	19	3	0.24	2.6	4.0	2.7
2319 K+H 2319		200	67	162	64.2	2800	3400	—	—	105	186	8	2.5	125	—	90	19	3	0.38	1.7	2.6	1.8
2319 KM+H 2319		200	67	165	64.8	2800	3400	—	125	105	186	8	2.5	125	168.6	90	19	3	0.37	1.7	2.7	1.8
1220 K+H 220	90	180	34	68.5	29.2	300	3800	5.2	127	106	168	8	2.1	130	159	58	20	2.1	0.18	3.5	5.4	3.7
1220 KM+H 220		180	34	69.2	29.5	3200	3800	5.479	128	106	168	8	2.1	130	155.4	58	20	2.1	0.17	3.7	5.7	3.7
2220 K+H 320		180	46	97.2	40.5	3200	3800	6.7	125	108	168	9	2.1	130	160	71	20	2.1	0.27	2.3	3.6	2.5
2220 KM+H 320		180	46	97.5	40.5	3200	3800	8.305	125	108	168	9	2.1	130	156.8	71	20	2.1	0.27	2.4	3.7	2.5
1320 K+H 320		215	47	142	57.2	2800	3400	10.34	136	108	201	8	2.5	130	185	71	20	3	0.24	2.7	4.1	2.8
1320 KM+H 320		215	47	145	59.5	2800	3400	10.94	140	108	201	8	2.5	130	181	71	20	3	0.24	2.7	4.1	2.8
2320 K+H 2320		215	73	192	78.5	2400	3200	—	—	110	201	7	2.5	130	—	97	20	3	0.37	1.7	2.6	1.8
2320 KM+H 2320		215	73	192	78.5	2400	3200	—	134	110	201	8	2.5	130	182.5	97	20	3	0.37	1.7	2.6	1.8
1222 K+H 222	100	200	38	87.2	37.5	2800	3400	7.1	140	116	188	8	2.1	145	176	63	21	2.1	0.17	3.6	5.6	3.8
1222 KM+H 222		200	38	88.0	38.5	2800	3400	7.478	142	116	188	8	2.1	145	173.2	63	21	2.1	0.17	3.6	5.6	3.8
2222 K+H 322		200	53	125	52.2	2800	3400	9.4	137	118	188	7	2.1	145	177	77	21	2.1	0.28	2.2	3.5	2.4
2222 KM+H 322		200	53	125	52.2	2800	3400	10.959	138	118	188	7	2.1	145	174.1	77	21	2.1	0.28	2.3	3.5	2.4
1322 K+H 322		240	50	162	72.8	2400	3000	14	154	118	226	10	2.5	145	206	77	21	3	0.23	2.8	4.3	2.9
1322 KM+H 322		240	50	162	72.5	2400	3000	14.652	157	118	226	10	2.5	145	201.9	77	21	3	0.23	2.8	4.3	2.9

5.3　角接触球轴承

表 7-5-8　当量载荷计算公式

接触角	当量载荷	单个轴承或串联安装	背对背、面对面安装	载荷条件
15°	当量动载荷	$P_r=F_r$ $P_r=0.44F_r+YF_a$	$P_r=F_r+Y_1F_a$ $P_r=0.72F_r+Y_2F_a$	$F_a/F_r\leqslant e$ $F_a/F_r>e$
	当量静载荷	$P_{0r}=0.5F_r+0.46F_a$ 当 $P_{0r}<F_r$，取 $P_{0r}=F_r$	$P_{0r}=F_r+0.92F_a$	
25°	当量动载荷	$P_r=F_r$ $P_r=0.41F_r+0.87F_a$	$P_r=F_r+0.92F_a$ $P_r=0.67F_r+1.41F_a$	$F_a/F_r\leqslant 0.68$ $F_a/F_r>0.68$
	当量静载荷	$P_{0r}=0.5F_r+0.38F_a$ 当 $P_{0r}<F_r$，取 $P_{0r}=F_r$	$P_{0r}=F_r+0.76F_a$	
40°	当量动载荷	$P_r=F_r$ $P_r=0.35F_r+0.57F_a$	$P_r=F_r+0.55F_a$ $P_r=0.57F_r+0.93F_a$	$F_a/F_r\leqslant 1.14$ $F_a/F_r>1.14$
	当量静载荷	$P_{0r}=0.5F_r+0.26F_a$ 当 $P_{0r}<F_r$，取 $P_{0r}=F_r$	$P_{0r}=F_r+0.52F_a$	

表 7-5-9　计算系数

F_a/C_{0r}	e	Y	Y_1	Y_2	F_a/C_{0r}	e	Y	Y_1	Y_2	F_a/C_{0r}	e	Y	Y_1	Y_2
0.015	0.38	1.47	1.65	2.39	0.087	0.46	1.23	1.38	2.00	0.29	0.55	1.02	1.14	1.66
0.029	0.40	1.40	1.57	2.28	0.12	0.47	1.19	1.34	1.93	0.44	0.56	1.00	1.12	1.63
0.058	0.43	1.30	1.46	2.11	0.17	0.50	1.12	1.26	1.82	0.58	0.56	1.00	1.12	1.63

表 7-5-10　单列角接触球轴承（GB/T 292—2007）

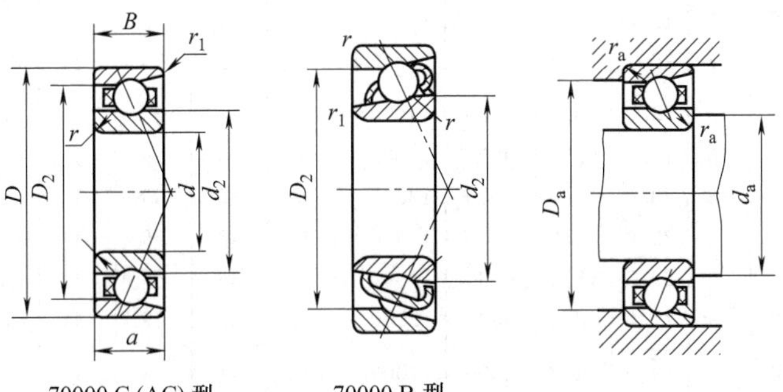

70000 C (AC) 型　　70000 B 型

轴承型号	基本尺寸/mm			基本额定载荷/kN		极限转速/r·min⁻¹		质量/kg	安装尺寸/mm			其他尺寸/mm				
70000 C 型 70000 AC 型 70000 B 型	d	D	B	C_r	C_{0r}	脂	油	W ≈	d_a min	D_a max	r_a max	d_2 ≈	D_2 ≈	a	r min	r_1 min
7000 C	10	26	8	4.92	2.25	1900	2800	0.018	12.4	23.6	0.3	14.9	21.1	6.4	0.3	0.1
7000 AC		26	8	4.75	2.12	1900	2800	0.018	12.4	23.6	0.3	14.9	21.1	8.2	0.3	0.1
7200 C		30	9	5.82	2.95	1800	2600	0.03	15	25	0.6	17.4	23.6	7.2	0.6	0.3
7200 AC		30	9	5.58	2.82	1800	2600	0.03	15	25	0.6	17.4	23.6	9.2	0.6	0.3
7001 C	12	28	8	5.42	2.65	1800	2600	0.02	14.4	25.6	0.3	17.4	23.6	6.7	0.3	0.1
7001 AC		28	8	5.20	2.55	1800	2600	0.02	14.4	25.6	0.3	17.4	23.6	8.7	0.3	0.1

续表

轴承型号	基本尺寸/mm			基本额定载荷/kN		极限转速/$r \cdot min^{-1}$		质量/kg	安装尺寸/mm			其他尺寸/mm				
70000 C型 70000 AC型 70000 B型	d	D	B	C_r	C_{0r}	脂	油	W ≈	d_a min	D_a max	r_a max	d_2 ≈	D_2 ≈	a	r min	r_1 min
7201 C	12	32	10	7.35	3.52	1700	2400	0.035	17	27	0.6	18.3	26.1	8	0.6	0.3
7201 AC		32	10	7.10	3.35	1700	2400	0.035	17	27	0.6	18.3	26.1	10.2	0.6	0.3
7002 C	15	32	9	6.25	3.42	17000	24000	0.028	17.4	29.6	0.3	20.4	26.6	7.6	0.3	0.1
7002 AC		32	9	5.95	3.25	17000	24000	0.028	17.4	29.6	0.3	20.4	26.6	10	0.3	0.1
7202 C		35	11	8.68	4.62	16000	22000	0.043	20	30	0.6	21.6	29.4	8.9	0.6	0.3
7202 AC		35	11	8.35	4.40	16000	22000	0.043	20	30	0.6	21.6	29.4	11.4	0.6	0.3
7003 C	17	35	10	6.60	3.85	16000	22000	0.036	19.4	32.6	0.8	22.9	29.1	8.5	0.3	0.1
7003 AC		35	10	6.30	3.68	16000	22000	0.036	19.4	32.6	0.3	22.9	29.1	11.1	0.3	0.1
7203 C		40	12	10.8	5.95	15000	20000	0.062	22	35	0.6	24.6	33.4	9.9	0.6	0.3
7203 AC		40	12	10.5	5.65	15000	20000	0.062	22	35	0.6	24.6	33.4	12.8	0.6	0.3
7004 C	20	42	12	10.5	6.08	14000	19000	0.064	25	37	0.6	26.9	35.1	10.2	0.6	0.3
7004 AC		42	12	10.0	5.78	14000	19000	0.064	25	37	0.6	26.9	35.1	13.2	0.6	0.3
7204 C		47	14	14.5	8.22	13000	18000	0.1	26	41	1	29.3	39.7	11.5	1	0.3
7204 AC		47	14	14.0	7.82	13000	18000	0.1	26	41	1	29.3	39.7	14.9	1	0.3
7204 B		47	14	14.0	7.85	13000	18000	0.11	26	41	1	30.5	37	21.1	1	0.6
7005 C	25	47	12	11.5	7.45	12000	17000	0.074	30	42	0.6	31.9	40.1	10.8	0.6	0.3
7005 AC		47	12	11.2	7.08	12000	17000	0.074	30	42	0.6	31.9	40.1	14.4	0.6	0.3
7205 C		52	15	16.5	10.5	11000	16000	0.12	31	46	1	33.8	44.2	12.7	1	0.3
7205 AC		52	15	15.8	9.88	11000	16000	0.12	31	46	1	33.8	44.2	16.4	1	0.3
7205 B		52	15	15.8	9.45	11000	16000	0.13	31	46	1	35.4	42.1	23.7	1	0.6
7305 B		62	17	26.2	15.2	9500	14000	0.3	32	55	1	39.2	48.4	26.8	1.1	0.6
7006 C	30	55	13	15.2	10.2	9500	14000	0.11	36	49	1	38.4	47.7	12.2	1	0.3
7006 AC		55	13	14.5	9.85	9500	14000	0.11	36	49	1	38.4	47.7	16.4	1	0.3
7206 C		62	16	23.0	15.0	9000	13000	0.19	36	56	1	40.8	52.2	14.2	1	0.3
7206 AC		62	16	22.0	14.2	9000	13000	0.19	36	56	1	40.8	52.2	18.7	1	0.3
7206 B		62	16	20.5	13.8	9000	13000	0.21	36	56	1	42.8	50.1	27.4	1	0.3
7306 B		72	19	31.0	19.2	8500	12000	0.37	37	65	1	46.5	56.2	31.1	1.1	0.6
7007 C	35	62	14	19.5	14.2	8500	12000	0.15	41	56	1	43.3	53.7	13.5	1	0.3
7007 AC		62	14	18.5	13.5	8500	12000	0.15	41	56	1	43.3	53.7	18.3	1	0.3
7207 C		72	17	30.5	20.0	8000	11000	0.28	42	65	1	46.8	60.2	15.7	1.1	0.3
7207 AC		72	17	29.0	19.2	8000	11000	0.28	42	65	1	46.8	60.2	21	1.1	0.3
7207 B		72	17	27.0	18.8	8000	11000	0.3	42	65	1	49.5	58.1	30.9	1.1	0.6
7307 B		80	21	38.2	24.5	7500	10000	0.51	44	71	1.5	52.4	63.4	24.6	1.5	1
7008 C	40	68	15	20.0	15.2	8000	11000	0.18	46	62	1	48.8	59.2	14.7	1	0.3
7008 AC		68	15	19.0	14.5	8000	11000	0.18	46	62	1	48.8	59.2	20.1	1	0.3
7208 C		80	18	36.8	25.8	7500	10000	0.37	47	73	1	52.8	67.2	17	1.1	0.6
7208 AC		80	18	35.2	24.5	7500	10000	0.37	47	73	1	52.8	67.2	23	1.1	0.6
7208 B		80	18	32.5	23.5	7500	10000	0.39	47	73	1	56.4	65.7	34.5	1.1	0.6
7308 B		90	23	46.2	30.5	6700	9000	0.67	49	81	1.5	59.3	71.5	38.8	1.5	1
7408 B		110	27	67.0	47.5	6000	8000	1.4	50	100	2	64.6	85.4	37.7	2	1

续表

轴承型号	基本尺寸/mm			基本额定载荷/kN		极限转速/r·min^{-1}		质量/kg	安装尺寸/mm			其他尺寸/mm				
70000 C型 70000 AC型 70000 B型	d	D	B	C_r	C_{0r}	脂	油	W ≈	d_a min	D_a max	r_a max	d_2 ≈	D_2 ≈	a	r min	r_1 min
7009 C	45	75	16	25.8	20.5	7500	10000	0.23	51	69	1	54.2	65.9	16	1	0.3
7009 AC		75	16	25.8	19.5	7500	10000	0.23	51	69	1	54.2	65.9	21.9	1	0.3
7209 C		85	19	38.5	28.5	6700	9000	0.41	52	78	1	58.8	73.2	18.2	1.1	0.6
7209 AC		85	19	36.8	27.2	6700	9000	0.41	52	78	1	58.8	73.2	24.7	1.1	0.6
7209 B		85	19	36.0	26.2	6700	9000	0.44	52	78	1	60.5	70.2	36.8	1.1	0.6
7309 B		100	25	59.5	39.8	6000	8000	0.9	54	91	1.5	66	80	42.9	1.5	1
7010 C	50	80	16	26.5	22.0	6700	9000	0.25	56	74	1	59.2	70.9	16.7	1	0.3
7010 AC		80	16	25.2	21.0	6700	9000	0.25	56	74	1	59.2	70.9	23.2	1	0.3
7210 C		90	20	42.8	32.0	6300	8500	0.46	57	83	1	62.4	77.7	19.4	1.1	0.6
7210 AC		90	20	40.8	30.5	6300	8500	0.46	57	83	1	62.4	77.7	26.3	1.1	0.6
7210 B		90	20	37.5	29.0	6300	8500	0.49	57	83	1	65.5	75.2	39.4	1.1	0.6
7310 B		110	27	68.2	48.0	5600	7500	1.15	60	100	2	74.2	88.8	47.5	2	1
7410 B		130	31	95.2	64.2	5000	6700	2.08	62	118	2.1	77.6	102.4	46.2	2.1	1.1
7011 C	55	90	18	37.2	30.5	6000	8000	0.38	62	83	1	65.4	79.7	18.7	1.1	0.6
7011 AC		90	18	35.2	39.2	6000	8000	0.38	62	83	1	65.4	79.7	25.9	1.1	0.6
7211 C		100	21	52.8	40.5	5600	7500	0.61	64	91	1.5	68.9	86.1	20.9	1.5	0.6
7211 AC		100	21	50.5	38.5	5600	7500	0.61	64	91	1.5	68.9	86.1	28.6	1.5	0.6
7211 B		100	21	46.2	36.0	5600	7500	0.65	64	91	1.5	72.4	83.4	43	1.5	1
7311 B		120	29	78.8	56.5	5000	6700	1.45	65	110	2	80.5	96.3	51.4	2	1
7012 C	60	95	18	38.2	32.8	5600	7500	0.4	67	88	1	71.4	85.7	19.38	1.1	0.6
7012 AC		95	18	36.2	31.5	5600	7500	0.4	67	88	1	71.4	85.7	27.1	1.1	0.6
7212 C		110	22	61.0	48.5	5300	7000	0.8	69	101	1.5	76	94.1	22.4	1.5	0.6
7212 AC		110	22	58.2	46.2	5300	7000	0.8	69	101	1.5	76	94.1	30.8	1.5	0.6
7212 B		110	22	56.0	44.5	5300	7000	0.84	69	101	1.5	79.3	91.5	46.7	1.5	1
7312 B		130	31	90.0	66.3	4800	6300	1.85	72	118	2.1	87.1	104.2	55.4	2.1	1.1
7412 B		150	35	118	85.5	4300	5600	3.56	72	138	2.1	91.4	118.6	55.7	2.1	1.1
7013 C	65	100	18	40.4	35.5	5300	7000	0.43	72	93	1	75.3	89.8	20.1	1.1	0.6
7013 AC		100	18	38.0	33.8	5300	7000	0.43	72	93	1	75.3	89.8	28.2	1.1	0.6
7213 C		120	23	69.8	55.2	4800	6300	1	74	111	1.5	82.5	102.5	24.2	1.5	0.6
7213 AC		120	23	66.5	52.5	4800	6300	1	74	111	1.5	82.5	402.5	33.5	1.5	0.6
7213 B		120	23	62.5	53.2	4800	6300	1.05	74	111	1.5	88.4	101.2	51.1	1.5	1
7313 B		140	33	102	77.8	4300	5600	2.25	77	128	2.1	93.9	112.4	59.5	2.1	1.1
7014 C	70	110	20	48.2	43.5	5000	6700	0.6	77	103	1	82	98	22.1	1.1	0.6
7014 AC		110	20	45.8	41.5	5000	6700	0.6	77	103	1	82	98	30.9	1.1	0.6
7214 C		125	24	70.2	60.0	4500	6700	1.1	79	116	1.5	89	109	25.3	1.5	0.6
7214 AC		125	24	69.2	57.5	4500	6700	1.1	79	116	1.5	89	109	35.1	1.5	0.6
7214 B		125	24	70.2	57.2	4500	6700	1.15	79	116	1.5	91.1	104.9	52.9	1.5	1
7314 B		150	35	115	87.2	4000	5300	2.75	82	138	2.1	100.9	120.5	63.7	2.1	1.1
7015 C	75	115	20	49.5	46.5	4800	6300	0.63	82	108	1	88	104	22.7	1.1	0.6
7015 AC		115	20	46.8	44.2	4800	6300	0.63	82	108	1	88	104	32.2	1.1	0.6

续表

轴承型号	基本尺寸/mm			基本额定载荷/kN		极限转速/r·min^{-1}		质量/kg	安装尺寸/mm			其他尺寸/mm				
70000 C型 70000 AC型 70000 B型	d	D	B	C_r	C_{0r}	脂	油	W ≈	d_a min	D_a max	r_a max	d_2 ≈	D_2 ≈	a	r min	r_1 min
7215 C	75	130	25	79.2	65.8	4300	5600	1.2	84	121	1.5	94	115	26.4	1.5	0.6
7215 AC		130	25	75.2	63.0	4300	5600	1.2	84	121	1.5	94	115	36.6	1.5	0.6
7215 B		130	25	72.8	62.0	4300	5600	1.3	84	121	1.5	96.1	109.9	55.5	1.5	1
7315 B		160	37	125	98.5	3800	5000	3.3	87	148	2.1	107.9	128.0	68.4	2.1	1.1
7016 C	80	125	22	58.5	55.8	4500	6000	0.85	87	118	1	95.2	112.8	24.7	1.1	0.6
7016 AC		125	22	55.5	53.2	4500	6000	0.85	87	118	1	95.2	112.8	34.9	1.1	0.6
7216 C		140	26	89.5	78.2	4000	5300	1.45	90	130	2	100	122	27.7	2	1
7216 AC		140	26	85.0	74.5	4000	5300	1.45	90	130	2	100	122	38.9	2	1
7216 B		140	26	80.2	69.5	4000	5300	1.55	90	130	2	103.2	117.8	59.2	2	1
7316 B		170	39	135	110	3600	4800	3.9	92	158	2.1	114.8	136.3	71.9	2.1	1.1
7017 C	85	130	22	62.5	60.2	4300	5600	0.89	92	123	1	99.4	117.6	25.4	1.1	0.6
7017 AC		130	22	59.2	57.2	4300	5600	0.89	92	123	1	99.4	117.6	36.1	1.1	0.6
7217 C		150	28	99.8	85.0	3800	5000	1.8	95	140	2	107.1	131	29.9	2	1
7217 AC		150	28	94.8	81.5	3800	5000	1.8	95	140	2	107.1	131	41.6	2	1
7217 B		150	28	93.0	81.5	3800	5000	1.95	95	140	2	110.1	126	63.3	2	1
7317 B		180	41	148	122	3400	4500	4.6	99	166	2.5	121.2	145.6	76.1	3	1.1
7018 C	90	140	24	71.5	69.8	4000	5300	1.15	99	131	1.5	107.2	126.8	27.4	1.5	0.6
7018 AC		140	24	67.5	66.5	4000	5300	1.15	99	131	1.5	107.2	126.8	38.8	1.5	0.6
7218 C		160	30	122	105	3600	4800	2.25	100	150	2	111.7	138.4	31.7	2	1
7218 AC		160	30	118	100	3600	4800	2.25	100	150	2	111.7	138.4	44.2	2	1
7218 B		160	30	105	94.5	3600	4800	2.4	100	150	2	118.1	135.2	67.9	2	1
7318 B		190	43	158	138	3200	4300	5.4	104	176	2.5	128.6	153.2	80.8	3	1.1
7019 C	95	145	24	73.5	73.2	3800	5000	1.2	104	136	1.5	110.2	129.8	28.1	1.5	0.6
7019 AC		145	24	69.5	69.8	3800	5000	1.2	104	136	1.5	110.2	129.8	40	1.5	0.6
7219 C		170	32	135	115	3400	4500	2.7	107	158	2.1	118.1	147	33.8	2.1	1.1
7219 AC		170	32	128	108	3400	4500	2.7	107	158	2.1	118.1	147	46.9	2.1	1.1
7219 B		170	32	120	108	3400	4500	2.9	107	158	2.1	126.1	144.4	72.5	2.1	1.1
7319 B		200	45	172	155	3000	4000	6.25	109	186	2.5	135.4	161.5	84.4	3	1.1
7020 C	100	150	24	79.2	78.5	3800	5000	1.25	109	141	1.5	114.6	135.4	28.7	1.5	0.6
7020 AC		150	24	75	74.8	3800	5000	1.25	109	141	1.5	114.6	135.4	41.2	1.5	0.6
7220 C		180	34	148	128	3200	4300	3.25	112	168	2.1	124.8	155.3	35.8	2.1	1.1
7220 AC		180	34	142	122	3200	4300	3.25	112	168	2.1	124.8	155.3	49.7	2.1	1.1
7220 B		180	34	130	115	2600	3600	3.45	112	168	2.1	130.9	150.5	75.7	2.1	1.1
7320 B		215	47	188	180	2400	3400	7.75	114	201	2.5	144.5	172.5	89.6	3	1.1
7021 C	105	160	26	88.5	88.8	3600	4800	1.6	115	150	2	121.5	143.6	30.8	2	1
7021 AC		160	26	83.8	84.2	3600	4800	1.6	115	150	2	121.5	143.6	43.9	2	1
7221 C		190	36	162	145	3000	4000	3.85	117	178	2.1	131.1	163.8	37.8	2.1	1.1
7221 AC		190	36	155	138	3000	4000	3.85	117	178	2.1	131.1	163.8	52.4	2.1	1.1

续表

轴承型号	基本尺寸/mm			基本额定载荷/kN		极限转速/r·min^{-1}		质量/kg	安装尺寸/mm			其他尺寸/mm				
70000 C 型 70000 AC 型 70000 B 型	d	D	B	C_r	C_{0r}	脂	油	W ≈	d_a min	D_a max	r_a max	d_2 ≈	D_2 ≈	a	r min	r_1 min
7221 B	105	190	36	142	130	2600	3600	4.1	117	178	2.1	137.5	159	79.9	2.1	1.1
7321 B		225	49	202	195	2200	3200	8.8	119	211	2.5	151.4	180.7	93.7	3	1.1
7022 C	110	170	28	100	102	3600	4800	1.95	120	160	2	129.1	152.9	32.8	2	1
7022 AC		170	28	95.5	97.2	3600	4800	1.95	120	160	2	129.1	152.9	46.7	2	1
7222 C		200	38	175	162	2800	3800	4.55	122	188	2.1	138.9	173.2	39.8	2.1	1.1
7222 AC		200	38	168	155	2800	3800	4.55	122	188	2.1	138.9	173.2	55.2	2.1	1.1
7222 B		200	38	155	145	2400	3400	4.8	122	188	2.1	144.8	166.8	84	2.1	1.1
7322 B		240	50	225	225	2000	3000	10.5	124	226	2.5	160.3	192	98.4		
7024 C	120	180	28	108	110	2800	3800	2.1	130	170	2	137.7	162.4	34.1	2	1
7024 AC		180	28	102	105	2800	3800	2.1	130	170	2	137.7	162.4	48.9	2	1
7224 C		215	40	188	180	2400	3400	5.4	132	203	2.1	149.4	185.7	42.4	2.1	1.1
7224 AC		215	40	180	172	2400	3400	5.4	132	203	2.1	149.4	185.7	59.1	2.1	1.1
7026 C	130	200	33	128	135	2600	3600	3.2	140	190	2	151.4	178.7	38.6	2	1
7026 AC		200	33	122	128	2600	3600	3.2	140	190	2	151.4	178.7	54.9	2	1
7226 C		230	40	205	210	2200	3200	6.25	144	216	2.5	162.9	199.2	44.3	3	1.1
7226 AC		230	40	195	200	2200	3200	6.25	144	216	2.5	162.9	199	62.2	3	1.1
7028C	140	210	33	140	145	2400	3400	3.62	150	200	2	162	188	40	2	1
7028 AC		210	33	140	150	2200	3200	3.62	150	200	2	162	188	59.2	2	1
7228 C		250	42	230	245	1900	2800	9.36	154	236	2.5	—	—	41.7	3	1.1
7228 AC		250	42	230	235	1900	2800	9.24	154	236	2.5	—	—	68.6	3	1.1
7328 B		300	62	288	315	1700	2400	22.44	158	282	3	—	—	111	4	1.5
7030 C	150	225	35	160	155	2200	3200	4.83	162	213	2.1	174	201	43	2.1	1
7030 AC		225	35	152	168	2000	3000	4.83	162	213	2.1	174	201	63.2	2.1	1
7232 C	160	290	48	262	298	1700	2400	14.5	174	276	2.5	—	—	47.9	3	1.1
7232 AC		290	48	248	278	1700	2400	14.5	174	276	2.5	—	—	78.9	3	1.1
7034 AC	170	260	42	192	222	1800	2600	8.25	182	248	2.1	—	—	73.4	2.1	1.1
7234 C		310	52	322	390	1600	2200	19.2	188	292	3	—	—	51.5	4	1.5
7234 AC		310	52	305	368	1600	2200	17.2	188	292	3	—	—	84.5	4	1.5
7236 C	180	320	52	335	415	1500	2000	18.1	198	302	3	—	—	52.6	4	1.5
7236 AC		320	52	315	388	1500	2000	18.1	198	302	3	—	—	87	4	1.5
7038 AC	190	290	46	215	262	1600	2200	10.7	202	278	2.1	—	—	81.5	2.1	1.1
7040 AC	200	310	51	252	325	1500	2000	14.04	212	298	2.1	—	—	87.7	2.1	1.1
7240 C		360	58	360	475	1300	1800	25.2	218	342	3	—	—	58.8	4	1.5
7240 AC		360	58	345	448	1300	1800	25.2	218	342	3	—	—	97.3	4	1.5
7244 AC	220	400	65	358	482	1100	1600	38.5	238	382	3	—	—	108.1	4	1.5

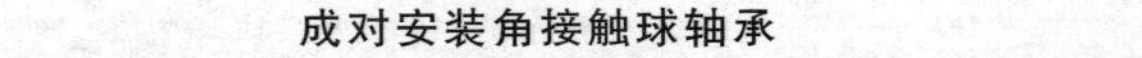

表 7-5-11 成对安装角接触球轴承

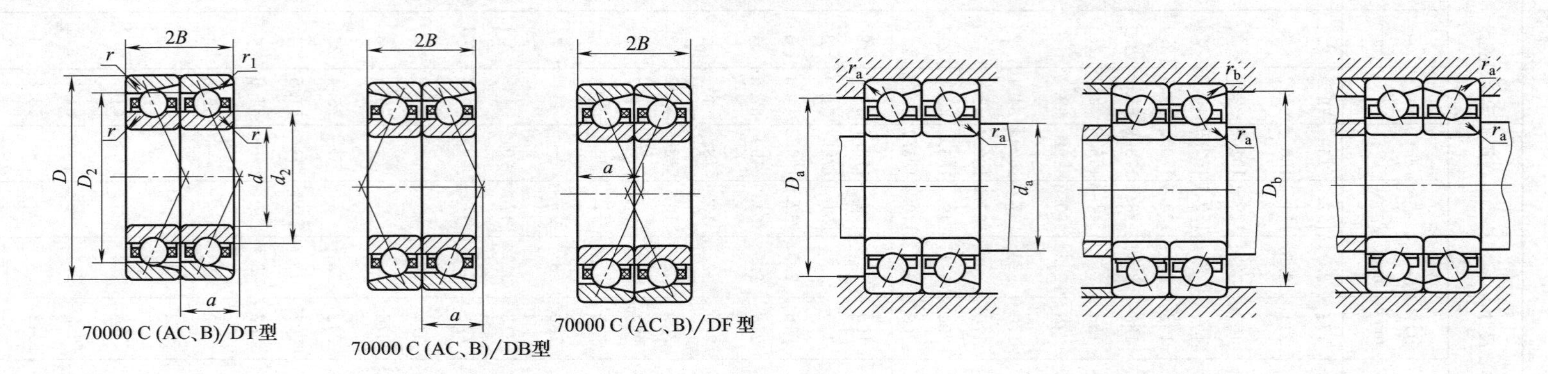

轴承型号			基本尺寸/mm			基本额定载荷/kN		极限转速/r·min^{-1}		质量/kg	安装尺寸/mm					其他尺寸/mm				
70000 C/DT 型 70000 AC/DT 型 70000 B/DT 型	70000 C/DB 型 70000 AC/DB 型 70000 B/DB 型	70000 C/DF 型 70000 AC/DF 型 70000 B/DF 型	d	D	$2B$	C_r	C_{0r}	脂	油	W ≈	d_a min	D_a max	D_b max	r_a max	r_b max	d_2 ≈	D_2 ≈	a	r min	r_1 min
7000 C/DT	7000 C/DB	7000 C/DF	10	26	16	7.98	4.50	14000	20000	0.036	12.4	23.6	24.8	0.3	0.15	14.9	21.1	6.4	0.3	0.1
7000 AC/DT	7000 AC/DB	7000 AC/DF		26	16	7.68	5.25	14000	20000	0.036	12.4	23.6	24.8	0.3	0.15	14.9	21.1	8.2	0.3	0.1
7200 C/DT	7200 C/DB	7200 C/DF		30	18	9.42	5.90	13000	18000	0.06	15	25	28.8	0.6	0.15	17.4	23.6	7.2	0.6	0.3
7200 AC/DT	7200 AC/DB	7200 AC/DF		30	18	9.02	5.65	13000	18000	0.06	15	25	28.8	0.6	0.15	17.4	23.6	9.2	0.6	0.3
7001 C/DT	7001 C/DB	7001 C/DF	12	28	16	8.78	5.30	13000	18000	0.04	14.4	25.6	26.8	0.3	0.15	17.4	23.6	6.7	0.3	0.1
7001 AC/DT	7001 AC/DB	7001 AC/DF		28	16	8.42	5.20	13000	18000	0.04	14.4	25.6	26.8	0.3	0.15	17.4	23.6	8.7	0.3	0.1
7201 C/DT	7201 C/DB	7201 C/DF		32	20	11.8	7.05	12000	17000	0.07	17	27	30.8	0.6	0.15	18.3	26.1	8	0.6	0.3
7201 AC/DT	7201 AC/DB	7201 AC/DF		32	20	11.5	6.70	12000	17000	0.07	17	27	30.8	0.6	0.15	18.3	26.1	10.2	0.6	0.3
7002 C/DT	7002 C/DB	7002 C/DF	15	32	18	10.0	6.85	12000	15000	0.056	17.4	29.6	30.8	0.3	0.15	20.4	26.6	7.6	0.3	0.1
7002 AC/DT	7002 AC/DB	7002 AC/DF		32	18	9.65	6.50	12000	15000	0.056	17.4	29.6	30.8	0.3	0.15	20.4	26.6	10	0.3	0.1
7202 C/DT	7202 C/DB	7202 C/DF		35	22	14.0	9.25	11000	15000	0.086	20	30	33.8	0.6	0.15	21.6	29.4	8.9	0.6	0.3
7202 AC/DT	7202 AC/DB	7202 AC/DF		35	22	13.5	8.80	11000	15000	0.086	20	30	33.8	0.6	0.15	21.6	29.4	11.4	0.6	0.3
7003 C/DT	7003 C/DB	7003 C/DF	17	35	20	10.8	7.70	11000	15000	0.072	19.4	32.6	33.8	0.8	0.15	22.9	29.1	8.5	0.3	0.1
7003 AC/DT	7003 AC/DB	7003 AC/DF		35	20	10.2	7.35	11000	15000	0.072	19.4	32.6	33.8	0.3	0.15	22.9	29.1	11.1	0.3	0.1
7203 C/DT	7203 C/DB	7203 C/DF		40	24	17.5	11.8	10000	14000	0.124	22	35	37.6	0.6	0.3	24.6	33.4	9.9	0.6	0.3
7203 AC/DT	7203 AC/DB	7203 AC/DF		40	24	17.0	11.5	10000	14000	0.124	22	35	37.6	0.6	0.3	24.6	33.4	12.8	0.6	0.3

续表

轴承型号			基本尺寸/mm			基本额定载荷/kN		极限转速/r·min^{-1}		质量/kg	安装尺寸/mm					其他尺寸/mm				
70000 C/DT 型 70000 AC/DT 型 70000 B/DT 型	70000 C/DB 型 70000 AC/DB 型 70000 B/DB 型	70000 C/DF 型 70000 AC/DF 型 70000 B/DF 型	d	D	$2B$	C_r	C_{0r}	脂	油	W ≈	d_a min	D_a max	D_b max	r_a max	r_b max	d_2 ≈	D_2 ≈	a	r min	r_1 min
7004 C/DT	7004 C/DB	7004 C/DF	20	42	24	17.0	12.2	9500	13000	0.128	25	37	40.8	0.6	0.15	26.9	35.1	10.2	0.6	0.3
7004 AC/DT	7004 AC/DB	7004 AC/DF		42	24	16.2	11.5	9500	13000	0.128	25	37	40.8	0.6	0.15	26.9	35.1	13.2	0.6	0.3
7204 C/DT	7204 C/DB	7204 C/DF		47	28	23.8	16.5	9500	13000	0.2	26	41	44.6	1	0.3	29.3	39.7	11.5	1	0.3
7204 AC/DT	7204 AC/DB	7204 AC/DF		47	28	22.8	15.5	9500	13000	0.2	26	41	44.6	1	0.3	29.3	39.7	14.9	1	0.3
7204 B/DT	7204 B/DB	7204 B/DF		47	28	22.8	15.8	9500	13000	0.22	26	41	44.6	1	0.3	30.5	37	21.1	1	0.6
7005 C/DT	7005 C/DB	7005 C/DF	25	47	24	18.8	14.8	9500	13000	0.148	30	42	45.8	0.6	0.15	31.9	40.1	10.8	0.6	0.3
7005 AC/DT	7005 AC/DB	7005 AC/DF		47	24	18.0	14.2	9500	13000	0.148	30	42	45.8	0.6	0.15	31.9	40.1	14.4	0.6	0.3
7205 C/DT	7205 C/DB	7205 C/DF		52	30	26.8	21.0	8000	11000	0.24	31	46	49.6	1	0.3	33.8	44.2	12.7	1	0.3
7205 AC/DT	7205 AC/DB	7205 AC/DF		52	30	25.5	19.8	8000	11000	0.24	31	46	49.6	1	0.3	33.8	44.2	16.4	1	0.3
7205 B/DT	7205 B/DB	7205 B/DF		52	30	25.5	18.8	8000	11000	0.26	31	46	49.6	1	0.3	35.4	42.1	23.7	1	0.6
7305 B/DT	7305 B/DB	7305 B/DF		62	34	42.5	30.5	6700	10000	—	32	55	57	1	0.3	39.2	48.4	26.8	1.1	0.6
7006 C/DT	7006 C/DB	7006 C/DF	30	55	26	24.5	20.5	6700	10000	0.22	36	49	52.6	1	0.3	38.4	47.7	12.2	1	0.3
7006 AC/DT	7006 AC/DB	7006 AC/DF		55	26	23.0	19.8	6700	10000	0.22	36	49	52.6	1	0.3	38.4	47.7	16.4	1	0.3
7206 C/DT	7206 C/DB	7206 C/DF		62	32	37.2	30.0	6300	9500	0.38	36	56	59.6	1	0.3	40.8	52.2	14.2	1	0.3
7206 AC/DT	7206 AC/DB	7206 AC/DF		62	32	35.5	28.5	6300	9000	0.38	36	56	59.6	1	0.3	40.8	52.2	18.7	1	0.3
7206 B/DT	7206 B/DB	7206 B/DF		62	32	33.2	27.5	6300	9000	0.42	36	56	59.6	1	0.3	42.8	50.1	27.4	1	0.3
7306 B/DT	7306 B/DB	7306 B/DF		72	38	50.2	38.5	6000	8500	0.74	37	65	67	1	0.6	46.5	56.2	31.1	1.1	0.6
7007 C/DT	7007 C/DB	7007 C/DF	35	62	28	31.5	28.5	6000	8500	0.3	41	56	59.6	1	0.3	43.3	53.7	13.5	1	0.3
7007 AC/DT	7007 AC/DB	7007 AC/DF		62	28	30.0	27.0	6000	8500	0.3	41	56	59.6	1	0.3	43.3	53.7	18.3	1	0.3
7207 C/DT	7207 C/DB	7207 C/DF		72	34	49.0	40.0	5600	7500	0.56	42	65	67	1	0.6	46.8	60.2	15.7	1.1	0.3
7207 AC/DT	7207 AC/DB	7207 AC/DF		72	34	47.0	38.5	5600	7500	0.56	42	65	67	1	0.6	46.8	60.2	21	1.1	0.3
7207 B/DT	7207 B/DB	7207 B/DF		72	34	43.7	37.5	5600	7500	0.6	42	65	67	1	0.6	49.5	58.1	30.9	1.1	0.6
7307 B/DT	7307 B/DB	7307 B/DF		80	42	61.8	49.0	5300	7000	1.02	44	71	75	1.5	0.6	52.4	63.4	24.6	1.5	1
7008 C/DT	7008 C/DB	7008 C/DF	40	68	30	32.5	30.5	5600	7500	0.36	46	62	65.6	1	0.3	48.8	59.2	14.7	1	0.3
7008 AC/DT	7008 AC/DB	7008 AC/DF		68	30	30.8	29.0	5600	7500	0.36	46	62	65.6	1	0.3	48.8	59.2	20.1	1	0.3
7208 C/DT	7208 C/DB	7208 C/DF		80	36	59.5	51.5	5300	7000	0.74	47	73	75	1	0.6	52.8	67.2	17	1.1	0.6
7208 AC/DT	7208 AC/DB	7208 AC/DF		80	36	57.0	49.0	5300	7000	0.74	47	73	75	1	0.6	52.8	67.2	23	1.1	0.6
7208 B/DT	7208 B/DB	7208 B/DF		80	36	52.5	47.0	5300	7000	0.78	47	73	75	1	0.6	56.4	65.7	34.5	1.1	0.6
7308 B/DT	7308 B/DB	7308 B/DF		90	46	74.8	61.0	4500	6300	1.34	49	81	85	1.5	0.6	59.3	71.5	38.8	1.5	1

续表

轴承型号			基本尺寸/mm			基本额定载荷/kN		极限转速/r·min^{-1}		质量/kg	安装尺寸/mm					其他尺寸/mm				
70000 C/DT 型 70000 AC/DT 型 70000 B/DT 型	70000 C/DB 型 70000 AC/DB 型 70000 B/DB 型	70000 C/DF 型 70000 AC/DF 型 70000 B/DF 型	d	D	$2B$	C_r	C_{0r}	脂	油	W ≈	d_a min	D_a max	D_b max	r_a max	r_b max	d_2 ≈	D_2 ≈	a	r min	r_1 min
7009 C/DT	7009 C/DB	7009 C/DF	45	75	32	41.8	41.0	5300	7000	0.46	51	69	72.6	1	0.3	54.2	65.9	16	1	0.3
7009 AC/DT	7009 AC/DB	7009 AC/DF		75	32	41.8	39.0	5300	7000	0.46	51	69	72.6	1	0.3	54.2	65.9	21.9	1	0.3
7209 C/DT	7209 C/DB	7209 C/DF		85	38	62.5	57.0	4500	6300	0.82	52	78	80	1	0.6	58.8	73.2	18.2	1.1	0.6
7209 AC/DT	7209 AC/DB	7209 AC/DF		85	38	59.5	54.5	4500	6300	0.82	52	78	80	1	0.6	58.8	73.2	24.7	1.1	0.6
7209 B/DT	7209 B/DB	7209 B/DF		85	38	58.2	52.5	4500	6300	0.88	52	78	80	1	0.6	60.5	70.2	36.8	1.1	0.6
7309 B/DT	7309 B/DB	7309 B/DF		100	50	96.5	79.5	4000	5600	1.8	54	91	95	1.5	0.6	66	80	42.9	1.5	1
7010 C/DT	7010 C/DB	7010 C/DF	50	80	32	43.0	44.0	4500	6300	0.5	56	74	77.6	1	0.3	59.2	70.9	16.7	1	0.3
7010 AC/DT	7010 AC/DB	7010 AC/DF		80	32	40.8	42.0	4500	6300	0.5	56	74	77.6	1	0.3	59.2	70.9	23.2	1	0.3
7210 C/DT	7210 C/DB	7210 C/DF		90	40	69.2	64.0	4300	6000	0.92	57	83	85	1	0.6	62.4	77.7	19.4	1.1	0.6
7210 AC/DT	7210 AC/DB	7210 AC/DF		90	40	66.2	61.0	4300	6000	0.92	57	83	85	1	0.6	62.4	77.7	26.3	1.1	0.6
7210 B/DT	7210 B/DB	7210 B/DF		90	40	60.8	58.0	4300	6000	0.98	57	83	85	1	0.6	65.5	75.2	39.4	1.1	0.6
7310 B/DT	7310 B/DB	7310 B/DF		110	54	110	96.0	3800	5300	2.3	60	100	104	2	1	74.2	88.8	47.5	2	1
7011 C/DT	7011 C/DB	7011 C/DF	55	90	36	60.2	64.0	4000	5600	0.76	62	83	85	1	0.6	65.4	79.7	18.7	1.1	0.6
7011 AC/DT	7011 AC/DB	7011 AC/DF		90	36	57.0	58.5	4000	5600	0.76	62	83	85	1	0.6	65.4	79.7	25.9	1.1	0.6
7211 C/DT	7211 C/DB	7211 C/DF		100	42	85.5	81.0	3800	5300	1.22	64	91	95	1.5	0.6	68.9	86.1	20.9	1.5	0.6
7211 AC/DT	7211 AC/DB	7211 AC/DF		100	42	81.8	77.0	3800	5300	1.22	64	91	95	1.5	0.6	68.9	86.1	28.6	1.5	0.6
7211 B/DT	7211 B/DB	7211 B/DF		100	42	74.8	72.0	3800	5300	1.3	64	91	9	1.5	0.6	72.4	83.4	43	1.5	1
7311 B/DT	7311 B/DB	7311 B/DF		120	58	128	112	3400	4800	2.9	65	110	114	2	1	80.5	96.3	51.4	2	1
7012 C/DT	7012 C/DB	7012 C/DF	60	95	36	61.8	65.5	3800	5300	0.8	67	88	90	1	0.6	71.4	85.7	19.38	1.1	0.6
7012 AC/DT	7012 AC/DB	7012 AC/DF		95	36	58.6	63.0	3800	5300	0.8	67	88	90	1	0.6	71.4	85.7	27.1	1.1	0.6
7212 C/DT	7212 C/DB	7212 C/DF		110	44	98.8	97.0	3600	5000	1.6	69	101	105	1.5	0.6	76	94.1	22.4	1.5	0.6
7212 AC/DT	7212 AC/DB	7212 AC/DF		110	44	94.2	92.5	3600	5000	1.6	69	101	105	1.5	0.6	76	94.1	30.8	1.5	0.6
7212 B/DT	7212 B/DB	7212 B/DF		110	44	90.8	89.0	3600	5000	1.68	69	101	105	1.5	0.6	79.3	91.5	46.7	1.5	1
7312 B/DT	7312 B/DB	7312 B/DF		130	62	145	135	3400	4500	3.7	72	118	123	2.1	1	87.1	104.2	55.4	2.1	1.1
7013 C/DT	7013 C/DB	7013 C/DF	65	100	36	64.8	71.0	3600	5000	0.86	72	93	95	1	0.6	75.3	89.8	20.1	1.1	0.6
7013 AC/DT	7013 AC/DB	7013 AC/DF		100	36	61.5	67.5	3600	5000	0.86	72	93	95	1	0.6	75.3	89.8	28.2	1.1	0.6
7213 C/DT	7213 C/DB	7213 C/DF		120	46	112	110	3400	4500	2	74	111	115	1.5	0.6	82.5	102.5	24.2	1.5	0.6
7213 AC/DT	7213 AC/DB	7213 AC/DF		120	46	108	105	3400	4500	2	74	111	115	1.5	0.6	82.5	402.5	33.5	1.5	0.6
7213 B/DT	7213 B/DB	7213 B/DF		120	46	102	105	3400	4500	2.1	74	111	115	1.5	0.6	88.4	101.2	51.1	1.5	1
7313 B/DT	7313 B/DB	7313 B/DF		140	66	165	155	3000	4000	4.5	77	128	133	2.1	1	93.9	112.4	59.5	2.1	1.1

续表

轴承型号			基本尺寸/mm			基本额定载荷/kN		极限转速/r·min^{-1}		质量/kg	安装尺寸/mm					其他尺寸/mm				
70000 C/DT 型 70000 AC/DT 型 70000 B/DT 型	70000 C/DB 型 70000 AC/DB 型 70000 B/DB 型	70000 C/DF 型 70000 AC/DF 型 70000 B/DF 型	d	D	$2B$	C_r	C_{0r}	脂	油	W ≈	d_a min	D_a max	D_b max	r_a max	r_b max	d_2 ≈	D_2 ≈	a	r min	r_1 min
7014 C/DT	7014 C/DB	7014 C/DF	70	110	40	78.0	87.0	3400	4800	1.2	77	103	105	1	0.6	82	98	22.1	1.1	0.6
7014 AC/DT	7014 AC/DB	7014 AC/DF		110	40	74.2	83.0	3400	4800	1.2	77	103	105	1	0.6	82	98	30.9	1.1	0.6
7214 C/DT	7214 C/DB	7214 C/DF		125	48	115	120	3200	4300	2.2	79	116	120	1.5	0.6	89	109	25.3	1.5	0.6
7214 AC/DT	7214 AC/DB	7214 AC/DF		125	48	112	115	3200	4300	2.2	79	116	120	1.5	0.6	89	109	35.1	1.5	0.6
7214 B/DT	7214 B/DB	7214 B/DF		125	48	115	115	3200	4300	2.3	79	116	120	1.5	0.6	91.1	104.9	52.9	1.5	1
7314 B/DT	7314 B/DB	7314 B/DF		150	70	185	175	3000	3600	5.5	82	138	143	2.1	1	100.9	120.5	63.7	2.1	1.1
7015 C/DT	7015 C/DB	7015 C/DF	75	115	40	80.2	93.0	3400	4500	1.26	82	108	110	1	0.6	88	104	22.7	1.1	0.6
7015 AC/DT	7015 AC/DB	7015 AC/DF		115	40	75.8	88.5	3400	4500	1.26	82	108	110	1	0.6	88	104	32.2	1.1	0.6
7215 C/DT	7215 C/DB	7215 C/DF		130	50	128	132	3000	4000	2.4	84	121	125	1.5	0.6	94	115	26.4	1.5	0.6
7215 AC/DT	7215 AC/DB	7215 AC/DF		130	50	122	125	3000	4000	2.4	84	121	125	1.5	0.6	94	115	36.6	1.5	0.6
7215 B/DT	7215 B/DB	7215 B/DF		130	50	118	125	3000	4000	2.6	84	121	125	1.5	0.6	96.1	109.9	55.5	1.5	1
7315 B/DT	7315 B/DB	7315 B/DF		160	74	202	198	2600	3400	6.6	87	148	153	2.1	1	107.9	128.0	68.4	2.1	1.1
7016 C/DT	7016 C/DB	7016 C/DF	80	125	44	94.8	112	3200	4300	1.7	87	118	120	1	0.6	95.2	112.8	24.7	1.1	0.6
7016 AC/DT	7016 AC/DB	7016 AC/DF		125	44	90.0	105	3200	4300	1.7	87	118	120	1	0.6	95.2	112.8	34.9	1.1	0.6
7216 C/DT	7216 C/DB	7216 C/DF		140	52	145	155	2800	3600	2.9	90	130	134	2	1	100	122	27.7	2	1
7216 AC/DT	7216 AC/DB	7216 AC/DF		140	52	138	148	2800	3600	2.9	90	130	134	2	1	100	122	38.9	2	1
7216 B/DT	7216 B/DB	7216 B/DF		140	52	130	138	2800	3600	3.1	90	130	134	2	1	103.2	117.8	59.2	2	1
7316 B/DT	7316 B/DB	7316 B/DF		170	78	218	220	2400	3400	7.8	92	158	163	2.1	1	114.8	136.3	71.9	2.1	1.1
7017 C/DT	7017 C/DB	7017 C/DF	85	130	44	102	120	3000	4000	1.78	92	123	125	1	0.6	99.4	117.6	25.4	1.1	0.6
7017 AC/DT	7017 AC/DB	7017 AC/DF		130	44	95.8	115	3000	4000	1.78	92	123	125	1	0.6	99.4	117.6	36.1	1.1	0.6
7217 C/DT	7217 C/DB	7217 C/DF		150	56	162	170	2600	3400	3.6	95	140	144	2	1	107.1	131	29.9	2	1
7217 AC/DT	7217 AC/DB	7217 AC/DF		150	56	152	162	2600	3400	3.6	95	140	144	2	1	107.1	131	41.6	2	1
7217 B/DT	7217 B/DB	7217 B/DF		150	56	150	162	2600	3400	3.9	95	140	144	2	1	110.1	126	63.3	2	1
7317 B/DT	7317 B/DB	7317 B/DF		180	82	240	245	2400	3200	9.2	99	166	173	2.5	1	121.2	145.6	76.1	3	1.1
7018 C/DT	7018 C/DB	7018 C/DF	90	140	48	115	140	2800	3600	2.3	99	131	135	1.5	0.6	107.2	126.8	27.4	1.5	0.6
7018 AC/DT	7018 AC/DB	7018 AC/DF		140	48	110	132	2800	3600	2.3	99	131	135	1.5	0.6	107.2	126.8	38.8	1.5	0.6
7218 C/DT	7218 C/DB	7218 C/DF		160	60	198	210	2400	3400	4.5	100	150	154	2	1	111.7	138.4	31.7	2	1
7218 AC/DT	7218 AC/DB	7218 AC/DF		160	60	192	200	2400	3400	4.5	100	150	154	2	1	111.7	138.4	44.2	2	1
7218 B/DT	7218 B/DB	7218 B/DF		160	60	170	188	2400	3400	4.8	100	150	154	2	1	118.1	135.2	67.9	2	1
7318 B/DT	7318 B/DB	7318 B/DF		190	86	255	275	2200	3000	10.8	104	176	183	2.5	1	128.6	153.2	80.8	3	1.1

续表

轴承型号			基本尺寸/mm			基本额定载荷/kN		极限转速/r·min^{-1}		质量/kg	安装尺寸/mm					其他尺寸/mm				
70000 C/DT 型 70000 AC/DT 型 70000 B/DT 型	70000 C/DB 型 70000 AC/DB 型 70000 B/DB 型	70000 C/DF 型 70000 AC/DF 型 70000 B/DF 型	d	D	$2B$	C_r	C_{0r}	脂	油	W ≈	d_a min	D_a max	D_b max	r_a max	r_b max	d_2 ≈	D_2 ≈	a	r min	r_1 min
7019 C/DT	7019 C/DB	7019 C/DF	95	145	48	118	145	2600	3400	2.4	104	136	140	1.5	0.6	110.2	129.8	28.1	1.5	0.6
7019 AC/DT	7019 AC/DB	7019 AC/DF		145	48	112	138	2600	3400	2.4	104	136	140	1.5	0.6	110.2	129.8	40	1.5	0.6
7219 C/DT	7219 C/DB	7219 C/DF		170	64	218	228	2400	3200	5.4	107	158	163	2.1	1	118.1	147	33.8	2.1	1.1
7219 AC/DT	7219 AC/DB	7219 AC/DF		170	64	208	218	2400	3200	5.4	107	158	163	2.1	1	118.1	147	46.9	2.1	1.1
7219 B/DT	7219 B/DB	7219 B/DF		170	64	195	218	2400	3200	5.8	107	158	163	2.1	1	126.1	144.4	72.5	2.1	1.1
7319 B/DT	7319 B/DB	7319 B/DF		200	90	278	310	2000	2800	12.5	109	186	193	2.5	1	135.4	161.5	84.4	3	1.1
7020 C/DT	7020 C/DB	7020 C/DF	100	150	48	128	158	2600	3400	2.5	109	141	145	1.5	0.6	114.6	135.4	28.7	1.5	0.6
7020 AC/DT	7020 AC/DB	7020 AC/DF		150	48	122	150	2600	3400	2.5	109	141	145	1.5	0.6	114.6	135.4	41.2	1.5	0.6
7220 C/DT	7220 C/DB	7220 C/DF		180	68	240	255	2200	3000	6.5	112	168	173	2.1	1	124.8	155.3	35.8	2.1	1.1
7220 AC/DT	7220 AC/DB	7220 AC/DF		180	68	230	245	2200	3000	6.5	112	168	173	2.1	1	124.8	155.3	49.7	2.1	1.1
7220 B/DT	7220 B/DB	7220 B/DF		180	68	210	230	2200	3000	6.9	112	168	173	2.1	1	130.9	150.5	75.7	2.1	1.1
7320 B/DT	7320 B/DB	7320 B/DF		215	94	305	360	1800	2400	15.5	114	201	208	2.5	1	144.5	172.5	89.6	3	1.1
7021 C/DT	7021 C/DB	7021 C/DF	105	160	52	142	178	2600	3400	3.2	115	150	154	2	1	121.5	143.6	30.8	2	1
7021 AC/DT	7021 AC/DB	7021 AC/DF		160	52	135	168	2600	3400	3.2	115	150	154	2	1	121.5	143.6	43.9	2	1
7221 C/DT	7221 C/DB	7221 C/DF		190	72	262	290	2000	2800	7.7	117	178	183	2.1	1	131.1	163.8	37.8	2.1	1.1
7221 AC/DT	7221 AC/DB	7221 AC/DF		190	72	250	275	2000	2800	7.7	117	178	183	2.1	1	131.1	163.8	52.4	2.1	1.1
7221 B/DT	7221 B/DB	7221 B/DF		190	72	230	258	2000	2800	8.2	117	178	183	2.1	1	137.5	159	79.9	2.1	1.1
7321 B/DT	7321 B/DB	7321 B/DF		225	98	328	392	1700	2400	17.6	119	211	218	2.5	1	151.4	180.7	93.7	3	1.1
7022 C/DT	7022 C/DB	7022 C/DF	110	170	56	162	205	2400	3400	3.9	120	160	164	2	1	129.1	152.9	32.8	2	1
7022 AC/DT	7022 AC/DB	7022 AC/DF		170	56	155	195	2400	3400	3.9	120	160	164	2	1	129.1	152.9	46.7	2	1
7222 C/DT	7222 C/DB	7222 C/DF		200	76	285	325	1900	2600	9.1	122	188	193	2.1	1	138.9	173.2	39.8	2.1	1.1
7222 AC/DT	7222 AC/DB	7222 AC/DF		200	76	272	310	1900	2600	9.1	122	188	193	2.1	1	138.9	173.2	55.2	2.1	1.1
7222 B/DT	7222 B/DB	7222 B/DF		200	76	250	290	1900	2600	9.6	122	188	193	2.1	1	144.8	166.8	84	2.1	1.1
7322 B/DT	7322 B/DB	7322 B/DF		240	100	365	450	1500	2200	22.56	124	226	233	2.5	1	160.3	192	98.4		
7024 C/DT	7024 C/DB	7024 C/DF	120	180	56	175	222	1900	2600	4.2	130	170	174	2	1	137.7	162.4	34.1	2	1
7024 AC/DT	7024 AC/DB	7024 AC/DF		180	56	165	210	1900	2600	4.2	130	170	174	2	1	137.7	162.4	48.9	2	1
7224 C/DT	7224 C/DB	7224 C/DF		215	80	305	362	1700	2400	10.8	132	203	208	2.1	1	149.4	185.7	42.4	2.1	1.1
7224 AC/DT	7224 AC/DB	7224 AC/DF		215	80	292	345	1700	2400	10.8	132	203	208	2.1	1	149.4	185.7	59.1	2.1	1.1

续表

轴承型号			基本尺寸/mm			基本额定载荷/kN		极限转速/r·min^{-1}		质量/kg	安装尺寸/mm					其他尺寸/mm				
70000 C/DT 型 70000 AC/DT 型 70000 B/DT 型	70000 C/DB 型 70000 AC/DB 型 70000 B/DB 型	70000 C/DF 型 70000 AC/DF 型 70000 B/DF 型	d	D	$2B$	C_r	C_{0r}	脂	油	W ≈	d_a min	D_a max	D_b max	r_a max	r_b max	d_2 ≈	D_2 ≈	a	r min	r_1 min
7026 C/DT	7026 C/DB	7026 C/DF	130	200	66	208	272	1800	2400	6.4	140	190	194	2	1	151.4	178.7	38.6	2	1
7026 AC/DT	7026 AC/DB	7026 AC/DF		200	66	198	258	1800	2400	6.4	140	190	194	2	1	151.4	178.7	54.9	2	1
7226 C/DT	7226 C/DB	7226 C/DF		230	80	332	418	1500	2200	12.5	144	216	223	2.5	1	162.9	199.2	44.3	3	1.1
7226 AC/DT	7226 AC/DB	7226 AC/DF		230	80	315	400	1500	2200	12.5	144	216	223	2.5	1	162.9	199	62.2	3	1.1
7028 C/DT	7028 C/DB	7028 C/DF	140	210	66	228	290	1700	2400	7.24	150	200	204	2	1	162	188	40	2	1
7028 AC/DT	7028 AC/DB	7028 AC/DF		210	66	228	300	1500	2200	7.84	150	200	204	2	1	162	188	59.2	2	1
7228 C/DT	7228 C/DB	7228 C/DF		250	84	372	490	1300	2000	18.72	154	236	243	2.5	1	—	—	41.7	3	1.1
7228 AC/DT	7228 AC/DB	7228 AC/DF		250	84	372	470	1300	2000	18.48	154	236	243	2.5	1	—	—	68.6	3	1.1
7328 B/DT	7328 B/DB	7328 B/DF		300	124	465	630	1200	1700	44.88	158	282	291	3	1.5	—	—	111	4	1.5
7030 C/DT	7030 C/DB	7030 C/DF	150	225	70	260	312	1500	2200	9.66	162	213	218	2.1	1	174	201	43	2.1	1
7030 AC/DT	7030 AC/DB	7030 AC/DF		225	70	245	335	1400	2000	9.66	162	213	218	2.1	1	174	201	63.2	2.1	1
7232 C/DT	7232 C/DB	7232 C/DF	160	290	96	425	595	1200	1700	29	174	276	283	2.5	1	—	—	47.9	3	1.1
7232 AC/DT	7232 AC/DB	7232 AC/DF		290	96	402	555	1200	1700	29	174	276	283	2.5	1	—	—	78.9	3	1.1
7034 AC/DT	7034 AC/DB	7034 AC/DF	170	260	84	310	445	1200	1800	16.5	182	248	253	2.1	1	—	—	73.4	2.1	1.1
7234 C/DT	7234 C/DB	7234 C/DF		310	104	522	780	1100	1500	38.4	188	292	301	3	1.5	—	—	51.5	4	1.5
7234 AC/DT	7234 AC/DB	7234 AC/DF		310	104	495	735	1100	1500	34.4	188	292	301	3	1.5	—	—	84.5	4	1.5
7236 C/DT	7236 C/DB	7236 C/DF	180	320	104	542	830	1000	1400	36.2	198	302	311	3	1.5	—	—	52.6	4	1.5
7236 AC/DT	7236 AC/DB	7236 AC/DF		320	104	510	775	1000	1400	36.2	198	302	311	3	1.5	—	—	87	4	1.5
7038 AC/DT	7038 AC/DB	7038 AC/DF	190	290	92	348	525	1100	1500	21.4	202	278	283	2.1	1	—	—	81.5	2.1	1.1
7040 AC/DT	7040 AC/DB	7040 AC/DF	200	310	102	410	650	1000	1400	28.08	212	298	302	2.1	1	—	—	87.7	2.1	1.1
7240 C/DT	7240 C/DB	7240 C/DF		360	116	585	950	900	1300	50.4	218	342	351	3	1.5	—	—	58.8	4	1.5
7240 AC/DT	7240 AC/DB	7240 AC/DF		360	116	558	895	900	1300	50.4	218	342	351	3	1.5	—	—	97.3	4	1.5
7244 AC/DT	7244 AC/DB	7244 AC/DF	220	400	130	580	965	750	1100	77	238	382	391	3	1.5	—	—	108.1	4	1.5

表 7-5-12 **双列角接触球轴承**（GB/T 296—2015）

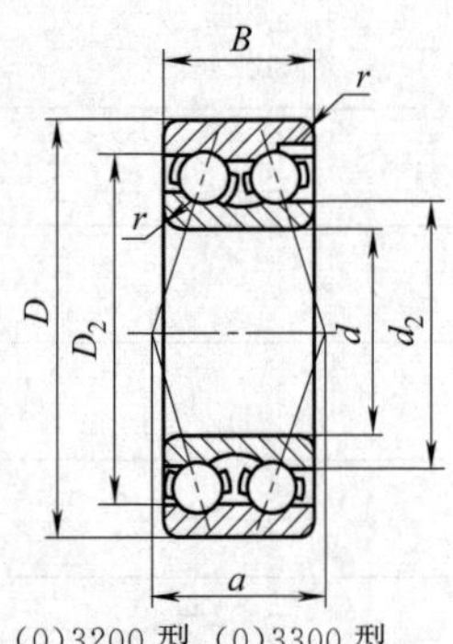

(0)3200 型、(0)3300 型

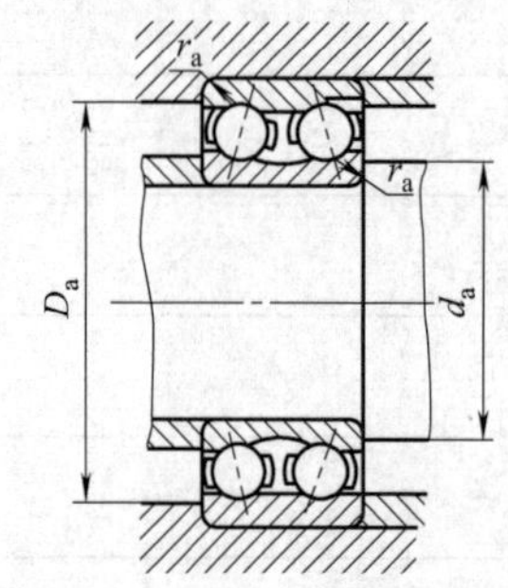

当量动载荷

$P_r = F_r + 0.78F_a$　　$F_a/F_r \leqslant 0.8$

$P_r = 0.63F_r + 1.24F_a$　　$F_a/F_r > 0.8$

当量静载荷

$P_{0r} = F_r + 0.66F_a$

轴承型号	基本尺寸/mm			基本额定载荷/kN		极限转速/r·min^{-1}		质量/kg	安装尺寸/mm			其他尺寸/mm			
3200 型 3300 型	d	D	B	C_r	C_{0r}	脂	油	W ≈	d_a min	D_a max	r_a max	d_2 ≈	D_2 ≈	a	r min
3200	10	30	14.3	7.42	4.30	16000	22000	0.054	15	25	0.6	17.7	23.6	18	0.6
3201	12	32	15.9	10.2	5.60	15000	20000	0.058	17	27	0.6	19.1	26.5	20	0.6
3202	15	35	15.9	11.2	6.80	12000	17000	0.066	20	30	0.6	22.1	29.5	22	0.6
3203	17	40	17.5	14.0	8.65	10000	15000	0.1	22	35	0.6	25.2	33.6	25	0.6
3204	20	47	20.6	18.5	12.0	9000	13000	0.16	26	41	1	29.6	39.5	30	1
3304		52	22.2	22.2	14.2	8500	12000	0.22	27	45	1	31.8	42.6	32	1.1
3205	25	52	20.6	20.2	14.0	8000	11000	0.18	31	46	1	34.6	44.5	33	1
3305		62	25.4	31.2	20.8	7500	10000	0.35	32	55	1	38.4	51.4	38	1.1
3206	30	62	23.8	25.2	20.0	7000	9500	0.29	36	56	1	41.4	53.2	38	1
3306		72	30.2	36.8	28.5	6300	8500	0.53	37	65	1	39.8	64.1	44	1.1
3207	35	72	27	33.5	27.5	6000	8000	0.44	42	65	1	48.1	61.9	45	1.1
3307		80	34.9	44.0	34.0	5600	7500	0.73	44	71	1.5	44.6	70.1	49	1.5
3208	40	80	30.2	40.5	33.5	5600	7500	0.58	47	73	1	47.8	72.1	49	1.1
3308		90	36.5	53.2	43.0	5000	6700	0.95	49	81	1.5	50.8	80.1	56	1.5
3209	45	85	30.2	42.8	38.0	5000	6700	0.63	52	78	1	52.8	77.1	52	1.1
3309		100	39.7	79.2	73.5	4500	6000	1.40	54	91	1.5	63.8	86.3	64	1.5
3210	50	90	30.2	42.8	39.0	4800	6300	0.66	57	83	1	57.8	82.1	56	1.1
3310		110	44.4	79.2	96.5	4000	5300	1.95	60	100	2	73.3	97.0	73	2
3211	55	100	33.3	51.5	67.0	4300	5600	1.05	64	91	1.5	70.4	88.3	64	1.5
3311		120	49.2	85.8	108	3800	5000	2.55	65	110	2	81.0	110	80	2
3212	60	110	36.5	65.0	85.0	3800	5000	1.4	69	101	1.5	78.0	98.3	71	1.5
3312		130	54	100	128	3400	4500	3.25	72	118	2.1	87.2	115	86	2.1
3213	65	120	38.1	70.2	95.0	3600	4800	1.75	74	111	1.5	83.7	105	76	1.5
3313		140	58.7	115	150	3200	4300	4.1	77	128	2.1	92.5	122	94	2.1
3214	70	125	39.7	68.8	98.0	3200	4300	1.90	79	116	1.5	90.6	111	81	1.5
3314		150	63.5	132	172	2800	3800	5.05	82	138	2.1	99.2	131	101	2.1
3215	75	130	41.3	75.8	110	3200	4300	2.10	84	121	1.5	94.7	116	84	1.5
3315		160	68.3	142	185	2600	3600	6.15	87	148	2.1	106	139	107	2.1

续表

轴承型号	基本尺寸/mm			基本额定载荷/kN		极限转速/r·min⁻¹		质量/kg	安装尺寸/mm			其他尺寸/mm			
3200 型 3300 型	d	D	B	C_r	C_{0r}	脂	油	W ≈	d_a min	D_a max	r_a max	d_2 ≈	D_2 ≈	a	r min
3216	80	140	44.4	90.8	135	2800	3800	2.65	90	130	2	102	127	91	2
3316		170	68.3	158	212	2400	3400	6.95	92	158	2.1	113	148	112	2.1
3217	85	150	49.2	98	145	2600	3600	3.40	95	140	2	107	133	97	2
3317		180	73	175	240	2200	3200	8.30	99	166	2.5	120	157	119	3
3218	90	160	52.4	115	172	2400	3400	4.15	100	150	2	115	143	104	2
3318		190	73	198	285	2000	3000	9.25	104	176	2.5	128	169	125	3
3219	95	170	55.6	132	205	2200	3200	5.00	107	158	2.1	124	154	111	2.1
3319		200	77.8	215	315	1900	2800	11.0	109	186	2.5	135	178	133	3
3220	100	180	60.3	142	220	2000	3000	6.10	112	168	2.1	129	160	118	2.1
3320		215	82.6	230	355	1800	2600	13.5	114	201	2.5	142	187	139	3
3222	110	200	69.8	170	270	1900	2800	8.80	122	188	2.1	143	178	132	2.1
3322		240	92.1	262	425	1700	2400	19.0	124	226	2.5	155	205	153	3

表 7-5-13　**四点接触球轴承**（GB/T 294—2015）

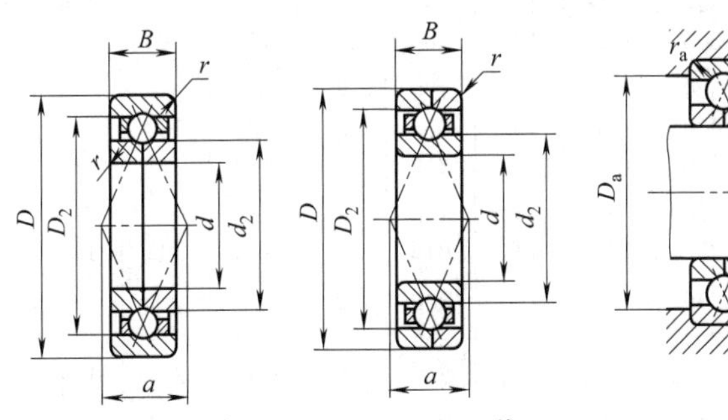

QJ 0000型　QJF 0000型

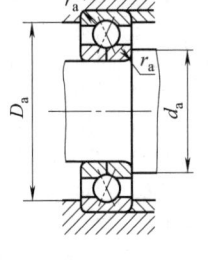

当量动载荷

$P_r = F_r + 0.66F_a$　　$F_a/F_r \leqslant 0.95$

$P_r = 0.6F_r + 1.07F_a$　　$F_a/F_r > 0.95$

当量静载荷

$P_{0r} = F_r + 0.58F_a$

轴承型号	基本尺寸/mm			基本额定载荷/kN		极限转速/r·min⁻¹		质量/kg	安装尺寸/mm			其他尺寸/mm			
QJ 0000 型 QJF 0000 型	d	D	B	C_r	C_{0r}	脂	油	W ≈	d_a min	D_a max	r_a max	d_2 ≈	D_2 ≈	a	r min
QJ 306	30	72	19	44.5	31.2	6700	9000	0.42	37	65	1	45.8	58.2	36	1.1
QJF 207	35	72	17	28.0	25.8	6300	8500	0.356	42	65	1	—	—	—	1.1
QJ 307		80	21	53.2	37.2	6000	8000	0.57	44	71	1.5	50.7	64.3	40	1.5
QJF 208	40	80	18	36.0	32.0	6000	8000	0.394	47	73	1	—	—	—	1.1
QJ 208		80	18	40.5	37.0	6700	9000	0.391	47	73	1	54	66	42	1.1
QJF 209	45	85	19	40.0	37.8	5300	7000	0.43	52	78	1	—	—	—	1.1
QJF 309		100	25	55.5	50.2	4800	6300	0.923	54	91	1.5	—	—	—	1.5
QJF 210	50	90	20	41.8	40.2	5000	6700	0.514	57	83	1	—	—	—	1.1
QJ 210		90	20	55.5	44.8	5600	6700	0.52	57	83	1	63.5	76.5	49	1.1
QJF 310		110	27	73.5	72.2	4500	6000	1.2	60	100	2	—	—	—	2
QJ 310		110	27	85.0	80.0	5000	6700	1.33	60	100	2	70	90	56	2
QJF 211	55	100	21	50.2	50.2	4500	6000	0.76	64	91	1.5	—	—	—	1.5
QJ 211		100	21	71.0	62.0	5300	7000	0.769	64	91	1.5	70.3	84.7	54	1.5
QJF 311		120	29	86.5	85.0	4000	5300	1.48	65	110	2	—	—	—	2
QJ 311		120	29	115	86.5	4000	5300	1.48	65	110	2	77.2	97.8	61	2

续表

轴承型号	基本尺寸/mm			基本额定载荷/kN		极限转速/r·min^{-1}		质量/kg	安装尺寸/mm			其他尺寸/mm			
QJ 0000 型 QJF 0000 型	d	D	B	C_r	C_{0r}	脂	油	W ≈	d_a min	D_a max	r_a max	d_2 ≈	D_2 ≈	a	r min
QJF 212	60	110	22	62.8	63.8	4300	5600	1.0	69	101	1.5	—	—	—	1.5
QJ 212		110	22	81.0	71.0	4800	6300	0.99	69	101	1.5	77	93	60	1.5
QJ 312		130	31	93.5	93.2	3800	5000	2.2	72	118	2.1	—	—	—	2.1
QJF 213	65	120	23	65.2	67.8	3800	5000	1.12	74	111	1.5	—	—	—	1.5
QJ 213		120	23	90.0	83.0	4300	5600	1.2	74	111	1.5	84.5	101	65	1.5
QJ 313		140	33	105	102	3400	4500	2.32	77	128	2.1	—	—	—	2.1
QJ 214	70	125	24	98.0	91.5	4300	5600	2.32	79	116	1.5	89	1.6	68	1.5
QJ 314		150	35	168	132	3200	4300	3.15	82	138	2.1	97.3	123	77	2.1
QJ 215	75	130	25	108	98.0	4000	5300	1.45	84	121	1.5	93.8	112	72	1.5
QJ 317	85	180	41	210	188	2600	3600	5.5	99	166	2.5	117	148	93	3
QJ 1018	90	140	24	102	130	3200	4300	—	99	131	1.5	—	—	—	1.5
QJ 218		160	30	165	150	3200	4300	2.91	100	150	2.0	114	136	88	2
QJ 318		190	43	238	228	2400	3400	6.41	104	176	2.5	124	156	98	3
QJ 220	100	180	34	212	192	2800	3800	4.05	112	168	2.1	127	153	98	2.1
QJ 1022	110	170	28	150	195	3000	4000	—	120	160	2	—	—	—	2
QJ 222		200	38	255	245	2400	3400	5.76	122	188	2.1	141	169	109	2.1
QJ 322		240	50	328	345	2000	3000	12.4	122	188	2.1	154	196	23	3
QJ 1024	120	180	28	152	208	2200	3200	—	130	170	2	—	—	—	2
QJ 224		215	40	280	275	2200	3200	6.49	132	203	2.1	152	183	117	2.1
QJ 324		260	55	352	392	1600	2200	15.3	134	246	2.5	169	211	133	3
QJ 1026	130	200	33	202	230	2000	2700	—	140	190	2	—	—	—	2
QJ 226		230	40	288	290	1900	2800	7.28	144	216	2.5	165	195	126	3
QJ 1028	140	210	33	205	242	1900	2600	—	150	200	2	—	—	—	2
QJ 228		250	42	292	352	1500	2000	10.5	154	236	2.5	179	211	137	3
QJ 328		300	62	422	512	1300	1800	22.4	158	282	3	196	244	154	4
QJ 1030	150	225	35	225	275	1800	2400	4.59	162	213	2.1	174	201	131	2.1
QJ 230		270	45	302	372	1400	1900	12.4	164	256	2.5	194	226	147	3
QJ 1032	160	240	38	260	318	1600	2200	—	172	228	2.1	—	—	140	2.1
QJ 232		290	48	352	455	1300	1800	14.7	174	276	2.5	207	243	158	3
QJ 1034	170	260	42	200	350	1500	2000	7.45	182	248	2.1	198.8	231.2	151	2.1
QJ 234		310	52	358	480	1200	1700	18.1	188	292	3	222	258	168	4
QJ 1036	180	280	46	335	408	1400	1800	10.7	192	268	2.1	212.7	247.8	161	2.1
QJ 236		320	52	392	545	1100	1600	—	198	302	3	231	269	175	4
QJ 1038	190	290	46	348	430	1300	1700	—	202	278	2.1	—	—	168	2.1
QJ 1040	200	310	51	382	498	1200	1600	—	212	298	2.1	—	—	179	2.1
QJ 1044	220	340	56	448	622	1000	1400	18	234	326	2.5	259	301	196	3
QJ 1048	240	360	56	458	655	950	1300	21	254	346	2.5	282.2	318	210	3
QJ 1052	260	400	65	510	765	850	1200	—	278	382	3	—	—	—	4
QJ 1056	280	420	65	540	835	800	1000	—	298	402	3	—	—	245	4
QJ 1060	300	460	74	630	1040	700	950	—	318	442	3	—	—	—	4
QJ 1064	320	480	74	650	1090	650	850	—	338	462	3	—	—	280	4
QJ 1068	340	520	82	725	1270	600	800	—	362	498	4	—	—	301	5
QJ 1072	360	540	82	768	1380	530	700	—	382	518	4	—	—	—	5
QJ 1076	380	560	82	805	1430	500	670	—	402	538	4	—	—	—	5

5.4　圆柱滚子轴承

表 7-5-14　　圆柱滚子轴承（GB/T 283—2007）

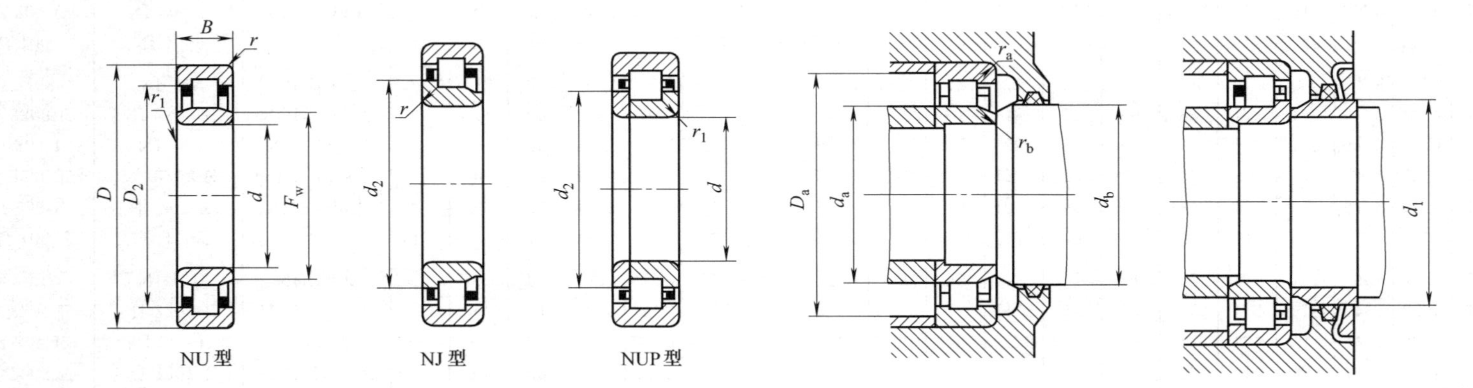

径向当量动载荷：$P_r=F_r$；径向当量静载荷：$P_{0r}=F_r$

对于轴向承载圆柱滚子轴承的径向当量动载荷

2、3 系列：

$P_r=F_r+0.3F_a$　　$0\leqslant F_a/F_r<0.12$

$P_r=0.94F_r+0.8F_a$　　$0.12\leqslant F_a/F_r<0.3$

22、23 系列：

$P_r=F_r+0.2F_a$　　$0\leqslant F_a/F_r<0.18$

$P_r=0.94F_r+0.53F_a$　　$0.18\leqslant F_a/F_r<0.3$

轴承型号			基本尺寸/mm				基本额定载荷/kN		极限转速/r·min^{-1}		质量/kg	安装尺寸/mm							其他尺寸/mm			
NU 型	NJ 型	NUP 型	d	D	B	F_w	C_r	C_{0r}	脂	油	W ≈	d_a max	d_a min	d_b min	d_c min	D_a max	r_a max	r_b max	d_2	D_2	r min	r_1 min
NU 202	NJ 202	—	15	35	11	19.3	7.98	5.5	15000	19000	—	—	17	21	23	31	0.6	0.3	22	26.4	0.6	0.3
NU 203	NJ 203	NUP 203	17	40	12	22.9	9.12	7.0	14000	18000	—	—	19	24	27	36	0.6	0.3	25.5	30.9	0.6	0.3
NU 303	NJ 303	—		47	14	27	12.8	10.8	13000	17000	0.147	—	21	27	30	42	1	0.6	—	—	1	0.6
NU 1004	—	—	20	42	12	25.5	10.5	9.2	13000	17000	0.09	—	22	27	—	38	0.6	0.3	—	—	0.6	0.3
NU 204 E	NJ 204 E	NUP 204 E		47	14	26.5	25.8	24.0	12000	16000	0.117	26	24	29	32	42	1	0.6	29.7	38.5	1	0.6
NU 2204 E	NJ 2204 E	NUP 2204 E		47	18	26.5	30.8	30.0	12000	16000	0.149	26	24	29	32	42	1	0.6	29.7	38.5	1	0.6
NU 304 E	NJ 304 E	NUP 304 E		52	15	27.5	29.0	25.5	11000	15000	0.155	27	24	30	33	45.5	1	0.6	31.2	42.3	1.1	0.6
NU 2304 E	NJ 2304 E	NUP 2304 E		52	21	27.5	39.2	37.5	10000	14000	0.216	27	24	30	33	45.5	1	0.6	29.7	38.5	1.1	0.6

续表

轴承型号			基本尺寸/mm				基本额定载荷/kN		极限转速/r·min^{-1}		质量/kg	安装尺寸/mm							其他尺寸/mm			
NU型	NJ型	NUP型	d	D	B	F_w	C_r	C_{0r}	脂	油	W ≈	d_a max	d_a min	d_b min	d_c min	D_a max	r_a max	r_b max	d_2	D_2	r min	r_1 min
NU 1005	—	—	25	47	12	30.5	11.0	10.2	11000	15000	0.1	30	27	32	—	43	0.6	0.3	—	38.8	0.6	0.3
NU 205 E	NJ 205 E	NUP 205 E		52	15	31.5	27.5	26.8	11000	14000	0.14	31	29	34	37	47	1	0.6	34.7	43.5	1	0.6
NU 2205 E	NJ 2205 E	NUP 2205 E		52	18	31.5	32.8	33.8	11000	14000	0.168	31	29	34	37	47	1	0.6	34.7	43.5	1	0.6
NU 305 E	NJ 305 E	NUP 305 E		62	17	34	38.5	35.8	9000	12000	0.251	33	31.5	37	40	55.5	1	1	38.1	50.4	1.1	1.1
NU 2305 E	NJ 2305 E	NUP 2303 E		62	24	34	53.2	54.5	9000	12000	0.355	33	31.5	37	40	55.5	1	1	38.1	50.4	1.1	1.1
NU 1006	—	—	30	55	13	36.5	13.0	12.8	9500	12000	0.12	35	34	38	—	50	1	0.6	—	45.6	1	0.6
NU 206 E	NJ 206 E	NUP 206 E		62	16	37.5	36.0	35.5	8500	11000	0.214	37	34	40	44	57	1	0.6	41.3	52.3	1	0.6
NU 2206 E	NJ 2206 E	NUP 2206 E		62	20	37.5	45.5	48.0	8500	11000	0.268	37	34	40	44	57	1	0.6	41.3	52.3	1	0.6
NU 306 E	NJ 306 E	NUP 306 E		72	19	40.5	49.2	48.2	8000	10000	0.377	40	36.5	44	48	65.5	1	1	45	58.6	1.1	1.1
NU 2306 E	NJ 2306 E	NUP 2306 E		72	27	40.5	70.0	75.5	8000	10000	0.538	40	36.5	44	48	65.5	1	1	45	58.6	1.1	1.1
NU 406	NJ 406	NUP 406		90	23	45	57.2	53.0	7000	9000	0.73	44	38	47	52	82	1.5	1.5	50.5	65.8	1.5	1.5
NU 1007	—	—	35	62	14	42	19.5	18.8	8500	11000	0.16	41	39	44	—	57	1	0.6	—	54.5	1	0.6
NU 207 E	NJ 207 E	NUP 207 E		72	17	44	46.5	48.0	7500	9500	0.311	43	39	46	50	65.5	1	0.6	48.3	60.5	1.1	0.6
NU 2207 E	NJ 2207 E	NUP 2207 E		72	23	44	57.5	63.0	7500	9500	0.414	43	39	46	50	65.5	1	0.6	48.3	60.5	1.1	0.6
NU 307 E	NJ 307 E	NUP 307 E		80	21	46.2	62.0	63.2	7000	9000	0.501	45	41.5	48	53	72	1.5	1	51.1	66.3	1.5	1.1
NU 2307 E	NJ 2307 E	NUP 2307 E		80	31	46.2	87.5	98.2	7000	9000	0.738	45	41.5	48	53	72	1.5	1	51.1	66.3	1.5	1.1
NU 407	NJ 407	NUP 407		100	25	53	70.8	68.2	6000	7500	0.94	52	43	55	61	92	1.5	1.5	59	75.3	1.5	1.5
NU 1008	NJ 1008	—	40	68	15	47	21.2	22.0	7500	9500	0.22	46	44	49	—	63	1	0.6	—	57.6	1	0.6
NU 208 E	NJ 208 E	NUP 208 E		80	18	49.5	51.5	53.0	7000	9000	0.394	49	46.5	52	56	73.5	1	1	54.2	67.6	1.1	1.1
NU 2208 E	NJ 2208 E	NUP 2208 E		80	23	49.5	67.5	75.2	7000	9000	0.507	49	46.5	52	56	73.5	1	1	54.2	67.6	1.1	1.1
NU 308 E	NJ 308	NUP 308 E		90	23	52	76.8	77.8	6300	8000	0.68	51	48	55	60	82	1.5	1.5	57.7	75.4	1.5	1.5
NU 2308 E	NJ 2308 E	NUP 2308 E		90	33	52	105	118	6300	8000	0.974	51	48	55	60	82	1.5	1.5	57.7	75.4	1.5	1.5
NU 408	NJ 408	NUP 408		110	27	58	90.5	89.8	5600	7000	1.25	57	49	60	67	101	2	2	64.8	83.3	2	2
NU 1009	NJ 1009	—	45	75	16	52.5	23.2	23.8	6500	8500	0.26	52	49	54	—	70	1	0.6	—	63.9	1	0.6
NU 209 E	NJ 209 E	NUP 209 E		85	19	54.5	58.5	63.8	6300	8000	0.45	54	51.5	57	61	78.5	1	1	59.2	72.6	1.1	1.1
NU 2209 E	NJ 2209 E	NUP 2209 E		85	23	54.5	71.0	82.0	6300	8000	0.55	54	51.5	57	61	78.5	1	1	59.2	72.6	1.1	1.1
NU 309 E	NJ 309 E	NUP 309 E		100	25	58.5	93.0	98.0	5600	7000	0.93	57	53	60	66	92	1.5	1.5	64.7	83.6	1.5	1.5
NU 2309 E	NJ 2309 E	NUP 2309 E		100	36	58.5	130	152	5600	7000	1.34	57	53	60	66	92	1.5	1.5	64.7	83.6	1.5	1.5
NU 409	NJ 409 E	NUP 409		120	29	64.5	102	100	5000	6300	1.8	63	54	66	74	111	2	2	71.8	91.4	2	2

续表

轴承型号			基本尺寸/mm				基本额定载荷/kN		极限转速/r·min^{-1}		质量/kg	安装尺寸/mm							其他尺寸/mm			
NU型	NJ型	NUP型	d	D	B	F_w	C_r	C_{0r}	脂	油	W ≈	d_a max	d_a min	d_b min	d_c min	D_a max	r_a max	r_b max	d_2	D_2	r min	r_1 min
NU 1010	NJ 1010	—	50	80	16	57.5	25.0	27.5	6300	8000	—	57	54	59	—	75	1	0.6	—	68.9	1	0.6
NU 210 E	NJ 210 E	NUP 210 E		90	20	59.5	61.2	69.2	6000	7500	0.505	58	56.5	62	67	83.5	1	1	64.2	77.6	1.1	1.1
NU 2210 E	NJ 2210 E	NUP 2210 E		90	23	59.5	74.2	88.8	6000	7500	0.59	58	56.5	62	67	83.5	1	1	64.2	77.6	1.1	1.1
NU 310 E	NJ 310 E	NUP 310 E		110	27	65	105	112	5300	6700	1.2	63	59	67	73	101	2	2	71.2	91.7	2	2
NU 2310 E	NJ 2310 E	NUP 2310 E		110	40	65	155	185	5300	6700	1.79	63	59	67	73	101	2	2	71.2	91.7	2	2
NU 410	NJ 410	NUP 410		130	31	70.8	120	120	4800	6000	2.3	69	61	73	81	119	2.1	2.1	78.8	101	2.1	2.1
NU 1011	NJ 1011	—	55	90	18	64.6	35.8	40.0	5600	7000	0.45	63	60	66	—	83.5	1	1	—	79	1.1	1
NU 211 E	NJ 211 E	NUP 211 E		100	21	66	80.2	95.5	5300	6700	0.68	65	61.5	68	73	92	1.5	1	70.9	86.2	1.5	1.1
NU 2211 E	NJ 2211 E	NUP 2211 E		100	25	66	94.8	118	5300	6700	0.81	65	61.5	68	73	92	1.5	1	70.9	86.2	1.5	1.1
NU 311 E	NJ 311 E	NUP 311 E		120	29	70.5	128	138	4800	6000	1.53	69	64	72	80	111	2	2	77.4	100.6	2	2
NU 2311 E	NJ 2311 E	NUP 2311 E		120	43	70.5	190	228	4800	6000	2.28	69	64	72	80	111	2	2	77.4	100.6	2	2
NU 411	NJ 411	NUP 411		140	33	77.2	128	132	4300	5300	2.8	76	66	79	87	129	2.1	2.1	85.2	108	2.1	2.1
NU 1012	NJ 1012	—	60	95	18	69.5	38.5	45.0	5300	6700	0.48	68	65	71	—	88.5	1	1	—	81.6	1.1	1
NU 212 E	NJ 212 E	NUP 212 E		110	22	72	89.8	102	5000	6300	0.86	71	68	75	80	102	1.5	1.5	77.7	95.8	1.5	1.5
NU 2212 E	NJ 2212 E	NUP 2212 E		110	28	72	122	152	5000	6300	1.12	71	68	75	80	102	1.5	1.5	77.7	95.8	1.5	1.5
NU 312 E	NJ 312E	NUP 312 E		130	31	77	142	155	4500	5600	1.87	75	71	79	86	119	2.1	2.1	84.3	109.9	2.1	2.1
NU 2312 E	NJ 2312 E	NUP 2312 E		130	46	77	212	260	4500	5600	2.81	75	71	79	86	119	2.1	2.1	84.3	109.9	2.1	2.1
NU 412	NJ 412	NUP 412		150	35	83	155	162	4000	5000	3.4	82	71	85	94	139	2.1	2.1	91.8	116	2.1	2.1
NU 1013	NJ 1013	—	65	100	18	74.5	39	46.5	4800	6000	0.51	73	70	76	—	93.5	1	1	—	86.6	1.1	1
NU 213 E	NJ 213 E	NUP 213 E		120	23	78.5	102	118	4500	5600	1.08	77	73	81	87	112	1.5	1.5	84.6	104	1.5	1.5
NU 2213 E	NJ 2213 E	NUP 2213 E		120	31	78.5	142	180	4500	5600	1.48	77	73	81	87	112	1.5	1.5	84.6	104	1.5	1.5
NU 313 E	NJ 313 E	NUP 313 E		140	33	82.5	170	188	4000	5000	2.31	81	76	85	93	129	2.1	2.1	90.6	118.8	2.1	2.1
NU 2313 E	NJ 2313 E	NUP 2313 E		140	48	82.5	235	285	4000	5000	3.34	81	76	85	93	129	2.1	2.1	90.6	118.8	2.1	2.1
NU 413	NJ 413	NUP 413		160	37	89.5	170	178	3800	4800	4	88	76	91	100	149	2.1	2.1	98.5	124	2.1	2.1
NU 1014	NJ 1014	—	70	110	20	80	47.5	57.0	4800	6000	0.71	78	75	82	—	103.5	1	1	—	95.4	1.1	1
NU 214 E	NJ 214 E	NUP 214 E		125	24	83.5	112	135	4300	5300	1.2	82	78	86	92	117	1.5	1.5	89.6	109	1.5	1.5
NU 2214 E	NJ 2214 E	NUP 2214 E		125	31	83.5	148	192	4300	5300	1.56	82	78	86	92	117	1.5	1.5	89.6	109	1.5	1.5
NU 314 E	NJ 314 E	NUP 314 E		150	35	89	195	220	3800	4800	2.86	87	81	92	100	139	2.1	2.1	97.5	127	2.1	2.1
NU 2314 E	NJ 2314 E	NUP 2314 E		150	51	89	260	320	3800	4800	4.1	87	81	92	100	139	2.1	2.1	97.5	127	2.1	2.1
NU 414	NJ 414	NUP 414		180	42	100	215	232	3400	4300	5.9	99	83	102	112	167	2.5	2.5	110	139	3	3

第7篇

续表

轴承型号			基本尺寸/mm				基本额定载荷/kN		极限转速/r·min⁻¹		质量/kg	安装尺寸/mm							其他尺寸/mm			
NU型	NJ型	NUP型	d	D	B	F_w	C_r	C_{0r}	脂	油	W ≈	d_a max	d_a min	d_b min	d_c min	D_a max	r_a max	r_b max	d_2	D_2	r min	r_1 min
NU 1015	NJ 1015	—	75	115	20	85	51.5	61.2	4500	5600	0.74	83	80	87	—	108.5	1	1	—	101	1.1	1
NU 215 E	NJ 215 E	NUP 215 E		130	25	88.5	125	155	4000	5000	1.32	87	83	90	96	122	1.5	1.5	94.6	114	1.5	1.5
NU 2215 E	NJ 2215 E	NUP 2215 E		130	31	88.5	155	205	4000	5000	1.64	87	83	90	96	122	1.5	1.5	94.6	114	1.5	1.5
NU 315 E	NJ 315 E	NUP 315 E		160	37	95	228	260	3600	4500	3.43	93	86	97	106	149	2.1	2.1	104.2	136.5	2.1	2.1
NU 2315	NJ 2315 E	NUP 2315		160	55	95.5	245	308	3600	4500	5.4	93	86	98	107	149	2.1	2.1	104	129	2.1	2.1
NU 415	NJ 415	NUP 415		190	45	104.5	250	272	3200	4000	7.1	103	88	107	118	177	2.5	2.5	116	147	3	3
NU 1016	NJ 1016	—	80	125	22	91.5	59.2	77.8	4300	5300	1	90	85	94	—	118.5	1	1	—	109	1.1	1
NU 216 E	NJ 216 E	NUP 216 E		140	26	95.3	132	165	3800	4800	1.58	94	89	97	104	131	2	2	101.1	123.1	2	2
NU 2216 E	NJ 2216 E	NUP 2216 E		140	33	95.3	178	242	3800	4800	2.05	94	89	97	104	131	2	2	101.1	123.1	2	2
NU 316 E	NJ 316 E	NUP 316 E		170	39	101	245	282	3400	4300	4.05	99	91	105	114	159	2.1	2.1	110.1	144.2	2.1	2.1
NU 2316	NJ 2316	NUP 2316		170	58	103	258	328	3400	4300	6.4	99	91	106	114	159	2.1	2.1	111	136	2.1	2.1
NU 416	NJ 416	NUP 416		200	48	110	285	315	3000	3800	8.3	109	93	112	124	187	2.5	2.5	122	156	3	3
NU 1017	NJ 1017	—	85	130	22	96.5	64.5	81.6	4000	5000	1.05	95	90	99	—	123.5	1	1	—	114	1.1	1
NU 217 E	NJ 217 E	NUP 217 E		150	28	100.5	158	192	3600	4500	2	99	94	104	110	141	2	2	107.1	131.7	2	2
NU 2217 E	NJ 2217 E	NUP 2217 E		150	36	100.5	205	272	3600	4500	2.58	99	94	104	110	141	2	2	107.1	131.7	2	2
NU 317 E	NJ 317 E	NUP 317 E		180	41	108	280	332	3200	4000	4.82	106	98	110	119	167	2.5	2.5	117.4	153	3	3
NU 2317	NJ 2317	NUP 2317		180	60	108	295	380	3200	4000	7.4	106	98	111	120	167	2.5	2.5	117	144	3	3
NU 417	NJ 417	NUP 417		210	52	113	312	345	2800	3600	9.8	111	101	115	128	194	3	3	126	162	4	4
NU 1018	NJ 1018	—	90	140	24	103	74.0	94.8	3800	4800	1.36	101	96.5	106	—	132	1.5	1	—	122	1.5	1.1
NU 218 E	NJ 218 E	NUP 218 E		160	30	107	172	215	3400	4300	2.44	105	99	109	116	151	2	2	113.9	140	2	2
NU 2218 E	NJ 2218 E	NUP 2218 E		160	40	107	230	312	3400	4300	3.26	105	99	109	116	151	2	2	113.9	140	2	2
NU 318 E	NJ 318 E	NUP 318 E		190	43	113.5	298	348	3000	3800	5.59	111	103	117	127	177	2.5	2.5	123.7	161.9	3	3
NU 2318	NJ 2318	NUP 2318		190	64	115	310	395	3000	3800	8.4	111	103	118	128	177	2.5	2.5	125	153	3	3
NU 418	NJ 418	NUP 418		225	54	123.5	352	392	2400	3200	11	122	106	125	139	209	3	3	137	175	4	4
NU 1019	NJ 1019	—	95	145	24	108	75.5	98.5	3600	4500	1.4	106	101.5	111	—	137	1.5	1	—	127	1.5	1.1
NU 219 E	NJ 219 E	NUP 219 E		170	32	112.5	208	262	3200	4000	2.96	111	106	116	123	159	2.1	2.1	120.2	148.9	2.1	2.1
NU 2219 E	NJ 2219 E	NUP 2219 E		170	43	112.5	275	368	3200	4000	3.97	111	106	116	123	159	2.1	2.1	120.2	148.9	2.1	2.1
NU 319 E	NJ 319 E	NUP 319 E		200	45	121.5	315	380	2800	3600	6.52	119	108	124	134	187	2.5	2.5	131.7	169.9	3	3
NU 2319	NJ 2319	NUP 2319		200	67	121.5	370	500	2800	3600	10.4	119	108	124	135	187	2.5	2.5	132	161	3	3
NU 419	NJ 419	NUP 419		240	55	133.5	378	428	2200	3000	14	132	111	136	149	224	3	3	147	185	4	4

续表

轴承型号			基本尺寸/mm				基本额定载荷/kN		极限转速/r·min^{-1}		质量/kg	安装尺寸/mm							其他尺寸/mm			
NU 型	NJ 型	NUP 型	d	D	B	F_w	C_r	C_{0r}	脂	油	W ≈	d_a max	d_a min	d_b min	d_c min	D_a max	r_a max	r_b max	d_2	D_2	r min	r_1 min
NU 1020	NJ 1020	—	100	150	24	113	78.0	102	3400	4300	1.5	111	106.5	116	—	142	1.5	1	—	132	1.5	1.1
NU 220 E	NJ 220 E	NUP 220 E		180	34	119	235	302	3000	3800	3.58	117	111	122	130	169	2.1	2.1	127	157.2	2.1	2.1
NU 2220 E	NJ 2220 E	NUP 2220 E		180	46	119	318	440	3000	3800	4.86	117	111	122	130	169	2.1	2.1	127	157.2	2.1	2.1
NU 320 E	NJ 320 E	NUP 320 E		215	47	127.5	365	425	2600	3200	7.89	125	113	132	143	202	2.5	2.5	139.1	182.3	3	3
NU 2320	NJ 2320	NUP 2320		215	73	129.5	415	558	2600	3200	13.5	125	113	132	143	202	2.5	2.5	140	172	3	3
NU 420	NJ 420	NUP 420		250	58	139	418	480	2000	2800	16	137	116	141	156	234	3	3	153	194	4	4
NU 1021	NJ 1021	—	105	160	26	119.5	91.5	122	3200	4000	1.9	118	112	122	—	151	2	1	—	140	2	1.1
NU 221	NJ 221	NUP 221		190	36	126.8	185	235	2800	3600	4	124	116	129	137	179	2.1	2.1	135	159	2.1	2.1
NU 321	NJ 321	NUP 321		225	49	135	322	392	2200	3000	—	132	118	137	149	212	2.5	2.5	147	181	3	3
NU 421	NJ 421	NUP 421		260	60	144.5	508	602	1900	2600	—	143	121	147	162	244	3	3	159	202	4	4
NU 1022	NJ 1022	—	110	170	28	125	115	155	3000	3800	2.3	124	116.5	128	—	161	2	1	131	149	2	1.1
NU 222 E	NJ 222 E	NUP 222 E		200	38	132.5	278	360	2600	3400	5.02	130	121	135	144	189	2.1	2.1	141.3	174.1	2.1	2.1
NU 2222	NJ 2222	NUP 2222		200	53	132.5	312	445	2600	3400	7.5	130	121	135	144	189	2.1	2.1	141	167	2.1	2.1
NU 322	NJ 322	NUP 322		240	50	143	352	428	2000	2800	11	140	123	145	158	227	2.5	2.5	155	192	3	3
NU 2322	NJ 2322	NUP 2322		240	80	143	535	740	2000	2800	17.5	140	123	145	158	227	2.5	2.5	155	201	3	3
NU 422	NJ 422	NUP 422		280	65	155	515	602	1800	2400	22	153	126	157	173	264	3	3	171	216	4	4
NU 1024	NJ 1024	—	120	180	28	135	130	168	2600	3400	2.96	134	126.5	138	—	171	2	1	—	159	2	1.1
NU 224 E	NJ 224 E	NUP 224 E		215	40	143.5	322	422	2200	3000	6.11	141	131	146	156	204	2.1	2.1	153	188.1	2.1	2.1
NU 2224	NJ 2224	NUP 2224		215	58	143.5	345	522	2200	3000	9.5	141	131	146	156	204	2.1	2.1	153	180	2.1	2.1
NU 324	NJ 324	NUP 324		260	55	154	440	552	1900	2600	14	151	133	156	171	247	2.5	2.5	168	209	3	3
NU 2324	NJ 2324	NUP 2324		260	86	154	632	868	1900	2600	22.5	151	133	156	171	247	2.5	2.5	168	219	3	3
NU 424	NJ 424	NUP 424		310	72	170	642	772	1700	2200	30	168	140	172	190	290	4	4	188	238	5	5
NU 1026	NJ 1026	—	130	200	33	148	152	212	2400	3200	3.7	146	136.5	151	—	191	2	1	—	175	2	1.1
NU 226	NJ 226	NUP 226		230	40	156	258	352	2000	2800	7	151	143	158	168	217	2.5	2.5	165	192	3	3
NU 2226	NJ 2226	NUP 2226		230	64	156	368	552	2000	2800	11.5	151	143	158	168	217	2.5	2.5	—	—	3	3
NU 326	NJ 326	NUP 326		280	58	167	492	620	1700	2200	18	164	146	169	184	264	3	3	182	225	4	4
NU 2326	NJ 2326	NUP 2326		280	93	167	748	1060	1700	2200	28.5	164	146	169	184	264	3	3	182	236	4	4
NU 426	NJ 426	NUP 426		340	78	185	782	942	1500	1900	39	183	150	187	208	320	4	4	—	—	5	5
NU 1028	NJ 1028	—	140	210	33	158	158	220	2000	2800	4	156	146.5	161	—	201	2	1	—	185	2	1.1
NU 228	NJ 228	NUP 228		250	42	169	302	415	1800	2400	9.1	166	153	171	182	237	2.5	2.5	179	208	3	3

续表

轴承型号			基本尺寸/mm				基本额定载荷/kN		极限转速/r·min^{-1}		质量/kg	安装尺寸/mm							其他尺寸/mm			
NU型	NJ型	NUP型	d	D	B	F_w	C_r	C_{0r}	脂	油	W ≈	d_a max	d_a min	d_b min	d_c min	D_a max	r_a max	r_b max	d_2	D_2	r min	r_1 min
NU 2228	NJ 2228	NUP 2228	140	250	68	169	438	700	1800	2400	15	166	153	171	182	237	2.5	2.5	179	208	3	3
NU 328	NJ 328	NUP 328		300	62	180	545	690	1600	2000	22	176	156	182	198	284	3	3	196	241	4	4
NU 2328	NJ 2328	NUP 2328		300	102	180	825	1180	1600	2000	37	176	156	182	198	284	3	3	192	252	4	4
NU 428	NJ 428	NUP 428		360	82	196	845	1020	1400	1800	—	195	160	200	222	340	4	4	—	—	5	5
NU 1030	NJ 1030	—	150	225	35	169.5	188	268	1900	2600	4.8	167	158	173	—	214	2.1	1.5	—	198	2.1	1.5
NU 230	NJ 230	NUP 230		270	45	182	360	490	1700	2200	11	179	163	184	196	257	2.5	2.5	193	225	3	3
NU 2230	NJ 2230	NUP 2230		270	73	182	530	772	1700	2200	17	179	163	184	196	257	2.5	2.5	193	225	3	3
NU 330	NJ 330	NUP 330		320	65	193	595	765	1500	1900	26	190	166	195	213	304	3	3	209	270	4	4
NU 2330	NJ 2330	NUP 2330		320	108	193	930	1340	1500	1900	45	190	166	195	213	304	3	3	209	270	4	4
NU 430	NJ 430	NUP 430		380	85	209	912	1100	1300	1700	53	210	170	216	237	360	4	4	—	—	5	5
NU 1032	NJ 1032	—	160	240	38	180	212	302	1800	2400	6	178	168	184	—	229	2.1	1.5	—	211	2.1	1.5
NU 232	NJ 232	NUP 232		290	48	195	405	552	1600	2000	14	192	173	197	210	277	2.5	2.5	206	250	3	3
NU 2232	NJ 2232	NUP 2232		290	80	195	590	898	1600	2000	25	190	173	196	209	277	2.5	2.5	205	252	3	3
NU 332	NJ 332	NUP 332		340	68	208	628	825	1400	1800	31.6	200	176	211	228	324	3	3	—	—	4	4
NU 2332	NJ 2332	NUP 2332		340	114	208	972	1430	1400	1800	55.8	200	176	211	228	324	3	3	—	—	4	4
NU 1034	NJ 1034	—	170	260	42	193	255	365	1700	2200	8.14	190	181	197	—	249	2.1	2.1	—	227	2.1	2.1
NU 234	NJ 234	NUP 234		310	52	208	425	650	1500	1900	17.1	204	186	211	223	294	3	3	220	269	4	4
NU 334	NJ 334	NUP 334		360	72	220	715	952	1300	1700	36	216	186	223	241	344	3	3	—	290	4	4
NU 2334	NJ 2334	NUP 2334		360	120	220	1110	1650	1300	1700	63	212	186	223	241	344	3	3	—	290	4	4
NU 1036	NJ 1036	—	180	280	46	205	300	438	1600	2000	10.1	203	191	209	—	269	2.1	2.1	215	244	2.1	2.1
NU 236	NJ 236	NUP 236		320	52	218	425	650	1400	1800	18	214	196	221	233	304	3	3	230	279	4	4
NU 336	NJ 336	NUP 336		380	75	232	835	1100	1200	1600	42	227	196	235	255	364	3	3	252	306	4	4
NU 2336	NJ 2336	NUP 2336		380	126	232	1210	1780	1200	1600	71.2	222	196	236	255	364	3	3	252	306	4	4
NU 1038	NJ 1038	—	190	290	46	215	335	495	1500	1900	—	213	201	219	—	279	2.1	2.1	—	254	2.1	2.1
NU 238	NJ 238	NUP 238		340	55	231	512	745	1300	1700	23	227	206	234	247	324	3	3	244	295	4	4
NU 2238	NJ 2238	NUP 2238		340	92	231	975	1570	1300	1700	38.5	227	206	234	247	324	3	3	—	295	4	4
NU 338	NJ 338	NUP 338		400	78	245	882	1190	1100	1500	50	240	210	248	268	380	4	4	—	322	5	5
NU 1040	NJ 1040	—	200	310	51	229	408	615	1400	1800	14.3	226	211	233	—	299	2.1	2.1	239	269	2.1	2.1
NU 240	NJ 240	NUP 240		360	58	244	570	842	1200	1600	26	240	216	247	261	344	3	3	258	312	4	4

续表

轴承型号			基本尺寸/mm				基本额定载荷/kN		极限转速/r·min^{-1}		质量/kg	安装尺寸/mm							其他尺寸/mm			
NU 型	NJ 型	NUP 型	d	D	B	F_w	C_r	C_{0r}	脂	油	W ≈	d_a max	d_a min	d_b min	d_c min	D_a max	r_a max	r_b max	d_2	D_2	r min	r_1 min
NU 2240	NJ 2240	NUP 2240	200	360	98	244	1120	1725	1200	1600	—	—	216	247	261	344	3	3	—	—	4	4
NU 340	NJ 340	NUP 340		420	80	260	972	1290	1000	1400	—	254	220	263	283	400	4	4	—	—	5	5
NU 1044	NJ 1044	—	220	340	56	250	448	685	1200	1600	—	248	233	254	—	327	2.5	2.5	262	297	3	3
NU 244	NJ 244	NUP 244		400	65	270	702	1050	1000	1400	36	266	236	273	289	384	3	3	286	332	4	4
NU 2244	NJ 2244	NUP 2244		400	108	270	1360	2330	1000	1400	62	—	236	274	—	384	3	3	—	332	4	4
NU 344	NJ 344	—		460	88	284	1080	1465	900	1200	75	278	240	287	—	440	4	4	307	371	5	5
NU 1048	NJ 1048	—	240	360	56	270	470	745	1000	1400	21	268	253	275	—	347	2.5	2.5	282	317	3	3
NU 248	NJ 248	NUP 248		440	72	295	880	1345	900	1200	48.2	293	256	298	316	424	3	3	313	365	4	4
NU 348	NJ 348	—		500	95	310	1290	1810	800	1000	97.1	296	260	313	—	480	4	4	335	403	5	5
NU 1052	NJ 1052	—	260	400	65	296	592	932	950	1300	31	292	276	300	—	384	3	3	309	349	4	4
NU 1056	NJ 1056	—	280	420	65	316	600	965	850	1100	33	311	296	320	—	404	3	3	329	369	4	4
NU 1060	NJ 1060	—	300	460	74	340	880	1470	800	1000	44.4	335	316	344	—	444	3	3	356	402	4	4
NU 260	NJ 260	—		540	85	364	1360	2190	700	900	87.2	358	320	368	392	520	4	4	387	451	5	5
NU 1064	NJ 1064	—	320	480	74	360	890	1520	750	950	47	355	336	364	—	464	3	3	376	422	4	4
NU 1080	NJ 1080	—	400	600	90	450	1420	2480	560	700	88.8	446	420	455	—	580	4	4	470	527	5	5

表 7-5-15 **圆柱滚子轴承**（GB/T 283—2007）

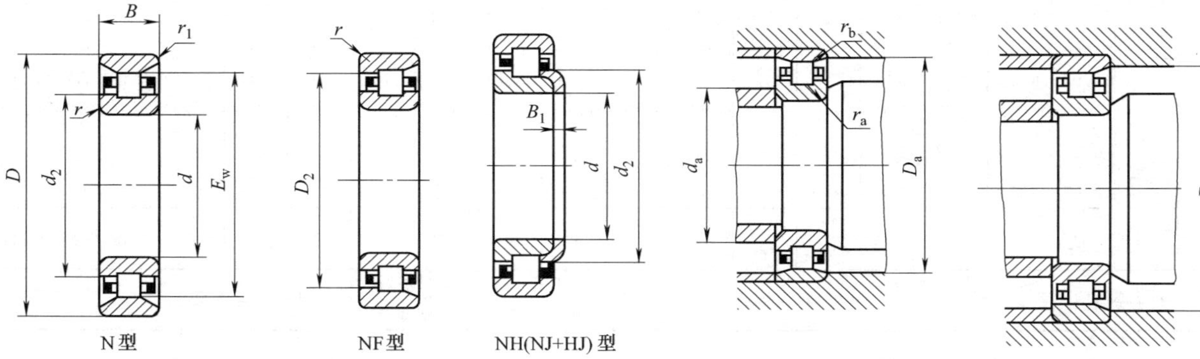

N型 NF型 NH(NJ+HJ)型

续表

轴承型号			基本尺寸/mm			基本额定载荷/kN		极限转速/r·min^{-1}		质量/kg	安装尺寸/mm				其他尺寸/mm					
N型	NF型	NH(NJ＋HJ)型	d	D	B	C_r	C_{0r}	脂	油	W ≈	d_a min	D_a max	r_a max	r_b max	E_w	d_2	D_2	B_1	r min	r_1 min
N 202	NF 202	—	15	35	11	7.98	5.5	15000	19000	—	19	—	0.6	0.3	29.3	22	26.4	—	0.6	0.3
N 203	NF 203	—	17	40	12	9.12	7.0	14000	18000	—	21	—	0.6	0.3	33.9	25.5	30.9	—	0.6	0.3
N 1004	—	—	20	42	12	10.5	8.0	13000	17000	0.09	24	—	0.6	0.3	36.5	28.3	—	—	0.6	0.3
—	NF 204	NJ 204＋HJ 204		47	14	12.5	11.0	12000	16000	0.11	25	42	1	0.6	40	29.9	36.7	3	1	0.6
N 204 E	—	—		47	14	25.8	24.0	12000	16000	0.117	25	42	1	0.6	41.5	29.7	—	—	1	0.6
N 2204 E	—	—		47	18	30.8	30.0	12000	16000	0.149	25	42	1	0.6	41.5	29.7	—	—	1	0.6
—	NF 304	NJ 304＋HJ 304		52	15	18.0	15.0	11000	15000	0.17	26.5	47	1	0.6	44.5	31.8	39.8	4	1.1	0.6
N 304 E	—	—		52	15	29.0	25.5	11000	15000	0.155	26.5	47	1	0.6	45.5	31.2	—	—	1.1	0.6
N 2304 E	—	—		52	21	39.2	37.5	10000	14000	0.216	26.5	47	1	0.6	45.5	31.2	—	—	1.1	0.6
N 1005	—	—	25	47	12	11.0	10.2	11000	15000	0.1	29	—	0.6	0.3	41.5	—	—	—	0.6	0.3
—	NF 205	NJ 205＋HJ 205		52	15	14.2	12.8	11000	14000	0.16	30	47	1	0.6	45	34.9	41.6	3	1	0.6
N 205 E	—	—		52	15	27.5	26.8	11000	14000	0.14	30	47	1	0.6	46.5	34.7	—	—	1	0.6
—	—	NJ 2205＋HJ 2205		52	18	21.2	19.8	11000	14000	—	30	—	1	0.6	—	34.9	41.6	3	1	0.6
N 2205 E	—	—		52	18	32.8	33.8	11000	14000	0.168	30	47	1	0.6	46.5	34.7	—	—	1	0.6
—	NF 305	NJ 305＋HJ 305		62	17	25.5	22.5	9000	12000	0.2	31.5	55	1	1	53	39	48	4	1.1	1.1
N 305 E	—	—		62	17	38.5	35.8	9000	12000	0.251	31.5	55	1	1	54	38.1	—	—	1.1	1.1
—	NF 2305	—		62	24	38.5	39.2	9000	12000	—	31.5	55	1	1	53	39	48	—	1.1	1.1
N 2305 E	—	—		62	24	53.2	54.5	9000	12000	0.355	31.5	55	1	1	54	38.1	—	—	1.1	1.1
—	NF 206	NJ 206＋HJ 206	30	62	16	19.5	18.2	8500	11000	0.2	36	56	1	0.6	53.5	41.8	49.1	4	1	0.6
N 206 E	—	—		62	16	36.0	35.5	8500	11000	0.214	36	56	1	0.6	55.5	41.3	—	—	1	0.6
—	—	NJ 2206＋HJ 2206		62	20	28.8	30.2	8500	11000	0.29	36	—	1	0.6	—	41.8	49.1	4	1	0.6
N 2206 E	—	—		62	20	45.5	48.0	8500	11000	0.268	36	56	1	0.6	55.5	41.3	—	—	1	0.6
—	NF 306	NJ 306＋HJ 306		72	19	33.5	31.5	8000	10000	0.3	37	64	1	1	62	45.9	56.7	5	1.1	1.1
N 306 E	—	—		72	19	49.2	48.2	8000	10000	0.377	37	64	1	1	62.5	45	—	—	1.1	1.1
—	NF 2306	—		72	27	46.5	47.5	8000	10000	0.6	37	64	1	1	62	45.9	56.7	—	1.1	1.1
N 2306 E	—	—		72	27	70.0	75.5	8000	10000	0.538	37	64	1	1	62.5	45	—	—	1.1	1.1
N 406	—	NJ 406＋HJ 406		90	23	57.2	53.0	7000	9000	0.73	39	—	1.5	1.5	73	50.5	65.8	7	1.5	1.5
—	NF 207	NJ 207＋HJ 207	35	72	17	28.5	28.0	7500	9500	0.3	42	64	1	0.6	61.8	47.6	56.8	4	1.1	0.6
N 207 E	—	—		72	17	46.5	48.0	7500	9500	0.311	42	64	1	0.6	64	48.3	—	—	1.1	0.6

续表

轴承型号			基本尺寸/mm			基本额定载荷/kN		极限转速/r·min^{-1}		质量/kg	安装尺寸/mm				其他尺寸/mm					
N 型	NF 型	NH(NJ +HJ)型	d	D	B	C_r	C_{0r}	脂	油	W ≈	d_a min	D_a max	r_a max	r_b max	E_w	d_2	D_2	B_1	r min	r_1 min
—	—	NJ 2207+HJ 2207	35	72	23	43.8	48.5	7500	9500	0.45	42	—	1	0.6	—	47.6	56.8	4	1.1	0.6
N 2207 E	—	—		72	23	57.5	63.0	7500	9500	0.414	42	64	1	0.6	64	48.3	—	—	1.1	0.6
—	NF 307	NJ 307+HJ 307		80	21	41.0	39.2	7000	9000	0.56	44	71	1.5	1	68.2	50.8	62.4	6	1.5	1.1
N 307 E	—	—		80	21	62.0	63.2	7000	9000	0.501	44	71	1.5	1	70.2	51.1	—	—	1.5	1.1
—	NF 2307	—		80	31	54.8	57.0	7000	9000	0.85	44	71	1.5	1	—	50.8	62.4	—	1.5	1.1
N 2307 E	—	—		80	31	87.5	98.2	7000	9000	0.738	44	71	1.5	1	70.2	51.5	—	—	1.5	1.1
N 407	—	NJ 407+HJ 407		100	25	70.8	68.2	6000	7500	0.94	44	—	1.5	1.5	83	59	75.3	8	1.5	1.5
N 1008	—	—	40	68	15	21.2	22.0	7500	9500	0.22	45	—	1	0.6	61	50.3	—	—	1	0.6
—	NF 208	NJ 208+HJ 208		80	18	37.5	38.2	7000	9000	0.4	47	72	1	1	70	54.2	64.7	5	1.1	1.1
N 208 E	—	—		80	18	51.5	53.0	7000	9000	0.394	47	72	1	1	71.5	54.2	—	—	1.1	1.1
—	—	NJ 2208+HJ 2208		80	23	52.0	57.8	7000	9000	0.53	47	—	1	1	—	54.2	64.7	5	1.1	1.1
N 2208 E	—	—		80	23	67.5	75.2	7000	9000	0.507	47	72	1	1	71.5	54.2	—	—	1.1	1.1
—	NF 308	NJ 308+ HJ 308		90	23	48.8	47.5	6300	8000	0.7	49	80	1.5	1.5	77.5	58.4	71.2	7	1.5	1.5
N 308 E	—	—		90	23	76.8	77.8	6300	8000	0.68	49	80	1.5	1.5	80	57.7	—	—	1.5	1.5
—	NF 2308	—		90	33	70.8	76.8	6300	8000	1.1	49	80	1.5	1.5	77.5	58.4	71.2	—	1.5	1.5
N 2308 E	—	—		90	33	105	118	6300	8000	0.974	49	80	1.5	1.5	80	57.7	—	—	1.5	1.5
N 408	—	NJ 408+HJ 408		110	27	90.5	89.8	5600	7000	1.25	50	—	2	2	92	64.8	83.3	8	2	2
—	NF 209	NJ 209+HJ 209	45	85	19	39.8	41.0	6300	8000	0.5	52	77	1	1	75	59	69.7	5	1.1	1.1
N 209 E	—	—		85	19	58.5	63.8	6300	8000	0.45	52	77	1	1	76.5	59.2	—	—	1.1	1.1
—	—	NJ 2209+HJ 2209		85	23	54.8	62.2	6300	8000	0.59	52	—	1	1	—	59	69.7	5	1.1	1.1
N 2209 E	—	—		85	23	71.0	82.0	6300	8000	0.55	52	77	1	1	76.5	59.2	—	—	1.1	1.1
—	NF 309	NJ 309+HJ 309		100	25	66.8	66.8	5600	7000	0.9	54	89	1.5	1.5	86.5	64	79.3	7	1.5	1.5
N 309 E	—	—		100	25	93.0	98.0	5600	7000	0.93	54	89	1.5	1.5	88.5	64.7	—	—	1.5	1.5
—	NF 2309	—		100	36	91.5	100	5600	7000	1.5	54	89	1.5	1.5	86.5	64	79.6	—	1.5	1.5
N 2309 E	—	—		100	36	130	152	5600	7000	1.34	54	89	1.5	1.5	88.5	64.7	—	—	1.5	1.5
N 409	—	N 409+HJ 109		120	29	102	100	5000	6300	1.8	55	—	2	2	100.5	71.8	91.4	8	2	2
N 1010	—	—	50	80	16	25.0	27.5	6300	8000	—	55	—	1	0.6	72.5	—	—	—	1	0.6
—	NF 210	NJ 210+ HJ 210		90	20	43.2	48.5	6000	7500	0.6	57	83	1	1	80.4	64.6	75.1	5	1.1	1.1
N 210 E	—	—		90	20	61.2	69.2	6000	7500	0.505	57	83	1	1	81.5	64.2	—	—	1.1	1.1
—	—	NJ 2210+HJ 2210		90	23	57.2	69.2	6000	7500	0.65	57	—	1	1	—	64.6	75.1	5	1.1	1.1

续表

轴承型号			基本尺寸/mm			基本额定载荷/kN		极限转速/r·min^{-1}		质量/kg	安装尺寸/mm				其他尺寸/mm					
N 型	NF 型	NH(NJ ＋HJ)型	d	D	B	C_r	C_{0r}	脂	油	W ≈	d_a min	D_a max	r_a max	r_b max	E_w	d_2	D_2	B_1	r min	r_1 min
N 2210 E	—	—	50	90	23	74.2	88.8	6000	7500	0.59	57	83	1	1	81.5	64.2	—	—	1.1	1.1
—	NF 310	NJ 310＋HJ 310		110	27	76.0	79.5	5300	6700	1.2	60	98	2	2	95	71	87.3	8	2	2
N 310 E	—	—		110	27	105	112	5300	6700	1.2	60	98	2	2	97	71.2	—	—	2	2
—	NF 2310	NJ 2310＋HJ 2310		110	40	112	132	5300	6700	1.85	60	98	2	2	95	71	87.3	8	2	2
N 2310 E	—	—		110	40	155	185	5300	6700	1.79	60	98	2	2	97	71.2	—	—	2	2
N 410	—	NJ 410＋HJ 410		130	31	120	120	4800	6000	2.3	62	—	2.1	2.1	110.8	78.8	101	9	2.1	2.1
N 1011	—	—	55	90	18	35.8	40.0	5600	7000	0.45	61.5	—	1	1	81.5	—	—	—	1.1	1
—	NF 211	NJ 211＋ HJ 211		100	21	52.8	60.2	5300	6700	0.7	64	91	1.5	1	88.5	70.8	82.7	6	1.5	1.1
N 211 E	—	—		100	21	80.2	95.5	5300	6700	0.68	64	91	1.5	1	90.0	70.2	—	—	1.5	1.1
—	—	NJ 2211＋HJ 2211		100	25	70.8	87.5	5300	6700	0.86	64	—	1.5	1	—	70.8	82.7	6	1.5	1.1
N 2211 E	—	—		100	25	94.8	118	5300	6700	0.81	64	91	1.5	1	90.0	70.9	—	—	1.5	1.1
—	NF 311	NJ 311＋HJ 311		120	29	97.8	105	4800	6000	1.7	65	107	2	2	104.5	77.2	95.8	9	2	2
N 311 E	—	—		120	29	128	138	4800	6000	1.53	65	107	2	2	106.5	77.4	—	—	2	2
—	NF 2311	NJ 2311＋HJ 2311		120	43	130	148	4800	6000	2.4	65	107	2	2	104.5	77.2	95.8	9	2	2
N 2311 E	—	—		120	43	190	228	4800	6000	2.28	65	107	2	2	106.5	77.4	—	—	2	2
N 411	—	NJ 411＋HJ 411		140	33	128	132	4300	5300	2.8	67	—	2.1	2.1	117.2	85.2	108	10	2.1	2.1
N 1012	—	—	60	95	18	38.5	45.0	5300	6700	0.48	66.5	—	1	1	86.5	72.9	—	—	1.1	1
—	NF 212	NJ 212＋HJ 212		110	22	62.8	73.5	5000	6300	0.9	69	100	1.5	1.5	97	—	—	6	1.5	1.5
N 212 E	—	—		110	22	89.8	102	5000	6300	0.86	69	100	1.5	1.5	100	77.7	—	—	1.5	1.5
—	—	NJ 2212＋HJ 2212		110	28	91.2	118	5000	6300	1.25	69	—	1.5	1.5	—	—	—	6	1.5	1.5
N 2212 E	—	—		110	28	122	152	5000	6300	1.12	69	100	1.5	1.5	100	77.7	—	—	1.5	1.5
—	NF 312	NJ 312＋HJ 312		130	31	118	128	4500	5600	2	72	116	2.1	2.1	113	84.2	104	9	2.1	2.1
N 312 E	—	—		130	31	142	155	4500	5600	1.87	72	116	2.1	2.1	115	84.3	—	—	2.1	2.1
—	NF 2312	NJ 2312＋HJ 2312		130	46	155	195	4500	5600	2	72	116	2.1	2.1	113	84.2	104	9	2.1	2.1
N 2312 E	—	—		130	46	212	260	4500	5600	2.81	72	116	2.1	2.1	115	84.3	—	—	2.1	2.1
N 412	—	NJ 412＋HJ 412		150	35	155	162	4000	5000	3.4	72	—	2.1	2.1	127	91.8	116	10	2.1	2.1
—	NF 213	NJ 213＋HJ 213	65	120	23	73.2	87.5	4500	5600	1.1	74	108	1.5	1.5	105.5	84.8	98.9	6	1.5	1.5
N 213 E	—	—		120	23	102	118	4500	5600	1.08	74	108	1.5	1.5	108.5	84.6	—	—	1.5	1.5
—	—	N 2213＋HJ 2213		120	31	108	145	4500	5600	—	74	—	1.5	1.5	—	84.8	98.6	6	1.5	1.5
N 2213 E	—	—		120	31	142	180	4500	5600	1.48	74	108	1.5	1.5	108.5	84.6	—	—	1.5	1.5

续表

轴承型号			基本尺寸/mm			基本额定载荷/kN		极限转速/r·min^{-1}		质量/kg	安装尺寸/mm				其他尺寸/mm					
N 型	NF 型	NH(NJ +HJ)型	d	D	B	C_r	C_{0r}	脂	油	W ≈	d_a min	D_a max	r_a max	r_b max	E_w	d_2	D_2	B_1	r min	r_1 min
—	NF 313	NJ 313+HJ 313	65	140	33	125	135	4000	5000	2.5	77	125	2.1	2.1	121.5	91	112	10	2.1	2.1
N 313 E	—	—		140	33	170	188	4000	5000	2.31	77	125	2.1	2.1	124.5	90.6	—	—	2.1	2.1
—	NF 2313	NJ 2313+HJ 2313		140	48	175	210	4000	5000	4	77	125	2.1	2.1	121.5	91	112	10	2.1	2.1
N 2313 E	—	—		140	48	235	285	4000	5000	3.34	77	125	2.1	2.1	124.5	90.6	—	—	2.1	2.1
N 413	—	NJ 413+HJ 413		160	37	170	178	3800	4800	4	77	—	2.1	2.1	135.3	98.5	124	11	2.1	2.1
N 1014	—	—	70	110	20	47.5	57.0	4800	6000	0.71	76.5	—	1	1	100	84.5	—	—	1.1	1
—	NF 214	NJ 214+HJ 214		125	24	73.2	87.5	4300	5300	1.3	79	114	1.5	1.5	110.5	89.6	104	7	1.5	1.5
N 214 E	—	—		125	24	112	135	4300	5300	1.2	79	114	1.5	1.5	113.5	89.6	—	—	1.5	1.5
—	—	NJ 2214+HJ 2214		125	31	108	145	4300	5300	1.7	79	—	1.5	1.5	—	89.6	104	7	1.5	1.5
N 2214 E	—	—		125	31	148	192	4300	5300	1.56	79	114	1.5	1.5	113.5	89.6	—	—	1.5	1.5
—	NF 314	NJ 314+HJ 314		150	35	145	162	3800	4800	3.1	82	134	2.1	2.1	130	98	120	10	2.1	2.1
N 314 E	—	—		150	35	195	220	3800	4800	2.86	82	134	2.1	2.1	133	97.5	—	—	2.1	2.1
—	NF 2314	NJ 2314+HJ 2314		150	51	212	260	3800	4800	4.4	82	134	2.1	2.1	130	98	120	10	2.1	2.1
N 2314 E	—	—		150	51	260	320	3800	4800	4.1	82	134	2.1	2.1	133	97.5	—	—	2.1	2.1
N 414	—	NJ 414+HJ 414		180	42	215	232	3400	4300	5.9	84	—	2.5	2.5	152	110	139	12	3	3
—	NF 215	NJ 215+HJ 215	75	130	25	89.0	110	4000	5000	1.4	84	120	1.5	1.5	118.3	94	110	7	1.5	1.5
N 215 E	—	—		130	25	125	155	4000	5000	1.32	84	120	1.5	1.5	118.5	94.6	—	—	1.5	1.5
—	—	NJ 2215+HJ 2215		130	31	125	165	4000	5000	1.8	84	—	1.5	1.5	—	94	110	7	1.5	1.5
N 2215 E	—	—		130	31	155	205	4000	5000	1.64	84	120	1.5	1.5	118.5	94.6	—	—	1.5	1.5
—	NF 315	NJ 315+HJ 315		160	37	165	188	3600	4500	3.7	87	143	2.1	2.1	139.5	104	129	11	2.1	2.1
N 315 E	—	—		160	37	228	260	3600	4500	3.43	87	143	2.1	2.1	143	104.2	—	—	2.1	2.1
N 2315	NF 2315	NJ 2315+HJ 2315		160	55	245	308	3600	4500	5.4	87	143	2.1	2.1	142.1	104	129	11	2.1	2.1
N 415	—	NJ 415+HJ 415		190	45	250	272	3200	4000	7.1	89	—	2.5	2.5	160.5	116	147	13	3	3
N 1016	—	—	80	125	22	59.2	77.8	4300	5300	1	86.5	—	1	1	113.5	—	—	—	1.1	1
—	NF 216	NJ 216+HJ 216		140	26	102	125	3800	4800	1.7	90	128	2	2	125	101	118	8	2	2
N 216 E	—	—		140	26	132	165	3800	4800	1.58	90	128	2	2	127.3	101.1	—	—	2	2
—	—	NJ 2216+HJ 2216		140	33	145	195	3800	4800	2.2	90	—	2	2	—	101	118	8	2	2
N 2216 E	—	—		140	33	178	242	3800	4800	2.05	90	128	2	2	127.3	101.1	—	—	2	2

续表

轴承型号			基本尺寸/mm			基本额定载荷/kN		极限转速/r·min⁻¹		质量/kg	安装尺寸/mm				其他尺寸/mm					
N型	NF型	NH(NJ+HJ)型	d	D	B	C_r	C_{0r}	脂	油	W ≈	d_a min	D_a max	r_a max	r_b max	E_w	d_2	D_2	B_1	r min	r_1 min
—	NF 316	NJ 316+HJ 316	80	170	39	175	200	3400	4300	4.4	92	151	2.1	2.1	147	111	136	11	2.1	2.1
N 316 E	—	—		170	39	245	282	3400	4300	4.05	92	151	2.1	2.1	151	110.1	—	—	2.1	2.1
N 2316	NF 2316	NJ 2316+HJ 2316		170	58	258	328	3400	4300	6.4	92	151	2.1	2.1	147	111	136	11	2.1	2.1
N 416	—	NJ 416+HJ 416		200	48	285	315	3000	3800	8.3	94	—	2.5	2.5	170	122	156	13	3	3
—	NF 217	NJ 217+HJ 217	85	150	28	115	145	3600	4500	2.1	95	137	2	2	135.5	108	126	8	2	2
N 217 E	—	—		150	28	158	192	3600	4500	2	95	137	2	2	136.5	107.1	—	—	2	2
—	—	NJ 2217+HJ 2217		150	36	165	230	3600	4500	2.8	95	—	2	2	—	108	126	8	2	2
N 2217 E	—	—		150	36	205	272	3600	4500	2.58	95	137	2	2	136.5	107.1	—	—	2	2
—	NF 317	NJ 317+HJ 317		180	41	212	242	3200	4000	5.2	99	160	2.5	2.5	156	117	144	12	3	3
N 317 E	—	—		180	41	280	332	3200	4000	4.82	99	160	2.5	2.5	160	117.4	—	—	3	3
N 2317	NF 2317	NJ 2317+HJ 2317		180	60	295	380	3200	4000	7.4	99	160	2.5	2.5	156.5	117	144	12	3	3
N 417	—	NJ 417+HJ 417		210	52	312	345	2800	3600	9.8	103	—	3	3	179.5	126	162	14	4	4
N 1018	—	—	90	140	24	74.0	94.8	3800	4800	1.36	98	—	1.5	1	127	—	—	—	1.5	1.1
—	NF 218	NJ 218+HJ 218		160	30	142	178	3400	4300	2.5	100	146	2	2	143	114	134	9	2	2
N 218 E	—	—		160	30	172	215	3400	4300	2.44	100	146	2	2	145	113.9	—	—	2	2
—	—	NJ 2218+HJ 2218		160	40	192	268	3400	4300	3.5	100	—	2	2	—	114	134	9	2	2
N 2218E	—	—		160	40	230	312	3400	4300	3.26	100	146	2	2	145	113.9	—	—	2	2
—	NF 318	NJ 318+HJ 318		190	43	228	265	3000	3800	6.1	104	169	2.5	2.5	165	125	153	12	3	3
N 318 E	—	—		190	43	298	348	3000	3800	5.59	104	169	2.5	2.5	169.5	123.7	—	—	3	3
N 2318	NF 2318	NJ 2318+HJ 2318		190	64	310	395	3000	3800	8.4	104	169	2.5	2.5	165	125	153	12	3	3
N 418	—	NJ 418+HJ 418		225	54	352	392	2400	3200	11	108	—	3	3	191.5	137	175	14	4	4
—	NF 219	NJ 219+HJ 219	95	170	32	152	190	3200	4000	3.2	107	155	2.1	2.1	151.5	121	142	9	2.1	2.1
N 219 E	—	—		170	32	208	262	3200	4000	2.96	107	155	2.1	2.1	154.5	120.2	—	—	2.1	2.1
—	—	NJ 2219+HJ 2219		170	43	215	298	3200	4000	4.5	107	—	2.1	2.1	—	121	142	9	2.1	2.1
N 2219 E	—	—		170	43	275	368	3200	4000	3.97	107	155	2.1	2.1	154.5	120.2	—	—	2.1	2.1
—	NF 319	NJ 319+HJ 319		200	45	245	288	2800	3600	7	109	178	2.5	2.5	173.5	132	161	13	3	3
N 319 E	—	—		200	45	315	380	2800	3600	6.52	109	178	2.5	2.5	177.5	131.7	—	—	3	3
N 2319	NF 2319	NJ 2319+HJ 2319		200	67	370	500	2800	3600	10.4	109	178	2.5	2.5	173.5	132	161	13	3	3

续表

轴承型号			基本尺寸/mm			基本额定载荷/kN		极限转速/r·min⁻¹		质量/kg	安装尺寸/mm				其他尺寸/mm					
N 型	NF 型	NH(NJ +HJ)型	d	D	B	C_r	C_{0r}	脂	油	W ≈	d_a min	D_a max	r_a max	r_b max	E_w	d_2	D_2	B_1	r min	r_1 min
N 419	—	NJ 419+HJ 419	95	240	55	378	428	2200	3000	14	113	—	3	3	201.5	147	185	15	4	4
N 1020	—	—	100	150	24	78.0	102	3400	4300	1.5	108	—	1.5	1	137	—	—	—	1.5	1.1
—	NF 220	NJ 220+HJ 220		180	34	168	212	3000	3800	3.5	112	164	2.1	2.1	160	128	150	10	2.1	2.1
N 220 E	—	—		180	34	235	302	3000	3800	3.58	112	164	2.1	2.1	163	127	—	—	2.1	2.1
—	—	NJ 2220+HJ 2220		180	46	240	335	3000	3800	5.2	112	—	2.1	2.1	—	128	150	10	2.1	2.1
N 2220 E	—	—		180	46	318	440	3000	3800	4.86	112	164	2.1	2.1	163	127	—	—	2.1	2.1
—	NF 320	NJ 320+HJ 320		215	47	282	340	2600	3200	8.6	114	190	2.5	2.5	185.5	140	172	13	3	3
N 320 E	—	—		215	47	365	425	2600	3200	7.89	114	190	2.5	2.5	191.5	139.1	—	—	3	3
N 2320	NF 2320	NJ 2320+HJ 2320		215	73	415	558	2600	3200	13.5	114	190	2.5	2.5	185.5	140	172	13	3	3
N 420	—	NJ 420+HJ 420		250	58	418	480	2000	2800	16	118	—	3	3	211	153	194	16	4	4
N 1021	—	—	105	160	26	91.5	122	3200	4200	1.9	114	—	2	1	145.5	125.5	—	—	2	1.1
N 221	NF 221	NJ 221+HJ 221		190	36	185	235	2800	3600	4	117	173	2.1	2.1	168.8	135	159	10	2.1	2.1
N 321	NF 321	NJ 321+HJ 321		225	49	322	392	2200	3000	—	119	199	2.5	2.5	196	147	181	13	3	3
N 421	—	NJ 421+HJ 421		260	60	508	602	1900	2600	—	123	—	3	3	220.5	159	202	16	4	4
N 1022	—	—	110	170	28	115	155	3000	3800	2.3	119	—	2	1	155	131	—	—	2	1.1
—	NF 222	NJ 222+HJ 222		200	38	220	285	2600	3400	5	122	182	2.1	2.1	178.5	141	167	11	2.1	2.1
N 222 E	—	—		200	38	278	360	2600	3400	5.02	122	182	2.1	2.1	180.5	141.3	—	—	2.1	2.1
N 2222	NF 2222	NJ 2222+HJ 2222		200	53	312	445	2600	3400	7.5	122	—	2.1	2.1	178.5	141	167	11	2.1	2.1
N 322	NF 322	NJ 322+HJ 322		240	50	352	428	2000	2800	11	124	211	2.5	2.5	207	155	192	14	3	3
N 2322	NF 2322	NJ 2322+HJ 2322		240	80	535	740	2000	2800	17.5	124	211	2.5	2.5	207	155	201	14	3	3
N 422	—	NJ 422+HJ 422		280	65	515	602	1800	2400	22	128	—	3	3	230.5	171	216	17	4	4
N 1024	—	—	120	180	28	130	168	2600	3400	2.96	129	—	2	1	165	156	—	—	2	1.1
—	NF 224	NJ 224+HJ 224		215	40	230	332	2200	3000	6.4	132	196	2.1	2.1	191.5	153	180	11	2.1	2.1
N 224 E	—	—		215	40	322	422	2200	3000	6.11	132	196	2.1	2.1	195.5	153	—	—	2.1	2.1
N 2224	—	NJ 2224+HJ 2224		215	58	345	522	2200	3000	9.5	132	—	2.1	2.1	191.5	153	180	11	2.1	2.1
N 324	NF 324	NJ 324+HJ 324		260	55	440	552	1900	2600	14	134	230	2.5	2.5	226	168	209	14	3	3
N 2324	NF 2324	NJ 2324+HJ 2324		260	86	632	868	1900	2600	22.5	134	230	2.5	2.5	226	168	219	14	3	3
N 424	—	NJ 424+HJ 424		310	72	642	772	1700	2200	30	142	—	4	4	260	188	238	17	3	5

续表

轴承型号			基本尺寸/mm			基本额定载荷/kN		极限转速/r·min^{-1}		质量/kg	安装尺寸/mm				其他尺寸/mm					
N 型	NF 型	NH(NJ +HJ)型	d	D	B	C_r	C_{0r}	脂	油	W ≈	d_a min	D_a max	r_a max	r_b max	E_w	d_2	D_2	B_1	r min	r_1 min
N 1026	—	—	130	200	33	152	212	2400	3200	3.7	139	—	2	1	182	156	—	—	2	1.1
N 226	NF 226	NJ 226+HJ 226		230	40	258	352	2000	2800	7	144	208	2.5	2.5	204	165	192	11	3	
N 2226	NF 2226	NJ 2226+HJ 2226		230	64	368	552	2000	2800	11.5	144	—	2.5	2.5	204	167	195	11	3	3
N 326	NF 326	NJ 326+HJ 326		280	58	492	620	1700	2200	18	148	247	3	3	243	182	225	14	4	4
N 2326	NF 2326	NJ 2326+HJ 2326		280	93	748	1060	1700	2200	28.5	148	247	3	3	243	182	236	14	4	4
N 426		NJ 426+HJ 426		340	78	782	942	1500	1900	39	152	—	4	4	289	—	—	18	5	5
N 1028	—	—	140	210	33	158	220	2000	2800	4	149	—	2	1	192	—	—	—	2	1.1
N 228	NF 228	NJ 228+HJ 228		250	42	302	415	1800	2400	9.1	154	—	2.5	2.5	221	179	208	11	3	3
N 2228	—	NJ 2228+HJ 2228		250	68	438	700	1800	2400	15	154	—	2.5	2.5	221	179	208	11	3	3
N 328	NF 328	NJ 328+HJ 328		300	62	545	690	1600	2000	22	158	—	3	3	260	196	241	15	4	4
N 2328	NF 2328	NJ 2328+HJ 2328		300	102	825	1180	1600	2000	37	158	—	3	3	260	192	252	15	4	4
N 428	—	NJ 428+HJ 428		360	82	845	1020	1400	1800	—	162	—	4	4	304	—	—	18	5	5
N 1030	—	—	150	225	35	188	268	1900	2600	4.8	161	—	2.1	1.5	206.5	177	—	—	2.1	1.5
N 230	NF 230	NJ 230+HJ 230		270	45	360	490	1700	2200	11	164	—	2.5	2.5	238	193	225	12	3	3
N 2230	NF 2230	NJ 2230+HJ 2230		270	73	530	772	1700	2200	17	164	—	2.5	2.5	238	193	225	12	3	3
N 330	NF 330	NJ 330+HJ 330		320	65	595	765	1500	1900	26	168	—	3	3	277	209	270	15	4	4
N 2330	NF 2330	NJ 2330+HJ 2330		320	108	930	1340	1500	1900	45	168	—	3	3	277	209	270	15	4	4
N 430	—	NJ 430+HJ 430		380	85	912	1100	1300	1700	53	172	—	4	4	321	—	—	20	5	5
N 1032	—	—	160	240	38	212	302	1800	2400	6	171	—	2.1	1.5	220	—	—	—	2.1	1.5
N 232	NF 232	NJ 232+HJ 232		290	48	405	552	1600	2000	14	174	—	2.5	2.5	257	206	250	12	3	3
N 2232	—	NJ 2232+HJ 2232		290	80	590	898	1600	2000	25	174	—	2.5	2.5	257	205	252	12	3	3
N 332	NF 332	NJ 332+HJ 332		340	68	628	825	1400	1800	31.6	178	—	3	3	292	—	—	—	4	4
N 2332	NF 2332	—		340	114	972	1430	1400	1800	55.8	178	—	3	3	—	—	—	—	4	4
N 1034	—	—	170	260	42	255	365	1700	2200	8.14	181	—	2.1	2.1	238	201	—	—	2.1	2.1
N 234	NF 234	NJ 234+HJ 234		310	52	425	650	1500	1900	17.1	188	—	3	3	272	220	269	12	4	4
N 334	—	—		360	72	715	952	1300	1700	36	188	—	3	3	310	—	—	—	4	4
N 2334	NF 2334	—		360	120	1110	1650	1300	1700	63	188	—	3	3	310	—	290	—	4	4

续表

轴承型号			基本尺寸/mm			基本额定载荷/kN		极限转速/r·min^{-1}		质量/kg	安装尺寸/mm				其他尺寸/mm					
N 型	NF 型	NH(NJ +HJ)型	d	D	B	C_r	C_{0r}	脂	油	W ≈	d_a min	D_a max	r_a max	r_b max	E_w	d_2	D_2	B_1	r min	r_1 min
N 1036	—	—	180	280	46	300	438	1600	2000	10.1	191	—	2.1	2.1	255	215	—	—	2.1	2.1
N 236	—	NJ 236+HJ 236		320	52	425	650	1400	1800	18	198	—	3	3	282	230	279	12	4	4
N 336	—	—		380	75	835	1100	1200	1600	42	198	—	3	3	328	252	—	—	4	4
N 2336	NF 2336	—		380	126	1210	1780	1200	1600	71.2	198	—	3	3	330	—	306	—	4	4
N 1038	—	—	190	290	46	335	495	1500	1900	10.0	201	—	2.1	2.1	—	225	—	—	2.1	2.1
N 238	—	NJ 238+HJ 238		340	55	512	745	1300	1700	23	208	—	3	3	299	244	295	13	4	4
N 2238	—	NJ 2238+HJ 2238		340	92	975	1570	1300	1700	38.5	208	—	3	3	299	—	295	13	4	4
N 338	—	—		400	78	882	1190	1100	1500	50	212	—	4	4	345	264	—	—	5	5
N 1040	—	—	200	310	51	408	615	1400	1800	14.3	211	—	2.1	2.1	283	239	—	—	2.1	2.1
N 240	—	NJ 240+HJ 240		360	58	570	842	1200	1600	26	218	—	3	3	316	258	312	14	4	4
N 2240	—	NJ 2240+HJ 2240		360	98	1120	1725	1200	1600	—	218	—	3	3	316	256	313	14	4	4
N 340	—	—		420	80	972	1290	1000	1400	—	222	—	4	4	—	280	—	—	5	5
N 1004	—	—	220	340	56	448	685	1200	1600	—	233	—	2.5	2.5	—	—	—	—	3	3
N 244	—	NJ 244+HJ 244		400	65	702	1050	1000	1400	36	238	—	3	3	350	286	332	15	4	4
N 2244	—	—		400	108	1360	2330	1000	1400	62	238	—	3	3	350	—	—	—	4	4
N 1048	—	—	240	360	56	470	745	1000	1400	21	253	—	2.5	2.5	330	282	—	—	3	3
N 248	—	NJ 248+HJ 248		440	72	880	1345	900	1200	48.2	258	—	3	3	385	313	365	16	4	4
N 348	—	—		500	95	1290	1810	800	1000	97.1	262	—	4	4	430	—	—	—	5	5
N 1052	—	—	260	400	65	592	932	950	1300	31	276	—	3	3	369.6	309	—	—	4	4
N 1056	—	—	280	420	65	600	965	850	1100	33	296	—	3	3	384	329	—	—	4	4
N 1060	—	—	300	460	74	880	1470	800	1000	44.4	316	—	3	3	420	356	—	—	4	4
N 260	—	—		540	85	1360	2190	700	900	87.2	322	487	4	4	475	—	—	—	5	5
N 1064	—	—	320	480	74	890	1520	750	950	47	336	—	3	3	440	376	—	—	4	4
N 1080	—	—	400	600	90	1420	2480	560	700	88.8	420	—	4	4	552	470	—	—	5	5

第7篇

表 7-5-16　　无内圈圆柱滚子轴承（GB/T 283—2007）

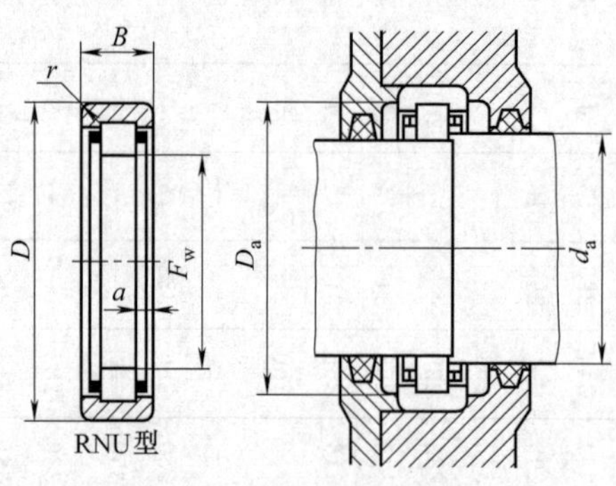

RNU型

轴承型号	基本尺寸/mm			基本额定载荷/kN		极限转速/r·min^{-1}		质量/kg	安装尺寸/mm			其他尺寸/mm	
RNU型	F_w	D	B	C_r	C_{0r}	脂	油	W ≈	d_a min	D_a max	r_a max	a	r min
RNU 202	20	35	11	7.98	5.5	15000	19000	0.038	22.4	31	0.6	3	0.6
RNU 203	22.9	40	12	9.12	7.0	14000	18000	—	25.3	36	0.6	3.25	0.6
RNU 204 E	26.5	47	14	25.8	24.0	12000	16000	0.089	29.8	42	1	2.5	1
RNU 2204 E		47	18	30.8	30.0	12000	16000	0.113	29.8	42	1	3.5	1
RNU 304 E	27.5	52	15	29.0	25.5	11000	15000	0.12	32	45.5	1	2.5	1.1
RNU 2304 E		52	21	39.2	37.5	10000	14000	0.168	32	45.5	1	3.5	1.1
RNU 1005	30.5	47	12	11.0	10.2	11000	15000	—	32.6	43	0.6	3.25	0.6
RNU 205 E	31.5	52	15	27.5	26.8	11000	14000	0.104	34.9	47	1	3	1
RNU 2205 E		52	18	32.8	33.8	11000	14000	0.124	34.9	47	1	3.5	1
RNU 305 E	34	62	17	38.5	35.8	9000	12000	0.193	39	55.5	1	3	1.1
RNU 2305 E		62	24	53.2	54.5	9000	12000	0.272	39	55.5	1	4	1.1
RNU 206 E	37.5	62	16	36.0	35.5	8500	11000	0.159	41.8	57	1	3	1
RNU 2206 E		62	20	45.5	48.0	8500	11000	0.202	41.8	57	1	3.5	1
RNU 306 E	40.5	72	19	49.2	48.2	8000	10000	0.285	46.2	61.5	1	3.5	1.1
RNU 2306 E		72	27	70.0	75.5	8000	10000	0.409	46.2	61.5	1	4.5	1.1
RNU 207 E	44	72	17	46.5	48.0	7500	9500	0.233	47.4	61.5	1	3	1.1
RNU 2207 E		72	23	57.5	63.0	7500	9500	0.307	47.4	61.5	1	4.5	1.1
RNU 307 E	46.2	80	21	62.0	63.2	7000	9000	0.379	50.3	72	1.5	3.5	1.5
RNU 2307 E		80	31	87.5	98.2	7000	9000	0.557	50.3	72	1.5	5	1.5
RNU 208 E	49.5	80	18	51.5	53.0	7000	9000	0.294	54.2	73.5	1	3.5	1.1
RNU 2208 E		80	23	67.5	75.2	7000	9000	0.38	54.2	73.5	1	4	1.1
RNU 308 E	52	90	23	76.8	77.8	6300	8000	0.515	58.3	82	1.5	4	1.5
RNU 2308 E		90	33	105	118	6300	8000	0.738	58.3	82	1.5	5.5	1.5
RNU 209 E	54.5	85	19	58.5	63.8	6300	8000	0.335	59	78.5	1	3.5	1.1
RNU 2209 E		85	23	71.0	82.0	6300	8000	0.407	59	78.5	1	4	1.1
RNU 309 E	58.5	100	25	93.0	98.0	5600	7000	0.703	64	92	1.5	4.5	1.5
RNU 2309 E		100	36	130	152	5600	7000	1.01	64	92	1.5	6	1.5
RNU 210 E	59.5	90	20	61.2	69.2	6000	7500	0.369	64.1	83.5	1	4	1.1
RNU 2210 E		90	23	74.2	88.8	6000	7500	0.433	64.1	83.5	1	4	1.1

续表

轴承型号	基本尺寸/mm			基本额定载荷/kN		极限转速/r·min⁻¹		质量/kg	安装尺寸/mm			其他尺寸/mm	
RNU 型	F_w	D	B	C_r	C_{0r}	脂	油	W ≈	d_a min	D_a max	r_a max	a	r min
RNU 310 E	65	110	27	105	112	5300	6700	0.896	71	101	2	5	2
RNU 2310 E		110	40	155	185	5300	6700	1.34	71	101	2	6.5	2
RNU 211 E	66	100	21	80.2	95.5	5300	6700	0.508	70	92	1.5	3.5	1.5
RNU 2211 E		100	25	94.8	118	5300	6700	0.601	70	92	1.5	4	1.5
RNU 311 E	70.5	120	29	128	138	4800	6000	1.16	77.2	111	2	5	2
RNU 2311 E		120	43	190	228	4800	6000	1.74	77.2	111	2	6.5	2
RNU 212 E	72	110	22	89.8	102	5000	6300	0.632	77.6	102	1.5	4	1.5
RNU 2212 E		110	28	122	152	5000	6300	0.831	77.6	102	1.5	4	1.5
RNU 312 E	77	130	31	142	155	4500	5600	1.40	82.5	119	2.1	5.5	2.1
RNU 2312 E		130	46	212	260	4500	5600	2.12	82.5	119	2.1	7	2.1
RNU 213 E	78.5	120	23	102	118	4500	5600	0.796	84	112	1.5	4	1.5
RNU 2213 E		120	31	142	180	4500	5600	1.09	84	112	1.5	4.5	1.5
RNU 1014	80	110	20	47.5	57.0	4800	6000	—	83.8	103.5	1	5	1.1
RNU 313 E	82.5	140	33	170	188	4000	5000	1.75	90.8	129	2.1	5.5	2.1
RNU 2313 E		140	48	235	285	4000	5000	2.54	90.8	129	2.1	8	2.1
RNU 214 E	83.5	125	24	112	135	4300	5300	0.878	88.6	117	1.5	4	1.5
RNU 2214 E		125	31	148	192	4300	5300	1.15	88.6	117	1.5	4.5	1.5
RNU 215 E	88.5	130	25	125	155	4000	5000	0.964	92.9	122	1.5	4	1.5
RNU 2215 E		130	31	155	205	4000	5000	1.21	92.9	122	1.5	4.5	1.5
RNU 314 E	89	150	35	195	220	3800	4800	2.18	97.5	139	2.1	5.5	2.1
RNU 2314 E		150	51	260	320	3800	4800	3.11	97.5	139	2.1	8.5	2.1
RNU 315 E	95	160	37	228	260	3600	4500	2.62	103.5	149	2.1	5.5	2.1
RNU 216 E	95.3	140	26	132	165	3800	4800	1.14	100	131	2	4.5	2
RNU 2216 E		140	33	178	242	3800	4800	1.49	100	131	2	4.5	2
RNU 2315	95.5	160	55	245	308	3600	4500	4.54	103.5	149	2.1	—	2.1
RNU 1017	96.5	130	22	64.5	81.6	4000	5000	0.72	100.8	123.5	1	5.5	1.1
RNU 217 E	100.5	150	28	158	192	3600	4500	1.48	107	141	2	4.5	2
RNU 2217 E		150	36	205	272	3600	4500	1.93	107	141	2	5	2
RNU 316 E	101	170	39	245	282	3400	4300	3.1	111.8	159	2.1	6	2.1
RNU 1018	103	140	24	74.0	94.8	3800	4800	0.98	107.8	132	1.5	6	1.5
RNU 218 E	107	160	30	172	215	3400	4300	1.79	114.2	151	2	5	2
RNU 2218 E		160	40	230	312	3400	4300	2.41	114.2	151	2	6	2
RNU 317 E	108	180	41	280	332	3200	4000	3.66	115.5	167	2.5	6.5	3
RNU 2317		180	60	295	380	3200	4000	6.47	115.5	167	2.5	—	3
RNU 219 E	112.5	170	32	208	262	3200	4000	2.22	120	159	2.1	5	2.1
RNU 2219 E		170	43	275	368	3200	4000	2.97	120	159	2.1	6.5	2.1
RNU 318 E	113.5	190	43	298	348	3000	3800	4.27	125	177	2.5	6.5	3
RNU 220 E	119	180	34	235	302	3000	3800	2.68	128	169	2.1	5	2.1
RNU 2220 E		180	46	318	440	3000	3800	3.65	128	169	2.1	6	2.1
RNU 319 E	121.5	200	45	315	380	2800	3600	4.86	132	187	2.5	7.5	3

续表

轴承型号	基本尺寸/mm			基本额定载荷/kN		极限转速/r·min^{-1}		质量/kg	安装尺寸/mm			其他尺寸/mm	
RNU 型	F_w	D	B	C_r	C_{0r}	脂	油	W ≈	d_a min	D_a max	r_a max	a	r min
RNU 1022	125	170	28	115	155	3000	3800	1.91	130.7	161	2	6.5	2
RNU 320 E	127.5	215	47	365	425	2600	3200	5.98	140.5	202	2.5	7.5	3
RNU 222 E	132.5	200	38	278	360	2600	3400	3.69	141.5	189	2.1	6	2.1
RNU 1024	135	180	28	130	168	2600	3400	2.31	140.7	171	2	6.5	2
RNU 321		225	49	322	392	2200	3000	—	147	212	2.5	9.5	3
RNU 322	143	240	50	352	428	2000	2800	—	155.5	227	2.5	9	3
RNU 224 E	143.5	215	40	322	422	2200	3000	4.52	153	204	2.1	6	2.1
RNU 324	154	260	55	440	552	1900	2600	—	168.5	247	2.5	9.5	3
RNU 226	156	230	40	258	352	2000	2800	5.6	165.5	217	2.5	8	3
RNU 1028	158	210	33	158	220	2000	2800	—	164.5	201	2	8	2
RNU 326	167	280	58	492	620	1700	2200	—	182	264	3	10	4
RNU 228	169	250	42	302	415	1800	2400	—	179.5	237	2.5	8	3
RNU 1030	169.5	225	35	188	268	1900	2600	3.64	176.7	214	2.1	8.5	2.1
RNU 328	180	300	62	545	690	1600	2000	—	196	284	3	11	4
RNU 230	182	270	45	360	490	1700	2200	—	193	257	2.5	8.5	3
RNU 330	193	320	65	595	765	1500	1900	—	210	304	3	11.5	4
RNU 232	195	290	48	405	552	1600	2000	—	205	277	2.5	9	3
RNU 1036	205	280	46	300	438	1600	2000	—	214.5	269	2.1	10.5	2.1
RNU 332	208	340	68	628	825	1400	1800	—	225	324	3	13	4
RNU 234		310	52	425	650	1500	1900	—	219.8	294	3	10	4
RNU 236	218	320	52	425	650	1400	2800	—	230.5	304	3	10	4
RNU 334	220	360	72	715	952	1300	1700	—	238	344	3	13.5	4
RNU 238	231	340	55	512	745	1300	1700	—	244.5	324	3	10.5	4
RNU 336	232	380	75	835	1100	1200	1600	—	251	364	3	13.5	4
RNU 240	244	360	58	570	842	1200	1600	—	258	344	3	11	4
RNU 338	245	400	78	882	1190	1100	1500	—	265	380	4	14	5
RNU 340	260	420	80	972	1290	1000	1400	—	280	400	4	15	5
RNU 244	270	400	65	702	1050	1000	1400	—	286	384	3	12.5	4

表 7-5-17 无外圈圆柱滚子轴承（GB/T 283—2007）

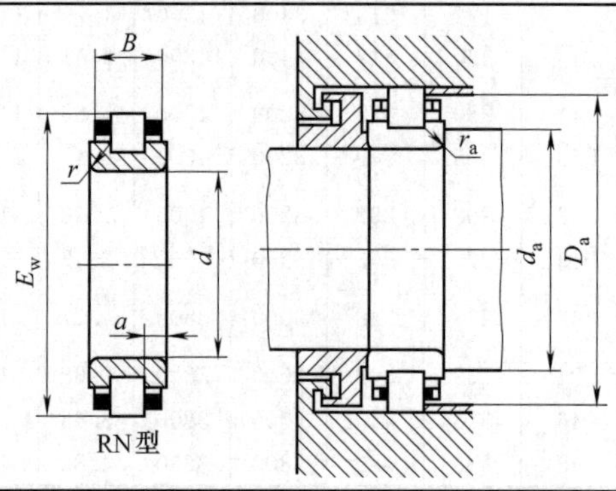

续表

轴承型号	基本尺寸/mm			基本额定载荷/kN		极限转速/r·min^{-1}		质量/kg	安装尺寸/mm			其他尺寸/mm	
RN 型	d	E_w	B	C_r	C_{0r}	脂	油	W ≈	d_a min	D_a max	r_a max	a	r min
RN 204 E	20	41.5	14	25.8	24.0	12000	16000	—	25	37.3	1	2.5	1
RN 2204 E		41.5	18	30.8	30.0	12000	16000	—	25	37.3	1	3.5	1
RN 304 E		45.5	15	29.0	25.5	11000	15000	—	26.5	41.2	1	2.5	1.1
RN 2304 E		45.5	21	39.2	37.5	10000	14000	—	26.5	41.2	1	3.5	1.1
RN 205 E	25	46.5	15	27.5	26.8	11000	14000	—	30	42.3	1	3	1
RN 2205 E		46.5	18	32.8	33.8	11000	14000	—	30	42.3	1	3.5	1
RN 305 E		54	17	38.5	35.8	9000	12000	—	31.5	49.4	1	3	1.1
RN 2305 E		54	24	53.2	54.5	9000	12000	—	31.5	49.4	1	4	1.1
RN 206 E	30	55.5	16	36.0	35.5	8500	11000	—	36	50.5	1	3	1
RN 2206 E		55.5	20	45.0	48.0	8500	11000	—	36	50.5	1	3.5	1
RN 306 E		62.5	19	49.2	48.2	8000	10000	—	37	58.2	1	3.5	1.1
RN 2306 E		62.5	27	70.0	75.5	8000	10000	—	37	58.2	1	4.5	1.1
RN 207 E	35	64	17	46.5	48.0	7500	9500	—	42	59	1	3	1.1
RN 2307 E		64	23	57.5	63.0	7500	9500	—	42	59	1	4.5	1.1
RN 307 E		70.2	21	62.0	63.2	7000	9000	—	44	64.3	1.5	3.5	1.5
RN 2307 E		70.2	31	87.5	98.2	7000	9000	—	44	64.3	1.5	5	1.5
RN 407		83	25	70.8	68.2	6000	7500	0.64	44	—	1.5	—	1.5
RN 208 E	40	71.5	18	51.5	53.0	7000	9000	—	47	66.2	1	3.5	1.1
RN 2308 E		71.5	23	67.5	75.2	7000	9000	—	47	66.2	1	4	1.1
RN 308 E		80	23	76.8	77.8	6300	8000	—	49	73.3	1.5	4	1.5
RN 2308 E		80	33	105	118	6300	8000	—	49	73.3	1.5	5.5	1.5
RN 408		92	27	90.5	89.8	5600	7000	—	50	—	2	—	2
RN 209 E	45	76.5	19	58.5	63.8	6300	8000	—	52	71.2	1	3.5	1.1
RN 2209 E		76.5	23	71.0	82.0	6300	8000	—	52	71.2	1	4	1.1
RN 309 E		88.5	25	93.0	98.0	5600	7000	—	54	81.5	1.5	4.5	1.5
RN 2309 E		88.5	36	130	152	5600	7000	—	54	81.5	1.5	6	1.5
RN 1010	50	72.5	16	25.0	27.5	6300	8000	—	55	—	1	—	1
RN 210 E		81.5	20	61.2	69.6	6000	7500	—	57	77	1	4	1.1
RN 2210 E		81.5	23	74.2	88.8	6000	7500	—	57	77	1	4	1.1
RN 310 E		97	27	105	112	5300	6700	—	60	89.6	2	5	2
RN 2310 E		97	40	155	185	5300	6700	—	60	89.6	2	6.5	2
RN 211 E	55	90	21	80.2	95.5	5300	6700	—	64	85	1.5	3.5	1.5
RN 2211 E		90	25	94.8	118	5300	6700	—	64	85	1.5	4	1.5
RN 311 E		106.5	29	128	138	4800	6000	—	65	98.2	2	5	2
RN 2311 E		106.5	43	190	228	4800	6000	—	65	98.2	2	6.5	2
RN 1012	60	86.5	18	38.5	45.0	5300	6700	0.303	66.5	—	1	—	1.1
RN 212 E		100	22	89.8	102	5000	6300	—	69	93.2	1.5	4	1.5
RN 2212 E		100	28	122	152	5000	6300	—	69	93.2	1.5	4	1.5
RN 312		115	31	142	155	4500	5600	—	72	106.5	2.1	5.5	2.1
RN 2312 E		115	46	212	260	4500	5600	—	72	106.5	2.1	7	2.1
RN 213 E	65	108.5	23	102	118	4500	5600	—	74	101	1.5	4	1.5
RN 2213 E		108.5	31	142	180	4500	5600	—	74	101	1.5	4.5	1.5
RN 313 E		124.5	33	170	188	4000	5000	—	77	114.6	2.1	5.5	2.1
RN 2313 E		124.5	48	235	285	4000	5000	—	77	114.6	2.1	8	2.1
RN 1014	70	100	20	47.5	57.0	4800	6000	—	76.5	—	1	—	1.1
RN 214 E		113.5	24	112	135	4300	5300	—	79	105.8	1.5	4	1.5
RN 2214 E		113.5	31	148	192	4300	5300	—	79	105.8	1.5	4.5	1.5
RN 314 E		133	35	195	220	3800	4800	—	82	123.5	2.1	5.5	2.1

第
7
篇

续表

轴承型号	基本尺寸/mm			基本额定载荷/kN		极限转速/r·min⁻¹		质量/kg	安装尺寸/mm			其他尺寸/mm	
RN型	d	E_w	B	C_r	C_{0r}	脂	油	W ≈	d_a min	D_a max	r_a max	a	r min
RN 2314 E	70	133	51	260	320	3800	4800	—	82	123.5	2.1	8.5	2.1
RN 215 E	75	118.5	25	125	155	4000	5000	—	84	111.4	1.5	4	1.5
RN 2215 E		118.5	31	155	205	4000	5000	—	84	111.4	1.5	4.5	1.5
RN 315 E		143	37	228	260	3600	4500	—	87	131.6	2.1	5.5	2.1
RN 216 E	80	127.5	26	132	165	3800	4800	—	90	119.8	2	4.5	2
RN 2216 E		127.5	33	178	242	3800	4800	—	90	119.8	2	4.5	2
RN 316 E		151	39	245	282	3400	4300	—	92	139	2.1	6	2.1
RN 217 E	85	136.5	28	158	192	3600	4500	—	95	129	2	4.5	2
R 2217 E		136.5	36	205	272	3600	4500	—	95	129	2	5	2
RN 317 E		160	41	280	332	3200	4000	—	99	147	3	6.5	3
RN 218 E	90	145	30	172	215	3400	4300	—	100	136.4	2	5	2
RN 2218 E		145	40	230	312	3400	4300	—	100	136.4	2	6	2
RN 318 E		169.5	43	298	348	3000	3800	—	104	155.5	3	6.5	3
RN 219 E	95	154.5	32	208	262	3200	4000	—	107	145.5	2.1	5	2.1
RN 2219 E		154.5	43	275	368	3200	4000	—	107	145.5	2.1	6.5	2.1
RN 319 E		177.5	45	315	380	2800	3600	—	109	163.5	2.5	7.5	3
RN 220 E	100	163	34	235	302	3000	3800	—	112	152.8	2.1	5	2.1
RN 2220 E		163	46	318	440	3000	3800	—	112	152.8	2.1	6	2.1
RN 320 E		191.5	47	365	425	2600	3200	—	114	175	2.5	7.5	3
RN 221	105	168.8	36	185	235	2800	3600	2.76	117	161.2	2.1	7.5	2.1
RN 321		195	49	322	392	2200	3000	—	119	184	2.5	9.5	3
RN 222 E	110	180.5	38	278	360	2600	3400	—	122	170.2	2.1	6	2.1
RN 322		207	50	352	428	2000	2800	—	124	195	2.5	9	3
RN 224 E	120	195.5	40	322	422	2200	3000	—	132	183.5	2.1	6	2.1
RN 324		226	55	440	552	1900	2600	—	134	213	2.5	9.5	3
RN 226	130	204	40	258	352	2000	2800	4.48	144	195	2.5	8	3
RN 326		243	58	492	620	1700	2200	—	148	229	3	10	4
RN 228	140	221	42	302	415	1800	2400	5.94	154	211.5	2.5	8	3
RN 328		260	62	545	690	1600	2000	13.2	158	245	3	11	4
RN 230	150	238	45	360	490	1700	2200	—	164	228	2.5	8.5	3
RN 230		277	65	595	765	1500	1900	17.04	168	262	3	11.5	4
RN 232	160	255	48	405	552	1600	2000	—	174	245	2.5	9	3
RN 332		292	68	628	825	1400	1800	—	178	276	3	13	4
RN 234	170	272	52	425	650	1500	1900	—	188	262	3	10	4
RN 334		310	72	715	952	1300	1700	—	188	293	3	13.5	4
RN 236	180	282	52	425	650	1400	1800	—	198	270	3	10	4
RN 336		328	75	835	1100	1200	1600	35.9	198	309	3	13.5	4
RN 238	190	299	55	512	745	1300	1700	—	208	286.5	3	10.5	4
RN 338		345	78	882	1190	1100	1500	31.6	212	325	4	14	5
RN 240	200	316	58	570	842	1200	1600	—	218	302.5	3	11.5	4
RN 340		360	80	972	1290	1000	1400	—	222	340	4	15	5
RN 244	220	350	65	702	1050	1000	1400	—	238	335	3	12.5	4

表 7-5-18 双列圆柱滚子轴承（GB/T 285—2013）

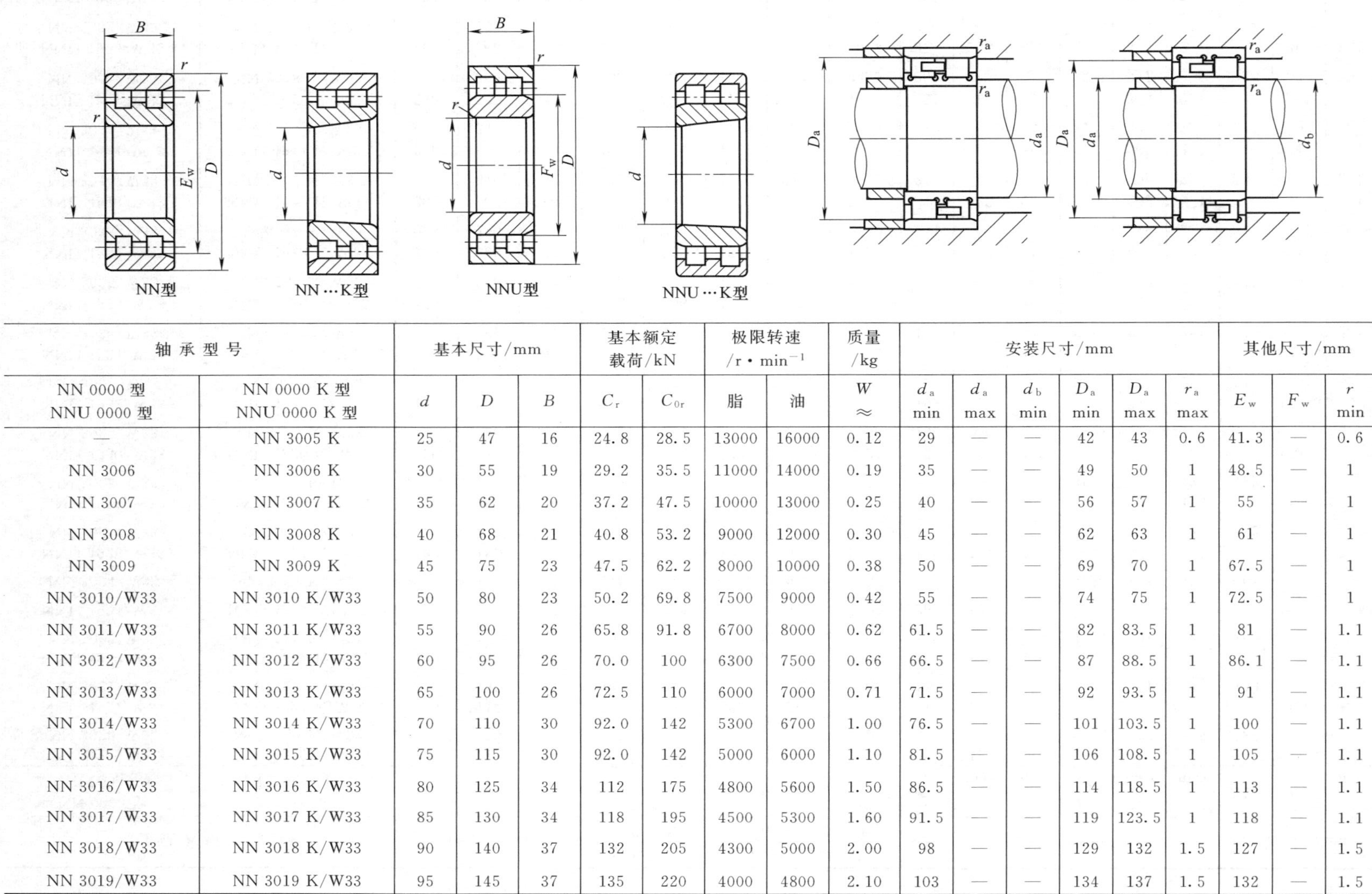

轴承型号		基本尺寸/mm			基本额定载荷/kN		极限转速/r·min^{-1}		质量/kg	安装尺寸/mm						其他尺寸/mm		
NN 0000 型 NNU 0000 型	NN 0000 K 型 NNU 0000 K 型	d	D	B	C_r	C_{0r}	脂	油	W ≈	d_a min	d_a max	d_b min	D_a min	D_a max	r_a max	E_w	F_w	r min
—	NN 3005 K	25	47	16	24.8	28.5	13000	16000	0.12	29	—	—	42	43	0.6	41.3	—	0.6
NN 3006	NN 3006 K	30	55	19	29.2	35.5	11000	14000	0.19	35	—	—	49	50	1	48.5	—	1
NN 3007	NN 3007 K	35	62	20	37.2	47.5	10000	13000	0.25	40	—	—	56	57	1	55	—	1
NN 3008	NN 3008 K	40	68	21	40.8	53.2	9000	12000	0.30	45	—	—	62	63	1	61	—	1
NN 3009	NN 3009 K	45	75	23	47.5	62.2	8000	10000	0.38	50	—	—	69	70	1	67.5	—	1
NN 3010/W33	NN 3010 K/W33	50	80	23	50.2	69.8	7500	9000	0.42	55	—	—	74	75	1	72.5	—	1
NN 3011/W33	NN 3011 K/W33	55	90	26	65.8	91.8	6700	8000	0.62	61.5	—	—	82	83.5	1	81	—	1.1
NN 3012/W33	NN 3012 K/W33	60	95	26	70.0	100	6300	7500	0.66	66.5	—	—	87	88.5	1	86.1	—	1.1
NN 3013/W33	NN 3013 K/W33	65	100	26	72.5	110	6000	7000	0.71	71.5	—	—	92	93.5	1	91	—	1.1
NN 3014/W33	NN 3014 K/W33	70	110	30	92.0	142	5300	6700	1.00	76.5	—	—	101	103.5	1	100	—	1.1
NN 3015/W33	NN 3015 K/W33	75	115	30	92.0	142	5000	6000	1.10	81.5	—	—	106	108.5	1	105	—	1.1
NN 3016/W33	NN 3016 K/W33	80	125	34	112	175	4800	5600	1.50	86.5	—	—	114	118.5	1	113	—	1.1
NN 3017/W33	NN 3017 K/W33	85	130	34	118	195	4500	5300	1.60	91.5	—	—	119	123.5	1	118	—	1.1
NN 3018/W33	NN 3018 K/W33	90	140	37	132	205	4300	5000	2.00	98	—	—	129	132	1.5	127	—	1.5
NN 3019/W33	NN 3019 K/W33	95	145	37	135	220	4000	4800	2.10	103	—	—	134	137	1.5	132	—	1.5

续表

轴承型号		基本尺寸/mm			基本额定载荷/kN		极限转速/r·min^{-1}		质量/kg	安装尺寸/mm						其他尺寸/mm		
NN 0000 型 NNU 0000 型	NN 0000 K 型 NNU 0000 K 型	d	D	B	C_r	C_{0r}	脂	油	W ≈	d_a min	d_a max	d_b min	D_a min	D_a max	r_a max	E_w	F_w	r min
NNU 4920/W33	NNU 4920 K/W33	100	140	40	122	242	4000	4800	1.90	106.5	111	116	—	133.5	1	—	113	1.1
NN 3020/W33	NN 3020 K/W33		150	37	142	238	3800	4500	2.20	108	—	—	139	142	1.5	137	—	1.5
NNU 4921/W33	NNU 4921 K/W33	105	145	40	122	248	3800	4500	2.00	111.5	116	121	—	138.5	1	—	118	1.1
NN 3021/W33	NN 3021 K/W33		160	41	180	290	3600	4300	2.80	114	—	—	148	151	2	146	—	2
NNU 4922/W33	NNU 4922 K/W33	110	150	40	125	258	3800	4500	2.05	116.5	121	126	—	143.5	1	—	123	1.1
NN 3022/W33	NN 3022 K/W33		170	45	208	342	3400	4000	3.55	119	—	—	157	161	2	155	—	2
NNU 4924/W33	NNU 4924 K/W33	120	165	45	168	322	3400	4000	2.80	126.5	133	137	—	158.5	1	—	134.5	1.1
NN 3024/W33	NN 3024 K/W33		180	46	218	370	3200	3800	3.85	129	—	—	167	171	2	165	—	2
NNU 4926/W33	NNU 4926 K/W33	130	180	50	178	370	3000	3600	3.85	138	144	149	—	172	1.5	—	146	1.5
NN 3026/W33	NN 3026 K/W33		200	52	272	452	2800	3400	5.75	139	—	—	183	191	2	182	—	2
NNU 4928/W33	NNU 4928 K/W33	140	190	50	180	380	2800	3400	4.10	148	154	159	—	182	1.5	—	156	1.5
NN 3028/W33	NN 3028 K/W33		210	53	282	495	2600	3200	6.20	149	—	—	194	201	2	192	—	2
NNU 4930/W33	NNU 4930 K/W33	150	210	60	312	622	2600	3200	6.25	159	166	172	—	201	2	—	168.5	2
NN 3030/W33	NN 3030 K/W33		225	56	312	542	2400	3000	7.50	161	—	—	208	214	2.1	2.6	—	2.1
NNU 4932/W33	NNU 4932 K/W33	160	220	60	312	645	2400	3000	6.60	169	176	182	—	211	2	—	178.5	2
NN 3032/W33	NN 3032 K/W33		240	60	350	622	2200	2800	9.10	171	—	—	221	229	2.1	219	—	2.1
NNU 4934/W33	NNU 4934 K/W33	170	230	60	320	660	2200	2800	6.95	179	186	192	—	221	2	—	188.5	2
NN 3034/W33	NN 3034 K/W33		260	67	435	775	2000	2600	12.5	181	—	—	238	249	2.1	236	—	2.1
NNU 4936/W33	NNU 4936 K/W33	180	250	69	382	808	1900	2600	10.5	189	199	205	—	241	2	—	202	2
NN 3036/W33	NN 3036 K/W33		280	74	532	950	1900	2400	16.5	191	—	—	257	269	2.1	255	—	2.1
NNU 4938/W33	NNU 4938 K/W33	190	260	69	382	835	1800	2400	11.0	199	209	215	—	251	2	—	212	2
NN 3038/W33	NN 3038 K/W33		290	75	565	1030	1800	2400	17.0	201	—	—	267	279	2.1	265	—	2.1
NNU 4940/W33	NNU 4940 K/W33	200	280	80	460	988	1900	2400	15.0	211	222	228	—	269	2.1	—	225	2.1
NN 3040/W33	NN 3040 K/W33		310	82	612	1080	1800	2200	22.0	211	—	—	285	299	2.1	282	—	2.1
NNU 4944/W33	NNU 4944 K/W33	220	300	80	485	1080	1800	2200	17.0	231	242	249	—	289	2.1	—	245	2.1
NN 3044/W33	NN 3044 K/W33		340	90	768	1390	1700	2000	28.5	233	—	—	313	327	2.5	310	—	3
NNU 4948/W33	NNU 4948 K/W33	240	320	80	502	1060	1700	2000	17.5	251	262	269	—	309	2.1	—	265	2.1
NN 3048/W33	NN 3048 K/W33		360	92	800	1480	1500	1800	32.0	253	—	—	333	347	2.5	330	—	3
NNU 4952/W33	NNU 4952 K/W33	260	360	100	710	1620	1400	1700	30.5	271	288	296	—	349	2.1	—	292	2.1
NN 3052/W33	NN 3052 K/W33		400	104	970	1830	1300	1600	46.0	276	—	—	367	384	3	364	—	4
NNU 4956/W33	NNU 4956 K/W33	280	380	100	725	1710	1300	1600	32.0	291	308	316	—	369	2.1	—	312	2.1
NN 3056/W33	NN 3056 K/W33		420	106	1030	1980	1200	1500	49.5	296	—	—	387	404	3	384	—	4

续表

轴承型号		基本尺寸/mm			基本额定载荷/kN		极限转速/r·min⁻¹		质量/kg	安装尺寸/mm						其他尺寸/mm		
NN 0000 型 NNU 0000 型	NN 0000 K 型 NNU 0000 K 型	d	D	B	C_r	C_{0r}	脂	油	W ≈	d_a min	d_a max	d_b min	D_a min	D_a max	r_a max	E_w	F_w	r min
NNU 4960/W33	NNU 4960 K/W33	300	420	118	970	2240	1100	1000	50.9	313	335	343	—	407	2.5	—	339	3
NN 3060/W33	NN 3060 K/W33		460	118	1190	2280	900	1200	68.5	316	—	—	421	444	3	418	—	4
NNU 4964	NNU 4964 K	320	440	118	1455	3335	—	—	53	334	355	363	426	—	—	—	359	3
—	NN 3064 K		480	121	1760	3520	—	—	71	—	—	—	442	464	3	438	—	4
NNU 4968	NNU 4968 K	340	460	118	1500	3525	—	—	56	354	375	383	—	446	2.5	—	379	3
—	NN 3068 K/W33		520	133	1570	3290	800	900	97.5	360	—	—	477	500	4	473	—	5
NNU 4972	NNU 4972 K	360	480	118	1540	3715	—	—	58.5	374	395	403	—	466	2.5	—	399	3
—	NN 3072 K/W33		540	134	1630	3280	700	800	105	380	—	—	497	520	4	493	—	5
NNU 4976	NNU 4976 K	380	520	140	1980	4695	—	—	83.5	396	421	431	—	504	3	—	426	4
—	NN 3076 K/W33		560	135	1600	3280	600	700	110	400	—	—	517	540	4	513		5
NNU 4980	NNU 4980 K	400	540	140	2030	4920	—	—	87.5	416	441	451	—	524	3	—	446	4
—	NN 3080 K		600	148	2620	5380	—	—	135	—	—	—	553	580	4	549	—	5
NNU 4984	NNU 4984 K	420	560	140	2075	5145	—	—	91	436	461	471	—	544	3	—	466	4
NN 3084	NN 3084 K		620	150	2710	5695	—	—	140	—	—	—	574	600	4	569	—	5
NNU 4988	NNU 4988 K	440	600	160	2550	6205	—	—	125	456	484	495	—	584	3	—	490	4
NN 3088	NN 3088 K		650	157	2955	6250	—	—	165	—	—	—	600	624	5	597	—	6
NNU 4992	NNU 4992 K	460	620	160	2605	6460	—	—	130	476	504	515	—	604	3	—	510	4
—	NN 3092 K/W33		680	163	2470	5230	450	560	195	486	—	—	627	654	5	624	—	6
NNU 4996	NNU 4996 K	480	650	170	2890	7175	—	—	154	500	528	539	—	630	4	—	534	5
NN 3096	NN 3096 K		700	165	3290	7135	—	—	193	—	—	—	648	674	5	644	—	6
NNU 49/500	NNU 49/500 K	500	670	170	2950	7450	—	—	158	520	548	559	—	650	4	—	554	5
NN 30/500	NN 30/500 K		720	167	3390	7490	—	—	210	526	—	—	668	694	5	664	—	6
NNU 49/530	NNU 49/530 K	530	710	180	3280	8360	—	—	190	550	582	593	720	690	4	588	—	5
NN 30/530	NN 30/530 K		780	185	4070	8855	—	—	260	556			720	754	5	715	—	6
NNU 49/560	NNU 49/560 K	560	750	190	3625	9320	—	—	225	580	619	628	—	730	4	—	623	5
—	NN 30/560 K/W33		820	195	2460	6560	340	430	319	588	—	—	—	—	5	755	—	6
NNU 49/600	NNU 49/600 K	600	800	200	4020	10500	—	—	257	620	662	672	—	780	4	—	666	5
NN 30/600	NN 30/600 K		870	200	4805	10785	—	—	340	626	—	—	808	844	5	803	—	6
NNU 49/630	NNU 49/630 K	630	850	218	4655	12060	—	—	340	656	699	710	—	824	5	—	704	6
NN 30/630	NN 30/630 K		920	212	5370	12035	—	—	415	664	—	—	851	886	6	845	—	7.5
NNU 49/670	NNU 49/670 K	670	900	230	5135	13515	—	—	390	696	732	744	—	874	5	—	738	6
—	NN 30/670 K/W33		980	230	4620	9360	220	300	560	705	—	—	—	—	6	900	—	7.5

表 7-5-19 **四列圆柱滚子轴承**（JB/T 5389.1—2016）

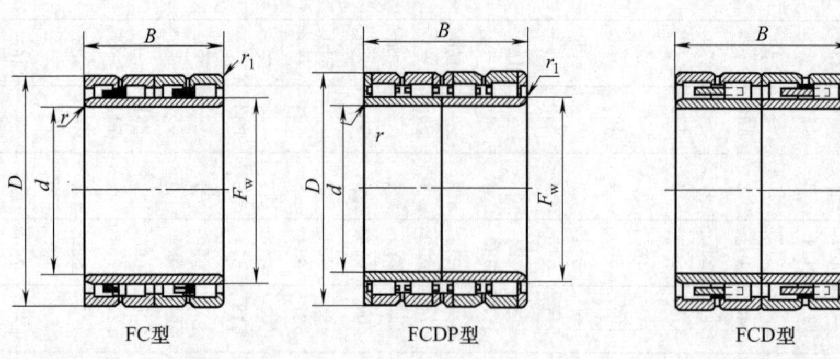

FC型 FCDP型 FCD型

轴承型号	主要尺寸/mm						基本额定载荷/kN	
FC、FCDP、FCD型	d	D	B	F_w	r min	r_1 min	C_r	C_{0r}
FC 2028104	100	140	104	111	1.5	1.1	395	925
FC 202970		145	70	113	1.5	1.1	218	432
FC 2234120	110	170	120	127	2	2	605	1060
FC 2436105	120	180	105	135	2	2	550	1145
FC 2640104	130	200	104	149	2	2	620	1240
FC 2640125		200	125	149	2	2	738	1220
FC 2842116	140	210	116	160	2	2	700	1475
FC 2842125		210	125	158	2	2	622	1270
FC 2842155		210	155	158	2	2	786	1710
FC 2942155	145	210	155	166	2	2	855	2020
FC 2945156		225	156	169	2	2	975	2080
FC 3045120	150	225	120	169	2	2	788	1290
FC 3046156		230	156	174	2	2	990	2145
FC 3246130	160	230	130	180	2.1	2.1	815	1865
FC 3248168		240	168	183	2.1	2.1	942	1950
FC 3248124		240	124	183	2.1	2.1	690	1310
FC 3450170	170	250	170	192	2.1	2.1	1070	2080
FC 3452120		260	120	196	2.1	2.1	648	1020
FC 3652168	180	260	168	202	2.1	2.1	1145	2715
FC 3656180		280	180	207	2.1	2.1	1460	2340
FC 3852168	190	260	168	212	2.1	2.1	1085	2815
FC 3854200		270	200	212	2.1	2.1	1360	3395
FC 4056200	200	280	200	222	2.1	2.1	1340	3375
FC 4058192		290	192	226	2.1	2.1	1430	3450
FC 4260210	210	300	210	234	2.1	2.1	1540	3400
FC 4462192	220	310	192	246	2.1	2.1	1230	3120
FC 4464210		320	210	248	2.1	2.1	1510	3330
FC 4666206	230	330	206	260	2.1	2.1	1350	3510
FC 4668260		340	260	261	2.1	2.1	2000	4400
FC 4866220	240	330	220	270	2.1	2.1	1735	4665
FC 4872220		360	220	272	2.1	2.1	2070	4800

续表

轴承型号	主要尺寸/mm						基本额定载荷/kN	
FC、FCDP、FCD 型	d	D	B	F_w	r min	r_1 min	C_r	C_{0r}
FC 5070220	250	350	220	278	3	3	1885	4885
FC 5274220	260	370	220	292	3	3	2030	5110
FC 5276280		380	280	294	3	3	2580	6560
FC 5476230	270	380	230	298	3	3	2140	4750
FC 5678220	280	390	220	312	3	3	2105	5465
FC 5684280		420	280	319	4	4	2930	7130
FC 5882240	290	410	240	320	4	4	2470	5330
FC 5884300		420	300	327	4	4	3010	7815
FC 6084218	300	420	218	332	4	4	1980	4680
FC 6084240		420	240	332	4	4	2170	5280
FCD 6084300①		420	300	332	3	3	2920	7370
FC 6490240	320	450	240	355			2220	5320
FC 6496290		480	290	364	4	4	2980	5980
FCD 6496350①		480	350	364	4	4	3970	8320
FC 6692340	330	460	340	365	4	4	3300	9140
FC 6892260	340	460	260	370	4	4	2650	7000
FCD 6896350①		480	350	378	4	4	3570	9560
FCD 72102370①	360	510	370	392	4	4	4040	10000
FCD 76108400①	380	540	400	422	4	4	4930	12200
FCD 80112410①	400	560	410	445	5	5	4480	13100
FCD 84120440①	420	600	440	470	5	5	5450	14800
FCD 88124450	440	620	450	487	5	5	6060	16000
FCD 92130470	460	650	470	509	5	5	6890	17800
FCD 96130450	480	650	450	525	6	6	5710	18100
FCD 96136500		680	500	532	6	6	7220	18900
FCD 100144530	500	720	530	568	6	6	6180	19900
FCD 106156570	530	780	570	601	6	6	8630	22300
FCD 112164630	560	820	630	625	6	6	12500	28300
FCDP 114163594	570	815	594	628	6	6	12200	28200
FCDP 120164575	600	820	575	660	6	6	9340	31400
FCDP 120174640		870	640	682	6	6	10400	33800
FCDP 126180670	630	900	670	698	6	6	15900	41400
FCDP 134190700	670	950	700	750	7.5	7.5	13100	41900
FCDP 142200715	710	1000	715	787.5	7.5	7.5	15000	44800
FCDP 150200670	750	1000	670	813	7.5	7.5	13800	47800
FCDP 160216700	800	1080	700	878	7.5	7.5	14000	52200
FCDP 160230850		1150	850	905	7.5	7.5	17900	62400
FCDP 170230840	850	1150	840	928	7.5	7.5	20100	70400
FCD 180244840	900	1220	840	989	7.5	7.5	19500	74400
FCDP 1902721000	950	1360	1000	1075	7.5	7.5	22900	82400
FCDP 200272800	1000	1360	800	1101	7.5	7.5	18700	67300

① FCDP 型轴承同 FCD 型轴承外形尺寸和额定载荷相同。

5.5 调心滚子轴承

表 7-5-20 调心滚子轴承（GB/T 288—2013）

圆柱孔 20000型　圆柱孔 20000 C(CC)型　圆锥孔 20000 CK(CCK)型 20000 CK30(CCK30)型

径向当量动载荷

$P_r=F_r+Y_1F_a$　$F_a/F_r\leqslant e$

$P_r=0.67F_r+Y_2F_a$　$F_a/F_r>e$

径向当量静载荷

$P_{0r}=F_r+Y_0F_a$

轴承型号		基本尺寸/mm			基本额定载荷/kN		极限转速/$r\cdot min^{-1}$		质量/kg	安装尺寸/mm			其他尺寸/mm				计算系数			
圆柱孔	圆锥孔	d	D	B	C_r	C_{0r}	脂	油	W ≈	d_a min	D_a max	r_a max	d_2 ≈	D_2 ≈	B_0	r min	e	Y_1	Y_2	Y_0
21304 CC	21304 CCK	20	52	15	30.8	31.2	6000	7500	0.175	27	45	1	29.5	42	—	1.1	0.31	2.2	3.3	2.2
21304 TN1	21304 KTN1		52	15	34.8	34.2	6000	7500	0.161	27	45	1	30.5	44.1	—	1.1	0.29	2.3	3.4	2.2
22205 CC/W33	—	25	52	18	35.8	36.8	8000	10000	0.177	30	46	1	30.9	43.9	5.5	1	0.35	1.9	2.9	1.9
22205 TN1/W33	—		52	18	44.0	44.0	8000	10000	0.178	30	46	1	28.8	42.8	5.5	1	0.36	1.9	2.8	1.8
21305 CC	21305 CCK		62	17	41.5	44.2	5300	6700	0.277	32	55	1	36.4	50.8	—	1.1	0.29	2.4	3.5	2.3
21305 TN1	21305 KTN1		62	17	44.2	44.5	5300	6700	0.257	32	55	1	35.9	51.3	—	1.1	0.29	2.4	3.5	2.3
22206	—	30	62	20	30.5	38.2	5300	6700	—	36	56	1	40.6	52.1	—	1	0.35	1.9	2.8	1.9
22206 C	—		62	20	51.8	56.8	6300	8000	0.3	36	56	1	40.0	52.7	—	1	0.33	2.0	3.0	2.0
22206 CC/W33	—		62	20	50.5	55.0	6700	8500	0.283	36	56	1	37.9	52.7	5.5	1	0.32	2.1	3.1	2.1
22206 TN1/W33	—		62	20	56.8	59.5	6700	8500	0.271	35	56	1	37.4	53.3	5.5	1	0.32	2.1	3.1	2.1
21306 CC	21306 CCK		72	19	55.8	62.0	4500	6000	0.412	37	65	1	43.3	59.6	—	1.1	0.27	2.5	3.7	2.4
21306 TN1	21306 KTN1		72	19	62.0	63.5	4500	6000	0.391	37	65	1	41.2	59.6	—	1.1	0.28	2.4	3.6	2.4

续表

轴承型号		基本尺寸/mm			基本额定载荷/kN		极限转速/r·min⁻¹		质量/kg	安装尺寸/mm			其他尺寸/mm				计算系数			
圆柱孔	圆锥孔	d	D	B	C_r	C_{0r}	脂	油	W ≈	d_a min	D_a max	r_a max	d_2 ≈	D_2 ≈	B_0	r min	e	Y_1	Y_2	Y_0
22207	—	35	72	23	45.2	59.5	4800	6000	0.43	42	65	1	44.5	59.3	—	1.1	0.36	1.9	2.8	1.8
22207 C/W33	—		72	23	66.5	76.0	5300	6700	0.45	42	65	1	46.5	61.1	5.5	1.1	0.31	2.1	3.2	2.1
22207 CC/W33	—		72	23	68.5	79.0	5600	7000	0.437	42	65	1	44.1	60.9	5.5	1.1	0.32	2.1	3.2	2.1
22207 TN1/W33	—		72	23	76.2	84.5	5600	7000	0.428	42	65	1	43.6	61.5	5.5	1.1	0.32	2.1	3.2	2.1
21307 CC	21307 CCK		80	21	63.5	73.2	4000	5300	0.542	44	71	1.5	49.1	66.3	—	1.5	0.27	2.5	3.8	2.5
21307 TN1	21307 KTN1		80	21	72.2	75.5	4000	5300	0.507	44	71	1.5	47.6	67.8	—	1.5	0.27	2.5	3.8	2.5
22208	22208 K	40	80	23	49.8	68.5	4500	5600	0.55	47	73	1	52.6	66.5	—	1.1	0.32	2.1	3.1	2.1
22208 C/W33	22208 CK/W33		80	23	78.5	90.8	5000	6000	0.54	47	73	1	52.6	69.4	5.5	1.1	0.28	2.4	3.6	2.3
22208 CC/W33	22208 CCK/W33		80	23	77.0	88.5	5000	6300	0.524	47	73	1	50.4	69.4	5.5	1.1	0.28	2.4	3.6	2.4
22208 TN1/W33	22208 KTN1/W33		80	23	92.5	102	5000	6300	0.524	47	73	1	49.4	70.5	5.5	1.1	0.28	2.4	3.6	2.4
21308 CC	21308 CCK		90	23	85.0	96.2	3600	4500	0.743	49	81	1.5	54.0	75.1	—	1.5	0.26	2.6	3.8	2.5
21308 TN1	21308 KTN1		90	23	91.2	99.0	3600	4500	0.717	49	81	1.5	53.5	75.6	—	1.5	0.26	2.6	3.8	2.5
22308	22308 K		90	33	73.5	90.5	4000	5000	1.03	49	81	1.5	—	—	—	1.5	0.42	1.6	2.4	1.6
22308 C/W33	22308 CK/W33		90	33	120	138	4300	5300	1.0	49	81	1.5	51.2	74.1	5.5	1.5	0.38	1.8	2.6	1.7
22308 CC/W33	22308 CCK/W33		90	33	120	138	4500	6000	1.02	49	81	1.5	51.4	74.3	5.5	1.5	0.38	1.8	2.7	1.8
22308 TN1/W33	22308 KTN1/W33		90	33	130	148	4500	6000	1.02	48	81	1.5	50.9	74.8	5.5	1.5	0.38	1.8	2.7	1.8
22209	22209 K	45	85	23	52.2	73.2	4000	5000	0.59	52	78	1	58.1	71.7	—	1.1	0.30	2.3	3.4	2.2
22209 C/W33	22209 CK/W33		85	23	82.0	97.5	4500	5600	0.58	52	78	1	56.6	73.5	5.5	1.1	0.27	2.5	3.8	2.5
22209 CC/W33	22209 CCK/W33		85	23	80.5	95.2	4500	6000	0.571	52	78	1	54.6	73.6	5.5	1.1	0.26	2.6	3.8	2.5
22209 TN1/W33	22209 KTN1/W33		85	23	92.5	102	4500	6000	0.555	52	78	1	53.6	74.7	5.5	1.1	0.26	2.6	3.8	2.5
21309 CC	21309 CCK		100	25	100	115	3200	4000	1.0	54	91	1.5	61.4	84.4	—	1.5	0.25	2.7	4.0	2.6
21309 TN1	21309 KTN1		100	25	108	120	3200	4000	0.949	54	91	1.5	60.4	84.4	—	1.5	0.25	2.7	4.0	2.6
22309	22309 K		100	36	108	140	3600	4500	1.4	54	91	1.5	—	—	—	1.5	0.41	1.6	2.4	1.6
22309 C/W33	22309 CK/W33		100	36	142	170	3800	4800	1.38	54	91	1.5	57.3	82	5.5	1.5	0.38	1.8	2.6	1.7
22309 CC/W33	22309 CCK/W33		100	36	142	170	4000	5300	1.37	54	91	1.5	57.6	82.2	5.5	1.5	0.37	1.8	2.7	1.8
22309 TN1/W33	22309 KTN1/W33		100	36	160	185	4000	5300	1.39	54	91	1.5	57.6	83.3	5.5	1.5	0.37	1.8	2.7	1.8
22210	22210 K	50	90	23	52.2	73.2	3800	4800	0.87	57	83	1	63.1	76.9	—	1.1	0.30	2.4	3.6	2.4
22210 C/W33	22210 CK/W33		90	23	84.5	105	4000	5000	0.62	57	83	1	61.6	78.7	5.5	1.1	0.24	2.8	4.1	2.7
22210 CC/W33	22210 CCK/W33		90	23	83.8	102	4300	5300	0.614	57	83	1	59.7	78.8	5.5	1.1	0.24	2.8	4.1	2.7

续表

轴承型号		基本尺寸/mm			基本额定载荷/kN		极限转速/r·min^{-1}		质量/kg	安装尺寸/mm			其他尺寸/mm				计算系数			
圆柱孔	圆锥孔	d	D	B	C_r	C_{0r}	脂	油	W ≈	d_a min	D_a max	r_a max	d_2 ≈	D_2 ≈	B_0	r min	e	Y_1	Y_2	Y_0
22210 TN1/W33	22210 KTN1/W33	50	90	23	96.5	110	4300	5300	0.596	57	83	1	58.7	79.8	5.5	1.1	0.24	2.8	4.1	2.7
21310 CC	21310 CCK		110	27	120	140	2800	3800	1.3	60	100	2	66.7	91.7	—	2	0.25	2.7	4.0	2.6
21310 TN1	21310 KTN1		110	27	125	140	2800	3800	1.22	60	100	2	67.3	93.3	—	2	0.25	2.7	4.1	2.7
22310	22310 K		110	40	128	170	3400	4300	1.9	60	100	2	66.5	90.9	—	2	0.41	1.6	2.4	1.6
22310 C/W33	22310 CK/W33		110	40	175	210	3400	4300	1.85	60	100	2	63.2	92.1	5.5	2	0.37	1.8	2.7	1.8
22310 CC/W33	22310 CCK/W33		110	40	178	212	3800	4800	1.79	60	100	2	63.4	91.9	5.5	2	0.37	1.8	2.7	1.8
22310 TN1/W33	22310 KTN1/W33		110	40	192	228	3800	4800	1.84	60	100	2	64.1	92.7	5.5	2	0.37	1.8	2.8	1.8
22211	22211 K	55	100	25	60	87.2	3400	4300	—	64	91	1.5	69.6	85	—	1.5	0.28	2.5	3.7	2.4
22211 C/W33	22211 CK/W33		100	25	102	125	3600	4500	0.84	64	91	1.5	68	87.9	5.5	1.5	0.24	2.8	4.1	2.7
22211 CC/W33	22211 CCK/W33		100	25	102	125	3800	5000	0.847	64	91	1.5	66	88	5.5	1.5	0.24	2.8	4.2	2.8
22211 TN1/W33	22211 KTN1/W33		100	25	118	140	3800	5000	0.823	63	91	1.5	65.5	88.5	5.5	1.5	0.24	2.8	4.2	2.8
21311 CC	21311 CCK		120	29	142	170	2600	3400	1.65	65	110	2	72.6	100.5	—	2	0.25	2.7	4.1	2.7
21311 TN1	21311 KTN1		120	29	145	165	2600	3400	1.57	65	110	2	74.1	102.1	—	2	0.24	2.8	4.2	2.7
22311	22311 K		120	43	155	198	3000	3800	2.4	65	110	2	—	—	—	2	0.39	1.7	2.6	1.7
22311 C/W33	22311 CK/W33		120	43	208	250	3000	3800	2.35	65	110	2	68.9	100.5	5.5	2	0.37	1.8	2.7	1.8
22311 CC/W33	22311 CCK/W33		120	43	210	252	3400	4300	2.31	65	110	2	69.2	100.5	5.5	2	0.36	1.9	2.8	1.8
22311 TN1/W33	22311 KTN1/W33		120	43	225	262	3400	4300	2.32	65	110	2	68.8	101.2	5.5	2	0.36	1.9	2.8	1.8
22212	22212 K	60	110	28	81.8	122	3200	4000	1.22	69	101	1.5	75.7	93.5	—	1.5	0.28	2.4	3.6	2.4
22212 C/W33	22212 CK/W33		110	28	122	155	3200	4000	1.2	69	101	1.5	75	96.4	5.5	1.5	0.24	2.8	4.1	2.7
22212 CC/W33	22212 CCK/W33		110	28	122	155	3600	4500	1.15	69	101	1.5	72.7	96.5	5.5	1.5	0.24	2.8	4.1	2.7
22212 TN1/W33	22212 KTN1/W33		110	28	150	185	3600	4500	1.14	69	101	1.5	72.7	98.6	5.5	1.5	0.24	2.8	4.2	2.7
21312 CC	21312 CCK		130	31	162	195	2400	3200	2.08	72	118	2.1	79.5	109.3	—	2.1	0.24	2.8	4.2	2.7
21312 TN1	21312 KTN1		130	31	170	195	2400	3200	1.96	72	118	2.1	80	110.8	—	2.1	0.24	2.8	4.2	2.8
22312	22312 K		130	46	168	225	2800	3600	3.0	72	118	2.1	79	107.9	—	2.1	0.40	1.7	2.5	1.6
22312 C/W33	22312 CK/W33		130	46	238	285	2800	3600	2.95	72	118	2.1	74.7	108.8	5.5	2.1	0.37	1.8	2.7	1.8
22312 CC/W33	22312 CCK/W33		130	46	242	292	3200	4000	2.88	72	118	2.1	74.9	109	5.5	2.1	0.36	1.9	2.8	1.8
22312 TN1/W33	22312 KTN1/W33		130	46	262	312	3200	4000	2.96	72	118	2.1	75.5	109.6	5.5	2.1	0.36	1.9	2.8	1.9
22213	22213 K	65	120	31	88.5	128	2800	3600	1.63	74	111	1.5	83	102.3	—	1.5	0.28	2.4	3.6	2.4
22213 C/W33	22213 CK/W33		120	31	150	195	2800	3600	1.6	74	111	1.5	81	103.9	5.5	1.5	0.25	2.7	4.0	2.6
22213 CC/W33	22213 CCK/W33		120	31	150	195	3200	4000	1.54	74	111	1.5	78.4	104	5.5	1.5	0.25	2.7	4.0	2.6

续表

轴承型号		基本尺寸/mm			基本额定载荷/kN		极限转速/r·min^{-1}		质量/kg	安装尺寸/mm			其他尺寸/mm				计算系数			
圆柱孔	圆锥孔	d	D	B	C_r	C_{0r}	脂	油	W ≈	d_a min	D_a max	r_a max	d_2 ≈	D_2 ≈	B_0	r min	e	Y_1	Y_2	Y_0
22213 TN1/W33	22213 KTN1/W33	65	120	31	172	212	3200	4000	1.53	74	111	1.5	77.4	105	5.5	1.5	0.25	2.7	4.0	2.6
21313 CC	21313 CCK		140	33	182	228	2200	3000	2.57	77	128	2.1	87.4	118.1	—	2.1	0.24	2.9	4.3	2.8
21313 TN1	21313 KTN1		140	33	198	235	2200	3000	2.45	77	128	2.1	86.4	119.1	—	2.1	0.24	2.9	4.3	2.8
22313	22313 K		140	48	188	252	2400	3200	3.6	77	128	2.1	—	—	—	2.1	0.39	1.7	2.6	1.7
22313 C/W33	22313 CK/W33		140	48	260	315	2400	3200	3.55	77	128	2.1	81.4	117.3	5.5	2.1	0.35	1.9	2.9	1.9
22313 CC/W33	22313 CCK/W333		140	48	265	320	3000	3800	3.47	77	128	2.1	81.5	117.4	5.5	2.1	0.35	1.9	2.9	1.9
22313 TN1/W33	22313 KTN1/W33		140	48	295	355	3000	3800	3.57	77	128	2.1	81.5	118.5	5.5	2.1	0.35	2.0	2.9	1.9
22214	22214 K	70	125	31	95	142	2600	3400	1.66	79	116	1.5	87.4	106	—	1.5	0.27	2.4	3.7	2.4
22214 C/W33	22214 CK/W33		125	31	158	205	2600	3400	1.7	79	116	1.5	85.8	109.5	5.5	1.5	0.23	2.9	4.3	2.8
22214 CC/W33	22214 CCK/W33		125	31	150	195	3000	3800	1.6	79	116	1.5	84.1	109.7	5.5	1.5	0.24	2.9	4.3	2.8
22214 TN1/W33	22214 KTN1/W33		125	31	180	225	3000	3800	1.6	79	116	1.5	83	110.6	5.5	1.5	0.24	2.9	4.3	2.8
21314 CC	21314 CCK		150	35	212	268	2000	2800	3.11	82	138	2.1	94.3	127.9	—	2.1	0.23	2.9	4.3	2.8
21314 TN1	21314 KTN1		150	35	220	265	2000	2800	2.97	82	138	2.1	92.8	127.4	—	2.1	0.23	2.9	4.3	2.8
22314	22314 K		150	51	230	315	2200	3000	4.4	82	138	2.1	92	126.6	—	2.1	0.37	1.8	2.7	1.8
22314 C/W33	22314 CK/W33		150	51	292	362	2200	3000	4.4	82	138	2.1	88.1	125.9	8.3	2.1	0.35	1.9	2.9	1.9
22314 CC/W33	22314 CCK/W33		150	51	312	395	2800	3400	4.34	82	138	2.1	88.2	125.9	8.3	2.1	0.34	2.0	2.9	1.9
22314 TN1/W33	22314 KTN1/W33		150	51	332	405	2800	3400	4.35	82	138	2.1	87.7	126.5	8.3	2.1	0.34	2.0	2.9	1.9
22215	22215 K	75	130	31	95	142	2400	3200	1.75	84	121	1.5	94	113.3	—	1.5	0.26	2.6	3.9	2.6
22215 C/W33	22215 CK/W33		130	31	162	215	2400	3200	1.8	84	121	1.5	90.5	114.7	5.5	1.5	0.22	3.0	4.5	2.9
22215 CC/W33	22215 CCK/W33		130	31	162	215	3000	3800	1.69	84	121	1.5	88.2	114.8	5.5	1.5	0.22	3.0	4.5	2.9
22215 TN1/W33	22215 KTN1/W33		130	31	180	232	3000	3800	1.67	84	121	1.5	87.7	115.4	5.5	1.5	0.22	3.0	4.5	2.9
21315 CC	21315 CCK		160	37	238	302	1900	2600	3.76	87	148	2.1	102.2	137.7	—	2.1	0.23	3.0	4.4	2.9
21315 TN1	21315 KTN1		160	37	252	310	1900	2600	3.63	87	148	2.1	99.5	136	—	2.1	0.23	2.9	4.3	2.9
22315	22315 K		160	55	262	388	2000	2800	5.4	87	148	2.1	—	—	—	2.1	0.36	1.7	2.6	1.7
22315 C/W33	22315 CK/W33		160	55	342	438	2000	2800	5.25	87	148	2.1	94.5	133.6	8.3	2.1	0.35	1.9	2.9	1.9
22315 CC/W33	22315 CCK/W33		160	55	348	448	2600	3200	5.28	87	148	2.1	94.5	133.8	8.3	2.1	0.35	2.0	2.9	1.9
22315 TN1/W33	22315 KTN1/W33		160	55	380	470	2600	3200	5.33	87	148	2.1	93.7	135.1	8.3	2.1	0.35	2.0	2.9	1.9
22216	22216 K	80	140	33	115	180	2200	3000	2.2	90	130	2	99	120.7	—	2	0.25	2.7	4.0	2.6
22216 C/W33	22216 CK/W33		140	33	175	238	2200	3000	2.2	90	130	2	97.6	120.7	5.5	2	0.22	3.0	4.5	2.9
22216 CC/W33	22216 CCK/W33		140	33	175	235	2800	3400	2.13	90	130	2	95.1	122.8	5.5	2	0.22	3.0	4.5	3.0

第7篇

续表

轴承型号		基本尺寸/mm			基本额定载荷/kN		极限转速/r·min⁻¹		质量/kg	安装尺寸/mm			其他尺寸/mm				计算系数			
圆柱孔	圆锥孔	d	D	B	C_r	C_{0r}	脂	油	W ≈	d_a min	D_a max	r_a max	d_2 ≈	D_2 ≈	B_0	r min	e	Y_1	Y_2	Y_0
22216 TN1/W33	22216 KTN1/W33	80	140	33	212	275	2800	3400	2.09	90	130	2	93.5	124.2	5.5	2	0.22	3.0	4.5	3.0
21316 CC	21316 CCK		170	39	260	332	1800	2400	4.47	92	158	2.1	107	144.4	—	2.1	0.23	3.0	4.4	2.9
21316 TN1	21316 KTN1		170	39	280	350	1800	2400	4.33	92	158	2.1	105	143.4	—	2.1	0.23	2.9	4.3	2.9
22316	22316 K		170	58	288	405	1900	2600	6.4	92	158	2.1	105	143.7	—	2.1	0.37	1.8	2.7	1.8
22316 C/W33	22316 CK/W33		170	58	385	498	1900	2600	6.39	92	158	2.1	100.4	142.5	8.3	2.1	0.35	1.9	2.9	1.9
22316 CC/W33	22316 CCK/W33		170	58	392	508	2400	3000	6.32	92	158	2.1	100.4	142.5	8.3	2.1	0.34	2.0	2.9	1.9
22316 TN1/W33	22316 KTN1/W33		170	58	412	515	2400	3000	6.27	92	158	2.1	100.4	143.6	8.3	2.1	0.34	2.0	2.9	1.9
22217	22217 K	85	150	36	145	228	2000	2800	2.8	95	140	2	105	129.5	—	2	0.26	2.6	3.9	2.5
22217 C/W33	22217 CK/W33		150	36	210	278	2000	2800	2.7	95	140	2	103.4	132.1	8.3	2	0.22	3.0	4.4	2.9
22217 CC/W33	22217 CCK/W33		150	36	212	282	2600	3200	2.67	95	140	2	100.6	132.2	8.3	2	0.23	3.0	4.4	2.9
22217 TN1/W33	22217 KTN1/W33		150	36	262	340	2600	3200	2.64	95	140	2	101.3	135.9	8.3	2	0.22	3.0	4.5	2.9
21317 CC	21317 CCK		180	41	298	385	1700	2200	5.23	99	166	2.5	112.9	153.3	—	3	0.23	3.0	4.4	2.9
21317 TN1	21317 KTN1		180	41	310	390	1700	2200	5.07	99	166	2.5	111.9	152.3	—	3	0.23	3.0	4.4	2.9
22317	22317 K		180	60	308	440	1800	2400	7.4	99	166	2.5	—	—	—	3	0.37	1.8	2.7	1.8
22317 C/W33	22317 CK/W33		180	60	420	540	1800	2400	7.25	99	166	2.5	106.3	151.4	8.3	3	0.34	1.9	3.0	2.0
22317 CC/W33	22317 CCK/W33		180	60	430	555	2200	2800	7.27	99	166	2.5	106.3	151.6	8.3	3	0.34	2.0	3.0	2.0
22317 TN1/W33	22317 KTN1/W33		180	60	460	572	2200	2800	7.27	99	166	2.5	105.3	152.6	8.3	3	0.34	2.0	3.0	2.0
22218	22218 K	90	160	40	168	272	1900	2600	4.0	100	150	2	112	138.3	—	2	0.27	2.5	3.8	2.5
22218 C/W33	22218 CK/W33		160	40	240	322	1900	2600	3.28	100	150	2	111	141	8.3	2	0.23	2.9	4.4	2.8
22218 CC/W33	22218 CCK/W33		160	40	250	338	2400	3000	3.38	100	150	2	107.8	141	8.3	2	0.24	2.9	4.3	2.8
22218 TN1/W33	22218 KTN1/W33		160	40	280	378	2400	3000	3.35	100	150	2	107.8	142.1	8.3	2	0.24	2.9	4.3	2.8
23218 C/W33	23218 CK/W33		160	52.4	325	478	1700	2200	4.6	100	150	2	105.5	137	5.5	2	0.31	2.1	3.2	2.1
23218 CC/W33	23218 CCK/W33		160	52.4	330	482	1800	2400	4.4	100	150	2	105.5	137.2	5.5	2	0.31	2.2	3.2	2.1
21318 CC	21318 CCK		190	43	320	420	1600	2200	6.17	104	176	2.5	119.7	161	—	3	0.23	3.0	4.5	2.9
21318 TN1	21318 KTN1		190	43	330	420	1600	2200	5.88	104	176	2.5	119.7	161	—	3	0.23	3.0	4.5	2.9
22318	22318		190	64	365	542	1700	2200	8.8	104	176	2.5	118	159.2	—	3	0.37	1.8	2.7	1.8
22318 C/W33	22318 CK/W33		190	64	475	622	1800	2400	8.6	104	176	2.5	112.7	159.5	8.3	3	0.34	2.0	2.9	2.0
22318 CC/W33	22318 CCK/W33		190	64	482	640	2200	2600	8.63	104	176	2.5	112.8	159.7	8.3	3	0.34	2.0	3.0	2.0
22318 TN1/W33	22318 KTN1/W33		190	64	518	660	2200	2600	8.72	104	176	2.5	111.8	160.8	8.3	3	0.34	2.0	3.0	2.0

续表

轴承型号		基本尺寸/mm			基本额定载荷/kN		极限转速/r·min^{-1}		质量/kg	安装尺寸/mm			其他尺寸/mm				计算系数			
圆柱孔	圆锥孔	d	D	B	C_r	C_{0r}	脂	油	W ≈	d_a min	D_a max	r_a max	d_2 ≈	D_2 ≈	B_0	r min	e	Y_1	Y_2	Y_0
22219	22219 K	95	170	43	212	322	1800	2400	4.2	107	158	2.1	119	148.4	—	2.1	0.27	2.5	3.7	2.4
22219 C/W33	22219 CK/W33		170	43	278	380	1900	2600	4.1	107	158	2.1	117	148.4	8.3	2.1	0.24	2.9	4.4	2.7
22219 CC/W33	22219 CCK/W33		170	43	282	390	2200	2800	4.2	107	158	2.1	113.5	148.5	8.3	2.1	0.24	2.8	4.2	2.7
22219 TN1/W33	22219 KTN1/W33		170	43	310	420	2200	2800	4.1	107	158	2.1	113.5	149.6	8.3	2.1	0.24	2.8	4.2	2.7
21319 CC	21319 CCK		200	45	355	485	1700	2200	7.15	109	186	2.5	129.7	171.9	—	3	0.22	3.1	4.6	3.0
21319 TN1	21319 KTN1		200	45	365	482	1700	2200	6.9	109	186	2.5	127.6	169.8	—	3	0.22	3.0	4.5	3.0
22319	22319 K		200	67	385	570	1600	2000	10.3	109	186	2.5	—	—	—	3	0.38	1.8	2.7	1.8
22319 C/W33	22319 CK/W33		200	67	520	688	1700	2200	10.1	109	186	2.5	118.5	168	8.3	3	0.34	2.0	3.0	2.0
22319 CC/W33	22319 CCK/W33		200	67	530	705	2000	2600	9.97	109	186	2.5	118.5	168.2	8.3	3	0.34	2.0	3.0	2.0
22319 TN1/W33	22319 KTN1/W33		200	67	568	728	2000	2600	10.1	109	186	2.5	117.5	169.2	8.3	3	0.34	2.0	3.0	2.0
23120 C/W33	23120 CK/W33	100	165	52	320	505	1600	2000	5	110	155	2	115.4	144.1	5.5	2	0.30	2.3	3.4	2.2
23120 CC/W33	23120 CCK/W33		165	52	322	510	1700	2200	4.31	110	155	2	115.5	144.3	5.5	2	0.29	2.3	3.5	2.3
22220	22220 K		180	46	222	358	1700	2200	5	112	168	2.1	125	156.1	—	2.1	0.27	2.5	3.7	2.4
22220 C/W33	22220 CK/W33		180	46	310	425	1800	2400	5	112	168	2.1	124	158	8.3	2.1	0.23	2.9	4.3	2.8
22220 CC/W33	22220 CCK/W33		180	46	315	435	2200	2600	5.01	112	168	2.1	120.3	158.1	8.3	2.1	0.24	2.8	4.1	2.7
22220 TN1/W33	22220 KTN1/W33		180	46	368	492	2200	2600	4.97	112	168	2.1	119.3	159.1	8.3	2.1	0.24	2.8	4.1	2.7
23220 C/W33	23220 CK/W33		180	60.3	415	618	1600	2000	6.7	112	168	2.1	118.5	154.4	5.5	2.1	0.33	2.0	3.0	2.0
23220 CC/W33	23220 CCK/W33		180	60.3	420	630	1600	2200	6.52	112	168	2.1	118.6	154.5	5.5	2.1	0.32	2.1	3.2	2.1
21320 CC	21320 CCK		215	47	385	530	1600	2000	8.81	114	201	2.5	136.6	180.6	—	3	0.22	3.1	4.6	3.0
21320 TN1	21320 KTN1		215	47	425	575	1600	2000	8.63	114	201	2.5	136.6	181.7	—	3	0.22	3.1	4.6	3.0
22320	22320 K		215	73	450	668	1400	1800	13	114	201	2.5	135	181.5	—	3	0.37	1.8	2.7	1.8
22320 C/W33	22320 CK/W33		215	73	608	815	1400	1800	13.4	114	201	2.5	126.5	179.6	11.1	3	0.35	1.9	2.9	1.9
22320 CC/W33	22320 CCK/W33		215	73	618	832	1900	2400	12.8	114	201	2.5	126.7	179.8	11.1	3	0.34	2.0	2.9	1.9
22320 TN1/W33	22320 KTN1/W33		215	73	658	855	1900	2400	13	114	201	2.5	125.7	180.9	11.1	3	0.34	2.0	2.9	1.9
23121	23121 K	105	175	56	242	480	1400	1800	6.64	119	161	2.5	—	—	—	3	0.32	2.1	3.1	2.1
21321 CC	21321 CCK		225	49	408	558	1500	1900	10.0	119	211	2.5	140.4	186.3	—	3	0.22	3.1	4.5	3.0
21321 TN1	21321 KTN1		225	49	445	605	1500	1900	9.75	119	211	2.5	143.4	190.4	—	3	0.22	3.1	4.6	3.0
23022	23022 K	110	170	45	195	410	1400	1800	3.9	120	160	2	—	—	—	2	0.26	2.6	3.9	2.6
23022 C/W33	23022 CK/W33		170	45	270	448	1400	1800	3.9	120	160	2	125.4	152	5.5	2	0.24	2.8	4.2	2.8
23022 CC/W33	—		170	45	272	452	2000	2400	3.68	120	160	2	125.4	152.1	5.5	2	0.24	2.8	4.2	2.8

续表

轴承型号		基本尺寸/mm			基本额定载荷/kN		极限转速/r·min^{-1}		质量/kg	安装尺寸/mm			其他尺寸/mm				计算系数			
圆柱孔	圆锥孔	d	D	B	C_r	C_{0r}	脂	油	W ≈	d_a min	D_a max	r_a max	d_2 ≈	D_2 ≈	B_0	r min	e	Y_1	Y_2	Y_0
23122	23122 K	110	180	56	262	475	1300	1700	3.1	120	170	2	—	—	—	2	0.32	2.1	3.1	2.1
23122 C/W33	23122 CK/W33		180	56	375	595	1300	1700	6.25	120	170	2	126.3	157.8	5.5	2	0.29	2.3	3.4	2.3
23122 CC/W33	23122 CCK/W33		180	56	378	602	1600	2000	5.51	120	170	2	126.4	157.9	5.5	2	0.29	2.4	3.5	2.3
24122 CC/W33	24122 CCK30/W33		180	69	458	775	1600	2000	6.63	120	170	2	124.9	154.2	5.5	2	0.35	1.9	2.8	1.9
22222	22222 K		200	53	288	465	1500	1900	7.4	122	188	2.1	138	173.4	—	2.1	0.28	2.4	3.6	2.3
22222 C/W33	22222 CK/W33		200	53	405	575	1700	2200	7.2	122	188	2.1	137	173.6	8.3	2.1	0.25	2.7	4.0	2.6
22222 CC/W33	22222 CCK/W33		200	53	410	588	1900	2400	7.32	122	188	2.1	132.5	173.7	8.3	2.1	0.25	2.7	4.0	2.6
22222 TN1/W33	22222 KTN1/W33		200	53	450	635	1900	2400	7.25	122	188	2.1	132.5	174.8	8.3	2.1	0.25	2.7	4.0	2.6
23222 C/W33	23222 CK/W33		200	69.8	515	785	1400	1800	9.7	122	188	2.1	130.1	169	5.5	2.1	0.33	2.0	3.0	2.0
23222 CC/W33	23222 CCK/W33		200	69.8	520	800	1500	1900	9.46	122	188	2.1	130.2	169.1	5.5	2.1	0.34	2.0	3.0	2.0
21322 CC	21322 CCK		240	50	460	635	1400	1800	11.8	124	226	2.5	150.5	200.5	—	3	0.21	3.2	4.8	3.1
21322 TN1	21322 KTN1		240	50	512	695	1400	1800	11.7	124	226	2.5	150.5	201.5	—	3	0.21	3.2	4.8	3.1
22322	22322 K		240	80	545	832	1200	1600	18.1	124	226	2.5	149	201.1	—	3	0.37	1.9	2.7	1.8
22322 C/W33	22322 CK/W33		240	80	695	935	1500	1900	18	124	226	2.5	140.9	199.4	13.9	3	0.34	2.0	2.9	1.9
22322 CC/W33	22322 CCK/W33		240	80	715	968	1700	2200	17.5	124	226	2.5	141	199.6	13.9	3	0.34	2.0	3.0	2.0
22322 TN1/W33	22322 KTN1/W33		240	80	795	1058	1700	2200	18.2	124	226	2.5	140	200.7	13.9	3	0.34	2.0	3.0	2.0
23024	23024 K	120	180	46	212	470	1200	1600	4.3	130	170	2	—	—	—	2	0.25	2.7	4.0	2.6
23024 C/W33	23024 CK/W33		180	46	295	495	1400	1800	—	130	170	2	134.5	162.1	5.5	2	0.22	3.0	4.6	2.8
23024 CC/W33	23024 CCK/W33		180	46	300	500	1800	2200	3.98	130	170	2	133.5	162.2	5.5	2	0.23	2.9	4.4	2.9
24024 CC/W33	24024 CCK30/W33		180	60	380	675	1500	2000	5.05	130	170	2	133.1	159.9	5.5	2	0.30	2.3	3.4	2.2
23124	23124 K		200	62	290	572	1100	1500	7.63	130	190	2	139.1	175	—	2	0.32	2.1	3.1	2.0
23124 C/W33	23124 CK/W33		200	62	450	715	1300	1700	—	130	190	2	139.1	175	5.5	2	0.28	2.4	3.6	2.5
23124 CC/W33	23124 CCK/W33		200	62	450	722	1400	1800	7.67	130	190	2	140.1	175.1	5.5	2	0.29	2.4	3.5	2.3
24124 CC/W33	24124 CCK30/W33		200	80	575	998	1400	1800	9.65	130	190	2	138.2	170.2	5.5	2	0.37	1.8	2.7	1.8
22224	22224 K		215	58	342	565	1300	1700	9.2	132	203	2.1	149	187.7	—	2.1	0.29	2.4	3.5	2.3
22224 C/W33	22224 CK/W33		215	58	470	678	1600	2000	8.9	132	203	2.1	148	187.9	11.1	2.1	0.24	2.8	4.1	2.7
22224 CC/W33	22224 CCK/W33		215	58	480	690	1700	2200	9.0	132	203	2.1	143	187.9	11.1	2.1	0.26	2.6	3.9	2.6
22224 TN1/W33	22224 KTN1/W33		215	58	542	765	1700	2200	9.1	132	203	2.1	142	189	11.1	2.1	0.26	2.6	3.9	2.6
23224 C/W33	23224 CK/W33		215	76	602	940	1300	1700	12	132	203	2.1	141	182.5	8.3	2.1	0.35	1.9	2.9	1.9
23224 CC/W33	23224 CCK/W33		215	76	610	955	1300	1700	11.7	132	203	2.1	141.5	182.7	8.3	2.1	0.34	2.0	3.0	2.0
22324	22324 K		260	86	645	992	1100	1500	22	134	246	2.5	162	218.4	—	3	0.37	1.9	2.7	1.8

续表

轴承型号		基本尺寸/mm			基本额定载荷/kN		极限转速/r·min⁻¹		质量/kg	安装尺寸/mm			其他尺寸/mm				计算系数			
圆柱孔	圆锥孔	d	D	B	C_r	C_{0r}	脂	油	W ≈	d_a min	D_a max	r_a max	d_2 ≈	D_2 ≈	B_0	r min	e	Y_1	Y_2	Y_0
22324 C/W33	22324 CK/W33	120	260	86	822	1120	1300	1700	22	134	246	2.5	152	216.5	13.9	3	0.34	2.0	2.9	1.9
22324 CC/W33	22324 CCK/W33		260	86	845	1160	1500	1900	22.2	134	246	2.5	152.4	216.6	13.9	3	0.34	2.0	3.0	2.0
22324 TN1/W33	22324 KTN1/W33		260	86	910	1230	1500	1900	22.9	134	246	2.5	152.4	216.6	13.9	3	0.34	2.0	3.0	2.0
23026	23026 K	130	200	52	270	608	1100	1500	6.2	140	190	2	—	—	—	2	0.26	2.6	3.8	2.5
23026 C/W33	23026 CK/W33		200	52	372	625	1200	1600	—	140	190	2	148.5	180.3	5.5	2	0.23	2.9	4.4	2.8
23026 CC/W33	23026 CCK/W33		200	52	375	630	1700	2000	5.85	140	190	2	148.1	180.5	5.5	2	0.23	2.9	4.3	2.8
24026 CC/W33	24026 CCK30/W33		200	69	472	852	1400	1800	7.55	140	190	2	145.9	175.8	5.5	2	0.31	2.2	3.2	2.1
23126 C/W33	23126 CK/W33		210	64	478	788	1300	1700	—	140	200	2	148	183.8	8.3	2	0.28	2.4	3.6	2.5
23126 CC/W33	23126 CCK/W33		210	64	482	802	1300	1700	8.49	140	200	2	148	183.9	8.3	2	0.28	2.4	3.6	2.4
24126 CC/W33	24126 CCK30/W33		210	80	585	1030	1300	1700	10.3	140	200	2	147.7	181.1	8.3	2	0.35	1.9	2.9	1.9
22226	22226 K		230	64	408	708	1200	1600	11.2	144	216	2.5	161	201	—	3	0.29	2.3	3.4	2.3
22226 C/W33	22226 CK/W33		230	64	550	810	1400	1800	11.2	144	216	2.5	159	200.7	11.1	3	0.26	2.6	3.9	2.5
22226 CC/W33	22226 CCK/W33		230	64	562	832	1600	2000	11.2	144	216	2.5	153.3	200.9	11.1	3	0.26	2.6	3.8	2.5
22226 TN1/W33	22226 KTN1/W33		230	64	630	912	1600	2000	11.3	144	216	2.5	152.3	201.9	11.1	3	0.26	2.6	3.8	2.5
23226 C/W33	23226 CK/W33		230	80	668	1060	1200	1600	14	144	216	2.5	152.1	196.2	8.3	3	0.33	2.0	3.0	2.0
23226 CC/W33	23226 CCK/W33		230	80	678	1080	1200	1600	13.8	144	216	2.5	152.2	196.4	8.3	3	0.33	2.0	3.0	2.0
22326	22326 K		280	93	722	1140	950	1300	29	148	262	3	176	234.3	—	4	0.39	1.7	2.6	1.7
22326 C/W33	22326 CK/W33		280	93	942	1300	1200	1600	28.5	148	262	3	164	233.2	16.7	4	0.34	1.9	2.9	1.9
22326 CC/W33	22326 CCK/W33		280	93	965	1340	1400	1800	27.5	148	262	3	164.6	233.5	16.7	4	0.34	2.0	3.0	2.0
22326 TN1/W33	22326 KTN1/W33		280	93	1050	1440	1400	1800	28.6	148	262	3	164.6	233.5	16.7	4	0.34	2.0	3.0	2.0
23028	23028 K	140	210	53	285	635	950	1300	6.7	150	200	2	—	—	—	2	0.25	2.7	4.0	2.6
23028 C/W33	23028 CK/W33		210	53	402	698	1100	1500	—	150	200	2	158.2	190.2	8.3	2	0.22	3.0	4.6	2.8
23028 CC/W33	23028 CCK/W33		210	53	395	680	1600	1900	6.31	150	200	2	158	190.4	8.3	2	0.22	3.0	4.5	2.9
24028 CC/W33	24028 CCK30/W33		210	69	488	895	1300	1700	8.01	150	200	2	156.3	186.4	5.5	2	0.29	2.3	3.4	2.3
23128	23128 K		225	68	398	605	950	1300	10.9	152	213	2.1	—	—	—	2.1	0.29	2.3	3.4	2.3
23128 C/W33	23128 CK/W33		225	68	545	925	1100	1500	—	152	213	2.1	159.7	197.2	8.3	2.1	0.28	2.4	3.6	2.5
23128 CC/W33	23128 CCK/W33		225	68	538	905	1200	1600	10.2	152	213	2.1	159.7	197.4	8.3	2.1	0.28	2.4	3.6	2.4
24128 CC/W33	24128 CCK30/W33		225	85	670	1200	1200	1600	12.5	152	213	2.1	158.2	193.1	8.3	2.1	0.35	1.9	2.9	1.9
22228	22228 K		250	68	478	805	1000	1400	14.5	154	236	2.5	175	219.7	—	3	0.29	2.3	3.5	2.3
22228 C/W33	22228 CK/W33		250	68	628	930	1300	1700	14.5	154	236	2.5	173	218.3	11.1	3	0.25	2.7	3.9	2.5

续表

轴承型号		基本尺寸/mm			基本额定载荷/kN		极限转速/r·min^{-1}		质量/kg	安装尺寸/mm			其他尺寸/mm				计算系数			
圆柱孔	圆锥孔	d	D	B	C_r	C_{0r}	脂	油	W ≈	d_a min	D_a max	r_a max	d_2 ≈	D_2 ≈	B_0	r min	e	Y_1	Y_2	Y_0
22228 CC/W33	22228 CCK/W33	140	250	68	640	955	1400	1700	14.2	154	236	2.5	167.1	218.5	11.1	3	0.26	2.6	3.9	2.6
22228 TN1/W33	22228 KTN1/W33		250	68	725	1060	1400	1700	14.4	154	236	2.5	166.1	219.5	11.1	3	0.26	2.6	3.9	2.6
23228 C/W33	23228 CK/W33		250	88	802	1280	1000	1400	18.5	154	236	2.5	163.6	212.4	11.1	3	0.35	1.9	2.9	1.9
23228 CC/W33	23228 CCK/W33		250	88	812	1300	1100	1500	18.1	154	236	2.5	164.2	212.6	11.1	3	0.34	2.0	3.0	2.0
22328	22328 K		300	102	825	1340	900	1200	36	158	282	3	184.5	246.6	—	4	0.38	1.8	2.6	1.7
22328 C/W33	22328 CK/W33		300	102	1110	1570	1100	1500	34.5	158	282	3	177.2	250.1	16.7	4	0.34	1.9	2.9	1.9
22328 CC/W33	22328 CCK/W33		300	102	1130	1610	1300	1700	34.6	158	282	3	177.4	250.3	16.7	4	0.34	2.0	2.9	1.9
22328 TN1/W33	22328 KTN1/W33		300	102	1230	1720	1300	1700	36.2	158	282	3	176.3	250.3	16.7	4	0.34	2.0	2.9	1.9
23030	23030 K	150	225	56	328	768	900	1200	8.14	162	213	2.1	—	—	—	2.1	0.25	2.7	4.0	2.5
23030 C/W33	23030 CK/W33		225	56	438	762	1100	1400	—	162	213	2.1	168.8	202.9	8.3	2.1	0.22	3.0	4.6	2.8
23030 CC/W33	23030 CCK/W33		225	56	432	750	1400	1800	7.74	162	213	2.1	168.8	203	8.3	2.1	0.22	3.0	4.5	3.0
24030 CC/W33	24030 CCK30/W33		225	75	570	1070	1200	1500	10.1	162	213	2.1	167.6	199.2	5.5	2.1	0.30	2.3	3.4	2.2
23130	23130 K		250	80	512	1080	850	1100	16.1	162	238	2.1	—	—	—	2.1	0.33	2.0	3.0	2.0
23130 C/W33	23130 CK/W33		250	80	725	1230	1000	1300	—	162	238	2.1	173.1	216.3	11.1	2.1	0.30	2.3	3.4	2.2
23130 CC/W33	23130 CCK/W33		250	80	738	1250	1100	1400	15.7	162	238	2.1	173	216.5	11.1	2.1	0.30	2.3	3.4	2.2
24130 CC/W33	24130 CCK30/W33		250	100	890	1600	1100	1400	19.0	162	238	2.1	171.7	211.6	8.3	2.1	0.37	1.8	2.7	1.8
22230	22230 K		270	73	508	875	950	1300	18.5	164	256	2.5	188	236.2	—	3	0.29	2.3	3.5	2.3
22230 C/W33	22230 CK/W33		270	73	738	1100	1200	1600	18.6	164	256	2.5	185	234.7	13.9	3	0.26	2.6	3.9	2.5
22230 CC/W33	22230 CCK/W33		270	73	750	1130	1300	1600	18	164	256	2.5	178.7	234.7	13.9	3	0.26	2.6	3.9	2.6
22230 TN1/W33	22230 KTN1/W33		270	73	835	1230	1300	1600	18.4	164	256	2.5	178.7	236.8	13.9	3	0.26	2.6	3.9	2.6
23230 C/W33	23230 CK/W33		270	96	935	1520	950	1300	24	164	256	2.5	176.6	228.5	11.1	3	0.35	1.9	2.9	1.9
23230 CC/W33	23230 CCK/W33		270	96	948	1540	1100	1400	23.2	164	256	2.5	177.1	228.8	11.1	3	0.34	2.0	3.0	1.9
22330	22330 K		320	108	1020	1740	850	1100	43	168	302	3	198	269.2	—	4	0.36	1.9	2.8	1.8
22330 CC/W33	22330 CCK/W33		320	108	1270	1850	1200	1500	42	168	302	3	189.8	266.3	16.7	4	0.34	2.0	3.0	1.9
22330 TN1/W33	22330 KTN1/W33		320	108	1370	1970	1200	1500	43.6	168	302	3	190.8	267.3	16.7	4	0.34	2.0	3.0	1.9
23032	23032 K	160	240	60	368	825	850	1100	10	172	228	2.1	—	—	—	2.1	0.25	2.7	4.0	2.6
23032 C/W33	23032 CK/W33		240	60	500	875	1000	1300	—	172	228	2.1	179.5	216.3	11.1	2.1	0.22	3.0	4.6	2.8
23032 CC/W33	23032 CCK/W33		240	60	508	890	1300	1700	9.43	172	228	2.1	179.5	216.4	11.1	2.1	0.22	3.0	4.5	3.0
24032 CC/W33	24032 CCK30/W33		240	80	652	1230	1100	1400	12.2	172	228	2.1	178.1	212.2	8.3	2.1	0.30	2.3	3.4	2.2

续表

轴承型号		基本尺寸/mm			基本额定载荷/kN		极限转速/r·min⁻¹		质量/kg	安装尺寸/mm			其他尺寸/mm				计算系数			
圆柱孔	圆锥孔	d	D	B	C_r	C_{0r}	脂	油	W ≈	d_a min	D_a max	r_a max	d_2 ≈	D_2 ≈	B_0	r min	e	Y_1	Y_2	Y_0
23132	23132 K	160	270	86	520	1110	800	1000	19.7	172	258	2.1	—	—	—	2.1	0.34	2.0	2.9	2.0
23132 C/W33	23132 CK/W33		270	86	845	1420	900	1200	—	172	258	2.1	185.4	234.4	13.9	2.1	0.30	2.3	3.4	2.2
23132 CC/W33	23132 CCK/W33		270	86	845	1440	1000	1300	19.8	172	258	2.1	186.5	234.5	13.9	2.1	0.30	2.3	3.4	2.2
24132 CC/W33	24132 CCK30/W33		270	109	1040	1880	1000	1300	24.4	172	258	2.1	184.4	228.4	8.3	2.1	0.37	1.8	2.7	1.8
22232	22232 K		290	80	642	1140	900	1200	22.2	174	276	2.5	200	252.2	—	3	0.30	2.3	3.4	2.2
22232 C/W33	22232 CK/W33		290	80	825	1250	1000	1400	23.1	174	276	2.5	199	251.2	13.9	3	0.26	2.6	3.9	2.5
22232 CC/W33	22232 CCK/W33		290	80	848	1290	1200	1500	22.9	174	276	2.5	191.9	251.4	13.9	3	0.26	2.6	3.8	2.5
22232 TN1/W33	22232 KTN1/W33		290	80	952	1430	1200	1500	23.4	174	276	2.5	190.9	252.4	13.9	3	0.26	2.6	3.8	2.5
23232 C/W33	23232 CK/W33		290	104	1080	1760	900	1200	30	174	276	2.5	189	244.9	13.9	3	0.35	1.9	2.9	1.9
23232 CC/W33	23232 CCK/W33		290	104	1090	1780	1100	1400	29.4	174	276	2.5	189.1	244.9	13.9	3	0.34	2.0	2.9	1.9
22332	22332 K		340	114	1040	1770	800	1000	51	178	322	3	213	279.4	—	4	0.38	1.8	2.7	1.8
23034	23034 K	170	260	67	445	1010	800	1000	13	182	248	2.1	—	—	—	2.1	0.26	2.6	3.8	2.5
23034 C/W33	23034 CK/W33		260	67	608	1080	900	1200	—	182	248	2.1	192.8	233	11.1	2.1	0.23	2.9	4.4	2.8
23034 CC/W33	23034 CCK/W33		260	67	615	1100	1200	1600	12.8	182	248	2.1	192.8	233.2	11.1	2.1	0.23	2.9	4.3	2.9
24034 CC/W33	24034 CCK30/W33		260	90	792	1520	1000	1300	16.7	182	248	2.1	190.7	227.7	8.3	2.1	0.31	2.2	3.2	2.1
23134 C/W33	23134 CK/W33		280	88	885	1520	850	1100	—	182	268	2.1	195.5	244.3	13.9	2.1	0.30	2.3	3.4	2.2
23134 CC/W33	23134 CCK/W33		280	88	900	1550	1000	1300	21.1	182	268	2.1	195.5	244.4	13.9	2.1	0.29	2.3	3.5	2.3
24134 CC/W33	24134 CCK30/W33		280	109	1070	1930	1000	1300	25.5	182	268	2.1	192.9	238.2	8.3	2.1	0.36	1.9	2.8	1.8
22234	22234 K		310	86	720	1300	850	1100	29	188	292	3	212	267.5	—	4	0.30	2.3	3.4	2.2
22234 CC/W33	22234 CCK/W33		310	86	975	1500	1100	1400	28.1	188	292	3	205.4	269.6	16.7	4	0.26	2.6	3.8	2.5
22234 TN1/W33	22234 KTN1/W33		310	86	1090	1660	1100	1400	28.9	188	292	3	204.4	270.7	16.7	4	0.26	2.6	3.8	2.5
23234 CC/W33	23234 CCK/W33		310	110	1200	2030	900	1200	35.7	188	292	3	205.7	264.4	13.9	4	0.34	2.0	3.0	2.0
22334	22334 K		360	120	1150	2060	750	950	60	188	342	3	227.4	319	—	4	0.39	1.7	2.6	1.7
23036	23036 K	180	280	74	540	1230	750	950	17.6	192	268	2.1	—	—	—	2.1	0.26	2.6	3.8	2.5
23036 C/W33	23036 CK/W33		280	74	710	1260	800	1000	—	192	268	2.1	205	249.8	13.9	2.1	0.24	2.8	4.2	2.8
23036 CC/W33	23036 CCK/W33		280	74	718	1310	1200	1400	16.9	192	268	2.1	206.1	248.9	13.9	2.1	0.24	2.8	4.2	2.8
24036 CC/W33	24036 CCK30/W33		280	100	928	1820	950	1200	22.1	192	268	2.1	204.3	243.1	8.3	2.1	0.32	2.1	3.1	2.1
23136	23136 K		300	96	695	1480	750	900	27.1	194	286	2.5	—	—	—	3	0.32	2.1	3.1	2.1
23136 C/W33	23136 CK/W33		300	96	1030	1800	800	1000	—	194	286	2.5	208.6	260.7	13.9	3	0.30	2.3	3.4	2.2

第7篇

续表

轴承型号		基本尺寸/mm			基本额定载荷/kN		极限转速/r·min^{-1}		质量/kg	安装尺寸/mm			其他尺寸/mm				计算系数			
圆柱孔	圆锥孔	d	D	B	C_r	C_{0r}	脂	油	W ≈	d_a min	D_a max	r_a max	d_2 ≈	D_2 ≈	B_0	r min	e	Y_1	Y_2	Y_0
23136 CC/W33	23136 CCK/W33	180	300	96	1050	1830	900	1200	26.9	194	286	2.5	208.6	260.9	13.9	3	0.30	2.3	3.4	2.2
24136 CC/W33	24136 CCK30/W33		300	118	1210	2220	900	1200	32.0	194	286	2.5	207.8	256.4	11.1	3	0.36	1.9	2.8	1.8
22236	22236 K		320	86	735	1370	800	1000	30.0	198	302	3	222	276.9	—	4	0.29	2.3	3.5	2.3
22236 CC/W3	22236 CCK/W33		320	86	1010	1590	1100	1300	29.4	198	302	3	215.7	280.1	16.7	4	0.25	2.7	3.9	2.6
22236 TN1/W33	22236 KTN1/W33		320	86	1140	1760	1100	1300	30.2	198	302	3	214.7	281.1	16.7	4	0.25	2.7	3.9	2.6
23236 CC/W33	23236 CCK/W33		320	112	1280	2170	850	1100	37.9	198	302	3	213.7	274.3	13.9	4	0.33	2.0	3.0	2.0
22336	22336 K		380	126	1260	2270	700	900	70	198	362	3	240.8	336.5	—	4	0.38	1.8	2.6	1.7
23038	23038 K	190	290	75	555	1230	700	900	20	202	278	2.1	—	—	—	2.1	0.25	2.7	4.0	2.6
23038 C/W33	23038 CK/W33		290	75	745	1350	800	1000	—	202	278	2.1	215.2	260	13.9	2.1	0.23	2.9	4.4	2.8
23038 CC/W33	23038 CCK/W33		290	75	755	1380	1100	1400	17.7	202	278	2.1	215.2	260	13.9	2.1	0.23	2.9	4.3	2.8
24038 CC/W33	24038 CCK30/W33		290	100	975	1910	900	1200	23.0	202	278	2.1	213.7	254.9	8.3	2.1	0.31	2.2	3.3	2.1
23138	23138K		320	104	788	1830	670	850	35.3	204	306	2.5	—	—	—	3	0.33	2.0	3.0	2.0
23138 CC/W33	23138 CCK/W33		320	104	1200	2120	850	1100	33.6	204	306	2.5	222.6	279.2	13.9	3	0.30	2.2	3.3	2.2
24138 CC/W33	24138 CCK30/W33		320	128	1410	2590	850	1100	40.2	204	306	2.5	219.3	271.6	11.1	3	0.37	1.8	2.7	1.8
22238	22238 K		340	92	818	1510	750	950	35.3	208	322	3	238	295	—	4	0.29	2.3	3.5	2.3
23238 CC/W33	23238 CCK/W33		340	120	1450	2490	800	1100	46.1	208	322	3	227.7	291.6	16.7	4	0.33	2.0	3.0	2.0
22338	22338 K		400	132	1390	2530	670	850	81	212	378	4	255	328.4	—	5	0.36	1.8	2.7	1.8
23040	23040 K	200	310	82	580	1310	670	850	24	212	298	2.1	—	—	—	3.1	0.25	2.7	4.0	2.6
23040 CC/W33	23040 CCK/W33		310	82	890	1650	1000	1300	22.7	212	298	2.1	228.5	276.7	13.9	2.1	0.24	2.8	4.2	2.8
24040 CC/W33	24040 CCK30/W33		310	109	1120	2220	850	1100	29.3	212	298	2.1	226.5	270.8	11.1	2.1	0.32	2.1	3.2	2.1
23140	23140 K		340	112	910	2010	630	800	50.7	214	326	2.5	—	—	—	3	0.34	2.0	3.0	2.0
23140 CC/W33	23140 CCK/W33		340	112	1380	2460	800	1000	41.6	214	326	2.5	235.6	295.5	16.7	3	0.31	2.2	3.3	2.2
24140 CC/W33	24140 CCK30/W33		340	140	1580	2950	800	1000	49.9	214	326	2.5	231.2	285.8	11.1	3	0.38	1.8	2.6	1.7
22240	22240 K		360	98	920	1740	700	900	47.7	218	342	3	251	311.4	—	4	0.29	2.3	3.4	2.3
23240 CC/W33	23240 CCK/W33		360	128	1610	2790	750	1000	55.4	218	342	3	240.7	307.8	16.7	4	0.34	2.0	3.0	2.0
22340	22340 K		420	138	1490	2720	630	800	94	222	398	4	267.4	371.3	—	5	0.38	1.8	2.7	1.7
23044	23044 K	220	340	90	760	1810	600	750	28.8	234	326	2.5	—	—	—	3	0.25	2.7	4.0	2.6
23044 CC/W33	23044 CCK/W33		340	90	1060	1990	950	1200	29.7	234	326	2.5	252.9	305.8	13.9	3	0.24	2.9	4.3	2.8
24044 CC/W33	24044 CCK30/W33		340	118	1330	2680	750	1000	38.1	234	326	2.5	248.7	297.5	11.1	3	0.31	2.2	3.2	2.1

续表

轴承型号		基本尺寸/mm			基本额定载荷/kN		极限转速/r·min^{-1}		质量/kg	安装尺寸/mm			其他尺寸/mm				计算系数			
圆柱孔	圆锥孔	d	D	B	C_r	C_{0r}	脂	油	W ≈	d_a min	D_a max	r_a max	d_2 ≈	D_2 ≈	B_0	r min	e	Y_1	Y_2	Y_0
23144	23144 K	220	370	120	1030	2350	600	750	55	238	352	3	—	—	—	4	0.34	2.0	3.0	2.0
23144 CC/W33	23144 CCK/W33		370	120	1570	2820	700	950	51.5	238	352	3	258	323.7	16.7	4	0.30	2.3	3.4	2.2
24144 CC/W33	24144 CCK30/W33		370	150	1850	3490	700	950	62.3	238	352	3	253.3	313.5	11.1	4	0.38	1.8	2.7	1.8
22244	22244 K		400	108	1170	2220	630	800	61.5	238	382	3	274	344.4	—	4	0.29	2.3	3.4	2.2
23244 CC/W33	23244 CCK/W33		400	144	2070	3620	670	900	78.5	238	382	3	263.6	340.2	16.7	4	0.34	2.0	2.9	1.9
22344	22344 K		460	145	1690	3200	560	700	120	242	438	4	295.2	406.1	—	5	0.35	1.9	2.8	1.9
23048	23048 K	240	360	92	792	2060	530	670	35.5	254	346	2.5	—	—	—	3	0.25	2.7	4.1	2.7
23048 CC/W33	23048 CCK/W33		360	92	1130	2160	850	1100	32.4	254	346	2.5	271	325	13.9	3	0.23	3.0	4.4	2.9
24048 CC/W33	24048 CCK30/W33		360	118	1400	2850	700	950	40.8	254	346	2.5	267.5	317.8	11.1	3	0.29	2.3	3.4	2.3
23148	23148 K		400	128	1200	2830	500	630	55.5	258	382	3	—	—	—	4	0.32	2.1	3.1	2.1
23148 CC/W33	23148 CCK/W33		400	128	1790	3220	670	850	63.7	258	382	3	278.4	350.6	16.7	4	0.30	2.3	3.4	2.2
24148 CC/W33	24178 CCK30/W33		400	160	2100	3980	670	850	76.9	258	382	3	274.4	340.9	11.1	4	0.37	1.8	2.7	1.8
23248 CC/W33	23248 CCK/W33		440	160	2490	4490	630	800	107.3	258	422	3	289.6	372.5	22.3	4	0.35	2.0	2.9	1.9
22348	22348 K		500	155	1730	3250	500	630	153	262	478	4	322.2	440.9	—	5	0.35	1.9	2.8	1.9
23052	23052 K	260	400	104	1000	2450	500	630	51.5	278	382	3	—	—	—	4	0.26	2.6	3.8	2.5
23052 CC/W33	23052 CCK/W33		400	104	1420	2770	800	950	47.7	278	382	3	297.9	358.1	16.7	4	0.23	2.9	4.3	2.8
24052 CC/W33	24052 CCK30/W33		400	140	1790	3740	630	850	62.4	278	382	3	293.3	348.2	11.1	4	0.31	2.1	3.2	2.1
23152	23152 K		440	144	1430	3320	450	560	95.3	278	422	3	—	—	—	4	0.34	2.0	2.9	1.9
23152 CC/W33	23152 CCK/W33		440	144	2210	4070	600	800	88.2	278	422	3	306.5	385.2	16.7	4	0.30	2.2	3.3	2.2
24152 CC/W33	24152 CCK30/W33		440	180	2660	5180	600	800	107.6	278	422	3	300.4	372.4	13.9	4	0.38	1.8	2.7	1.7
22352	22352 K		540	165	2200	4190	480	600	191	288	512	5	351	446.5	—	6	0.34	2.0	2.9	1.9
23056	23056 K	280	420	106	1080	2680	450	560	62	298	402	3	—	—	—	4	0.25	2.7	4.0	2.6
23056 CC/W33	23056 CCK/W33		420	106	1540	3000	700	900	50.9	298	402	3	315	379.4	16.7	4	0.22	3.0	4.5	2.9
24056 CC/W33	24056 CCK30/W33		420	140	1910	3980	600	800	65.8	298	402	3	310	369.6	11.1	4	0.30	2.3	3.4	2.2
23156	23156 K		460	146	1590	3630	430	530	103	302	438	4	—	—	—	5	0.33	2.0	3.0	2.0
23156 CC/W33	23156 CCK/W33		460	146	2310	4290	560	750	94.1	302	438	4	324.8	406.1	16.7	5	0.29	2.3	3.5	2.3
24156 CC/W33	24156 CCK30/W33		460	180	2730	5330	560	750	113.2	302	438	4	318.4	393.8	13.9	5	0.36	1.9	2.8	1.8
22256	22256 K		500	130	1690	3380	500	630	—	302	478	4	355	431.1	—	5	0.28	2.4	3.6	2.4
22356	22356 K		580	175	2420	4650	450	560	238	308	552	5	—	—	—	6	0.34	2.0	3.0	1.9

续表

轴承型号		基本尺寸/mm			基本额定载荷/kN		极限转速/r·min^{-1}		质量/kg	安装尺寸/mm			其他尺寸/mm				计算系数			
圆柱孔	圆锥孔	d	D	B	C_r	C_{0r}	脂	油	W ≈	d_a min	D_a max	r_a max	d_2 ≈	D_2 ≈	B_0	r min	e	Y_1	Y_2	Y_0
23060	23060 K	300	460	118	1260	3070	430	530	75.2	318	442	3	—	—	—	4	0.26	2.6	3.9	2.6
23060 CC/W33	23060 CCK/W33		460	118	1860	3690	670	850	71.4	318	442	3	344	414.4	16.7	4	0.23	3.0	4.4	2.9
24060 CC/W33	24060 CCK30/W33		460	160	2360	5010	530	700	94.1	318	442	3	337	401.6	13.9	4	0.31	2.2	3.2	2.1
23160	23160 K		500	160	1940	4420	400	500	133	322	478	4	—	—	—	5	0.32	2.1	3.1	2.0
22260	22260 K		540	140	1840	3450	450	560	134	322	518	4	378	464.2	—	5	0.28	2.4	3.6	2.4
23064	23064 K	320	480	121	1380	3260	400	500	81.5	338	462	3	—	—	—	4	0.26	2.6	3.8	2.5
23068	23068 K	340	520	133	1580	3810	380	480	109	362	498	4	—	—	—	5	0.25	2.7	4.0	2.6
23072	23072 K	360	540	134	1710	4180	360	450	114	382	518	4	—	—	—	5	0.25	2.7	4.0	2.6
23076	23072 K	380	560	135	1710	4240	340	430	120	402	538	4	—	—	—	5	0.24	2.8	4.1	2.7
23176	23176 K		620	194	2620	6240	300	380	244	402	598	4	—	—	—	5	0.24	2.0	3.0	2.0
23080	23080 K	400	600	148	2060	5110	300	380	154	422	578	4	—	—	—	5	0.25	2.6	3.8	2.5
22380	22380 K		820	243	4530	9290	240	320	644	436	784	6	—	—	—	7.5	0.33	2.1	3.1	2.0
23084	23084 K	420	620	150	2060	5110	280	360	160	442	598	4	—	—	—	5	0.24	2.8	4.3	2.8
23088	23088 K	440	650	157	2170	5740	260	340	192	468	622	5	—	—	—	6	0.24	2.8	4.2	2.8
23092	23092 K	460	680	163	2460	6670	220	300	232	488	652	5	—	—	—	6	0.23	2.9	4.4	2.9
23192	23192 K		760	240	3920	9190	190	260	479	496	724	6	—	—	—	7.5	0.33	2.0	3.0	2.0
23096	23096 K	480	700	165	2500	6440	200	280	232	508	672	5	—	—	—	6	0.24	2.8	4.2	2.8
230/500	230/500 K	500	720	167	2700	7180	190	260	235	528	692	5	—	—	—	6	0.23	3.0	4.4	2.9
230/530	230/530 K	530	780	185	3180	8310	170	220	304	558	752	5	—	—	—	6	0.23	2.9	4.3	2.8
230/560	230/560 K	560	820	195	3490	9950	160	200	364	588	792	5	—	—	—	6	0.23	2.9	4.3	2.8
230/600	230/600 K	600	870	200	3760	10400	130	170	417	628	842	5	—	—	—	6	0.22	3.0	4.5	2.9
230/630	230/630 K	630	920	212	4170	11500	120	160	511	666	884	6	—	—	—	7.5	0.23	3.0	4.4	2.9
230/850	230/850 K	850	1220	272	7760	22200	75	95	1388	886	1184	6	—	—	—	7.5	0.28	2.4	3.5	2.3

表 7-5-21　带紧定套调心滚子轴承（GB/T 288—2013）

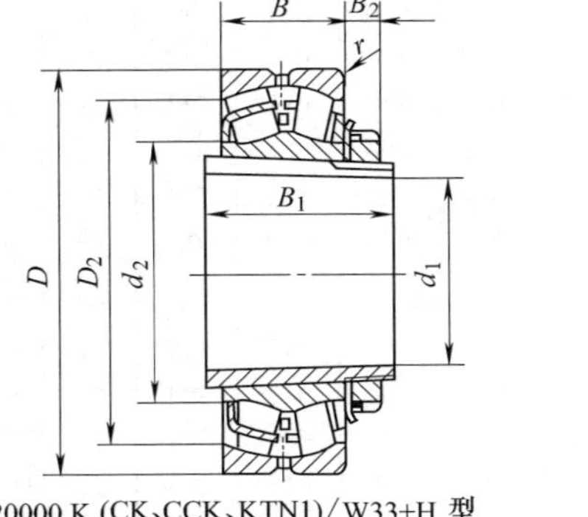

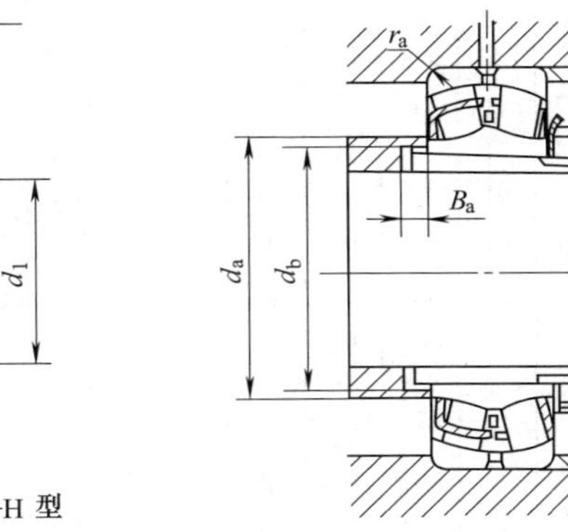

20000 K (CK、CCK、KTN1)/W33+H 型

轴承型号	基本尺寸/mm			基本额定载荷/kN		极限转速/r·min^{-1}		质量/kg	安装尺寸/mm					其他尺寸/mm					计算系数			
20000 K(CK、CCK、KTN1)/W33+H 型	d_1	D	B	C_r	C_{0r}	脂	油	W ≈	d_a max	d_b min	D_a max	B_a min	r_a max	d_2 ≈	D_2 ≈	B_1	B_2 ≈	r min	e	Y_1	Y_2	Y_0
21304 CCK+H 304	17	52	15	30.8	31.2	6000	7500	—	29	23	45	8	1	29.5	42	28	7	1.1	0.31	2.2	3.3	2.2
21304 KTN1+H 304		52	15	34.8	34.2	6000	7500	—	30	23	45	8	1	30.5	44.1	28	7	1.1	0.29	2.3	3.4	2.2
21305 CCK+H 305	20	62	17	41.5	44.2	5300	6700	0.348	36	28	55	6	1	36.4	50.8	29	8	1.1	0.29	2.4	3.5	2.3
21305 KTN1+H 305		62	17	44.2	44.5	5300	6700	0.328	35	28	55	6	1	35.9	51.3	29	8	1.1	0.29	2.4	3.5	2.3
21306 CCK+H 306	25	72	19	55.8	62	4500	6000	0.507	43	33	65	6	1	43.3	59.6	31	8	1.1	0.27	2.5	3.7	2.4
21306 KTN1+H 306		72	19	62	63.5	4500	6000	0.486	41	33	65	6	1	41.2	59.6	31	8	1.1	0.28	2.4	3.6	2.4
21307 CCK+H 307	30	80	21	63.5	73.2	4000	5300	0.682	49	39	71	7	1.5	49.1	66.3	35	9	1.5	0.27	2.5	3.8	2.5
21307 KTN1+H 307		80	21	72.2	75.5	4000	5300	0.647	47	39	71	7	1.5	47.6	67.8	35	9	1.5	0.27	2.5	3.8	2.5
22208 K+H 308	35	80	23	49.8	68.5	4500	5600	0.74	52	44	73	5	1	52.6	66.5	36	10	1.1	0.32	2.1	3.1	2.1
22208 CK/W33+H 308		80	23	78.5	90.8	5000	6000	0.70	52	44	73	5	1	52.6	69.4	36	10	1.1	0.28	2.4	3.6	2.3
22208 CCK/W33+H 308		80	23	77	88.5	5000	6300	0.71	50	44	73	5	1	50.4	69.4	36	10	1.1	0.28	2.4	3.6	2.4
22208 KTN1/W33+H 308		80	23	92.5	102	5000	6300	0.71	49	44	73	5	1	49.4	70.5	36	10	1.1	0.28	2.4	3.6	2.4
21308 CCK+H 308		90	23	85	96.2	3600	4500	0.93	54	44	81	5	1.5	54	75.1	36	10	1.5	0.26	2.6	3.8	2.5
21308 KTN1+H 308		90	23	91.2	99	3600	4500	0.91	53	44	81	5	1.5	53.5	75.6	36	10	1.5	0.26	2.6	3.8	2.5
22308 K+H 2308		90	33	73.5	90.5	4000	5000	1.25	50	45	81	5	1.5	—	—	46	10	1.5	0.42	1.6	2.4	1.6
22308 CK/W33+H 2308		90	33	120	138	4300	5300	1.22	51	45	81	5	1.5	51.2	74.1	46	10	1.5	0.38	1.8	2.6	1.7

续表

轴承型号	基本尺寸/mm			基本额定载荷/kN		极限转速/r·min⁻¹		质量/kg	安装尺寸/mm					其他尺寸/mm					计算系数			
20000 K(CK、CCK、KTN1)/W33+H 型	d_1	D	B	C_r	C_{0r}	脂	油	W ≈	d_a max	d_b min	D_a max	B_a min	r_a max	d_2 ≈	D_2 ≈	B_1	B_2 ≈	r min	e	Y_1	Y_2	Y_0
22308 CCK/W33+H 2308	35	90	33	120	138	4500	6000	1.24	51	45	81	5	1.5	51.4	74.3	46	10	1.5	0.38	1.8	2.7	1.8
22308 KTN1/W33+H 2308		90	33	130	148	4500	6000	1.24	50	45	81	5	1.5	50.9	74.8	46	10	1.5	0.38	1.8	2.7	1.8
22209 K+H 309	40	85	23	52.2	73.2	4000	5000	0.84	58	50	78	7	1	58.1	71.7	39	11	1.1	0.30	2.3	3.4	2.2
22209 CK/W33+H 309		85	23	82.0	97.5	4500	5600	0.8	56	50	78	7	1	56.6	73.5	39	11	1.1	0.27	2.5	3.8	2.5
22209 CCK/W33+H 309		85	23	80.5	95.2	4500	6000	0.79	54	50	78	7	1	54.6	73.6	39	11	1.1	0.26	2.6	3.8	2.5
22209 KTN1/W33+H 309		85	23	92.5	102	4500	6000	0.78	53	50	78	7	1	53.6	74.7	39	11	1.1	0.26	2.6	3.8	2.5
21309 CCK+H 309		100	25	100	115	3200	4000	1.22	61	50	91	5	1.5	61.4	84.4	39	11	1.5	0.25	2.7	4.0	2.6
21309 KTN1+H 309		100	25	108	120	3200	4000	1.17	60	50	91	5	1.5	60.4	84.4	39	11	1.5	0.25	2.7	4.0	2.6
22309 K+H 2309		100	36	108	140	3600	4500	1.68	57	51	91	5	1.5	—	—	50	11	1.5	0.41	1.6	2.4	1.6
22309 CK/W33+H 2309		100	36	142	170	3800	4800	1.63	57	51	91	5	1.5	57.3	82	50	11	1.5	0.38	1.8	2.6	1.7
22309 CCK/W33+H 2309		100	36	142	170	4000	5300	1.65	57	51	91	5	1.5	57.6	82.2	50	11	1.5	0.37	1.8	2.7	1.8
22309 KTN1/W33+H 2309		100	36	160	185	4000	5300	1.67	57	51	91	5	1.5	57.6	83.3	50	11	1.5	0.37	1.8	2.7	1.8
22210 K+H 310	45	90	23	52.2	73.2	3800	4800	1.17	63	55	83	9	1	63.1	76.9	42	12	1.1	0.30	2.4	3.6	2.4
22210 CK/W33+H 310		90	23	84.5	105	4000	5000	0.89	61	55	83	9	1	61.6	78.7	42	12	1.1	0.24	2.8	4.1	2.7
22210 CCK/W33+H 310		90	23	85	102	4300	5300	0.914	59	55	83	9	1	59.7	78.8	42	12	1.1	0.24	2.8	4.1	2.7
22210 KTN1/W33+H 310		90	23	96.5	110	4300	5300	0.896	58	55	83	9	1	58.7	79.8	42	12	1.1	0.24	2.8	4.1	2.7
21310 CCK+H 310		110	27	120	140	2800	3800	1.60	66	55	100	5	2	66.7	91.7	42	12	2	0.25	2.7	4.0	2.6
21310 KTN1+H 310		110	27	125	140	2800	3800	1.52	67	55	100	5	2	67.3	93.3	42	12	2	0.25	2.7	4.1	2.7
22310 K+H 2310		110	40	128	170	3400	4300	2.26	66	56	100	5	2	66.5	90.9	55	12	2	0.41	1.6	2.4	1.6
22310 CK/W33+H 2310		110	40	175	210	3400	4300	2.16	63	56	100	5	2	63.2	92.1	55	12	2	0.37	1.8	2.7	1.8
22310 CCK/W33+H 2310		110	40	178	212	3800	4800	2.15	63	56	100	5	2	63.4	91.9	55	12	2	0.37	1.8	2.7	1.8
22310 KTN1/W33+H 2310		110	40	192	228	3800	4800	2.2	64	56	100	5	2	64.1	92.7	55	12	2	0.37	1.8	2.8	1.8
22211 K+H 311	50	100	25	60	87.2	3400	4300	—	69	60	91	10	1.5	69.6	85	45	12	1.5	0.28	2.5	3.7	2.4
22211 CK/W33+H 311		100	25	102	125	3600	4500	1.19	68	60	91	10	1.5	68	87.9	45	12	1.5	0.24	2.8	4.1	2.7
22211 CCK/W33+H311		100	25	102	125	3800	5000	1.20	66	60	91	10	1.5	66	88	45	12	1.5	0.24	2.8	4.2	2.8
22211 KTN1+H 311		100	25	118	140	3800	5000	1.17	65	60	91	10	1.5	65.5	88.5	45	12	1.5	0.24	2.8	4.2	2.8
21311 CCK+H 311		120	29	142	170	2600	3400	2.00	72	60	110	6	2	72.6	100.5	45	12	2	0.25	2.7	4.1	2.7
21311 KTN1+H 311		120	29	145	165	2600	3400	1.92	74	60	110	6	2	74.1	102.1	45	12	2	0.24	2.8	4.2	2.7
22311 K+H 2311		120	43	155	198	3000	3800	2.82	69	61	110	6	2	—	—	59	12	2	0.39	1.7	2.6	1.7
22311 CK/W33+H 2311		120	43	208	250	3000	3800	2.72	68	61	110	6	2	68.9	100.5	59	12	2	0.37	1.8	2.7	1.8

续表

轴承型号	基本尺寸/mm			基本额定载荷/kN		极限转速/r·min^{-1}		质量/kg	安装尺寸/mm					其他尺寸/mm					计算系数			
20000 K(CK、CCK、KTN1)/W33+H 型	d_1	D	B	C_r	C_{0r}	脂	油	W ≈	d_a max	d_b min	D_a max	B_a min	r_a max	d_2 ≈	D_2 ≈	B_1	B_2 ≈	r min	e	Y_1	Y_2	Y_0
22311 CCK/W33+H 2311	50	120	43	210	252	3400	4300	2.73	69	61	110	6	2	69.2	100.5	59	12	2	0.36	1.9	2.8	1.8
22311 KTN1/W33+H 2311		120	43	225	262	3400	4300	2.74	68	61	110	6	2	68.8	101.2	59	12	2	0.36	1.9	2.8	1.8
22212 K+H 312	55	110	28	81.8	122	3200	4000	1.31	75	65	101	9	1.5	75.7	93.5	47	13	1.5	0.28	2.4	3.6	2.4
22212 CK/W33+H 312		110	28	122	155	3200	4000	1.49	75	65	101	9	1.5	75	96.4	47	13	1.5	0.24	2.8	4.1	2.7
22212 CCK/W33+H 312		110	28	122	155	3600	4500	1.24	72	65	101	9	1.5	72.7	96.5	47	13	1.5	0.24	2.8	4.1	2.7
22212 KTN1/W33+H 312		110	28	150	185	3600	4500	1.23	72	65	101	9	1.5	72.7	98.6	47	13	1.5	0.24	2.8	4.2	2.7
21312 CCK+H 312		130	31	162	195	2400	3200	2.17	79	65	118	6	2.1	79.5	109.3	47	13	2.1	0.24	2.8	4.2	2.7
21312 KTN1+H 312		130	31	170	195	2400	3200	2.05	80	65	118	6	2.1	80	110.8	47	13	2.1	0.24	2.8	4.2	2.8
22312 K+H 2312		130	46	168	225	2800	3600	3.48	79	67	118	6	2.1	79	107.9	62	13	2.1	0.40	1.7	2.5	1.6
22312 CK/W33+H 2312		130	46	238	285	2800	3600	3.33	74	67	118	6	2.1	74.7	108.8	62	13	2.1	0.37	1.8	2.7	1.8
22312 CCK/W33+H 2312		130	46	242	292	3200	4000	3.36	74	67	118	6	2.1	74.9	109	62	13	2.1	0.36	1.9	2.8	1.8
22312 KTN1/W33+H 2312		130	46	262	312	3200	4000	3.44	75	67	118	6	2.1	75.5	109.6	62	13	2.1	0.36	1.9	2.8	1.9
22213 K+H 313	60	120	31	88.5	128	2800	3600	2.09	83	70	111	8	1.5	83	102.3	50	14	1.5	0.28	2.4	3.6	2.4
22213 CK/W33+H 313		120	31	150	195	2800	3600	1.91	81	70	111	8	1.5	81	103.9	50	14	1.5	0.25	2.7	4.0	2.6
22213 CCK/W33+H 313		120	31	150	195	3200	4000	2	78	70	111	8	1.5	78.4	104	50	14	1.5	0.25	2.7	4.0	2.6
22213 KTN1/W33+H 313		120	31	172	212	3200	4000	1.99	77	70	111	8	1.5	77.4	105	50	14	1.5	0.25	2.7	4.0	2.6
21313 CCK+H 313		140	33	182	228	2200	3000	3.03	87	70	128	6	2.1	87.4	118.1	50	14	2.1	0.24	2.9	4.3	2.8
21313 KTN1+H 313		140	33	198	235	2200	3000	2.91	86	70	128	6	2.1	86.4	119.1	50	14	2.1	0.24	2.9	4.3	2.8
22313 K+H 2313		140	48	188	252	2400	3200	4.15	79	72	128	5	2.1	—	—	65	14	2.1	0.39	1.7	2.6	1.7
22313 CK/W33+H 2313		140	48	260	315	2400	3200	4.00	81	72	128	5	2.1	81.4	117.3	65	14	2.1	0.35	1.9	2.9	1.9
22313 CCK/W33+H 2313		140	48	265	320	3000	3800	4.02	81	72	128	5	2.1	81.5	117.4	65	14	2.1	0.35	1.9	2.9	1.9
22313 KTN1/W33+H 2313		140	48	295	355	3000	3800	4.12	81	72	128	5	2.1	81.5	118.5	65	14	2.1	0.35	2.0	2.9	1.9
22214 K+H 314		125	31	95	142	2600	3400	1.66	87	76	116	9	1.5	87.4	106	52	14	1.5	0.27	2.4	3.7	2.4
22214 CK/W33+H 314		125	31	158	205	2600	3400	1.7	85	76	116	9	1.5	85.8	109.5	52	14	1.5	0.23	2.9	4.3	2.8
22214 CCK/W33+H 314		125	31	150	195	3000	3800	1.6	84	76	116	9	1.5	84.1	109.7	52	14	1.5	0.24	2.9	4.3	2.8
22214 KTN1/W33+H 314		125	31	180	225	3000	3800	1.6	83	76	116	9	1.5	83	110.6	52	14	1.5	0.24	2.9	4.3	2.8
21314 CCK+H 314		150	35	212	268	2000	2800	3.11	94	76	138	6	2.1	94.3	127.9	52	14	2.1	0.23	2.9	4.3	2.8
21314 KTN1+H 314		150	35	220	265	2000	2800	2.97	92	76	138	6	2.1	92.8	127.4	52	14	2.1	0.23	2.9	4.3	2.8
22314 K+H 2314		150	51	230	315	2200	3000	4.4	92	77	138	6	2.1	92	126.6	68	14	2.1	0.37	1.8	2.7	1.8
22314 CK/W33+H 2314		150	51	292	362	2200	3000	4.4	88	77	138	6	2.1	88.1	125.9	68	14	2.1	0.35	1.9	2.9	1.9

第7篇

续表

轴承型号	基本尺寸/mm			基本额定载荷/kN		极限转速/r·min⁻¹		质量/kg	安装尺寸/mm					其他尺寸/mm					计算系数			
20000 K(CK、CCK、KTN1)/W33+H型	d_1	D	B	C_r	C_{0r}	脂	油	W ≈	d_a max	d_b min	D_a max	B_a min	r_a max	d_2 ≈	D_2 ≈	B_1	B_2 ≈	r min	e	Y_1	Y_2	Y_0
22314 CCK/W33+H 2314	60	150	51	312	395	2800	3400	4.34	88	77	138	6	2.1	88.2	125.9	68	14	2.1	0.34	2.0	2.9	1.9
22314 KTN1/W33+H 2314		150	51	332	405	2800	3400	4.35	87	77	138	6	2.1	87.7	126.5	68	14	2.1	0.34	2.0	2.9	1.9
22215 K+H 315	65	130	31	95	142	2400	3200	2.58	94	81	121	12	1.5	94	113.3	55	15	1.5	0.26	2.6	3.9	2.6
22215 CK/W33+H 315		130	31	162	215	2400	3200	2.43	90	81	121	12	1.5	90.5	114.7	55	15	1.5	0.22	3.0	4.5	2.9
22215 CCK/W33+H 315		130	31	162	215	3000	3800	2.52	88	81	121	12	1.5	88.2	114.8	55	15	1.5	0.22	3.0	4.5	2.9
22215 KTN1/W33+H 315		130	31	180	232	3000	3800	2.5	87	81	121	12	1.5	87.7	115.4	55	15	1.5	0.22	3.0	4.5	2.9
21315 CCK+H 315		160	37	238	302	1900	2600	4.59	102	81	148	6	2.1	102.2	137.7	55	15	2.1	0.23	3.0	4.4	2.9
21315 KTN1+H 315		160	37	252	310	1900	2600	4.46	99	81	148	6	2.1	99.5	136	55	15	2.1	0.23	2.9	4.3	2.9
22315 K+H 2315		160	55	262	388	2000	2800	6.45	94	82	148	5	2.1	—	—	73	15	2.1	0.36	1.7	2.6	1.7
22315 CK/W33+H 2315		160	55	342	438	2000	2800	6.20	94	82	148	5	2.1	94.5	133.6	73	15	2.1	0.35	1.9	2.9	1.9
22315 CCK/W33+H 2315		160	55	348	448	2600	3200	6.33	94	82	148	5	2.1	94.5	133.8	73	15	2.1	0.35	2.0	2.9	1.9
22315 KTN1/W33+H 2315		160	55	380	470	2600	3200	6.38	93	82	148	5	2.1	93.7	135.1	73	15	2.1	0.35	2.0	2.9	1.9
22216 K+H 316	70	140	33	115	180	2200	3000	3.20	99	86	130	12	2	99	120.7	59	17	2	0.25	2.7	4.0	2.6
22216 CK/W33+H 316		140	33	175	238	2200	3000	3.00	97	86	130	12	2	97.6	120.7	59	17	2	0.22	3.0	4.5	2.9
22216 CCK/W33 H 316		140	33	175	235	2800	3400	3.13	95	86	130	12	2	95.1	122.8	59	17	2	0.22	2.0	4.5	3.0
22216 KTN1/W33+H 316		140	33	212	275	2800	3400	3.09	93	86	130	12	2	93.5	124.2	59	17	2	0.22	3.0	4.5	3.0
21316 CCK+H 316		170	39	260	332	1800	2400	5.47	107	86	158	6	2.1	107	144.4	59	17	2.1	0.23	3.0	4.4	2.9
21316 KTN1+H 316		170	39	280	350	1800	2400	5.33	105	86	158	6	2.1	105	143.4	59	17	2.1	0.23	2.9	4.3	2.9
22316 K +H 2316		170	58	288	405	1900	2600	7.70	105	88	158	6	2.1	105	143.7	78	17	2.1	0.37	1.8	2.7	1.8
22316 CK/W33+H 2316		170	58	385	498	1900	2600	7.35	100	88	158	6	2.1	100.4	142.5	78	17	2.1	0.35	1.9	2.9	1.9
22316 CCK/W33+H 2316		170	58	392	508	2400	3000	7.62	100	88	158	6	2.1	100.4	142.5	78	17	2.1	0.34	2.0	2.9	1.9
22316 KTN1/W33+H 2316		170	58	412	515	2400	3000	7.57	100	88	158	6	2.1	100.4	143.6	78	17	2.1	0.34	2.0	2.9	1.9
22217 K+H 317	75	150	36	145	228	2000	2800	4.00	105	91	140	12	2	105	129.5	63	18	2	0.26	2.6	3.9	2.5
22217 CK/W33+H 317		150	36	210	278	2000	2800	3.75	103	91	140	12	2	103.4	132.1	63	18	2	0.22	3.0	4.4	2.9
22217 CCK/W33+H 317		150	36	212	282	2600	3200	3.87	100	91	140	12	2	100.6	132.2	63	18	2	0.23	3.0	4.4	2.9
22217 KTN1/W33 H 317		150	36	262	340	2600	3200	3.84	101	91	140	12	2	101.3	135.9	63	18	2	0.22	3.0	4.5	2.9
21317 CCK+H 317		180	41	298	385	1700	2200	6.43	112	91	166	7	2.5	112.9	153.3	63	18	3	0.23	3.0	4.4	2.9
21317 KTN1+H 317		180	41	310	390	1700	2200	6.27	111	91	166	7	2.5	111.9	152.3	63	18	3	0.23	3.0	4.4	2.9
22317 K+H 2317		180	60	308	440	1800	2400	8.70	106	93	166	7	2.5	—	—	82	18	3	0.37	1.8	2.7	1.8
22317 CK/W33+H 2317		180	60	420	540	1800	2400	8.55	106	93	166	7	2.5	106.3	151.4	82	18	3	0.34	1.9	3.0	2.0

续表

轴承型号	基本尺寸/mm			基本额定载荷/kN		极限转速/r·min^{-1}		质量/kg	安装尺寸/mm					其他尺寸/mm					计算系数			
20000 K(CK、CCK、KTN1)/W33+H 型	d_1	D	B	C_r	C_{0r}	脂	油	W ≈	d_a max	d_b min	D_a max	B_a min	r_a max	d_2 ≈	D_2 ≈	B_1	B_2 ≈	r min	e	Y_1	Y_2	Y_0
22317 CCK/W33+H 2317	75	180	60	430	555	2200	2800	8.57	106	93	166	7	2.5	106.3	151.6	82	18	3	0.34	2.0	3.0	2.0
22317 KTN1/W33+H 2317		180	60	460	572	2200	2800	8.57	105	93	166	7	2.5	105.3	152.6	82	18	3	0.34	2.0	3.0	2.0
22218 K+H 318	80	160	40	168	272	1900	2600	5.35	112	96	150	10	2	112	138.3	65	18	2	0.27	2.5	3.8	2.5
22218 CK/W33+H 318		160	40	240	322	1900	2600	4.55	111	96	150	10	2	111	141	65	18	2	0.23	2.9	4.4	2.8
22218 CCK/W33+H 318		160	40	250	338	2400	3000	4.73	107	96	150	10	2	107.8	141	65	18	2	0.24	2.9	4.3	2.8
22218 KTN1/W33+H 318		160	40	280	378	2400	3000	4.7	107	96	150	10	2	107.8	142.1	65	18	2	0.24	2.9	4.3	2.8
23218 CK/W33+H 2318		160	52.4	325	478	1700	2200	6.3	105	99	150	18	2	105.5	137	86	18	2	0.31	2.1	3.2	2.1
23218 CCK/W33+H 2318		160	52.4	330	482	1800	2400	6.1	105	99	150	18	2	105.5	137.2	86	18	2	0.31	2.2	3.2	2.1
21318 CCK+H 318		190	43	320	420	1700	2200	7.52	119	96	176	7	2.5	119.7	161	65	18	3	0.23	3.0	4.5	2.9
21318 KTN1+H 318		190	43	330	420	1700	2200	7.23	119	96	176	7	2.5	119.7	161	65	18	3	0.23	3.0	4.5	2.9
22318 K+H 2318		190	64	365	542	1700	2200	10.5	118	99	176	7	2.5	118	159.2	86	18	3	0.37	1.8	2.7	1.8
22318 CK/W33+H 2318		190	64	475	622	1800	2400	10.1	112	99	176	7	2.5	112.7	159.5	86	18	3	0.34	2.0	2.9	2.0
22318 CCK/W33+H 2318		190	64	482	640	2200	2600	10.3	112	99	176	7	2.5	112.8	159.7	86	18	3	0.34	2.0	3.0	2.0
22318 KTN1/W33+H 2318		190	64	518	660	2200	2600	10.4	111	99	176	7	2.5	111.8	160.8	86	18	3	0.34	2.0	3.0	2.0
22219 K+H 319	85	170	43	212	322	1800	2400	5.75	119	102	158	9	2.1	119	148.4	68	19	2.1	0.27	2.5	3.7	2.4
22219 CK/W33+H 319		170	43	278	380	1900	2600	5.45	117	102	158	9	2.1	117	148.4	68	19	2.1	0.24	2.9	4.4	2.7
22219 CCK/W33+H 319		170	43	282	390	2200	2800	5.75	113	102	158	9	2.1	113.5	148.5	68	19	2.1	0.24	2.8	4.2	2.7
22219 KTN1/W33+H 319		170	43	310	420	2200	2800	5.65	113	102	158	9	2.1	113.5	149.6	68	19	2.1	0.24	2.8	4.2	2.7
21319 CCK+H 319		200	45	355	485	1700	2200	8.7	129	102	186	7	2.5	129.7	171.9	68	19	3	0.22	3.1	4.6	3.0
21319 KTN1+H 319		200	45	365	482	1700	2200	8.45	127	102	186	7	2.5	127.6	169.8	68	19	3	0.22	3.0	4.5	3.0
22319 K+H 2319		200	67	385	570	1600	2000	12.2	118	104	186	7	2.5	—	—	90	19	3	0.38	1.8	2.7	1.8
22319 CK/W33+H 2319		200	67	520	688	1700	2000	11.7	118	104	186	7	2.5	118.5	168	90	19	3	0.34	2.0	3.0	2.0
22319 CCK/W33+H 2319		200	67	530	705	2000	2600	11.9	118	104	186	7	2.5	118.5	168.2	90	19	3	0.34	2.0	3.0	2.0
22319 KTN1/W33+H 2319		200	67	568	728	2000	2600	12	117	104	186	7	2.5	117.5	169.2	90	19	3	0.34	2.0	3.0	2.0
23120 CK/W33+H 3120	90	165	52	320	505	1600	2000	—	115	107	155	7	2	115.4	144.1	76	20	2	0.30	2.3	3.4	2.2
23120 CCK/W33+H 3120		165	52	322	510	1700	2200	—	115	107	155	7	2	115.5	144.3	76	20	2	0.29	2.3	3.5	2.3
22220 K+H 320		180	46	222	358	1700	2200	6.7	125	108	168	8	2.1	125	156.1	71	20	2.1	0.27	2.5	3.7	2.4
22220 CK/W33+H 320		180	46	310	425	1800	2400	6.45	124	108	168	8	2.1	124	158	71	20	2.1	0.23	2.9	4.3	2.8
22220 CCK/W33+H 320		180	46	315	435	2200	2600	6.71	120	108	168	8	2.1	120.3	158.1	71	20	2.1	0.24	2.8	4.1	2.7
22220 KTN1/W33+H 320		180	46	368	492	2200	2600	6.68	119	108	168	8	2.1	119.3	159.1	71	20	2.1	0.24	2.8	4.1	2.7

续表

轴承型号	基本尺寸/mm			基本额定载荷/kN		极限转速/r·min^{-1}		质量/kg	安装尺寸/mm					其他尺寸/mm					计算系数			
20000 K(CK、CCK、KTN1)/W33+H 型	d_1	D	B	C_r	C_{0r}	脂	油	W ≈	d_a max	d_b min	D_a max	B_a min	r_a max	d_2 ≈	D_2 ≈	B_1	B_2 ≈	r min	e	Y_1	Y_2	Y_0
23220 CK/W33+H 2320	90	180	60.3	415	618	1600	2000	8.85	118	110	168	19	2.1	118.5	154.4	97	20	2.1	0.33	2.0	3.0	2.0
23220 CCK/W33+H 2320		180	60.3	420	630	1600	2200	8.67	118	110	168	19	2.1	118.6	154.5	97	20	2.1	0.32	2.1	3.2	2.1
21320 CCK+H 320		215	47	385	530	1600	2000	10.5	136	108	201	7	2.5	136.6	180.6	71	20	3	0.22	3.1	4.6	3.0
21320 KTN1+H 320		215	47	425	575	1600	2000	10.33	136	108	201	7	2.5	136.6	181.7	71	20	3	0.22	3.1	4.6	3.0
22320 K+H 2320		215	73	450	668	1400	1800	15.15	135	110	201	7	2.5	135	181.5	97	20	3	0.37	1.8	2.7	1.8
22320 CK/W33+H 2320		215	73	608	815	1400	1800	14.65	126	110	201	7	2.5	126.5	179.6	97	20	3	0.35	1.9	2.9	1.9
22320 CCK/W33+H 2320		215	73	618	832	1900	2400	14.95	126	110	201	7	2.5	126.7	179.8	97	20	3	0.34	2.0	2.9	1.9
22320 KTN1/W33+H 2320		215	73	658	855	1900	2400	15.15	125	110	201	7	2.5	125.7	180.9	97	20	3	0.34	2.0	2.9	1.9
23122 K+H 3122	100	180	56	262	475	1300	1700	5.2	126	117	170	7	2	—	—	81	21	2	0.32	2.1	3.1	2.1
23122 CK/W33+H 3122		180	56	375	595	1300	1700	8.35	126	117	170	7	2	126.3	157.8	81	21	2	0.29	2.3	3.4	2.3
23122 CCK/W33+H 3122		180	56	378	602	1600	2000	7.61	126	117	170	7	2	126.4	157.9	81	21	2	0.29	2.4	3.5	2.3
22222 K+H 322		200	53	288	465	1500	1900	9.60	138	118	188	6	2.1	138	173.4	77	21	2.1	0.28	2.4	3.6	2.3
22222 CK/W33+H 322		200	53	405	575	1700	2200	8.95	137	118	188	6	2.1	137	173.6	77	21	2.1	0.25	2.7	4.0	2.6
22222 CCK/W33+H 322		200	53	410	588	1900	2400	9.52	132	118	188	6	2.1	132.5	173.7	77	21	2.1	0.25	2.7	4.0	2.6
22222 KTN1/W33+H 322		200	53	450	635	1900	2400	9.45	132	118	188	6	2.1	132.5	174.8	77	21	2.1	0.25	2.7	4.0	2.6
23222 CK/W33+H 2322		200	69.8	515	785	1400	1800	12.45	130	121	188	17	2.1	130.1	169	105	21	2.1	0.33	2.0	3.0	2.0
23222 CCK/W33+H 2322		200	69.8	520	800	1500	1900	12.21	130	121	188	17	2.1	130.2	169.1	105	21	2.1	0.34	2.0	3.0	2.0
21322 CCK+H 322		240	50	460	635	1400	1800	14	150	118	226	9	2.5	150.5	200.5	77	21	3	0.21	3.2	4.8	3.1
21322 KTN1+H 322		240	50	512	695	1400	1800	13.9	150	118	226	9	2.5	150.5	201.5	77	21	3	0.21	3.2	4.8	3.1
22322 K+H 2322		240	80	545	832	1200	1600	20.85	149	121	226	7	2.5	149	201.1	105	21	3	0.37	1.9	2.7	1.8
22322 CK/W33+H 2322		240	80	695	935	1500	1900	20.25	140	121	226	7	2.5	140.9	199.4	105	21	3	0.34	2.0	2.9	1.9
22322 CCK/W33+H 2322		240	80	715	968	1700	2200	20.25	140	121	226	7	2.5	140.9	199.6	105	21	3	0.34	2.0	3.0	2.0
22322 KTN1/W33+H 2322		240	80	795	1058	1700	2200	20.95	140	121	226	7	2.5	140	200.7	105	21	3	0.34	2.0	3.0	2.0
23024 K+H 3024	110	180	46	212	470	1200	1600	6.00	133	127	170	7	2	—	—	72	22	2	0.25	2.7	4.0	2.6
23024 CK/W33+H 3024		180	46	295	495	1400	1800	—	134	127	170	7	2	134.5	162.1	72	22	2	0.22	3.0	4.6	2.8
23024 CCK/W33+H 3204		180	46	300	500	1800	2200	5.68	133	127	170	7	2	133.5	162.2	72	22	2	0.23	2.9	4.4	2.9
23124 K+H 3124		200	62	290	572	1100	1500	10.2	139	128	190	7	2	139.1	175	88	22	2	0.32	2.1	3.1	2.0
23124 CK/W33+H 3124		200	62	450	715	1300	1700	—	139	128	190	7	2	139.1	175	88	22	2	0.28	2.4	3.6	2.5
23124 CCK/W33+H 3124		200	62	450	722	1400	1800	10.24	140	128	190	7	2	140.1	175.1	88	22	2	0.29	2.4	3.5	2.3
22224 K+H 3124		215	58	342	565	1300	1700	11.85	149	128	203	11	2.1	149	187.7	88	22	2.1	0.29	2.4	3.5	2.3

续表

轴承型号	基本尺寸/mm			基本额定载荷/kN		极限转速/r·min^{-1}		质量/kg	安装尺寸/mm					其他尺寸/mm					计算系数			
20000 K(CK、CCK、KTN1)/W33+H型	d_1	D	B	C_r	C_{0r}	脂	油	W ≈	d_a max	d_b min	D_a max	B_a min	r_a max	d_2 ≈	D_2 ≈	B_1	B_2 ≈	r min	e	Y_1	Y_2	Y_0
22224 CK/W33+H 3124	110	215	58	470	678	1600	2000	11.15	148	128	203	11	2.1	148	187.9	88	22	2.1	0.24	2.8	4.1	2.7
22224 CCK/W33+H 3124		215	58	480	690	1700	2200	11.65	143	128	203	11	2.1	143	187.9	88	22	2.1	0.26	2.6	3.9	2.6
22224 KTN1/W33+H 3124		215	58	542	765	1700	2200	11.75	142	128	203	11	2.1	142	189	88	22	2.1	0.26	2.6	3.9	2.6
23224 CK/W33+H 2324		215	76	602	940	1300	1700	15.2	141	131	203	17	2.1	141	182.5	112	22	2.1	0.35	1.9	2.9	1.9
23224 CCK/W33+H 2324		215	76	610	955	1300	1700	14.9	141	131	203	17	2.1	141.5	182.7	112	22	2.1	0.34	2.0	3.0	2.0
22324 K+H 2324		260	86	645	992	1100	1500	25.2	162	131	246	7	2.5	162	218.4	112	22	3	0.37	1.9	2.7	1.8
22324 CK/W33+H 2324		260	86	822	1120	1300	1700	24.7	152	131	246	7	2.5	152	216.5	112	22	3	0.34	2.0	2.9	1.9
22324 CCK/W33+H 2324		260	86	845	1160	1500	1900	25.4	152	131	246	7	2.5	152.4	216.6	112	22	3	0.34	2.0	3.0	2.0
22324 KTN1/W33+H 2324		260	86	910	1230	1500	1900	26.1	152	131	246	7	2.5	152.4	216.6	112	22	3	0.34	2.0	3.0	2.0
23026 K+H 3026	115	200	52	270	608	1100	1500	8.75	148	137	190	8	2	—	—	80	23	2	0.26	2.6	3.8	2.5
23026 CK/W33+H 3026		200	52	372	625	1200	1600	—	148	137	190	8	2	148.5	180.3	80	23	2	0.23	2.9	4.4	2.8
23026 CCK/W33+H 3026		200	52	375	630	1700	2000	8.4	148	137	190	8	2	148.1	180.5	80	23	2	0.23	2.9	4.3	2.8
23126 CK/W33+H 3126		210	64	478	788	1300	1700	—	148	138	200	8	2	148	183.8	92	23	2	0.28	2.4	3.6	2.5
23126 CCK/W33+H 3126		210	64	482	802	1300	1700	11.9	148	138	200	8	2	148	183.9	92	23	2	0.28	2.4	3.6	2.4
22226 K+H 3126		230	64	408	708	1200	1600	14.85	161	138	216	8	2.5	161	201	92	23	3	0.29	2.3	3.4	2.3
22226 CK/W33+H 3126		230	64	550	810	1400	1800	14.15	159	138	216	8	2.5	159	200.7	92	23	3	0.26	2.6	3.9	2.5
22226 CCK/W33+H 3126		230	64	562	832	1600	2000	14.85	153	138	216	8	2.5	153.3	200.9	92	23	3	0.26	2.6	3.8	2.5
22226 KTN1/W33+H 3126		230	64	630	912	1600	2000	14.95	152	138	216	8	2.5	152.3	201.9	92	23	3	0.26	2.6	3.8	2.5
23226 CK/W33+H 2326		230	80	668	1060	1200	1600	18.6	152	142	216	21	2.5	152.1	196.2	121	23	3	0.33	2.0	3.0	2.0
23226 CCK/W33+H 2326		230	80	678	1080	1200	1600	18.4	152	142	216	21	2.5	152.2	196.4	121	23	3	0.33	2.0	3.0	2.0
22326 K+H 2326		280	93	722	1140	950	1300	33.6	176	142	262	8	3	176	234.3	121	23	4	0.39	1.7	2.6	1.7
22326 CK/W33+H 2326		280	93	942	1300	1200	1600	32.6	164	142	262	8	3	164	233.2	121	23	4	0.34	1.9	2.9	1.9
22326 CCK/W33+H 2326		280	93	965	1340	1400	1800	32.1	164	142	262	8	3	164.6	233.5	121	23	4	0.34	2.0	3.0	2.0
22326 KTN1/W33+H 2326		280	93	1050	1440	1400	1800	33.2	164	142	262	8	3	164.6	233.5	121	23	4	0.34	2.0	3.0	2.0
23028 K+H 3028	125	210	53	285	635	950	1300	9.5	158	147	200	8	2	—	—	82	24	2	0.25	2.7	4.0	2.6
23028 CK/W33+H 3028		210	53	402	698	1100	1500	—	158	147	200	8	2	158.2	190.2	82	24	2	0.22	3.0	4.6	2.8
23028 CCK/W33+H 3028		210	53	395	680	1600	1900	9.11	158	147	200	8	2	158	190.4	82	24	2	0.22	3.0	4.5	2.9
23128 K+H 3128		225	68	398	605	950	1300	14.35	159	149	213	8	2.1	—	—	97	24	2.1	0.29	2.3	3.4	2.3
23128 CK/W33+H 3128		225	68	545	925	1100	1500	—	159	149	213	8	2.1	159.7	197.2	97	24	2.1	0.28	2.4	3.6	2.5
23128 CCK/W33+H 3128		225	68	538	905	1200	1600	13.65	159	149	213	8	2.1	159.7	197.4	97	24	2.1	0.28	2.4	3.6	2.4

续表

轴承型号	基本尺寸/mm			基本额定载荷/kN		极限转速/r·min^{-1}		质量/kg	安装尺寸/mm					其他尺寸/mm					计算系数			
20000 K(CK、CCK、KTN1)/W33+H 型	d_1	D	B	C_r	C_{0r}	脂	油	W ≈	d_a max	d_b min	D_a max	B_a min	r_a max	d_2 ≈	D_2 ≈	B_1	B_2 ≈	r min	e	Y_1	Y_2	Y_0
22228 K+H 3128	125	250	68	478	805	1000	1400	18.85	175	149	236	8	2.5	175	219.7	97	24	3	0.29	2.3	3.5	2.3
22228 CK/W33+H 3128		250	68	628	930	1300	1700	17.85	173	149	236	8	2.5	173	218.3	97	24	3	0.25	2.7	3.9	2.5
22228 CCK/W33+H 3128		250	68	640	955	1400	1700	18.55	167	149	236	8	2.5	167.1	218.5	97	24	3	0.26	2.6	3.9	2.6
22228 KTN1/W33+H 3128		250	68	725	1060	1400	1700	18.75	166	149	236	8	2.5	166.1	219.5	97	24	3	0.26	2.6	3.9	2.6
23228 CK/W33+H 2328		250	88	802	1280	1000	1400	24.05	163	152	236	22	2.5	163.6	212.4	131	24	3	0.35	1.9	2.9	1.9
23228 CCK/W33+H 2328		250	88	812	1300	1100	1500	23.65	164	152	236	22	2.5	164.2	212.6	131	24	3	0.34	2.0	3.0	2.0
22328 K+H 2328		300	102	825	1340	900	1200	41.55	184	152	282	8	3	184.5	246.6	131	24	4	0.38	1.8	2.6	1.7
22328 CK/W33+H 2328		300	102	1110	1570	1100	1500	39.55	177	152	282	8	3	177.2	250.1	131	24	4	0.34	1.9	2.9	1.9
22328 CCK/W33+H 2328		300	102	1130	1610	1300	1700	40.15	177	152	282	8	3	177.4	250.3	131	24	4	0.34	2.0	2.9	1.9
22328 KTN1/W33+H 2328		300	102	1230	1720	1300	1700	41.75	176	152	282	8	3	176.3	250.3	131	24	4	0.34	2.0	2.9	1.9
23030 K+H 3030	135	225	56	328	768	900	1200	11.6	169	158	213	8	2.1	—	—	87	26	2.1	0.25	2.7	4.0	2.5
23030 CK/W33+H 3030		225	56	438	762	1100	1400	—	168	158	213	8	2.1	168.8	202.9	87	26	2.1	0.22	3.0	4.6	2.8
23030 CCK/W33+H 3030		225	56	432	750	1400	1800	11.2	168	158	213	8	2.1	168.8	203	87	26	2.1	0.22	3.0	4.5	3.0
23130 K+H 3130		250	80	512	1080	850	1100	21.0	172	160	238	8	2.1	—	—	111	26	2.1	0.33	2.0	3.0	2.0
23130 CK/W33+H 3130		250	80	725	1230	1000	1300	—	173	160	238	8	2.1	173.1	216.3	111	26	2.1	0.30	2.3	3.4	2.2
23130 CCK/W33+H 3130		250	80	738	1250	1100	1400	20.6	173	160	238	8	2.1	173	216.5	111	26	2.1	0.30	2.3	3.4	2.2
22230 K+H 3130		270	73	508	875	950	1300	24.0	188	160	256	15	2.5	188	236.2	111	26	3	0.29	2.3	3.5	2.3
22230 CK/W33+H 3130		270	73	738	1100	1200	1600	23.0	185	160	256	15	2.5	185	234.7	111	26	3	0.26	2.6	3.9	2.5
22230 CCK/W33+H 3130		270	73	750	1130	1300	1600	23.5	178	160	256	15	2.5	178.7	234.7	111	26	3	0.26	2.6	3.9	2.6
22230 KTN1/W33+H 3130		270	73	835	1230	1300	1600	23.9	178	160	256	15	2.5	178.7	236.8	111	26	3	0.26	2.6	3.9	2.6
23230 CK/W33+H 2330		270	96	935	1520	950	1300	30.6	176	163	256	20	2.5	176.6	228.5	139	26	3	0.35	1.9	2.9	1.9
23230 CCK/W33+H 2330		270	96	948	1540	1100	1400	29.8	177	163	256	20	2.5	117.1	228.8	139	26	3	0.34	2.0	3.0	1.9
22330 K+H 2330		320	108	1020	1740	850	1100	49.6	198	163	302	8	3	198	269.2	139	26	4	0.36	1.9	2.8	1.8
22330 CCK/W33+H 2330		320	108	1270	1850	1200	1500	48.6	189	163	302	8	3	189.8	266.3	139	26	4	0.34	2.0	3.0	1.9
22330 KTN1/W33+H 2330		320	108	1370	1970	1200	1500	50.2	190	163	302	8	3	190.8	267.3	139	26	4	0.34	2.0	3.0	1.9
23032 K+H 3032	140	240	60	368	825	850	1100	14.6	180	168	228	8	2.1	—	—	93	28	2.1	0.25	2.7	4.0	2.6
23032 CK/W33+H 3032		240	60	500	875	1000	1300	—	179	168	228	8	2.1	179.5	216.3	93	28	2.1	0.22	3.0	4.6	2.8
23032 CCK/W33+H 3032		240	60	508	890	1300	1700	14.03	179	168	228	8	2.1	179.5	216.4	93	28	2.1	0.22	3.0	4.5	3.0
23132 K+H 3132		270	86	520	1110	800	1000	27.65	184	170	258	8	2.1	—	—	119	28	2.1	0.34	2.0	2.9	2.0
23132 CK/W33+H 3132		270	86	845	1420	900	1200	—	185	170	258	8	2.1	185.4	234.4	119	28	2.1	0.30	2.3	3.4	2.2
23132 CCK/W33+H 3132		270	86	845	1440	1000	1300	27.75	186	170	258	8	2.1	186.5	234.5	119	28	2.1	0.30	2.0	3.4	2.2
22232 K+H 3132		290	80	642	1140	900	1200	29.85	200	170	276	14	2.5	200	252.2	119	28	3	0.30	2.3	3.4	2.2
22232 CK/W33+H 3132		290	80	825	1250	1000	1400	29.65	199	170	276	14	2.5	199	251.2	119	28	3	0.26	2.6	3.9	2.5
22232 CCK/W33+H 3132		290	80	848	1290	1200	1500	30.55	191	170	276	14	2.5	191.9	251.4	119	28	3	0.26	2.6	3.8	2.5

续表

轴承型号	基本尺寸/mm			基本额定载荷/kN		极限转速/$r\cdot min^{-1}$		质量/kg	安装尺寸/mm					其他尺寸/mm					计算系数			
20000 K(CK、CCK、KTN1)/W33+H 型	d_1	D	B	C_r	C_{0r}	脂	油	W ≈	d_a max	d_b min	D_a max	B_a min	r_a max	d_2 ≈	D_2 ≈	B_1	B_2 ≈	r min	e	Y_1	Y_2	Y_0
22232 KTN1/W33+H 3132	140	290	80	952	1430	1200	1500	31.05	190	170	276	14	2.5	190.9	252.4	119	28	3	0.26	2.6	3.8	2.5
23232 CK/W33+H 2332		290	104	1080	1760	900	1200	39.15	189	174	276	18	2.5	189	244.9	147	28	3	0.35	1.9	2.9	1.9
23232 CCK/W33+H 2332		290	104	1090	1780	1100	1400	38.55	189	174	276	18	2.5	189.1	244.9	147	28	3	0.34	2.0	2.9	1.9
22332 K+H 2332		340	114	1040	1770	800	1000	60.15	213	174	322	8	3	213	279.4	147	28	4	0.38	1.8	2.7	1.8
23034 K+H 3034	150	260	67	445	1010	800	1000	18.5	191	179	248	8	2.1	—	—	101	29	2.1	0.26	2.6	3.8	2.5
23034 CK/W33+H 3034		260	67	608	1080	900	1200	—	192	179	248	8	2.1	192.8	233	101	29	2.1	0.23	2.9	4.4	2.8
23034 CCK/W33+H 3034		260	67	615	1100	1200	1600	18.3	192	179	248	8	2.1	192.8	233.2	101	29	2.1	0.23	2.9	4.3	2.9
23134 CK/W33+H 3134		280	88	885	1520	850	1100	—	195	180	268	8	2.1	195.5	244.3	122	29	2.1	0.30	2.3	3.4	2.2
23134 CCK/W33+H 3134		280	88	900	1550	1000	1300	29.5	195	180	268	8	2.1	195.5	244.4	122	29	2.1	0.29	2.3	3.5	2.3
22234 K+H 3134		310	86	720	1300	850	1100	37.4	212	180	292	10	3	212	267.5	122	29	4	0.30	2.3	3.4	2.2
22234 CCK/W33+H 3134		310	86	975	1500	1100	1400	36.5	205	180	292	10	3	205.4	269.6	122	29	4	0.26	2.6	3.8	2.5
22234 KTN1/W33+H 3134		310	86	1090	1660	1100	1400	37.3	204	180	292	10	3	204.4	270.7	122	29	4	0.26	2.6	3.8	2.5
23234 CCK/W33+H 2334		310	110	1200	2030	900	1200	45.7	205	185	292	18	3	205.7	264.4	154	29	4	0.34	2.0	3.0	2.0
22334 K+H 2334		360	120	1150	2060	750	950	70	227	185	342	8	3	227.4	319	154	29	4	0.39	1.7	2.6	1.7
23036 K+H 3036	160	280	74	540	1230	750	950	23.35	204	189	268	8	2.1	—	—	109	30	2.1	0.26	2.6	3.8	2.5
23036 CK/W33+H 3036		280	74	710	1260	800	1000	—	205	189	268	8	2.1	205	249.8	109	30	2.1	0.24	2.8	4.2	2.8
23036 CCK/W33+H 3036		280	74	718	1310	1200	1400	22.65	206	189	268	8	2.1	206.1	248.9	109	30	2.1	0.24	2.8	4.2	2.8
23136 K+H 3136		300	96	695	1480	750	900	29.4	207	191	286	8	2.5	—	—	131	30	3	0.32	2.1	3.1	2.1
23136 CK/W33+H 3136		300	96	1030	1800	800	1000	—	208	191	286	8	2.5	208.6	260.7	131	30	3	0.30	2.3	3.4	2.2
23136 CCK/W33+H 3136		300	96	1050	1830	900	1200	29.2	208	191	286	8	2.5	208.5	260.9	131	30	3	0.30	2.3	3.4	2.2
22236 K+H 3136		320	86	735	1370	800	1000	39.5	222	191	302	18	3	222	276.9	131	30	4	0.29	2.3	3.5	2.3
22236 CCK/W33+H 3136		320	86	1010	1590	1100	1300	38.9	215	191	302	18	3	215.7	280.1	131	30	4	0.25	2.7	3.9	2.6
22236 KTN1/W33+H 3136		320	86	1140	1760	1100	1300	39.7	214	191	302	18	3	214.7	281.1	131	30	4	0.25	2.7	3.9	2.6
23236 CCK/W33+H 2336		320	112	1280	2170	850	1100	48.9	213	195	302	22	3	213.7	274.3	161	30	4	0.33	2.0	3.0	2.0
22336 K+H 2336		380	126	1260	2270	700	900	81.0	240	195	362	8	3	240.8	336.5	161	30	4	0.38	1.8	2.6	1.7
23038 K+H 3038	170	290	75	555	1230	700	900	24.95	216	199	278	9	2.1	—	—	112	31	2.1	0.25	2.7	4.0	2.6
23038 CK/W33+H 3038		290	75	745	1350	800	1000	—	215	199	278	9	2.1	215.2	260	112	31	2.1	0.23	2.9	4.4	2.8
23038 CCK/W33+H 3038		290	75	755	1380	1100	1400	22.65	215	199	278	9	2.1	215.2	260	112	31	2.1	0.23	2.9	4.3	2.8
23138 K+H 3138		320	104	788	1830	670	850	44.5	220	202	306	9	2.5	—	—	141	31	3	0.33	2.0	3.0	2.0
23138 CCK/W33+H 3138		320	104	1200	2120	850	1100	42.8	222	202	306	9	2.5	222.6	279.2	141	31	3	0.30	2.2	3.3	2.2
22238 K+H 3138		340	92	818	1510	750	950	46.3	238	202	322	21	3	238	295	141	31	4	0.29	2.3	3.5	2.3
23238 CCK/W33+H 2338		340	120	1450	2490	800	1100	57.6	227	206	322	21	3	227.7	291.6	169	31	4	0.33	2.0	3.0	2.0
22338 K+H 2338		400	132	1390	2530	670	850	92.5	255	206	378	9	4	255	328.4	169	31	5	0.36	1.8	2.7	1.8

续表

轴承型号	基本尺寸/mm			基本额定载荷/kN		极限转速/r·min^{-1}		质量/kg	安装尺寸/mm					其他尺寸/mm					计算系数			
20000 K(CK、CCK、KTN1)/W33+H型	d_1	D	B	C_r	C_{0r}	脂	油	W ≈	d_a max	d_b min	D_a max	B_a min	r_a max	d_2 ≈	D_2 ≈	B_1	B_2 ≈	r min	e	Y_1	Y_2	Y_0
23040 K+H 3040	180	310	82	580	1310	670	850	31.7	228	210	298	9	2.1	—	—	120	32	2.1	0.25	2.7	4.0	2.6
23040 CCK/W33+H 3040		310	82	890	1650	1000	1300	30.4	228	210	298	9	2.1	228.5	276.7	120	32	2.1	0.24	2.8	4.2	2.8
23140 K+H 3140		340	112	910	2010	630	800	53.0	231	212	326	9	2.5	—	—	150	32	3	0.34	2.0	3.0	2.0
23140 CCK/W33+H 3140		340	112	1380	2460	800	1000	43.9	235	212	326	9	2.5	235.6	295.5	150	32	3	0.31	2.2	3.3	2.2
22240 K+H 3140		360	98	920	1740	700	900	59.7	251	212	342	24	3	251	311.4	150	32	4	0.29	2.3	3.4	2.3
23240 CCK/W33+H 2340		360	128	1610	2790	750	1000	69.4	240	216	342	19	3	240.7	307.8	176	32	4	0.34	2.0	3.0	2.0
22340 K+H 2340		420	138	1490	2720	630	800	108	267	216	398	9	4	267.4	371.3	176	32	5	0.38	1.8	2.7	1.7
23044 K+H 3044	200	340	90	760	1810	600	750	40.0	250	231	326	9	2.5	—	—	126	35	3	0.25	2.7	4.0	2.6
23044 CCK/W33+H 3044		340	90	1060	1990	950	1200	40.9	252	231	326	9	2.5	252.9	305.8	126	35	3	0.24	2.9	4.3	2.8
23144 K+H 3144		370	120	1030	2350	600	750	66.5	255	233	352	9	3	—	—	161	35	4	0.34	2.0	3.0	2.0
23144 CCK/W33+H 3144		370	120	1570	2820	700	950	62.7	258	233	352	9	3	258	323.7	161	35	4	0.30	2.3	3.4	2.2
22244 K+H 3144		400	108	1170	2220	630	800	76.5	274	233	382	21	3	274	344.4	161	35	4	0.29	2.3	3.4	2.2
23244 CCK/W33+H 2344		400	144	2070	3620	670	900	95.5	263	236	382	10	3	263.6	340.2	186	35	4	0.34	2.0	2.9	1.9
22344 K+H 2344		460	145	1690	3200	560	700	137	295	236	438	9	4	295.2	406.1	186	35	5	0.35	1.9	2.8	1.9
23048 K+H 3048	220	360	92	792	2060	530	670	45.5	271	251	346	11	2.5	—	—	133	37	3	0.25	2.7	4.1	2.7
23048 CCK/W33+H 3048		360	92	1130	2160	850	1100	42.4	271	251	346	11	2.5	271	325	133	37	3	0.23	3.0	4.4	2.9
23148 K+H 3148		400	128	1200	2830	500	630	81.5	277	254	382	11	3	—	—	172	37	4	0.32	2.1	3.1	2.1
23148 CCK/W33+H 3148		400	128	1790	3220	670	850	89.7	278	254	382	11	3	278.4	350.6	172	37	4	0.30	2.3	3.4	2.2
23248 CCK/W33+H 2348		440	160	2490	4490	630	800	127.3	289	257	422	6	3	289.6	372.5	199	37	4	0.35	2.0	2.9	1.9
22348 K+H 2348		500	155	1730	3250	500	630	173	322	257	478	11	4	322.2	440.9	199	37	5	0.35	1.9	2.8	1.9
23052 K+H 3052	240	400	104	1000	2450	500	630	65	297	272	382	11	3	—	—	145	37	4	0.26	2.6	3.8	2.5
23052 CCK/W33+H 3052		400	104	1420	2770	800	950	61.2	297	272	382	11	3	297.9	358.1	145	37	4	0.23	2.9	4.3	2.8
23152 K+H 3152		440	144	1430	3320	450	560	116	—	276	422	11	3	—	—	190	39	4	0.34	2.0	2.9	1.9
23152 CCK/W33+H 3152		440	144	2210	4070	600	800	109	306	276	422	11	3	306.5	385.2	190	39	4	0.30	2.2	3.3	2.2
22352K H 2352		540	165	2200	4190	480	600	214	351	278	512	11	5	351	446.5	211	39	6	0.34	2.0	2.9	1.9
23056 K+H 3056	260	420	106	1080	2680	450	560	78	—	292	402	12	3	—	—	152	41	4	0.25	2.7	4.0	2.6
23056 CCK/W33+H 3056		420	106	1540	3000	700	900	66.9	315	292	402	12	3	315	379.4	152	41	4	0.22	3.0	4.5	2.9
23156 K+H 3156		460	146	1590	3630	430	530	126	—	296	438	12	4	—	—	195	41	5	0.33	2.0	3.0	2.0
23156 CCK/W33+H 3156		460	146	2310	4290	560	750	117	324	296	438	12	4	324.8	406.1	195	41	5	0.29	2.3	3.5	2.3
22356 K+H 2356		580	175	2420	4650	450	560	265	355	299	552	12	5	355	431.1	224	41	6	0.34	2.0	3.0	1.9
23060 K+H 3060	280	460	118	1260	3070	430	530	95.7	—	313	442	12	3	—	—	168	42	4	0.26	2.6	3.9	2.6
23060 CCK/W33+H 3060		460	118	1860	3690	670	850	91.9	344	313	442	12	3	344	414.4	168	42	4	0.23	3.0	4.4	2.9
23160 K+H 3160		500	160	1940	4420	400	500	162	—	318	478	12	4	—	—	208	40	5	0.32	2.1	3.1	2.0
22260 K+H 3160		540	140	1840	3450	450	560	163	378	318	518	32	4	378	464.2	208	40	5	0.28	2.4	3.6	2.4

5.6　滚针轴承

表 7-5-22　　向心滚针和保持架组件（GB/T 20056—2015）

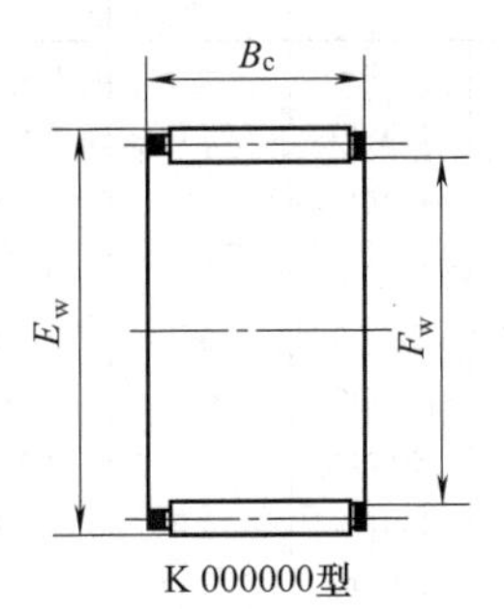

K 000000型

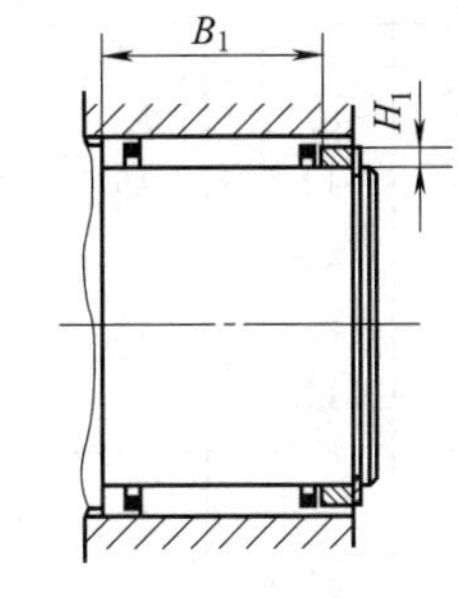

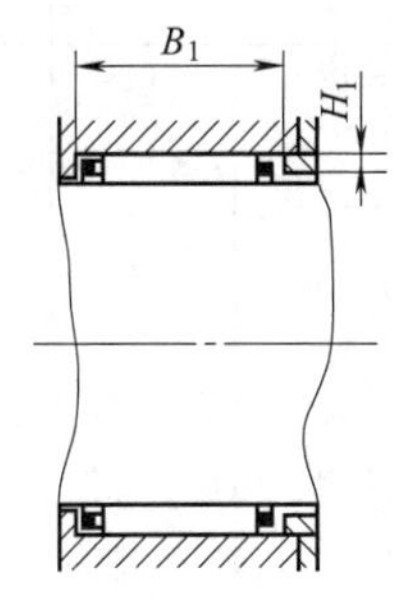

轴承型号	基本尺寸/mm			基本额定载荷/kN		极限转速/r·min^{-1}		质量/g	安装尺寸/mm	
K 000000 型	F_w	E_w	B_c	C_r	C_{0r}	脂	油	W ≈	B_1	H_1
K 5×8×8	5	8	8	2.28	2.08	18000	28000	—	8.1	1
K 5×8×10		8	10	2.98	2.88	18000	28000	0.1	10.1	1
K 5×9×10		9	10	3.08	2.62	18000	28000	—	10.1	1.4
K 6×9×8	6	9	8	2.52	2.42	18000	28000	1.4	8.1	1
K 6×9×10		9	10	3.28	3.38	18000	28000	—	10.1	1
K 7×10×8	7	10	8	2.75	2.78	18000	28000	—	8.1	1
K 7×10×10		10	10	3.55	3.85	18000	28000	—	10.1	1
K 8×11×10	8	11	10	3.80	4.35	18000	28000	1.8	10.1	1
K 8×11×13		11	13	5.00	6.18	18000	28000	—	13.12	1
K 9×12×10	9	12	10	4.02	4.82	17000	26000	—	10.1	1
K 9×12×13		12	13	5.30	6.85	17000	26000	2.7	13.12	1
K 10×13×8	10	13	8	3.45	4.10	17000	26000	—	1500	2200
K 10×13×10		13	10	4.48	5.70	17000	26000	2.3	10.1	1
K 10×13×13		13	13	5.88	8.12	17000	26000	3.0	13.12	1
K 10×14×10		14	10	5.05	5.58	17000	26000	3.4	10.1	1.4
K 10×14×13		14	13	6.70	7.98	17000	26000	4.4	13.12	1.4
K 10×14×17		14	17	8.72	11.2	17000	26000	—	17.12	1.4
K 12×15×8	12	15	8	3.75	4.78	16000	24000	—	8.1	1
K 12×15×10		15	10	4.85	6.65	16000	24000	3.0	10.1	1
K 12×15×13		15	13	6.40	9.48	16000	24000	3.6	13.12	1
K 12×15×17		15	17	8.28	13.2	16000	24000	—	17.12	1
K 12×16×10		16	10	5.68	6.78	16000	24000	—	10.1	1.4
K 12×16×13		16	13	7.52	9.72	16000	24000	4.5	13.12	1.4
K 12×16×17		16	17	9.82	13.5	16000	24000	—	17.12	1.4
K 14×18×10	14	18	10	6.25	7.98	15000	22000	4.6	10.1	1.4
K 14×18×13		18	13	8.28	11.5	15000	22000	6.3	13.12	1.4
K 14×18×17		18	17	10.8	16.0	15000	22000	8.1	17.12	1.4
K 14×19×10		19	10	6.05	6.62	15000	22000	—	10.1	1.7
K 14×19×13		19	13	8.35	9.98	15000	22000	—	13.12	1.7

第7篇

续表

轴承型号	基本尺寸/mm			基本额定载荷/kN		极限转速/r·min^{-1}		质量/g	安装尺寸/mm	
K 000000 型	F_w	E_w	B_c	C_r	C_{0r}	脂	油	W ≈	B_1	H_1
K 14×19×17	14	19	17	11.2	14.5	15000	22000	—	17.12	1.7
K 14×20×12		20	12	8.72	9.45	15000	22000	8.6	12.1	2
K 14×20×17		20	17	12.8	15.5	15000	22000	—	17.12	2
K 15×19×10	15	19	10	6.52	8.58	14000	20000	—	10.1	1.4
K 15×19×13		19	13	8.62	12.2	14000	20000	—	13.12	1.4
K 15×19×17		19	17	11.2	11.2	14000	20000	8.8	17.12	1.4
K 15×20×10		20	10	6.40	7.22	14000	20000	—	10.1	1.7
K 15×20×13		20	13	8.82	10.8	14000	20000	8.9	13.12	1.7
K 15×20×17		20	17	11.8	15.8	14000	20000	—	17.12	1.7
K 15×21×20		21	20	12.8	15.8	14000	20000	—	17.12	2
K 16×20×10	16	20	10	6.78	9.18	13000	19000	5.7	10.1	1.4
K 16×20×13		20	13	8.98	13.2	13000	19000	7.1	13.12	1.4
K 16×20×17		20	17	11.5	18.5	13000	19000	9.2	17.12	1.4
K 16×22×13		22	13	9.25	10.5	13000	19000	—	12.1	2
K 16×22×17		22	17	13.5	17.2	13000	19000	—	17.12	2
K 16×22×20		22	20	16.0	21.2	13000	19000	—	20.14	2
K 17×21×10	17	21	10	7.02	9.78	12000	18000	5.8	10.1	1.4
K 17×21×13		21	13	9.28	14.0	12000	18000	7.5	13.12	1.4
K 17×21×17		21	17	12.0	19.8	12000	18000	9.5	17.12	1.4
K 17×23×17		23	17	14.5	18.8	12000	18000	—	17.12	2
K 17×23×20		23	20	16.8	23.2	12000	18000	—	20.14	2
K 18×22×10	18	22	10	7.25	10.2	11000	17000	6.1	10.1	1.4
K 18×22×13		22	13	9.60	14.8	11000	17000	7.7	13.12	1.4
K 18×22×17		22	17	12.5	21.0	11000	17000	11	17.12	1.4
K 18×24×17		24	17	14.2	19.0	11000	17000	16	17.12	2
K 18×24×20		24	20	16.8	23.5	11000	17000	19	20.14	2
K 18×24×30		24	30	24.5	38.2	11000	17000	—	30.14	2
K 20×24×10	20	24	10	7.42	11.0	10000	16000	7.0	10.1	1.4
K 20×24×13		24	13	9.82	15.8	10000	16000	8.5	13.12	1.4
K 20×24×17		24	17	12.8	22.2	10000	16000	11	17.12	1.4
K 20×26×17		26	17	15.8	22.2	10000	16000	18	17.12	2
K 20×26×20		26	20	18.5	27.5	10000	16000	20	20.14	2
K 22×26×10	22	26	10	7.85	12.2	9500	15000	7.1	10.1	1.4
K 22×26×13		26	13	10.5	17.5	9500	15000	9.4	13.12	1.4
K 22×26×17		26	17	13.5	24.8	9500	15000	12	17.12	1.4
K 22×28×17		28	17	16.5	24.0	9500	15000	20	17.12	2
K 22×28×20		28	20	19.2	29.5	9500	15000	—	20.14	2
K 25×29×10	25	29	10	8.45	14.0	9000	14000	8.3	10.1	1.4
K 25×29×13		29	13	11.2	20.2	9000	14000	10.5	13.12	1.4
K 25×29×17		29	17	14.5	28.2	9000	14000	14	17.12	1.4
K 25×31×17		31	17	17.8	27.5	9000	14000	22	17.12	2
K 25×31×20		31	20	20.8	33.8	9000	14000	25	20.14	2
K 25×32×16		32	16	16.0	21.8	9000	14000	25	16.12	2.3

续表

轴承型号	基本尺寸/mm			基本额定载荷/kN		极限转速/r·min^{-1}		质量/g	安装尺寸/mm	
K 000000 型	F_w	E_w	B_c	C_r	C_{0r}	脂	油	W ≈	B_1	H_1
K 28×33×13	28	33	13	12.5	20.8	8500	13000	15	13.12	1.7
K 28×33×17		33	17	16.8	30.0	8500	13000	20	17.12	1.7
K 28×33×27		33	27	26.2	53.2	8500	13000	32	27.14	1.7
K 28×34×17		34	17	18.8	30.8	8500	13000	—	17.12	2
K 28×35×20		35	20	22.2	34.2	8500	13000	35	24.14	2.3
K 30×35×13	30	35	13	12.8	21.5	8000	12000	16	13.12	1.7
K 30×35×17		35	17	17.0	31.5	8000	12000	21	17.12	1.7
K 30×35×27		35	27	26.8	55.8	8000	12000	33	27.14	1.7
K 30×37×20		37	20	23.0	36.5	8000	12000	40	20.14	2.3
K 30×38×20		38	20	25.8	38.8	8000	12000	—	20.14	2.7
K 32×37×13	32	37	13	13.5	23.5	7500	11000	18	13.12	1.7
K 32×37×17		37	17	18.0	34.2	7500	11000	22	17.12	1.7
K 32×37×27		37	27	28.0	60.8	7500	11000	37	27.14	1.7
K 32×39×20		39	20	23.8	38.8	7500	11000	42	20.14	2.3
K 32×39×30		39	30	35.5	65.2	7500	11000	—	30.14	2.3
K 35×40×13	35	40	13	14.0	25.5	7000	10000	19	13.12	1.7
K 35×40×17		40	17	18.0	37.0	7000	10000	25	17.12	1.7
K 35×40×27		40	27	29.2	65.8	7000	10000	39	27.14	1.7
K 35×42×20		42	20	25.2	43.2	7000	10000	41	20.14	2.3
K 35×42×30		42	30	37.8	72.5	7000	10000	62	30.14	2.3
K 38×43×13	38	43	13	14.5	27.5	6700	9500	—	13.12	1.7
K 38×43×17		43	17	19.5	39.8	6700	9500	—	17.12	1.7
K 38×43×27		43	27	30.2	71.0	6700	9500	—	27.14	1.7
K 38×46×20		46	20	29.5	49.2	6700	9500	46	20.14	2.7
K 38×46×30		46	30	44.0	82.5	6700	9500	—	30.14	2.7
K 40×45×13	40	45	13	15.0	29.5	6300	9000	22	13.12	1.7
K 40×45×17		45	17	20.2	42.8	6300	9000	27	17.12	1.7
K 40×45×27		45	27	31.5	75.8	6300	9000	44	27.14	1.7
K 40×48×20		48	20	30.2	51.8	6300	9000	52	20.14	2.7
K 40×48×25		48	25	38.0	69.2	6300	9000	—	25.14	2.7
K 40×48×30		48	30	45.2	86.8	6300	9000	—	30.14	2.7
K 42×47×13	42	47	13	15.2	30.5	6000	8500	22	13.12	1.7
K 42×47×17		47	17	20.5	44.2	6000	8500	28	17.12	1.7
K 42×47×27		47	27	31.8	78.5	6000	8500	47	27.14	1.7
K 42×50×20		50	20	31.0	54.2	6000	8500	54	20.14	2.7
K 42×50×30		50	30	46.5	91.2	6000	8500	—	30.14	2.7
K 45×50×13	45	50	13	16.2	33.5	5600	8000	24	13.12	1.7
K 45×50×17		50	17	21.5	48.5	5600	8000	31	17.12	1.7
K 45×50×27		50	27	33.5	86.0	5600	8000	50	27.14	1.7
K 45×50×20		53	20	31.8	57.0	5600	8000	62	20.14	2.7
K 45×50×25		53	25	39.8	76.5	5600	8000	—	25.14	2.7
K 45×50×30		53	30	47.5	95.8	5600	8000	82	30.14	2.7

续表

轴承型号	基本尺寸/mm			基本额定载荷/kN		极限转速/r·min^{-1}		质量/g	安装尺寸/mm	
K 000000 型	F_w	E_w	B_c	C_r	C_{0r}	脂	油	W ≈	B_1	H_1
K 48×53×13	48	53	13	16.5	35.5	5300	7500	—	13.12	1.7
K 48×53×17		53	17	22.2	51.2	5300	7500	32	17.12	1.7
K 48×53×27		53	27	34.5	91.0	5300	7500	—	27.14	1.7
K 48×56×20		56	20	33.2	62.0	5300	7500	—	20.14	2.7
K 48×56×30		56	30	49.8	105	5300	7500	—	30.14	2.7
K 50×55×13	50	55	13	16.8	36.5	5000	7000	—	13.12	1.7
K 50×55×17		55	17	22.5	52.8	5000	7000	32	17.12	1.7
K 50×55×20		55	20	26.2	65.0	5000	7000	39	20.14	1.7
K 50×55×27		55	27	35.0	93.5	5000	7000	—	27.14	1.7
K 50×57×16		57	16	23.8	44.5	5000	7000	50	16.12	2.3
K 50×58×20		58	20	34.0	64.8	5000	7000	65	20.14	2.7
K 50×58×25		58	25	42.8	88.8	5000	7000	—	25.14	2.7
K 50×58×30		58	30	50.8	108	5000	7000	95	30.14	2.7
K 52×55×13	52	57	17	23.0	55.5	4800	6700	—	17.12	1.7
K 52×55×13		57	20	27.2	68.5	4800	6700	—	20.14	1.7
K 52×55×13		60	20	34.8	67.2	4800	6700	—	20.14	2.7
K 52×55×13		60	30	52.0	112	4800	6700	—	30.14	2.7
K 55×61×20	55	61	20	31.2	73.5	4800	6700	—	20.14	2
K 55×61×30		61	30	45.8	120	4800	6700	—	30.14	2
K 55×62×40		62	40	62.5	160	4800	6700	—	40.17	2.3
K 55×63×20		63	20	35.2	69.8	4800	6700	73	20.14	2.7
K 55×63×25		63	25	44.2	93.8	4800	6700	90	25.14	2.7
K 55×63×30		63	30	52.8	118	4800	6700	110	30.14	2.7
K 58×66×20	58	66	20	36.8	75.0	4500	6300	—	20.14	2.7
K 58×66×30		66	30	55.0	125	4500	6300	—	30.14	2.7
K 60×66×20	60	66	20	33.2	88.0	4300	6000	—	20.14	2
K 60×66×30		66	30	48.5	132	4300	6000	—	30.14	2
K 60×68×20		68	20	37.5	77.5	4300	6000	—	20.14	2.7
K 60×68×25		68	25	47.0	105	4300	6000	—	25.14	2.7
K 60×68×30		68	30	56.0	130	4300	6000	136	30.14	2.7
K 63×71×20	63	71	20	38.0	80.2	4000	5600	80	20.14	2.7
K 63×71×25		71	25	47.5	108	4000	5600	—	25.14	2.7
K 63×71×30		71	30	56.8	135	4000	5600	—	30.14	2.7
K 65×73×20	65	73	20	38.5	82.8	4000	5600	—	20.14	2.7
K 65×73×25		73	25	48.5	112	4000	5600	—	25.14	2.7
K 65×73×30		73	30	57.8	140	4000	5600	126	30.14	2.7
K 68×74×20	68	74	20	35.2	92.5	3800	5300	65	20.14	2
K 68×74×30		74	30	51.5	150	3800	5300	97	30.14	2
K 68×76×20		76	20	39.8	88	3800	5300	—	20.14	2.7
K 68×76×25		76	25	50.0	118	3800	5300	—	25.14	2.7
K 68×76×30		76	30	59.8	148	3800	5300	—	30.14	2.7
K 70×76×20	70	76	20	35.8	94.2	3800	5300	70	20.14	2
K 70×76×30		76	30	52.2	155	3800	5300	100	30.14	2

续表

轴承型号	基本尺寸/mm			基本额定载荷/kN		极限转速/r·min^{-1}		质量/g	安装尺寸/mm	
K 000000 型	F_w	E_w	B_c	C_r	C_{0r}	脂	油	W ≈	B_1	H_1
K 70×78×20	70	78	20	40.5	90.5	3800	5300	—	20.14	2.7
K 70×78×25		78	25	50.8	122	3800	5300	115	25.14	2.7
K 70×78×30		78	30	60.5	152	3800	5300	136	30.14	2.7
K 72×78×20	72	78	20	36.5	98.8	3600	5000	90	20.14	2
K 72×78×30		78	30	53.5	160	3600	5000	—	30.14	2
K 72×80×20		80	20	41.0	93.2	3600	5000	94	20.14	2.7
K 72×80×25		80	25	51.5	125	3600	5000	—	25.14	2.7
K 72×80×30		80	30	61.5	155	3600	5000	—	30.14	2.7
K 75×81×20	75	81	20	37.5	102	3400	4800	75	20.14	2
K 75×81×30		81	30	54.8	168	3400	4800	106	30.14	2
K 75×83×20		83	20	72.5	98.2	3400	4800	100	20.14	2.7
K 75×83×25		83	25	53.2	132	3400	4800	123	25.14	2.7
K 75×83×30		83	30	63.5	165	3400	4800	147	30.14	2.7
K 80×86×20	80	86	20	38.5	108	3200	4500	76	20.14	2
K 80×86×30		86	30	56.2	178	3200	4500	110	30.14	2
K 80×88×25		88	25	54.5	138	3200	4500	130	25.14	2.7
K 80×88×30		88	30	65	172	3200	4500	141	30.14	2.7
K 80×88×35		88	35	75	210	3200	4500	—	35.17	2.7
K 85×92×20	85	92	20	40.5	105	3000	4300	96	20.14	2.3
K 85×92×30		92	30	60.8	178	3000	4300	142	30.14	2.3
K 85×93×20		93	20	45.0	112	3000	4300	130	20.14	2.7
K 85×93×25		93	25	56.5	148	3000	4300	140	25.14	2.7
K 85×93×30		93	30	67.5	185	3000	4300	160	30.14	2.7
K 85×95×45		95	45	108	290	3000	4300	—	45.17	3.3
K 90×97×20	90	97	20	41.8	112	2800	4000	103	20.14	2.3
K 90×97×30		97	30	62.8	190	2800	4000	151	30.14	2.3
K 90×98×25		98	25	57.8	156	2800	4000	140	20.14	2.7
K 90×98×30		98	30	69.0	195	2800	4000	172	25.14	2.7
K 95×102×20	95	102	20	43.2	120	2600	3800	110	20.14	2.3
K 95×102×30		102	30	64.5	202	2600	3800	165	30.14	2.3
K 95×103×20		103	20	71.5	208	2600	3800	165	30.14	2.7
K 100×107×20	100	107	20	44.5	125	2400	3600	95	20.14	2.3
K 100×107×30		107	30	66.5	212	2400	3600	170	30.14	2.3
K 100×108×20		108	20	72.8	218	2400	3600	190	30.14	2.7
K 105×112×20	105	112	20	45.2	132	2000	3400	115	20.14	2.3
K 105×112×30		112	30	67.5	220	2000	3400	170	30.14	2.3
K 105×115×30		115	30	81.8	218	2000	3400	205	30.14	2.3
K 110×117×25	110	117	25	58.2	185	2000	3200	150	25.14	2.3
K 110×117×35		117	35	80.2	278	2000	3200	211	35.17	2.3
K 110×117×30		120	30	85.0	228	2000	3200	—	30.14	2.3
K 115×122×25	115	122	25	59.8	195	2000	3200	—	25.14	2.3
K 115×122×35		122	35	82.2	292	2000	3200	—	35.17	2.3
K 115×125×35		125	35	99.5	290	2000	3200	—	35.17	2.3

续表

轴承型号	基本尺寸/mm			基本额定载荷/kN		极限转速/r·min^{-1}		质量/g	安装尺寸/mm	
K 000000 型	F_w	E_w	B_c	C_r	C_{0r}	脂	油	W ≈	B_1	H_1
K 120×127×25	120	127	25	61.2	202	1900	3000	168	25.14	2.3
K 120×127×35		127	35	84.2	305	1900	3000	243	35.17	2.3
K 125×135×35	125	135	35	105	315	1900	3000	360	35.17	3.3
K 130×137×25	130	137	25	63.2	218	1800	2800	180	25.14	2.3
K 130×137×35		137	35	87.2	328	1800	2800	250	35.17	2.3
K 145×153×30	145	153	30	88.5	315	1600	2400	262	30.14	2.7
K 155×163×30	155	163	30	91.5	338	1500	2200	304	30.14	2.7
K 165×173×35	165	173	35	108	432	1500	2200	322	35.17	2.7
K 175×183×35	175	183	35	112	460	1400	2000	390	35.17	2.7
K 185×195×40	185	195	40	145	548	1200	1800	590	40.17	3.3
K 195×205×40	195	205	40	150	585	1100	1700	650	40.17	3.3

表 7-5-23　　单、双列滚针轴承（GB/T 5801—2006）

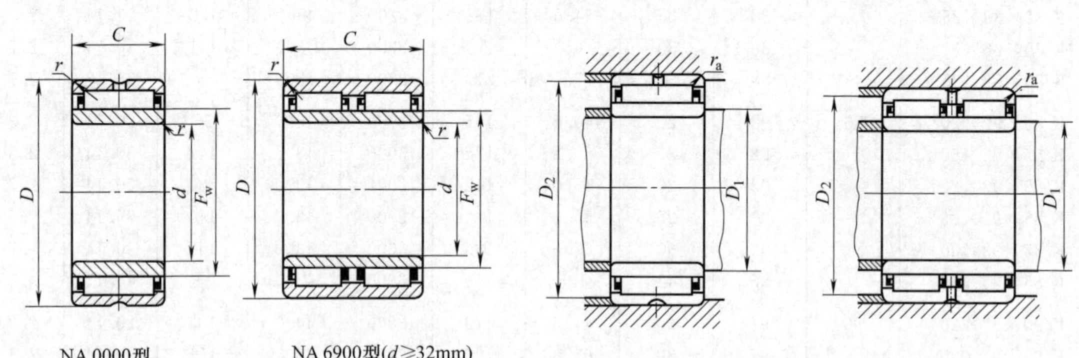

NA 0000型　　NA 6900型(d≥32mm)

轴承型号	基本尺寸/mm			基本额定载荷/kN		极限转速/r·min^{-1}		质量/g	其他尺寸/mm		安装尺寸/mm		
NA 型	d	D	B	C_r	C_{0r}	脂	油	W ≈	F_w	r min	D_1 min	D_2 max	r_a max
NA 4900	10	22	13	8.60	9.2	15000	22000	24.3	14	0.3	12	20	0.3
NA 4901	12	24	13	9.60	10.8	13000	19000	27.6	16	0.3	14	22	0.3
NA 6901		24	22	16.2	21.5	13000	19000	46.9	16	0.3	14	22	0.3
NA 4902	15	28	13	10.2	12.8	10000	16000	35.9	20	0.3	17	26	0.3
NA 6902		28	23	17.5	25.2	10000	16000	63.7	20	0.3	17	26	0.3
NA 4903	17	30	13	11.2	14.5	9500	15000	39.4	22	0.3	19	28	0.3
NA 6903		30	23	19.0	28.8	9500	15000	69.9	22	0.3	19	28	0.3
NA 4904	20	37	17	21.2	25.2	9000	14000	79.9	25	0.3	22	35	0.3
NA 6904		37	30	35.2	48.5	9000	14000	141	25	0.3	22	35	0.3
NA 49/22	22	39	17	23.2	29.2	9000	13000	85.4	28	0.3	24	37	0.3
NA 69/22		39	30	38.5	56.2	9000	13000	151	28	0.3	24	37	0.3

续表

轴承型号	基本尺寸/mm			基本额定载荷/kN		极限转速/r·min^{-1}		质量/g	其他尺寸/mm		安装尺寸/mm		
NA 型	d	D	B	C_r	C_{0r}	脂	油	W ≈	F_w	r min	D_1 min	D_2 max	r_a max
NA 4905	25	42	17	24.0	31.2	8000	12000	94.7	30	0.3	27	40	0.3
NA 6905		42	30	40.0	60.2	8000	12000	167	30	0.3	27	40	0.3
NA 49/28	28	45	17	24.8	33.2	7500	11000	104	32	0.3	30	43	0.3
NA 69/28		45	30	41.5	64.2	7500	11000	183	32	0.3	30	43	0.3
NA 4906	30	47	17	25.5	35.5	7000	10000	108	35	0.3	32	45	0.3
NA 6906		47	30	42.8	68.5	7000	10000	191	35	0.3	32	45	0.3
NA 49/32	32	52	20	31.5	48.5	6300	9000	168	40	0.6	36	48	0.6
NA 69/32		52	36	48.0	83.2	6300	9000		40	0.6	36	48	0.6
NA 4907	35	55	20	32.5	51	6000	8500	181	42	0.6	39	51	0.6
NA 6907		55	36	49.5	87.2	6000	8500	310	42	0.6	39	51	0.6
NA 4908	40	62	22	43.5	66.2	5000	7000	240	48	0.6	44	58	0.6
NA 6908		62	40	62.8	108	5000	7000	430	48	0.6	44	58	0.6
NA 4909	45	68	22	46.0	73	4800	6700	284	52	0.6	49	64	0.6
NA 6909		68	40	67.2	118	4800	6700	500	52	0.6	49	64	0.6
NA 4910	50	72	22	48.2	80	4500	6300	287	58	0.6	54	68	0.6
NA 6910		72	40	70.2	128	4500	6300	520	58	0.6	54	68	0.6
NA 4911	55	80	25	58.2	99	4000	5600	416	63	1	60	75	1
NA 6911		80	45	87.8	168	4000	5600	780	63	1	60	75	1
NA 4912	60	85	25	61.2	108	3800	5300	448	68	1	65	80	1
NA 6912		85	45	90.8	182	3800	5300	810	68	1	65	80	1
NA 4913	65	90	25	62.2	112	3600	5000	479	72	1	70	85	1
NA 6913		90	45	93.2	188	3600	5000	830	72	1	70	85	1
NA 4914	70	100	30	84	152	3200	4500	762	80	1	75	95	1
NA 6914		100	54	130	260	3200	4500	1350	80	1	75	95	1
NA 4915	75	105	30	85.5	158	3000	4300	805	85	1	80	100	1
NA 6915		105	54	130	270	3000	4300	1450	85	1	80	100	1
NA 4916	80	110	30	89	170	2800	4000	852	90	1	85	105	1
NA 6916		110	54	135	292	2800	4000	1500	90	1	85	105	1
NA 4917	85	120	35	112	235	2400	3600	1280	100	1.1	91.5	113.5	1
NA 6917		120	63	155	365	2400	3600	2200	100	1.1	91.5	113.5	1
NA 4918	90	125	35	115	250	2200	3400	1340	105	1.1	96.5	118.5	1
NA 6918		125	63	165	388	2200	3400	2300	105	1.1	96.5	118.5	1
NA 4919	95	130	35	120	265	2000	3200	1410	110	1.1	101.5	123.5	1
NA 6919		130	63	172	412	2000	3200	2500	110	1.1	101.5	123.5	1
NA 4920	100	140	40	130	270	2000	3200	1960	115	1.1	106.5	133.5	1
NA 6920		140	71	202	480	2000	3200	3400	115	1.1	106.5	133.5	1
NA 4822	110	140	30	93	210	2000	3200	1130	120	1	115	135	1
NA 4922		150	40	138	295	1900	3000	2120	125	1.1	116.5	143.5	1
NA 4824	120	150	30	96.2	225	1900	3000	1220	130	1	125	145	1
NA 4924		165	45	180	382	1800	2800	2910	135	1.1	126.5	158.5	1

续表

轴承型号	基本尺寸/mm			基本额定载荷/kN		极限转速/r·min^{-1}		质量/g	其他尺寸/mm		安装尺寸/mm		
NA型	d	D	B	C_r	C_{0r}	脂	油	W ≈	F_w	r min	D_1 min	D_2 max	r_a max
NA 4826	130	165	35	118	302	1700	2600		145	1.1	136.5	158.5	1
NA 4926		180	50	202	460	1600	2400	3960	150	1.5	138	172	1.5
NA 4828	140	175	35	122	320	1600	2400	1980	155	1.1	146.5	168.5	1
NA 4928		190	50	210	488	1500	2200	4220	160	1.5	148	182	1.5
NA 4830	150	190	40	152	395	1500	2200	2800	165	1.1	156.5	183.5	1
NA 4832	160	200	40	158	418	1500	2200	2970	175	1.1	166.5	193.5	1
NA 4834	170	215	45	192	520	1300	2000	4080	185	1.1	176.5	208.5	1
NA 4836	180	225	45	198	552	1200	1900	4290	195	1.1	186.5	218.5	1
NA 4838	190	240	50	230	688	1200	1800	5700	210	1.5	198	232	1.5
NA 4840	200	250	50	235	725	1100	1700	5970	220	1.5	208	242	1.5
NA 4844	220	270	50	245	785	950	1500	6500	240	1.5	228	262	1.5
NA 4848	240	300	60	352	1050	900	1400	10100	265	2	249	291	2
NA 4852	260	320	60	368	1130	800	1200	10800	285	2	269	311	2
NA 4856	280	350	69	445	1310	750	1100	15800	305	2	289	341	2
NA 4860	300	380	80	608	1700	750	1100	22200	330	2.1	311	369	2.1
NA 4864	320	400	80	630	1820	700	1000	23500	350	2.1	331	389	2.1
NA 4868	340	420	80	642	1900	670	950	24800	370	2.1	351	409	2.1
NA 4872	360	440	80	662	2010	630	900	26100	390	2.1	371	429	2.1

表 7-5-24 无内圈单、双列滚针轴承（GB/T 5801—2006）

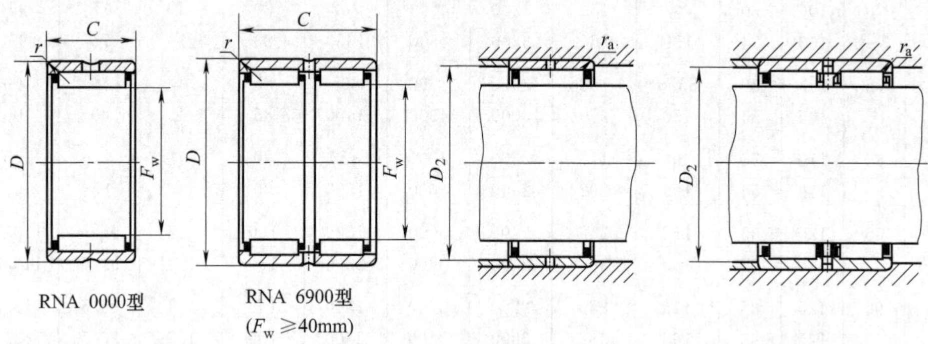

RNA 0000型 RNA 6900型 (F_w ≥40mm)

轴承型号	基本尺寸/mm				基本额定载荷/kN		极限转速/r·min^{-1}		质量/g	安装尺寸/mm	
RNA 0000 型	F_w	D	C	r min	C_r	C_{0r}	脂	油	W ≈	D_2 max	r_a max
RNA 4900	14	22	13	0.3	8.6	9.2	15000	22000	16.8	20	0.3
RNA 4901	16	24	13	0.3	9.6	10.8	13000	19000	18.8	22	0.3
RNA 6901		24	22	0.3	16.2	21.5	13000	19000	32.1	22	0.3

续表

轴承型号	基本尺寸/mm				基本额定载荷/kN		极限转速/r·min^{-1}		质量/g	安装尺寸/mm	
RNA 0000 型	F_w	D	C	r min	C_r	C_{0r}	脂	油	W ≈	D_2 max	r_a max
RNA 4902	20	28	13	0.3	10.2	10.8	10000	16000	22.2	26	0.3
RNA 6902		28	23	0.3	17.5	25.2	10000	16000	63.7	26	0.3
RNA 4903	22	30	13	0.3	11.2	14.5	9500	15000	24.1	28	0.3
RNA 6903		30	23	0.3	19.0	28.8	9500	15000	43.1	28	0.3
RNA 4904	25	37	17	0.3	21.2	25.2	9000	14000	56.7	35	0.3
RNA 6904		37	30	0.3	35.2	48.5	9000	14000	101	35	0.3
RNA 49/22	28	39	17	0.3	23.2	29.2	9000	13000	54.4	37	0.3
RNA 69/22		39	30	0.3	38.5	56.2	9000	13000	96.5	37	0.3
RNA 4905	30	42	17	0.3	24	31.2	8000	12000	66.2	40	0.3
RNA 6905		42	30	0.3	40	60.2	8000	12000	117	40	0.3
RNA 49/28	32	45	17	0.3	24.8	33.2	7500	11000	79	43	0.3
RNA 69/28		45	30	0.3	41.5	64.2	7500	11000	140	43	0.3
RNA 4906	35	47	17	0.3	25.5	35.5	7000	10000	74.7	45	0.3
RNA 6906		47	30	0.3	42.8	68.5	7000	10000	133	45	0.3
RNA 49/32	40	52	20	0.6	31.5	48.5	6300	9000	98.7	48	0.6
RNA 69/32		52	36	0.6	48	83.2	6300	9000		48	0.6
RNA 4907	42	55	20	0.6	32.5	51	6000	8500	116	51	0.6
RNA 6907		55	36	0.6	49.5	87.2	6000	8500		51	0.6
RNA 4908	48	62	22	0.6	43.5	66.2	5000	7000	146	58	0.6
RNA 6908		62	40	0.6	62.8	108	5000	7000		58	0.6
RNA 4909	52	68	22	0.6	46	73	4800	6700	194	64	0.6
RNA 6909		68	40	0.6	67.2	118	4800	6700		64	0.6
RNA 4910	58	72	22	0.6	48.2	80	4500	6300	172	68	0.6
RNA 6910		72	40	0.6	70.2	128	4500	6300		68	0.6
RNA 4911	63	80	25	1	58.5	99	4000	5600	274	75	1
RNA 6911		80	45	1	87.8	168	4000	5600		75	1
RNA 4912	68	85	25	1	61.2	108	3800	5300	294	80	1
RNA 6912		85	45	1	90.8	182	3800	5300		80	1
RNA 4913	72	90	25	1	62.2	112	3600	5000	335	85	1
RNA 6913		90	45	1	93.2	188	3600	5000		85	1
RNA 4914	80	100	30	1	84	152	3200	4500	491	95	1
RNA 6914		100	54	1	130	260	3200	4500		95	1
RNA 4915	85	105	30	1	85.5	158	3000	4300	515	100	1
RNA 6915		105	54	1	130	270	3000	4300		100	1
RNA 4916	90	110	30	1	89	170	2800	4000	544	105	1
RNA 6916		110	54	1	135	292	2800	4000		105	1
RNA 4917	100	120	35	1.1	112	235	2400	3600	687	113.5	1
RNA 6917		120	63	1.1	155	365	2400	3600		113.5	1
RNA 4918	105	125	35	1.1	115	250	2200	3400	721	118.5	1

续表

轴承型号	基本尺寸/mm				基本额定载荷/kN		极限转速/r·min⁻¹		质量/g	安装尺寸/mm	
RNA 0000 型	F_w	D	C	r min	C_r	C_{0r}	脂	油	W ≈	D_2 max	r_a max
RNA 6918	105	125	63	1.1	165	388	2200	3400		118.5	1
RNA 4919	110	130	35	1.1	120	265	2000	3200	754	123.5	1
RNA 6919		130	63	1.1	172	412	2000	3200		123.5	1
RNA 4920	115	140	40	1.1	130	270	2000	3200	1180	133.5	1
RNA 6920		140	70	1.1	202	480	2000	3200		133.5	1
RNA 4822	120	140	30	1	93	210	2000	3200	718	135	1
RNA 4922	125	150	40	1.1	138	295	1900	3000	1275	143.5	1

表 7-5-25 无内圈、冲压外圈滚针轴承（GB/T 290—2017、GB/T 12764—2009）

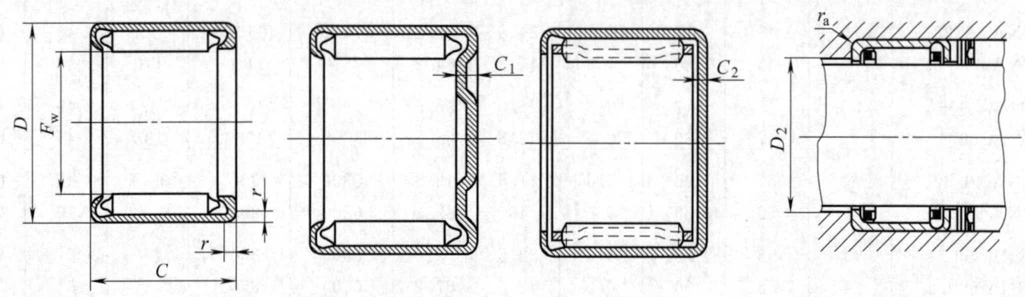

开口(HK)型　　封口(BK)型

轴承型号		基本尺寸/mm			基本额定载荷/kN		极限转速/r·min⁻¹		质量/g		安装尺寸/mm		其他尺寸/mm		
HK 型	BK 型	F_w	D	C	C_r	C_{0r}	脂	油	HK 型	BK 型	D_2 max	r_a max	C_1 max	C_2 max	r min
HK 0408	BK 0408	4	8	8	1.50	1.20	20000	28000	1.40	1.50	5	0.6	1.9	1	0.3
HK 0409	BK 0409		8	9	1.80	1.40	20000	28000	1.60	1.70	5	0.6	1.9	1	0.3
HK 0508	BK 0508	5	9	8	1.90	1.60	17000	24000	1.70	1.80	5.3	0.6	1.9	1	0.4
HK 0509	BK 0509		9	9	2.30	2.00	17000	24000	1.90	2.00	5.3	0.6	1.9	1	0.4
HK 0608	BK 0608	6	10	8	2.10	1.90	16000	22000	1.90	2.10	6.3	0.6	1.9	1	0.4
HK 0609	BK 0609		10	9	2.50	2.40	16000	22000	2.10	2.30	6.3	0.6	1.9	1	0.4
HK 0610	BK 0910		10	10	2.90	2.90	16000	22000	2.40	2.50	6.3	0.6	1.9	1	0.4
HK 0708	BK 0708	7	11	8	2.30	2.20	15000	20000	2.10	2.30	7.3	0.6	1.9	1	0.4
HK 0709	BK 0709		11	9	2.70	2.70	15000	20000	2.40	2.50	7.3	0.6	1.9	1	0.4
HK 0710	BK 0710		11	10	3.10	3.30	15000	20000	2.70	2.90	7.3	0.6	1.9	1	0.4
HK 0712	BK 0712		11	12	3.90	4.30	15000	20000	3.30	3.40	7.3	0.6	1.9	1	0.4
HK 0808	BK 0808	8	12	8	2.40	2.40	14000	19000	2.40	2.60	8.3	0.6	1.9	1	0.4
HK 0809	BK 0809		12	9	2.90	3.10	14000	19000	2.70	2.90	8.3	0.6	1.9	1	0.4
HK 0810	BK 0810		12	10	3.30	3.70	14000	19000	2.90	3.20	8.3	0.6	1.9	1	0.4
HK 0812	BK 0812		12	12	4.20	4.90	14000	19000	3.60	3.80	8.3	0.6	1.9	1	0.4
HKH 0810	BKH 0810		14	10	3.40	3.20	14000	19000	5.50	5.90	9	0.6	1.9	1	0.4

续表

轴承型号		基本尺寸/mm			基本额定载荷/kN		极限转速/r·min^{-1}		质量/g		安装尺寸/mm		其他尺寸/mm		
HK 型	BK 型	F_w	D	C	C_r	C_{0r}	脂	油	HK 型	BK 型	D_2 max	r_a max	C_1 max	C_2 max	r min
HKH 0812	BKH 0812	8	14	12	4.40	4.40	14000	19000	6.60	7.10	9	0.6	1.9	1	0.4
HKH 0814	BKH 0814		14	14	5.40	5.70	14000	19000	7.90	8.30	9	0.6	1.9	1	0.4
HK 0908	BK 0908	9	13	8	2.70	2.90	13000	18000	2.70	2.90	9.3	0.6	1.9	1	0.4
HK 0909	BK 0909		13	9	3.30	3.70	13000	18000	2.90	3.20	9.3	0.6	1.9	1	0.4
HK 0910	BK 0910		13	10	3.70	4.40	13000	18000	3.30	3.50	9.3	0.6	1.9	1	0.4
HK 0912	BK 0912		13	12	4.70	5.90	13000	18000	4.10	4.30	9.3	0.6	1.9	1	0.4
HK 0914	BK 0914		13	14	5.60	7.40	13000	18000	4.90	5.20	9.3	0.6	1.9	1	0.4
HKH 0910	BKH 0910		15	10	3.70	3.60	13000	18000	5.90	6.40	10	0.6	1.9	1	0.4
HKH 0912	BKH 0912		15	12	4.80	5.00	13000	18000	7.20	7.70	10	0.6	1.9	1	0.4
HKH 0914	BKH 0914		15	14	5.80	6.50	13000	18000	8.40	9.00	10	0.6	1.9	1	0.4
HKH 0916	BKH 0916		15	16	6.80	7.90	13000	18000	9.80	10.4	10	0.6	1.9	1	0.4
HK 1008	BK 1008	10	14	8	2.90	3.20	11000	17000	2.90	3.20	10.3	0.6	1.9	1	0.4
HK 1009	BK 1009		14	9	3.40	4.00	11000	17000	3.10	3.50	10.3	0.6	1.9	1	0.4
HK 1010	BK 1010		14	10	3.90	4.80	11000	17000	3.60	3.90	10.3	0.6	1.9	1	0.4
HK 1012	BK 1012		14	12	4.90	6.40	11000	17000	4.40	4.80	10.3	0.6	1.9	1	0.4
HK 1014	BK 1014		14	14	5.80	8.00	11000	17000	5.30	5.60	10.3	0.6	1.9	1	0.4
HKH 1010	BKH 1010		16	10	3.90	4.00	11000	17000	6.40	7.00	11	0.6	1.9	1	0.4
HKH 1012	BKH 1012		16	12	5.10	5.60	11000	17000	7.80	8.50	11	0.6	1.9	1	0.4
HKH 1014	BKH 1014		16	14	6.20	7.30	11000	17000	9.10	9.80	11	0.6	1.9	1	0.4
HKH 1016	BKH 1016		16	16	7.30	8.90	11000	17000	10.6	11.2	11	0.6	1.9	1	0.4
HK 1208	BK 1208	12	16	8	3.10	3.80	9500	15000	3.30	3.80	12.3	0.6	1.9	1	0.4
HK 1209	BK 1209		16	9	3.70	4.70	9500	15000	3.70	4.20	12.3	0.6	1.9	1	0.4
HK 1210	BK 1210		16	10	4.30	5.60	9500	15000	4.10	4.60	12.3	0.6	1.9	1	0.4
HK 1212	BK 1212		16	12	5.30	7.50	9500	15000	5.10	5.50	12.3	0.6	1.9	1	0.4
HK 1214	BK 1214		16	14	6.30	9.40	9500	15000	6.00	6.50	12.3	0.6	1.9	1	0.4
HKH 1210	BKH 1210		18	10	4.40	4.90	9500	15000	7.30	8.30	13	0.6	1.9	1	0.4
HKH 1212	BKH 1212		18	12	5.80	6.90	9500	15000	9.00	9.90	13	0.6	1.9	1	0.4
HKH 1214	BKH 1214		18	14	7.00	8.80	9500	15000	10.6	11.5	13	0.6	1.9	1	0.4
HKH 1216	BKH 1216		18	16	8.20	10.8	9500	15000	12.2	13.2	13	0.6	1.9	1	0.4
HKH 1218	BKH 1218		18	18	9.30	12.8	9500	15000	13.8	14.7	13	0.6	1.9	1	0.4
HK 1410	BK 1410	14	20	10	4.90	5.80	9500	15000	8.30	9.60	15	0.6	2.8	1.3	0.4
HK 1412	BK 1412		20	12	6.30	8.10	9500	15000	10.1	11.3	15	0.6	2.8	1.3	0.4
HK 1414	BK 1414		20	14	7.70	10.5	9500	15000	12.0	13.2	15	0.6	2.8	1.3	0.4
HK 1416	BK 1416		20	16	9.00	12.8	9500	15000	13.9	15.2	15	0.6	2.8	1.3	0.4
HK 1418	BK 1418		20	18	10.2	15.0	9500	15000	15.6	16.9	15	0.6	2.8	1.3	0.4
HK 1420	BK 1420		20	20	11.5	17.2	9500	15000	17.5	18.7	15	0.6	2.8	1.3	0.4
HKH 1412	BKH 1412		22	12	7.00	7.20	9500	15000	13.2	14.5	16	1	2.8	1.3	0.4
HKH 1414	BKH 1414		22	14	8.80	9.60	9500	15000	15.7	17.0	16	1	2.8	1.3	0.4
HKH 1416	BKH 1416		22	16	10.5	12.0	9500	15000	18.1	19.4	16	1	2.8	1.3	0.4
HKH 1418	BKH 1418		22	18	12.2	14.2	9500	15000	20.5	21.8	16	1	2.8	1.3	0.4
HKH 1420	BKH 1420		22	20	13.5	16.8	9500	15000	23.1	24.4	16	1	2.8	1.3	0.4
HK 1510	BK 1510	15	21	10	5.10	6.20	9000	14000	8.70	10.2	16	1	2.8	1.3	0.4
HK 1512	BK 1512		21	12	6.60	8.70	9000	14000	10.7	12.1	16	1	2.8	1.3	0.4
HK 1514	BK 1514		21	14	8.00	11.2	9000	14000	12.7	14.1	16	1	2.8	1.3	0.4

续表

轴承型号		基本尺寸/mm			基本额定载荷/kN		极限转速/r·min^{-1}		质量/g		安装尺寸/mm		其他尺寸/mm		
HK型	BK型	F_w	D	C	C_r	C_{0r}	脂	油	HK型	BK型	D_2 max	r_a max	C_1 max	C_2 max	r min
HK 1516	BK 1516	15	21	16	9.40	13.8	9000	14000	14.5	16.0	16	1	2.8	1.3	0.4
HK 1518	BK 1518		21	18	10.8	16.2	9000	14000	16.5	18.0	16	1	2.8	1.3	0.4
HK 1520	BK 1520		21	20	12.0	18.5	9000	14000	18.5	20.0	16	1	2.8	1.3	0.4
HKH 1512	BKH 1512		23	12	7.50	7.90	9000	14000	13.9	15.4	17	1	2.8	1.3	0.4
HKH 1514	BKH 1514		23	14	9.40	10.5	9000	14000	16.6	18.1	17	1	2.8	1.3	0.4
HKH 1516	BKH 1516		23	16	11.2	13.2	9000	14000	19.3	20.8	17	1	2.8	1.3	0.4
HKH 1518	BKH 1518		23	18	12.8	15.8	9000	14000	21.8	23.3	17	1	2.8	1.3	0.4
HKH 1520	BKH 1520		23	20	14.5	18.5	9000	14000	24.4	25.9	17	1	2.8	1.3	0.4
HK 1610	BK 1610	16	22	10	5.30	6.60	8500	13000	9.00	10.6	17	1	2.8	1.3	0.4
HK 1612	BK 1612		22	12	6.80	9.30	8500	13000	11.0	12.6	17	1	2.8	1.3	0.4
HK 1614	BK 1614		22	14	8.30	12.0	8500	13000	13.0	14.7	17	1	2.8	1.3	0.4
HK 1616	BK 1616		22	16	9.70	14.5	8500	13000	15.1	16.7	17	1	2.8	1.3	0.4
HK 1618	BK 1618		22	18	11.2	17.2	8500	13000	17.2	18.8	17	1	2.8	1.3	0.4
HK 1620	BK 1620		22	20	12.5	20.0	8500	13000	19.2	20.9	17	1	2.8	1.3	0.4
HKH 1612	BKH 1612		24	12	7.50	8.00	8500	13000	14.1	15.8	18	1	2.8	1.3	0.4
HKH 1614	BKH 1614		24	14	9.40	10.8	8500	13000	17.0	18.6	18	1	2.8	1.3	0.4
HKH 1616	BKH 1616		24	16	11.2	13.2	8500	13000	19.6	21.3	18	1	2.8	1.3	0.4
HKH 1618	BKH 1618		24	18	12.8	16.0	8500	13000	22.3	24.0	18	1	2.8	1.3	0.4
HKH 1620	BKH 1620		24	20	14.5	18.8	8500	13000	24.9	26.6	18	1	2.8	1.3	0.4
HK 1710	BK 1710	17	23	10	5.50	7.10	8000	12000	9.30	11.2	18	1	2.8	1.3	0.4
HK 1712	BK 1712		23	12	7.10	9.90	8000	12000	11.5	13.4	18	1	2.8	1.3	0.4
HK 1714	BK 1714		23	14	8.60	12.8	8000	12000	13.7	15.6	18	1	2.8	1.3	0.4
HK 1716	BK 1716		23	16	10.2	15.5	8000	12000	15.9	17.7	18	1	2.8	1.3	0.4
HK 1718	BK 1718		23	18	11.5	18.5	8000	12000	18.1	19.9	18	1	2.8	1.3	0.4
HK 1720	BK 1720		23	20	13.5	22.5	8000	12000	20.5	22.4	18	1	2.8	1.3	0.4
HKH 1712	BKH 1712		25	12	7.90	8.80	8000	12000	14.9	16.8	19	1	2.8	1.3	0.4
HKH 1714	BKH 1714		25	14	9.90	11.8	8000	12000	17.8	19.7	19	1	2.8	1.3	0.4
HKH 1716	BKH 1716		25	16	11.8	14.5	8000	12000	20.7	22.6	19	1	2.8	1.3	0.4
HKH 1718	BKH 1718		25	18	13.5	17.5	8000	12000	23.5	25.4	19	1	2.8	1.3	0.4
HKH 1720	BKH 1720		25	20	15.2	20.5	8000	12000	26.4	28.3	19	1	2.8	1.3	0.4
HK 1810	BK 1810	18	24	10	5.60	7.50	7500	11000	9.90	12.0	19	1	2.8	1.3	0.4
HK 1812	BK 1812		24	12	7.30	10.5	7500	11000	12.1	14.2	19	1	2.8	1.3	0.4
HK 1814	BK 1814		24	14	8.90	13.5	7500	11000	14.5	16.5	19	1	2.8	1.3	0.4
HK 1816	BK 1816		24	16	10.5	16.5	7500	11000	16.7	18.8	19	1	2.8	1.3	0.4
HK 1818	BK 1818		24	18	12.0	19.5	7500	11000	19.0	21.1	19	1	2.8	1.3	0.4
HK 1820	BK 1820		24	20	13.2	22.5	7500	11000	21.2	23.3	19	1	2.8	1.3	0.4
HKH 1812	BKH 1812		26	12	8.30	9.50	7500	11000	15.7	17.9	20	1	2.8	1.3	0.4
HKH 1814	BKH 1814		26	14	10.5	12.8	7500	11000	18.8	20.9	20	1	2.8	1.3	0.4
HKH 1816	BKH 1816		26	16	12.5	15.8	7500	11000	21.8	23.9	20	1	2.8	1.3	0.4
HKH 1818	BKH 1818		26	18	14.2	19.0	7500	11000	24.8	26.9	20	1	2.8	1.3	0.4
HKH 1820	BKH 1820		26	20	16.2	22.2	7500	11000	27.8	30.0	20	1	2.8	1.3	0.4
HK 2010	BK 2010	20	26	10	6.00	8.40	7000	10000	10.8	13.3	21	1	2.8	1.3	0.4
HK 2012	BK 2012		26	12	7.80	11.8	7000	10000	13.3	15.8	21	1	2.8	1.3	0.4
HK 2014	BK 2014		26	14	9.50	15.2	7000	10000	15.7	18.3	21	1	2.8	1.3	0.4

续表

轴承型号		基本尺寸/mm			基本额定载荷/kN		极限转速/r・min^{-1}		质量/g		安装尺寸/mm		其他尺寸/mm		
HK 型	BK 型	F_w	D	C	C_r	C_{0r}	脂	油	HK 型	BK 型	D_2 max	r_a max	C_1 max	C_2 max	r min
HK 2016	BK 2016	20	26	16	11.2	18.5	7000	10000	18.2	20.8	21	1	2.8	1.3	0.4
HK 2018	BK 2018		26	18	12.5	21.8	7000	10000	20.8	23.3	21	1	2.8	1.3	0.4
HK 2020	BK 2020		26	20	14.2	25.2	7000	10000	23.3	25.8	21	1	2.8	1.3	0.4
HKH 2012	BKH 2012		28	12	8.70	10.2	7000	10000	17.1	19.7	22	1	2.8	1.3	0.4
HKH 2014	BKH 2014		28	14	11.0	13.8	7000	10000	20.3	22.9	22	1	2.8	1.3	0.4
HKH 2016	BKH 2016		28	16	13.0	17.2	7000	10000	23.6	26.2	22	1	2.8	1.3	0.4
HKH 2018	BKH 2018		28	18	15.0	20.8	7000	10000	26.8	29.4	22	1	2.8	1.3	0.4
HKH 2020	BKH 2020		28	20	16.8	24.2	7000	10000	30.2	32.8	22	1	2.8	1.3	0.4
HK 2210	BK 2210	22	28	10	6.30	9.30	6700	9500	11.7	14.8	23	1	2.8	1.3	0.4
HK 2212	BK 2212		28	12	8.20	13.0	6700	9500	14.4	17.5	23	1	2.8	1.3	0.4
HK 2214	BK 2214		28	14	10.0	16.8	6700	9500	17.2	20.2	23	1	2.8	1.3	0.4
HK 2216	BK 2216		28	16	11.8	20.5	6700	9500	19.9	22.9	23	1	2.8	1.3	0.4
HK 2218	BK 2218		28	18	13.2	24.2	6700	9500	22.5	25.6	23	1	2.8	1.3	0.4
HK 2220	BK 2220		28	20	15.0	27.8	6700	9500	25.3	28.4	23	1	2.8	1.3	0.4
HKH 2212	BKH 2212		30	12	9.10	11.2	6700	9500	18.4	21.5	24	1	2.8	1.3	0.4
HKH 2214	BKH 2214		30	14	11.2	15.0	6700	9500	21.9	25.0	24	1	2.8	1.3	0.4
HKH 2216	BKH 2216		30	16	13.5	18.5	6700	9500	25.3	28.4	24	1	2.8	1.3	0.4
HKH 2218	BKH 2218		30	18	15.5	22.2	6700	9500	28.9	32.1	24	1	2.8	1.3	0.4
HKH 2220	BKH 2220		30	20	17.5	26.0	6700	9500	32.4	35.6	24	1	2.8	1.3	0.4
HK 2512	BK 2512	25	32	12	9.10	13.2	6300	9000	18.3	22.2	27	1	2.8	1.3	0.8
HK 2514	BK 2514		32	14	11.5	17.5	6300	9000	21.9	25.9	27	1	2.8	1.3	0.8
HK 2516	BK 2516		32	16	13.5	22.0	6300	9000	25.2	29.2	27	1	2.8	1.3	0.8
HK 2518	BK 2518		32	18	15.5	26.5	6300	9000	28.8	32.8	27	1	2.8	1.3	0.8
HK 2520	BK 2520		32	20	17.5	30.8	6300	9000	32.3	36.3	27	1	2.8	1.3	0.8
HK 2524	BK 2524		32	24	21.2	39.5	6300	9000	39.3	43.2	27	1	2.8	1.3	0.8
HKH 2514	BKH 2514		35	14	12.2	14.0	6300	9000	29.9	34.0	28	1	2.8	1.3	0.8
HKH 2516	BKH 2516		35	16	15.0	18.2	6300	9000	35.0	39.0	28	1	2.8	1.3	0.8
HKH 2518	BKH 2518		35	18	17.5	22.5	6300	9000	40.0	44.1	28	1	2.8	1.3	0.8
HKH 2520	BKH 2820		35	20	20.2	26.8	6300	9000	44.9	49.0	28	1	2.8	1.3	0.8
HKH 2524	BKH 2824		35	24	25.0	35.2	6300	9000	54.8	58.9	28	1	2.8	1.3	0.8
HK 2812	BK 2812	28	35	12	9.50	14.5	6300	9000	20.0	24.9	30	1	2.8	1.3	0.8
HK 2814	BK 2814		35	14	12.0	19.5	6300	9000	24.0	29.0	30	1	2.8	1.3	0.8
HK 2816	BK 2816		35	16	14.2	24.2	6300	9000	27.6	32.6	30	1	2.8	1.3	0.8
HK 2818	BK 2818		35	18	16.2	29.2	6300	9000	31.7	36.6	30	1	2.8	1.3	0.8
HK 2820	BK 2820		35	20	18.5	34.0	6300	9000	35.5	40.5	30	1	2.8	1.3	0.8
HK 2824	BK 2824		35	24	22.5	43.5	6300	9000	43.2	48.1	30	1	2.8	1.3	0.8
HKH 2814	BKH 2814		38	14	13.2	16.2	6300	9000	33.2	38.3	31	1	2.8	1.3	0.8
HKH 2816	BKH 2816		38	16	16.5	21.2	6300	9000	38.8	43.9	31	1	2.8	1.3	0.8
HKH 2818	BKH 2818		38	18	19.2	26.2	6300	9000	44.4	49.5	31	1	2.8	1.3	0.8
HKH 2820	BKH 2820		38	20	22.2	31.0	6300	9000	49.8	54.9	31	1	2.8	1.3	0.8
HKH 2824	BKH 2824		38	24	27.5	41.0	6300	9000	60.8	65.8	31	1	2.8	1.3	0.8
HK 3012	BK 3012	30	37	12	10.0	15.8	5600	8000	21.4	27.1	32	1	2.8	1.3	0.8
HK 3014	BK 3014		37	14	12.5	21.2	5600	8000	25.5	31.2	32	1	2.8	1.3	0.8
HK 3016	BK 3016		37	16	15.0	26.5	5600	8000	29.6	35.3	32	1	2.8	1.3	0.8

续表

轴承型号		基本尺寸/mm			基本额定载荷/kN		极限转速/r·min⁻¹		质量/g		安装尺寸/mm		其他尺寸/mm		
HK型	BK型	F_w	D	C	C_r	C_{0r}	脂	油	HK型	BK型	D_2 max	r_a max	C_1 max	C_2 max	r min
HK 3018	BK 3018	30	37	18	17.2	31.8	5600	8000	33.6	39.3	32	1	2.8	1.3	0.8
HK 3020	BK 3020		37	20	19.2	37.0	5600	8000	37.9	43.6	32	1	2.8	1.3	0.8
HK 3024	BK 3024		37	24	23.5	47.5	5600	8000	46.0	51.7	32	1	2.8	1.3	0.8
HKH 3014	BKH 3014		40	14	13.8	17.5	5600	8000	35.2	41.0	33	1	2.8	1.3	0.8
HKH 3016	BKH 3016		40	16	17.0	22.8	5600	8000	41.1	46.9	33	1	2.8	1.3	0.8
HKH 3018	BKH 3018		40	18	20.2	28.0	5600	8000	47.0	52.8	33	1	2.8	1.3	0.8
HKH 3020	BKH 3020		40	20	23.0	33.2	5600	8000	52.8	58.6	33	1	2.8	1.3	0.8
HKH 3024	BKH 3024		40	24	28.5	43.8	5600	8000	64.4	70.2	33	1	2.8	1.3	0.8
HK 3212	BK 3212	32	39	12	10.5	17.2	5300	7500	22.7	29.2	34	1	2.8	1.3	0.8
HK 3214	BK 3214		39	14	13.2	23.0	5300	7500	27.2	33.7	34	1	2.8	1.3	0.8
HK 3216	BK 3216		39	16	15.5	28.5	5300	7500	31.3	37.8	34	1	2.8	1.3	0.8
HK 3218	BK 3218		39	18	18.0	34.2	5300	7500	35.8	42.3	34	1	2.8	1.3	0.8
HK 3220	BK 3220		39	20	20.2	40.0	5300	7500	40.4	46.8	34	1	2.8	1.3	0.8
HK 3224	BK 3224		39	24	24.5	51.5	5300	7500	49.0	55.5	34	1	2.8	1.3	0.8
HKH 3214	BKH 3214		42	14	14.5	18.5	5300	7500	37.2	43.7	35	1	2.8	1.3	0.8
HKH 3216	BKH 3216		42	16	17.8	24.2	5300	7500	43.5	50.1	35	1	2.8	1.3	0.8
HKH 3218	BKH 3218		42	18	20.8	29.8	5300	7500	49.7	56.3	35	1	2.8	1.3	0.8
HKH 3220	BKH 3220		42	20	23.8	35.5	5300	7500	55.8	62.4	35	1	2.8	1.3	0.8
HKH 3224	BKH 3224		42	24	29.5	46.8	5300	7500	68.1	74.7	35	1	2.8	1.3	0.8
HK 3512	BK 3512	35	42	12	10.8	18.5	5000	7000	24.5	32.3	37	1	2.8	1.3	0.8
HK 3514	BK 3514		42	14	13.5	24.5	5000	7000	29.3	37.1	37	1	2.8	1.3	0.8
HK 3516	BK 3516		42	16	16.2	30.8	5000	7000	33.9	41.6	37	1	2.8	1.3	0.8
HK 3518	BK 3518		42	18	18.5	37.0	5000	7000	38.7	46.4	37	1	2.8	1.3	0.8
HK 3520	BK 3520		42	20	21.0	43.2	5000	7000	43.5	51.2	37	1	2.8	1.3	0.8
HK 3524	BK 3524		42	24	25.5	55.5	5000	7000	52.8	60.5	37	1	2.8	1.3	0.8
HKH 3514	BKH 3514		45	14	14.8	19.8	5000	7000	39.8	47.6	38	1	2.8	1.3	0.8
HKH 3516	BKH 3516		45	16	18.2	25.8	5000	7000	46.5	54.4	38	1	2.8	1.3	0.8
HKH 3518	BKH 3518		45	18	21.5	31.8	5000	7000	53.2	61.0	38	1	2.8	1.3	0.8
HKH 3520	BKH 3520		45	20	24.5	37.8	5000	7000	59.8	67.7	38	1	2.8	1.3	0.8
HKH 3524	BKH 3524		45	24	30.2	49.8	5000	7000	72.9	80.8	38	1	2.8	1.3	0.8
HK 3812	BK 3812	38	45	12	11.2	19.8	4500	6300	26.4	35.2	40	1	2.8	1.3	0.8
HK 3814	BK 3814		45	14	14.0	26.5	4500	6300	31.5	40.6	40	1	2.8	1.3	0.8
HK 3816	BK 3816		45	16	16.8	33.0	4500	6300	36.4	45.4	40	1	2.8	1.3	0.8
HK 3818	BK 3818		45	18	19.2	39.5	4500	6300	41.5	50.6	40	1	2.8	1.3	0.8
HK 3820	BK 3820		45	20	21.8	46.2	4500	6300	46.7	55.7	40	1	2.8	1.3	0.8
HK 3824	BK 3824		45	24	26.2	59.5	4500	6300	56.7	65.8	40	1	2.8	1.3	0.8
HKH 3814	BKH 3814		48	14	15.8	22.2	4500	6300	43.1	52.3	41	1	2.8	1.3	0.8
HKH 3816	BKH 3816		48	16	19.5	28.8	4500	6300	50.4	59.6	41	1	2.8	1.3	0.8
HKH 3818	BKH 3818		48	18	22.8	35.5	4500	6300	57.6	66.8	41	1	2.8	1.3	0.8
HKH 3820	BKH 3820		48	20	26.2	42.2	4500	6300	64.7	73.9	41	1	2.8	1.3	0.8
HKH 3824	BKH 3824		48	24	32.2	55.5	4500	6300	78.9	88.1	41	1	2.8	1.3	0.8
HK 4012	BK 4012	40	47	12	11.5	21.2	4500	6300	27.6	37.7	42	1	2.8	1.3	0.8
HK 4014	BK 4014		47	14	14.5	28.2	4500	6300	33.1	43.1	42	1	2.8	1.3	0.8
HK 4016	BK 4016		47	16	17.2	35.2	4500	6300	38.1	48.2	42	1	2.8	1.3	0.8
HK 4018	BK 4018		47	18	20.0	42.2	4500	6300	43.7	53.7	42	1	2.8	1.3	0.8
HK 4020	BK 4020		47	20	22.5	49.2	4500	6300	49.0	59.1	42	1	2.8	1.3	0.8
HK 4024	BK 4024		47	24	27.2	63.5	4500	6300	59.6	69.7	42	1	2.8	1.3	0.8

续表

轴承型号		基本尺寸/mm			基本额定载荷/kN		极限转速/r·min^{-1}		质量/g		安装尺寸/mm		其他尺寸/mm		
HK 型	BK 型	F_w	D	C	C_r	C_{0r}	脂	油	HK 型	BK 型	D_2 max	r_a max	C_1 max	C_2 max	r min
HKH 4014	BKH 4014	40	50	14	16.2	23.2	4500	6300	45.1	55.2	43	1	2.8	1.3	0.8
HKH 4016	BKH 4016		50	16	20.0	30.2	4500	6300	52.7	62.8	43	1	2.8	1.3	0.8
HKH 4018	BKH 4018		50	18	23.5	37.2	4500	6300	60.3	70.4	43	1	2.8	1.3	0.8
HKH 4020	BKH 4020		50	20	26.8	44.5	4500	6300	67.7	77.8	43	1	2.8	1.3	0.8
HKH 4024	BKH 4024		50	24	33.2	58.5	4500	6300	82.7	92.8	43	1	2.8	1.3	0.8
HK 4212	BK 4212	42	49	12	12.0	22.5	4300	6000	29.0	40.1	44	1	2.8	1.3	0.8
HK 4214	BK 4214		49	14	15.0	30.0	4300	6000	34.7	45.7	44	1	2.8	1.3	0.8
HK 4216	BK 4216		49	16	18.0	37.5	4300	6000	40.1	51.2	44	1	2.8	1.3	0.8
HK 4218	BK 4218		49	18	20.5	45.0	4300	6000	45.8	56.8	44	1	2.8	1.3	0.8
HK 4220	BK 4220		49	20	23.2	52.2	4300	6000	51.4	62.5	44	1	2.8	1.3	0.8
HK 4224	BK 4224		49	24	28.2	67.2	4300	6000	62.5	73.6	44	1	2.8	1.3	0.8
HKH 4214	BKH 4214		52	14	16.5	24.5	4300	6000	47.0	58.2	46	1	2.8	1.3	0.8
HKH 4216	BKH 4216		52	16	20.5	31.8	4300	6000	54.9	66.1	46	1	2.8	1.3	0.8
HKH 4218	BKH 4218		52	18	24.0	39.2	4300	6000	62.9	74.1	46	1	2.8	1.3	0.8
HKH 4220	BKH 4220		52	20	27.5	46.5	4300	6000	70.6	81.8	46	1	2.8	1.3	0.8
HKH 4224	BKH 4224		52	24	34.2	61.5	4300	6000	86.2	97.4	46	1	2.8	1.3	0.8
HK 4512	BK 4512	45	52	12	12.2	23.8	3800	5300	30.8	43.5	47	1	2.8	1.3	0.8
HK 4514	BK 4514		52	14	15.5	31.8	3800	5300	36.8	49.5	47	1	2.8	1.3	0.8
HK 4516	BK 4516		52	16	18.5	39.5	3800	5300	42.5	55.2	47	1	2.8	1.3	0.8
HK 4518	BK 4518		52	18	21.2	47.5	3800	5300	48.6	61.3	47	1	2.8	1.3	0.8
HK 4520	BK 4520		52	20	24.0	55.5	3800	5300	54.7	67.4	47	1	2.8	1.3	0.8
HK 4524	BK 4524		52	24	29.0	71.2	3800	5300	66.4	79.1	47	1	2.8	1.3	0.8
HKH 4514	BKH 4514		55	14	17.0	25.5	3800	5300	49.6	62.5	49	1	2.8	1.3	0.8
HKH 4516	BKH 4516		55	16	20.8	33.5	3800	5300	58.1	70.9	49	1	2.8	1.3	0.8
HKH 4518	BKH 4518		55	18	24.5	41.2	3800	5300	66.4	79.3	49	1	2.8	1.3	0.8
HKH 4520	BKH 4520		55	20	28.2	50.0	3800	5300	74.6	87.4	49	1	2.8	1.3	0.8
HKH 4524	BKH 4524		55	24	34.8	64.5	3800	5300	91.1	104	49	1	2.8	1.3	0.8
HK 5016	BK 5016	50	58	16	21.2	43.5	3400	4800	52.7	68.4	53	1	2.8	1.6	0.8
HK 5018	BK 5018		58	18	24.5	52.2	3400	4800	60.0	75.6	53	1	2.8	1.6	0.8
HK 5020	BK 5020		58	20	27.8	61.0	3400	4800	67.3	82.9	53	1	2.8	1.6	0.8
HK 5024	BK 5024		58	24	33.8	78.5	3400	4800	82.3	97.9	53	1	2.8	1.6	0.8
HK 5516	BK 5516	55	63	16	22.2	47.5	3200	4500	57.3	76.2	58	1	2.8	1.6	0.8
HK 5518	BK 5518		63	18	25.8	57.2	3200	4500	65.3	84.2	58	1	2.8	1.6	0.8
HK 5520	BK 5520		63	20	29.0	66.5	3200	4500	73.3	92.2	58	1	2.8	1.6	0.8
HK 5524	BK 5524		63	24	35.2	85.5	3200	4500	89.6	109	58	1	2.8	1.6	0.8
HK 6016	BK 6016	60	68	16	23.5	52.8	2800	4000	62.4	84.9	63	1	2.8	1.6	0.8
HK 6018	BK 6018		68	18	27.2	63.5	2800	4000	71.1	93.6	63	1	2.8	1.6	0.8
HK 6020	BK 6020		68	20	30.5	74.0	2800	4000	79.8	102	63	1	2.8	1.6	0.8
HK 6024	BK 6024		68	24	37.2	95.0	2800	4000	97.6	120	63	1	2.8	1.6	0.8
HK 6516	BK 6516	65	73	16	24.5	56.8	2800	4000	67.1	93.5	68	1	2.8	1.6	0.8
HK 6518	BK 6518		73	18	28.2	68.2	2800	4000	76.5	103	68	1	2.8	1.6	0.8
HK 6520	BK 6520		73	20	31.8	79.5	2800	4000	85.8	112	68	1	2.8	1.6	0.8
HK 6524	BK 6524		73	24	38.6	102	2800	4000	105	131	68	1	2.8	1.6	0.8
HK 7016	BK 7016	70	78	16	25.2	60.8	2600	3800	71.8	102	73	1	2.8	1.6	0.8
HK 7018	BK 7018		78	18	29.2	73.0	2600	3800	81.8	112	73	1	2.8	1.6	0.8
HK 7020	BK 7020		78	20	32.8	85.2	2600	3800	91.9	122	73	1	2.8	1.6	0.8
HK 7024	BK 7024		78	24	40.0	110	2600	3800	112	143	73	1	2.8	1.6	0.8

5.7 圆锥滚子轴承

表 7-5-26 单列圆锥滚子轴承（GB/T 297—2015）

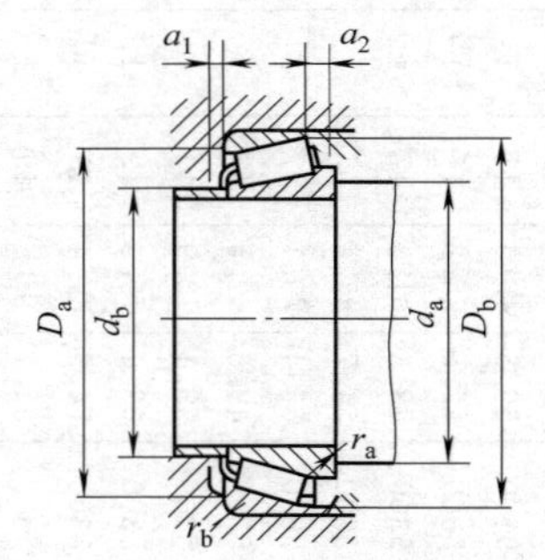

30000型

径向当量动载荷

$P_r = F_r$ $F_a/F_r \leqslant e$

$P_r = 0.4F_r + YF_a$ $F_a/F_r > e$

径向当量静载荷

$P_{0r} = 0.5F_r + Y_0F_a$

$P_{0r} = F_r$（当 $P_{0r} < F_r$ 时）

轴承型号	ISO 尺寸系列	基本尺寸/mm							基本额定载荷/kN		极限转速/r·min⁻¹		质量/kg	安装尺寸/mm									其他尺寸/mm			计算系数		
30000型		d	D	T	B	C	α	E	C_r	C_{0r}	脂	油	W ≈	d_a min	d_b max	D_a min	D_a max	D_b max	a_1 min	a_2 min	r_a max	r_b max	a ≈	r min	r_1 min	e	Y	Y_0
30302	2FB	15	42	14.25	13	11	10°45′29″	33.272	22.8	21.5	9000	12000	0.094	21	22	36	36	38	2	3.5	1	1	9.6	1	1	0.29	2.1	1.2
30203	2DB	17	40	13.25	12	11	12°57′10″	31.408	20.8	21.8	9000	12000	0.079	23	23	34	34	37	2	2.5	1	1	9.9	1	1	0.35	1.7	1
30303	2FB		47	15.25	14	12	10°45′29″	37.42	28.2	27.2	8500	11000	0.129	23	25	40	41	43	3	3.5	1	1	10.4	1	1	0.29	2.1	1.2
32303	2FD		47	20.25	19	16	10°45′29″	36.09	35.2	36.2	8500	11000	0.173	23	24	39	41	43	3	4.5	1	1	12.3	1	1	0.29	2.1	1.2
32904	2BD	20	37	12	12	9	12°	29.621	13.2	17.5	9500	13000	0.056	—	—	—	—	—	—	—	0.3	0.3	8.2	0.3	0.3	0.32	1.9	1
32004	3CC		42	15	15	12	14°	32.781	25.0	28.2	8500	11000	0.095	25	25	36	37	39	3	3	0.6	0.6	10.3	0.6	0.6	0.37	1.6	0.9
30204	2DB		47	15.25	14	12	12°57′10″	37.304	28.2	30.5	8000	10000	0.126	26	27	40	41	43	2	3.5	1	1	11.2	1	1	0.35	1.7	1
30304	2FB		52	16.25	15	13	11°18′36″	41.318	33.0	33.2	7500	9500	0.165	27	28	44	45	48	3	3.5	1.5	1.5	11.1	1.5	1.5	0.3	2	1.1
32304	2FD		52	22.25	21	18	11°18′36″	39.518	42.8	46.2	7500	9500	0.230	27	26	43	45	48	3	4.5	1.5	1.5	13.6	1.5	1.5	0.3	2	1.1
329/22	2BC	22	40	12	12	9	12°	32.665	15.0	20.0	8500	11000	0.065	—	—	—	—	—	—	—	0.3	0.3	8.5	0.3	0.3	0.32	1.9	1
320/22	3CC		44	15	15	11.5	14°50′	34.708	26.0	30.2	8000	10000	0.100	27	27	38	39	41	3	3.5	0.6	0.6	10.8	0.6	0.6	0.40	1.5	0.8

续表

轴承型号	ISO	基本尺寸/mm							基本额定载荷/kN		极限转速/r·min^{-1}		质量/kg	安装尺寸/mm									其他尺寸/mm			计算系数		
30000型	尺寸系列	d	D	T	B	C	α	E	C_r	C_{0r}	脂	油	W ≈	d_a min	d_b max	D_a min	D_a max	D_b max	a_1 min	a_2 min	r_a max	r_b max	a ≈	r min	r_1 min	e	Y	Y_0
32905	2BD	25	42	12	12	9	12°	34.608	16.0	21.0	6300	10000	0.064	—	—	—	—	—	—	—	0.3	0.3	8.7	0.3	0.3	0.32	1.9	1
32005	—		47	15	15	11.5	—	—	28.0	34.0	7500	9500	0.11	30	30	40	42	44	3	3.5	0.6	0.6	11.6	0.6	0.6	0.43	1.4	0.8
33005	2CE		47	17	17	14	10°55′	38.278	32.5	42.5	7500	9500	0.129	30	30	40	42	45	3	3	0.6	0.6	11.1	0.6	0.6	0.29	2.1	1.1
30205	3CC		52	16.25	15	13	14°02′10″	41.135	32.2	37.0	7000	9000	0.154	31	31	44	46	48	2	3.5	1	1	12.5	1	1	0.37	1.6	0.9
33205	2DE		52	22	22	18	13°10′	40.441	47.0	55.8	7000	9000	0.216	31	30	43	46	49	4	4	1	1	14.0	1	1	0.35	1.7	0.9
30305	2FB		62	18.25	17	15	11°18′36″	50.637	46.8	48.0	6300	8000	0.263	32	34	54	55	58	3	3.5	1.5	1.5	13.0	1.5	1.5	0.3	2	1.1
31305	7FB		62	18.25	17	13	28°48′39″	44.13	40.5	46.0	6300	8000	0.262	32	31	47	55	59	3	5.5	1.5	1.5	20.1	1.5	1.5	0.83	0.7	0.4
32305	2FD		62	25.25	24	20	11°18′36″	48.637	61.5	68.8	6300	8000	0.368	32	32	52	55	58	3	5.5	1.5	1.5	15.9	1.5	1.5	0.3	2	1.1
329/28	2BD	28	45	12	12	9	12°	37.639	16.8	22.8	7500	9500	0.069	—	—	—	—	—	—	—	0.3	0.3	9.0	0.3	0.3	0.32	1.9	1
320/28	4CC		52	16	16	12	16°	41.991	31.5	40.5	6700	8500	0.142	34	33	45	46	49	3	4	1	1	12.6	1	1	0.43	1.4	0.8
332/28	2DE		58	24	24	19	12°45′	45.846	58.0	68.2	6300	8000	0.286	34	33	49	52	55	4	5	1	1	15.0	1	1	0.34	1.8	1.0
32906	2BD	30	47	12	12	9	12°	39.617	17.0	23.2	7000	9000	0.072	—	—	—	—	—	—	—	0.3	0.3	9.2	0.3	0.3	0.32	1.9	1
32006X2	—		55	16	16	14	—	—	27.8	35.5	6300	8000	0.16	—	—	—	—	—	3	5	—	—	12.0	1	1	0.26	2.3	1.3
32006	4CC		55	17	17	13	16°	44.438	35.8	46.8	6300	8000	0.170	36	35	48	49	52	3	4	1	1	13.3	1	1	0.43	1.4	0.8
33006	2CE		55	20	20	16	11°	45.283	43.8	58.8	6300	8000	0.201	36	35	48	49	52	3	4	1	1	12.8	1	1	0.29	2.1	1.1
30206	3DB		62	17.25	16	14	14°02′10″	49.99	43.2	50.5	6000	7500	0.231	36	37	53	56	58	2	3.5	1	1	13.8	1	1	0.37	1.6	0.9
32206	3DC		62	21.25	20	17	14°02′10″	48.982	51.8	63.8	6000	7500	0.287	36	36	52	56	58	3	4.5	1	1	15.6	1	1	0.37	1.6	0.9
33206	2DE		62	25	25	19.5	12°50′	49.524	63.8	75.5	6000	7500	0.342	36	36	53	56	59	5	5.5	1	1	15.7	1	1	0.34	1.8	1
30306	2FB		72	20.75	19	16	11°51′35″	58.287	59.0	63.0	5600	7000	0.387	37	40	62	65	66	3	5	1.5	1.5	15.3	1.5	1.5	0.31	1.9	1.1
31306	7FB		72	20.75	19	14	28°48′39″	51.771	52.5	60.5	5600	7000	0.392	37	37	55	65	68	3	7	1.5	1.5	23.1	1.5	1.5	0.83	0.7	0.4
32306	2FD		72	28.75	27	23	11°51′35″	55.767	81.5	96.5	5600	7000	0.562	37	38	59	65	66	4	6	1.5	1.5	18.9	1.5	1.5	0.31	1.9	1.1
329/32	2BD	32	52	14	15	10	12°	44.261	23.8	32.5	6300	8000	0.106	37	37	46	47	49	3	4	0.6	0.6	10.2	0.6	0.6	0.32	1.9	1
320/32	4CC		58	17	17	13	16°50′	46.708	36.5	49.2	6000	7500	0.187	38	38	50	52	55	3	4	1	1	14.0	1	1	0.45	1.3	0.7
332/32	2DB		65	26	26	20.5	13°	51.791	68.8	82.2	5600	7000	0.385	38	38	55	59	62	5	5.5	1	1	16.6	1	1	0.35	1.7	1
32907	2BD	35	55	14	14	11.5	11°	47.22	25.8	34.8	6000	7500	0.114	40	40	49	50	52	3	2.5	0.6	0.6	10.1	0.6	0.6	0.29	2.1	1.1

续表

轴承型号	ISO尺寸系列	基本尺寸/mm							基本额定载荷/kN		极限转速/r·min^{-1}		质量/kg	安装尺寸/mm									其他尺寸/mm			计算系数		
30000型		d	D	T	B	C	α	E	C_r	C_{0r}	脂	油	W ≈	d_a min	d_b max	D_a min	D_a max	D_b max	a_1 min	a_2 min	r_a max	r_b max	a ≈	r min	r_1 min	e	Y	Y_0
32007X2	—	35	62	18	17	15	—	—	33.8	47.2	5600	7000	0.21	—	—	—	—	—	3	5	1	1	14.0	1	1	0.29	2.1	1.1
32007	4CC		62	18	18	14	16°50′	50.51	43.2	59.2	5600	7000	0.224	41	40	54	56	59	4	4	1	1	15.1	1	1	0.44	1.4	0.8
33007	2CE		62	21	21	17	11°30′	51.32	46.8	63.2	5600	7000	0.254	41	41	54	56	59	3	4	1	1	13.5	1	1	0.31	2	1.1
30207	3DB		72	18.25	17	15	14°02′10″	58.844	54.2	63.5	5300	6700	0.331	42	44	62	65	67	3	3.5	1.5	1.5	15.3	1.5	1.5	0.37	1.6	0.9
32207	3DC		72	24.25	23	19	14°02′10″	57.087	70.5	89.5	5300	6700	0.445	42	42	61	65	68	3	3.5	1.5	1.5	17.9	1.5	1.5	0.37	1.6	0.9
33207	2DE		72	28	28	22	13°15′	57.186	82.5	102	5300	6700	0.515	42	42	61	65	68	5	6	1.5	1.5	18.2	1.5	1.5	0.35	1.7	0.9
30307	2FB		80	22.75	21	18	11°51′35″	65.769	75.2	82.5	5000	6300	0.515	44	45	70	71	74	3	5	2	1.5	16.8	2	1.5	0.31	1.9	1.1
31307	7FB		80	22.75	21	15	28°48′39″	58.861	65.8	76.8	5000	6300	0.514	44	42	62	71	76	4	8	2	1.5	25.8	2	1.5	0.83	0.7	0.4
32307	2FE		80	32.75	31	25	11°51′35″	62.829	99.0	118	5000	6300	0.763	44	43	66	71	74	4	8.5	2	1.5	20.4	2	1.5	0.31	1.9	1.1
32908X2	—	40	62	15	14	12	—	—	21.2	28.2	5600	7000	0.14	—	—	—	—	—	3	5	0.6	0.6	12.0	0.6	0.6	0.28	2.1	1.2
32908	2BC		62	15	15	12	10°55′	53.388	31.5	46.0	5600	7000	0.155	45	45	55	57	59	3	3	0.6	0.6	11.1	0.6	0.6	0.29	2.1	1.1
32008X2	—		68	19	18	16	—	—	39.8	55.2	5300	6700	0.27	—	—	—	—	—	3	5	1	1	15.0	1	1	0.3	2	1.1
32008	3CD		68	19	19	14.5	10°40′	56.897	51.8	71.0	5300	6700	0.267	46	46	60	62	65	4	4.5	1	1	14.9	1	1	0.38	1.6	0.9
33008	2BE		68	22	22	18	10°40′	57.29	60.2	79.5	5300	6700	0.306	46	46	60	62	64	3	4	1	1	14.1	1	1	0.28	2.1	1.2
33108	2CE		75	26	26	20.5	13°20′	61.169	84.8	110	5000	6300	0.496	47	47	65	68	71	4	5.5	1.5	1.5	18.0	1.5	1.5	0.36	1.7	0.9
30208	3DB		80	19.75	18	16	14°02′10″	65.73	63.0	74.0	5000	6300	0.422	47	49	69	73	75	3	4	1.5	1.5	16.9	1.5	1.5	0.37	1.6	0.9
32208	3DC		80	24.75	23	19	14°02′10″	64.715	77.8	97.2	5000	6300	0.532	47	48	68	73	75	3	6	1.5	1.5	18.9	1.5	1.5	0.37	1.6	0.9
33208	2DE		80	32	32	25	13°25′	63.405	105	135	5000	6300	0.715	47	47	67	73	76	5	7	1.5	1.5	20.8	1.5	1.5	0.36	1.7	0.9
30308	2FB		90	25.25	23	20	12°57′10″	72.703	90.8	108	4500	5600	0.747	49	52	77	81	84	3	5.5	2	1.5	19.5	2	1.5	0.35	1.7	1
31308	7FB		90	25.25	23	17	28°48′39″	66.984	81.5	96.5	4500	5600	0.727	49	48	71	81	87	4	8.5	2	1.5	29.0	2	1.5	0.83	0.7	0.4
32308	2FD		90	35.25	33	27	12°57′10″	69.253	115	148	4500	5600	1.04	49	49	73	81	83	4	8.5	2	1.5	23.3	2	1.5	0.35	1.7	1
32909X2	—	45	68	15	14	12	—	—	22.2	32.8	5300	6700	—	—	—	—	—	—	3	5	0.6	0.6	13.0	0.6	0.6	0.31	1.9	1.1
32909	2BC		68	15	15	12	12°	58.852	32.0	48.5	5300	6700	0.180	50	50	61	63	65	3	3	0.6	0.6	12.2	0.6	0.6	0.32	1.9	1
32009X2	—		75	20	19	16	—	—	44.5	62.5	5000	6300	0.32	—	—	—	—	—	4	6	1	1	16.0	1	1	0.3	2	1.1
32009	3CC		75	20	20	15.5	14°40′	63.248	58.5	81.5	5000	6300	0.337	51	51	67	69	72	4	4.5	1	1	16.5	1	1	0.39	1.5	0.8

续表

轴承型号	ISO	基本尺寸/mm							基本额定载荷/kN		极限转速/r·min^{-1}		质量/kg	安装尺寸/mm									其他尺寸/mm			计算系数		
30000型	尺寸系列	d	D	T	B	C	α	E	C_r	C_{0r}	脂	油	W ≈	d_a min	d_b max	D_a min	D_a max	D_b max	a_1 min	a_2 min	r_a max	r_b max	a ≈	r min	r_1 min	e	Y	Y_0
33009	2CE	45	75	24	24	19	11°05′	63.116	72.5	100	5000	6300	0.398	51	51	67	69	72	4	5	1	1	15.9	1	1	0.32	1.9	1
33109	3CE		80	26	26	20.5	14°20′	65.7	87.0	118	4500	5600	0.535	52	52	69	73	77	4	5.5	1.5	1.5	19.1	1.5	1.5	0.38	1.6	1
30209	3DB		85	20.75	19	16	15°06′34″	70.44	67.8	83.5	4500	5600	0.474	52	53	74	78	80	3	5	1.5	1.5	18.6	1.5	1.5	0.4	1.5	0.8
32209	3DC		85	24.75	23	19	15°06′34″	69.61	80.8	105	4500	5600	0.573	52	53	73	78	81	3	6	1.5	1.5	20.1	1.5	1.5	0.4	1.5	0.8
33209	3DE		85	32	32	25	14°25′	68.075	110	145	4500	5600	0.771	52	52	72	78	81	5	7	1.5	1.5	21.9	1.5	1.5	0.39	1.5	0.9
30309	2FB		100	27.25	25	22	12°57′10″	81.78	108	130	4000	5000	0.984	54	59	86	91	94	3	5.5	2	1.5	21.3	2	1.5	0.35	1.7	1
31309	5FD		100	27.25	25	18	20°	71.639	95.5	115	4000	5000	0.944	54	54	79	91	96	4	9.5	2.0	1.5	31.7	2	1.5	0.83	0.7	0.4
32309	2FD		100	38.25	36	30	12°57′10″	78.33	145	188	4000	5000	1.40	54	56	82	91	93	4	8.5	2.0	1.5	25.6	2	1.5	0.35	1.7	1
32910X2	—	50	72	15	14	12	—	—	22.2	32.8	5000	6300	0.7	—	—	—	—	—	3	5	0.6	0.6	15.0	0.6	0.6	0.35	1.7	0.9
32910	2BC		72	15	15	12	12°50′	62.748	36.8	56.0	5000	6300	0.181	55	55	64	67	69	3	3	0.6	0.6	13.0	0.6	0.6	0.34	1.8	1
32010X2	—		80	20	19	16	—	—	45.8	66.2	4500	5600	0.31	—	—	—	—	—	4	6	1	1	17.0	1	1	0.32	1.9	1
32010	3CC		80	20	20	15.5	15°45′	67.841	61.0	89.0	4500	5600	0.366	56	56	72	74	77	4	4.5	1	1	17.8	1	1	0.42	1.4	0.8
33010	2CE		80	24	24	19	11°55′	67.775	76.8	110	4500	5600	0.433	56	56	72	74	76	4	5	1	1	17.0	1	1	0.32	1.9	1
33110	3CE		85	26	26	20	15°20′	70.214	89.2	125	4300	5300	0.572	57	56	74	78	82	4	6	1.5	1.5	20.4	1.5	1.5	0.41	1.5	0.8
30210	3DB		90	21.75	20	17	15°38′32″	75.078	73.2	92.0	4300	5300	0.529	57	58	79	83	86	3	5	1.5	1.5	20.0	1.5	1.5	0.42	1.4	0.8
32210	3DC		90	24.75	23	19	15°38′32″	74.226	82.8	108	4300	5300	0.626	57	57	78	83	86	3	6	1.5	1.5	21.0	1.5	1.5	0.42	1.4	0.8
33210	3DE		90	32	32	24.5	15°25′	72.727	112	155	4300	5300	0.825	57	57	77	83	87	5	7.5	1.5	1.5	23.2	1.5	1.5	0.41	1.5	0.8
30310	2FB		110	29.25	27	23	12°57′10″	90.633	130	158	3800	4800	1.28	60	65	95	100	103	4	6.5	2	2	23.0	2.5	2	0.35	1.7	1
31310	7FB		110	29.75	27	19	28°48′39″	82.747	108	128	3800	4800	1.21	60	58	87	100	105	4	10.5	2	2	34.8	2.5	2	0.83	0.7	0.4
32310	2FD		110	42.25	40	33	12°57′10″	86.263	178	235	3800	4800	1.89	60	61	90	100	102	5	9.5	2	2	28.2	2.5	2	0.35	1.7	1
32911	2BC	55	80	17	17	14	11°39′	69.503	41.5	66.8	4800	6000	0.262	61	60	71	74	77	3	3	1	1	14.3	1	1	0.31	1.9	1.1
32011X2	—		90	23	22	19			63.8	93.2	4000	5000	0.53	—	—	—	—	—	4	6	1.5	1.5	19.0	1.5	1.5	0.31	1.9	1.1
32011	3CC		90	23	23	17.5	15°10′	76.505	80.2	118	4000	5000	0.551	62	63	81	83	86	4	5.5	1.5	1.5	19.8	1.5	1.5	0.41	1.5	0.8
33011	2CE		90	27	27	21	11°45′	76.656	94.8	145	4000	5000	0.651	62	63	81	83	86	5	6	1.5	1.5	19.0	1.5	1.5	0.31	1.9	1.1
33111	3CE		95	30	30	23	14°	78.893	115	165	3800	4800	0.843	62	62	83	88	91	5	7	1.5	1.5	21.9	1.5	1.5	0.37	1.6	0.9

续表

轴承型号	ISO	基本尺寸/mm							基本额定载荷/kN		极限转速/r·min^{-1}		质量/kg	安装尺寸/mm									其他尺寸/mm			计算系数		
30000型	尺寸系列	d	D	T	B	C	α	E	C_r	C_{0r}	脂	油	W ≈	d_a min	d_b max	D_a min	D_a max	D_b max	a_1 min	a_2 min	r_a max	r_b max	a ≈	r min	r_1 min	e	Y	Y_0
30211	3DB	55	100	22.75	21	18	15°06′34″	84.197	90.8	115	3800	4800	0.713	64	64	88	91	95	4	5	2	1.5	21.0	2	1.5	0.4	1.5	0.8
32211	3DC		100	26.75	25	21	15°06′34″	82.837	108	142	3800	4800	0.853	64	62	87	91	96	4	6	2	1.5	22.8	2	1.5	0.4	1.5	0.8
33211	3DE		100	35	35	27	14°55′	81.24	142	198	3800	4800	1.15	64	62	85	91	96	6	8	2	1.5	25.1	2	1.5	0.4	1.5	0.8
30311	2FB		120	31.5	29	25	12°57′10″	94.316	152	188	3400	4300	1.63	65	70	104	110	112	4	6.5	2.5	2	24.9	2.5	2	0.35	1.7	1
31311	7FB		120	31.5	29	21	28°48′39″	89.563	130	158	3400	4300	1.56	65	63	94	110	114	4	10.5	2.5	2	37.5	2.5	2	0.83	0.7	0.4
32311	2FD		120	45.5	43	35	12°57′10″	94.316	202	270	3400	4300	2.37	65	66	99	110	111	5	10	2.5	2	30.4	2.5	2	0.35	1.7	1
32912X2	—	60	85	17	16	14	—	—	34.5	56.5	4000	5000	0.24	—	—	—	—	—	3	5	1	1	18.0	1	1	0.38	1.6	0.9
32912	2BC		85	17	17	14	12°27′	74.185	46.0	73.0	4000	5000	0.279	66	65	75	79	82	3	3	1	1	15.1	1	1	0.33	1.8	1
32012X2	—		95	23	22	19	—	—	64.8	98.0	3800	4800	0.56	—	—	—	—	—	4	6	1.5	1.5	20.0	1.5	1.5	0.33	1.8	1
32012	4CC		95	23	23	17.5	16°	80.634	81.8	122	3800	4800	0.584	67	67	85	88	91	4	5.5	1.5	1.5	20.9	1.5	1.5	0.43	1.4	0.8
33012	2CE		95	27	27	21	12°20′	80.422	96.8	150	3800	4800	0.691	67	67	85	88	90	5	6	1.5	1.5	19.8	1.5	1.5	0.33	1.8	1
33112	3CE		100	30	30	23	14°50′	83.522	118	172	3600	4500	0.895	67	67	88	93	96	5	7	1.5	1.5	23.1	1.5	1.5	0.4	1.5	0.8
30212	3EB		110	23.75	22	19	15°06′34″	91.876	102	130	3600	4500	0.904	69	69	96	101	103	4	5	2	1.5	22.3	2	1.5	0.4	1.5	0.8
32212	3EC		110	29.75	28	24	15°06′34″	90.236	132	180	3600	4500	1.17	69	68	95	101	105	4	6	2	1.5	25.0	2	1.5	0.4	1.5	0.8
33212	3EE		110	38	38	29	15°05′	89.032	165	230	3600	4500	1.51	69	69	93	101	105	6	9	2	1.5	27.5	2	1.5	0.4	1.5	0.8
30312	2FB		130	33.5	31	26	12°57′10″	107.769	170	210	3200	4000	1.99	72	76	112	118	121	5	7.5	2.5	2.1	26.6	3	2.5	0.35	1.7	1
31312	7FB		130	33.5	31	22	28°48′39″	98.236	145	178	3200	4000	1.90	72	69	103	118	124	5	11.5	2.5	2.1	40.4	3	2.5	0.83	0.7	0.4
32312	2FD		130	48.5	46	37	12°57′10″	102.939	228	302	3200	4000	2.90	72	72	107	118	122	6	11.5	2.5	2.1	32.0	3	2.5	0.35	1.7	1
32913	2BC	65	90	17	17	14	13°15′	78.849	45.5	73.2	3800	4800	0.295	71	70	80	84	87	3	3	1	1	16.2	1	1	0.35	1.7	0.9
32013X2	—		100	23	22	19	—	—	67.0	102	3600	4500	0.63	—	—	—	—	—	4	6	1.5	1.5	21.0	1.5	1.5	0.35	1.7	0.9
32013	4CC		100	23	23	17.5	17°	85.567	82.8	128	3600	4500	0.620	72	72	90	93	97	4	5.5	1.5	1.5	22.4	1.5	1.5	0.46	1.3	0.7
33013	2CE		100	27	27	21	13°05′	85.257	98.0	158	3600	4500	0.732	72	72	89	93	96	5	6	1.5	1.5	20.9	1.5	1.5	0.35	1.7	1
33113	3DE		110	34	34	26.5	14°30′	91.653	142	220	3400	4300	1.30	72	73	96	103	106	6	7.5	1.5	1.5	26.0	1.5	1.5	0.39	1.6	0.9
30213	3EB		120	24.75	23	20	15°06′34″	101.934	120	152	3200	4000	1.13	74	77	106	111	114	4	5	2	1.5	23.8	2	1.5	0.4	1.5	0.8
32213	3EC		120	32.75	31	27	15°06′34″	99.484	160	222	3200	4000	1.55	74	75	104	111	115	4	6	2	1.5	27.3	2	1.5	0.4	1.5	0.8
33213	3EE		120	41	41	32	14°35′	97.863	202	282	3200	4000	1.99	74	74	102	111	115	7	9	2	1.5	29.5	2	1.5	0.39	1.5	0.9

续表

轴承型号	ISO 尺寸系列	基本尺寸/mm							基本额定载荷/kN		极限转速/r·min^{-1}		质量/kg	安装尺寸/mm									其他尺寸/mm			计算系数		
30000 型		d	D	T	B	C	α	E	C_r	C_{0r}	脂	油	W ≈	d_a min	d_b max	D_a min	D_a max	D_b max	a_1 min	a_2 min	r_a max	r_b max	a ≈	r min	r_1 min	e	Y	Y_0
30313	2GB	65	140	36	33	28	12°57′10″	116.846	195	242	2800	3600	2.44	77	83	122	128	131	5	8	2.5	2.1	28.7	3	2.5	0.35	1.7	1
31313	7GB		140	36	33	23	28°48′39″	106.359	165	202	2800	3600	2.37	77	75	111	128	134	5	13	2.5	2.1	44.2	3	2.5	0.83	0.7	0.4
32313	2GD		140	51	48	39	12°57′10″	111.786	260	350	2800	3600	3.51	77	79	117	128	131	6	12	2.5	2.1	34.3	3	2.5	0.35	1.7	1
32914X2	—	70	100	20	19	16	—	—	53.2	85.5	3600	4500	—	—	—	—	—	—	4	6	1	1	19.0	1	1	0.33	1.8	1
32914	2BC		100	20	20	16	11°53′	88.59	70.8	115	3600	4500	0.471	76	76	90	94	96	4	4	1	1	17.6	1	1	0.32	1.9	1
32014X2	—		110	25	24	20	—	—	83.8	128	3400	4300	0.85	—	—	—	—	—	5	7	1.5	1.5	23.0	1.5	1.5	0.34	1.8	1
32014	4CC		110	25	25	19	16°10′	93.633	105	160	3400	4300	0.839	77	78	98	103	105	5	6	1.5	1.5	23.8	1.5	1.5	0.43	1.4	0.8
33014	2CE		110	31	31	25.5	10°45′	95.021	135	220	3400	4300	1.07	77	79	99	103	105	5	5.5	1.5	1.5	22.0	1.5	1.5	0.28	2	1
33114	3DE		120	37	37	29	14°10′	99.733	172	268	3200	4000	1.70	79	79	104	111	115	6	8	2	1.5	28.2	2	1.5	0.39	1.5	1.2
30214	3EB		125	26.25	24	21	15°38′32″	105.748	132	175	3000	3800	1.26	79	81	110	116	119	4	5.5	2	1.5	25.8	2	1.5	0.42	1.4	0.8
32214	3EC		125	33.25	31	27	15°38′32″	103.765	168	238	3000	3800	1.64	79	79	108	116	120	4	6.5	2	1.5	28.8	2	1.5	0.42	1.4	0.8
33214	3EE		125	41	41	32	15°15′	102.275	208	298	3000	3800	2.10	79	79	107	116	120	7	9	2	1.5	30.7	2	1.5	0.41	1.5	0.8
30314	2GB		150	38	35	30	12°57′10″	125.244	218	272	2600	3400	2.98	82	89	130	138	141	5	8	2.5	2.1	30.7	3	2.5	0.35	1.7	1
31314	7GB		150	38	35	25	28°48′39″	113.449	188	230	2600	3400	2.86	82	80	118	138	143	5	13	2.5	2.1	46.8	3	2.5	0.83	0.7	0.4
32314	2GD		150	54	51	42	12°57′10″	119.724	298	408	2600	3400	4.34	82	84	125	138	141	6	12	2.5	2.1	36.5	3	2.5	0.35	1.7	1
32915	2BC	75	105	20	20	16	12°31′	93.223	78.2	125	3400	4300	0.490	81	81	94	99	102	4	4	1	1	18.5	1	1	0.33	1.8	1
32015X2	—		115	25	24	20	—	—	85.2	135	3200	4000	0.88	—	—	—	—	—	5	7	1.5	1.5	24.0	1.5	1.5	0.35	1.7	0.9
32015	4CC		115	25	25	19	17°	98.58	102	160	3200	4000	0.875	82	83	103	108	110	5	6	1.5	1.5	25.2	1.5	1.5	0.46	1.3	0.7
33015	2CE		115	31	31	25.5	11°15′	99.4	132	220	3200	4000	1.12	82	83	103	108	110	6	5.5	1.5	1.5	22.8	1.5	1.5	0.3	2	1
33115	3DE		125	37	37	29	14°50′	104.358	175	280	3000	3800	1.78	84	84	109	116	120	6	8	2	1.5	29.4	2	1.5	0.4	1.5	0.8
30215	4DB		130	27.25	25	22	16°10′20″	110.408	138	185	2800	3600	1.36	84	85	115	121	125	4	5.5	2	1.5	27.4	2	1.5	0.44	1.4	0.8
32215	4DC		130	33.25	31	27	16°10′20″	108.932	170	242	2800	3600	1.74	84	84	115	121	126	4	6.5	2	1.5	30.0	2	1.5	0.44	1.4	0.8
33215	3EE		130	41	41	31	15°55′	106.675	208	300	2800	3600	2.17	84	83	111	121	125	7	10	2	1.5	31.9	2	1.5	0.43	1.4	0.8
30315	2GB		160	40	37	31	12°57′10″	134.097	252	318	2400	3200	3.57	87	95	139	148	150	5	9	2.5	2.1	32.0	3	2.5	0.35	1.7	1
31315	7GB		160	40	37	26	28°48′39″	122.122	208	258	2400	3200	3.38	87	86	127	148	153	6	14	2.5	2.1	49.7	3	2.5	0.83	0.7	0.4
32315	2GD		160	58	55	45	12°57′10″	127.887	348	482	2400	3200	5.37	87	91	133	148	150	7	13	2.5	2.1	39.4	3	2.5	0.35	1.7	1

续表

轴承型号 30000型	ISO尺寸系列	d	D	T	B	C	α	E	C_r	C_{0r}	脂	油	W ≈	d_a min	d_b max	D_a min	D_a max	D_b max	a_1 min	a_2 min	r_a max	r_b max	a ≈	r min	r_1 min	e	Y	Y_0
		基本尺寸/mm							基本额定载荷/kN		极限转速/r·min⁻¹		质量/kg	安装尺寸/mm									其他尺寸/mm			计算系数		
32916	2BC	80	110	20	20	16	13°10′	97.974	79.2	128	3200	4000	0.514	86	85	99	104	107	4	4	1	1	19.6	1	1	0.35	1.7	0.9
32016X2	—		125	29	27	23	—	—	102	162	3000	3800	1.18	—	—	—	—	—	5	8	1.5	1.5	26.0	1.5	1.5	0.34	1.8	1
32016	3CC		125	29	29	22	15°45′	107.334	140	220	3000	3800	1.27	87	89	112	117	120	6	7	1.5	1.5	26.8	1.5	1.5	0.42	1.4	0.8
33016	2CE		125	36	36	29.5	10°30′	107.750	182	305	3000	3800	1.63	87	90	112	117	119	6	7	1.5	1.5	25.2	1.5	1.5	0.28	2.2	1.2
33116	3DE		130	37	37	29	15°30′	108.970	180	292	2800	3600	1.87	89	89	114	121	126	6	8	2	1.5	30.7	2	1.5	0.42	1.4	0.8
30216	3EB		140	28.25	26	22	15°38′32″	119.169	160	212	2600	3400	1.67	90	90	124	130	133	4	6	2.1	2	28.1	2.5	2	0.42	1.4	0.8
32216	3EC		140	35.25	33	28	15°38′32″	117.466	198	278	2600	3400	2.13	90	89	122	130	135	5	7.5	2.1	2	31.4	2.5	2	0.42	1.4	0.8
33216	3EE		140	46	46	35	15°50′	114.582	245	362	2600	3400	2.83	90	89	119	130	135	7	11	2.1	2	35.1	2.5	2	0.43	1.4	0.8
30316	2GB		170	42.5	39	33	12°57′10″	143.174	278	352	2200	3000	4.27	92	102	148	158	160	5	9.5	2.5	2.1	34.4	3	2.5	0.35	1.7	1
31316	7GB		170	42.5	39	27	28°48′39″	129.213	230	288	2200	3000	4.05	92	91	134	158	161	6	15.5	2.5	2.1	52.8	3	2.5	0.83	0.7	0.4
32316	2GD		170	61.5	58	48	12°57′10″	136.504	388	542	2200	3000	6.38	92	97	142	158	160	7	13.5	2.5	2.1	42.1	3	2.5	0.35	1.7	1
32917X2	—	85	120	23	22	29	—	—	74.2	125	3400	3800	0.73	—	—	—	—	—	4	6	1.5	1.5	21.0	1.5	1.5	0.26	2.3	1.3
32917	2BC		120	23	23	18	12°18′	106.599	96.8	165	3400	3800	0.767	92	92	111	113	115	4	5	1.5	1.5	21.1	1.5	1.5	0.33	1.8	1
32017X2	—		130	29	27	23	—	—	105	170	2800	3600	1.25	—	—	—	—	—	5	8	1.5	1.5	27.0	1.5	1.5	0.35	1.7	0.9
32017	4CC		130	29	29	22	16°25′	111.788	140	220	2800	3600	1.32	92	94	117	122	125	6	7	1.5	1.5	28.1	1.5	1.5	0.44	1.4	0.8
33017	2CE		130	36	36	29.5	11°	112.838	180	305	2800	3600	1.69	92	94	118	122	125	6	6.5	1.5	1.5	26.2	1.5	1.5	0.29	2.1	1.1
33117	3DE		140	41	41	32	15°10′	117.097	215	355	2600	3400	2.43	95	95	122	130	135	7	9	2.1	2	33.1	2.5	2	0.41	1.5	0.8
30217	3EB		150	30.5	28	24	15°38′32″	126.685	178	238	2400	3200	2.06	95	96	132	140	142	5	6.5	2.1	2	30.3	2.5	2	0.42	1.4	0.8
32217	3EC		150	38.5	36	30	15°38′32″	124.970	228	325	2400	3200	2.68	95	95	130	140	143	5	8.5	2.1	2	33.9	2.5	2	0.42	1.4	0.8
33217	3EE		150	49	49	37	15°35′	122.894	282	415	2400	3200	3.52	95	95	128	140	144	7	12	2.1	2	36.9	2.5	2	0.42	1.4	0.8
30317	2GB		180	44.5	41	34	12°57′10″	150.433	305	388	2000	2800	4.96	99	107	156	166	168	6	10.5	3	2.5	35.9	4	3	0.35	1.7	1
31317	7GB		180	44.5	41	28	28°48′39″	137.4.3	255	318	2000	2800	4.69	99	96	143	166	171	6	16.5	3	2.5	55.6	4	3	0.83	0.7	0.4
32317	2GD		180	63.5	60	49	12°57′10″	144.223	422	592	2000	2800	7.31	99	102	150	166	168	8	14.5	3	2.5	43.5	4	3	0.35	1.7	1
32918X2	—	90	125	23	22	19	—	—	77.8	140	3200	3600	—	—	—	—	—	—	4	6	1.5	1.5	25.0	1.5	1.5	0.38	1.6	0.9
32918	2BC		125	23	23	18	12°51′	111.282	95.8	165	3200	3600	0.796	97	96	113	117	121	4	5	1.5	1.5	22.2	1.5	1.5	0.34	1.8	1
32018X2	—		140	32	30	26	—	—	122	192	2600	3400	1.7	—	—	—	—	—	5	8	2	1.5	29.0	2	1.5	0.34	1.8	1

续表

轴承型号	ISO	基本尺寸/mm							基本额定载荷/kN		极限转速/r·min^{-1}		质量/kg	安装尺寸/mm									其他尺寸/mm			计算系数		
30000型	尺寸系列	d	D	T	B	C	α	E	C_r	C_{0r}	脂	油	W ≈	d_a min	d_b max	D_a min	D_a max	D_b max	a_1 min	a_2 min	r_a max	r_b max	a ≈	r min	r_1 min	e	Y	Y_0
32018	3CC	90	140	32	32	24	15°45′	119.948	170	270	2600	3400	1.72	99	100	125	131	134	6	8	2	1.5	30.0	2	1.5	0.42	1.4	0.8
33018	2CE		140	39	39	32.5	10°10′	122.363	232	388	2600	3400	2.20	99	100	127	131	135	7	6.5	2	1.5	27.2	2	1.5	0.27	2.2	1.2
33118	3DE		150	45	45	35	14°50′	125.283	252	415	2400	3200	3.13	100	100	130	140	144	7	10	2.1	2	34.9	2.5	2	0.4	1.5	0.8
30218	3FB		160	32.5	30	26	15°38′32″	134.901	200	270	2200	3000	2.54	100	102	140	150	151	5	6.5	2.1	2	32.3	2.5	2	0.42	1.4	0.8
32218	3FC		160	42.5	40	34	15°38′32″	132.615	270	395	2200	3000	3.44	100	101	138	150	153	5	8.5	2.1	2	36.8	2.5	2	0.42	1.4	0.8
33218	3FE		160	55	55	42	15°40′	129.820	330	500	2200	3000	4.55	100	100	134	150	154	8	13	2.1	2	40.8	2.5	2	0.4	1.5	0.8
30318	2GB		190	46.5	43	36	12°57′10″	159.061	342	440	1900	2600	5.80	104	113	165	176	178	6	10.5	3	2.5	37.5	4	3	0.35	1.7	1
31318	7GB		190	46.5	43	30	28°48′39″	145.527	282	358	1900	2600	5.46	104	102	151	176	181	6	16.5	3	2.5	58.5	4	3	0.83	0.7	0.4
32318	2GD		190	67.5	64	53	12°57′10″	151.701	478	682	1900	2600	8.81	104	107	157	176	178	8	14.5	3	2.5	46.2	4	3	0.35	1.7	1
32919	2BC	95	130	23	23	18	13°25′	116.082	97.2	170	2600	3400	0.831	102	101	117	122	126	4	5	1.5	1.5	23.4	1.5	1.5	0.36	1.7	0.9
32019X2	—		145	32	30	26	—	—	122	192	2400	3200	1.7	—	—	—	—	—	5	8	2	1.5	30.0	2	1.5	0.36	1.7	0.9
32019	4CC		145	32	32	24	16°25′	124927	175	280	2400	3200	1.79	104	105	130	136	140	6	8	2	1.5	31.4	2	1.5	0.44	1.4	0.8
33019	2CE		145	39	39	32.5	10°30′	126.346	230	390	2400	3200	2.26	104	104	131	136	139	7	6.5	2	1.5	28.4	2	1.5	0.28	2.2	1.2
33119	3EE		160	49	49	38	14°35′	133.240	298	498	2200	3000	3.94	105	105	138	150	154	7	11	2.1	2	37.3	2.5	2	0.39	1.5	0.8
30219	3FB		170	34.5	32	27	15°38′32″	143.385	228	308	2000	2800	3.04	107	108	149	158	160	5	7.5	2.5	2.1	34.2	3	2.5	0.42	1.4	0.8
32219	3FC		170	45.5	43	37	15°38′32″	140.259	302	448	2000	2800	4.24	107	106	145	158	163	5	8.5	2.5	2.1	39.2	3	2.5	0.42	1.4	0.8
33219	3FE		170	58	58	44	15°15′	138.642	378	568	2000	2800	5.48	107	105	144	158	163	9	14	2.5	2.1	42.7	3	2.5	0.41	1.5	0.8
30319	2GB		200	49.5	45	38	12°57′10″	165.861	370	478	1800	2400	6.80	109	118	172	186	185	6	11.5	3	2.5	40.1	4	3	0.35	1.7	1
31319	7GB		200	49.5	45	32	28°48′39″	151.584	310	400	1800	2400	6.46	109	107	157	186	189	6	17.5	3	2.5	61.2	4	3	0.83	0.7	0.4
32319	2GD		200	71.5	67	55	12°57′10″	160.318	515	738	1800	2400	10.1	109	114	166	186	187	8	16.5	3	2.5	49.0	4	3	0.35	1.7	1
32920	2CC	100	140	25	25	20	12°23′	125.717	128	218	2400	3200	1.12	107	108	128	132	136	4	5	1.5	1.5	24.3	1.5	1.5	0.33	1.8	1
32020X2	—		150	32	30	26	—	—	125	205	2200	3000	1.79	—	—	—	—	—	5	8	2	1.5	32.0	2	1.5	0.37	1.6	0.9
32020	4CC		150	32	32	24	17°	129.269	172	282	2200	3000	1.85	109	109	134	141	144	6	8	2	1.5	32.8	2	1.5	0.46	1.3	0.7
33020	2CE		150	39	39	32.5	10°50′	130.323	230	390	2200	3000	2.33	109	108	135	141	143	7	6.5	2	1.5	29.1	2	1.5	0.29	2.1	1.2
33120	3EE		165	52	52	40	15°10′	137.129	308	528	2000	2800	4.31	110	110	142	155	159	8	12	2.1	2	40.3	2.5	2	0.41	1.5	0.8
30220	3FB		180	37	34	29	15°38′32″	151.310	255	350	1900	2600	3.72	112	114	157	168	169	5	8	2.5	2.1	36.4	3	2.5	0.42	1.4	0.8

续表

轴承型号	ISO 尺寸系列	基本尺寸/mm							基本额定载荷/kN		极限转速/r·min^{-1}		质量/kg	安装尺寸/mm									其他尺寸/mm			计算系数		
30000型		d	D	T	B	C	α	E	C_r	C_{0r}	脂	油	W ≈	d_a min	d_b max	D_a min	D_a max	D_b max	a_1 min	a_2 min	r_a max	r_b max	a ≈	r min	r_1 min	e	Y	Y_0
32220	3FC	100	180	49	46	39	15°38′32″	148.184	340	512	1900	2600	5.10	112	113	154	168	172	5	10	2.5	2.1	41.9	3	2.5	0.42	1.4	0.8
33220	3FE		180	63	63	48	15°05′	145.949	438	665	1900	2600	6.71	112	112	151	168	172	10	15	2.5	2.1	45.5	3	2.5	0.4	1.5	0.8
30320	2GB		215	51.5	47	39	12°57′10″	178.578	405	525	1600	2000	8.22	114	127	184	201	199	6	12.5	3	2.5	42.2	4	3	0.35	1.7	1
31320	7GB		215	56.5	51	35	28°48′39″	162.739	372	488	1600	2000	8.59	114	115	168	201	204	7	21.5	3	2.5	68.4	4	3	0.83	0.7	0.4
32320	2GD		215	77.5	73	60	12°57′10″	171.650	600	872	1600	2000	13.0	114	122	177	201	201	8	17.5	3	2.5	52.9	4	3	0.35	1.7	1
32921	2CC	105	145	25	25	20	12°51′	130.359	128	225	2200	3000	1.16	112	112	132	137	141	5	5	1.5	1.5	25.4	1.5	1.5	0.34	1.8	1
32021X2	—		160	35	33	28	—	—	162	270	2000	2800	2.5	—	—	—	—	—	6	9	2.1	2	33.0	2.5	2	0.36	1.7	0.9
32021	4DC		160	35	35	26	16°30′	137.685	205	335	2000	2800	2.40	115	116	143	150	154	6	9	2.1	2	34.6	2.5	2	0.44	1.4	0.7
33021	2DE		160	43	43	34	10°40′	139.304	258	438	2000	2800	2.97	115	116	145	150	153	7	9	2.1	2	30.8	2.5	2	0.28	2.1	1.2
33121	3EE		175	56	56	44	15°05′	144.427	352	608	1900	2600	5.29	115	115	149	165	170	8	12	2.1	2	42.9	2.5	2	0.4	1.5	0.8
30221	3FB		190	39	36	30	15°38′32″	159.795	285	398	1800	2400	4.38	117	121	165	178	178	6	9	2.5	2.1	38.5	3	2.5	0.42	1.4	0.8
32221	3FC		190	53	50	43	15°38′32″	155.269	380	578	1800	2400	6.26	117	118	161	178	182	5	10	2.5	2.1	45.0	3	2.5	0.42	1.4	0.8
33221	3FE		190	68	68	52	15°	153.622	498	770	1800	2400	8.12	117	117	159	178	182	12	16	2.5	2.1	48.6	3	2.5	0.4	1.5	0.8
30321	2GB		225	53.5	49	41	12°57′10″	186.752	432	562	1500	1900	9.38	119	133	193	211	208	7	12.5	3	2.5	43.6	4	3	0.35	1.7	1
31321	7GB		225	58	53	36	28°48′39″	170.724	398	525	1500	1900	9.58	119	121	176	211	213	7	22	3	2.5	70.0	4	3	0.83	0.7	0.4
32321	2GD		225	81.5	77	63	12°57′10″	179.359	648	945	1500	1900	14.8	119	128	185	211	210	8	18.5	3	2.5	55.1	4	3	0.35	1.7	1
32922X2	—	110	150	25	24	20	—	—	85.5	148	2000	2800	1.1	—	—	—	—	—	5	7	1.5	1.5	25	1.5	1.5	0.28	2.1	1.2
32922	2CC		150	25	25	20	13°20′	135.182	130	232	2000	2800	1.20	117	117	137	142	146	5	5	1.5	1.5	26.5	1.5	1.5	0.36	1.7	0.9
32022X2	—		170	38	36	31	—	—	182	302	1900	2600	3.1	—	—	—	—	—	6	9	2.1	2	35	2.5	2	0.35	1.7	0.9
32022	4DC		170	38	38	29	16°	146.290	245	402	1900	2600	3.02	120	122	152	160	163	7	9	2.1	2	36.6	2.5	2	0.43	1.4	0.8
33022	2DE		170	47	47	37	10°50′	146.265	288	502	1900	2600	3.74	120	123	152	160	161	7	10	2.1	2	33.2	2.5	2	0.29	2.1	1.2
33122	3EE		180	56	56	43	15°35′	149.127	372	638	1800	2400	5.50	120	121	155	170	174	9	13	2.1	2	44.0	2.5	2	0.42	1.4	0.8
30222	3FB		200	41	38	32	15°38′32″	168.548	315	445	1700	2200	5.21	122	128	174	188	189	6	9	2.5	2.1	40.4	3	2.5	0.42	1.4	0.8
32222	3FC		200	56	53	46	15°38′32″	164.022	430	665	1700	2200	7.43	122	124	170	188	192	6	10	2.5	2.1	47.3	3	2.5	0.42	1.4	0.8
30322	2GB		240	54.5	50	42	12°57′10″	199.925	472	612	1400	1800	11.0	124	142	206	226	222	8	12.5	3	2.5	45.1	4	3	0.35	1.7	1
31322	7GB		240	63	57	38	28°48′39″	182.014	458	610	1400	1800	12.1	124	129	188	226	226	7	25	3	2.5	75.3	4	3	0.83	0.7	0.4

续表

轴承型号	ISO	基本尺寸/mm							基本额定载荷/kN		极限转速/r·min^{-1}		质量/kg	安装尺寸/mm									其他尺寸/mm			计算系数		
30000型	尺寸系列	d	D	T	B	C	α	E	C_r	C_{0r}	脂	油	W ≈	d_a min	d_b max	D_a min	D_a max	D_b max	a_1 min	a_2 min	r_a max	r_b max	a ≈	r min	r_1 min	e	Y	Y_0
32322	2GD	110	240	84.5	80	65	12°57′10″	192.071	725	1060	1400	1800	17.8	124	137	198	226	224	9	19.5	3	2.5	57.8	4	3	0.35	1.7	1
32924	2CC	120	165	29	29	23	13°05′	148.464	172	318	1800	2400	1.78	127	128	150	157	160	6	6	1.5	1.5	29.3	1.5	1.5	0.35	1.7	1
32024X2	—		180	38	36	31	—	—	198	338	1700	2200	3.1	—	—	—	—	—	6	9	2.1	2	38.0	2.5	2	0.37	1.6	0.9
32024	4DC		180	38	38	29	17°	155.239	242	405	1700	2200	3.18	130	131	161	170	173	7	9	2.1	2	39.3	2.5	2	0.46	1.3	0.7
33024	2DE		180	48	48	38	11°30′	154.777	298	535	1700	2200	4.07	130	132	160	170	171	6	10	2.1	2	35.5	2.5	2	0.31	2	1.1
33124	3FE		200	62	62	48	14°50′	166.144	448	778	1600	2000	7.68	130	130	172	190	192	10	14	2.1	2	47.6	2.5	2	0.40	1.5	0.8
30224	4FB		215	43.5	40	34	16°10′20″	181.257	338	482	1500	1900	6.20	132	139	187	203	203	6	9.5	2.5	2.1	44.1	3	2.5	0.44	1.4	0.8
32224	4FD		215	61.5	58	50	16°10′20″	174.825	478	758	1500	1900	9.26	132	134	181	203	206	7	11.5	2.5	2.1	52.3	3	2.5	0.44	1.4	0.8
30324	2GB		260	59.5	55	46	12°57′10″	214.892	562	745	1300	1700	14.2	134	153	221	246	238	8	13.5	3	2.5	49.0	4	3	0.35	1.7	1
31324	7GB		260	68	62	42	28°48′39″	197.022	535	725	1300	1700	15.3	134	140	203	246	246	9	26	3	2.5	81.8	4	3	0.83	0.7	0.4
32324	2GD		260	90.5	86	69	12°57′10″	207.039	825	1230	1300	1700	22.1	134	147	213	246	240	9	21.5	3	2.5	61.6	4	3	0.35	1.7	1
32926X2	—	130	180	32	30	26	—	—	142	260	1700	2200	2.31	—	—	—	—	—	5	8	2	1.5	30.0	2	1.5	0.27	2.2	1.2
32926	2CC		180	32	32	25	12°45′	161.652	205	380	1700	2200	2.34	140	139	164	171	174	6	7	2	1.5	31.6	2	1.5	0.34	1.8	1
32026X2	—		200	45	42	36	—	—	242	418	1600	2000	4.46	—	—	—	—	—	7	11	2.1	2	42.0	2.5	2	0.35	1.7	0.9
32026	4EC		200	45	45	34	16°10′	172.043	335	568	1600	2000	4.94	140	144	178	190	192	8	11	2.1	2	43.3	2.5	2	0.43	1.4	0.8
33026	2EE		200	55	55	43	12°50′	172.017	400	728	1600	2000	6.14	140	140	178	190	192	8	12	2.1	2	42.0	2.5	2	0.34	1.8	1
30226	4FB		230	43.75	40	34	16°10′20″	196.420	365	520	1400	1800	6.94	144	150	203	216	219	7	10	3	2.5	46.1	4	3	0.44	1.4	0.8
32226	4FD		230	67.75	64	54	16°10′20″	187.088	552	888	1400	1800	11.4	144	143	193	216	221	7	14	3	2.5	56.6	4	3	0.44	1.4	0.8
30326	2GB		280	63.75	58	49	12°57′10″	232.028	640	855	1100	1500	17.3	145	165	239	262	258	8	15	4	3	53.2	5	4	0.35	1.7	1
31326	7GB		280	72	66	44	28°48′39″	211.753	592	805	1100	1500	18.4	147	150	218	262	263	9	28	4	3	87.2	5	4	0.83	0.7	0.4
32928X2	—	140	190	32	30	26	—	—	145	265	1600	2000	2.43	—	—	—	—	—	5	8	2	1.5	32.0	2	1.5	0.29	2.1	1.1
32928	2CC		190	32	32	25	13°30′	171.032	208	392	1600	2000	2.47	150	150	177	181	184	6	6	2	1.5	33.8	2	1.5	0.36	1.7	0.9
32028X2	—		210	45	42	36	—	—	258	452	1400	1800	5.21	—	—	—	—	—	7	11	2.1	2	44.0	2.5	2	0.37	1.6	0.9
32028	4DC		210	45	45	34	17°	180.720	330	568	1400	1800	5.15	150	153	187	200	202	8	11	2.1	2	46.0	2.5	2	0.46	1.3	0.7
33028	2DE		210	56	56	44	13°30′	180.353	408	755	1400	1800	6.57	150	150	186	200	202	8	12	2.1	2	45.1	2.5	2	0.36	1.7	0.9

续表

轴承型号	ISO	基本尺寸/mm							基本额定载荷/kN		极限转速/r·min^{-1}		质量/kg	安装尺寸/mm									其他尺寸/mm			计算系数		
30000型	尺寸系列	d	D	T	B	C	α	E	C_r	C_{0r}	脂	油	W ≈	d_a min	d_b max	D_a min	D_a max	D_b max	a_1 min	a_2 min	r_a max	r_b max	a ≈	r min	r_1 min	e	Y	Y_0
30228	4FB	140	250	45.75	42	36	16°10′20″	212.270	408	585	1200	1600	8.73	154	162	219	236	236	9	11	3	2.5	49.0	4	3	0.44	1.4	0.8
32228	4FD		250	71.75	68	58	16°10′20″	204.046	645	1050	1200	1600	14.4	154	156	210	236	240	8	14	3	2.5	60.7	4	3	0.44	1.4	0.8
30328	2GB		300	67.75	62	53	12°57′10″	247.910	722	975	1000	1400	21.4	155	176	255	282	275	9	15	4	3	56.5	5	4	0.35	1.7	1
31328	7GB		300	77	70	47	28°48′39″	227.999	678	928	1000	1400	22.8	157	162	235	282	283	9	30	4	3	94.1	5	4	0.83	0.7	0.4
32930X2	—	150	210	38	36	31	—	—	198	368	1400	1800	—	—	—	—	—	—	6	9	2.1	2	35.6	2.5	2	0.27	2.2	1.2
32930	2DC		210	38	38	30	12°20′	187.926	260	510	1400	1800	3.87	160	162	192	200	202	7	8	2.1	2	36.4	2.5	2	0.33	1.8	1
32030X2	—		225	48	45	38	—	—	292	525	1300	1700	6.2	—	—	—	—	—	7	12	2.5	2.1	47.0	3	2.5	0.37	1.6	0.9
32030	4EC		225	48	48	36	17°	193.674	368	635	1300	1700	6.25	162	164	200	213	216	8	12	2.5	2.1	49.2	3	2.5	0.46	1.3	0.7
33030	2EE		225	59	59	46	13°40′	194.260	460	875	1300	1700	7.98	162	162	200	213	218	9	13	2.5	2.1	48.2	3	2.5	0.36	1.7	0.9
30230	4GB		270	49	45	38	16°10′20″	227.408	450	645	1100	1500	10.8	164	174	234	256	252	9	11	3	2.5	52.4	4	3	0.44	1.4	0.8
32230	4GD		270	77	73	60	16°10′20″	219.17	720	1180	1100	1500	18.2	164	168	226	256	256	8	17	3	2.5	65.4	4	3	0.44	1.4	0.8
30330	2GB		320	72	62	55	12°57′10″	265.955	802	1090	950	1300	25.2	165	190	273	302	294	9	17	4	3	60.6	5	4	0.35	1.7	1
31330	7GB		320	82	75	50	28°48′39″	244.244	772	1070	950	1300	27.4	167	173	251	302	302	9	32	4	3	100.1	5	4	0.83	0.7	0.4
32932X2	—	160	220	38	36	31	—	—	218	405	1300	1700	3.79	—	—	—	—	—	6	9	2.1	2	36.0	2.5	2	0.27	2.2	1.2
32932	2DC		220	38	38	30	13°	197.962	262	525	1300	1700	4.07	170	170	199	210	214	7	8	2.1	2	38.7	2.5	2	0.35	1.7	1
32032X2	—		240	51	48	41	—	—	345	632	1200	1600	7.7	—	—	—	—	—	7	12	2.5	2.1	50.0	3	2.5	0.37	1.6	0.9
32032	4EC		240	51	51	38	17°	207.209	420	735	1200	1600	7.66	172	175	213	228	231	8	13	2.5	2.1	52.6	3	2.5	0.46	1.3	0.7
30232	4GB		290	52	48	40	16°10′20″	244.958	512	738	1000	1400	13.3	174	189	252	276	271	9	12	3	2.5	55.5	4	3	0.44	1.4	0.8
32232	4GD		290	84	80	67	16°10′20″	234.942	858	1430	1000	1400	23.3	174	180	242	276	276	10	17	3	2.5	70.9	4	3	0.44	1.4	0.8
30332	2GB		340	75	68	58	12°57′10″	282.751	878	1190	900	1200	29.5	175	202	290	320	312	9	17	4	3	63.3	5	4	0.35	1.7	1
32934X2	—	170	230	38	36	31	—	—	222	418	1200	1600	3.84	—	—	—	—	—	6	6	2.1	2	38.0	2.5	2	0.28	2.1	1.2
32934	3DC		230	38	38	30	14°20′	206.564	280	560	1200	1600	4.33	180	183	213	220	222	7	8	2.1	2	41.9	2.5	2	0.38	1.6	0.9
32034X2	—		260	57	54	46	—	—	385	728	1100	1500	10.1	—	—	—	—	—	8	13	2.5	2.1	51.0	3	2.5	0.31	1.9	1.1
32034	4EC		260	57	57	43	16°30′	223.031	520	920	1100	1500	10.4	182	187	230	248	249	10	14	2.5	2.1	56.4	3	2.5	0.44	1.4	0.7
30234	4GB		310	57	52	43	16°10′20″	262.483	590	865	1000	1300	16.6	188	201	269	292	290	9	14	4	3	60.4	5	4	0.44	1.4	0.8

续表

轴承型号	ISO尺寸系列	基本尺寸/mm							基本额定载荷/kN		极限转速/r·min⁻¹		质量/kg	安装尺寸/mm									其他尺寸/mm			计算系数		
30000 型		d	D	T	B	C	α	E	C_r	C_{0r}	脂	油	W ≈	d_a min	d_b max	D_a min	D_a max	D_b max	a_1 min	a_2 min	r_a max	r_b max	a ≈	r min	r_1 min	e	Y	Y_0
32234	4GD	170	310	91	86	71	16°10′20″	251.873	968	1640	1000	1300	28.6	188	194	259	292	296	10	20	4	3	76.3	5	4	0.44	1.4	0.8
30334	2GB		360	80	72	62	12°57′10″	299.991	995	1370	850	1100	35.6	185	214	307	342	331	10	18	4	3	68.0	5	4	0.35	1.7	1
32936	4DC	180	250	45	45	34	17°45′	218.571	340	708	1100	1500	6.44	190	193	225	240	241	8	11	2.1	2	54.0	2.5	2	0.48	1.3	0.7
32036X2	—		280	64	60	52	—	—	502	890	1000	1400	14.7	—	—	—	—	—	8	14	2.5	2.1	63	3	2.5	0.4	1.5	0.8
32036	3FD		280	64	64	48	15°45′	239.898	640	1150	1000	1400	14.1	192	199	247	268	267	10	16	2.5	2.1	60.1	3	2.5	0.42	1.4	0.8
30236	4GB		320	57	52	43	16°41′57″	270.928	610	912	900	1200	17.3	198	209	278	302	300	9	14	4	3	62.8	5	4	0.45	1.3	0.7
32236	4GD		320	91	86	71	16°41′57″	259.938	998	1720	900	1200	29.9	198	201	267	302	306	10	20	4	3	78.8	5	4	0.45	1.3	0.7
30336	2GB		380	83	75	64	12°57′10″	319.070	1090	1500	900	1100	40.7	198	228	327	362	351	10	19	4	3	70.9	5	4	0.35	1.7	1
32938X2	—	190	260	45	42	36	—	—	292	580	1000	1400	6.52	—	—	—	—	—	7	11	2.1	2	52.0	2.5	2	0.38	1.6	0.9
32938	4DC		260	45	45	34	17°39′	228.578	360	740	1000	1400	6.66	200	204	235	250	251	8	11	2.1	2	55.2	2.5	2	0.48	1.3	0.7
32038X2	—		290	64	60	52	—	—	502	932	950	1300	14.1	—	—	—	—	—	8	14	2.5	2.1	56.0	3	2.5	0.29	2.1	1.1
32038	4FD		290	64	64	48	16°25′	249.853	652	1180	950	1300	14.6	202	209	257	278	279	10	16	2.5	2.1	62.8	3	2.5	0.44	1.4	0.8
30238	4GB		340	60	55	46	16°10′20″	291.083	698	1030	850	1100	20.8	208	223	298	322	321	9	14	4	3	65.0	5	4	0.44	1.4	0.8
32238	4GD		340	97	92	75	16°10′20″	279024	1120	1900	850	1100	36.1	208	214	286	322	326	10	22	4	3	82.1	5	4	0.44	1.4	0.8
32940X2	—	200	280	51	48	41	—	—	345	710	950	1300	8.86	—	—	—	—	—	7	12	2.5	2.1	57.0	3	2.5	0.39	1.5	0.8
32940	3EC		280	51	51	39	14°45′	249.698	460	950	950	1300	9.43	212	214	257	268	271	9	12	2.5	2.1	54.2	3	2.5	0.39	1.5	0.8
32040X2	—		310	70	66	56	—	—	575	1120	900	1200	17.4	—	—	—	—	—	10	16	2.5	2.1	67.0	3	2.5	0.37	1.6	0.9
32040	4FD		310	70	70	53	16°	266.039	782	1420	900	1200	18.9	212	221	273	298	297	11	17	2.5	2.1	66.9	3	2.5	0.43	1.4	0.8
30240	4GB		360	64	58	48	16°10′20″	307.196	765	1140	800	1000	24.7	218	236	315	342	338	9	16	4	3	69.3	5	4	0.44	1.4	0.8
32240	3GD		360	104	98	82	15°10′	294.880	1320	2180	800	1000	43.2	218	222	302	342	342	11	22	4	3	85.1	5	4	0.41	1.5	0.8
32944X2	—	220	300	51	48	41	—	—	372	795	900	1200	10.1	—	—	—	—	—	7	12	2	2.5	53.0	3	2.5	0.31	1.9	1.1
32944	3EC		300	51	51	39	15°50′	267.685	470	978	900	1200	10.0	232	234	275	288	290	10	12	2.5	2.1	59.1	3	2.5	0.43	1.4	0.8
32044X2	—		340	76	72	62	—	—	702	1330	800	1000	22.3	—	—	—	—	—	10	16	3.5	2.5	71.0	4	3	0.35	1.7	0.9
32044	4FD		340	76	76	57	16°	292.464	908	1670	800	1000	24.4	234	243	300	326	326	12	19	3	2.5	73.0	4	3	0.43	1.4	0.8

续表

轴承型号	ISO	基本尺寸/mm							基本额定载荷/kN		极限转速/r·min^{-1}		质量/kg	安装尺寸/mm									其他尺寸/mm			计算系数		
30000型	尺寸系列	d	D	T	B	C	α	E	C_r	C_{0r}	脂	油	W ≈	d_a min	d_b max	D_a min	D_a max	D_b max	a_1 min	a_2 min	r_a max	r_b max	a ≈	r min	r_1 min	e	Y	Y_0
32948X2	—	240	320	51	48	41	—	—	390	860	800	1000	10.9	—	—	—	—	—	7	12	2.5	2.1	67.0	3	2.5	0.45	1.3	0.7
32948	4EC		320	51	51	39	17°	286.852	520	1060	800	1000	10.7	252	254	290	308	311	10	12	2.5	2.1	64.7	3	2.5	0.46	1.3	0.7
32048X2			360	76	72	62	—	—	710	1420	700	900	25.5	—	—	—	—	—	10	16	3	2.5	70.0	4	3	0.32	1.9	1
32048	4FD		360	76	76	57	17°	310.356	920	1730	700	900	25.9	254	261	318	346	346	12	19	3	2.5	78.4	4	3	0.46	1.3	0.7
32952X2	—	260	360	63.5	60	52	—	—	525	1150	700	900	19.2	—	—	—	—	—	8	14	2.5	2.1	64.0	3	2.5	0.3	2	1.1
32952	3EC		360	63.5	63.5	48	15°10′	320.783	688	1470	700	900	18.6	272	279	328	348	347	11	15.5	2.5	2.1	69.6	3	2.5	0.41	1.5	0.8
32052X2	—		400	87	82	71	—	—	902	1810	670	850	37.8	—	—	—	—	—	12	18	4	3	76.0	5	4	0.3	2	1.1
32052	4FC		400	87	87	65	16°10′	344.432	1120	2170	670	850	38.0	278	287	352	382	383	14	22	4	3	85.6	5	4	0.43	1.4	0.8
32956	4EC	280	380	63.5	63.5	48	16°05′	339.778	745	1580	630	800	19.7	292	298	344	368	368	11	15	2.5	2.1	74.5	3	2.5	0.43	1.4	0.7
32056X2	—		420	87	82	71	—	—	622	1940	600	750	39.6	—	—	—	—	—	12	18	4	3	87.0	5	4	0.37	1.6	0.9
32056	4FC		420	87	87	65	17°	361.811	1190	2290	600	750	40.2	298	305	370	402	402	14	22	4	3	90.3	5	4	0.46	1.3	0.7
32960X2	—	300	420	76	72	62	—	—	778	1700	600	750	30.2	—	—	—	—	—	10	16	3	2.5	72.0	4	3	0.28	2.1	1.2
32960	3FD		420	76	76	57	14°45′	374.706	1020	2200	600	750	31.5	315	324	379	406	405	13	19	3	2.5	80.0	4	3	0.39	1.5	0.8
32060X2	—		460	100	95	82	—	—	1050	2190	560	700	55.9	—	—	—	—	—	14	20	4	3	90.0	5	4	0.31	1.9	1.1
32060	4GD		460	100	100	74	16°10′	395.676	1520	2940	560	700	57.5	318	329	404	442	439	15	26	4	3	97.7	5	4	0.43	1.4	0.8
32964X2	—	320	440	76	72	62	—	—	798	1760	560	700	44.7	—	—	—	—	—	10	16	3	2.5	76.0	4	3	0.3	2	1.1
32964	3FD		440	76	76	57	15°30′	393.406	1040	2320	560	700	33.3	335	343	398	426	426	13	19	3	2.5	85.1	4	3	0.42	1.4	0.8
32064X2	—		480	100	95	82	—	—	1050	2190	530	670	59.1	—	—	—	—	—	14	20	4	3	106	5	4	0.42	1.4	0.8
32064	4GD		480	100	100	74	17°	415.640	1540	3000	530	670	60.6	338	350	424	462	461	15	26	4	3	103.5	5	4	0.46	1.3	0.7
32968X2	—	340	460	76	72	62	—	—	805	1830	530	670	34.3	—	—	—	—	—	10	16	3	2.5	80.0	4	3	0.31	1.9	1.1
32968	4FD		460	76	76	57	16°15′	412.043	1050	2380	530	670	34.8	355	362	417	446	446	13	19	3	2.5	90.5	4	3	0.44	1.4	0.8
32972X2	—	360	480	76	72	62	—	—	838	1940	500	630	35.8	—	—	—	—	—	10	16	3	2.5	84.0	4	3	0.33	1.8	1
32972	4FD		480	76	76	57	17°	430.612	1060	2430	500	630	36.3	375	381	436	466	466	13	19	3	2.5	96.2	4	3	0.46	1.3	0.7

表 7-5-27　双列圆锥滚子轴承（GB/T 299—2008）

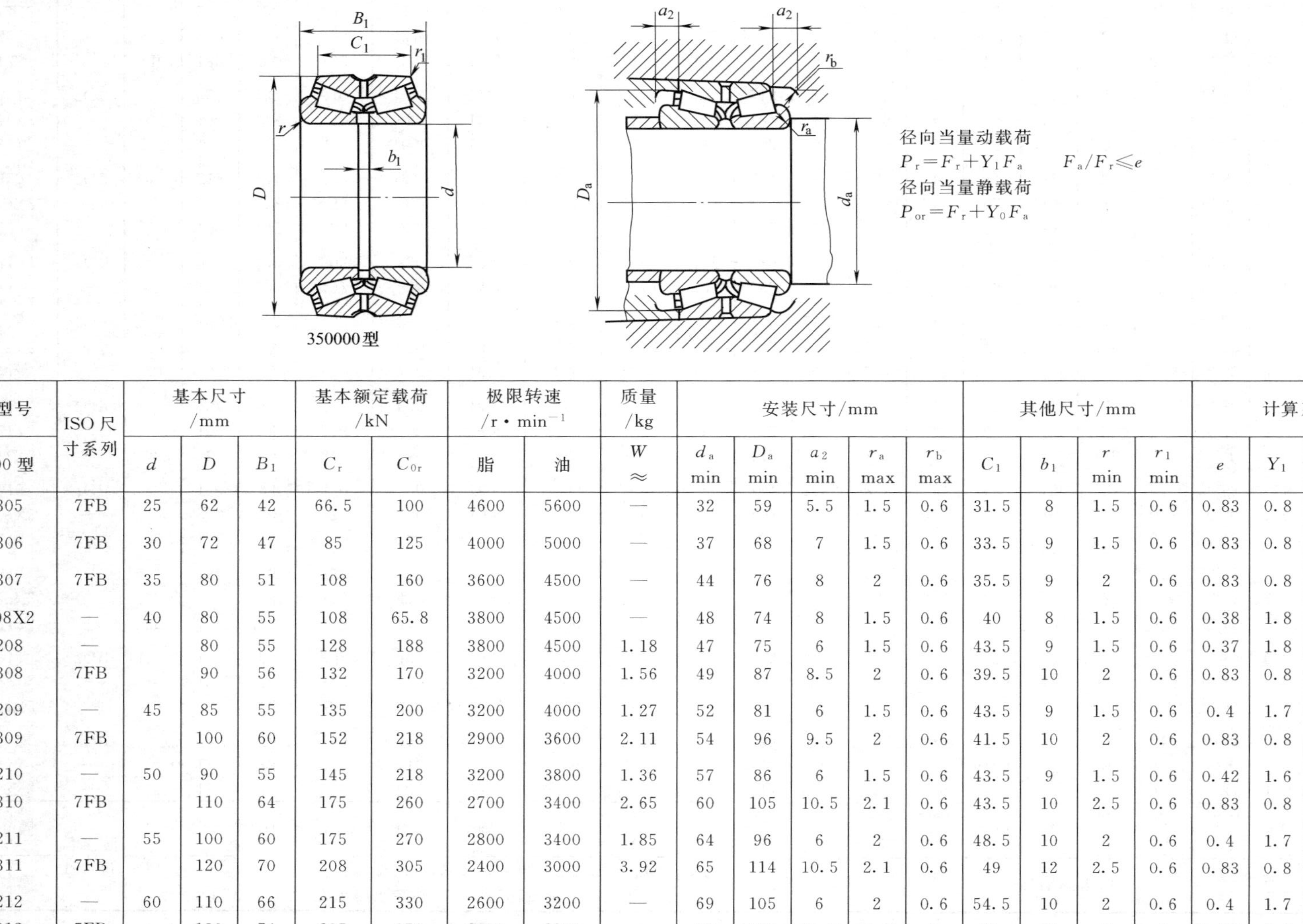

径向当量动载荷

$P_r=F_r+Y_1F_a$　　$F_a/F_r\leqslant e$

径向当量静载荷

$P_{or}=F_r+Y_0F_a$

轴承型号	ISO尺寸系列	基本尺寸/mm			基本额定载荷/kN		极限转速/r·min^{-1}		质量/kg	安装尺寸/mm					其他尺寸/mm				计算系数			
350000型		d	D	B_1	C_r	C_{0r}	脂	油	W ≈	d_a min	D_a min	a_2 min	r_a max	r_b max	C_1	b_1	r min	r_1 min	e	Y_1	Y_2	Y_0
351305	7FB	25	62	42	66.5	100	4600	5600	—	32	59	5.5	1.5	0.6	31.5	8	1.5	0.6	0.83	0.8	1.2	0.8
351306	7FB	30	72	47	85	125	4000	5000	—	37	68	7	1.5	0.6	33.5	9	1.5	0.6	0.83	0.8	1.2	0.8
351307	7FB	35	80	51	108	160	3600	4500	—	44	76	8	2	0.6	35.5	9	2	0.6	0.83	0.8	1.2	0.8
352208X2	—	40	80	55	108	65.8	3800	4500	—	48	74	8	1.5	0.6	40	8	1.5	0.6	0.38	1.8	2.6	1.7
352208	—		80	55	128	188	3800	4500	1.18	47	75	6	1.5	0.6	43.5	9	1.5	0.6	0.37	1.8	2.7	1.8
351308	7FB		90	56	132	170	3200	4000	1.56	49	87	8.5	2	0.6	39.5	10	2	0.6	0.83	0.8	1.2	0.8
352209	—	45	85	55	135	200	3200	4000	1.27	52	81	6	1.5	0.6	43.5	9	1.5	0.6	0.4	1.7	2.5	1.6
351309	7FB		100	60	152	218	2900	3600	2.11	54	96	9.5	2	0.6	41.5	10	2	0.6	0.83	0.8	1.2	0.8
352210	—	50	90	55	145	218	3200	3800	1.36	57	86	6	1.5	0.6	43.5	9	1.5	0.6	0.42	1.6	2.4	1.6
351310	7FB		110	64	175	260	2700	3400	2.65	60	105	10.5	2.1	0.6	43.5	10	2.5	0.6	0.83	0.8	1.2	0.8
352211	—	55	100	60	175	270	2800	3400	1.85	64	96	6	2	0.6	48.5	10	2	0.6	0.4	1.7	2.5	1.6
351311	7FB		120	70	208	305	2400	3000	3.92	65	114	10.5	2.1	0.6	49	12	2.5	0.6	0.83	0.8	1.2	0.8
352212	—	60	110	66	215	330	2600	3200	—	69	105	6	2	0.6	54.5	10	2	0.6	0.4	1.7	2.5	1.6
351312	7FB		130	74	235	350	2300	2800	—	72	124	11.5	2.5	1	51	12	3	1	0.83	0.8	1.2	0.8

续表

轴承型号	ISO尺寸系列	基本尺寸/mm			基本额定载荷/kN		极限转速/r·min^{-1}		质量/kg	安装尺寸/mm					其他尺寸/mm				计算系数			
350000型		d	D	B_1	C_r	C_{0r}	脂	油	W ≈	d_a min	D_a min	a_2 min	r_a max	r_b max	C_1	b_1	r min	r_1 min	e	Y_1	Y_2	Y_0
352213X2	—	65	120	70	220	365	2200	3000	—	74	114	7.5	2	0.6	55	8	2	0.6	0.37	1.8	2.7	1.8
352213	—		120	73	260	410	2200	3000	2.49	74	115	6	2	0.6	61.5	11	2	0.6	0.4	1.7	2.5	1.6
351313	7GB		140	79	268	410	2000	2600	5.16	77	134	13	2.5	1	53	13	3	1	0.83	0.8	1.2	0.8
352214X2	—	70	125	70	230	388	2200	2800	—	79	118	8	2	0.6	55	8	2	0.6	0.39	1.7	2.6	1.7
352214	—		125	74	272	440	2200	2800	3.56	79	120	6.5	2	0.6	61.5	12	2	0.6	0.42	1.6	2.4	1.6
351314	7GB		150	83	302	460	1900	2400	6.23	82	143	13	2.5	1	57	13	3	1	0.83	0.8	1.2	0.8
352215	—	75	130	74	275	445	2000	2600	3.68	84	126	6.5	2	0.6	61.5	12	2	0.6	0.44	1.6	2.3	1.5
352215X2	—		130	75	235	412	2000	2600	3.6	84	124	7	2	0.6	62	8	2	0.6	0.41	1.7	2.5	1.6
351315	7GB		160	88	338	510	1700	2200	—	87	153	14	2.5	1	60	14	3	1	0.83	0.8	1.2	0.8
352216	—	80	140	78	320	530	1900	2400	4.58	90	135	7.5	2.1	0.6	63.5	12	2.5	0.6	0.42	1.6	2.4	1.6
352216X2	—		140	80	270	480	1900	2400	4.97	90	133	8	2.1	0.6	65	10	2.5	0.6	0.4	1.7	2.5	1.6
351316	7GB		170	94	370	590	1600	2200	—	92	161	15.5	2.5	1	63	16	3	1	0.83	0.8	1.2	0.8
352217X2	—	85	150	85	315	560	1700	2200	6.01	95	142	11	2.1	0.6	65	10	2.5	0.6	0.4	1.7	2.5	1.6
352217	—		150	86	368	600	1700	2200	5.85	95	143	8.5	2.1	0.6	69	14	2.5	0.6	0.42	1.6	2.4	1.6
351317	7GB		180	99	408	660	1400	2000	—	99	171	16.5	3	1	66	17	4	1	0.83	0.8	1.2	0.8
352218	—	90	160	94	440	720	1600	2200	7.35	100	153	8.5	2.1	0.6	77	14	2.5	0.6	0.42	1.6	2.4	1.6
352218X2	—		160	95	358	630	1600	2200	7.46	100	152	9.5	2.1	0.6	78	10	2.5	0.6	0.39	1.7	2.6	1.7
351318	7GB		190	103	455	738	1300	1900	—	104	181	16.5	3	1	70	17	4	1	0.83	0.8	1.2	0.8
352219	—	95	170	100	492	835	1400	2000	9.04	107	163	8.5	2.5	1	83	14	3	1	0.42	1.6	2.4	1.6
351319	7GB		200	109	502	830	1300	1700	—	109	189	17.5	3	1	74	19	4	1	0.83	0.8	1.2	0.8
352220	—	100	180	107	555	925	1400	1900	10.7	112	172	10	2.5	1	87	15	3	1	0.42	1.6	2.4	1.6
352220X2	—		180	112	458	860	1400	1900	11.5	111	172	11	2.5	1	92	10	3	1	0.39	1.7	2.6	1.7
351320	7GB		215	124	602	1010	1100	1400	—	114	204	21.5	3	1	81	22	4	1	0.83	0.8	1.2	0.8
352221	—	105	190	115	618	1080	1300	1700	13.1	117	182	10	2.5	1	95	15	3	1	0.42	1.6	2.4	1.6
352221X2	—		190	118	532	982	1300	1700	13	116	181	12	2.5	1	96	12	3	1	0.4	1.7	2.5	1.7
351321	7GB		225	127	640	1080	1100	1400	—	119	213	22	3	1	83	21	4	1	0.83	0.8	1.2	0.8
352122	—	110	180	95	422	840	1300	1700	10	120	173	10.5	2	0.6	76	11	2	0.6	0.25	2.7	4	2.6
352222	—		200	121	698	1210	1200	1600	15.5	122	192	10	2.5	1	101	15	3	1	0.42	1.6	2.4	1.6
352222X2	—		200	125	595	1120	1200	1600	16.4	121	191	11.5	2.5	1	102	12	3	1	0.39	1.7	2.6	1.7
351322	7GB		240	137	752	1290	1000	1300	—	124	226	25	3	1	87	23	4	0.6	0.83	0.8	1.2	0.8
352124	—	120	200	110	508	910	1100	1500	12.6	130	194	11	2	0.6	90	14	2	0.6	0.3	2.2	3.3	2.2

续表

轴承型号	ISO 尺寸系列	基本尺寸/mm			基本额定载荷/kN		极限转速/r·min^{-1}		质量/kg	安装尺寸/mm					其他尺寸/mm				计算系数			
350000 型		d	D	B_1	C_r	C_{0r}	脂	油	W ≈	d_a min	D_a min	a_2 min	r_a max	r_b max	C_1	b_1	r min	r_1 min	e	Y_1	Y_2	Y_0
352224	—	120	215	132	775	1360	1100	1400	18.9	132	206	11.5	2.5	1	109	16	3	1	0.44	1.6	2.3	1.5
352224X2	—		215	132	698	1340	1100	1400	19.1	132	206	14	2.5	1	106	12	3	1	0.41	1.6	2.5	1.6
351324	7GB		260	148	862	1490	900	1200	—	134	246	26	3	1	96	24	4	1	0.83	0.8	1.2	0.8
352926X2	—	130	180	70	258	565	1200	1600	4.88	139	174	11	2	0.6	50	10	2	0.6	0.27	2.5	3.7	2.4
352026X2	—		200	95	422	830	1100	1500	9.72	140	194	11	2.1	0.6	75	10	2.5	0.6	0.35	1.9	2.9	1.9
352126	—		210	110	540	1000	1000	1400	12.9	141	203	11	2	0.6	90	14	2	0.6	0.26	2.6	3.8	2.5
352226	—		230	145	895	1630	1000	1300	24.1	144	221	14	3	1	117.5	17	4	1	0.44	1.6	2.3	1.5
352226X2	—		230	150	700	1400	1000	1300	26.2	142	222	16	3	1	120	12	4	1	0.39	1.7	2.6	1.7
351326	7GB		280	156	968	1640	800	1100	—	147	263	28	4	1	100	24	5	1.1	0.83	0.8	1.2	0.8
352028X2	—	140	210	95	448	900	950	1300	8.35	150	204	11	2.1	0.6	75	12	2.5	0.6	0.37	1.8	2.7	1.8
352128	—		225	115	560	1110	950	1300	15.3	151	217	13.5	2.1	1	90	15	2.5	1	0.34	2	3	2
352228	—		250	153	1050	1840	850	1100	30.1	154	240	14	3	1	125.5	17	4	1	0.44	1.6	2.3	1.5
352228X2	—		250	158	985	1840	850	1100	30.6	153	241	16	3	1	128	12	4	1	0.33	2.1	3.1	2
351328	7GB		300	168	1110	1940	700	1000	—	157	283	30	4	1	108	28	5	1.1	0.83	0.8	1.2	0.8
352930X2	—	150	210	80	352	790	950	1300	9.32	159	204	10	2.1	0.6	62	10	2.5	0.6	0.27	2.5	3.7	2.4
352130	—		250	138	778	1560	850	1100	25.8	163	242	14	2.1	1	112	18	2.5	1	0.3	2.2	3.3	2.2
352230	—		270	164	1170	2140	800	1100	37.3	164	256	17	3	1	130	18	4	1	0.44	1.6	2.3	1.5
352230X2	—		270	172	1070	2180	800	1100	38.9	164	260	18	3	1	138	12	4	1	0.39	1.7	2.6	1.7
351330	7GB		320	178	1260	2250	670	950	—	167	302	32	4	1	114	28	5	1.1	0.83	0.8	1.2	0.8
352032X2	—	160	240	115	608	1260	850	1100	16.5	171	234	13.5	2.5	1	90	12	3	1	0.37	1.8	2.7	1.8
352132	—		270	150	872	1720	800	1000	28.2	174	262	16	2.1	1	120	18	2.5	1	0.36	1.9	2.8	1.8
352232	—		290	178	1390	2840	700	1000	46.9	174	276	17	3	1	144	18	4	1	0.44	1.6	2.3	1.5
352934X2	—	170	230	82	395	922	850	1100	8.11	180	223	9.5	2.1	0.6	65	10	2.5	0.6	0.28	2.4	3.6	2.3
352034X2	—		260	120	672	1460	800	1000	20.4	183	252	13.5	2.5	1	95	12	3	1	0.31	2.2	3.2	2.1
352134	—		280	150	962	2000	750	950	35.6	184	271	16	2.1	1	120	18	2.5	1	0.38	1.8	2.6	1.7
352234	—		310	192	1580	3200	750	950	58.2	188	296	20	4	1	152	20	5	1.1	0.44	1.6	2.3	1.5
352936X2	—	180	250	95	468	1080	800	1000	13	190	243	11.5	2.1	0.6	74	10	2.5	0.6	0.37	1.8	2.7	1.8
352036X2	—		280	134	742	1540	750	950	28.5	191	272	14	2.5	1	108	12	3	1	0.28	2.4	3.6	2.4
352136	—		300	164	1100	2350	700	900	39.9	196	287	16	2.5	1	134	20	3	1	0.26	2.6	3.8	2.6

续表

轴承型号	ISO尺寸系列	基本尺寸/mm			基本额定载荷/kN		极限转速/r·min^{-1}		质量/kg	安装尺寸/mm					其他尺寸/mm				计算系数			
350000型		d	D	B_1	C_r	C_{0r}	脂	油	W ≈	d_a min	D_a min	a_2 min	r_a max	r_b max	C_1	b_1	r min	r_1 min	e	Y_1	Y_2	Y_0
352236X2	—	180	320	190	1390	2770	670	850	51.5	196	308	23.5	4	1	145	12	5	1.1	0.36	1.9	2.8	1.8
352236	—		320	192	1620	3350	670	850	63.8	198	306	20	4	1	152	20	5	1.1	0.45	1.5	2.2	1.5
352938X2	—	190	260	95	522	1270	750	950	13.3	200	253	11	2.1	0.6	75	12	2.5	0.6	0.38	1.8	2.6	1.7
352038X2	—		290	134	742	1540	700	900	28.8	202	282	16	2.5	1	104	12	3	1	0.45	1.5	2.2	1.5
352138	—		320	170	1160	2420	670	850	52	207	306	21	2.5	1	130	14	3	1	0.31	2.2	3.2	2.1
352238	—		340	204	1740	3350	600	800	69.8	208	326	22	4	1	160	20	5	1.1	0.44	1.6	2.3	1.5
352940X2	—	200	280	105	610	1520	700	900	18.1	211	273	13.5	2.5	1	80	12	3	1	0.39	1.8	2.6	1.7
352040X2	—		310	152	912	2140	670	850	39	212	300	17	2.5	1	120	12	3	1	0.39	1.7	2.6	1.7
352140	—		340	184	1450	2970	630	800	63.8	220	326	18	2.5	1	150	20	3	1	0.25	2.7	4	2.7
352240	—		360	218	2140	3950	560	700	90.7	218	342	22	4	1	174	22	5	1.1	0.41	1.7	2.5	1.6
352944X2	—	220	300	110	660	1710	670	850	21.7	231	292	12	2.5	1	88	12	3	1	0.31	2.2	3.2	2.1
352044X2	—		340	165	1240	2680	600	750	49	234	331	18.5	3	1	130	12	4	1	0.35	1.9	2.9	1.9
352144	—		370	195	1540	3240	600	750	76.3	238	356	23.5	3	1	150	19	4	1.1	0.37	1.8	2.7	1.8
352948X2	—	240	320	110	660	1580	600	750	22.2	251	312	11	2.5	1	90	12	3	1	0.32	2.1	3.1	2.1
352048X2	—		360	165	1240	2820	530	670	52.8	256	349	18.5	3	1	130	12	4	1	0.33	2	3	2
352148	—		400	210	1870	4050	500	630	98.1	261	384	25	3	1	163	20	4	1.1	0.31	2.2	3.2	2.1
352952X2	—	260	360	134	942	2490	530	670	37	274	350	14.5	2.5	1	108	12	3	1	0.37	1.8	2.7	1.8
352052X2	—		400	186	1570	3600	500	630	79.3	277	386	21.5	4	1	146	12	5	1.1	0.3	2.3	3.3	2.2
352152	—		440	225	2210	4720	450	560	124	284	421	24	3	1	180	13	4	1.1	0.24	2.8	4.2	2.8
352956X2	—	280	380	134	1080	2810	480	600	41.3	294	371	14.5	2.5	1	108	12	3	1	0.29	2.3	3.4	2.3
352056X2	—		420	186	1700	3880	450	560	81.5	297	409	21.5	4	1	146	16	5	1.1	0.37	1.8	2.7	1.8
352960X2	—	300	420	160	1360	3610	450	560	60.8	317	408	17.5	3	1	128	16	4	1	0.28	2.4	3.6	2.3
352060X2	—		460	210	1830	4390	430	530	117	320	445	24	4	1	165	16	5	1.1	0.31	2.2	3.2	2.1
351160	—		500	205	2110	4460	400	500	143	327	480	28	4	1.5	165	25	5	1.5	0.32	2.1	3.2	2.1
352964X2	—	320	440	160	1410	3830	430	530	67	335	427	17.5	3	1	128	16	4	1	0.3	2.3	3.3	2.2
352064X2	—		480	210	1830	4390	400	500	122	340	468	26.5	4	1	160	16	5	1.1	0.42	1.6	2.4	1.6
352968X2	—	340	460	160	1450	4050	400	500	71	355	448	17.5	3	1	128	16	4	1	0.31	2.2	3.2	2.1
351068	—		520	180	1870	4070	380	480	128	360	501	24	4	1.5	135	16	5	1.5	0.29	2.3	3.4	2.3
351168	—		580	242	2870	5970	340	430	235	365	555	37.5	4	1.5	170	30	5	1.5	0.42	1.6	2.4	1.6
352972X2	—	360	480	160	1490	4270	380	480	74.3	376	468	17.5	3	1	128	16	4	1	0.33	2.1	3.1	2
351072	—		540	185	2120	4910	360	450	132	380	522	24	4	1.5	140	21	5	1.5	0.3	2.3	3.3	2.2
351172	—		600	242	2950	6270	320	400	235	390	572	37.5	4	1.5	170	30	5	1.5	0.44	1.5	2.3	1.5
351976	—	380	520	145	1210	3250	360	450	80.3	402	505	21.5	3	1	105	15	4	1.1	0.43	1.6	2.3	1.6

续表

轴承型号	ISO尺寸系列	基本尺寸/mm			基本额定载荷/kN		极限转速/r·min^{-1}		质量/kg	安装尺寸/mm					其他尺寸/mm				计算系数			
350000型		d	D	B_1	C_r	C_{0r}	脂	油	W ≈	d_a min	D_a min	a_2 min	r_a max	r_b max	C_1	b_1	r min	r_1 min	e	Y_1	Y_2	Y_0
351076	—	380	560	190	2150	5090	340	430	146	406	542	26.5	4	1.5	140	26	5	1.5	0.31	2.2	3.2	2.1
351176	—		620	242	3310	7430	300	380	264	406	598	37.5	4	1.5	170	30	5	1.5	0.46	1.5	3.2	1.4
351980	—	400	540	150	1210	3110	320	400	86.9	420	525	21.5	3	1	105	20	4	1.1	0.45	1.5	2.2	1.5
351080	—		600	206	2620	6380	300	380	180	420	580	29.5	4	1.5	150	26	5	1.5	0.4	1.7	2.5	1.7
351984	—	420	560	145	1450	3740	300	380	88.8	440	546	21.5	3	1	105	15	4	1.1	0.31	2.2	3.2	2.1
351084	—		620	206	2650	6600	280	360	196	448	601	29.5	4	1.5	150	26	5	1.5	0.41	1.6	2.5	1.6
351184	—		700	275	4270	8810	240	320	392	460	670	39	5	2.5	200	31	6	2.5	0.32	2.1	3.2	2.1
351988	—	440	600	170	1890	4860	280	360	114	462	585	21.5	3	1	125	22	4	1.1	0.39	1.8	2.6	1.7
351088	—		650	212	2750	7020	260	340	213	469	629	31.5	5	2.1	152	24	6	2.5	0.43	1.6	2.3	1.5
351992	—	460	620	174	1910	4990	260	340	128	480	605	23.5	3	1	130	26	4	1.1	0.4	1.7	2.5	1.7
351092	—		680	230	3320	8160	220	300	253	489	657	29	5	2.1	175	30	6	2.5	0.31	2.2	3.2	2.1
351996	—	480	650	180	1950	5270	240	320	133	502	633	26.5	4	1.5	130	24	5	1.5	0.42	1.6	2	1.6
351096	—		700	240	3330	8190	200	280	281	511	677	31.5	5	2.1	180	40	6	2.5	0.32	2.1	3.1	2.1
351196	—		790	310	5000	11990	180	240	561	520	755	44.5	6	2.5	224	38	7.5	3	0.41	1.6	2.5	1.6
3519/500	—	500	670	180	2150	6120	220	300	129	524	650	26.5	4	1.6	130	24	5	1.5	0.44	1.5	2.3	1.5
3510/500	—		720	236	3390	8450	190	260	289	530	700	29.5	5	2.1	180	36	6	2.5	0.33	2	3	2
3519/530	—	530	710	190	2390	6800	190	260	192	554	693	28.5	4	1.5	136	26	5	1.5	0.41	1.6	2.5	1.6
3519/560	—	560	750	213	2550	7060	170	220	235	586	731	30	4	1.5	156	43	5	1.5	0.44	1.5	2.3	1.5
3510/560	—		820	260	4340	10800	160	200	410	594	795	39	5	2.1	185	30	6	2.5	0.4	1.7	2.5	1.7
3519/600	—	600	800	205	3210	9460	150	190	265	625	779	26	4	1.5	156	35	5	1.5	0.33	2.1	3.1	2
3510/600	—		870	270	4880	12730	130	170	500	630	845	37.5	5	2.1	198	42	6	2.5	0.41	1.6	2.5	1.6
3519/630	—	630	850	242	3730	10390	130	170	368	657	829	31.5	5	2.1	182	42	6	2.5	0.4	1.7	2.5	1.7
3511/670	—	670	1090	410	9680	23200	90	120	1370	719	1050	59	6	2.5	295	40	7.5	3	0.32	2.1	3.2	2.1
3519/710	—	710	950	240	4070	12400	100	140	444	743	925	34	5	2.1	175	28	6	2.5	0.49	1.5	2.2	1.4
3510/710	—		1030	315	6560	17930	90	120	810	752	1000	49	6	2.5	220	35	7.5	3	0.43	1.6	2.3	1.5
3519/750	—	750	1000	264	5020	14480	90	120	499	783	978	36.5	5	2.1	194	40	6	2.5	0.4	1.7	2.5	1.6
3519/800	—	800	1060	270	5020	15000	80	100	604	838	1031	34.5	5	2.1	204	40	6	2.5	0.35	1.9	2.9	1.9
3519/850	—	850	1120	268	5460	16860	75	95	636	886	1093	40.5	5	2.1	188	32	6	2.5	0.46	1.5	2.2	1.5
3519/900	—	900	1180	275	5000	16200	70	90	730	940	1146	36.5	5	2.1	205	31	6	2.5	0.39	1.7	2.6	1.7
3519/950	—	950	1250	300	6790	21100	—	—	910	994	1220	41.5	6	2.5	220	36	7.5	3	0.33	2	3	2
3519/1120	—	1120	1460	335	8570	27900	—	—	1340	1170	1427	44	8	3	250	—	9.5	4	0.35	1.9	2.9	1.9

表 7-5-28　**四列圆锥滚子轴承**（GB/T 300—2008）

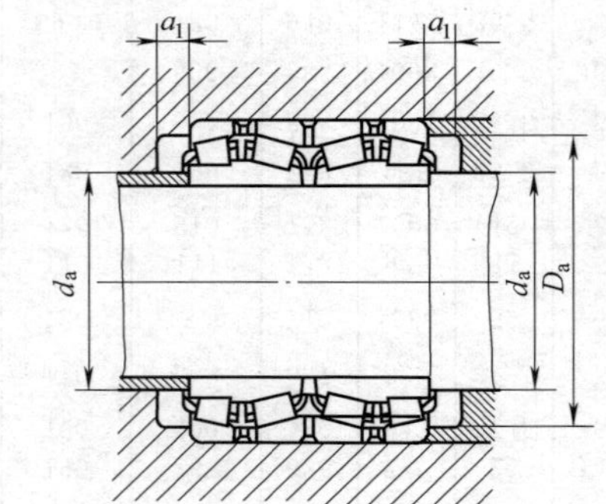
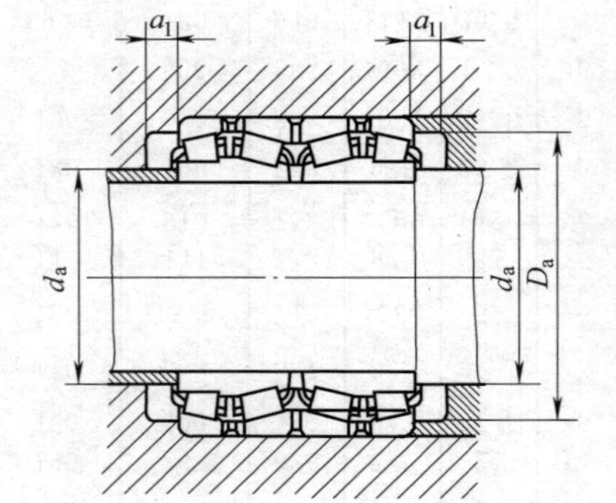

380000型

径向当量动载荷
$P_r=F_r+Y_2F_a$　　$F_a/F_r>e$
径向当量静载荷
$P_{or}=F_r+Y_0F_a$

轴承代号	基本尺寸/mm			基本额定载荷/kN		极限转速/r·min^{-1}		质量/kg	安装尺寸/mm			其他尺寸/mm				计算系数			
380000 型	d	D	T	C_r	C_{0r}	脂	油	W ≈	d_a max	D_a min	a_1	b_1	b_2	r min	r_1 min	e	Y_1	Y_2	Y_0
382028	140	210	185	605	1400	800	1000	24.1	150	196	16	14	17.5	2.5	2	0.37	0.2	0.3	2
382930	150	210	165	602	1580	800	1000	21.2	160	196	15	10	17.5	2.5	2	0.27	2.5	3.7	2.4
382034	170	260	230	1270	3290	670	850	39.5	183	240	15	14	22	3	2.5	0.44	1.5	2.3	1.5
382040	200	310	275	1760	4200	560	700	75.1	213	284	15	14	24.5	3	2.5	0.37	1.7	2.3	2.1
382044	220	340	305	2070	5430	500	630	98	234	314	15	14	31.5	4	3	0.35	1.9	2.8	1.9
382048	240	360	310	2110	5610	450	560	91	256	334	18	14	34	4	3	0.31	2.2	3.2	2.1
381050	250	385	255	1910	4620	430	530	108	268	366	18	17	25	5	4	0.38	1.8	2.6	1.7
382952	260	360	265	1760	5220	450	560	76.3	274	337	20	14	29.5	3	2.5	0.37	1.8	2.7	1.8
382052		400	345	2710	7140	430	530	153	277	370	20	16	34.5	5	4	0.29	2.3	3.4	2.3
381156	280	460	324	2840	7290	360	450	200	304	423	20	16	30	5	4	0.33	2.1	3.1	2
382960	300	420	300	2330	7210	380	480	130	317	394	20	14	29	4	3	0.29	2.3	3.4	2.3
382060		460	390	3180	9330	360	450	219	320	425	20	20	37	5	4	0.31	2.2	3.2	2.1
381160		500	370	3390	8710	340	430	285	327	460	20	15	39	5	4	0.32	2.1	3.2	2.1
382064	320	480	390	3180	9330	340	430	234	340	440	20	20	37	5	4	0.42	1.6	2.4	1.6
382968	340	460	310	2480	8100	340	430	145	355	434	20	14	34	4	3	0.31	2.2	3.2	2.1
381068		520	325	3100	8620	320	400	234	360	486	20	8	31	5	4	0.29	2.3	3.4	2.3
381168		580	425	4580	11700	280	360	441	365	531	20	16	50.5	5	4	0.42	1.6	2.4	1.6

续表

轴承代号	基本尺寸/mm			基本额定载荷/kN		极限转速/$r \cdot min^{-1}$		质量/kg	安装尺寸/mm			其他尺寸/mm				计算系数			
380000 型	d	D	T	C_r	C_{0r}	脂	油	W ≈	d_a max	D_a min	a_1	b_1	b_2	r min	r_1 min	e	Y_1	Y_2	Y_0
381072	360	540	325	3360	8840	300	380	248	380	504	20	13	28.5	5	4	0.3	2.3	3.3	2.2
381076	380	560	325	3360	8840	280	380	281	405	530	20	16	30.5	5	4	0.31	2.1	3.2	2.1
381176		620	420	4710	12300	240	360	487	405	570	20	20	48	6	4	0.46	1.5	2.2	1.4
381080	400	600	356	4160	10400	240	320	317	420	560	20	16	36	5	4	0.4	1.7	2.5	1.7
381084	420	620	356	4160	10400	220	300	358	450	570	20	16	36	5	4	0.41	1.6	2.4	1.6
381184		700	480	6780	18500	190	260	760	460	645	25	15	48	6	5	0.32	2.1	3.2	2.1
381088	440	650	376	4290	12390	200	280	401	469	606	20	16	44	6	5	0.43	1.6	2.3	1.5
381992	460	620	310	3360	10200	200	280	173	480	590	25	14	32	4	3	0.4	1.7	2.5	1.7
381092		680	410	5130	14200	180	240	476	489	636	25	20	39	6	5	0.31	2.2	3.2	2.1
381996	480	650	338	3390	10500	190	260	301	502	613	25	20	39	5	4	0.42	1.6	2.4	1.6
381096		700	420	5780	16900	170	220	547	510	655	25	20	40	6	5	0.32	2.1	3.1	2.1
3810/500	500	720	420	5880	17400	160	200	565	530	674	25	16	38	6	5	0.33	2.1	3.1	2
3810/530	530	780	450	7520	21500	140	180	744	560	742	25	20	49	6	5	0.38	1.8	2.6	1.7
3811/530		870	590	9320	26100	120	160	1422	570	794	25	24	60	7.5	6	0.46	1.5	2.2	1.4
3819/560	560	750	368	4370	13300	140	180	456	586	710	30	28	42	5	4	0.43	1.6	2.3	1.5
3811/560		920	620	11200	26100	100	140	1635	604	848	25	20	70	7.5	6	0.39	1.7	2.6	1.7
3819/600	600	800	380	5500	18900	120	160	536	625	760	30	13	40.5	5	4	0.33	2.1	3.1	2
3810/600		870	480	8370	25400	100	140	995	630	821	30	20	52	6	5	0.41	1.7	2.5	1.6
3811/600		980	650	12700	36700	90	120	1970	644	908	25	22	71	7.5	6	0.32	2.1	3.2	2.1
3819/630	630	850	418	6440	19800	100	140	720	657	800	30	26	40	6	5	0.4	1.7	2.5	1.7
3810/630		920	515	9170	26800	95	130	1158	669	858	30	25	57	7.5	6	0.42	1.6	2.4	1.6
3811/630		1030	670	14400	39900	85	110	2201	673	959	30	22	78	7.5	6	0.3	2.2	3.3	2.2
3819/670	670	900	412	6940	22300	95	130	959	700	855	30	24	38	6	5	0.44	1.5	2.3	1.5
3811/670		1090	710	15700	39900	75	95	2665	719	1020	30	26	72	7.5	6	0.32	2.1	3.2	2.1
3810/710	710	1030	555	11200	35800	75	95	1568	752	962	30	23	70	7.5	6	0.43	1.6	2.3	1.5
3811/710		1150	750	17100	50900	67	85	3227	762	1078	30	26	74	9.5	8	0.32	2.1	3.2	2.1
3810/750	750	1090	605	13100	42400	70	90	1874	793	1020	30	25	74	7.5	6	0.43	1.6	2.4	1.6
3811/750		1220	840	21900	68000	48	80	3994	807	1130	30	30	65	9.5	8	0.32	2.1	3.2	2.1
3810/850	850	1360	900	25900	84200	—	—	5168	900	1300	30	44	88	12	9.5	0.34	2	3	2.0
3820/950	950	1360	880	23300	83600	—	—	4087	1000	1290	30	40	60	7.5	6	0.26	2.6	3.8	2.6
3820/1060	1060	1500	1000	29100	105000	—	—	5896	1117	1420	30	40	70	9.5	8	0.26	2.6	3.8	2.6

5.8 推力球轴承

表 7-5-29 单向推力球轴承（GB/T 301—2015）

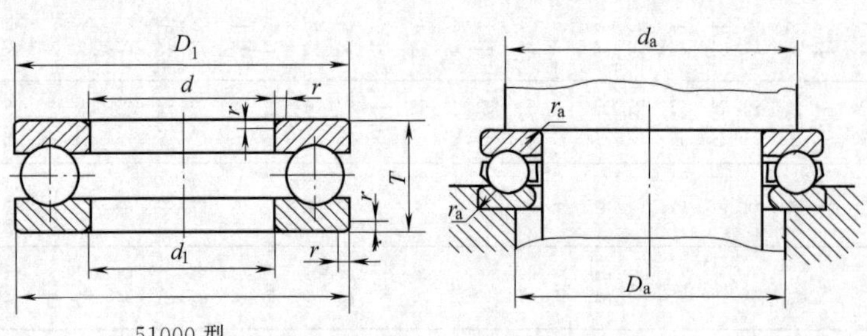

51000 型

轴向当量动载荷

$$P_a = F_a$$

轴向当量静载荷

$$P_{0a} = F_a$$

最小轴向载荷

$$F_{amin} > A\left(\frac{n}{1000}\right)^2$$

轴承型号	基本尺寸/mm			基本额定载荷/kN		最小载荷常数	极限转速/r·min^{-1}		质量/kg	安装尺寸/mm			其他尺寸/mm		
51000 型	d	D	T	C_a	C_{0a}	A	脂	油	W ≈	d_a min	D_a max	r_a max	d_1 min	D_1 max	r min
51100	10	24	9	10.0	14.0	0.001	6300	9000	0.019	18	16	0.3	11	24	0.3
51200		26	11	12.5	17.0	0.002	6000	8000	0.028	20	16	0.6	12	26	0.6
51101	12	26	9	10.2	15.2	0.001	6000	8500	0.021	20	18	0.3	13	26	0.3
51201		28	11	13.2	19.0	0.002	5300	7500	0.031	22	18	0.6	14	28	0.6
51102	15	28	9	10.5	16.8	0.002	5600	8000	0.022	23	20	0.3	16	28	0.3
51202		32	12	16.5	24.8	0.003	4800	6700	0.041	25	22	0.6	17	32	0.6
51103	17	30	9	10.8	18.2	0.002	5300	7500	0.024	25	22	0.3	18	30	0.3
51203		35	12	17.0	27.2	0.004	4500	6300	0.048	28	24	0.6	19	35	0.6
51104	20	35	10	14.2	24.5	0.004	4800	6700	0.036	29	26	0.3	21	35	0.3
51204		40	14	22.2	37.5	0.007	3800	5300	0.075	32	28	0.6	22	40	0.6
51304		47	18	35.0	55.8	0.016	3600	4500	0.15	36	31	1	22	47	1
51105	25	42	11	15.2	30.2	0.005	4300	6000	0.055	35	32	0.6	26	42	0.6
51205		47	15	27.8	50.5	0.013	3400	4800	0.11	38	34	0.6	27	47	0.6
51305		52	18	35.5	61.5	0.021	3000	4300	0.17	41	36	1	27	52	1
51405		60	24	55.5	89.2	0.044	2200	3400	0.31	46	39	1	27	60	1
51106	30	47	11	16.0	34.2	0.007	4000	5600	0.062	40	37	0.6	32	47	0.6
51206		52	16	28.0	54.2	0.016	3200	4500	0.13	43	39	0.6	32	52	0.6
51306		60	21	42.8	78.5	0.033	2400	3600	0.26	48	42	1	32	60	1
51406		70	28	72.5	125	0.082	1900	3000	0.51	54	46	1	32	70	1
51107	35	52	12	18.2	41.5	0.010	3800	5300	0.077	45	42	0.6	37	52	0.6
51207		62	18	39.2	78.2	0.033	2800	4000	0.21	51	46	1	37	62	1
51307		68	24	55.2	105	0.059	2000	3200	0.37	55	48	1	37	68	1
51407		80	32	86.8	155	0.13	1700	2600	0.76	62	53	1	37	80	1.1
51108	40	60	13	26.8	62.8	0.021	3400	4800	0.11	52	48	0.6	42	60	0.6
51208		68	19	47.0	98.2	0.050	2400	3600	0.26	57	51	1	42	68	1
51308		78	26	69.2	135	0.096	1900	3000	0.53	63	55	1	42	78	1
51408		90	36	112	205	0.22	1500	2200	1.06	70	60	1	42	90	1.1
51109	45	65	14	27.0	66.0	0.024	3200	4500	0.14	57	53	0.6	47	65	0.6
51209		73	20	47.8	105	0.059	2200	3400	0.30	62	56	1	47	73	1
51309		85	28	75.8	150	0.130	1700	2600	0.66	69	61	1	47	85	1

续表

轴承型号	基本尺寸/mm			基本额定载荷/kN		最小载荷常数	极限转速/r·min^{-1}		质量/kg	安装尺寸/mm			其他尺寸/mm		
51000 型	d	D	T	C_a	C_{0a}	A	脂	油	W ≈	d_a min	D_a max	r_a max	d_1 min	D_1 max	r min
51409	45	100	39	140	262	0.36	1400	2000	1.41	78	67	1	47	100	1.1
51110	50	70	14	27.2	69.2	0.027	3000	4300	0.15	62	58	0.6	52	70	0.6
51210		78	22	48.5	112	0.068	2000	3200	0.37	67	61	1	52	78	1
51310		95	31	96.5	202	0.21	1600	2400	0.92	77	68	1	52	95	1.1
51410		110	43	160	302	0.50	1300	1900	1.86	86	74	1.5	52	110	1.5
51111	55	78	16	33.8	89.2	0.043	2800	4000	0.22	69	64	0.6	57	78	0.6
51211		90	25	67.5	158	0.13	1900	3000	0.58	76	69	1	57	90	1
51311		105	35	115	242	0.31	1500	2200	1.28	85	75	1	57	105	1.1
51411		120	48	182	355	0.68	1100	1700	2.51	94	81	1.5	57	120	1.5
51112	60	85	17	40.2	108	0.063	2600	3800	0.27	75	70	1	62	85	1
51212		95	26	73.5	178	0.16	1800	2800	0.66	81	74	1	62	95	1
51312		110	35	118	262	0.35	1400	2000	1.37	90	80	1	62	110	1.1
51412		130	51	200	395	0.88	1000	1600	3.08	102	88	1.5	62	130	1.5
51113	65	90	18	40.5	112	0.07	2400	3600	0.31	80	75	1	67	90	1
51213		100	27	74.8	188	0.18	1700	2600	0.72	86	79	1	67	100	1
51313		115	36	115	262	0.38	1300	1900	1.48	95	85	1	67	115	1.1
51413		140	56	215	448	1.14	900	1400	3.91	110	95	2	68	140	2
51114	70	95	18	40.8	115	0.078	2200	3400	0.33	85	80	1	72	95	1
51214		105	27	73.5	188	0.19	1600	2400	0.75	91	84	1	72	105	1
51314		125	40	148	340	0.60	1200	1800	1.98	103	92	1	72	125	1.1
51414		150	60	255	560	1.71	850	1300	4.85	118	102	2	73	150	2
51115	75	100	19	48.2	140	0.11	2000	3200	0.38	90	85	1	77	100	1
51215		110	27	74.8	198	0.21	1500	2200	0.82	96	89	1	77	110	1
51315		135	44	162	380	0.77	1100	1700	2.58	111	99	1.5	77	135	1.5
51415		160	65	268	615	2.00	800	1200	6.08	125	110	2	78	160	2
51116	80	105	19	48.5	145	0.12	1900	3000	0.40	95	90	1	82	105	1
51216		115	28	83.8	222	0.27	1400	2000	0.90	101	94	1	82	115	1
51316		140	44	160	380	0.81	1000	1600	2.69	116	104	1.5	82	140	1.5
51416		170	68	292	692	2.55	750	1100	7.12	133	117	2.1	83	170	2.1
51117	85	110	19	49.2	150	0.13	1800	2800	0.42	100	95	1	87	110	1
51217		125	31	102	280	0.41	1300	1900	1.21	109	101	1	88	125	1
51317		150	49	208	495	1.28	950	1500	3.47	124	111	1.5	88	150	1.5
51417		180	72	318	782	3.24	700	1000	8.28	141	124	2.1	88	177	2.1
51118	90	120	22	65.0	200	0.21	1700	2600	0.65	108	102	1	92	120	1
51218		135	35	115	315	0.52	1200	1800	1.65	117	108	1	93	135	1.1
51318		155	50	205	495	1.34	900	1400	3.69	129	116	1.5	93	155	1.5
51418		190	77	325	825	3.71	670	950	9.86	149	131	2.5	93	187	2.1
51120	100	135	25	85.0	268	0.37	1600	2400	0.95	121	114	1	102	135	1
51220		150	38	132	375	0.75	1100	1700	2.21	130	120	1	103	150	1.1
51320		170	55	235	595	1.88	800	1200	4.86	142	128	1.5	103	170	1.5
51420		210	85	400	1080	6.17	600	850	13.3	165	145	2.5	103	205	3
51122	110	145	25	87.0	288	0.43	1500	2200	1.03	131	124	1	112	145	1
51222		160	38	138	412	0.89	1000	1600	2.39	140	130	1	113	160	1.1

续表

轴承型号	基本尺寸/mm			基本额定载荷/kN		最小载荷常数	极限转速/r·min^{-1}		质量/kg	安装尺寸/mm			其他尺寸/mm		
51000型	d	D	T	C_a	C_{0a}	A	脂	油	W ≈	d_a min	D_a max	r_a max	d_1 min	D_1 max	r min
51322	110	190	63	278	755	2.97	700	1100	7.05	158	142	2	113	187	2
51422		230	95	490	1390	10.4	530	750	20.0	181	159	2.5	113	225	3
51124	120	155	25	87.0	298	0.48	1400	2000	1.10	141	134	1	122	155	1
51224		170	39	135	412	0.96	950	1500	2.62	150	140	1	123	170	1.1
51324		210	70	330	945	4.58	670	950	9.54	173	157	2.1	123	205	2.1
51424		250	102	412	1220	12.4	480	670	25.5	196	174	3	123	245	4
51126	130	170	30	108	375	0.74	1300	1900	1.70	154	146	1	132	170	1
51226		190	45	188	575	1.75	900	1400	3.93	166	154	1.5	133	187	1.5
51326		225	75	358	1070	5.91	600	850	11.7	186	169	2.1	134	220	2.1
51426		270	110	630	2010	21.1	430	600	32.0	212	188	3	134	265	4
51128	140	180	31	110	402	0.84	1200	1800	1.85	164	156	1	142	178	1
51228		200	46	190	598	1.96	850	1300	4.27	176	164	1.5	143	197	1.5
51328		240	80	395	1230	7.84	560	800	14.1	199	181	2.1	144	235	2.1
51428		280	112	630	2010	22.2	400	560	32.2	222	198	3	144	275	4
51130	150	190	31	110	415	0.93	1100	1700	1.95	174	166	1	152	188	1
51230		215	50	242	768	3.06	800	1200	5.52	189	176	1.5	152	212	1.5
51330		250	80	405	1310	8.80	530	750	14.9	209	191	2.1	154	245	2.1
51430		300	120	670	2240	27.9	380	530	38.2	238	212	3	154	295	4
51132	160	200	31	110	428	1.01	1000	1600	2.06	184	176	1	162	198	1
51232		225	51	240	768	3.23	750	1100	5.91	199	186	1.5	163	222	1.5
51332		270	87	470	1570	12.8	500	700	18.9	225	205	2.5	164	265	3
51134	170	215	34	135	528	1.48	950	1500	2.71	197	188	1	172	213	1.1
51234		240	55	280	915	4.48	700	1000	7.31	212	198	1.5	173	237	1.5
51334		280	87	470	1580	13.8	480	670	22.5	235	215	2.5	174	275	3
51136	180	225	34	135	528	1.56	900	1400	2.77	207	198	1	183	222	1.1
51236		250	56	285	958	4.91	670	950	7.84	222	208	1.5	183	247	1.5
51336		300	95	518	1820	17.9	430	600	28.7	251	229	2.5	184	295	3
51138	190	240	37	172	678	2.41	850	1300	3.61	220	210	1	193	237	1.1
51238		270	62	328	1160	6.97	630	900	10.5	238	222	2	194	267	2
51338		320	105	600	2220	26.7	400	560	41.1	266	244	3	195	315	4
51140	200	250	37	172	698	2.60	800	1200	3.77	230	220	1	203	247	1.1
51240		280	62	332	1210	7.59	600	850	11.0	248	232	2	204	277	2
51340		340	110	608	2220	28.0	360	500	44	282	258	3	205	335	4
51144	220	270	37	188	782	3.35	750	1100	4.60	250	240	1	223	267	1.1
51244		300	63	365	1360	10.3	560	800	13.7	268	252	2	224	297	2
51148	240	300	45	258	1040	5.95	700	1000	7.6	276	264	1.5	243	297	1.5
51248		340	78	468	1870	19.0	450	630	23.6	299	281	2.1	244	335	2.1
51348		380	112	692	2870	44.1	320	450	51	322	298	3	245	375	4
51152	260	320	45	270	1140	6.99	670	950	8.10	296	284	1.5	263	317	1.5
51252		360	79	488	2050	22.3	430	600	25.5	319	301	2.1	264	355	2.1
51156	280	350	53	338	1430	11.2	560	800	12.2	322	308	1.5	283	347	1.5
51256		380	80	490	2140	24.7	400	560	27.8	339	321	2.1	284	375	2.1

续表

轴承型号	基本尺寸/mm			基本额定载荷/kN		最小载荷常数	极限转速/r·min⁻¹		质量/kg	安装尺寸/mm			其他尺寸/mm		
51000 型	d	D	T	C_a	C_{0a}	A	脂	油	W ≈	d_a min	D_a max	r_a max	d_1 min	D_1 max	r min
51160	300	380	62	415	1860	18.5	500	700	17.5	348	332	2	304	376	2
51260		420	95	578	2670	39.3	360	560	42.5	371	349	2.5	304	415	3
51164	320	400	63	418	1920	20.2	480	670	18.9	368	352	2	324	396	2
51264		440	95	612	2920	45.3	340	480	45.5	391	369	2.5	325	435	3
51168	340	420	64	428	2050	22.7	450	630	20.5	388	372	2	344	416	2
51268		460	96	620	3040	49.6	320	450	52	411	389	2.5	345	455	3
51368		540	160	1120	5720	175	150	220	145	460	420	4	345	535	5
51172	360	440	65	432	2110	24.6	430	600	22	408	392	2	364	436	2
51272		500	110	775	3940	84.0	260	380	70.9	442	418	3	365	495	4
51176	380	460	65	440	2210	26.0	430	600	23.0	428	412	2	384	456	2
51276		520	112	788	4120	91.5	240	360	73.0	463	437	3	385	515	4
51180	400	480	65	452	2320	28.0	400	560	23.7	448	432	2	404	476	2
51280		540	112	802	4310	99.0	220	340	76	482	458	3	405	535	4
51184	420	500	65	462	2480	33.3	380	530	25.2	468	452	2	424	495	2
51188	440	540	80	527	3000	47.0	360	500	42.0	499	481	2.1	444	536	2.1
51288		600	130	808	4430	105	180	280	112	536	504	4	455	595	5
51192	460	560	80	578	3310	58.9	320	450	43	519	501	2.1	464	555	2.1
51292		620	130	892	5230	148	170	260	119	556	524	4	465	615	5
51196	480	580	80	592	3490	53.0	300	430	43.9	539	521	2.1	484	575	2.1
511/500	500	600	80	595	3570	68.8	280	400	47.2	559	541	2.1	504	595	2.1
512/500		670	135	1020	6200	212	150	220	140	600	570	4	505	665	5
511/530	530	640	85	708	4000	80.0	260	380	57.3	595	575	2.5	534	635	3
512/630	630	850	175	1320	9300	481	100	160	252	762	718	5	635	845	6
511/670	670	800	105	860	5020	206	160	240	105	747	723	3	674	795	4
511/750	750	900	120	768	5900	220	160	240	112.2	838	812	3	755	895	4

表 7-5-30　　双向推力球轴承（GB/T 301—2015）

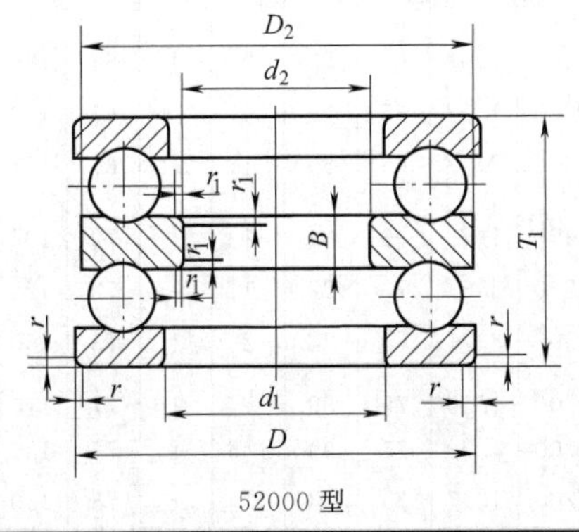

52000 型

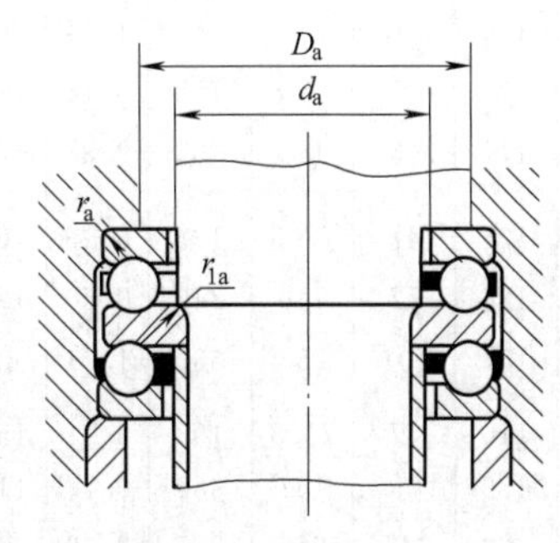

第 7 篇

续表

轴承型号	基本尺寸/mm			基本额定载荷/kN		最小载荷常数	极限转速/r·min^{-1}		质量/kg	安装尺寸/mm				其他尺寸/mm				
52000型	d①	D	T_1	C_a	C_{0a}	A	脂	油	W ≈	d_a max	D_a min	r_a max	r_{1a} max	d_1 min	D_2 max	B	r min	r_1 min
52202	15	32	22	16.5	24.8	0.003	4800	6700	0.08	15	22	0.6	0.3	17	32	5	0.6	0.3
52204	20	40	26	22.2	37.5	0.007	3800	5300	0.15	20	28	0.6	0.3	22	40	6	0.6	0.3
52205	25	47	28	27.8	50.5	0.013	3400	4800	0.21	25	34	0.6	0.3	27	47	7	0.6	0.3
52305		52	34	35.5	61.5	0.021	3000	4300	0.32	25	36	1	0.3	27	52	8	1	0.3
52405		60	45	55.5	89.2	0.044	2200	3400	0.61	25	39	1	0.6	27	60	11	1	0.6
52206	30	52	29	28.0	54.2	0.016	3200	4500	0.24	30	39	0.6	0.3	32	52	7	0.6	0.3
52306		60	38	42.8	78.5	0.033	2400	3600	0.47	30	42	1	0.3	32	60	9	1	0.3
52406		70	52	72.5	125	0.082	1900	3000	0.97	30	46	1	0.6	32	70	12	1	0.6
52207	35	62	34	39.2	78.2	0.033	2800	4000	0.41	35	46	1	0.3	37	62	8	1	0.3
52307		68	44	55.2	105	0.059	2000	3200	0.68	35	48	1	0.3	37	68	10	1	0.3
52407		80	59	86.8	155	0.13	1700	2600	1.41	35	53	1	0.6	37	80	14	1.1	0.6
52208	40	68	36	47.0	98.2	0.050	2400	3600	0.53	40	51	1	0.6	42	68	9	1	0.6
52308		78	49	69.2	135	0.098	1900	3000	1.03	40	55	1	0.6	42	78	12	1	0.6
52408		90	65	112	205	0.22	1500	2200	1.94	40	60	1	0.6	42	90	15	1.1	0.6
52209	45	73	37	47.8	105	0.059	2200	3400	0.59	45	56	1	0.6	47	73	9	1	0.6
52309		85	52	75.8	150	0.13	1700	2600	1.25	45	61	1	0.6	47	85	12	1	0.6
52409		100	72	140	262	0.36	1400	2000	2.64	45	67	1	0.6	47	100	17	1.1	0.6
52210	50	78	39	48.5	112	0.068	2000	3200	0.69	50	61	1	0.6	52	78	9	1	06
52310		95	58	96.5	202	0.21	1600	2400	1.76	50	68	1	0.6	52	95	14	1.1	06
52410		110	78	160	302	0.50	1300	1900	3.40	50	74	1.5	0.6	52	110	18	1.5	06
52211	55	90	45	67.5	158	0.13	1900	3000	1.17	55	69	1	0.6	57	90	10	1	06
52311		105	64	115	242	0.31	1500	2200	2.38	55	75	1	0.6	57	105	15	1.1	06
52411		120	87	182	355	0.68	1100	1700	4.54	55	81	1.5	0.6	57	120	20	1.5	06
52212	60	95	46	73.5	178	0.16	1800	2800	1.21	60	74	1	0.6	62	95	10	1	06
52312		110	64	118	262	0.35	1400	2000	2.54	60	80	1	0.6	62	110	15	1.1	06
52412		130	93	200	395	0.88	1000	1600	5.58	60	88	1.5	0.6	62	130	21	1.5	06
52413	65	140	101	215	448	1.14	900	1400	7.07	65	95	2	1	68	140	23	2	1
52213		100	47	74.8	188	0.18	1700	2600	1.32	65	79	1	0.6	67	100	10	1	06
52313		115	65	115	262	0.38	1300	1900	2.72	65	85	1	0.6	67	115	15	1.1	06
52214	70	105	47	73.5	188	0.19	1600	2400	1.42	70	84	1	1	72	105	10	1	1
52314		125	72	148	340	0.60	1200	1800	3.64	70	92	1	1	72	125	16	1.1	1
52414		150	107	255	560	1.71	850	1300	8.71	70	102	2	1	73	150	24	2	1
52215	75	110	47	74.8	198	0.21	1500	2200	1.50	75	89	1	1	77	110	10	1	1
52315		135	79	162	380	0.77	1100	1700	4.72	75	99	1.5	1	77	135	18	1.5	1
52415		160	115	268	615	2.00	800	1200	10.7	75	110	2	1	78	160	26	2	1

续表

轴承型号	基本尺寸/mm			基本额定载荷/kN		最小载荷常数	极限转速/r·min^{-1}		质量/kg	安装尺寸/mm				其他尺寸/mm				
52000 型	d[①]	D	T_1	C_a	C_{0a}	A	脂	油	W ≈	d_a max	D_a min	r_a max	r_{1a} max	d_1 min	D_2 max	B	r min	r_1 min
52216	80	115	48	83.8	222	0.27	1400	2000	1.63	80	94	1	1	82	115	10	1	1
52316		140	79	160	380	0.81	1000	1600	4.92	80	104	1.5	1	82	140	18	1.5	1
52217	85	125	55	102	280	0.41	1300	1900	2.27	85	109	1	1	88	125	12	1	1
52317		150	87	208	495	1.28	950	1500	6.26	85	114	1.5	1	88	150	19	1.5	1
52417		180	128	318	782	3.24	700	1000	14.8	85	124	2.1	1	88	179.5	29	2.1	1.1
52218	90	135	62	115	315	0.52	1200	1800	3.05	90	108	1	1	93	135	14	1.1	1
52318		155	88	205	495	1.34	900	1400	6.56	90	116	1.5	1	93	155	19	1.5	1
52418		190	135	325	825	3.71	670	950	17.3	90	131	2.1	1	93	189.5	30	2.1	1.1
52220	100	150	67	132	375	0.75	1100	1700	4.03	100	120	1	1	103	150	15	1.1	1
52320		170	97	235	595	1.88	800	1200	8.62	100	128	1.5	1	103	170	21	1.5	1
52420		210	150	400	1080	6.17	600	850	23.5	100	145	2.5	1	103	209.5	33	3	1.1
52222	110	160	67	138	412	0.89	1000	1600	4.38	110	130	1	1	113	160	15	1.1	1
52322		190	110	278	755	2.97	700	1100	12.4	110	142	2	1	113	189.5	24	2	1
52422		230	166	490	1390	10.4	530	750	33.0	110	159	2.5	1	113	229	37	3	1.1
52224	120	170	68	135	412	0.96	950	1500	4.82	120	140	1	1	123	170	15	1.1	1.1
52324		210	123	330	945	4.58	670	950	17.1	120	157	2.1	1	123	209.5	27	2.1	1.1
52226	130	190	80	188	575	1.75	900	1400	7.36	130	154	1.5	1	133	189.5	18	1.5	1.1
52326		225	130	358	1070	5.91	600	850	20.8	130	169	2.1	1	134	224	30	2.1	1.1
52426		270	192	630	2010	21.1	430	600	55.0	130	188	3	2	134	269	42	4	2
52228	140	200	81	190	598	1.96	850	1300	7.80	140	164	1.5	1	143	199.5	18	1.5	1.1
52328		240	140	395	1230	7.84	560	800	25.0	140	181	2.1	1	144	239	31	2.1	1.1
52428		280	196	630	2010	22.2	400	560	61.2	140	198	3	2	144	279	44	4	2
52230	150	215	89	242	768	3.06	800	1200	10.3	150	176	1.5	1	153	214.5	20	1.5	1.1
52330		250	140	405	1310	8.80	530	750	26.4	150	191	2.1	1	154	249	31	2.1	1.1
52430		300	209	670	2240	27.9	380	530	68.1	150	212	3	2	154	299	46	4	2
52232	160	225	90	240	768	3.23	750	1100	10.9	160	186	1.5	1	163	224.5	20	1.5	1.1
52332		270	153	470	1570	12.8	500	700	33.6	160	205	2.5	1	164	269	33	3	1.1
52234	170	240	97	280	915	4.48	700	1000	13.4	170	198	1.5	1	173	239.5	21	1.5	1.1
52334		280	153	470	1580	13.8	480	670	15.0	170	215	2.5	1	174	279	33	3	1.1
52236	180	250	98	285	958	4.91	670	950	14.6	180	208	1.5	2	183	249	21	1.5	2
52336		300	165	518	1820	17.9	430	600	49.0	180	229	2.5	2	184	299	37	3	2
52238	190	270	109	328	1160	6.97	630	900	19.5	190	222	2	2	194	269	24	2	2
52240	200	280	109	332	1210	7.59	500	850	20.4	200	232	2	2	204	279	24	2	2

① 对应于单向推力球轴承（表 7-5-29）的轴圈公称内径 d。

表 7-5-31 带调心座垫圈的单向推力球轴承（GB/T 301—2015）

轴承型号		基本尺寸/mm			基本额定载荷/kN		最小载荷常数	极限转速/r·min⁻¹		质量/kg	安装尺寸/mm			其他尺寸/mm								
53000型	53000 U型	d	D	T_2	C_a	C_{0a}	A	脂	油	W ≈	d_a min	D_a max	r_a max	d_1 min	D_1 max	R	A	r min	T_3	d_3	D_3	C
53200	53200 U	10	26	11.6	12.5	17.0	0.002	6000	8000	—	20	—	0.6	12	26	22	8.5	0.6	13	18	28	3.5
53201	53201 U	12	28	11.4	13.2	19.0	0.002	5300	7500	—	22	20	0.6	14	28	25	11.5	0.6	13	20	30	3.5
53202	53202 U	15	32	13.3	16.5	24.8	0.003	4800	6700	—	25	24	0.6	17	32	28	12	0.6	15	24	35	4
53203	53203 U	17	35	13.2	17.0	27.2	0.004	4500	6300	—	28	26	0.6	19	35	32	16	0.6	15	26	38	4
53204	53204 U	20	40	14.7	22.2	37.5	0.007	3800	5300	—	32	30	0.6	22	40	36	18	0.6	17	30	42	5
53205	53205 U	25	47	16.7	27.8	50.5	0.013	3400	4800	—	38	36	0.6	27	47	40	19	0.6	19	36	50	5.5
53305	53305 U		52	19.8	35.5	61.5	0.021	3000	4300	—	41	36	1	27	52	45	21	1	22	38	55	6
53405	53405 U		60	26.4	55.5	89.2	0.044	2200	3400	—	46	39	1	27	60	50	19	1	29	42	62	8
53206	53206 U	30	52	17.8	28.0	54.2	0.016	3200	4500	—	43	42	0.6	32	52	45	22	0.6	20	42	55	5.5
53306	53306 U		60	22.6	42.8	78.5	0.033	2400	3600	—	48	45	1	32	60	50	22	1	25	45	62	7
53406	53406 U		70	30.1	72.5	125	0.082	1 900	3000	—	54	—	1	32	70	56	20	1	33	50	75	9
53207	53207 U	35	62	19.9	39.2	78.2	0.033	2800	4000	—	51	48	1	37	62	50	24	1	22	48	65	7
53307	53307 U		68	25.6	55.2	105	0.059	2000	3200	—	55	52	1	37	68	56	24	1	28	52	72	7.5
53407	53407 U		80	34	86.8	155	0.13	1700	2600	—	62	—	1	37	80	64	23	1.1	37	58	85	10
53208	53208 U	40	68	20.3	47.0	98.2	0.050	2400	3600	—	57	55	1	42	68	56	28.5	1	23	55	72	7
53308	53308 U		78	28.5	69.2	135	0.096	1900	3000	—	63	60	1	42	78	64	28	1	31	60	82	8.5
53408	53408 U		90	38.2	112	205	0.22	1500	2200	—	70	65	1	42	90	72	26	1.1	42	65	95	12

续表

轴承型号		基本尺寸/mm			基本额定载荷/kN		最小载荷常数	极限转速/r·min⁻¹		质量/kg	安装尺寸/mm			其他尺寸/mm								
53000 型	53000 U 型	d	D	T_2	C_a	C_{0a}	A	脂	油	W ≈	d_a min	D_a max	r_a max	d_1 min	D_1 max	R	A	r min	T_3	d_3	D_3	C
53209	53209 U	45	73	21.3	47.8	105	0.059	2200	3400	—	62	60	1	47	73	56	26	1	24	60	78	7.5
53309	53309 U		85	30.1	75.8	150	0.130	1700	2600	—	69	65	1	47	85	64	25	1	33	65	90	10
53409	53409 U		100	42.4	140	262	0.36	1400	2000	—	78	72	1	47	100	80	29	1.1	46	72	105	12.5
53210	53210 U	50	78	23.5	48.5	112	0.068	2000	3200	—	67	62	1	52	78	64	32.5	1	26	62	82	7.5
53310	53310 U		95	34.3	96.5	202	0.21	1600	2400	—	77	72	1	52	95	72	28	1.1	37	72	100	11
53410	53410U		110	45.6	160	302	0.50	1300	1900	—	86	80	1.5	52	110	90	35	1.5	50	80	115	14
53211	53211 U	55	90	27.3	67.5	158	0.13	1900	3000	—	76	72	1	57	90	72	35	1	30	72	95	9
53311	53311 U		105	39.3	115	242	0.31	1500	2200	—	85	80	1	57	105	80	30	1.1	42	80	110	11.5
53411	53411 U		120	50.5	182	355	0.68	1100	1700	—	94	88	1.5	57	120	90	28	1.5	55	88	125	15.5
53212	53212 U	60	95	28	73.5	178	0.16	1800	2800	—	81	78	1	62	95	72	32.5	1	31	78	100	9
53312	53312 U		110	38.3	118	262	0.35	1400	2000	—	90	85	1	62	110	90	41	1.1	42	85	115	11.5
53412	53412 U		130	54	200	395	0.88	1000	1600	—	102	95	1.5	62	130	100	34	1.5	58	95	135	16
53213	53213 U	65	100	28.7	74.8	188	0.18	1700	2600	—	86	82	1	67	100	80	40	1	32	82	105	9
53313	53313 U		115	39.4	115	262	0.38	1300	1900	—	95	90	1	67	115	90	38.5	1.1	43	90	120	12.5
53413	53413 U		140	60.2	215	448	1.14	900	1400	—	110	—	2	68	140	112	40	2	65	100	145	17.5
53214	53214 U	70	105	28.8	73.5	188	0.19	1600	2400	—	91	88	1	72	105	80	38	1	32	88	110	9
53314	53314 U		125	44.2	148	340	0.60	1200	1800	—	103	98	1	72	125	100	43	1.1	48	98	130	13
53414	53414 U		150	63.6	255	560	1.71	850	1300	—	118	110	2	73	150	112	34	2	69	110	155	19.5
53215	53215 U	75	110	28.3	74.8	198	0.21	1500	2200	—	96	92	1	77	110	90	49	1	32	92	115	9.5
53315	53315 U		135	48.1	162	380	0.77	1100	1700	—	111	105	1.5	77	135	100	37	1.5	52	105	140	15
53415	53415 U		160	69	268	615	2.00	800	1200	—	125	115	2	78	160	125	42	2	75	115	165	21
53216	53216 U	80	115	29.5	83.8	222	0.27	1400	2000	—	101	98	1	82	115	90	46	1	33	98	120	10
53316	53316 U		140	47.6	160	380	0.81	1000	1600	—	116	110	1.5	82	140	112	50	1.5	52	110	145	15
53416	53416 U		170	72.2	292	692	2.55	750	1100	—	133	—	2.1	83	170	125	36	2.1	78	125	175	22
53217	53217 U	85	125	33.1	102	280	0.41	1300	1900	—	109	105	1	88	125	100	52	1	37	105	130	11
53317	53317 U		150	53.1	208	495	1.28	950	1500	—	124	115	1.5	88	150	112	43	1.5	58	115	155	17.5

续表

轴承型号		基本尺寸/mm			基本额定载荷/kN		最小载荷常数	极限转速/r·min^{-1}		质量/kg	安装尺寸/mm			其他尺寸/mm								
53000 型	53000 U 型	d	D	T_2	C_a	C_{0a}	A	脂	油	W ≈	d_a min	D_a max	r_a max	d_1 min	D_1 max	R	A	r min	T_3	d_3	D_3	C
53417	53417 U	85	180	77	318	782	3.24	700	1000	—	141	—	2	88	177	140	47	2.1	83	130	185	23
53218	53218 U	90	135	38.5	115	315	0.52	1200	1800	—	117	110	1	93	135	100	45	1.1	42	110	140	13.5
53318	53318 U		155	54.6	205	495	1.34	900	1400	—	129	120	1.5	93	155	112	40	1.5	59	120	160	18
53418	53418 U		190	81.2	325	825	3.71	670	950	—	133	125	2	93	187	140	40	2.1	88	140	195	25.5
53220	53220 U	100	150	40.9	132	375	0.75	1100	1700	—	130	125	1	103	150	112	52	1.1	45	125	155	14
53320	53320 U		170	59.2	235	595	1.88	800	1200	—	142	135	1.5	103	170	125	46	1.5	64	135	175	18
53420	53420 U		210	90	400	1080	6.17	600	850	—	165	155	2.5	103	205	160	50	3	98	155	220	27
53222	53222 U	110	160	40.2	138	412	0.89	1000	1600	—	140	135	1	113	160	125	65	1.1	45	135	165	14
53322	53322 U		190	67.2	278	755	2.97	700	1100	—	158	150	2	113	187	140	51	2	72	150	195	20.5
53422	53422 U		230	99.7	490	1390	10.4	530	750	—	181	—	2.5	113	225	180	59	3	109	170	240	29
53224	53224 U	120	170	40.8	135	412	0.96	950	1500	—	150	145	1	123	170	125	61	1.1	46	145	175	15
53324	53324 U		210	74.1	330	945	4.58	670	950	—	173	165	2	123	205	160	63	2.1	80	165	220	22
53424	53424 U		250	107.3	412	1220	12.4	480	670	—	196	174	3	123	245	200	70	4	118	185	260	32
53226	53226 U	130	190	47.9	188	575	1.75	900	1400	—	166	160	1.5	133	187	140	67	1.5	53	160	195	17
53326	53326 U		225	80.3	358	1070	5.91	600	850	—	186	—	2.1	134	220	160	53	2.1	86	177	235	26
53426	53426 U		270	115.2	630	2010	21.1	430	600	—	212	—	3	134	265	200	58	4	128	200	280	38
53228	53228 U	140	200	48.6	190	598	1.96	850	1300	—	176	170	1.5	143	197	160	87	1.5	55	170	210	17
53328	53328 U		240	84.9	395	1230	7.84	560	800	—	199	—	2.1	144	235	180	68	2.1	92	190	250	26
53428	53428 U		280	117	630	2010	22.2	400	560	—	222	—	3	144	275	225	83	4	131	206	290	38
53230	53230 U	150	215	53.3	242	768	3.06	800	1200	—	189	176	1.5	153	212	160	79	1.5	60	180	225	20.5
53330	53330 U		250	83.7	405	1310	8.80	530	750	—	209	191	2.1	154	245	200	89.5	2.1	92	200	260	26
53430	53430 U		300	125.9	670	2240	27.9	380	530	—	238	212	3	154	295	225	69	4	140	225	310	41
53232	53232 U	160	225	54.7	240	768	3.23	750	1100	—	199	186	1.5	163	222	160	74	1.5	61	190	235	21
53332	53332 U		270	91.7	470	1 570	12.8	500	700	—	225	205	2.5	164	265	200	77	3	100	215	280	29

续表

轴承型号		基本尺寸/mm			基本额定载荷/kN		最小载荷常数	极限转速/r·min^{-1}		质量/kg	安装尺寸/mm			其他尺寸/mm								
53000 型	53000 U 型	d	D	T_2	C_a	C_{0a}	A	脂	油	W ≈	d_a min	D_a max	r_a max	d_1 min	D_1 max	R	A	r min	T_3	d_3	D_3	C
53432	53432 U	160	320	135.3	—	—	—	—	—	—	—	—	—	164	315	250	84	5	150	240	330	41.5
53234	53234 U	170	240	58.7	280	915	4.48	700	1000	—	212	198	1.5	173	237	180	91	1.5	65	200	250	21.5
53334	53334 U		280	91.3	470	1580	13.8	480	670	—	235	215	2.5	174	275	225	105	3	100	220	290	29
53434	53434 U		340	141	—	—	—	—	—	—	—	—	—	174	335	250	74	5	156	255	350	46
53236	53236 U	180	250	58.2	285	958	4.91	670	950	—	222	208	1.5	183	247	200	112	1.5	66	210	260	21.5
53336	53336 U		300	99.3	518	1820	17.9	430	600	—	251	229	2.5	184	295	225	91	3	109	240	310	32
53436	53436 U		360	148.3	—	—	—	—	—	—	—	—	—	184	355	280	97	5	164	270	370	46.5
53238	53238 U	190	270	65.6	328	1160	6.97	630	900	—	238	222	2	194	267	200	98	2	73	230	280	23
53338	53338 U		320	111	608	2220	26.7	400	560	—	266	244	3	195	315	250	104	4	121	255	330	33
53240	53240 U	200	280	65.3	332	1210	7.59	600	850	—	248	232	2	204	277	225	125	2	74	240	290	23
53340	53340 U		340	118.4	600	2220	28.0	360	500	—	282	258	3	205	335	250	92	4	130	270	350	38
53244	53244 U	220	300	65.6	365	1360	10.3	560	800	—	268	252	2	224	297	225	118	2	75	260	310	25
53248	53248 U	240	340	81.7	468	1870	19.0	450	630	—	299	281	2.1	244	335	250	122	2.1	92	290	350	30
53252	53252 U	260	360	82.8	488	2050	22.3	430	600	—	319	301	2.1	264	355	280	152	2.1	93	305	370	30
53256	53256 U	280	380	85	490	2140	24.7	400	560	—	339	321	2.1	284	375	280	143	2.1	94	325	390	31
53260	53260 U	300	420	100.5	578	2670	39.3	360	560	—	371	349	2.5	304	415	320	164	3	112	360	430	34
53264	53264 U	320	440	100.5	612	2920	45.3	340	480	—	391	369	2.5	325	435	320	157	3	112	380	450	36
53268	53268 U	340	460	100.3	620	3040	49.6	320	450	—	411	389	2.5	345	455	360	199	3	113	400	470	36
53272	53272 U	360	500	116.7	775	3940	84.0	260	380	—	442	418	3	365	495	360	172	4	130	430	510	43

表 7-5-32 带调心座垫圈双向推力球轴承（GB/T 301—2015）

54000型

54000 U型

轴承型号		基本尺寸/mm				基本额定载荷/kN		最小载荷常数	极限转速/r·min^{-1}		质量/kg	安装尺寸/mm				其他尺寸/mm										
54000 型	54000 U 型	d①	d_2	D	T_4	C_a	C_{0a}	A	脂	油	W ≈	d_a max	D_a min	r_a max	r_{1a} max	d_1 min	D_2 max	B	r min	R	A_1	r_1 min	T_5	d_3	D_3	C
54202	54202 U	15	10	32	24.6	16.5	24.8	0.003	4800	6700	—	15	22	0.6	0.3	17	32	5	0.6	28	10.5	0.3	28	24	35	4
54204	54204 U	20	15	40	27.4	22.2	37.5	0.007	3800	5300	—	20	28	0.6	0.3	22	40	6	0.6	36	16	0.3	32	30	42	5
54205	54205 U	25	20	47	31.4	27.8	50.5	0.013	3400	4800	—	25	34	0.6	0.3	27	47	7	0.6	40	16.5	0.3	36	36	50	5.5
54305	54305 U		20	52	37.6	35.5	61.5	0.021	3000	4300	—	25	36	1	0.3	27	52	8	1	45	18	0.3	42	38	55	6
54405	54405 U		15	60	49.7	55.5	89.2	0.044	2200	3400	—	25	39	1	0.6	27	60	11	1	50	15	0.6	55	42	62	8
54206	54206 U	30	25	52	32.6	28.0	54.2	0.016	3200	4500	—	30	39	0.6	0.3	32	52	7	0.6	45	20	0.3	37	42	55	5.5
54306	54306 U		25	60	41.3	42.8	78.5	0.033	2400	3600	—	30	42	1	0.3	32	60	9	1	50	19.5	0.3	46	45	62	7
54406	54406 U		20	70	56.2	72.5	125	0.082	1900	3000	—	30	46	1	0.6	32	70	12	1	56	16	0.6	62	50	75	9
54207	54207 U	35	30	62	37.8	39.2	78.2	0.033	2800	4000	—	35	46	1	0.3	37	62	8	1	50	21	0.3	42	48	65	7
54307	54307 U		30	68	47.2	55.2	105	0.059	2000	3200	—	35	48	1	0.3	37	68	10	1	56	21	0.3	52	52	72	7.5
54407	54407 U		25	80	63.1	86.8	155	0.13	1700	2600	—	35	53	1	0.6	37	80	14	1.1	64	18.5	0.6	69	58	85	10
54208	54208 U	40	30	68	38.6	47.0	98.2	0.050	2400	3600	—	40	51	1	0.6	42	68	9	1	56	25	0.6	44	55	72	7

续表

轴承型号		基本尺寸/mm				基本额定载荷/kN		最小载荷常数	极限转速/r·min^{-1}		质量/kg	安装尺寸/mm				其他尺寸/mm										
54000型	54000 U型	d[①]	d_2	D	T_4	C_a	C_{0a}	A	脂	油	W ≈	d_a max	D_a min	r_a max	r_{1a} max	d_1 min	D_2 max	B	r min	R	A_1	r_1 min	T_5	d_3	D_3	C
54308	54308 U	40	30	78	54.1	69.2	135	0.098	1900	3000	—	40	55	1	0.6	42	78	12	1	64	23.5	0.6	59	60	82	8.5
54408	54408 U		30	90	69.5	112	205	0.22	1500	2200	—	40	60	1	0.6	42	90	15	1.1	72	22	0.6	77	65	95	12
54209	54209 U	45	35	73	39.6	47.8	105	0.059	2200	3400	—	45	56	1	0.6	47	73	9	1	56	23	0.6	45	60	78	7.5
54309	54309 U		35	85	56.3	75.8	150	0.13	1700	2600	—	45	61	1	0.6	47	85	12	1	64	21	0.6	62	65	90	10
54409	54409 U		35	100	78.9	140	262	0.36	1400	2000	—	45	67	1	0.6	47	100	17	1.1	80	23.5	0.6	86	72	105	12.5
54210	54210 U	50	40	78	42	48.5	112	0.068	2000	3200	—	50	61	1	0.6	52	78	9	1	64	30.5	0.6	47	62	82	7.5
54310	54310 U		40	95	64.7	96.5	202	0.21	1600	2400	—	50	68	1	0.6	52	95	14	1.1	72	23	0.6	70	72	100	11
54410	54410 U		40	110	83.2	160	302	0.50	1300	1900	—	50	74	1.5	0.6	52	110	18	1.5	90	30	0.6	92	80	115	14
54211	54211 U	55	45	90	49.6	67.5	158	0.13	1900	3000	—	55	69	1	0.6	57	90	10	1	72	32.5	0.6	55	72	95	9
54311	54311 U		45	105	72.6	115	242	0.31	1500	2200	—	55	75	1	0.6	57	105	15	1.1	80	25.5	0.6	78	80	110	11.5
54411	54411 U		45	120	92	182	355	0.68	1100	1700	—	55	81	1.5	0.6	57	120	20	1.5	90	22.5	0.6	101	88	125	15.5
54212	54212 U	60	50	95	50	73.5	178	0.16	1800	2800	—	60	74	1	0.6	62	95	10	1	72	30.5	0.6	56	78	100	9
54312	54312 U		50	110	70.7	118	262	0.35	1400	2000	—	60	80	1	0.6	62	110	15	1.1	90	36.5	0.6	78	85	115	11.5
54412	54412 U		50	130	99	200	395	0.88	1000	1600	—	60	88	1.5	0.6	62	130	21	1.5	100	28	0.6	107	95	135	16
54213	54213 U	65	55	100	50.4	215	448	1.14	1700	2600	—	65	95	2	1	67	100	10	1	80	38.5	0.6	57	82	105	9
54313	54313 U		55	115	71.9	74.8	188	0.18	1300	1900	—	65	79	1	0.6	67	115	15	1.1	90	34.5	0.6	79	90	120	12.5
54413	54413 U		50	140	109.4	115	262	0.38	900	1400	—	65	85	1	0.6	68	140	23	2	112	34	1	119	100	145	17.5
54214	54214 U	70	55	105	50.6	73.5	188	0.19	1600	2400	—	70	84	1	1	72	105	10	1	80	36.5	1	57	88	110	9
54314	54314 U		55	125	80.3	148	340	0.60	1200	1800	—	70	92	1	1	72	125	16	1.1	100	39	1	88	98	130	13
54414	54414 U		55	150	114.1	255	560	1.71	850	1300	—	70	102	2	1	73	150	24	2	112	28.5	1	125	110	155	19.5
54215	54215 U	75	60	110	49.6	74.8	198	0.21	1500	2200	—	75	89	1	1	77	110	10	1	90	47.5	1	57	92	115	9.5
54315	54315 U		60	135	87.2	162	380	0.77	1100	1700	—	75	99	1.5	1	77	135	18	1.5	100	32.5	1	95	105	140	15
54415	54415 U		60	160	123	268	615	2.00	800	1200	—	75	110	2	1	78	160	26	2	125	36.5	1	135	115	165	21
54216	54216 U	80	65	115	51	83.8	222	0.27	1400	2000	—	80	94	1	1	82	115	10	1	90	45	1	58	98	120	10
54316	54316 U		65	140	86.1	160	380	0.81	1000	1600	—	80	104	1.5	1	82	140	18	1.5	112	45.5	1	95	110	145	15
54416	54416 U		65	170	128.5	—	—	—	—	—	—	—	—	—	—	83	170	27	2.1	125	30.5	1	140	125	175	22

续表

轴承型号		基本尺寸/mm				基本额定载荷/kN		最小载荷常数	极限转速/r·min^{-1}		质量/kg	安装尺寸/mm				其他尺寸/mm										
54000型	54000 U型	d[①]	d_2	D	T_4	C_a	C_{0a}	A	脂	油	W ≈	d_a max	D_a min	r_a max	r_{1a} max	d_1 min	D_2 max	B	r min	R	A_1	r_1 min	T_5	d_3	D_3	C
54217	54217 U	85	70	125	59.2	102	280	0.41	1300	1900	—	85	109	1	1	88	125	12	1	100	49.5	1	67	105	130	11
54317	54317 U		70	150	95.2	208	495	1.28	950	1500	—	85	114	1.5	1	88	150	19	1.5	112	39	1	105	115	155	17.5
54417	54417 U		65	180	138	318	782	3.24	700	1000	—	85	124	2.1	1	88	179.5	29	2.1	140	40.5	1.1	150	130	185	23
54218	54218 U	90	75	135	69	115	315	0.52	1200	1800	—	90	108	1	1	93	135	14	1.1	100	42	1	76	110	140	13.5
54318	54318 U		75	155	97.1	205	495	1.34	900	1400	—	90	116	1.5	1	93	155	18	1.5	112	36.5	1	106	120	160	18
54418	54418 U		70	190	143.5	325	825	3.71	670	950	—	90	131	2.1	1	93	189.5	30	2.1	140	34.5	1.1	157	140	195	25.5
54220	54220 U	100	85	150	72.8	132	375	0.75	1100	1700	—	100	120	1	1	103	150	15	1.1	112	49	1	81	125	155	14
54320	54320 U		85	170	105.4	235	595	1.88	800	1200	—	100	128	1.5	1	103	170	21	1.5	125	42	1	115	135	175	18
54420	54420 U		80	210	159.9	400	1080	6.17	600	850	—	100	145	2.5	1	103	209.5	33	3	160	43.5	1.1	176	155	220	27
54222	54222 U	110	95	160	71.4	138	412	0.89	1000	1600	—	110	130	1	1	113	160	15	1.1	125	62	1	81	135	165	14
54322	54322 U		95	190	118.4	278	755	2.97	700	1100	—	110	142	2	1	113	189.5	24	2	140	55	1	128	150	195	20.5
54224	54224 U	120	100	170	71.6	135	412	0.96	950	1500	—	120	140	1	1	123	170	15	1.1	125	58.5	1.1	82	145	175	15
54324	54324 U		100	210	131.2	330	945	4.58	670	950	—	120	157	2.1	1	123	209.5	27	2.1	160	58	1.1	143	165	220	22
54226	54226 U	130	110	190	85.8	188	575	1.75	900	1400	—	130	154	1.5	1	133	189.5	18	1.5	140	63	1.1	96	160	195	17
54228	54228 U	140	120	200	86.2	190	598	1.96	850	1300	—	140	164	1.5	1	143	199.5	18	1.5	160	83.5	1.1	99	170	210	17
54230	54230 U	150	130	215	95.6	242	768	3.06	800	1200	—	150	176	1.5	1	153	214.5	20	1.5	160	74.5	1.1	109	180	225	20.5
54232	54232 U	160	140	225	97.4	240	768	3.23	750	1100	—	160	186	1.5	1	163	224.5	20	1.5	180	70	1.1	110	190	235	21
54234	54234 U	170	150	240	104.4	280	915	4.48	700	1000	—	170	198	1.5	1	173	239.5	21	1.5	180	87	1.1	117	200	250	21.5
54236	54236 U	180	150	250	102.4	285	958	4.91	670	950	—	180	208	1.5	2	183	249	21	1.5	200	108.5	2	118	210	260	21.5
54238	54238 U	190	160	270	116.4	328	1160	6.97	630	900	—	190	222	2	2	194	269	24	2	200	93.5	2	131	230	280	23
54240	54240 U	200	170	280	115.6	332	1210	7.59	500	850	—	200	232	2	2	204	279	24	2	225	120.5	2	133	240	290	23
54244	54244 U	220	190	300	115.2	—	—	—	—	—	—	—	—	—	—	224	299	24	2	225	114	2	134	260	310	25

① 对应于带调心座垫圈的单向推力球轴承（表7-5-31）的轴圈公称内径 d。

5.9　推力角接触球轴承

表 7-5-33　　双向推力角接触球轴承（JB/T 6362—2007）

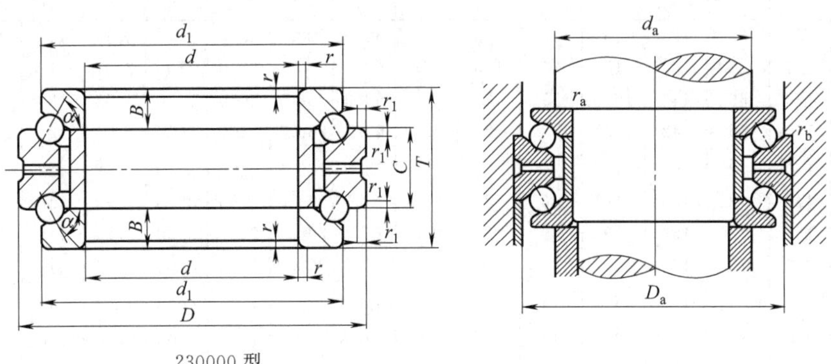

230000 型

轴承型号	外形尺寸/mm								基本额定载荷/kN		极限转速/r·min^{-1}		质量/kg	安装尺寸/mm			
230000 型	d	D	T	d_1 max	B	C	r_{smin}	r_{1smin}	C_a	C_{0a}	脂	油	W ≈	d_a min	D_a max	r_a max	r_b max
234405	25	47	28	40	7	14	0.6	0.15	10.19	24.1	7500	10000	0.186	33	43.5	0.6	0.15
234705	27	47	28	40	7	14	0.6	0.15	10.19	24.1	7500	10000	0.168	33	43.5	0.6	0.15
234406	30	55	32	47	8	16	1	0.15	10.78	28.2	6700	9000	0.286	39	51	1	0.15
234706	32	55	32	47	8	16	1	0.15	10.78	28.2	6700	9000	0.262	39	51	1	0.15
234407	35	62	34	53	8.5	17	1	0.15	15.19	42.1	6000	8000	0.375	45	58	1	0.15
234707	37	62	34	53	8.5	17	1	0.15	15.19	42.1	6000	8000	0.345	45	58	1	0.15
234408	40	68	36	58.5	9	18	1	0.15	18.3	49.9	5600	7500	0.457	50	64	1	0.15
234708	42	68	34	53	8.5	17	1	0.15	18.3	49.9	5600	7500	0.419	50	64	1	0.15
234409	45	75	38	65	9.5	19	1	0.15	20.0	59.8	5300	7000	0.551	56	71	1	0.15
234709	47	75	38	65	9.5	19	1	0.15	20.0	59.8	5300	7000	0.510	56	71	1	0.15
234410	50	80	38	70	9.5	19	1	0.15	20.5	64.6	5000	6700	0.624	61	76	1	0.15
234710	52	80	38	70	9.5	19	1	0.15	20.5	64.6	5000	6700	0.577	61	76	1	0.15
234411	55	90	44	78	11	22	1.1	0.3	28.6	85.7	4500	6000	0.949	68	85	1	0.3
234711	57	90	44	78	11	22	1.1	0.3	28.6	85.7	4500	6000	0.889	68	85	1	0.3
234413	65	100	44	88	11	22	1.1	0.3	29.8	97.5	4300	5600	1.08	78	95	1	0.3
234713	67	100	44	88	11	22	1.1	0.3	29.8	97.5	4300	5600	1.01	78	95	1	0.3
234414	70	110	48	97	12	24	1.1	0.3	36.2	122.5	3800	5000	1.51	85	105	1	0.3
234714	73	110	48	97	12	24	1.1	0.3	36.2	122.5	3800	5000	1.38	85	105	1	0.3
234415	75	115	48	102	12	24	1.1	0.3	37.7	131.3	3800	5000	1.59	90	110	1	0.3
234715	78	115	48	102	12	24	1.1	0.3	37.7	131.3	3800	5000	1.45	90	110	1	0.3
234416	80	125	54	110	13.5	27	1.1	0.3	44.1	156.8	3400	4500	2.23	97	119	1	0.3
234716	83	125	54	110	13.5	27	1.1	0.3	44.1	156.8	3400	4500	2.06	97	119	1	0.3
234417	85	130	54	115	13.5	27	1.1	0.3	44.6	162.6	3200	4300	2.36	102	124	1	0.3
234717	88	130	54	115	13.5	27	1.1	0.3	44.6	162.6	3200	4300	2.18	102	124	1	0.3
234418	90	140	60	123	15	30	1.5	0.3	51.9	190.0	3000	4000	3.01	109	132	1.5	0.3
234718	93	140	60	123	15	30	1.5	0.3	51.9	190.0	3000	4000	2.81	109	132	1.5	0.3
234419	95	145	60	128	15	30	1.5	0.3	52.4	196.9	2800	3800	3.13	114	137	1.5	0.3
234719	98	145	60	128	15	30	1.5	0.3	52.4	196.9	2800	3800	2.92	114	137	1.5	0.3

续表

轴承型号	外形尺寸/mm								基本额定载荷/kN		极限转速/$r \cdot min^{-1}$		质量/kg	安装尺寸/mm			
230000型	d	D	T	d_1 max	B	C	r_{smin}	r_{1smin}	C_a	C_{0a}	脂	油	W ≈	d_a min	D_a max	r_a max	r_b max
234420	100	150	60	133	15	30	1.5	0.3	52.9	203.8	2800	3800	3.19	119	142	1.5	0.3
234720	103	150	30	133	15	30	1.5	0.3	52.9	203.8	2800	3800	2.97	119	142	1.5	0.3
234421	105	160	66	142	16.5	33	2	0.6	60.2	236.1	2400	3400	4.53	125	151	2	0.6
234721	109	160	66	142	16.5	33	2	0.6	60.2	236.1	2400	3400	—	125	151	2	0.6
234422	110	170	72	150	18	36	2	0.6	73.5	279.3	2200	3200	5.32	132	161	2	0.6
234722	114	170	72	150	18	36	2	0.6	73.5	279.3	2200	3200	—	132	161	2	0.6
234424	120	180	72	160	18	36	2	0.6	75.4	298.9	2200	3200	5.54	142	171	2	0.6
234724	124	180	72	160	18	36	2	0.6	75.4	298.9	2200	3200	5.11	142	171	2	0.6
234426	130	200	84	177	21	42	2	0.6	106.8	406.7	1900	2800	10.1	156	190	2	0.6
234726	135	200	84	177	21	42	2	0.6	106.8	406.7	1900	2800	8.90	156	190	2	0.6
234428	140	210	84	187	21	42	2.1	0.6	110.7	436.7	1800	2600	9.16	166	200	2	0.6
234728	145	210	84	187	21	42	2.1	0.6	110.7	436.7	1800	2600	8.44	166	200	2	0.6
234430	150	225	90	200	22.5	45	2.1	0.6	112.7	465.5	1700	2400	11.1	178	213	2	0.6
234730	155	225	90	200	22.5	45	2.1	0.6	112.7	465.5	1700	2400	10.3	178	213	2	0.6
234432	160	240	96	212	24	48	2.1	0.6	132.3	543.9	1600	2200	13.6	190	227	2	0.6
234732	165	240	96	212	24	48	2.1	0.6	132.3	543.9	1600	2200	12.6	190	227	2	0.6
234434	170	260	108	230	27	54	2.1	0.6	—	—	—	—	17.7	—	—	—	—
234734	176	260	108	230	27	54	2.1	0.6	—	—	—	—	16.3	—	—	—	—
234436	180	280	120	248	30	60	2.1	0.6	—	—	—	—	23.4	—	—	—	—
234736	187	280	120	248	30	60	2.1	0.6	—	—	—	—	21.5	—	—	—	—
234438	190	290	120	258	30	60	2.1	0.6	181.3	788.9	1400	1900	25.7	229	280	2	1.0
234738	197	290	120	258	30	60	2.1	0.6	181.3	788.9	1400	1900	23.7	229	280	2	1.0
234440	200	310	132	274	33	66	2.1	0.6	208.7	916.3	1300	1700	33.6	243	300	2	1.0
234740	207	310	132	274	33	66	2.1	0.6	208.7	916.3	1300	1700	31.3	243	300	2	1.0
234444	220	340	144	304	36	72	3	1	—	—	—	—	—	—	—	—	—
234744	228	340	144	304	36	72	3	1	—	—	—	—	—	—	—	—	—
234448	240	360	144	322	36	72	3	1	—	—	—	—	—	—	—	—	—
234748	248	360	144	322	36	72	3	1	—	—	—	—	—	—	—	—	—
234452	260	400	164	354	41	82	3	1.5	—	—	—	—	—	—	—	—	—
234752	269	400	164	354	41	82	3	1.5	—	—	—	—	—	—	—	—	—
234456	280	420	164	374	41	82	3	1.5	—	—	—	—	—	—	—	—	—
234756	289	420	164	374	41	82	3	1.5	—	—	—	—	—	—	—	—	—
234460	300	460	190	406	47.5	95	3	1.5	—	—	—	—	—	—	—	—	—
234760	310	460	190	406	47.5	95	3	1.5	—	—	—	—	—	—	—	—	—
234464	320	480	190	426	47.5	95	3	1.5	—	—	—	—	—	—	—	—	—
234764	330	480	190	426	47.5	95	3	1.5	—	—	—	—	—	—	—	—	—
234468	340	520	212	459	53	106	3	1.5	—	—	—	—	—	—	—	—	—
234768	350	520	212	459	53	106	3	1.5	—	—	—	—	—	—	—	—	—
234472	360	540	212	479	53	106	3	1.5	—	—	—	—	—	—	—	—	—
234772	370	540	212	479	53	106	3	1.5	—	—	—	—	—	—	—	—	—
234476	380	560	212	499	53	106	3	1.5	—	—	—	—	—	—	—	—	—
234776	390	560	212	499	53	106	3	1.5	—	—	—	—	—	—	—	—	—
234480	400	600	236	532	59	118	3	1.5	—	—	—	—	—	—	—	—	—
234780	410	600	236	532	59	118	3	1.5	—	—	—	—	—	—	—	—	—

5.10　推力调心滚子轴承

表 7-5-34　　**推力调心滚子轴承**（GB/T 5859—2008）

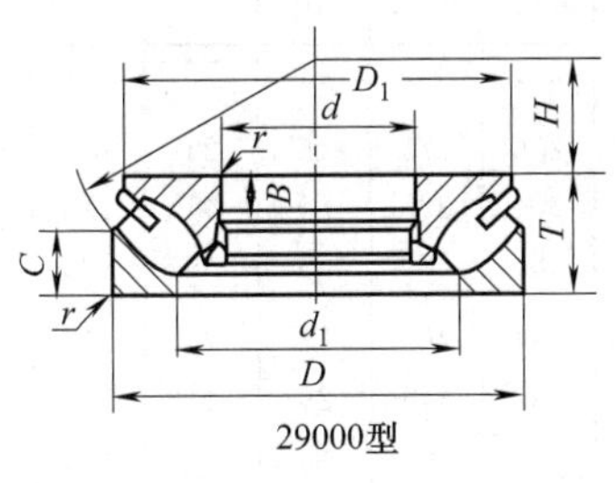

29000型

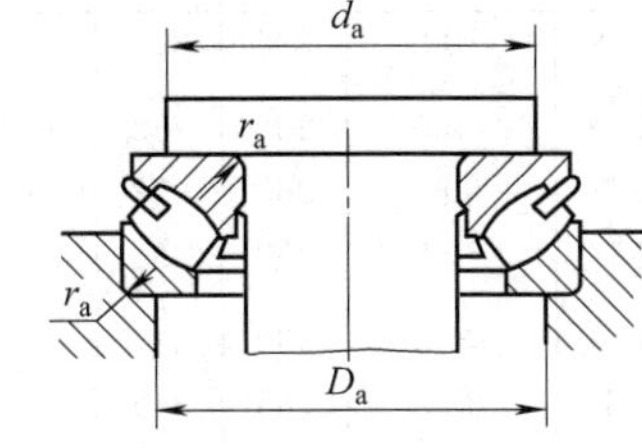

轴向当量动载荷

$P_a = F_a + 1.2F_r$

轴向当量静载荷

$P_{0a} = F_a + 2.7F_r$

轴承型号	基本尺寸/mm			基本额定载荷/kN		最小载荷常数	极限转速/$r \cdot min^{-1}$	安装尺寸/mm			其他尺寸/mm					
29000 型	d	D	T	C_a	C_{0a}	A	油	d_a min	D_a max	r_a max	d_1 max	D_1 max	B min	C	H	r min
29412	60	130	42	368	950	0.086	2400	90	107	1.5	89	123	15	20	38	1.5
29413	65	140	45	390	1110	0.118	2200	100	115	2	96	133	16	21	42	2
29414	70	150	48	438	1260	0.155	2000	105	124	2	103	142	17	23	44	2
29415	75	160	51	490	1430	0.21	1900	115	132	2	109	152	18	24	47	2
29416	80	170	54	555	1600	0.263	1800	120	141	2.1	117	162	19	26	50	2.1
29317	85	150	39	335	1070	0.105	2200	115	129	1.5	114	143.5	13	19	50	1.5
29417		180	58	600	1750	0.304	1700	130	150	2.1	125	170	21	28	54	2.1
29318	90	155	39	345	1120	0.116	2200	118	135	1.5	117	148.5	13	19	52	1.5
29418		190	60	665	1980	0.392	1600	135	158	2.1	132	180	22	29	56	2.1
29320	100	170	42	412	1370	0.166	2000	132	148	1.5	129	163	14	20.8	58	1.5
29420		210	67	808	2430	0.588	1400	150	175	2.5	146	200	24	32	62	3
29322	110	190	48	520	1750	0.279	1800	145	165	2	143	182	16	23	64	2
29422		230	73	945	2910	0.724	1300	165	192	3	162	220	26	35	69	3
29324	120	210	54	648	2160	0.44	1600	160	182	2.1	159	200	18	26	70	2.1
29424		250	78	1100	3370	0.933	1200	180	210	3	174	236	29	37	74	4
29326	130	225	58	708	2400	0.543	1500	170	195	2.1	171	215	19	28	76	2.1
29426		270	85	1270	3930	1.64	1100	195	227	3	189	255	31	41	81	4
29328	140	240	60	790	2720	0.71	1400	185	208	2.1	183	230	20	29	82	2.1
29428		280	85	1310	4200	1.796	1000	205	237	3	199	268	31	41	86	4
29330	150	250	60	812	2870	0.774	1300	195	220	2.1	194	240	20	29	87	2.1
29430		300	90	1480	4730	2.285	950	220	253	3	214	285	32	44	92	4
29332	160	270	67	965	3390	1.063	1200	210	236	2.5	208	260	23	32	92	3
29432		320	95	1620	5380	2.969	900	230	271	4	229	306	34	45	99	5
29334	170	280	67	988	3550	1.16	1100	220	247	2.5	216	270	23	32	96	3
29434		340	103	1880	6220	4.015	850	245	288	4	243	324	37	50	104	5
29336	180	300	73	1140	4170	1.628	1000	235	263	2.5	232	290	25	35	103	3
29436		360	109	2080	6920	4.936	750	260	305	4	255	342	39	52	110	5
29338	190	320	78	1320	4910	2.294	900	250	281	3	246	308	27	38	110	4

第7篇

续表

轴承型号	基本尺寸/mm			基本额定载荷/kN		最小载荷常数	极限转速/r·min^{-1}	安装尺寸/mm			其他尺寸/mm					
29000型	d	D	T	C_a	C_{0a}	A	油	d_a min	D_a max	r_a max	d_1 max	D_1 max	B min	C	H	r min
29438	190	380	115	2310	7760	6.228	700	275	322	4	271	360	41	55	117	5
29240	200	280	48	660	2720	0.759	1400	235	258	2	236	271	15	24	108	2
29340		340	85	1490	5420	2.827	900	265	298	3	261	325	29	41	116	4
29440		400	122	2540	8550	7.588	700	290	338	4	286	380	43	59	122	5
29244	220	300	48	672	2880	0.749	1300	260	277	2	254	292	15	24	117	2
29344		360	85	1560	5780	3.21	850	285	316	3	280	345	29	41	125	4
29444		420	122	2640	9140	8.583	670	310	360	5	308	400	43	58	132	6
29248	240	340	60	945	4090	1.483	1100	285	311	2.1	283	330	19	30	130	2.1
29348		380	85	1610	6130	3.569	800	300	337	3	300	365	29	41	135	4
29448		440	122	2740	9750	9.656	630	330	381	5	326	420	43	59	142	6
29252	260	360	60	990	4450	1.754	1000	305	331	2.1	302	350	19	30	139	2.1
29352		420	95	2000	7960	6.073	750	330	372	4	329	405	32	45	148	5
29452		480	132	3260	11800	14.45	530	360	419	5	357	460	48	64	154	6
29256	280	380	60	1000	4600	1.855	950	325	351	2.1	323	370	19	30	150	2.1
29356		440	95	2070	8410	6.782	670	350	394	4	348	423	32	46	158	5
29456		520	145	3850	14100	20.73	530	390	446	5	387	495	52	68	166	6
29260	300	420	73	1380	6210	3.43	900	355	386	2.5	353	405	21	38	162	3
29360		480	109	2530	10200	10.2	630	380	429	4	379	460	37	50	168	5
29460		540	145	3980	14900	22.95	480	410	471	5	402	515	52	70	175	6
29264	320	440	73	1420	6590	3.822	800	375	406	2.5	372	430	21	38	172	3
29364		500	109	2610	10700	11.15	600	400	449	4	399	482	37	53	180	5
29464		580	155	4610	17600	31.97	450	435	507	6	435	555	55	75	191	7.5
29268	340	460	73	1470	6980	4.27	800	395	427	2.5	395	445	21	37	183	3
29368		540	122	3100	12700	15.64	530	430	484	4	428	520	41	59	192	5
29468		620	170	5060	19200	38.98	430	465	541	6	462	590	61	82	201	7.5
29272	360	500	85	1850	8700	6.797	700	420	461	3	423	485	25	44	194	4
29372		560	122	3180	13300	16.33	500	450	504	4	448	540	41	59	202	5
29472		640	170	5310	20400	43.24	400	485	560	6	480	610	61	82	210	7.5
29276	380	520	85	1900	9170	7.536	670	440	480	3	441	505	27	42	202	4
29376		600	132	3720	15900	24.68	450	480	538	5	477	580	44	63	216	6
29476		670	175	5810	23100	55.3	380	510	587	6	504	640	63	85	230	7.5
29280	400	540	85	1930	9430	8.989	670	460	500	3	460	526	27	42	212	4
29380		620	132	3720	15900	24.52	450	500	557	5	494	596	44	64	225	6
29480		710	185	6420	25800	67.59	360	540	622	6	534	680	67	89	236	7.5
29284	420	580	95	2390	11700	12.6	600	490	534	4	489	564	30	46	225	5
29384		650	140	4160	17700	30.7	430	525	585	5	520	626	48	68	235	6
29484		730	185	6530	26200	70.27	340	560	643	6	556	700	67	89	244	7.5
29288	440	600	95	2460	12400	13.89	560	510	554	4	508	585	30	49	235	5
29388		680	145	4460	19200	36.0	400	548	614	5	548	655	49	70	245	6
29488		780	206	7470	29400	89.34	320	595	684	8	588	745	74	100	260	9.5
29292	460	620	95	2530	13000	15.32	530	530	575	4	530	605	30	46	245	5

续表

轴承型号	基本尺寸/mm			基本额定载荷/kN		最小载荷常数	极限转速/r·min^{-1}	安装尺寸/mm			其他尺寸/mm					
29000 型	d	D	T	C_a	C_{0a}	A	油	d_a min	D_a max	r_a max	d_1 max	D_1 max	B min	C	H	r min
29392	460	710	150	4850	21300	44.6	360	575	638	5	567	685	51	72	257	6
29492		800	206	7730	31100	99.15	300	615	704	8	608	765	74	100	272	9.5
29296	480	650	103	2760	13900	17.66	500	555	603	4	556	635	33	55	259	5
29396		730	150	4960	22200	48.02	340	593	660	5	590	705	51	72	270	6
29496		850	224	8950	35700	132.4	280	645	744	8	638	810	81	108	280	9.5
292/500	500	670	103	2790	14200	18.48	480	575	622	4	574	654	33	55	268	5
293/500		750	150	4930	22300	48.09	340	615	683	5	611	725	51	74	280	6
294/500		870	224	9260	39700	146.9	260	670	765	8	661	830	81	107	290	9.5
292/530	530	750	109	3140	16200	24.2	430	611	661	4	612	692	35	57	288	5
293/530		800	160	5790	26300	68.1	320	650	724	6	648	772	54	76	295	7.5
294/530		920	236	10100	41600	179.2	240	700	810	8	700	880	87	114	309	9.5
292/560	560	710	115	3470	18100	30.09	430	645	697	4	644	732	37	60	302	5
293/560		850	175	6480	29700	86.9	300	691	770	6	690	822	60	85	310	7.5
294/560		980	250	11400	47800	238	220	750	860	10	740	940	92	120	328	12
292/600	600	800	122	3830	20100	37.04	400	690	744	4	688	780	39	65	321	5
293/600		900	180	7110	32600	102.9	280	735	815	6	731	870	61	87	335	7.5
294/600		1030	258	12200	53000	290	200	800	900	10	785	990	92	127	347	12
292/630	630	850	132	4510	23900	52.95	360	730	786	5	728	830	42	67	338	6
293/630		950	190	7920	37000	122.2	260	780	857	8	767	920	65	92	345	9.5
294/630		1090	280	13800	58000	343	180	845	956	10	830	1040	100	136	365	12
292/670	670	900	140	4970	26500	65.18	340	780	830	5	773	880	45	74	364	6
293/670		1000	200	8650	40300	158.4	240	825	905	8	813	963	68	96	372	9.5
294/670		1150	290	14900	62900	405	170	900	1010	12	880	1105	106	138	387	15
292/710	710	950	145	5420	29400	80.47	300	825	880	5	815	930	46	75	380	6
293/710		1060	212	9600	45100	199.2	220	875	960	8	864	1028	72	102	394	9.5
294/710		1220	308	16800	73800	554.7	160	950	1070	12	925	1165	113	150	415	15
292/750	750	1000	150	5800	31900	94.72	280	870	928	5	861	976	48	81	406	6
293/750		1120	224	10500	50600	250.5	200	925	1010	8	910	1086	76	108	415	9.5
294/750		1280	315	18000	79800	650.6	150	1000	1125	12	983	1220	116	152	436	15
292/800	800	1060	155	6290	35300	116.2	260	925	985	6	915	1035	50	81	426	7.5
293/800		1180	230	11300	54900	295.8	190	985	1065	8	965	1146	78	112	440	9.5
294/800		1360	335	20200	90000	831.6	140	1070	1195	12	1040	1310	120	163	462	15
292/850	850	1120	160	6810	38900	140.9	240	980	1035	6	966	1095	51	82	453	7.5
293/850		1250	243	12500	61400	371.3	180	1040	1130	10	1024	1205	85	118	468	12
294/850		1440	354	22200	99800	1026	130	1130	1265	12	1060	1372	126	168	494	15
292/900	900	1180	170	7380	42000	165.4	220	1035	1095	6	1023	1150	54	84	477	7.5
293/900		1320	250	13800	69200	471	170	1110	1195	10	1086	1280	86	120	496	12

第7篇

5.11 推力圆柱滚子轴承

表 7-5-35 推力圆柱滚子轴承（GB/T 4663—2017）

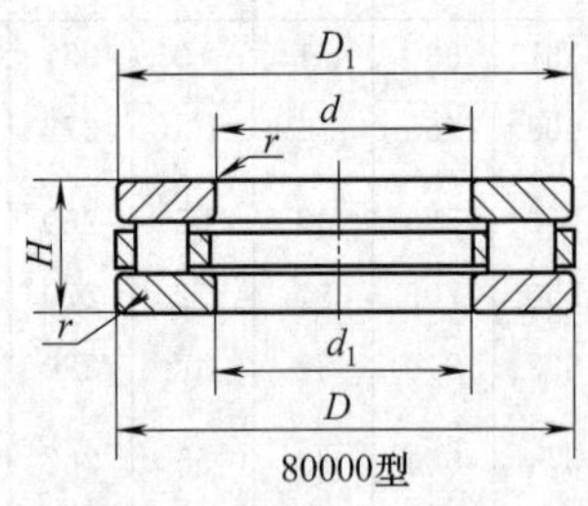

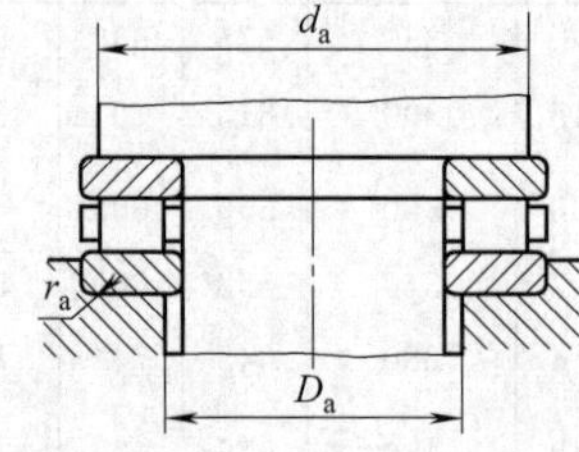

轴向当量动载荷

$P_a = F_a$

轴向当量静载荷

$P_{0a} = F_a$

轴承型号	基本尺寸/mm			基本额定载荷/kN		最小载荷常数	极限转速/r·min⁻¹		质量/kg	安装尺寸/mm			其他尺寸/mm		
80000 型	d	D	H	C_a	C_{0a}	A	脂	油	W ≈	d_a min	D_a max	r_a max	d_1 max	D_1 max	r min
81108	40	60	13	37.2	115	0.002	1700	2400	0.12	58	42	0.6	42	60	0.6
81208		68	19	68.2	190	0.004	1200	1800	0.27	66	43	1	42	68	1
81210	50	78	22	77.0	235	0.005	1000	1600	0.45	75	53	1	52	78	1
81111	55	78	16	56.5	215	0.005	1400	2000	0.24	77	57	0.6	57	78	0.6
81211		90	25	104	318	0.009	950	1500	0.71	85	59	1	57	90	1
81113	65	90	18	65.8	235	0.006	1200	1800	0.381	87	67	1	67	90	1
81213		100	27	112	362	0.012	850	1300	0.874	96	69	1	67	100	1
81215	75	110	27	125	430	0.017	750	1100	0.98	106	79	1	77	110	1
81117	85	110	19	75.0	302	0.008	900	1400	0.45	108	87	1	87	110	1
81217		125	31	152	550	0.026	670	950	1.44	119	90	1	88	125	1
81118	90	120	22	105	408	0.015	850	1300	0.67	117	93	1	92	120	1
81220	100	150	38	228	840	0.059	560	850	2.58	142	107	1	103	150	1.1
81124	120	155	25	155	660	0.036	700	1000	1.36	151	124	1	122	155	1
81226	130	190	45	368	1420	0.164	450	700	4.59	181	137	1.5	133	187	1.5

5.12 推力圆锥滚子轴承

表 7-5-36 推力圆锥滚子轴承（JB/T 7751—2016）

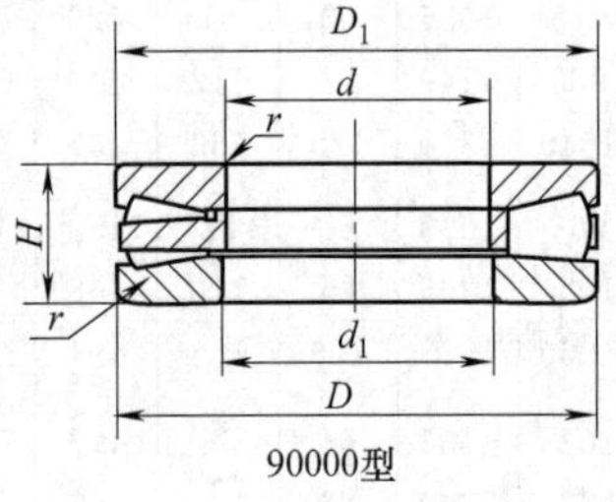

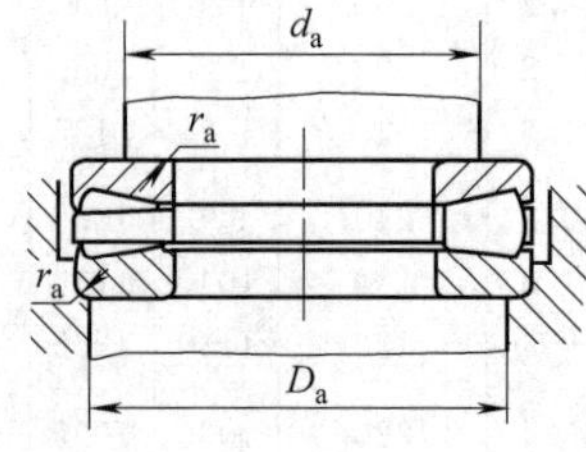

轴向当量动载荷

$P_a = F_a$

轴向当量静载荷

$P_{0a} = F_a$

续表

轴承型号	基本尺寸/mm			基本额定载荷/kN		最小载荷常数	极限转速/r·min⁻¹		质量/kg	安装尺寸/mm			其他尺寸/mm		
90000 型	d	D	H	C_a	C_{0a}	A	脂	油	W ≈	d_a min	D_a max	r_a max	d_1 max	D_1 max	r min
99426	130	270	85	1040	3780	0.638	380	500	28.5	195	227	3	134	265	4
99428	140	280	85	1120	4150	0.736	360	480	—	205	237	3	144	275	4
99434	170	340	103	1520	5750	1.38	280	380	58	245	288	4	174	335	5
99436	180	360	109	1630	5980	1.58	240	340	55.8	260	305	4	184	355	5
99440	200	400	122	1840	7210	2.256	200	300	75	290	338	4	205	395	5
99448	240	440	122	2320	9480	3.826	180	260	—	330	381	5	245	435	6
99452	260	480	132	2730	11400	5.50	160	220	—	360	419	5	265	475	6
99456	280	520	145	3150	13400	7.56	140	190	—	390	446	5	285	515	6
99464	320	580	155	4000	17200	12.6	110	160	—	435	507	6	325	575	7.5
99476	380	670	175	5040	22900	22.2	85	120	254	510	587	6	385	665	7.5

5.13 推力滚针轴承

表 7-5-37　　推力滚针和保持架组件及推力垫圈（GB/T 4605—2003）

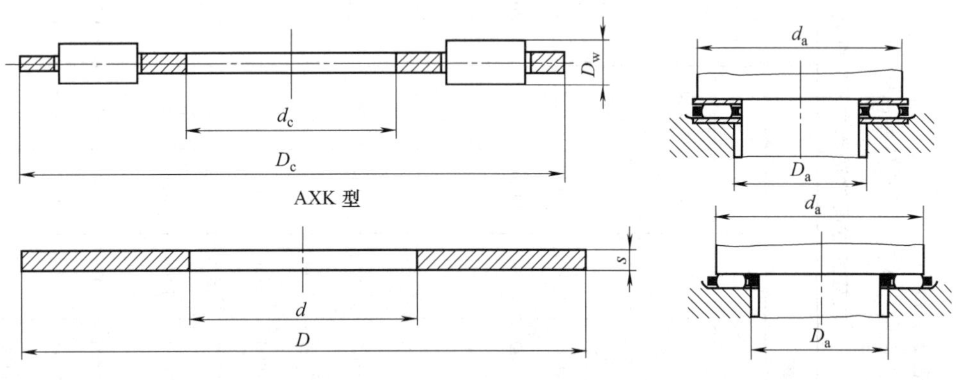

AXK 型

AS 型垫圈

组件型号	组件尺寸/mm			基本额定载荷/kN		极限转速/r·min⁻¹		质量/kg	垫圈型号	垫圈尺寸/mm			质量/kg	安装尺寸/mm	
	d_c	D_c	D_w	C_a	C_{0a}	脂	油	W ≈		d	D	s	W ≈	d_a min	D_a max
AXK 1730	17	30	2	7.28	29.5	3200	4300	0.004	AS 1730	17	30	1(0.8)	0.004	29	19
AXK 2035	20	35	2	9.0	38.0	2800	3800	0.005	AS 2035	20	35	1(0.8)	0.005	34	22
AXK 2542	25	42	2	13.0	48.2	2200	3200	0.007	AS 2542	25	42	1(0.8)	0.007	41	29
AXK 3047	30	47	2	15.8	74.0	2000	3000	0.008	AS 3047	30	47	1(0.8)	0.008	46	35
AXK 3552	35	52	2	16.0	80.2	1900	2800	0.01	AS 3552	35	52	1(0.8)	0.009	51	40
AXK 4060	40	60	3	25.0	110	1700	2400	0.016	AS 4060	40	60	1(0.8)	0.012	58	45
AXK 4565	45	65	3	26.0	122	1600	2200	0.018	AS 4565	45	65	1(0.8)	0.013	63	50
AXK 5070	50	70	3	27.5	135	1600	2200	0.02	AS 5070	50	70	1(0.8)	0.014	68	55
AXK 5578	55	78	3	30.2	162	1400	1900	0.028	AS 5578	55	78	1(0.8)	0.018	76	60
AXK 6085	60	85	3	35.5	228	1300	1800	0.033	AS 6085	60	85	1(0.8)	0.022	83	65
AXK 6590	65	90	3	36.0	242	1200	1700	0.035	AS 6590	65	90	1(0.8)	0.024	88	70

5.14 带座外球面球轴承

带座外球面球轴承在不同配合下的极限转速见表 7-5-38。

轴承座的外形尺寸符合标准 GB/T 7809—2017，带座外球面球轴承的外形尺寸符合标准 GB/T 7810—2017。

表 7-5-38 **带座外球面球轴承在不同配合下的极限转速** r/min

轴承内径 d/mm	轴的公差								轴承内径 d/mm	轴的公差							
	j7(h9/IT5)①		h7		h8		h9			j7(h9/IT5)①		h7		h8		h9	
	200系列	300系列	200系列	300系列	200系列	300系列	200系列	300系列		200系列	300系列	200系列	300系列	200系列	300系列	200系列	300系列
12	6700	—	5300	—	3800	—	1400	—	70	2200	1900	1600	1400	1100	1000	400	360
15	6700	—	5300	—	3800	—	1400	—	75	2000	1800	1500	1300	1000	900	380	340
17	6700	—	5300	—	3800	—	1400	—	80	1900	1700	1400	1200	950	850	340	320
20	6000	—	4800	—	3400	—	1200	—	85	1800	1600	1300	1100	900	800	320	300
25	5600	5000	4000	3600	3000	2600	1000	900	90	1700	1500	1200	1100	800	750	300	280
30	4500	4300	3400	3000	2400	2200	850	800	95	—	1400	—	1000	—	700	—	260
35	4000	3800	3000	2800	2000	2000	750	700	100	—	1300	—	950	—	670	—	240
40	3600	3400	2600	2400	1900	1700	670	630	105	—	1200	—	900	—	630	—	220
45	3200	3000	2400	2200	1700	1500	600	560	110	—	1200	—	800	—	600	—	200
50	3000	2600	2200	2000	1600	1400	560	500	120	—	1100	—	750	—	530	—	190
55	2600	2400	2000	1800	1400	1300	500	450	130	—	1000	—	670	—	480	—	180
60	2400	2200	1800	1700	1200	1100	450	430	140	—	900	—	600	—	430	—	160
65	2200	2000	1700	1500	1100	1100	430	400									

① h9/IT5 适用于带紧定套外球面球轴承，其余 j7～h9 适用于带顶丝和偏心套外球面球轴承。

表 7-5-39 带立式座外球面球轴承（带顶丝 UCP、带偏心套 UELP）（GB/T 7810—2017）

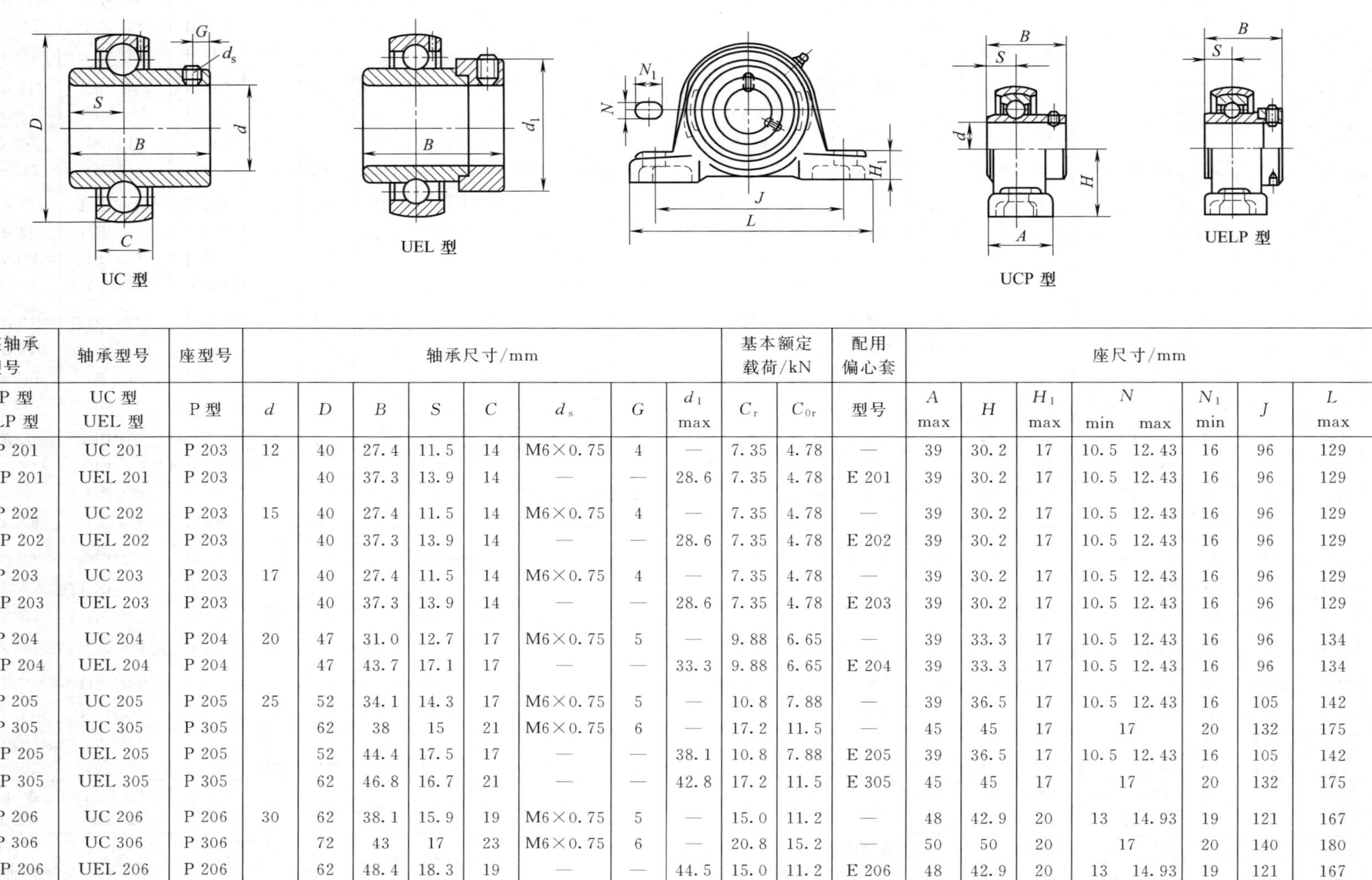

带座轴承型号	轴承型号	座型号	轴承尺寸/mm								基本额定载荷/kN		配用偏心套	座尺寸/mm							
UCP 型 UELP 型	UC 型 UEL 型	P 型	d	D	B	S	C	d_s	G	d_1 max	C_r	C_{0r}	型号	A max	H	H_1 max	N min	N max	N_1 min	J	L max
UCP 201	UC 201	P 203	12	40	27.4	11.5	14	M6×0.75	4	—	7.35	4.78	—	39	30.2	17	10.5	12.43	16	96	129
UELP 201	UEL 201	P 203		40	37.3	13.9	14	—	—	28.6	7.35	4.78	E 201	39	30.2	17	10.5	12.43	16	96	129
UCP 202	UC 202	P 203	15	40	27.4	11.5	14	M6×0.75	4	—	7.35	4.78	—	39	30.2	17	10.5	12.43	16	96	129
UELP 202	UEL 202	P 203		40	37.3	13.9	14	—	—	28.6	7.35	4.78	E 202	39	30.2	17	10.5	12.43	16	96	129
UCP 203	UC 203	P 203	17	40	27.4	11.5	14	M6×0.75	4	—	7.35	4.78	—	39	30.2	17	10.5	12.43	16	96	129
UELP 203	UEL 203	P 203		40	37.3	13.9	14	—	—	28.6	7.35	4.78	E 203	39	30.2	17	10.5	12.43	16	96	129
UCP 204	UC 204	P 204	20	47	31.0	12.7	17	M6×0.75	5	—	9.88	6.65	—	39	33.3	17	10.5	12.43	16	96	134
UELP 204	UEL 204	P 204		47	43.7	17.1	17	—	—	33.3	9.88	6.65	E 204	39	33.3	17	10.5	12.43	16	96	134
UCP 205	UC 205	P 205	25	52	34.1	14.3	17	M6×0.75	5	—	10.8	7.88	—	39	36.5	17	10.5	12.43	16	105	142
UCP 305	UC 305	P 305		62	38	15	21	M6×0.75	6	—	17.2	11.5	—	45	45	17	17		20	132	175
UELP 205	UEL 205	P 205		52	44.4	17.5	17	—	—	38.1	10.8	7.88	E 205	39	36.5	17	10.5	12.43	16	105	142
UELP 305	UEL 305	P 305		62	46.8	16.7	21	—	—	42.8	17.2	11.5	E 305	45	45	17	17		20	132	175
UCP 206	UC 206	P 206	30	62	38.1	15.9	19	M6×0.75	5	—	15.0	11.2	—	48	42.9	20	13	14.93	19	121	167
UCP 306	UC 306	P 306		72	43	17	23	M6×0.75	6	—	20.8	15.2	—	50	50	20	17		20	140	180
UELP 206	UEL 206	P 206		62	48.4	18.3	19	—	—	44.5	15.0	11.2	E 206	48	42.9	20	13	14.93	19	121	167
UELP 306	UEL 306	P 306		72	50	17.5	23	—	—	50	20.8	15.2	E 306	50	50	20	17		20	140	180

续表

带座轴承型号	轴承型号	座型号	轴承尺寸/mm								基本额定载荷/kN		配用偏心套	座尺寸/mm							
UCP 型 UELP 型	UC 型 UEL 型	P 型	d	D	B	S	C	d_s	G	d_1 max	C_r	C_{0r}	型号	A max	H	H_1 max	N min	N max	N_1 min	J	L max
UCP 207	UC 207	P 207	35	72	42.9	17.5	20	M8×1	7	—	19.8	15.2	—	48	47.6	20	13	14.93	19	126	172
UCP 307	UC 307	P 307	35	80	48	19	25	M8×1	8	—	25.8	19.2	—	56	56	22	17		25	160	210
UELP 207	UEL 207	P 207		72	51.1	18.8	20	—	—	55.6	19.8	15.2	E 207	48	47.6	20	13	14.93	19	126	172
UELP 307	UEL 307	P 307		80	51.6	18.3	25	—	—	55	25.8	19.2	E 307	56	56	22	17		25	160	210
UCP 208	UC 208	P 208	40	80	49.2	19	21	M8×1	8	—	22.8	18.2	—	55	49.2	20	13	14.93	19	136	186
UCP 308	UC 308	P 308		90	52	19	27	M10×1.25	10	—	31.2	24.0	—	60	60	24	17		27	170	220
UELP 208	UEL 208	P 208		80	56.3	21.4	21	—	—	60.3	22.8	18.2	E 208	55	49.2	20	13	14.93	19	136	186
UELP 308	UEL 308	P 308		90	57.1	19.8	27	—	—	63.5	31.2	24.0	E 308	60	60	24	17		27	170	220
UCP 209	UC 209	P 209	45	85	49.2	19	22	M8×1	8	—	24.5	20.8	—	55	54	22	13	14.93	19	146	192
UCP 309	UC 309	P 309		100	57	22	30	M10×1.25	10	—	40.8	31.8	—	67	67	26	20		30	190	245
UELP 209	UEL 209	P 209		85	56.3	21.4	22	—	—	63.5	24.5	20.8	E 209	55	54	22	13	14.93	19	146	192
UELP 309	UEL 309	P 309		100	58.7	19.8	30	—	—	70	40.8	31.8	E 309	67	67	26	20		30	190	245
UCP 210	UC 210	P 210	50	90	51.6	19	24	M10×1.25	10	—	27.0	23.2	—	61	57.2	23	17	19.05	20.5	159	208
UCP 310	UC 310	P 310		110	61	22	32	M12×1.5	12	—	47.5	37.8	—	75	75	29	20		35	212	275
UELP 210	UEL 210	P 210		90	62.7	24.6	24	—	—	69.9	27.0	23.2	E 210	61	57.2	23	17	19.02	20.5	159	208
UELP 310	UEL 310	P 310		110	66.6	24.6	32	—	—	76.2	47.5	37.8	E 310	75	75	29	20		35	212	275
UCP 211	UC 211	P 211	55	100	55.6	22.2	25	M10×1.25	10	—	33.5	29.2	—	61	63.5	25	17	19.02	20.5	172	233
UCP 311	UC 311	P 311		120	66	25	34	M12×1.5	12	—	55.0	44.8	—	80	80	32	20		38	236	310
UELP 211	UEL 211	P 211		100	71.4	27.8	25	—	—	76.2	33.5	29.2	E 211	61	63.5	25	17	19.02	20.5	172	233
UELP 311	UEL 311	P 311		120	73	27.8	34	—	—	83	55.0	44.8	E 311	80	80	32	20		38	236	310
UCP 212	UC 212	P 212	60	110	65.1	25.4	27	M10×1.25	10	—	36.8	32.8	—	71	69.9	27	17	19.02	22	186	243
UCP 312	UC 312	P 312		130	71	26	36	M12×1.5	12	—	62.8	51.8	—	85	85	34	25		38	250	330
UELP 212	UEL 212	P 212		110	77.8	31.0	27	—	—	84.2	36.8	32.8	E 212	71	69.9	27	17	19.02	22	186	243
UELP 312	UEL 312	P 312		130	79.4	30.95	36	—	—	89	62.8	51.8	E 312	85	85	34	25		38	250	330
UCP 213	UC 213	P 213	65	120	65.1	25.4	28	M10×1.25	10	—	44.0	40.0	—	73	76.2	34	21	24.52	24	203	268
UCP 313	UC 313	P 313		140	75	30	38	M12×1.5	12	—	72.2	60.5	—	90	90	37	25		38	260	340
UELP 213	UEL 213	P 213		120	85.7	34.1	28	—	—	86	44.0	40.0	E 213	73	76.2	34	21	24.52	24	203	268
UELP 313	UEL 313	P 313		140	85.7	32.55	38	—	—	97	72.2	60.5	E 313	90	90	37	25		38	260	340

续表

带座轴承型号	轴承型号	座型号	轴承尺寸/mm								基本额定载荷/kN		配用偏心套	座尺寸/mm						
UCP 型 UELP 型	UC 型 UEL 型	P 型	d	D	B	S	C	d_s	G	d_1 max	C_r	C_{0r}	型号	A max	H	H_1 max	N min　max	N_1 min	J	L max
UCP 214	UC 214	P 214	70	125	74.6	30.2	29	M12×1.5	12	—	46.8	45.0	—	74	79.4	34	21　24.52	24	210	274
UCP 314	UC 314	P 314	70	150	78	33	40	M12×1.5	12	—	80.2	68.0	—	90	95	41	27	40	280	360
UELP 214	UEL 214	P 214		125	85.7	34.1	29	—	—	90	46.8	45.0	E 214	74	79.4	34	21　24.52	24	210	274
UELP 314	UEL 314	P 314		150	92.1	34.15	40	—	—	102	80.2	68.0	E 314	90	95	41	27	40	280	360
UCP 215	UC 215	P 215	75	130	77.8	33.3	30	M12×1.5	12	—	50.8	49.5	—	83	82.6	35	21　24.52	24	217	300
UCP 315	UC 315	P 315		160	82	32	42	M14×1.5	14	—	87.2	76.8	—	100	100	41	27	40	290	380
UELP 215	UEL 215	P 215		130	92.1	37.3	30	—	—	102	50.8	49.5	E 215	83	82.6	35	21　24.52	24	217	300
UELP 315	UEL 315	P 315		160	100	37.3	42	—	—	113	87.2	76.8	E 315	100	100	41	27	40	290	380
UCP 216	UC 216	P 216	80	140	82.6	33.3	33	M12×1.5	12	—	55.0	54.2	—	84	88.9	38	21　24.52	24	232	305
UCP 316	UC 316	P 316		170	86	34	44	M14×1.5	14	—	94.5	86.5	—	110	106	46	27	40	300	400
UELP 316	UEL 316	P 316		170	106.4	40.5	44	—	—	119	94.5	86.5	E 316	110	106	46	27	40	300	400
UCP 217	UC 217	P 217	85	150	85.7	34.1	35	M12×1.5	12	—	64.0	63.8	—	95	95.2	41	21　24.52	24	247	330
UCP 317	UC 317	P 317		180	96	40	46	M16×1.5	16	—	102	96.5	—	110	112	46	33	45	320	420
UELP 317	UEL 317	P 317		180	109.5	42.05	46	—	—	127	102	96.5	E 317	110	112	46	33	45	320	420
UCP 218	UC 218	P 218	90	160	96	39.7	37	M12×1.5	12	—	73.8	71.5	—	100	101.6	44	25　28.52	34	262	356
UCP 318	UC 318	P 318		190	96	40	48	M16×1.5	16	—	110	108	—	110	118	51	33	45	330	430
UELP 318	UEL 318	P 318		190	115.9	43.65	48	—	—	133	110	108	E 318	110	118	51	33	45	330	430
UCP 319	UC 319	P 319	95	200	103	41	50	M16×1.5	16	—	120	122	—	120	125	51	36	50	360	470
UELP 319	UEL 319	P 319		200	122.3	38.9	50	—	—	140	120	122	E 319	120	125	51	36	50	360	470
UCP 220	UC 220	P 220	100	180	108	34	51	M12×1.5	12	—	95	92	—	111	115	46	25　28.52	34	308	390
UCP 320	UC 320	P 320		215	108	42	54	M18×1.5	18	—	132	140	—	120	140	56	36	50	380	490
UELP 320	UEL 320	P 320		215	128.6	50	54	—	—	146	132	140	E 320	120	140	56	36	50	380	490
UCP 321	UC 321	P 321	105	225	112	44	56	M18×1.5	18	—	142	152	—	120	140	56	36	50	380	490
UCP 322	UC 322	P 322	110	240	117	46	60	M18×1.5	18	—	158	178	—	140	150	61	40	55	400	520
UCP 324	UC 324	P 324	120	260	126	51	64	M18×1.5	18	—	175	208	—	140	160	71	40	55	450	570
UCP 326	UC 326	P 326	130	280	135	54	68	M20×1.5	20	—	195	242	—	140	180	81	40	55	480	600
UCP 328	UC 328	P 328	140	300	145	59	72	M20×1.5	20	—	212	272	—	140	200	81	40	55	500	620

表 7-5-40 带立式座外球面球轴承（带紧定套）（GB/T 7810—2017）

UK型 UK+H型 UKP+H型

带座轴承型号	轴承型号	座型号	轴承尺寸/mm							配用件型号		基本额定载荷/kN		座尺寸/mm							
UKP+H 型	UK+H 型	P 型	d_z	D	d_0	B_2	B min	B max	C	轴承	紧定套	C_r	C_{0r}	A max	H	H_1 max	N min	N max	N_1 min	J	L max
UKP 205+H 2305	UK 205+H 2305	P 205	25	52	20	35	15	27	17	UK 205	H 2305	10.8	7.88	39	36.5	17	10.5	12.43	16	105	142
UKP 305+H 2305	UK 305+H 2305	P 305		62	20	35	21	27	21	UK 305	H 2305	17.2	11.5	45	45	17	17		20	132	175
UKP 206+H 2306	UK 206+H 2306	P 206	30	62	25	38	16	30	19	UK 206	H 2306	15.0	11.2	48	42.9	20	13	14.93	19	121	167
UKP 306+H 2306	UK 306+H 2306	P 306		72	25	38	23	30	23	UK 306	H 2306	20.8	15.2	50	50	20	17		20	140	180
UKP 207+H 2307	UK 207+H 2307	P 207	35	72	30	43	17	34	20	UK 207	H 2307	19.8	15.2	48	47.6	20	13	14.93	19	126	172
UKP 307+H 2307	UK 307+H 2307	P 307		80	30	43	26	34	25	UK 307	H 2307	25.8	19.2	56	56	22	17		25	160	210
UKP 208+H 2308	UK 208+H 2308	P 208	40	80	35	46	18	36	21	UK 208	H 2308	22.8	18.2	55	49.2	20	13	14.93	19	136	186
UKP 308+H 2308	UK 308+H 2308	P 308		90	35	46	26	36	27	UK 308	H 2308	31.2	24.0	60	60	24	17		27	170	220
UKP 209+H 2309	UK 209+H 2309	P 209	45	85	40	50	19	39	22	UK 209	H 2309	24.5	20.8	55	54	22	13	14.93	19	146	192
UKP 309+H 2309	UK 309+H 2309	P 309		100	40	50	28	39	30	UK 309	H 2309	40.8	31.8	67	67	26	20		30	190	245
UKP 210+H 2310	UK 210+H 2310	P 210	50	90	45	55	20	43	24	UK 210	H 2310	27.0	23.2	61	57.2	23	17	19.02	20.5	159	208
UKP 310+H 2310	UK 310+H 2310	P 310		110	45	55	30	43	32	UK 310	H 2310	47.5	37.8	75	75	29	20		35	212	275

续表

带座轴承型号	轴承型号	座型号	轴承尺寸/mm							配用件型号		基本额定载荷/kN		座尺寸/mm							
UKP+H 型	UK+H 型	P 型	d_z	D	d_0	B_2	B min	B max	C	轴承	紧定套	C_r	C_{0r}	A max	H	H_1 max	N min	N max	N_1 min	J	L max
UKP 211+H 2311	UK 211+H 2311	P 211	55	100	50	59	21	47	25	UK 211	H 2311	33.5	29.2	61	63.5	25	17	19.02	20.5	172	233
UKP 311+H 2311	UK 311+H 2311	P 311		120	50	59	33	47	34	UK 311	H 2311	55.0	44.8	80	80	32		20	38	236	310
UKP 212+H 2312	UK 212+H 2312	P 212	60	110	55	62	22	49	27	UK 212	H 2312	36.8	32.8	71	69.9	27	17	19.02	22	186	243
UKP 312+H 2312	UK 312+H 2312	P 312		130	55	62	34	49	36	UK 312	H 2312	62.8	51.8	85	85	34		25	38	250	330
UKP 213+H 2313	UK 213+H 2313	P 213	65	120	60	65	23	51	28	UK 213	H 2313	44.0	40.0	73	76.2	34	21	24.52	24	203	268
UKP 313+H 2313	UK 313+H 2313	P 313		140	60	65	36	51	38	UK 313	H 2313	72.2	60.5	90	90	37		25	38	260	340
UKP 215+H 2315	UK 215+H 2315	P 215	75	130	65	73	25	58	30	UK 215	H 2315	50.8	49.5	83	82.6	35	21	24.52	24	217	300
UKP 315+H 2315	UK 315+H 2315	P 315		160	65	73	40	58	42	UK 315	H 2315	87.2	76.8	100	100	41		27	40	290	380
UKP 216+H 2316	UK 216+H 2316	P 216	80	140	70	78	26	61	33	UK 216	H 2316	55.0	54.2	84	88.9	38	21	24.52	24	232	305
UKP 316+H 2316	UK 316+H 2316	P 316		170	70	78	42	61	44	UK 316	H 2316	94.5	86.5	110	106	46		27	40	300	400
UKP 217+H 2317	UK 217+H 2317	P 217	85	150	75	82	28	64	35	UK 217	H 2317	64.0	63.8	95	95.2	41	21	24.52	24	247	330
UKP 317+H 2317	UK 317+H 2317	P 317		180	75	82	45	64	46	UK 317	H 2317	102	96.5	110	112	46		33	45	320	420
UKP 218+H 2318	UK 218+H 2318	P 218	90	160	80	86	30	68	37	UK 218	H 2318	73.8	71.5	100	101.6	44	25	28.52	34	262	356
UKP 318+H 2318	UK 318+H 2318	P 318		190	80	86	47	68	48	UK 318	H 2318	110	108	110	118	51		33	45	330	430
UKP 319+H 2319	UK 319+H 2319	P 319	95	200	85	90	49	71	50	UK 319	H 2319	120	122	120	125	51		36	50	360	470
UKP 320+H 2320	UK 320+H 2320	P 320	100	215	90	97	51	77	54	UK 320	H 2320	132	140	120	140	56		36	50	380	490
UKP 322+H 2322	UK 322+H 2322	P 322	110	240	100	105	56	84	60	UK 322	H 2322	158	178	140	150	61		40	55	400	520
UKP 324+H 2324	UK 324+H 2324	P 324	120	260	110	112	60	90	64	UK 324	H 2324	175	208	140	160	71		40	55	450	570
UKP 326+H 2326	UK 326+H 2326	P 326	130	280	115	121	65	98	68	UK 326	H 2326	195	242	140	180	81		40	55	480	600
UKP 328+H 2328	UK 328+H 2328	P 328	140	300	125	131	70	107	72	UK 328	H 2328	212	272	140	200	81		40	55	500	620

表 7-5-41 带方形座外球面球轴承（带顶丝、带偏心套）（GB/T 7810—2017）

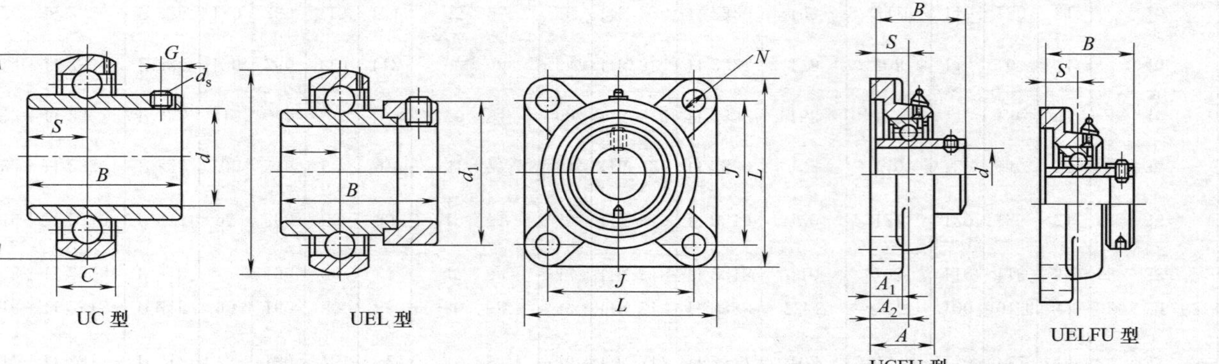

带座轴承型号	轴承型号	座型号	轴承尺寸/mm								基本额定载荷/kN		配用偏心套	座尺寸/mm						
UCFU 型 UELFU 型	UC 型 UEL 型	FU 型	d	D	B	S	C	d_s	G	d_1 max	C_r	C_{0r}	型号	A max	A_1 max	A_2	J	L max	N min	N max
UCFU 201	UC 201	FU 203	12	40	27.4	11.5	14	M6×0.75	4	—	7.35	4.78	—	32	13	17	54	78	10.5	12.43
UELFU 201	UEL 201	FU 203		40	37.3	13.9	14	—	—	28.6	7.35	4.78	E 201	32	13	17	54	78	11.5	
UCFU 202	UC 202	FU 203	15	40	27.4	11.5	14	M6×0.75	4	—	7.35	4.78	—	32	13	17	54	78	10.5	12.43
UELFU 202	UEL 202	FU 203		40	37.3	13.9	14	—	—	28.6	7.35	4.78	E 202	32	13	17	54	78	11.5	
UCFU 203	UC 203	FU 203	17	40	27.4	11.5	14	M6×0.75	4	—	7.35	4.78	—	32	13	17	54	78	10.5	12.43
UELFU 203	UEL 203	FU 203		40	37.3	13.9	14	—	—	28.6	7.35	4.78	E 203	32	13	17	54	78	11.5	
UCFU 204	UC 204	FU 204	20	47	31.0	12.7	17	M6×0.75	5	—	9.88	6.65	—	34	15	19	63.5	88	10.5	12.43
UELFU 204	UEL 204	FU 204		47	43.7	17.1	17	—	—	33.3	9.88	6.65	E 204	34	15	19	63.5	88	11.5	
UCFU 205	UC 205	FU 205	25	52	34.1	14.3	17	M6×0.75	5	—	10.8	7.88	—	35	15	19	70	97	11.5	12.43
UCFU 305	UC 305	FU 305		62	38	15	21	M6×0.75	6	—	17.2	11.5	—	29	13	16	80	110	16	
UELFU 205	UEL 205	FU 205		52	44.4	17.5	17	—	—	38.1	10.8	7.88	E 205	35	15	19	70	97	11.5	12.43
UELFU 305	UEL 305	FU 305		62	46.8	16.7	21	—	—	42.8	17.2	11.5	E 305	29	13	16	80	110	16	
UCFU 206	UC 206	FU 206	30	62	38.1	15.9	19	M6×0.75	5	—	15.0	11.2	—	38	16	20	82.5	110	11.5	12.43
UCFU 306	UC 306	FU 306		72	43	17	23	M6×0.75	6	—	20.8	15.2	—	32	15	18	95	125	16	

续表

带座轴承型号	轴承型号	座型号	轴承尺寸/mm								基本额定载荷/kN		配用偏心套	座尺寸/mm					
UCFU 型 UELFU 型	UC 型 UEL 型	FU 型	d	D	B	S	C	d_s	G	d_1 max	C_r	C_{0r}	型号	A max	A_1 max	A_2	J	L max	N min max
UELFU 206	UEL 206	FU 206	30	62	48.4	18.3	19	—	—	44.5	15.0	11.2	E 206	38	16	20	82.5	110	11.5 12.3
UELFU 306	UEL 306	FU 306		72	50	17.5	23	—	—	50	20.8	15.2	E 306	32	15	18	95	125	16
UCFU 207	UC 207	FU 207	35	72	42.9	17.5	20	M8×1	7	—	19.8	15.2	—	38	17	21	92	119	13 14.93
UCFU 307	UC 307	FU 307		80	48	19	25	M8×1	8	—	25.8	19.2	—	36	16	20	100	135	19
UELFU 207	UEL 207	FU 207		72	51.1	18.8	20	—	—	55.6	19.8	15.2	E 207	38	17	21	92	119	13 14.93
UELFU 307	UEL 307	FU 307		80	51.6	18.3	25	—	—	55	25.8	19.2	E 307	36	16	20	100	135	19
UCFU 208	UC 208	FU 208	40	80	49.2	19	21	M8×1	8	—	22.8	18.2	—	43	17	24	101.5	132	13 14.93
UCFU 308	UC 308	FU 308		90	52	19	27	M10×1.25	10	—	31.2	24.0	—	40	17	23	112	150	19
UELFU 208	UEL 208	FU 208		80	56.3	21.4	21	—	—	60.3	22.8	18.2	E 208	43	17	24	101.5	132	13 14.93
UELFU 308	UEL 308	FU 308		90	57.1	19.8	27	—	—	63.5	31.2	24.0	E 308	40	17	23	112	150	19
UCFU 209	UC 209	FU 209	45	85	49.2	19	22	M8×1	8	—	24.5	20.8	—	45	18	24	105	139	13 14.93
UCFU 309	UC 309	FU 309		100	57	22	30	M10×1.25	10	—	40.8	31.8	—	44	18	25	125	160	19
UELFU 209	UEL 209	FU 209		85	56.3	21.4	22	—	—	63.5	24.5	20.8	E 209	45	18	24	105	139	13 14.93
UELFU 309	UEL 309	FU 309		100	58.7	19.8	30	—	—	70	40.8	31.8	E 309	44	18	25	125	160	19
UCFU 210	UC 210	FU 210	50	90	51.6	19	24	M10×1.25	10	—	27.0	23.2	—	48	20	28	111	145	17 19.02
UCFU 310	UC 310	FU 310		110	61	22	32	M12×1.5	12	—	47.5	37.8	—	48	19	28	132	175	23
UELFU 210	UEL 210	FU 210		90	62.7	24.6	24	—	—	69.9	27.0	23.2	E 210	48	20	28	111	145	17 19.02
UELFU 310	UEL 310	FU 310		110	66.6	24.6	32	—	—	76.2	47.5	37.8	E 310	48	19	28	132	175	23
UCFU 211	UC 211	FU 211	55	100	55.6	22.2	25	M10×1.25	10	—	33.5	29.2	—	51	21	31	130	164	17 19.02
UCFU 311	UC 311	FU 311		120	66	25	34	M12×1.5	12	—	55.0	44.8	—	52	20	30	140	185	23
UELFU 211	UEL 211	FU 211		100	71.4	27.8	25	—	—	76.2	33.5	29.2	E 211	51	21	31	130	164	17 19.02
UELFU 311	UEL 311	FU 311		120	73	27.8	34	—	—	83	55.0	44.8	E 311	52	20	30	140	185	23
UCFU 212	UC 212	FU 212	60	110	65.1	25.4	27	M10×1.25	10	—	36.8	32.8	—	60	21	34	143	177	17 19.02
UCFU 312	UC 312	FU 312		130	71	26	36	M12×1.5	12	—	62.8	51.8	—	56	22	33	150	195	23
UELFU 212	UEL 212	FU 212		110	77.8	31.	27	—	—	84.2	36.8	32.8	E 212	60	21	34	143	177	17 19.02
UELFU 312	UEL 312	FU 312		130	79.4	30.95	36	—	—	89	62.8	51.8	E 312	56	22	33	150	195	23
UCFU 213	UC 213	FU 213	65	120	65.1	25.4	28	M10×1.25	10	—	44.0	40.0	—	52	24	35	150	188	17 19.02
UCFU 313	UC 313	FU 313		140	75	30	38	M12×1.5	12	—	72.2	60.5	—	58	25	33	166	208	23

续表

带座轴承型号	轴承型号	座型号	轴承尺寸/mm								基本额定载荷/kN		配用偏心套	座尺寸/mm						
UCFU 型 UELFU 型	UC 型 UEL 型	FU 型	d	D	B	S	C	d_s	G	d_1 max	C_r	C_{0r}	型号	A max	A_1 max	A_2	J	L max	N min	N max
UELFU 213	UEL 213	FU 213	65	120	85.7	34.1	28	—	—	86	44.0	40.0	E 213	52	24	35	150	188	17	19.02
UELFU 313	UEL 313	FU 313		140	85.7	32.55	38	—	—	97	72.2	60.5	E 313	58	25	33	166	208		23
UCFU 214	UC 214	FU 214	70	125	74.6	30.2	29	M12×1.5	12	—	46.8	45.0	—	54	24	35	152	193	17	19.93
UCFU 314	UC 314	FU 314		150	78	33	40	M12×1.5	12	—	80.2	68.0	—	61	28	36	178	226		25
UELFU 214	UEL 214	FU 214		125	85.7	34.1	29	—	—	90	46.8	45.0	E 214	54	24	35	152	193	17	19.93
UELFU 314	UEL 314	FU 314		150	92.1	34.15	40	—	—	102	80.2	68.0	E 314	61	28	36	178	226		25
UCFU 215	UC 215	FU 215	75	130	77.8	33.3	30	M12×1.5	12	—	50.8	49.5	—	58	24	38	152	198	17	24.52
UCFU 315	UC 315	FU 315		160	82	32	42	M14×1.5	14	—	87.2	76.8	—	66	30	39	184	236		25
UELFU 215	UEL 215	FU 215		130	92.1	37.3	30	—	—	102	50.8	49.5	E 215	58	24	38	152	298	17	24.52
UELFU 315	UEL 315	FU 315		160	100	37.3	42	—	—	113	87.2	76.8	E 315	66	30	39	184	236		25
UCFU 216	UC 216	FU 216	80	140	82.6	33.3	33	M12×1.5	12	—	55.0	54.2	—	65	24	34	166	213	21	24.52
UCFU 316	UC 316	FU 316		170	86	34	44	M14×1.5	14	—	94.5	86.5	—	68	32	41	196	256		31
UELFU 316	UEL 316	FU 316		170	106.4	40.5	44	—	—	119	94.5	86.5	E 316	68	32	41	196	256		31
UCFU 217	UC 217	FU 217	85	150	85.7	34.1	35	M12×1.5	12	—	64	63.8	—	75	26	36	172	220	21	24.52
UCFU 317	UC 317	FU 317		180	96	40	46	M16×1.5	16	—	102	96.5	—	74	32	44	204	260		31
UELFU 317	UEL 317	FU 317		180	109.5	42.05	46	—	—	127	102	96.5	E 317	74	32	44	204	260		31
UCFU 218	UC 218	FU 218	90	160	96	39.7	37	M12×1.5	12	—	73.8	71.5	—	75	27	42	187	240	21	24.52
UCFU 318	UC 318	FU 318		190	96	40	48	M16×1.5	16	—	110	108	—	76	36	44	216	280		35
UELFU 318	UEL 318	FU 318		190	115.9	43.65	48	—	—	133	110	108	E 318	76	30	44	216	280		35
UCFU 319	UC 319	FU 319	95	200	103	41	50	M16×1.5	16	—	120	122	—	94	30	59	228	290		35
UELFU 319	UEL 319	FU 319		200	122.3	38.9	50	—	—	140	120	122	E 319	94	30	59	228	290		35
UCFU 220	UC 220	FU 220	100	180	108	42	51	M12×1.5	12	—	95	92	—	80	29	44	210	270	25	28.52
UCFU 320	UC 320	FU 320		215	108	42	54	M18×1.5	18	—	132	140	—	94	32	59	242	310		38
UELFU 320	UEL 320	FU 320		215	128.6	50	54	—	—	146	132	140	E 320	94	32	59	242	310		38
UCFU 321	UC 321	FU 321	105	225	112	44	56	M18×1.5	18	—	142	152	—	94	32	59	242	310		38
UCFU 322	UC 322	FU 322	110	240	117	46	60	M18×1.5	18	—	158	178	—	96	35	60	266	340		41
UCFU 324	UC 324	FU 324	120	260	126	51	64	M18×1.5	18	—	175	208	—	110	40	65	290	370		41
UCFU 326	UC 326	FU 326	130	280	135	54	68	M20×1.5	20	—	195	242	—	115	45	65	320	410		41
UCFU 328	UC 328	FU 328	140	300	145	59	72	M20×1.5	20	—	212	272	—	125	55	75	350	450		41

表 7-5-42　**带方形座外球面球轴承**（带紧定套）（GB/T 7810—2017）

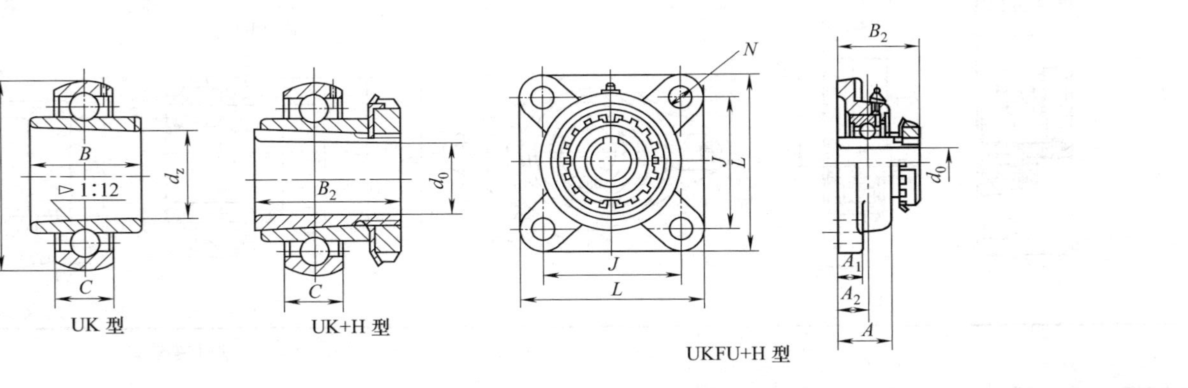

带座轴承型号	轴承型号	座型号	轴承尺寸/mm							配用件型号		基本额定载荷/kN		座尺寸/mm						
UKFU+H 型	UK+H 型	FU 型	d_z	D	d_0	B_2	B min	B max	C	轴承	紧定套	C_r	C_{0r}	A max	A_1 max	A_2	J	L max	N min	N max
UKFU 205+H 2305	UK 205+H 2305	FU 205	25	52	20	35	15	27	17	UK 205	H 2305	10.8	7.88	35	15	19	70	97	11.5	12.43
UKFU 305+H 2305	UK 305+H 2305	FU 305		62	20	35	21	27	21	UK 305	H 2305	17.2	11.5	29	13	16	80	110	16	
UKFU 206+H 2306	UK 206+H 2306	FU 206	30	62	25	38	16	30	19	UK 206	H 2306	15.0	11.2	38	16	20	82.5	110	11.5	12.43
UKFU 306+H 2306	UK 306+H 2306	FU 306		72	25	38	23	30	23	UK 306	H 2306	20.8	15.2	32	15	18	95	125	16	
UKFU 207+H 2307	UK 207+H 2307	FU 207	35	72	30	43	17	34	20	UK 207	H 2307	19.8	15.2	38	17	21	92	119	13	14.93
UKFU 307+H 2307	UK 307+H 2307	FU 307		80	30	43	26	34	25	UK 307	H 2307	25.8	19.2	36	16	20	100	135	19	
UKFU 208+H 2308	UK 208+H 2308	FU 208	40	80	35	46	18	36	21	UK 208	H 2308	22.8	18.2	43	17	24	101.5	132	13	14.93
UKFU 308+H 2308	UK 308+H 2308	FU 308		90	35	46	26	36	27	UK 308	H 2308	31.2	24.0	40	17	23	112	150	19	
UKFU 209+H 2309	UK 209+H 2309	FU 209	45	85	40	50	19	39	22	UK 209	H 2309	24.5	20.8	45	18	24	105	139	13	14.93
UKFU 309+H 2309	UK 309+H 2309	FU 309		100	40	50	28	39	30	UK 309	H 2309	40.8	31.8	44	18	25	125	160	19	
UKFU 210+H 2310	UK 210+H 2310	FU 210	50	90	45	55	20	43	24	UK 210	H 2310	27.0	23.2	48	20	28	111	145	17	19.02
UKFU 310+H 2310	UK 310+H 2310	FU 310		110	45	55	30	43	32	UK 310	H 2310	47.5	37.8	48	19	28	132	175	23	
UKFU 211+H 2311	UK 211+H 2311	FU 211	55	100	50	59	21	47	25	UK 211	H 2311	33.5	29.2	51	21	31	130	164	17	19.02
UKFU 311+H 2311	UK 311+H 2311	FU 311		120	50	59	33	47	34	UK 311	H 2311	55.0	44.8	52	20	30	140	185	23	
UKFU 212+H 2312	UK 212+H 2312	FU 212	60	110	55	62	22	49	27	UK 212	H 2312	36.8	32.8	60	21	34	143	177	17	19.02

续表

带座轴承型号	轴承型号	座型号	轴承尺寸/mm							配用件型号		基本额定载荷/kN		座尺寸/mm						
UKFU+H 型	UK+H 型	FU 型	d_z	D	d_0	B_2	B min	B max	C	轴承	紧定套	C_r	C_{0r}	A max	A_1 max	A_2	J	L max	N min	N max
UKFU 312+H 2312	UK 312+H 2312	FU 312	60	130	55	62	34	49	36	UK 312	H 2312	62.8	51.8	56	22	33	150	195	23	
UKFU 213+H 2313	UK 213+H 2313	FU 213	65	120	60	65	23	51	28	UK 213	H 2313	44.0	40.0	52	24	34	149.5	189	17	19.02
UKFU 313+H 2313	UK 313+H 2313	FU 313		140	60	65	36	51	38	UK 313	H 2313	72.2	60.5	58	25	33	166	208	23	
UKFU 215+H 2315	UK 215+H 2315	FU 215	75	130	65	73	25	58	30	UK 215	H 2315	50.8	49.5	58	24	35	159	202	17	19.93
UKFU 315+H 2315	UK 315+H 2315	FU 315		160	65	73	40	58	42	UK 315	H 2315	87.2	76.8	66	25	39	184	236	25	
UKFU 216+H 2316	UK 216+H 2316	FU 216	80	140	70	78	26	61	33	UK 216	H 2316	55.0	54.2	65	24	35	165	213	21	24.52
UKFU 316+H 2316	UK 316+H 2316	FU 316		170	70	78	42	61	44	UK 316	H 2316	94.5	86.5	68	27	38	196	250	31	
UKFU 217+H 2317	UK 217+H 2317	FU 217	85	150	75	82	28	64	35	UK 217	H 2317	64.0	63.8	75	26	36	175	222	21	24.52
UKFU 317+H 2317	UK 317+H 2317	FU 317		180	75	82	45	64	46	UK 317	H 2317	102	96.5	74	27	44	204	260	31	
UKFU 318+H 2318	UK 318+H 2318	FU 318	95	200	85	90	49	71	50	UK 318	H 2318	120	122	76	30	44	216	280	35	
UKFU 319+H 2319	UK 319+H 2319	FU 319	100	215	90	97	51	77	54	UK 319	H 2319	132	140	94	30	59	228	290	35	
UKFU 320+H 2320	UK 320+H 2320	FU 320								UK 320	H 2320			94	32	59	242	310	38	
UKFU 322+H 2322	UK 322+H 2322	FU 322	110	240	100	105	56	84	60	UK 322	H 2322	158	178	96	35	60	266	340	41	
UKFU 324+H 2324	UK 324+H 2324	FU 324	120	260	110	112	60	90	64	UK 324	H 2324	175	208	110	40	65	290	370	41	
UKFU 326+H 2326	UK 326+H 2326	FU 326	130	280	115	121	65	98	68	UK 326	H 2326	195	242	115	45	65	320	410	41	
UKFU 328+H 2328	UK 328+H 2328	FU 328	140	300	125	131	70	107	72	UK 328	H 2328	212	272	125	55	75	350	450	41	

表 7-5-43　　带菱形座外球面球轴承（带顶丝、带偏心套）（GB/T 7810—2017）

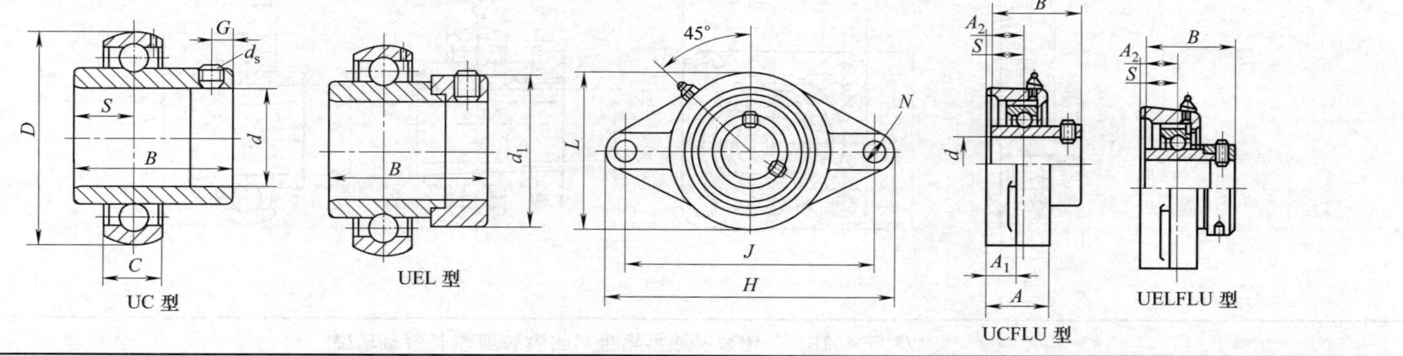

续表

带座轴承型号	轴承型号	座型号	轴承尺寸/mm								基本额定载荷/kN		配用偏心套	座尺寸/mm							
UCFLU 型 UELFLU 型	UC 型 UEL 型	FLU 型	d	D	B	S	C	d_s	G	d_1 max	C_r	C_{0r}	型号	A max	A_1 max	A_2	H max	J	L max	N min	N max
UCFLU 201	UC 201	FLU 203	12	40	27.4	11.5	14	M6×0.75	4	—	7.35	4.78	—	32	13	17	99	76.5	61	10.5	12.43
UELFLU 201	UEL 201	FLU 203		40	37.3	13.9	14	—	—	28.6	7.35	4.78	E 201	32	13	17	99	76.5	61	10.5	12.43
UCFLU 202	UC 202	FLU 203	15	40	27.4	11.5	14	M6×0.75	4	—	7.35	4.78	—	32	13	17	99	76.5	61	10.5	12.43
UELFLU 202	UEL 202	FLU 203		40	37.3	13.9	14	—	—	28.6	7.35	4.78	E 202	32	13	17	99	76.5	61	10.5	12.43
UCFLU 203	UC 203	FLU 203	17	40	27.4	11.5	14	M6×0.75	4	—	7.35	4.78	—	32	13	17	99	76.5	61	10.5	12.43
UELFLU 203	UEL 203	FLU 203		40	37.3	13.9	14	—	—	28.6	7.35	4.78	E 203	32	13	17	99	76.5	61	10.5	12.43
UCFLU 204	UC 204	FLU 204	20	47	31.0	12.7	17	M6×0.75	5	—	9.88	6.65	—	34	15	19	113	90	62	10.5	12.43
UELFLU 204	UEL 204	FLU 204		47	43.7	17.1	17	—	—	33.3	9.88	6.65	E 204	34	15	19	113	90	62	10.5	12.43
UCFLU 205	UC 205	FLU 205	25	52	34.1	14.3	17	M6×0.75	5	—	10.8	7.88	—	35	15	19	125	90	70	11.5	12.43
UCFLU 305	UC 305	FLU 305		62	38	15	21	M6×0.75	6	—	17.2	11.5	—	29	13	16	150	113	80	19	
UELFLU 205	UEL 205	FLU 205		52	44.4	17.5	17	—	—	38.1	10.8	7.88	E 205	35	15	19	125	99	70	11.5	12.3
UELFLU 305	UEL 305	FLU 305		62	46.8	16.7	21	—	—	42.8	17.2	11.5	E 305	29	13	16	150	113	80	19	
UCFLU 206	UC 206	FLU 206	30	62	38.1	15.9	19	M6×0.75	5	—	15.0	11.2	—	38	16	20	142	116.5	83	11.5	12.43
UCFLU 306	UC 306	FLU 306		72	43	17	23	M6×0.75	6	—	20.8	15.2	—	32	15	18	180	134	90	23	
UELFLU 206	UEL 206	FLU 206		62	48.4	18.3	19	—	—	44.5	15.0	11.2	E 206	38	16	20	142	116.5	83	11.5	12.3
UELFLU 306	UEL 306	FLU 306		72	50	17.5	23	—	—	50	20.8	15.2	E 306	32	15	18	180	134	90	23	
UCFLU 207	UC 207	FLU 207	35	72	42.9	17.5	20	M8×1	7	—	19.8	15.2	—	38	17	21	156	130	96	13	14.93
UCFLU 307	UC 307	FLU 307		80	48	19	25	M8×1	8	—	25.8	19.2	—	36	16	20	185	141	100	23	
UELFLU 207	UEL 207	FLU 207		72	51.1	18.8	20	—	—	55.6	19.8	15.2	E 207	38	17	21	156	130	96	13	14.93
UELFLU 307	UEL 307	FLU 307		80	51.6	18.3	25	—	—	55	25.8	19.2	E 307	36	16	20	185	141	100	23	
UCFLU 208	UC 208	FLU 208	40	80	49.2	19	21	M8×1	8	—	22.8	18.2	—	43	17	24	172	143.5	105	13	14.93
UCFLU 308	UC 308	FLU 308		90	52	19	27	M10×1.25	10	—	31.2	24.0	—	40	17	23	200	158	112	23	
UELFLU 208	UEL 208	FLU 208		80	56.3	21.4	21	—	—	60.3	22.8	18.2	E 208	43	17	24	172	143.5	105	13	14.93
UELFLU 308	UEL 308	FLU 308		90	57.1	19.8	27	—	—	63.5	31.2	24.0	E 308	40	17	23	200	158	112	23	
UCFLU 209	UC 209	FLU 209	45	85	49.2	19	22	M8×1	8	—	24.5	20.8	—	45	18	24	180	148.5	112	13	16.93
UCFLU 309	UC 309	FLU 309		100	57	22	30	M10×1.25	10	—	40.8	31.8	—	44	18	25	230	177	125	25	
UELFLU 209	UEL 209	FLU 209		85	56.3	21.4	22	—	—	63.5	24.5	20.8	E 209	45	18	24	180	148.5	112	13	16.93
UELFLU 309	UEL 309	FLU 309		100	58.7	19.8	30	—	—	70	40.8	31.8	E 309	44	18	25	230	177	125	25	
UCFLU 210	UC 210	FLU 210	50	90	51.6	19	24	M10×1.25	10	—	27.0	23.2	—	48	20	28	190	157	117	17	19.02
UCFLU 310	UC 310	FLU 310		110	61	22	32	M12×1.5	12	—	47.5	37.8	—	48	19	28	240	187	140	25	
UELFLU 210	UEL 210	FLU 210		90	62.7	24.6	24	—	—	69.9	27.0	23.2	E 210	48	20	28	190	157	117	17	19.02
UELFLU 310	UEL 310	FLU 310		110	66.6	24.6	32	—	—	76.2	47.5	37.8	E 310	48	19	28	240	187	140	25	

续表

带座轴承型号	轴承型号	座型号	轴承尺寸/mm								基本额定载荷/kN		配用偏心套	座尺寸/mm							
UCFLU 型 UELFLU 型	UC 型 UEL 型	FLU 型	d	D	B	S	C	d_s	G	d_1 max	C_r	C_{0r}	型号	A max	A_1 max	A_2	H max	J	L max	N min	N max
UCFLU 211	UC 211	FLU 211	55	100	55.6	22.2	25	M10×1.25	10	—	33.5	29.2	—	51	21	31	222	184	134	17	19.02
UCFLU 311	UC 311	FLU 311		120	66	25	34	M12×1.5	12	—	55.0	44.8	—	52	20	30	250	198	150	25	
UELFLU 211	UEL 211	FLU 211		100	71.4	27.8	25	—	—	76.2	33.5	29.2	E 211	51	21	31	222	184	134	17	19.02
UELFLU 311	UEL 311	FLU 311		120	73	27.8	34	—	—	83	55.0	44.8	E 311	52	20	30	250	198	150	25	
UCFLU 212	UC 212	FLU 212	60	110	65.1	25.4	27	M10×1.25	10	—	36.8	32.8	—	60	21	34	238	202	142	17	19.02
UCFLU 312	UC 312	FLU 312		130	71	26	36	M12×1.5	12	—	62.8	51.8	—	56	22	33	270	212	160	31	
UELFLU 212	UEL 212	FLU 212		110	77.8	31.0	27	—	—	84.2	36.8	32.8	E 212	60	21	34	238	202	142	17	19.02
UELFLU 312	UEL 312	FLU 312		130	79.4	30.95	36	—	—	89	62.8	51.8	E 312	56	22	33	270	212	160	31	
UCFLU 313	UC 313	FLU 313	65	140	75	30	38	M12×1.5	12	—	72.2	60.5	—	58	25	33	295	240	175	31	
UELFLU 313	UEL 313	FLU 313		140	85.7	32.55	38	—	—	97	72.2	60.5	E 313	58	25	33	295	240	175	31	
UCFLU 314	UC 314	FLU 314	70	150	78	33	40	M12×1.5	12	—	80.2	68.0	—	61	28	36	315	250	185	35	
UELFLU 314	UEL 314	FLU 314		150	92.1	34.15	40	—	—	102	80.2	68.0	E 314	61	28	36	315	250	185	35	
UCFLU 315	UC 315	FLU 315	75	160	82	32	42	M14×1.5	14	—	87.2	76.8	—	66	30	39	320	260	195	35	
UELFLU 315	UEL 315	FLU 315		160	100	37.3	42	—	—	113	87.2	76.8	E 315	66	30	39	320	260	195	35	
UCFLU 316	UC 316	FLU 316	80	170	86	34	44	M14×1.5	14	—	94.5	86.5	—	68	32	38	355	285	210	38	
UELFLU 316	UEL 316	FLU 316		170	106.4	40.5	44	—	—	119	94.5	86.5	E 316	68	32	38	355	285	210	38	
UCFLU 317	UC 317	FLU 317	85	180	96	40	46	M16×1.5	16	—	102	96.5	—	74	32	44	370	300	220	38	
UELFLU 317	UEL 317	FLU 317		180	109.5	42.05	46	—	—	127	102	96.5	E 317	74	32	44	370	300	220	38	
UCFLU 318	UC 318	FLU 318	90	190	96	40	48	M16×1.5	16	—	110	108	—	76	36	44	385	315	235	38	
UELFLU 318	UEL 318	FLU 318		190	115.9	43.65	48	—	—	133	110	108	E 318	76	36	44	385	315	235	38	
UCFLU 319	UC 319	FLU 319	95	200	103	41	50	M16×1.5	16	—	120	122	—	94	40	59	405	330	250	41	
UELFLU 319	UEL 319	FLU 319		200	122.3	38.9	50	—	—	140	120	122	E 319	94	40	59	405	330	250	41	
UCFLU 320	UC 320	FLU 320	100	215	108	42	54	M18×1.5	18	—	132	140	—	94	40	59	440	360	270	44	
UELFLU 320	UEL 320	FLU 320		215	128.6	50	54	—	—	146	132	140	E 320	94	40	59	440	360	270	44	
UCFLU 321	UC 321	FLU 321	105	225	112	44	56	M18×1.5	18	—	142	152	—	94	40	59	440	360	270	44	
UCFLU 322	UC 322	FLU 322	110	240	117	46	60	M18×1.5	18	—	158	178	—	96	42	60	470	390	300	44	
UCFLU 324	UC 324	FLU 324	120	260	126	51	64	M18×1.5	18	—	175	208	—	110	48	65	520	430	330	47	
UCFLU 326	UC3 26	FLU 326	130	280	135	54	68	M20×1.5	20	—	195	242	—	115	50	65	550	460	360	47	
UCFLU 328	UC 328	FLU 328	140	300	145	59	72	M20×1.5	20	—	212	272	—	125	60	75	600	500	400	51	

注：FLU300 型座中 A、H、L 尺寸为公称尺寸，不是最大值，N 尺寸为公称尺寸，不是最小值。

第7篇

表 7-5-44　**带菱形座外球面球轴承（带紧定套）（GB/T 7810—2017）**

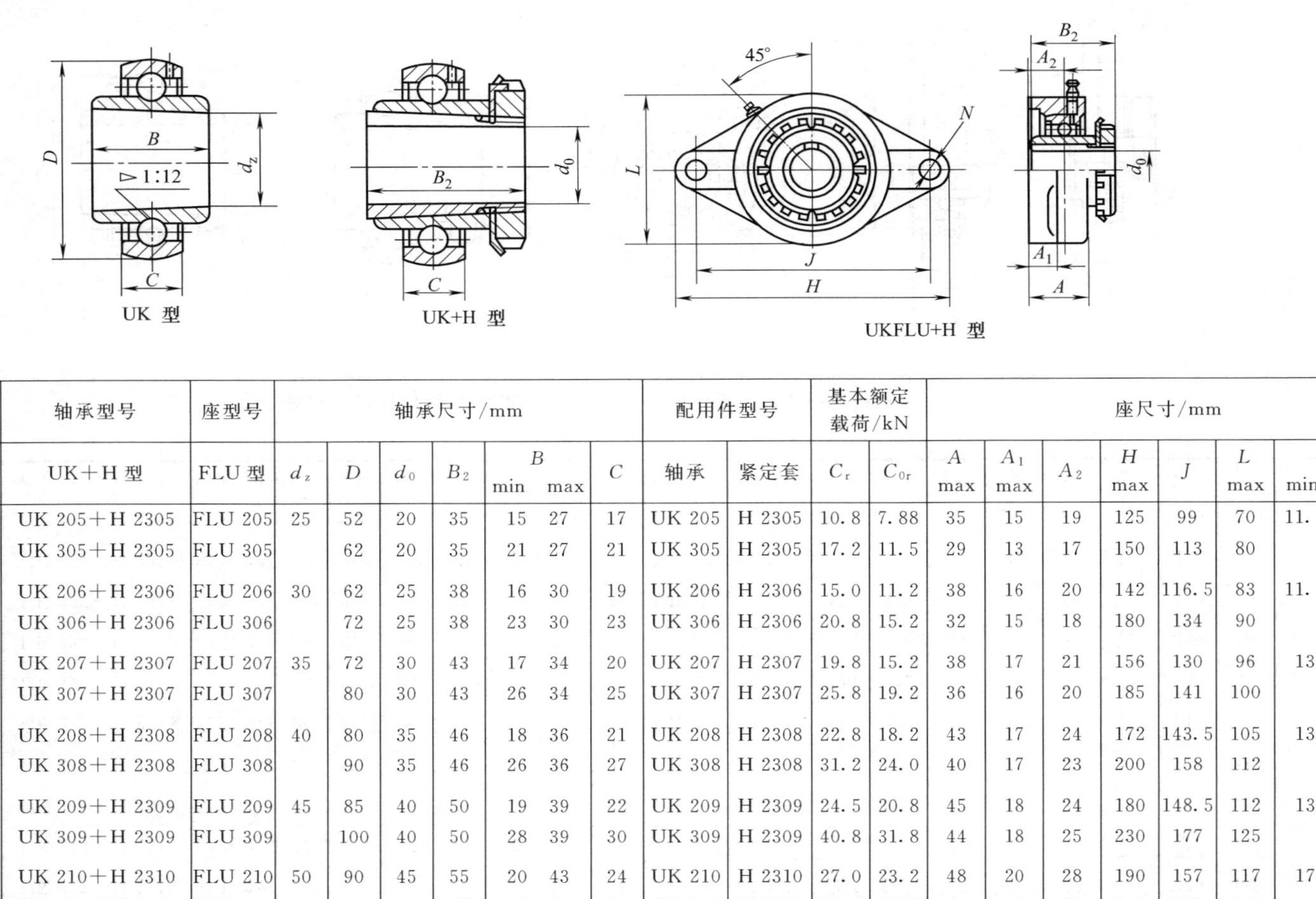

带座轴承型号	轴承型号	座型号	轴承尺寸/mm							配用件型号		基本额定载荷/kN		座尺寸/mm							
UKFLU+H 型	UK+H 型	FLU 型	d_z	D	d_0	B_2	B min	B max	C	轴承	紧定套	C_r	C_{0r}	A max	A_1 max	A_2	H max	J	L max	N min	N max
UKFLU 205+H 2305	UK 205+H 2305	FLU 205	25	52	20	35	15	27	17	UK 205	H 2305	10.8	7.88	35	15	19	125	99	70	11.5	12.43
UKFLU 305+H 2305	UK 305+H 2305	FLU 305		62	20	35	21	27	21	UK 305	H 2305	17.2	11.5	29	13	17	150	113	80	19	
UKFLU 206+H 2306	UK 206+H 2306	FLU 206	30	62	25	38	16	30	19	UK 206	H 2306	15.0	11.2	38	16	20	142	116.5	83	11.5	12.43
UKFLU 306+H 2306	UK 306+H 2306	FLU 306		72	25	38	23	30	23	UK 306	H 2306	20.8	15.2	32	15	18	180	134	90	23	
UKFLU 207+H 2307	UK 207+H 2307	FLU 207	35	72	30	43	17	34	20	UK 207	H 2307	19.8	15.2	38	17	21	156	130	96	13	14.93
UKFLU 307+H 2307	UK 307+H 2307	FLU 307		80	30	43	26	34	25	UK 307	H 2307	25.8	19.2	36	16	20	185	141	100	23	
UKFLU 208+H 2308	UK 208+H 2308	FLU 208	40	80	35	46	18	36	21	UK 208	H 2308	22.8	18.2	43	17	24	172	143.5	105	13	14.93
UKFLU 308+H 2308	UK 308+H 2308	FLU 308		90	35	46	26	36	27	UK 308	H 2308	31.2	24.0	40	17	23	200	158	112	23	
UKFLU 209+H 2309	UK 209+H 2309	FLU 209	45	85	40	50	19	39	22	UK 209	H 2309	24.5	20.8	45	18	24	180	148.5	112	13	16.93
UKFLU 309+H 2309	UK 309+H 2309	FLU 309		100	40	50	28	39	30	UK 309	H 2309	40.8	31.8	44	18	25	230	177	125	25	
UKFLU 210+H 2310	UK 210+H 2310	FLU 210	50	90	45	55	20	43	24	UK 210	H 2310	27.0	23.2	48	20	28	190	157	117	17	19.02
UKFLU 310+H 2310	UK 310+H 2310	FLU 310		110	45	55	30	43	32	UK 310	H 2310	47.5	37.8	48	19	28	240	187	140	25	
UKFLU 211+H 2311	UK 211+H 2311	FLU 211	55	100	50	59	21	47	25	UK 211	H 2311	33.5	29.2	51	21	31	222	184	134	17	19.02
UKFLU 311+H 2311	UK 311+H 2311	FLU 311		120	50	59	33	47	34	UK 311	H 2311	55.0	44.8	52	20	30	250	198	150	25	
UKFLU 212+H 2312	UK 212+H 2312	FLU 212	60	110	55	62	22	49	27	UK 212	H 2312	36.8	32.8	60	21	34	238	202	142	17	19.02
UKFLU 312+H 2312	UK 312+H 2312	FLU 312		130	55	62	34	49	36	UK 312	H 2312	62.8	51.8	56	22	33	270	212	160	31	

续表

带座轴承型号	轴承型号	座型号	轴承尺寸/mm							配用件型号		基本额定载荷/kN		座尺寸/mm						
UKFLU+H型	UK+H型	FLU型	d_z	D	d_0	B_2	B min	B max	C	轴承	紧定套	C_r	C_{0r}	A max	A_1 max	A_2	H max	J	L max	N min max
UKFLU 313+H 2313	UK 313+H 2313	FLU 313	65	140	60	65	36	51	38	UK 313	H 2313	72.2	60.5	58	25	33	295	240	175	31
UKFLU 315+H 2315	UK 315+H 2315	FLU 315	75	160	65	73	40	58	42	UK 315	H 2315	87.2	76.8	66	30	39	320	260	195	35
UKFLU 316+H 2316	UK 316+H 2316	FLU 316	80	170	70	78	42	61	44	UK 316	H 2316	94.5	86.5	68	32	38	355	285	210	38
UKFLU 317+H 2317	UK 317+H 2317	FLU 317	85	180	75	82	45	64	46	UK 317	H 2317	102	96.5	74	32	44	370	300	220	38
UKFLU 318+H 2318	UK 318+H 2318	FLU 318	90	190	80	86	47	68	48	UK 318	H 2318	110	108	76	36	44	385	315	235	38
UKFLU 319+H 2319	UK 319+H 2319	FLU 319	95	200	85	90	49	71	50	UK 319	H 2319	120	122	94	40	59	405	330	250	41
UKFLU 320+H 2320	UK 320+H 2320	FLU 320	100	215	90	97	51	77	54	UK 320	H 2320	132	140	94	40	59	440	360	270	44
UKFLU 322+H 2322	UK 322+H 2322	FLU 322	110	240	100	105	56	84	60	UK 322	H 2322	158	178	96	42	60	470	390	300	44
UKFLU 324+H 2324	UK 324+H 2324	FLU 324	120	260	110	112	60	90	64	UK 324	H 2324	175	208	110	48	65	520	430	330	47
UKFLU 326+H 2326	UK 326+H 2326	FLU 326	130	280	115	121	65	98	68	UK 326	H 2326	195	242	115	50	65	550	460	360	47
UKFLU 328+H 2328	UK 328+H 2328	FLU 328	140	300	125	131	70	107	72	UK 328	H 2328	212	272	125	60	75	600	500	400	51

表 7-5-45 **带凸台圆形座外球面球轴承**（带顶丝、带偏心套）(GB/T 7810—2017)

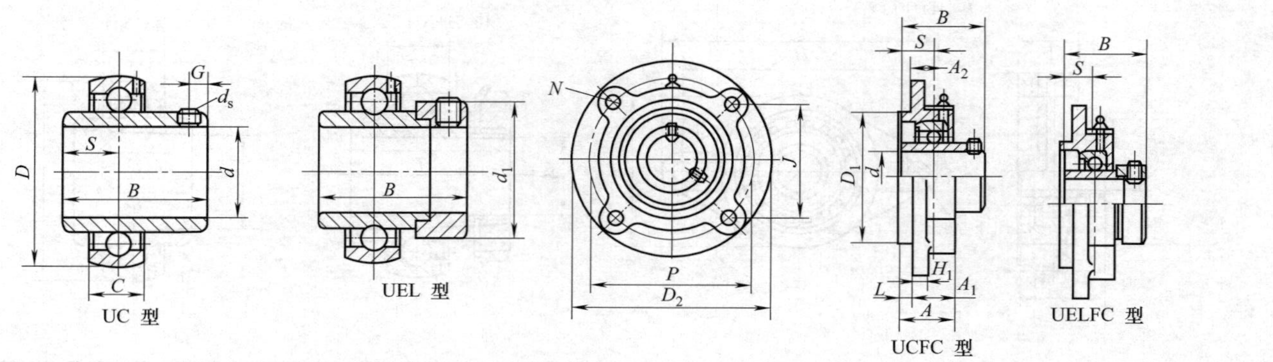

续表

带座轴承型号	轴承型号	座型号	轴承尺寸/mm								基本额定载荷/kN		配用偏心套	座尺寸/mm								
UCFC 型 UELFC 型	UC 型 UEL 型	FC 型	d	D	B	S	C	d_s	G	d_1 max	C_r	C_{0r}	型号	A max	A_1	A_2	D_1	D_2 max	H_1	J	N min	P
UCFC 201	UC 201	FC 203	12	40	27.4	11.5	14	M6×0.75	4	—	7.35	4.78	—	23	19	9	58	97	6	53.0	12	75
UELFC 201	UEL 201	FC 203		40	37.3	13.9	14	—	—	28.6	7.35	4.78	E 201	23	19	9	58	97	6	53.0	12	75
UCFC 202	UC 202	FC 203	15	40	27.4	11.5	14	M6×0.75	4	—	7.35	4.78	—	23	19	9	58	97	6	53.0	12	75
UELFC 202	UEL 202	FC 203		40	37.3	13.9	14	—	—	28.6	7.35	4.78	E 202	23	19	9	58	97	6	53.0	12	75
UCFC 203	UC 203	FC 203	17	40	27.4	11.5	14	M6×0.75	4	—	7.35	4.78	—	23	19	9	58	97	6	53.0	12	75
UELFC 203	UEL 203	FC 203		40	37.3	13.9	17	—	—	28.6	7.35	4.78	E 203	23	19	9	58	97	6	53.0	12	75
UCFC 204	UC 204	FC 204	20	47	31.0	12.7	17	M6×0.75	5	—	9.88	6.65	—	25.5	20.5	10	62	100	7	55.1	12	78
UELFC 204	UEL 204	FC 204		47	43.7	17.1	17	—	—	33.3	9.88	6.65	E 204	25.5	20.5	10	62	100	7	55.1	12	78
UCFC 205	UC 205	FC 205	25	52	34.1	14.3	17	M6×0.75	5	—	10.8	7.88	—	27	21	10	70	115	7	63.6	12	90
UELFC 205	UEL 205	FC 205		52	44.4	17.5	17	—	—	38.1	10.8	7.88	E 205	27	21	10	70	115	7	63.6	12	90
UCFC 206	UC 206	FC 206	30	62	38.1	15.9	19	M6×0.75	5	—	15.0	11.2	—	31	23	10	80	125	8	70.7	12	100
UELFC 206	UEL 206	FC 206		62	48.4	18.3	19	—	—	44.5	15.0	11.2	E 206	31	23	10	80	125	8	70.7	12	100
UCFC 207	UC 207	FC 207	35	72	42.9	17.5	20	M8×1	7	—	19.8	15.2	—	34	26	11	90	135	9	77.8	14	110
UELFC 207	UEL 207	FC 207		72	51.1	18.8	20	—	—	55.6	19.8	15.2	E 207	34	26	11	90	135	9	77.8	14	110
UCFC 208	UC 208	FC 208	40	80	49.2	19	21	M8×1	8	—	22.8	18.2	—	36	26	11	100	145	9	84.8	14	120
UELFC 208	UEL 208	FC 208		80	56.3	21.4	21	—	—	60.3	22.8	18.2	E 208	36	26	11	100	145	9	84.8	14	120
UCFC 209	UC 209	FC 209	45	85	49.2	19	22	M8×1	8	—	24.5	20.8	—	38	26	10	105	160	14	93.3	16	132
UELFC 209	UEL 209	FC 209		85	56.3	21.4	22	—	—	63.5	24.5	20.8	E 209	38	26	10	105	160	14	93.3	16	132
UCFC 210	UC 210	FC 210	50	90	51.6	19.0	24	M10×1.25	10	—	27.0	23.2	—	40	28	10	110	165	14	97.6	16	138
UELFC 210	UEL 210	FC 210		90	62.7	24.6	24	—	—	69.9	27.0	23.2	E 210	40	28	10	110	165	14	97.6	16	138
UCFC 211	UC 211	FC 211	55	100	55.6	22.2	25	M10×1.25	10	—	33.5	29.2	—	43	31	13	125	185	15	106.1	19	150
UELFC 211	UEL 211	FC 211		100	71.4	27.8	25	—	—	76.2	33.5	29.2	E 211	43	31	13	125	185	15	106.1	19	150
UCFC 212	UC 212	FC 212	60	110	65.1	25.4	27	M10×1.25	10	—	36.8	32.8	—	48	36	17	135	195	15	113.1	19	160
UELFC 212	UEL 212	FC 212		110	77.8	31.0	27	—	—	84.2	36.8	32.8	E 212	48	36	17	135	195	15	113.1	19	160
UCFC 213	UC 213	FC 213	65	120	65.1	25.4	28	M10×1.25	10	—	44.0	40.0	—	50	36	16	145	205	15	120.2	19	170
UELFC 213	UEL 213	FC 213		120	85.7	34.1	28	—	—	86	44.0	40.0	E 213	50	36	16	145	205	15	120.2	19	170

续表

带座轴承型号	轴承型号	座型号	轴承尺寸/mm								基本额定载荷/kN		配用偏心套	座尺寸/mm								
UCFC 型 UELFC 型	UC 型 UEL 型	FC 型	d	D	B	S	C	d_s	G	d_1 max	C_r	C_{0r}	型号	A max	A_1	A_2	D_1	D_2 max	H_1	J	N min	P
UCFC 214	UC 214	FC 214	70	125	74.6	30.2	29	M12×1.5	12	—	46.8	45.0	—	54	40	17	150	215	18	125.1	19	177
UELFC 214	UEL 214	FC 214		125	85.7	34.1	29	—	—	90	46.8	45.0	E 214	54	40	17	150	215	18	125.1	19	177
UCFC 215	UC 215	FC 215	75	130	77.8	33.3	30	M12×1.5	12	—	50.8	49.5	—	56	40	18	165	220	18	130.1	19	184
UELFC 215	UEL 215	FC 215		130	92.1	37.3	30	—	—	102	50.8	49.5	E 215	56	40	18	165	220	18	130.1	19	184
UCFC 216	UC 216	FC 216	80	140	82.6	33.3	33	M12×1.5	12	—	55.0	54.2	—	58	42	18	170	240	18	141.4	23	200
UCFC 217	UC 217	FC 217	85	150	85.7	34.1	35	M12×1.5	12	—	64.0	63.8	—	63	45	18	180	250	20	147.1	23	208
UCFC 218	UC 218	FC 218	90	160	96.0	39.7	37	M12×1.5	12	—	73.8	71.5	—	68	50	22	190	265	20	155.5	23	220

表 7-5-46　带凸台圆形座外球面球轴承（带紧定套）（GB/T 7810—2017）

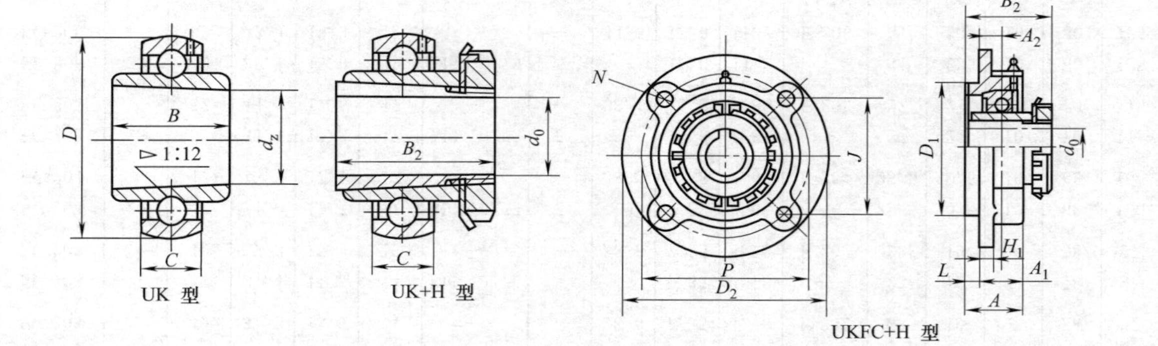

带座轴承代号	轴承代号	座代号	轴承尺寸/mm							配用件代号		基本额定载荷/kN		座尺寸/mm								
UKFC＋H 型	UK＋H 型	FC 型	d_z	D	d_0	B_2	B min	B max	C max	轴承	紧定套	C_r	C_{0r}	A	A_1	A_2	D_1	D_2 max	H_1	J	N max	P
UKFC 205＋H 2305	UK 205＋H 2305	FC 205	25	52	20	35	15	27	17	UK 205	H 2305	10.8	7.88	27	21	10	70	115	7	63.6	12	90
UKFC 206＋H 2306	UK 206＋H 2306	FC 206	30	62	25	38	16	30	19	UK 206	H 2306	15.0	11.2	31	23	10	80	125	8	70.7	12	100
UKFC 207＋H 2307	UK 207＋H 2307	FC 207	35	72	30	43	17	34	20	UK 207	H 2307	19.8	15.2	34	26	11	90	135	9	77.8	14	110

续表

带座轴承代号	轴承代号	座代号	轴承尺寸/mm							配用件代号		基本额定载荷/kN		座尺寸/mm								
UKFC+H 型	UK+H 型	FC 型	d_z	D	d_0	B_2	B min	B max	C max	轴承	紧定套	C_r	C_{0r}	A	A_1	A_2	D_1	D_2 max	H_1	J	N max	P
UKFC 208+H 2308	UK 208+H 2308	FC 208	40	80	35	46	18	36	22	UK 208	H 2308	22.8	18.2	36	26	11	100	145	9	84.8	14	120
UKFC 209+H 2309	UK 209+H 2309	FC 209	45	85	40	50	19	39	22	UK 209	H 2309	24.5	20.8	38	26	10	105	160	14	93.3	16	132
UKFC 210+H 2310	UK 210+H 2310	FC 210	50	90	45	55	20	43	24	UK 210	H 2310	27.0	23.2	40	28	10	110	165	14	97.6	16	138
UKFC 211+H 2311	UK 211+H 2311	FC 211	55	100	50	59	21	47	25	UK 211	H 2311	33.5	29.2	43	31	13	125	185	15	106.1	19	150
UKFC 212+H 2312	UK 212+H 2312	FC 212	60	110	55	62	22	49	27	UK 212	H 2312	36.8	32.8	48	36	17	135	195	15	113.1	19	160
UKFC 213+H 2313	UK 213+H 2313	FC 213	65	120	60	65	23	51	32	UK 213	H 2313	44.0	40.0	50	36	16	145	205	15	120.2	19	170
UKFC 215+H 2315	UK 215+H 2315	FC 215	75	130	65	73	25	58	34	UK 215	H 2315	50.8	49.5	56	40	18	160	220	18	130.1	19	184
UKFC 216+H 2316	UK 216+H 2316	FC 216	80	140	70	78	26	61	35	UK 216	H 2316	55.0	54.2	58	42	18	170	240	18	141.4	23	200
UKFC 217+H 2317	UK 217+H 2317	FC 217	85	150	75	82	28	64	36	UK 217	H 2317	64.0	63.8	63	45	18	180	250	20	147.1	23	208
UKFC 218+H 2318	UK 218+H 2318	FC 218	90	160	80	86	30	68	38	UK 218	H 2318	73.8	71.5	68	50	22	190	265	20	155.5	23	220

表 7-5-47　带滑块座外球面球轴承（带顶丝、带偏心套）（GB/T 7810—2017）

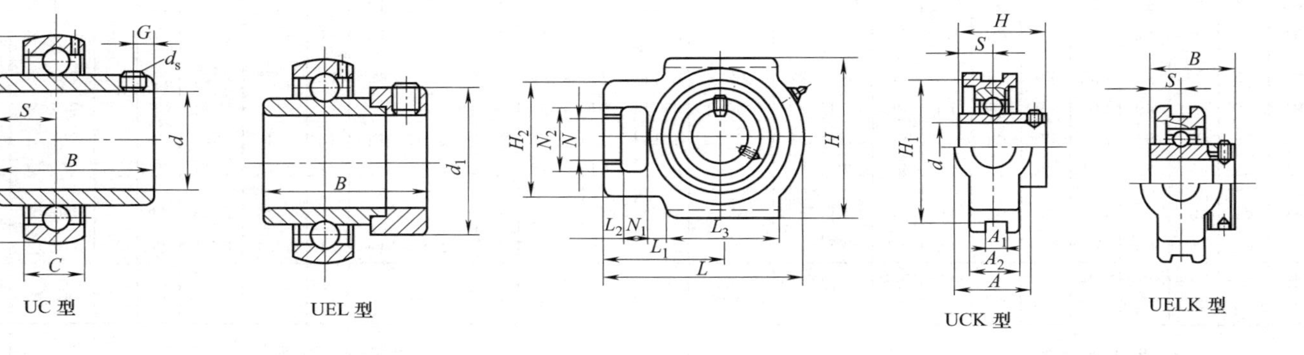

续表

带座轴承型号	轴承型号	座型号	轴承尺寸/mm								基本额定载荷/kN		配用偏心套	座尺寸/mm												
UCK 型 UELK 型	UC 型 UEL 型	K 型	d	D	B	S	C	d_s	G	d_1 max	C_r	C_{0r}	型号	A max	A_1	A_2 max	H max	H_1	H_2 max	L max	L_1 max	L_2 min	L_3 max	N min	N_1 min	N_2 min
UCK 204	UC 204	K 204	20	47	31.0	12.7	17	M6×0.75	5	—	9.88	6.65	—	51	13.5	36	94	76	64	104	69	9	59	18	15	30
UELK 204	UEL 204	K 204		47	43.7	17.1	17	—	—	33.3	9.88	6.65	E 204	51	13.5	36	94	76	64	104	69	9	59	18	15	30
UCK 205	UC 205	K 205	25	52	34.1	14.3	17	M6×0.75	5	—	10.8	7.88	—	51	13.5	38	94	76	64	104	69	9	59	18	15	30
UCK 305	UC 305	K 305		62	38	15	21	M6×0.75	6	—	17.2	11.5	—	36	12	26	89	80	62	122	76	12	65	26	16	36
UELK 205	UEL 205	K 205		52	44.4	17.5	17	—	—	38.1	10.8	7.88	E 205	51	13.5	38	94	76	64	104	69	9	59	18	15	30
UELK 305	UEL 305	K 305		62	46.8	16.7	21	—	—	42.8	17.2	11.5	E 305	36	12	26	89	80	62	122	76	12	65	26	16	36
UCK 206	UC 206	K 206	30	62	38.1	15.9	19	M6×0.75	5	—	15.0	11.2	—	53	13.5	38	107	89	66	118	74	9	66	19	15	36
UCK 306	UC 306	K 306		72	43	17	23	M6×0.75	6	—	20.8	15.2	—	41	16	28	100	90	70	137	85	14	74	28	18	41
UELK 206	UEL 206	K 206		62	48.4	18.3	19	—	—	44.5	15.0	11.2	E 206	53	13.5	38	107	89	66	118	74	9	66	19	15	36
UELK 306	UEL 306	K 306		72	50	17.5	23	—	—	50	20.8	15.2	E 306	41	16	28	100	90	70	137	85	14	74	28	18	41
UCK 207	UC 207	K 207	35	72	42.9	17.5	20	M8×1	7	—	19.8	15.2	—	53	13.5	38	107	89	66	132	81	10	72	19	15	36
UCK 307	UC 307	K 307		80	48	19	25	M8×1	8	—	25.8	19.2	—	45	16	32	111	100	75	150	94	15	80	30	20	45
UELK 207	UEL 207	K 207		72	51.1	18.8	20	—	—	55.6	19.8	15.2	E 207	53	13.5	38	107	89	66	132	81	10	72	19	15	36
UELK 307	UEL 307	K 307		80	51.6	18.3	25	—	—	55	25.8	19.2	E 307	45	16	32	111	100	75	150	94	15	80	30	20	45
UCK 208	UC 208	K 208	40	80	49.2	19	21	M8×1	8	—	22.8	18.2	—	67	17.5	44	124	101	85	146	91	14	84	27	18	47
UCK 308	UC 308	K 308		90	52	19	27	M10×1.25	10	—	31.2	24.0	—	50	18	34	124	112	83	162	100	17	89	32	22	50
UELK 208	UEL 208	K 208		80	56.3	21.4	21	—	—	60.3	22.8	18.2	E 208	67	17.5	44	124	101	85	146	91	14	84	27	18	47
UELK 308	UEL 308	K 308		90	57.1	19.8	27	—	—	63.5	31.2	24.0	E 308	50	18	34	124	112	83	162	100	17	89	32	22	50
UCK 209	UC 209	K 209	45	85	49.2	19	22	M8×1	8	—	24.5	20.8	—	67	17.5	44	124	101	85	149	91	14	84	27	18	47
UCK 309	UC 309	K 309		100	57	22	30	M10×1.25	10	—	40.8	31.8	—	55	18	38	138	125	90	178	110	18	97	34	24	55
UELK 209	UEL 209	K 209		85	56.3	21.4	22	—	—	63.5	24.5	20.8	E 209	67	17.5	44	124	101	85	149	91	14	84	27	18	47
UELK 309	UEL 309	K 309		100	58.7	19.8	30	—	—	70	40.8	31.8	E 309	55	18	38	138	125	90	178	110	18	97	34	24	55
UCK 210	UC 210	K 210	50	90	51.6	19	24	M10×1.25	10	—	27.0	23.2	—	67	17.5	50	124	101	85	153	92	14	88	27	18	47
UCK 310	UC 310	K 310		110	61	22	32	M12×1.5	12	—	47.5	37.8	—	61	20	40	151	140	98	191	117	20	106	37	27	61
UELK 210	UEL 210	K 210		90	62.7	24.6	24	—	—	69.9	27.0	23.2	E 210	67	17.5	50	124	101	85	153	92	14	88	27	18	47
UELK 310	UEL 310	K 310		110	66.6	24.6	32	—	—	76.2	47.5	37.8	E 310	61	20	40	151	140	98	191	117	20	106	37	27	61
UCK 211	UC 211	K 211	55	100	55.6	22.2	25	M10×1.25	10	—	33.5	29.2	—	72	27	56	152	130	104	191	120	17	104	34	24	62
UCK 311	UC 311	K 311		120	66	25	34	M12×1.5	12	—	55.0	44.8	—	66	22	44	163	150	105	207	127	21	115	39	29	66

续表

带座轴承型号	轴承型号	座型号	轴承尺寸/mm								基本额定载荷/kN		配用偏心套	座尺寸/mm													
UCK 型 UELK 型	UC 型 UEL 型	K 型	d	D	B	S	C	d_s	G	d_1 max	C_r	C_{0r}	型号	A max	A_1	A_2 max	H max	H_1	H_2 max	L max	L_1 max	L_2 min	L_3 max	N min	N_1 min	N_2 min
UELK 211	UEL 211	K 211	55	100	71.4	27.8	25	—	—	76.2	33.5	29.2	E 211	72	27	56	152	130	104	191	120	17	104	34	24	62
UELK 311	UEL 311	K 311		120	73	27.8	34	—	—	83	55.0	44.8	E 311	66	22	44	163	150	105	207	127	21	115	39	29	66
UCK 212	UC 212	K 212	60	110	65.1	25.4	27	M10×1.25	10	—	36.8	32.8	—	72	27	56	152	130	104	196	120	17	104	34	29	62
UCK 312	UC 312	K 312		130	71	26	36	M12×1.5	12	—	62.8	51.8	—	71	22	46	178	160	113	220	135	23	123	41	31	71
UELK 212	UEL 212	K 212		110	77.8	31	27	—	—	84.2	36.8	32.8	E 212	72	27	56	152	130	104	196	120	17	104	34	29	62
UELK 312	UEL 312	K 312		130	79.4	30.95	36	—	—	89	62.8	51.8	E 312	71	22	46	178	160	113	220	135	23	123	41	31	71
UCK 313	UC 313	K 313	65	140	75	30	38	M12×1.5	12	—	72.2	60.5	—	80	26	50	190	170	116	238	146	25	134	43	32	70
UELK 313	UEL 313	K 313		140	85.7	32.55	38	—	—	97	72.2	60.5	E 313	80	26	50	190	170	116	238	146	25	134	43	32	70
UCK 314	UC 314	K 314	70	150	78	33	40	M12×1.5	12	—	80.2	68.0	—	90	26	52	202	180	130	252	155	25	140	46	36	85
UELK 314	UEL 314	K 314		150	92.1	34.15	40	—	—	102	80.2	68.0	E 314	90	26	52	202	180	130	252	155	25	140	46	36	85
UCK 315	UC 315	K 315	75	160	82	32	42	M14×1.5	14	—	87.2	76.8	—	90	26	55	216	192	132	262	160	25	150	46	36	85
UELK 315	UEL 315	K 315		160	100	37.3	42	—	—	113	87.2	76.8	E 315	90	26	55	216	192	132	262	160	25	150	46	36	85
UCK 316	UC 316	K 316	80	170	86	34	44	M14×1.5	14	—	94.5	86.5	—	102	30	60	230	204	150	282	174	28	160	53	42	98
UELK 316	UEL 316	K 316		170	106.4	40.5	44	—	—	119	94.5	86.5	E 316	102	30	60	230	204	150	282	174	28	160	53	42	98
UCK 317	UC 317	K 317	85	180	96	40	46	M16×1.5	16	—	102	96.5	—	102	32	64	240	214	152	298	183	30	170	53	42	98
UELK 317	UEL 317	K 317		180	109.5	42.05	46	—	—	127	102	96.5	E 317	102	32	64	240	214	152	298	183	30	170	53	42	98
UCK 318	UC 318	K 318	90	190	96	40	48	M16×1.5	16	—	110	108	—	110	32	66	255	228	160	312	192	30	175	57	46	106
UELK 318	UEL 318	K 318		190	115.9	43.65	48	—	—	133	110	108	E 318	110	32	66	255	228	160	312	192	30	175	57	46	106
UCK 319	UC 319	K 319	95	200	103	41	50	M16×1.5	16	—	120	122	—	110	35	72	270	240	165	322	197	31	180	57	46	106
UELK 319	UEL 319	K 319		200	122.3	38.9	50	—	—	140	120	122	E 319	110	35	72	270	240	165	322	197	31	180	57	46	106
UCK 320	UC 320	K 320	100	215	108	42	54	M18×1.5	18	—	132	140	—	120	35	75	290	260	175	345	210	32	200	59	48	115
UELK 320	UEL 320	K 320		215	128.6	50	54	—	—	146	132	140	E 320	120	35	75	290	260	175	345	210	32	200	59	48	115
UCK 321	UC 321	K 321	105	225	112	44	56	M18×1.5	18	—	142	152	—	120	35	75	290	260	175	345	210	32	200	59	48	115
UCK 322	UC 322	K 322	110	240	117	46	60	M18×1.5	18	—	158	178	—	130	38	80	320	285	185	385	235	38	215	65	52	125
UCK 324	UC 324	K 324	120	260	126	51	64	M18×1.5	18	—	175	208	—	140	45	90	355	320	210	432	267	42	230	70	60	140
UCK 326	UC 326	K 326	130	280	135	54	68	M20×1.5	20	—	195	242	—	150	50	100	385	350	220	465	285	45	240	75	65	150
UCK 328	UC 328	K 328	140	300	145	59	72	M20×1.5	20	—	212	272	—	155	50	100	415	380	230	515	315	50	255	80	70	160

表 7-5-48 带滑块座外球面球轴承（带紧定套）（GB/T 7810—2017）

UK 型　　UK+H 型　　UKK+H 型

带座轴承型号	轴承型号	座型号	轴承尺寸/mm							配用件型号		基本额定载荷/kN		座尺寸/mm												
UKK+H 型	UK+H 型	K 型	d_z	D	d_0	B_2	B min	B max	C	轴承	紧定套	C_r	C_{0r}	A max	A_1	A_2 max	H max	H_1	H_2 max	L max	L_1 max	L_2 min	L_3 max	N min	N_1 min	N_2 min
UKK 205+H 2305	UK 205+H 2305	K 205	25	52	20	35	15	27	17	UK 205	H 2305	10.8	7.88	51	13.5	38	94	76	64	104	69	9	59	18	15	30
UKK 305+H 2305	UK 305+H 2305	K 305		62	20	35	21	27	21	UK 305	H 2305	17.2	11.5	36	12	26	89	80	62	122	76	12	65	26	16	36
UKK 206+H 2306	UK 206+H 2306	K 206	30	62	25	38	16	30	19	UK 206	H 2306	15.0	11.2	53	13.5	38	107	89	66	118	74	9	66	19	15	36
UKK 306+H 2306	UK 306+H 2306	K 306		72	25	38	23	30	23	UK 306	H 2306	20.8	15.2	41	16	28	100	90	70	137	85	14	74	28	18	41
UKK 207+H 2307	UK 207+H 2307	K 207	35	72	30	43	17	34	20	UK 207	H 2307	19.8	15.2	53	13.5	38	107	89	66	132	81	10	72	19	15	36
UKK 307+H 2307	UK 307+H 2307	K 307		80	30	43	26	34	25	UK 307	H 2307	25.8	19.2	45	16	32	111	100	75	150	94	15	80	30	20	45
UKK 208+H 2308	UK 208+H 2308	K 208	40	80	35	46	18	36	21	UK 208	H 2308	22.8	18.2	67	17.5	44	124	101	85	146	91	14	84	27	18	47
UKK 308+H 2308	UK 308+H 2308	K 308		90	35	46	26	36	27	UK 308	H 2308	31.2	24.0	50	18	34	124	112	83	162	100	17	89	32	22	50
UKK 209+H 2309	UK 209+H 2309	K 209	45	85	40	50	19	39	22	UK 209	H 2309	24.5	20.8	67	17.5	44	124	101	85	149	91	14	84	27	18	47
UKK 309+H 2309	UK 309+H 2309	K 309		100	40	50	28	39	30	UK 309	H 2309	40.8	31.8	55	18	38	138	125	90	178	110	18	97	34	24	55
UKK 210+H 2310	UK 210+H 2310	K 210	50	90	45	55	20	43	24	UK 210	H 2310	27.0	23.2	67	17.5	50	124	101	85	153	92	14	88	27	18	47
UKK 310+H 2310	UK 310+H 2310	K 310		110	45	55	30	43	32	UK 310	H 2310	47.5	37.8	61	20	40	151	140	98	191	117	20	106	37	27	61
UKK 211+H 2311	UK 211+H 2311	K 211	55	100	50	59	21	47	25	UK 211	H 2311	33.5	29.2	72	27	56	152	130	104	191	120	17	104	34	24	62
UKK 311+H 2311	UK 311+H 2311	K 311		120	50	59	33	47	34	UK 311	H 2311	55.0	44.8	66	22	44	163	150	105	207	127	21	115	39	29	66
UKK 212+H 2312	UK 212+H 2312	K 212	60	110	55	62	22	49	27	UK 212	H 2312	36.8	32.8	72	27	56	152	130	104	196	120	17	104	34	29	62
UKK 312+H 2312	UK 312+H 2312	K 312		130	55	62	34	49	36	UK 312	H 2312	62.8	51.8	71	22	46	178	160	113	220	135	23	123	41	31	71

续表

带座轴承型号	轴承型号	座型号	轴承尺寸/mm							配用件型号		基本额定载荷/kN		座尺寸/mm												
UKK+H 型	UK+H 型	K 型	d_z	D	d_0	B_2	B min	B max	C	轴承	紧定套	C_r	C_{0r}	A max	A_1	A_2 max	H max	H_1	H_2 max	L max	L_1 max	L_2 min	L_3 max	N min	N_1 min	N_2 min
UKK 313+H 2313	UK 313+H 2313	K 313	65	140	60	65	36	51	38	UK 313	H 2313	72.2	60.5	80	26	50	190	170	116	238	146	25	134	43	32	70
UKK 315+H 2315	UK 315+H 2315	K 315	75	160	65	73	40	58	42	UK 315	H 2315	87.2	76.8	90	26	55	216	192	132	262	160	25	150	46	36	85
UKK 316+H 2316	UK 316+H 2316	K 316	80	170	70	78	42	61	44	UK 316	H 2316	94.5	86.5	102	30	60	230	204	150	282	174	28	160	53	42	98
UKK 317+H 2317	UK 317+H 2317	K 317	85	180	75	82	45	64	46	UK 317	H 2317	102	96.5	102	32	64	240	214	152	298	183	30	170	53	42	98
UKK 318+H 2318	UK318+H 2318	K 318	90	190	80	86	47	68	48	UK 318	H 2318	110	108	110	32	66	255	228	160	312	192	30	175	57	46	106
UKK 319+H 2319	UK 319+H 2319	K 319	95	200	85	90	49	71	50	UK 319	H 2319	120	122	110	35	72	270	240	165	322	197	31	180	57	46	106
UKK 320+H 2320	UK 320+H 2320	K 320	100	215	90	97	51	77	54	UK 320	H 2320	132	140	120	35	75	290	260	175	345	210	32	200	59	48	115
UKK 322+H 2322	UK 322+H 2322	K 322	110	240	100	105	56	84	60	UK 322	H 2322	158	178	130	38	80	320	285	185	385	235	38	215	65	52	125
UKK 324+H 2324	UK 324+H 2324	K 324	120	260	110	112	60	90	64	UK 324	H 2324	175	208	140	45	90	355	320	210	432	267	42	230	70	60	140
UKK 326+H 2326	UK 326+H 2326	K 326	130	280	115	121	65	98	68	UK 326	H 2326	195	242	150	50	100	385	350	220	465	285	45	240	75	65	150
UKK 328+H 2328	UK 328+H 2328	K 328	140	300	125	131	70	107	72	UK 328	H 2328	212	272	155	50	100	415	380	230	515	315	50	255	80	70	160

表 7-5-49　带环形座外球面球轴承（带顶丝、带偏心套）（GB/T 7810—2017）

UC型　UEL型　UCC型　UELC型

续表

带座轴承型号	轴承型号	座型号	轴承尺寸/mm								基本额定载荷/kN		配用偏心套	座尺寸/mm	
UCC 型 UELC 型	UC 型 UEL 型	C 型	d	D	B	S	C	d_s	G	d_1 max	C_r	C_{0r}	型号	A	D_1
UCC 201	UC 201	C 203	12	40	27.4	11.5	14	M6×0.75	4	—	7.35	4.78	—	20	67
UELC 201	UEL 201	C 203		40	37.3	13.9	14	—	—	28.6	7.35	4.78	E 201	20	67
UCC 202	UC 202	C 203	15	40	27.4	11.5	14	M6×0.75	4	—	7.35	4.78	—	20	67
UELC 202	UEL 202	C 203		40	37.3	13.9	14	—	—	28.6	7.35	4.78	E 202	20	67
UCC 203	UC 203	C 203	17	40	27.4	11.5	14	M6×0.75	4	—	7.35	4.78	—	20	67
UELC 203	UEL 203	C 203		40	37.3	13.9	14	—	—	28.6	7.35	4.78	E 203	20	67
UCC 204	UC 204	C 204	20	47	31	12.7	17	M6×0.75	5	—	9.88	6.65	—	20	72
UELC 204	UEL 204	C 204		47	43.7	17.1	17	—	—	33.3	9.88	6.65	E 204	20	72
UCC 205	UC 205	C 205	25	52	34.1	14.3	17	M6×0.75	5	—	10.8	7.88	—	22	80
UCC 305	UC 305	C 305		62	38	15	21	M6×0.75	6	—	17.2	11.5	—	26	90
UELC 205	UEL 205	C 205		52	44.4	17.5	17	—	—	38.1	10.8	7.88	E 205	22	80
UELC 305	UEL 305	C 305		62	46.8	16.7	21	—	—	42.8	17.2	11.5	E 305	26	90
UCC 206	UC 206	C 206	30	62	38.1	15.9	19	M6×0.75	5	—	15.0	11.2	—	27	85
UCC 306	UC 306	C 306		72	43	17	23	M6×0.75	6	—	20.8	15.2	—	28	100
UELC 206	UEL 206	C 206		62	48.4	18.3	19	—	—	44.5	15.0	11.2	E 206	27	85
UELC 306	UEL 306	C 306		72	50	17.5	23	—	—	50	20.8	15.2	E 306	28	100
UCC 207	UC 207	C 207	35	72	42.9	17.5	20	M8×1	7	—	19.8	15.2	—	28	90
UCC 307	UC 307	C 307		80	48	19	25	M8×1	8	—	25.8	19.2	—	32	110
UELC 207	UEL 207	C 207		72	51.1	18.8	20	—	—	55.6	19.8	15.2	E 207	28	90
UELC 307	UEL 307	C 307		80	51.6	18.3	25	—	—	55	25.8	19.2	E 307	32	110
UCC 208	UC 208	C 208	40	80	49.2	19	21	M8×1	8	—	22.8	18.2	—	30	100
UCC 308	UC 308	C 308		90	52	19	27	M10×1.25	10	—	31.2	24.0	—	34	120
UELC 208	UEL 208	C 208		80	56.3	21.4	21	—	—	60.3	22.8	18.2	E 208	30	100
UELC 308	UEL 308	C 308		90	57.1	19.8	27	—	—	63.5	31.2	24.0	E 308	34	120
UCC 209	UC 209	C 209	45	85	49.2	19.0	22	M8×1	8	—	24.5	20.8	—	31	110
UCC 309	UC 309	C 309		100	57	22	30	M10×1.25	10	—	40.8	31.8	—	38	130
UELC 209	UEL 209	C 209		85	56.3	21.4	22	—	—	60.3	24.5	20.8	E 209	31	110
UELC 309	UEL 309	C 309		100	58.7	19.8	30	—	—	63.5	40.8	31.8	E 309	38	130

续表

带座轴承型号	轴承型号	座型号	轴承尺寸/mm								基本额定载荷/kN		配用偏心套	座尺寸/mm	
UCC 型 UELC 型	UC 型 UEL 型	C 型	d	D	B	S	C	d_s	G	d_1 max	C_r	C_{0r}	型号	A	D_1
UCC 210	UC 210	C 210	50	90	51.6	19.0	24	M10×1.25	10	—	27.0	23.2	—	33	120
UCC 310	UC 310	C 310		110	61	22	32	M12×1.5	12	—	47.5	37.8	—	40	140
UELC 210	UEL 210	C 210		90	62.7	24.6	24	—	—	69.9	27.0	23.2	E 210	33	120
UELC 310	UEL 310	C 310		110	66.6	24.6	32	—	—	76.2	47.5	37.8	E 310	40	140
UCC 211	UC 211	C 211	55	100	55.6	22.2	25	M10×1.25	10	—	33.5	29.2	—	35	125
UCC 311	UC 311	C 311		120	66	25	34	M12×1.5	12	—	55.0	44.8	—	44	150
UELC 211	UEL 211	C 211		100	71.4	27.8	25	—	—	76.2	33.5	29.2	E 211	35	125
UELC 311	UEL 311	C 311		120	73	27.8	34	—	—	83	55.0	44.8	E 311	44	150
UCC 212	UC 212	C 212	60	110	65.1	25.4	27	M10×1.25	10	—	36.8	32.8	—	38	130
UCC 312	UC 312	C 312		130	71	26	36	M12×1.5	12	—	62.8	51.8	—	46	160
UELC 212	UEL 212	C 212		110	77.8	31	27	—	—	84.2	36.8	32.8	E 212	38	130
UELC 312	UEL 312	C 312		130	79.4	30.95	36	—	—	89	62.8	51.8	E 312	46	160
UCC 213	UC 213	C 213	65	120	65.1	25.4	28	M10×1.25	10	—	44.0	40.0	—	40	140
UCC 313	UC 313	C 313		140	75	30	38	M12×1.5	12	—	72.2	60.5	—	50	170
UELC 213	UEL 213	C 213		120	85.7	34.1	28	—	—	86	44.0	40.0	E 213	40	140
UELC 313	UEL 313	C 313		140	85.7	32.55	38	—	—	97	72.2	60.5	E 313	50	170
UCC 314	UC 314	C 314	70	150	78	33	40	M12×1.5	12	—	80.2	68.0	—	52	180
UELC 314	UEL 314	C 314		150	92.1	34.15	40	—	—	102	80.2	68.0	E 314	52	180
UCC 315	UC 315	C 315	75	160	82	32	42	M14×1.5	14	—	87.2	76.8	—	55	190
UELC 315	UEL 315	C 315		160	100	37.3	42	—	—	113	87.2	76.8	E 315	55	190
UCC 316	UC 316	C 316	80	170	86	34	44	M14×1.5	14	—	94.5	86.5	—	60	200
UELC 316	UEL 316	C 316		170	106.4	40.5	44	—	—	119	94.5	86.5	E 316	60	200
UCC 317	UC 317	C 317	85	180	96	40	46	M16×1.5	16	—	102	96.5	—	64	215
UELC 317	UEL 317	C 317		180	109.5	42.05	46	—	—	127	102	96.5	E 317	64	215
UCC 318	UC 318	C 318	90	190	96	40	48	M16×1.5	16	—	110	108	—	66	225
UELC 318	UEL 318	C 318		190	115.9	43.65	48	—	—	133	110	108	E 318	66	225
UCC 319	UC 319	C 319	95	200	103	41	50	M16×1.5	16	—	120	122	—	72	240
UELC 319	UEL 319	C 319		200	122.3	38.9	50	—	—	140	120	122	E 319	72	240

续表

带座轴承型号	轴承型号	座型号	轴承尺寸/mm								基本额定载荷/kN		配用偏心套	座尺寸/mm	
UCC 型 UELC 型	UC 型 UEL 型	C 型	d	D	B	S	C	d_s	G	d_1 max	C_r	C_{0r}	型号	A	D_1
UCC 320	UC 320	C 320	100	215	108	42	54	M18×1.5	18	—	132	140	—	75	260
UELC 320	UEL 320	C 320		215	128.6	50	54	—	—	146	132	140	E 320	75	260
UCC 321	UC 321	C 321	105	225	112	44	56	M18×1.5	18	—	142	152	—	75	260
UCC 322	UC 322	C 322	110	240	117	46	60	M18×1.5	18	—	158	178	—	80	300
UCC 324	UC 324	C 324	120	260	126	51	64	M18×1.5	18	—	175	208	—	90	320
UCC 326	UC 326	C 326	130	280	135	54	68	M20×1.5	20	—	195	242	—	100	340
UCC 328	UC 328	C 328	140	300	145	59	72	M20×1.5	20	—	212	272	—	100	360

表 7-5-50 带冲压立式座外球面球轴承（带顶丝、带偏心套）（GB/T 7810—2017）

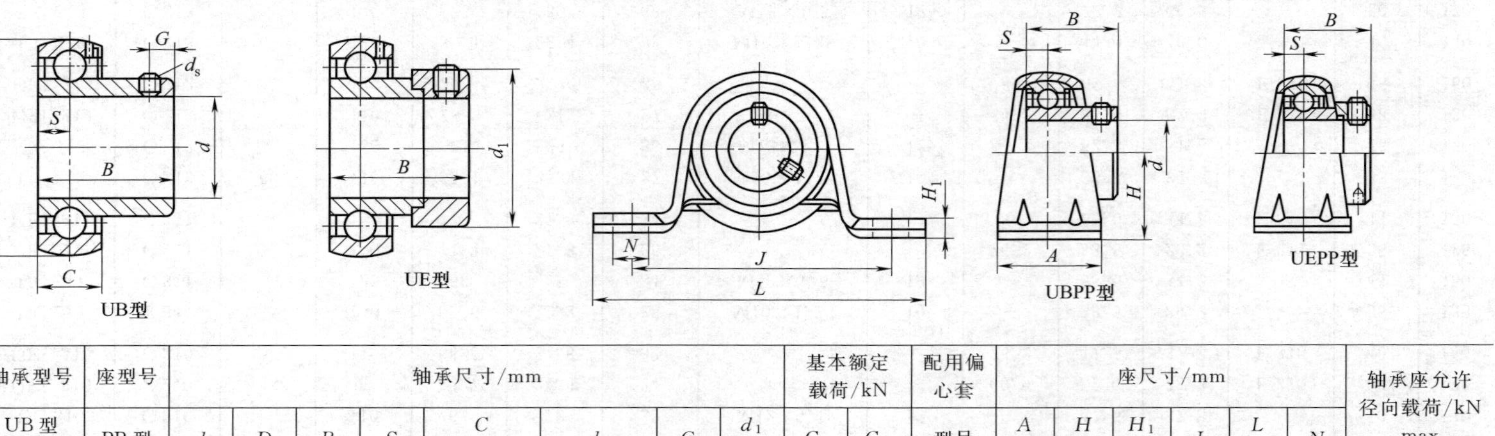

带座轴承型号	轴承型号	座型号	轴承尺寸/mm									基本额定载荷/kN		配用偏心套	座尺寸/mm						轴承座允许径向载荷/kN
UBPP 型 UEPP 型	UB 型 UE 型	PP 型	d	D	B	S	C min	C max	d_s	G	d_1 max	C_r	C_{0r}	型号	A max	H max	H_1 max	J	L max	N	max
UBPP 201	UB 201	PP 203	12	40	22	6	12		M5×0.8	4.5	—	7.35	4.78	—	26	22.2	4	68	87	9.5	1.25
UEPP 201	UE 201	PP 203		40	28.6	6.5	12	13	—	—	28.6	7.35	4.78	E 201	26	22.2	4	68	87	9.5	1.25
UBPP 202	UB 202	PP 203	15	40	22	6	12		M5×0.8	4.5	—	7.35	4.78	—	26	22.2	4	68	87	9.5	1.25
UEPP 202	UE 202	PP 203		40	28.6	6.5	12	13	—	—	28.6	7.35	4.78	E 202	26	22.2	4	68	87	9.5	1.25

续表

带座轴承型号	轴承型号	座型号	轴承尺寸/mm								基本额定载荷/kN		配用偏心套	座尺寸/mm						轴承座允许径向载荷/kN max
UBPP 型 UEPP 型	UB 型 UE 型	PP 型	d	D	B	S	C min　max	d_s	G	d_1 max	C_r	C_{0r}	型号	A max	H max	H_1 max	J	L max	N	
UBPP 203	UB 203	PP 203	17	40	22	6	12	M5×0.8	4.5	—	7.35	4.78	—	26	22.2	4	68	87	9.5	1.25
UEPP 203	UE 203	PP 203		40	28.6	6.5	12　13	—	—	28.6	7.35	4.78	E 203	26	22.2	4	68	87	9.5	1.25
UBPP 204	UB 204	PP 204	20	47	25	7	14	M6×0.75	5	—	9.88	6.65	—	33	25.4	4	76	99	9.5	1.70
UEPP 204	UE 204	PP 204		47	31	7.5	14　15	—	—	33.3	9.88	6.65	E 204	33	25.4	4	76	99	9.5	1.70
UBPP 205	UB 205	PP 205	25	52	27	7.5	15	M6×0.75	5.5	—	10.8	7.88	—	33	28.6	4.5	86	109	11.5	1.80
UEPP 205	UE 205	PP 205		52	31.5	7.5	15	—	—	38.1	10.8	7.88	E 205	33	28.6	4.5	86	109	11.5	1.80
UBPP 206	UB 206	PP 206	30	62	30	8	16	M6×0.75	6	—	15.0	11.2	—	39	33.3	4.5	95	119	11.5	2.50
UEPP 206	UE 206	PP 206		62	35.7	9	16　18	—	—	44.5	15.0	11.2	E 206	39	33.3	4.5	95	119	11.5	2.50
UBPP 207	UB 207	PP 207	35	72	32	8.5	17	M8×1	6	—	19.8	15.2	—	43	39.7	5	106	130	11.5	3.30
UEPP 207	UE 207	PP 207		72	38.9	9.5	17　19	—	—	55.6	19.8	15.2	E 207	43	39.7	5	106	130	11.5	3.30
UBPP 208	UB 208	PP 208	40	80	34	9	18	M8×1	7	—	22.8	18.2	—	43	43.7	5	120	148	13	3.80
UEPP 208	UE 208	PP 208		80	43.7	11	18　22	—	—	60.3	22.8	18.2	E 208	43	43.7	5	120	148	13	3.80
UBPP 209	UB 209	PP 209	45	85	43.7	11	19　22	—	—	63.5	24.5	20.8	E 209	45	46.8	6	128	156	13	4.20

表 7-5-51　带冲压圆形座外球面球轴承（带顶丝、带偏心套）（GB/T 7810—2017）

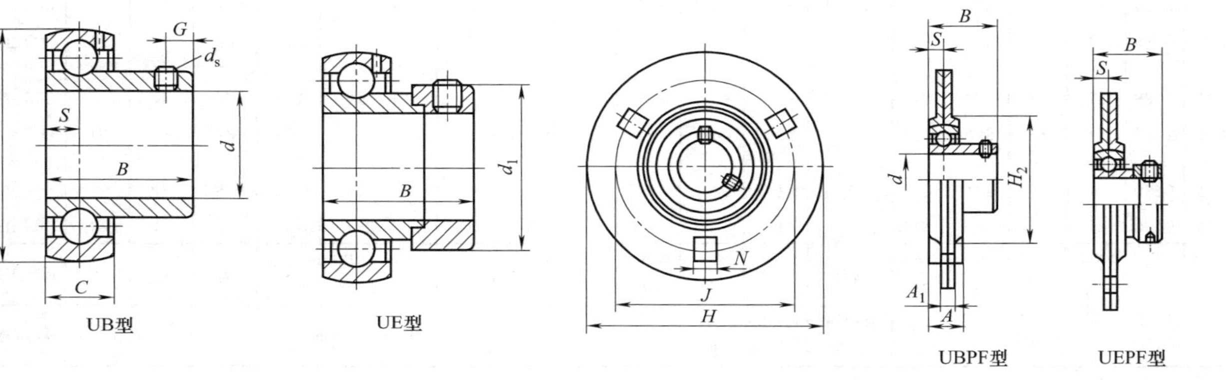

续表

带座轴承型号	轴承型号	座型号	轴承尺寸/mm								基本额定载荷/kN		配用偏心套	座尺寸/mm						轴承座允许径向载荷/kN
UBPF 型 UEPF 型	UB 型 UE 型	PF 型	d	D	B	S	C min max	d_s	G	d_1 max	C_r	C_{0r}	型号	A max	A_1 max	H max	H_2 max	J	N	max
UBPF 201	UB 201	PF 203	12	40	22	6	12	M5×0.8	4.5	—	7.35	4.78	—	15	4.5	82	49	63.5	7.1	2.45
UEPF 201	UE 201	PF 203		40	28.6	6.5	12 13	—	—	28.6	7.35	4.78	E 201	15	4.5	82	49	63.5	7.1	2.45
UBPF 202	UB 202	PF 203	15	40	22	6	12	M5×0.8	4.5	—	7.35	4.78	—	15	4.5	82	49	63.5	7.1	2.45
UEPF 202	UE 202	PF 203		40	28.6	6.5	12 13	—	—	28.6	7.35	4.78	E 202	15	4.5	82	49	63.5	7.1	2.45
UBPF 203	UB 203	PF 203	17	40	22	6	12	M5×0.8	4.5	—	7.35	4.78	—	15	4.5	82	49	63.5	7.1	2.45
UEPF 203	UE 203	PF 203		40	28.6	6.5	12 13	—	—	28.6	7.35	4.78	E 203	15	4.5	82	49	63.5	7.1	2.45
UBPF 204	UB 204	PF 204	20	47	25	7	14	M6×0.75	5	—	9.88	6.65	—	17	4.5	91	56	71.5	9	3.29
UEPF 204	UE 204	PF 204		47	31	7.5	14 15	—	—	33.3	9.88	6.65	E 204	17	4.5	91	56	71.5	9	3.29
UBPF 205	UB 205	PF 205	25	52	27	7.5	15	M6×0.75	5.5	—	10.8	7.88	—	19	4.5	96	61	76	9	3.60
UEPF 205	UE 205	PF 205		52	31.5	7.5	15	—	—	38.1	10.8	7.88	E 205	19	4.5	96	61	76	9	3.60
UBPF 206	UB 206	PF 206	30	62	30	8	16	M6×0.75	6	—	15.0	11.2	—	20	5.5	114	72	90.5	11	5.00
UEPF 206	UE 206	PF 206		62	35.7	9	16 18	—	—	44.5	15.0	11.2	E 206	20	5.5	114	72	90.5	11	5.00
UBPF 207	UB 207	PF 207	35	72	32	8.5	17	M8×1	6	—	19.8	15.2	—	23	5.5	127	81	100	11	6.56
UEPF 207	UE 207	PF 207		72	38.9	9.5	17 19	—	—	55.6	19.8	15.2	E 207	23	5.5	127	81	100	11	6.56
UBPF 208	UB 208	PF 208	40	80	34	9	18	M8×1	7	—	22.8	18.2	—	23	7	149	91	119	13.5	7.56
UEPF 208	UE 208	PF 208		80	43.7	11	18 22	—	—	60.3	22.8	18.2	E 208	23	7	149	91	119	13.5	7.56
UBPF 209	UB 209	PF 209	45	85	43.7	11	19 22	—	—	63.5	24.5	20.8	E 209	23	7	150	98	120.5	13.5	8.13
UBPF 210	UB 210	PF 210	50	90	43.7	11	20 22	—	—	69.9	27.0	23.2	E 210	25	8	157	102	127	13.5	9.00
UBPF 211	UB 211	PF 211	55	100	48.4	12	21 25	—	—	76.2	33.5	29.2	E 211	26	8	168	113	138	13.5	11.1
UBPF 212	UB 212	PF 212	60	110	53.1	13.5	22 27	—	—	84.2	36.8	32.8	E 212	28	8	177	122	148	13.5	12.2

表 7-5-52　**带冲压三角形座外球面球轴承**（带顶丝、带偏心套）（GB/T 7810—2017）

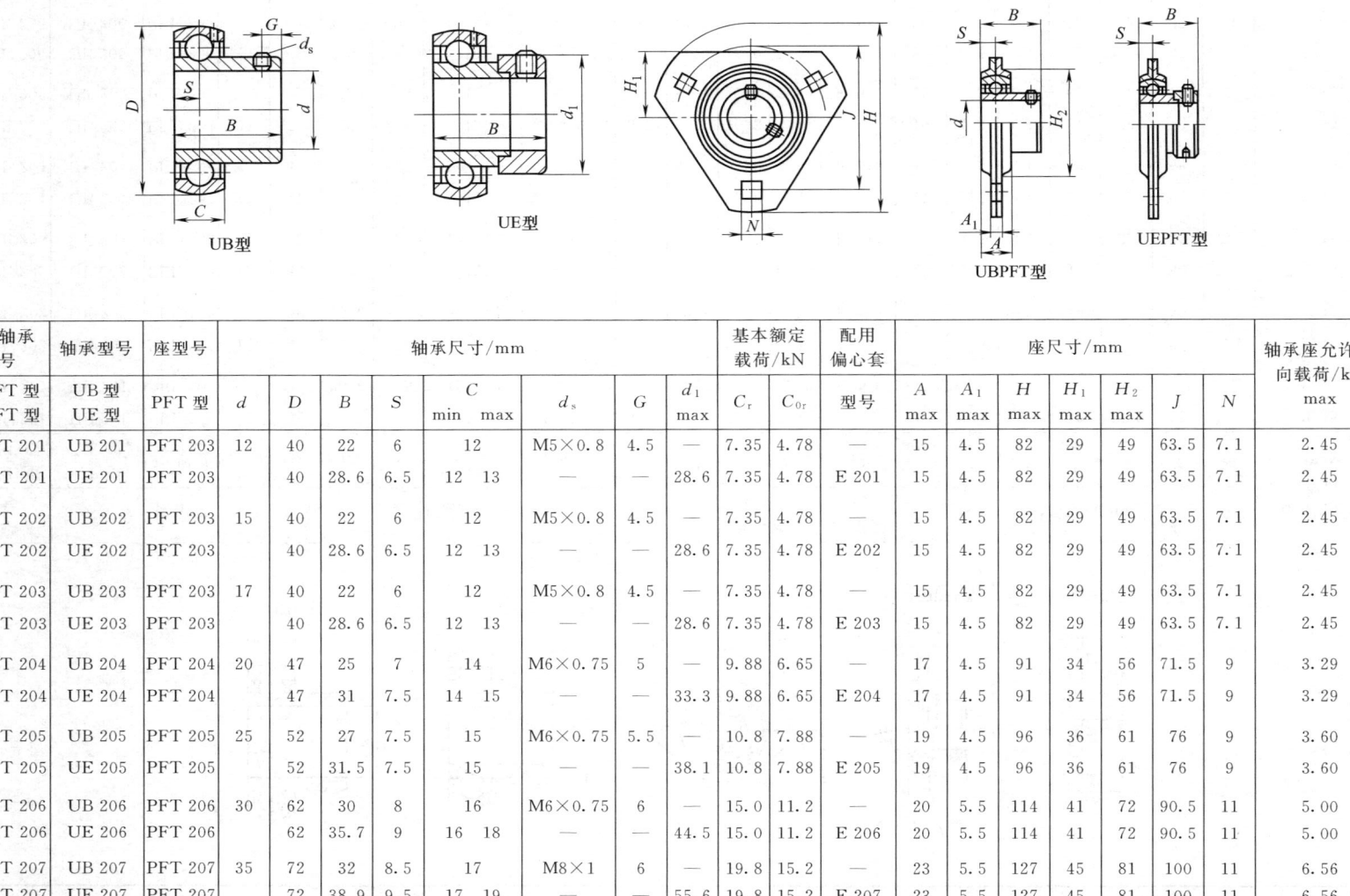

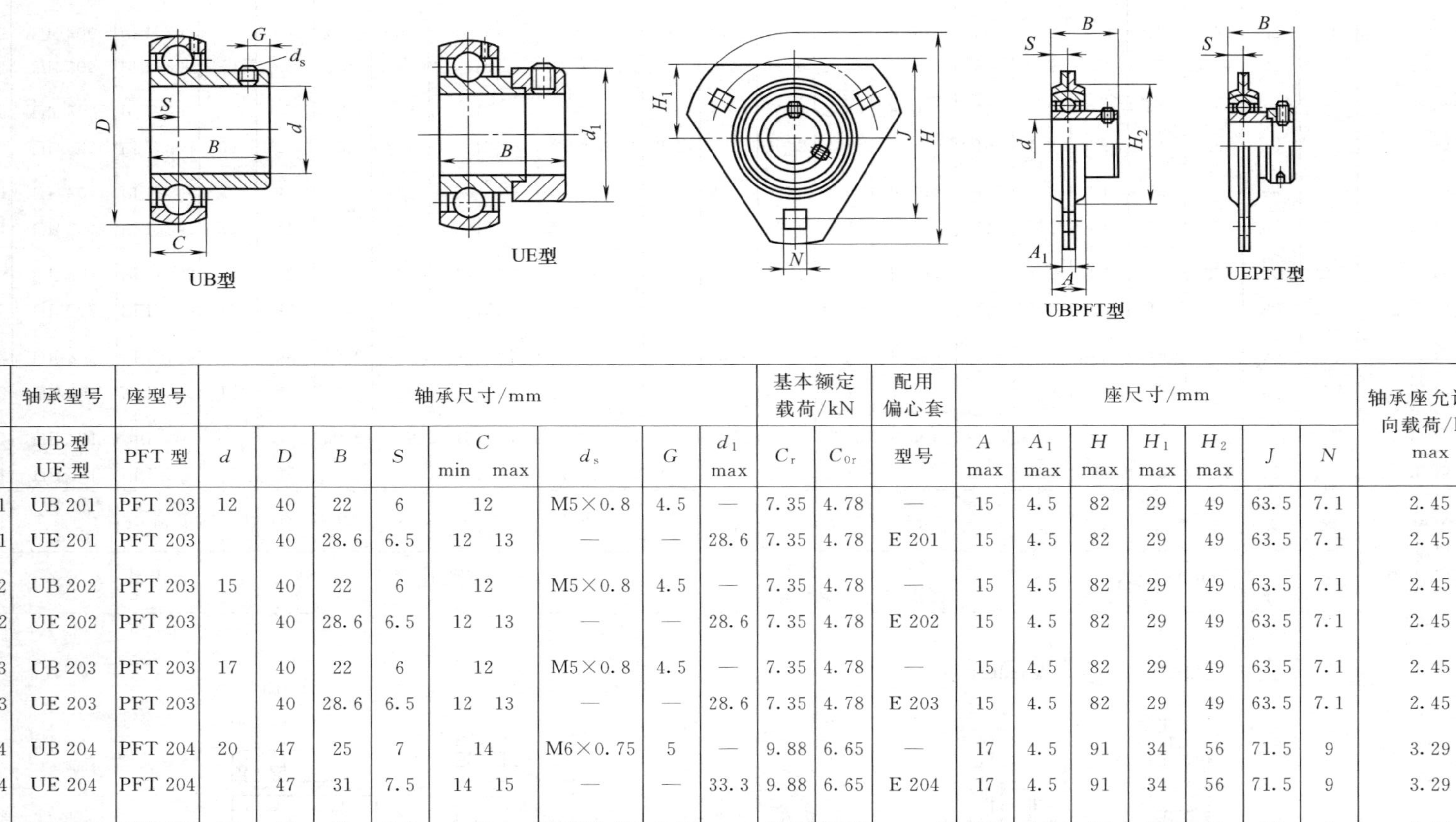

带座轴承型号	轴承型号	座型号	轴承尺寸/mm								基本额定载荷/kN		配用偏心套	座尺寸/mm							轴承座允许径向载荷/kN
UBPFT型 UEPFT型	UB型 UE型	PFT型	d	D	B	S	C min　max	d_s	G	d_1 max	C_r	C_{0r}	型号	A max	A_1 max	H max	H_1 max	H_2 max	J	N	max
UBPFT 201	UB 201	PFT 203	12	40	22	6	12	M5×0.8	4.5	—	7.35	4.78	—	15	4.5	82	29	49	63.5	7.1	2.45
UEPFT 201	UE 201	PFT 203		40	28.6	6.5	12　13	—	—	28.6	7.35	4.78	E 201	15	4.5	82	29	49	63.5	7.1	2.45
UBPFT 202	UB 202	PFT 203	15	40	22	6	12	M5×0.8	4.5	—	7.35	4.78	—	15	4.5	82	29	49	63.5	7.1	2.45
UEPFT 202	UE 202	PFT 203		40	28.6	6.5	12　13	—	—	28.6	7.35	4.78	E 202	15	4.5	82	29	49	63.5	7.1	2.45
UBPFT 203	UB 203	PFT 203	17	40	22	6	12	M5×0.8	4.5	—	7.35	4.78	—	15	4.5	82	29	49	63.5	7.1	2.45
UEPFT 203	UE 203	PFT 203		40	28.6	6.5	12　13	—	—	28.6	7.35	4.78	E 203	15	4.5	82	29	49	63.5	7.1	2.45
UBPFT 204	UB 204	PFT 204	20	47	25	7	14	M6×0.75	5	—	9.88	6.65	—	17	4.5	91	34	56	71.5	9	3.29
UEPFT 204	UE 204	PFT 204		47	31	7.5	14　15	—	—	33.3	9.88	6.65	E 204	17	4.5	91	34	56	71.5	9	3.29
UBPFT 205	UB 205	PFT 205	25	52	27	7.5	15	M6×0.75	5.5	—	10.8	7.88	—	19	4.5	96	36	61	76	9	3.60
UEPFT 205	UE 205	PFT 205		52	31.5	7.5	15	—	—	38.1	10.8	7.88	E 205	19	4.5	96	36	61	76	9	3.60
UBPFT 206	UB 206	PFT 206	30	62	30	8	16	M6×0.75	6	—	15.0	11.2	—	20	5.5	114	41	72	90.5	11	5.00
UEPFT 206	UE 206	PFT 206		62	35.7	9	16　18	—	—	44.5	15.0	11.2	E 206	20	5.5	114	41	72	90.5	11	5.00
UBPFT 207	UB 207	PFT 207	35	72	32	8.5	17	M8×1	6	—	19.8	15.2	—	23	5.5	127	45	81	100	11	6.56
UEPFT 207	UE 207	PFT 207		72	38.9	9.5	17　19	—	—	55.6	19.8	15.2	E 207	23	5.5	127	45	81	100	11	6.56

表 7-5-53 带冲压菱形座外球面球轴承（带顶丝、带偏心套）（GB/T 7810—2017）

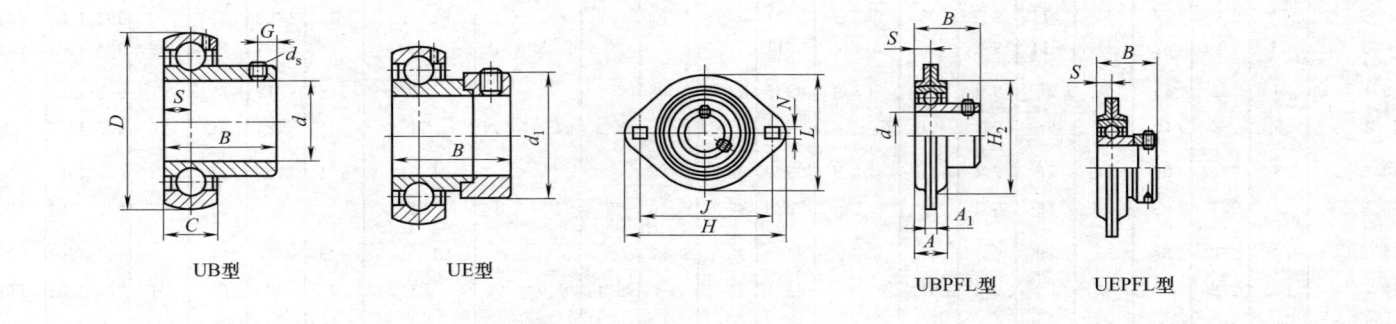

UB型 UE型 UBPFL型 UEPFL型

带座轴承型号	轴承型号	座型号	轴承尺寸/mm								基本额定载荷/kN		配用偏心套	座尺寸/mm							轴承座允许径向载荷/kN
UBPFL 型 UEPFL 型	UB 型 UE 型	PFL 型	d	D	B	S	C min max	d_s	G	d_1 max	C_r	C_{0r}	型号	A max	A_1 max	H max	H_2 max	J	L max	N	max
UBPFL 201	UB 201	PFL 203	12	40	22	6	12	M5×0.8	4.5	—	7.35	4.78	—	15	4.5	82	49	63.5	60	7.1	2.45
UEPFL 201	UE 201	PFL 203		40	28.6	6.5	12 13	—	—	28.6	7.35	4.78	E 201	15	4.5	82	49	63.5	60	7.1	2.45
UBPFL 202	UB 202	PFL 203	15	40	22	6	12	M5×0.8	4.5	—	7.35	4.78	—	15	4.5	82	49	63.5	60	7.1	2.45
UEPFL 202	UE 202	PFL 203		40	28.6	6.5	12 13	—	—	28.6	7.35	4.78	E 202	15	4.5	82	49	63.5	60	7.1	2.45
UBPFL 203	UB 203	PFL 203	17	40	22	6	12	M5×0.8	4.5	—	7.35	4.78	—	15	4.5	82	49	63.5	60	7.1	2.45
UEPFL 203	UE 203	PFL 203		40	28.6	6.5	12 13	—	—	28.6	7.35	4.78	E 203	15	4.5	82	49	63.5	60	7.1	2.45
UBPFL 204	UB 204	PFL 204	20	47	25	7	14	M6×0.75	5	—	9.88	6.65	—	17	4.5	91	56	71.5	68	9	3.29
UEPFL 204	UE 204	PFL 204		47	31	7.5	14 15	—	—	33.3	9.88	6.65	E 204	17	4.5	91	56	71.5	68	9	3.29
UBPFL 205	UB 205	PFL 205	25	52	27	7.5	15	M6×0.75	5.5	—	10.8	7.88	—	19	4.5	96	61	76	72	9	3.60
UEPFL 205	UE 205	PFL 205		52	31.5	7.5	15	—	—	38.1	10.8	7.88	E 205	19	4.5	96	61	76	72	9	3.60
UBPFL 206	UB 206	PFL 206	30	62	30	8	16	M6×0.75	6	—	15.0	11.2	—	20	5.5	114	72	90.5	85	11	5.00
UEPFL 206	UE 206	PFL 206		62	35.7	9	16 18	—	—	44.5	15.0	11.2	E 206	20	5.5	114	72	90.5	85	11	5.00
UBPFL 207	UB 207	PFL 207	35	72	32	8.5	17	M8×1	6	—	19.8	15.2	—	23	5.5	127	81	100	95	11	6.56
UEPFL 207	UE 207	PFL 207		72	38.9	9.5	17 19	—	—	55.6	19.8	15.2	E 207	23	5.5	127	81	100	95	11	6.56

5.15　组合轴承

表 7-5-54　滚针和推力球组合轴承（GB/T 25760—2010）

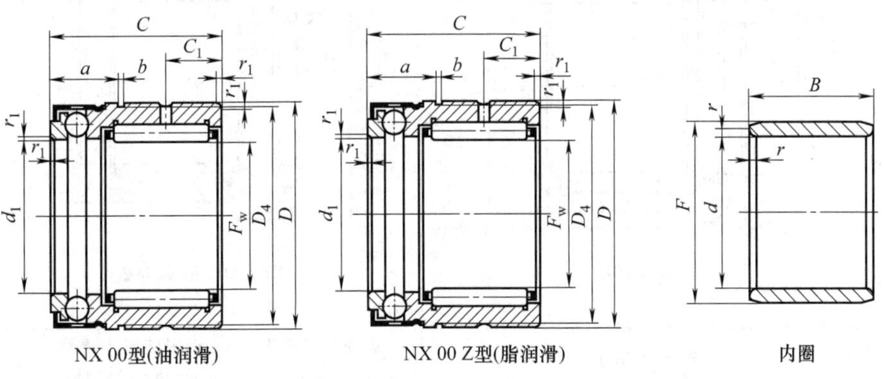

NX 00型(油润滑)　NX 00 Z型(脂润滑)　内圈

轴承型号	外形尺寸/mm									基本额定载荷/kN				极限转速/r·min^{-1}	质量/kg	适合的内圈型号
NX 00 型 NX 00 Z 型	F_w	C	D	d_1	C_1	D_4	a	b	r_1 min	C_r	C_{0r}	C_a	C_{0a}	油	W ≈	IR $d\times F\times B$
NX 7 TN	7	18	14	7	4.7	13.5	8.8	1.3	0.3	2.85	2.65	3.45	4.0	15000	0.014	—
NX 7 Z TN		18	14	7	4.7	13.5	8.8	1.3	0.3	2.85	2.65	3.45	4.0	—	0.014	—
NX 10	10	18	19	10	4.7	18.4	8.8	1.3	0.3	4.45	3.7	5.1	6.7	11000	0.025	IR 6×10×10
NX 10 Z		18	19	10	4.7	18.4	8.8	1.3	0.3	4.45	3.7	5.1	6.7	—	0.025	IR 6×10×10
NX 12	12	18	21	12	4.7	20.2	8.8	1.3	0.3	4.8	4.3	5.3	7.7	9500	0.028	IR 8×12×10
NX 12 Z		18	21	12	4.7	20.2	8.8	1.3	0.3	4.8	4.3	5.3	7.7	—	0.028	IR 8×12×10
NX 15	15	28	24	15	8	23	11	1.3	0.3	10.7	12.7	6.1	9.7	8000	0.048	IR 12×15×16
NX 15 Z		28	24	15	8	23	11	1.3	0.3	10.7	12.7	6.1	9.7	—	0.048	IR 12×15×16
NX 17	17	28	26	17	8	25	11	1.3	0.3	11.9	15.0	6.4	10.7	7500	0.053	IR 14×17×17
NX 17 Z		28	26	17	8	25	11	1.3	0.3	11.9	15.0	6.4	10.7	—	0.053	IR 14×17×17
NX 20	20	28	30	20	8	29	10.7	1.6	0.3	13.0	17.5	7.7	13.7	6500	0.068	IR 17×20×16
NX 20 Z		28	30	20	8	29	10.7	1.6	0.3	13.0	17.5	7.7	13.7	—	0.068	IR 17×20×16
NX 25	25	30	37	25	8	35.8	12.7	1.6	0.3	14.9	22.4	12.2	22.6	4900	0.115	IR 20×25×16
NX 25 Z		30	37	25	8	35.8	12.7	1.6	0.3	14.9	22.4	12.2	22.6	—	0.115	IR 20×25×16
NX 30	30	30	42	30	10	40.5	12.7	1.6	0.3	22.6	36.0	12.8	26.0	4300	0.130	IR 25×30×20
NX 30 Z		30	42	30	10	40.5	12.7	1.6	0.3	22.6	36.0	12.8	26.0	—	0.130	IR 25×30×20
NX 35	35	30	47	35	10	45.5	12.7	1.6	0.3	24.3	41.5	13.6	30.0	3700	0.160	IR 30×35×20
NX 35 Z		30	47	35	10	45.5	12.7	1.6	0.3	24.3	41.5	13.6	30.0	—	0.160	IR 30×35×20

注：脂润滑极限转速为表中数值的 60%。

表 7-5-55 **滚针和推力球组合轴承**（GB/T 25760—2010）

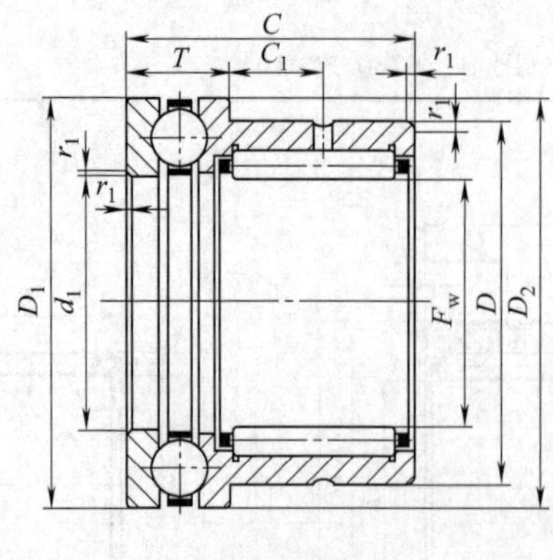

NKX 00型

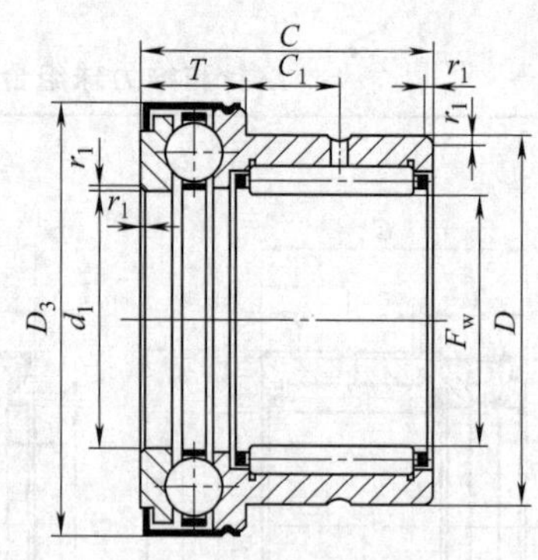

NKX 00 Z型(带外罩)

轴承型号	外形尺寸/mm										基本额定载荷 /kN				极限转速 /r·min^{-1}	质量 /kg	适合的内圈型号
NKX 00 型 NKX 00 Z 型	F_w	C	D	d_1	C_1	D_{1s} max	D_2	D_{3s} max	T	r_1 min	C_r	C_{0r}	C_a	C_{0a}	油	W ≈	IR $d \times F \times B$
NKX 10	10	23	19	10	6.5	24	24	25.2	9	0.3	6.2	7.8	10.0	12.1	12000	0.034	IR 7×10×16
NKX 10Z		23	19	10	6.5	24	24	25.2	9	0.3	6.2	7.8	10.0	12.1	12000	0.036	IR 7×10×16
NKX 12	12	23	21	12	6.5	26	26	27.2	9	0.3	9.2	11.0	10.3	13.3	11000	0.038	IR 9×12×16
NKX 12 Z		23	21	12	6.5	26	26	27.2	9	0.3	9.2	11.0	10.3	13.3	11000	0.040	IR 9×12×16
NKX 15	15	23	24	15	6.5	28	28	29.2	9	0.3	10.7	12.7	10.5	14.5	9500	0.044	IR 12×15×16
NKX 15 Z		23	24	15	6.5	28	28	29.2	9	0.3	10.7	12.7	10.5	14.5	9500	0.047	IR 12×15×16
NKX 17	17	25	26	17	8	30	30	31.2	9	0.3	11.9	15.0	10.8	15.7	8500	0.053	IR 14×17×17
NKX 17 Z		25	26	17	8	30	30	31.2	9	0.3	11.9	15.0	10.8	15.7	8500	0.055	IR 14×17×17
NKX 20	20	30	30	20	10.5	35	35	36.2	10	0.3	16.4	23.8	14.3	21.4	7500	0.083	IR 17×20×20
NKX 20 Z		30	30	20	10.5	35	35	36.2	10	0.3	16.4	23.8	14.3	21.4	7500	0.090	IR 17×20×20
NKX 25	25	30	37	25	9.5	42	42	43.2	11	0.6	18.8	30.5	19.6	32.0	6000	0.125	IR 20×25×20
NKX 25 Z		30	37	25	9.5	42	42	43.2	11	0.6	18.8	30.5	19.6	32.0	6000	0.132	IR 20×25×20
NKX 30	30	30	42	30	9.5	47	47	48.2	11	0.6	22.6	36.0	20.4	36.5	5000	0.141	IR 25×30×20
NKX 30 Z		30	42	30	9.5	47	47	48.2	11	0.6	22.6	36.0	20.4	36.5	5000	0.148	IR 25×30×20
NKX 35	35	30	47	35	9	52	52	53.2	12	0.6	24.3	41.5	21.2	41.0	4600	0.163	IR 30×35×20
NKX 35 Z		30	47	35	9	52	52	53.2	12	0.6	24.3	41.5	21.2	41.0	4600	0.168	IR 30×35×20
NKX 40	40	32	52	40	10	60	60	61.2	13	0.6	26.0	47.0	27.0	54.0	4000	0.200	IR 35×40×20
NKX 40 Z		32	52	40	10	60	60	61.2	13	0.6	26.0	47.0	27.0	54.0	4000	0.208	IR 35×40×20
NKX 45	45	32	58	45	9	65	65	66.5	14	0.6	27.5	53.0	28.0	60.0	3600	0.252	IR 40×45×20
NKX 45 Z		32	58	45	9	65	65	66.5	14	0.6	27.5	53.0	28.0	60.0	3600	0.265	IR 40×45×20
NKX 50	50	35	62	50	10	70	70	71.5	14	0.6	38.0	74.0	29.0	65.0	3300	0.280	IR 45×50×25
NKX 50 Z		35	62	50	10	70	70	71.5	14	0.6	38.0	74.0	29.0	65.0	3300	0.300	IR 45×50×25
NKX 60	60	40	72	60	12	85	85	86.5	17	1	42.0	90.0	41.5	97.0	2800	0.360	IR 50×60×25
NKX 60 Z		40	72	60	12	85	85	86.5	17	1	42.0	90.0	41.5	97.0	2800	0.380	IR 50×60×25
NKX 70	70	40	85	70	11	95	95	96.5	18	1	44.5	92.0	43.0	110.0	2400	0.500	IR 60×70×25
NKX 70 Z		40	85	70	11	95	95	96.5	18	1	44.5	92.0	43.0	110.0	2400	0.520	IR 60×70×25

注：脂润滑极限转速为表中数值的 60%。

表 7-5-56　　滚针和角接触球组合轴承（GB/T 25761—2010）

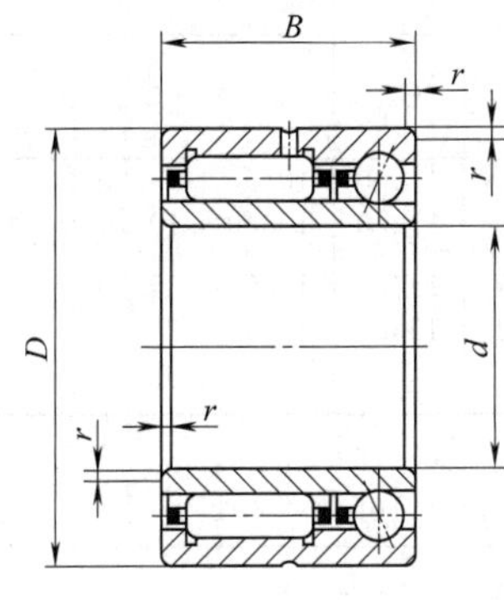

NKIA 0000型

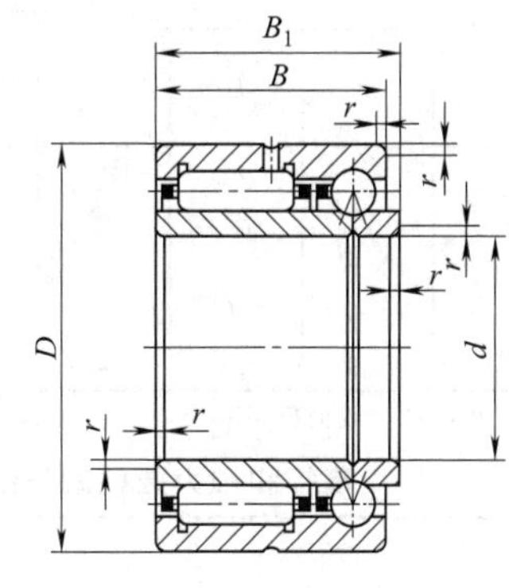

NKIB 0000型

轴承型号	外形尺寸/mm					基本额定载荷/kN				极限转速/r·min^{-1}	质量/kg
NKIA 0000 型 NKIB 0000 型	d	D	B	B_1	r min	C_r	C_{0r}	C_a	C_{0a}	油	W ≈
NKIA 5901	12	24	16	—	0.3	7.6	8.3	2.16	1.94	23000	0.040
NKIB 5901		24	16	17.5	0.3	7.6	8.3	2.16	1.94	23000	0.043
NKIA 5902	15	28	18	—	0.3	10.6	13.6	2.34	2.37	21000	0.050
NKIB 5902		28	18	20	0.3	10.6	13.6	2.34	2.37	21000	0.052
NKIA 5903	17	30	18	—	0.3	11.0	14.6	2.50	2.75	20000	0.056
NKIB 5903		30	18	20	0.3	11.0	14.6	2.50	2.75	20000	0.058
NKIA 5904	20	37	23	—	0.3	21.0	25.5	3.95	4.20	17000	0.103
NKIB 5904		37	23	25	0.3	21.0	25.5	3.95	4.20	17000	0.107
NKIA 59/22	22	39	23	—	0.3	22.8	29.5	4.25	4.85	15000	0.118
NKIB 59/22		39	23	25	0.3	22.8	29.5	4.25	4.85	15000	0.122
NKIA 5905	25	42	23	—	0.3	23.6	31.5	4.35	5.20	14000	0.130
NKIB 5905		42	23	25	0.3	23.6	31.5	4.35	5.20	14000	0.134
NKIA 5906	30	47	23	—	0.3	25.0	35.5	4.75	6.30	13000	0.147
NKIB 5906		47	23	25	0.3	25.0	35.5	4.75	6.30	13000	0.151
NKIA 5907	35	55	27	—	0.6	31.5	50.0	6.00	8.40	11000	0.243
NKIB 5907		55	27	30	0.6	31.5	50.0	6.00	8.40	11000	0.247
NKIA 5908	40	62	30	—	0.6	43.0	67.0	7.40	10.90	9000	0.315
NKIB 5908		62	30	34	0.6	43.0	67.0	7.40	10.90	9000	0.320
NKIA 5909	45	68	30	—	0.6	45.0	73.0	7.70	12.00	8500	0.375
NKIB 5909		68	30	34	0.6	45.0	73.0	7.70	12.00	8500	0.380
NKIA 5910	50	72	30	—	0.6	47.0	80.0	8.10	13.70	8000	0.380
NKIB 5910		72	30	34	0.6	47.0	80.0	8.10	13.70	8000	0.385
NKIA 5911	55	80	34	—	1	58.0	100.0	9.70	16.60	7000	0.550
NKIB 5911		80	34	38	1	58.0	100.0	9.70	16.60	7000	0.555
NKIA 5912	60	85	34	—	1	60.0	108.0	10.00	17.90	6500	0.590
NKIB 5912		85	34	38	1	60.0	108.0	10.00	17.90	6500	0.595

续表

轴承型号	外形尺寸/mm					基本额定载荷/kN				极限转速/r·min⁻¹	质量/kg
NKIA 0000 型 NKIB 0000 型	d	D	B	B_1	r min	C_r	C_{0r}	C_a	C_{0a}	油	W ≈
NKIA 5913	65	90	34	—	1	61.0	112.0	10.30	19.30	6500	0.635
NKIB 5913		90	34	38	1	61.0	112.0	10.30	19.30	6500	0.640
NKIA 5914	70	100	40	—	1	84.0	156.0	13.50	25.00	5500	0.980
NKIB 5914		100	40	45	1	84.0	156.0	13.50	25.00	5500	0.985
NKIA 5916	80	105	40	—	1	—	—	—	—	—	—

注：脂润滑极限转速为表中数值的60%。

表 7-5-57 滚针和推力圆柱滚子组合轴承（GB/T 16643—2015）

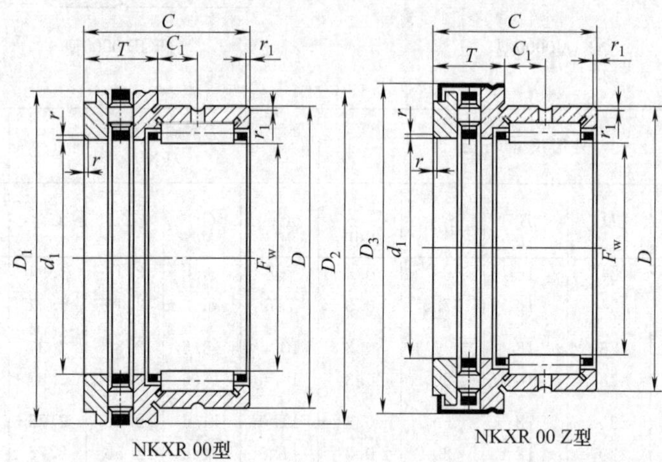

轴承型号	外形尺寸/mm										基本额定载荷/kN				极限转速/r·min⁻¹	质量/kg	适合的内圈型号
NKXR 00 型 NKXR 00 Z 型	F_w	d_1	C	D	D_1 max	D_2	D_3 max	T	C_1	r r_1 min	C_r	C_{0r}	C_a	C_{0a}	油	W ≈	IR $d \times F \times B$
NKXR 15	15	15	23	24	28	28	—	9	6.5	0.3	10.7	12.7	14.4	28.5	11000	0.042	IR 12×15×16
NKXR 15 Z		15	23	24	—	—	29.2	9	6.5	0.3	10.7	12.7	14.4	28.5	11000	0.045	IR 12×15×16
NKXR 17	17	17	25	26	30	30	—	9	8.0	0.3	11.9	15.0	15.9	33.5	10000	0.050	IR 14×17×17
NKXR 17 Z		17	25	26	—	—	31.2	9	8.0	0.3	11.9	15.0	15.9	33.5	10000	0.053	IR 14×17×17
NKXR 20	20	20	30	30	35	35	—	10	10.5	0.3	16.4	23.8	24.9	53.0	8500	0.080	IR 17×20×20
NKXR 20 Z		20	30	30	—	—	36.2	10	10.5	0.3	16.4	23.8	24.9	53.0	8500	0.084	IR 17×20×20
NKXR 25	25	25	30	37	42	42	—	11	9.5	0.6	18.8	30.5	33.5	76.0	7000	0.120	IR 20×25×20
NKXR 25 Z		25	30	37	—	—	43.2	11	9.5	0.6	18.8	30.5	33.5	76.0	7000	0.125	IR 20×25×20
NKXR 30	30	30	30	42	47	47	—	11	9.5	0.6	22.6	36.0	35.5	86.0	6000	0.135	IR 25×30×20
NKXR 30 Z		30	30	42	—	—	48.2	11	9.5	0.6	22.6	36.0	35.5	86.0	6000	0.141	IR 25×30×20
NKXR 35	35	35	30	47	52	52	—	12	9.0	0.6	24.3	41.5	39.0	101	5500	0.157	IR 30×35×20
NKXR 35 Z		35	30	47	—	—	53.2	12	9.0	0.6	24.3	41.5	39.0	101	5500	0.165	IR 30×35×20
NKXR 40	40	40	32	52	60	60	—	13	10.0	0.6	26.0	47.0	56.0	148	4800	0.204	IR 35×40×20
NKXR 40 Z		40	32	52	—	—	61.2	13	10.0	0.6	26.0	47.0	56.0	148	4800	0.214	IR 35×40×20
NKXR 45	45	45	32	58	65	65	—	14	9.0	0.6	27.5	53.0	59.0	163	4400	0.244	IR 40×45×20
NKXR 45 Z		45	32	58	—	—	66.5	14	9.0	0.6	27.5	53.0	59.0	163	4400	0.260	IR 40×45×20
NKXR 50	50	50	35	62	70	70	—	14	10.0	0.6	38.0	74.0	61.0	177	4000	0.268	IR 45×50×25
NKXR 50 Z		50	35	62	—	—	71.5	14	10.0	0.6	38.0	74.0	61.0	177	4000	0.288	IR 45×50×25

注：脂润滑极限转速为表中数值的25%。

表 7-5-58　滚针和双向推力圆柱滚子组合轴承（GB/T 25768—2010）

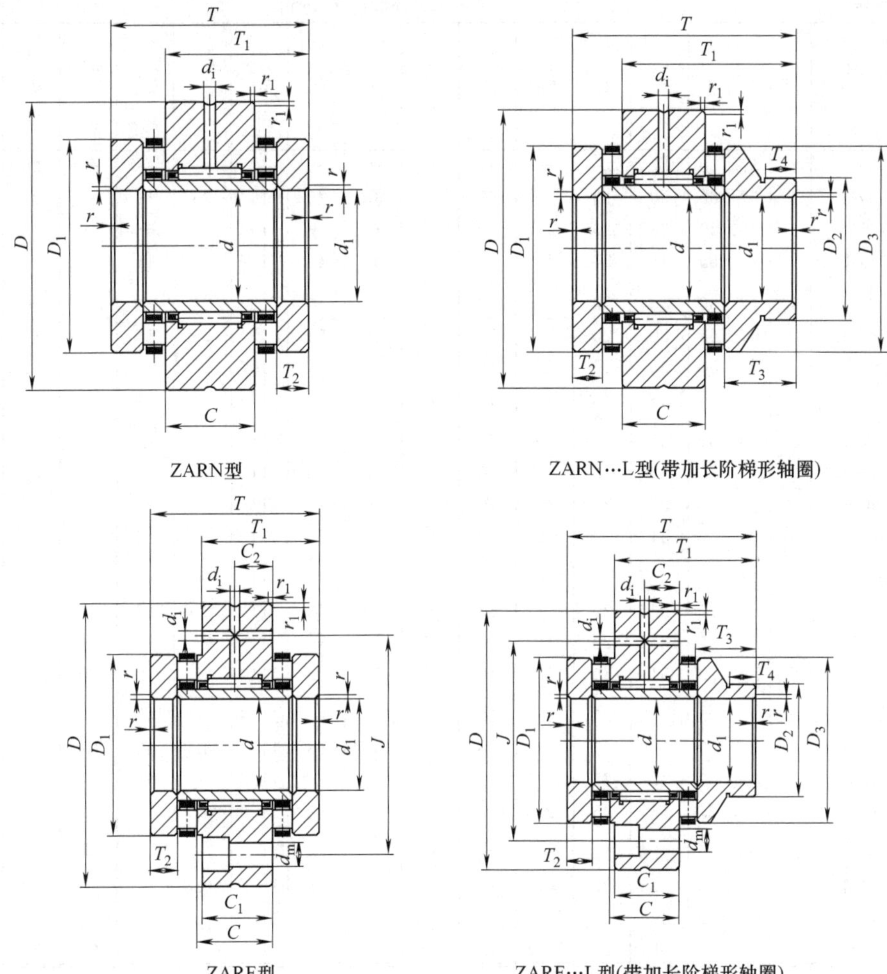

ZARN型　　ZARN…L型(带加长阶梯形轴圈)

ZARF型　　ZARF…L型(带加长阶梯形轴圈)

	轴承型号	外形尺寸/mm																
	ZARN 型 ZARN…L 型 ZARF 型 ZARF…L 型	d	D	T	T_1	C	C_1	C_2	D_1	D_2	D_3	T_2	T_3	T_4	J	d_1	r min	r_1 min
轻系列	ZARN 1545	15	45	40	28	16	—	35	—	—	—	7.5	—	—	—	15	0.3	0.6
	ZARN 1545 L		45	53	41	16	—	35	—	24	34	7.5	20.5	11	—	15	0.3	0.6
	ZARF 1560		60	40	26	16	14	8	35	—	—	7.5	—	—	—	15	0.3	0.6
	ZARF 1560 L		60	53	39	16	14	8	35	24	34	7.5	20.5	11	46	15	0.3	0.6
	ZARN 1747	17	47	43	29.5	16	—	38	—	—	—	9	—	—	—	17	0.3	0.6
	ZARN 1747 L		47	57	43.5	16	—	38	—	28	38	9	23	11	—	17	0.3	0.6
	ZARF 1762		62	43	27.5	16	14	8	38	—	—	9	—	—	—	17	0.3	0.6
	ZARF 1762 L		62	57	41.5	16	14	8	38	28	38	9	23	11	48	17	0.3	0.6
	ZARN 2052	20	52	46	31	16	—	42	—	—	—	10	—	—	—	20	0.3	0.6
	ZARN 2052 L		52	60	45	16	—	42	—	30	40	10	24	11	—	20	0.3	0.6
	ZARF 2068		68	46	29	16	14	8	42	—	—	10	—	—	—	20	0.3	0.6
	ZARF 2068 L		68	60	43	16	14	8	42	30	40	10	24	11	53	20	0.3	0.6

续表

	轴承型号	外形尺寸/mm																
	ZARN 型 ZARN…L 型 ZARF 型 ZARF…L 型	d	D	T	T_1	C	C_1	C_2	D_1	D_2	D_3	T_2	T_3	T_4	J	d_1	r min	r_1 min
轻系列	ZARN 2557	25	57	50	35	20	—	47	—	—	—	10	—	—	—	25	0.3	0.6
	ZARN 2557 L		57	65	50	20	—	47	—	36	45	10	25	11	—	25	0.3	0.6
	ZARF 2575		75	50	33	20	18	10	47	—	—	10	—	—	—	25	0.3	0.6
	ZARF 2575 L		75	65	48	20	18	10	47	36	45	10	25	11	58	25	0.3	0.6
	ZARN 3062	30	62	50	35	20	—	52	—	—	—	10	—	—	—	30	0.3	0.6
	ZARN 3062 L		62	65	50	20	—	52	—	40	50	10	25	11	—	30	0.3	0.6
	ZARF 3080		80	50	33	20	18	10	52	—	—	10	—	—	—	30	0.3	0.6
	ZARF 3080 L		80	65	48	20	18	10	52	40	50	10	25	11	63	30	0.3	0.6
	ZARN 3570	35	70	54	37	20	—	60	—	—	—	11	—	—	—	35	0.3	0.6
	ZARN 3570 L		70	70	53	20	—	60	—	45	58	11	27	12	—	35	0.3	0.6
	ZARF 3590		90	54	35	20	18	10	60	—	—	11	—	—	—	35	0.3	0.6
	ZARF 3590 L		90	70	51	20	18	10	60	45	58	11	27	12	73	35	0.3	0.6
	ZARN 4075	40	75	54	37	20	—	65	—	—	—	11	—	—	—	40	0.3	0.6
	ZARN 4075 L		75	70	53	20	—	65	—	50	63	11	27	12	—	40	0.3	0.6
	ZARF 40100		100	54	35	20	18	10	65	—	—	11	—	—	—	40	0.3	0.6
	ZARF 40100 L		100	70	51	20	18	10	65	50	63	11	27	12	80	40	0.3	0.6
	ZARN 4580	45	80	60	42.5	25	—	70	—	—	—	11.5	—	—	—	45	0.3	0.6
	ZARN 4580 L		80	75	57.5	25	—	70	—	56	68	11.5	26.5	12	—	45	0.3	0.6
	ZARF 45105		105	60	40	25	22.5	12.5	70	—	—	11.5	—	—	—	45	0.3	0.6
	ZARF 45105 L		105	75	55	25	22.5	12.5	70	56	68	11.5	26.5	12	85	45	0.3	0.6
	ZARN 5090	50	90	60	42.5	25	—	78	—	—	—	11.5	—	—	—	50	0.3	0.6
	ZARN 5090 L		90	78	60.5	25	—	78	—	60	78	11.5	29.5	12	—	50	0.3	0.6
	ZARF 50115		115	60	40	25	22.5	12.5	78	—	—	11.5	—	—	—	50	0.3	0.6
	ZARF 50115 L		115	78	58	25	22.5	12.5	78	60	78	11.5	29.5	12	94	50	0.3	0.6

	轴承型号	外形尺寸/mm	基本额定载荷/kN				极限转速/$r\cdot min^{-1}$		质量/kg	径向油孔		轴向油孔		螺孔		预紧力矩/N·m ≈
	ZARN 型 ZARN…L 型 ZARF 型 ZARF…L 型	d	C_r	C_{0r}	C_a	C_{0a}	油	脂	W ≈	d_i	数量	d_i	数量	d_m	数量	
轻系列	ZARN 1545	15	13.0	17.5	24.9	53.0	8500	2200	0.34	2.5	3	—	—	—	—	10
	ZARN 1545 L		13.0	17.5	24.9	53.0	8500	2200	0.37	2.5	3	—	—	—	—	10
	ZARF 1560		13.0	17.5	24.9	53.0	8500	2200	0.42	3.2	1	3.2	2	6.6	6	10
	ZARF 1560 L		13.0	17.5	24.9	53.0	8500	2200	0.45	3.2	1	3.2	2	6.6	6	10
	ZARN 1747	17	14.0	19.9	26.0	57.0	7800	2100	0.37	2.5	3	—	—	—	—	12
	ZARN 1747 L		14.0	19.9	26.0	57.0	7800	2100	0.41	2.5	3	—	—	—	—	12
	ZARF 1762		14.0	19.9	26.0	57.0	7800	2100	0.49	3.2	1	3.2	2	6.6	6	12
	ZARF 1762 L		14.0	19.9	26.0	57.0	7800	2100	0.52	3.2	1	3.2	2	6.6	6	12
	ZARN 2052	20	14.9	22.4	33.5	76.0	7000	2000	0.41	2.5	3	—	—	—	—	18
	ZARN 2052 L		14.9	22.4	33.5	76.0	7000	2000	0.46	2.5	3	—	—	—	—	18
	ZARF 2068		14.9	22.4	33.5	76.0	7000	2000	0.56	3.2	1	3.2	2	6.6	8	18
	ZARF 2068 L		14.9	22.4	33.5	76.0	7000	2000	0.61	3.2	1	3.2	2	6.6	8	18
	ZARN 2557	25	22.6	36.0	35.5	86.0	6000	1900	0.53	2.5	3	—	—	—	—	25

续表

	轴承型号	外形尺寸/mm	基本额定载荷/kN				极限转速/r·min^{-1}		质量/kg	径向油孔		轴向油孔		螺孔		预紧力矩/N·m ≈
	ZARN 型 ZARN…L 型 ZARF 型 ZARF…L 型	d	C_r	C_{0r}	C_a	C_{0a}	油	脂	W ≈	d_i	数量	d_i	数量	d_m	数量	
轻系列	ZARN 2557 L	25	22.6	36.0	35.5	86.0	6000	1900	0.59	2.5	3	—	—	—	—	25
	ZARF 2575		22.6	36.0	35.5	86.0	6000	1900	0.78	3.2	1	3.2	2	6.6	8	25
	ZARF 2575 L		22.6	36.0	35.5	86.0	6000	1900	0.84	3.2	1	3.2	2	6.6	8	25
	ZARN 3062	30	24.3	41.5	39.0	101	5500	1800	0.6	2.5	3	—	—	—	—	32
	ZARN 3062 L		24.3	41.5	39.0	101	5500	1800	0.75	2.5	3	—	—	—	—	32
	ZARF 3080		24.3	41.5	39.0	101	5500	1800	0.85	3.2	1	3.2	2	6.6	12	32
	ZARF 3080 L		24.3	41.5	39.0	101	5500	1800	0.9	3.2	1	3.2	2	6.6	12	32
	ZARN 3570	35	26.0	47.0	56.0	148	4800	1700	0.8	3	3	—	—	—	—	42
	ZARN 3570 L		26.0	47.0	56.0	148	4800	1700	0.93	3	3	—	—	—	—	42
	ZARF 3590		26.0	47.0	56.0	148	4800	1700	1.12	3.2	1	3.2	2	6.6	12	42
	ZARF 3590 L		26.0	47.0	56.0	148	4800	1700	1.25	3.2	1	3.2	2	6.6	12	42
	ZARN 4075	40	27.5	53.0	59.0	163	4400	1600	0.9	3	3	—	—	—	—	55
	ZARN 4075 L		27.5	53.0	59.0	163	4400	1600	1.0	3	3	—	—	—	—	55
	ZARF 40100		27.5	53.0	59.0	163	4400	1600	1.35	3.2	1	3.2	2	9	8	55
	ZARF 40100 L		27.5	53.0	59.0	163	4400	1600	1.45	3.2	1	3.2	2	9	8	55
	ZARN 4580	45	38.0	74.0	61.0	177	4000	1500	1.12	3.5	3	—	—	—	—	65
	ZARN 4580 L		38.0	74.0	61.0	177	4000	1500	1.27	3.5	3	—	—	—	—	65
	ZARF 45105		38.0	74.0	61.0	177	4000	1500	1.7	6	1	6	2	9	8	65
	ZARF 45105 L		38.0	74.0	61.0	177	4000	1500	1.85	6	1	6	2	9	8	65
	ZARN 5090	50	40.0	82.0	90.0	300	3600	1200	1.43	3.5	3	—	—	—	—	85
	ZARN 5090 L		40.0	82.0	90.0	300	3600	1200	1.78	3.5	3	—	—	—	—	85
	ZARF 50115		40.0	82.0	90.0	300	3600	1200	2.1	6	1	6	2	9	12	85
	ZARF 50115 L		40.0	82.0	90.0	300	3600	1200	2.45	6	1	6	2	9	12	85

	轴承型号	外形尺寸/mm																
	ZARN 型 ZARN…L 型 ZARF 型 ZARF…L 型	d	D	T	T_1	C	C_1	C_2	D_1	D_2	D_3	T_2	T_3	T_4	J	d_1	r min	r_1 min
重系列	ZARN 2062	20	62	60	40	20	—	—	52	—	—	12.5	—	—	—	20	0.3	0.6
	ZARN 2062 L		62	75	55	20	—	—	52	40	50	12.5	27.5	11	—	20	0.3	0.6
	ZARF 2080		80	60	38	20	18	10	52	—	—	12.5	—	—	63	20	0.3	0.6
	ZARF 2080 L		80	75	53	20	18	10	52	40	40	12.5	27.5	11	63	20	0.3	0.6
	ZARN 2572	25	72	60	40	20	—	—	62	—	—	12.5	—	—	—	25	0.3	0.6
	ZARN 2572 L		72	75	55	20	—	—	62	48	60	12.5	27.5	11	—	25	0.3	0.6
	ZARF 2590		90	60	38	20	18	10	62	—	—	12.5	—	—	73	25	0.3	0.6
	ZARF 2590 L		90	75	53	20	18	10	62	48	48	12.5	27.5	11	73	25	0.3	0.6
	ZARN 3080	30	80	66	43	20	—	—	68	—	—	14	—	—	—	30	0.3	0.6
	ZARN 3080 L		80	82	59	20	—	—	68	52	66	14	30	12	—	30	0.3	0.6
	ZARF 30105		105	66	41	20	18	10	68	—	—	14	—	—	85	30	0.3	0.6
	ZARF 30105 L		105	82	57	20	18	10	68	52	52	14		12	85	30	0.3	0.6
	ZARN 3585	35	85	66	43	20	—	—	73	—	—	14	—	—	—	35	0.3	0.6
	ZARN 3585 L		85	82	59	20	—	—	73	60	73	14	30	12	—	35	0.3	0.6
	ZARF 35110		110	66	41	20	18	10	73	—	—	14	—	—	88	35	0.3	0.6
	ZARF 35110 L		110	82	57	20	18	10	73	60	60	14	30	12	88	35	0.3	0.6
	ZARN 4090	40	90	75	50	25	—	—	78	—	—	16	—	—	—	40	0.3	0.6
	ZARN 4090 L		90	93	68	25	—	—	78	60	78	16	34	12	—	40	0.3	0.6
	ZARF 40115		115	75	47.5	25	22.5	12.5	78	—	—	16	—	—	94	40	0.3	0.6
	ZARF 40115 L		115	93	65.5	25	22.5	12.5	78	60	60	16	34	12	94	40	0.3	0.6

续表

	轴承型号	外形尺寸/mm																
	ZARN 型 ZARN…L 型 ZARF 型 ZARF…L 型	d	D	T	T_1	C	C_1	C_2	D_1	D_2	D_3	T_2	T_3	T_4	J	d_1	r min	r_1 min
重系列	ZARN 45105	45	105	82	53.5	25	—	—	90	—	—	17.5	—	—	—	45	0.3	0.6
	ZARN 45105 L		105	103	74.5	25	—	—	90	70	88	17.5	38.5	14	—	40	0.3	0.6
	ZARF 45130		130	82	51	25	22.5	12.5	90	—	—	17.5	—	—	105	40	0.3	0.6
	ZARF 45130 L		130	103	72	25	22.5	12.5	90	70	70	17.5	38.5	14	105	40	0.3	0.6
	ZARN 50110	50	110	82	53.5	25	—	—	95	—	—	17.5	—	—	—	50	0.3	0.6
	ZARN 50110 L		110	103	74.5	25	—	—	95	75	93	17.5	38.5	14	—	50	0.3	0.6
	ZARF 50140		140	82	51	25	22.5	12.5	95	—	—	17.5	—	—	113	50	0.3	0.6
	ZARF 50140 L		140	103	72	25	22.5	12.5	95	75	75	17.5	38.5	14	113	50	0.3	0.6
	ZARN 55115	55	115	82	53.5	25	—	—	100	—	—	17.5	—	—	—	55	0.3	0.6
	ZARN 55115 L		115	103	74.5	25	—	—	100	80	98	17.5	38.5	14	—	55	0.3	0.6
	ZARF 55145		145	82	51	25	22.5	12.5	100	—	—	17.5	—	—	118	55	0.3	0.6
	ZARF 55145 L		145	103	72	25	22.5	12.5	100	80	80	17.5	38.5	14	118	55	0.3	0.6
	ZARN 60120	60	120	82	53.5	25	—	—	105	—	—	17.5	—	—	—	60	0.3	0.6
	ZARN 60120 L		120	103	74.5	25	—	—	105	90	105	17.5	38.5	16	—	60	0.3	0.6
	ZARF 60150		150	82	51	25	22.5	12.5	105	—	—	17.5	—	—	123	60	0.3	0.6
	ZARF 60150 L		150	103	72	25	22.5	12.5	105	90	90	17.5	38.5	16	123	60	0.3	0.6
	ZARN 65125	65	125	82	53.5	25	—	—	110	—	—	17.5	—	—	—	65	0.3	0.6
	ZARN 65125 L		125	103	74.5	25	—	—	110	90	108	17.5	38.5	16	—	65	0.3	0.6
	ZARF 65155		155	82	51	25	22.5	12.5	110			17.5			128	65	0.3	0.6
	ZARF 65155 L		155	103	72	25	22.5	12.5	110	90	90	17.5	38.5	16	128	65	0.3	0.6
	ZARN 70130	70	130	82	53.5	25	—	—	115	—	—	17.5	—	—	—	70	0.3	0.6
	ZARN 70130 L		130	103	74.5	25	—	—	115	100	115	17.5	38.5	16	—	70	0.3	0.6
	ZARF 70160		160	82	51	25	22.5	12.5	115	—	—	17.5	—	—	133	70	0.3	0.6
	ZARF 70160 L		160	103	72	25	22.5	12.5	115	100	100	17.5	38.5	16	133	70	0.3	0.6
	ZARN 75155	75	155	100	65	30	—	—	135	—	—	21	—	—	—	75	0.3	1
	ZARN 75155 L		155	125	90	30	—	—	135	115	135	21	46	16	—	75	0.3	1
	ZARF 75185		185	100	62	30	27	15	135	—	—	21	—	—	155	75	0.3	1
	ZARF 75185 L		185	125	87	30	27	15	135	115	115	21	46	16	155	75	0.3	1
	ZARN 90180	90	180	110	72.5	35	—	—	160	—	—	22.5	—	—	—	90	0.3	1
	ZARN 90180 L		180	135	97.5	35	—	—	160	130	158	22.5	47.5	16	—	90	0.3	1
	ZARF 90210		210	110	69.5	35	32	17.5	160	—	—	22.5	—	—	180	90	0.3	1
	ZARF 90210 L		210	135	94.5	35	32	17.5	160	130	130	22.5	47.5	16	180	90	0.3	1
	ZARN 110210	110	210	130	85	40	—	—	190	—	—	26	—	—	—	110	0.3	1
	ZARN 130240	130	240	150	100	50	—	—	215	—	—	29	—	—	—	130	0.3	1
	ZARN 150270	150	270	160	106	52	—	—	240	—	—	32	—	—	—	150	0.3	1

	轴承型号	外形尺寸/mm	基本额定载荷/kN				极限转速/r·min^{-1}		质量/kg	径向油孔		轴向油孔		螺孔		预紧力矩/N·m
	ZARN 型 ZARN…L 型 ZARF 型 ZARF…L 型	d	C_r	C_{0r}	C_a	C_{0a}	油	脂	W ≈	d_i	数量	d_i	数量	d_m	数量	≈
重系列	ZARN 2062	20	22.6	36.0	64.0	141	6000	1500	0.87	2.5	3	—	—	—	—	38
	ZARN 2062 L		22.6	36.0	64.0	141	6000	1500	0.99	2.5	3	—	—	—	—	38
	ZARF 2080		22.6	36.0	64.0	141	6000	1500	1.1	3.2	1	3.2	2	6.6	12	38
	ZARF 2080 L		22.6	36.0	64.0	141	6000	1500	1.22	3.2	1	3.2	2	6.6	12	38
	ZARN 2572	25	24.3	41.5	80.0	199	4900	1400	1.17	2.5	3	—	—	—	—	55
	ZARN 2572 L		24.3	41.5	80.0	199	4900	1400	1.32	2.5	3	—	—	—	—	55
	ZARF 2590		24.3	41.5	80.0	199	4900	1400	1.6	3.2	1	3.2	2	6.6	12	55
	ZARF 2590 L		24.3	41.5	80.0	199	4900	1400	1.75	3.2	1	3.2	2	6.6	12	55

续表

	轴承型号	外形尺寸/mm	基本额定载荷/kN				极限转速/r·min^{-1}		质量/kg	径向油孔		轴向油孔		螺孔		预紧力矩/N·m ≈
	ZARN 型 ZARN…L 型 ZARF 型 ZARF…L 型	d	C_r	C_{0r}	C_a	C_{0a}	油	脂	W ≈	d_i	数量	d_i	数量	d_m	数量	
重系列	ZARN 3080	30	26.0	47.0	107	265	4400	1300	1.5	3	3	—	—	—	—	75
	ZARN 3080 L		26.0	47.0	107	265	4400	1300	1.7	3	3	—	—	—	—	75
	ZARF 30105		26.0	47.0	107	265	4400	1300	1.95	3.2	1	3.2	2	9	12	75
	ZARF 30105 L		26.0	47.0	107	265	4400	1300	2.15	3.2	1	3.2	2	9	12	75
	ZARN 3585	35	27.5	53.0	105	265	4000	1250	1.65	3.5	3	—	—	—	—	100
	ZARN 3585 L		27.5	53.0	105	265	4000	1250	1.8	3.5	3	—	—	—	—	100
	ZARF 35110		27.5	53.0	105	265	4000	1250	1.6	3.2	1	3.2	2	9	12	100
	ZARF 35110 L		27.5	53.0	105	265	4000	1250	1.85	3.2	1	3.2	2	9	12	100
	ZARN 4090	40	38.0	74.0	117	315	3700	1200	2.09	3.5	3	—	—	—	—	120
	ZARN 4090 L		38.0	74.0	117	315	3700	1200	2.39	3.5	3	—	—	—	—	120
	ZARF 40115		38.0	74.0	117	315	3700	1200	2.7	6	1	6	2	9	12	120
	ZARF 40115 L		38.0	74.0	117	315	3700	1200	3.0	6	1	6	2	9	12	120
	ZARN 45105	45	40.0	82.0	154	405	3300	1150	3.02	3.5	3	—	—	—	—	150
	ZARN 45105 L		40.0	82.0	154	405	3300	1150	3.42	3.5	3	—	—	—	—	150
	ZARF 45130		40.0	82.0	154	405	3300	1150	3.9	6	1	6	2	9	12	150
	ZARF 45130 L		40.0	82.0	154	405	3300	1150	4.3	6	1	6	2	9	12	150
	ZARN 50110	50	42.0	90.0	172	480	3100	1100	3.3	3.5	3	—	—	—	—	180
	ZARN 50110 L		42.0	90.0	172	480	3100	1100	3.75	3.5	3	—	—	—	—	180
	ZARF 50140		42.0	90.0	172	480	3100	1100	4.2	6	1	6	2	11	12	180
	ZARF 50140 L		42.0	90.0	172	480	3100	1100	4.65	6	1	6	2	11	12	180
	ZARN 55115	55	44.0	98.0	177	500	2900	1000	3.5	3.5	3	—	—	—	—	220
	ZARN 55115 L		44.0	98.0	177	500	2900	1000	4.0	3.5	3	—	—	—	—	220
	ZARF 55145		44.0	98.0	177	500	2900	1000	4.5	6	1	6	2	11	12	220
	ZARF 55145 L		44.0	98.0	177	500	2900	1000	5.0	6	1	6	2	11	12	220
	ZARN 60120	60	44.5	92.0	187	550	2700	950	3.7	3.5	3	—	—	—	—	250
	ZARN 60120 L		44.5	92.0	187	550	2700	950	4.85	3.5	3	—	—	—	—	250
	ZARF 60150		44.5	92.0	187	550	2700	950	4.7	6	1	6	2	11	12	250
	ZARF 60150 L		44.5	92.0	187	550	2700	950	5.35	6	1	6	2	11	12	250
	ZARN 65125	65	54.0	104	172	500	2600	900	4.0	3.5	3	—	—	—	—	270
	ZARN 65125 L		54.0	104	172	500	2600	900	4.6	3.5	3	—	—	—	—	270
	ZARF 65155		54.0	104	172	500	2600	900	5.1	6	1	6	2	11	12	270
	ZARF 65155 L		54.0	104	172	500	2600	900	5.7	6	1	6	2	11	12	270
	ZARN 70130	70	56.0	119	201	630	2400	800	4.1	3.5	3	—	—	—	—	330
	ZARN 70130 L		56.0	119	201	630	2400	800	4.85	3.5	3	—	—	—	—	330
	ZARF 70160		56.0	119	201	630	2400	800	5.2	6	1	6	2	11	12	330
	ZARF 70160 L		56.0	119	201	630	2400	800	5.95	6	1	6	2	11	12	330
	ZARN 75155	75	72.0	132	290	890	2100	700	7.9	4	3	—	—	—	—	580
	ZARN 75155 L		72.0	132	290	890	2100	700	9.1	4	3	—	—	—	—	580
	ZARF 75185		72.0	132	290	890	2100	700	9.4	6	1	6	2	13.5	12	580
	ZARF 75185 L		72.0	132	290	890	2100	700	10.6	6	1	6	2	13.5	12	580
	ZARN 90180	90	98.0	210	300	940	1800	700	11.8	4	3	—	—	—	—	960
	ZARN 90180 L		98.0	210	300	940	1800	700	13.2	4	3	—	—	—	—	960
	ZARF 90210		98.0	210	300	940	1800	700	13.7	6	1	6	2	13.5	12	960
	ZARF 90210 L		98.0	210	300	940	1800	700	15.1	6	1	6	2	13.5	12	960
	ZARN 110210	110	—	—	—	—	—	—	—	4	3	—	—	—	—	—
	ZARN 130240	130	—	—	—	—	—	—	—	4	3	—	—	—	—	—
	ZARN 150270	150	—	—	—	—	—	—	—	4	3	—	—	—	—	—

第7篇

第7篇

5.16 智能轴承

智能轴承是近年来轴承产品新发展的一个分支，是在机械、电子、计算机通信与控制技术日益成熟的背景下，逐步发展起来的机电一体化新兴产品。智能轴承是由经过改进的轴承本体及相关辅件、微型传感器、处理传输电路、采集卡、信号处理与分析软件和轴承服役状态调控装置组成，可实现服役状态的自感知、自决策、自执行的轴承系统单元。

5.16.1 分类

智能轴承按其功能分为两大类，一类为初始型智能轴承，具有服役状态自感知、自决策功能，目前绝大多数市面上的智能轴承均属此类；另一类为全功能型智能轴承，不仅具有服役状态自感知、自决策功能，而且具有自调控、自执行功能，这一类智能轴承尚属于概念设计及研究阶段。

5.16.2 国内外情况

2015年，国外轴承公司首次展出了新型智能轴承，通过在轴承内部或配备轴承的产品外部集成振动传感器、加速度传感器和温度传感器，由这些传感器通过无线通信收集数据，来分析轴承的状态，从而诊断出异常。

2017年，国内首次展出了新概念集成检测、监督、数字传输功能于一体的智能轴承产品——高端数控机床主轴集成智能轴承单元。该产品是国内轴承企业首次公开的实体化的智能轴承概念产品。

5.16.3 市场应用

智能轴承作为一种新兴的高技术含量的创新产品，从最初的外挂式结构到今天高度集成的嵌入式结构，已应用于高速铁路、轨道交通、航空航天、能源装置、精密机床、新能源设备、新型汽车等领域，这些部位往往具有高性能、高可靠性的要求，同时，对轴承提出了更多的主观能动性的需求。目前所谓的智能轴承均处于智能轴承的初始型阶段，尚且限于初步的自我检测、自我分析阶段，可以称之为“会说话的轴承”，下一步将以自我调整、自我修复为重点发展方向，届时即可称之为“会自愈的轴承”。

(1) 高铁轴承

高铁使用的轮对轴承就是智能轴承的一个初步发展阶段产品，行走系统的转向架是保证列车高速、安全、稳定运行的核心零部件，转向架轮使轴承单元将传感器外挂于轴承侧面，对轴承的运转状态进行实时监控，同时通过数据传输系统，将轴承的运转状态参数传递到列车监控室，为列车监控人员提供珍贵的轴承运行资料。

(2) 汽车轮毂轴承单元

汽车轮毂轴承单元是应用传感器集成技术较早的产品，同样隶属于智能轴承的初级阶段，三代轿车轮毂轴承所集成的ABS传感器是通过数字码盘和传感器来实时监控轮毂轴承的旋转状态，从而为ABS系统的工作提供珍贵的可参考的输入数据。汽车轮毂轴承单元基本尺寸参见表7-5-59。

表7-5-59　汽车轮毂轴承单元基本尺寸 mm

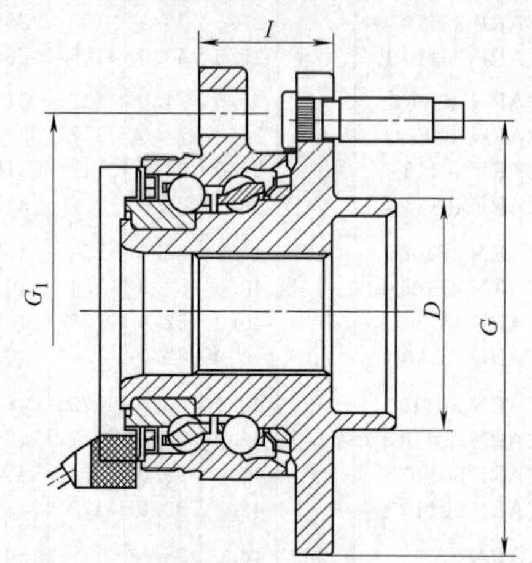

带传感器的轿车轮毂轴承单元　DAC2F型

轮毂轴承单元型号	D	I	G	G_1
DAC2F 10009354	54	54	100	93
DAC2F 10009844	58	44	100	98
DAC2F 11412054	61	54	114	120
DAC2F 11511642	70	42	115	116
DAC2F 12112047	70	47	121	120
DAC2F 10811236	71	36	108	112
DAC2F 11411642	73	42	114	116

5.17 锥形衬套

锥形衬套（GB/T 9160.1—2017）、(GB/T 9160.2—2017）包括锥度为1∶12的紧定衬套和锥度为1∶12、锥度为1∶30的退卸衬套。

紧定套由紧定衬套、适配的锁紧螺母和锁紧垫圈或锁紧卡（大尺寸规格用）组成。

紧定套代号由紧定套类型代号H、尺寸系列代号和适用轴承的内径代号组成，并按此顺序排列。

示例

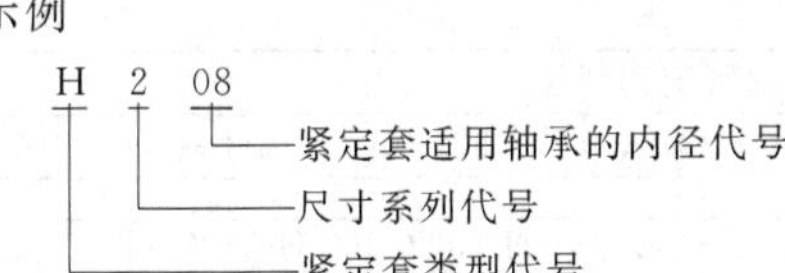

紧定衬套代号由紧定衬套类型代号 A、尺寸系列代号和适用轴承的内径代号及结构代号组成，并按此顺序排列。尺寸系列代号及内径代号同紧定套的表示方法，对于轴承内径代号 44 以下的窄切口紧定衬套，采用直内爪锁紧垫圈时，应加符号 X。

示例

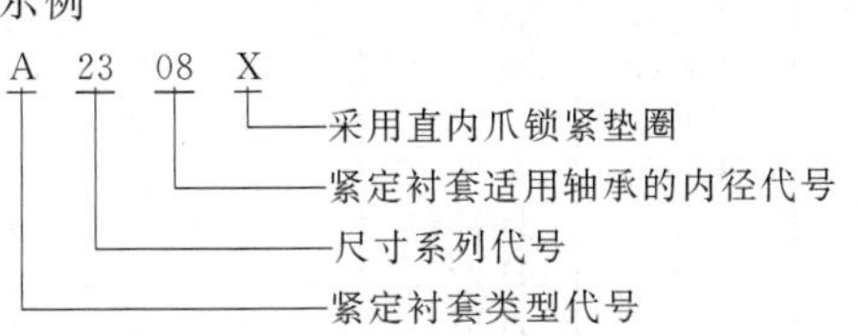

退卸衬套代号由退卸衬套类型代号 AH、尺寸系列代号和适用轴承的内径代号组成，并按此顺序排列。AH 后加字母或数字表示退卸衬套的不同结构。

AH——锥度 1∶12 的退卸衬套代号；

AH2——锥度 1∶30 的退卸衬套代号；

AHX——锥度 1∶12 且螺纹尺寸与原来使用的不同的退卸衬套代号。

示例

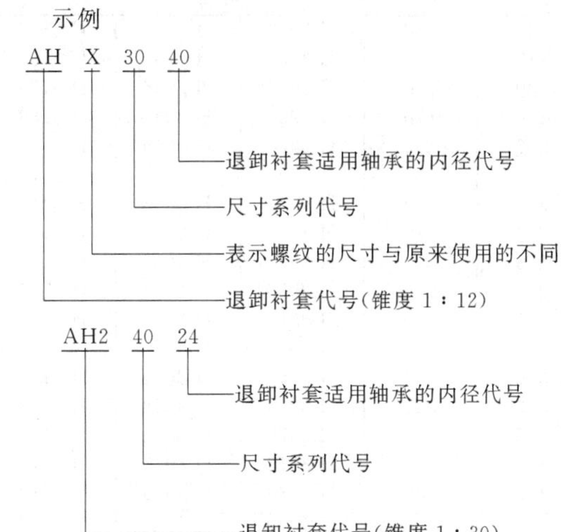

紧定套型号及尺寸见表 7-5-60、表 7-5-61。退卸衬套型号及尺寸见表 7-5-62、表 7-5-63。

表 7-5-60　按轴承系列和轴承内径选用的紧定套

轴承内径/mm	紧定套内径/mm	用于各轴承系列的紧定套型号							
		39	30	31	02	22	32	03	23
15	12	—	—	—	H 202	H 302	—	H 302	H 2302
17	14	—	—	—	H 203	H 303	—	H 303	H 2303
20	17	—	—	—	H 204	H 304	—	H 304	H 2304
25	20	—	—	—	H 205	H 305	—	H 305	H 2305
30	25	—	—	—	H 206	H 306	—	H 306	H 2306
35	30	—	—	—	H 207	H 307	—	H 307	H 2307
40	35	—	—	—	H 208	H 308	—	H 308	H 2308
45	40	—	—	—	H 209	H 309	—	H 309	H 2309
50	45	—	—	—	H 210	H 310	—	H 310	H 2310
55	50	—	—	—	H 211	H 311	—	H 311	H 2311
60	55	—	—	—	H 212	H 312	—	H 312	H 2312
65	60	—	—	—	H 213	H 313	—	H 313	H 2313
70	60	—	—	—	H 214	H 314	—	H 314	H 2314
75	65	—	—	—	H 215	H 315	—	H 315	H 2315
80	70	—	—	—	H 216	H 316	—	H 316	H 2316
85	75	—	—	—	H 217	H 317	—	H 317	H 2317
90	80	—	—	—	H 218	H 318	H 2318	H 318	H 2318
95	85	—	—	—	H 219	H 319	H 2319	H 319	H 2319
100	90	—	—	H 3120	H 220	H 320	H 2320	H 320	H 2320
105	95	—	—	H 3121	H 221	H 321	H 2321	H 321	H 2321
110	100	—	—	H 3122	H 222	H 322	H 2322	H 322	H 2322
120	110	H 3924	H 3024	H 3124	H 3024	H 3124	H 2324	H 3124	H 2324
130	115	H 3926	H 3026	H 3126	H 3026	H 3126	H 2326	H 3126	H 2326
140	125	H 3928	H 3028	H 3128	H 3028	H 3128	H 2328	H 3128	H 2328
150	135	H 3930	H 3030	H 3130	H 3030	H 3130	H 2330	H 3130	H 2330

续表

轴承内径/mm	紧定套内径/mm	用于各轴承系列的紧定套型号							
		39	30	31	02	22	32	03	23
160	140	H 3932	H 3032	H 3132	H 3032	H 3132	H 2332	H 3132	H 2332
170	150	H 3934	H 3034	H 3134	H 3034	H 3134	H 2334	H 3134	H 2334
180	160	H 3936	H 3036	H 3136	H 3036	H 3136	H 2336	H 3136	H 2336
190	170	H 3938	H 3038	H 3138	H 3038	H 3138	H 2338	H 3138	H 2338
200	180	H 3940	H 3040	H 3140	H 3040	H 3140	H 2340	H 3140	H 2340
220	200	H 3944	H 3044	H 3144	H 3044	H 3144	H 2344	H 3144	H 2344
240	220	H 3948	H 3048	H 3148	H 3048	H 3148	H 2348	—	H 2348
260	240	H 3952	H 3052	H 3152	H 3052	H 3152	H 2352	—	H 2352
280	260	H 3956	H 3056	H 3156	H 3056	H 3156	H 2356	—	H 2356
300	280	H 3960	H 3060	H 3160	—	H 3160	H 3260	—	—
320	300	H 3964	H 3064	H 3164	—	H 3164	H 3264	—	—
340	320	H 3968	H 3068	H 3168	—	—	H 3268	—	—
360	340	H 3972	H 3072	H 3172	—	—	H 3272	—	—
380	360	H 3976	H 3076	H 3176	—	—	H 3276	—	—
400	380	H 3980	H 3080	H 3180	—	—	H 3280	—	—
420	400	H 3984	H 3084	H 3184	—	—	H 3284	—	—
440	410	H 3988	H 3088	H 3188	—	—	H 3288	—	—
460	430	H 3992	H 3092	H 3192	—	—	H 3292	—	—
480	450	H 3996	H 3096	H 3196	—	—	H 3296	—	—
500	470	H 39/500	H 30/500	H 31/500	—	—	H 32/500	—	—
530	500	H 39/530	H 30/530	H 31/530	—	—	H 32/530	—	—
560	530	H 39/560	H 30/560	H 31/560	—	—	H 32/560	—	—
600	560	H 39/600	H 30/600	H 31/600	—	—	H 32/600	—	—
630	600	H 39/630	H 30/630	H 31/630	—	—	H 32/630	—	—
670	630	H 39/670	H 30/670	H 31/670	—	—	H 32/670	—	—
710	670	H 39/710	H 30/710	H 31/710	—	—	H 32/710	—	—
750	710	H 39/750	H 30/750	H 31/750	—	—	H 32/750	—	—
800	750	H 39/800	H 30/800	H 31/800	—	—	H 32/800	—	—
850	800	H 39/850	H 30/850	H 31/850	—	—	H 32/850	—	—
900	850	H 39/900	H 30/900	H 31/900	—	—	H 32/900	—	—
950	900	H 39/950	H 30/950	H 31/950	—	—	H 32/950	—	—
1000	950	H 39/1000	H 30/1000	H 31/1000	—	—	H 32/1000	—	—
1060	1000	H 39/1060	H 30/1060	H 31/1060	—	—	—	—	—

表 7-5-61 紧定套（GB/T 9160.1—2017）

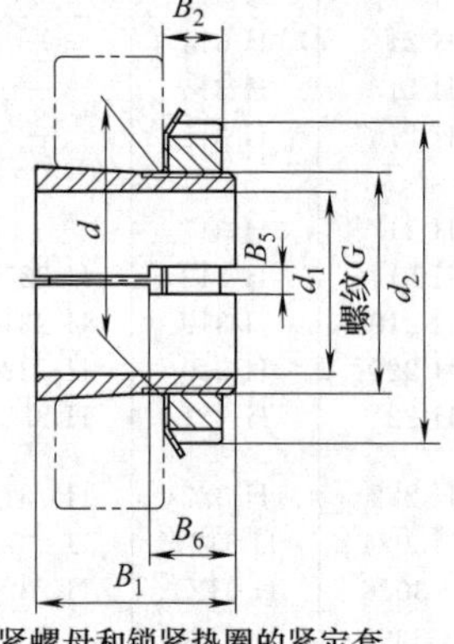

带锁紧螺母和锁紧垫圈的紧定套

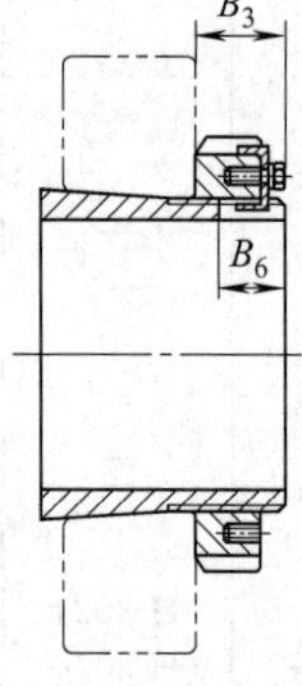

带锁紧螺母和锁紧卡组件的紧定套

H型

续表

紧定套型号	尺寸/mm									质量/kg	组成紧定套的零件代号			
	d_1	d	d_2	B_1	B_2 max	B_3 max	B_5 min	B_6	G	W ≈	紧定衬套	锁紧螺母	锁紧垫圈	锁紧卡
H 202	12	15	25	19	6	—	5	10	M 15×1	—	A 202 X	KM 02	MB 02	—
H 302			25	22	6	—	5	10	M 15×1	—	A 302 X	KM 02	MB 02	—
H 2302			25	25	6	—	5	10	M 15×1	—	A 2302 X	KM 02	MB 02	—
H 203	14	17	28	20	6	—	5	10	M 17×1	—	A 203 X	KM 03	MB 03	—
H 303			28	24	6	—	5	10	M 17×1	—	A 303 X	KM 03	MB 03	—
H 2303			28	27	6	—	5	10	M 17×1	—	A 2303 X	KM 03	MB 03	—
H 204	17	20	32	24	7	—	5	11	M 20×1	—	A 204 X	KM 04	MB 04	—
H 304			32	28	7	—	5	11	M 20×1	—	A 304 X	KM 04	MB 04	—
H 2304			32	31	7	—	5	11	M 20×1	—	A 2304 X	KM 04	MB 04	—
H 205	20	25	38	26	8	—	6	12	M 25×1.5	0.070	A 205 X	KM 05	MB 05	—
H 305			38	29	8	—	6	12	M 25×1.5	0.075	A 305 X	KM 05	MB 05	—
H 2305			38	35	8	—	6	12	M 25×1.5	—	A 2305 X	KM 05	MB 05	—
H 206	25	30	45	27	8	—	6	12	M 30×1.5	0.10	A 206 X	KM 06	MB 06	—
H 306			45	31	8	—	6	12	M 30×1.5	0.11	A 306 X	KM 06	MB 06	—
H 2306			45	38	8	—	6	12	M 30×1.5	—	A 2306 X	KM 06	MB 06	—
H 207	30	35	52	29	9	—	7	13	M 35×1.5	0.13	A 207 X	KM 07	MB 07	—
H 307			52	35	9	—	7	13	M 35×1.5	0.14	A 307 X	KM 07	MB 07	—
H 2307			52	43	9	—	7	13	M 35×1.5	0.17	A 2307 X	KM 07	MB 07	—
H 208	35	40	58	31	10	—	7	14	M 40×1.5	0.17	A 208 X	KM 08	MB 08	—
H 308			58	36	10	—	7	14	M 40×1.5	0.19	A 308 X	KM 08	MB 08	—
H 2308			58	46	10	—	7	14	M 40×1.5	0.22	A 2308 X	KM 08	MB 08	—
H 209	40	45	65	33	11	—	7	15	M 45×1.5	0.23	A 209 X	KM 09	MB 09	—
H 309			65	39	11	—	7	15	M 45×1.5	0.25	A 309 X	KM 09	MB 09	—
H 2309			65	50	11	—	7	15	M 45×1.5	0.28	A 2309 X	KM 09	MB 09	—
H 210	45	50	70	35	12	—	7	16	M 50×1.5	0.27	A 210 X	KM 10	MB 10	—
H 310			70	42	12	—	7	16	M 50×1.5	0.30	A 310 X	KM 10	MB 10	—
H 2310			70	55	12	—	7	16	M 50×1.5	0.36	A 2310 X	KM 10	MB 10	—
H 211	50	55	75	37	12	—	9	17	M 55×2	0.31	A 211 X	KM 11	MB 11	—
H 311			75	45	12	—	9	17	M 55×2	0.35	A 311 X	KM 11	MB 11	—
H 2311			75	59	12	—	9	17	M 55×2	0.42	A 2311 X	KM 11	MB 11	—
H 212	55	60	80	38	13	—	9	18	M 60×2	0.38	A 212 X	KM 12	MB 12	—
H 312			80	47	13	—	9	18	M 60×2	0.39	A 312 X	KM 12	MB 12	—
H 2312			80	62	13	—	9	18	M 60×2	0.48	A 2312 X	KM 12	MB 12	—
H 213	60	65	85	40	14	—	9	19	M 65×2	0.40	A 213 X	KM 13	MB 13	—
H 313			85	50	14	—	9	19	M 65×2	0.46	A 313 X	KM 13	MB 13	—
H 2313			85	65	14	—	9	19	M 65×2	0.55	A 2313 X	KM 13	MB 13	—
H 214	60	70	92	41	14	—	9	19	M 70×2	—	A 214 X	KM 14	MB 14	—
H 314			92	52	14	—	9	19	M 70×2	—	A 314 X	KM 14	MB 14	—
H 2314			92	68	14	—	9	19	M 70×2	0.99	A 2314 X	KM 14	MB 14	—
H 215	65	75	98	43	15	—	9	20	M 75×2	0.71	A 215 X	KM 15	MB 15	—
H 315			98	55	15	—	9	20	M 75×2	0.83	A 315 X	KM 15	MB 15	—
H 2315			98	73	15	—	9	20	M 75×2	1.05	A 2315 X	KM 15	MB 15	—

续表

紧定套型号	尺寸/mm									质量/kg	组成紧定套的零件代号			
	d_1	d	d_2	B_1	B_2 max	B_3 max	B_5 min	B_6	G	W ≈	紧定衬套	锁紧螺母	锁紧垫圈	锁紧卡
H 216	70	80	105	46	17	—	11	22	M 80×2	0.88	A 216 X	KM 16	MB 16	—
H 316			105	59	17	—	11	22	M 80×2	1.00	A 316 X	KM 16	MB 16	—
H 2316			105	78	17	—	11	22	M 80×2	1.30	A 2316 X	KM 16	MB 16	—
H 217	75	85	110	50	18	—	11	24	M 85×2	1.00	A 217 X	KM 17	MB 17	—
H 317			110	63	18	—	11	24	M 85×2	1.20	A 317 X	KM 17	MB 17	—
H 2317			110	82	18	—	11	24	M 85×2	1.45	A 2317 X	KM 17	MB 17	—
H 218	80	90	120	52	18	—	11	24	M 90×2	1.20	A 218 X	KM 18	MB 18	—
H 318			120	65	18	—	11	24	M 90×2	1.35	A 318 X	KM 18	MB 18	—
H 2318			120	86	18	—	11	24	M 90×2	1.70	A 2318 X	KM 18	MB 18	—
H 219	85	95	125	55	19	—	11	25	M 95×2	1.35	A 219 X	KM 19	MB 19	—
H 319			125	68	19	—	11	25	M 95×2	1.55	A 319 X	KM 19	MB 19	—
H 2319			125	90	19	—	11	25	M 95×2	1.90	A 2319 X	KM 19	MB 19	—
H 220	90	100	130	58	20	—	13	26	M 100×2	1.50	A 220 X	KM 20	MB 20	—
H 320			130	71	20	—	13	26	M 100×2	1.70	A 320 X	KM 20	MB 20	—
H 3120			130	76	20	—	13	26	M 100×2	—	A 3120 X	KM 20	MB 20	—
H 2320			130	97	20	—	13	26	M 100×2	2.15	A 2320 X	KM 20	MB 20	—
H 221	95	105	140	60	20	—	13	26	M 105×2	1.70	A 221 X	KM 21	MB 21	—
H 321			140	74	20	—	13	26	M 105×2	1.95	A 321 X	KM 21	MB 21	—
H 3121			140	80	20	—	13	26	M 105×2	—	A 3121 X	KM 21	MB 21	—
H 2321			140	101	20	—	—	—	M 105×2	—	A 2321 X	KM 21	MB 21	—
H 222	100	110	145	63	21	—	13	27	M 110×2	1.90	A 222 X	KM 22	MB 22	—
H 322			145	77	21	—	13	27	M 110×2	2.20	A 322 X	KM 22	MB 22	—
H 3122			145	81	21	—	13	27	M 110×2	—	A 3122 X	KM 21	MB 21	—
H 2322			145	105	21	—	13	27	M 110×2	2.75	A 2322 X	KM 22	MB 22	—
H 3024	110	120	145	72	22	—	15	32	M 120×2	1.95	A 3024 X	KML 24	MBL 24	—
H 3124			155	88	22	—	15	32	M 120×2	2.65	A 3124 X	KM 24	MB 24	—
H 2324			155	112	22	—	15	32	M 120×2	3.20	A 2324 X	KM 24	MB 24	—
H 3924			145	60	22	—	15	34	M 120×2	—	A 3924 X	KML 24	MBL 24	—
H 3026	115	130	155	80	23	—	15	33	M 130×2	2.85	A 3026 X	KML 26	MBL 26	—
H 3126			165	92	23	—	15	33	M 130×2	3.65	A 3126 X	KM 26	MB 26	—
H 2326			165	121	23	—	15	33	M 130×2	4.60	A 2326 X	KM 26	MB 26	—
H 3926			155	65	23	—	15	36	M 130×2	—	A 3926 X	KML 26	MBL 26	—
H 3028	125	140	165	82	24	—	17	34	M 140×2	3.15	A 3028 X	KML 28	MBL 28	—
H 3128			180	97	24	—	17	34	M 140×2	4.35	A 3128 X	KM 28	MB 28	—
H 2328			180	131	24	—	17	34	M 140×2	5.55	A 2328 X	KM 28	MB 28	—
H 3928			165	66	24	—	17	37	M 140×2	—	A 3928 X	KML 28	MBL 28	—
H 3030	135	150	180	87	26	—	17	36	M 150×2	3.90	A 3030 X	KML 30	MBL 30	—
H 3130			195	111	26	—	17	36	M 150×2	5.50	A 3130 X	KM 30	MB 30	—
H 2330			195	139	26	—	17	36	M 150×2	6.60	A 2330 X	KM 30	MB 30	—
H 3930			180	76	26	—	17	39	M 150×2	—	A 3930 X	KML 30	MBL 30	—
H 3032	140	160	190	93	28	—	19	38	M 160×3	5.20	A 3032 X	KML 32	MBL 32	—
H 3132			210	119	28	—	19	38	M 160×3	7.65	A 3132 X	KM 32	MB 32	—
H 2332			210	147	28	—	19	38	M 160×3	9.15	A 2332 X	KM 32	MB 32	—

续表

紧定套型号	尺寸/mm									质量/kg	组成紧定套的零件代号			
	d_1	d	d_2	B_1	B_2 max	B_3 max	B_5 min	B_6	G	W ≈	紧定衬套	锁紧螺母	锁紧垫圈	锁紧卡
H 3932	140	160	190	78	28	—	19	42	M 160×3	—	A 3932 X	KML 32	MBL 32	—
H 3034	150	170	200	101	29	—	19	39	M 170×3	6.00	A 3034 X	KML 34	MBL 34	—
H 3134			220	122	29	—	19	39	M 170×3	8.40	A 3134 X	KM 34	MB 34	—
H 2334			220	154	29	—	19	39	Tr 170×3	10.0	A 2334 X	KM 34	MB 34	—
H 3934			200	79	29	—	19	43	M 170×3	—	A 3934 X	KML 34	MBL 34	—
H 3036	160	180	210	109	30	—	21	40	M 180×3	6.85	A 3036 X	KML 36	MBL 36	—
H 3136			230	131	30	—	21	40	M 180×3	9.50	A 3136 X	KM 36	MB 36	—
H 2336			230	161	30	—	21	40	Tr 180×3	11.0	A 2336 X	KM 36	MB 36	—
H 3936			210	87	30	—	21	44	M 180×3	—	A 3936 X	KML 36	MBL 36	—
H 3038	170	190	220	112	31	—	21	41	M 190×3	7.45	A 3038 X	KML 38	MBL 38	—
H 3138			240	141	31	—	21	41	M 190×3	11.0	A 3138 X	KM 38	MB 38	—
H 2338			240	169	31	—	21	41	Tr 190×3	12.5	A 2338 X	KM 38	MB 38	—
H 3938			220	89	31	—	21	46	M 190×3	—	A 3938 X	KML 38	MBL 38	—
H 3040	180	200	240	120	32	—	21	42	M 200×3	9.20	A 3040 X	KML 40	MBL 40	—
H 3140			250	150	32	—	21	42	M 200×3	12.0	A 3140 X	KM 40	MB 40	—
H 2340			250	176	32	—	21	42	Tr 200×3	14.0	A 2340 X	KM 40	MB 40	—
H 3940			240	98	32	—	21	47	M 200×3	—	A 3940 X	KML 40	MBL 4	—
H 3044	200	220	260	126	—	41	20	18	Tr 220×4	10.5	A 3044	HML 44	—	MSL 44
H 3144			280	161	—	35	20	18	Tr 220×4	15.0	A 3144	HM 44	—	MS 44
H 2344			280	186	—	35	20	18	Tr 220×4	17.0	A 2344	HM 44	—	MS 44
H 3944			260	96	—	41	20	21	Tr 220×4	—	A 3944	HML 44	—	MSL 44
H 3048	220	240	290	133	—	46	20	18	Tr 240×4	13.0	A 3048	HML 48	—	MSL 48
H 3148			300	172	—	37	20	18	Tr 240×4	18.0	A 3148	HM 48	—	MS 44
H 2348			300	199	—	37	20	18	Tr 240×4	20.0	A 2348	HM 48	—	MS 44
H 3948			290	101	—	46	20	21	Tr 240×4	—	A 3948	HML 48	—	MSL 48
H 3052	240	260	310	145	—	46	20	18	Tr 260×4	15.5	A 3052	HML 52	—	MSL 48
H 3152			330	190	—	39	24	18	Tr 260×4	22.5	A 3152	HM 52	—	MS 52
H 2352			330	211	—	39	24	18	Tr 260×4	25.0	A 2352	HM 52	—	MS 52
H 3952			310	116	—	46	20	22	Tr 260×4	—	A 3952	HML 52	—	MSL 48
H 3056	260	280	330	152	—	50	24	18	Tr 280×4	17.5	A 3056	HML 56	—	MSL 56
H 3156			350	195	—	41	24	18	Tr 280×4	25.0	A 3156	HM 56	—	MS 52
H 2356			350	224	—	41	24	18	Tr 280×4	26.5	A 2356	HM 56	—	MS 52
H 3956			330	121	—	50	24	22	Tr 280×4	—	A 3956	HML 56	—	MSL 56
H 3060	280	300	360	168	—	54	24	18	Tr 300×4	23.0	A 3060	HML 60	—	MSL 60
H 3160			380	208	—	53	24	18	Tr 300×4	30.0	A 3160	HM 60	—	MS 60
H 3260			380	240	—	53	24	18	Tr 300×4	—	A 3260	HM 60	—	MS 60
H 3960			360	140	—	54	24	22	Tr 300×4	—	A 3960	HML 60	—	MSL 60
H 3064	300	320	380	171	—	55	24	25	Tr 320×5	24.5	A 3064	HML 64	—	MSL 64
H 3164			400	226	—	56	24	25	Tr 320×5	35.0	A 3164	HM 64	—	MS 64
H 3264			400	258	—	56	24	25	Tr 320×5	39.0	A 3264	HM 64	—	MS 64
H 3964			380	140	—	55	24	25	Tr 320×5	—	A 3964	HML 64	—	MSL 64
H 3068	320	340	400	187	—	58	24	25	Tr 340×5	28.5	A 3068	HML 68	—	MSL 64
H 3168			440	254	—	72	28	25	Tr 340×5	—	A 3168	HM 68	—	MS 68

续表

紧定套型号	尺寸/mm									质量/kg	组成紧定套的零件代号			
	d_1	d	d_2	B_1	B_2 max	B_3 max	B_5 min	B_6	G	W ≈	紧定衬套	锁紧螺母	锁紧垫圈	锁紧卡
H 3268	320	340	440	288	—	72	28	25	Tr 340×5	—	A 3268	HM 68	—	MS 68
H 3968			400	144	—	58	24	26	Tr 340×5	—	A 3968	HML 68	—	MSL 64
H 3072	340	360	420	188	—	58	28	25	Tr 360×5	30.5	A 3072	HML 72	—	MSL 72
H 3172			460	259	—	75	28	25	Tr 360×5	—	A 3172	HM 72	—	MS 68
H 3272			460	299	—	75	28	25	Tr 360×5	—	A 3272	HM 72	—	MS 68
H 3972			420	144	—	58	28	26	Tr 360×5	—	A 3972	HML 72	—	MSL 72
H 3076	360	380	450	193	—	62	28	25	Tr 380×5	36.0	A 3076	HML 76	—	MSL 76
H 3176			490	264	—	77	32	25	Tr 380×5	—	A 3176	HM 76	—	MS 76
H 3276			490	310	—	77	32	25	Tr 380×5	—	A 3276	HM 76	—	MS 76
H 3976			450	164	—	62	28	26	Tr 380×5	—	A 3976	HML 76	—	MSL 76
H 3080	380	400	470	210	—	66	28	25	Tr 400×5	41.5	A 3080	HML 80	—	MSL 76
H 3180			520	272	—	82	32	25	Tr 400×5	—	A 3180	HM 80	—	MS 80
H 3280			520	328	—	82	32	25	Tr 400×5	—	A 3280	HM 80	—	MS 80
H 3980			470	168	—	66	28	27	Tr 400×5	—	A 3980	HML 80	—	MSL 76
H 3084	400	420	490	212	—	66	32	25	Tr 420×5	43.5	A 3084	HML 84	—	MSL 84
H 3184			540	304	—	90	32	25	Tr 420×5	—	A 3184	HM 84	—	MS 80
H 3284			540	352	—	90	32	25	Tr 420×5	—	A 3284	HM 84	—	MS 80
H 3984			490	168	—	66	32	27	Tr 420×5	—	A 3984	HML 84	—	MSL 84
H 3088	410	440	520	228	—	77	32	25	Tr 440×5	—	A 3088	HML 88	—	MSL 88
H 3188			560	307	—	90	36	25	Tr 440×5	—	A 3188	HM 88	—	MS 88
H 3288			560	361	—	90	36	25	Tr 440×5	—	A 3288	HM 88	—	MS 88
H 3988			520	189	—	77	32	27	Tr 440×5	—	A 3988	HML 88	—	MSL 88
H 3092	430	460	540	234	—	77	32	25	Tr 460×5	—	A 3092	HML 92	—	MSL 88
H 3192			580	326	—	95	36	25	Tr 460×5	—	A 3192	HM 92	—	MS 88
H 3292			580	382	—	95	36	25	Tr 460×5	—	A 3292	HM 92	—	MS 88
H 3992			540	189	—	77	32	28	Tr 460×5	—	A 3992	HML 92	—	MSL 88
H 3096	450	480	560	237	—	77	36	25	Tr 480×5	73.5	A 3096	HML 96	—	MSL 96
H 3196			620	335	—	95	36	25	Tr 480×5	—	A 3196	HM 96	—	MS 96
H 3296			620	397	—	95	36	25	Tr 480×5	—	A 3296	HM 96	—	MS 96
H 3996			560	200	—	77	36	28	Tr 480×5	—	A 3996	HML 96	—	MSL 96
H 30/500	470	500	580	247	—	85	36	25	Tr 500×5	—	A 30/500	HML /500	—	MSL 96
H 31/500			630	356	—	100	40	25	Tr 500×5	—	A 31/500	HM/500	—	MS/500
H 32/500			630	428	—	100	40	25	Tr 500×5	—	A 32/500	HM/500	—	MS/500
H 39/500			580	208	—	85	36	28	Tr 500×5	—	A 39/500	HML /500	—	MSL 96
H 30/530	500	530	630	265	—	90	40	—	Tr 530×6	—	A 30/530	HML /530	—	MSL/530
H 31/530			670	364	—	105	40	—	Tr 530×6	—	A 31/530	HM/530	—	MS/530
H 32/530			670	447	—	105	40	—	Tr 530×6	—	A 32/530	HM/530	—	MS/530
H 39/530			630	216	—	90	40	—	Tr 530×6	—	A 39/530	HML /530	—	MSL/530
H 30/560	530	560	650	282	—	97	40	—	Tr 560×6	—	A 30/560	HML/560	—	MSL/560
H 31/560			710	377	—	110	45	—	Tr 560×6	—	A 31/560	HM/560	—	MS/560
H 32/560			710	462	—	110	45	—	Tr 560×6	—	A 32/560	HM/560	—	MS/560
H 39/560			650	227	—	97	40	—	Tr 560×6	—	A 39/560	HML /560	—	MSL/560

续表

紧定套型号	尺寸/mm									质量/kg	组成紧定套的零件代号			
	d_1	d	d_2	B_1	B_2 max	B_3 max	B_5 min	B_6	G	W ≈	紧定衬套	锁紧螺母	锁紧垫圈	锁紧卡
H 30/600	560	600	700	289	—	97	40	—	Tr 600×6	—	A 30/600	HML/600	—	MSL/560
H 31/600			750	399	—	110	45	—	Tr 600×6	—	A 31/600	HM/600	—	MS/560
H 32/600			750	487	—	110	45	—	Tr 600×6	—	A 32/600	HM/600	—	MS/560
H 39/600			700	239	—	97	40	—	Tr 600×6	—	A 39/600	HML /600	—	MSL/560
H 30/630	600	630	730	301	—	97	45	—	Tr 630×6	—	A 30/630	HML/630	—	MSL/630
H 31/630			800	424	—	120	50	—	Tr 630×6	—	A 31/630	HM/630	—	MS/630
H 32/630			800	521	—	120	50	—	Tr 630×6	—	A 32/630	HM/630	—	MS/630
H 39/630			730	254	—	97	45	—	Tr 630×6	—	A 39/630	HML /630	—	MSL/630
H 30/670	630	670	780	324	—	102	45	—	Tr 670×6	—	A 30/670	HML/670	—	MSL/670
H 31/670			850	456	—	131	50	—	Tr 670×6	—	A 31/670	HM/670	—	MS/670
H 32/670			850	558	—	131	50	—	Tr 670×6		A 32/670	HM/670		MS/670
H 39/670			780	264	—	102	45	—	Tr 670×6		A 39/670	HML /670		MSL/670
H 30/710	670	710	830	342	—	112	50	—	Tr 710×7	—	A 30/710	HML/710	—	MSL/710
H 31/710			900	467	—	135	55	—	Tr 710×7	—	A 31/710	HM/710	—	MS/710
H 32/710			900	572	—	135	55	—	Tr 710×7	—	A 32/710	HM/710	—	MS/710
H 39/710			830	286	—	112	50	—	Tr 710×7	—	A 39/710	HML /710	—	MSL/710
H 30/750	710	750	870	356	—	112	55	—	Tr 750×7	—	A 30/750	HML/750	—	MSL/750
H 31/750			950	493	—	141	60	—	Tr 750×7	—	A 31/750	HM/750	—	MS/750
H 32/750			950	603	—	141	60	—	Tr 750×7	—	A 32/750	HM/750	—	MS/750
H 39/750			870	291	—	112	55	—	Tr 750×7	—	A 39/750	HML /750	—	MSL/750
H 30/800	750	800	920	366	—	112	55	—	Tr 800×7	—	A 30/800	HML/800	—	MSL/750
H 31/800			1000	505	—	141	60	—	Tr 800×7	—	A 31/800	HM/800	—	MS/750
H 32/800			1000	618	—	141	60	—	Tr 800×7	—	A 32/800	HM/800	—	MS/800
H 39/800			920	303	—	112	55	—	Tr 800×7	—	A 39/800	HML /800	—	MSL/750
H 30/850	800	850	980	380	—	115	60	—	Tr 850×7	—	A 30/850	HML/850	—	MSL/850
H 31/850			1060	536	—	147	70	—	Tr 850×7	—	A 31/850	HM/850	—	MS/850
H 32/850			1060	651	—	147	70	—	Tr 850×7	—	A 32/850	HM/850	—	MS/850
H 39/850			980	308	—	115	60	—	Tr 850×7	—	A 39/850	HML /850	—	MSL/850
H 30/900	850	900	1030	400	—	125	60	—	Tr 900×7	—	A 30/900	HML/900	—	MSL/850
H 31/900			1120	557	—	154	70	—	Tr 900×7	—	A 31/900	HM/900	—	MS/900
H 32/900			1120	660	—	154	70	—	Tr 900×7	—	A 32/900	HM/900	—	MS/900
H 39/900			1030	326	—	125	60	—	Tr 900×7	—	A 39/900	HML /900	—	MSL/850
H 30/950	900	950	1080	420	—	125	60	—	Tr 950×8	—	A 30/950	HML/950	—	MSL/950
H 31/950			1170	583	—	154	70	—	Tr 950×8	—	A 31/950	HM/950	—	MS/950
H 32/950			1170	675	—	154	70	—	Tr 950×8	—	A 32/950	HM/950	—	MS/950
H 39/950			1080	344	—	125	60	—	Tr 950×8	—	A 39/950	HML /950	—	MSL/950
H 30/1000	950	1000	1140	430	—	125	60	—	Tr 1000×8	—	A 30/1000	HML/1000	—	MSL/1000
H 31/1000			1240	609	—	154	70	—	Tr 1000×8	—	A 31/1000	HM/1000	—	MS/1000
H 32/1000			1240	707	—	154	70	—	Tr 1000×8	—	A 32/1000	HM/1000	—	MS/1000
H 39/1000			1140	358	—	125	60	—	Tr 1000×8	—	A 39/1000	HML /1000	—	MSL/1000
H 30/1060	1000	1060	1200	447	—	125	60	—	Tr 1060×8	—	A 30/1060	HML/1060	—	MSL/1000
H 31/1060			1300	622	—	154	70	—	Tr 1060×8	—	A 31/1060	HM/1060	—	MS/1000
H 39/1060			1200	372	—	125	60	—	Tr 1060×8	—	A 39/1060	HML /1060	—	MSL/1000

表 7-5-62 **按轴承系列和轴承内径选用的退卸衬套**

轴承内径/mm	退卸衬套内径/mm	用于各轴承系列的退卸衬套型号									
		40	41	39	30	31	02	22	32	03	23
40	35	—	—	—	—	—	AH 208	AH 308	—	AH 308	AH 2308
45	40	—	—	—	—	—	AH 209	AH 309	—	AH 309	AH 2309
50	45	—	—	—	—	—	AH 210	AH 310	—	AH 310	AH 2310
55	50	—	—	—	—	—	AH 211	AH 311	—	AH 311	AH 2311
60	55	—	—	—	—	—	AH 212	AH 312	—	AH 312	AH 2312
65	60	—	—	—	—	—	AHX 213	AH 313	—	AHX 313	AHX 2313
70	65	—	—	—	—	—	AHX 214	AH 314	—	AHX 314	AHX 2314
75	70	—	—	—	—	—	AHX 215	AH 315	—	AHX 315	AHX 2315
80	75	—	—	—	—	—	AH 216	AH 316	—	AH 316	AH 2316
85	80	—	—	—	—	—	AH 217	AH 317	—	AH 317	AH 2317
90	85	—	—	—	—	—	AH 218	AH 318	AH 3218	AH 318	AH 2318
95	90	—	—	—	—	—	AH 219	AH 319	AH 3219	AH 319	AH 2319
100	95	—	—	—	—	AH 3120	AH 220	AH 320	AH 3220	AH 320	AH 2320
105	100	—	—	—	—	AH 3121	AH 221	AH 321	AH 3221	AH 321	AH 2321
110	105	—	AH 24122	—	—	AH 3122	AH 222	AH 3122	AHX 3222	AH 322	AHX 2322
120	115	AH 24024	AH 24124	—	AH 3024	AH 3124	AH 224	AH 3124	AHX 3224	AH 324	AHX 2324
130	125	AH 24026	AH 24126	—	AH 3026	AH 3126	AH 226	AH 3126	AHX 3226	AH 326	AHX 2326
140	135	AH 24028	AH 24128	—	AH 3028	AH 3128	AH 228	AH 3128	AHX 3228	AH 328	AHX 2328
150	145	AH 24030	AH 24130	—	AH 3030	AHX 3130	AH 230	AHX 3130	AHX 3230	AHX 330	AHX 2330
160	150	AH 24032	AH 24132	—	AH 3032	AHX 3132	AH 232	AHX 3132	AHX 3232	AHX 332	AHX 2332
170	160	AH 24034	AH 24134	AH 3934	AH 3034	AHX 3134	AH 234	AHX 3134	AHX 3234	AHX 334	AHX 2334
180	170	AH 24036	AH 24136	AH 3936	AH 3036	AHX 3136	AH 236	AHX 2236	AHX 3236	—	AHX 2336
190	180	AH 24038	AH 24138	AH 3938	AHX 3038	AHX 3138	AHX 238	AHX 2238	AHX 3238	—	AHX 2338
200	190	AH 24040	AH 24140	AH 3940	AHX 3040	AH 3140	AHX 240	AH 2240	AH 3240	—	AH 2340
220	200	AH 24044	AH 24144	AH 3944	AHX 3044	AH 3144	AHX 244	AH 2244	AH 2344	—	AH 2344
240	220	AH 24048	AH 24148	AH 3948	AH 3048	AH 3148	AHX 248	AH 2248	AH 2348	—	AH 2348
260	240	AH 24052	AH 24152	AH 3952	AH 3052	AHX 3152	AHX 252	AHX 2252	AHX 2352	—	AHX 2352
280	260	AH 24056	AH 24156	AH 3956	AH 3056	AHX 3156	AHX 256	AHX 2256	AHX 2356	—	AHX 2356
300	280	AH 24060	AH 24160	AH 3960	AH 3060	AHX 3160	—	AHX 2260	AHX 3260	—	—
320	300	AH 24064	AH 24164	AH 3964	AHX 3064	AHX 3164	—	AHX 2264	AHX 3264	—	—
340	320	AH 24068	AH 24168	AH 3968	AHX 3068	AHX 3168	—	—	AHX 3268	—	—
360	340	AH 24072	AH 24172	AH 3972	AHX 3072	AHX 3172	—	—	AHX 3272	—	—
380	360	AH 24076	AH 24176	AH 3976	AHX 3076	AHX 3176	—	—	AHX 3276	—	—
400	380	AH 24080	AH 24180	AH 3980	AHX 3080	AHX 3180	—	—	AHX 3280	—	—
420	400	AH 24084	AH 24184	AH 3984	AHX 3084	AHX 3184	—	—	AHX 3284	—	—
440	420	AH 24088	AH 24188	AH 3988	AHX 3088	AHX 3188	—	—	AHX 3288	—	—
460	440	AH 24092	AH 24192	AH 3992	AHX 3092	AHX 3192	—	—	AHX 3292	—	—
480	460	AH 24096	AH 24196	AH 3996	AHX 3096	AHX 3196	—	—	AHX 3296	—	—
500	480	AH 240/500	AH 241/500	AH 39/500	AHX 30/500	AHX 31/500	—	—	AHX 32/500	—	—

续表

轴承内径/mm	退卸衬套内径/mm	用于各轴承系列的退卸衬套型号									
		40	41	39	30	31	02	22	32	03	23
530	500	AH 240/530	AH 241/530	AH 39/530	AH 30/530	AH 31/530	—	—	AH 32/530	—	—
560	530	AH 240/560	AH 241/560	AH 39/560	AH 30/560	AH 31/560	—	—	AH 32/560	—	—
600	570	AH 240/600	AH 241/600	AH 39/600	AH 30/600	AH 31/600	—	—	AH 32/600	—	—
630	600	AH 240/630	AH 241/630	AH 39/630	AH 30/630	AH 31/630	—	—	AH 32/630	—	—
670	630	AH 240/670	AH 241/670	AH 39/670	AH 30/670	AH 31/670	—	—	AH 32/670	—	—
710	670	AH 240/710	AH 241/710	AH 39/710	AH 30/710	AH 31/710	—	—	AH 32/710	—	—
750	710	AH 240/750	AH 241/750	AH 39/750	AH 30/750	AH 31/750	—	—	AH 32/750	—	—
800	750	AH 240/800	AH 241/800	AH 39/800	AH 30/800	AH 31/800	—	—	AH 32/800	—	—
850	800	AH 240/850	AH 241/850	AH 39/850	AH 30/850	AH 31/850	—	—	AH 32/850	—	—
900	850	AH 240/900	AH 241/900	AH 39/900	AH 30/900	AH 31/900	—	—	AH 32/900	—	—
950	900	AH 240/950	AH 241/950	AH 39/950	AH 30/950	AH 31/950	—	—	AH 32/950	—	—
1000	950	AH 240/1000	AH 241/1000	AH 39/1000	AH 30/1000	AH 31/1000	—	—	AH 32/1000	—	—
1060	1000	AH 240/1060	AH 241/1060	AH 39/1060	AH 30/1060	AH 31/1060	—	—	—	—	—

表 7-5-63　**退卸衬套**（GB/T 9160.1—2017）

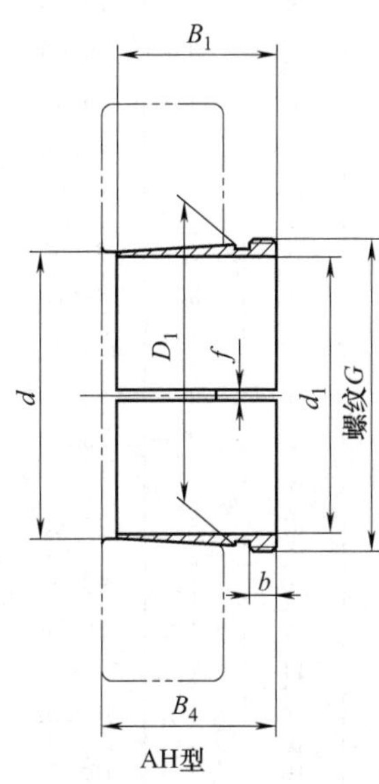

AH型

退卸衬套型号	尺寸/mm								质量/kg	适配的锁紧螺母型号
	d_1	d	B_1 max	B_4	b	f	D_1 ≈	G	W ≈	
AH 208	35	40	25	27	6	2	41.75	M 45×1.5	—	KM 09
AH 308			29	32	6	2	42.17	M 45×1.5	0.09	KM 09
AH 2308			40	43	7	2	43.00	M 45×1.5	0.128	KM 09
AH 209	40	45	26	29	6	2	46.83	M 50×1.5	—	KM 10
AH 309			31	34	6	2	47.33	M 50×1.5	0.109	KM 10
AH 2309			44	47	7	2	48.25	M 50×1.5	0.164	KM 10

续表

退卸衬套型号	尺寸/mm								质量/kg	适配的锁紧螺母型号
	d_1	d	B_1 max	B_4	b	f	D_1 ≈	G	W ≈	
AH 210	45	50	28	31	7	2	51.92	M 55×2	—	KM 11
AH 310			35	38	7	2	52.50	M 55×2	0.137	KM 11
AH 2310			50	53	9	2	53.58	M 55×2	0.209	KM 11
AH 211	50	55	29	32	7	3	57.08	M 60×2	—	KM 12
AH 311			37	40	7	3	57.75	M 60×2	0.161	KM 12
AH 2311			54	57	10	3	58.92	M 60×2	0.253	KM 12
AH 212	55	60	32	35	8	3	62.08	M 65×2	—	KM 13
AH 312			40	43	8	3	62.83	M 65×2	0.189	KM 13
AH 2312			58	61	11	3	64.08	M 65×2	0.297	KM 13
HX 213	60	65	32.5	36	8	3	67.17	M 70×2	—	KM 14
AHX 313			42	45	8	3	68.00	M 70×2	0.253	KM 14
AHX 2313			61	64	12	3	69.25	M 70×2	0.395	KM 14
AHX 214	65	70	33.5	37	8	3	72.25	M 75×2	—	KM 15
AHX 314			43	47	8	3	73.17	M 75×2	0.28	KM 15
AHX 2314			64	68	12	3	74.50	M 75×2	0.466	KM 15
AHX 215	70	75	34.5	38	8	3	77.33	M 80×2	—	KM 16
AHX 315			45	49	8	3	78.33	M 80×2	0.313	KM 16
AHX 2315			68	72	12	3	79.83	M 80×2	0.534	KM 16
AH 216	75	80	35.5	39	8	3	82.42	M 90×2	—	KM 18
AH 316			48	52	8	3	83.50	M 90×2	0.365	KM 18
AH 2316			71	75	12	3	85.08	M 90×2	0.597	KM 18
AH 217	80	85	38.5	42	9	3	87.67	M 95×2	—	KM 19
AH 317			52	56	9	3	88.75	M 95×2	0.429	KM 19
AH 2317			74	78	13	3	90.33	M 95×2	0.69	KM 19
AH 218	85	90	40	44	9	3	92.83	M 100×2	—	KM 20
AH 318			53	57	9	3	93.92	M 100×2	0.461	KM 20
AH 3218			63	67	10	3	—	M 100×2	0.576	KM 20
AH 2318			79	83	14	3	95.67	M 100×2	0.779	KM 20
AH 219	90	95	43	47	10	4	98.00	M 105×2		KM 21
AH 319			57	61	10	4	99.08	M 105×2	0.532	KM 21
AH 3219			67	71	11	4	—	M 105×2		KM 21
AH 2319			85	89	16	4	100.92	M 105×2	0.886	KM 21
AH 220	95	100	45	49	10	4	103.17	M 110×2	—	KM 22
AH 320			59	63	10	4	104.25	M 110×2	0.582	KM 22
AH 3120			64	68	11	4	—	M 110×2	0.65	KM 22
AH 3220			73	77	11	4	—	M 110×2	0.767	KM 22
AH 2320			90	94	16	4	106.42	M 110×2	0.998	KM 22
AH 221	100	105	47	51	11	4	108.34	M 115×2	—	KM 23
AH 321			62	66	12	4	109.50	M 115×2	—	KM 23
AH 3121			68	72	11	4	—	M 115×2	—	KM 23
AH 3221			78	82	11	4	—	M 115×2	—	KM 23
AH 2321			94	98	16	4	—	M 120×2	—	KM 24
AH 222	105	110	50	54	11	4	113.50	M 120×2	—	KM 24

续表

退卸衬套型号	尺寸/mm								质量/kg	适配的锁紧螺母型号
	d_1	d	B_1 max	B_4	b	f	D_1 ≈	G	W ≈	
AH 322	105	110	63	67	12	4	114.67	M 120×2	0.663	KM 24
AH 3122			68	72	11	4	—	M 120×2	0.76	KM 24
AHX 3222			82	86	11	4	—	M 120×2	0.883	KM 24
AH 24122			82	91	—	—	—	M 115×2	—	KM 23
AHX 2322			98	102	16	4	117.00	M 120×2	0.350	KM 24
AH 224	115	120	53	57	12	4	—	M 130×2	—	KM 26
AH 3024			60	64	13	4	—	M 130×2	0.75	KML 26
AH 324			69	73	13	4	—	M 130×2	—	KM 26
AH 24024			73	82	—	—	—	M 125×2	—	KM 25
AH 3124			75	79	12	4	—	M 130×2	0.95	KM 26
AHX 3224			90	94	13	4	—	M 130×2	1.11	KM 26
AH 24124			93	102	—	—	—	M 130×2	—	KM 26
AHX 2324			105	109	17	4	127.50	M 130×2	1.60	KM 26
AH 226	125	130	53	57	12	4	—	M 140×2	—	KM 28
AH 3026			67	71	14	4	—	M 140×2	0.93	KML 28
AH 326			74	78	14	4	—	M 140×2	—	KM 28
AH 3126			78	82	12	4	—	M 140×2	1.08	KM 28
AH 24026			83	93	—	—	—	M 135×2	—	KM 27
AH 24126			94	104	—	—	—	M 140×2	—	KM 28
AHX 3226			98	102	15	4	—	M 140×2	1.580	KM 28
AHX 2326			115	119	19	4	138.17	M 140×2	1.970	KM 28
AH 228	135	140	56	61	13	4	—	M 150×2	—	KM 30
AH 3028			68	73	14	4	—	M 150×2	1.01	KML 30
AH 328			77	82	14	4	—	M 150×2	—	KM 30
AH 3128			83	88	14	4	—	M 150×2	1.28	KM 30
AH 24028			83	93	—	—	—	M 145×2	—	KM 29
AH 24128			99	109	—	—	—	M 150×2	—	KM 30
AHX 3228			104	109	15	4	—	M 150×2	1.84	KM 30
AHX 2328			125	130	20	4	148.92	M 150×2	2.330	KM 30
AH 230	145	150	60	65	14	4	—	M 160×3	—	KM 32
AH 3030			72	77	15	4	—	M 160×3	1.15	KML 32
AHX 330			83	88	15	4	—	M 160×3	—	KM 32
AH 24030			90	101	—	—	—	M 155×3	—	KM 31
AHX 3130			96	101	15	4	—	M 160×3	1.79	KM 32
AHX 3230			114	119	17	4	—	M 160×3	2.22	KM 32
AH 24130			115	126	—	—	—	M 160×3	—	KM 32
AHX 2330			135	140	24	4	159.42	M 160×3	2.82	KM 32
AH 232	150	160	64	69	15	5	—	M 170×3	—	KM 34
AH 3032			77	82	16	5	—	M 170×3	2.06	KML 34
AHX 332			88	93	16	5	—	M 170×3	—	KM 34
AH 24032			95	106	—	—	—	M 170×3	—	KM 34
AHX 3132			103	108	16	5	—	M 170×3	2.87	KM 34
AHX 3232			124	130	20	5	—	M 170×3	4.08	KM 34
AH 24132			124	135	—	—	—	M 170×3	—	KM 34
AHX 2332			140	146	24	5	169.92	M 170×3	4.72	KM 34

续表

退卸衬套型号	尺寸/mm								质量/kg	适配的锁紧螺母型号
	d_1	d	B_1 max	B_4	b	f	D_1 ≈	G	W ≈	
AH 3934	160	170	59	64	13	5	—	M 180×3	—	KML 36
AH 234			69	74	16	5	—	M 180×3	—	KM 36
AH 3034			85	90	17	5	—	M 180×3	2.43	KML 36
AHX 334			93	98	17	5	—	M 180×3	—	KM 36
AHX 3134			104	109	16	5	—	M 180×3	3.04	KM 36
AH 24034			106	117	—	—	—	M 180×3	—	KM 36
AH 24134			125	136	—	—	—	M 180×3	—	KM 36
AHX 3234			134	140	24	5	—	M 180×3	4.80	KM 36
AHX 2334			146	152	24	5	180.42	M 180×3	5.25	KM 36
AH 3936	170	180	66	71	13	5	—	M 190×3	—	KML 38
AH 236			69	74	16	5	—	M 190×3	—	KM 38
AH 3036			92	98	17	5	—	M 190×3	2.81	KML 38
AHX 2236			105	110	17	5	—	M 190×3	—	KM 38
AHX 3136			116	122	19	5	—	M 190×3	3.76	KM 38
AH 24036			116	127	—	—	—	M 190×3	—	KM 38
AH 24136			134	145	—	—	—	M 190×3	—	KM 38
AHX 3236			140	146	24	5	—	M 190×3	5.32	KM 38
AHX 2336			154	160	26	5	190.92	M 190×3	5.83	KM 38
AH 3938	180	190	66	71	13	5	—	M 200×3	—	KML 40
AHX 238			73	78	17	5	—	M 200×3	—	KM 40
AHX 3038			96	102	18	5	—	M 200×3	3.32	KML 40
AHX 2238			112	117	18	5	—	M 200×3	—	KM 40
AH 24038			118	131	—	—	—	M 200×3	—	KM 40
AHX 3138			125	131	20	5	—	M 200×3	4.89	KM 40
AHX 3238			145	152	25	5	—	M 200×3	5.90	KM 40
AH 24138			146	159	—	—	—	M 200×3	—	KM 40
AHX 2338			160	167	26	5	201.50	M 200×3	6.63	KM 40
AHX 240	190	200	77	82	18	5	—	Tr 210×4	—	KM 42
AH 3940			77	83	16	5	—	Tr 210×4	—	KM 42
AHX 3040			102	108	19	5	—	Tr 210×4	3.80	KM 42
AH 2240			118	123	19	5	—	Tr 220×4	—	KM 44
AH 24040			127	140	—	—	—	Tr 210×4	—	KM 42
AH 3140			134	140	21	5	—	Tr 220×4	5.49	KM 44
AH 3240			153	160	25	5	—	Tr 220×4	6.68	KM 44
AH 24140			158	171	—	—	—	Tr 210×4	—	KM 42
AH 2340			170	177	30	5	212.00	Tr 220×4	7.54	KM 44
AH 3944	200	220	77	83	16	5	—	Tr 230×4	—	KM 46
AHX 244			85	91	18	5	—	Tr 230×4	—	KM 46
AHX 3044			111	117	20	5	—	Tr 230×4	7.40	KM 46
AH 2244			130	136	20	5	—	Tr 240×4	—	KM 48
AH 24044			138	152	—	—	—	Tr 230×4	—	KM 46
AH 3144			145	151	23	5	—	Tr 240×4	10.40	KM 48
AH 24144			170	184	—	—	—	Tr 230×4	—	KM 46
AH 2344			181	189	30	5	232.83	Tr 240×4	13.50	KM 48
AH 3948	220	240	77	83	16	8	—	Tr 250×4	—	KM 50

续表

退卸衬套型号	尺寸/mm								质量/kg	适配的锁紧螺母型号
	d_1	d	B_1 max	B_4	b	f	D_1 ≈	G	W ≈	
AHX 248	220	240	96	102	22	5	—	Tr 260×4	—	KM 52
AH 3048			116	123	21	5	—	Tr 260×4	8.75	HML 52
AH 24048			138	153	—	—	—	Tr 250×4	—	KM 50
AH 2248			144	150	21	5	—	Tr 260×4	—	KM 52
AH 3148			154	161	25	5	—	Tr 260×4	12.0	KM 52
AH 24148			180	195	—	—	—	Tr 260×4	—	KM 52
AH 2348			189	197	30	5	253.75	Tr 260×4	15.50	KM 52
AH 3952	240	260	94	100	18	8	—	Tr 280×4	—	HML 56
AHX 252			105	111	23	6	—	Tr 280×4	—	KM 56
AH 3052			128	135	23	6	—	Tr 280×4	10.70	HML 56
AHX 2252			155	161	23	6	—	Tr 280×4	—	KM 56
AH 24052			162	178	—	—	—	Tr 280×4	—	KM 56
AHX 3152			172	179	26	6	—	Tr 280×4	16.20	KM 56
AH 24152			202	218	—	—	—	Tr 280×4	—	KM 56
AHX 2352			205	213	30	6	274.58	Tr 280×4	19.60	KM 56
AH 3956	260	280	94	100	18	8	—	Tr 300×4	—	HML 60
AHX 256			105	113	23	6		Tr 300×4	—	HM 60
AH 3056			131	139	24	6	—	Tr 300×4	12.0	HML 60
AHX 2256			155	163	24	6	—	Tr 300×4	—	HM 60
AH 24056			162	179	—	—	—	Tr 300×4	—	HM 60
AHX 3156			175	183	28	6	—	Tr 300×4	17.50	HM 60
AH 24156			202	219	—	—	—	Tr 300×4	—	HM 60
AHX 2356			212	220	30	6	295.50	Tr 300×4	21.60	HM 60
AH 3960	280	300	112	119	21	8	—	Tr 320×5	—	HML 64
AH 3060			145	153	26	6	—	Tr 320×5	14.40	HML 64
AHX 2260			170	178	26	6	—	Tr 320×5	—	HM 64
AH 24060			184	202	—	—	—	Tr 320×5	—	HM 64
AHX 3160			192	200	30	6	—	Tr 320×5	20.80	HM 64
AH 24160			224	242	—	—	—	Tr 320×5	—	HM 64
AHX 3260			228	236	34	6	—	Tr 320×5	26.0	HM 64
AH 3964	300	320	112	119	21	8	—	Tr 340×5	—	HML 68
AHX 3064			149	157	27	6	—	Tr 340×5	16.0	HML 68
AHX 2264			180	190	27	6	—	Tr 340×5	—	HM 68
AH 24064			184	202	—	—	—	Tr 340×5	—	HM 68
AHX 3164			209	217	31	6	—	Tr 340×5	24.50	HM 68
AH 24164			242	260	—	—	—	Tr 340×5	—	HM 68
AHX 3264			246	254	36	6	—	Tr 340×5	30.60	HM 68
AH 3968	320	340	112	119	21	8	—	Tr 360×5	—	HML 72
AHX 3068			162	171	28	6	—	Tr 360×5	19.50	HML 72
AH 24068			206	225	—	—	—	Tr 360×5	—	HM 72
AHX 3168			225	234	33	6	—	Tr 360×5	29.0	HM 72
AHX 3268			264	273	38	6	—	Tr 360×5	35.40	HM 72
AH 24168			269	288	—	—	—	Tr 360×5	—	HM 72
AH 3972	340	360	112	119	21	10	—	Tr 380×5	—	HML 76

续表

退卸衬套型号	尺寸/mm								质量/kg	适配的锁紧螺母型号
	d_1	d	B_1 max	B_4	b	f	D_1 ≈	G	W ≈	
AHX 3072	340	360	167	176	30	6	—	Tr 380×5	21.0	HML 76
AH 24072			206	226	—	—	—	Tr 380×5	—	HM 76
AHX 3172			229	238	35	6	—	Tr 380×5	33.0	HM 76
AH 24172			269	289	—	—	—	Tr 380×5	—	HM 76
AHX 3272			274	283	40	6	—	Tr 380×5	41.50	HM 76
AH 3976	360	380	130	138	22	10	—	Tr 400×5	—	HML 80
AHX 3076			170	180	31	6	—	Tr 400×5	23.2	HML 80
AH 24076			208	228	—	—	—	Tr 400×5	—	HM 80
AHX 3176			232	242	36	6	—	Tr 400×5	35.7	HM 80
AH 24176			271	291	—	—	—	Tr 400×5	—	HM 80
AHX 3276			284	294	42	6	—	Tr 400×5	45.6	HM 80
AH 3980	380	400	130	138	22	10	—	Tr 420×5	—	HML 84
AHX 3080			183	193	33	6	—	Tr 420×5	27.3	HML 84
AH 24080			228	248	—	—	—	Tr 420×5	—	HM 84
AHX 3180			240	250	38	6	—	Tr 420×5	39.5	HM 84
AH 24180			278	298	—	—	—	Tr 420×5	—	HM 84
AHX 3280			302	312	44	6	—	Tr 420×5	51.7	HM 84
AH 3984	400	420	130	138	22	10	—	Tr 440×5	—	HML 88
AHX 3084			186	196	34	8	—	Tr 440×5	29.0	HML 88
AH 24084			230	252	—	—	—	Tr 440×5	—	HM 88
AHX 3184			266	276	40	8	—	Tr 440×5	46.5	HM 88
AH 24184			310	332	—	—	—	Tr 440×5	—	HM 88
AHX 3284			321	331	46	8	—	Tr 440×5	58.9	HM 88
AH 3988	420	440	145	153	25	10	—	Tr 460×5	—	HML 92
AHX 3088			194	205	35	8	—	Tr 460×5	32.0	HML 92
AH 24088			242	264	—	—	—	Tr 460×5	—	HM 92
AHX 3188			270	281	42	8	—	Tr 460×5	49.8	HM 92
AH 24188			310	332	—	—	—	Tr 460×5	—	HM 92
AHX 3288			330	341	48	8	—	Tr 460×5	63.8	HM 92
AH 3992	440	460	145	153	25	10	—	Tr 480×5	—	HML 96
AHX 3092			202	213	37	8	—	Tr 480×5	35.2	HML 96
AH 24092			250	273	—	—	—	Tr 480×5	—	HM 96
AHX 3192			285	296	43	8	—	Tr 480×5	57.9	HM 96
AH 24192			332	355	—	—	—	Tr 480×5	—	HM 96
AHX 3292			349	360	50	8	—	Tr 480×5	74.5	HM 96
AH 3996	460	480	158	167	28	10	—	Tr 500×5	—	HML/500
AHX 3096			205	217	38	8	—	Tr 500×5	39.2	HML/500
AH 24096			250	273	—	—	—	Tr 500×5	—	HM/500
AHX 3196			295	307	45	8	—	Tr 500×5	63.1	HM/500
AH 24196			340	363	—	—	—	Tr 500×5	—	HM/500
AHX 3296			364	376	52	8	—	Tr 500×5	82.1	HM/500
AH 39/500	480	500	162	172	32	10	—	Tr 530×6	—	HML/530
AHX 30/500			209	221	40	8	—	Tr 530×6	42.5	HML/530
AH 240/500			253	276	—	—	—	Tr 530×6	—	HM/530

续表

退卸衬套型号	尺寸/mm								质量/kg	适配的锁紧螺母型号
	d_1	d	B_1 max	B_4	b	f	D_1 ≈	G	W ≈	
AHX 31/500	480	500	313	325	47	8	—	Tr 530×6	70.9	HM/530
AH 241/500			360	383	—	—	—	Tr 530×6	—	HM/530
AHX 32/500			393	405	54	8	—	Tr 530×6	94.6	HM/530
AH 39/530	500	530	175	185	—	—	—	Tr 560×6	—	HML/560
AH 30/530			230	242	—	—	—	Tr 560×6	—	HML/560
AH 240/530			285	309	—	—	—	Tr 560×6	—	HM/560
AH 31/530			325	337	—	—	—	Tr 560×6	—	HM/560
AH 241/530			370	394	—	—	—	Tr 560×6	—	HM/560
AH 32/530			412	424	—	—	—	Tr 560×6	—	HM/560
AH 39/560	530	560	180	190	—	—	—	Tr 600×6	—	HML/600
AH 30/560			240	252	—	—	—	Tr 600×6	—	HML/600
AH 240/560			296	320	—	—	—	Tr 600×6	—	HM/600
AH 31/560			335	347	—	—	—	Tr 600×6	—	HM/600
AH 241/560			393	417	—	—	—	Tr 600×6	—	HM/600
AH 32/560			422	434	—	—	—	Tr 600×6	—	HM/600
AH 39/600	570	600	192	202	—	—	—	Tr 630×6	—	HML/630
AH 30/600			245	259	—	—	—	Tr 630×6	—	HML/630
AH 240/600			310	336	—	—	—	Tr 630×6	—	HM/630
AH 31/600			355	369	—	—	—	Tr 630×6	—	HM 630
AH 241/600			413	439	—	—	—	Tr 630×6	—	HM/630
AH 32/600			445	459	—	—	—	Tr 630×6	—	HM/630
AH 39/630	600	630	210	222	—	—	—	Tr 670×6	—	HML/670
AH 30/630			258	272	—	—	—	Tr 670×6	—	HML/670
AH 240/630			330	356	—	—	—	Tr 670×6	—	HM/670
AH 31/630			375	389	—	—	—	Tr 670×6	—	HM/670
AH 241/630			440	466	—	—	—	Tr 670×6	—	HM/670
AH 32/630			475	489	—	—	—	Tr 670×6	—	HM/670
AH 39/670	630	670	216	228	—	—	—	Tr 710×7	—	HML/710
AH 30/670			280	294	—	—	—	Tr 710×7	—	HML/710
AH 240/670			348	374	—	—	—	Tr 710×7	—	HM/710
AH 31/670			395	409	—	—	—	Tr 710×7	—	HM/710
AH 241/670			452	478	—	—	—	Tr 710×7	—	HM/710
AH 32/670			500	514	—	—	—	Tr 710×7	—	HM/710
AH 39/710	670	710	228	240	—	—	—	Tr 750×7	—	HML/750
AH 30/710			286	302	—	—	—	Tr 750×7	—	HML/750
AH 240/710			360	386	—	—	—	Tr 750×7	—	HM/750
AH 31/710			405	421	—	—	—	Tr 750×7	—	HM/750
AH 241/710			483	509	—	—	—	Tr 750×7	—	HM/750
AH 32/710			515	531	—	—	—	Tr 750×7	—	HM/750
AH 39/750	710	750	234	246	—	—	—	Tr 800×7	—	HML/800

第7篇

第7篇

续表

退卸衬套型号	尺寸/mm								质量/kg	适配的锁紧螺母型号
	d_1	d	B_1 max	B_4	b	f	D_1 ≈	G	W ≈	
AH 30/750	710	750	300	316	—	—	—	Tr 800×7	—	HML/800
AH 240/750			380	408	—	—	—	Tr 800×7	—	HM/800
AH 31/750			425	441	—	—	—	Tr 800×7	—	HM/800
AH 241/750			520	548	—	—	—	Tr 800×7	—	HM/800
AH 32/750			540	556	—	—	—	Tr 800×7	—	HM/800
AH 39/800	750	800	245	257	—	—	—	Tr 850×7	—	HML/850
AH 30/800			308	326	—	—	—	Tr 850×7	—	HML/850
AH 240/800			395	423	—	—	—	Tr 850×7	—	HM/850
AH 31/800			438	456	—	—	—	Tr 850×7	—	HM/850
AH 241/800			525	553	—	—	—	Tr 850×7	—	HM/850
AH 32/800			550	568	—	—	—	Tr 850×7	—	HM/850
AH 39/850	800	850	258	270	—	—	—	Tr 900×7	—	HML/900
AH 30/850			325	343	—	—	—	Tr 900×7	—	HML/900
AH 240/850			415	445	—	—	—	Tr 900×7	—	HM/900
AH 31/850			462	480	—	—	—	Tr 900×7	—	HM/900
AH 241/850			560	600	—	—	—	Tr 900×7	—	HM/900
AH 32/850			585	603	—	—	—	Tr 900×7	—	HM/900
AH 39/900	850	900	265	277	—	—	—	Tr 950×8	—	HML/950
AH 30/900			335	355	—	—	—	Tr 950×8	—	HML/950
H 240/900			430	475	—	—	—	Tr 950×8	—	HM/950
AH 31/900			475	495	—	—	—	Tr 950×8	—	HM/950
AH 241/900			575	620	—	—	—	Tr 950×8	—	HM/950
AH 32/900			585	605	—	—	—	Tr 950×8	—	HM/950
AH 39/950	900	950	282	297	—	—	—	Tr 1000×8	—	HML/1000
AH 30/950			355	375	—	—	—	Tr 1000×8	—	HML/1000
AH 240/950			467	512	—	—	—	Tr 1000×8	—	HM/1000
AH 31/950			500	520	—	—	—	Tr 1000×8	—	HM/1000
AH 32/950			600	620	—	—	—	Tr 1000×8	—	HM/1000
AH 241/950			605	650	—	—	—	Tr 1000×8	—	HM/1000
AH 39/1000	950	1000	296	311	—	—	—	Tr 1060×8	—	HML/1060
AH 30/1000			365	387	—	—	—	Tr 1060×8	—	HML/1060
AH 240/1000			469	519	—	—	—	Tr 1060×8	—	HM/1060
AH 31/1000			525	547	—	—	—	Tr 1060×8	—	HM/1060
AH 241/1000			645	695	—	—	—	Tr 1060×8	—	HM/1060
AH 32/1000			630	652	—	—	—	Tr 1060×8	—	HM/1060
AH 39/1060	1000	1060	310	325	—	—	—	Tr 1120×8	—	HML/1120
AH 30/1060			385	407	—	—	—	Tr 1120×8	—	HML/1120
AH 240/1060			498	548	—	—	—	Tr 1120×8	—	HM/1120
AH 31/1060			540	562	—	—	—	Tr 1120×8	—	HM/1120
AH 241/1060			665	715	—	—	—	Tr 1120×8	—	HM/1120

5.18　轴承座

5.18.1　二螺柱立式轴承座

表 7-5-64　适用于圆锥孔带紧定套的调心轴承（GB/T 7813—2018）　mm

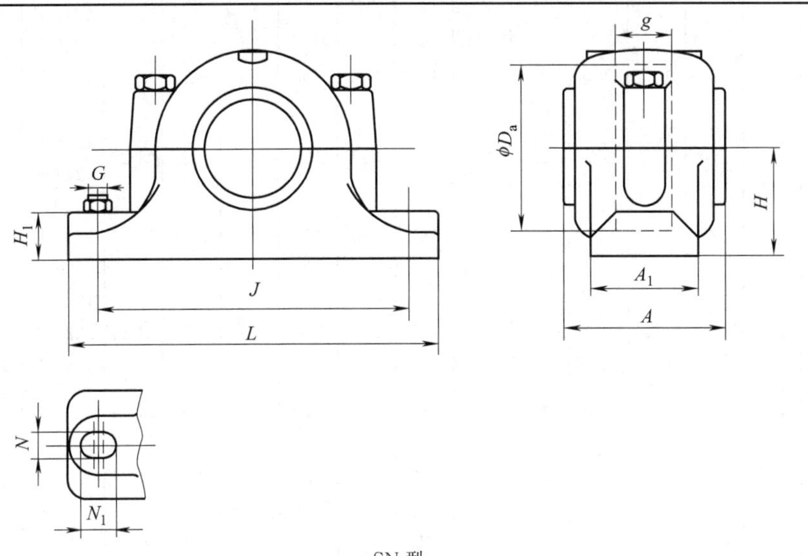

SN 型

SN5 系列

轴承座型号	外形尺寸													适用轴承及附件		
	d	d_0	D_a	H	J	N	N_1 min	A max	L max	A_1	H_1 max	g	G	调心球轴承	调心滚子轴承	紧定套
SN 505	25	20	52	40	130	15	15	72	170	46	22	25	M 12	1205 K 2205 K	— —	H 205 H 305
SN 506	30	25	62	50	150	15	15	82	190	52	22	30	M 12	1206 K 2206 K	— —	H 206 H 306
SN 507	35	30	72	50	150	15	15	85	190	52	22	33	M 12	1207 K 2207 K	— —	H 207 H 307
SN 508	40	35	80	60	170	15	15	92	210	60	25	33	M 12	1208 K 2208 K	— 22208 K	H 208 H 308
SN 509	45	40	85	60	170	15	15	92	210	60	25	31	M 12	1209 K 2209 K	— 22209 K	H 209 H 309
SN 510	50	45	90	60	170	15	15	100	210	60	25	33	M 12	1210 K 2210 K	— 22210 K	H 210 H 310
SN 511	55	50	100	70	210	18	18	105	270	70	28	33	M 16	1211 K 2211 K	— 22211 K	H 211 H 311
SN 512	60	55	110	70	210	18	18	115	270	70	30	38	M 16	1212 K 2212 K	— 22212 K	H 212 H 312
SN 513	65	60	120	80	230	18	18	120	290	80	30	43	M 16	1213 K 2213 K	— 22213 K	H 213 H 313
SN 515	75	65	130	80	230	18	18	125	290	80	30	41	M 16	1215 K 2215 K	— 22215 K	H 215 H 315
SN 516	80	70	140	95	260	22	22	135	330	90	32	43	M 20	1216 K 2216 K	— 22216 K	H 216 H 316

续表

SN5 系列

轴承座型号	外形尺寸													适用轴承及附件		
	d	d_0	D_a	H	J	N	N_1 min	A max	L max	A_1	H_1 max	g	G	调心球轴承	调心滚子轴承	紧定套
SN 517	85	75	150	95	260	22	22	140	330	90	32	46	M 20	1217 K 2217 K	— 22217 K	H 217 H 317
SN 518	90	80	160	100	290	22	22	145	360	100	35	62.4	M 20	1218 K 2218 K —	— 22218 K 23218 K	H 218 H 318 H 2318
SN 519	95	85	170	112	290	22	22	150	360	100	35	53	M 20	1219 K 2219 K	— 22219 K	H 219 H 319
SN 520	100	90	180	112	320	26	26	165	400	110	40	70.3	M 24	1220 K 2220 K —	— 22220 K 23220 K	H 220 H 320 H 2320
SN 522	110	100	200	125	350	26	26	177	420	120	45	80	M 24	1222 K 2222 K —	— 22222 K 23222 K	H 222 H 322 H 2322
SN 524	120	110	215	140	350	26	26	187	420	120	45	86	M 24	—	22224 K 23224 K	H 3124 H 2324
SN 526	130	115	230	150	380	28	28	192	450	130	50	90	M 24	—	22226 K 23226 K	H 3126 H 2326
SN 528	140	125	250	150	420	35	35	207	510	150	50	98	M 30	—	22228 K 23228 K	H 3128 H 2328
SN 530	150	135	270	160	450	35	35	224	540	160	60	106	M 30	—	22230 K 23230 K	H 3130 H 2330
SN 532	160	140	290	170	470	35	35	237	560	160	60	114	M 30	—	22232 K 23232 K	H 3132 H 2332

注：SN 524～SN 532 应装有吊环螺钉。

SN6 系列

轴承座型号	外形尺寸													适用轴承及附件		
	d	d_0	D_a	H	J	N	N_1 min	A max	L max	A_1	H_1 max	g	G	调心球轴承	调心滚子轴承	紧定套
SN 605	25	20	62	50	150	15	15	82	190	52	22	34	M 12	1305 K 2305 K	— —	H 305 H 2305
SN 606	30	25	72	50	150	15	15	85	190	52	22	37	M 12	1306 K 2306 K	— —	H 306 H 2306
SN 607	35	30	80	60	170	15	15	92	210	60	25	41	M 12	1307 K 2307 K	— —	H 307 H 2307
SN 608	40	35	90	60	170	15	15	100	210	60	25	43	M 12	1308 K 2308 K	— 22308 K	H 308 H 2308
SN 609	45	40	100	70	210	18	18	105	270	70	28	46	M 16	1309 K 2309 K	— 22309 K	H 309 H 2309
SN 610	50	45	110	70	210	18	18	115	270	70	30	50	M 16	1310 K 2310 K	— 22310 K	H 310 H 2310
SN 611	55	50	120	80	230	18	18	120	290	80	30	53	M 16	1311 K 2311 K	— 22311 K	H 311 H 2311
SN 612	60	55	130	80	230	18	18	125	290	80	30	56	M 16	1312 K 2312 K	— 22312 K	H 312 H 2312

续表

SN6 系列

轴承座型号	外形尺寸													适用轴承及附件		
	d	d_0	D_a	H	J	N	N_1 min	A max	L max	A_1	H_1 max	g	G	调心球轴承	调心滚子轴承	紧定套
SN 613	65	60	140	95	260	22	22	135	330	90	32	58	M 20	1313 K 2313 K	— 22313 K	H 313 H 2313
SN 615	75	65	160	100	290	22	22	145	360	100	35	65	M 20	1315 K 2315 K	— 22315 K	H 315 H 2315
SN 616	80	70	170	112	290	22	22	150	360	100	35	68	M 20	1316 K 2316 K	— 22316 K	H 316 H 2316
SN 617	85	75	180	112	320	26	26	165	400	110	40	70	M 24	1317 K 2317 K	— 22317 K	H 317 H 2317
SN 618	90	80	190	112	320	26	26	165	405	110	40	74	M 24	1318 K 2318 K	— 22318 K	H 318 H 2318
SN 619	95	85	200	125	350	26	26	117	420	120	45	77	M 24	1319 K 2319 K	— 22319 K	H 319 H 2319
SN 620	100	90	215	140	350	26	26	187	420	120	45	83	M 24	1320 K 2320 K	— 22320 K	H 320 H 2320
SN 622	110	100	240	150	390	28	28	195	475	130	50	90	M 24	1322 K 2322 K	— 22322 K	H 322 H 2322
SN 624	120	110	260	160	450	35	35	210	545	160	60	96	M 30	—	22324 K	H 2324
SN 626	130	115	280	170	470	35	35	225	565	160	60	103	M 30	—	22326 K	H 2326
SN 628	140	125	300	180	520	35	35	237	630	170	65	112	M 30	—	22328 K	H 2328
SN 630	150	135	320	190	560	35	35	245	680	180	65	118	M 30	—	22330 K	H 2330
SN 632	160	140	340	200	580	42	42	260	710	190	70	124	M 36	—	22332 K	H 2332

注:SN 624～SN 632 应装有吊环螺钉。

SN30 系列

轴承座型号	外形尺寸													适用轴承及附件	
	d	d_0	D_a	H	J	N	N_1 min	A max	L max	A_1	H_1 max	g	G	调心滚子轴承	紧定套
SN 3024	120	110	180	112	320	26	26	165	400	110	40	56	M 24	23024 K	H 3024
SN 3026	130	115	200	125	350	26	26	177	420	120	45	62	M 24	23026 K	H 3026
SN 3028	140	125	210	140	350	26	26	177	425	120	45	63	M 24	23028 K	H 3028
SN 3030	150	135	225	150	380	28	28	187	465	130	130	66	M 24	23030 K	H 3030
SN 3032	160	140	240	150	390	28	28	195	475	130	50	70	M 24	23032 K	H 3032
SN 3034	170	150	260	160	450	35	35	210	545	160	60	77	M 24	23034 K	H 3034
SN 3036	180	160	280	170	470	35	35	225	565	160	60	84	M 30	23036 K	H 3036
SN 3038	190	170	290	170	470	35	35	237	560	160	60	85	M 30	23038 K	H 3038
SN 3040	200	180	310	180	515	35	35	240	620	170	60	92	M 30	23040 K	H 3040

注:该系列应装有吊环螺钉。

SN31 系列

轴承座型号	外形尺寸													适用轴承及附件	
	d	d_0	D_a	H	J	N	N_1 min	A max	L max	A_1	H_1 max	g	G	调心滚子轴承	紧定套
SN 3124	120	110	200	125	350	26	26	177	420	120	45	72	M 24	23124 K	H 3124
SN 3126	130	115	210	140	350	26	26	177	425	120	45	74	M 24	23126 K	H 3126
SN 3128	140	125	225	150	380	28	28	187	465	130	130	78	M 24	23128 K	H 3128
SN 3130	150	135	250	420	420	35	35	207	510	150	50	90	M 30	23130 K	H 3130
SN 3132	160	140	270	160	450	35	35	224	540	160	60	96	M 30	23132 K	H 3132
SN 3134	170	150	280	170	470	33	33	225	565	160	60	98	M 30	23134 K	H 3134

注:该系列应装有吊环螺钉。

表 7-5-65 适用于圆柱孔的调心轴承（GB/T 7813—2018） mm

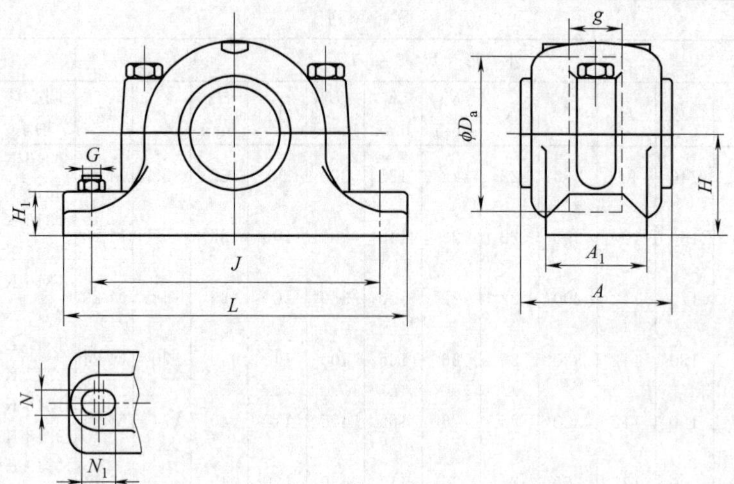

SN2 系列

轴承座型号	外形尺寸													适用轴承	
	d	d_0	D_a	H	J	N	N_1 min	A max	L max	A_1	H_1 max	g	G	调心滚轴承	调心滚子轴承
SN 205	25	30	52	40	130	15	15	72	170	46	22	35	M 12	1205 2205	— 22205
SN 206	30	35	62	50	150	15	15	82	190	52	22	30	M 12	1206 2206	— 22206
SN 207	35	45	72	50	150	15	15	85	190	52	22	33	M 12	1207 2207	— 22207
SN 208	40	50	80	60	170	15	15	92	210	60	25	33	M 12	1208 2208	— 22208
SN 209	45	55	85	60	170	15	15	92	210	60	25	31	M 12	1209 2209	— 22209
SN 210	50	60	90	60	170	15	15	100	210	60	25	33	M 12	1210 2210	— 22210
SN 211	55	65	100	70	210	18	18	105	270	70	28	33	M 16	1211 2211	— 22211
SN 212	60	70	110	70	210	18	18	115	270	70	30	38	M 16	1212 2212	— 22212
SN 213	65	75	120	80	230	18	18	120	290	80	30	43	M 16	1213 2213	— 22213
SN 214	70	80	125	80	230	18	18	120	290	80	30	44	M 16	1214 2214	— 22214
SN 215	75	85	130	80	230	18	18	125	290	80	30	41	M 16	1215 2215	— 22215
SN 216	80	90	140	95	260	22	22	135	330	90	32	43	M 20	1216 2216	— 22216
SN 217	85	95	150	95	260	22	22	140	330	90	32	46	M 20	1217 2217	— 22217
SN 218	90	100	160	100	290	22	22	145	360	100	35	62.4	M 20	1218 2218	— 22218
SN 219	95	110	170	112	290	22	22	150	360	100	35	53	M 20	1219 2219	— 22219

续表

SN2 系列

轴承座型号	外形尺寸													适用轴承	
	d	d_0	D_a	H	J	N	N_1 min	A max	L max	A_1	H_1 max	g	G	调心滚轴承	调心滚子轴承
SN 220	100	115	180	112	320	26	26	165	400	110	40	70.3	M 24	1220 2220 —	— 22220 23220
SN 222	110	125	200	125	350	26	26	177	420	120	45	80	M 24	1222 2222 —	— 22222 23222
SN 224	120	135	215	140	350	26	26	187	420	120	45	86	M 24	—	22224 23224
SN 226	130	145	230	150	380	26	26	192	450	130	50	90	M 24	—	22226 23226
SN 228	140	155	250	150	420	35	35	207	510	150	50	98	M 30	—	22228 23228
SN 230	150	165	270	160	450	35	35	224	540	160	60	106	M 30	—	22230 23230
SN 232	160	175	290	170	470	35	35	237	560	160	60	114	M 30	—	22232 23232

注：SN 224～SN 232 应装有吊环螺钉。

SN3 系列

轴承座型号	外形尺寸													适用轴承	
	d	d_0	D_a	H	J	N	N_1 min	A max	L max	A_1	H_1 max	g	G	调心滚轴承	调心滚子轴承
SN 305	25	30	62	50	150	15	20	82	185	52	22	34	M 12	1305 2305	—
SN 306	30	35	72	50	150	15	20	85	185	52	22	37	M 12	1306 2306	—
SN 307	35	45	80	60	170	15	20	92	205	60	25	41	M 12	1307 2307	—
SN 308	40	50	90	60	170	15	20	100	205	60	25	43	M 12	1308 2308	21308 22308
SN 309	45	55	100	70	210	18	23	105	255	70	28	46	M 16	1309 2309	21309 22309
SN 310	50	60	110	70	210	18	23	115	255	70	30	50	M 16	1310 2310	21310 22310
SN 311	55	65	120	80	230	18	23	120	275	80	30	53	M 16	1311 2311	21311 22311
SN 312	60	70	130	80	230	18	23	125	280	80	30	56	M 16	1312 2312	21312 22312
SN 313	65	75	140	95	260	22	27	135	315	90	32	58	M 20	1313 2313	21313 22313
SN 314	70	80	150	95	260	22	27	140	320	90	32	61	M 20	1314 2314	21314 22314
SN 315	75	85	160	100	290	22	27	145	345	100	35	65	M 20	1315 2315	21315 22315
SN 316	80	90	170	112	290	22	27	150	345	100	35	68	M 20	1316 2316	21316 22316
SN 317	85	95	180	112	320	26	32	165	380	110	40	70	M 24	1317 2317	21317 22317

5.18.2 四螺柱立式轴承座

表 7-5-66 适用于圆锥孔带紧定套的调心轴承（GB/T 7813—2018） mm

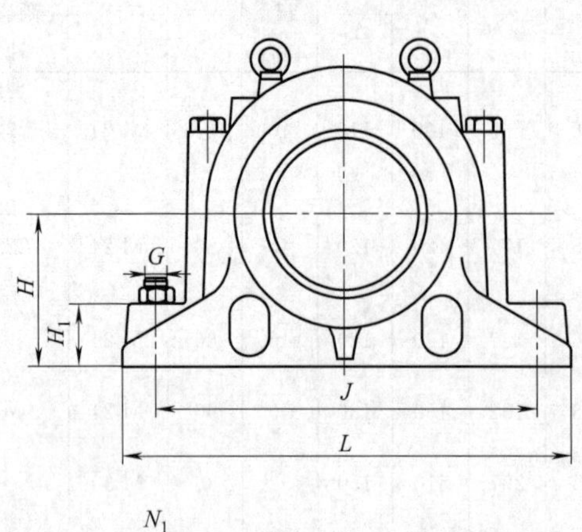

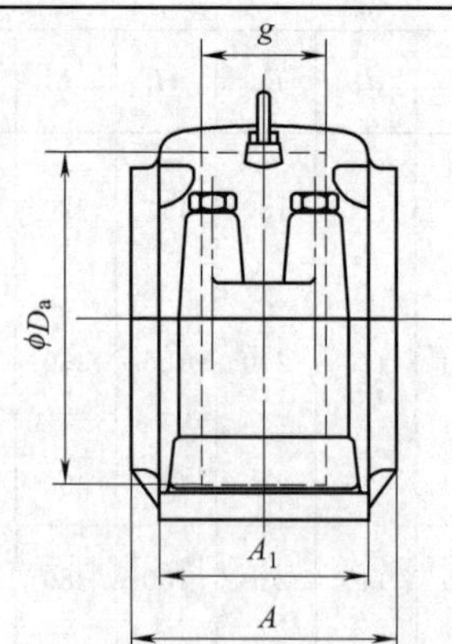

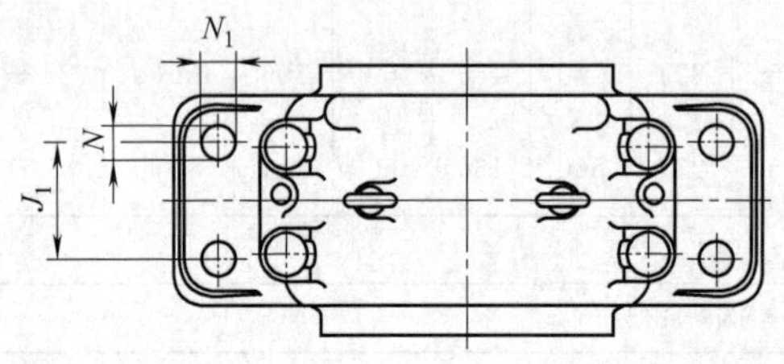

SD 型

SD 31…TS 系列

轴承座型号	外形尺寸														适用轴承及附件	
	d	d_0	D_a	H	J	J_1	N	N_1 min	A max	L max	A_1	H_1 max	g①	G	调心滚子轴承	紧定套
SD 3134 TS	170	150	280	170	430	100	28	28	235	515	180	70	108	M 24	23134 K	H 3134
SD 3136 TS	180	160	300	180	450	110	28	28	245	535	190	75	116	M 24	23136 K	H 3136
SD 3138 TS	190	170	320	190	480	120	28	28	265	565	210	80	124	M 24	23138 K	H 3138
SD 3140 TS	200	180	340	210	510	130	35	35	285	615	230	85	132	M 30	23140 K	H 3140
SD 3144 TS	220	200	370	220	540	140	35	35	295	645	240	90	140	M 30	23144 K	H 3144
SD 3148 TS	240	220	400	240	600	150	35	35	315	705	260	95	148	M 30	23148 K	H 3148
SD 3152 TS	260	240	440	260	650	160	42	42	325	775	280	100	164	M 36	23152 K	H 3152
SD 3156 TS	280	260	460	280	670	160	42	42	325	795	280	105	166	M 36	23156 K	H 3156
SD 3160 TS	300	280	500	300	710	190	42	42	355	835	310	110	180	M 36	23160 K	H 3160
SD 3164 TS	320	300	540	320	750	200	42	42	375	885	330	115	196	M 36	23164 K	H 3164

① 不利用定位环使轴承在轴承座内固定时，g 值减小 20mm。

SD 30 系列

轴承座型号	外形尺寸														适用轴承及附件	
	d	d_0	D_a	H	J	J_1	N	N_1 min	A max	L max	A_1	H_1 max	g①	G	调心滚子轴承	紧定套
SD 3034	170	150	260	160	450	110	35	35	230	540	200	50	77	M 30	23034 K	H 3034
SD 3036	180	160	280	170	470	120	35	35	250	560	220	50	84	M 30	23036 K	H 3036
SD 3038	190	170	290	170	470	120	35	35	250	560	220	50	85	M 30	23038 K	H 3038
SD 3040	200	180	310	180	510	140	35	35	270	620	250	60	92	M 30	23040 K	H 3040
SD 3044	220	200	340	200	570	160	35	35	290	700	280	65	100	M 30	23044 K	H 3044
SD 3048	240	220	360	210	610	170	35	35	300	740	290	65	102	M 30	23048 K	H 3048

续表

SD 30 系列

轴承座型号	外形尺寸														适用轴承及附件	
	d	d_0	D_a	H	J	J_1	N	N_1 min	A max	L max	A_1 max	H_1	g①	G	调心滚子轴承	紧定套
SD 3052	260	240	400	240	680	190	40	40	340	820	320	70	114	M 36	23052 K	H 3052
SD 3056	280	260	420	250	710	200	42	42	350	860	340	85	116	M 36	23056 K	H 3056
SD 3060	300	280	460	280	770	210	42	42	360	920	350	85	128	M 36	23060 K	H 3060
SD 3064	320	300	480	280	790	210	42	42	380	940	360	85	131	M 36	23064 K	H 3064
SD 3068	340	320	520	310	860	230	50	50	400	1020	370	106	143	M 42	23068 K	H 3068

① 不利用定位环使轴承在轴承座内固定时，g 值减小 10mm。

SD 5 系列

轴承座型号	外形尺寸														适用轴承及附件	
	d	d_0	D_a	H	J	J_1	N	N_1 min	A max	L max	A_1 max	H_1	g①	G	调心滚子轴承	紧定套
SD 534	170	150	310	180	510	140	35	35	270	620	250	60	96	M 30	22234 K	H 3134
SD 536	180	160	320	190	540	150	35	35	280	650	260	60	96	M 30	22236 K	H 3136
SD 538	190	170	340	200	570	160	35	35	290	700	280	65	102	M 30	22238 K	H 3138
SD 540	200	180	360	210	610	170	35	35	300	740	290	65	108	M 30	22240 K	H 3140
SD 544	220	200	400	240	680	190	40	40	330	820	320	70	118	M 36	22244 K	H 3144
SD 548	240	220	440	260	740	200	42	42	340	880	330	85	132	M 36	22234 K	H 3138
SD 552	260	40	480	280	790	210	42	42	370	940	360	85	140	M 36	22252 K	H 3152
SD 556	280	260	500	300	830	230	50	50	390	990	380	100	140	M 42	22256 K	H 3156
SD 560	300	280	540	325	890	250	50	50	410	1060	400	100	150	M 42	22260 K	H 3160
SD 564	320	300	580	355	930	270	57	57	440	1110	430	110	160	M 48	22264 K	H 3164

① 不利用定位环使轴承在轴承座内固定时，g 值减小 10mm。

SD 6 系列

轴承座型号	外形尺寸														适用轴承及附件	
	d	d_0	D_a	H	J	J_1	N	N_1 min	A max	L	A_1 max	H_1	g①	G	调心滚子轴承	紧定套
SD 634	170	150	360	210	610	170	35	35	300	740	290	65	130	M 30	22334 K	H 2334
SD 636	180	160	380	225	640	180	40	40	320	780	310	70	136	M 36	22336 K	H 2336
SD 638	190	170	400	240	680	190	40	40	330	820	320	70	142	M 36	22338 K	H 2338
SD 640	200	180	420	250	710	200	42	42	350	860	340	85	148	M 36	22340 K	H 2340
SD 644	220	200	460	280	770	210	42	42	360	920	350	85	155	M 36	22344 K	H 2344
SD 648	240	220	500	300	830	230	50	50	390	990	380	100	165	M 42	22348 K	H 2348
SD 652	260	240	540	325	890	250	50	50	410	1060	400	100	175	M 42	22352 K	H 2352
SD 656	280	260	580	355	930	270	57	57	440	1110	430	110	185	M 48	22356 K	H 2356

① 不利用定位环使轴承在轴承座内固定时，g 值减小 10mm。

5.19 定位环

表 7-5-67 定位环（GB/T 7813—2018） mm

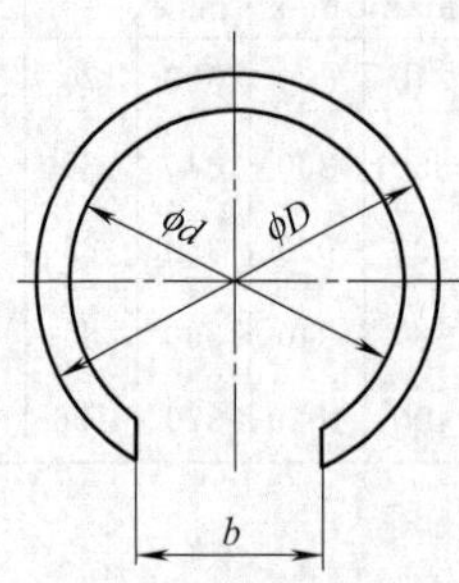

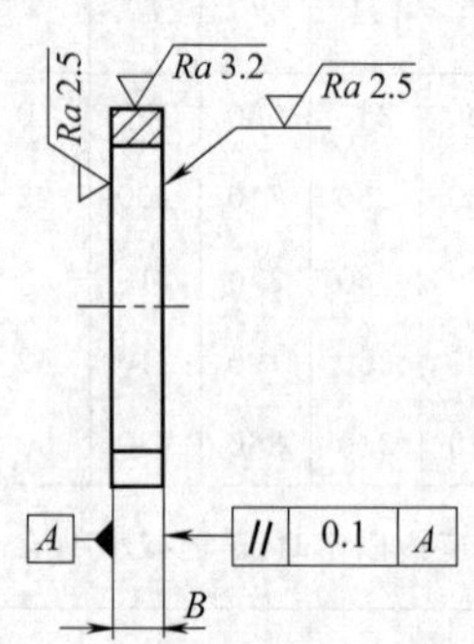

型 号	外形尺寸/mm				型 号	外形尺寸/mm			
	D	d	B	b		D	d	B	b
SR 52×5	52	45	5	32	SR 150×13	150	135	13	98
SR 52×7	52	45	7	32	SR 160×10	160	144	10	105
SR 62×7	62	54	7	38	SR 190×10	190	173	10	130
SR 62×8.5	62	54	8.5	38	SR 190×15.5	190	173	15.5	130
SR 62×10	62	54	10	38	SR 200×10	200	180	10	130
SR 72×8	72	64	8	47	SR 200×13.5	200	180	13.5	130
SR 72×9	72	64	9	47	SR 200×16	200	180	16	130
SR 72×10	72	64	10	47	SR 200×21	200	180	21	130
SR 80×7.5	80	70	7.5	52	SR 215×10	215	195	10	140
SR 80×10	80	70	10	52	SR 215×14	215	195	14	140
SR 85×6	85	75	6	57	SR 215×18	215	195	18	140
SR 85×8	85	75	8	57	SR 230×10	230	210	10	150
SR 90×6.5	90	80	6.5	62	SR 230×13	230	210	13	150
SR 90×10	90	80	10	62	SR 240×10	240	218	10	150
SR 100×6	100	90	6	68	SR 240×20	240	218	20	150
SR 100×8	100	90	8	68	SR 250×10	250	230	10	160
SR 100×10	100	90	10	68	SR 250×15	250	230	15	160
SR 100×10.5	100	90	10.5	68	SR 260×10	260	238	10	170
SR 110×8	110	99	8	73	SR 270×10	270	248	10	170
SR 110×10	110	99	10	73	SR 270×16.5	270	248	16.5	170
SR 110×11.5	110	99	11.5	73	SR 280×10	280	255	10	170
SR 120×10	120	108	10	78	SR 290×10	290	268	10	180
SR 120×12	120	108	12	78	SR 290×17	290	268	17	180
SR 125×10	125	113	10	84	SR 300×10	300	275	10	190
SR 125×13	125	113	13	84	SR 310×5	310	285	5	190
SR 130×8	130	118	8	88	SR 310×10	310	285	10	190
SR 130×10	130	118	10	88	SR 320×5	320	296	5	200
SR 130×12.5	130	118	12.5	88	SR 320×10	320	296	10	200
SR 140×8.5	140	127	8.5	93	SR 340×5	340	314	5	210
SR 140×10	140	127	10	93	SR 340×10	340	314	10	210
SR 140×12.5	140	127	12.5	93	SR 360×5	360	332	5	210
SR 150×9	150	135	9	98	SR 360×10	360	332	10	210
SR 150×10	150	135	10	98	SR 370×10	370	337	10	210

续表

型　号	外形尺寸/mm				型　号	外形尺寸/mm			
	D	d	B	b		D	d	B	b
SR 380×5	380	342	5	210	SR 180×14.5	180	163	14.5	120
SR 400×5	400	369	5	210	SR 180×18.1	180	163	18.1	120
SR 400×10	400	369	10	210	SR 440×5	440	420	5	220
SR 420×5	420	379	5	220	SR 440×10	440	420	10	220
SR 160×11.2	160	144	11.2	105	SR 460×5	460	430	5	200
SR 160×14	160	144	14	105	SR 460×10	460	430	10	200
SR 160×16.2	160	144	16.2	105	SR 480×5	480	451	5	240
SR 170×10	170	154	10	112	SR 500×5	500	461	5	220
SR 170×10.5	170	154	10.5	112	SR 500×10	500	461	10	220
SR 170×14.5	170	154	14.5	112	SR 540×5	540	487	5	240
SR 180×10	180	163	10	120	SR 540×10	540	487	10	240
SR 180×12.1	180	163	12.1	120	SR 580×5	580	524	5	260

第7篇

附录一　滚动轴承现行标准目录

附表 7-1　滚动轴承国家标准目录

序号	标准号	标准名称
1	GB/T 271—2017	滚动轴承　分类
2	GB/T 272—2017	滚动轴承　代号方法
3	GB/T 273.1—2011	滚动轴承　外形尺寸总方案　第1部分:圆锥滚子轴承
4	GB/T 273.2—2018	滚动轴承　推力轴承　外形尺寸总方案
5	GB/T 273.3—2015	滚动轴承　外形尺寸总方案　第3部分:向心轴承
6	GB/T 274—2000	滚动轴承　倒角尺寸最大值
7	GB/T 275—2015	滚动轴承　配合
8	GB/T 276—2013	滚动轴承　深沟球轴承　外形尺寸
9	GB/T 281—2013	滚动轴承　调心球轴承　外形尺寸
10	GB/T 283—2007	滚动轴承　圆柱滚子轴承　外形尺寸
11	GB/T 285—2013	滚动轴承　双列圆柱滚子轴承　外形尺寸
12	GB/T 288—2013	滚动轴承　调心滚子轴承　外形尺寸
13	GB/T 290—2017	滚动轴承　无内圈冲压外圈滚针轴承　外形尺寸
14	GB/T 292—2007	滚动轴承　角接触球轴承　外形尺寸
15	GB/T 294—2015	滚动轴承　三点和四点接触球轴承　外形尺寸
16	GB/T 296—2015	滚动轴承　双列角接触球轴承　外形尺寸
17	GB/T 297—2015	滚动轴承　圆锥滚子轴承　外形尺寸
18	GB/T 299—2008	滚动轴承　双列圆锥滚子轴承　外形尺寸
19	GB/T 300—2008	滚动轴承　四列圆锥滚子轴承　外形尺寸
20	GB/T 301—2015	滚动轴承　推力球轴承　外形尺寸
21	GB/T 304.1—2017	关节轴承　分类
22	GB/T 304.2—2015	关节轴承　代号方法
23	GB/T 304.3—2002	关节轴承　配合
24	GB/T 304.9—2008	关节轴承　通用技术规则
25	GB/T 305—1998	滚动轴承　外圈上的止动槽和止动环　尺寸和公差
26	GB/T 307.1—2017	滚动轴承　向心轴承　产品几何技术规范(GPS)和公差值
27	GB/T 307.2—2005	滚动轴承　测量和检验的原则及方法
28	GB/T 307.3—2017	滚动轴承　通用技术规则
29	GB/T 307.4—2017	滚动轴承　推力轴承产品几何技术规范(GPS)和公差值
30	GB/T 308.1—2013	滚动轴承　球　第1部分:钢球
31	GB/T 308.2—2010	滚动轴承　球　第2部分:陶瓷球
32	GB/T 309—2000	滚动轴承　滚针
33	GB/T 3882—2017	滚动轴承　外球面球轴承和偏心套　外形尺寸
34	GB/T 3944—2002	关节轴承　词汇

续表

序号	标 准 号	标 准 名 称
35	GB/T 4199—2003	滚动轴承　公差　定义
36	GB/T 4604.1—2012	滚动轴承　游隙　第1部分:向心轴承的径向游隙
37	GB/T 4604.2—2013	滚动轴承　游隙　第2部分:四点接触球轴承的轴向游隙
38	GB/T 4605—2003	滚动轴承　推力滚针和保持架组件及推力垫圈
39	GB/T 4661—2015	滚动轴承　圆柱滚子
40	GB/T 4662—2012	滚动轴承　额定静载荷
41	GB/T 4663—2017	滚动轴承　推力圆柱滚子轴承　外形尺寸
42	GB/T 5800.1—2012	滚动轴承　仪器用精密轴承　第1部分:公制系列轴承的外形尺寸、公差和特性
43	GB/T 5800.2—2012	滚动轴承　仪器用精密轴承　第2部分:英制系列轴承的外形尺寸、公差和特性
44	GB/T 5801—2006	滚动轴承　48、49和69尺寸系列滚针轴承　外形尺寸和公差
45	GB/T 5859—2008	滚动轴承　推力调心滚子轴承　外形尺寸
46	GB/T 5868—2003	滚动轴承　安装尺寸
47	GB/T 6391—2010	滚动轴承　额定动载荷和额定寿命
48	GB/T 6445—2007	滚动轴承　滚轮滚针轴承　外形尺寸和公差
49	GB/T 6930—2002	滚动轴承　词汇
50	GB/T 7217—2013	滚动轴承　凸缘外圈向心球轴承　凸缘尺寸
51	GB/T 7218—2013	滚动轴承　凸缘外圈微型向心球轴承　外形尺寸
52	GB/T 7809—2017	滚动轴承　外球面球轴承座　外形尺寸
53	GB/T 7810—2017	滚动轴承　带座外球面球轴承　外形尺寸
54	GB/T 7811—2015	滚动轴承　参数符号
55	GB/T 7813—2018	滚动轴承　剖分立式轴承座　外形尺寸
56	GB/T 8597—2013	滚动轴承　防锈包装
57	GB/T 9160.1—2017	滚动轴承　附件　第1部分:紧定套和退卸衬套
58	GB/T 9160.2—2017	滚动轴承　附件　第2部分:锁紧螺母和锁紧装置
59	GB/T 9161—2001	关节轴承　杆端关节轴承
60	GB/T 9162—2001	关节轴承　推力关节轴承
61	GB/T 9163—2001	关节轴承　向心关节轴承
62	GB/T 9164—2001	关节轴承　角接触关节轴承
63	GB/T 12764—2009	滚动轴承　无内圈、冲压外圈滚针轴承　外形尺寸和公差
64	GB/T 12765—1991	关节轴承　安装尺寸
65	GB/T 16643—2015	滚动轴承　滚针和推力圆柱滚子组合轴承　外形尺寸
66	GB/T 16940—2012	滚动轴承　套筒型直线球轴承　外形尺寸和公差
67	GB/T 19673.1—2013	滚动轴承　套筒型直线球轴承附件　第1部分:1、3系列外形尺寸和公差
68	GB/T 19673.2—2013	滚动轴承　套筒型直线球轴承附件　第2部分:5系列外形尺寸和公差
69	GB/T 20056—2015	滚动轴承　向心滚针和保持架组件　外形尺寸和公差
70	GB/T 20057—2012	滚动轴承　圆柱滚子轴承　平挡圈和套圈无挡边端倒角尺寸
71	GB/T 20058—2017	滚动轴承　单列角接触球轴承　外圈非推力端倒角尺寸
72	GB/T 20060—2011	滚动轴承　圆柱滚子轴承 可分离斜挡圈　外形尺寸
73	GB/T 21559.1—2008	滚动轴承　直线运动滚动支承　第1部分:额定动载荷和额定寿命
74	GB/T 21559.2—2008	滚动轴承　直线运动滚动支承　第2部分:额定静载荷
75	GB/T 24604—2009	滚动轴承　机床丝杠用推力角接触球轴承
76	GB/T 24605—2009	滚动轴承　产品标志

续表

序号	标准号	标准名称
77	GB/T 24606—2009	滚动轴承 无损检测 磁粉检测
78	GB/T 24607—2009	滚动轴承 寿命与可靠性试验及评定
79	GB/T 24608—2009	滚动轴承及其商品零件检验规则
80	GB/T 24609—2009	滚动轴承 额定热转速 计算方法和系数
81	GB/T 24610.1—2009	滚动轴承 振动测量方法 第1部分:基础
82	GB/T 24610.2—2009	滚动轴承 振动测量方法 第2部分:具有圆柱孔和圆柱外表面的向心球轴承
83	GB/T 24610.3—2009	滚动轴承 振动测量方法 第3部分:具有圆柱孔和圆柱外表面的调心滚子轴承和圆锥滚子轴承
84	GB/T 24610.4—2009	滚动轴承 振动测量方法 第4部分:具有圆柱孔和圆柱外表面的圆柱滚子轴承
85	GB/T 24611—2009	滚动轴承 损伤和失效 术语、特征及原因
86	GB/T 25760—2010	滚动轴承 滚针和推力球组合轴承 外形尺寸
87	GB/T 25761—2010	滚动轴承 滚针和角接触球组合轴承 外形尺寸
88	GB/T 25762—2010	滚动轴承 摩托车连杆支承用滚针和保持架组件
89	GB/T 25763—2010	滚动轴承 汽车变速箱用滚针轴承
90	GB/T 25764—2010	滚动轴承 汽车变速箱用滚子轴承
91	GB/T 25765—2010	滚动轴承 汽车变速箱用球轴承
92	GB/T 25766—2010	滚动轴承 外球面球轴承 径向游隙
93	GB/T 25767—2010	滚动轴承 圆锥滚子
94	GB/T 25768—2010	滚动轴承 滚针和双向推力圆柱滚子组合轴承
95	GB/T 25769—2010	滚动轴承 径向游隙的测量方法
96	GB/T 25770—2010	滚动轴承 铁路货车轴承
97	GB/T 25771—2010	滚动轴承 铁路机车轴承
98	GB/T 25772—2010	滚动轴承 铁路客车轴承
99	GB/T 27554—2011	滚动轴承 带座外球面球轴承 代号方法
100	GB/T 27555—2011	滚动轴承 带座外球面球轴承 技术条件
101	GB/T 27556—2011	滚动轴承 向心轴承定位槽 尺寸和公差
102	GB/T 27557—2011	滚动轴承 直线运动滚动支承 代号方法
103	GB/T 27558—2011	滚动轴承 直线运动滚动支承 分类
104	GB/T 27559—2011	滚动轴承 机床主轴用圆柱滚子轴承
105	GB/T 27560—2011	滚动轴承 外球面球轴承铸造座 技术条件
106	GB/T 28268—2012	滚动轴承 冲压保持架技术条件
107	GB/T 28697—2012	滚动轴承 调心推力球轴承和调心座垫圈 外形尺寸
108	GB/T 28698—2012	滚动轴承 电机用深沟球轴承 技术条件
109	GB/T 28779—2012	滚动轴承 带座外球面球轴承 分类
110	GB/T 29717—2013	滚动轴承 风力发电机组偏航、变桨轴承
111	GB/T 29718—2013	滚动轴承 风力发电机组主轴轴承
112	GB/T 29719—2013	滚动轴承 直线运动滚动支承 词汇
113	GB /T 32321—2015	滚动轴承 密封深沟球轴承 防尘、漏脂及温升性能试验规程
114	GB/T 32322.1—2015	滚动轴承 直线运动滚动支承成型导轨副 第1部分:1、2、3系列外形尺寸和公差
115	GB/T 32322.2—2015	滚动轴承 直线运动滚动支承成型导轨副 第2部分:4、5系列外形尺寸和公差
116	GB/T 32323—2015	滚动轴承 四点接触球轴承轴向游隙的测量方法
117	GB/T 32324—2015	滚动轴承 圆度和波纹度误差测量及评定方法

续表

序号	标　准　号	标准名称
118	GB/T 32325—2015	滚动轴承　深沟球轴承振动(速度)技术条件
119	GB/Z 32332.1—2015	滚动轴承　对 ISO 281 的注释　第 1 部分:基本额定动载荷和基本额定寿命
120	GB/Z 32332.2—2015	滚动轴承　对 ISO 281 的注释　第 2 部分:基于疲劳应力系统方法的修正额定寿命计算
121	GB/T 32333—2015	滚动轴承　振动(加速度)测量方法及技术条件
122	GB/T 32334—2015	滚动轴承　组配角接触球轴承　技术条件
123	GB/T 32562—2016	滚动轴承　摩擦力矩测量方法
124	GB/T 33623—2017	滚动轴承　风力发电机组齿轮箱轴承
125	GB/T 33624—2017	滚动轴承　清洁度测量及评定方法
126	GB/T 34884—2017	滚动轴承　工业机器人谐波齿轮减速器用柔性轴承
127	GB/T 34891—2017	滚动轴承　高碳铬轴承钢零件　热处理技术条件
128	GB/T 34897—2017	滚动轴承　工业机器人 RV 减速器用精密轴承

附表 7-2　**滚动轴承机械行业标准目录**

序号	标　准　号	标准名称
1	JB/T 1460—2011	滚动轴承　高碳铬不锈钢轴承零件　热处理技术条件
2	JB/T 2781—2015	滚动轴承　微型球轴承　技术条件
3	JB/T 2850—2007	滚动轴承　Cr4Mo4V 高温轴承钢零件　热处理技术条件
4	JB/T 3016—2014	滚动轴承　包装箱　技术条件
5	JB/T 3232—2017	滚动轴承　万向节滚针轴承
6	JB/T 3370—2011	滚动轴承　万向节圆柱滚子轴承
7	JB/T 3588—2007	滚动轴承　满装滚针轴承　外形尺寸和公差
8	JB/T 3632—2015	滚动轴承　轧机压下机构用满装圆锥滚子推力轴承
9	JB/T 4036—2014	滚动轴承　运输用托盘和木箱
10	JB/T 4037—2007	滚动轴承　酚醛层压布管保持架　技术条件
11	JB/T 5301—2007	滚动轴承　碳钢球
12	JB/T 5302—2002	外球面球轴承座　补充结构　外形尺寸
13	JB/T 5303—2002	带座外球面球轴承　补充结构　外形尺寸
14	JB/T 5305—2006	滚动轴承　带调心座垫圈的推力球轴承　公差
15	JB/T 5306—2007	关节轴承　自润滑球头螺栓杆端关节轴承　外形尺寸和公差
16	JB/T 5312—2011	滚动轴承　汽车离合器分离轴承单元
17	JB/T 5388—2010	滚动轴承　套筒型直线球轴承　技术条件
18	JB/T 5389.1—2016	滚动轴承　轧机用滚子轴承　第 1 部分:四列圆柱滚子轴承
19	JB/T 5389.2—2017	滚动轴承　轧机用滚子轴承　第 2 部分:双列和四列圆锥滚子轴承
20	JB/T 5391—2007	滚动轴承　铁路机车和车辆滚动轴承零件磁粉探伤规程
21	JB/T 5392—2007	滚动轴承　铁路机车和车辆滚动轴承零件裂纹检验
22	JB/T 6362—2007	滚动轴承　机床主轴用双向推力角接触球轴承
23	JB/T 6363—2007	滚动轴承　外球面球轴承冲压座　技术条件
24	JB/T 6364—2005	直线运动滚动支承　循环式滚针、滚子导轨支承
25	JB/T 6366—2007	滚动轴承　中碳耐冲击轴承钢零件　热处理技术条件
26	JB/T 6635—2007	滚动轴承　变速传动轴承
27	JB/T 6636—2007	滚动轴承　机器人用薄壁密封轴承

续表

序号	标准号	标准名称
28	JB/T 6637—2014	滚动轴承 标准器技术条件
29	JB/T 6639—2015	滚动轴承 骨架式橡胶密封圈 技术条件
30	JB/T 6641—2017	滚动轴承 残磁及其评定方法
31	JB/T 7048—2011	滚动轴承 工程塑料保持架 技术条件
32	JB/T 7050—2005	滚动轴承 清洁度评定方法
33	JB/T 7051—2006	滚动轴承零件 表面粗糙度测量和评定方法
34	JB/T 7359—2007	直线运动滚动支承 滚针和平保持架组件
35	JB/T 7360—2007	滚动轴承 叉车门架用滚轮、链轮轴承 技术条件
36	JB/T 7361—2007	滚动轴承 零件硬度试验方法
37	JB/T 7362—2007	滚动轴承 零件脱碳层深度测定法
38	JB/T 7363—2011	滚动轴承 低碳钢轴承零件碳氮共渗 热处理技术条件
39	JB/T 7750—2007	滚动轴承 推力调心滚子轴承 技术条件
40	JB/T 7751—2016	滚动轴承 推力圆锥滚子轴承
41	JB/T 7752—2017	滚动轴承 密封深沟球轴承 技术条件
42	JB/T 7753—2007	滚动轴承 鼓风机轴承 技术条件
43	JB/T 7754—2007	滚动轴承 双列满装圆柱滚子滚轮轴承
44	JB/T 7755—2007	滚动轴承 附件 外球面球轴承用紧定螺钉
45	JB/T 8167—2017	滚动轴承 汽车发电机轴承 技术条件
46	JB/T 8211—2005	滚动轴承 推力圆柱滚子和保持架组件及推力垫圈
47	JB/T 8236—2010	滚动轴承 双列和四列圆锥滚子轴承游隙及调整方法
48	JB/T 8563—2010	滚动轴承 水泵轴连轴承
49	JB/T 8565—2010	关节轴承 额定动载荷与寿命
50	JB/T 8566—2008	滚动轴承 碳钢轴承零件 热处理技术条件
51	JB/T 8567—2010	关节轴承 额定静载荷
52	JB/T 8568—2010	滚动轴承 输送链用圆柱滚子滚轮轴承
53	JB/T 8570—2008	滚动轴承 碳钢深沟球轴承
54	JB/T 8717—2010	滚动轴承 转向器用推力角接触球轴承
55	JB/T 8721—2010	滚动轴承 磁电机球轴承
56	JB/T 8722—2010	滚动轴承 煤矿输送机械用轴承
57	JB/T 8874—2010	滚动轴承 剖分立式轴承座 技术条件
58	JB/T 8877—2011	滚动轴承 滚针组合轴承 技术条件
59	JB/T 8878—2011	滚动轴承 冲压外圈滚针轴承 技术条件
60	JB/T 8881—2011	滚动轴承 零件渗碳热处理技术条件
61	JB/T 8919—2010	滚动轴承 外球面球轴承和偏心套 技术条件
62	JB/T 8922—2011	滚动轴承 圆柱滚子轴承振动(速度)技术条件
63	JB/T 8923—2010	滚动轴承 钢球振动(加速度)技术条件
64	JB/T 8925—2017	滚动轴承 汽车万向节十字轴总成 技术条件
65	JB/T 9145—2010	滚动轴承 硬质合金球
66	JB/T 10188—2010	滚动轴承 汽车转向节用推力轴承
67	JB/T 10189—2010	滚动轴承 汽车用等速万向节及其总成
68	JB/T 10190—2010	滚动轴承 包装用塑料筒
69	JB/T 10236—2014	滚动轴承 圆锥滚子轴承振动(速度) 技术条件
70	JB/T 10237—2014	滚动轴承 圆锥滚子轴承振动(加速度) 技术条件
71	JB/T 10238—2017	滚动轴承 汽车轮毂轴承单元

续表

序号	标准号	标准名称
72	JB/T 10239—2011	滚动轴承　深沟球轴承用卷边防尘盖　技术条件
73	JB/T 10336—2017	滚动轴承　补充技术条件
74	JB/T 10470—2004	滚动轴承零件　铆钉
75	JB/T 10471—2017	滚动轴承　转盘轴承
76	JB/T 10510—2005	滚动轴承材料接触疲劳试验方法
77	JB/T 10531—2005	滚动轴承　汽车空调电磁离合器用双列角接触球轴承
78	JB/T 10560—2017	滚动轴承　防锈油、清洗剂清洁度及评定方法
79	JB/T 10857—2008	滚动轴承　农机用圆盘轴承
80	JB/T 10858—2008	关节轴承　静载荷试验规程
81	JB/T 10859—2008	滚动轴承　汽车发动机张紧轮和惰轮轴承及其单元
82	JB/T 10860—2008	关节轴承　动载荷与寿命试验规程
83	JB/T 10861—2008	滚动轴承　钢球表面缺陷及评定方法
84	JB/T 11086—2011	滚动轴承　摩托车用超越离合器
85	JB/T 11087—2011	滚动轴承　钨系高温轴承钢零件　热处理技术条件
86	JB/T 11251—2011	滚动轴承　冲压外圈滚针离合器
87	JB/T 11252—2011	滚动轴承　圆柱滚子离合器和球轴承组件
88	JB/T 11613—2013	滚动轴承　汽/柴油发动机起动机用滚针轴承
89	JB/T 11841—2014	滚动轴承零件　金属实体保持架　技术条件
90	JB/T 12264—2015	滚动轴承和关节轴承　电子媒体查询结构　用特征词汇标识的特征和性能指标
91	JB/T 13347—2017	滚动轴承　高碳铬轴承钢零件热处理淬火介质　技术条件
92	JB/T 13348—2017	滚动轴承　电梯曳引机用轴承
93	JB/T 13349—2017	滚动轴承　角接触球轴承　接触角测量方法
94	JB/T 13350—2017	滚动轴承　汽车发电机单向皮带轮轴承组件
95	JB/T 13351—2017	滚动轴承　汽车缓速器用轴承
96	JB/T 13352—2017	滚动轴承　汽车减振器用轴承及其单元
97	JB/T 13353—2017	滚动轴承　汽车轮毂轴承单元试验及评定方法

附录二　轴承工业现行国际标准目录

附表 7-3　　轴承工业现行国际标准目录

序号	ISO 新标准号	ISO 标准名称	相应我国标准号	采标程度	备　注
1	ISO 15:2017	滚动轴承—向心轴承—外形尺寸总方案	GB/T 273.3—2015	等同	ISO 15:2011
2	ISO 76:2006	滚动轴承—额定静载荷	GB/T 4662—2012	等同	
3	ISO 76:2006/Amd.1:2017	—	—		
4	ISO 104:2015	滚动轴承—推力轴承—外形尺寸总方案	GB/T 273.2 已上报待批	等同	
5	ISO 113:2010	滚动轴承—立式轴承座—外形尺寸	GB/T 7813 已上报待批	非等效	
6	ISO 199:2014	滚动轴承—推力轴承—产品几何技术规范(GPS)和公差值	GB/T 307.4—2017	等同	

续表

序号	ISO 新标准号	ISO 标准名称	相应我国标准号	采标程度	备　注
7	ISO 246:2007	滚动轴承—圆柱滚子轴承,可分离斜挡圈—外形尺寸	GB/T 20060—2011	等同	
8	ISO 281:2007	滚动轴承—额定动载荷和额定寿命	GB/T 6391—2010	等同	
9	ISO 355:2007	滚动轴承—圆锥滚子轴承—外形尺寸和系列代号	GB/T 273.1—2011	等同	
10	ISO 355:2007/Amd.1:2012	—	—	—	
11	ISO 464:2015	滚动轴承—带定位止动环的向心轴承—尺寸、产品几何技术规范(GPS)和公差值	GB/T 305—1998	等效	ISO 464:1995
12	ISO 492:2014	滚动轴承—向心轴承—产品几何技术规范(GPS)和公差值	GB/T 307.1—2017	等同	
13	ISO 582:1995	滚动轴承—倒角尺寸—最大值	GB/T 274—2000	等同	
14	ISO 582:1995/Amd.1:2013	—	—	—	
15	ISO 1132-1:2000	滚动轴承—公差—第1部分:术语和定义	GB/T 4199—2003	修改	
16	ISO 1132-2:2001	滚动轴承—公差—第2部分:测量和检验的原则及方法	GB/T 307.2—2005	修改	
17	ISO 1206:2001	滚动轴承—48、49和69尺寸系列滚针轴承—外形尺寸和公差	GB/T 5801—2006	修改	
18	ISO 1206:2001/Amd.1:2013	轴滚道公差	—	—	
19	ISO 2982-1:2013	滚动轴承—附件—第1部分:紧定套和退卸衬套的尺寸	GB/T 9160.1—2017	非等效	
20	ISO 2982-2:2013	滚动轴承—附件—第2部分:锁紧螺母和锁紧装置的尺寸	GB/T 9160.2—2017	非等效	
21	ISO 3030:2011	滚动轴承—向心滚针和保持架组件—外形尺寸和公差	GB/T 20056—2015	等同	
22	ISO 3031:2000	滚动轴承—推力滚针和保持架组件及推力垫圈—尺寸和公差	GB/T 4605—2003	非等效	
23	ISO 3096:1996	滚动轴承—滚针—尺寸和公差	GB/T 309—2000	非等效	
24	ISO 3096:1996/Cor.1:1999	—			
25	ISO 3228:2013	滚动轴承—外球面轴承铸造座和冲压座—外形尺寸和公差	GB/T 7809—2017	非等效	
26	ISO 3245:2015	滚动轴承—无内圈、冲压外圈滚针轴承—外形尺寸、产品几何技术规范(GPS)和公差值	GB/T 12764—2009	等同	ISO 3245:2007
27	ISO 3290-1:2014	滚动轴承—球—第1部分:钢球	GB/T 308.1—2013	非等效	ISO 3290-1:2008
28	ISO 3290-2:2014	滚动轴承—球—第2部分:陶瓷球	GB/T 308.2—2010	等同	ISO 3290-2:2008
29	ISO 5593:1997	滚动轴承—词汇	GB/T 6930—2002	等同	

续表

序号	ISO新标准号	ISO标准名称	相应我国标准号	采标程度	备　注
30	ISO 5593:1997/Amd. 1:2007	滚动轴承—词汇—修正案1	—	—	
31	ISO 5753-1:2009	滚动轴承—游隙—第1部分:向心轴承的径向游隙	GB/T 4604. 1—2012	等同	
32	ISO 5753-2:2010	滚动轴承—游隙—第2部分:四点接触球轴承的轴向游隙	GB/T 4604. 2—2013	等同	
33	ISO 6811:1998	关节轴承—词汇	GB/T 3944—2002	等同	
34	ISO 6811:1998/Cor. 1:1999	—	GB/T 3944—2002	等同	
35	ISO 7063:2003	滚动轴承—滚轮滚针轴承—外形尺寸和公差	GB/T 6445—2007	修改	
36	ISO 8443:2010	滚动轴承—凸缘外圈向心球轴承—凸缘尺寸	GB/T 7217—2013	等同	
37	ISO 9628:2006	滚动轴承—外球面轴承和偏心套—外形尺寸和公差	GB/T 3882—2017	非等效	
38	ISO 9628:2006/Amd. 1:2011	直径系列3	GB/T 3882—2017	非等效	
39	ISO 10285:2007	滚动轴承　套筒型直线球轴承　外形尺寸和公差	GB/T 16940—2012	等同	
40	ISO 10285:2007/Amd. 1:2012	—	GB/T 16940—2012	等同	
41	ISO 10317:2008	滚动轴承—圆锥滚子轴承—代号系统	—	—	
42	ISO 10317:2008/Amd. 1:2013	结构变型代号和单列圆锥滚子轴承公差等级代号对照	—	—	
43	ISO 12043:2007	滚动轴承—单列圆柱滚子轴承—平挡圈和套圈无挡边端倒角尺寸	GB/T 20057—2012	等同	
44	ISO 12044:2014	滚动轴承—单列角接触球轴承—外圈非推力端倒角尺寸	GB/T 20058—2017	等同	
45	ISO 12090-1:2011	滚动轴承—直线运动滚动支承成型导轨副—第1部分:1、2、3系列外形尺寸和公差	GB/T 32322. 1—2015	等同	
46	ISO 12090-2:2011	滚动轴承—直线运动滚动支承成型导轨副—第2部分:4、5系列外形尺寸和公差	GB/T 32322. 2—2015	等同	
47	ISO 12240-1:1998	关节轴承—第1部分:向心关节轴承	GB/T 9163—2001	等效	
48	ISO 12240-2:1998	关节轴承—第2部分:角接触关节轴承	GB/T 9164—2001	等效	
49	ISO 12240-3:1998	关节轴承—第3部分:推力关节轴承	GB/T 9162—2001	等效	
50	ISO 12240-4:1998	关节轴承—第4部分:杆端关节轴承	GB/T 9161—2001	等效	
51	ISO 12240-4:1998/Cor. 1:1999	—	GB/T 9161—2001	等效	
52	ISO 12297:2012	滚动轴承—钢制圆柱滚子—尺寸和公差	GB/T 4661—2015	非等效	
53	ISO 13012-1:2009	滚动轴承—套筒型直线球轴承附件—第1部分:1、3系列外形尺寸和公差	GB/T 19673. 1—2013	等同	
54	ISO 13012-2:2009	滚动轴承—套筒型直线球轴承附件—第2部分:5系列外形尺寸和公差	GB/T 19673. 2—2013	等同	

第7篇

续表

序号	ISO新标准号	ISO标准名称	相应我国标准号	采标程度	备 注
55	ISO 14728-1:2017	滚动轴承—直线运动滚动支承—第1部分:额定动载荷和额定寿命	GB/T 21559.1—2008	等同	ISO 14728-1:2004
56	ISO 14728-2:2017	滚动轴承—直线运动滚动支承—第2部分:额定静载荷	GB/T 21559.2—2008	等同	ISO 14728-2:2004
57	ISO 15241:2012	滚动轴承—参数符号	GB/T 7811—2015	等同	
58	ISO 15242-1:2015	滚动轴承—振动测量方法—第1部分:基础	GB/T 24610.1—2009	等同	ISO 15242-1:2004
59	ISO 15242-2:2015	滚动轴承—振动测量方法—第2部分:具有圆柱孔和圆柱外表面的向心球轴承	GB/T 24610.2—2009	等同	ISO 15242-2:2004
60	ISO 15242-3:2017	滚动轴承—振动测量方法—第3部分:具有圆柱孔和圆柱外表面的调心滚子轴承和圆锥滚子轴承	GB/T 24610.3—2009	等同	ISO 15242-3:2006
61	ISO 15242-4:2017	滚动轴承—振动测量方法—第4部分:具有圆柱孔和圆柱外表面的圆柱滚子轴承	GB/T 24610.4—2009	等同	ISO 15242-4:2007
62	ISO 15243:2017	滚动轴承—损伤和失效—术语、特征及原因	GB/T 24611—2009	等同	ISO 15243:2004
63	ISO 15312:2003	滚动轴承—额定热转速—计算方法和系数	GB/T 24609—2009	等同	
64	ISO 20015:2017	关节轴承—额定动、静载荷的计算方法	—	—	
65	ISO 20515:2012	滚动轴承—向心轴承,定位槽—尺寸和公差	GB/T 27556—2011	等同	ISO 20515:2007
66	ISO 20056-1:2017	滚动轴承—陶瓷滚动体混合轴承的额定载荷—第1部分:额定动载荷	—	—	
67	ISO 20056-2:2017	滚动轴承—陶瓷滚动体混合轴承的额定载荷—第2部分:额定静载荷	—	—	
68	ISO 20516:2007	滚动轴承—调心推力球轴承和调心座垫圈—外形尺寸	GB/T 28697—2012	等同	
69	ISO 21107:2015	滚动轴承和关节轴承—电子媒体用查询结构—用特征词汇标识的特征和性能指标	JB/T 12264—2015	等同	ISO 21107:2004
70	ISO 24393:2008	滚动轴承—直线运动滚动支承—词汇	GB/T 29719—2013	等同	
		ISO/TC4 技术报告和技术规范			
1	ISO/TR 1281-1:2008	滚动轴承—对ISO 281的注释—第1部分:基本额定动载荷和基本额定寿命	GB/Z 32332.1—2015	等同	
2	ISO/TR 1281-1:2008/Cor. 1:2009	—			
3	ISO/TR 1281-2:2008	滚动轴承—对ISO 281的注释—第2部分:基于疲劳应力系统方法的修正额定寿命计算	GB/Z 32332.2—2015	等同	
4	ISO/TR 1281-2:2008/Cor. 1:2009	—			
5	ISO/TR 10657:1991	对ISO 76的注释	—	—	

续表

序号	ISO 新标准号	ISO 标准名称	相应我国标准号	采标程度	备　注
6	ISO/TS 16281:2008	滚动轴承—常规载荷条件下轴承修正参考额定寿命计算方法	已上报待批	等同	
7	ISO/TS 16281:2008/Cor. 1:2009	—			
8	ISO/TS 23768-1:2011	滚动轴承—零件库—第 1 部分:滚动轴承参考词典	—	—	

注:"备注"栏内是目前我国现行标准采用的国际标准的版本,采标程度也是与这些版本对应的。

附录三　滚动轴承新旧标准代号对照

(1) 轴承类型

附表 7-4　　类型代号新旧标准对照

轴承类型	本标准	原标准	轴承类型	本标准	原标准
双列角接触球轴承	0	6	深沟球轴承	6	0
调心球轴承	1	1	角接触球轴承	7	6
调心滚子轴承	2	3	推力圆柱滚子轴承	8	9
推力调心滚子轴承	2	9	圆柱滚子轴承	N	2
圆锥滚子轴承	3	7	外球面球轴承	U	0
双列深沟球轴承	4	0	四点接触球轴承	QJ	6
推力球轴承	5	8	长弧面滚子轴承(圆环轴承)	C	—

(2) 尺寸系列

1) 向心轴承直径系列、宽度系列代号新旧标准对照。

附表 7-5　　向心轴承直径系列、宽度系列代号新旧标准对照

直径系列		宽度系列		直径系列		宽度系列	
本标准	原标准	本标准	原标准	本标准	原标准	本标准	原标准
7	超特轻 7	1 3	正常 1 特宽 3	1	特轻 7	0 1 2 3 4	窄 7 正常 1 宽 2 特宽 3 特宽 4
8	超轻 8	0 1 2 3 4 5 6	窄 7 正常 1 宽 2 特宽 3 特宽 4 特宽 5 特宽 6	2	轻 2 5①	8 0 1 2 3 4	特窄 8 窄 0 正常 1 宽 0① 特宽 3 特宽 4
9	超轻 9	0 1 2 3 4 5 6	窄 7 正常 1 宽 2 特宽 3 特宽 4 特宽 5 特宽 6	3	中 3 6②	8 0 1 2 3	特窄 8 窄 0 正常 1 宽 0② 特宽 3
0	特轻 1	0 1 2 3 4 5 6	窄 7 正常 0 宽 2 特宽 3 特宽 4 特宽 5 特宽 6	4	重 4	0 2	窄 0 宽 2

① 表示轻宽 5。
② 表示中宽 6。

2）推力轴承直径系列、高度系列代号新旧标准对照。

附表 7-6　　推力轴承直径系列、高度系列代号新旧标准对照

直径系列		宽度系列		直径系列		宽度系列	
本标准	原标准	本标准	原标准	本标准	原标准	本标准	原标准
0	超轻 9	7 9 1	特低 7 低 9 正常 1	3	中 3	7 9 1 2	特低 7 低 9 正常 0 正常 0①
1	特轻 1	7 9 1	特低 7 低 9 正常 1	4	重 4	7 9 1 2	特低 7 低 9 正常 0 正常 0①
2	轻 2	7 9 1 2	特低 7 低 9 正常 0 正常 0①	5	特重 5	9	低 9

① 双向推力轴承高度系列。

3）轴承内径代号新旧标准相同。

4）常用轴承类型、结构及轴承代号新旧标准对照。

附表 7-7　　外形尺寸用尺寸系列、内径代号表示的轴承

轴承名称	本标准			原标准				
	类型代号	尺寸系列代号	轴承代号	宽度系列代号	结构代号	类型代号	直径系列代号	轴承代号
双列角接触球轴承	(0)	32	3200	3	05	6	2	3056200
	(0)	33	3300	3	05		3	3056300
调心球轴承	1	(0)2	1200	0	00	1	2	1200
	(1)	22	2200	0	00		5	1500
	1	(0)3	1300	0	00		3	1300
	(1)	23	2300	0	00		6	1600
调心滚子轴承	2	13	21300 C	0	05	3	3	53300
	2	22	22200 C	0	05		5	53500
	2	23	22300 C	0	05		6	53600
	2	30	23000 C	3	05		1	3053100
	2	31	23100 C	3	05		7	3053700
	2	32	23200 C	3	05		2	3053200
	2	40	24000 C	4	05		1	4053100
	2	41	24100 C	4	05		7	4053700
推力调心滚子轴承	2	92	29200	9	03	9	2	9039200
	2	93	29300	9	03		3	9039300
	2	94	29400	9	03		4	9039400
单列调心滚子轴承	2	02	20200	0	51	3	2	513200
		03	20300	0	51	3	3	513300
		04	20400	0	51	3	4	513400
双向推力角接触球轴承	23	44	234400	2	26	8	1	2268100
		47	234700	2	26	8	1	2268100K
		49	234900	—	—	—	—	—
圆锥滚子轴承	3	02	30200	0	00	7	2	7200
	3	03	30300	0	00		3	7300
	3	13	31300	0	02		3	27300
	3	20	32000	2	00		1	2007100
	3	22	32200	0	00		5	7500
	3	23	32300	0	00		6	7600

续表

轴承名称	本标准			原标准				
	类型代号	尺寸系列代号	轴承代号	宽度系列代号	结构代号	类型代号	直径系列代号	轴承代号
圆锥滚子轴承	3	29	32900	2	00	7	9	2007900
	3	30	33000	3	00		1	3007100
	3	31	33100	3	00		7	3007700
	3	32	33200	3	00		2	3007200
双内圈双列圆锥滚子轴承	35		350000		09	7		97000
双外圈双列圆锥滚子轴承	37		370000		08	7		98000
四列圆锥滚子轴承	38		380000		07	7		77000
双列深沟球轴承	4	(2)2	4200	0	81	0	5	810500
	4	(2)3	4300	0			6	810600
推力球轴承	5	11	51100	0	00	8	1	8100
	5	12	51200	0	00		2	8200
	5	13	51300	0	00		3	8300
	5	14	51400	0	00		4	8400
双向推力球轴承	5	22	52200	0	03	8	2	38200
	5	23	52300	0	03		3	38300
	5	24	52400	0	03		4	38400
带球面座圈推力球轴承	5	12[1]	53200	0	02	8	2	28200
	5	13	53300	0	02		3	28300
	5	14	53400	0	02		4	28400
带球面座圈双向推力球轴承	5	22[2]	54200	0	05	8	2	58200
	5	23	54300	0	05		3	58300
	5	24	54400	0	05		4	58400
推力角接触球轴承	56		560000		16	8		168000
深沟球轴承	6	17	61700	1	00	0	7	1000700
	6	37	63700	3	00		7	3000700
	6	18	61800	1	00		8	1000800
	6	19	61900	1	00		9	1000900
	16	(0)0	16000	7	00		1	7000100
	6	(1)0	6000	0	00		1	100
	6	(0)2	6200	0	00		2	200
	6	(0)3	6300	0	00		3	300
	6	(0)4	6400	0	00		4	400
有装球缺口的深沟球轴承	(6)	(0)2	200	0	37	0	2	370200
		(0)3	300	0	37	0	3	370300
角接触球轴承	7	19	71900	1	03	6	9	1036900
	7	(1)0	7000	0	03		1	3 ┌ 6100
	7	(0)2	7200	0	04		2	4 ┤ 6200
	7	(0)3	7300	0	06		3	6 │ 6300
	7	(0)4	7400	0			4	└ 6400
分离型角接触球轴承	S7		S70000		00	6		6000
内圈分离型角接触球轴承	SN7		SN70000		10	6		106000
锁圈在内圈上的角接触球轴承	B7	(1)0	B7000		13	6		136000
		(0)2	B7200		14	6		146000
		(0)3	B7300		16	6		166000

续表

轴承名称	本标准			原标准				
	类型代号	尺寸系列代号	轴承代号	宽度系列代号	结构代号	类型代号	直径系列代号	轴承代号
四点接触球轴承	QJ	(0)2	QJ 200	0	17	6	2	176200
	QJ	(0)3	QJ 300	0	17	6	3	176300
双半外圈四点接触球轴承	QJF		QJF 0000		11	6		116000
双半外圈三点接触球轴承	QJT		QJT 0000		21	6		216000
双半内圈三点接触球轴承	QJS		QJS 0000		27	6		276000
推力圆柱滚子轴承	8	11	81100	0	00	9	1	9100
	8	12	81200	0	00	9	2	9200
双列或多列推力圆柱滚子轴承	8	93	89300	9	54	9	3	9549300
	8	74	87400	7	54	9	4	7549400
	8	94	89400	9	55	9	4	9559400
双向推力圆柱滚子轴承	8	22	82200		05	9	2	59200
	8	23	82300		05	9	3	59300
推力圆锥滚子轴承	9		90000		01	9		19000
内圈无挡边圆柱滚子轴承	NU	10	NU 1000	0	03		1	32100
	NU	(0)2	NU 200	0	03		2	32200
	NU	22	NU 2200	0	03	2	5	32500
	NU	(0)3	NU 300	0	03		3	32300
	NU	23	NU 2300	0	03		6	32600
	NU	(0)4	NU 400	0	03		4	32400
内圈单挡边圆柱滚子轴承	NJ	(0)2	NJ 200	0	04		2	42200
	NJ	22	NJ 2200	0	04		5	42500
	NJ	(0)3	NJ 300	0	04	2	3	42300
	NJ	23	NJ 2300	0	04		6	42600
	NJ	(0)4	NJ 400	0	04		4	42400
内圈单挡边并带平挡圈圆柱滚子轴承	NUP	(0)2	NUP 200	0	09		2	92200
	NUP	22	NUP 2200	0	09	2	5	92500
	NUP	(0)3	NUP 300	0	09		3	92300
	NUP	23	NUP 2300	0	09		6	92600
外圈无挡边圆柱滚子轴承	N	10	N 1000	0	00		1	2100
	N	(0)2	N 200	0	00		2	2200
	N	22	N 2200	0	00	2	5	2500
	N	(0)3	N 300	0	00		3	2300
	N	23	N 2300	0	00		6	2600
	N	(0)4	N 400	0	00		4	2400
外圈单挡边圆柱滚子轴承	NF	(0)2	NF 200	0	01		2	12200
	NF	(0)3	NF 300	0	01	2	3	12300
	NF	23	NF 2300	0	01		6	12600
双列圆柱滚子轴承	NN	30	NN 3000	3	28	2	1	3282100
内圈无挡边双列圆柱滚子轴承	NNU	49	NNU 4900	4	48	2	9	4482900
无挡边的圆柱滚子轴承	NB		NB 0000		13	2		132000
外圈有单挡边并带平挡圈的圆柱滚子轴承	NFP		NFP 0000		02	2		22000
内圈无挡边但带平挡圈的圆柱滚子轴承	NJP		NJP 0000		15	2		152000

续表

轴承名称	本标准			原标准				
	类型代号	尺寸系列代号	轴承代号	宽度系列代号	结构代号	类型代号	直径系列代号	轴承代号
外圈无挡边带双锁圈的无保持架圆柱滚子轴承	NCL		NCL 0000 V		10	2		102000
外圈单挡边带锁圈的无保持架圆柱滚子轴承	NFL		NFL 0000 V		51	2		512000
内圈无挡边两面带平挡圈的无保持架双列圆柱滚子轴承	NNUP		NNUP 0000 V		07	2		72000
外圈两面带平挡圈的双列圆柱滚子轴承	NNP		NNP 0000		98	2		982000
外圈有止动槽两面带密封圈的双内圈无保持架双列圆柱滚子轴承	NNF		NNF 0000 —2LSNV		37	2		372000
无挡边双列圆柱滚子轴承	NNB		NNB 0000		78	2		782000
无挡边四列圆柱滚子轴承	NNQB		NNQB 0000		77	2		772000
无挡边三列圆柱滚子轴承	NNTB		NNTB 0000		69	2		692000
内圈无挡边两面带平挡圈的无保持架三列圆柱滚子轴承	NNTUP		NNTUP 0000 V		79	2		792000
外圈带平挡圈的四列圆柱滚子轴承	NNQP		NNQP 0000		97	2		972
带顶丝外球面球轴承	UC	2	UC 200	0	09	0	5	90500
	UC	3	UC 300	0	09		6	90600
带偏心套外球面轴承	UEL	2	UEL 200	0	39	0	5	390500
	UEL	3	UEL 300	0	39		6	390600
圆锥孔外球面轴承	UK	2	UK 200	0	19	0	5	190500
	UK	3	UK 300	0	19		6	190600
四点接触球轴承	QJ	(0)2	QJ 200	0	17	6	2	176200
	QJ	(0)3	QJ 300	0	17		3	176300
滚针轴承	NA	48	NA 4800	4	54	4	8	4544800
		49	NA 4900	4	54		9	4544900
		69	NA 6900	6	25	4	9	6254900

① 尺寸系列分别为12、13、14，表示成32、33、34。

② 尺寸系列分别为22、23、24，表示成42、43、44。

注：表中“（ ）”表示该数字在代号中省略。

附表 7-8　　外形尺寸用轴承配合安装特征尺寸表示的滚针轴承

轴承名称	本标准			原标准		
	类型代号	尺寸表示	示例	类型代号	尺寸表示	示例
滚针和保持架组件	K	$F_w \times E_w \times B_c$	K 8×12×10	K	$F_w E_w B_c$	K081210
推力滚针和保持架组件	AXK	$D_{c1} D_c$	AXK 2030	889	用尺寸系列，内径代号表示	889106
穿孔型冲压外圈滚针轴承	HK	$F_w B$	HK 0408	HK	$F_w DB$	HK040808
封口型冲压外圈滚针轴承	BK	$F_w B$	BK 0408	BK	$F_w DB$	BK040808

(3) 前置代号

附表 7-9　前置代号新旧标准对照示例

代号对照		示例对照	
本标准	原标准	本标准	原标准
L	—	LNU 207,表示 NU 207 轴承内圈	—
R	无代号,用轴承结构型式表示	RNU 207,表示无内圈的 NU 207 轴承	292207
		RNA 6904,表示无内圈的 NA 6904 轴承	6354904
K		K 81107,表示 81107 轴承的滚子与保持架组件	309707
WS	—	WS 81107,表示 81107 轴承轴圈	—
GS	—	GS 81107,表示 81107 轴承座圈	—

(4) 后置代号

1) 内部结构代号新旧标准对照。

附表 7-10　内部结构代号新旧标准对照

代号对照		示例对照	
本标准	原标准	本标准	原标准
AC	无代号,用轴承结构型式表示	7210 AC,公称接触角 $\alpha=25°$的角接触球轴承	46210
B		7210 B,公称接触角 $\alpha=40°$的角接触球轴承	66210
		32310 B,接触角加大的圆锥滚子轴承	—
C		7210 C,公称接触角 $\alpha=15°$的角接触球轴承	36210
		23122 C,C型调心滚子轴承	3053722
E		NU 207 E,加强型内圈无挡边圆柱滚子轴承	32207 E
D		K 50×55×20 D	KS 505520
ZW		K 20×25×40 ZW　双列滚针保持架组件	KK 202540

2) 密封、防尘与外部形状新旧标准变化对照。

附表 7-11　密封、防尘与外部形状新旧标准变化对照

代号对照		示例对照	
本标准	原标准	本标准	原标准
K	无代号,用轴承结构型式表示	1210 K,有圆锥孔调心球轴承	111210
		23220 K,有圆锥孔调心滚子轴承	3153220
K 30		24122 K30,有圆锥孔(1∶30)调心滚子轴承	4453722
R		30307 R,凸缘外圈圆锥滚子轴承	67307
N		6210 N,外圈上有止动槽的深沟球轴承	50210
NR		6210 NR,外圈上有止动槽并带止动环的深沟球轴承	—
-RS		6210-RS,一面带密封圈(接触式)的深沟球轴承	160210
-2RS		6210-2RS,两面带密封圈(接触式)的深沟球轴承	180210
-RZ		6210-RZ,一面带密封圈(非接触式)的深沟球轴承	160210K
-2RZ		6210-2RZ,两面带密封圈(非接触式)的深沟球轴承	180210K
-Z		6210-Z,一面带防尘盖的深沟球轴承	60210
-2Z		6210-2Z,两面带防尘盖的深沟球轴承	80210
-RSZ		6210-RSZ,一面带密封圈(接触式),另一面带防尘盖的深沟球轴承	—
-RZZ		6210-RZZ,一面带密封圈(非接触式),另一面带防尘盖的深沟球轴承	—
-ZN		6210-ZN,一面带防尘盖,另一面外圈有止动槽的深沟球轴承	150210
-2ZN		6210-2ZN,两面带防尘盖,外圈有止动槽的深沟球轴承	250210
-ZNR		6210-ZNR,一面带防尘盖,另一面外圈有止动槽,并带止动环的深沟球轴承	—
-ZNB		6210-ZNB,防尘盖和止动槽在同一面上的深沟球轴承	—
U		53210 U,带球面座圈的推力球轴承	18210

3）公差等级代号新旧标准对照。

附表 7-12　**公差等级代号新旧标准对照**

代号对照		示例对照	
本标准	原标准	本标准	原标准
/PN	G	6203 公差等级为普通级的深沟球轴承	203
/P6	E	6203/P6 公差等级为 6 级的深沟球轴承	E203
/P6x	Ex	30210/P6x 公差等级为 6x 级的圆锥滚子轴承	Ex7210
/P5	D	6203/P5 公差等级为 5 级的深沟球轴承	D203
/P4	C	6203/P4 公差等级为 4 级的深沟球轴承	C203
/P2	B	6203/P2 公差等级为 2 级的深沟球轴承	B203

4）游隙代号新旧标准对照。

附表 7-13　**游隙代号新旧标准对照**

代号对照		示例对照	
本标准	原标准	本标准	原标准
/C1	1	NN 3006/C1，径向游隙为 1 组的双列圆柱滚子轴承	1G3282106
/C2	2	6210/C2，径向游隙为 2 组的深沟球轴承	2G210
/CN	—	6210，径向游隙为 N 组的深沟球轴承	210
/C3	3	6210/C3，径向游隙为 3 组的深沟球轴承	3G210
/C4	4	NN 3006K/C4，径向游隙为 4 组的圆锥孔双列圆柱滚子轴承	4G3182106
/C5	5	NNU 4920K/C5，径向游隙为 5 组的圆锥孔内圈无挡边的双列圆柱滚子轴承	5G4382920
/C9	U	6205-2RS/C9 两面带密封圈的深沟球轴承，轴承游隙不同于现标准	180205U

5）配置代号新旧标准对照示例。

附表 7-14　**配置代号新旧标准对照示例**

代号对照		示例对照	
本标准	原标准	本标准	原标准
/DB	无代号，用轴承结构型式表示	7210C/DB，背靠背成对安装的角接触球轴承	236210
/DF		7210C/DF，面对面成对安装的角接触球轴承	336210
/DT		7210C/DT，串联成对安装的角接触球轴承	436210

6）保持架代号新旧标准对照示例。

附表 7-15　**保持架代号新旧标准对照示例**

本标准	原标准	含　义
M	H	黄铜实体保持架
T	J	酚醛层压布管实体保持架
TN	A	工程塑料模注保持架
J	F	钢板冲压保持架

7）其他代号新旧标准对照示例。

附表 7-16　**其他代号新旧标准对照示例**

代号对照		示例对照	
本标准	原标准	本标准	原标准
/S0	T 或 T1	轴承套圈经过高温回火处理，工作温度可达 150℃	N 210/S0
/S1	T2	轴承套圈经过高温回火处理，工作温度可达 200℃	NUP 212/S1
/S2	T3	轴承套圈经过高温回火处理，工作温度可达 250℃	NU 214/S2
/S3	T4	轴承套圈经过高温回火处理，工作温度可达 300℃	NU 308/S3
/S4	T5	轴承套圈经过高温回火处理，工作温度可达 350℃	NU 214/S4

附录四 国外著名轴承公司通用轴承代号

（1）德国FAG公司

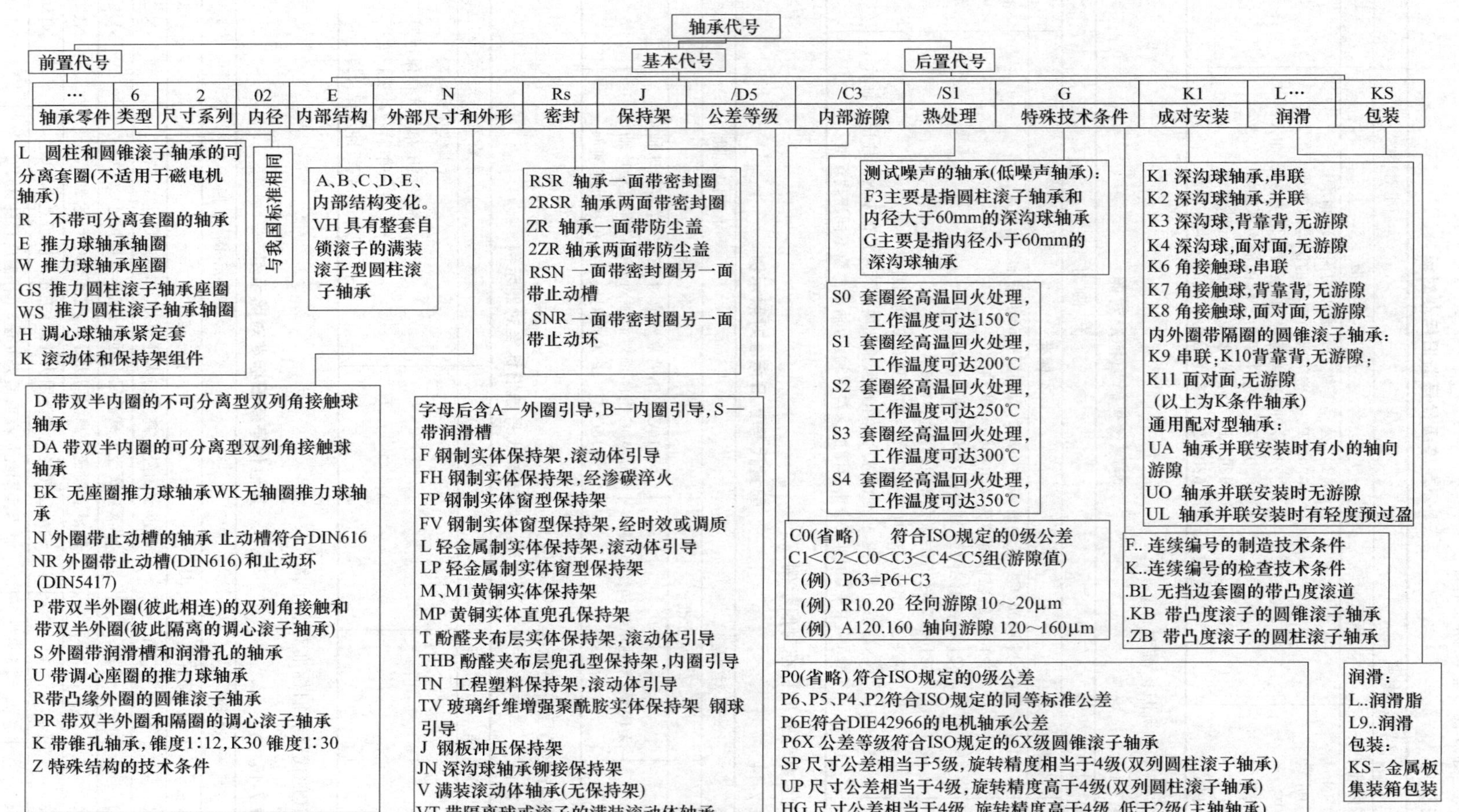
轴承代号
前置代号
基本代号
后置代号
… 轴承零件
6 类型
2 尺寸系列
02 内径
E 内部结构
N 外部尺寸和外形
Rs 密封
J 保持架
/D5 公差等级
/C3 内部游隙
/S1 热处理
G 特殊技术条件
K1 成对安装
L… 润滑
KS 包装
L 圆柱和圆锥滚子轴承的可分离套圈(不适用于磁电机轴承)
R 不带可分离套圈的轴承
E 推力球轴承轴圈
W 推力球轴承座圈
GS 推力圆柱滚子轴承座圈
WS 推力圆柱滚子轴承轴圈
H 调心球轴承紧定套
K 滚动体和保持架组件
与我国标准相同
A、B、C、D、E、内部结构变化。
VH 具有整套自锁滚子的满装滚子型圆柱滚子轴承
D 带双半内圈的不可分离型双列角接触球轴承
DA 带双半内圈的可分离型双列角接触球轴承
EK 无座圈推力球轴承WK无轴圈推力球轴承
N 外圈带止动槽的轴承 止动槽符合DIN616
NR 外圈带止动槽(DIN616)和止动环(DIN5417)
P 带双半外圈(彼此相连)的双列角接触和带双半外圈(彼此隔离的调心滚子轴承)
S 外圈带润滑槽和润滑孔的轴承
U 带调心座圈的推力球轴承
R带凸缘外圈的圆锥滚子轴承
PR 带双半外圈和隔圈的调心滚子轴承
K 带锥孔轴承，锥度1∶12，K30 锥度1∶30
Z 特殊结构的技术条件
RSR 轴承一面带密封圈
2RSR 轴承两面带密封圈
ZR 轴承一面带防尘盖
2ZR 轴承两面带防尘盖
RSN 一面带密封圈另一面带止动槽
SNR 一面带密封圈另一面带止动环
字母后含A—外圈引导，B—内圈引导，S—带润滑槽
F 钢制实体保持架，滚动体引导
FH 钢制实体保持架，经渗碳淬火
FP 钢制实体窗型保持架
FV 钢制实体窗型保持架，经时效或调质
L 轻金属制实体保持架，滚动体引导
LP 轻金属制实体窗型保持架
M、M1黄铜实体保持架
MP 黄铜实体直兜孔保持架
T 酚醛夹布层实体保持架，滚动体引导
THB 酚醛夹布层兜孔型保持架，内圈引导
TN 工程塑料保持架，滚动体引导
TV 玻璃纤维增强聚酰胺实体保持架 钢球引导
J 钢板冲压保持架
JN 深沟球轴承铆接保持架
V 满装滚动体轴承(无保持架)
VT 带隔离球或滚子的满装滚动体轴承
测试噪声的轴承(低噪声轴承)：
F3主要是指圆柱滚子轴承和内径大于60mm的深沟球轴承
G主要是指内径小于60mm的深沟球轴承
S0 套圈经高温回火处理，工作温度可达150℃
S1 套圈经高温回火处理，工作温度可达200℃
S2 套圈经高温回火处理，工作温度可达250℃
S3 套圈经高温回火处理，工作温度可达300℃
S4 套圈经高温回火处理，工作温度可达350℃
C0(省略) 符合ISO规定的0级公差
C1<C2<C0<C3<C4<C5组(游隙值)
(例) P63=P6+C3
(例) R10.20 径向游隙 10～20μm
(例) A120.160 轴向游隙 120～160μm
P0(省略) 符合ISO规定的0级公差
P6、P5、P4、P2符合ISO规定的同等标准公差
P6E符合DIE42966的电机轴承公差
P6X 公差等级符合ISO规定的6X级圆锥滚子轴承
SP 尺寸公差相当于5级，旋转精度相当于4级(双列圆柱滚子轴承)
UP 尺寸公差相当于4级，旋转精度高于4级(双列圆柱滚子轴承)
HG 尺寸公差相当于4级，旋转精度高于4级 低于2级(主轴轴承)
K1 深沟球轴承，串联
K2 深沟球轴承，并联
K3 深沟球，背靠背，无游隙
K4 深沟球，面对面，无游隙
K6 角接触球，串联
K7 角接触球，背靠背，无游隙
K8 角接触球，面对面，无游隙
内外圈带隔圈的圆锥滚子轴承：
K9 串联；K10背靠背，无游隙；
K11 面对面，无游隙
(以上为K条件轴承)
通用配对型轴承：
UA 轴承并联安装时有小的轴向游隙
UO 轴承并联安装时无游隙
UL 轴承并联安装时有轻度预过盈
F.. 连续编号的制造技术条件
K..连续编号的检查技术条件
.BL 无挡边套圈的带凸度滚道
.KB 带凸度滚子的圆锥滚子轴承
.ZB 带凸度滚子的圆柱滚子轴承
润滑：
L..润滑脂
L9..润滑
包装：
KS-金属板集装箱包装

（2）NSK（日本精工株式会社）

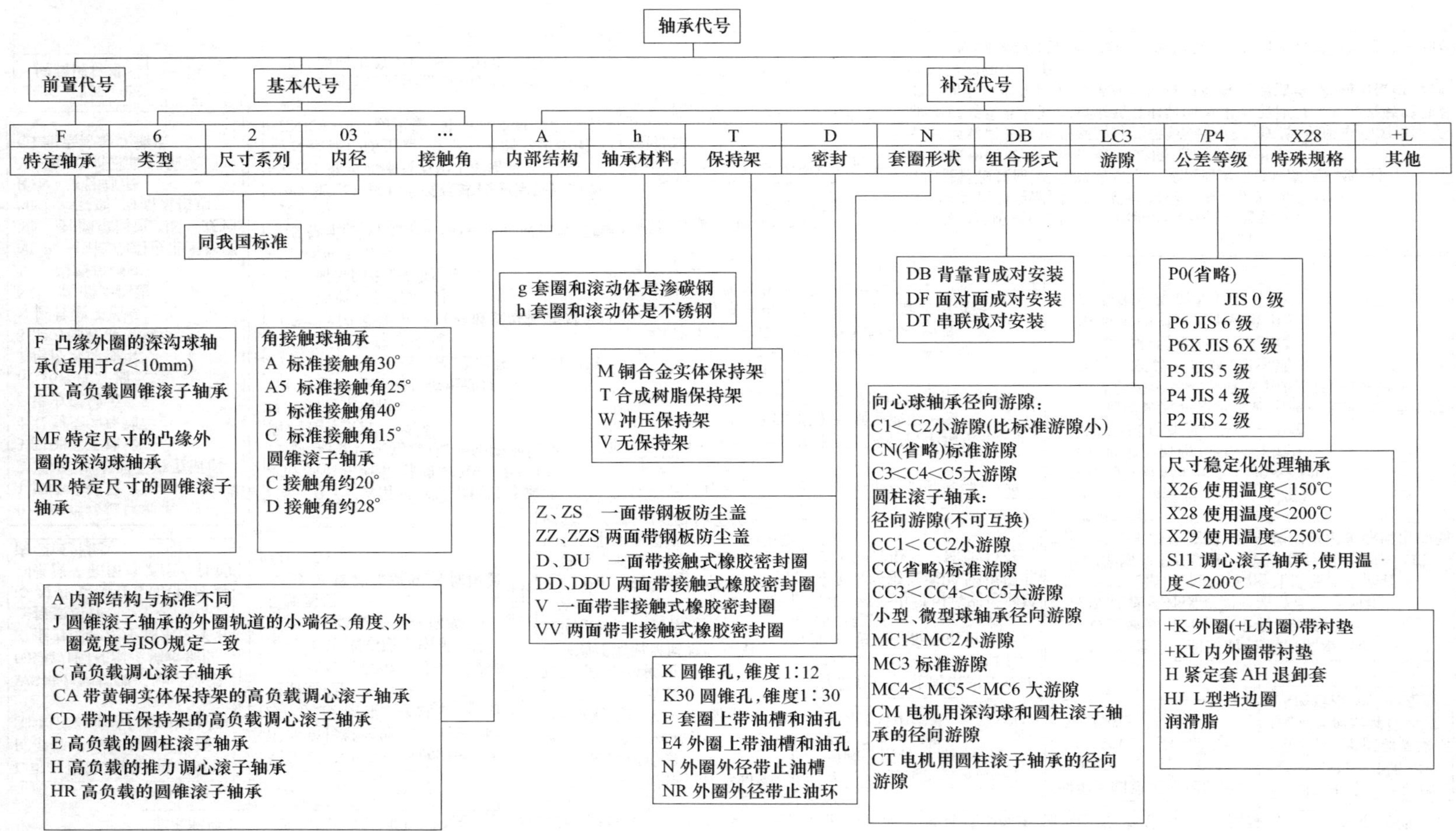

（3）SKF（瑞典斯凯孚公司）

轴承代号

前置代号	基本代号			后置代号									
…	6	3	02	B	NRS	M	P5	/C3	/QE5	CC	/S1	HT	…
轴承部件	类型	尺寸系列	内径	内部设计	外部设计	保持架	公差等级	内部游隙	特殊技术要求	轴承配置	热处理	润滑剂	其他特性

轴承部件：

L 可分离轴承的内圈或外圈
R 不带可分离内圈或外圈的轴承(滚针轴承仅适用NA型)

WS推力圆柱滚子轴承轴圈
GS推力圆柱滚子轴承轴圈
K 推力圆柱滚子轴承滚子和保持架组件
K-符合英制AFBMA标准系列带滚子和保持架组合件的内圈或外圈

类型：

0 双列角接触轴承
1 调心球轴承
2 调心、推力调心滚子轴承
3 圆锥滚子轴承
4 双列深沟球轴承
5 推力球轴承
6、16深沟球轴承
7 角接触球轴承
8 推力圆柱滚子轴承
N 圆柱滚子轴承
NU—内圈无挡边
NJ—内圈单挡边
NUP—内圈单挡边带平挡圈
NF—外圈单挡边,NN—双列,
NNU—双列,内圈无挡边
R、NA滚针轴承
Y—单元 外球面球轴承
QJ 四点接触球轴承

同我国标准

内部设计：

A、B、C、D、E表示轴承内部变化
B ①角接触球轴承,公称接触角 α=40° ②圆柱滚子轴承，采用表面处理滚子
C ①角接触球轴承,公称接触角 α=15° ②调心滚子轴承C型、C型、CC型滚子为对称型
E 加强型
ACD 角接触球轴承,公称接触角 α=25°

外部设计：

CA、CB、CC通用配对型角接触球轴承
K30 圆锥孔轴承，锥度1∶30 K为1∶12
PP 轴承(支承滚轮轴承，凸轮随动轴承)两侧具有接触式密封
N 外圈有止动槽
NR 外圈有止动槽并带止动环
-LS 一侧具有接触式密封,内圈无密封凹槽
-ZLS 两侧具有LS密封
-RZ 一面带骨架式合成橡胶低摩擦密封
-2RZ 两侧具有RZ密封
-Z 一面带防尘盖(非接触式)
-2Z 两面带防尘盖
-RS 轴承(滚针轴承)一侧具有合成橡胶接触式密封
PS1 轴承一侧具有骨架式接触橡胶密封圈
-ZRS1 轴承两侧具有RSL型密封
-ZN 一面带防尘盖，另一面外圈有止动槽
-ZNR 一面带防尘盖，另一面外圈有止动槽和环
-2ZNR 两面带防尘盖，一面外圈有止动槽
-2ZN 两面带防尘盖，外圈有止动槽

保持架：

F 钢或特殊铸铁制实体保持架
J 钢板冲压保持架
M 轻合金实体保持架
MP 黄铜实体保持架，窗型
L 轻合金实体保持架
TN 工程塑料模铸保持架
P 玻璃纤维增强尼龙保持架
Y 铜板冲压保持架
—A 表示保持架外圈引导
—B 表示保持架外圈引导
V 满滚子轴承(无保持架)
VH 由非分离型滚子组合件构成的满滚子轴承(圆柱滚子轴承)

公差等级：

/CLN 相当于ISO公差6X级，用于公制圆锥轴承(宽度公差有所降低)
/CL0 相当于ISO0级，用于英制圆锥滚子轴承
/CL3 相当于ISO3级，用于英制圆锥滚子轴承
/CL7A 符合差速器轴承配置标准的圆锥滚子轴承
/CL7C 特殊标准(同上)
/P4、P5、P6 尺寸精度符合ISO4、5、6级公差
/P4A 除上外，旋转精度相当于AFBMA9级
/PA9A 尺寸精度相当于ABEC9级，旋转精度高
/SP 尺寸精度约为P5，旋转精度约为P4
/UP 尺寸精度约为P4，旋转精度高于P4

内部游隙：

/C1、/C2、/C3、/C4、/C5 游隙分别符合标准规定的1、2、3、4、5组
0 组代号中省略

特殊技术要求：

/Q 最佳内部几何结构和表面粗糙度(用于圆锥滚子轴承)
/Q66 振动标准或峰值小于普通级标准
/QE5 符合电机用特别标准尺寸及旋转精度达P6，噪声极低
/QE6 符合电机用标准，低噪声值

轴承配置：

A 轻预载荷(角接触球轴承)
B 预载荷较A大(角接触球轴承)
C 预载荷较B大(角接触球轴承)
CA 内部间隙较小(深沟球轴承或角接触球轴承)
CB 内部间隙较CA大(深沟球轴承或角接触球轴承)
CG“零”游隙(圆锥滚子轴承)

CC 内部间隙较CB大(深沟球轴承或角接触球轴承)
C… 特殊轴向内部间隙CC后面的数字表示轴向间隙大小
GA 较轻预载荷(深沟球轴承)，GB预载荷大于GA(深沟球轴承)
G 特殊预载荷(G后面的数字表示预载荷的大小)
/DB 两套可配对单列深沟球轴承，单列角接触球轴承或单列圆锥滚子轴承以背靠背方式成对安装，DB后的数字表示轴向间隙或安装时预载
/DF 两套以面对面方式排列的配对单列深沟球轴承，单列角接触球轴承或单列圆锥滚子轴承
DT两套串联排列的深沟球轴承、单列角接触球轴承或单列圆锥滚子轴承

热处理：

轴承套圈稳定处理温度
/S0 150℃、/S1 200℃
/S2 250℃、/S3 300℃
/S4 350℃

润滑剂：

/W 不能补充润滑油(无润滑油槽及油孔)
/W20 轴承外圈有三个润滑油孔
/W33 轴承外圈有润滑油槽及三个油孔
/W33 X轴承外圈有润滑油槽及六个油孔
(润滑脂类型后缀由一个字母与两个数字组成，字母表示温度范围，两个数字表示实际所用的润滑剂类型)
HT 高温润滑脂 (−20～+30℃)
LHT低/高温润滑脂(−40～+140℃)
LT 低温润滑脂 (−50～+80℃)
NT 中温润滑脂 (−30～+110℃)
NT 后缀表示特定轴承使用非标润滑脂，轴承内润滑脂用量与标准填充量(内部自由空间的25%～30%) 不同时，可区别为
A: 润滑脂用量少于标准用量
B: 润滑脂用量大于标准用量
C: 润滑脂用量大于B

其他特性：

字母V和另一个字母(如VA)与三个数字组合，用来识别无法用现有其他后置代号表达的标准设计的变型

(4) SNFA（法国森法公司）

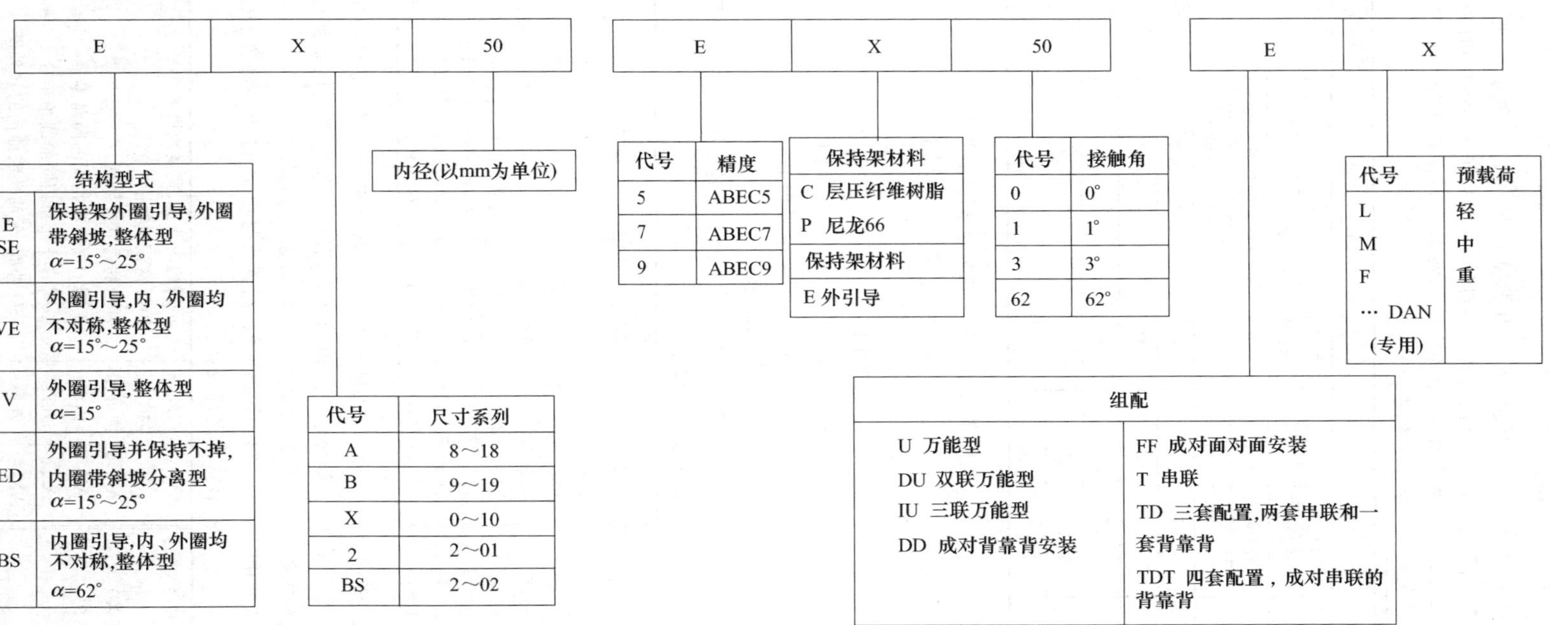

E X 50

结构型式	
E SE	保持架外圈引导,外圈带斜坡,整体型 α=15°～25°
VE	外圈引导,内、外圈均不对称,整体型 α=15°～25°
V	外圈引导,整体型 α=15°
ED	外圈引导并保持不掉,内圈带斜坡分离型 α=15°～25°
BS	内圈引导,内、外圈均不对称,整体型 α=62°

代号	尺寸系列
A	8～18
B	9～19
X	0～10
2	2～01
BS	2～02

内径(以mm为单位)

E X 50

代号	精度
5	ABEC5
7	ABEC7
9	ABEC9

保持架材料
C 层压纤维树脂
P 尼龙66
保持架材料
E 外引导

代号	接触角
0	0°
1	1°
3	3°
62	62°

E X

组配	
U 万能型 DU 双联万能型 IU 三联万能型 DD 成对背靠背安装	FF 成对面对面安装 T 串联 TD 三套配置,两套串联和一套背靠背 TDT 四套配置，成对串联的背靠背

代号	预载荷
L	轻
M	中
F	重
… DAN (专用)	

(5) TIMKEN(美国铁姆肯公司)圆锥滚子轴承代号

1) TIMKEN圆锥滚子轴承代号分为5个部分:

第1部分	第2部分	第3部分	第4部分	第5部分
前置代号	角度代号	基本系列代号	部件代号	后置代号

2) 新国际标准(ISO)355公制圆锥滚子轴承代号

此代号系统由类型代号(T)、角度系列(数字)、直径系列(字母)、宽度系列(字母)和内径五部分组成。3个字母和数字表示轴承系列,最后两位数字为轴承内径。

T	4		C		B		100
	角度系列代号	角度α(包括后者)	直径系列代号	$\frac{D}{d^{0.77}}$(包括后者)	宽度系列代号	$\frac{T}{(D-d)^{0.95}}$(包括后者)	
圆锥滚子轴承	1	为将来使用作保留	A	为将来使用作保留	A	为将来使用作保留	内圈孔径
	2	10°~13°52′	B	3.40~3.80	B	0.50~0.68	
	3	13°52′~15°59′	C	3.80~4.40	C	0.68~0.80	
	4	15°59′~18°55′	D	4.40~4.70	D	0.80~0.88	
	5	18°55′~23°	E	4.70~5.00	E	0.88~1.00	
	6	23°~27°	F	5.00~5.60			
	7	27°~30°	G	5.60~7.00			

3) 前置代号

前置代号由一个或两个字母组成,表示功能级别。

L——特轻型级　LL——加轻型级

L——轻型级　LM——轻中型级

M——中型级　HM——重中型级

H——重型级　HH——加重型级

EH——特重型级　T——推力级

4) 角度代号

前置代号后第一位数字表示角度代号。

1——0°及以上　2——24°以上

3——25°30′以上　4——27°以上

5——28°30′以上　6——30°30′以上

7——32°30′以上　8——36°以上

9——45°以上,但非推力轴承

0——90°推力轴承

5) 基本系列代号　前置代号后第2~4位数字表示基本系列代号:

系列代号	孔径/in	系列代号	孔径/in	系列代号	孔径/in	系列代号	孔径/in
00~19	含0~1	340~389	7~8	640~659	15~16	770~784	23~24
20~99	1~2	390~429	8~9	660~679	16~17	785~799	24~25
000~029		430~469	9~10	680~694	17~18	800~829	25~30
030~129	2~3	470~509	10~11	695~709	18~19	830~859	30~35
130~189	3~4	510~549	11~12	710~724	19~20	860~879	35~40
190~239	4~5	550~579	12~13	725~739	20~21	880~889	40~50
240~289	5~6	580~609	13~14	740~754	21~22	890~899	50~72.5
290~339	6~7	610~639	14~15	755~769	22~23	900~999	72.5以上

6) 部件代号　最后两位数字表示轴承的部件代号:

外圈代号用10~19的数字表示,同一系列中第一个外圈截面最小的从10开始,如外圈在该系列中超过了10个代号,可使用20~29。

内圈代号用0~49的数字表示,同一系列中第一个截面最小的内圈从49开始,如内圈在该系列中超过了20个代号,可使用20~29。

7) 后置代号　后置代号由1~3个字母表示外部形状或内部设计:

A	内圈	与基本代号不同的内径或圆角半径	AS	内外圈	不同的内外径、宽度或圆角半径
A	外圈	不同的内径、宽度或圆角半径	AV	内外圈	用特殊钢材制成
AB	外圈	带凸缘外圈(与基本代号不可互换)	AW	内外圈	带槽的内圈或外圈
AC	内圈	不同的内径、圆角半径或内部结构	AX	内圈	不同的内径和相同的圆角半径
AC	外圈	不同的内径、宽度或圆角半径	AX	外圈	不同的外径和相同的圆角半径
AD	外圈	双外圈(与基本型号不可互换)	AXD	外圈	ISO外圈,无油孔或油沟的双外圈
ADW	内圈	双内圈、两端带油槽和油孔	B	外圈	带法兰外圈(与基本代号不可互换)
AH	内圈	特殊的保持架、滚子或内部组合	B	内外圈	内部结构和外滚道角度不同

续表

C	内圈	单内圈，内部结构不同，同CA	S	内外圈	同上
C	外圈	尺寸与基本代号不同(不可互换)	SH	内圈	有特殊保持架、滚子或内部几何形状
CD	外圈	有油孔、油沟和定位销的双外圈	SW	内外圈	带油槽或键槽(与基本代号不可互换)
CR	内外圈	外滚道有挡边的轴承系列	T	内外圈	圆锥内孔或外径
CX	内圈	尺寸与基本代号不同(不可互换)	TDE	内圈	带有圆锥孔的双列和延伸挡边的内圈
D	内外圈	双内圈或外圈(不可互换)	TDH	内圈	除上面以外，另使用特殊内部结构
DB	外圈	带法兰双外圈(不可互换)	TDV	内圈	除TDE外，另使用特殊钢材
DC	外圈	有定位销孔的双外圈	TE	内圈	单列、圆锥内孔，延伸大挡边
DE	内外圈	尺寸与特性不同的双内圈或外圈	TL	内圈	有互锁的锥形内孔
DH	内圈	使用特殊保持架、滚子的双内圈	U	内圈	一体化设计基本系列代号
DV	内外圈	用特殊钢材制成的双内圈或外圈	V	内外圈	用特殊钢材制造
DW	内外圈	带油槽或键槽等的双内圈或外圈	W	内外圈	开槽或带键槽，同WA、WC、WS、X
F	内圈	使用聚合物保持架	XD	外圈	双外圈，无油孔或油槽
G	内圈	内孔有护槽	XP	内圈	用特殊钢材及特殊工艺制成
H	内圈	有特殊保持架、滚子或内部几何形状	XX	内外圈	单内圈或单外圈，用特殊钢材制造
HR	外圈	带油槽或键槽(与基本代号不可互换)	YD	外圈	双外圈带油孔，无油槽
R	内外圈	特殊轴承(与基本代号不可互换)	Z	内外圈	特殊座高

附录五 国内外轴承公差等级对照

附表 7-17 国内外轴承公差等级对照

国别(公司)标准	公差等级①				
中国 GB/T 307.1，GB/T 307.4	普通级	P6(P6X②)	P5	P4	P2
ISO492，ISO199	普通级	Class6(6X)	Class5	Class4	Class2
瑞典 SKF 公司	P0	P6(CLN)	P5	P4	
德国 DIN 620	P0	P6(P6X)	P5	P4	
美国 AFBMA，Standard20	ABEC1	ABEC3	ABEC5	ABEC7	ABEC9
	RBEC1	RBEC3	ABEC5		
日本 JIS B1514		P6(P6X)	P5	P4	P2
英国 BS292			EP5	EP7	EP9
英国 RHP 公司			EP5	EP7	EP9
法国 SNFA 公司			ABEC5	ABEC7	ABEC9

① 中国、SKF具有SP、UP公差等级，FAG具有HG公差等级。
SP—尺寸精度相当于P5级，旋转精度相当于P4级；
HG、UP—尺寸精度相当于P4级，旋转精度高于P4级。
② P6X仅适用于圆锥滚子轴承。

附录六 国内外轴承游隙对照

附表 7-18 国内外轴承游隙对照

轴承类型	中国	SKF	FAG	NSK	NACHI	NTN	STEYR	美国
深沟球轴承	C2	C2	C2	C2	C2	C2	C2	2
	CN	普通	C0	普通	普通	CN	标准	0
	C3	C3	C3	C3	C3	C3	C3	3
	C4	C4	C4	C4	C4	C4	C4	4
	C5	C5	C5	C5	C5	C5	C5	—

第7篇

续表

轴承类型		中国	SKF	FAG	NSK	NACHI	NTN	STEYR	美国
调心滚子轴承	圆柱孔	C2	C2	C2	C2	C2	C2	—	—
		CN	普通	C0	普通	普通	CN	标准	—
		C3	C3	C3	C3	C3	C3	—	—
		C4	C4	C4	C4	C4	C4	—	—
		C5	—	—	C5	C5	C5	—	—
	圆锥孔	C2	C2	C2	C2	C2	C2	—	—
		CN	普通	C0	普通	普通	CN	标准	—
		C3	C3	C3	C3	C3	C3	C3	—
		C4	C4	C4	C4	C4	C4	C4	—
		C5	—	—	C5	—	C5	C5	—
		—	—	C1①	—	—	—	—	—
圆柱滚子轴承	可互换圆柱孔	C2	C2	C2	C2	C2	C2	C2	2
		CN	普通	C0	普通	普通	CN	标准	0
		C3	C3	C3	C3	C3	C3	C3	3
		C4	C4	C4	C4	C4	C4	C4	4
		C5	—	C5	C5	C5	C5	—	—
	不可互换圆柱孔	—	—	—	CC1	—	C1NA	—	—
		—	—	—	CC2	C2NA	C2NA	C2	—
		—	—	—	CC	CNA	CAN	标准	—
		—	—	—	CC3	C3NA	C3NA	C3	—
		—	—	—	CC4	C4NA	C4NA	C4	—
		—	—	—	CC5	C5NA	C5NA	—	—
调心球轴承	圆柱孔	C2	C2	—	C2	C2	C2	C2	2
		CN	普通	—	普通	普通	CN	标准	0
		C3	C3	—	C3	C3	C3	C3	3
		C4	C4	—	C4	C4	C4	C4	4
		C5	C5	—	C5	C5	C5	—	—
	圆锥孔	C2	C2	—	C2	C2	C2	C2	2
		CN	普通	—	普通	普通	CN	标准	0
		C3	C3	—	C3	C3	C3	C3	3
		C4	C4	—	C4	C4	C4	C4	4
		C5	C5	—	C5	C5	C5	—	—

① FAG 的 SP 级、UP 级双列圆柱滚子轴承具有 C1 组游隙。

参 考 文 献

[1] 机械工程标准手册编委会编. 机械工程标准手册：轴承卷. 北京：中国标准出版社，2002.
[2] 蔡素然. 全国滚动轴承产品样本. 北京：机械工业出版社，2012.
[3] 成大先. 机械设计手册. 第六版. 第 2 卷. 北京：化学工业出版社，2016.
[4] 闻邦椿. 机械设计手册. 第六版. 第 3 卷. 北京：机械工业出版社，2007.
[5] 刘泽九. 滚动轴承应用手册. 第 2 版. 北京：机械工业出版社，2006.
[6] 郭宝霞. 滚动轴承知识问答. 北京：中国标准出版社，2007.

第 8 篇 滑动轴承

篇主编：徐　华

撰　稿：徐　华　诸文俊　谢振宇

郭宝霞　冯　凯　张胜伦

审　稿：朱　均

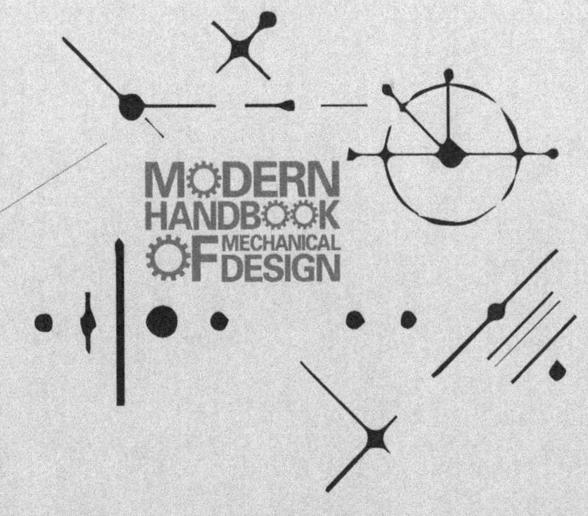

第1章　滑动轴承分类、特点与应用及选择

按承受载荷的方向分：径向轴承；止推轴承；径向止推轴承。

按承受载荷的性质分：静载轴承；动载轴承。

按承受载荷的大小分：轻载轴承（平均压强 $p<$ 1MPa）；中载轴承（平均压强 $p=1\sim10$MPa）；重载轴承（平均压强 $p>10$MPa）。

按润滑剂分：液体润滑轴承；气体润滑轴承；脂润滑轴承；固体润滑轴承。

按润滑（摩擦）状态分：流体润滑（摩擦）轴承；不完全流体润滑（摩擦）轴承；无润滑（干摩擦）轴承。

按承载（或润滑）机理分：流体膜（厚膜）承载轴承，如流体动压轴承、流体静压轴承、流体动静压轴承；不完全流体膜（薄膜）承载轴承，如不完全油膜轴承；电力、磁力承载，如静电轴承、磁力轴承；固体膜润滑轴承。

按轴承结构分：整体式轴承；剖分式轴承；自位式轴承。

按轴承材料分：金属轴承；粉末冶金轴承；非金属轴承。

按速度高低分：低速轴承（轴颈圆周速度 $v<$ 5m/s）；中速轴承（轴颈圆周速度 $v=5\sim60$m/s）；高速轴承（轴颈圆周速度 $v>60$m/s）。

1.1　各类滑动轴承的特点与应用

表 8-1-1　各类滑动轴承的特点与应用

分类			特点		应用
不完全流体润滑轴承	径向滑动轴承	整体式	一般采用润滑脂、油绳与滴油型式润滑，轴颈与轴承表面得不到足够润滑剂，液体油膜不连续。结构简单，摩擦因数较大，磨损较大	轴与轴瓦之间的间隙不能调整，结构简单，轴颈只能从轴端装拆	一般用于转速低、轻载而且装拆允许的机器上
		剖分式		轴与轴瓦之间的间隙可以调整，安装简单	当机器装拆有困难时，常采用这种结构型式
		自位式		轴瓦可在轴承座中适当地摆动，以适应轴在弯曲时所产生的偏斜	用于传动轴有偏斜的场合，其中关节轴承适用于相互有摆动的杆件铰接处承受径向载荷
	止推滑动轴承			常用平面止推滑动轴承，由于缺乏液体摩擦的条件，而处于不完全流体润滑状态，需与径向轴承同时使用	用于承受轴向力的场合
	粉末冶金轴承（含油轴承）			具有多孔性，油存于孔隙中，在较长的时间里不添加润滑油而能自动润滑，保证正常工作，但由于其材质比较松软，故承受载荷能力较低	用于轻载、低速和不易加油的场合
	塑料轴承			与金属轴承相比，塑料轴承重量轻，维护简便。化学稳定性好，耐磨性和耐疲劳强度高，且具有减振、吸声、自润滑性、绝缘和自熄性的特点。但热胀系数大，热导率低，吸湿性较大，强度和尺寸稳定性不如金属	用于速度不高或散热性好的场合，工作温度不宜超过65℃，瞬时工作温度不超过80℃
	橡胶轴承			能吸收振动和冲击力，在有杂质的环境中耐磨、耐腐蚀性好，但其单位强度较金属低，耐热性差，不适合在高温及与油类或有机溶剂相接触的环境中使用	用于船舶轴管中的轴承必须减振的场合及在腐蚀环境下工作
	木轴承			木轴承质轻价廉，能吸收冲击，对轴的偏斜敏感性小，但强度低，导热性及耐湿性、耐磨性差	用于轻载必须减振的场合，如农业机械圆盘耙轴承、大粒矿石输送泵轴承等

续表

分类		特点	应用
流体润滑轴承	液体动压轴承	轴颈与轴承工作表面间被油膜完全隔开。动压轴承必须具备：①轴承有足够的转速;②有足够的供油量,润滑油具有一定的黏度;③轴颈与轴承工作表面之间具有适当的间隙。多油楔动压轴承可满足轴的高精度回转要求,寿命长	用于高转速及高精度机械,如离心压缩机的轴承等
	液体静压轴承	轴颈与轴承被外界供给的一定压力的承载油膜完全隔开,油膜的形成不受相对滑动速度的限制,在各种速度(包括速度为零)下均有较大承载能力。轴的稳定性好,可满足轴的高精度回转要求,摩擦因数小,机械效率高,寿命长	主要用于:①低速难于形成油膜重载的地方,如立式车床、龙门卧铣、重型电机等;②要求回转精度高
	气体动压、静压轴承	气体动压、静压轴承,用空气或其他气体作润滑剂,摩擦因数小,机械效率高,可满足高速运转的要求	气体轴承用作陀螺转子、电视录像机轴承
无轴润承滑	塑料、碳石墨轴承	在无润滑油或油脂的状态下运转	应用较少
其他	固体润滑轴承	用石墨、二硫化钼、酞菁染料、聚四氟乙烯等固体润滑剂润滑	用于极低温、高温、高压、强辐射、太空、真空等特殊工况条件下
	磁流轴承 静电轴承 磁力轴承	用磁流体作润滑剂 用电力场使轴悬浮 用磁力场使轴悬浮	多用于高速机械及仪表中

注：1. 无润滑：滑动副的两表面之间无润滑剂或保护膜而直接接触，此时的摩擦状态称为干摩擦，工程实际中并不存在真正干摩擦，一般所称干摩擦轴承，仅指无润滑剂介入但可能存在自然污染膜的轴承。

2. 流体润滑：滑动副的两表面之间被一层较厚的连续的流体膜隔开，表面凸峰不直接接触，摩擦只发生于流体内部，称为流体摩擦，此时的润滑状态称为流体润滑，也称为完全润滑。

3. 边界润滑：滑动副的两表面之间有一层极薄的边界膜（吸附膜和化学反应膜统称为边界膜），强度低，不能避免两表面凸峰的直接接触，但摩擦和磨损情况比干摩擦大为改善，称为边界摩擦，此时的润滑状态称为边界润滑。

4. 混合润滑：润滑副的两表面之间处于边界摩擦与流体摩擦的混合状态时，称为混合摩擦，此时的润滑状态称为混合润滑。

5. 不完全流体润滑：边界润滑或混合润滑统称为不完全流体润滑，或不完全流体摩擦。

1.2 滑动轴承类型的选择

1.2.1 滑动轴承性能比较

表 8-1-2　　滑动轴承性能比较

比较项目	一般滑动轴承	含油轴承	液体动压轴承	液体静压轴承	气体动压轴承	气体静压轴承	无润滑轴承	滚动轴承
润滑	脂、油绳、滴油润滑,油膜不连续,得不到足够润滑	本身含油	用油较多,小型轴承润滑简单	用油量多,需专用压力供油系统	用气量少,需洁净气体	用气量多,需专用气源	未加润滑剂	脂润滑简单,用量有限

续表

<table>
<tr><th>比较项目</th><th>一般滑动轴承</th><th>含油轴承</th><th>液体动压轴承</th><th>液体静压轴承</th><th>气体动压轴承</th><th>气体静压轴承</th><th>无润滑轴承</th><th>滚动轴承</th></tr>
<tr><td>承载能力</td><td colspan="8">①右图除滚动轴承较短外，所有轴承的轴直径均为 50mm，长度 50mm，对液体动压轴承，假设采用中等黏度的矿物油。由图可见，无润滑轴承和含油轴承在 300～1500r/min 之内的 p 比空气静压轴承的高；滚动轴承在其所允许的最高转速 9000r/min 之内的 p 都比空气静压轴承高；液体动压轴承在大约高于 20r/min 的所有转速下的 p 显著高于空气静压轴承的 p。②空气动压轴承的 p_{max} 一般小于 0.035MPa，空气静压轴承比空气动压轴承有较高的 p。③含油轴承的 p 和刚度比空气静压轴承的高得多。④液体动压轴承能在有限时间内承受相当大的过载，其他类型轴承不具备这种特性，因此，液体动压轴承常常被用在载荷不平稳的场合
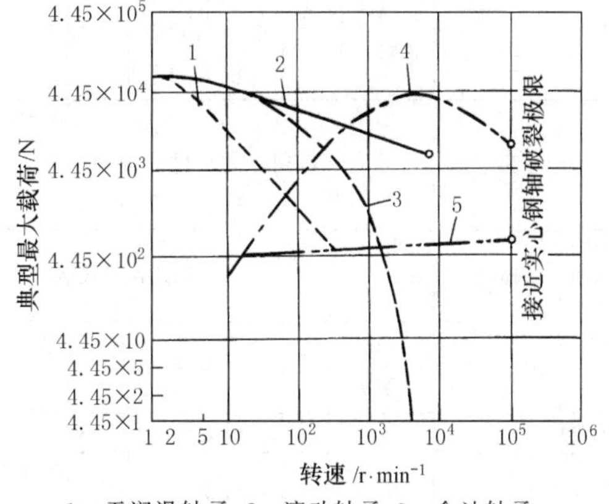

1—无润滑轴承；2—滚动轴承；3—含油轴承；4—液体动压轴承；5—空气静压轴承；
○—最大允许转速</td></tr>
<tr><td>适用速度</td><td>低、中速</td><td>低、中速</td><td>中、高速</td><td>极低～高速</td><td>中、高速</td><td>极低～高速</td><td>低速</td><td>低、中速，高速需特殊要求</td></tr>
<tr><td>径向定位精度</td><td>较高</td><td>较高</td><td>高</td><td>极高</td><td>高</td><td>极高</td><td>差</td><td>高</td></tr>
<tr><td>运转平稳性</td><td>好</td><td>好</td><td>很好</td><td>极好</td><td>极好</td><td>极好</td><td>可以</td><td>好</td></tr>
<tr><td>噪声</td><td>小</td><td>很小</td><td>极小</td><td>极小</td><td>极小</td><td>极小</td><td>小</td><td>满意</td></tr>
<tr><td>低启动转矩</td><td>可以</td><td>可以</td><td>满意</td><td>极好</td><td>满意</td><td>极好</td><td>较差</td><td>很好</td></tr>
<tr><td>外界振动</td><td>在允许载荷下可用</td><td>在允许载荷下可用</td><td>满意吸收</td><td>很好吸收</td><td>满意吸收</td><td>很好吸收</td><td>在允许载荷下可用</td><td>需特殊结构，多数有限制</td></tr>
<tr><td>高温</td><td colspan="4">受油氧化限制</td><td colspan="2">极好</td><td>受轴瓦材料限制</td><td>>150℃，需特殊要求</td></tr>
<tr><td rowspan="2">低温</td><td rowspan="2">受油低温性能限制</td><td>好</td><td colspan="2">受油低温性能限制</td><td rowspan="2" colspan="2">极好</td><td rowspan="2">好，温度限制决定于轴瓦材料</td><td rowspan="2">好</td></tr>
<tr><td colspan="2">启动转矩增大</td><td>好</td></tr>
<tr><td>寿命</td><td>有限寿命</td><td>有限寿命，较无润滑轴承长</td><td>不频繁启动时较长，受不稳定载荷时受轴瓦疲劳的限制</td><td>理论上轴承为无限寿命，供油系统为有限寿命</td><td>不频繁启动时的寿命长</td><td>同液体静压轴承</td><td>有限寿命，受轴瓦磨损限制</td><td>有限寿命，受接触疲劳寿命限制</td></tr>
<tr><td>经常启停换向</td><td>适用</td><td>适用</td><td>不很适宜</td><td>极好</td><td>不很适宜</td><td>极好</td><td>适用</td><td>极好</td></tr>
</table>

第8篇

续表

比较项目		一般滑动轴承	含油轴承	液体动压轴承	液体静压轴承	气体动压轴承	气体静压轴承	无润滑轴承	滚动轴承
功耗		较小或中等	较小或中等，与载荷有较大关系	较小	中速以下较小，另有泵功耗	极小	极小，另有供气功耗	较大，与轴瓦材料有较大关系	较小
使用场所	真空	可用，需特殊润滑剂			油影响真空度，不行	气体影响真空度，不行	难于保持一定真空度	极好	用特殊润滑剂时良好
	辐射	受润滑剂限制				满意			同含油轴承
	污染灰尘	可用，密封更好	需要密封	可用，要密封，需要过滤油		需要密封	可用	可用，密封更好	需要密封
标准化		较好	较好	有	没有			部分有	最好
运转费用		低	很低	取决于润滑方法	取决于压力供油费用	很低	取决于压力供气费用	最低	很低

1.2.2　选择轴承类型的特性曲线

表 8-1-3　　选择轴承类型的特性曲线

选择径向轴承用的特性曲线

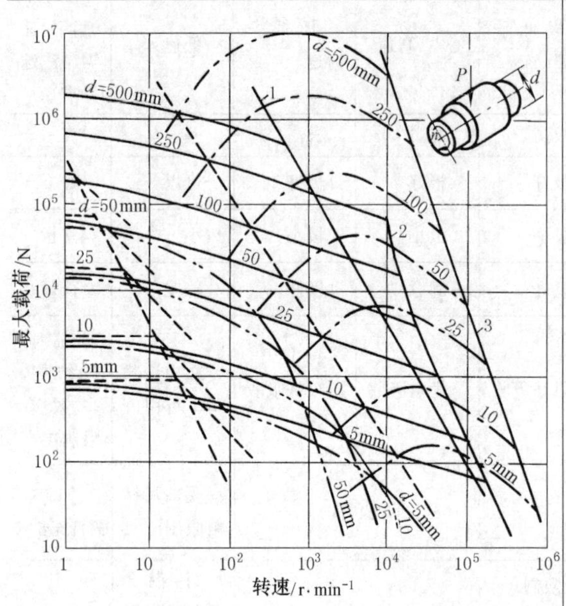

——滚动轴承；－－－无润滑轴承；－·－·含油金属烧结轴承（多孔质金属轴承）；—·—流体动压轴承
1—滚动轴承的最大极限转速；2—高速球轴承的最大极限转速；3—轴断裂极限

备注：对于液体动压轴承，设 $b/d=1$、中等黏度矿物油；其他轴承，设寿命为10000h，降低速度和载荷能延长寿命；对于液体静压轴承在载荷、速度全范围内均适用

选择止推轴承用的特性曲线

——滚动轴承；－－－无润滑轴承及含油金属烧结轴承（多孔质金属轴承）；—·—液体动压轴承
1—滚动轴承的最大极限转速；2—无润滑轴承及含油金属烧结轴承（多孔质金属轴承）的最大极限转速

备注：除滚动轴承外，其余轴承的内外径之比为1∶2。液体动压轴承的润滑油为中等黏度矿物油。除动压轴承外，其余轴承的寿命为10000h。液体静压轴承在载荷、速度全范围内均可用

续表

不同润滑状态的滑动轴承适用范围	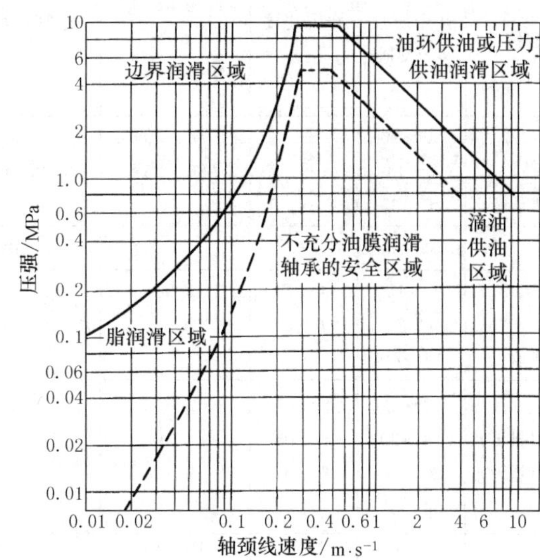

1.3 滑动轴承设计资料

表 8-1-4　滑动轴承设计资料

机器名称	轴承名称	许用压强 p_p/MPa	许用速度 v_p/m·s^{-1}	许用 pv 值 $(pv)_p$ /MPa·m·s^{-1}	适宜黏度 η /Pa·s	许用最小 $\frac{\eta n}{p}\times10^9$ $/\frac{(\text{Pa}\cdot\text{s})\cdot(\text{r}\cdot\text{s}^{-1})}{\text{Pa}}$	相对间隙 ψ	宽径比 B/D
金属切削机床	主轴承	0.5～5	—	1～5	0.04	2.5	<0.001	1～3
传动装置	轻载轴承 重载轴承	0.15～0.3 0.5～1.5	—	1～2	0.025～0.06	230 66	0.001	1～2
减速器	轴承	0.5～4	1.5～6	3～20	0.03～0.05	83	0.001	1～3
轧钢机	主轴承	5～30	0.5～30	50～80	0.05	23	0.0015	0.8～1.5
冲压机、钢床	主轴承 曲柄轴承	28 55	—	—	0.1	—	0.001	1～2
铁路车辆	货车轴承 客车轴承	3～5 3～4	1～3	10～15	0.1	116	0.001	1.4～2
发电机、电动机、离心压缩机	转子轴承	1～3	—	2～3	0.025	416	0.0013	0.8～1.5
汽轮机	主轴承	1～3	5～60	85	0.002～0.016	250	0.001	0.8～1.25
活塞式泵、压缩机	主轴承 连杆轴承 活塞销轴承	2～10 4～10 7～13	—	2～3 3～4 5	0.03～0.08	66 46 23	0.001 <0.001 <0.001	0.8～2 0.9～2 1.5～2

续表

机器名称	轴承名称	许用压强 p_p/MPa	许用速度 v_p/m·s^{-1}	许用 pv 值 $(pv)_p$ /MPa·m·s^{-1}	适宜黏度 η /Pa·s	许用最小 $\frac{\eta n}{p}\times10^9$ $\Big/\frac{(\text{Pa}\cdot\text{s})\cdot(\text{r}\cdot\text{s}^{-1})}{\text{Pa}}$	相对间隙 ψ	宽径比 B/D
蒸汽机车	传动轴	10～16	—	30～50	0.1	66	0.001	1～1.8
	连杆轴承	8～14	—	20～25	0.04	12	<0.001	0.7～1.1
	活塞销轴承	20～35	—	—	0.03	12	<0.001	0.8～1.3
精纺机	锭子	0.01～0.02	—	—	0.002	25000	0.005	—
汽车发动机	主轴承	6～15	6～8	>50		33	0.001	0.35～0.7
	连杆轴承	6～20	6～8	>80	0.007～0.008	23	0.001	0.5～0.8
	活塞销轴承	18～40	—	—		16	<0.001	0.8～1
航空发动机	主轴承	12～22	8～10	>80		36	0.001	0.4～0.6
	连杆轴承(排形)	13～20	8～10	>100	0.007～0.008	23	0.001	0.7～1
	连杆轴承(星形)	20～26	8～10	>100		23	0.001	0.7～1
	活塞销轴承	50～85	—	>100		18	<0.001	0.8～0.9
柴油发动机（2冲程）	主轴承	5～9	1～5	10～15		58	0.001	0.6～0.75
	连杆轴承	7～10	1～5	15～20	0.02～0.065	28	<0.001	0.5～1
	活塞销轴承	9～13	—	—		23	<0.001	1.5～2
柴油发动机（4冲程）	主轴承	6～13		15～20		47	0.001	0.45～0.9
	连杆轴承	12～15	1～5	20～30	0.02～0.065	23	<0.001	0.5～0.8
	活塞销轴承	15～20		—		12	<0.001	1～2

注：1. 本表仅作参考。

2. p_p 与轴瓦材料和润滑方法有关：小值用于滴油、油环或飞溅润滑，轴瓦材料强度较低者；大值用于压力供油润滑，轴承材料强度较高者。

第 2 章　滑动轴承材料

2.1　对轴承材料的性能要求

对滑动轴承材料性能的要求主要是由滑动轴承的失效形式来决定的。除磁流轴承、静电轴承、磁力轴承外，一般滑动轴承的主要失效形式是磨损和胶合（俗称烧瓦），其次还有疲劳剥伤、刮伤、腐蚀和汽蚀等。因此轴承材料需具备以下性能：

1）良好的减摩性、耐磨性以及抗胶合性能，即与轴颈材料配偶的摩擦因数小、磨损小，易形成润滑油膜，耐热性和抗黏附性好。

2）良好的顺应性、嵌入性和磨合性。即轴承材料能通过其表面的弹塑性变形来补偿和适应轴颈的偏斜和变形；能容纳硬质颗粒嵌入以减轻轴承滑动表面发生刮伤或磨粒磨损；以及与轴瓦与轴颈表面之间经短期轻载运转即能形成相互吻合的表面粗糙度的性能。

3）良好的制造工艺性，包括易于浇铸和加工，以获得所需要的光滑摩擦表面。

4）足够的强度，包括疲劳强度、抗压强度和抗冲击能力，防止发生疲劳剥伤和大的塑性变形。

5）良好的导热性、耐腐蚀性和耐汽蚀性。

同时满足上述全部性能要求的轴承材料并不存在，设计时须根据轴承的具体工作条件对材料性能的主要要求，并考虑材料的供应情况与价格，合理选用。

2.2　滑动轴承材料及其性能

滑动轴承材料可分为金属材料、多孔质金属材料、非金属材料以及由上述材料组成的复合材料。目前金属材料的应用仍占主导地位。表 8-2-1～表 8-2-6 列出了常用滑动轴承材料性能和应用情况，供选择材料参考。

表 8-2-1　滑动轴承材料的物理性能

轴承材料	抗拉强度/MPa	弹性模量/GPa	硬度（HBW）	密度/kg·m^{-3}	热导率/W·(m·K)$^{-1}$	线胀系数/10^{-6}K^{-1}
锡基轴承合金	79	52	25	7400	35～45	23
铅基轴承合金	69	29	26	10100	24	25
锡青铜	200	110	70	8800	50～90	18
铅青铜	230	97	60	8900	47	18
铝合金	150	71	45	2900	210	24
银	160	76	25	10500	410	20
铸铁	240	160	180	7200	52	10
多孔青铜	120	—	40	6400	29	19
多孔铁	170	—	50	6100	28	12
尼龙	79	2.8	M79HR	1140	0.24	170
醛缩醇	69	2.8	M94HR	1420	0.22	80
聚四氟乙烯	21	0.4	D60HS	2170	0.24	170
酚醛树脂	69	6.9	M100HR	1360	0.28	28
聚酰亚胺	73	3.2	E52HS	1430	0.43	50
碳-石墨	14	14	75HS	1700	17	3.1
木	8	12	—	680	0.19	5
橡胶	—	—	—	1200	0.16	77
碳化钨	900	560	A91HR	14200	70	6
三氧化二铝	210	340	A85HR	3900	2.8	15

表 8-2-2 **滑动轴承材料性能比较**

性能比较	金属材料				非金属材料				多孔质金属含油材料
	轴承合金	锡青铜	铅青铜	铸铁	塑料	木材	橡胶	石墨	
承载能力	一般	良	良	良	一般	差	差	差	一般
减摩性	优	较好	良	较好	较好	优	优	良	较好
耐磨性	一般	优	较好	优	较好	一般	差	一般	较好
顺应性	优	一般	差	差	优	良	优	较好	差
嵌入性	优	一般	差	差	较好	良	优	良	一般
导热性	良(锡基) 较好(铅基)	良	良	良	差	差	差	一般	较好
热胀性	较好	良	较好	优	差	一般	差	良	优
高速安全性	优	较好	较好	差	差	差	差	良	差
高温安全性	差	较好	差	较好	差	差	差	优	较好
紧急安全性	优	较好	良	较好	优	一般	差	优	优
用油、脂润滑	优	优	优	优	优	优	较好	优	优
用水润滑	差	差	差	差	优	优	优	优	差
无润滑	差	差	差	差	优	差	差	优	差

表 8-2-3 **轴承用合金特性与用途**

合金牌号		制造方法	特性	一般用途
铸造铜合金 (JB/T 7921—1995)	CuPb9Sn5 CuPb10Sn10	浇铸或烧结在钢背(带)上,或金属型浇铸	有高的疲劳强度和承载能力,高的硬度和耐磨性,好的耐腐蚀性。增加含锡量可提高合金的硬度和耐磨性,增加含铅量可改善合金经受装配不良和间歇润滑的能力。适用于中载、中到高速以及由于摆动或旋转运动引起有很大冲击载荷的轴承。与淬硬轴匹配,轴颈的硬度一般不低于250HBW	一般用于汽轮机、发动机、机床用轴承,内燃机活塞销、汽车转向器和差速器用轴套、止推垫圈等
	CuPb15Sn8	浇铸或烧结在钢背(带)上,或金属型浇铸	有高的疲劳强度和承载能力,较高的硬度与耐磨性,耐腐蚀。增加锡含量可提高合金的硬度与耐磨性,增加铅含量可改善合金经受装配不良和间歇润滑的能力。可用水润滑。相匹配轴颈的硬度一般不低于200HBW	适用于中载、中到高速的单层、双层金属轴承、轴套和单层金属止推垫圈,冷轧机用轴承
	CuPb20Sn5	浇铸或烧结在钢背(带)上	有较高的承载能力和疲劳强度。较高的含铅量可改善合金在高速下的表面性能,耐腐蚀性却略有下降;增加锡含量可提高合金硬度和耐磨性,可用水润滑。适用于中载,中到高速,以及因摆动或旋转运动引起有中等冲击载荷的轴承。相匹配轴颈的硬度一般不低于150HBW	一般用于汽车的变速箱、农机具和内燃机摇臂轴上的轴套
	CuAl10Fe5Ni5	金属型浇铸	是非常硬的轴承合金,耐海水腐蚀,潜藏性差。轴颈必须硬化,硬度不低于300HBW	适用于制造作滑动运动的结构元件,及在海洋环境中工作的轴承,高载荷轴套
	CuSn8Pb2 CuSn7Pb7Zn3	浇铸或烧结在钢背(带)上,或金属型浇铸	有较高的硬度、耐磨性和好的耐腐蚀性,相匹配轴颈的硬度不低于280HBW	用于低到高载荷的非重要用途的轴承的轴套,需充分润滑

续表

合金牌号			制造方法	特　　性	一般用途
铸造铜合金（JB/T 7921—1995）		CuSn10P	浇铸或烧结在钢背上或金属型浇铸	有高的硬度和耐腐蚀性，耐磨性好。轴颈要淬硬，硬度一般不低于300HBW。要求良好的润滑和装配	适用于中到重载、高速有冲击载荷工况条件下工作的轴承
		CuSn12Pb2	浇铸或烧结在钢背上或金属型浇铸	有高的硬度和耐腐蚀性，好的耐磨性。轴颈要淬硬，硬度一般不低于300HBW，要求良好的润滑和装配	适用于中到重载、高速、有冲击载荷工况条件下工作的轴承
		CuPb5Sn5Zn5	浇铸或烧结在钢背上或金属型浇铸	有较高的硬度、耐磨性和耐腐蚀性好，高的抗冲击和耐高温能力，较差的抗擦伤能力，相匹配轴颈的硬度一般不低于250HBW	作一般用途的轴承材料，适用于低载不重要工作条件下工作的轴承、止推垫圈，如汽车发动机活塞销、变速箱轴套等
锻造铜合金（JB/T 7922—1995）		CuSn8P	轧制或挤压	高的硬度、耐磨性和疲劳强度，好的耐腐蚀性，相匹配轴颈的硬度一般不低于55HRC	适用于重载荷、高滑动速度、冲击载荷或有振动的工况中；与淬硬轴配合时，要求充分润滑和良好的装配状态。按其工况条件选择其硬度
		CuZn31Si1		高的机械强度、耐磨性和疲劳强度，好的耐腐蚀性，相匹配轴颈的硬度一般不低于55HRC	
		CuZn37Mn2Al2Si		高的机械强度、耐磨性和疲劳强度，相匹配轴颈的硬度一般不低于55HRC	适用于润滑不良工作条件下的轴承，要求与淬火轴配合
		CuAl9Fe4Ni4		高的机械强度和耐磨性，高温下的耐腐蚀和抗氧化性及在大气、淡水和海水中的耐腐蚀性良好，潜藏性差、轴颈的硬度一般不低于55HRC	适用于滑动条件下的结构件，在海水中工作的轴承，要求与淬火轴配合
薄壁轴承用金属多层材料（GB/T 18326—2001）	铅基和锡基合金	PbSb10Sn6 PbSb15SnAs	静置或连续浇铸在钢、青铜或黄铜背上，或直接浇铸在轴承座孔内	软，耐腐蚀，较低的疲劳强度和承载能力，有较好的顺应性、潜藏性、相容性。可与软轴或硬轴配合，要求轴颈硬度不低于180HBW	适用于载荷较小的内燃机主轴和连杆轴承、止推垫圈、凸轮轴套
		PbSb15Sn10 SnSb8Cu4		软，耐腐蚀，有较好的顺应性、潜藏性、相容性，低的疲劳强度和承载能力，可与软轴或硬轴配合，要求轴颈硬度不低于220HBW	
	铜基合金	CuPb10Sn10	连续浇铸或烧结在铜背（带）上或金属型浇铸	有很高的疲劳强度和承载能力，高的抗冲击能力，好的耐腐蚀性和耐磨性。与淬硬轴配合，轴颈的硬度不低于53HRC	适用于中载、中到高速，以及有大冲击载荷的轴承，机械设备上用的卷制轴承、止推垫圈、内燃机连杆活塞销轴套
		CuPb17Sn5	连续浇铸或烧结在铜背（带）上	有很高的疲劳强度、承载能力，抗冲击能力，耐腐蚀性和耐磨性。相配轴颈的硬度不低于50HRC	当轴承滑动表面镀有软合金层时适用于重载内燃机的主轴和连杆轴承、卷制轴套、止推垫圈、蒸汽机车的浮动轴套等

续表

合金牌号			制造方法	特性	一般用途
薄壁轴承用金属多层材料(GB/T 18326—2001)	铜基合金	CuPb24Sn4	连续浇铸或烧结在铜背(带)上	有高的疲劳强度、承载能力、抗冲击能力,耐腐蚀,有较好的轴承表面性能(潜藏性、顺应性、相容性),与淬硬轴配合,轴颈的硬度不低于48HRC	适用于高速、摆动和旋转工作条件下的轴承,轴承滑动表面镀有软合金层时,可用于高速、重载的内燃机主轴和连杆轴承、止推垫圈、卷制轴套、轧钢机用轴承、机床轴承等
		CuPb24Sn	连续浇铸或烧结在钢背(带)上,静置或离心浇铸在钢背上	有较高疲劳强度和承载能力,较好的轴承表面性能,易受润滑油的腐蚀,浇铸合金的疲劳强度较烧结合金高约20%,有软合金镀层时可以与硬轴或软轴配合,轴颈的硬度不低于45HRC	常用于内燃机主轴和连杆轴承、止推垫圈、卷制轴承套
		CuPb30	轧制到钢背(带)上	有中等疲劳强度和承载能力,较好的轴承表面性能,易受润滑油腐蚀,轴承工作表面必须镀软合金层,相匹配轴颈的硬度不低于270HBW	
	铝基合金	AlSn20Cu	轧制到钢背(带)上	有中等疲劳强度和承载能力,良好的抗腐蚀性,较好的轴承表面性能,可以与软轴配合,轴颈的硬度不低于250HBW	常用于内燃机主轴和连杆轴承、止推垫圈、卷制轴套或压气机、制冷机用轴承
		AlSn6Cu		有中等到较高的疲劳强度和承载能力,良好的耐腐蚀性能,镀软合金层可与硬轴配合,轴颈的硬度不低于45HRC	常用于内燃机主轴和连杆轴承、止推垫圈、卷制轴套
		AlSn12Si2.5Pb1.7		具有中等到较高的疲劳强度和承载能力,无需表面涂层,特别适用于球铁曲轴,轴颈的硬度不低于250HBW	
		AlSi11Cu		具有较高的疲劳强度和承载能力,好的耐腐蚀性和抗穴蚀能力,镀软合金层可与硬轴配合,轴颈的硬度不低于50HBW	
	镀层	PbSn10Cu2 PbSn10 PbIn7	电镀到轴瓦滑动表面上	软,有好的减摩性,良好的轴承表面性能和耐腐蚀性,疲劳强度取决于它的厚度	适用于各种轴承合金材料的轴承表面,镀层厚度一般为0.013～0.025mm,大型柴油机主轴轴承为0.05～0.07mm
		AlZn5Si1.5 Cu1Pb1Mg		高的疲劳强度,通常应有镀层,可与硬轴、软轴配合,轴颈的硬度不低于45HRC	常用于内燃机主轴和连杆轴承

续表

合金牌号		制造方法	特　性	一般用途
薄壁轴承用金属多层材料（GB/T 18326—2001）	AlSi4Cd	轧制到钢背（带）上	有中等到较高的疲劳强度和承载能力，经热处理可提高疲劳强度，有良好的耐腐蚀性能，镀软合金层可与硬轴配合，轴的硬度一般不低于 48HRC	常用于内燃机主轴和连杆轴承、止推垫圈、卷制轴套
	AlCd3CuNi		有中等到较高的疲劳强度和承载能力，在合金中添加锰元素后可提高疲劳强度，有良好的耐腐蚀性能，要镀镀软合金层，相匹配轴的硬度一般不低于 48HRC	

表 8-2-4　主要滑动轴承材料的应用情况

应用范围	塑料	粉末冶金含油轴承	巴氏合金	铜铅合金	青铜			铝合金	层合复合材料	其余复合材料	备　注
					铅青铜	锡青铜	铝青铜				
汽油发动机主轴承，连杆轴承			●	●	●		●	●	●		现代高速、大功率发动机主轴承、连杆轴承多用三层复合材料，其中间层用铅青铜、铝青铜或铝合金，表面可用多种材料。巴氏合金表层只用于部分低速发动机
柴油发动机轴承				●	●		●	●	●		
凸轮轴轴承			●		●	●		●			
活塞销轴承					●	●					
冷轧机、锻压机械			●		●	●		●	●		水润滑条件下，热固性塑料轴承显示了优良的性能
轧辊轴承	●	●			●			●		●	
机车、活塞式压缩机			●		●	●		●			
水泵、热轧机、船机等润滑轴承	●									●	
齿轮箱轴承、涡轮机推力轴承			●		●	●			●	●	巴氏合金有时不能满足 pv 值的涡轮机轴承及齿轮箱轴承的需要，三层复合材料已开始在这种场合应用
汽轮机、压缩机、涡轮鼓风机轴承			●		●						
燃气轮机轴承			●		●						
大型电机轴承			●								
液压泵					●			●	●		
机床		●	●		●	●	●				
印刷机械		●			●				●	●	
传送（运输）装置		●								●	
纺织、医药、食品机械，家用电器	●	●			●					●	
建筑机械、农业机械	●	●			●					●	

表 8-2-5　常用金属轴承材料的性能和许用值

轴瓦材料		许用值			最高工作温度 t/℃	硬度②（HBW）		特性及用途
名称	牌号	p_p /MPa	v_p /m·s^{-1}	$(pv)_p$① /MPa·m·s^{-1}		金属模	砂模	
灰铸铁	HT150 HT200 HT250	4 2 1	0.5 1 2		150	143～255		用于低速、轻载或不重要的轴承，价廉

续表

轴瓦材料		许用值			最高工作温度 t/℃	硬度[②](HBW)		特性及用途
名称	牌号	p_p /MPa	v_p /m·s^{-1}	$(pv)_p$[①] /MPa·m·s^{-1}		金属模	砂模	
耐磨铸铁	耐磨铸铁-1(HT-1)	0.05~9	0.2~2	0.1~1.8		180~229		铸造铬镍合金灰铸铁，用于与经热处理(淬火或正火)的轴相配合的轴承
	耐磨铸铁-2(HT-2)	0.1~6	0.75~3	0.3~4.5		190~229		铸造铬钨钛铜合金，用于与经热处理轴相配合的轴承
	耐磨铸铁-3(HT-3)					160~190		铸造钛铜合金，用于与不淬火的轴相配合的轴承
	耐磨铸铁-1(QT-1)	0.5~12	1.0~5	2.5~12		210~260		球墨铸铁，用于与经热处理的轴相配合的轴承
	耐磨铸铁-2(QT-2)					167~197		球墨铸铁，用于与不经淬火的轴相配合的轴承
	耐磨铸铁-1(KT-1)					197~217		可锻铸铁，用于与经热处理的轴相配合的轴承
	耐磨铸铁-2(KT-2)					167~197		可锻铸铁，用于与不经热处理的轴相配合的轴承
	HTMCu1CrMo(Cu-Cr-Mo合金铸铁)	0.05~9	2~0.2	0.1~1.8	150	200~255		铬钼合金灰铸铁，用于与经热处理(淬火或正火)的轴相配合的轴承
球墨铸铁	QT500-7	0.5~12	5~1.0	2.5~12		170~230		用于与经热处理的轴相配合的轴承
	QT450-10					160~210		用于与不经淬火的轴相配合的轴承
铜基合金	CuSn8Pb2	7(25)			280	60		制作不重要的轴承
	CuSn7Pb7Zn3					65		
	CuSn12Pb2					80		有冲击载荷的轴承
	CuSn8P					160		用于重载、高速、有冲击载荷的轴承
	CuZn31Si1					160		
	CuZn37Mn2Al2Si	10	1	10	200	150		用于润滑条件不良的轴承
	CuAl9Fe4Ni4	15	4	12	280	160		适宜制作在海洋中工作的轴承
铜基合金 锡青铜	ZCuSn10P1(10-1锡青铜)	15	10	15(25)	280	90~120	80~100	用于中速、重载及变载荷的轴承
	ZCuSn5Pb5Zn5(5-5-5锡青铜)	8	3	15	280	65~75	50	用于中速、中等载荷的轴承
铜基合金 铝青铜	ZCuAl10Fe3(10-3铝青铜)	30	8	12(60)	280	120~140	110	最适宜用于润滑充分的低速重载轴承，用于减速器、金属切削机床、起重机、离心泵、轧机等机器上
	ZCuAl10Fe3Mn2	20	5	15				
	ZCuAl10Fe5Ni5	15(30)	4(10)	12(60)	280	100~120(200)		
铜基合金 铅青铜	ZCuPb30(30铅青铜) ZCuPb10Sn10	冲击载荷			280	40~280(300)		用于变载荷和冲击载荷工作条件下的内燃机、空气压缩机及泵等机器的轴承
		15	8	40				
		平稳载荷						
		25	12	30(90)				
	ZCuPb5Sn5Zn5	8	3	15	280	50~100(200)		用于中速、中载轴承

续表

轴瓦材料			许用值			最高工作温度 t/℃	硬度②(HBW)		特性及用途
名称		牌号	p_p /MPa	v_p /m·s^{-1}	$(pv)_p$① /MPa·m·s^{-1}		金属模	砂模	
铜基合金	铅青铜	ZCuPb15Sn8	7(20)			280	65		中载、中到高速的冷轧机轴承
		ZCuPb9Sn5					60		一般用作汽轮机、发动机、机床、汽车转向器和差速器轴承
		ZCuPb20Sn5					55		汽车变速箱、内燃机摇臂轴轴套
	铸造黄铜	ZCuZn38Mn2Pb2	10	1	10	200	100	90	用于滑动速度小的稳定载荷或冲击载荷的轴承，如辊道、起重机、振动机、运输机、挖掘机的轴承
		ZCuZn40Mn2							
		ZCuZn25Al6Fe3Mn3					160		
		ZCuZn16Si4	12	2	10		100	90	
锡基轴承合金		ZSnSb4Cu4 ZSnSb8Cu4 ZSnSb11Cu6 ZSnSb12Pb10Cu4 ZnSb12Cu6Cd1	平稳载荷			150	20～30(150)		用于高速、重载下工作的重要轴承。变载荷下易于疲劳磨损，价高；用于高速重载的蒸汽透平机、透平发动机、功率大于750kW电动机、内燃机的轴承
			25(40)	80	20(100)				
			冲击载荷						
			20	60	15				
铅基轴承合金		ZPbSb16Sn16Cu2	12	12	10(50)	150	15～30(150)		用于无剧烈变载荷工作条件下的电动机、拖拉机、离心泵、空气压缩机、轧机等机器的轴承
		ZPbSb15Sn5Cu3Cd2	5	8	5				
		ZPbSb15Sn10	20	15	15				
		ZPbSb15Sn5				150	20		
		ZPbSb10Sn6	12				18		用于载荷较小的内燃机主轴和连杆轴承、凸轮轴套
		ZPbSb15SnAs					20		
		PbSb15Sn10	20	15	15		24		
		PbSn10Cu2							用作薄壁轴瓦的镀覆层
		PbSn10							
		PbIn7							
铝基轴承合金		20%高锡铝合金铝硅合金	28～35	14		140	45～50(300)		用于高速、中等轴承，是较新的轴承材料，强度高、耐腐蚀、表面性能好。可用于增加强化柴油机轴承
		AlSn20Cu	34	14		170	40		用于高速、中到重载轴承，如柴油机、压气机、制冷机轴承
		AlSn6Cu	41～51				45		
		AlSn12Si2.5Pb1.7					40		主要用于内燃机主轴和连杆轴承、止推垫圈、卷制轴套
		AlSi4Cd	47				40		
		ZAlCd3CuNi	—				55		
		AlSi11Cu					60		
		AlSn6CuNi4				200	40		用于高速、中到重载轴承，如柴油机、压气机、制冷机轴承
铸造锌合金		ZZnAl11Cu5Mg	20	3	100	80	100	80	可作为青铜和黄铜的代用新材料。适用于中、低速（≤7～11m/s）、重载（25～30MPa以下）条件下工作的轴承等；轴颈硬度可在180HBW以下

续表

轴瓦材料		许用值			最高工作温度 t/℃	硬度②(HBW)		特性及用途
名称	牌号	p_p /MPa	v_p /m·s^{-1}	$(pv)_p$① /MPa·m·s^{-1}		金属模	砂模	
三元电镀合金	铝-硅-镉镀层	14～35			170	(200～300)		镀铝锡青铜作中间层，再镀10～30μm三元减摩层，疲劳强度高，嵌藏性好
银	镀层	28～35			180	(300～400)		镀银，上附薄层铅，再在上镀铟，常用于飞机发动机、柴油机
粉末冶金	铁基	$\frac{69}{21}$	2	1.0				具有成本低、含油量较多、耐磨性好的特点，适用于低速机械
	铜基	$\frac{55}{14}$	6	1.8	80			孔隙度大的多用于高速轻载，孔隙度小的多用于摆动或往复运动情况，如长期不补充润滑剂需降低$(pv)_p$值，高温或连续工作情况，应不断补充润滑剂
	铝基	$\frac{28}{14}$	6	1.8				是近期发展的粉末冶金轴瓦材料。重量轻、耐磨系数低、温升小、寿命长的优点

① 括号内的数值为极限值，其余为一般值（润滑良好）。对于液体动压轴承，限制 $(pv)_p$ 值没有任何意义（因其与散热等条件关系很大）。

② 括号外的数值为合金硬度，括号内的数值为最小轴颈硬度。

注：1. （ ）中材料牌号为新标准中未列入的旧标准牌号，部分材料的新旧国家标准牌号及 ISO 1338—1977 合金牌号对照见下表。

GB 1176—1987	GB 1176—1974	ISO 1338—1977	GB/T 1174—1992	GB/T 1174—1974	GB/T 1175—1992	GB/T 1175—1974
ZCuSn10P1	ZQSn10-1	CuSn10P	ZSnSb4Cu4	ZChSnSb4-4	ZZnAl11Cu5Mg	ZZnAl10-5
ZCuSn5Pb5Zn5	ZQSn5-5-5	CuPb5Sn5Zn5	ZSnSb8Cu4	ZChSnSb8-4		
ZCuAl9Mn2	ZQAl9-2		ZSnSb11Cu6	ZChSnSb11-6		
ZCuAl10Fe3	ZQAl9-4	CuAl10Fe3	ZSnSb12Pb10Cu4	ZChSnSb12-4-10		
ZCuAl10Fe3Mn2	ZQAl10-3-1.5		ZPbSb16Sn16Cu2	ZChPbSb16-16-2		
ZCuPb30	ZQPb30		ZPbSb15Sn5Cu3Cd2	ZChPbSb15-5-3		
ZCuPb10Sn10	ZQPb10-10	CuPb10Sn10	ZPbSb15Sn10	ZChPb15-10		
ZCuZn38Mn2Pb2	ZHMn58-2-2					
ZCuZn40Mn2	ZHMn58-2					
ZCuZn25Al6Fe3Mn3	ZHAl66-6-3-2	CuZn25Al6Fe3Mn3				
ZCuZn16Si4	ZHSi80-3					

2. 粉末冶金 p_p 中分子为静载，分母为动载。

表 8-2-6 常用非金属轴承材料的许用值

轴瓦材料	许用值			最高工作温度 t/℃	特性及用途
名称	p_p /MPa	v_p /m·s^{-1}	$(pv)_p$ /MPa·m·s^{-1}		
酚醛树脂	39～41	12～13	0.18～0.5	110～120	由织物、石棉等为填料与酚醛树脂压制而成。抗咬性好，强度、抗震性好。能耐水、酸、碱，导热性差，重载时需用水或油充分润滑。易膨胀，轴承间隙宜取大些

续表

轴瓦材料	许　用　值			最高工作温度 t/℃	特性及用途
名称	p_p /MPa	v_p /m·s^{-1}	$(pv)_p$ /MPa·m·s^{-1}		
尼龙	7～14	3～8	0.11(0.05m/s)	105～110	最常用的非金属轴承。摩擦因数低、耐磨性好、无噪声。金属瓦上覆以尼龙薄层，能受中等载荷，加入石墨、二硫化钼等填料可提高刚性和耐磨性。加入耐热成分，可提高工作温度
			0.09(0.5m/s)		
			<0.09(5m/s)		
聚碳酸酯	7	5	0.03(0.05m/s)	105	聚碳酸酯、醛缩醇、聚酰亚胺等都是较新的塑料。物理性能好，易于喷射成型，比较经济。填充石墨的聚酰亚胺温度可达 280℃
			0.01(0.5m/s)		
			<0.01(5m/s)		
醛缩醇	14	3	0.1	100	
聚酰亚胺			4(0.05m/s)	260	
聚四氟乙烯(PTFE)	3～3.4	0.25～1.3	0.04(0.05m/s)	250	摩擦因数很低、自润滑性能好，能耐任何化学药品的侵蚀，适用温度范围宽(>250℃时放出少量有害气体)，但成本高，承载能力低。用玻璃纤维、石墨及其他惰性材料为填料，$(pv)_p$ 值可大为提高。用玻璃纤维填充时，要避免端头外露，否则易于磨损
			0.06(0.5m/s)		
			<0.09(5m/s)		
加强聚四氟乙烯 聚四氟乙烯织物 填充聚四氟乙烯	16.7 400 17	5 0.5 5	0.3 0.9 0.5	250	
碳-石墨抗磨材料	4	13	0.5(干) 5.25(润滑)	440～170	有自润滑性，高温稳定性好，耐化学药品侵蚀，常用于要求清洁工作的机器中。长期工作 $(pv)_p$ 值应适当降低
橡胶	0.34	5	0.53	65	常用于有水、泥浆的设备中。橡胶能隔震，降低噪声，减少动载荷，补偿误差。但导热性差，需加强冷却。用丁二烯-丙烯腈共聚物等合成橡胶能耐油、耐水，一般常用水作润滑与冷却剂
木材	14	10	0.5	70	有自润滑性，能耐酸、油和其他强化学药品腐蚀。用于要求清洁工作的轴承

第 3 章　不完全流体润滑轴承

3.1　径向滑动轴承的选用与验算

表 8-3-1　　　　径向滑动轴承的选用与验算

选用原则	验算		
	项目	计算简图	计算范围
①轴承座的载荷方向应该在轴承中心线左、右 35°的范围内，如下图所示。图中阴影部分是允许承受的径向载荷的范围 （图：35°　35°　35°　35°）	压强 p	（图：P，d，B）	$p=\dfrac{P}{dB}\leqslant p_p$
	pv 值		$pv=\dfrac{Pn}{19100B}\leqslant(pv)_p$
	圆周速度		$v=\dfrac{\pi dn}{60\times1000}\leqslant v_p$
②轴承允许通过轴肩承受不大的轴向载荷，当轴肩直径不小于轴瓦肩部外径时，允许承受的轴向载荷不大于最大径向载荷的 30％	符号意义	P——轴承径向载荷，N d,B——轴颈的直径和工作宽度，mm p_p——许用压强，MPa，见表 8-2-5 和表8-2-6 n——轴颈转速，r/min $(pv)_p$——许用 pv 值，MPa·m/s，见表 8-2-5 和表 8-2-6 v_p——许用 v 值，m/s，见表 8-2-5 和表8-2-6	

注：由于滑动速度过高，会加速磨损，同时由于实际运行中因轴发生弯曲、不同轴、振动时，会影响轴承边缘产生相当大的压强，故应保证 v 不超过许用值。

3.2　推力滑动轴承的选用与验算

表 8-3-2　　　　止推滑动轴承的型式、特点与验算

型式	简图	结构尺寸	特点及应用	验算	
				项目	计算公式
空心止推轴承	（图：P，n，d_1，d_2）	d_2 由轴的结构设计初步选定 若结构上无限制，应取 $d_1=0.5d_2$；一般可取 $d_1=(0.4\sim0.6)d_2$	接触面上压力分布比较均匀，因此润滑条件较实心有所改善 当 $d_1=0.5d_2$ 时，接触面上最大单位面积压力有最小值	压强 p	$p=\dfrac{P}{\dfrac{\pi}{4}(d_2^2-d_1^2)Z}\leqslant p_p$ 式中　P——轴承承受的轴向力，N d_2——轴承环形工作面外径，mm d_1——轴承环形工作面内径，mm Z——环的数目 p_p——许用压强，MPa，见表 8-3-3

续表

型式	简图	结构尺寸	特点及应用	验算 项目	验算 计算公式
环形止推轴承		d_1、d_2 由轴的结构设计初步选定	可利用轴套的端面止推，而且可以利用开通的纵向油沟引入润滑油。结构简单，润滑方便。广泛用于低速、轻载的部位	pv 值	环形 $pv=\frac{Pn}{60000bZ}\leqslant(pv)_p$ 式中 b ——轴承环形工作宽度，mm n ——轴颈的转速，r/min v ——轴颈的圆周速度，m/s $(pv)_p$ ——许用 pv 值，MPa·m/s，见表 8-3-3
	多环	d_1 由轴的结构设计初步选定 $b=(0.1\sim0.3)d_1$ $h=(0.12\sim0.15)d_1$ $d_2=(1.2\sim1.6)d_1$ $k=2\sim3$			

注：实心止推轴承在接触面上压力分布极不均匀，在中心处压强理论上达到无限大，对润滑极为不利，因此不推荐。

表 8-3-3　止推滑动轴承的 p_p、$(pv)_p$ 值

轴（轴环端面、凸缘）	轴承	许用值 p_p /MPa	许用值 $(pv)_p$ /MPa·m·s^{-1}	轴（轴环端面、凸缘）	轴承	许用值 p_p /MPa	许用值 $(pv)_p$ /MPa·m·s^{-1}
未淬火钢	铸铁	2～2.5	1～2.5	淬火钢	青铜	7.5～8	1～2.5
	青铜	4～5			轴承合金	8～9	
	轴承合金	5～6			淬火钢	12～15	

注：多环止推滑动轴承由于载荷在各环间分布不均匀，故取表中 p_p 值的 50%。

3.3　滑动轴承的常见型式

3.3.1　整体滑动轴承

表 8-3-4　整体有衬正滑动轴承（JB/T 2560—2007）　mm

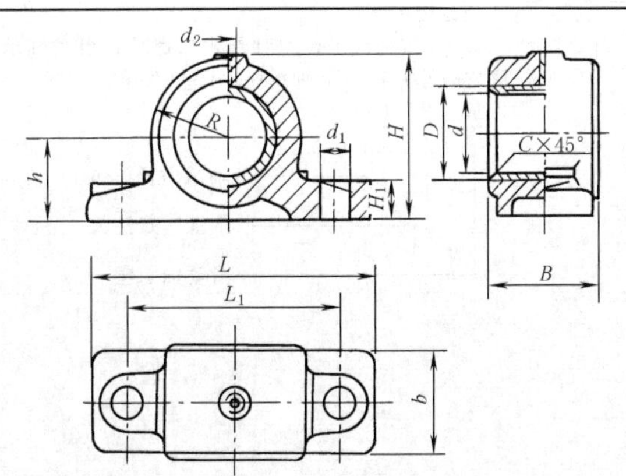

适于环境温度为－20～80℃的工作条件

标记示例：

d＝30mm 的整体有衬正滑动轴承座：

HZ030 轴承座　JB/T 2560

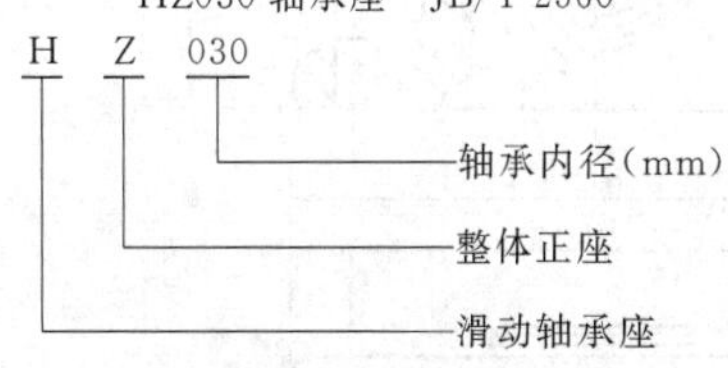

续表

型号	d (H8)	D	R	B	b	L	L_1	H≈	h (h12)	H_1	d_1	d_2	C	质量 /kg ≈
HZ020	20	28	26	30	25	105	80	50	30	14	12			0.6
HZ025	25	32	30	40	35	125	95	60	35	16	14.5		1.5	0.9
HZ030	30	38		50	40	150	110	70		20	18.5			1.7
HZ035	35	45	38	55	45	160	120	84	42	20	18.5	M10×1		1.9
HZ040	40	50	40	60	50	165	125	88	45	20	18.5			2.4
HZ045	45	55	45	70	60	185	140	90	50	25	24		2	3.6
HZ050	50	60	45	75	65	185	140	100	50	25	24			3.8
HZ060	60	70	55	80	70	225	170	120	60	30	28			6.5
HZ070	70	85	65	100	80	245	190	140	70	30	28		2.5	9.0
HZ080	80	95	70	100	80	255	200	155	80	30	28			10.0
HZ090	90	105	75	120	90	285	220	165	85	40	35	M14×1.5		13.2
HZ100	100	115	85	120	90	305	240	180	90	40	35			15.5
HZ110	110	125	90	140	100	315	250	190	95	40	35		3	21.0
HZ120	120	135	100	150	110	370	290	210	105	45	42			27.0
HZ140	140	160	115	170	130	400	320	240	120	45	42			38.0

注：1. 轴承座壳体和轴套可单独订货，但在订货时必须说明。
2. 技术条件应符合 JB/T 2564—2007 的规定。

表 8-3-5　　整体无衬正滑动轴承　　mm

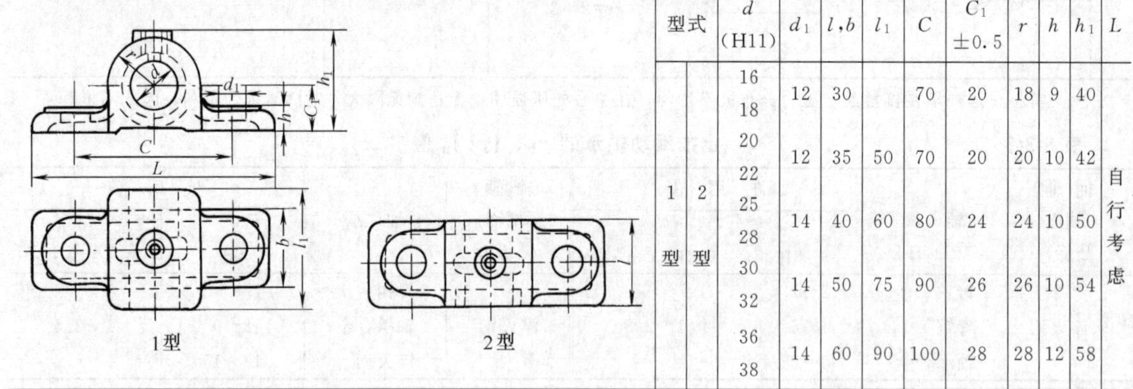

1型　　2型

型式		d (H11)	d_1	l,b	l_1	C	C_1 ±0.5	r	h	h_1	L
1 型	2 型	16 18	12	30		70	20	18	9	40	自行考虑
		20 22	12	35	50	70	20	20	10	42	
		25 28	14	40	60	80	24	24	10	50	
		30 32	14	50	75	90	26	26	10	54	
		36 38	14	60	90	100	28	28	12	58	

3.3.2　对开式滑动轴承

表 8-3-6　　对开式二螺柱正滑动轴承（JB/T 2561—2007）　　mm

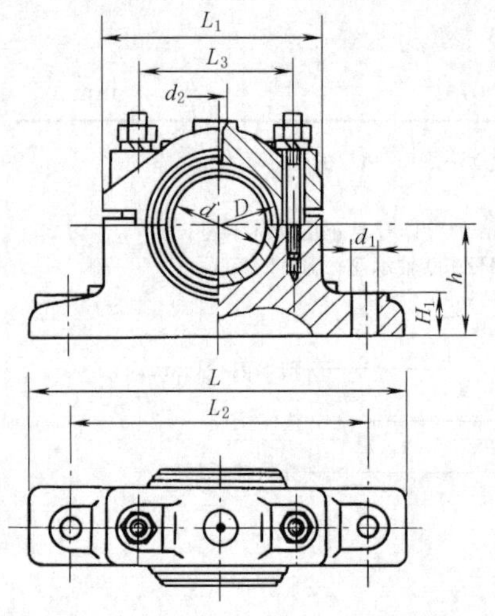

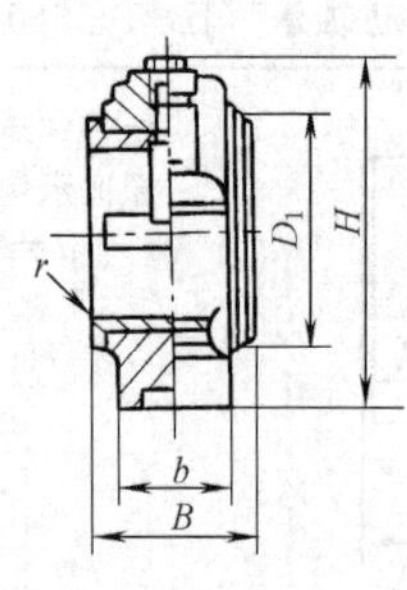

适用于环境温度－20～80℃的工作条件。

标记示例：

d＝50mm 的对开式二螺柱正滑动轴承座，标记为：H2050 轴承座　JB/T 2561

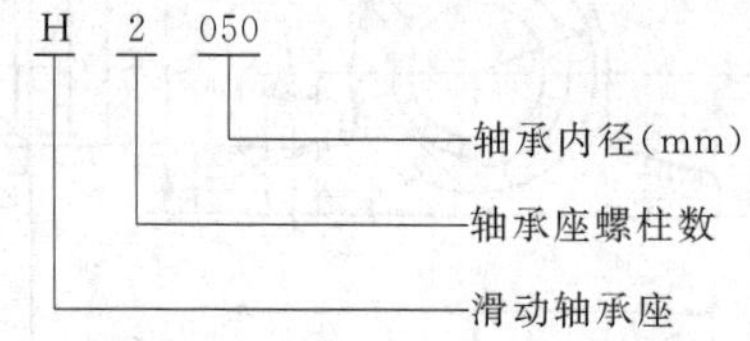

续表

型号	d (H8)	D	D_1	B	b	H≈	h (h12)	H_1	L	L_1	L_2	L_3	d_1	d_2	r	质量/kg ≈
H2030	30	38	48	34	22	70	35	15	140	85	115	60	10	M10×1	1.5	0.8
H2035	35	45	55	45	28	87	42	18	165	100	135	75	12		2	1.2
H2040	40	50	60	50	35	90	45	20	170	110	140	80	14.5			1.8
H2045	45	55	65	55	40	100	50	20	175	110	145	85	14.5			2.3
H2050	50	60	70	60	40	105	50	25	200	120	160	90	18.5			2.9
H2060	60	70	80	70	50	125	60	25	240	140	190	100	24	M14×1.5	2.5	4.6
H2070	70	85	95	80	60	140	70	30	260	160	210	120	24			7.0
H2080	80	95	110	95	70	160	80	35	290	180	240	140	28			10.5
H2090	90	105	120	105	80	170	85	35	300	190	250	150	28		3	12.5
H2100	100	115	130	115	90	185	90	40	340	210	280	160	35			17.5
H2110	110	125	140	125	100	190	95	40	350	220	290	170	35			19.5
H2120	120	135	150	140	110	205	105	45	370	240	310	190	35			25.0
H2140	140	160	175	160	120	230	120	50	390	260	330	210	35		4	33.5
H2160	160	180	200	180	140	250	130	50	410	280	350	230	35			45.5

注：1. 与轴承座配合的轴颈应进行表面硬化。

2. 轴颈圆角尺寸按 GB/T 6403.4—2008 选取。

3. 技术条件应符合 JB/T 2564—2007 的规定。

表 8-3-7　对开式四螺柱正滑动轴承（JB/T 2562—2007） mm

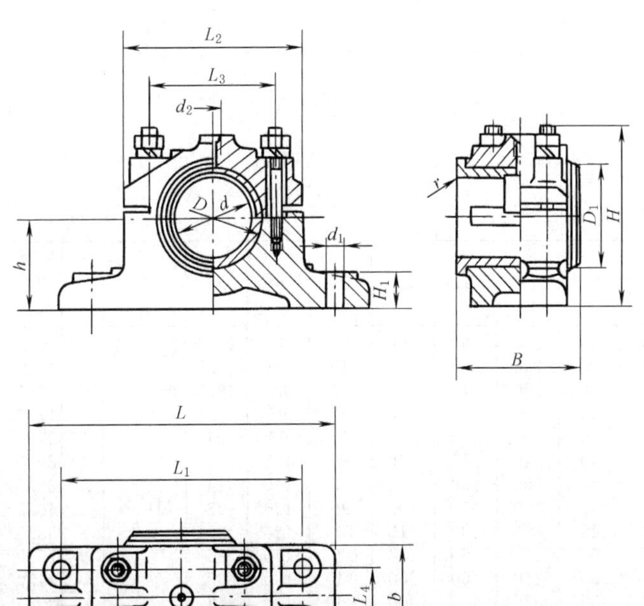

适用于环境温度－20～80℃的工作条件。

标记示例：

d＝100mm 的对开式四螺柱正滑动轴承座，标记为：H4100 轴承座　JB/T 2562

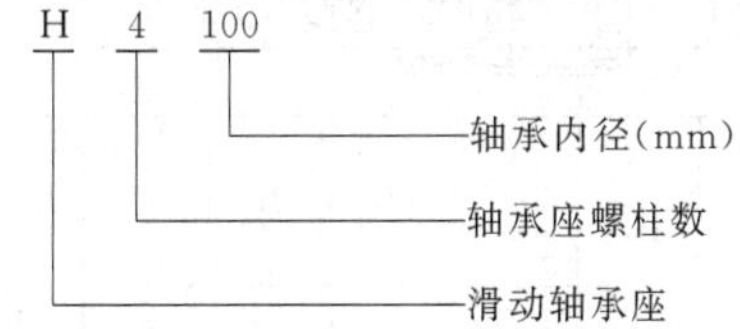

续表

型号	d (H8)	D	D_1	B	b	H≈	h (h12)	H_1	L	L_1	L_2	L_3	L_4	d_1	d_2	r	质量/kg ≈
H4050	50	60	70	75	60	105	50	25	200	160	120	90	30	14.5	M10×1	2.5	4.2
H4060	60	70	80	90	75	125	60	25	240	190	140	100	40	18.5			6.5
H4070	70	85	95	105	90	135	70	30	260	210	160	120	45	18.5			9.5
H4080	80	95	110	120	100	160	80	35	290	240	180	140	55	24	M14×1.5		14.5
H4090	90	105	120	135	115	165	85	35	300	250	190	150	70	24		3	18.0
H4100	100	115	130	150	130	175	90	40	340	280	210	160	80	24			23.0
H4110	110	125	140	165	140	185	95	40	350	290	220	170	85	24			30.0
H4120	120	135	150	180	155	200	105	40	370	310	240	190	90	28			41.5
H4140	140	160	175	210	170	230	120	45	390	330	260	210	100	28		4	51.0
H4160	160	180	200	240	200	250	130	50	410	350	280	230	120	28			59.5
H4180	180	200	220	270	220	260	140	50	460	400	320	260	140	35			73.0
H4200	200	230	250	300	245	295	160	55	520	440	360	300	160	42		5	98.0
H4220	220	250	270	320	265	360	170	60	550	470	390	330	180	42			125.0

注：1. 与轴承座配合的轴颈应进行表面硬化。
2. 轴颈圆角尺寸按 GB/T 6403.4—2008 选取。
3. 技术条件应符合 JB/T 2564—2007 的规定。

表 8-3-8　　对开式四螺柱斜滑动轴承（JB/T 2563—2007）　　mm

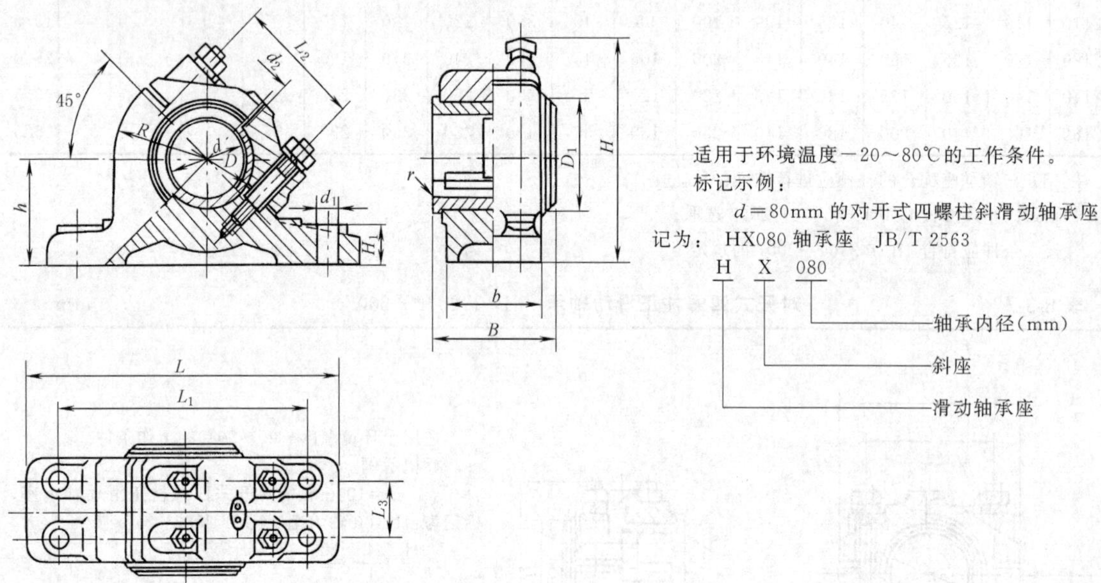

适用于环境温度−20～80℃的工作条件。

标记示例：

d＝80mm 的对开式四螺柱斜滑动轴承座，标记为：HX080 轴承座　JB/T 2563

H　X　080

080——轴承内径(mm)

X——斜座

H——滑动轴承座

型号	d (H8)	D	D_1	B	b	H≈	h (h12)	H_1	L	L_1	L_2	L_3	R	d_1	d_2	r	质量/kg ≈
HX050	50	60	70	75	60	140	65	25	200	160	90	30	60	14.5	M10×1	2.5	5.1
HX060	60	70	80	90	75	160	75	25	240	190	100	40	70	18.5			8.1
HX070	70	85	95	105	90	185	90	30	260	210	120	45	80	18.5			12.5
HX080	80	95	110	120	100	215	100	35	290	240	140	55	90	24	M14×1.5		17.5
HX090	90	105	120	135	115	225	105	35	300	250	150	70	95	24		3	21.0
HX100	100	115	130	150	130	250	115	40	340	280	160	80	105	24			29.5
HX110	110	125	140	165	140	260	120	40	350	290	170	85	110	24			32.5
HX120	120	135	150	180	155	275	130	40	370	310	190	90	120	28			40.5
HX140	140	160	175	210	170	300	140	45	390	330	210	100	130	28		4	53.5
HX160	160	180	200	240	200	335	150	50	410	350	230	120	140	35			76.5
HX180	180	200	220	270	220	375	170	50	460	400	260	140	160	35			94.0
HX200	200	230	250	300	245	425	190	55	520	440	300	160	180	42		5	120.0
HX220	220	250	270	320	265	440	205	60	550	470	330	180	195	42			140.0

注：1. 与轴承座配合的轴颈应进行表面硬化。
2. 轴颈圆角尺寸按 GB/T 6403.4—2008 选取。
3. 技术条件应符合 JB/T 2564—2007 的规定。

3.3.3　法兰滑动轴承

表 8-3-9　　三螺栓法兰盘滑动轴承　　mm

二螺栓法兰盘无轴套[图(a)]

d(H8)	d_1	D	l	h	K	C	b	b_1
12 14	10	30	25	8	5	60	18	22
16 18	12	34	30	9	5	70	20	24
20 22	12	38	35	10	10	70	22	26

三螺栓法兰盘无轴套[图(b)]

d(H8)	d_1	D	l	R	K	h	h_1
16 18	12	34	30	35	5	8	23
20 22	12	38	35	35	10	9	25
25 28	14	44	40	40	10	10	28

图(a)

图(b)

图(c)

二螺栓法兰盘镶轴套[图(c)]

d(H8)	D(H8/r6～s6)		D_1 (f9)	d_1	B	L	H	h	h_1	R		C
	最小	最大								公称	允差	
10	13	16	36	9	40	84	20	12	7	32	±0.5	0.5
11	14	18										
12	15											
14	17	20	42		48	90	24	14		35		
16	19	22										
18	21	25	50	11	55	109	30	18	11	42		
20	24	28										
22	25	30	55		60	115	34	20	13	45		
25	28	32	60	13	65	121	38		14	48		
28	32	36	65		70	129	42		15	52		
(30)	34	38	70	17	75	155	48	22	18	60		0.7
32	36	40										
36	40	45	75		80	165	55	25	22	65		
40	45	50	80		85		60		24			
45	50	55	85	22	95	180	70		28	70	±1	1
50	55	60	90		100	190	75		32	75		
55	60	65	100		110	200	80	30	35	80		
60	65	70	110	26	120	225	90			90		
70	75	85	130		140	245	100	32	45	100		
80	90	95	140		150	255				105		

注：1. 轴套尺寸见表 8-3-11，尺寸仅供参考。
2. 轴承材料：HT150。

表 8-3-10　　**四螺栓法兰盘镶轴套滑动轴承**　　mm

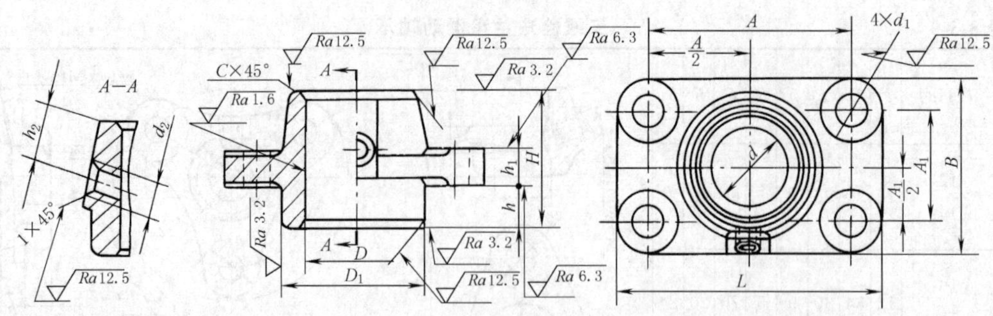

<table>
<tr><th rowspan="2">d(H8)</th><th colspan="2">D(H8)</th><th rowspan="2">D1 (f9)</th><th rowspan="2">d1</th><th rowspan="2">d2</th><th rowspan="2">B</th><th rowspan="2">L</th><th rowspan="2">H</th><th rowspan="2">h</th><th rowspan="2">h1</th><th rowspan="2">h2</th><th colspan="2">A</th><th colspan="2">A1</th><th rowspan="2">C</th></tr>
<tr><th>最小</th><th>最大</th><th>公称</th><th>允差</th><th>公称</th><th>允差</th></tr>
<tr><td>28</td><td>32</td><td>36</td><td>65</td><td>11</td><td rowspan="11">M10×1</td><td>70</td><td>120</td><td>42</td><td>10</td><td>20</td><td>14</td><td>95</td><td rowspan="8">±0.35</td><td>45</td><td rowspan="8">±0.35</td><td rowspan="20">1.5</td></tr>
<tr><td>(30)</td><td>34</td><td>38</td><td>65</td><td rowspan="2">12</td><td rowspan="2">75</td><td rowspan="2">125</td><td rowspan="2">48</td><td rowspan="2">12</td><td rowspan="2">22</td><td rowspan="2">18</td><td rowspan="2">100</td><td rowspan="2">50</td></tr>
<tr><td>32</td><td>36</td><td>40</td><td>70</td></tr>
<tr><td>36</td><td>40</td><td>45</td><td>75</td><td rowspan="2">13</td><td>80</td><td>135</td><td>55</td><td>14</td><td rowspan="4">25</td><td>22</td><td>110</td><td>55</td></tr>
<tr><td>40</td><td>45</td><td>50</td><td>80</td><td>85</td><td>145</td><td>60</td><td>18</td><td>24</td><td>120</td><td rowspan="2">60</td></tr>
<tr><td>45</td><td>50</td><td>55</td><td>85</td><td rowspan="3">17</td><td>95</td><td>165</td><td>70</td><td>22</td><td>28</td><td>130</td></tr>
<tr><td>50</td><td>55</td><td>60</td><td>90</td><td>100</td><td>175</td><td>75</td><td rowspan="2">25</td><td>32</td><td>140</td><td>65</td></tr>
<tr><td>55</td><td>60</td><td>65</td><td>100</td><td>110</td><td>185</td><td>80</td><td rowspan="2">30</td><td rowspan="2">35</td><td rowspan="2">150</td><td>75</td></tr>
<tr><td>60</td><td>65</td><td>70</td><td>110</td><td rowspan="3">22</td><td>120</td><td>190</td><td>90</td><td>30</td><td rowspan="12">±0.71</td><td>80</td><td rowspan="12">±0.71</td></tr>
<tr><td>70</td><td>75</td><td>85</td><td>130</td><td>140</td><td>220</td><td rowspan="2">100</td><td rowspan="5">34</td><td rowspan="4">32</td><td rowspan="2">45</td><td>180</td><td>100</td></tr>
<tr><td>80</td><td>90</td><td>95</td><td>140</td><td>150</td><td>230</td><td>190</td><td>110</td></tr>
<tr><td>90</td><td>100</td><td>105</td><td>160</td><td rowspan="3">26</td><td rowspan="9">M14×1.5</td><td>170</td><td>260</td><td rowspan="2">120</td><td rowspan="2">55</td><td>210</td><td>120</td></tr>
<tr><td>100</td><td>110</td><td>115</td><td>180</td><td>190</td><td>280</td><td>230</td><td>140</td></tr>
<tr><td>110</td><td>120</td><td>125</td><td>190</td><td>200</td><td>290</td><td>140</td><td rowspan="3">35</td><td>65</td><td>240</td><td>150</td></tr>
<tr><td>125</td><td>135</td><td>140</td><td rowspan="2">210</td><td rowspan="6">32</td><td rowspan="2">230</td><td rowspan="2">330</td><td rowspan="2">150</td><td rowspan="6">40</td><td rowspan="2">70</td><td rowspan="2">270</td><td rowspan="2">170</td></tr>
<tr><td>130</td><td>140</td><td>150</td></tr>
<tr><td>140</td><td>150</td><td>160</td><td rowspan="2">230</td><td rowspan="2">240</td><td rowspan="2">340</td><td rowspan="2">170</td><td rowspan="4">40</td><td rowspan="2">80</td><td rowspan="2">280</td><td rowspan="2">180</td></tr>
<tr><td>150</td><td>160</td><td>170</td></tr>
<tr><td>160</td><td>170</td><td>180</td><td>240</td><td>250</td><td>360</td><td>190</td><td>90</td><td>300</td><td>190</td></tr>
<tr><td>180</td><td>190</td><td>200</td><td>260</td><td>270</td><td>380</td><td>220</td><td>105</td><td>320</td><td>210</td></tr>
</table>

注：1. 轴套尺寸见表 8-3-11，尺寸仅供参考。

2. 轴承材料：HT150。

3.4　轴套与轴瓦

3.4.1　轴套

表 8-3-11　　铜合金轴套（GB/T 18324—2001）　　mm

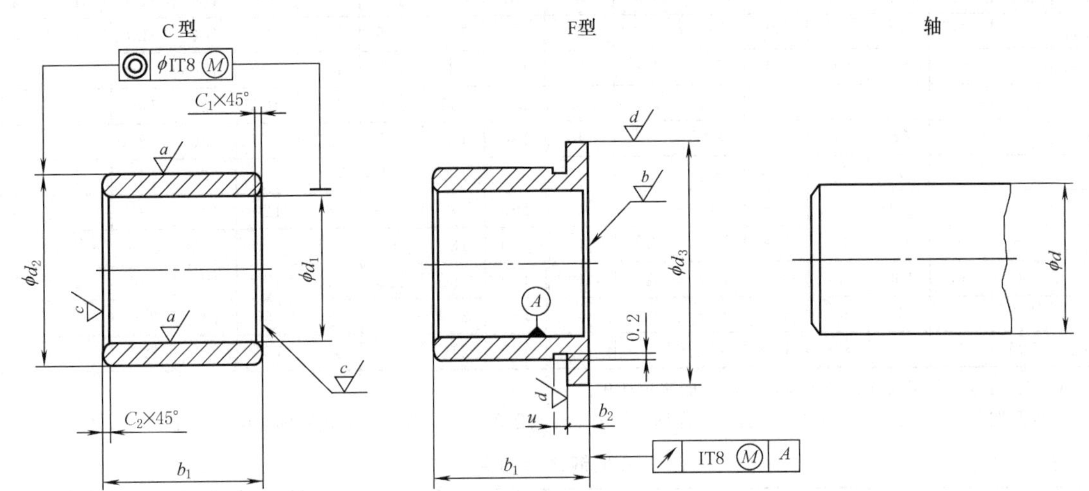

F型其他尺寸和说明见C型。

材料：

铸造铜合金应符合 JB/T 7921—1995(铸造铜合金)的要求。

锻造铜合金应符合 JB/T 7922—1995(锻造铜合金)的要求。

(以上两标准分别为原标准 G 10448 和 G 10449)

标记示例：

C 型轴套内径 $d_1=20$mm，外径 $d_2=24$mm，宽度 $b_1=20$mm，协商而定的外圆倒角 C_2 为 15°(Y)，材料为符合 GB/T 18324 的 CuSn8P，标记为：轴套 GB/T 18324—C20×24×20Y—CuSn8P

内径 d_1	外径 d_2			宽度 b_1			倒角 45° C_1,C_2 max	倒角 15° C_2 max	内径 d_1	外径 d_2			宽度 b_1			倒角 45° C_1,C_2 max	倒角 15° C_2 max
6	8	10	12	6	10	—	0.3	1	25	28	30	32	20	30	40	0.5	2
8	10	12	14	6	10	—	0.3	1	(27)	30	32	34	20	30	40	0.5	2
10	12	14	16	6	10	—	0.3	1	28	32	34	36	20	30	40	0.5	2
12	14	16	18	10	15	20	0.5	2	30	34	36	38	20	30	40	0.5	2
14	16	18	20	10	15	20	0.5	2	32	36	38	40	20	30	40	0.8	3
15	17	19	21	10	15	20	0.5	2	(33)	37	40	42	20	30	40	0.8	3
16	18	20	22	12	15	20	0.5	2	35	39	41	45	30	40	50	0.8	3
18	20	22	24	12	20	30	0.5	2	(36)	40	42	46	30	40	50	0.8	3
20	23	24	26	15	20	30	0.5	2	38	42	45	48	30	40	50	0.8	3
22	25	26	28	15	20	30	0.5	2	40	44	48	50	30	40	60	0.8	3
(24)	27	28	30	15	20	30	0.5	2	42	46	50	52	30	40	60	0.8	3

续表

内径 d_1	外径 d_2			宽度 b_1			倒角 45° C_1,C_2 max	倒角 15° C_2 max	内径 d_1	外径 d_2			宽度 b_1			倒角 45° C_1,C_2 max	倒角 15° C_2 max
45	50	53	55	30	40	60	0.8	3	100	110	115	120	80	100	120	1	4
48	53	56	58	40	50	60	0.8	3	105	115	120	125	80	100	120	1	4
50	55	58	60	40	50	60	0.8	3	110	120	125	130	80	100	120	1	4
55	60	63	65	40	50	70	0.8	3	120	130	135	140	100	120	150	1	4
60	65	70	75	40	60	80	0.8	3	130	140	145	150	100	120	150	2	5
65	70	75	80	50	60	80	1	4	140	150	155	160	100	150	180	2	5
70	75	80	85	50	70	90	1	4	150	160	165	170	120	150	180	2	5
75	80	85	90	50	70	90	1	4	160	170	180	185	120	150	180	2	5
80	85	90	95	60	80	100	1	4	170	180	190	195	120	180	200	2	5
85	90	95	100	60	80	100	1	4	180	190	200	210	150	180	250	2	5
90	100	105	110	60	80	120	1	4	190	200	210	220	150	180	250	2	5
95	105	110	115	60	100	120	1	4	200	210	220	230	180	200	250	2	5

注：1. 括号内的值仅作特殊用途，应尽可能避免使用。

2. 外圆倒角 C_2 为 45°的，不要求进行专门详细的标记。外圆倒角 C_2 为 15°的，规定在标记中另加 Y。

表 8-3-12　　F 型铜合金轴套

内径 d_1	外径 d_2	翻边外径 d_3	翻边宽度 b_2	外径 d_2	翻边外径 d_3	翻边宽度 b_2	宽度 b_1			倒角 45° C_1,C_2 max	倒角 15° C_2 max	退刀槽宽度 u
	第一系列			第二系列								
6	8	10	1	12	14	3	—	10	—	0.3	1	1
8	10	12	1	14	18	3	—	10	—	0.3	1	1
10	12	14	1	16	20	3	—	10	—	0.3	1	1
12	14	16	1	18	22	3	10	15	20	0.5	2	1
14	16	18	1	20	25	3	10	15	20	0.5	2	1
15	17	19	1	21	27	3	10	15	20	0.5	2	1
16	18	20	1	22	28	3	12	15	20	0.5	2	1.5
18	20	22	1	24	30	3	12	20	30	0.5	2	1.5
20	23	26	1.5	26	32	3	15	20	30	0.5	2	1.5
22	25	28	1.5	28	34	3	15	20	30	0.5	2	1.5
(24)	27	30	1.5	30	36	3	15	20	30	0.5	2	1.5
25	28	31	1.5	32	38	4	20	30	40	0.5	2	1.5
(27)	30	33	1.5	34	40	4	20	30	40	0.5	2	1.5
28	32	36	2	36	42	4	20	30	40	0.5	2	1.5
30	34	38	2	38	44	4	20	30	40	0.5	2	2
32	36	40	2	40	46	4	20	30	40	0.8	3	2
(33)	37	41	2	42	48	5	20	30	40	0.8	3	2
35	39	43	2	45	50	5	30	40	50	0.8	3	2
(36)	40	44	2	46	52	5	30	40	50	0.8	3	2
38	42	46	2	48	54	5	30	40	50	0.8	3	2
40	44	48	2	50	58	5	30	40	60	0.8	3	2
42	46	50	2	52	60	5	30	40	60	0.8	3	2
45	50	55	2.5	55	63	5	30	40	60	0.8	3	2
48	53	58	2.5	58	66	5	40	50	60	0.8	3	2

续表

内径 d_1	外径 d_2	翻边外径 d_3	翻边宽度 b_2	外径 d_2	翻边外径 d_3	翻边宽度 b_2	宽度 b_1			倒角		退刀槽宽度 u
第一系列				第二系列						45° C_1,C_2 max	15° C_2 max	
50	55	60	2.5	60	68	5	40	50	60	0.8	3	2
55	60	65	2.5	65	73	5	40	50	70	0.8	3	2
60	65	70	2.5	75	83	7.5	40	60	80	0.8	3	2
65	70	75	2.5	80	88	7.5	50	60	80	1	4	2
70	75	80	2.5	85	95	7.5	50	70	90	1	4	2
75	80	85	2.5	90	100	7.5	50	70	90	1	4	3
80	85	90	2.5	95	105	7.5	60	80	100	1	4	3
85	90	95	2.5	100	110	7.5	60	80	100	1	4	3
90	100	110	5	110	120	10	60	80	120	1	4	3
95	105	115	5	115	125	10	60	100	120	1	4	3
100	110	120	5	120	130	10	80	100	120	1	4	3
105	115	125	5	125	135	10	80	100	120	1	4	3
110	120	130	5	130	140	10	80	100	120	1	4	3
120	130	140	5	140	150	10	100	120	150	1	4	3
130	140	150	5	150	160	10	100	120	150	2	5	4
140	150	160	5	160	170	10	100	150	180	2	5	4
150	160	170	5	170	180	10	120	150	180	2	5	4
160	170	180	5	185	200	12.5	120	150	180	2	5	4
170	180	190	5	195	210	12.5	120	180	200	2	5	4
180	190	200	5	210	220	15	150	180	250	2	5	4
190	200	210	5	220	230	15	150	180	250	2	5	4
200	210	220	5	230	240	15	180	200	250	2	5	4

注：1. 括号内的值仅作特殊用途，应尽可能避免使用。

2. F 型图见表 8-3-11 的表头图。

3. F 型翻边轴套是否带退刀槽（尺寸 u）应根据供需双方协议而定。

表 8-3-13　　公差与表面粗糙度

	内径 d_1	外径 d_2		翻边外径 d_3	宽度 b_1	轴承座孔	轴径 d
公差	E6①	≤120	s6	d11	h13	H7	e7 或 g7②
		>120	r6				
表面粗糙度	表面粗糙度应根据 GB/T 131 标注(见表 8-3-11 表头图)，如： $\sqrt{a}$:Ra=1.6μm　$\sqrt{c}$:Ra=6.3μm $\sqrt{b}$:Ra=3.2μm　$\sqrt{d}$:Ra=2.5μm						

① 冲压后，d_1 通常可达到公差位置 H，公差等级大约为 IT8。

② 根据使用情况来推荐所用的公差。如果轴套与公差位置 h 的精密磨削轴制成品相配合，内径 d_1 的公差应为 D6，它装配后的概率公差为 F8；如果轴套内孔是装配后加工，内径 d_1 的尺寸公差应由供需双方协议而定。

注：用尺寸 d_2 来确定关于同轴度公差的 IT 值。用尺寸 d_3 来确定关于轴肩端面跳动的 IT 值。

表 8-3-14 **铸铁轴套** mm

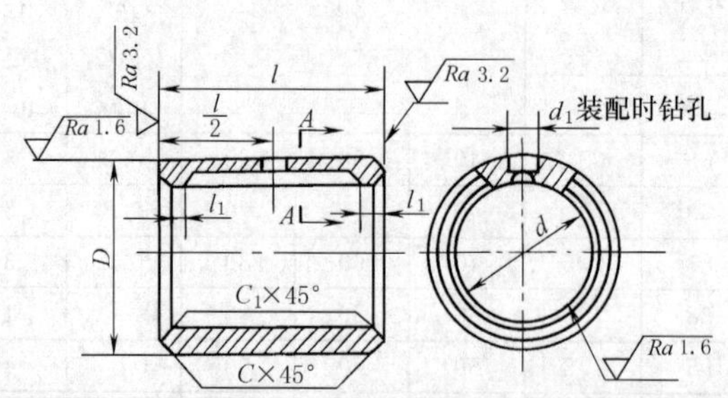

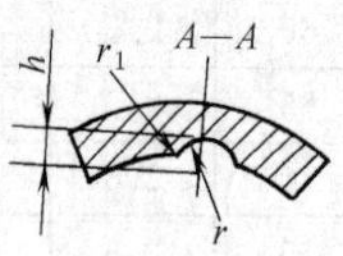

d(H8)	D(S7)	d_1	l	l_1	h	r	r_1	C	C_1
10	15	5	20	3	0.5	1	7	0.5	1
11	16								
12	18				1.0	2			
14	20		24						
16	22								
18	25		30						
20	28				1.5	3			
22	30		34						
25	32		38	4					
28	36		42						
30	38		48					1	1.5
32	40								
36	45		55	5					
40	50		60						
45	55		70						
50	60		75						
55	65	8	80	6	2.5	5	9		
60	70		90						
70	85		100						
80	95								
90	105		120					1.5	2
100	115			8					
110	125		140						
125	140		150						
130	150								
140	160		170						
150	170								
160	180		190						
180	200		200						

注：1. 直径 D 允许采用 n7、m7、k7、j7 配合。直径 d 允许采用 H7 配合。

2. 轴套和轴承座孔用螺钉固定，尺寸见表 8-3-18。

3. 压合后轴套的直径 d 可能缩小，因此装配后必须检查，必要时应进行精加工。

表 8-3-15　**整体轴套尺寸**（JB/ZQ 4613—2006）　mm

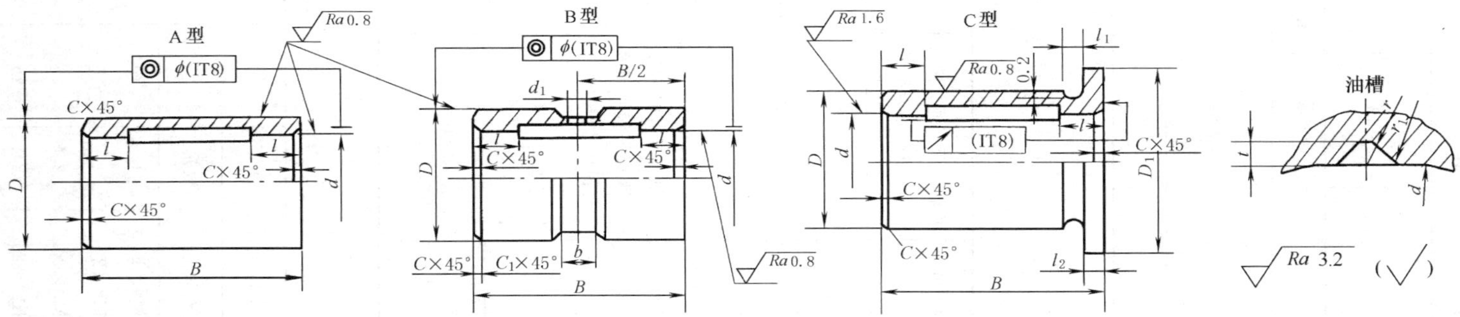

d	D	D_1	B				d_1	l_1	l_2 (h12)	t ($^{+0.2}_{0}$)	b	r	r_1	C	C_1	质量(每 1000 件)/kg						
																A 型			B 型	C 型		
			1	2	3	4										1	2	3	4	1	2	3
20	26	32	15	20	30	30	6	1.5	3	1.2	12	2.5	6	0.5	1	28.6	38.2	57.2	57.2	35.8	45.4	64.4
22	28	34														31.1	41.5	62.2	62.2	38.8	49.2	69.9
25	32	38	20	30	40	40			4	1.6		3	9			55.2	82.7	110.3	110.3	66.8	94.3	121.9
28	36	42				50										70.8	106.2	141.5	176.8	83.7	119.1	154.4
30	38	44						2								75.2	112.8	150.4	188.0	88.8	126.4	164.0
32	40	46				55								0.8		79.6	119.4	159.2	218.9	93.8	133.6	173.4
35	45	50	30	40	50		8		5	2	16	4	12		1.5	165.9	221.2	276.5	304.1	182.3	237.6	292.9
(36)	46	52				60										170.0	226.7	283.4	311.7	190.3	247.0	303.7
40	50	58			60											186.6	248.8	373.2	373.2	216.4	278.6	403.0
45	55	63				70										207.3	276.5	414.7	483.8	239.9	309.1	447.3
50	60	68	40	50		75										304	380	456	570	339	415	491
55	65	73			70	80										332	415	581	664	370	453	619
60	75	83		60	80				7.5	2.5		5	15			560	840	1120	1120	625	905	1185
65	80	88	50			100								1		752	902	1203	1504	821	971	1272
70	85	95		70	90		10				20					803	1125	1446	1606	896	1218	1539
75	90	100						3								855	1197	1540	1711	953	1295	1638
80	95	105	60	80	100											1089	1451	1814	1814	1192	1554	1917
90	110	120			120	120			10	3.2		7	21			1659	2212	3318	3318	1817	2370	3476
100	120	130	80	100												2433	3041	3649	3649	2605	3213	3820
110	130	140				140										2654	3317	3981	4644	2840	3503	4167
120	140	150	100	120	150	150	12				25				2	3594	4313	5391	5359	3794	4513	5591
130	150	160				170		4						2		3871	4645	5806	6580	4085	4859	6020
140	160	170		150	180											4147	6220	7464	7049	4375	6448	7692
150	170	180	120			—	—				—				—	5308	6635	7962	—	5549	6876	8203
160	185	200							12.5	1		9	27			7153	8942	10730	—	7651	9440	11228
170	195	210		180	200											7568	11352	12614	—	8092	11876	13138
180	210	220	150		250				15	4				2		12130	14556	20216	—	12575	15001	20661
190	220	230														12751	15302	21253	—	13217	15768	21719
200	230	240	180	200												16049	17832	22290	—	16536	18319	22777

注：1. 当 $B=15\sim30$mm 时，$l=3$mm；当 $B>30\sim60$mm 时，$l=4$mm；当 $B>60\sim100$mm 时，$l=6$mm；当 $B>100$mm 时，$l=10$mm。2. 轴套的材料：ZCuAl10Fe3。3. B型轴套适用于 JB/T 2560—2007《整体有衬正滑动轴承座型式与尺寸》规定的轴承座。4. 油槽应符合 JB/ZQ 4615 的规定。5. 括号内尺寸尽量不选用。

表 8-3-16 整体轴套的公差配合（JB/ZQ 4613—2006）

尺寸		装配形式					
		压入			粘合		
d	装入前	G7	E9	D10	H7	H8	E9
	装入后	H7	H8	E9			
	相配轴的公差	g6,f7,e9		h9,h11	g6,f7,e9		h9,h11
D	≤120mm	s6			g6		
	＞120mm	r6					
轴承座孔的公差		H7					

3.4.2 轴套的固定（JB/ZQ 4616—2006）

表 8-3-17 重载轴套固定方式 mm

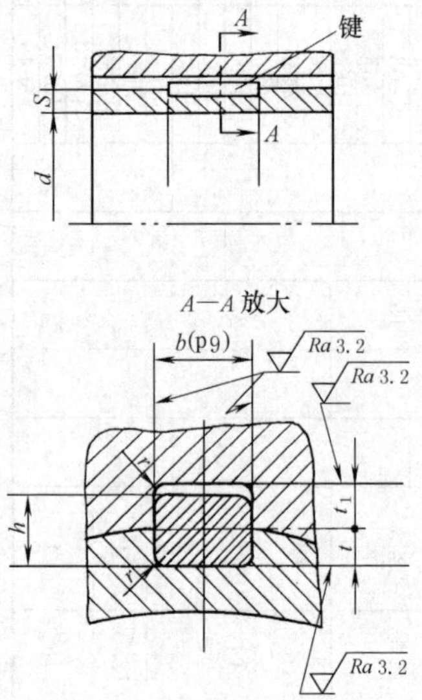

轴套直径 d(D)	壁厚 S	键的尺寸 b×h	轮毂槽深 t_1 及公差	轴套槽深 t 及公差	r
＞80～200	7.5～10	6×4～12×6	按GB/T 1566～1567《薄型平键和键槽的剖面尺寸》规定		0.25
＞200～300	12.5～15	12×6～20×8			0.40
＞300～450	17.5～20	20×8～28×10			1.00
＞450～600	＞20～25	28×10～32×11			1.20
＞600～900 ＞900～1250	＞25	32×11			

注：外径小于等于100mm，其极限偏差按k6；外径大于100mm时见原标准。

表 8-3-18 轻载轴套固定方式 mm

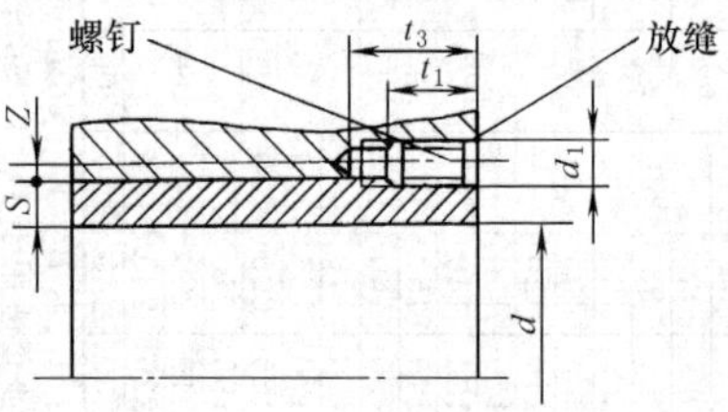

轴套直径 d(D)	壁厚 S	螺钉(GB/T 73) $d_1 \times t_1$	螺钉(GB/T 73) 数量	t_3	Z
＞30～50	4	M6×15	1	20	1.5
＞50～80	5	M8×20	1	25	2
＞80～200	7.5～10	M8×20	2	25	2
＞200～300	12.5～15	M10×20	2	26	2
＞300～450	17.5～20	M12×25	2	31	3
＞450～600	＞20～25	M16×30	3	37	4

3.4.3　轴瓦

表 8-3-19　　**轴瓦尺寸**　　mm

d (H8)	D (k6)	D_1	d_1	B' (H8)	B	l	b	h	h_1	R	r	r_1	轴颈圆角半径
30	40	50	10.5	50	60	8	1	7	1.5	2	2	1	1.5
35	45	55	10.5	50	60	8	1	7	1.5	2.5	2	1	2
40	50	60	10.5	60	70	8	1	7	1.5	2.5	2	1	
45	55	65	10.5	60	70	8	1	7	1.5	2.5	2.5	1	
50	60	70	10.5	65	80	10	1	7	2	2.5	2.5	1.5	
55	65	75	10.5	65	80	10	1	7	2	2.5	2.5	1.5	
60	70	80	10.5	65	80	10	1	8	2	2.5	2.5	1.5	
65	80	95	10.5	65	80	10	1	8	2	2.5	2.5	1.5	
70	85	100	10.5	75	90	10	1	8	2.5	2.5	3	2	
75	90	105	10.5	75	90	10	1	8	2.5	4	3	2	
80	95	110	10.5	75 120	90 140	10	1	8	2.5	4	3	2	3
85	100	115	10.5	85 140	100 160	12	1.5	10	3	4	3	2	
90	105	120	10.5	85 140	100 160	12	1.5	10	3	4	3	2	
95	115	130	10.5	90 140	110 160	12	1.5	10	3	4	3	2	
100	120	140	10.5	90 160	110 180	12	1.5	10	3	4	3	2	
110	130	150	10.5	100 160	120 180	12	2	13	3.5	5	4	2	4
120	140	160	10.5	110 180	130 200	12	2	13	3.5	5	4	2	
130	150	175	10.5	120 200	140 220	14	2	16	4	5	4	3	
140	165	190	10.5	130 200	150 220	14	2	16	4	5	4	3	
150	175	200	10.5	140 220	160 240	14	3	20	4.5	5	4	3	
160	185	210	10.5	155 220	170 240	14	3	20	4.5	5	5	3	
180	210	240	12.5	240	270	16	3	20	4.5	6	5	3	5
200	230	260	12.5	270	300	16	4	25	5	6	5	4	
220	250	280	12.5	270	300	16	4	25	5	8	5	4	6

A—A

油槽尺寸

轴瓦材料：铝青铜 ZCuAl10Fe3、锡青铜 ZCuSn6Zn6(ZQSn6-6-3)及耐磨铸铁

注：1. 加工时，上下轴瓦必须一起加工。

2. 与轴瓦配合的轴颈最好进行表面淬火。

表 8-3-20　　薄壁不翻边轴瓦外径与壁厚　　mm

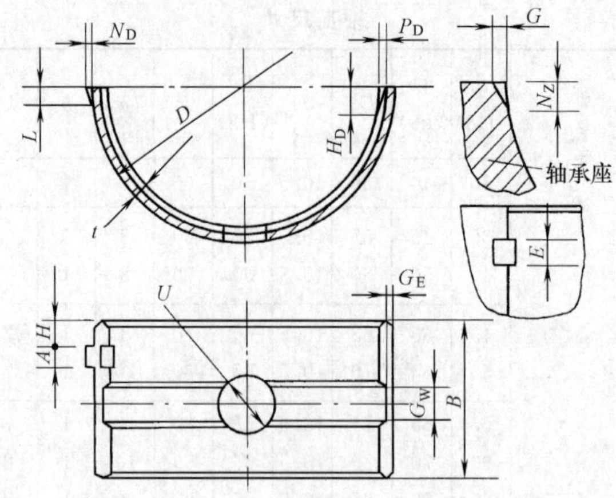

外　径 D	壁　厚 t	外　径 D	壁　厚 t
20,21,22,24,25,26,28,30	1.25,1.50,1.75	170,180,190,200	3.5,4.0,4.5,5.0
32,34,36,38	1.50,1.75,2.0	210,220,240,250,260	4.0,4.5,5.0,6.0
40,42,45,48,50,53,56,60,63	1.75,2.0,2.5	280,300,320,340	5.0,6.0,8.0
67,71,75,80,85	2.0,2.5,3.0	360,380,400	6.0,8.0,10.0
90,95,100,105,110,120	2.5,3.0,3.5	420,450,480,500	8.0,10.0,12.0
125,130,140,150,160	3.0,3.5,4.0		

注：1. 对于铸铁和钢质轴承座，座孔直径 D 公差按 GB/T 1801 规定的 H6；对高线胀系数材料的轴承座，其座孔直径公差可以不按 H6，但应按 IT6 级公差。

2. 轴瓦内圆表面粗糙度 Ra 最大值为 0.8μm。对于轴瓦外径大于 200mm 的轴瓦，内圆表面粗糙度 Ra 最大值为 1.6μm。

3. 轴瓦外圆表面粗糙度：外径 $D \leqslant 250$mm 时，$Ra=1.25\mu m$；$D>250 \sim 500$mm 时，$Ra=1.6\mu m$。

4. 油槽宽度 G_W 根据使用要求按下列数值选取：2.0mm、2.5mm、3.0mm、3.5mm、4.0mm、5.0mm、6.0mm、8.0mm、9.0mm、10mm，其极限偏差为±0.25mm。

5. 槽底壁厚 $G_E=(1/2 \sim 1/3)t$，但应取 $G_E \geqslant 0.7$mm（对应 G_W 为 2.0～6.0 倍的 G_E）和 $G_E \geqslant 1.2$mm（对应 G_W 为 8.0～10 倍的 G_E）。

6. 油孔直径 U 应根据使用要求确定，但不应等于油槽宽度。

表 8-3-21　　薄壁不翻边轴瓦各部位尺寸公差　　mm

轴瓦外径 D		壁厚公差		半圆周长公差	宽度 B 公差带[①]	定位唇尺寸与公差带				座孔定位槽尺寸与公差带			瓦口削薄尺寸与公差带	
大于	至	双层瓦	三层瓦			宽度 A	长度 L	高度 H_D	位置[②] H	宽度 E	长度 N_Z	深度 G	削薄量 P_D	高度[③] H_D
	38	0.008	0.013	0.030	$_{-0.25}^{0}$	$2.8_{-0.12}^{0}$	$4.0_{-1.2}^{0}$	$1.1_{-0.3}^{0}$	$_{0}^{+0.15}$	$2.9_{0}^{+0.12}$	$4.5_{0}^{+1.0}$	$1.0_{0}^{+0.4}$	$0.035_{-0.020}^{0}$	$_{-2.0}^{0}$
38	45					$3.8_{-0.12}^{0}$	$6.0_{-1.2}^{0}$	$1.2_{-0.3}^{0}$		$3.9_{0}^{+0.12}$	$7.0_{0}^{+1.5}$	$1.0_{0}^{+0.4}$		
45	75	0.012	0.017	0.035		$4.8_{-0.14}^{0}$	$6.0_{-1.2}^{0}$	$1.5_{-0.3}^{0}$		$4.9_{0}^{+0.14}$	$8.0_{0}^{+2.0}$	$2.0_{0}^{+0.6}$	$0.040_{-0.025}^{0}$	$_{-3.0}^{0}$
75	110	0.013	0.018	0.040		$5.8_{-0.14}^{0}$	$7.0_{-1.2}^{0}$	$1.7_{-0.4}^{0}$		$5.9_{0}^{+0.14}$	$9.0_{0}^{+3.0}$	$2.5_{0}^{+0.8}$	$0.045_{-0.030}^{0}$	$_{-4.0}^{0}$

续表

轴瓦外径 D 大于	轴瓦外径 D 至	壁厚公差 双层瓦	壁厚公差 三层瓦	半圆周长公差	宽度 B 公差带①	定位唇 宽度 A	定位唇 长度 L	定位唇 高度 H_D	定位唇 位置② H	座孔定位槽 宽度 E	座孔定位槽 长度 N_Z	座孔定位槽 深度 G	瓦口削薄 削薄量 P_D	瓦口削薄 高度③ H_D
110	160	0.018	0.025	0.045	${}^{0}_{-0.40}$	$7.8^{0}_{-0.16}$	$10.0^{0}_{-1.5}$	$2.0^{0}_{-0.5}$	${}^{+0.20}_{0}$	$7.9^{+0.16}_{0}$	$12.0^{+3.5}_{0}$	$3.0^{+1.0}_{0}$	$0.050^{0}_{-0.035}$	${}^{0}_{-5.0}$
160	200			0.050										
200	250	0.025	0.035	0.055		$9.8^{0}_{-0.16}$	$13.0^{0}_{-1.5}$	$2.5^{0}_{-0.5}$		$9.9^{+0.16}_{0}$	$15.0^{+5.0}_{0}$	$3.5^{+1.2}_{0}$	$0.070^{0}_{-0.040}$	
250	300			0.060	${}^{0}_{-0.52}$				${}^{+0.30}_{0}$					
300	340			0.070										${}^{0}_{-6.0}$
340	400					$14.70^{0}_{-0.20}$	$18.0^{0}_{-2.0}$	$3.5^{0}_{-0.5}$		$14.9^{+0.20}_{0}$	$20.0^{+6.0}_{0}$	$4.5^{+1.5}_{0}$	$0.080^{0}_{-0.050}$	
400	500	0.03	0.040	0.080									$0.10^{0}_{-0.060}$	${}^{0}_{-8.0}$

① 轴瓦宽度 B 根据使用要求而定，本标准不予规定，但宽度极限偏差应按表中的规定。

② 尺寸 H 推荐按 $H \geqslant 1.5t$ 选用，但不得小于 3mm，并应使定位唇距油槽边缘不小于 2mm，否则取 $H=0$ 或使定位唇与油槽连通。

③ 瓦口削薄高度 H_D 推荐取 $D/6$，或由用户与制造者商定，其极限偏差应按表中的规定。

表 8-3-22　　薄壁翻边轴瓦基本尺寸　　mm

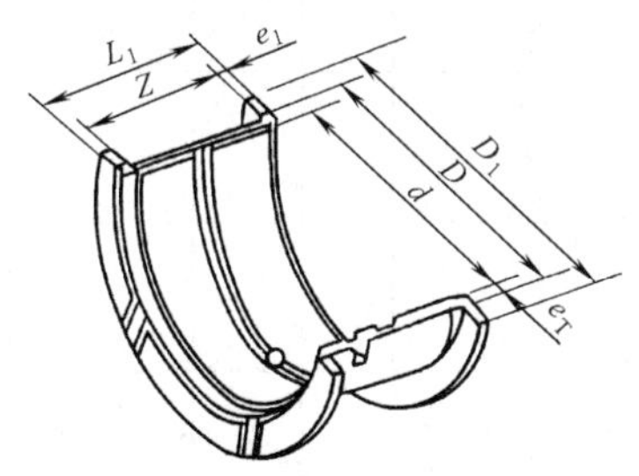

外径 D	壁厚 e_T 2.0	2.5	3.0	3.5	4.0	5.0	6.0	止推边外径 D_1	止推边间距 Z		
	内径 d										
40	36	35						52	15	17	21
42	38	37						54	16	18	22
45	41	40						57	17	19	24
48	44	43						60	18	21	25
50	46	45						62	18	21	26
53	49	48						65	19	23	28
56	52	51						68	20	24	30
60	56	55						72	22	25	31
63	59	58						79	23	27	33
67		62	61					83	24	28	34
71		66	65					87	25	29	36
75		70	69					91	26	31	38
80		75	74					96	28	33	41
85		80	79					105	30	35	43
90			84	83				110	31	37	45
95			89	88				115	33	39	48
100			94	93				120	34	41	50

外径 D	壁厚 e_T 2.0	2.5	3.0	3.5	4.0	5.0	6.0	止推边外径 D_1	止推边间距 Z		
	内径 d										
105		99	98				129	36	43	53	
110		104	103				134	38	45	55	
120		114	113				144	41	49	60	
125				118	117			149	42	50	62
130				123	122			154	44	52	65
140				132	132			170	47	56	70
150				142	142			180	51	60	75
160				152	152			190	54	64	80
170					162	160		200	57	68	84
180					172	170		210	60	72	89
190					182	180		220	64	76	94
200					192	190		230	67	80	99
210						200	198	250	70	83	103
220						210	208	260	73	87	108
240						230	228	280	80	95	118
250						240	238	290	83	99	123

注：1. 材料为铸铁或钢的轴承座孔直径 D_L（与瓦外径 D 配合）的公差为 GB/T 1801 规定的 H6、H7；其他材料时，其直径公差应达到 IT6～IT7 级。

2. 止推边外径 D_1 应小于轴肩直径。

3. 轴承座孔直径 D_L 应符合 GB 321《优先数和优先数系》R40 系列。

表 8-3-23 薄壁翻边轴瓦各部位要素尺寸与公差 mm

图(a) 定位唇

图(b) 座孔定位槽

瓦口壁削薄型式

图(c) 止推边削薄型式

图(d) 油槽

各部位尺寸公差		轴瓦内径 d																说明
		≤45	≤60	45～65	45～75	60～80	65～85	75～110	80～100	85～120	100～120	110～160	120～140	140～160	120～200	160～200	200～250	
轴瓦壁厚 e_T 公差	双层瓦	0.008			0.008			0.010				0.015				0.015	0.020	测量高度是指在给定试验载荷下将轴瓦压入检验座孔时，轴瓦超过检验座孔半圆周长的尺寸
	三层瓦	0.012			0.012			0.015				0.022				0.022	0.030	
测量高度 (S_N)公差		0.030			0.035			0.040				0.045				0.050	0.055	
止推边间距 Z 的极限偏差		+0.05 0			+0.05 0			+0.07 0				+0.07 0				+0.07 0	+0.07 0	
轴承座孔宽度 L_L 极限偏差		−0.02 −0.07			−0.02 −0.07			−0.02 −0.07				−0.02 −0.10				−0.02 −0.10	−0.02 −0.10	
轴瓦总宽度 L_1 极限偏差		0 −0.12			0 −0.12			0 −0.12				0 −0.20				0 −0.20	0 −0.20	
止推边厚度 e_1 极限偏差		0 −0.05			0 −0.05			0 −0.05				0 −0.05				0 −0.05	0 −0.05	
止推边外径 D_1 极限偏差		±1			±1			±1				±1.5				±1.5	±1.5	

续表

各部位尺寸公差	轴瓦内径 d																说明
	≤45	≤60	45～65	45～75	60～80	65～85	75～110	80～100	85～120	100～120	110～160	120～140	140～160	120～200	160～200	200～250	
定位唇宽度 A 的尺寸	2.2～2.35		3.2～3.35			4.2～4.35			5.2～5.35					6.2～6.35		7.2～7.35	图(a)
定位唇长度 B 的尺寸	3～4		5～6			5～6			6～7					8.5～10		11.5～13	图(a)
定位唇高度 N_D 的尺寸	0.8～1.1		1～1.3			1.2～1.5			1.4～1.7					1.5～2		2～2.5	图(a)
定位唇与止推边的间距 H 的极限偏差	$^{+0.15}_{0}$		$^{+0.15}_{0}$			$^{+0.15}_{0}$			$^{+0.15}_{0}$					$^{+0.2}_{0}$		$^{+0.2}_{0}$	图(a)
轴承座孔定位槽宽度 E 的尺寸	3.06～2.94		4.06～3.94			5.07～4.93			6.07～5.93					8.08～7.92		10.08～9.92	图(b)
轴承座孔定位槽长度 N_Z 尺寸	5.5～4.5		8.5～7			10～8			12～9					15.5～12		20～15	图(b)
轴承座孔定位槽深度 G 尺寸	1.75～1.50		2.15～1.75			2.60～2			3～2.25					4～3		4.70～3.50	图(b)
瓦口削薄长度 H_D 极限偏差	$^{0}_{-3}$		$^{0}_{-3}$			$^{0}_{-3}$			$^{0}_{-4}$					$^{0}_{-5}$		$^{0}_{-6}$	图(c)
瓦口削薄深度 P_D 尺寸	0.012～0.025		0.012～0.025			0.012～0.025			0.015～0.020					0.020～0.040		0.055～0.080	图(c)
止推边削薄长度 l_1 公差带	5.5±2		5.5±2			5.5±2			5.5±2					8±2		8±2	图(c)
止推边削薄深度 t_1 公差带	$0.1^{+0.2}_{0}$		$0.1^{+0.2}_{0}$			$0.1^{+0.2}_{0}$			$0.1^{+0.2}_{0}$					$0.2^{+0.2}_{0}$		$0.2^{+0.2}_{0}$	图(c)
止推边上油槽宽度 G_W 的公差带		$3.5^{+0.5}_{0}$			$4.5^{+0.5}_{0}$			$4.5^{+0.5}_{0}$		$4.5^{+0.5}_{0}$		$4.5^{+0.5}_{0}$	$4.5^{+0.5}_{0}$				图(d)
止推边上油槽位置 G_X 的公差带		12.5±1.5			17.5±2.5			22.5±2.5		27.5±2.5		32.5±2.5	37.5±2.5				图(d)
止推边上油槽底壁厚 G_E 极限偏差		$^{0}_{-0.3}$			$^{0}_{-0.3}$			$^{0}_{-0.3}$		$^{0}_{-0.3}$		$^{0}_{-0.3}$	$^{0}_{-0.3}$				图(d)

注：图（a）中（$H-h$）值应不小于 2mm（$D_L \leqslant 120$ 时，$h=2$mm；$120<D_L\leqslant 250$ 时，$h=3$mm）；J 应不小于 2mm 但允许定位唇与油槽重叠。

3.5　滑动轴承的结构要素

3.5.1　润滑槽

表 8-3-24　　**润滑槽**（GB/T 6403.2—2008）　　mm

滑动轴承上用的润滑槽型式	平面上用的润滑槽型式
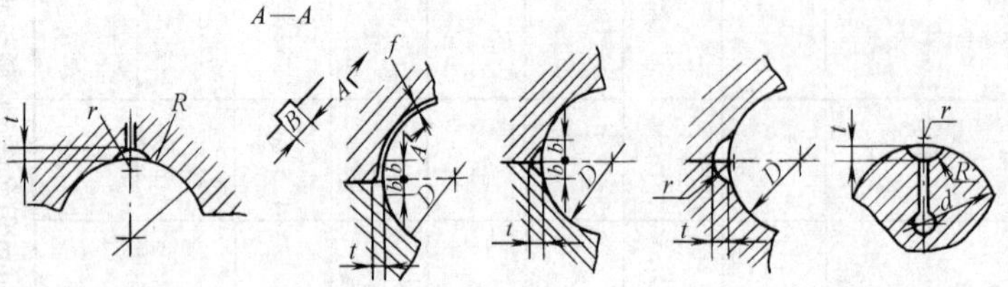 图(a)　图(b)　图(c)　图(d)　图(e) 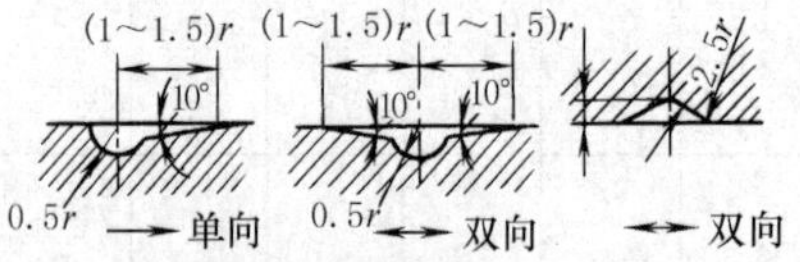 图(f)　图(g)　图(h) 图(a)～图(d)用于径向轴承的轴瓦上；图(e)用于径向轴承的轴上；图(f)、图(g)用于推力轴承上；图(h)用于推力轴承的轴端面上	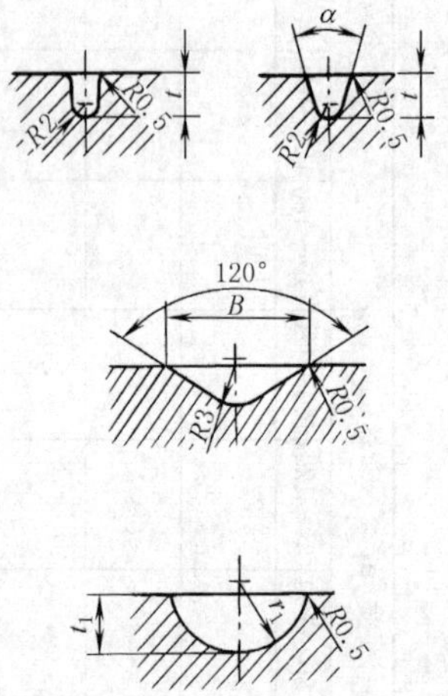

直径 D	直径 d	t	r	R	B	f	b	
≤50		0.8	1.0	1.0	—	—	—	B：4，6，10，12，16 α：15°，30°，45° t：3，4，5 t_1：1，1.6，2 r_1：1.6，2.5，4
		1.0	1.6	1.6	—	—	—	
		1.6	3.0	6.0	5.0	1.6	4.0	
＞50～120		2.0	4.0	10	8.0	2.0	6.0	
		2.5	5.0	16	10	2.0	8.0	
		3.0	6.0	20	12	2.5	10	
＞120		4.0	8.0	25	16	3.0	12	
		5.0	10	32	20	3.0	16	
		6.0	12	40	25	4.0	20	

注：标准中未注明尺寸的棱边，按小于 0.5mm 倒圆。

3.5.2　轴承合金浇铸槽

厚壁轴瓦（壁厚与外径的比值大于 0.05）的内表面可附有轴承衬，轴承合金浇铸用槽的结构和尺寸见表 8-3-25。

表 8-3-25　轴承合金浇铸用槽（JB/ZQ 4259—2006）　mm

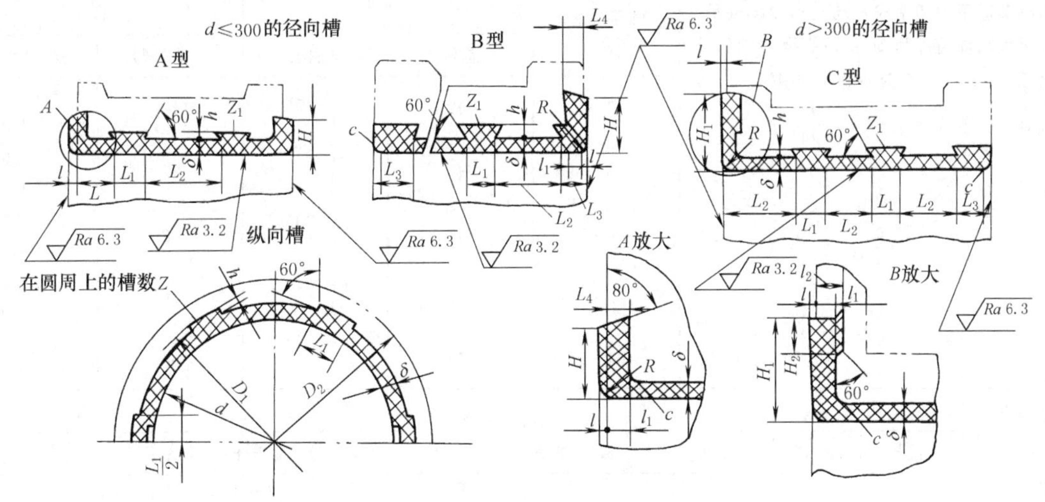

比例关系：$D_2:D_1\geqslant1.2$（铸铁）

$D_2:D_1\approx1.1\sim1.14$（钢）

轴径 d	浇铸尺寸																纵、径向槽数 Z、Z_1
	δ		h	H	H_1	H_2	L	L_1	L_2	L_3	L_4	l	l_1	l_2	R	c	
	铸铁	铜															
30～50	2.5	2	—	6	—	—	—	—	—	—	3	1	2	—	3	1	—
>50～80	3	2.5	2	8	—	—	20	9	50	10	4	1	3	—	4	1	2
>80～100	3.5	3	2	10	—	—	25	10	60	12	5	1.5	4	—	4	2	2
>100～150	3.5	3	2.5	12	—	—	30	10	80	14	6	1.5	5	—	6	2	3
>150～200	4	3.5	2.5	16	—	—	35	15	90	16	7	1.5	5	—	8	3	3
>200～300	5	4	3	20	—	—	40	18	100	18	8	2	6	—	12	5	3
>300～400	6	4	3	25	35	15	—	20	110	20	8	2	6	11	15	5	3
>400～500	7	5	3	30	40	15	—	25	150	22	10	2	8	12	20	6	3
>500～650	7	5	3	35	45	15	—	30	150	22	10	2.5	8	13	25	7	3
>650～800	7	5	3	40	50	20	—	30	160	22	12	2.5	9	13	30	10	3
>800～1000	8	6	4	45	55	20	—	35	160	24	12	3	9	15	30	10	4
>1000～1300	8	6	4	50	60	30	—	40	170	24	15	3	12	17	40	15	4

注：1. 纵向槽数 Z 平均分布于圆周上。

2. 本标准所规定的纵向槽数 Z 是必要的最少数量，但径向槽数 Z_1 在轴衬全长上不允许大于 4 个。

3. 轴承衬材料为铸铁时，径向槽和纵向槽的数量应按表内的规定增加 1.5～2 倍。

4. 对重要的轴承，受有相当的轴向力和冲击等的情况下，为取得较大的支承面，轴端结构型式应按 B、C 型选择，如无轴向力，可不带支承面。

5. 燕尾槽全部按表面粗糙度 Ra 的最大允许值为 25μm 加工。

6. 轴承合金层不应有气泡、气孔、杂质等缺陷。

3.6　滑动轴承间隙与配合的选择

（1）选用示例

表 8-3-26　几种机床及通用设备滑动轴承的配合

设备类别	配合
磨床与车床分度头主轴承	H7/g6
铣床、钻床及车床的轴承，汽车发动机曲轴的主轴承及连杆轴承，齿轮减速器及蜗杆减速器轴承	H7/f7
电机、离心泵、风扇及惰齿轮轴的轴承，蒸汽机与内燃机曲轴的主轴承和连杆轴承	H9/f9
农业机械用的轴承	H11/d11
汽轮发电机轴、内燃机凸轮轴、高速转轴、刀架丝杠、机车多支点轴等的轴承	H7/e8
农业机械用的轴承	H11/b11

表 8-3-27　　活塞式发动机和油膜轴承的配合（JB/ZQ 4614—2006）　　mm

本标准适用于活塞式发动机和油膜轴承。轴颈最大圆周速度为 10m/s；润滑油的黏度不大于 $118mm^2/s$。选择配合间隙时，应考虑到轴承的平均间隙为 $e=\frac{d}{1000}$

轴承直径 d	孔		轴	
	公差代号	极限偏差	公差代号	极限偏差
>30～50	H7	+0.025 0	f7	−0.025 −0.050
>50～80	H7	+0.030 0	f7	−0.030 −0.060
>80～120	H7	+0.035 0	e8	−0.072 −0.126
>120～180	H7	+0.040 0	e8	−0.085 −0.148
>180～250	H7	+0.046 0	e8	−0.100 −0.172

轴承直径 d	孔		轴		轴承直径 d	孔		轴	
	公差代号	极限偏差	给定尺寸 d_1	极限偏差		公差代号	极限偏差	给定尺寸 d_1	极限偏差
260	H7	+0.052 0	259.74	±0.03	480	H7	+0.063 0	479.52	±0.03
280			279.72		500			499.50	
300			299.70		530	H7	+0.070 0	529.47	
320	H7	+0.057 0	319.68		560			559.44	
340			339.66		600			599.40	
360			359.64		630			629.37	
380			379.62		670	H7	+0.080 0	669.33	
400			399.60		710			709.49	
420	H7	+0.063 0	419.58		750			749.45	
450			449.55		800			799.40	

注：轴的给定尺寸 d_1 按下式计算：

$$d_1=d-\frac{d}{1000}$$

表 8-3-28　　活塞式发动机和油膜轴承的轴承间隙（JB/ZQ 4614—2006）　　mm

轴承直径 d	最小间隙	平均间隙	最大间隙	轴承直径 d	最小间隙	平均间隙	最大间隙
>30～50	0.025	0.050	0.075	340	0.30	0.34	0.38
>50～80	0.030	0.060	0.090	360	0.32	0.36	0.40
>80～120	0.072	0.117	0.161	380	0.34	0.38	0.42
130	0.085	0.137	0.188	400	0.36	0.40	0.44
140	0.085	0.137	0.188	420	0.38	0.42	0.46
150	0.12	0.15	0.19	450	0.41	0.45	0.49
160	0.13	0.16	0.20	480	0.44	0.48	0.52
180	0.15	0.18	0.21	500	0.46	0.50	0.54
200	0.17	0.20	0.23	530	0.49	0.53	0.57
220	0.19	0.22	0.25	560	0.52	0.56	0.60
240	0.21	0.24	0.27	600	0.56	0.60	0.64
250	0.22	0.25	0.28	630	0.59	0.63	0.67
260	0.23	0.26	0.29	670	0.62	0.67	0.72
280	0.25	0.28	0.31	710	0.66	0.71	0.76
300	0.27	0.30	0.33	750	0.70	0.75	0.80
320	0.28	0.32	0.36	800	0.75	0.80	0.85

注：选用条件同表 8-3-29。

表 8-3-29　**机械压力机整体式滑动轴承的配合及间隙选择**（JB/ZQ 4616—2006）　mm

项目	轴套外径 D_A	轴套外径 D_A 及极限偏差	轴套外径 D_A	轴套外径 D_A 及极限偏差	备注
轴套外径公差	>100～180	$D_A=D_S{}^{+0.025}_{+0.015}$	>630～800	$D_A=D_S{}^{+0.050}_{+0.030}$	$D_A\leqslant 100$ 的极限偏差按 k6。D_S 为与滑动轴套外径相配的孔的实测尺寸
	>180～315	$D_A=D_S{}^{+0.035}_{+0.025}$	>800～1000	$D_A=D_S{}^{+0.055}_{+0.035}$	
	>315～400	$D_A=D_S{}^{+0.040}_{+0.030}$	>1000～1250	$D_A=D_S{}^{+0.065}_{+0.045}$	
	>400～630	$D_A=D_S{}^{+0.045}_{+0.030}$	>1250～1600	$D_A=D_S{}^{+0.075}_{+0.055}$	

轴承温升 /℃	轴承直径 d	轴、孔偏差		应用实例
		孔	轴径减小/‰	
<10	（≤80 时） >80～1000	H7 （H7）	−0.8 （轴偏差为 e8）	平锻机曲柄轴承，偏心轴承，辊锻机轧辊轴承
≥10～30		H7	−1.0	曲柄压力机压杆偏心轴承，冷压机、切边压力机的偏心轴承
≥30～50		H7	−1.2	热模锻压力机支架和压杆中的偏心轴承
>50		H7	−1.4	

润滑脂润滑的轴承间隙

轴颈加工的极限偏差 Δ	轴颈直径	Δ	轴颈直径	Δ	轴颈直径	Δ	轴颈直径	Δ	轴颈直径	Δ
	>80～120	0 −0.02	>180～250	0 −0.03	>315～400	0 −0.05	>500～630	0 −0.07	>800～1000	0 −0.09
	>120～180	0 −0.03	>250～315	0 −0.04	>400～500	0 −0.06	>630～800	0 −0.08		

项目	轴承直径 d	极限偏差 孔	极限偏差 轴	轴承间隙	轴承直径 d	极限偏差 孔	极限偏差 轴	轴承间隙
一般宽度轴承间隙	>30～50	H7	−0.034 −0.050	0.034～0.075	>315～400	H7	−0.178 −0.214	0.178～0.271
	>50～80		−0.061 −0.080	0.061～0.110	>400～500		−0.192 −0.232	0.192～0.295
	>80～120		−0.088 −0.110	0.088～0.145	>500～630		−0.211 −0.255	0.211～0.325
	>120～180		−0.115 −0.140	0.115～0.180	>630～800		−0.235 −0.285	0.235～0.365
	>180～250		−0.143 −0.172	0.143～0.218	>800～1000		−0.254 −0.310	0.254～0.400
	>250～315		−0.159 −0.191	0.159～0.243				

续表

窄型轴承间隙	轴承直径	孔的极限偏差	轴直径的减小量（按轴直径的减小量与 B/d 的关系确定）
窄型轴承间隙 $\left(\frac{B}{d}<0.7, d\ \text{为轴径}, B\ \text{为轴承宽度}\right)$ 窄型轴承尺寸偏差计算见后面（2）计算示例	>80～1000	H7	公称直径的减小量/‰；B/d；B/d与‰轴直径减小量之间的关系；0.5 0.6 0.7 0.8 0.9 1.0；0.2 0.3 0.4 0.5 0.6 0.7 0.8 0.9

注：对工作条件类似的轴承也适用。

（2）滑动轴承配合计算示例（JB/ZQ 4616—2006）

1）一般宽度轴承（图 8-3-1）

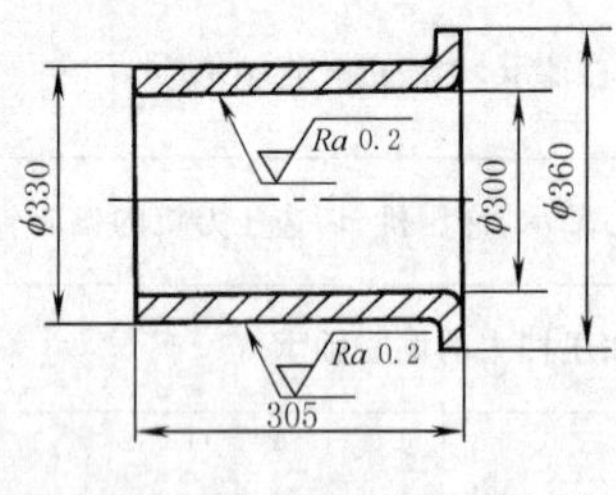

图 8-3-1

例　平锻机偏心轴套

① 轴套外径配合过盈　设轴承座孔的实测尺寸 D_S=330mm，由表 8-3-29 查得轴套外径为 D_A=330mm，配合过盈为 0.03～0.04mm。

② 轴与轴套的配合间隙　轴套孔径公差为 H7，即 $\phi 300\mathrm{H7}^{+0.052}_{0}$。轴径偏差：按轴承温升不超过 10℃，由表 8-3-29查得轴直径的减小量为公称直径的−0.8‰，即 $-\frac{0.8}{1000}\times 300=-0.24$(mm)，再考虑到轴的制造极限偏差$^{0}_{-0.04}$mm（由表 8-3-29 查得）、轴径尺寸及极限偏差为 $\phi 299.76^{0}_{-0.04}$，轴径的图样标注尺寸为 $\phi 300^{-0.24}_{-0.28}$。

③ 轴承间隙

最大间隙＝孔的上偏差－轴的下偏差

$=0.052-(-0.280)=0.332$(mm)

最小间隙＝孔的下偏差－轴的上偏差

$=0-(-0.240)=0.240$(mm)

2）窄轴承$\left(\frac{B}{d}<0.7, \text{图 8-3-2}\right)$

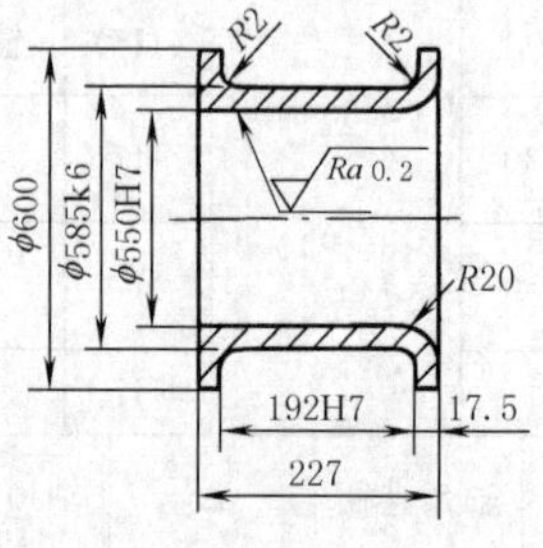

图 8-3-2

轴承接触宽度 $B=227-20=207$(mm)（其中 20 为圆角半径），$\frac{B}{d}=\frac{207}{550}=0.38$，由表 8-3-29 查得轴直径的减小量应为轴公称直径的−0.7‰，即 $-0.7\times 550‰=-0.385$(mm)，轴的尺寸为 $550-0.335=549.615$(mm)。

由表 8-3-29 查得附加极限偏差为$^{0}_{-0.07}$mm，即轴的尺寸及极限偏差为 $\phi 549.615^{0}_{-0.07}$，轴径的图样标注尺寸为 $\phi 550^{-0.385}_{-0.455}$。

由于孔的极限偏差为 $\phi 550\mathrm{H7}=\phi 550^{+0.07}_{0}$，所以

最大间隙$=0.07-(-0.455)=0.525$(mm)

最小间隙$=0-(-0.385)=0.385$(mm)

窄轴承的过盈计算与一般宽度轴承相同。

3.7　滑动轴承润滑

表 8-3-30　　滑动轴承润滑方法的选择

K	润滑方法	K 值计算方法	说明
≤2	用润滑脂润滑（可用黄油杯）	$K=\sqrt{pv^3}$ $p=\frac{P}{d\times B}$	p——轴颈上的平均压强，MPa
>2～15	用润滑油润滑（可用针阀油杯等）		v——轴颈的圆周速度，m/s
>15～30	用油环，飞溅润滑，需用水或循环油冷却		P——轴承所受的最大径向载荷，N d——轴颈直径，mm
>30	必须用循环压力润滑		B——轴承工作宽度，mm

表 8-3-31　　滑动轴承对润滑脂的要求

要求项目	对 润 滑 脂 要 求
针入度	主要是根据加脂的方法来选定针入度的大小，以便于加入轴承，形成润滑膜，同时又不致往外流失。对于油集中润滑系统，为保证系统的泵送性能，润滑脂应适当软些，即针入度大些，一般应在270以上。手动油枪及脂杯用脂的针入度为240～260。轴承载荷大、转速低时，应选针入度小的润滑脂，反之要选针入度大的。高速轴承选针入度小的、机械安定性好的润滑脂
滴点	一般应高于工作温度20～30℃，以避免工作时由于温度影响使润滑脂变稀，造成过多流失浪费。同时引起轴承缺脂而过早磨损。高温连续运转情况，不要超过润滑脂允许的使用温度范围
轴承的工作环境	如有水淋和潮湿的地方，应选用具有抗水性的钙基、铝基或锂基润滑脂，不宜用钠基脂。如在高温、干燥环境下工作，应选用钠基脂、钙-钠基脂或高温合成脂。如在高温又有蒸汽的环境中工作，应选用复合锂（或铝）基脂；环境或温差范围变化很大时，则应采用温度范围适应较广的硅酸脂
承受特大载荷的轴承	采用有极压添加剂的润滑脂。如要求使用寿命较长的，采用加抗氧化添加剂的润滑脂。如要求对轴承周围环境气氛控制很严的，可采用挥发性较小的润滑脂
黏附性能	具有较好的黏附性能

表 8-3-32　　滑动轴承润滑脂的选择

平均压强/MPa	圆周速度/m・s^{-1}	最高工作温度/℃	选用润滑脂
<1	≤1	75	3 号钙基脂
1～6.5	0.5～5	55	2 号钙基脂
>6.5	≤0.5	75	3 号钙基脂
>6.5	0.5～5	120	2 号钠基脂
>6.5	≤0.5	110	1 号钙-钠基脂
1～6.5	≤1	50～100	锂基脂
>6.5	0.5	60	2 号压延机脂

注：1. 在潮湿环境，温度在75～120℃的条件下，应考虑用钙-钠基润滑脂。
2. 在潮湿环境，工作温度在75℃以下，没有3号钙基脂也可以用铝基脂。
3. 工作温度在110～120℃可用锂基脂或钡基脂。
4. 集中润滑时，稠度要小些。

表 8-3-33　　滑动轴承的加脂周期

工 作 条 件	轴的转速/r・min^{-1}	加脂周期	工 作 条 件	轴的转速/r・min^{-1}	加脂周期
偶然工作，不重要的零件	<200 >200	5 天 1 次 3 天 1 次	连续工作，其工作温度<40℃	<200 >200	1 天 1 次 每班 1 次
间断工作	<200 >200	2 天 1 次 1 天 1 次	连续工作，其工作温度40～100℃	<200 >200	每班 1 次 每班 2 次

表 8-3-34 滑动轴承润滑油的选用

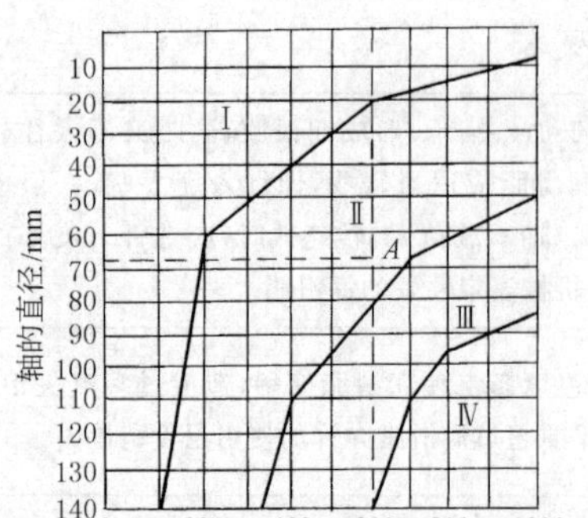

平均压力/MPa	机械油牌号			
	Ⅰ	Ⅱ	Ⅲ	Ⅳ
＜0.5	20号	20号	10号	10号
0.5～6.5	50号	40号	30号	20号
6.5～15	70号	50号	40号	30号

1)在下列情况下应比本表内用油的黏度大10～20mm²/s：①温度超过60℃的工作条件；②在工作过程中有严重振动、冲击和作往复运动；③经常启动及在运动中速度经常变化

2)在10℃以下的工作条件及用于循环系统时，则要比本表内用油的黏度小些

3.8 滑动轴承座技术条件（JB/T 2564—2007）

1）轴承座的材料采用HT200灰铸铁或ZG200～ZG400铸钢制造，其力学性能应符合GB/T 9439或GB/T 11352的规定。

2）轴瓦和轴套采用铝青铜ZCuAl10Fe3（ZQAl9-4）制造，轴套也可采用锡青铜ZCuSn6Zn6（ZQSn6-6-3）制造，其力学性能和化学成分应符合GB/T 1176的规定。

3）铸件上的型砂应清除干净，浇口、冒口、结疤及夹砂等应铲除或打磨掉，清理后毛坯表面应平整、光洁。

4）铸件不允许有裂纹，无损于强度和外观的其他缺陷，在下列范围内允许存在：

① 非加工表面的缩孔、气孔及渣孔等缺陷，深度不超过铸件壁厚的1/8，长×宽不大于5mm×5mm，缺陷总数不超过3个，但轴承座的主要受力断面（图8-3-3中a、b断面阴影部分）不允许有铸造缺陷；

② 加工后的表面不允许有砂眼等铸造缺陷。

5）轴承座毛坯应在机械加工前进行时效处理。

6）加工后的轴承座上盖与底座在自由状态下分合面应贴合良好，分合面对轴承座内径D的轴线位置度公差为0.05mm。

7）对开式斜滑动轴承座的45°分合面的角度公差应符合GB/T 11335中Ⅴ级精度的规定。

8）轴承座中心高h的公差为h12。

9）轴承座底平面的平面度公差应不大于GB/T 1184中规定的8级。

10）轴承座内径D的公差应符合GB/T 1801中H7的规定。

11）轴承座内径D的表面粗糙度Ra最大允许值为1.6μm。

12）轴承座轴线对底平面的平行度公差应不大于GB/T 1184中规定的8级。

13）轴承座内径D的圆柱度公差应不大于GB/T 1184中规定的8级。

14）轴承座两端面对内径D轴线的垂直度公差应不大于GB/T 1184中规定的8级。

15）轴瓦外径D的极限偏差应符合GB/T 1801中m6的规定。轴套外径D的极限偏差应符合GB/T 1801中S7的规定。

16）轴瓦和轴套内径d的极限偏差应符合GB/T 1801中H8的规定。

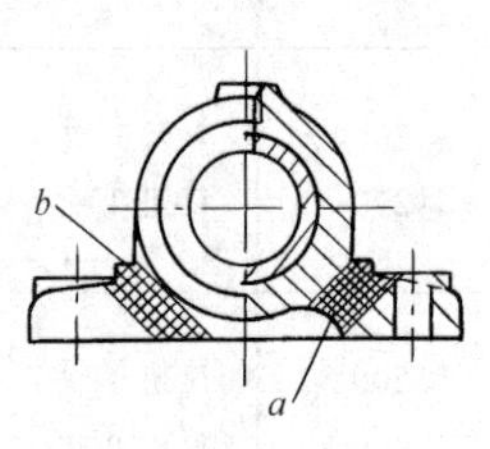

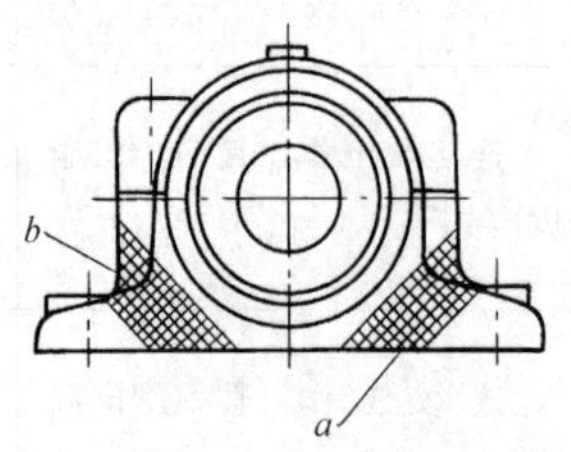

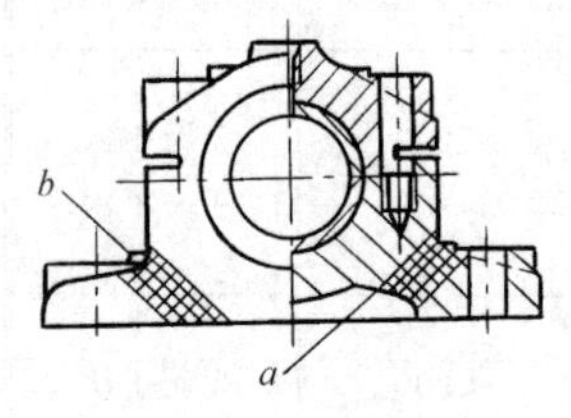

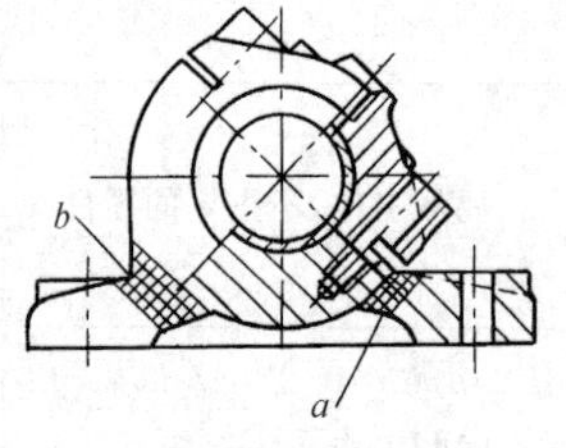

图 8-3-3

17）轴瓦和轴套内径 d、外径 D 的表面粗糙度 R_a 最大允许值为 1.6μm。

18）轴瓦和轴套外径 D 的圆柱度公差应不大于 GB/T 1184 中规定的 8 级。

19）轴瓦油槽棱边应倒钝、圆滑，内径 d 两端的圆角部位应圆滑，其圆角半径 R 应符合图样要求。

20）对开式斜滑动轴承座的 45°分合面的角度公差应符合 GB/T 1804—2000 中Ⅴ级精度的规定。

3.9　关节轴承

3.9.1　关节轴承的分类、结构型式与代号

关节轴承是球面滑动轴承，主要由一个外球面的内圈和一个内球面的外圈组成。滑动接触面为球面，主要适用于摆动运动、倾斜运动和速度较低的旋转运动。

3.9.1.1　关节轴承分类

表 8-3-35　关节轴承分类

<table>
<tr><th>分类方法</th><th colspan="2">名　称</th></tr>
<tr><td rowspan="4">按其所能承受载荷的方向或公称接触角 α</td><td rowspan="2">向心关节轴承——主要承受径向载荷(0°≤α≤30°)</td><td>径向接触向心关节轴承(α=0°)
适于承受径向载荷,同时也能承受不大的轴向载荷</td></tr>
<tr><td>角接触向心关节轴承(0°<α≤30°)
适于承受径向载荷和轴向载荷同时作用的联合载荷</td></tr>
<tr><td rowspan="2">推力关节轴承——主要承受轴向载荷(30°<α≤90°)</td><td>轴向接触推力关节轴承(α=90°)
适于承受纯轴向载荷</td></tr>
<tr><td>角接触推力关节轴承(30°<α<90°)
适于承受轴向载荷,但也能承受联合载荷(此时其径向载荷值不得大于轴向载荷值的 0.5 倍)</td></tr>
<tr><td rowspan="4">按外圈的结构</td><td colspan="2">整体外圈关节轴承</td></tr>
<tr><td colspan="2">单缝外圈关节轴承</td></tr>
<tr><td colspan="2">双缝外圈(剖分外圈)关节轴承</td></tr>
<tr><td colspan="2">双半外圈关节轴承</td></tr>
<tr><td rowspan="2">按是否附有杆端或装于杆端上</td><td colspan="2">一般关节轴承</td></tr>
<tr><td colspan="2">杆端关节轴承</td></tr>
<tr><td rowspan="6">按滑动表面摩擦副材料的组合形式</td><td colspan="2">钢/钢关节轴承</td></tr>
<tr><td colspan="2">钢/铜合金关节轴承</td></tr>
<tr><td colspan="2">钢/PTFE 复合物关节轴承</td></tr>
<tr><td colspan="2">钢/PTFE 织物关节轴承</td></tr>
<tr><td colspan="2">钢/增强塑料关节轴承</td></tr>
<tr><td colspan="2">钢/锌基合金关节轴承</td></tr>
<tr><td rowspan="2">按工作时是否需补充润滑剂</td><td colspan="2">润滑型关节轴承——工作时需要再润滑的关节轴承</td></tr>
<tr><td colspan="2">自润滑型关节轴承——工作时无需再润滑的关节轴承。通常是轴承零件含油或滑动表面有聚四氟乙烯织物或复合材料</td></tr>
<tr><td rowspan="4">按其所能承受载荷的方向、公称接触角和结构型式综合分类</td><td>向心关节轴承</td><td rowspan="4">注:此种分类方法最常用</td></tr>
<tr><td>角接触关节轴承</td></tr>
<tr><td>推力关节轴承</td></tr>
<tr><td>杆端关节轴承</td></tr>
</table>

3.9.1.2　关节轴承代号方法

（1）代号构成

关节轴承代号由基本代号＋补充代号＋游隙组别代号构成。

基本代号由关节轴承类型代号、尺寸系列代号和内径代号、结构型式代号、材料代号构成。补充代号是关节轴承在材料、技术要求、结构等有改变时，在其基本代号右边添加的补充代号，用字母和数字表示，并用“/”相隔，最多允许采用三个字母。游隙组别代号标注在关节轴承代号的最右边，并以短线“-”相隔。关节轴承代号的构成及排列见表 8-3-36。

表 8-3-36 **关节轴承代号**

基本代号							补充代号	游隙组别代号
类型代号		尺寸系列代号		内径代号	结构型式、材料代号			
代号	含义	代号	含义		代号	含义		
GE	向心关节轴承	C	大型和特大型向心关节轴承特轻系列		A	外圈为中碳钢，有固定滑动表面材料的固定器		
GAC	角接触关节轴承							
GX	推力关节轴承				B	关节轴承内孔衬布		
SI	内螺纹组装型杆端关节轴承	E	正常系列（代号中省略）		C	一套圈或一套圈滑动表面为烧结青铜复合材料		
SA	外螺纹组装型杆端关节轴承	F	F系列		DE1	挤压外圈（外圈为轴承钢，在内圈装配后挤压成形）		
SIB	内螺纹整体型杆端关节轴承	G	G系列		DEM1	同DE1，但外圈有端沟		
					DS	外圈有装配槽		
SAB	外螺纹整体型杆端关节轴承	H	向心关节轴承H系列		E	单缝外圈		
SQ	弯杆型球头杆端关节轴承	K	K系列		F	一套圈滑动表面为以聚四氟乙烯为添加剂的玻璃纤维增强塑料或塑料圆片		
SQZ	直杆型球头杆端关节轴承							
SQD	单杆型球头杆端关节轴承	W（EW）	宽内圈，内孔直径正公差	用内径毫米数表示，英制尺寸则取内径毫米数的整数部分表示，但不标单位	F1	一套圈滑动表面为聚醚亚胺工程塑料	代号及含义见表8-3-37	
SIL	左旋内螺纹组装型杆端关节轴承	M（EM）	宽内圈，内孔直径负公差		F2	外圈为玻璃纤维增强塑料，其滑动表面同“F”		
					H	双半外圈		
SAL	左旋外螺纹组装型杆端关节轴承	EH	杆端关节轴承EH系列（加强型）		I	内圈为中碳钢，有固定滑动表面材料的固定器		
SILB	左旋内螺纹整体型杆端关节轴承				L	套圈或杆端为特殊自润滑合金		
SALB	左旋外螺纹整体型杆端关节轴承	EG	杆端关节轴承EG系列（加强型）		N	外圈有止动槽		
SQL	左旋弯杆型球头杆端关节轴承				S	套圈或杆端有润滑槽和润滑孔		
SQLD	左旋单杆型球头杆端关节轴承	Z	英制尺寸关节轴承正常系列		T	外圈滑动表面为聚四氟乙烯织物		
SK	带圆柱焊接型杆端关节轴承（圆柱形）	JK	杆端关节轴承JK系列		X	双缝外圈（剖分外圈）		
SF	带平底座焊接型杆端关节轴承（方形）				-RS	关节轴承一面带密封圈		
					-Z	关节轴承一面带防尘盖		
SIR	带锁口型杆端关节轴承	P	P系列		-2RS	关节轴承两面带密封圈		
					-2Z	关节轴承两面带防尘盖		

表 8-3-37 **补充代号及游隙组别代号**

补充代号			游隙组别代号	
特征改变	代号	含义	代号	含义
材料改变	X	套圈由不锈钢制造	CN	N组（关节轴承代号中省略不表示）
	S	套圈由渗碳钢制造		
	V	套圈或滑动表面由不常采用的材料制造	C2	游隙符合标准规定的2组
	Q	套圈或滑动表面由青铜或青铜圆片制造		
	P	套圈由铍青铜制造		
	L	套圈由铝合金制造	C3	游隙符合标准规定的3组
特殊技术要求	T	零件的回火温度有特殊要求		
	R	关节轴承内填充特殊润滑脂	C9	游隙不同于现行标准
	M	关节轴承的摩擦力矩及旋转灵活性有特殊要求		
	G	套圈滑动表面涂敷固体润滑剂干膜		
	B	关节轴承螺纹有特殊要求		
	D	滑动表面以外的表面需电镀		
	J	套圈滑动表面有交叉润滑槽		
	H	套圈滑动表面有环形润滑槽		
结构改变	K	零件的形状或尺寸改变		
其他	Y	关节轴承有上述各种改变特征以外的其他特征，或具有多项改变特征而无法用上述补充代号完全表示时		

(2) 代号示例

示例 1：

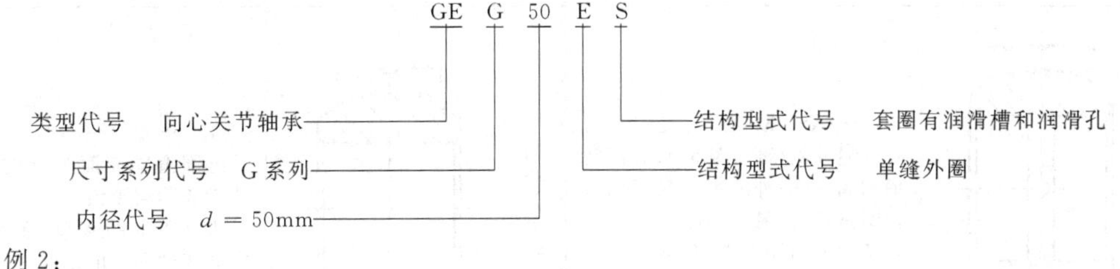

示例 2：

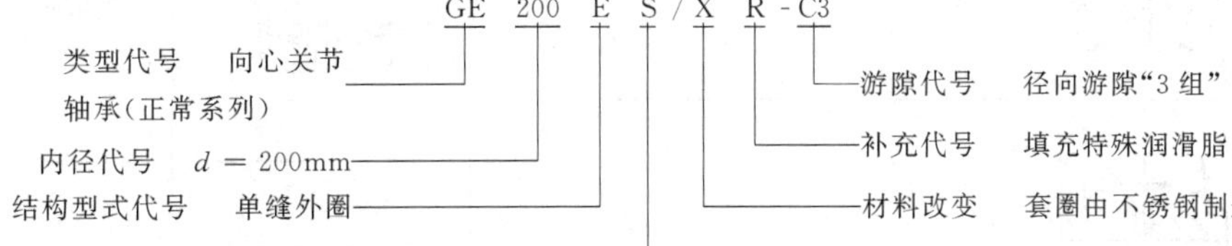

3.9.1.3　关节轴承主要类型的结构特点

表 8-3-38　　润滑型关节轴承主要类型的结构特点及代号

轴承类型	结构简图	结构特点及代号	轴承类型	结构简图	结构特点及代号
向心关节轴承		GE…E 型 单缝外圈；无润滑槽和润滑孔 能承受径向载荷和任一方向较小的轴向载荷	向心关节轴承		GEEW…ES-2RS 型 GEEM…ES-2RS 型 单缝外圈；有润滑槽和润滑孔；两面带密封圈 承载能力同 GE…E 型
		GE…ES 型 单缝外圈；有润滑槽和润滑孔 承载能力同 GE…E 型			GE…ESN 型 单缝外圈；有润滑槽和润滑孔；外圈有止动槽 径向载荷和任一方向较小的轴向载荷，但轴向载荷由止动环承受时，其承受轴向载荷的能力降低
		GE…ES-2RS 型 单缝外圈；有润滑槽和润滑孔；两面带密封圈 承载能力同 GE…E 型			GE…XS 型 双缝外圈（剖分外圈）；有润滑槽和润滑孔；外圈有一条或两条锁圈槽 承载能力同 GE…E 型

续表

轴承类型	结构简图	结构特点及代号
向心关节轴承	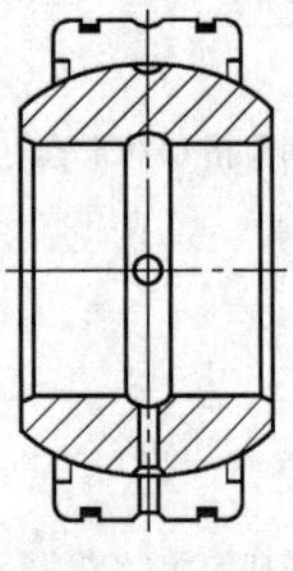	GE…XS-2RS 型 双缝外圈(剖分外圈);有润滑槽和润滑孔;外圈有一条或两条锁圈槽;两面带密封圈 承载能力同 GE…E 型
	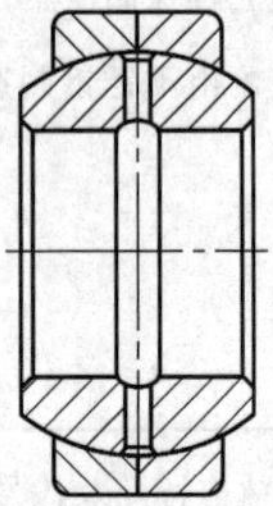	GE…HS 型 双半外圈;内圈有润滑槽和润滑孔;磨损后游隙可调整 承载能力同 GE…E 型
	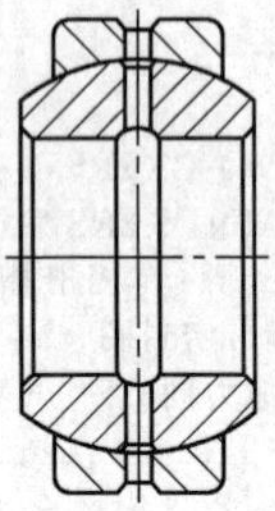	GE…DE1 型 挤压外圈;有润滑槽和润滑孔内径小于 15mm 的轴承,无润滑槽和润滑孔 承载能力同 GE…E 型
	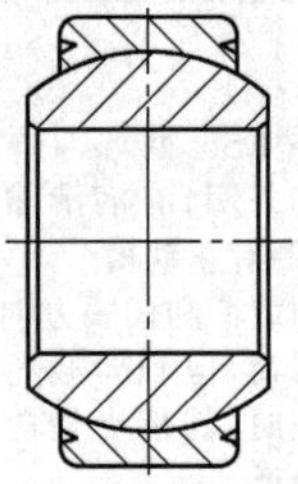	GE…DEM1 型 挤压外圈;在外圈上压出端沟使轴承轴向固定 承载能力同 GE…E 型
	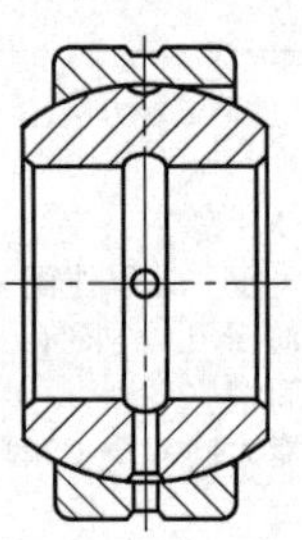	GE…DS 型 整体外圈;外圈有装配槽、内外圈均有润滑槽和润滑孔;只限于大尺寸的轴承 承载能力同 GE…E 型(装配槽一边不能承受轴向载荷)
向心关节轴承	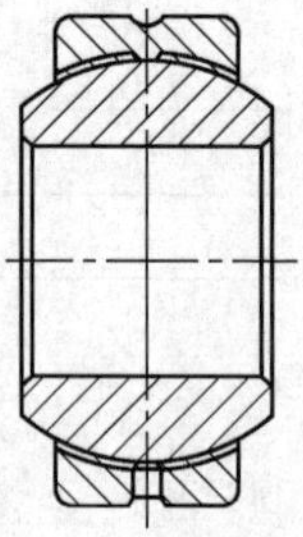	GE…S 型 外圈滑动表面为青铜;内圈滑动表面镀硬铬 方向不变的载荷;在承受径向载荷的同时能承受任一方向较小的轴向载荷
角接触关节轴承	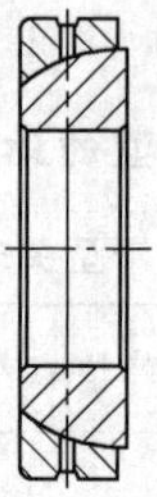	GAC…S 型 外圈有润滑槽和润滑孔 承受径向载荷和一方向的轴向(联合)载荷
推力关节轴承	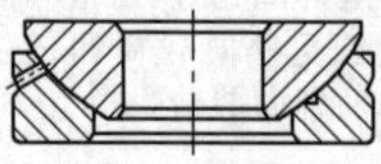	GX…S 型 轴圈和座圈均为淬硬轴承钢;座圈有润滑槽和润滑孔 一方向的轴向载荷或联合载荷(此时其径向载荷值不得大于轴向载荷的 0.5 倍)
杆端关节轴承	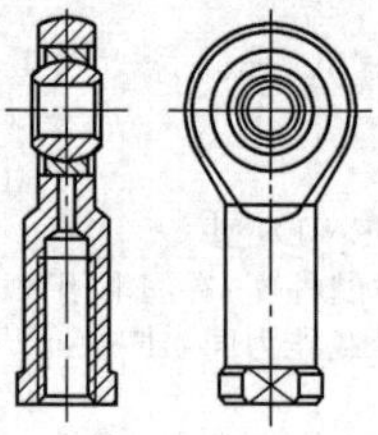	SI…E 型 GE…E 型轴承和杆端体的组装体,杆端体带内螺纹 径向载荷和任一方向小于或等于 0.2 倍径向载荷的轴向载荷
	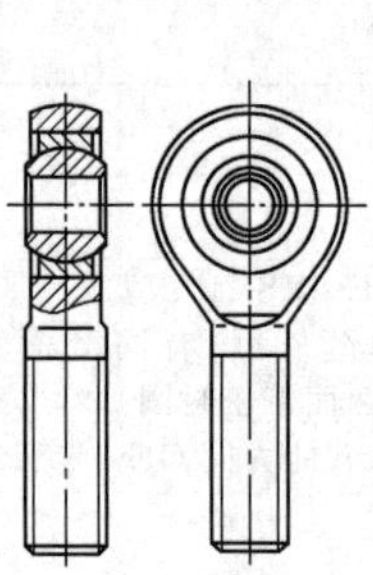	SA…E 型 GE…E 型轴承和杆端体的组装体,杆端体带外螺纹 载荷能力同 SI…E 型

续表

轴承类型	结构简图	结构特点及代号
杆端关节轴承	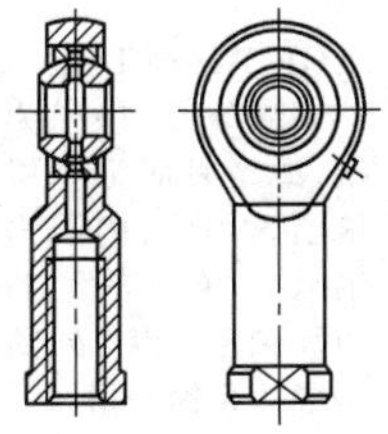	SI…ES 型 GE…ES 型轴承和杆端体的组装体,杆端体带内螺纹 载荷能力同 SI…E 型
	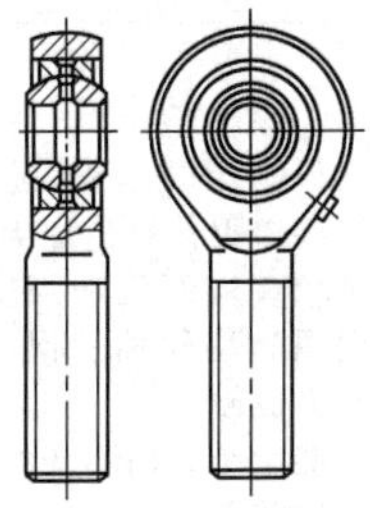	SA…ES 型 GE…ES 型轴承和杆端体的组装体,杆端体带外螺纹 载荷能力同 SI…E 型
	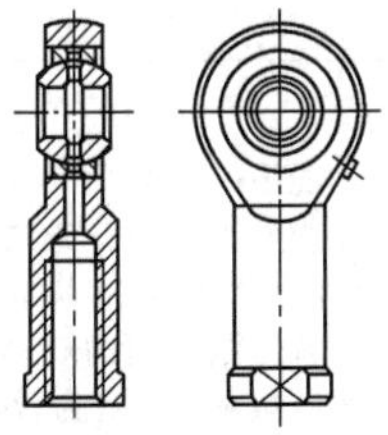	SI…ES-2RS 型 GE…ES-2RS 型轴承和杆端体的组装体,杆端体带内螺纹 载荷能力同 SI…E 型
	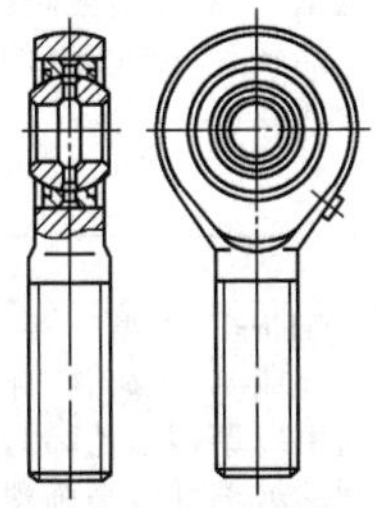	SA…ES-2RS 型 GE…ES-2RS 型轴承和杆端体的组装体,杆端体带外螺纹 载荷能力同 SI…E 型
	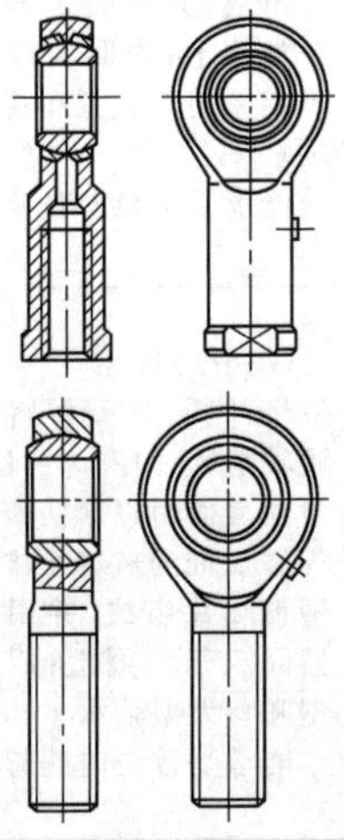	SIB…S 型、SAB…S 型 杆端体分别带内螺纹和外螺纹,有润滑槽和润滑孔 载荷能力同 SI…E 型
杆端关节轴承	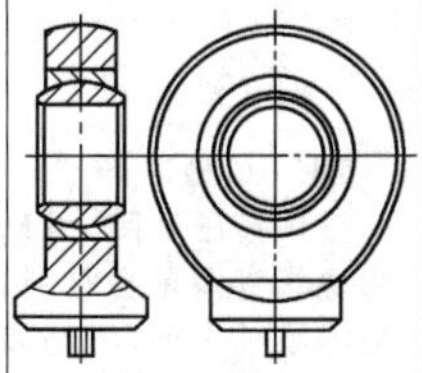	SK…E 型 GE…E 型轴承和杆端体的组装体,杆端体材料为焊接钢 载荷能力同 SI…E 型
	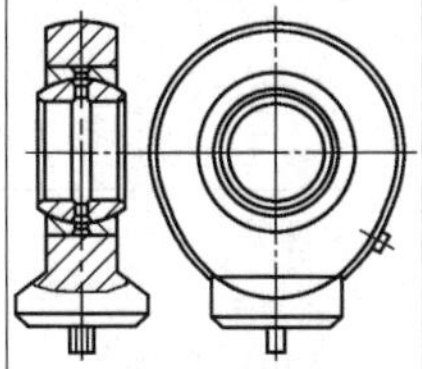	SK…ES 型 GE…ES 型轴承和杆端体的组装体,杆端体材料为焊接钢 载荷能力同 SI…E 型
	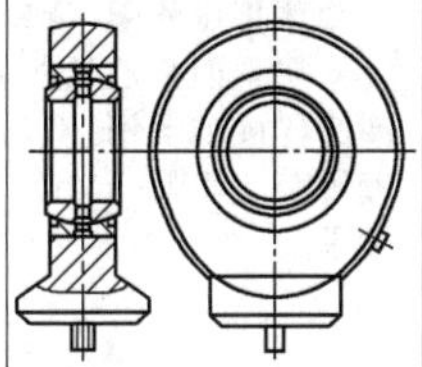	SK…ES-2RS 型 GE…ES-2RS 型轴承和杆端体的组装体,杆端体材料为焊接钢 载荷能力同 SI…E 型
	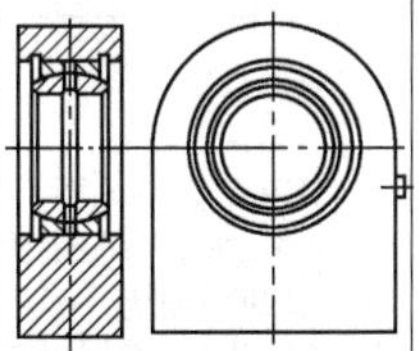	SF…ES 型 GE…ES 型轴承和杆端体的组装体,杆端体材料为焊接钢 载荷能力同 SI…E 型
	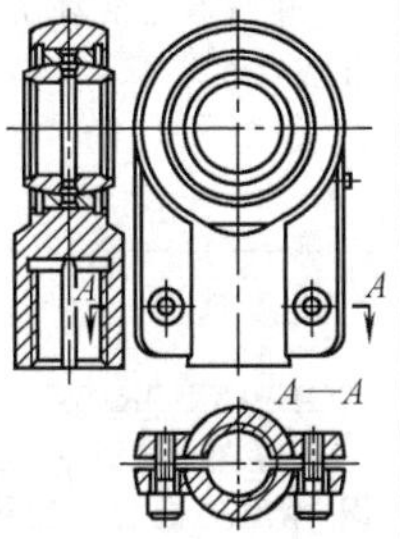 A—A	SIR…ES 型 GE…ES 型轴承和杆端体的组装体,杆端体材料为优质碳素结构钢或球墨铸铁 载荷能力同 SI…E 型
球头杆端关节轴承	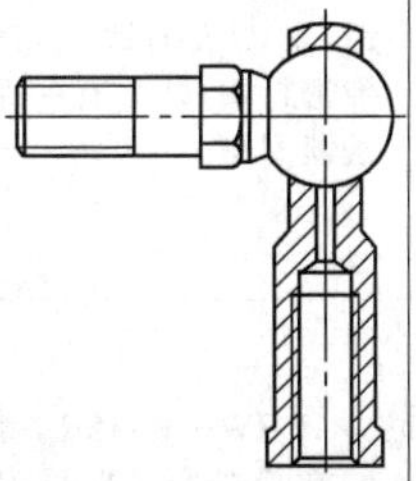	SQ…型 球头座为锌基合金;球头为渗碳钢 载荷能力同 SI…E 型
	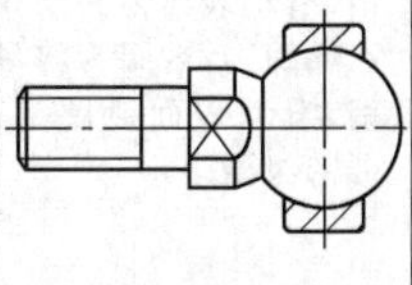	SQD…型 球头座为一向心关节轴承外圈,材料为锌基合金;球头为渗碳钢 载荷能力同 SI…E 型

表 8-3-39　**自润滑型关节轴承主要类型的结构特点及代号**

轴承类型	结构简图	结构特点及代号
自润滑向心关节轴承	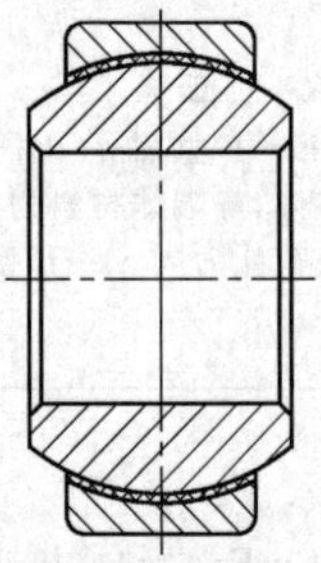	GE…C 型 整体挤压外圈，滑动表面为烧结青铜复合材料；内圈为淬硬轴承钢，滑动表面镀硬铬，只限于小尺寸的轴承
	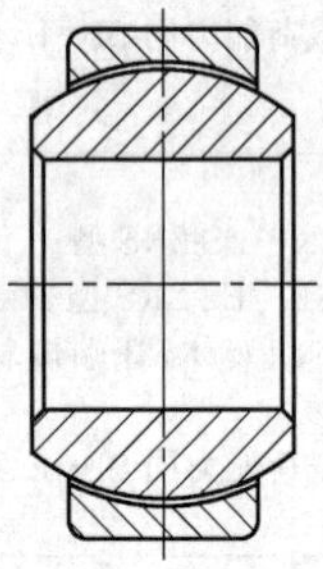	GE…T 型 整体挤压外圈，滑动表面为一层聚四氟乙烯织物；内圈为淬硬轴承钢，滑动表面镀硬铬，只限于小尺寸的轴承
	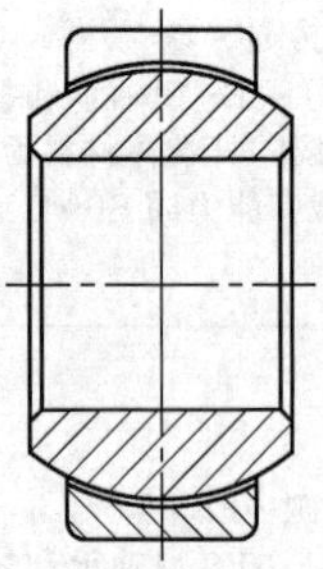	GE…ET-2RS 型 单缝外圈，外圈为轴承钢，滑动表面为一层聚四氟乙烯织物；内圈为淬硬轴承钢，滑动表面镀硬铬；两面带密封圈
	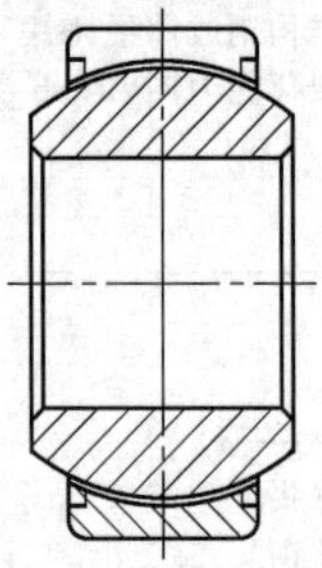	GE…XT-2RS 型 双缝外圈，外圈为轴承钢，滑动表面为一层聚四氟乙烯织物；内圈为淬硬轴承钢，滑动表面镀硬铬；两面带密封圈；外圈有一条或两条锁圈槽
	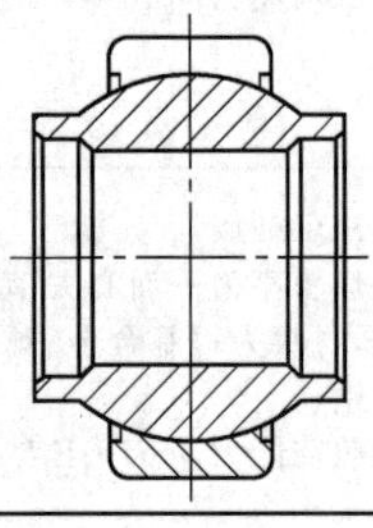	GEEW…ET-2RS 型 单缝外圈，外圈为轴承钢，滑动表面为一层聚四氟乙烯织物；内圈为淬硬轴承钢，滑动表面镀硬铬；两面带密封圈
自润滑向心关节轴承	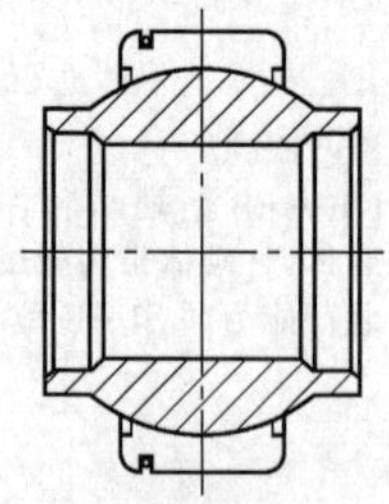	GEEW…XT-2RS 型 双缝外圈，外圈为轴承钢，滑动表面为一层聚四氟乙烯织物；内圈为淬硬轴承钢，滑动表面镀硬铬；两面带密封圈；外圈有一条或两条锁圈槽
	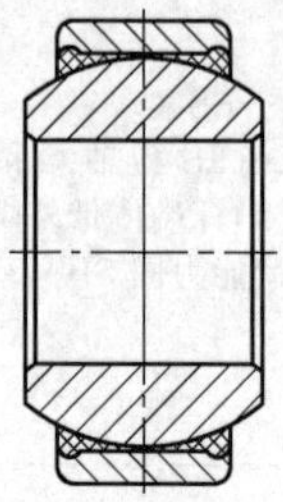	GE…F 型 外圈为轴承钢，滑动表面为以聚四氟乙烯为添加剂的玻璃纤维增强塑料；内圈为淬硬轴承钢，滑动表面镀硬铬 能承受方向不变的中等径向载荷
	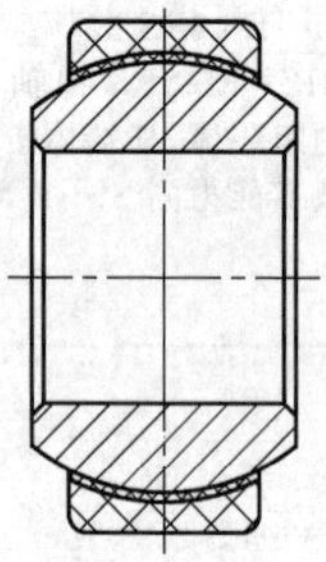	GE…F2 型 外圈为玻璃纤维增强塑料，滑动表面为以聚四氟乙烯为添加剂的玻璃纤维增强塑料；内圈为淬硬轴承钢，滑动表面镀硬铬 能承受方向不变的中等径向载荷
	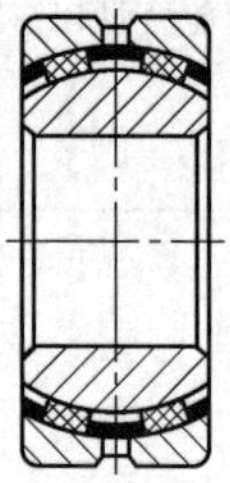	GE…FSA 型 外圈为中碳钢，滑动表面由以聚四氟乙烯为添加剂的玻璃纤维增强塑料圆片组成，并用固定器固定于外圈上；内圈为淬硬轴承钢。用于大型和特大型轴承 能承受重径向载荷
	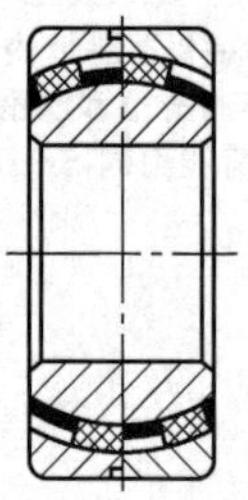	GE…F1H 型 双半外圈，外圈材料为淬硬轴承钢；内圈为中碳钢，滑动表面由以聚四氟乙烯为添加剂的玻璃纤维增强塑料圆片组成，并用固定器固定于外圈上；用于大型和特大型轴承 能承受重径向载荷

续表

轴承类型	结构简图	结构特点及代号
自润滑角接触关节轴承	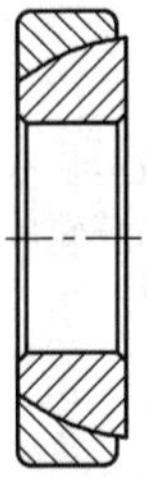	GAC…T 型 外圈为轴承钢，滑动表面为一层聚四氟乙烯织物；内圈为淬硬轴承钢，滑动表面镀硬铬 径向载荷和一方向的轴向（联合）载荷
	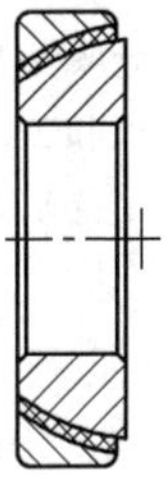	GAC…F 型 外圈为轴承钢，滑动表面为以聚四氟乙烯为添加剂的玻璃纤维增强塑料；内圈为淬硬轴承钢，滑动表面镀硬铬 径向载荷和一方向的轴向（联合）载荷
自润滑推力关节轴承	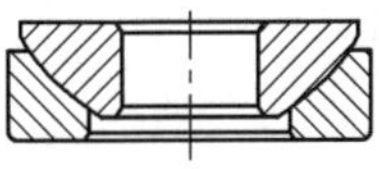	GX…T 型 座圈为轴承钢，滑动表面为一层聚四氟乙烯织物；轴圈为淬硬轴承钢，滑动表面镀硬铬 一方向的轴向载荷或联合载荷（此时其径向载荷值不得大于轴向载荷值的 0.5 倍）
	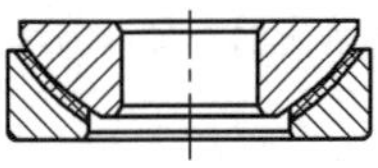	GX…F 型 座圈为轴承钢，滑动表面为以聚四氟乙烯为添加剂的玻璃纤维增强塑料；轴圈为淬硬轴承钢，滑动表面镀硬铬 载荷能力同 GX…T 型
自润滑杆端关节轴承	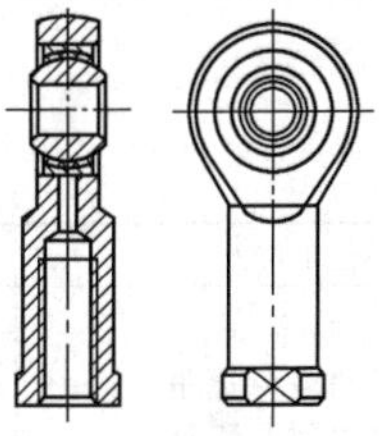	SI…C 型 GE…C 型轴承和杆端体的组装体，杆端体带内螺纹，材料为优质碳素结构钢
	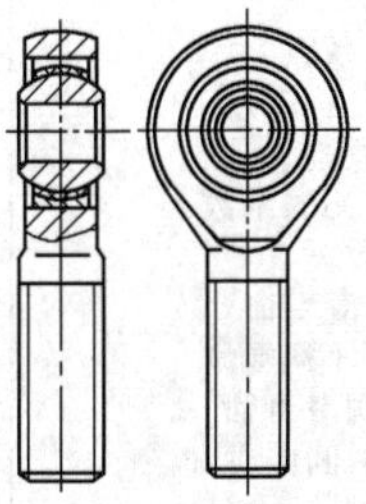	SA…C 型 GE…C 型轴承和杆端体的组装体，杆端体带外螺纹，材料为优质碳素结构钢
自润滑杆端关节轴承	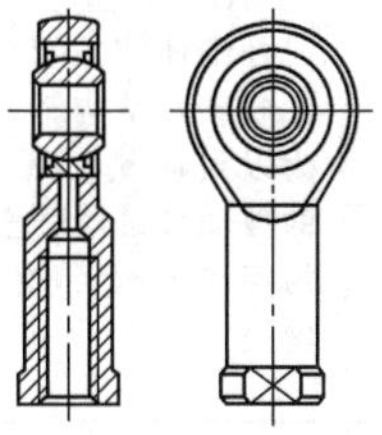	SI…ET-2RS 型 GE…ET-2RS 型轴承和杆端体的组装体，杆端体带内螺纹，材料为优质碳素结构钢
	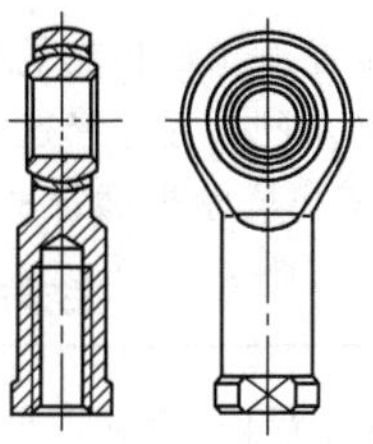	SIB…C 型 杆端体带内螺纹，材料为优质碳素结构钢，滑动表面为烧结青铜复合材料；内圈为淬硬轴承钢，滑动表面镀硬铬
	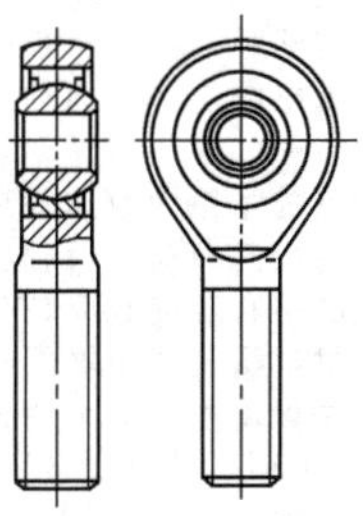	SA…ET-2RS 型 GE…ET-2RS 型轴承和杆端体的组装体，杆端体带外螺纹，材料为优质碳素结构钢
	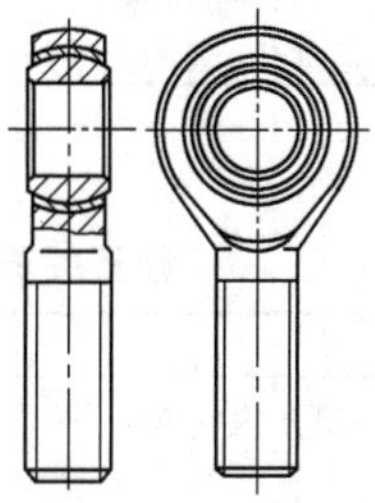	SAB…C 型 杆端体带外螺纹，材料为优质碳素结构钢，滑动表面为烧结青铜复合材料；内圈为淬硬轴承钢，滑动表面镀硬铬
	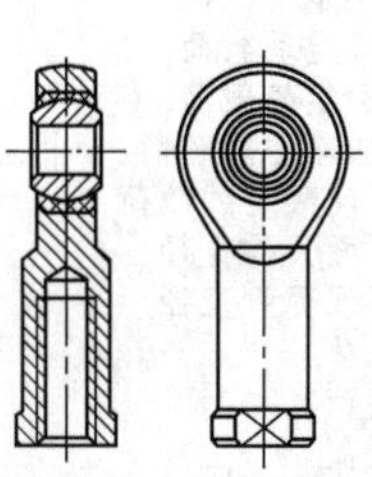	SIB…F 型 杆端体带内螺纹，材料为优质碳素结构钢，滑动表面为以聚四氟乙烯为添加剂的玻璃纤维增强塑料；内圈为淬硬轴承钢，滑动表面镀硬铬

续表

轴承类型	结构简图	结构特点及代号	轴承类型	结构简图	结构特点及代号
自润滑球头杆端关节轴承		SAB…F型 杆端体带外螺纹，材料为优质碳素结构钢，滑动表面为以聚四氟乙烯为添加剂的玻璃纤维增强塑料；内圈为淬硬轴承钢，滑动表面镀硬铬	自润滑球头杆端关节轴承		SQ…L型 由特殊自润滑合金材料制成

3.9.2 关节轴承寿命及载荷的计算

关节轴承的失效形式主要是摩擦磨损失效，与滚动轴承的区别主要是疲劳失效不同。在选择这类轴承时，一般是根据轴承所受载荷和抗摩擦磨损的能力，确定所需轴承的额定载荷，并据此来选择轴承的类型及型号。或是根据支承结构的要求和工况条件选定轴承型号后，验算轴承寿命是否满足要求。

3.9.2.1 定义

表 8-3-40 关节轴承寿命及载荷的定义

名称	含义
静载荷	轴承套圈间相对速度为零时，作用在轴承上的载荷
径向额定静载荷	轴承中滑动表面的静接触应力达到材料的应力极限值时的径向静载荷
轴向额定静载荷	轴承中滑动表面的静接触应力达到材料的应力极限值时的轴向静载荷
径向当量静载荷	引起与实际载荷条件相当的工作表面接触应力的径向静载荷
轴向当量静载荷	引起与实际载荷条件相当的工作表面接触应力的轴向静载荷
径向额定动载荷	关节轴承中的工作表面动态接触应力达到最大许用应力时的径向载荷
轴向额定动载荷	关节轴承中的工作表面动态接触应力达到最大许用应力时的轴向载荷
寿命	关节轴承的摩擦因数达到规定的极限值或轴承磨损量超过规定的极限值时轴承工作摆动的总次数
径向当量动载荷	一恒定的径向载荷，在该载荷作用下，关节轴承工作表面接触应力水平与实际载荷作用相当
轴向当量动载荷	一恒定的中心轴向载荷，在该载荷作用下，关节轴承工作表面接触应力水平与实际载荷作用相当
极限应力	对金属材料指其屈服极限应力，对非金属材料指其破坏极限应力
自润滑关节轴承	工作时无需再润滑的关节轴承。此种轴承通常是含油的或工作表面上有自润滑材料，如聚四氟乙烯(PTFE)织物或其复合材料等
极限摆动角度	摆动运动中，摆动套圈上某一直径摆动到两个极限位置间的夹角
常规运转条件	假定这些条件：轴承安装正确、无外来物侵入、充分润滑、按常规加载、常温下工作以及不以特别高或特别低的速度运转
摆次	摆动运动中，套圈上某一点摆动了两倍的极限摆动角度时为一摆次

3.9.2.2 符号

表 8-3-41 计算关节轴承寿命及额定载荷的符号

符号	含义	单位	符号	含义	单位
B	关节轴承内(轴)圈公称宽度	mm	f	关节轴承摆动频率	min^{-1}
C	关节轴承外(座)圈公称宽度	mm	f_a	推力关节轴承额定动载荷模量	N/mm^2
$\overline{C}$	关节轴承中工作表面有效接触宽度	mm	f_r	向心关节轴承额定动载荷模量	N/mm^2
C_d	关节轴承额定动载荷	N	f_{ra}	角接触关节轴承额定动载荷模量	N/mm^2
C_{da}	关节轴承轴向额定动载荷	N	f_p	载荷变化频率	min^{-1}
C_{dr}	关节轴承径向额定动载荷	N	f_s	额定静载荷系数	N/mm^2
C_s	向心关节轴承额定静载荷	N	H	推力关节轴承公称高度	mm
C_{sa}	推力关节轴承轴向额定静载荷	N	$I(\varepsilon)$	积分参数	
C_{sr}	角接触关节轴承径向额定静载荷	N	K_M	与摩擦副材料有关的系数	
d_k	关节轴承滑动球面公称直径	mm	k	耐压模数	N/mm^2
$\overline{d}_k$	关节轴承滑动球面等效直径	mm	L	关节轴承初润滑寿命	摆次
F_a	轴向载荷	N	L_i	第 i 段载荷下的计算寿命	摆次
F_r	径向载荷	N	L_R	关节轴承多次润滑寿命	摆次
F_{min}	最小载荷	N	L_W	关节轴承多次润滑间隔寿命	摆次
F_{max}	最大载荷	N	n	载荷的分段数	

续表

符号	含　义	单位	符号	含　义	单位
P	关节轴承当量动载荷	N	X_{sra}	角接触关节轴承当量静载荷系数	
p	名义接触应力	N/mm²	Y_a	推力关节轴承当量动载荷系数	
P_{sa}	轴向当量静载荷	N	Y_{sa}	推力关节轴承当量静载荷系数	
P_{sr}	径向当量静载荷	N	α_K	载荷特性寿命系数	
$[p]$	材料许用极限应力	N/mm²	α_P	载荷寿命系数	
T	角接触关节轴承公称宽度	mm	α_t	温度寿命系数	
T_m	载荷作用总时间	min	α_v	滑动速度寿命系数	
T_{mi}	第 i 段载荷的作用时间	min	α_z	润滑寿命系数	
t	温度	℃	α_h	多次润滑间隔寿命系数	
v	关节轴承球面滑动速度	mm/s	α_β	多次润滑摆角寿命系数	
X_r	向心关节轴承当量动载荷系数		β	摆角	(°)
X_{ra}	角接触关节轴承当量动载荷系数		ξ	折算系数	
X_{sr}	向心关节轴承当量静载荷系数				

3.9.2.3 额定载荷

关节轴承额定载荷计算见表 8-3-42。

表 8-3-42　**关节轴承额定载荷计算公式**

轴承类型	额定动载荷	额定静载荷	当量动载荷	当量静载荷
向心关节轴承	$C_{dr}=f_rCd_k$	$C_s=f_sCd_k$	$P=X_rF_r$	$P_{sr}=X_{sr}F_r$
角接触关节轴承	$C_{dr}=f_{ra}(B+C-T)d_k$	$C_{sr}=f_s(B+C-T)d_k$	$P=X_{ra}F_r$	$P_{sr}=X_{sra}F_r$
推力关节轴承	$C_{da}=f_a(B+C-H)d_k$	$C_{sa}=f_s(B+C-H)d_k$	$P=Y_aF_a$	$P_{sa}=Y_{sa}F_a$
杆端关节轴承	当杆端关节轴承为向心型时，采用向心关节轴承方法计算 当杆端关节轴承为球头型时，采用推力关节轴承方法计算 当轴承的 C_s 超过杆体材料的屈服许用应力时，取杆体材料的屈服许用应力值作为计算 C_s 的依据			

注：1. 当关节轴承在一个摆动周期内承受变载荷作用时，其当量动载荷为：$P=\sqrt{\dfrac{F_{min}^2+F_{max}^2}{2}}$。

2. f_r、f_{ra}、f_a、$f_s=f([p], \varepsilon, d_k)$ 值与轴承接触副的材料、结构尺寸、径向游隙等有关，各类轴承基本游隙值下的系数值见表 8-3-43～表 8-3-45，系数 X_r、X_{sr}、X_{ra}、X_{sra}、Y_a、Y_{sa}值按表 8-3-46 选取。

表 8-3-43　**向心关节轴承的 f_r、f_s**　N/mm²

d_k/mm		摩擦副材料							
		钢/钢		钢/铜		钢/PTFE 织物		钢/PTFE 复合物	
超过	到	f_r	f_s	f_r	f_s	f_r	f_s	f_r	f_s
5	100	85	425	50	125	120	242	90	225
100	200	86	428	51	126	121	244	91	226
200	300	87	430	51	128	122	246	92	228
300	400	87	430	52	130	123	250	93	230
400	500	88	435	54	130	125	261	94	231
500	700	90	454	55	130	136	268	95	232
700	1000	93	468	55	130	138	278	95	233
1000	1200		475		130		284		—

表 8-3-44　**角接触关节轴承的 f_{ra}、f_s**　N/mm²

d_k/mm		摩擦副材料			
		钢/钢		钢/PTFE 织物	
超过	到	f_{ra}	f_s	f_{ra}	f_s
5	55	86	426	128	254
55	500	88	440	132	264

表 8-3-45 **推力关节轴承的 f_a、f_s** N/mm²

d_k/mm		摩擦副材料			
		钢/钢		钢/PTFE 织物	
超过	到	f_a	f_s	f_a	f_s
5	60	170	855	255	512
60	100	185	924	280	560
100	110	185	966	280	575
110	150	190	966	288	575
150	200	180	920	275	550
200	220	180	768	275	462
220	300	155	768	230	462
300	500	143	710	222	425
500	700	143	—	256	529

表 8-3-46 **系数 X_r、X_{sr}、X_{ra}、X_{sra}、Y_a、Y_{sa} 值**

F_a/F_r	0	0.1	0.2	0.3	0.4
X_r、X_{sr}	1.00	1.30	1.70	2.45	3.50

F_a/F_r	0	0.5	1	1.5	2	2.5	3
X_{ra}、X_{sra}	1.000	1.220	1.510	1.860	2.265	2.630	3.000

F_r/F_a	0	0.1	0.2	0.3	0.4	0.5
Y_a、Y_{sa}	1.00	1.10	1.22	1.33	1.48	1.61

3.9.2.4 关节轴承寿命

表 8-3-47 **关节轴承寿命计算公式**

计算公式		备注				
初始润滑寿命	$L=\alpha_k\alpha_t\alpha_p\alpha_v\alpha_z\dfrac{K_M C_d}{vP}$	各系数分别按表 8-3-48 和表 8-3-49 选取				
多次润滑寿命	$L_R=\alpha_h\alpha_\beta L$	对于需维护的脂润滑关节轴承，应定期更换轴承中的润滑剂，α_h、α_β 分别按表 8-3-51 和表 8-3-52 选取				
分段载荷下的寿命	$L=T_m/\sum_{i=1}^{n}\dfrac{T_{mi}}{L_i}$	$T_m=\sum_{i=1}^{n}T_{mi}$				
关节轴承工作球面的滑动速度	$v=2.9089\times10^{-4}\beta f\overline{d}_k$ $\overline{d}_k=\zeta d_k$	轴承类型	向心轴承		角接触轴承	推力轴承
		ζ	1		0.9	0.7
关节轴承中的名义接触应力	$p=k\dfrac{P}{C_d}$	摩擦副材料	钢/钢	钢/铜	钢/PTFE 织物	钢/PTFE 复合物
		k/N·mm^{-2}	100	50	150	100
关节轴承工作表面上的 pv 值	$pv=2.9089\times10^{-4}\beta\overline{d}_k fk\dfrac{P}{C_d}$	pv 值应加以限制，否则轴承会过热，导致轴承寿命缩短。不同材料接触副的 pv 限值见表 8-3-48				

注：C_d 应根据不同结构的关节轴承选取，向心关节轴承取 $C_d=C_{dr}$，推力关节轴承取 $C_d=C_{da}$。

表 8-3-48 **p、v、pv 值**

摩擦副材料		钢/钢	钢/铜	钢/PTFE 织物	钢/PTFE 复合物
v/mm·s^{-1}	max	100	100	300	300
p/N·mm^{-2}		100	50	150	100
pv/N·mm^{-2}·mm·s^{-1}		400	400	300	300

表 8-3-49　**计算系数**

系数	摩擦副材料				
	钢/钢	钢/铜	钢/PTFE 织物	钢/PTFE 复合物	备　注
K_M	830	207600	2.592×10^5	2.946×10^5	—
α_k	1	1	1	1	恒定载荷
	1	1	$(0.6062\sim6.0207)\times10^{-3}f_p p^{1.11}$	$(0.6062\sim3.1309)\times10^{-3}f_p p^{1.25}$	脉动载荷
	2	2	$(0.433\sim4.3005)\times10^{-3}f_p p^{1.11}$	$(0.433\sim2.2364\times10^{-3})f_p p^{1.25}$	交变载荷
α_t	1	1	1	1	$t\leqslant60℃$
	0.9	$(1.15\sim2.5)\times10^{-3}t$	$(1.225\sim3.75)\times10^{-3}t$	$(2.2\sim0.02)t$	$60℃<t\leqslant100℃$
	0.8	$(2.1\sim0.012)t$	$(1.35\sim0.005)t$	—	$100℃<t\leqslant150℃$
	0.6	—	—	—	$150℃<t\leqslant200℃$
α_v	$v^{0.86}\beta^{0.84}f^{0.64}$	$v^{0.4}f^{0.8}$	$\dfrac{f}{(1.00475)^{\lambda v}\times1.0093^{\beta}}$	$\dfrac{f}{(1.00344)^{\lambda v}}$	—
α_p	G/P^b				
α_z	油脂润滑(无油槽取 0.1～0.5,有油槽取 0.3～1);自润滑取 0.5～1				
λ	—	—	1.0193^p	1.0399^p	—

注：表中的 λ、G、b 为计算变量，G、b 值在表 8-3-50 中查取。

表 8-3-50　**G、b 值**

p/N·mm^{-2}		摩擦副材料							
		钢/钢		钢/铜		钢/PTFE 织物		钢/PTFE 复合物	
超过	到	G	b	G	b	G	b	G	b
—	10	2.000	0	0.25	0	15.3460	0.0488	4.5102	0.2230
10	25	80.533	1.465	1.00	0.6	15.3460	0.0488	4.5102	0.2230
25	45	80.533	1.465	1.00	0.6	22.9060	0.1732	13.7170	0.5686
45	65	80.533	1.465	—	—	47.7259	0.3660	13.7170	0.5686
65	100	80.533	1.465	—	—	157.9193	0.6527	13.7170	0.5856
100	150	—	—	—	—	402.0115	0.8556	—	—

表 8-3-51　**系数 α_h**

L/L_w	1	5	10	20	30	40	50
α_h	1.00	2.00	2.85	4.00	4.90	5.45	5.45

表 8-3-52　**系数 α_β**

β/(°)	≤7	10	15	20	25	30	35	40
α_β	0.8	1	2.4	3.7	4.6	5.2	5.2	5.2

3.9.2.5　关节轴承的摩擦因数

关节轴承的摩擦因数不但比滚动轴承大，而且与滑动摩擦副材料的配对密切相关。常用的关节轴承摩擦副的摩擦因数如表 8-3-53 所示。

表 8-3-53　**关节轴承的摩擦因数**

关节轴承摩擦副	摩擦因数	
	最小	最大
钢/钢	0.08	0.20
钢/青铜	0.10	0.25
钢/烧结青铜复合材料	0.05	0.20
钢/聚四氟乙烯编织物	0.03	0.15
钢/聚四氟乙烯聚酰胺	0.05	0.20
钢/特殊青铜	0.07	0.15

3.9.3　关节轴承的应用设计

3.9.3.1　关节轴承的配合

关节轴承内圈与轴的配合采用基孔制，外圈与外壳孔的配合采用基轴制。与滚动轴承有所不同，尽管一般均采用上偏差为零、下偏差为负的分布，但部分类型中的部分系列如向心关节轴承的 K、W 系列的内径、杆端关节轴承的 K 系列的内径则采用上偏差为正、下偏差为零的分布。

（1）关节轴承的常用公差带

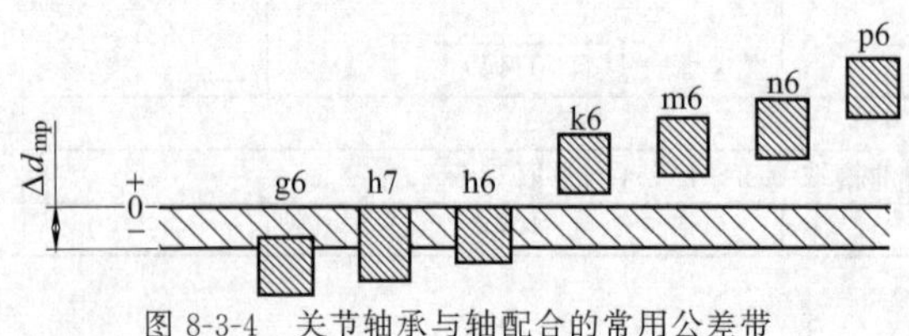

图 8-3-4　关节轴承与轴配合的常用公差带

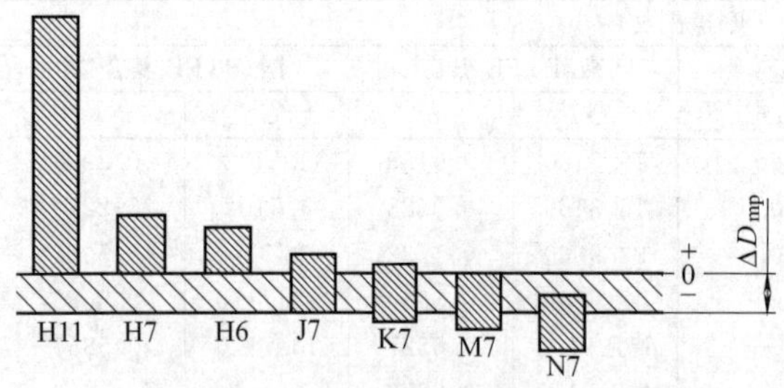

图 8-3-5　关节轴承与外壳孔配合的常用公差带

（2）轴承与轴和外壳孔的配合公差带选择

表 8-3-54　轴承与轴的配合　轴的公差带

轴承类型	工作条件	公差带	
		润滑型	自润滑型
向心关节轴承	各种载荷、浮动支承	h6、h7	h6、g6
	各种载荷、固定支承	m6	k6
角接触关节轴承	各种载荷	m6、n6	m6
推力关节轴承	各种载荷	m6、n6	m6
杆端关节轴承	不定向载荷	n6、p6	m6、n6
	一般条件	h6、h7	h6、g6

表 8-3-55　轴承与外壳孔的配合　孔的公差带

轴承类型	工作条件	公差带	
		润滑型	自润滑型
向心关节轴承	轻载荷、浮动支承	H6、H7	H7
	重载荷、固定支承	M7	K7
	轻合金外壳孔	N7	M7
角接触关节轴承	各种载荷、浮动支承	J7	J7
	各种载荷、固定支承	M7	M7
推力关节轴承	纯轴向载荷	H11	H11
	联合载荷	J7	J7

（3）关节轴承配合表面的表面粗糙度和形位公差

表 8-3-56　关节轴承配合表面的表面粗糙度

配合表面	轴承公称直径/mm		
	≤80	＞80～500	＞500～1000
	表面粗糙度 Ra/μm		
轴颈表面	1.6	3.2	6.3
外壳孔表面	1.6	3.2	6.3
轴肩、垫圈端面及外壳孔肩	3.2	3.2	12.5

表 8-3-57　关节轴承配合表面的形位公差　　μm

轴承公称直径/mm		圆柱度 t		端面圆跳动 t_1		垫圈两端面平行度 t_2
		轴颈	外壳孔	轴肩	外壳孔肩	
超过	到	max				
3	6	4	—	8	—	12
6	10	4	4	9	9	15
10	18	5	5	11	11	18
18	30	6	6	13	13	21
30	50	7	7	16	16	25
50	80	8	8	19	19	30
80	120	10	10	22	22	35
120	150	12	12	25	25	40
150	180	12	12	25	25	40
180	250	14	14	29	29	46
250	315	16	16	32	32	52
315	400	18	18	36	36	57
400	500	20	20	40	40	63
500	630	22	22	44	44	70
630	800	25	25	50	50	80
800	1000	28	28	56	56	90

注：表面粗糙度和形位公差，轴肩端面圆跳动、内垫圈两端面平行度和轴颈表面圆柱度以内径查表确定；外壳孔肩端面圆跳动、外垫圈两端面平行度和外壳孔表面圆柱度以外径查表确定。

(4) 关节轴承与轴和外壳孔的配合

表 8-3-58 **关节轴承与轴的配合** μm

基本尺寸/mm		轴承内径的极限偏差 Δd_{mp}		轴公差带													
				p6		n6		m6		k6		h6		h7		g6	
				轴颈直径的极限偏差													
超过	到	上偏差	下偏差	上偏差	下偏差	上偏差	下偏差	上偏差	下偏差	上偏差	下偏差	上偏差	下偏差	上偏差	下偏差	上偏差	下偏差
3	6	0	−8	+20	+12	+16	+8	+12	+4	+9	+1	0	−8	0	−12	−4	−12
6	10	0	−8	+24	+15	+19	+10	+15	+6	+10	+1	0	−9	0	−15	−5	−14
10	18	0	−8	+29	+18	+23	+12	+18	+7	+12	+1	0	−11	0	−18	−6	−17
18	30	0	−10	+35	+22	+28	+15	+21	+8	+15	+2	0	−13	0	−21	−7	−20
30	50	0	−12	+42	+26	+33	+17	+25	+9	+18	+2	0	−16	0	−25	−9	−25
50	80	0	−15	+51	+32	+39	+20	+30	+11	+21	+2	0	−19	0	−30	−10	−29
80	120	0	−20	+59	+37	+45	+23	+35	+13	+25	+3	0	−22	0	−35	−12	−34
120	180	0	−25	+68	+43	+52	+27	+40	+15	+28	+3	0	−25	0	−40	−14	−39
180	250	0	−30	+79	+50	+60	+31	+46	+17	+33	+4	0	−29	0	−46	−15	−44
250	315	0	−35	+88	+56	+66	+34	+52	+20	+36	+4	0	−32	0	−52	−17	−49
315	400	0	−40	+98	+62	+73	+37	+57	+21	+40	+4	0	−36	0	−57	−18	−54
400	500	0	−45	+108	+68	+80	+40	+63	+23	+45	+5	0	−40	0	−63	−20	−60
500	630	0	−50	+122	+78	+88	+44	+70	+26	+44	0	0	−44	0	−70	−22	−66
630	800	0	−75	+138	+88	+100	+50	+80	+30	+50	0	0	−50	0	−80	−24	−74

基本尺寸/mm		过盈								间隙或过盈					
超过	到	最大	最小	最大	最小	最大	最小	最大	最小	最大过盈	最大间隙	最大过盈	最大间隙	最大过盈	最大间隙
3	6	28	12	24	8	20	4	17	1	8	8	8	12	4	12
6	10	32	15	27	10	23	6	18	1	8	9	8	15	3	14
10	18	37	18	31	12	26	7	20	1	8	11	8	18	2	17
18	30	45	22	38	15	31	8	25	2	10	13	10	21	3	20
30	50	54	26	45	17	37	9	30	2	12	16	12	25	3	25
50	80	66	32	54	20	45	11	36	2	15	19	15	30	5	29
80	120	79	37	65	23	55	13	45	3	20	22	20	35	8	34
120	180	93	43	77	27	65	15	53	3	25	25	25	40	11	39
180	250	109	50	90	31	76	17	63	4	30	29	30	46	15	44
250	315	123	56	101	34	87	20	71	4	35	32	35	52	18	49
315	400	138	62	113	37	97	21	80	4	40	36	40	57	22	54
400	500	153	68	125	40	108	23	90	5	45	40	45	63	25	60
500	630	172	78	138	44	120	26	94	0	50	44	50	70	28	66
630	800	213	88	175	50	155	30	125	0	75	50	75	80	51	74

表 8-3-59 **关节轴承与外壳孔的配合** μm

基本尺寸/mm		轴承外径的极限偏差 ΔD_{mp}		孔公差带													
				N7		M7		K7		J7		H6		H7		H11	
				外壳孔直径的极限偏差													
超过	到	上偏差	下偏差	上偏差	下偏差	上偏差	下偏差	上偏差	下偏差	上偏差	下偏差	上偏差	下偏差	上偏差	下偏差	上偏差	下偏差
6	10	0	−8	−4	−19	0	−15	+5	−10	+8	−7	+9	0	+15	0	+90	0
10	18	0	−8	−5	−23	0	−18	+6	−12	+10	−8	+11	0	+18	0	+110	0
18	30	0	−9	−7	−28	0	−21	+6	−15	+12	−9	+13	0	+21	0	+130	0
30	50	0	−11	−8	−33	0	−25	+7	−18	+14	−11	+16	0	+25	0	+160	0
50	80	0	−13	−9	−39	0	−30	+9	−21	+18	−12	+19	0	+30	0	+190	0
80	120	0	−15	−10	−45	0	−35	+10	−25	+22	−13	+22	0	+35	0	+220	0

续表

基本尺寸/mm		轴承外径的极限偏差 ΔD_{mp}		孔公差带													
				N7		M7		K7		J7		H6		H7		H11	
				外壳孔直径的极限偏差													
超过	到	上偏差	下偏差	上偏差	下偏差	上偏差	下偏差	上偏差	下偏差	上偏差	下偏差	上偏差	下偏差	上偏差	下偏差	上偏差	下偏差
120	150	0	−18	−12	−52	0	−40	+12	−28	+26	−14	+25	0	+40	0	+250	0
150	180	0	−25	−12	−52	0	−40	+12	−28	+26	−14	+25	0	+40	0	+250	0
180	250	0	−30	−14	−60	0	−46	+13	−33	+30	−16	+29	0	+46	0	+290	0
250	315	0	−35	−14	−66	0	−52	+16	−36	+36	−16	+32	0	+52	0	+320	0
315	400	0	−40	−16	−73	0	−57	+17	−40	+39	−18	+36	0	+57	0	+360	0
400	500	0	−45	−17	−80	0	−63	+18	−45	+43	−20	+40	0	+63	0	+400	0
500	630	0	−50	−44	−114	−26	−96	0	−70	+35	−35	+44	0	+70	0	+440	0
630	800	0	−75	−50	−130	−30	−110	0	−80	+40	−40	+50	0	+80	0	+500	0
800	1000	0	−100	−56	−146	−34	−124	0	−90	+45	−45	+56	0	+90	0	+560	0
基本尺寸/mm				过盈或间隙								间隙					
超过		到		最大间隙	最小过盈	最大间隙	最小过盈	最大间隙	最小过盈	最大间隙	最小过盈	最大	最小	最大	最小	最大	最小
6		10		4	19	8	15	13	10	16	7	17	0	23	0	98	0
10		18		3	23	8	18	14	12	18	8	19	0	26	0	118	0
18		30		2	28	9	21	15	15	21	9	22	0	30	0	139	0
30		50		3	33	11	25	18	18	25	11	27	0	36	0	171	0
50		80		4	39	13	30	22	21	31	2	32	0	43	0	203	0
80		120		5	45	15	35	25	25	37	13	37	0	50	0	235	0
120		150		6	52	18	40	30	28	44	14	43	0	58	0	268	0
150		180		13	52	25	40	37	28	51	14	50	0	65	0	275	0
180		250		16	60	30	46	43	33	60	16	59	0	76	0	320	0
250		315		21	66	35	52	51	36	71	16	67	0	87	0	355	0
315		400		24	73	40	57	57	40	79	18	76	0	97	0	400	0
400		500		28	80	45	63	63	45	88	20	85	0	108	0	445	0
500		630		6	114	76	96	50	70	85	35	94	0	120	0	490	0
630		800		25	130	105	110	75	80	115	40	125	0	155	0	575	0
800		1000		44	146	134	124	100	90	145	45	156	0	190	0	660	0

3.9.3.2　关节轴承的游隙

向心关节轴承和杆端关节轴承，其径向游隙如表 8-3-60～表 8-3-67 所示。

（1）滑动接触表面：钢/钢（表 8-3-60～表 8-3-65）

表 8-3-60　　E、EH 系列径向游隙　　μm

d/mm		向心关节轴承 E 系列						杆端关节轴承 E、EH 系列					
		2 组		N 组		3 组		2 组		N 组		3 组	
超过	到	min	max	min	max	min	max	min	max	min	max	min	max
2.5	12	8	32	32	68	68	104	4	32	16	68	34	104
12	20	10	40	40	82	82	124	5	40	20	82	41	124
20	35	12	50	50	100	100	150	6	50	25	100	50	150
35	60	15	60	60	120	120	180	8	60	30	120	60	180
60	80	18	72	72	142	142	212	9	72	36	142	71	212
80	90	18	72	72	142	142	212	—	—	—	—	—	—
90	140	18	85	85	165	165	245	—	—	—	—	—	—
140	200	18	100	100	192	192	284	—	—	—	—	—	—
200	240	18	110	110	214	214	318	—	—	—	—	—	—
240	300	18	125	125	239	239	353	—	—	—	—	—	—

注：单缝或部分外圈杆端关节轴承，其游隙值与规定值可能略有差异。

表 8-3-61　G、GH 系列径向游隙　μm

d/mm		向心关节轴承 G 系列						杆端关节轴承 G、GH 系列					
		2 组		N 组		3 组		2 组		N 组		3 组	
超过	到	min	max	min	max	min	max	min	max	min	max	min	max
2.5	10	8	32	32	68	68	104	4	32	16	68	34	104
10	17	10	40	40	82	82	124	5	40	20	82	41	124
17	30	12	50	50	100	100	150	6	50	25	100	50	150
30	50	15	60	60	120	120	180	8	60	30	120	60	180
50	70	18	72	72	142	142	212	9	72	36	142	71	212
70	80	18	72	72	142	142	212	—	—	—	—	—	—
80	120	18	85	85	165	165	245	—	—	—	—	—	—
120	180	18	100	100	192	192	284	—	—	—	—	—	—
180	220	18	110	110	214	214	318	—	—	—	—	—	—
220	280	18	125	125	239	239	353	—	—	—	—	—	—

表 8-3-62　C 系列向心关节轴承径向游隙　μm

d/mm		N 组		d/mm		N 组	
超过	到	min	max	超过	到	min	max
300	340	125	239	850	1060	195	405
340	420	135	261	1060	1400	220	470
420	530	145	285	1400	1700	240	540
530	670	160	320	1700	2000	260	610
670	850	170	350				

表 8-3-63　K 系列径向游隙　μm

d/mm		2 组			N 组			3 组		
		min		max	min		max	min		max
超过	到	向心关节轴承	杆端关节轴承		向心关节轴承	杆端关节轴承		向心关节轴承	杆端关节轴承	
2.5	8	8	4	32	32	16	68	68	34	104
8	16	10	5	40	40	20	82	82	41	124
16	25	12	6	50	50	25	100	100	50	150
25	40	15	8	60	60	30	120	120	60	180
40	50	18	9	72	72	36	142	142	71	212

表 8-3-64　H 系列向心关节轴承径向游隙　μm

d/mm		2 组		N 组		3 组		d/mm		2 组		N 组		3 组	
超过	到	min	max	min	max	min	max	超过	到	min	max	min	max	min	max
90	120	18	85	85	165	165	245	380	480	—	—	145	285	—	—
120	180	18	100	100	192	192	284	480	600	—	—	160	320	—	—
180	240	18	110	110	214	214	318	600	750	—	—	170	350	—	—
240	300	18	125	125	239	239	353	750	950	—	—	195	405	—	—
300	380	—	—	135	261	—	—	950	1000	—	—	220	470	—	—

表 8-3-65　W 系列向心关节轴承径向游隙　μm

d/mm		2 组		N 组		3 组		d/mm		2 组		N 组		3 组	
超过	到	min	max	min	max	min	max	超过	到	min	max	min	max	min	max
2.5	12	8	32	32	68	68	104	90	125	18	85	85	165	165	245
12	20	10	40	40	82	82	124	125	200	18	100	100	192	192	284
20	32	12	50	50	100	100	150	200	250	18	125	125	239	239	353
32	50	15	60	60	120	120	180	250	320	18	135	135	261	261	387
50	90	18	72	72	142	142	212								

(2) 滑动接触表面：钢/青铜（表 8-3-66）

表 8-3-66 K系列径向游隙 μm

d/mm		向心关节轴承						杆端关节轴承					
		2组		N组		3组		2组		N组		3组	
超过	到	min	max	min	max	min	max	min	max	min	max	min	max
2.5	6	4	34	10	50	42	72	2	34 (22)	5	50 (40)	21	72 (65)
6	10	5	41	13	61	52	88	3	41 (27)	7	61 (49)	26	88 (78)
10	18	6	49	16	75	64	107	3	49 (33)	8	75 (59)	32	107 (93)
18	30	7	59	20	92	77	120	4	59 (40)	10	92 (72)	39	120 (103)
30	50	9	71	25	112	98	150	5	71 (48)	13	112 (87)	49	150 (125)

注：对于装有向心关节轴承及只带内圈的等特殊结构的杆端关节轴承，允许采用括号内的值。

(3) 自润滑向心关节轴承的径向游隙（表 8-3-67）

表 8-3-67 C型自润滑向心关节轴承的径向游隙 μm

d/mm		N组	
超过	到	min	max
4	12	4	28
12	20	5	35
20	30	6	44

3.9.3.3 关节轴承的公差

(1) 向心关节轴承的公差

表 8-3-68 E、G、C、H系列的内圈公差 μm

轴承公称内径 d/mm		单一平面平均内径偏差 Δd_{mp}		单一径向平面 内径变动量 V_{dp}	平均内径 变动量 V_{dmp}	内圈单一宽度偏差 ΔB_s	
超过	到	上偏差	下偏差	max	max	上偏差	下偏差
2.5	18	0	−8	8	6	0	−120
18	30	0	−10	10	8	0	−120
30	50	0	−12	12	9	0	−120
50	80	0	−15	15	11	0	−150
80	120	0	−20	20	15	0	−200
120	180	0	−25	25	19	0	−250
180	250	0	−30	30	23	0	−300
250	315	0	−35	35	26	0	−350
315	400	0	−40	40	30	0	−400
400	500	0	−45	45	34	0	−450
500	630	0	−50	50	38	0	−500
630	800	0	−75	75	56	0	−750
800	1000	0	−100	135	75	0	−1000
1000	1250	0	−125	190	125	0	−1250
1250	1600	0	−160	240	160	0	−1600
1600	2000	0	−200	300	200	0	−2000

注：1. 本标准规定的公差值适用于精加工后但在涂覆、电镀、部分和开裂工序前的向心关节轴承。
2. 经表面处理的向心关节轴承，其公差与本标准规定的公差值略有差异。

表 8-3-69　K、W 系列的内圈公差　μm

轴承公称内径 d/mm		单一平面平均内径偏差 Δd_{mp}		单一径向平面内径变动量 V_{dp}	平均内径变动量 V_{dmp}	内圈单一宽度偏差 ΔB_s			
		K、W		K、W	K、W	K		W	
超过	到	上偏差	下偏差	max	max	上偏差	下偏差	上偏差	下偏差
2.5	3	+10	0	10	6	0	−120	0	−100
3	6	+12	0	12	9	0	−120	0	−120
6	10	+15	0	15	11	0	−120	0	−150
10	18	+18	0	18	14	0	−120	0	−180
18	30	+21	0	21	16	0	−120	0	−210
30	50	+25	0	25	19	0	−120	0	−250
50	80	+30	0	30	22	—	—	0	−300
80	120	+35	0	35	26	—	—	0	−350
120	180	+40	0	40	30	—	—	0	−400
180	250	+46	0	46	35	—	—	0	−460
250	315	+52	0	52	39	—	—	0	−520
315	400	+57	0	57	43	—	—	0	−570

注：1. 本标准规定的公差值适用于精加工后但在涂覆、电镀、部分和开裂工序前的向心关节轴承。

2. 经表面处理的向心关节轴承，其公差与本标准规定的公差值略有差异。

表 8-3-70　E、G、C、W、H 系列的外圈公差　μm

轴承公称外径 D/mm		单一平面平均外径偏差 ΔD_{mp}		单一径向平面外径变动量 V_{Dp}	平均外径变动量 V_{Dmp}	外圈单一宽度偏差 ΔC_s	
超过	到	上偏差	下偏差	max	max	上偏差	下偏差
6	18	0	−8	10	6	0	−240
18	30	0	−9	12	7	0	−240
30	50	0	−11	15	8	0	−240
50	80	0	−13	17	10	0	−300
80	120	0	−15	20	11	0	−400
120	150	0	−18	24	14	0	−500
150	180	0	−25	33	19	0	−500
180	250	0	−30	40	23	0	−600
250	315	0	−35	47	26	0	−700
315	400	0	−40	53	30	0	−800
400	500	0	−45	60	34	0	−900
500	630	0	−50	67	38	0	−1000
630	800	0	−75	100	56	0	−1100
800	1000	0	−100	135	75	0	−1200
1000	1250	0	−125	190	125	0	−1300
1250	1600	0	−160	240	160	0	−1600
1600	2000	0	−200	300	200	0	−2000
2000	2500	0	−250	380	250	0	−2500
2500	3150	0	−300	480	320	0	−3200

注：1. 本标准规定的公差值适用于精加工后但在涂覆、电镀、部分和开裂工序前的向心关节轴承。

2. 经表面处理的向心关节轴承，其公差与本标准规定的公差值略有差异。

表 8-3-71 **K系列的外圈公差** μm

轴承公称外径 D/mm		单一平面平均外径偏差 ΔD_{mp}		单一径向平面外径变动量 V_{Dp}	平均外径变动量 V_{Dmp}	外圈单一宽度偏差 ΔC_s	
超过	到	上偏差	下偏差	max	max	上偏差	下偏差
5	18	0	−11	18	18	0	−240
18	30	0	−13	21	21	0	−240
30	50	0	−16	25	25	0	−240
50	80	0	−19	30	30	0	−300
80	120	0	−22	35	35	0	−400

注：1. 本标准规定的公差值适用于精加工后但在涂覆、电镀、部分和开裂工序前的向心关节轴承。
2. 经表面处理的向心关节轴承，其公差与本标准规定的公差值略有差异。

(2) 角接触关节轴承的公差

表 8-3-72 **角接触关节轴承内圈和轴承宽度公差** μm

轴承公称内径 d/mm		单一平面平均内径偏差 Δd_{mp}		单一径向平面内径变动量 V_{dp}	平均内径变动量 V_{dmp}	内圈单一宽度偏差 ΔB_s		轴承实际宽度偏差 ΔT_s	
超过	到	上偏差	下偏差	max	max	上偏差	下偏差	上偏差	下偏差
—	50	0	−12	12	9	0	−240	+250	−400
50	80	0	−15	15	11	0	−300	+250	−500
80	120	0	−20	20	15	0	−400	+250	−600
120	180	0	−25	25	19	0	−500	+350	−700
180	200	0	−30	30	23	0	−600	+350	−800

注：表中的公差值仅适用于表面处理前的角接触关节轴承。

表 8-3-73 **角接触关节轴承外圈公差** μm

轴承公称外径 D/mm		单一平面平均外径偏差 ΔD_{mp}		单一径向平面外径变动量 V_{Dp}	平均外径变动量 V_{Dmp}	外圈单一宽度偏差 ΔC_s	
超过	到	上偏差	下偏差	max	max	上偏差	下偏差
—	50	0	−14	14	11	0	−240
50	80	0	−16	16	12	0	−300
80	120	0	−18	18	14	0	−400
120	150	0	−20	20	15	0	−500
150	180	0	−25	25	19	0	−500
180	250	0	−30	30	23	0	−600
250	315	0	−35	35	26	0	−700

注：1. 本标准规定的公差值适用于精加工后但在涂覆、电镀、部分和开裂工序前的向心关节轴承。
2. 经表面处理的向心关节轴承，其公差与本标准规定的公差值略有差异。

(3) 推力关节轴承的公差

表 8-3-74 **推力关节轴承轴圈和轴承高度公差** μm

轴承公称内径 d/mm		单一平面平均内径偏差 Δd_{mp}		单一径向平面内径变动量 V_{dp}	平均内径变动量 V_{dmp}	轴圈单一高度偏差 ΔB_s		轴承实际高度偏差 ΔT_s	
超过	到	上偏差	下偏差	max	max	上偏差	下偏差	上偏差	下偏差
2.5	18	0	−8	8	6	0	−240	+250	−400
18	30	0	−10	10	8	0	−240	+250	−400
30	50	0	−12	12	9	0	−240	+250	−400
50	80	0	−15	15	11	0	−300	+250	−500
80	120	0	−20	20	15	0	−400	+250	−600
120	180	0	−25	25	19	0	−500	+350	−700
180	200	0	−30	30	23	0	−600	+350	−800

注：表中的公差值仅适用于表面处理前的推力关节轴承。

表 8-3-75　**推力关节轴承座圈公差**　μm

轴承公称外径 D/mm		单一平面平均外径偏差 ΔD_{mp}		单一径向平面外径变动量 V_{Dp}	平均外径变动量 V_{Dmp}	座圈单一高度偏差 ΔC_s	
超过	到	上偏差	下偏差	max	max	上偏差	下偏差
18	30	0	−9	12	7	0	−240
30	50	0	−11	15	8	0	−240
50	80	0	−13	17	10	0	−300
80	120	0	−15	20	11	0	−400
120	150	0	−18	24	14	0	−500
150	180	0	−25	33	19	0	−500
180	250	0	−30	40	23	0	−600
250	315	0	−35	47	26	0	−700
315	400	0	−40	53	30	0	−800

注：表中的公差值仅适用于表面处理前的推力关节轴承。

（4）杆端关节轴承的公差

表 8-3-76　**杆端关节轴承 E、EH、G、GH、K 系列公差**　μm

轴承公称内径 d/mm		单一平面平均内径偏差 Δd_{mp}				单一径向平面内径变动量 V_{dp}		平均内径变动量 V_{dmp}		螺纹直径 G①		杆端中心高 h,h_1,h_2	内圈单一宽度偏差 ΔB_s	
		E、EH、G、GH		K		E、EH、G、GH	K	E、EH、G、GH	K	符合 GB/T 197		E、EH、G、GH、K	E、EH、G、GH、K	
超过	到	上偏差	下偏差	上偏差	下偏差	max		max		M 型	F 型		上偏差	下偏差
2.5	3	0	−8	+10	0	8	10	6	6	6g	6H	±1 200	0	−120
3	6	0	−8	+12	0	8	12	6	9	6g	6H	±1 200	0	−120
6	10	0	−8	+15	0	8	15	6	11	6g	6H	±1 200	0	−120
10	18	0	−8	+18	0	8	18	6	14	6g	6H	±1200	0	−120
18	30	0	−10	+21	0	10	21	8	16	6g	6H	±1700	0	−120
30	50	0	−12	+25	0	12	25	9	19	6g	6H	±2100	0	−120
50	80	0	−15	+30	0	15	30	11	22	6g	6H	±2700	0	−150

① 螺纹可为右旋或左旋。

注：1. 本标准规定的公差值适用于精加工后但在涂覆、电镀、剖分和开裂工序前的杆端关节轴承。

2. 经表面处理的杆端关节轴承，其公差与本标准规定的公差值略有差异。

3.9.4　关节轴承的基本尺寸和性能参数

3.9.4.1　向心关节轴承（GB/T 9163—2001）

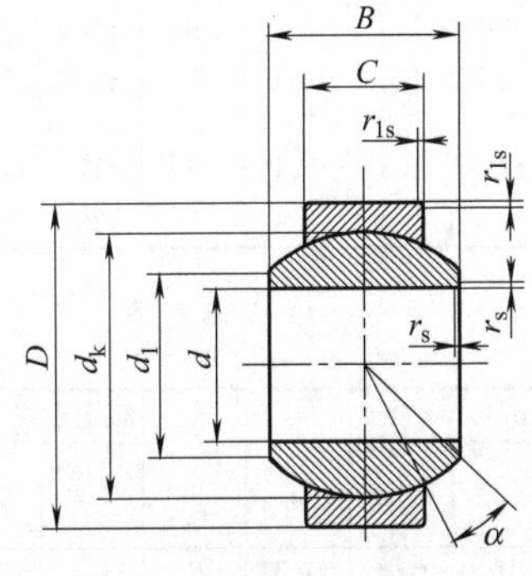

E、G、C、K、H 系列向心关节轴承

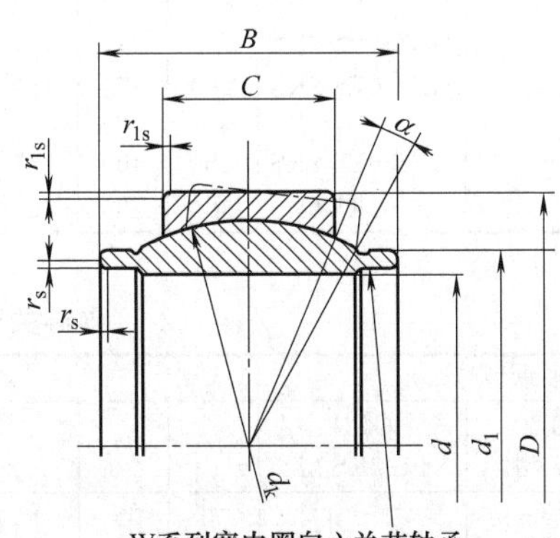

W系列宽内圈向心关节轴承

图 8-3-6　向心关节轴承

表 8-3-77 向心关节轴承 E 系列

轴承型号			外形尺寸/mm									额定载荷/kN		质量/kg ≈
GE E型	GE C型	GE ES-2RS型	d	D	B	C	d_1 ≈	d_k①	r_{smin}	r_{1smin}	α/(°) ≈	C_r	C_{0r}	
GE4E	GE4C	—	4	12	5	3	6	8	0.3	0.3	16	2	10	0.003
GE5E	GE5C	—	5	14	6	4	8	10	0.3	0.3	13	3.4	17	0.004
GE6E	GE6C	—	6	14	6	4	8	10	0.3	0.3	13	3.4	17	0.004
GE8E	GE8C	—	8	16	8	5	10	13	0.3	0.3	15	5.5	27	0.008
GE10E	GE10C	—	10	19	9	6	13	16	0.3	0.3	12	8.1	40	0.011
GE12E	GE12C	—	12	22	10	7	15	18	0.3	0.3	10	10	53	0.015
GE15ES	GE15C	GE15ES-2RS	15	26	12	9	18	22	0.3	0.3	8	16	84	0.027
GE17ES	GE17C	GE17ES-2RS	17	30	14	10	20	25	0.3	0.3	10	21	106	0.041
GE20ES	GE20C	GE20ES-2RS	20	35	16	12	24	29	0.3	0.3	9	30	146	0.066
GE25ES	GE25C	GE25ES-2RS	25	42	20	16	29	35	0.6	0.6	7	48	240	0.119
GE30ES	GE30C	GE30ES-2RS	30	47	22	18	34	40	0.6	0.6	6	62	310	0.153
GE35ES	GE35C	GE35ES-2RS	35	55	25	20	39	47	0.6	1	6	79	399	0.233
GE40ES	GE40C	GE40ES-2RS	40	62	28	22	45	53	0.6	1	7	99	495	0.306
GE45ES	GE45C	GE45ES-2RS	45	68	32	25	50	60	0.6	1	7	127	637	0.427
GE50ES	GE50C	GE50ES-2RS	50	75	35	28	55	66	0.6	1	6	156	780	0.546
GE55ES	—	GE55ES-2RS	55	85	40	32	62	74	0.6	1	7	200	1000	0.864
GE60ES	—	GE60ES-2RS	60	90	44	36	66	80	1	1	6	245	1220	1.04
GE70ES	—	GE70ES-2RS	70	105	49	40	77	92	1	1	6	313	1560	1.55
GE80ES	—	GE80ES-2RS	80	120	55	45	88	105	1	1	6	400	2000	2.31
GE90ES	—	GE90ES-2RS	90	130	60	50	98	115	1	1	5	488	2440	2.75
GE100ES	—	GE100ES-2RS	100	150	70	55	109	130	1	1	7	607	3030	4.45
GE110ES	—	GE110ES-2RS	110	160	70	55	120	140	1	1	6	654	3270	4.82
GE120ES	—	GE120ES-2RS	120	180	85	70	130	160	1	1	6	950	4750	8.05
GE140ES	—	GE140ES-2RS	140	210	90	70	150	180	1	1	7	1070	5355	11.02
GE160ES	—	GE160ES-2RS	160	230	105	80	170	200	1	1	8	1360	6800	14.01
GE180ES	—	GE180ES-2RS	180	260	105	80	192	225	1.1	1.1	6	1530	7650	18.65
GE200ES	—	GE200ES-2RS	200	290	130	100	212	250	1.1	1.1	7	2120	10600	28.03
GE220ES	—	GE220ES-2RS	220	320	135	100	238	275	1.1	1.1	8	2320	1160	35.51
GE240ES	—	GE240ES-2RS	240	340	140	100	265	300	1.1	1.1	8	2550	12700	39.91
GE260ES	—	GE260ES-2RS	260	370	150	110	285	325	1.1	1.1	7	3038	15190	51.54
GE280ES	—	GE280ES-2RS	280	400	155	120	310	350	1.1	1.1	6	3570	17850	65.06
GE300ES	—	GE300ES-2RS	300	430	165	120	330	375	1.1	1.1	7	3800	19100	78.07

① 参考尺寸。

表 8-3-78 向心关节轴承 G 系列

轴承型号			外形尺寸/mm									额定载荷/kN		质量/kg ≈
GEG E型	GEG C型	GEG ES-2RS型	d	D	B	C	d_1 ≈	d_k①	r_{smin}	r_{1smin}	α/(°) ≈	C_r	C_{0r}	
GEG4E	GEG4C	—	4	14	7	4	7	10	0.3	0.3	20	3.4	17	0.005
GEG5E	GEG5C	—	5	14	7	4	7	10	0.3	0.3	20	3.4	27	0.008
GEG6E	GEG6C	—	6	16	9	5	9	13	0.3	0.3	21	5.5	27	0.006

续表

轴承型号			外形尺寸/mm									额定载荷/kN		质量/kg ≈
GEG E 型	GEG C 型	GEG ES-2RS 型	d	D	B	C	d_1 ≈	d_k[①]	r_{smin}	r_{1smin}	α/(°) ≈	C_r	C_{0r}	
GEG8E	GEG8C	—	8	19	11	6	11	16	0.3	0.3	21	8.1	40	0.014
GEG10E	GEG10C	—	10	22	12	7	13	18	0.3	0.3	18	10	53	0.021
GEG12E	GEG12C	—	12	26	15	9	16	22	0.3	0.3	18	16	84	0.033
GEG15ES	GEG15C	GEG15ES-2RS	15	30	16	10	19	25	0.3	0.3	16	21	106	0.049
GEG17ES	GEG17C	GEG17ES-2RS	17	35	20	12	21	29	0.3	0.3	19	30	146	0.083
GEG20ES	GEG20C	GEG20ES-2RS	20	42	25	16	24	35	0.3	0.6	17	48	240	0.153
GEG25ES	GEG25C	GEG25ES-2RS	25	47	28	18	29	40	0.6	0.6	17	62	310	0.203
GEG30ES	GEG30C	GEG30ES-2RS	30	55	32	20	34	47	0.6	1	17	79	399	0.304
GEG35ES	GEG35C	GEG35ES-2RS	35	62	35	22	39	53	0.6	1	16	99	495	0.408
GEG40ES	GEG40C	GEG40ES-2RS	40	68	40	25	44	60	0.6	1	17	127	637	0.542
GEG45ES	GEG45C	GEG45ES-2RS	45	75	43	28	50	66	0.6	1	15	156	780	0.713
GEG50ES	—	GEG50ES-2RS	50	90	56	36	57	80	0.6	1	17	245	1220	1.14
GEG60ES	—	GEG60ES-2RS	60	105	63	40	67	92	1	1	17	313	1560	2.05
GEG70ES	—	GEG70ES-2RS	70	120	70	45	77	105	1	1	16	400	2000	3.01
GEG80ES	—	GEG80ES-2RS	80	130	75	50	87	115	1	1	14	488	2440	3.64
GEG90ES	—	GEG90ES-2RS	90	150	85	55	98	130	1	1	15	607	3030	5.22
GEG100ES	—	GEG100ES-2RS	100	160	85	55	110	140	1	1	14	654	3270	6.05
GEG110ES	—	GEG110ES-2RS	110	180	100	70	122	160	1	1	12	950	4750	9.68
GEG120ES	—	GEG120ES-2RS	120	210	115	70	132	180	1	1	16	1070	5355	14.01
GEG140ES	—	GEG140ES-2RS	140	230	130	80	151	200	1	1	16	1360	6800	19.01
GEG160ES	—	GEG160ES-2RS	160	260	135	80	176	225	1	1.1	16	1530	7650	20.02
GEG180ES	—	GEG180ES-2RS	180	290	155	100	196	250	1.1	1.1	14	2120	10600	32.21
GEG200ES	—	GEG200ES-2RS	200	320	165	100	220	275	1.1	1.1	15	2320	11600	45.28
GEG220ES	—	GEG220ES-2RS	220	340	175	100	243	300	1.1	1.1	16	2550	12700	51.12
GEG240ES	—	GEG240ES-2RS	240	370	190	110	263	325	1.1	1.1	15	3038	15190	65.12
GEG260ES	—	GEG260ES-2RS	260	400	205	120	283	350	1.1	1.1	15	3570	17850	82.44
GEG280ES	—	GEG280ES-2RS	280	430	210	120	310	375	1.1	1.1	15	3800	19100	97.21

① 参考尺寸。

表 8-3-79　向心关节轴承 K 系列

轴承类型	外形尺寸/mm								
GEK　S 型	d	D	B	C	d_1 ≈	d_k[①]	r_{smin}	r_{1smin}	α/(°) ≈
GEK3S	3	10	6	4.5	5.1	7.9	0.2	0.2	14
GEK5S	5	13	8	6	7.7	11.1	0.3	0.3	13
GEK6S	6	16	9	6.75	8.9	12.7	0.3	0.3	13
GEK8S	8	19	12	9	10.3	15.8	0.3	0.3	14
GEK10S	10	22	14	10.5	12.9	19	0.3	0.3	13
GEK12S	12	26	16	12	15.4	22.2	0.3	0.3	13
GEK14S	14	29	19	13.5	16.8	25.4	0.3	0.3	16
GEK16S	16	32	21	15	19.3	28.5	0.3	0.3	15
GEK18S	18	35	23	16.5	21.8	31.7	0.3	0.3	15

续表

轴承类型	外形尺寸/mm								
GEK S型	d	D	B	C	d_1 ≈	d_k①	r_{smin}	r_{1smin}	α/(°) ≈
GEK20S	20	40	25	18	24.3	34.9	0.3	0.6	14
GEK22S	22	42	28	20	25.8	38.1	0.3	0.6	15
GEK25S	25	47	31	22	29.5	42.8	0.3	0.6	15
GEK30S	30	55	37	25	34.8	50.8	0.3	0.6	17
GEK35S	35	65	43	30	40.3	59	0.6	1	16
GEK40S	40	72	49	35	44.2	66	0.6	1	16
GEK50S	50	90	60	45	55.8	82	0.6	1	14

① 参考尺寸。

表 8-3-80 **向心关节轴承 C 系列**

轴承型号	外形尺寸/mm									额定载荷/kN		质量/kg ≈
GEC HT型、GEC XT型、GEC HC型、GEC XS型、GEC…HCS型、GEC…XS-2RS型	d	D	B	C	d_1 ≈	d_k①	r_{smin}	r_{1smin}	α/(°) ≈	C_r	C_{0r}	
GEC320	320	440	160	135	340	375	1.1	3	4	5130	10260	78
GEC340	340	460	160	135	360	390	1.1	3	3	5400	10800	83
GEC360	360	480	160	135	380	410	1.1	3	3	5670	11340	87
GEC380	380	520	190	160	400	440	1.5	4	4	7200	14400	129
GEC400	400	540	190	160	425	465	1.5	4	3	7520	15040	135
GEC420	420	560	190	160	445	480	1.5	4	3	7840	15680	141
GEC440	440	600	218	185	465	515	1.5	4	3	9620	19240	196
GEC460	460	620	218	185	485	530	1.5	4	3	9990	19980	204
GEC480	480	650	230	195	510	560	2	5	3	11000	22000	239
GEC500	500	670	230	195	530	580	2	5	3	11400	22800	248
GEC530	530	710	243	205	560	610	2	5	3	12710	25420	294
GEC560	560	750	258	215	590	645	2	5	4	14080	28160	345
GEC600	600	800	272	230	635	690	2	5	3	16100	32200	413
GEC630	630	850	300	260	665	730	3	6	3	—	—	—
GEC670	670	900	308	260	710	770	3	6	3	—	—	—
GEC710	710	950	325	275	755	820	3	6	3	—	—	—
GEC750	750	1000	335	280	800	870	3	6	3	—	—	—
GEC800	800	1060	355	300	850	915	3	6	3	—	—	—
GEC850	850	1120	365	310	905	975	3	6	3	—	—	—
GEC900	900	1180	375	320	960	1030	3	6	3	—	—	—
GEC950	950	1250	400	340	1015	1090	4	7.5	3	—	—	—
GEC1000	1000	1320	438	370	1065	1150	4	7.5	3	—	—	—
GEC1060	1060	1400	462	390	1130	1220	4	7.5	3	—	—	—
GEC1120	1120	1460	462	390	1195	1280	4	7.5	3	—	—	—
GEC1180	1180	1540	488	410	1260	1350	4	7.5	3	—	—	—
GEC1250	1250	1630	515	435	1330	1425	4	7.5	3	—	—	—

续表

轴承型号	外形尺寸/mm									额定载荷/kN		质量/kg ≈
GEC　HT 型、GEC　XT 型、GEC　HC 型、GEC　XS 型、GEC…HCS 型、GEC…XS-2RS 型	d	D	B	C	d_1 ≈	d_k①	r_{smin}	r_{1smin}	$\alpha/(°)$ ≈	C_r	C_{0r}	
GEC1320	1320	1720	545	460	1405	1510	4	7.5	3	—	—	—
GEC1400	1400	1820	585	495	1485	1600	5	9.5	3	—	—	—
GEC1500	1500	1950	625	530	1590	1710	5	9.5	3	—	—	—
GEC1600	1600	2060	670	565	1690	1820	5	9.5	3	—	—	—
GEC1700	1700	2180	710	600	1790	1925	5	9.5	3	—	—	—
GEC1800	1800	2300	750	635	1890	2035	6	12	3	—	—	—
GEC1900	1900	2430	790	670	2000	2150	6	12	3	—	—	—
GEC2000	2000	2570	835	705	2100	2260	6	12	3	—	—	—

① 参考尺寸。

表 8-3-81　向心关节轴承 H 系列

轴承型号	外形尺寸/mm									额定载荷/kN		质量/kg ≈
GEH　HT 型、GEH　XT 型、GEH　XF 型、GEH　HC 型、GEH　XT-2RS 型	d	D	B	C	d_1 ≈	d_k①	r_{smin}	r_{1smin}	$\alpha/(°)$ ≈	C_r	C_{0r}	
GEH100	100	150	71	67	114	135	1	1	2	1350	3250	5.07
GEH110	110	160	78	74	122	146	1	1	2	1600	3860	6.21
GEH120	120	180	85	80	135	160	1	1	2	1920	4600	8.87
GEH140	140	210	100	95	155	185	1	1	2	2630	6320	14.6
GEH160	160	230	115	109	175	210	1	1	2	3430	8240	18.6
GEH180	180	260	128	122	203	240	1.1	1.1	2	4390	10540	26.7
GEH200	200	290	140	134	219	260	1.1	1.1	2	5220	12540	37.1
GEH220	220	320	155	148	245	290	1.1	1.1	2	6430	15450	49.4
GEH240	240	340	170	162	259	310	1.1	1.1	2	7530	18070	57.9
GEH260	260	370	185	175	285	340	1.1	1.1	2	8920	21420	75.2
GEH280	280	400	200	190	311	370	1.1	1.1	2	10540	25300	96
GEH300	300	430	212	200	327	390	1.1	1.1	2	11700	28080	117
GEH320	320	460	230	218	344	414	1.1	3	2	16240	32480	148
GEH340	340	480	243	230	359	434	1.1	3	2	17960	35920	163
GEH360	360	520	258	243	397	474	1.1	4	2	20730	41460	213
GEH380	380	540	272	258	412	494	1.5	4	2	22940	45880	236
GEH400	400	580	280	265	431	514	1.5	4	2	24510	49020	290
GEH420	420	600	300	280	441	534	1.5	4	2	26910	53920	319
GEH440	440	630	315	300	479	574	1.5	4	2	30990	61980	379
GEH460	460	650	325	308	496	593	1.5	5	2	32870	65740	404
GEH480	480	680	340	320	522	623	2	5	2	35880	71760	463
GEH500	500	710	355	335	536	643	2	5	2	38770	77540	529
GEH530	530	750	375	355	558	673	2	5	2	43000	86000	620
GEH560	560	800	400	380	602	723	2	5	2	49450	98900	770

续表

轴承型号	外形尺寸/mm									额定载荷/kN		质量/kg
GEH HT型、GEH XT型、GEH XF型、GEH HC型、GEH XT-2RS型	d	D	B	C	d_1 ≈	d_k①	r_{smin}	r_{1smin}	α/(°) ≈	C_r	C_{0r}	≈
GEH600	600	850	425	400	645	773	2	6	2	55650	111300	903
GEH630	630	900	450	425	677	813	3	6	2	62190	124380	1092
GEH670	670	950	475	450	719	862	3	6	2	69820	139640	1270
GEH710	710	1000	500	475	762	912	3	6	2	77970	155940	1465
GEH750	750	1060	530	500	814	972	3	6	2	87480	174960	1750
GEH800	800	1120	565	530	851	1022	3	6	2	97490	194980	2029
GEH850	850	1220	600	565	936	1112	3	7.5	2	—	—	—
GEH900	900	1250	635	600	949	1142	3	7.5	2	—	—	—
GEH950	950	1360	670	635	1045	1242	4	7.5	2	—	—	—
GEH1000	1000	1450	710	670	1103	1312	4	7.5	2	—	—	—

① 参考尺寸。

表 8-3-82 向心关节轴承W系列

轴承型号	外形尺寸/mm									额定载荷/kN		质量/kg
GEEW ES型	d	D	B	C	d_1 ≈	d_k①	r_{smin}	r_{1smin}	α/(°) ≈	C_r	C_{0r}	≈
GEEW12ES	12	22	12	7	15.5	18	0.3	0.3	4	10	53	0.017
GEEW15ES	15	26	15	9	18.5	—	0.3	0.3	4	16	84	0.028
GEEW16ES	16	28	16	9	20	23	0.3	0.3	4	17	85	0.034
GEEW17ES	17	30	17	10	21	—	0.3	0.3	7	21	106	0.043
GEEW20ES	20	35	20	12	25	29	0.3	0.3	4	30	146	0.069
GEEW25ES	25	42	25	16	30.5	35	0.6	0.6	4	48	240	0.124
GEEW30ES	30	47	30	18	34	—	0.6	0.6	4	62	310	0.159
GEEW32ES	32	52	32	18	38	44	0.6	1	4	65	328	0.207
GEEW35ES	35	55	35	20	40	—	0.6	1	4	79	399	0.248
GEEW40ES	40	62	40	22	46	53	0.6	1	4	99	495	0.349
GEEW45ES	45	68	45	25	52	—	0.6	1	4	127	637	0.468
GEEW50ES	50	75	50	28	57	66	0.6	1	4	156	780	0.62
GEEW60ES	60	90	60	36	68	—	1	1	3	245	1220	1.11
GEEW63ES	63	95	63	36	71.5	83	1	1	4	253	1260	1.27
GEEW70ES	70	105	70	40	78	—	1	1	4	313	1560	1.69
GEEW80ES	80	120	80	45	91	105	1	1	4	400	2000	2.55
GEEW90ES	90	130	90	50	99	115	1	1	4	488	2440	3.04
GEEW100ES	100	150	100	55	113	130	1	1	4	607	3030	4.87
GEEW110ES	110	160	110	55	124	140	1	1	4	654	3270	5.53
GEEW125ES	125	180	125	70	138	160	1	1	4	950	4750	8.19
GEEW160ES	160	230	160	80	177	200	1	1	4	1360	6800	15.8
GEEW200ES	200	290	200	100	221	250	1.1	1.1	4	2120	10600	31.7
GEEW250ES	250	400	250	120	317	350	2.5	1.1	4	3750	17800	101
GEEW320ES	320	520	320	160	405	450	2.5	4	4	6200	30500	225

① 参考尺寸。

表 8-3-83　　向心关节轴承 M 系列

轴承型号	外形尺寸/mm									额定载荷/kN		质量
GEEM　ES-2RS 型	d	D	B	C	d_1 ≈	d_k①	r_{smin}	r_{1smin}	α/(°) ≈	C_r	C_{0r}	/kg ≈
GEEM20ES-2RS	20	35	24	12	24	29	0.3	0.3	6	30	146	0.072
GEEM25ES-2RS	25	42	29	16	29	35.5	0.3	0.6	4	48	240	0.13
GEEM30ES-2RS	30	47	30	18	34	40.7	0.3	0.6	4	62	310	0.16
GEEM35ES-2RS	35	55	35	20	40	47	0.6	1	4	79	399	0.25
GEEM40ES-2RS	40	62	38	22	45	53	0.6	1	4	99	495	0.34
GEEM45ES-2RS	45	68	40	25	52	60	0.6	1	4	127	637	0.45
GEEM50ES-2RS	50	75	43	28	57	66	0.6	1	4	156	780	0.59
GEEM60ES-2RS	60	90	54	36	68	80	0.6	1	3	245	1220	1.06
GEEM70ES-2RS	70	105	65	40	78	92	0.6	1	4	313	1560	1.66
GEEM80ES-2RS	80	120	74	45	90	105	0.6	1	4	400	2000	2.47
GEEM90ES-2RS	90	130	80	50	99	115	1	1	4	488	2440	2.88
GEEM100ES-2RS	100	150	90	55	113	130	1	1	4	607	3030	4.65
GEEM120ES-2RS	120	180	108	70	133	160	1	1	4	950	4750	8.44

① 参考尺寸。

第 8 篇

3.9.4.2　角接触关节轴承（GB/T 9164—2001）

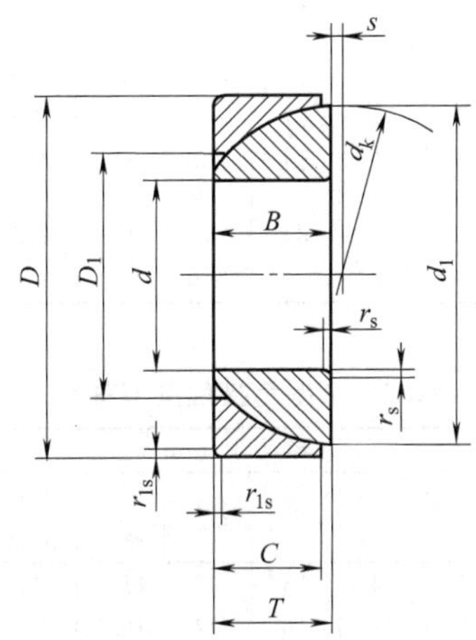

图 8-3-7　角接触关节轴承

表 8-3-84　　GAC　S 型角接触关节轴承

轴承型号	外形尺寸/mm									额定载荷/kN		质量
GAC　S 型	d	D	B max	C max	T	d_k①	d_1 ≈	D_1 max	s ≈	r_{smin}, r_{1smin}	C_r	C_{0r}	/kg ≈
GAC25S	25	47	15	14	15	42	41.5	32	1	0.6	50	250	0.148
GAC28S	28	52	16	15	16	47	46.5	36	1	1	60	300	0.186
GAC30S	30	55	17	16	17	50	49.5	37	2	1	63	315	0.208
GAC32S	32	58	17	16	17	52	51.5	40	2	1	71	354	0.241
GAC35S	35	62	18	17	18	56	55.5	43	2	1	78	390	0.268
GAC40S	40	68	19	18	19	61	60.5	48	2	1	92	463	0.327

续表

轴承型号	外形尺寸/mm										额定载荷/kN		质量
GAC S型	d	D	B max	C max	T	d_k①	d_1 ≈	D_1 max	s ≈	r_{smin}, r_{1smin}	C_r	C_{0r}	/kg ≈
GAC45S	45	75	20	19	20	67	66.5	54	3	1	108	540	0.416
GAC50S	50	80	20	19	20	74	73.5	60	4	1	123	618	0.455
GAC55S	55	90	23	22	23	81	80	63	5	1.5	144	721	0.645
GAC60S	60	95	23	22	23	87	86	69	5	1.5	163	817	0.714
GAC65S	65	100	23	22	23	93	92	77	6	1.5	180	905	0.759
GAC70S	70	110	25	24	25	102	101	83	7	1.5	206	1030	1.04
GAC75S	75	115	25	24	25	106	105	87	7	1.5	220	1129	1.12
GAC80S	80	125	29	27	29	115	113.5	92	9	1.5	258	1290	1.54
GAC85S	85	130	29	27	29	121	119	98	10	1.5	284	1422	1.61
GAC90S	90	140	32	30	32	129	127	104	11	2	316	1580	2.09
GAC95S	95	145	32	30	32	133	131.5	109	9	2	350	1750	2.22
GAC100S	100	150	32	31	32	141	138.5	115	12	2	384	1923	2.34
GAC105S	105	160	35	33	35	149	146.5	120	13	2.5	423	2116	2.93
GAC110S	110	170	38	36	38	158	155	127	144	2.5	463	2318	3.68
GAC120S	120	180	38	37	38	169	165	137	16	2.5	547	2735	3.97
GAC130S	130	200	45	43	45	188	184	149	18	2.5	710	3550	5.92
GAC140S	140	210	45	43	45	198	194	162	19	2.5	740	3740	6.33
GAC150S	150	225	48	46	48	211	207	172	20	3	850	4270	8.01
GAC160S	160	240	51	49	51	225	221	183	20	3	970	4850	9.79
GAC170S	170	260	57	55	57	246	242	195	21	3	1190	5950	12.3
GAC180S	180	280	64	61	64	260	256	207	21	3	1395	6970	17.4
GAC190S	190	290	64	62	64	275	270	213	26	3	1500	7500	18.2
GAC200S	200	310	70	66	70	290	285	230	26	3	1680	8420	23.8

① 参考尺寸。

表 8-3-85 GAC T型角接触关节轴承

轴承型号	外形尺寸/mm										额定载荷/kN		质量
GAC T型	d	D	B max	C max	T	d_k①	d_1 ≈	D_1 max	s ≈	r_{smin}, r_{1smin}	C_r	C_{0r}	/kg ≈
GAC25T	25	47	15	14	15	42	41.5	32	1	0.6	89	225	0.148
GAC28T	28	52	16	15	16	47	46.5	36	1	1	100	270	0.186
GAC30T	30	55	17	16	17	50	49.5	37	2	1	110	285	0.208
GAC32T	32	58	17	16	17	52	51.5	40	2	1	125	320	0.241
GAC35T	35	62	18	17	18	56	55.5	43	2	1	135	340	0.268
GAC40T	40	68	19	18	19	61	60.5	48	2	1	160	400	0.327
GAC45T	45	75	20	19	20	67	66.5	54	3	1	190	470	0.416
GAC50T	50	80	20	19	20	74	73.5	60	4	1	215	540	0.455
GAC55T	55	90	23	22	23	81	80	63	5	1.5	250	630	0.645
GAC60T	60	95	23	22	23	87	86	69	5	1.5	285	710	0.714
GAC65T	65	100	23	22	23	93	92	77	6	1.5	315	790	0.759
GAC70T	70	110	25	24	25	102	101	83	7	1.5	360	900	1.04
GAC75T	75	115	25	24	25	106	105	87	7	1.5	395	980	1.12

续表

轴承型号	外形尺寸/mm										额定载荷/kN		质量
GAC　T 型	d	D	B max	C max	T	d_k①	d_1 ≈	D_1 max	s ≈	r_{smin}, r_{1smin}	C_r	C_{0r}	/kg ≈
GAC80T	80	125	29	27	29	115	113.5	92	9	1.5	450	1120	1.54
GAC85T	85	130	29	27	29	121	119	98	10	1.5	495	1240	1.61
GAC90T	90	140	32	30	32	129	127	104	11	2	550	1380	2.09
GAC95T	95	145	32	30	32	133	131.5	109	9	2	610	1530	2.22
GAC100T	100	150	32	31	32	141	138.5	115	12	2	670	1680	2.34
GAC105T	105	160	35	33	35	149	146.5	120	13	2.5	740	1850	2.93
GAC110T	110	170	38	36	38	158	155	127	14	2.5	810	2020	3.68
GAC120T	120	180	38	37	38	169	165	137	16	2.5	955	2390	3.97
GAC130T	130	200	45	43	45	188	184	149	18	2.5	1240	3110	5.92
GAC140T	140	210	45	43	45	198	194	162	19	2.5	1310	3270	6.33
GAC150T	150	225	48	46	48	211	207	172	20	3	1490	3730	8.01
GAC160T	160	240	51	49	51	225	221	183	20	3	1690	4240	9.79
GAC170T	170	260	57	55	57	246	242	195	21	3	2080	5200	12.3
GAC180T	180	280	64	61	64	260	256	207	21	3	2440	6100	17.4
GAC190T	190	290	64	62	64	275	270	213	26	3	2620	6560	18.2
GAC200T	200	310	70	66	70	290	285	230	26	3	2940	7360	23.8

① 参考尺寸。

表 8-3-86　　GAC　N 型角接触关节轴承

轴承型号	外形尺寸/mm										额定载荷/kN		质量
GAC　N 型	d	D	B max	C max	T	d_k①	d_1 ≈	D_1 max	s ≈	r_{smin}, r_{1smin}	C_r	C_{0r}	/kg ≈
GAC25N	25	47	15	14	15	42	41.5	32	1	0.6	20	32	0.148
GAC28N	28	52	16	15	16	47	46.5	36	1	1	—	—	—
GAC30N	30	55	17	16	17	50	49.5	37	2	1	26	41	0.208
GAC32N	32	58	17	16	17	52	51.5	40	2	1	—	—	—
GAC35N	35	62	18	17	18	56	55.5	43	2	1	31	49	0.268
GAC40N	40	68	19	18	19	61	60.5	48	2	1	36	59	0.327
GAC45N	45	75	20	19	20	67	66.5	54	3	1	43	69	0.416
GAC50N	50	80	20	19	20	74	73.5	60	4	1	49	78	0.455
GAC55N	55	90	23	22	23	81	80	63	5	1.5	—	—	—
GAC60N	60	95	23	22	23	87	86	69	5	1.5	65	104	0.714
GAC65N	65	100	23	22	23	93	92	77	6	1.5	—	—	—
GAC70N	70	110	25	24	25	102	101	83	7	1.5	82	131	1.04
GAC75N	75	115	25	24	25	106	105	87	7	1.5	—	—	—
GAC80N	80	125	29	27	29	115	113.5	92	9	1.5	102	164	1.54
GAC85N	85	130	29	27	29	121	119	98	10	1.5	—	—	—
GAC90N	90	140	32	30	32	129	127	104	11	2	125	201	2.09
GAC95N	95	145	32	30	32	133	131.5	109	9	2	—	—	—
GAC100N	100	150	32	31	32	141	138.5	115	12	2	152	244	2.34
GAC105N	105	160	35	33	35	149	146.5	120	13	2.5	—	—	—
GAC110N	110	170	38	36	38	158	155	127	14	2.5	184	295	3.68
GAC120N	120	180	38	37	38	169	165	137	16	2.5	217	348	3.97

① 参考尺寸。

3.9.4.3　推力关节轴承(GB/T 9162—2001)

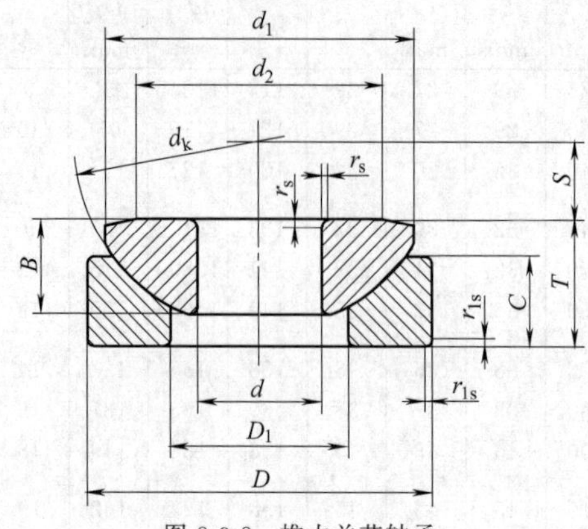

图 8-3-8　推力关节轴承

表 8-3-87　　GX　S型推力关节轴承

轴承型号	外形尺寸/mm											额定载荷/kN		质量 /kg
GX　S型	d	D	B max	C max	T	d_k①	S ≈	d_1 min	d_2	D_1 max	r_{smin}, r_{1smin}	C_r	C_{0r}	≈
GX10S	10	30	8	7	9.5	32	7	27	21	17	0.6	27	136	0.036
GX12S	12	35	10	10	13	38	8	31.5	24	20	0.6	37	188	0.072
GX15S	15	42	11	11	15	46	10	38.5	29	24.5	0.6	53	267	0.108
GX17S	17	47	12	12	16	51	11	43	34	28.5	0.6	61	311	0.137
GX20S	20	55	15	14	20	60	12.5	49.5	40	34	1	84	425	0.246
GX25S	25	62	17	17	22.5	67	14	57	45	35	1	134	672	0.415
GX30S	30	75	19	20	26	81	17.5	68.5	56	44.5	1	182	909	0.614
GX35S	35	90	22	21	28	98	22	83.5	66	52.5	1	266	1330	0.973
GX40S	40	105	27	22	32	114	24.5	96	78	59.5	1	357	1810	1.59
GX45S	45	120	31	26	36.5	129	27.5	109	89	68.5	1	486	2470	2.24
GX50S	50	130	34	32	42.5	140	30	119	98	71	1	554	2810	3.14
GX60S	60	150	37	34	45	160	35	139	109	86.5	1	748	3820	4.63
GX70S	70	160	42	37	50	173	35	149	121	95.5	1	902	4610	5.37
GX80S	80	180	44	38	50	196	42.5	167	135	109	1	1110	5700	6.91
GX100S	100	210	51	46	59	221	45	194	155	134	1	1300	6470	11
GX120S	120	230	54	50	64	248	52.5	213	170	155	1	1530	7580	14
GX140S	140	260	61	54	72	274	52.5	243	198	177	1.5	1820	9040	19.1
GX160S	160	290	66	58	77	313	65	271	213	200	1.5	2100	10440	25
GX180S	180	320	74	62	86	340	67.5	299	240	225	1.5	2430	12070	32.8
GX200S	200	340	80	66	87	365	70	320	265	247	1.5	3070	15280	35.4

① 参考尺寸。

表 8-3-88　　GX　T型推力关节轴承

轴承型号	外形尺寸/mm											额定载荷/kN		质量 /kg
GX　T型	d	D	B max	C max	T	d_k①	S ≈	d_1 min	d_2	D_1 max	r_{smin}, r_{1smin}	C_r	C_{0r}	≈
GX10T	10	30	8	7	9.5	32	7	27	21	17	0.6	45	120	0.036
GX12T	12	35	10	10	13	38	8	31.5	24	20	0.6	65	165	0.072

续表

轴承型号	外形尺寸/mm											额定载荷/kN		质量
GX　T 型	d	D	B max	C max	T	d_k①	S ≈	d_1 min	d_2	D_1 max	r_{smin}, r_{1smin}	C_r	C_{0r}	/kg ≈
GX15T	15	42	11	11	15	46	10	38.5	29	24.5	0.6	95	235	0.108
GX17T	17	47	12	12	16	51	11	43	34	28.5	0.6	110	275	0.137
GX20T	20	55	15	14	20	60	12.5	49.5	40	34	1	150	380	0.246
GX25T	25	62	17	17	22.5	67	14	57	45	35	1	245	600	0.415
GX30T	30	75	19	20	26	81	17.5	68.5	56	44.5	1	335	820	0.614
GX35T	35	90	22	21	28	98	22	83.5	66	52.5	1	490	1220	0.973
GX40T	40	105	27	22	32	114	24.5	96	78	59.5	1	675	1640	1.59
GX45T	45	120	31	26	36.5	129	27.5	109	89	68.5	1	915	2240	2.24
GX50T	50	130	34	32	42.5	140	30	119	98	71	1	1040	2550	3.14
GX60T	60	150	37	34	45	160	35	139	109	86.5	1	1360	3470	4.63
GX70T	70	160	42	37	50	173	35	149	121	95.5	1	1640	4180	5.37
GX80T	80	180	44	38	50	196	42.5	167	135	109	1	2030	5180	6.91
GX100T	100	210	51	46	59	221	45	194	155	134	1	2230	5940	11
GX120T	120	230	54	50	64	248	52.5	213	170	155	1	2610	6960	14
GX140S	140	260	61	54	72	274	52.5	243	198	177	1.5	3120	8300	19.1
GX160T	160	290	66	58	77	313	65	271	213	200	1.5	3380	9560	25
GX180T	180	320	74	62	86	340	67.5	299	240	225	1.5	3910	11050	32.8
GX200T	200	340	80	66	87	365	70	320	265	247	1.5	4950	13990	35.4
GX220T	220	370	82	67	97	388	75	350	289	265	1.5	4640	13110	44.7
GX240T	240	400	87	73	103	420	77.5	382	314	294	1.5	5500	15560	56.9
GX260T	260	430	95	80	115	449	82.5	409	336	317	1.5	6190	17510	71.3
GX280T	280	460	100	85	110	480	80	445	366	337	3	8280	23400	84.7
GX300T	300	480	100	90	110	490	80	460	388	356	3	9010	25480	88.9
GX320T	320	520	105	91	116	540	95	500	405	380	4	11360	33260	111
GX340T	340	540	105	91	116	550	95	510	432	380	4	11570	33880	117
GX360T	360	560	115	95	125	575	95	535	452	400	4	12850	37630	132

① 参考尺寸。

表 8-3-89　　GX　N 型推力关节轴承

轴承型号	外形尺寸/mm											额定载荷/kN		质量
GX　N 型	d	D	B max	C max	T	d_k①	S ≈	d_1 min	d_2	D_1 max	r_{smin}, r_{1smin}	C_r	C_{0r}	/kg ≈
GX10N	10	30	8	7	9.5	32	7	27	21	17	0.6	—	—	—
GX12N	12	35	10	10	13	38	8	31.5	24	20	0.6	—	—	—
GX15N	15	42	11	11	15	46	10	38.5	29	24.5	0.6	—	—	—
GX17N	17	47	12	12	16	51	11	43	34	28.5	0.6	32	52	0.137
GX20N	20	55	15	14	20	60	12.5	49.5	40	34	1	44	71	0.246
GX25N	25	62	17	17	22.5	67	14	57	45	35	1	65	104	0.415
GX30N	30	75	19	20	26	81	17.5	68.5	56	44.5	1	88	141	0.614
GX35N	35	90	22	21	28	98	22	83.5	66	52.5	1	129	207	0.973
GX40N	40	105	27	22	32	114	24.5	96	78	59.5	1	169	270	1.59

续表

轴承型号	外形尺寸/mm											额定载荷/kN		质量
GX N型	d	D	B max	C max	T	d_k①	S ≈	d_1 min	d_2	D_1 max	r_{smin}，r_{1smin}	C_r	C_{0r}	/kg ≈
GX45N	45	120	31	26	36.5	129	27.5	109	89	68.5	1	230	368	2.24
GX50N	50	130	34	32	42.5	140	30	119	98	71	1	262	420	3.14
GX60N	60	150	37	34	45	160	35	139	109	86.5	1	374	599	4.63
GX70N	70	160	42	37	50	173	35	149	121	95.5	1	451	722	5.37
GX80N	80	180	44	38	50	196	42.5	167	135	109	1	558	893	6.91
GX100N	100	210	51	46	59	221	45	194	155	134	1	717	1140	11
GX120N	120	230	54	50	64	248	52.5	213	170	155	1	839	1340	14

① 参考尺寸。

3.9.4.4 杆端关节轴承（GB/T 9161—2001）

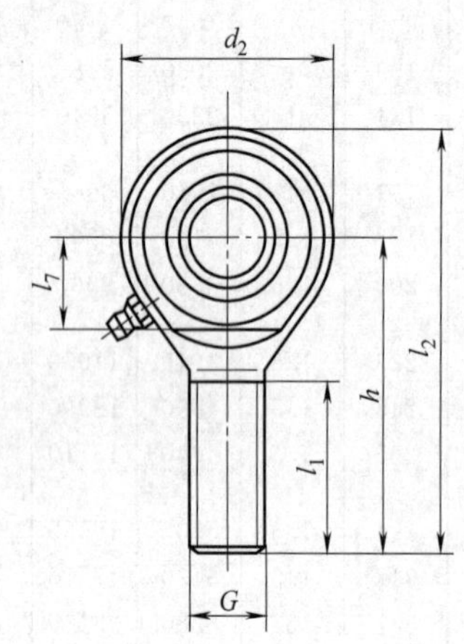

外螺纹杆端关节轴承

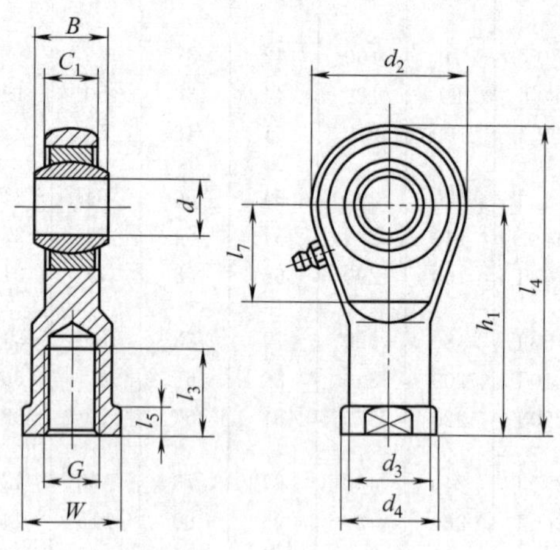

内螺纹杆端关节轴承

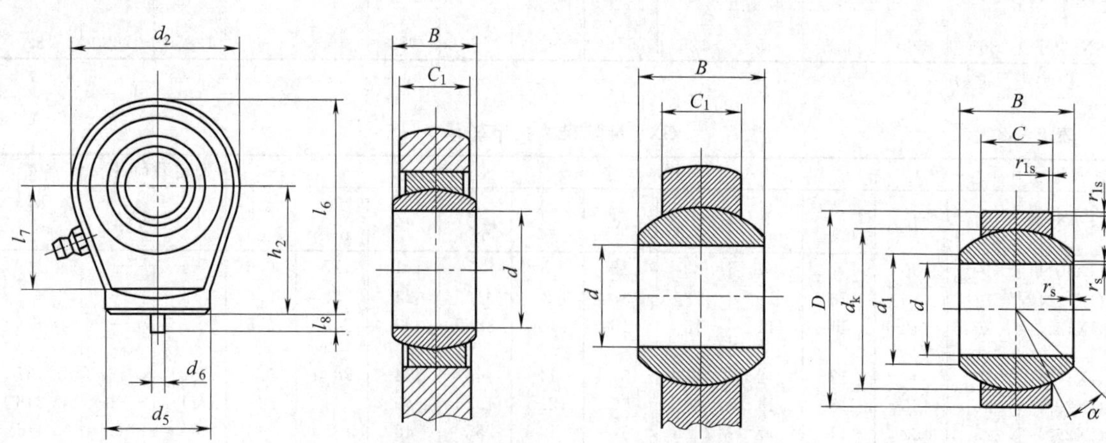

S型焊接柄杆端关节轴承　装有向心关节轴承的杆端关节轴承(组装结构)　只带内圈的杆端关节轴承(整体结构)　符合GB/T 9163的向心关节轴承

图 8-3-9 杆端关节轴承

表 8-3-90　E 系列杆端关节轴承　mm

d	带外螺纹或内螺纹或焊接柄												带外螺纹			带内螺纹						带焊接柄			
	D①	d_1 ≈	B	C①	d_k②	r_{smin}	r_{1smin}①	$\alpha/(°)$ ≈	G	C_1 max	d_2 max	l_7 min	h	l_1 min	l_2 max	h_1	l_3 min	l_4 max	l_5 ≈	d_3 ≈	d_4 max	h_2	l_6 max	d_5 max	d_6
5③	14	8	6	4	10	0.3	0.3	13	M5	4.5	22	10	36	16	49	30	11	43	5	11	14	—	—	—	—
6③	14	8	6	4	10	0.3	0.3	13	M6	4.5	22	10	36	16	49	30	11	43	5	11	14	—	—	—	—
8③	16	10	8	5	13	0.3	0.3	15	M8	6.5	25	11	42	21	56	36	15	50	5	13	17	—	—	—	—
10③	19	13	9	6	16	0.3	0.3	12	M10	7.5	30	13	48	26	65	43	15	60	6.5	16	20	24	40	16	3
12③	22	15	10	7	18	0.3	0.3	10	M12	8.5	35	17	54	28	73	50	18	69	6.5	19	23	27	45	19	3
15④	26	18	12	9	22	0.3	0.3	8	M14	10.5	41	19	63	34	85	61	21	83	8	22	27	31	52	22	4
17④	30	20	14	10	25	0.3	0.3	10	M16	11.5	47	22	69	36	94	67	24	92	10	25	31	35	59	25	4
20④	35	24	16	12	29	0.3	0.3	9	M20×1.5	13.5	54	24	78	43	107	77	30	106	10	28	36	38	66	29	4
25	42	29	20	16	35	0.6	0.6	7	M24×2	18	65	30	94	53	128	94	36	128	12	35	44	45	78	35	4
30	47	34	22	18	40	0.6	0.6	6	M30×2	20	75	34	110	45	149	110	45	149	15	42	52	51	89	42	4
35	55	39	25	20	47	0.6	1	6	M36×3	22	84	40	140	82	184	125	60	169	15	47	60	61	104	49	4
40	62	45	28	22	53	0.6	1	7	M39×3	24	94	46	150	86	199	142	65	191	18	52	67	69	118	54	4
45	68	50	32	25	60	0.6	1	7	M42×3	28	104	50	163	92	217	145	65	199	20	58	72	77	132	60	6
50	75	55	35	28	66	0.6	1	6	M45×3	31	114	58	185	104	244	160	68	219	20	62	77	88	150	64	6
60	90	66	44	36	80	1	1	6	M52×3	39	137	73	210	115	281	175	70	246	20	70	90	100	173	72	6
70	105	77	49	40	92	1	1	6	M56×4	43	162	85	235	125	319	200	80	284	20	80	100	115	199	82	6
80	120	88	55	45	105	1	1	6	M64×4	48	182	98	270	140	364	230	85	324	25	95	112	141	237	97	6

① 参考尺寸，不适用于整体结构。

② 参考尺寸。

③ 这些杆端关节轴承无再润滑装置。

④ 这些杆端关节轴承具有再润滑装置，是通过润滑孔而不是通过润滑接口进行再润滑的。

表 8-3-91　符合尺寸系列 E、柄部为加强型的 EH 系列杆端关节轴承　mm

d	带外螺纹或内螺纹												带外螺纹			带内螺纹				
	D①	d_1 ≈	B	C①	d_k②	r_{smin}	r_{1smin}①	$\alpha/(°)$ ≈	G	C_1 max	d_2 max	l_7 min	h	l_1 min	l_2 max	h_1	l_3 min	l_4 max	l_5 ≈	d_3 ≈
35	55	39	25	20	47	0.6	1	6	M36×3	22	84	40	130	82	174	130	60	174	25	49
40	62	45	28	22	53	0.6	1	7	M42×3	24	94	46	145	90	194	145	65	194	25	58
45	68	50	32	25	60	0.6	1	7	M45×3	28	104	50	165	95	219	165	65	219	30	65
50	75	55	35	28	66	0.6	1	6	M52×3	31	114	58	195	110	254	195	68	254	30	70
60	90	66	44	36	80	1	1	6	M60×4	39	137	73	225	120	296	225	70	296	35	82
70	105	77	49	40	92	1	1	6	M72×4	43	162	85	265	132	349	265	80	349	40	92
80	120	88	55	45	105	1	1	6	M80×4	48	182	98	295	147	389	295	85	389	45	105

① 参考尺寸，不适用于整体结构。

② 参考尺寸。

表 8-3-92　G 系列杆端关节轴承　mm

d	带外螺纹或内螺纹或焊接柄												带外螺纹			带内螺纹						带焊接柄			
	D①	d_1 ≈	B	C①	d_k②	r_{smin}	r_{1smin}①	$\alpha/(°)$ ≈	G	C_1 max	d_2 max	l_7 min	h	l_1 min	l_2 max	h_1	l_3 min	l_4 max	l_5 ≈	d_3 ≈	d_4 max	h_2	l_6 max	d_5 max	d_6
4③	14	7	7	4	10	0.3	0.3	20	M5	4.5	22	10	36	16	49	30	11	43	5	11	14	—	—	—	—
5③	14	7	7	4	10	0.3	0.3	20	M6	4.5	22	10	36	16	49	30	11	43	5	11	14	—	—	—	—
6③	16	9	9	5	13	0.3	0.3	21	M8	6.5	25	11	42	21	56	36	15	50	5	13	17	—	—	—	—

第 8 篇

续表

d	带外螺纹或内螺纹或焊接柄												带外螺纹			带内螺纹						带焊接柄			
	D①	d_1 ≈	B	C①	d_k②	r_{smin}	r_{1smin}①	$\alpha/(°)$ ≈	G	C_1 max	d_2 max	l_7 min	h	l_1 min	l_2 max	h_1	l_3 min	l_4 max	l_5 ≈	d_3 ≈	d_4 max	h_2	l_6 max	d_5 max	d_6
8③	19	11	11	6	16	0.3	0.3	21	M10	7.5	30	13	48	26	65	43	15	60	6.5	16	20	24	40	16	3
10③	22	13	12	7	18	0.3	0.3	18	M12	8.5	35	17	54	28	73	50	18	69	6.5	19	23	27	45	19	3
12④	26	16	15	9	22	0.3	0.3	18	M14	10.5	41	19	63	34	85	61	21	83	8	22	27	31	52	22	4
15④	30	19	16	10	25	0.3	0.3	16	M16	11.5	47	22	69	36	94	67	24	92	10	25	31	35	59	25	4
17④	35	21	20	12	29	0.3	0.3	19	M20×1.5	13.5	54	24	78	43	107	77	30	106	10	28	36	38	66	29	4
20	42	24	25	16	35	0.3	0.6	17	M24×2	18	65	30	94	53	128	94	36	128	12	35	44	45	78	35	4
25	47	29	28	18	40	0.6	0.6	17	M30×2	20	75	34	110	65	149	110	45	149	15	42	52	51	89	42	4
30	55	34	32	20	47	0.6	1	17	M36×3	22	84	40	140	82	184	125	60	169	15	47	60	61	104	49	4
35	62	39	35	22	53	0.6	1	16	M39×3	24	94	46	150	86	199	142	65	191	18	52	67	69	118	54	4
40	68	44	40	25	60	0.6	1	17	M42×3	28	104	50	163	92	217	145	65	199	20	58	72	77	132	60	6
45	75	50	43	28	66	0.6	1	15	M45×3	31	114	58	185	104	244	160	68	219	20	62	77	88	150	64	6
50	90	57	56	36	80	0.6	1	17	M52×3	39	137	73	210	115	281	175	70	246	20	70	90	100	173	72	6
60	105	67	63	40	92	1	1	17	M56×4	43	162	85	235	125	319	200	80	284	20	80	100	115	199	82	6
70	120	77	70	45	105	1	1	16	M64×4	48	182	98	270	140	364	230	85	324	25	95	112	141	237	97	6

① 参考尺寸，不适用于整体结构。

② 参考尺寸。

③ 这些杆端关节轴承无再润滑装置。

④ 这些杆端关节轴承具有再润滑装置，是通过润滑孔而不是通过润滑接口进行再润滑的。

表 8-3-93 K 系列杆端关节轴承 mm

d	带外螺纹或内螺纹或焊接柄												带外螺纹			带内螺纹					
	D①	d_1 ≈	B	C①	d_k②	r_{smin}	r_{1smin}①	$\alpha/(°)$ ≈	G	C_1 max	d_2 max	l_7 min	h	l_1 min	l_2 max	h_1	l_3 min	l_4 max	l_5 ≈	d_3 ≈	d_4 max
5③	13	7.7	8	6	11.1	0.3	0.3	13	M5	7.5	19	9	33	19	44	27	8	38	4	9	12
6	16	8.9	9	6.75	12.7	0.3	0.3	13	M6	7.5	21	10	36	21	48	30	9	42	5	10	14
8	19	10.3	12	9	15.8	0.3	0.3	14	M8	9.5	25	12	42	25	56	36	12	50	5	12.5	17
10	22	12.9	14	10.5	19	0.3	0.3	13	M10	11.5	29	14	48	28	64	43	15	59	6.5	15	20
12	26	15.4	16	12	22.2	0.3	0.3	13	M12	12.5	33	16	54	32	72	50	18	68	6.5	17.5	23
14	29	16.8	19	13.5	25.4	0.3	0.3	16	M14	14.5	37	18	60	36	80	57	21	77	8	20	27
16	32	19.3	21	15	28.5	0.3	0.3	15	M16	15.5	43	21	66	37	89	64	24	87	8	22	29
18	35	21.8	23	16.5	31.7	0.3	0.3	15	M18×1.5	17.5	47	23	72	41	97	71	27	96	10	25	32
20	40	24.3	25	18	34.9	0.3	0.6	14	M20×1.5	18.5	51	25	78	45	106	77	30	105	10	27.5	37
22	42	25.8	28	20	38.1	0.3	0.6	15	M22×1.5	21	55	27	84	48	114	84	33	114	12	30	40
25	47	29.5	31	22	42.8	0.3	0.6	15	M24×2	23	61	30	94	55	127	94	34	127	12	33.5	44
30	55	34.8	37	25	50.8	0.3	0.6	17	M30×2	27	71	35	110	66	148	110	45	148	15	40	52
35	65	40.3	43	30	59	0.6	1	16	M36×2	32	81	40	140	85	183	125	56	168	20	49	60
40	72	44.2	49	35	66	0.6	1	16	M42×2	37	91	45	150	90	198	142	60	190	25	57	69
50	90	55.8	60	45	82	0.6	1	14	M48×2	47	117	58	185	105	246	160	65	221	25	65	78

① 参考尺寸，不适用于整体结构。

② 参考尺寸。

③ 这些杆端关节轴承无再润滑装置。

表 8-3-94　　符合尺寸系列 G、柄部为加强型的 GH 系列杆端关节轴承　　mm

d	带外螺纹或内螺纹												带外螺纹			带内螺纹				
	D①	d_1 ≈	B	C①	d_k②	r_{smin}	r_{1smin}①	$\alpha/(°)$ ≈	G	G_1 max	d_2 max	l_7 min	h	l_1 min	l_2 max	h_1	l_3 min	l_4 max	l_5 ≈	d_3 ≈
30	55	34	32	20	47	0.6	1	17	M36×3	22	84	40	130	82	174	130	60	174	25	49
35	62	39	35	22	53	0.6	1	17	M42×3	24	94	46	145	90	194	145	65	194	25	58
40	68	44	40	25	60	0.6	1	17	M45×3	28	104	50	165	95	219	165	65	219	30	65
45	75	50	43	28	66	0.6	1	15	M52×3	31	114	58	195	110	254	195	68	254	30	70
50	90	57	56	36	80	0.6	1	17	M60×4	39	137	73	225	120	296	225	70	296	35	82
60	105	67	63	40	92	1	1	17	M72×4	43	162	85	265	132	349	265	80	349	40	92
70	120	77	70	45	105	1	1	16	M80×4	48	182	98	295	147	389	295	85	389	45	105

① 参考尺寸，不适用于整体结构。
② 参考尺寸。

3.9.4.5　自润滑球头螺栓杆端关节轴承（JB/T 5306—2007）

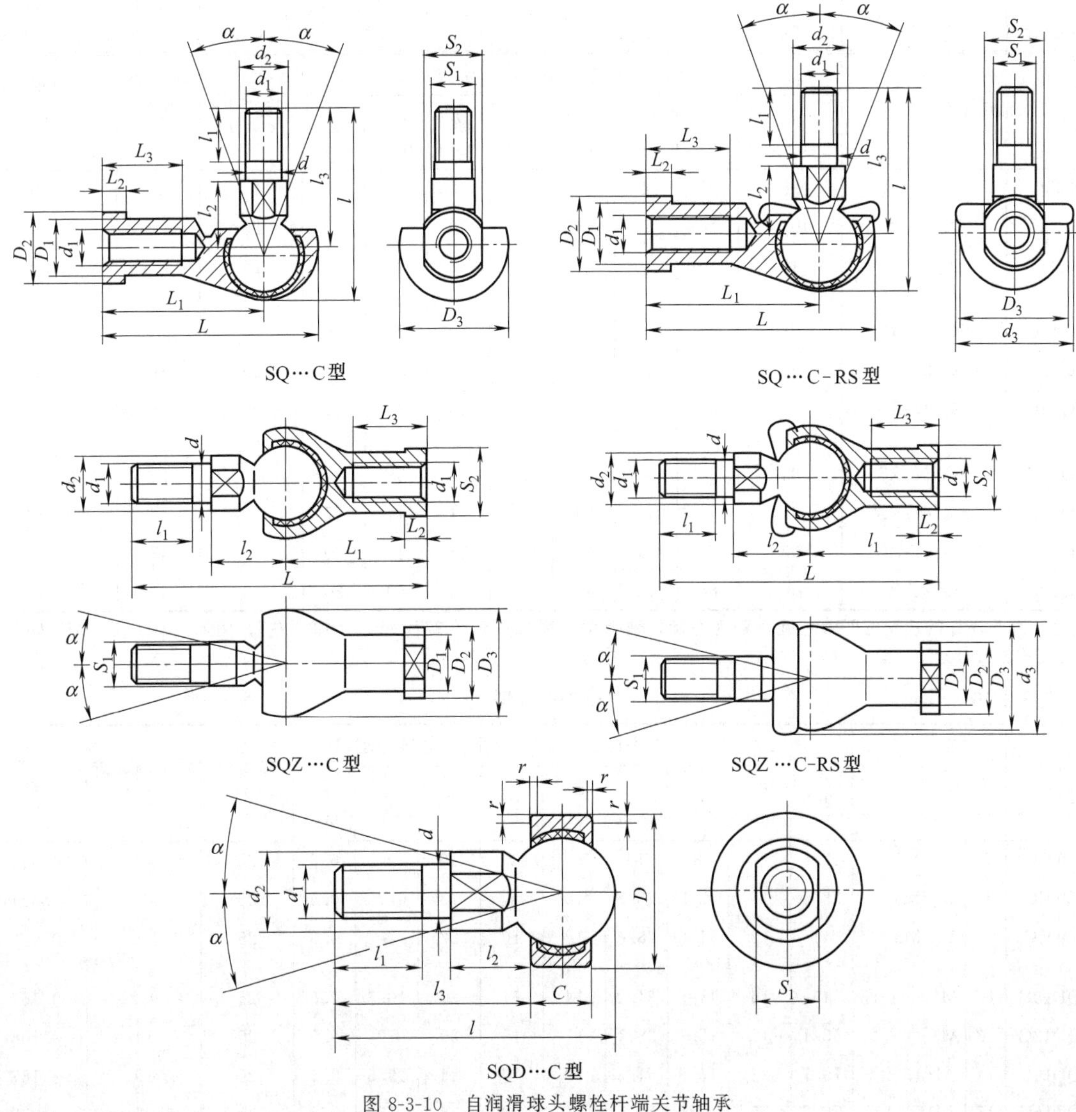

图 8-3-10　自润滑球头螺栓杆端关节轴承

表 8-3-95　　SQ…C 型和 SQ…C-RS 型　　mm

轴承型号		d	d_1	l max	d_3 max	球头杆 l_1 min	l_2	l_3 max	d_2 min	S_1
SQ5C	SQ5C-RS	5	M5	30	20	8	10	21	9	7
SQ6C	SQ6C-RS	6	M6	36	20	11	11	26	10	8
SQ8C	SQ8C-RS	8	M8	43.5	24	12	14	31	12	10
SQ10C	SQ10C-RS	10	M10×1.25	51.5	30	15	17	37	14	11
SQ12C	SQ12C-RS	12	M12×1.25	57.5	32	17	19	42	19	16
SQ14C	SQ14C-RS	14	M14×1.5	73.5	38	22	21.5	56	19	16
SQ16C	SQ16C-RS	16	M16×1.5	79.5	44	23	23.5	60	22	18
SQ18C	SQ18C-RS	18	M18×1.5	90	45	25	26.5	68	25	21
SQ20C	SQ20C-RS	20	M20×1.5	90	50	25	27	68	29	24
SQ22C	SQ22C-RS	22	M22×1.5	95	52	26	28	70	29	24

轴承型号		球头座杆 L max	L_1	L_2 max	L_3 min	D_1 max	D_2 max	D_3 max	S_2	倾斜角 α/(°)	额定静载荷 /kN	质量 /kg ≈
SQ5C	SQ5C-RS	36	27	4	14	9	12	18	10	25	2.2	0.026
SQ6C	SQ6C-RS	40.5	30	5	14	10	13	20	10	25	3.5	0.039
SQ8C	SQ8C-RS	49	36	5	17	12.5	16	25	13	25	6.6	0.068
SQ10C	SQ10C-RS	58	43	6.5	21	15	19	29	16	25	10	0.112
SQ12C	SQ12C-RS	66	50	6.5	25	17.5	22	31	18	25	16	0.164
SQ14C	SQ14C-RS	75	57	8	26	20	25	35	21	25	19	0.254
SQ16C	SQ16C-RS	84	64	8	32	22	27	39	24	20	26	0.336
SQ18C	SQ18C-RS	93	71	10	34	25	31	44	27	20	33	0.464
SQ20C	SQ20C-RS	99	77	10	35	27.5	34	44	30	20	45	0.538
SQ22C	SQ22C-RS	109	84	12	41	30	37	50	30	16	48	0.713

注：球头座杆的螺纹也可为左旋，若为左旋，轴承型号需加“L”、螺纹标记需加“左”，例如：SQL5C、M5 左-6H；SQL10C-RS、M10×1.25 左-6H。

表 8-3-96　　SQD…C 型　　mm

轴承型号	d	d_1	l max	球头杆 l_1 min	l_2	l_3 max	d_2 min	S_1	球头座 D	C	r min	倾斜角 α/(°)	额定静载荷 /kN	质量 /kg ≈
SQD5C	5	M5	27.5	8	8	19	9	7	16	6	0.5	25	2	0.014
SQD6C	6	M6	33.5	11	8.8	23.8	10	8	18	6.75	0.5	25	3.2	0.021
SQD8C	8	M8	41	12	11.6	28.6	12	10	22	9	0.5	25	5.7	0.042
SQD10C	10	M10×1.25	49	15	14.2	34.2	14	11	26	10.5	0.5	25	9.2	0.067
SQD12C	12	M12×1.25	55.1	17	15.1	38.1	17	15	30	12	0.5	25	14	0.108
SQD14C	14	M14×1.5	70.7	22	16.8	51.3	19	17	34	13.5	0.5	20	19	0.167
SQD16C	16	M16×1.5	76.3	23	18	54.5	22	19	38	15	0.5	20	26	0.238

表 8-3-97　　SQZ…C 型和 SQZ…C-RS 型　　mm

轴承型号		d	d_1	L max	d_3 max	球头杆 l_1 min	l_2	d_2 min	S_1
SQZ5C	SQZ5C-RS	5	M5	46	20	8	11	9	7
SQZ6C	SQZ6C-RS	6	M6	55.2	20	11	12.2	10	8
SQZ8C	SQZ8C-RS	8	M8	65	24	12	16	12	10
SQZ10C	SQZ10C-RS	10	M10×1.25	74.5	30	15	19.5	14	11
SQZ12C	SQZ12C-RS	12	M12×1.25	84	32	17	21	19	16
SQZ14C	SQZ14C-RS	14	M14×1.5	104.5	38	22	23	19	16
SQZ16C	SQZ16C-RS	16	M16×1.5	112	44	23	25.5	22	18
SQZ18C	SQZ18C-RS	18	M18×1.5	130.5	45	25	31	25	21
SQZ20C	SQZ20C-RS	20	M20×1.5	133	50	25	31	29	24
SQZ22C	SQZ22C-RS	22	M22×1.5	145	52	26	33	29	24

轴承型号		球头座杆 L_1	L_2 max	L_3 min	D_1 max	D_2 max	D_3 max	S_2	倾斜角 α/(°)	额定静载荷/kN	质量/kg ≈
SQZ5C	SQZ5C-RS	24	4	12	9	12	17	10	15	2.8	0.025
SQZ6C	SQZ6C-RS	28	5	15	10	13	20	10	15	3.7	0.041
SQZ8C	SQZ8C-RS	32	5	16	12.5	16	24	13	15	5.8	0.075
SQZ10C	SQZ10C-RS	35	6.5	18	15	19	28	16	15	8.4	0.12
SQZ12C	SQZ12C-RS	40	6.5	20	17.5	22	32	18	15	11	0.18
SQZ14C	SQZ14C-RS	45	8	25	20	25	36	21	11	15	0.27
SQZ16C	SQZ16C-RS	50	8	27	22	27	40	24	11	15	0.36
SQZ18C	SQZ18C-RS	58	10	32	25	31	45	27	11	19	0.54
SQZ20C	SQZ20C-RS	63	10	38	27.5	34	45	27	7.5	19	0.57
SQZ22C	SQZ22C-RS	70	12	43	30	37	50	30	7.5	23	0.76

注：球头座杆螺纹也可为左旋，若为左旋，轴承型号需加“L”、螺纹标记需加“左”，例如：SQZL5C、M5 左-6H；SQZL12C-RS、M12×1.25 左-6H。

3.9.4.6　关节轴承安装尺寸

（1）向心关节轴承（GB/T 12765—1991）

表 8-3-98　　E（正常）系列向心关节轴承　　mm

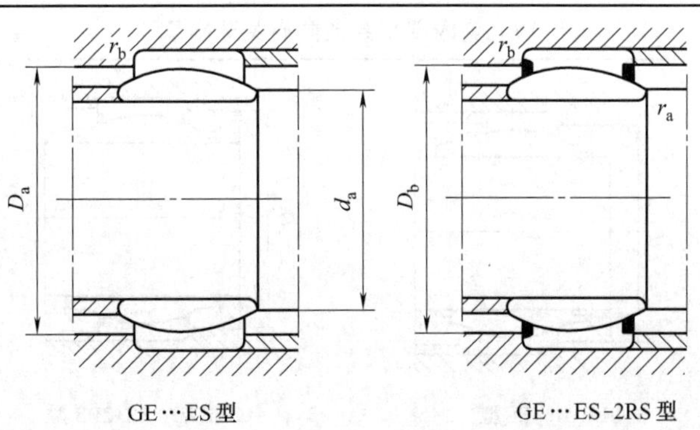

GE…ES 型　　GE…ES-2RS 型

续表

轴承公称直径		安装尺寸							
内径	外径	d_a		D_a		D_b		r_a	r_b
d	D	max	min	max	min	max	min	max	min
4	12	6	6	10	8	—	—	0.3	0.3
5	14	7	7	12	10	—	—	0.3	0.3
6	14	8	8	12	10	—	—	0.3	0.3
8	16	10	10	14	13	—	—	0.3	0.3
10	19	13	13	17	17	—	—	0.3	0.3
12	22	15	15	19	18	—	—	0.3	0.3
15	26	18	18	23	21	23	22	0.3	0.3
17	30	20	20	27	24	27	25	0.3	0.3
20	35	24	23	31	28	31	30	0.3	0.3
25	42	29	28	38	33	38	36	0.6	0.6
30	47	34	33	43	38	43	40	0.6	0.6
35	55	39	38	50	44	50	47	0.6	1.0
40	62	45	44	57	50	57	53	0.6	1.0
45	68	50	49	63	56	63	59	0.6	1.0
50	75	55	54	70	61	70	64	0.6	1.0
60	90	66	65	84	73	84	77	1.0	1.0
70	105	77	75	99	84	99	89	1.0	1.0
80	120	88	85	114	97	114	102	1.0	1.0
90	130	98	96	124	106	124	110	1.0	1.0
100	150	109	106	144	120	144	127	1.0	1.0
110	160	120	116	154	131	154	138	1.0	1.0
140	210	160	146	204	168	204	177	1.0	1.0
160	230	170	166	224	186	224	196	1.0	1.0
180	260	192	187	253	214	253	224	1.0	1.0
200	290	212	207	283	233	283	245	1.0	1.0
220	320	238	227	313	260	313	272	1.0	1.0
240	340	265	247	333	286	333	299	1.0	1.0
260	370	280	267	363	310	363	323	1.0	1.0
280	400	310	287	393	333	393	346	1.0	1.0
300	430	330	307	423	360	423	373	1.0	1.0

表 8-3-99 W（宽内圈）系列向心关节轴承 mm

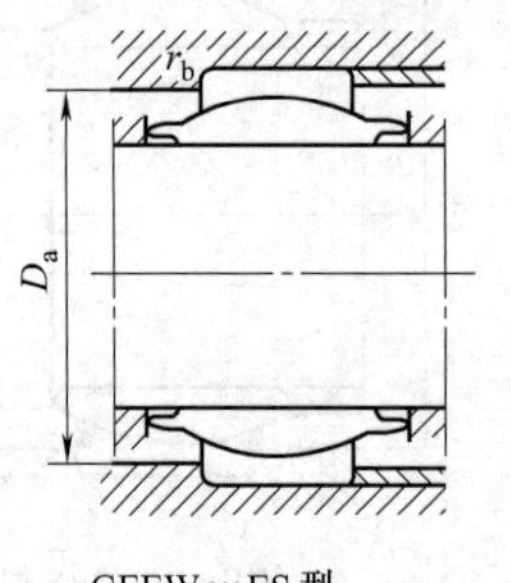

GEEW…ES型

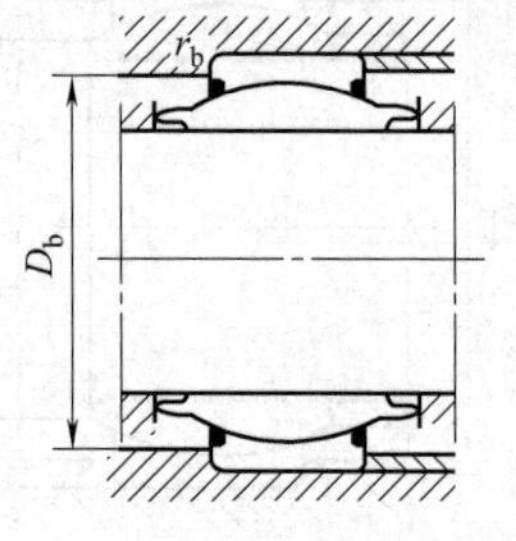

GEEW…ES-2RS型

第8篇

续表

轴承公称直径		安装尺寸				
内径	外径	D_a		D_b		r_b
d	D	max	min	max	min	max
12	22	19	18	19	17	0.3
15	26	23	21	23	22	0.3
16	28	25	23	25	24	0.3
17	30	27	24	27	25	0.3
20	35	31	28	31	30	0.3
25	42	38	33	38	36	0.6
30	47	43	38	43	40	0.6
32	52	47	41	47	44	1.0
35	55	50	44	50	47	1.0
40	62	57	50	57	53	1.0
45	68	63	56	63	59	1.0
50	75	70	61	70	64	1.0
60	90	84	73	84	77	1.0
63	95	89	76	89	81	1.0
70	105	99	84	99	89	1.0
80	120	114	97	114	102	1.0
100	150	144	120	144	127	1.0

表 8-3-100　　G（中）系列向心关节轴承　　mm

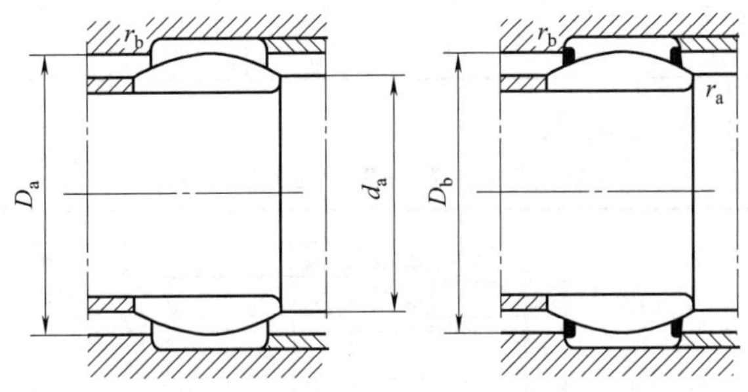

GEG … ES 型　　GEG … ES-2RS 型

轴承公称直径		安装尺寸							
内径	外径	d_a		D_a		D_b		r_a	r_b
d	D	max	min	max	min	max	min	max	min
4	14	7	6	12	10	—	—	0.3	0.3
5	16	8	7	14	12	—	—	0.3	0.3
6	16	9	8	14	12	—	—	0.3	0.3
8	19	11	10	17	15	—	—	0.3	0.3
10	22	13	13	20	18	—	—	0.3	0.3
12	26	16	15	23	21	—	—	0.3	0.3
15	30	19	18	27	24	27	25	0.3	0.3
17	35	21	20	32	28	32	30	0.3	0.3
20	42	24	23	38	33	38	36	0.3	0.3

第 8 篇

续表

轴承公称直径		安装尺寸							
内径	外径	d_a		D_a		D_b		r_a	r_b
d	D	max	min	max	min	max	min	max	min
25	47	29	28	43	38	43	40	0.6	0.6
30	55	34	33	50	44	50	47	0.6	1.0
35	62	39	38	57	50	57	53	0.6	1.0
40	68	44	44	63	56	63	59	0.6	1.0
45	75	50	49	70	61	70	64	0.6	1.0
50	90	57	54	84	73	84	77	0.6	1.0
60	105	67	65	99	84	99	89	1.0	1.0
70	120	77	75	114	87	114	102	1.0	1.0
80	130	87	85	124	106	124	110	1.0	1.0
90	150	98	96	144	120	144	127	1.0	1.0
100	160	110	106	154	131	154	138	1.0	1.0
110	180	122	116	174	146	174	154	1.0	1.0
120	210	132	126	204	168	204	177	1.0	1.0
140	230	151	146	224	186	224	196	1.0	1.0
160	260	176	166	254	214	254	224	1.0	1.0
180	300	196	187	283	233	283	245	1.0	1.0
200	320	220	207	313	260	313	272	1.0	1.0
220	340	243	227	333	286	333	299	1.0	1.0
240	370	263	247	363	310	363	323	1.0	1.0
260	400	285	267	393	333	393	346	1.0	1.0
280	430	310	287	423	360	423	373	1.0	1.0

(2) 角接触关节轴承（GB/T 12765—1991）

表 8-3-101 E（正常）系列角接触关节轴承 mm

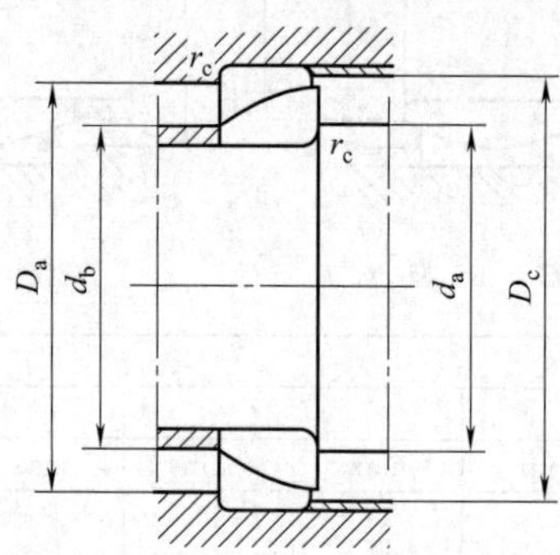

轴承公称直径		安装尺寸				
内径	外径	d_a	d_b	D_a	D_c	r_c
d	D	min	max	max	min	max
25	47	31	29	41	43	1.0
30	55	36	34	49	51	1.0
35	62	41	39	56	57	1.0
40	68	46	44	62	63	1.0
45	75	51	50	69	70	1.0
50	80	56	56	74	75	1.0

续表

轴承公称直径		安装尺寸				
内径	外径	d_a	d_b	D_a	D_c	r_c
d	D	min	max	max	min	max
55	90	62	60	83	83	1.0
60	95	67	67	88	89	1.0
65	100	72	72	93	95	1.0
70	110	79	79	103	104	1.0
75	115	84	84	108	109	1.0
80	125	89	87	118	117	1.0
85	130	94	94	123	124	1.0
90	140	99	97	131	130	1.5
95	145	104	104	136	137	1.5
100	150	110	110	141	143	1.5
105	160	115	113	151	150	2
110	170	120	116	161	157	2
120	180	131	131	171	170	2

(3) 推力关节轴承（GB/T 12765—1991）

表 8-3-102　　E（正常）系列推力关节轴承　　mm

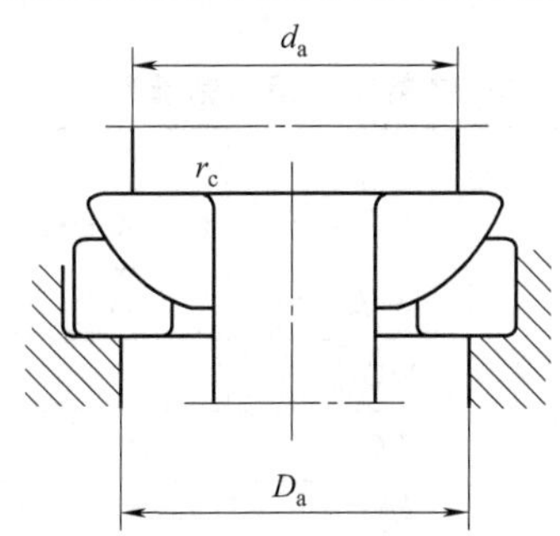

轴承公称直径		安装尺寸		
内径	外径	d_a	D_a	r_c
d	D	min	max	max
10	30	22	23	0.6
12	36	25	27	0.6
15	42	31	32	0.6
17	47	34	37	0.6
20	55	38	44	1.0
25	62	47	47	1.0
30	75	55	59	1.0
35	90	65	71	1.0
40	105	75	84	1.0
45	120	84	97	1.0
50	130	93	104	1.0
60	150	109	119	1.0
70	160	123	124	1.0
80	180	137	141	1.0
100	210	157	171	1.0
120	230	176	187	1.0

3.10 自润滑轴承

3.10.1 自润滑镶嵌轴承

自润滑轴承是在金属基体上均匀地镶入固体润滑剂，可实现不需加油的自润滑，但初次使用需抹上润滑脂。自润滑轴承特别适用于：为避免污染而不能加油或处于封闭性结构内而不易加油的场合；往复、摇摆运动，频繁启动、制动，重载低速运转，微量滑动以及处于水中或腐蚀性液体中难以形成润滑油膜的场合；作业环境恶劣，注油润滑效果难以发挥的场合。具有耐高温、承重载、抗冲击、防腐蚀的特点。

表 8-3-103 ZRH 镶嵌轴承主要性能参数

种类	ZRHQ（基体 ZCuSn5Pb5Zn5）		ZRHH（基体 ZCuZn25Al6Fe3Mn3）		ZRHT（基体 HT200）	
	不加油	定期供脂	不加油	定期供脂	不加油	定期供脂
允许极限载荷/MPa	15	15	25	25	5	8
允许速度/m·min^{-1}	25	150	15	50	15	96
允许 pv 值/MPa·m·min^{-1}	60	100	100	150	40	80
工作温度/℃	400		250		300	
摩擦因数 μ	0.08～0.25	0.08～0.20	0.08～0.25	0.08～0.20	0.08～0.25	0.06～0.20
适用范围	中载低速		通用		低载、价廉	

注：1. 订货时说明基体种类。结构型式分 WQZ、WQZD、WQPA 型和 WQPB 型。

2. 生产厂为武汉油缸厂自润滑分厂。

表 8-3-104 WQZ 整体式镶嵌轴承尺寸 mm

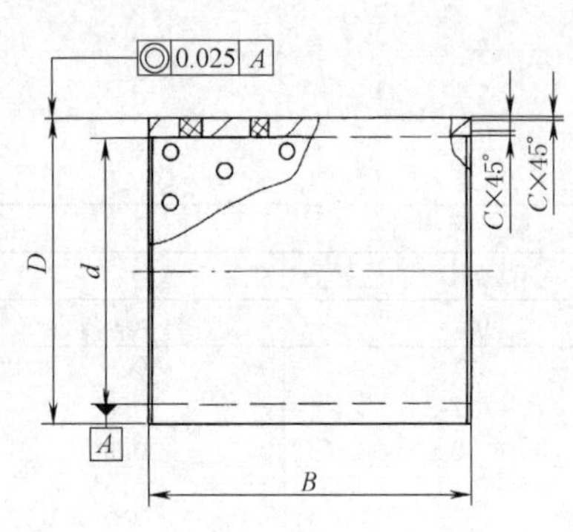

标记示例：整体式镶嵌轴承 WQZ 030

代号	d（H7 或 H8）	D		B（h12）	C	质量/kg
WQZ 030	30	38	s6	50	1	0.190
WQZ 035	35	45		55	1	0.308
WQZ 040	40	50		60	1	0.378
WQZ 045	45	55		70	1	0.490
WQZ 050	50	60		75	1	0.578
WQZ 060	60	70		80	2	0.728
WQZ 070	70	85		100	2	1.628
WQZ 080	80	95		100	2	1.838
WQZ 090	90	105		120	2	2.457
WQZ 100	100	115	r6	120	2	2.709
WQZ 110	110	125		140	2	3.455
WQZ 120	120	135		150	2	4.016
WQZ 140	140	160		170	2	7.140

注：1. 轴承座采用整体有衬正滑动轴承座（JB/T 2560—2007）。

2. 与外径 D 相配的座孔偏差为 H7。

3. 轴承孔与轴颈间的间隙参考值（包括 WQZD、WQP）如下

mm

轴径		50	100	150	200	250	300
间隙	常温	0.15～0.20	0.16～0.25	0.20～0.30	0.25～0.45	0.27～0.50	0.30～0.55
	高温 250～400℃	0.17～0.23	0.35～0.45	0.42～0.56	0.50～0.60	0.52～0.65	0.60～0.75

表 8-3-105　WQZD 带挡边整体式镶嵌轴承尺寸　mm

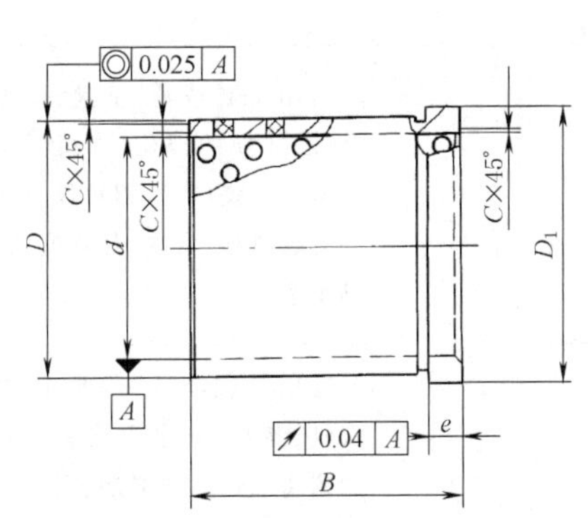

标记示例：带挡边整体式镶嵌轴承 WQZD 030

代号	d (H7 或 H8)	D		D_1 (d11)	B (h12)	e	C	质量 /kg
WQZD 030	30	38	s6	48	34	6	1	0.1656
WQZD 035	35	45		55	45	6.5	1	0.2975
WQZD 040	40	50		60	50	7.5	1	0.3728
WQZD 045	45	55		65	55	7.5	1	0.4480
WQZD 050	50	60		70	60	7.5	1	0.5302
WQZD 060	60	70		80	70	10	2	0.7420
WQZD 070	70	85		95	80	10	2	1.428
WQZD 080	80	95		110	95	12.5	2	2.015
WQZD 090	90	105		120	105	12.5	2	2.445
WQZD 100	100	115		130	115	12.5	2	2.918
WQZD 110	110	125	r6	140	125	12.5	2	3.432
WQZD 120	120	135		150	140	15	2	4.197
WQZD 140	140	160		175	160	20	2	7.424
WQZD 160	160	180		200	180	20	2	9.632

注：1. 轴承采用整体有衬正滑动轴承座（JB/T 2560—2007）。

2. 与外径相配座孔的偏差为 H7。

表 8-3-106　WQP 剖分式镶嵌轴承 A 型尺寸　mm

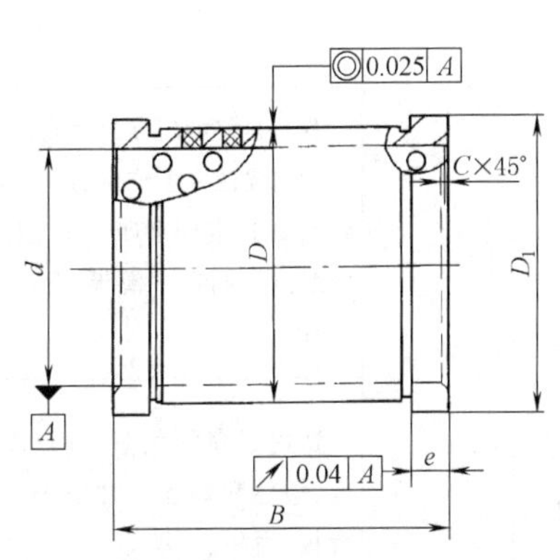

标记示例：剖分式镶嵌轴承 WQP 030　A 型

代号	d (H7 或 H8)	D		D_1 (d11)	B (h12)	e	C	质量 /kg
WQP 030	30	38	s6	48	34	6	1	0.201
WQP 035	35	45		55	45	6.5	1	0.343
WQP 040	40	50		60	50	7.5	1	0.406
WQP 045	45	55		65	55	7.5	1	0.511
WQP 050	50	60		70	60	7.5	1	0.598
WQP 060	60	70		80	70	10	2	0.847
WQP 070	70	85		95	80	10	2	1.554
WQP 080	80	95		110	95	12.5	2	2.284
WQP 090	90	105		120	105	12.5	2	2.741
WQP 100	100	115		130	115	12.5	2	3.239
WQP 110	110	125	r6	140	125	12.5	2	3.780
WQP 120	120	135		150	140	15	2	4.646
WQP 140	140	160		175	160	20	2	8.127
WQP 160	160	180		200	180	20	2	10.696

注：1. A 型轴承采用对开式二螺柱正滑动轴承座（JB/T 2561—2007）。

2. B 型采用对开式四螺柱正滑动轴承座（JB/T 2562—2007）或对开式四螺柱斜滑动轴承座（JB/T 2563—2007）。B 型尺寸见生产厂样本。

3. 与外径相配座孔偏差为 H7。

第 8 篇

表 8-3-107 JHG镶嵌轴承性能参数

型号	基体材料	极限动载荷/MPa	最高滑动速度（自润滑）/m·s^{-1}	极限 pv 值（自润滑）/MPa·m·s^{-1}	适用温度范围/℃	硬度（HB）	摩擦因数 μ	适用范围
JHG1	铝黄铜	95	0.4	1.4	<300	>200	0.06～0.2	适用于高载荷、低速、耐腐蚀、耐磨损的部位，如桥梁支承板、橡胶模具、塑料模具中的耐磨滑板、滑块、导向套管、轴承等
JHG2	铝青铜	50	0.2	1.0	<300	>160		适用于较高载荷、低速，在大气、淡水、海水中均有优良的耐腐蚀性。如船舶、码头机械、海洋机械等需耐腐蚀的滑板、轴承等
JHG3	锡青铜 ZCuSn5Zn5Pb5	40	0.4	0.6	<280	>60		适用于较高载荷、中等滑动速度下工作的耐磨、耐腐蚀零件，如轴承、滑板、滑块等
JHG4	铸铁 HT250	60	0.5	0.8	<400	>180		具有较好的耐热性和良好的减振性，适用于高的载荷，如支承板、耐磨滑板、滑块、轴承等
JHG5	不锈钢 SUS304	70	0.2	0.6	<400	>150		具有良好的耐腐蚀性能，主要用于耐腐蚀要求较高的部位，如食品加工、化学和印染工业以及一般机械制造中滑板、滑块、轴承等
JHG6	结构钢 S45C	95	0.2	1.0	<350	>40HRC		适用于高的载荷，有较高强度、塑性和韧性。常用于耐磨滑板、滑块、轴承等
JHG7	轴承钢 GCr15	240	0.1	1.0	<350	>60HRC		适用于高载荷、高强度的重型机械中支承轴承、耐磨滑板、滑块等

注：1. 订货时说明基体材料。

2. 初次使用应抹润滑脂，由产品厂方提供自制润滑脂。

3. 生产厂为北京市朝阳建华无油润滑轴承厂。

表 8-3-108　JHG 镶嵌轴承尺寸　mm

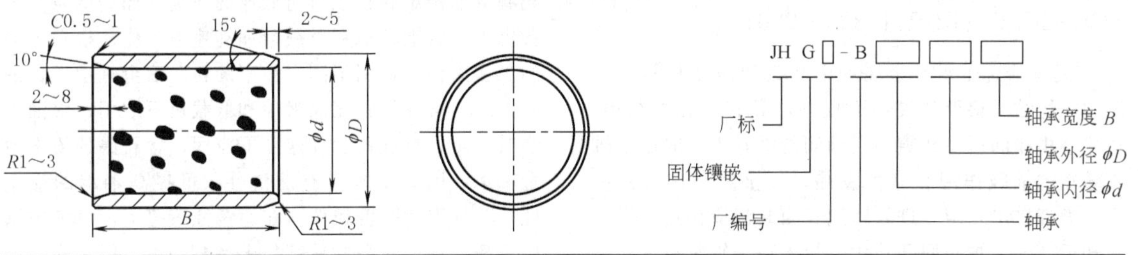

轴承 内径 d(F7)		轴承 外径 D	推荐轴颈及轴承座孔 轴颈直径	座孔直径(H7)		轴承宽度 $B=^{-0.1}_{-0.3}$ 10 JHG	12 JHG	15 JHG	16 JHG	20 JHG	25 JHG	30 JHG	35 JHG	40 JHG	50 JHG	60 JHG	70 JHG	80 JHG	100 JHG	120 JHG	130 JHG	140 JHG	150 JHG
12		18	12	18	+0.018 0	●	●	●	●	●													
13	+0.034 +0.016	19	13	19	+0.021 0	●	●	●	●	●													
14		20	14	20		●	●	●	●	●													
15		21	15	21		●	●	●	●	●													
16		22	16	22		●	●	●	●	●	●	●											
18		24	18	24				●	●	●	●	●											
20	+0.041 +0.020	28	20	28				●	●	●	●	●	●	●									
20		30	20	30					●	●	●	●	●	●									
25		33	25	33	+0.025 0				●	●	●	●	●	●	●								
25		35	25	35					●	●	●	●	●	●	●								
30		38	30	38						●	●	●	●	●	●	●							
30		40	30	40						●	●	●	●	●	●	●							
35	+0.050 +0.025	44	35	44								●	●	●	●	●							
35		45	35	45							●	●	●	●	●	●							
40		50	40	50						●	●	●	●	●	●	●	●	●					
40		55	40	55	+0.030 0							●	●	●	●	●							
45		56	45	56								●	●	●	●	●							
45		60	45	60								●	●	●	●	●	●	●					
50		60	50	60								●	●	●	●	●	●	●					
50		62	50	62								●	●	●	●	●	●						
50		65	50	65								●	●	●	●	●	●	●	●				
55	+0.060 +0.030	70	55	70								●	●	●	●	●	●						
60		74	60	74								●	●	●	●	●	●	●					
60		75	60	75								●	●	●	●	●	●	●	●				
63		75	63	75											●	●	●	●					
65		80	65	80											●	●	●						
65		85	65	85	+0.035 0										●	●	●	●					
70		85	70	85									●	●	●	●	●	●	●				
70		90	70	90											●	●	●	●					
75		90	75	95												●	●	●					
75		95	75	95												●	●	●					
80		96	80	96										●	●	●	●	●	●	●			
80		100	80	100										●	●	●	●	●	●	●			
90	+0.071 +0.036	110	90	110												●		●	●	●			
100		120	100	120												●	●	●	●	●		●	
110		130	110	130	+0.040 0													●	●	●			
120		140	120	140														●	●	●		●	
125	+0.083 +0.043	145	125	145															●	●			
130		150	130	150															●		●		
140		160	140	160															●				
150		170	150	170															●			●	
160		180	160	180															●			●	●

注：1. 轴颈、轴承外径的推荐公差为，对于重载荷，轴颈 d8，外径 p7；对于轻载荷，轴颈 e7，外径 m6；对于精密配合，轴颈 f7，外径 m6。

2. 未列出的规格尺寸，可按用户要求定制。

3. JHG 固体镶嵌除轴套制品外，还可制成减摩止推垫圈、翻边轴套、内外球型轴承、滑板、导轨板等。可与生产厂家联系。

第 8 篇

3.10.2 粉末冶金轴承（含油轴承）(GB/T 2688—2012、GB/T 18323—2001)

粉末冶金轴承是金属粉末和其他减摩材料粉末压制、烧结、整形和浸油而成的，具有多孔性结构，在热油中浸润后，孔隙间充满润滑油，工作时由于轴颈转动的抽吸作用和摩擦发热，使金属与油受热膨胀，把油挤出孔隙，进入摩擦表面起润滑作用，轴承冷却后，油又被吸回孔隙中。粉末冶金轴承可在较长时间内不需添加润滑油。粉末冶金轴承孔隙率愈高，储油愈多，但孔隙愈多，其强度愈低。这类轴承常处于混合润滑状态，有时也能形成薄膜润滑，常用于补充润滑油困难和轻载荷与低速的情况。如润滑条件具备也可代替铜轴承在重载荷和高速下工作。根据不同的工作条件，选用不同含油率的粉末冶金轴承。含油率大时，可在无补充润滑油和低载荷下应用；含油率小时，可在重载荷和高速度下应用。含石墨的粉末冶金轴承，因石墨本身有润滑性，可提高轴承的安全性，其缺点是强度较低。在无锈蚀情况下，可考虑选用价廉、强度较高的铁基粉末冶金轴承，但相配合的轴颈硬度应适当提高（铁基轴承可加防锈剂）。

表 8-3-109 粉末冶金轴承及其化学成分和物理力学性能（GB/T 2688—2012）

轴承的材料按合金成分与密度分类					
基体分类	基类号	合金分类	分类号	牌号标记	含油密度/$g\cdot cm^{-3}$
铁基	1	铁	1	FZ11060	＞5.7～6.2
				FZ11065	＞6.2～6.6
		铁-石墨	2	FZ12058	＞5.6～6.0
				FZ12062	＞6.0～6.4
				FZ12158	＞5.6～6.0
				FZ12162	＞6.0～6.4
		铁-碳-铜	3	FZ13058	＞5.6～6.0
				FZ13062	＞6.0～6.4
				FZ13158	＞5.6～6.0
				FZ13162	＞6.0～6.4
				FZ13258	＞5.6～6.0
				FZ13262	＞6.0～6.4
				FZ13358	＞5.6～6.0
				FZ13362	＞6.0～6.4
				FZ13458	＞5.6～6.0
				FZ13462	＞6.0～6.4
				FZ13558	＞5.6～6.0
				FZ13562	＞6.0～6.4
				FZ13658	＞5.6～6.0
				FZ13662	＞6.0～6.4
		铁-铜	4	FZ14058	＞5.6～6.0
				FZ14062	＞6.0～6.4
				FZ14158	＞5.6～6.0
				FZ14160	＞5.8～6.2
				FZ14162	＞6.0～6.4
				FZ14258	＞5.6～6.0
				FZ14260	＞5.8～6.2
				FZ14262	＞6.0～6.4
铜基	2	铜-锡-锌-铅	1	FZ21070	＞6.6～7.2
				FZ21075	＞7.2～7.8
		铜-锡	2	FZ22062	＞6.0～6.4
				FZ22066	＞6.4～6.8
				FZ22070	＞6.8～7.2
				FZ22074	＞7.2～7.6
				FZ22162	＞6.0～6.4

续表

轴承的材料按合金成分与密度分类

基体分类	基类号	合金分类	分类号	牌号标记	含油密度/g·cm⁻³
铜基	2	铜-锡	2	FZ22166	>6.4～6.8
				FZ22170	>6.8～7.2
				FZ22174	>7.2～7.6
				FZ22260	>5.8～6.2
				FZ22264	>7.2～7.6
		铜-锡-铅	3	FZ23065	>6.3～6.9
		铜-锡-铁-碳	4	FZ24058	>5.6～6.0
				FZ24062	>6.0～6.4
				FZ24158	>5.6～6.0
				FZ24162	>6.0～6.4
				FZ24258	>5.6～6.0
				FZ24262	>6.0～6.4
				FZ24266	>6.4～6.8

轴承化学成分与物理-力学性能

牌号标记	化学成分/%								物理-力学性能	
	Fe	C 化合	C 总	Cu	Sn	Zn	Pb	其他	含油率/%	径向压溃强度/MPa
FZ11060	余量	0～0.25	0～0.5	—	—	—	—	<2	≥18	≥200
FZ11065									≥12	≥250
FZ12058	余量	0～0.5	2.0～3.5	—	—	—	—	<2	≥18	≥170
FZ12062									≥12	≥240
FZ12158	余量	0.5～1.0	2.0～3.5	—	—	—	—	<2	≥18	≥310
FZ12162									≥12	≥380
FZ13058	余量	0～0.3	0～0.3	0～1.5	—	—	—	<2	≥21	≥100
FZ13062									≥17	≥160
FZ13158	余量	0.3～0.6	0.3～0.6	0～1.5	—	—	—	<2	≥21	≥140
FZ13162									≥17	≥190
FZ13258	余量	0.6～0.9	0.6～0.9	0～1.5	—	—	—	<2	≥21	≥140
FZ13262									≥17	≥220
FZ13358	余量	0.3～0.6	0.3～0.6	1.5～3.9	—	—	—	<2	≥22	≥140
FZ13362									≥17	≥240
FZ13458	余量	0.6～0.9	0.6～0.9	1.5～3.9	—	—	—	<2	≥22	≥170
FZ13462									≥17	≥280
FZ13558	余量	0.6～0.9	0.6～0.9	4～6	—	—	—	<2	≥22	≥300
FZ13562									≥17	≥320
FZ13658	余量	0.6～0.9	0.6～0.9	18～22	—	—	—	<2	≥22	≥300
FZ13662									≥17	≥320
FZ14058	余量	0～0.3	0～0.3	1.5～3.9	—	—	—	<2	≥22	≥140
FZ14062									≥17	≥230
FZ14158	余量	0～0.3	0～0.3	9～11	—	—	—	<2	≥22	≥140
FZ14160									≥19	≥210
FZ14162									≥17	≥280
FZ14258	余量	0～0.3	0～0.3	18～22	—	—	—	<2	≥22	≥170
FZ14260									≥19	≥210
FZ14262									≥17	≥280
FZ21070	<0.5	—	0.5～2.0	余量	5～7	5～7	2～4	<1.5	≥18	≥150
FZ21075									≥12	≥200

续表

牌号标记	化学成分/%								物理-力学性能	
	Fe	C 化合	C 总	Cu	Sn	Zn	Pb	其他	含油率/%	径向压馈强度/MPa
FZ22062	—	—	0～0.3	余量	9.5～10.5	—	—	<2	≥24	>130
FZ22066									≥19	>180
FZ22070									≥12	>260
FZ22074									≥9	>280
FZ22162	—	—	0.5～1.8	余量	9.5～10.5	—	—	<2	≥22	>120
FZ22166									≥17	>160
FZ22170									≥9	>210
FZ22174									≥7	>230
FZ22260	—	—	2.5～5	余量	9.2～10.2	—	—	<2	≥11	>70
FZ22264									—	>100
FZ23065	<0.5	—	0.5～2.0	余量	6～10	<1	3～5	<1	≥18	>150
FZ24058	54.2～62		0.5～1.3	34～38	3.5～4.5				≥22	110～250
FZ24062									≥17	150～340
FZ24158	50.2～58		0.5～1.3	36～40	5.5～6.5				≥22	100～240
FZ24162									≥17	150～340
FZ24258	余量		0～0.1	17～19	1.5～2.5			<1	≥24	150
FZ24262									≥19	215
FZ24266									≥13	270

注：1. 铁基各类轴承的化学成分中允许有<1%的硫。

2. 化合碳含量允许用金相法评定。

3. 铜基各类轴承的化学成分中的总碳指游离石墨。

4. FZ24258、FZ24262、FZ24266 系采用铁-青铜扩散合金化粉末的原料制作。

5. 轴承材料牌号标记示例：

铁基1类铁铜碳含油轴承为5.6～6.0g/cm^3 的粉末冶金轴承材料标记：

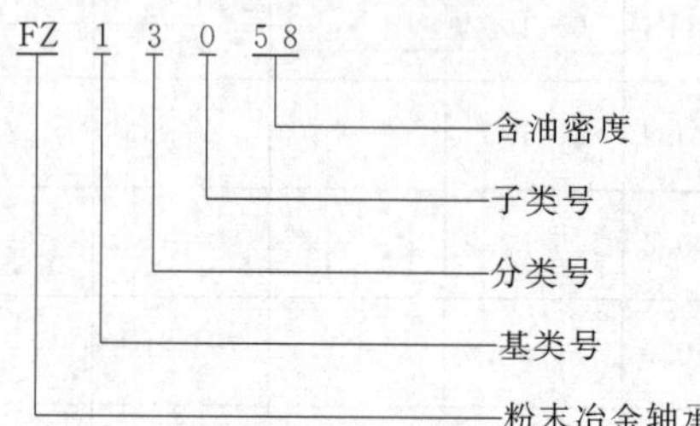

表 8-3-110　　轴承允许负荷推荐值（GB/T 2688—2012）

轴速 v/m·min^{-1}	允许负荷 P/N·mm^{-2}	
	铁　基	铜　基
慢而间断	230	225
～7.5	130	140
>	32	39
>	21	26
>	16	20
>	$P=1050/v$	

注：轴承在不同速度下的允许负荷受起动与加载荷方向、润滑条件、装配水平、结构状况以及轴的材质与表面状态等许多因素影响。在假定钢轴经过磨削加工的条件下，轴承允许负荷推荐值如本表。在设计选用时，应根据不同的使用条件，对允许负荷做必要的修正。

表 8-3-111　烧结圆柱轴套和翻边轴套尺寸（GB/T 18323—2001）　mm

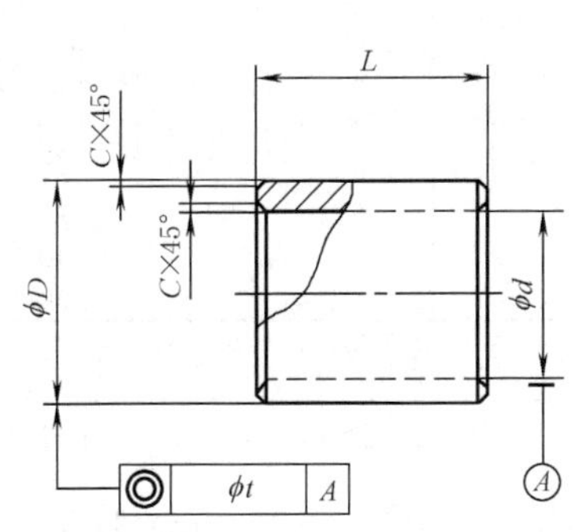

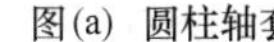

图(a)　圆柱轴套

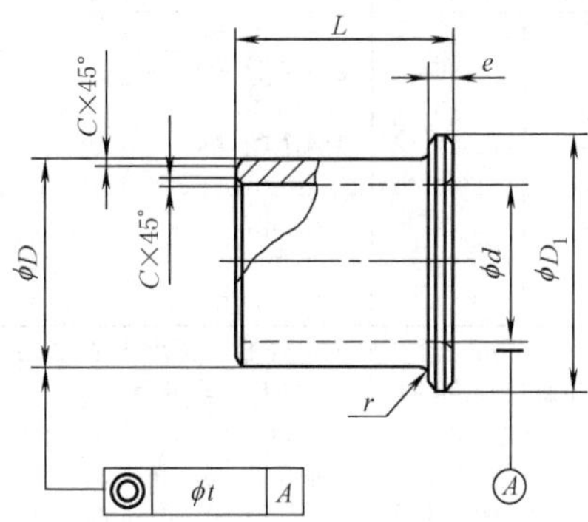

图(b)　翻边轴套

内径 d	外径 D	图(a)		图(b)						
		外径 D	长度 L (js13)	外径 D	翻边直径 D_1(js13)		翻边厚度 e(js13)		长度 L(js13)	
	常用系列	薄壁系列		薄壁	常用	薄壁	常用	薄壁	常用	薄壁
1	3	—	1.2		5		1		2	
1.5	4	—	1.2		6		1		2	
2	5	—	2.3		8		1.5		3	
2.5	6	—	3.3		9		1.5		3	
3	6	5	3.4		9		1.5		4	
4	8	7	3-4-6		12		2		3-4-6	
5	9	8	4-5-8		13		2		4-5-8	
6	10	9	4-6-10		14		2		4-6-10	
7	11	10	5-8-10		15		2		5-8-10	
8	12	11	6-8-12		16		2		6-8-12	
9	14	12	6-10-14		19		2.5		6-10-14	
10	16	14	8-10-16	14	22	18	3	2	8-10-16	8-10-16
12	18	16	8-12-20	16	24	20	3	2	8-12-20	8-12-20
14	20	18	10-14-20	18	26	22	3	2	10-14-20	10-14-20
15	21	19	10-15-25	19	27	23	3	2	10-15-25	10-15-25
16	22	20	12-16-25	20	28	24	3	2	12-16-25	12-16-25
18	24	22	12-18-30	22	30	26	3	2	12-18-30	12-18-30
20	26	25	15-20-25-30	25	32	30	3	2.5	15-20-25-30	15-20-25
22	28	27	15-20-25-30	27	34	32	3	2.5	15-20-25-30	15-20-25
25	32	30	20-25-30-35	30	39	35	3.5	2.5	20-25-30	20-25-30
28	36	33(34)	20-25-30-40		44		4		20-25-30	
30	38	35(36)	20-25-30-40		46		4		20-25-30	
32	40	38	20-25-30-40		48		4		20-25-30	
35	45	41	25-35-40-50		55		5		25-35-40	

续表

内径 d	外径 D	图(a)		图(b)						
		外径 D	长度 L (js13)	外径 D	翻边直径 D_1(js13)		翻边厚度 e(js13)		长度 L(js13)	
	常用系列	薄壁系列		薄壁	常用	薄壁	常用	薄壁	常用	薄壁
38	48	44	25-35-45-55		58		5		25-35-45	
40	50	46	30-40-50-60		60		5		30-40-50	
42	52	48	30-40-50-60		62		5		30-40-50	
45	55	51	35-45-55-65		65		5		35-45-55	
48	58	55	35-50-70		68		5		35-50	
50	60	58	35-50-70		70		5		35-50	
55	65	63	40-55-70		75		5		40-55	
60	72	68	50-60-70		84		6		50-60	

注：1. 内径从 20mm（含 20mm）开始，长度 L 的最后一个值不能用于薄壁系列；括号内尺寸为第二系列。

2. 圆柱轴套和翻边轴套的尺寸 C 如下：当壁厚 $(D-d)/2$ 分别为≤1、1～2、2～3、3～4、4～5、>5 时，对应的尺寸 C（最大值）分别为 0.2、0.3、0.4、0.6、0.7、0.8。翻边轴套的尺寸 r 如下：当壁厚 $(D-d)/2$ 分别为≤12、12～30、>30时，则对应的 r（最大值）分别为 0.3、0.6、0.8。

3. 装配前内、外径的公差范围如下：D≤50mm 时，d 为 F7 至 G7，D 为 r6 至 s7；D>50mm 时，d 为 F8 至 G8，D 为 r7 至 s8。

4. 制造烧结轴套的材料应符合 GB/T 2688 的规定。

5. 生产厂为北京天桥粉末冶金有限责任公司。

表 8-3-112　烧结球面轴套尺寸（GB/T 18323—2001）　mm

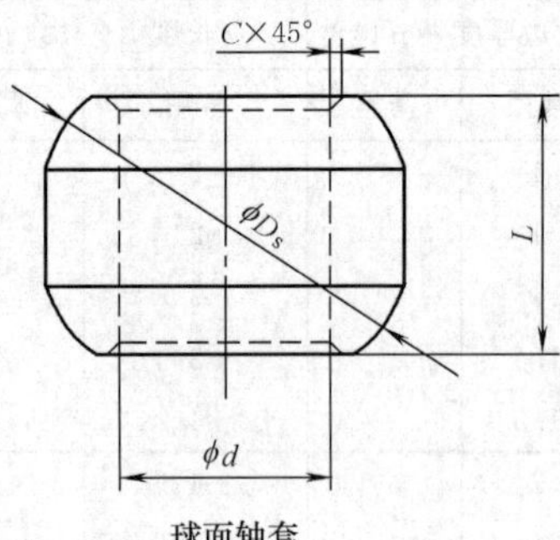

球面轴套

内径 d 的公差：H7。

球面直径 D_s 的公差：h11。

轴承长度 L 的公差：js13。

轴承座直径的公差一般应为 H10，但这还要取决于装配的方法，如果要进行比较轻微的自调整，要优先使用比较松动的配合，建议使用 G10。

内径 d	球面直径 D_s	长度 L	倒角 C 最大值
1	3	2	0.3
1.5	4.5	3	
2	5	3	
2.5	6	4	
3	8	6	
4	10	8	
5	12	9	0.5
6	14	10	
7	16	11	
8	16	11	
9	18	12	
10	20	13	
10	22	14	
12	22	15	
14	24	17	
15	27	20	
16	28	20	
18	30	20	
20	36	25	

注：1. 在轴承长度中间的球面上允许有一段圆柱表面，其直径应由供需双方协议而定。

2. 制造烧结轴套的材料应符合 GB/T 2688 的规定。

3. 生产厂为北京天桥粉末冶金有限责任公司。

表 8-3-113　**粉末冶金轴承设计**

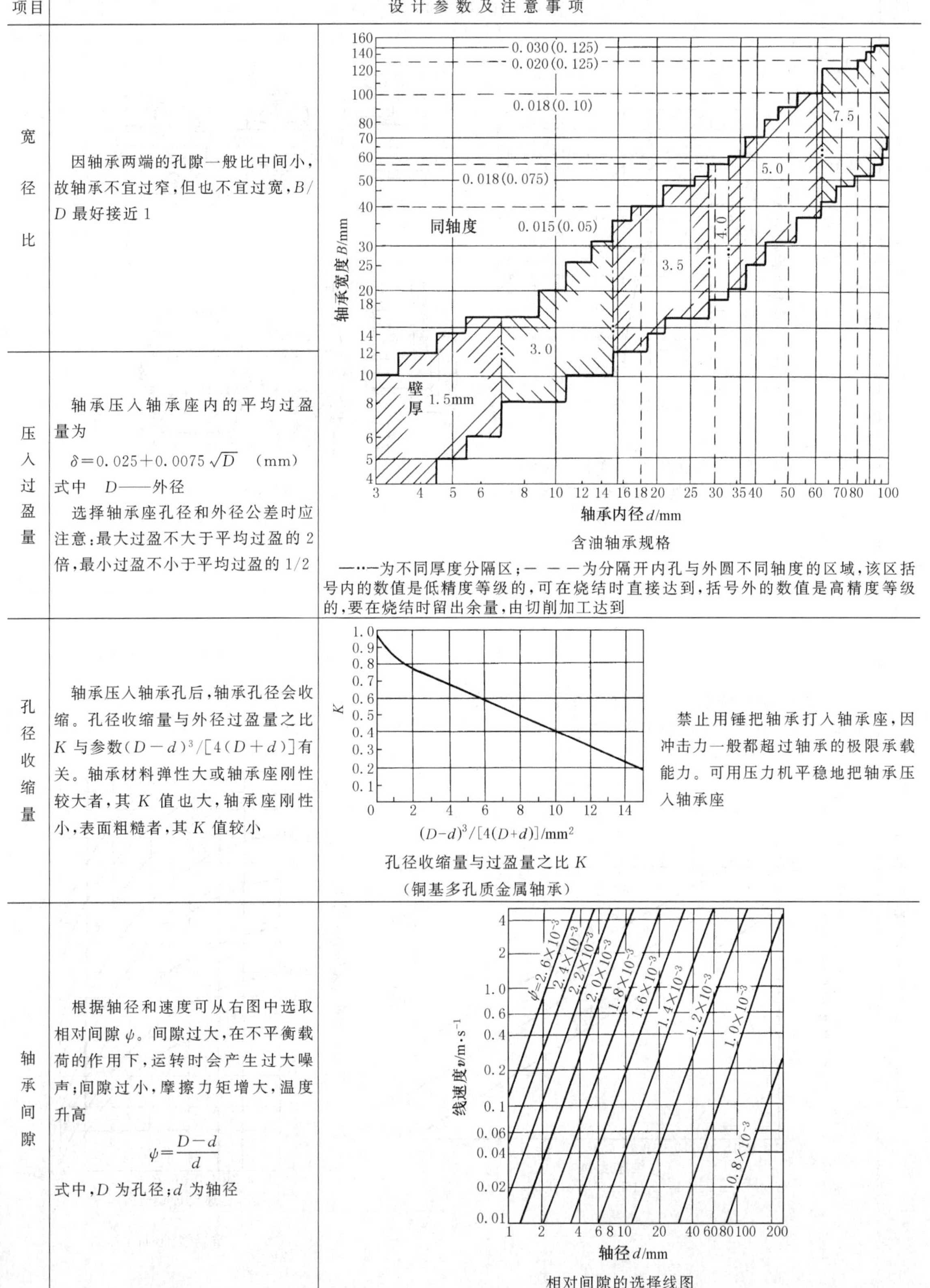

项目	设计参数及注意事项	
宽径比	因轴承两端的孔隙一般比中间小，故轴承不宜过窄，但也不宜过宽，B/D 最好接近 1	含油轴承规格 —··—为不同厚度分隔区；— — —为分隔开内孔与外圆不同轴度的区域，该区括号内的数值是低精度等级的，可在烧结时直接达到，括号外的数值是高精度等级的，要在烧结时留出余量，由切削加工达到
压入过盈量	轴承压入轴承座内的平均过盈量为 $\delta=0.025+0.0075\sqrt{D}$　(mm) 式中　D——外径 选择轴承座孔径和外径公差时应注意：最大过盈不大于平均过盈的 2 倍，最小过盈不小于平均过盈的 1/2	
孔径收缩量	轴承压入轴承孔后，轴承孔径会收缩。孔径收缩量与外径过盈量之比 K 与参数 $(D-d)^3/[4(D+d)]$ 有关。轴承材料弹性大或轴承座刚性较大者，其 K 值也大，轴承座刚性小，表面粗糙者，其 K 值较小	孔径收缩量与过盈量之比 K （铜基多孔质金属轴承） 禁止用锤把轴承打入轴承座，因冲击力一般都超过轴承的极限承载能力。可用压力机平稳地把轴承压入轴承座
轴承间隙	根据轴径和速度可从右图中选取相对间隙 ψ。间隙过大，在不平衡载荷的作用下，运转时会产生过大噪声；间隙过小，摩擦力矩增大，温度升高 $\psi=\dfrac{D-d}{d}$ 式中，D 为孔径；d 为轴径	相对间隙的选择线图

续表

<table>
<tr><th>项目</th><th>设计参数及注意事项</th></tr>
<tr><td>润滑方式选择</td><td>
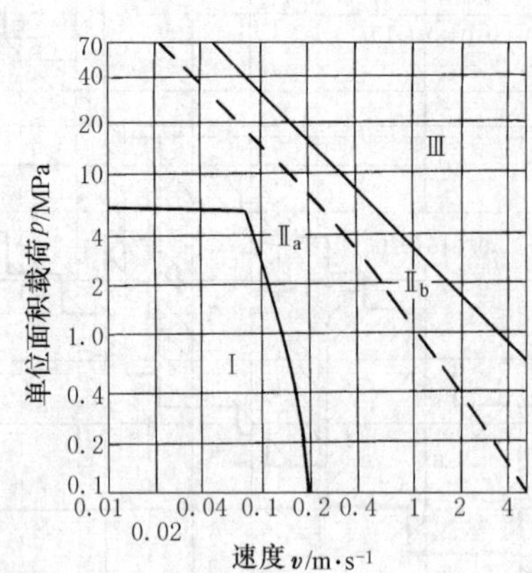

Ⅰ—无需供油；Ⅱa—需补充供油；
Ⅱb—需补充供油并采用高孔隙率材料；
Ⅲ—需连续供油

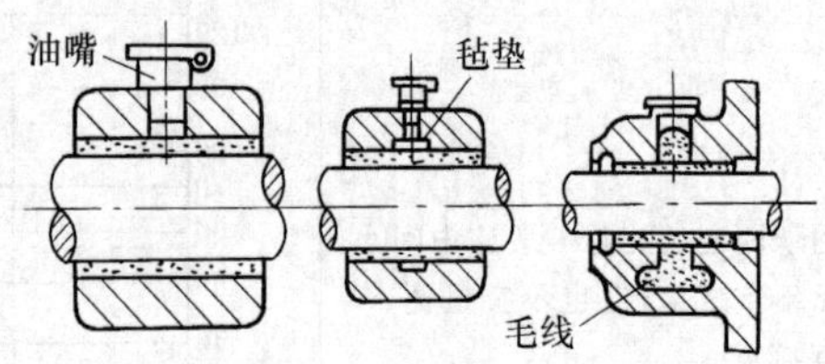

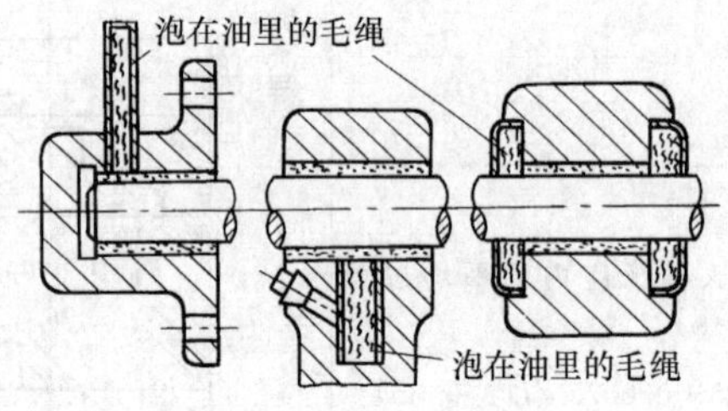

补充供油方法
</td></tr>
<tr><td>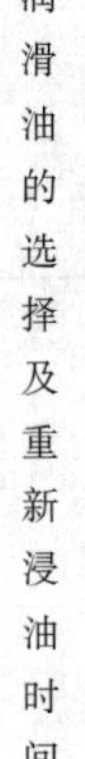
润滑油的选择及重新浸油时间</td><td>
含油轴承采用的润滑油必须有高的氧化安定性，
千万不能采用润滑脂或悬浮有固体颗粒的润滑剂

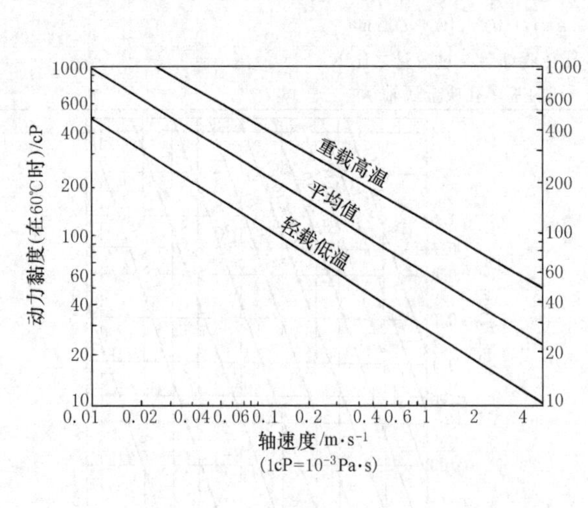

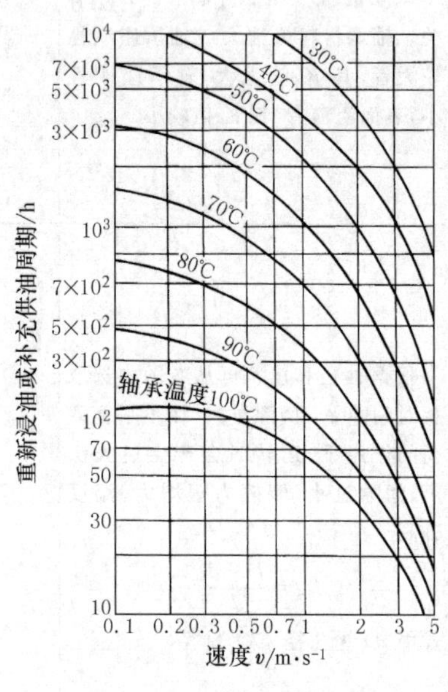

重新浸油时间
</td></tr>
</table>

续表

<table>
<tr><td>项目</td><td colspan="5">设计参数及注意事项</td></tr>
<tr><td rowspan="5">润滑油的选择及重新浸油时间</td><td colspan="2">载　荷</td><td>轻　载　荷</td><td>中　载　荷</td><td>重　载　荷</td></tr>
<tr><td rowspan="3">圆周速度</td><td>高　速</td><td>22 号汽轮机油</td><td>32 号润滑油
10 号汽油机油</td><td>46 号润滑油
6 号汽油机油</td></tr>
<tr><td>中　速</td><td>46 号汽轮机油
10 号汽油机油</td><td>46 号润滑油
15 号汽油机油</td><td>46 号润滑油
22 号齿轮油</td></tr>
<tr><td>低　速</td><td>46 号润滑油
15 号汽油机油</td><td>68 号润滑油</td><td>22 号齿轮油</td></tr>
<tr><td>说明</td><td colspan="4">①新旧轴承均可按此表选用润滑油进行真空浸渍或热油浸渍。热油浸渍一般是将油加热到 70～150℃，将轴承放入，并随油冷却到室温
②重新浸油时间：因油损耗和变质情况，建议每工作 1000h 后或每年重新浸一次油。较准确的重新浸油时间，可参考上图按速度与温度关系查出</td></tr>
<tr><td>使用安装等(GB/T 2688—2012)</td><td colspan="5">①轴承成品工作表面一般应尽可能不切削加工，必要时非工作表面可进行切削加工
②轴承压入座孔后，若内径收缩过大，可采用光轴或钢球、无齿铰刀、无齿锥刀等以无切削加工方法进行扩孔。若内径必须切削加工，宜采用车、镗等方法，而不宜采用磨削等方法，以免细屑堵塞孔隙降低供油能力
③轴承装配前，轴承必须在规定的油中浸泡和清洗，但切忌用煤油、汽油以及能溶解所浸渍润滑油的其他溶剂等清洗
④轴承对偶轴的表面粗糙度应不大于 Ra1.6μm，硬度值推荐不低于 260HB</td></tr>
</table>

表 8-3-114　安装粉末冶金轴承的轴承座孔与轴的尺寸公差 (GB/T 2688—2012)

轴承名称	轴承等级	推荐采用的轴承座孔公差	推荐采用的轴的公差		轴承公差	
			当轴承压入座孔后内径收缩量为过盈量的 0～50%	当轴承压入座孔后内径收缩量为过盈量的 0～100%	内　径	外　径
筒形及带挡边筒形轴承	7 级 8 级 9 级	H7 H8 H8	e6 d7 d8	d6 c7 c8	G7 E8 C9	r7 s8 t9
球形轴承	7 级 8 级	G10				

3.10.3　自润滑复合材料卷制轴套

自润滑复合材料轴套是由塑料、青铜、钢背通过烧结、塑化、辊轧（塑料能压入多孔青铜球粉层内）等工艺卷制而成的。分 JH1 型和 JH2 型，二者其中间青铜层均是多孔青铜球粉层，外层均是带镀层的钢背。二者的主要区别是内层，JH1 内层是聚四氟乙烯(PTFE)＋铅（Pb）及其他充填物，适用温度范围大，使用较广；JH2 内层是改性聚甲醛（POM），表面轧出一定规律的储油坑，适用温度范围小一些，是较好的边界润滑材料，多用于停止、启动频繁的场合，安装时需在储油坑中填满润滑脂。二者主要性能及应用见表 8-3-115。卷制轴套的标准有 GB/T 12613.1—2011（尺寸）、GB/T 12613.2—2011（外径和内径的检测数据）、GB/T 12613.3—2011（润滑油孔、润滑油槽和润滑油穴）和 GB/T 12613.4—2011（材料）。

表 8-3-115　　**自润滑复合材料卷制轴套的性能及应用**

<table>
<tr><th></th><th></th><th>轴承承载能力/MPa</th><th>适用温度范围/℃</th><th>线胀系数/℃$^{-1}$</th><th>热导率/W·m^{-1}·K^{-1}</th><th>摩擦因数 μ</th><th>极限 pv 值/MPa·m·s^{-1}</th></tr>
<tr><td rowspan="2">主要性能</td><td>JH1</td><td>连续运转　12
一般运转　60
低速运转　140</td><td>−200～280</td><td>≤30×10^{-6}</td><td>≥2.35</td><td>有油<0.06
无油<0.20</td><td>有油<50
无油<3.6</td></tr>
<tr><td>JH2</td><td>连续运转　50
低速运转　140</td><td>连续−40～90
断续−40～130</td><td>≤70×10^{-6}</td><td>≥1.7</td><td>有油<0.06</td><td>有油<22.0
干<2.8</td></tr>
<tr><td rowspan="2">应用特点</td><td>JH1型及其派生型</td><td colspan="6">①静、动摩擦因数接近，防爬、减爬（即防黏滑运动）性能优良。适用于机构中微量进给、低速运动和重复定位要求较高的地方
②摩擦因数小，并能在无油、少油的工况条件下正常工作，能简化润滑系统，减少维护。安装时抹上润滑脂，使用效果更好
③能吸收振动，减少运动中的噪声。不产生聚积静电
④化学性能稳定，在对钢背材料进行特殊处理或采用不锈钢后，能在酸、碱、盐水溶液中或SF6气体、电弧分解物的气氛中工作。如印刷，造纸机械、化工设备、海洋机械、高压开关等，在JH1基础上开发的其他型号有：
JH1G改进型——有更低的摩擦因数，能承受更大瞬时速度的变化和载荷的变化。适用边界润滑、无油、少油的轴承部位，如汽车减振器等
JH1Z增强型——有更高的承载能力和良好的抗磨损性能，是为高 pv 值而设计的，如齿轮泵、叶片泵、柱塞泵等
JH1W无铅型——采用不含铅的改性PTFE减摩层，适用于食品、医疗机械和家用电器等
JH1T铜背、JH1B不锈钢背等，具有良好的导热性和耐腐蚀性，可用于冶金、化工、海洋等环境，此外，还可制成翻边轴套、止推垫圈、球型轴承、机床导轨板等</td></tr>
<tr><td>JH2型</td><td colspan="6">安装时在油坑中充满润滑脂，使用中定期加入润滑脂或稀油，效果更好。具有优良的耐磨性，适用于边界润滑条件，特别适合重载、低速停止、启动频繁不能形成润滑膜的旋转运动、摆动等机械的轴承。轴套可根据使用精度要求，在安装后对减摩层进行精加工。除轴套外，还可制成止推垫圈、机床导轨板等，其派生型为JH2W无铅型、JH2G改进型。JH2含铅型较JH2W有较好的耐磨性</td></tr>
<tr><td>轴套安装</td><td colspan="7">JH1、JH2型自润滑复合材料轴套的安装注意事项：
①轴套座孔及轴颈尺寸偏差的选择，可按表8-3-116中的推荐值选取。特殊环境可由试验来决定其合理间隙
②与轴套内径相配合的轴颈表面粗糙度 $Ra\leqslant0.8\mu m$，表面硬度≥46HRC
③轴套座孔的表面粗糙度要小于 $Ra1.6\mu m$。轴套座孔的压入端面应按 $T\times20°$ 倒角，并去除毛刺，涂少量的润滑脂以利于压入。轴套压入时，应先自制一个导向杆，用专用工具或压力机垂直地压入轴套座孔，应避免直接敲打轴套的端面。对导向杆、座孔的要求见下图
④JH1轴套内颈工作表面（塑料面）不允许进行车、镗、磨、铰、刮等加工
⑤在安装轴套时，应避免轴套的接缝处在承受最大载荷的方向
⑥同一个座孔安装两个以上轴套时，轴套其接缝应在同一方向上，并对齐，且轴套之间应留有1～2mm的间隙
⑦当需要限制工作轴的轴向移动时，可加装止推垫圈或采用翻边轴套
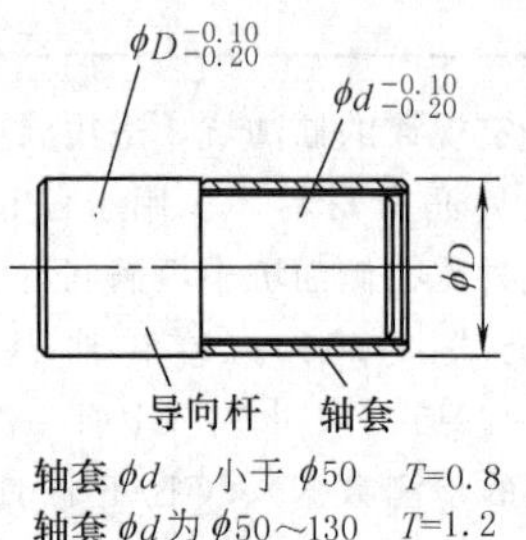
轴套 ϕd　小于 $\phi50$　T=0.8
轴套 ϕd 为 $\phi50$～130　T=1.2
轴套 ϕd　大于 $\phi130$　T=2.0
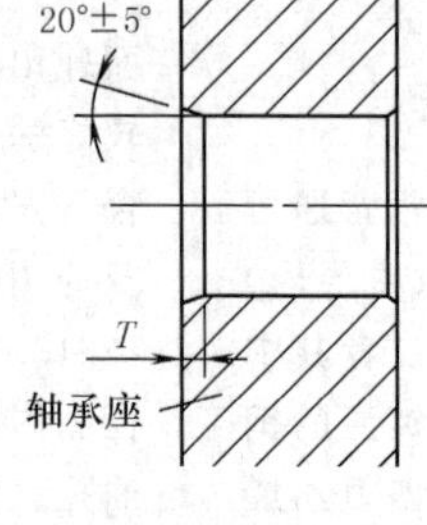
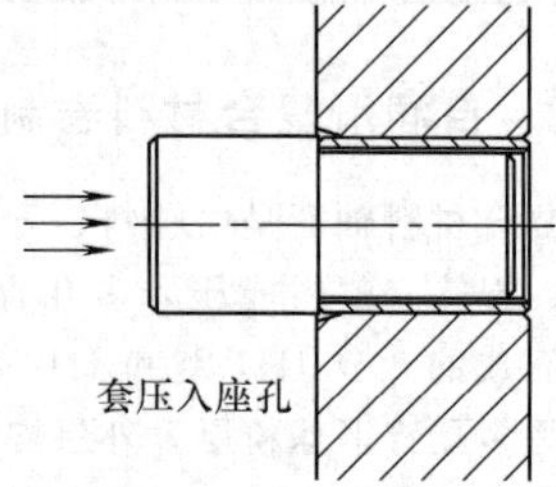</td></tr>
</table>

注：生产厂为北京市朝阳建华无油润滑轴承厂。

表 8-3-116　　JH1 型轴套尺寸　　mm

f_2　45°±5°　≥0.30　20°±5°　f_1　ϕd　ϕD　B　接缝

JH □ -B □ □
厂标　材料类型　轴套　轴套内径 ϕd　轴套宽度 B

轴套				推荐轴颈及轴套座孔				轴套宽度 $B\pm0.25$																	f_1	f_2
内径 ϕd		外径 ϕD		轴颈		座孔		6	8	10	12	15	20	25	30	35	40	45	50	60	70	80	90	100		
尺寸	(H9)	尺寸	偏差	尺寸	(f7)	尺寸	(H7)	JH	JH	JH	JH	JH	JH	JH	JH	JH	JH	JH	JH	JH	JH	JH	JH	JH		
6	+0.036 0	8	+0.055 +0.025	6	−0.010 −0.022	8	+0.015 0	0606	0608	0610															0.6 ±0.4	<0.4
8		10		8	−0.013 −0.028	10		0806	0808	0810	0812															
10		12		10		12		1006	1008	1010	1012	1015	1020													
12	+0.043 0	14	+0.065 +0.030	12	−0.016 −0.034	14	+0.018 0	1206	1208	1210	1212	1215	1220													
14		16		14		16				1410	1412	1415	1420													
15		17		15		17				1510	1512	1515	1520	1525												
16		18		16		18				1610	1612	1615	1620	1625												
18		20		18		20				1810	1812	1815	1820	1825												
20	+0.052 0	23	+0.075 +0.035	20	−0.020 −0.041	23	+0.021 0			2010	2012	2015	2020	2025	2030										0.6 ±0.4	0.4 ±0.3
22		25		22		25				2210	2212	2215	2220	2225	2230											
24		27		24		27						2415	2420	2425	2430											
25		28		25		28				2510	2512	2515	2520	2525	2530	2535										
28		32		28		32					2812	2815	2820	2825	2830										1.2 ±0.4	0.4 ±0.3
30		34		30		34					3012	3015	3020	3025	3030		3040									
32	+0.062 0	36	+0.085 +0.050	32	−0.025 −0.050	36	+0.025 0						3220	3225	3230		3240									
35		39		35		39					3512	3515	3520	3525	3530		3540	3545	3550							
38		42		38		42							3820	3825	3830		3840		3850							
40		44		40		44					4012	4015	4020	4025	4030		4040		4050							
45		50		45		50							4520	4525	4530		4540		4550	4560					1.8 ±0.6	0.6 ±0.4
50		55	+0.100 +0.055	50		55	+0.030 0						5020	5025	5030		5040			5060						

第 8 篇

续表

轴套				推荐轴颈及轴套座孔				轴套宽度 $B\pm0.25$																		
内径 ϕd		外径 ϕD		轴颈		座孔		6	8	10	12	15	20	25	30	35	40	45	50	60	70	80	90	100	f_1	f_2
尺寸	(H9)	尺寸	偏差	尺寸	(f7)	尺寸	(H7)	JH	JH	JH	JH	JH	JH	JH	JH	JH	JH	JH	JH	JH	JH	JH	JH	JH		
55		60		55		60									5530		5540			5560	5570					
60		65		60		65									6030		6040		6050	6060	6070	6080				
65	+0.074 0	70	+0.100 +0.055	65	−0.030 −0.060	70	+0.030 0								6530		6540			6560						
70		75		70		75											7040			7060		7080				
75		80		75		80									7530		7540			7560		7580				
80		85		80	0 −0.046	85											8040			8060		8080				
85		90		85		90											8540			8560		8580				
90		95		90		95											9040			9060			9090			
95		100	+0.120 +0.070	95		100	+0.035 0										9540		9550	9560		9580		95100		
100	+0.087 0	105		100	0 −0.054	105														10060				100100		
105		110		105		110														10560				105100		
110		115		110		115														11060				110100		
115		120		115		120													11550	11560	11570					
120		125		120		125													12050	12060				120100	1.8 ±0.6	0.6 ±0.4
125		130	+0.170 +0.100	125		130														12560				125100		
130		135		130		135														13060				130100		
135		140		135		140	+0.040 0													13560		13580				
140	+0.100 0	145		140	0 −0.063	145														14060		14080		140100		
150		155		150		155														15060		15080		150100		
160		165		160		165														16060		16080		160100		
170		175		170		175														17060		17080		170100		
180		185	+0.225 +0.125	180		185														18060		18080		180100		
190	+0.115 0	195		190	0 −0.072	195	+0.046 0													19060		19080		190100		
200		205		200		205														20060		20080				
250	+0.130 0	255		250	0 −0.081	255	+0.052 0													25060		25080				
255		260		255		260														25560		25580				

注：1. 表中尺寸系列符合 GB/T 12613.1—2011。
2. 生产厂也可提供翻边轴套和止推垫圈的系列产品。本表中没有的规格，可按用户要求定制。

表 8-3-117　　JH2、JH2W、JH2G 型轴套尺寸　　mm

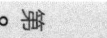

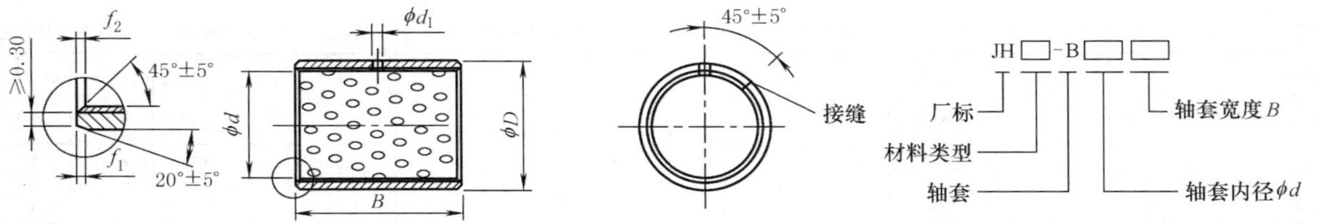

轴套				推荐轴颈及轴套座孔				油孔	轴套宽度 $B\pm0.25$																			f_1	f_2
内径 ϕd		外径 ϕD		轴颈		座孔			8	10	12	15	20	25	30	35	40	45	50	60	65	70	80	90	95	100	110		
尺寸	偏差	尺寸	偏差	尺寸	(h8)	尺寸	(H7)	ϕd_1	JH	JH	JH	JH	JH	JH	JH	JH	JH	JH	JH	JH	JH	JH	JH	JH	JH	JH	JH		
8	+0.083 +0.025	10	+0.055 +0.026	8	0	10	+0.015 0	4	0808	0810	0812																	0.6 ±0.4	<0.4
10	+0.102 +0.032	12	+0.065 +0.030	10	−0.022	12	+0.018 0			1010	1012	1015	1020																
12		14		12	0 −0.027	14				1210	1212	1215	1220																
14		16		14		16						1415	1420																
15		17		15		17				1510	1512	1515	1520	1525															
16		18		16		18						1615	1620	1625															
18		20		18		20						1815	1820	1825															
20	+0.124 +0.040	23	+0.075 +0.035	20	0 −0.033	23	+0.021 0			2010	2012	2015	2020	2025	2030													0.6 ±0.4	0.4 ±0.3
22		25		22		25		6				2215	2220	2225	2230														
24		27		24		27						2415	2420	2425	2430														
25		28		25		28						2515	2520	2525	2530														
28		32		28		32							2820	2825	2830													1.2 ±0.4	0.4 ±0.3
30		34		30		34							3020		3030		3040												
32	+0.150 +0.050	36	+0.085 +0.045	32	0 −0.039	36	+0.025 0						3220		3230	3235	3240												
35		39		35		39							3520		3530	3535	3540		3550										
40		44		40		44		8					4020		4030		4040		4050										
45		50		45		50							4520		4530		4540	4545	4550	4560									
50		55	+0.100 +0.055	50		55	+0.030 0										5040		5050	5060								1.8 ±0.6	0.6 ±0.4
55	+0.180 +0.060	60		55	0 −0.046	60							5520	5525	5530		5540		5550	5560									
60		65		60		65									6030		6040			6060		6070							

续表

轴套				推荐轴颈及轴套座孔				油孔	轴套宽度 $B\pm0.25$																			f_1	f_2
内径 ϕd		外径 ϕD		轴颈		座孔			8	10	12	15	20	25	30	35	40	45	50	60	65	70	80	90	95	100	110		
尺寸	偏差	尺寸	偏差	尺寸	(h8)	尺寸	(H7)	ϕd_1	JH	JH	JH	JH	JH	JH	JH	JH	JH	JH	JH	JH	JH	JH	JH	JH	JH	JH	JH		
65		70		65		70	+0.030 0	8									6540		6550	6560		6570							
70	+0.180 +0.060	75	+0.100 +0.055	70	0 −0.046	75											7040		7050	7060	7065	7070	7080						
75		80		75		80											7540			7560			7580						
80		85		80		85											8040			8060			8080			80100			
85		90		85		90									8530		8540			8560			8580			85100			
90		95		90		95											9040			9060			9080	9090		90100			
95		100	+0.120 +0.070	95		100	+0.035 0													9560			9580			95100			
100	+0.212 +0.072	105		100	0 −0.054	105		9.5											10050	10060			10080		10095				
105		110		105		110														10560			10580				105110		
110		115		110		115														11060			11080				110110		
115		120		115		120													11550			11570				115100			
120		125		120		125														12060			12080			120100	120110	1.8 ±0.6	0.6 ±0.4
125		130	+0.170 +0.100	125		130														12560			12580			125100	125110		
130		135		130		135													13050	13060			13080			130100			
135		140		135		140	+0.040 0													13560			13580			135100			
140	+0.245 +0.085	145		140	0 −0.063	145													14050	14060			14080			140100			
150		155		150		155													15050	15060			15080			150100			
160		165		160		165		11											16050	16060			16080			160100			
170		175		170		175													17050	17060			17080			170100			
180		185	+0.225 +0.125	180		185													18050	18060			18080			180100			
190		195		190	0 −0.072	195	+0.046 0												19050	19060			19080			190100			
200	+0.285 +0.100	205		200		205													20050	20060			20080			200100			
250		255		250	0 −0.081	255	+0.052 0	12											25050	25060			25080			250100			
255	+0.320 +0.110	260		255		260													25550	25560			25580			255100			

注：1. 如组装后轴套内径有精加工要求时，应在订货时说明，厂家将留出加工余量。推荐精加工后轴套内径尺寸公差为：H7，轴颈尺寸公差为：d8。表中为推荐精加工后尺寸。

2. 表中未标出的规格及油孔 ϕd_1，可按用户要求定制，需在订货时说明。

3. 表中尺寸系列符合 GB/T 12613.1—2011。

3.11 双金属减摩卷制轴套

双金属减摩材料轴套是以优质碳素钢为基体，铜合金为耐磨层，经烧结、轧制等工艺使两种金属复合成一体的新型材料卷制成的轴套。具有合金成分不偏析且强度高、承载能力大、耐疲劳、热变形小、耐磨损等特点。在安装和使用期必须加润滑油或脂。在润滑条件下可长期稳定工作，已广泛用于各种机械。

表 8-3-118　JHS 双金属减摩轴套

合金代号	耐磨层铜合金牌号	耐磨层硬度(HB)	要求相配轴颈硬度(HRC)	最高工作温度/℃	轴承承载能力/MPa		应　用
					连续运转	低速运转	
JHS1	CuPb10Sn10	60～90	>55	<250	40	120	有很高的抗疲劳强度和耐冲击能力，耐蚀性好，适用于与淬硬轴颈相配
JHS2	CuPb24Sn	40～60	>50	<200	30	80	有较高的抗疲劳强度和承载能力
JHS3	CuPb24Sn4	45～70	>50	<200	30	80	有高的抗疲劳强度和承载能力
JHS4	CuPb30	30～45	>270HB	<200	25	70	中等抗疲劳强度和承载能力

注：1. 生产厂为北京朝阳建华无油润滑轴承厂。
2. 表中合金牌号符合 GB/T 12613.4—2011。

表 8-3-119　JHS 轴套尺寸　mm

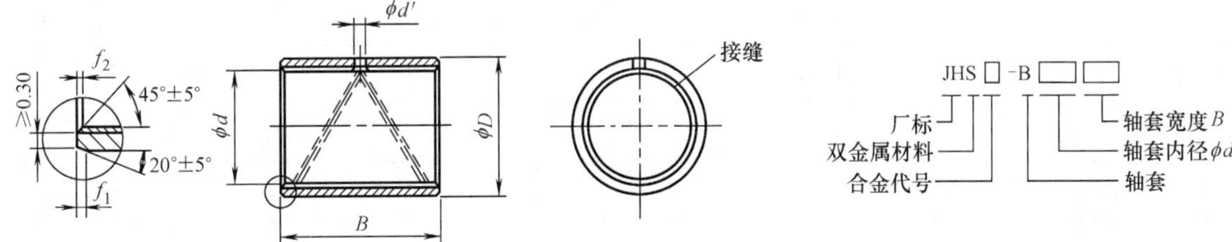

内径 φd	偏差(H9)	外径 φD	偏差	轴颈尺寸	轴颈(f7)	座孔尺寸	座孔(H7)	10 JHS	12 JHS	15 JHS	20 JHS	25 JHS	30 JHS	35 JHS	40 JHS	50 JHS	60 JHS	70 JHS	80 JHS	100 JHS	f_1	f_2	φd'
10	+0.043 0	12	+0.065 +0.030	10	−0.013 −0.028	12	+0.018 0	1010	1012	1015	1020										0.6±0.4	<0.4	3
12		14		12	−0.016 −0.034	14		1210	1212	1215	1220												
14		16		14		16		1410	1412	1415	1420	1425											
15		17		15		17		1510	1512	1515	1520	1525											
16		18		16		18		1610	1612	1615	1620	1625											
18		20	+0.075 +0.035	18		20	+0.021 0			1815	1820	1825											
20	+0.052 0	23		20	−0.020 −0.041	23		2010		2015	2020	2025	2030								0.6±0.4	0.4±0.3	4
22		25		22		25				2215	2220	2225	2230										
24		27		24		27				2415	2420	2425	2430										
25		28		25		28				2515	2520	2525	2530										
28		32	+0.085 +0.045	28		32	+0.025 0				2820	2825	2830								1.2±0.4	0.4±0.3	
30		34		30		34				3015	3020	3025	3030		3040								

续表

轴套尺寸与公差				推荐轴颈及轴套座孔				轴套宽度 $B\pm0.25$															
内径	偏差	外径	偏差	轴颈		座孔		10	12	15	20	25	30	35	40	50	60	70	80	100	f_1	f_2	$\phi d'$
ϕd	(H9)	ϕD		尺寸	(f7)	尺寸	(H7)	JHS	JHS	JHS	JHS	JHS	JHS	JHS	JHS	JHS	JHS	JHS	JHS	JHS			
32		36		32		36					3220		3230		3240						1.2 ± 0.4	0.4 ± 0.3	4
35		39	+0.085 +0.045	35		39	+0.025 0				3520		3530	3535	3540	3550							
40	+0.062 0	44		40	−0.025 −0.050	44					4020		4030		4040	4050							
45		50		45		50					4520		4530		4540	4550							
50		55		50		55					5020		5030		5040	5050	5060						5
55		60		55		60					5520		5530		5540	5550	5560						
60		65	+0.100 +0.055	60		65	+0.030 0						6030		6040	6050	6060	6070					
65	+0.074 0	70		65	−0.030 −0.060	70							6530			6550	6560	6570					
70		75		70		75									7040	7050	7060	7070					
75		80		75		80									7540	7550	7560	7570	7580				
80		85		80		85									8040		8060		8080				6
85		90		85		90											8560			85100			
90		95		90		95											9060		9080	90100			
95		100	+0.120 +0.070	95		100	+0.035 0										9560		9580	95100			
100	+0.087 0	105		100	−0.036 −0.071	105											10060			100100	1.8 ± 0.6	0.6 ± 0.4	
105		110		105		110											10560			105100			
110		115		110		115											11060			110100			
115		120		115		120										11550	11560			115100			
120		125		120		125											12060			120100			
125		130	+0.170 +0.100	125		130											12560			125100			
130		135		130		135										13050	13060			130100			7
135		140		135		140	+0.040 0										13560			135100			
140	+0.100 0	145		140	−0.043 −0.083	145										14050	14060			140100			
150		155	+0.225 +0.125	150		155										15050	15060			150100			
160		165		160		165										16050	16060			160100			
170		175		170		175										17050	17060			170100			

注：1. 如组装后轴套内径有精加工要求时（内径倒角 f_2 也相应加大），请在订货时说明，厂家将留出加工余量。
2. 油槽按用户要求由生产厂家加工。
3. 表中未标出的规格，可按用户要求定制。
4. 表中尺寸系列符合 GB/T 12613.1—2011。

3.12　塑料轴承

与金属轴承相比较，塑料轴承具有重量轻、摩擦因数小而耐磨性及耐疲劳强度较高、化学稳定性好等优点，并具有自润滑和吸声、减振等性能。但塑料的耐热性较差，有些塑料的吸湿性较大，热胀系数较大，其强度和尺寸配合精度不如金属材料，因而不宜在高温下工作或在高速下连续运行。轴承用塑料的性能见表 8-3-120。

各种塑料轴承均有其最高的使用速度 v 和载荷 p，即 $pv^{\alpha}=$常数，式中 $\alpha \geqslant 1$，不同塑料其 α 值也不相同，如尼龙 $\alpha=1.47$，聚甲醛 $\alpha=1.2$。从公式表明，v 的影响比 p 要大，因此较适用于低速度高载荷的条件。在设计使用时，必须根据所采用的材料来决定其载荷和速度范围。同时还必须注意，各种塑料均有其压力和速度极限，即使其 pv 乘积不超过极限值，也不能使用。

由于塑料受热易于膨胀变形，在设计轴承时必须考虑有足够的配合间隙。一般约为 $0.005d$（d 为轴承内径），但不同的塑料其配合间隙也不尽相同。常用几种塑料轴承的配合间隙见表 8-3-121。

尼龙轴承常用材料有尼龙 6、尼龙 66、尼龙 1010。

尼龙轴承的 pv 值与润滑条件有关，在速度较低的情况下可按表 8-3-122 选用。

表 8-3-120　**轴承用塑料的性能**

塑料名称	弯曲弹性模量 /MPa	冲击强度（带缺口）/N·m·cm^{-2}	热变形温度/℃		线胀系数 /10^{-5}℃	摩擦因数	pv 极限值 /MPa·m·s^{-1}	24h 吸水率 /%
			0.45MPa	1.82MPa				
尼龙 6 及尼龙 66	1765（潮） 2618（干）	0.54～0.78	180～185	55～86	8～11	0.15～0.40	0.088	1.5～1.6
MC 尼龙	3432	0.95	150～190	马丁 55～60	8.3	0.15～0.30	—	0.9
聚甲醛	2756	0.75	158	110	8.1	0.15～0.35	0.124	0.25
聚四氟乙烯	402①	1.61	121	49	10	0.04	0.063	0.00
聚全氟乙丙烯	343①	不断	—	—	8.3～10.5	0.08	0.059～0.088	0.00
氯化聚醚	1108①	0.22～0.69	141	100	8.0	—	0.071	0.01
低压聚乙烯	412～1079	0.78～0.98	43～49	—	11～13	0.21	—	<0.01
聚苯醚	2618①	0.78～0.98	马丁 160	190	5.7～5.9	0.18～0.23	—	0.06～0.13
聚酰亚胺	3089	0.78～0.98	—	360	5.5～6.3	0.17	—	0.1～0.2

① 为拉伸弹性模量。

表 8-3-121　**几种塑料轴承的配合间隙**　mm

轴径	尼龙 6 和尼龙 66	聚四氟乙烯	酚醛布层压塑料	聚甲醛			
				轴径	室温～60℃	室温～120℃	−45～120℃
6	0.050～0.075	0.050～0.100	0.030～0.075	6	0.076	0.100	0.150
12	0.075～0.100	0.100～0.200	0.040～0.085	13	0.100	0.200	0.250
20	0.100～0.125	0.150～0.300	0.060～0.120	19	0.150	0.310	0.380
25	0.125～0.150	0.200～0.375	0.080～0.150	25	0.200	0.380	0.510
38	0.150～0.200	0.250～0.450	0.100～0.180	31	0.250	0.460	0.640
50	0.200～0.250	0.300～0.525	0.130～0.240	38	0.310	0.530	0.710

表 8-3-122　**尼龙轴承材料的 pv 值**

润滑条件	无润滑	装配时一次润滑	间断润滑	连续润滑
pv 值/MPa·m·s^{-1}	0.1	0.15～0.25	0.3～0.5	0.6～0.75

注：尼龙轴承的 pv 值受速度影响较大，速度太高容易发热，许用压强 p_p 值大大减小。在间断润滑情况下，当速度为 0.13～1.3m/s 时，可用 p_p 为 0.36～1.5MPa，即 $(pv)_p$ 值约为 0.05～2MPa·m/s。

表 8-3-123　**尼龙轴套的尺寸及偏差**　mm

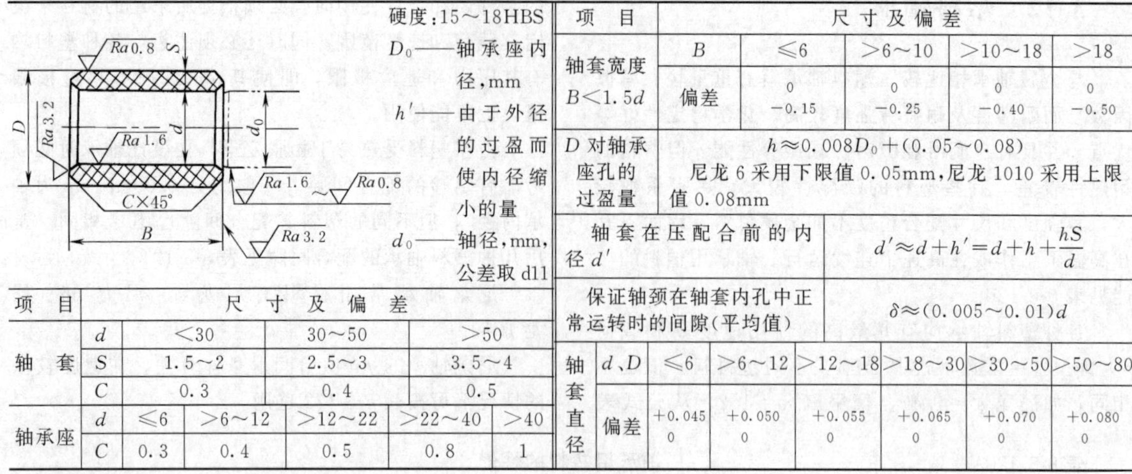

硬度:15~18HBS

D_0——轴承座内径,mm

h'——由于外径的过盈而使内径缩小的量

d_0——轴径,mm,公差取d11

项目		尺寸及偏差				
轴套	d	<30		30~50		>50
	S	1.5~2		2.5~3		3.5~4
	C	0.3		0.4		0.5
轴承座	d	≤6	>6~12	>12~22	>22~40	>40
	C	0.3	0.4	0.5	0.8	1

项目		尺寸及偏差					
轴套宽度 $B<1.5d$	B	≤6	>6~10	>10~18	>18		
	偏差	$\begin{smallmatrix}0\\-0.15\end{smallmatrix}$	$\begin{smallmatrix}0\\-0.25\end{smallmatrix}$	$\begin{smallmatrix}0\\-0.40\end{smallmatrix}$	$\begin{smallmatrix}0\\-0.50\end{smallmatrix}$		
D对轴承座孔的过盈量	$h\approx0.008D_0+(0.05\sim0.08)$ 尼龙6采用下限值0.05mm,尼龙1010采用上限值0.08mm						
轴套在压配合前的内径d'	$d'\approx d+h'=d+h+\dfrac{hS}{d}$						
保证轴颈在轴套内孔中正常运转时的间隙(平均值)	$\delta\approx(0.005\sim0.01)d$						
轴套直径	d、D	≤6	>6~12	>12~18	>18~30	>30~50	>50~80
	偏差	$\begin{smallmatrix}+0.045\\0\end{smallmatrix}$	$\begin{smallmatrix}+0.050\\0\end{smallmatrix}$	$\begin{smallmatrix}+0.055\\0\end{smallmatrix}$	$\begin{smallmatrix}+0.065\\0\end{smallmatrix}$	$\begin{smallmatrix}+0.070\\0\end{smallmatrix}$	$\begin{smallmatrix}+0.080\\0\end{smallmatrix}$

表 8-3-124　**尼龙轴套设计举例**　mm

已知:轴套内径$d=28$mm,壁厚$S=3$mm,轴颈公差d11,材料为尼龙1010

项目	计算结果
轴承座名义内径 轴承座内径制造尺寸 轴套外径过盈量 轴套外径 实际过盈量h	$D_0=d+2S=28+2\times3=34$ D采用H8配合,$D=34^{+0.039}_{0}$ $h=0.008\times34+0.08\approx0.35$ $D'=D_0+h=34+0.35=34.35$(制造偏差:$^{+0.07}_{0}$) $h_{max}=0.35+0.07=0.42$,$h_{min}=0.35-0.039=0.311$
实际缩小量h'	$h'_{max}=h_{max}+h_{max}\dfrac{S}{d}=0.42+\dfrac{0.42\times3}{28}\approx0.47$ $h'_{min}=h_{min}+h_{min}\dfrac{S}{d}=0.311+\dfrac{0.311\times3}{28}\approx0.344$
轴套的内径	$d'=28+0.47=28.47$(制造偏差:$^{+0.065}_{0}$)
轴套压配合后内径	$d_{max}=d'_{max}-h'_{min}=28.47+0.065-0.344=28.191$ $d_{min}=d'_{min}-h'_{max}=28.47-0-0.47=28$
轴套与轴颈实际配合间隙	轴颈公差采用d11时,轴颈直径为$28^{-0.065}_{-0.195}$ $\delta_{max}=0.191+0.195=0.386$ $\delta_{min}=0+0.065=0.065$ $\delta_p=\dfrac{0.386+0.065}{2}=0.226$
核算配合间隙	$\delta=(0.005\sim0.010)d=(0.005\sim0.010)\times28=0.14\sim0.28$ $\delta_p=0.226$在此范围内

3.13 水润滑热固性塑料轴承(JB/T 5985—1992)

轴承由热固性塑料制造,应用于水泵、潜水电机、水轮泵、水轮机、食品机械等在水介质中工作的止推轴承和径向轴承。轴承的工作介质为含沙量(质量比)不超过0.01%的清水,其酸碱度(pH值)为6.5~8.5,氯离子含量不超过400mg/L,水温不高于65℃。

水润滑轴承材料通常为酚醛塑料P23-1、P117和聚邻苯二甲酸二丙烯酯(DAP-2)等塑料。P23-1材料应符合JB 3199的规定;P117、DAP-2材料的力学性能、耐磨性能、耐热性能指标应参照JB 3199的规定。

基本型式有止推轴承和径向轴承。止推轴承的滑动面为扇形和筋条块形，其底面为平面［图（a）、图（b）］或槽面［图（c）、图（d）］；径向轴承的滑动面为螺旋槽或直槽。见表 8-3-125。

止推轴承和径向轴承的滑动表面粗糙度 $Ra\leqslant 1.6\mu m$；止推轴承底面和径向轴承外圆表面粗糙度 $Ra\leqslant 3.2\mu m$；其他表面 $Ra\leqslant 6.3\mu m$。

表 8-3-125　止推轴承尺寸　mm

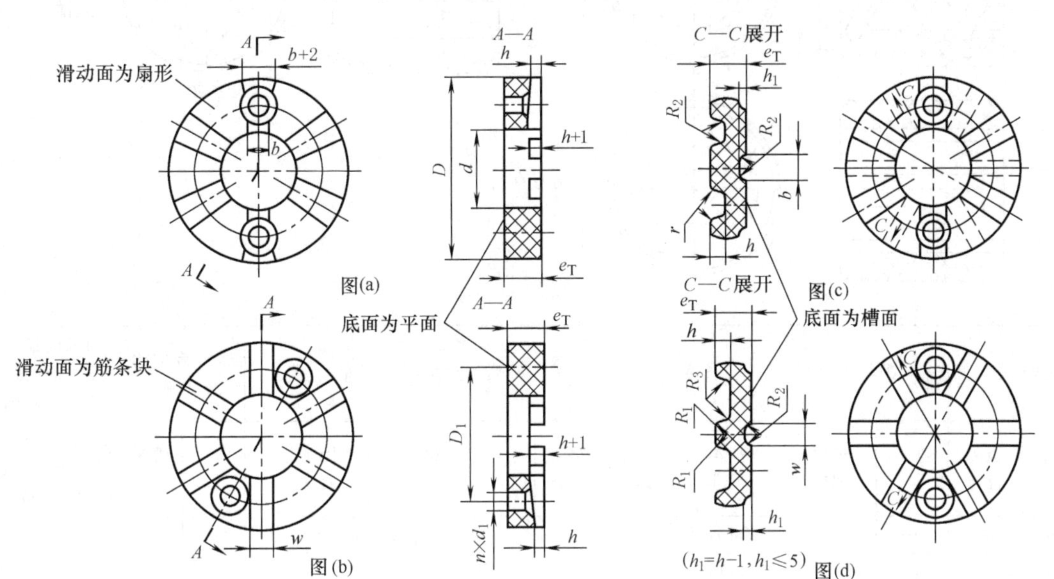

外径 D 基本尺寸	外径 D 极限偏差	内径 d 基本尺寸	壁厚 e_T 基本尺寸	壁厚 e_T 极限偏差	定位孔中心圆直径 D_1	定位孔直径 d_1	定位孔数 n/个	滑动表面为扇形 润滑水槽数/个	滑动表面为扇形 水槽宽 b	滑动表面为扇形 圆角 r	滑动表面为筋条块 筋条块数/个	滑动表面为筋条块 块宽 w	润滑水槽深度或筋条块高度 h	托盘进水孔截面积总和约不小于/mm²
35	−0.10 −0.25	15	10	0 −0.15	25	5.5	2～4	6	6	1	6	6	3	35
40		20			30									
45					32				8	2				55
50					35									
55		30	12		43			10			8		4	110
60	−0.20 −0.40				45									
65		35			50							8		200
70					53				10	2				
75					55						10			
80		40	15		60								5	300
85		45			65									400
90		50			70			12						470
95					73						12			
100		55			78									620
110	−0.20 −0.45				83	6.6			12	2				670
120		65	20		92							8	6	
130		70			100			16			16			900
140					105									
150		80	25		115	9							8	
160		90			125			20			20			1100
170					130									

表 8-3-126 **径向轴承尺寸** mm

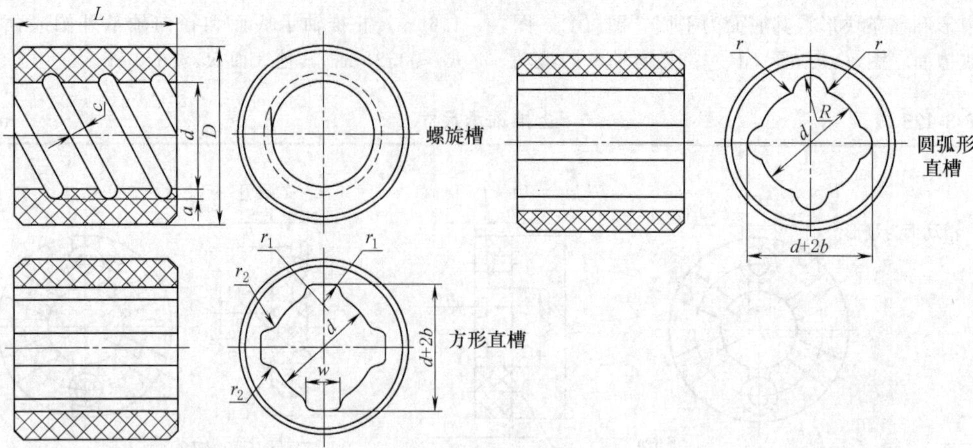

内径 d		外径 D		长度 L		带直槽的滑动表面					带螺旋槽的滑动表面		轴承内径与轴颈之间的最小间隙(双面)	
基本尺寸	极限偏差	基本尺寸	极限偏差	基本尺寸	极限偏差	槽数/个	方形槽 $(w\times b), r_1, r_2$		圆弧槽 R, b, r		槽宽 c	槽深 a	轴承外圆设定位要素	轴承外圆不设定位要素
25	H8	40		32,40,48	0 −0.50	4	$w\times b=$ 10×3	$r_1=1$ $r_2=2$	$R=5$ $b=3$	$r=4$	6	3	0.07	0.12
28		44		35,44,52										
30		50		40,50,60			$w\times b=$ 12×3	$r_1=2$ $r_2=4$	$R=6$ $b=4$					
35		55		44,55,66									0.10	0.16
38		58		46,58,70		6				$r=6$				
42		62	p7 外圆无定位要素	50,62,75										
45		65		52,65,78										
50		74		60,74,90			$w\times b=$ 14×4	$r_1=3$ $r_2=6$	$R=7$ $b=5$		8	4		
55		80		64,80,96									0.12	0.20
60		85	d9 外圆有定位要素	68,85,102										
70		95		76,95,114						$r=8$				
80		110		86,110,132							10	5		
90		120		96,120,144		8	$w\times b=$ 16×5	$r_1=6$ $r_2=8$	$R=8$ $b=6$				0.14	0.25
100		130		104,130,156										
120		150		120,150,180										

注：与径向轴承外圆相配的座孔直径公差带为 H8。

表 8-3-127 **对相配零件（止推盘或轴颈）的技术要求与止推轴承的寿命**

表面硬度(HRC)	表面粗糙度 /μm	推荐材料	止推轴承外径 D /mm	最大允许载荷 /kN	止推轴承外径 D /mm	最大允许载荷 /kN
表面淬硬或镀铬 45～50HRC	$Ra\leqslant0.8$	3Cr13 或 45	35～45	1.5	85～95	8
			50～55	2	100～120	10
			60～65	4	130～150	15
			70～80	6	160～170	22

注：按表中规定最大允许载荷下运转 5000h，轴承厚度的减小不大于 1mm。

表 8-3-128　**标记代号及标记方法**

名　　　称	代号	轴承的标记方法	
止推轴承	T	止推轴承	T □ · □ · □ · □ JB/T 5985 底面型式代号 滑动表面型式代号 材料代号 外径，mm
径向轴承	J		
止推轴承滑动表面为扇形	S		
止推轴承滑动表面为筋条块	不表示		
止推轴承底面为平面	B		
止推轴承底面为槽面	不表示		
径向轴承内圆为直槽	Z	径向轴承	J □ × □ · □ · □ JB/T 5985 直槽或螺旋槽代号 材料代号 长度，mm 内径，mm
径向轴承内圆为螺旋槽（左旋）	L（左）		
径向轴承内圆为螺旋槽（右旋）	L		
P23-1 塑料	M		
P117 塑料	P		
DAP-2 塑料	D		

3.14　橡胶轴承

橡胶轴承由于橡胶材料柔软具有弹性，内阻尼较大，能有效地防止或减缓振动、噪声和冲击。轴承内的杂质可通过轴承润滑水沟被润滑水冲走，可延长轴承的耐久性，橡胶的变形可缓和轴的应力，并有自动调位作用。它镶在金属衬套内，用水润滑，不适于与油类或有机溶剂接触。

橡胶轴承的缺点是导热性差，需经常保持有水循环，否则易损坏。

橡胶轴承一般适宜在 65℃ 以下温度工作，温度过高易老化，抗腐蚀性、耐磨性变差。应用于水泵、水轮机、农业机械及其他一些摆动不大的机构杆件铰接处，以减少振动和冲击。由于橡胶轴承用水作润滑剂，碳钢轴颈易被锈蚀，特别是在经常停车的情况，因此在轴颈上应有铜衬套或表面镀铬。

表 8-3-129　**轴承对橡胶材料的要求、轴承尺寸及配合**

扯断力 /MPa	扯断伸长率/%	永久变形 /%	邵氏硬度	轴承许用单位压力 /MPa		尺寸/mm			轴承座孔和橡胶轴承外径的配合	轴承内孔与轴颈的配合
				软橡胶	硬橡胶	内径 d	壁厚	宽度		
11.77	400	40	70～80	2	<5	25～75	7～10	(0.75～1.5)d	H7/j8	采用过盈配合还是间隙配合，视具体情况而定
						100～250	10～15			
						>250	15～20			

注：决定橡胶轴承内孔时，必须注意橡胶轴承压入轴承座孔后内孔直径的收缩。

表 8-3-130　**橡胶轴承的型式**

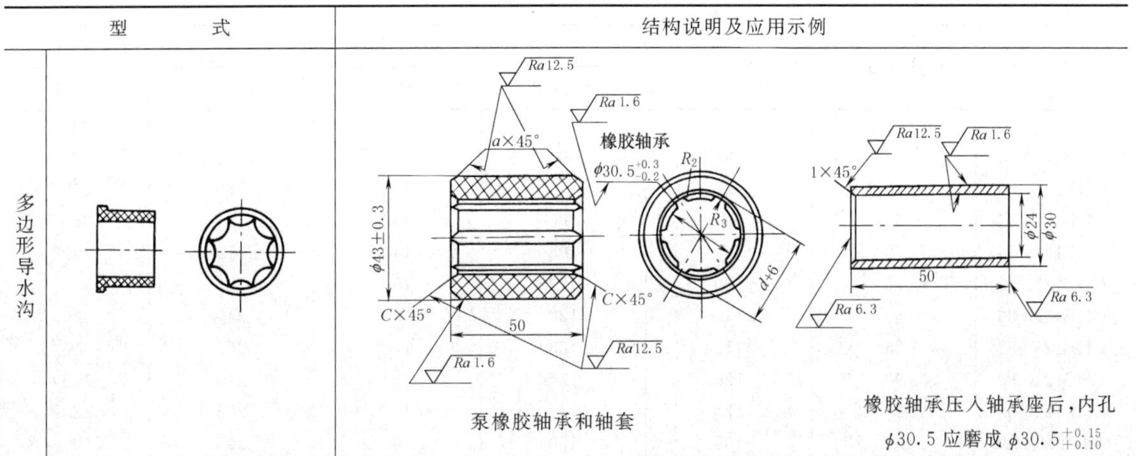

续表

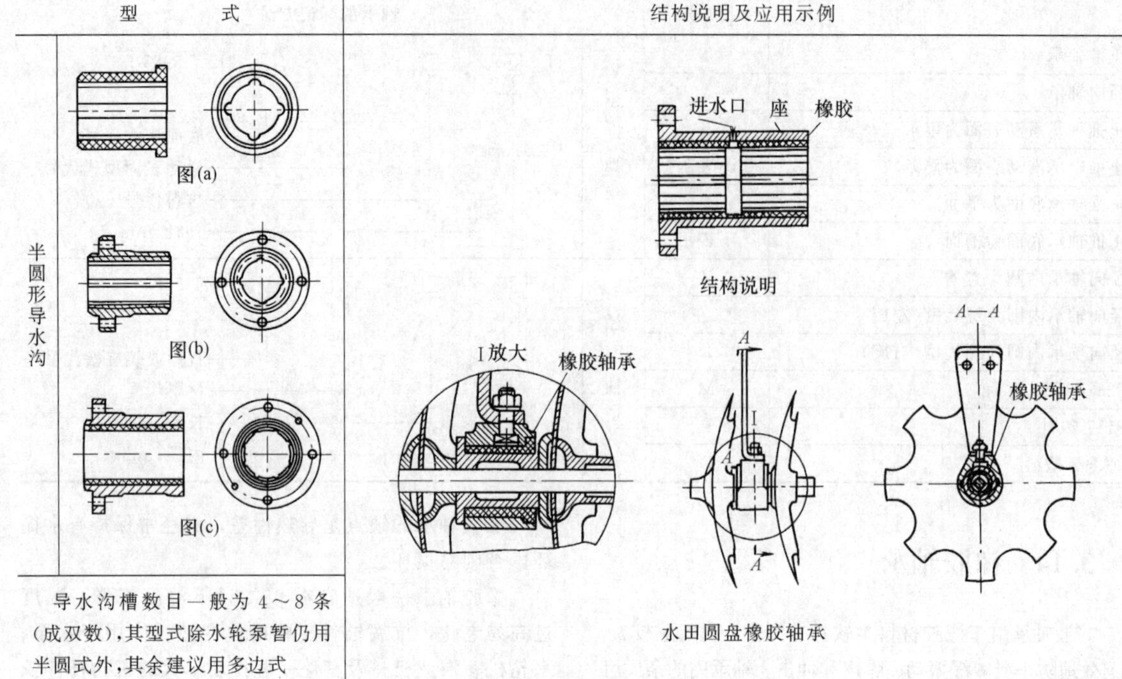

表 8-3-131 CHB水润滑橡胶轴承系列 mm

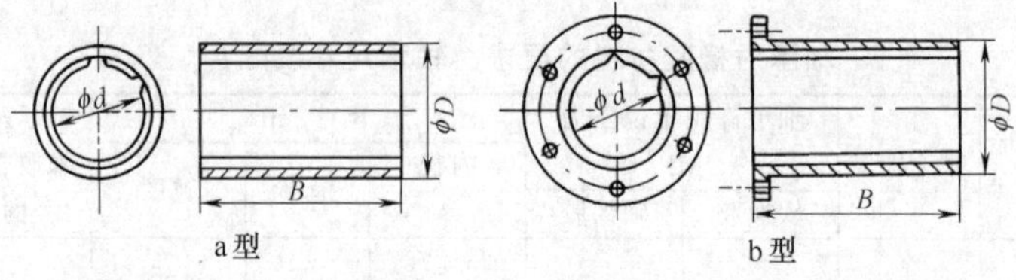

型号说明：

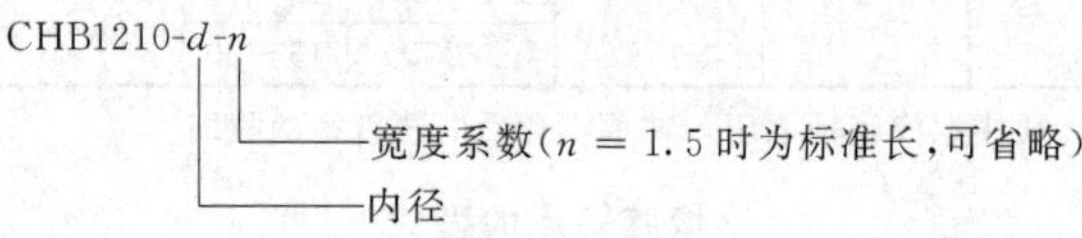

型　号	内径 d	外径 D	宽度 $B=d\times n$			
			$d\times1.5$	$d\times2$	$d\times3$	$d\times4$
CHB1210-50	50	70	75	100	150	200
CHB1210-55	55	80	82	110	165	220
CHB1210-60	60	85	90	120	180	240
CHB1210-65	65	90	98	130	195	260
CHB1210-70	70	95	105	140	210	280
CHB1210-75	75	100	112	150	225	300
CHB1210-80	80	110	120	160	240	320
CHB1210-85	85	115	128	170	255	340
CHB1210-90	90	120	135	180	270	360
CHB1210-95	95	125	142	190	285	380
CHB1210-100	100	135	150	200	300	400

续表

型　号	内径 d	外径 D	宽度 $B=d\times n$			
			$d\times1.5$	$d\times2$	$d\times3$	$d\times4$
CHB1210-105	105	140	158	210	315	420
CHB1210-110	110	145	165	220	330	440
CHB1210-115	115	150	172	230	345	460
CHB1210-120	120	155	180	240	360	480
CHB1210-125	125	160	188	250	375	500
CHB1210-130	130	165	195	260	390	520
CHB1210-135	135	175	202	270	405	540
CHB1210-140	140	180	210	280	420	560
CHB1210-145	145	185	218	290	435	580
CHB1210-150	150	195	225	300	450	600
CHB1210-160	160	205	240	320	480	640
CHB1210-170	170	215	255	340	510	680
CHB1210-180	180	230	270	360	540	720
CHB1210-190	190	240	285	380	570	760
CHB1210-200	200	250	300	400	600	800
CHB1210-210	210	270	315	420	630	840
CHB1210-220	220	280	330	440	660	880
CHB1210-230	230	290	345	460	690	920
CHB1210-240	240	300	360	480	720	960
CHB1210-250	250	310	375	500	750	1000
CHB1210-260	260	325	390	520	780	1040
CHB1210-270	270	335	405	540	810	1080
CHB1210-280	280	345	420	560	840	1120
CHB1210-290	290	355	435	580	870	1160
CHB1210-300	300	370	450	600	900	1200

注：1. b 型仅有 $d=150\sim300$mm 的型号。
2. 本系列轴承以过渡配合装入轴承座内，一般用螺钉加以固定。

表 8-3-132　CHB 水润滑橡胶轴承计算

项　目	计算公式	说　明
承载力	$P=Fp_p$	P——载荷，N p_p——许用压强，一般取 0.1～0.15MPa，最大可取 0.25MPa F——轴承投影面积，mm^2
给水量 （强制给水）	$Q=(8\sim10)d$	Q——给水量，L/min d——轴承内径，cm

表 8-3-133　CHB 水润滑橡胶轴承与轴径的间隙

轴径/mm	轴承内径公差/μm		装配后的间隙/μm		轴径/mm	轴承内径公差/μm		装配后的间隙/μm	
	最小(+)	最大(+)	最小(+)	最大(+)		最小(+)	最大(+)	最小(+)	最大(+)
50～65	140	300	140	330	160～180	560	780	560	820
65～80	180	340	180	370	180～200	630	910	630	956
80～100	230	410	230	445	200～225	700	930	700	1026
100～120	280	460	280	495	225～250	760	1040	760	1086
120～140	370	590	370	630	250～280	820	1160	820	1212
140～160	480	700	480	740	280～300	900	1240	900	1292

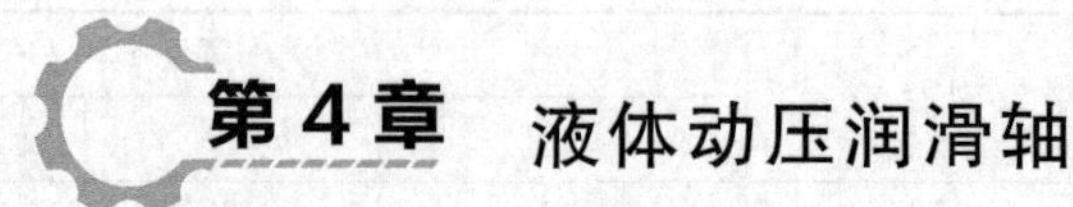

第4章 液体动压润滑轴承

4.1 液体动压润滑轴承分类

表 8-4-1 液体动压润滑轴承分类

类型	名称及简图	特点
径向轴承		
单油楔固定瓦	圆筒轴承($\alpha=360°$)	结构简单，制造方便，有较大承载能力，但高速稳定性差
	部分瓦轴承($\alpha\leqslant180°$)	结构简单，制造方便，有较大承载能力。功耗、温升都低于圆筒轴承。高速稳定性差，用于载荷方向基本不变的重载轴承
	浮动环轴承	环随轴颈旋转，其转速约为轴颈转速的1/2，润滑油流量大，温升低，高速稳定性好，用于小尺寸高速轻载轴承
多油楔固定瓦	多油沟轴承	结构简单，制造方便，承载能力低，仅用轻载轴承，高速稳定性略优于圆筒轴承
	螺旋槽轴承	利用螺旋的泵入作用和槽面阶梯产生动压承载油膜，温升低，高速稳定性好
径向轴承		
多油楔固定瓦	椭圆轴承	流量较大、温升较低。旋转精度和高速稳定性优于单油楔圆轴承但承载能力略有降低，工艺性比多油楔轴承好
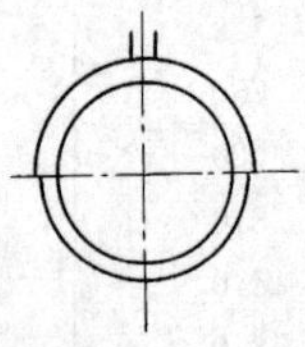	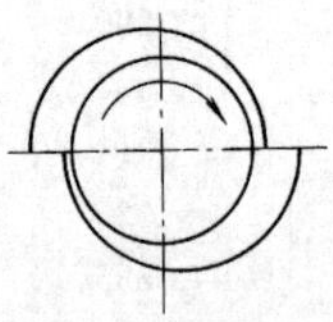 双油楔借位轴承	流量较大、温升较低。旋转精度和高速稳定性优于单油楔圆轴承但承载能力略有降低，工艺性比多油楔轴承好，用于单向旋转的轴承
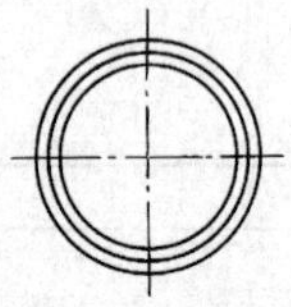	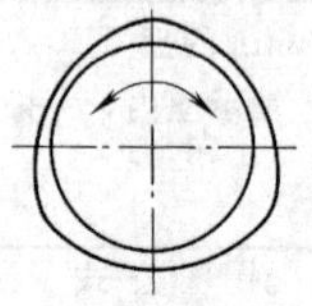 双向三油楔轴承	高速稳定性好，工艺性不如圆筒轴承及椭圆轴承
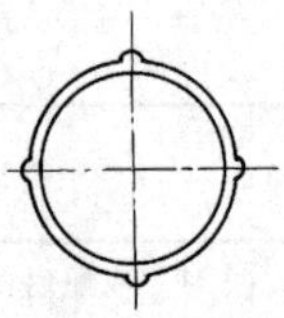	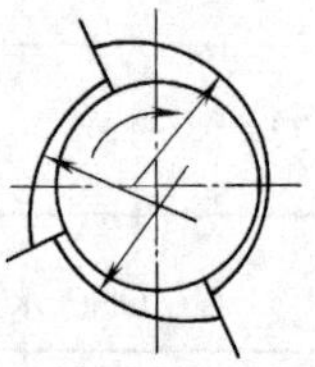 单向三油楔轴承	高速稳定性好，工艺性不如圆筒轴承及椭圆轴承。用于单向旋转的轴承
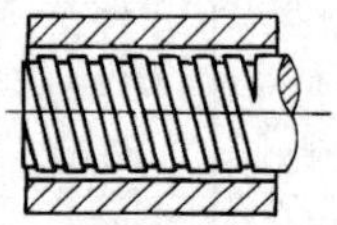	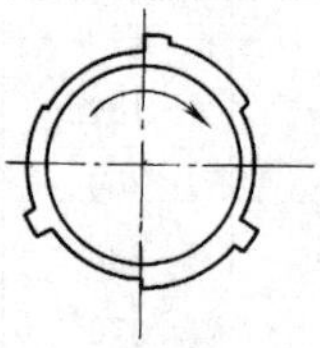 阶梯轴承	高速稳定性好，工艺性不如圆筒轴承及椭圆轴承，承载能力较低，用于小型轴承

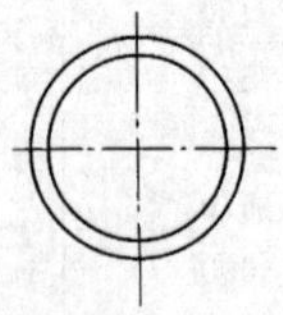

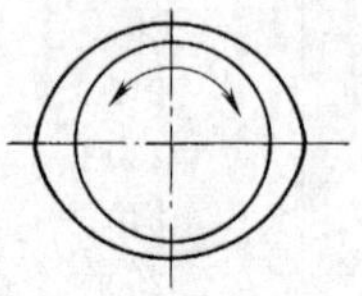

续表

类型	名称及简图	特点
	径向轴承	
多油楔可倾瓦	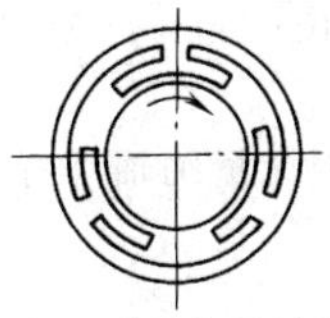 可倾瓦弹性支承轴承	高速稳定性较好，特别适用于高速轻载轴承，但工艺性较差
多油楔可倾瓦	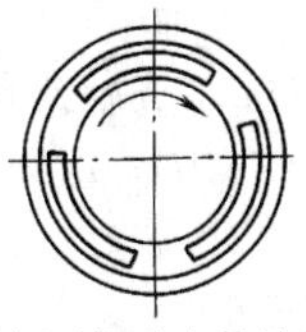 可倾瓦摆动支承轴承	同可倾瓦弹性支承轴承。但工艺性较好，大、中、小型轴承均适用
多油楔联合轴承	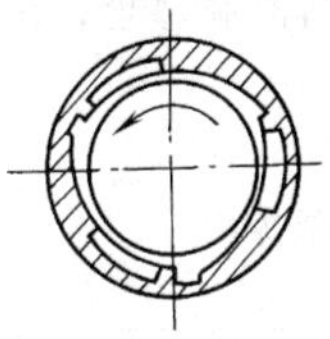 动静压联合轴承	承载能力大，温升低，功耗小，定心性和稳定性好，特别适于频繁启动的场合，工艺性差，制造较困难但瓦面结构复杂
	推力轴承	
固定瓦	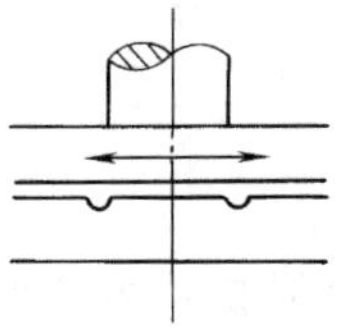 多油沟推力轴承	同多油沟径向轴承。只能在轻载下使用
固定瓦	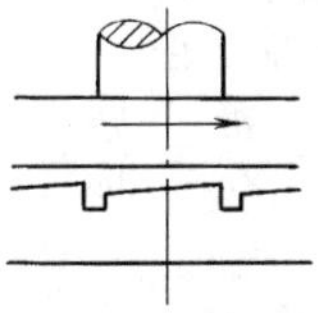 斜面推力轴承	用于单向旋转，无启动载荷情况

类型	名称及简图	特点
	推力轴承	
固定瓦	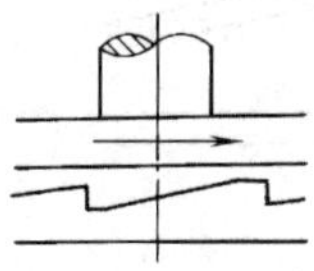 斜-平面推力轴承	允许轴承有启动载荷
固定瓦	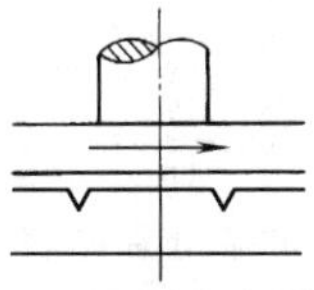 阶梯面推力轴承	结构简单，用于小尺寸轴承
固定瓦	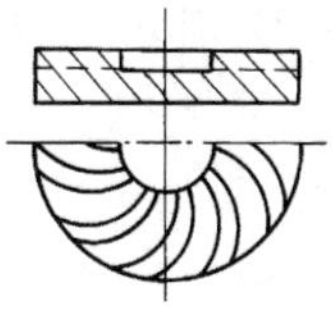 螺旋槽推力轴承	同螺旋槽径向轴承
可倾瓦	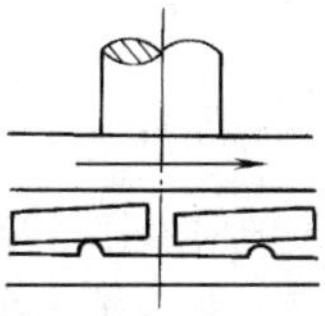 可倾瓦弹性支承推力轴承	同可倾瓦弹性支承径向轴承
联合轴承	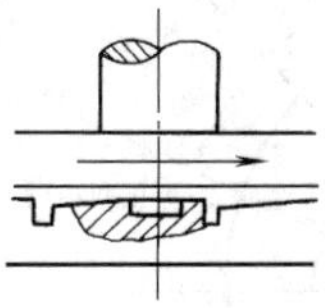 动静压联合推力轴承	同动静压联合径向轴承

4.2　基本原理

4.2.1　基本方程

轴承的流体动力润滑微分方程（图 8-4-1）为

$$\frac{\partial}{\partial x}\left(\frac{\rho h^3}{12\eta}\times\frac{\partial p}{\partial x}\right)+\frac{\partial}{\partial z}\left(\frac{\rho h^3}{12\eta}\times\frac{\partial p}{\partial z}\right)=\frac{\partial}{\partial x}\left[\rho h\left(\frac{u_1+u_2}{2}\right)\right]+\frac{\partial}{\partial z}\left[\rho h\left(\frac{w_1+w_2}{2}\right)\right]+\rho\left(v_2-v_1-u_2\frac{\partial h}{\partial z}\right)+h\,\frac{\partial \rho}{\partial t}\qquad(8\text{-}4\text{-}1)$$

式中，η 为润滑流体动力黏度；ρ 为流体的密度。

通常在液体润滑情况下可假定流体密度不变，为了定性分析，求出解析解，从而将式（8-4-1）进行简化。在稳定工况下，当轴瓦固定而轴运动时的速度为 v 时，式（8-4-1）可简化为

按无限宽假设得

$$\frac{\mathrm{d}}{\mathrm{d}x}\left(\frac{h^3}{\eta}\times\frac{\mathrm{d}p}{\mathrm{d}x}\right)=6v\,\frac{\mathrm{d}h}{\mathrm{d}x}\qquad(8\text{-}4\text{-}2)$$

第8篇

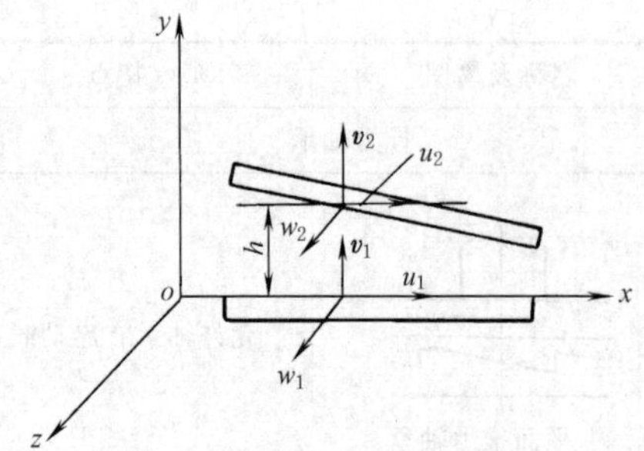

图 8-4-1 基本方程原理

径向轴承按无限窄假设得

$$\frac{\partial}{\partial z}\left(\frac{h^3}{\eta}\times\frac{\partial p}{\partial z}\right)=6v\frac{\mathrm{d}h}{\mathrm{d}x} \tag{8-4-3}$$

式（8-4-2）和式（8-4-3）的解分别见表8-4-3和表8-4-4。运用现代数值计算技术可求得式（8-4-1）的较为准确的数值解。

求解式（8-4-1）、式（8-4-2）或式（8-4-3），可得轴承内的流体压力分布 p。

4.2.2 静特性计算

（1）承载能力

径向轴承承载力有两个分量（图8-4-2），其中

$$F_x=\int_{-\frac{B}{2}}^{\frac{B}{2}}\int_{\phi_a}^{\phi_b}-p\sin\phi r\mathrm{d}\phi\mathrm{d}z \tag{8-4-4}$$

$$F_x=\int_{-\frac{B}{2}}^{\frac{B}{2}}\int_{\phi_a}^{\phi_b}-p\cos\phi r\mathrm{d}\phi\mathrm{d}z \tag{8-4-5}$$

式中，r 为轴颈半径；z 为轴向坐标；ϕ_a、ϕ_b 分别为轴瓦的起始及终止处的角度；B 为轴承的宽度。

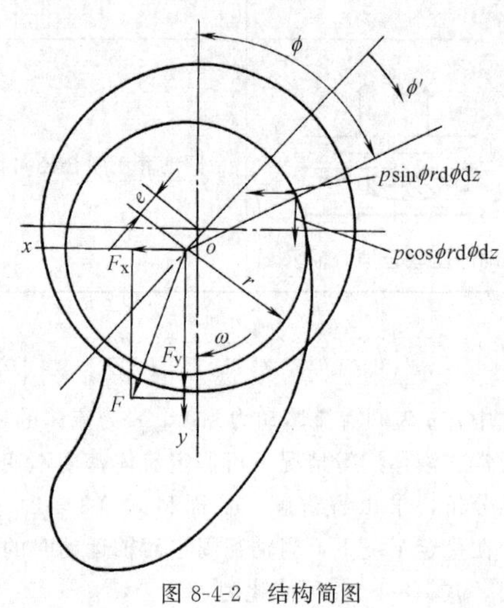

图 8-4-2 结构简图

总承载力

$$F=\sqrt{F_x^2+F_y^2} \tag{8-4-6}$$

推力轴承

$$F=N\int_{r_{in}}^{r_{out}}\int_{\phi_a}^{\phi_b}pr\mathrm{d}\phi\mathrm{d}r \tag{8-4-7}$$

式中，N 为推力轴承的瓦块数；r_{in}、r_{out} 分别为推力瓦块的内半径和外半径；ϕ_a、ϕ_b 分别为推力瓦块起始终止处的角度。

轴承的承载能力常采用无量纲轴承特性数 C_p 来表示，即径向轴承

$$C_p=\frac{F\psi^2}{2\eta r\omega B}=\frac{p_m\psi^2}{\eta\omega} \tag{8-4-8}$$

式中，ψ 为轴承的间隙比，即 $\psi=C/r$；C 为轴承的半径间隙；r 为轴颈半径；ω 为轴颈的转速；p_m 为轴承上的平均压强；$p_m=F/BD$；D 为轴承直径。

推力轴承

$$C_p=\frac{Wh_z^2}{\eta\omega B^4} \tag{8-4-9}$$

式中，h_z 为支点处的润滑膜厚度；B 为轴瓦宽度，即 $B=r_{out}-r_{in}$。

（2）摩擦阻力和功耗

1）径向轴承轴颈上的摩擦阻力

$$F_f=\int_{-\frac{B}{2}}^{\frac{B}{2}}\int_{\phi_a}^{\phi_b}\left(\eta\frac{r\omega}{h}+\frac{h}{2r}\times\frac{\partial p}{\partial\phi}\right)r\mathrm{d}\phi\mathrm{d}z \tag{8-4-10}$$

取摩擦阻力的相对单位为 $\frac{2\eta r^2\omega B}{C}$，及摩擦因数 $f=\frac{F_f}{F}$，摩擦特性系数

$$C_f=f/\psi \tag{8-4-11}$$

C_f 可分为承载区摩擦特性数 C_p 和非承载区摩擦特性数 C_t 两部分，即

$$C_f=C_p+C_t \tag{8-4-12}$$

推力轴承推力盘上的摩擦力矩

$$M_t=N\int_{r_{in}}^{r_{out}}\int_{\phi_a}^{\phi_b}\left(\frac{\eta rw}{h}+\frac{h}{2r}\times\frac{\partial p}{\partial\varphi}\right)r^2\mathrm{d}\phi\mathrm{d}r \tag{8-4-13}$$

2）功耗

径向轴承

$$N=F_f\frac{r\omega}{10200} \tag{8-4-14}$$

推力轴承

$$N=M_t\frac{\omega}{10200} \tag{8-4-15}$$

（3）流量

进入轴承的总流量

$$Q=Q_1+Q_2+Q_3=(k_{Q1}+k_{Q2}+k_{Q3})2\psi r^2\omega B \tag{8-4-16}$$

式中　Q_1——承载区端泄流量；

Q_2——非承载区端泄流量；

Q_3——轴瓦供油槽两端由供油压力产生的附加流量；

k_{Q1}，k_{Q2}，k_{Q3}——分别为相应的流量系数。

对于径向轴承，k_{Q1} 的值参见图 8-4-3。

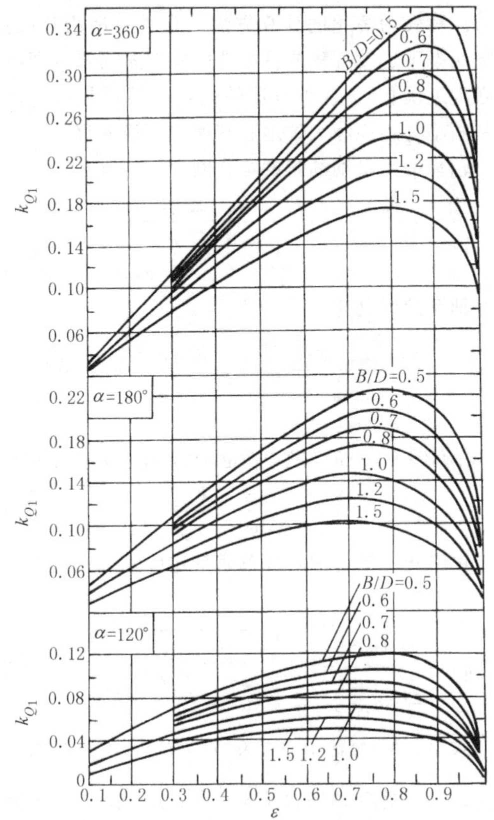

图 8-4-3　端泄流量系数 k_{Q1} 值

$$k_{Q2}=\zeta C_{\rm p}\left(\frac{D}{B-b}\right)\left(\frac{D}{B-b}\right)\left(\frac{D}{B}\right)\frac{p_{\rm s}}{p}\qquad(8\text{-}4\text{-}17)$$

式中，$p_{\rm s}$为供油压力；D 为轴承直径；b 为周向油膜槽宽，见图 8-4-4。系数 ζ 可由图 8-4-5 查出。

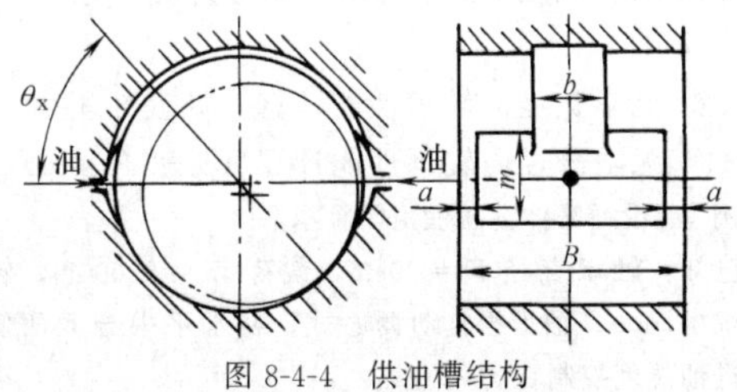

图 8-4-4　供油槽结构

在轴瓦水平中分而对称布置两个供油槽（图 8-4-4）时

$$k_{Q3}=\vartheta C_{\rm p}\left(\frac{D}{B}\right)\frac{2m}{D}\left(\frac{B}{a}-z\right)\frac{p_{\rm s}}{p_{\rm m}}\qquad(8\text{-}4\text{-}18)$$

系数 ϑ 值见图 8-4-5。

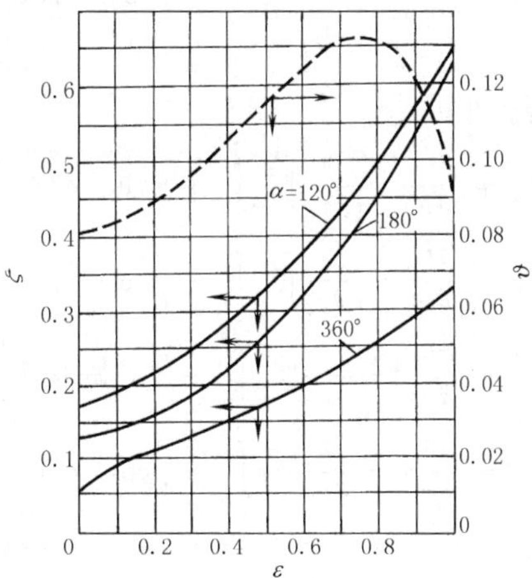

图 8-4-5　系数 ζ（实线）和 ϑ（虚线）值

在轴瓦只有一个供油槽时

$$k_{Q3}=\frac{p_{\rm s}m}{3\eta\psi\omega D^2B^2}\left(\frac{B}{a}-2\right)h^3\qquad(8\text{-}4\text{-}19)$$

$$h=\psi r(1+\varepsilon\cos\theta_{\rm x})$$

式中，$\theta_{\rm x}$是供油槽中线的角坐标，从轴颈与轴承的连心线沿转动方向量起，见图 8-4-4。

（4）温升

设摩擦产生的热量全部由润滑油带走。且进油温度为 $t_{\rm in}$，端泄油的平均温度为 $t_{\rm m}$，则温升

$$\Delta t=t_{\rm m}-t_{\rm in}\qquad(8\text{-}4\text{-}20)$$

①压力供油（矿物油）轴承，温升

$$\Delta t=590\frac{N}{Q}\qquad(8\text{-}4\text{-}21)$$

②无压力供油轴承，温升

$$\Delta t=0.058\frac{C_{\rm p}p_{\rm m}}{k_{Q1}+Eh\psi r\omega}\qquad(8\text{-}4\text{-}22)$$

式中，E 为与金属传热及润滑油比热容有关的系数，轻型结构、传热困难的轴承，$E=0.0091$；中型及一般散热条件下的轴承，$E=0.0145$；强制冷却的重型轴承，$E=0.0254$。

4.2.3　动特性计算

油膜刚度

$$\left.\begin{aligned}K_{\rm xx}&=\frac{\partial F_{\rm x}}{\partial x}=\frac{\partial}{\partial x}\int_{-\frac{B}{x}}^{\frac{B}{2}}\int_{\phi_{\rm a}}^{\phi_{\rm b}}-p\sin\phi r{\rm d}\phi{\rm d}z\\K_{\rm xy}&=\frac{\partial F_{\rm x}}{\partial y}=\frac{\partial}{\partial y}\int_{-\frac{B}{2}}^{\frac{B}{2}}\int_{\phi_{\rm a}}^{\phi_{\rm b}}-p\sin\phi r{\rm d}\phi{\rm d}z\end{aligned}\right\}$$

第8篇

$$\left.\begin{aligned}K_{yx}&=\frac{\partial F_y}{\partial x}=\frac{\partial}{\partial x}\int_{-\frac{B}{2}}^{\frac{B}{2}}\int_{\phi_a}^{\phi_b}-p\cos\phi r\mathrm{d}\phi\mathrm{d}z\\K_{yy}&=\frac{\partial F_y}{\partial y}=\frac{\partial}{\partial y}\int_{-\frac{B}{2}}^{\frac{B}{2}}\int_{\phi_a}^{\phi_b}-p\cos\phi r\mathrm{d}\phi\mathrm{d}z\end{aligned}\right\}\tag{8-4-23}$$

油膜阻尼

$$\left.\begin{aligned}C_{xx}&=\frac{\partial F_x}{\partial v_x}=\frac{\partial}{\partial v_x}\int_{-\frac{B}{2}}^{\frac{B}{2}}\int_{\phi_a}^{\phi_b}-p\sin\phi r\mathrm{d}\phi\mathrm{d}z\\C_{xy}&=\frac{\partial F_x}{\partial v_y}=\frac{\partial}{\partial v_y}\int_{-\frac{B}{2}}^{\frac{B}{2}}\int_{\phi_a}^{\phi_b}-p\sin\phi r\mathrm{d}\phi\mathrm{d}z\\C_{yx}&=\frac{\partial F_y}{\partial v_x}=\frac{\partial}{\partial v_x}\int_{-\frac{B}{2}}^{\frac{B}{2}}\int_{\phi_a}^{\phi_b}-p\cos\phi r\mathrm{d}\phi\mathrm{d}z\\C_{yy}&=\frac{\partial F_y}{\partial v_y}=\frac{\partial}{\partial v_y}\int_{-\frac{B}{2}}^{\frac{B}{2}}\int_{\phi_a}^{\phi_b}-p\cos\phi r\mathrm{d}\phi\mathrm{d}z\end{aligned}\right\}\tag{8-4-24}$$

如取$\frac{\eta\omega B}{\psi^3}$为油膜刚度的相对单位，$\frac{\eta B}{\psi^3}$为油膜阻尼的相对单位，$c$ 为 x、y 的相对单位，$c\omega$ 为 v_x、v_y 的相对单位，则相应的无量纲油膜刚度、阻尼（简称油膜刚度系数、阻尼系数）分别为：

$$\left.\begin{aligned}K_{xx}&=\frac{\partial}{\partial\bar{x}}\int_{-1}^{1}\int_{\phi_a}^{\phi_b}-\bar{p}\sin\phi\mathrm{d}\phi\mathrm{d}\lambda\\C_{xx}&=\frac{\partial}{\partial\bar{v}_x}\int_{-1}^{1}\int_{\phi_a}^{\phi_b}-\bar{p}\sin\phi\mathrm{d}\phi\mathrm{d}\lambda\\K_{xy}&=\frac{\partial}{\partial\bar{y}}\int_{-1}^{1}\int_{\phi_a}^{\phi_b}-\bar{p}\sin\phi\mathrm{d}\phi\mathrm{d}\lambda\\C_{xy}&=\frac{\partial}{\partial\bar{v}_y}\int_{-1}^{1}\int_{\phi_a}^{\phi_b}-\bar{p}\sin\phi\mathrm{d}\phi\mathrm{d}\lambda\\K_{yx}&=\frac{\partial}{\partial\bar{x}}\int_{-1}^{1}\int_{\phi_a}^{\phi_b}-\bar{p}\cos\phi\mathrm{d}\phi\mathrm{d}\lambda\\C_{yx}&=\frac{\partial}{\partial\bar{v}_x}\int_{-1}^{1}\int_{\phi_a}^{\phi_b}-\bar{p}\cos\phi\mathrm{d}\phi\mathrm{d}\lambda\\K_{yy}&=\frac{\partial}{\partial\bar{y}}\int_{-1}^{1}\int_{\phi_a}^{\phi_b}-\bar{p}\cos\phi\mathrm{d}\phi\mathrm{d}\lambda\\C_{yy}&=\frac{\partial}{\partial\bar{v}_y}\int_{-1}^{1}\int_{\phi_a}^{\phi_b}-\bar{p}\cos\phi\mathrm{d}\phi\mathrm{d}\lambda\end{aligned}\right\}\tag{8-4-25}$$

以上性能计算公式均是指单瓦，如轴承为多瓦则相应轴承的性能为诸瓦之和。

4.2.4 稳定性计算

支承在动压滑动轴承上的转子，其工作角速度 ω 低于失稳角速度。

失稳角速度有两种计算方法，一是在各种角速度下，算出动特性，判断是否稳定，再计算由稳定到不稳定转变处的角速度，即失稳角速度，这种计算方法，可计入角速度改变时温度、黏度和 ε 的改变，在定量的意义上比较合理，但计算工作量大。通常用的是另一种较为简化的计算方法，此法的理论基础是：界限状态下运动方程的特征值的实部必为零（即特征值必为纯虚数）。这种方法的优点是简单易行，可用以判断稳与不稳和大致地看到稳与不稳的程度。

轴承的无量纲油膜的综合刚度 K_{eq} 为

$$K_{eq}=\frac{K_{xx}C_{yy}+K_{yy}C_{xx}-K_{xy}C_{yx}-K_{yx}C_{xy}}{C_{xx}+C_{yy}}\tag{8-4-26}$$

轴颈的涡动比

$$r_{st}=\left[\frac{(K_{eq}-K_{xx})(K_{eq}-K_{yy})-K_{xy}K_{yx}}{C_{xx}C_{yy}-C_{xy}C_{yx}}\right]^{\frac{1}{2}}\tag{8-4-27}$$

单跨转子系统的对称单质量刚性转子，失稳角速度 ω_s

$$\omega_s=\frac{\eta B}{M\psi^3}\times\frac{K_{eq}}{r_{st}^2}\tag{8-4-28}$$

单跨转子系统的对称单质量弹性转子，失稳角速度 ω_s

$$\omega_s=\frac{-M\omega_k^2}{2K_{eq}\frac{\eta B}{\psi^3}}+\omega_k\sqrt{\left(\frac{M\omega_k}{2K_{eq}\frac{\eta B}{\psi^3}}\right)^2+\frac{1}{r_{st}^2}}\tag{8-4-29}$$

式中，M 为转子总质量 $M_{总}$ 分配至该轴承上的质量，对于对称转子，$M=\frac{M_{总}}{2}$；K_{eq} 为有量纲油膜综合刚度；$\omega_k=\sqrt{\frac{K}{M}}$（$K$ 为转子总刚度分配至该轴承上的刚度）。

4.3 典型轴承的性能曲线及计算示例

（1）径向圆轴承的示意图与几何关系（见图 8-4-6 和表 8-4-2）

（2）无限宽径向轴承性能计算（见表 8-4-3）

（3）无限窄径向轴承性能计算（见表 8-4-4）

例 1 设计液体动压润滑圆轴承。

已知：轴承直径 $D=30$cm，载荷 $W=65000$N，转速 $n=3000$r/min，轴承为自动调心式，在水平中分面两侧供油，进油温度控制在 40℃左右。

设计计算步骤见表 8-4-5。

图 8-4-7 为不同长径比情况下圆轴承的性能参数关系曲线。

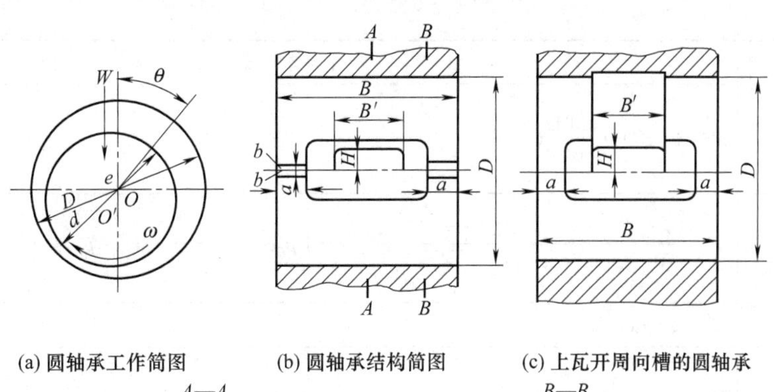

(a) 圆轴承工作简图　(b) 圆轴承结构简图　(c) 上瓦开周向槽的圆轴承

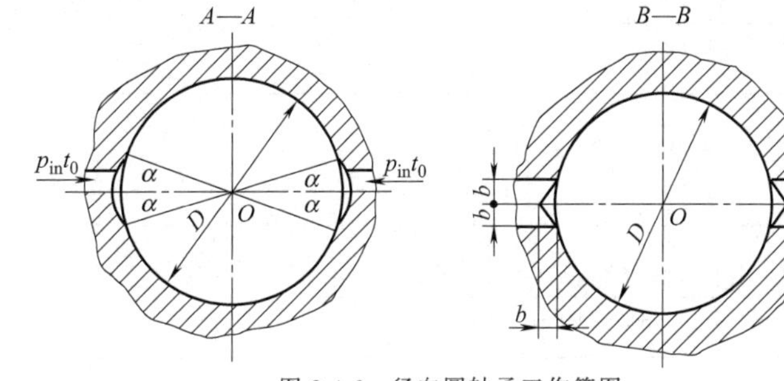

图 8-4-6　径向圆轴承工作简图

表 8-4-2　**径向圆轴承的示意图与几何关系**

示　意　图	名称	符号及公式
	半径间隙	$c=R-r$
	间隙比	$\psi=c/r$
	偏心距	e
	偏心率	$\varepsilon=e/c$
	油膜厚度	$h=c(1+\varepsilon\cos\theta)$
	轴瓦包角	α
	偏位角	φ

表 8-4-3　**无限宽径向轴承（宽径比 $B/D>2$）性能计算**

项　　目	计　算　公　式
任意点压强	$p=6\dfrac{\eta\omega}{\psi^2}\times\dfrac{1}{(1-e^2)^{\frac{3}{2}}}\left\{\beta-e\sin\beta-\dfrac{(2+e^2)\beta-4e\sin\beta+e^2\sin\beta\cos\beta}{2[1+e\cos(\beta_2-\pi)]}\right\}$　(1)
平均压强	$p_m=\dfrac{\eta\omega}{\psi^2}\times\dfrac{3}{2(1-e^2)^{\frac{1}{2}}[1+\varepsilon\cos(\beta_2-\pi)]}\left\{\dfrac{\varepsilon^2[1+\cos(\beta_2-\pi)]^4}{(1-\varepsilon^2)}+4[\beta_2\cos(\beta_2-\pi)-\sin(\beta_2-\pi)]\right\}^{\frac{1}{2}}$　(2)
轴承承载能力系数	$C_p=\left(\dfrac{p_m\psi^2}{\eta\omega}\right)=\dfrac{3}{2(1-\varepsilon^2)^{\frac{1}{2}}\ [1+\varepsilon\cos(\beta_2-\pi)]}\left\{\dfrac{\varepsilon^2[1+\cos(\beta_2-\pi)]^4}{(1-\varepsilon^2)}+4[\beta_2\cos(\beta_2-\pi)-\sin(\beta_2-\pi)]^2\right\}^{\frac{1}{2}}$　(3)

续表

项目		计算公式	
载荷		$W=p_m BD=\frac{\eta\omega BD}{\psi^2}C_p$	(4)
摩擦力	承载区	$F=\frac{\eta\omega}{\psi}\times\frac{BD}{2(1-\varepsilon^2)^{\frac{1}{2}}[1+\varepsilon\cos(\beta_2-\pi)]}[\beta_2-4\varepsilon\beta_2\cos(\beta_2-\pi)-3\varepsilon\sin(\beta_2-\pi)]$	(5)
	非承载区	$F'=\xi\pi\eta r\omega B/\psi$	(6)
摩擦阻力系数	承载区	$\frac{f}{\psi}=\frac{\beta_2}{2(1-\varepsilon^2)^{\frac{1}{2}}C_p}+\frac{\varepsilon\sin\phi}{2}$	(7)
	非承载区	$\frac{f'}{\psi}=\frac{\pi\xi}{2}C_p$	(8)
	偏位角	$\tan\varphi=\frac{-2(1-e^2)^{\frac{1}{2}}[\sin(\beta_2-\pi)-\beta_2\cos(\beta_2-\pi)]}{\varepsilon[1+\cos(\beta_2-\pi)]^2}$	(9)
β 和 β_2	β 是积分代换角坐标，与 θ 的关系为 $\cos\beta=\frac{\varepsilon+\cos\theta}{1+\varepsilon\cos\theta}$；$\beta_2$ 是与 θ_2 对应的 β 值，此值由图(b)确定。系数 ξ 值选取：$\alpha=120°$ 时，$\xi=4/3$；$\alpha=180°$ 时，$\xi=1$；$\alpha=360°$ 时见图(a)。α 为轴承包角 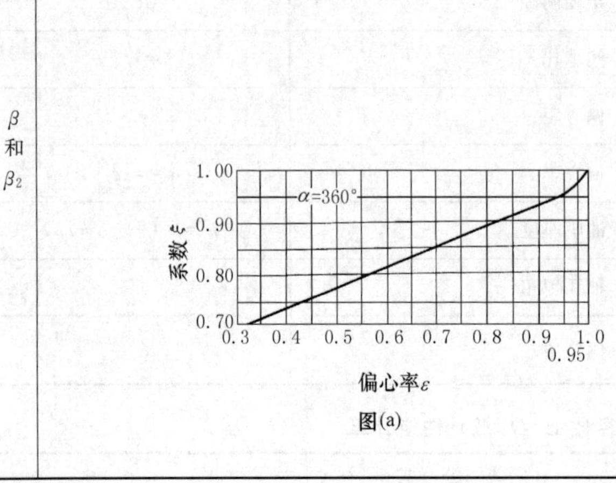 图(a) 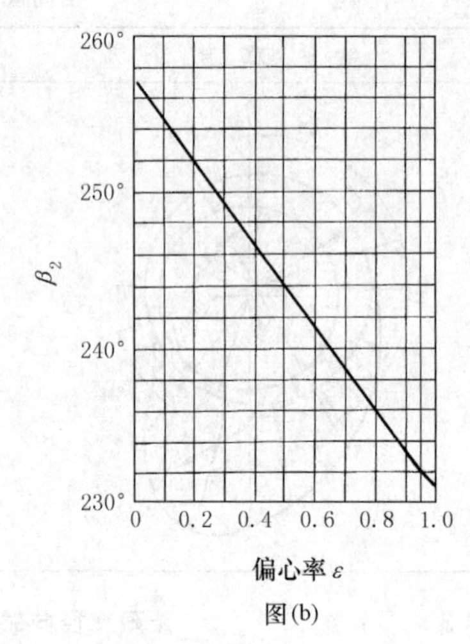 图(b)			

表 8-4-4　　**无限窄径向轴承（宽径比 $B/D<0.4$）性能计算**

项目	计算公式	
任意点的压强	$p=\frac{3\eta\omega}{c^2}\left(\frac{B^2}{4}-z^2\right)\frac{\varepsilon\sin\theta}{(1+\varepsilon\cos\theta)^3}$	(1)
平均压强	$p_m=\frac{\eta\omega}{\psi^2}\left(\frac{B}{D}\right)^2\frac{\varepsilon}{2(1-\varepsilon^2)^2}[\pi^2(1-\varepsilon^2)+16\varepsilon^2]^{\frac{1}{2}}$	(2)
轴承特性数(无量纲)	$\left(\frac{p_m\psi^2}{\eta\omega}\right)=\left(\frac{B}{D}\right)^2\frac{\varepsilon}{2(1-\varepsilon)^2}[\pi^2(1-\varepsilon^2)+16\varepsilon^2]^{\frac{1}{2}}$	(3)

续表

项目		计算公式	
载荷		$W=BDp_{m}=BD\dfrac{\eta\omega}{\psi^{2}}\left(\dfrac{p_{m}\psi^{2}}{\eta\omega}\right)$	(4)
摩擦力	承载区	$F=\dfrac{\eta\omega}{\psi}\times\dfrac{\pi BD}{2(1+\varepsilon)(1-\varepsilon)^{\frac{1}{2}}}$	(5)
	非承载区	$F'=\dfrac{\eta\omega}{\psi}\times\dfrac{\pi BD}{2(1+\varepsilon)(1-\varepsilon^{2})^{\frac{1}{2}}}=\dfrac{1}{1+\varepsilon}F$	(6)
摩擦阻力系数	承载区	$\dfrac{f}{\psi}=\dfrac{\pi(1-\varepsilon^{2})^{3/2}}{\varepsilon\left[\pi^{2}(1-\varepsilon^{2})+16\varepsilon^{2}\right]^{\frac{1}{2}}}\left(\dfrac{D}{B}\right)^{2}$	(7)
	非承载区	$\dfrac{f'}{\psi}=\dfrac{\pi(1-\varepsilon^{2})^{3/2}}{\varepsilon(1+\varepsilon)\left[\pi^{2}(1-\varepsilon^{2})+16\varepsilon^{2}\right]^{\frac{1}{2}}}\left(\dfrac{D}{B}\right)^{2}=\dfrac{1}{1+\varepsilon}\times\dfrac{f}{\psi}$	(8)
偏位角		$\tan\varphi=\dfrac{\pi}{4}\times\dfrac{(1-\varepsilon^{2})^{\frac{1}{2}}}{\varepsilon}$	(9)
承载区	流量	$Q_{1}=vBc\varepsilon$	(10)
	流量系数	$\dfrac{Q_{1}}{\psi vBD}=\dfrac{\varepsilon}{2}$	(11)

注：z 为轴承宽度方向的坐标，原点取在轴承宽度的中点。

表 8-4-5　圆轴承设计计算步骤

已知参数	轴承载荷 $W=65000\text{N}$ 轴承直径 $D=30\text{cm}$ 工作转速 $n=3000\text{r/min}$ 进油温度 $T_{in}=40℃$ 供油压力 $p_{s}=10\text{N/cm}^{2}$
选定参数	轴承的宽径比 $B/D=0.8$ 供油槽宽度 $m=(0.2\sim0.25)D=6\text{cm}$ 阻油边宽度 $a=0.05D=1.5\text{cm}$ 间隙比 $\psi=0.002$ 润滑油为 ISO N32 号汽轮机油 平均油温 $t_{m}=56℃$ 在 t_{m} 下润滑油的黏度 $\eta=15\times10^{-7}\text{N}\cdot\text{s/cm}^{2}$ 轴颈表面粗糙度取 $Ra\,0.8\mu\text{m}$ 轴瓦表面粗糙度取 $Ra\,1.6\mu\text{m}$
计算参数	轴承宽度 $B=(B/D)\times D=24\text{cm}$ 轴颈角速度 $\omega=2\pi n/60=314\text{rad/s}$ 半径间隙 $c=\psi\times D/2=0.03\text{cm}$ 平均压强 $p_{m}=\dfrac{W}{BD}=90\text{N/cm}^{2}$ 轴承承载能力系数 $C_{p}=\left(\dfrac{2p_{m}\psi^{2}}{\eta\omega}\right)=0.152$ 轴承的偏心率 $\varepsilon=0.55$，根据轴承承载能力系数查图 8-4-7(a)得出 最小油膜厚度 $h_{min}=c(1-\varepsilon)=0.0135\text{cm}$ 轴颈表面不平度平均高度 $R_{1}=0.00032\text{cm}$ 轴瓦表面不平度平均高度 $R_{2}=0.00063\text{cm}$ 许用最小油膜厚度$[h_{min}]=0.00143\text{cm}$，取 $S=1.5$ 由表 8-4-13 中式(8-4-30)算出 承载区摩擦阻力系数 $C_{f}=f/\psi=4.1$，根据轴承的偏心率 ε 查图 8-4-7(c)得出 非承载区摩擦阻力系数 $C_{t}=\dfrac{f'}{\psi}=\dfrac{\pi}{2}C_{p}=2.07$ 功耗 $N=38\text{kW}$，由式(8-4-14)算出

第 8 篇

续表

计算参数	承载区流量系数 $k_{Q1}=0.148$，根据轴承的偏心率 ε 查图 8-4-7(b)得出 流量系数 $\xi=0.29$，根据 ε 查图 8-4-8 得出 非承载区流量系数 $k_{Q2}=0.038$ 由式(8-4-17)算出 流量系数 $\vartheta=0.12$，根据 ε 查图 8-4-5 得出 供油槽泄流量系数 $k_{Q3}=0.0443$，由式(8-4-18)和式(8-4-19)算出 总流量 $Q=1560\text{cm}^3/\text{s}$，由式(8-4-16)算出 润滑油温升 $\Delta t=t_m-\Delta t=14.4℃$，由式(8-4-20)算出 该轴承的油膜刚度系数 K_{xx}、K_{xy}、K_{yx} 和 K_{yy} 及油膜阻尼系数 C_{xx}、C_{xy}、C_{yx} 和 C_{yy}，可根据 ε 查图 8-4-7(e)～(k)得出，则该轴承的油膜刚度系数和油膜阻尼系数为 $K_{xx}=1.8\times1.413\times10^6=2.5\times10^6\text{N/cm}$ $K_{xy}=-0.56\times1.413\times10^6=1.1\times10^6\text{N/cm}$ $K_{yx}=5.1\times1.413\times10^6=7.2\times10^6\text{N/cm}$ $K_{yy}=4.8\times1.413\times10^6=6.8\times10^6\text{N/cm}$ $C_{xx}=2.4\times4.5\times10^3=1.1\times10^4\text{N}\cdot\text{s/cm}$ $C_{xy}=2.5\times4.5\times10^3=1.15\times10^4\text{N}\cdot\text{s/cm}$ $C_{yx}=2.5\times4.5\times10^3=1.15\times10^4\text{N}\cdot\text{s/cm}$ $C_{yy}=10.4\times4.5\times10^3=4.7\times10^4\text{N}\cdot\text{s/cm}$
校核设计结果	要求条件 $h_{min}\geqslant[h_{min}]$ 校核进油温度 $t=44℃$ 均满足要求

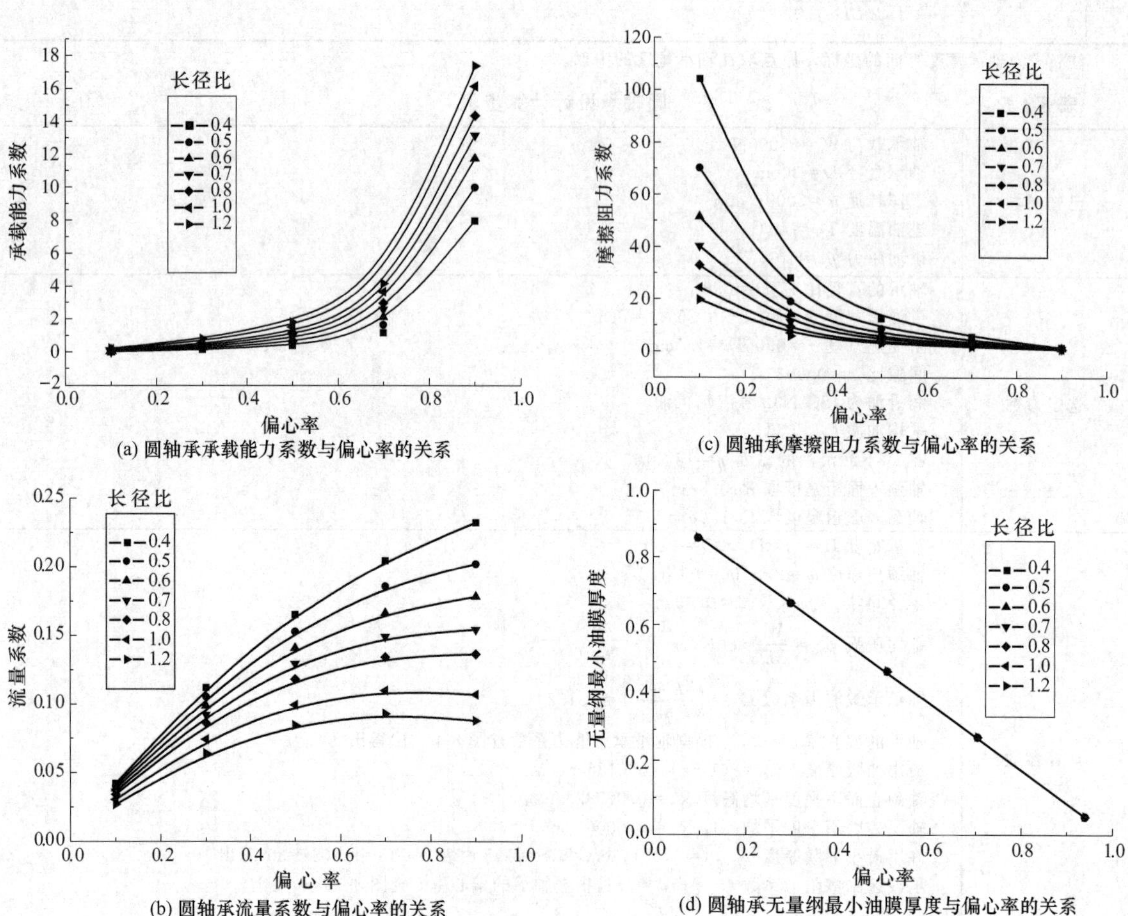

(a) 圆轴承承载能力系数与偏心率的关系

(c) 圆轴承摩擦阻力系数与偏心率的关系

(b) 圆轴承流量系数与偏心率的关系

(d) 圆轴承无量纲最小油膜厚度与偏心率的关系

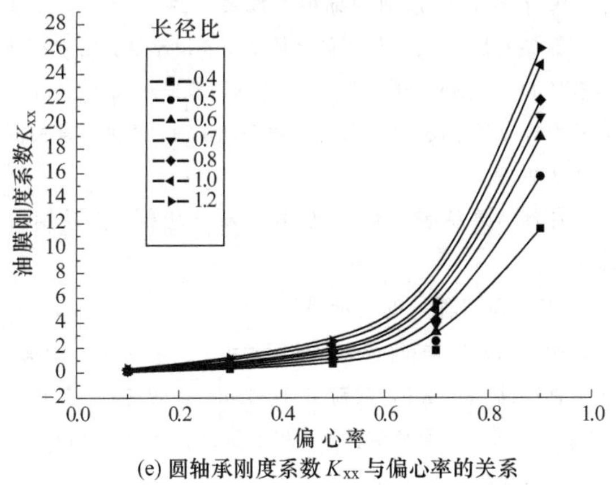

(e) 圆轴承刚度系数 K_{xx} 与偏心率的关系

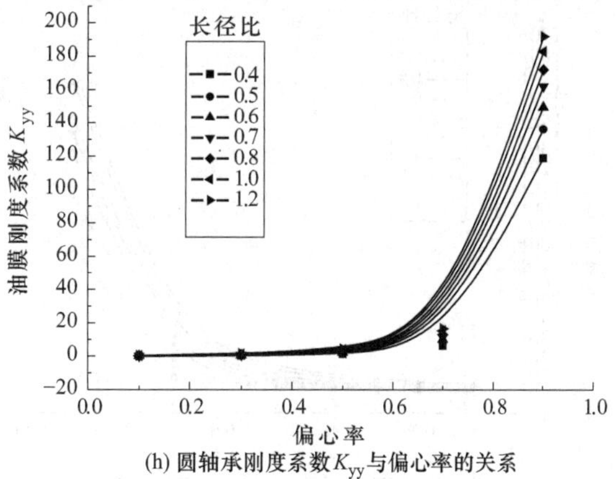

(h) 圆轴承刚度系数 K_{yy} 与偏心率的关系

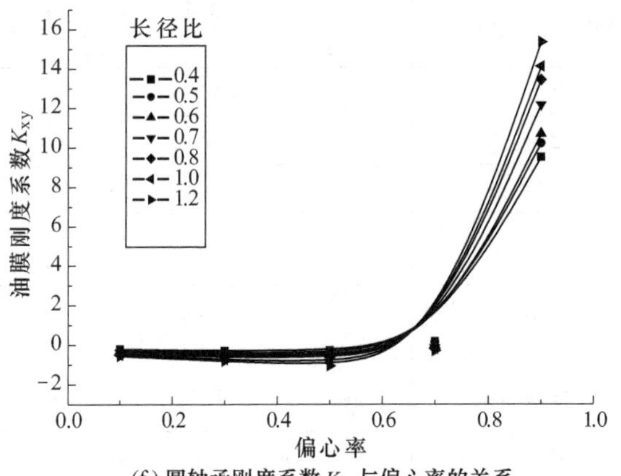

(f) 圆轴承刚度系数 K_{xy} 与偏心率的关系

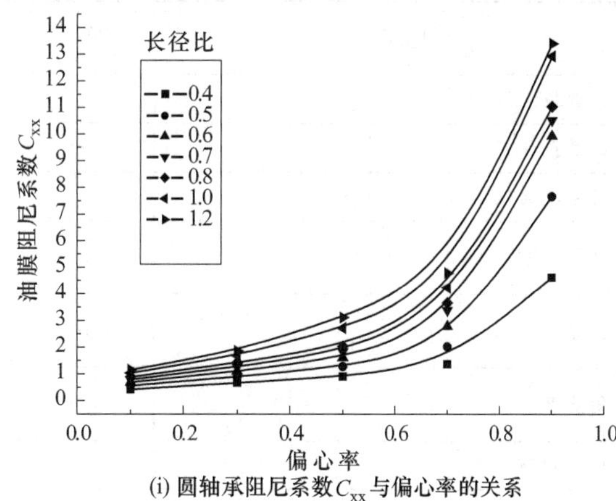

(i) 圆轴承阻尼系数 C_{xx} 与偏心率的关系

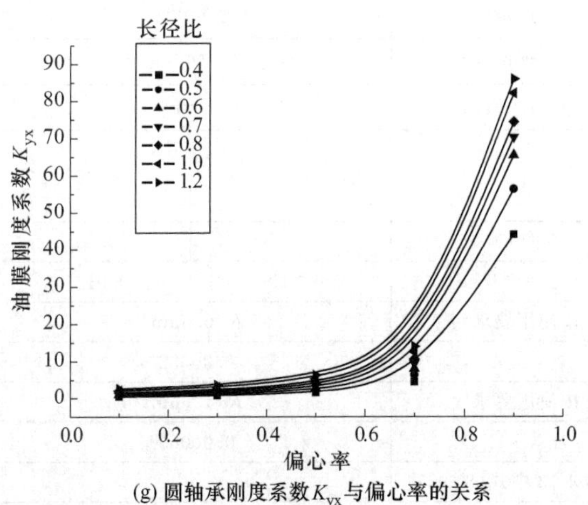

(g) 圆轴承刚度系数 K_{yx} 与偏心率的关系

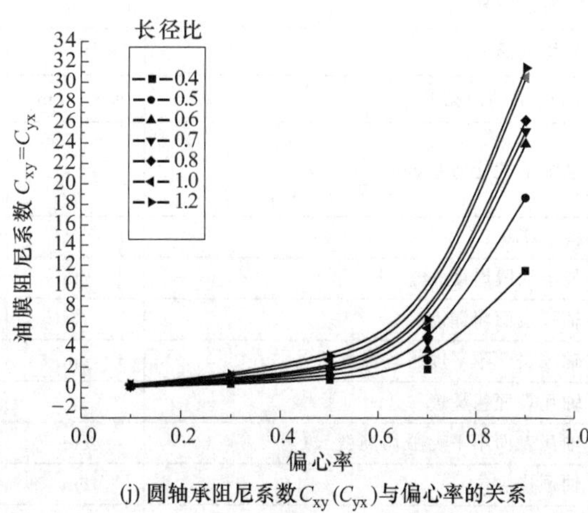

(j) 圆轴承阻尼系数 C_{xy} (C_{yx}) 与偏心率的关系

图 8-4-7

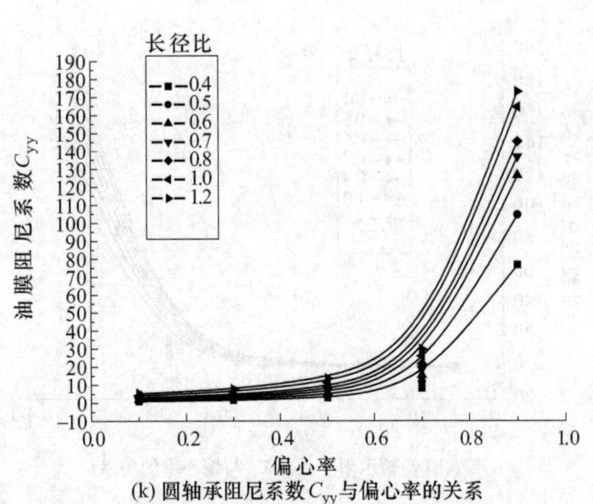

(k) 圆轴承阻尼系数C_{yy}与偏心率的关系

图 8-4-7 不同长径比情况下圆轴承的性能参数关系曲线

(4) 单油楔径向圆轴承的性能计算

例 2 设计汽轮机转子的液体动压润滑轴承。已知：轴承直径 $D=30\text{cm}$，载荷 $W=65000\text{N}$，转速$n=3000\text{r/min}$，轴承为自动调心式，在水平中分面两侧供油，进油温度控制在 40℃左右。

计算结果见表 8-4-6。方案 1 温升过高，应采用方案 2。

(5) 椭圆轴承的性能计算

例 3 设计汽轮机转子的椭圆轴承（图 8-4-11）。已知：轴承直径$D=300\text{mm}$，载荷 $W=65000\text{N}$，转速 $n=3000\text{r/min}$；在水平中分面两侧供油，供油压力 $p_s=10\text{N/cm}^2$，进油温度控制在 40℃左右。

计算结果见表 8-4-7。

表 8-4-6 **单油楔径向圆轴承性能计算**

计算项目	单位	计算公式及说明	结果	
			方案 1	方案 2
轴承载荷 W	N	已知	65000	
轴承直径 D	cm	已知	30	
直径比 B/D		选定	0.8	
轴承宽度 B	cm	$B=\left(\frac{B}{D}\right)D$	24	
转速 n	r/min	已知	3000	
角速度 ω	s^{-1}	$\omega=2\pi n/60$	314	
相对间隙 ψ		选定	0.0015	0.002
半径间隙 c	cm	$c=\frac{\psi D}{2}$	0.0225	0.03
平均压强 p_m	N/cm^2	$p_m=\frac{W}{BD}$	≈90	
润滑油牌号		选定	ISO-N32	
平均油温 t_m	℃	预选	56	
在 t_m 下的油黏度 η	$\text{N}\cdot\text{s/cm}^2$	查有关资料	15×10^{-7}	
轴承承载能力系数 $\left[\frac{p_m\psi^2}{\eta\omega}\right]$			0.43	0.76
偏心率 ε		查图 8-4-8	0.395	0.55
最小油膜厚度 h_{min}	cm	$h_{min}=c(1-\varepsilon)$	0.0136	0.0135
轴颈表面粗糙度		按使用要求定	$Ra0.8\mu\text{m}$	
轴颈表面不平度平均高度 R_1	cm		0.00032	
轴瓦表面粗糙度		按使用要求定	$Ra1.6\mu\text{m}$	
轴瓦表面不平度平均高度 R_2	cm		0.00063	
轴颈挠度 y_1	cm	表 8-4-13 中式(8-4-31)	0	
轴颈偏移量 y_2	cm	表 8-4-13 中式(8-4-32)	0	

续表

计算项目	单位	计算公式及说明	结果	
			方案 1	方案 2
许用最小油膜厚度$[h_{min}]$	cm	表 8-4-13 中式(8-4-30)	0.00143(取 $S=1.5$)	
核对条件 $h_{min}\geqslant[h_{min}]$			通过	通过
承载区摩擦阻力数 f/ψ		查图 8-4-8	5	3.1
系数 ζ		根据轴承包角确定	1	1
非承载区摩擦阻力数$\frac{f'}{\psi}$		表 8-4-3 中式(8)	3.65	2.07
功耗 N	kW	式(8-4-14)	38.9	31
承载区流量系数 k_{Q1}		查图 8-4-3	0.114	0.148
供油压力 p_s	N/cm^2	按使用要求定	10	10
系数 ζ		查图 8-4-5	0.23	0.29
非承载区流量系数 k_{Q2}		式 (8-4-17)	0.0164	0.038
系数 ϑ		查图 8-4-5	0.105	0.12
供油槽宽度 m	cm	$m=(0.2\sim0.25)D$	6	
阻油槽宽度 α	cm	$\alpha=0.05D$	1.5	
槽泄流量系数 k_{Q3}		式(8-4-18)、式(8-4-19)	0.219	0.0443
总流量 Q	cm^3/s	式(8-4-16)	775	1560
润滑油温升 Δt	℃	式(8-4-20)、式(8-4-21)	29.6	11.7
校核进油温度 t_1	℃	$t_1=t_m-\Delta t$	26.4	44

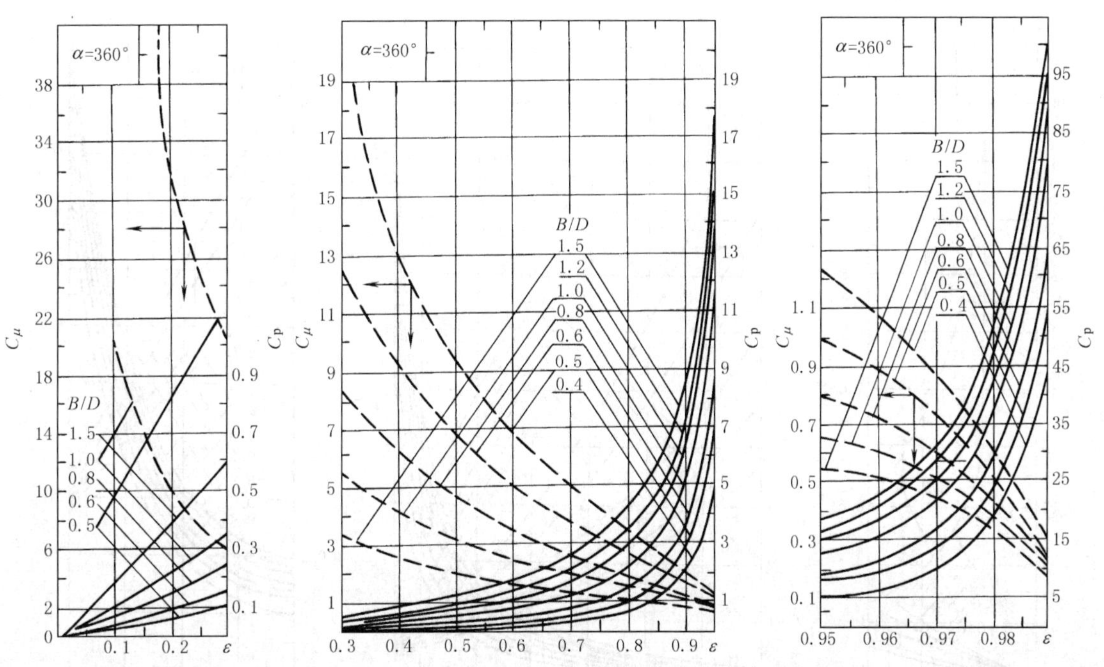

(a)

图 8-4-8

第8篇

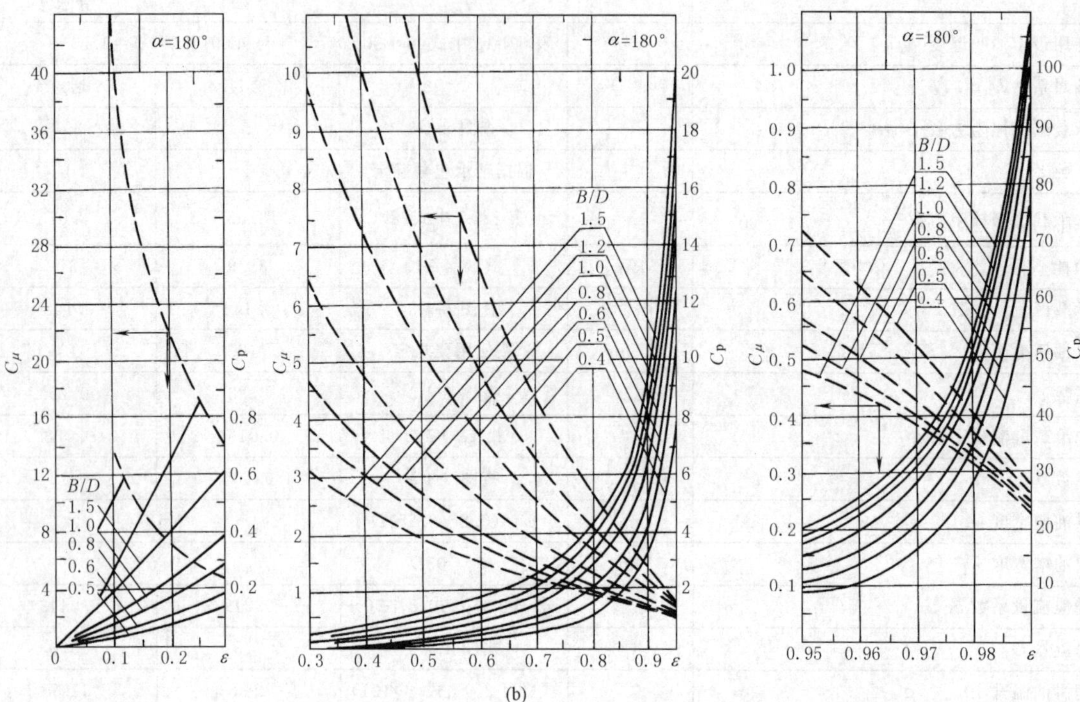

(b)

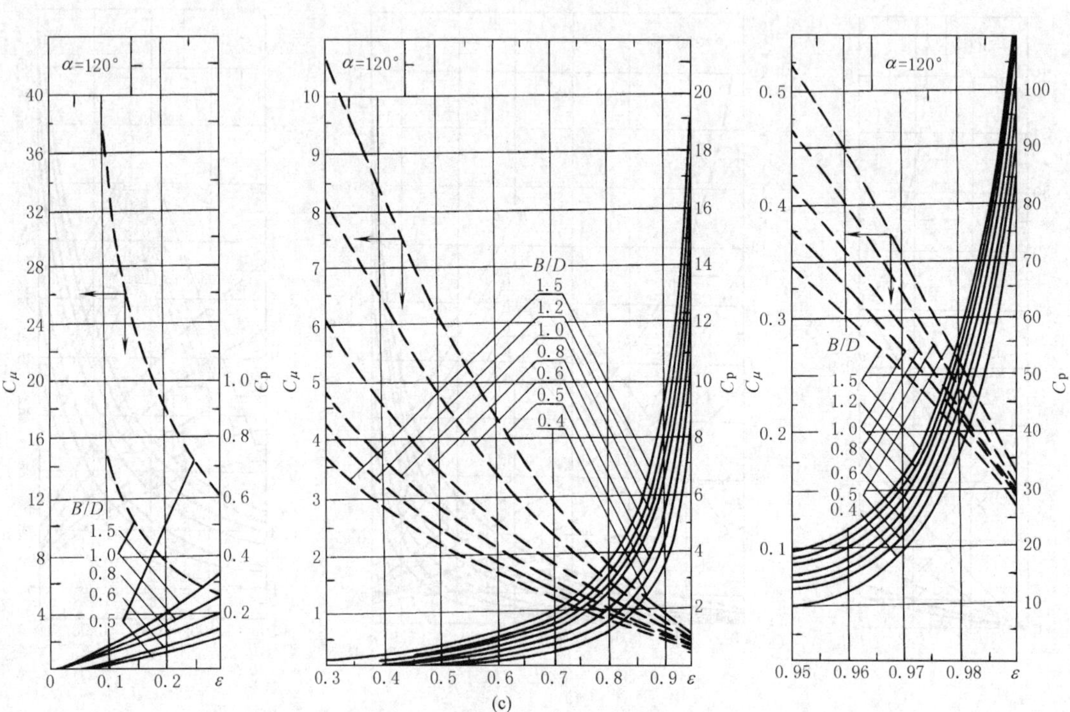

(c)

图 8-4-8　C_p-ε（实线）、C_μ-ε（虚线）关系曲线

表 8-4-7　**椭圆轴承的性能计算**

计 算 项 目	单位	计算公式及说明	结果
载荷 W	N	已知	65000
转速 n	r/min	已知	3000
轴承直径 D	cm	已知	30
轴承宽径比 B/D		选定	1
轴承宽度	cm	$B=(B/D)D$	30
平均压强 p_m	N/cm^2	$p_m=\dfrac{W}{BD}$	72.2
轴颈角速度 ω	s^{-1}	$\omega=\dfrac{n\pi}{30}$	314
椭圆度 Ψ/Ψ^*		选定	2
顶隙比 Ψ^*		选定	0.0015
侧隙比 Ψ		$\Psi=(\Psi/\Psi^*)\Psi^*$	0.0030
顶隙 c^*	cm	$c^*=\Psi^* D/2$	0.0225
侧隙 c	cm	$c=\Psi D/2$	0.0450
润滑油牌号		选定	ISO-N32
轴承平均油温 t_m	℃	选定	50
油在 t_m 时的黏度 η	$N\cdot s/cm^2$	查有关资料	20×10^{-7}
轴承承载能力系数 $\left(\dfrac{p_m\Psi^2}{\eta\omega}\right)$			1.035
相对偏心率 ε_i		查图 8-4-9	0.6
最小油膜厚度 h_{min}	cm	$h_{min}=(1-\varepsilon_i)c$	0.018 （大于许用值）
流量系数 k_{Q1}		查图 8-4-9	0.44
承载区端泄流量 Q_1	cm^3/s	$Q_1=0.125\omega BD^2\Psi k_{Q1}$	1400
油槽侧量流量 k_{Q3}		查图 8-4-10	0.915
油槽侧泄流量 Q_3	cm^3/s	$Q_3=0.3\dfrac{p_s c^3}{\eta}k_{Q3}$	125
总流量 Q	cm^3/s	$Q=Q_1+Q_3$	1525
功耗系数 k_N		查图 8-4-10	6.5
功耗 N	kW	$N=\dfrac{k_N\eta D^2\omega^2 B}{4.08\times10^4\Psi}$	≈28
润滑油温升 Δt	℃	$\Delta t=590\dfrac{N}{Q}$	10.8
校核进油温度 t_1	℃	$t_1=t_m-\Delta t$	39.2

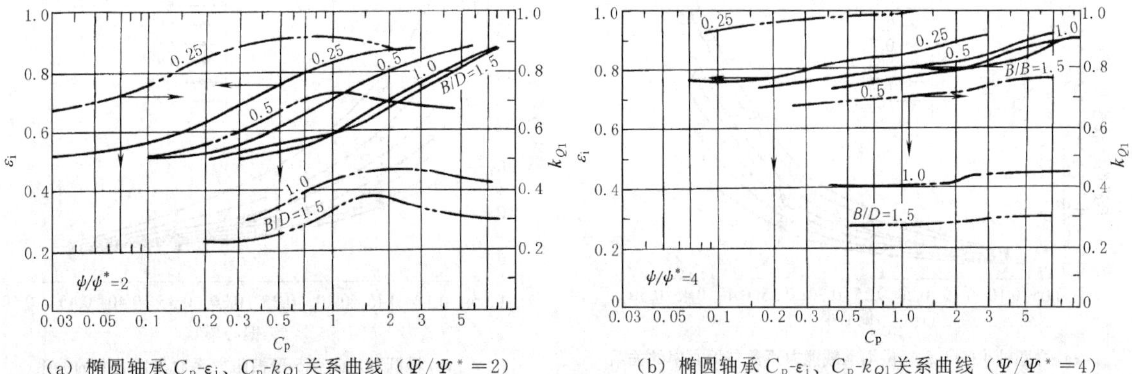

(a) 椭圆轴承 C_p-ε_i、C_p-k_{Q1} 关系曲线（$\Psi/\Psi^*=2$）（C_p-ε_i 查实线、C_p-k_{Q1} 查双点画线）

(b) 椭圆轴承 C_p-ε_i、C_p-k_{Q1} 关系曲线（$\Psi/\Psi^*=4$）（C_p-ε_i 查实线、C_p-k_{Q1} 查双点画线）

图 8-4-9　椭圆轴承 C_p-ε_i、C_p-k_{Q1} 关系曲线

ε_i—两偏心率中的大者；k_{Q1}—流量系数

第 8 篇

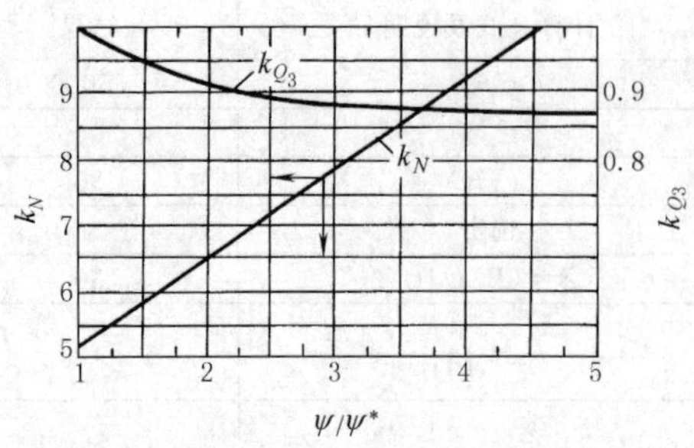

图 8-4-10　椭圆轴承的流量系数 k_{Q3} 和功耗系数 k_N

图 8-4-11 为椭圆轴承的结构与工作简图。椭圆轴承常用的椭圆度一般在 0.5～0.7 之间。图 8-4-12 为椭圆度 $\delta=0.5$ 时椭圆轴承的性能参数曲线。

例 4　设计流体动压润滑三油叶轴承

已知条件：轴承直径 $D=10\text{cm}$，载荷 $F=5200\text{N}$，转速 $n=10000\text{r/min}$；进油温度控制在 60℃左右。

三油叶轴承的椭圆比 $\delta=e'/c$，其中 e' 是瓦块圆弧中心到轴承几何中心的距离，见图 8-4-13。

三油叶轴承的椭圆比一般为 $\delta=0.5\sim0.75$。图 8-4-14 为 $\delta=0.5$ 时的三油叶轴承的性能曲线。

计算结果见表 8-4-8。

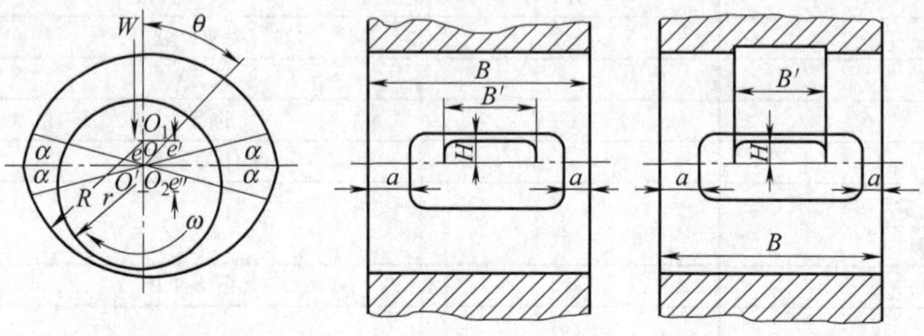

(a) 椭圆轴承工作简图　(b) 椭圆轴承结构简图　(c) 上瓦开周向槽的椭圆轴承

图 8-4-11　椭圆轴承的结构与工作简图

$B'=(0.3\sim0.6)B$；$H=(0.07\sim0.1)D$；$a=(0.05\sim0.06)D$；$\alpha=15°$；

注：1. 进油槽宽度可取 $=B'$ 或 $\neq B'$。

2. 对图（c）可采用单侧进油。

3. 三角排油沟可开可不开。

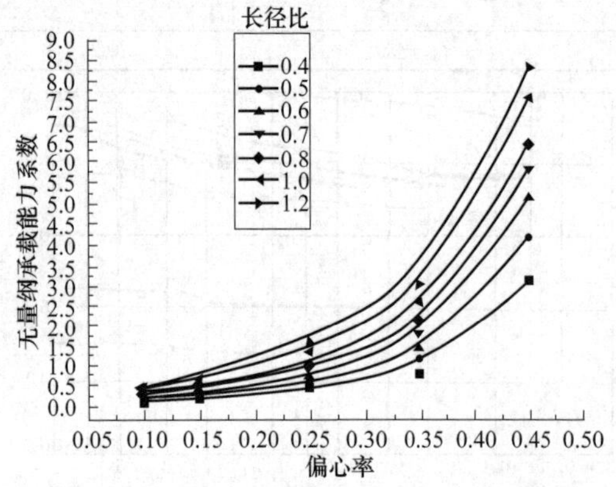

(a) 椭圆轴承(δ=0.5)无量纲承载能力系数与偏心率的关系

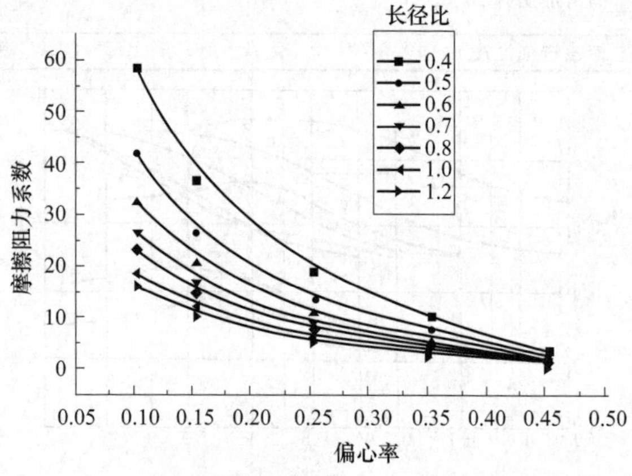

(b) 椭圆轴承(δ=0.5)摩擦阻力系数与偏心率的关系

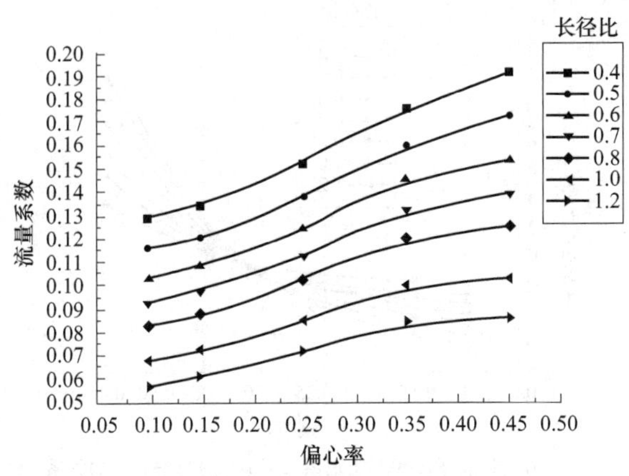

(c) 椭圆轴承(δ=0.5)流量系数与偏心率的关系

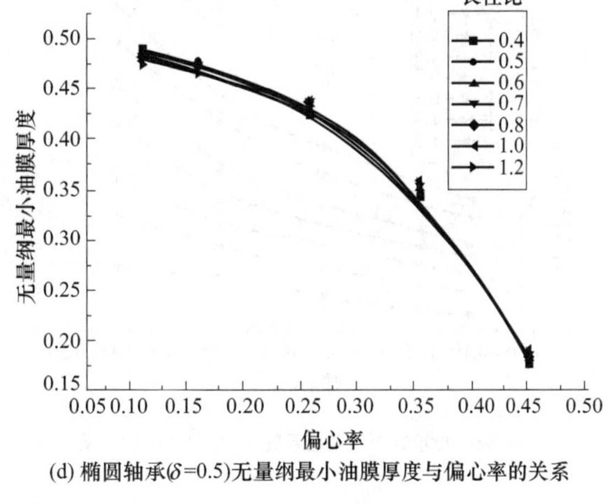

(d) 椭圆轴承(δ=0.5)无量纲最小油膜厚度与偏心率的关系

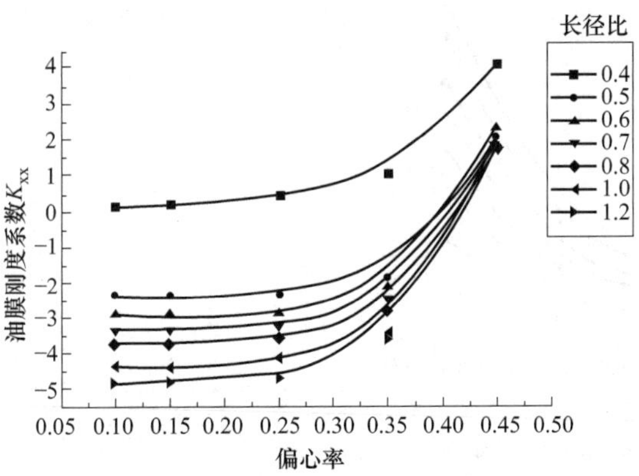

(e) 椭圆轴承(δ=0.5)刚度系数 K_{xx}与偏心率的关系

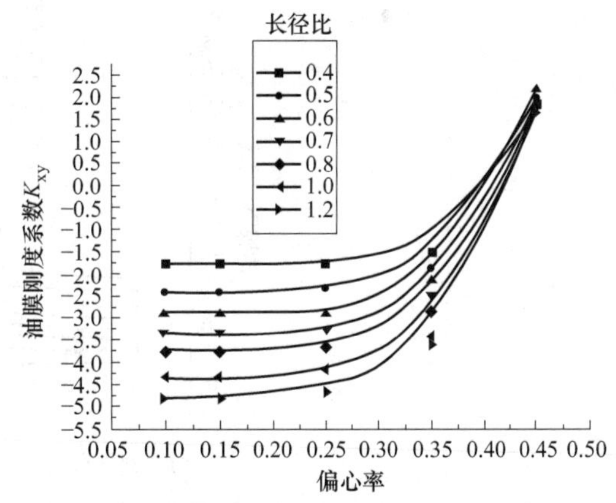

(f) 椭圆轴承(δ=0.5)刚度系数 K_{xy}与偏心率的关系

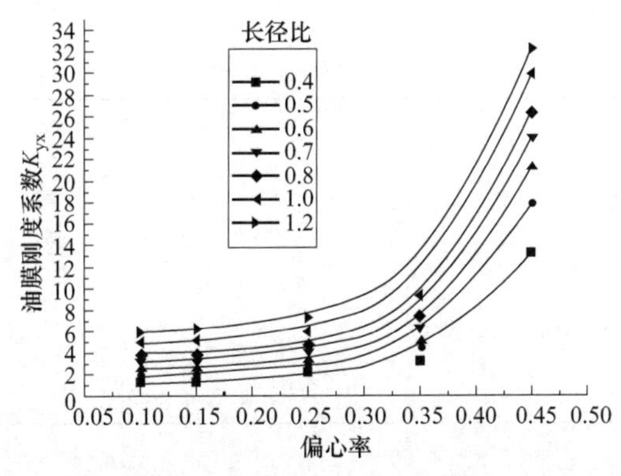

(g) 椭圆轴承(δ=0.5)刚度系数 K_{yx}与偏心率的关系

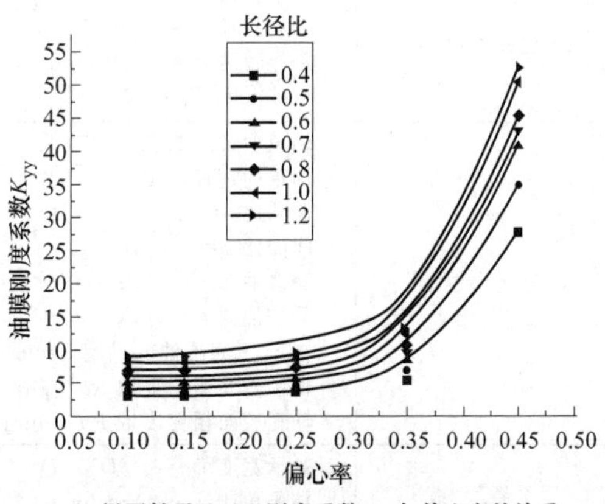

(h) 椭圆轴承(δ=0.5)刚度系数 K_{yy}与偏心率的关系

图 8-4-12

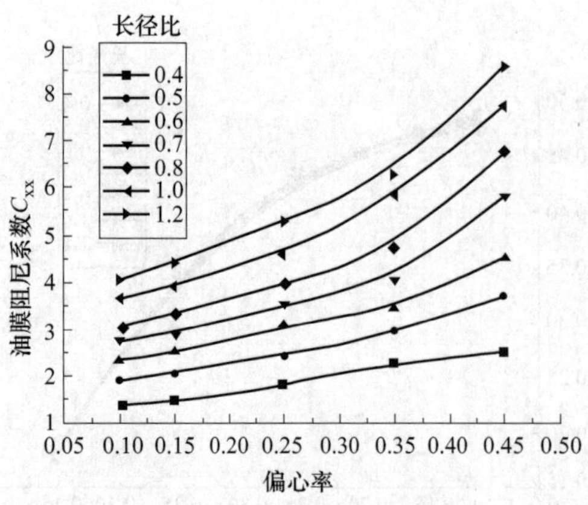

(i) 椭圆轴承(δ=0.5)阻尼系数C_{xx}与偏心率的关系

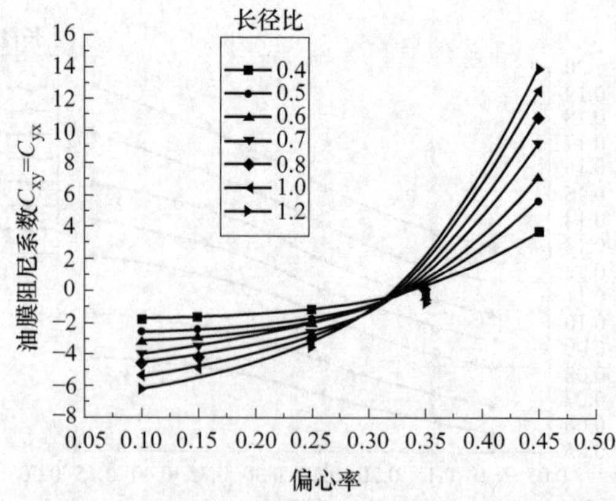

(j) 椭圆轴承(δ=0.5)阻尼系数$C_{xy}(C_{yx})$与偏心率的关系

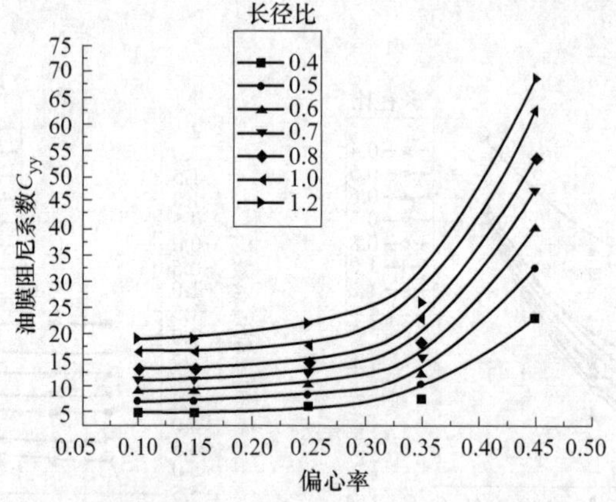

(k) 椭圆轴承(δ=0.5)阻尼系数C_{yy}与偏心率的关系

图 8-4-12 椭圆轴承（δ＝0.5）的性能参数关系曲线

表 8-4-8 **三油叶轴承设计计算步骤**

已知参数	轴承载荷 W＝5200N 轴承直径 D＝10cm 工作转速 n＝10000r/min 进油温度 T_{in}＝60℃
选定参数	轴承型式取为三油叶轴承 轴承的宽径比 B/D＝0.8 椭圆比 δ＝0.5 间隙比 ψ＝0.0046 润滑油为 ISO N32 号汽轮机油 平均油温 t_m＝70℃ 在 t_m 下润滑油的黏度 $\eta=9.1\times10^{-7}$ N·s/cm² 轴颈表面粗糙度取 Ra0.8μm 轴瓦表面粗糙度取 Ra1.6μm
计算参数	轴承宽度 $B=(B/D)\times D$＝8cm 轴颈角速度 $\omega=2\pi n/60$＝682.3rad/s 侧隙 $c=\psi D/2$＝0.023cm 平均压强 $p_m=\dfrac{W}{BD}$＝65N/cm² 轴承承载能力系数 $C_p=\left(\dfrac{2p_m\psi^2}{\eta\omega}\right)$＝4.8

续表

计算参数	轴承的偏心率 $\varepsilon=0.34$，根据 C_p 查图 8-4-14(a)得出 无量纲最小油膜厚度 $h_{min}=0.25$，根据轴承的偏心率查图 8-4-14(d)得出 轴颈表面不平度平均高度 $R_1=3.2\mu m$ 轴瓦表面不平度平均高度 $R_2=6.3\mu m$ 许用最小油膜厚度 $[h_{min}]=0.0014cm$，取 $S=1.5$ 由表 8-4-13 中式(8-4-30)算出 最小油膜厚度 $h_{min}=0.25\times0.023=0.0058cm$ 摩擦阻力系数 $C_f=4$ 根据轴承的偏心率查图 8-4-14(b)得出 功耗 $N=\dfrac{C_f C_p \eta D^2\omega^2 B}{4.08\times10^4\psi}=29.47kW$ 承载区流量系数 $k_{Q1}=0.0651$，根据 B/D 和轴承的偏心率 ε 查图 8-4-14(c)得出 总流量 $Q=7.5L/min$，由式(8-4-16)算出 润滑油温升 $\Delta t=590\dfrac{N}{Q}=2.3℃$ 该轴承的油膜刚度系数 K_{xx}、K_{xy}、K_{yx}和 K_{yy}及油膜阻尼系数 C_{xx}、C_{xy}、C_{yx}和 C_{yy}，可根据 ε 查图 8-4-14(e)～(k)得出，则该轴承的油膜刚度系数和油膜阻尼系数为 $K_{xx}=4.5\times10^5N/cm$ $K_{xy}=-5.1\times10^5N/cm$ $K_{yx}=1.26\times10^6N/cm$ $K_{yy}=2.1\times10^6N/cm$ $C_{xx}=4.1\times10^2N\cdot s/cm$ $C_{xy}=4.0\times10^2N\cdot s/cm$ $C_{yx}=4.0\times10^2N\cdot s/cm$ $C_{yy}=2.8\times10^3N\cdot s/cm$
校核设计结果	要求条件 $h_{min}\geqslant[h_{min}]$，满足要求

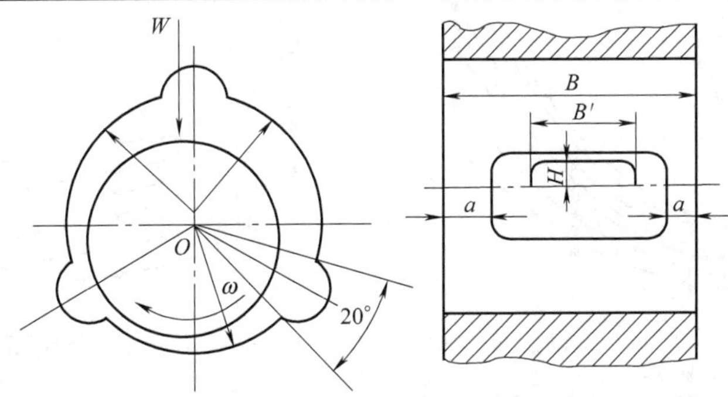

(a) 三油叶轴承工作简图　　(b) 三油叶轴承供油槽结构简图

图 8-4-13　三油叶轴承的结构与工作简图

$B'=(0.3\sim0.6)B$；$H=(0.07\sim0.1)D$；$a=(0.05\sim0.06)D$

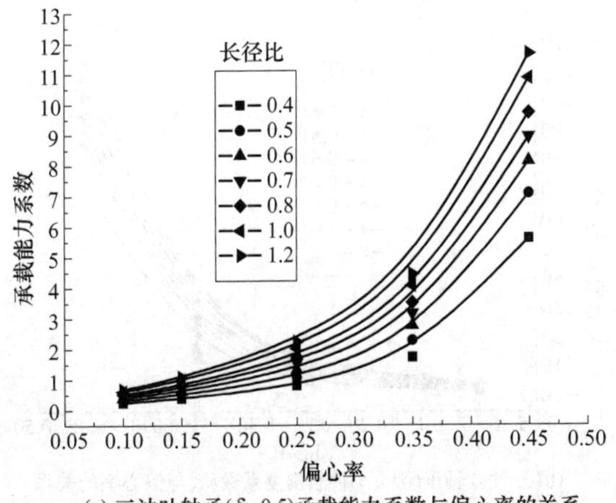

(a) 三油叶轴承(δ=0.5)承载能力系数与偏心率的关系

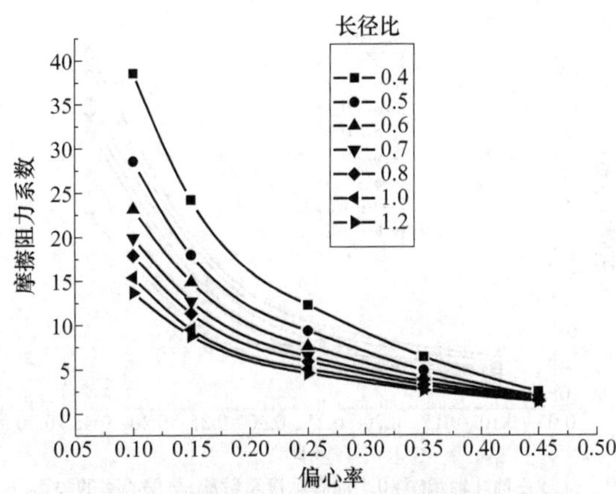

(b) 三油叶轴承(δ=0.5)摩擦阻力系数与偏心率的关系

图 8-4-14

第8篇

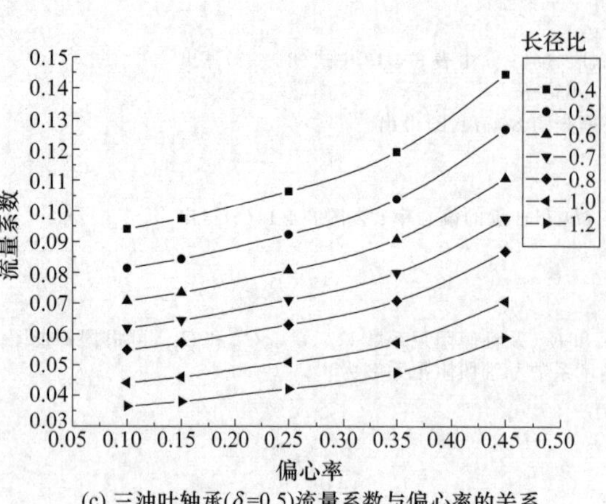

(c) 三油叶轴承(δ=0.5)流量系数与偏心率的关系

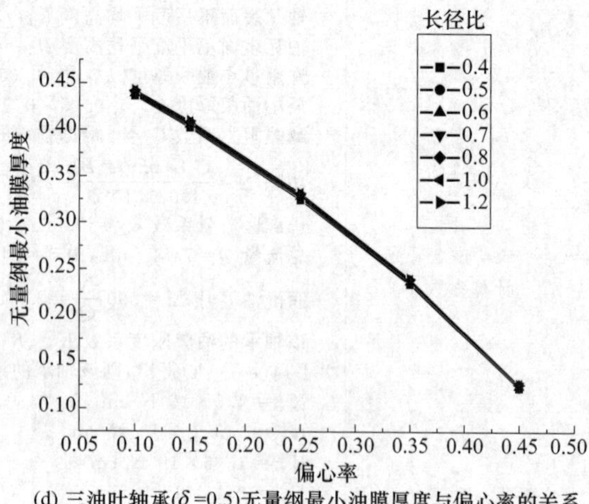

(d) 三油叶轴承(δ=0.5)无量纲最小油膜厚度与偏心率的关系

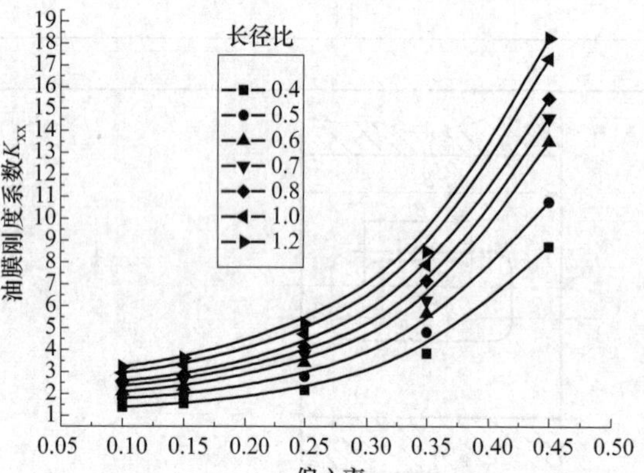

(e) 三油叶轴承(δ=0.5)油膜刚度系数K_{xx}与偏心率的关系

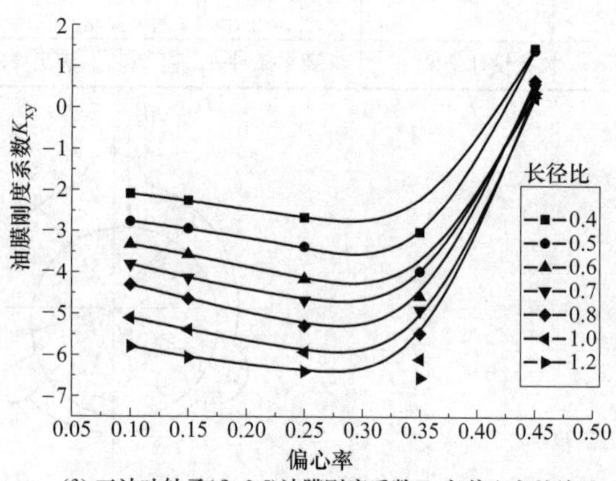

(f) 三油叶轴承(δ=0.5)油膜刚度系数K_{xy}与偏心率的关系

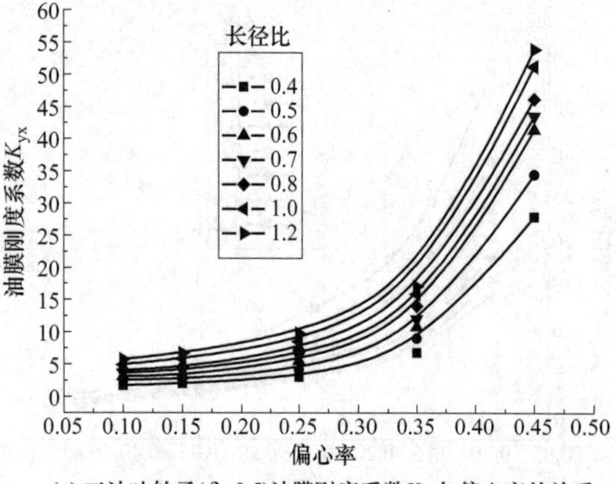

(g) 三油叶轴承(δ=0.5)油膜刚度系数K_{yx}与偏心率的关系

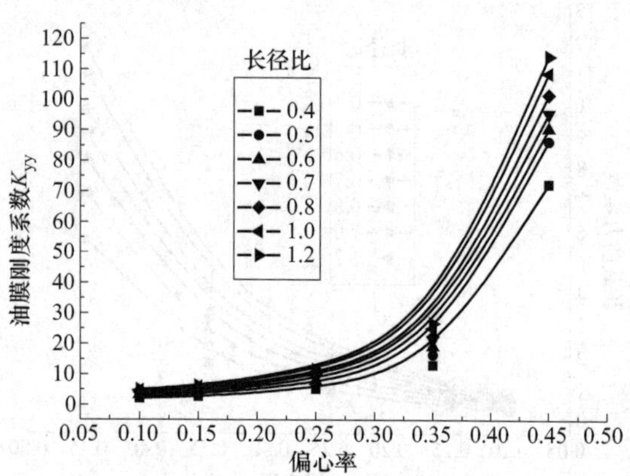

(h) 三油叶轴承(δ=0.5)油膜刚度系数K_{yy}与偏心率的关系

第8篇

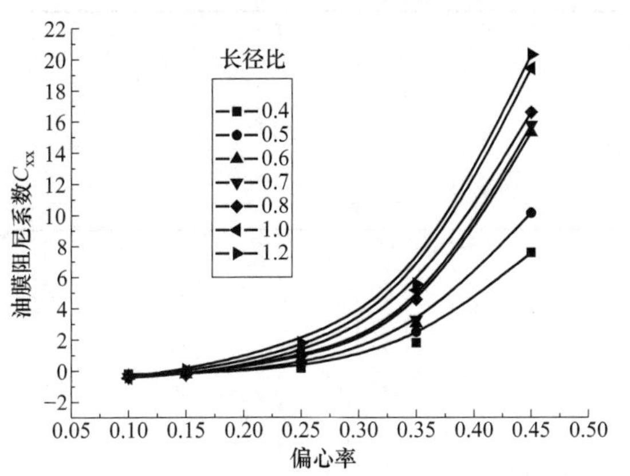

(i) 三油叶轴承(δ=0.5)油膜阻尼系数C_{xx}与偏心率的关系

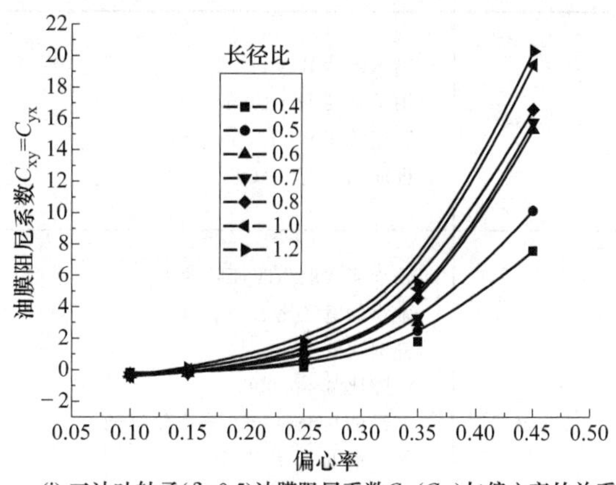

(j) 三油叶轴承(δ=0.5)油膜阻尼系数C_{xy}(C_{yx})与偏心率的关系

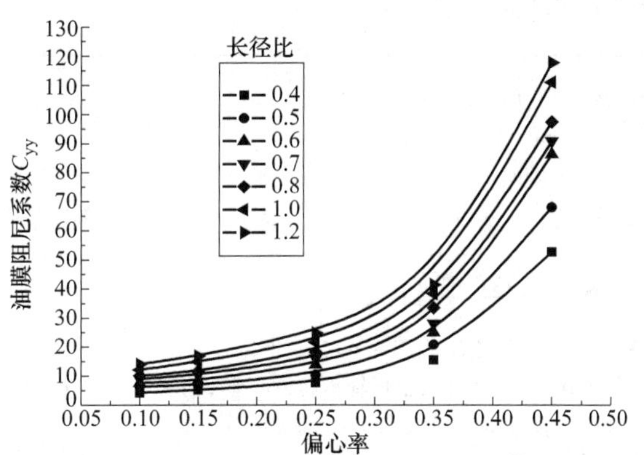

(k) 三油叶轴承(δ=0.5)油膜阻尼系数C_{yy}与偏心率的关系

图 8-4-14　椭圆比为 0.5 时三油叶轴承的性能曲线

例 5　设计流体动压润滑四油叶轴承

已知条件：轴承直径 $D=10$cm，载荷 $F=1200$N，转速 $n=10000$r/min；进油温度控制在 60℃左右。

四油叶轴承的椭圆比 $\delta=e'/c$，其中 e'是瓦块圆弧中心到轴承几何中心的距离，见图 8-4-15。

与三油叶轴承相似，四油叶轴承的设计椭圆比 $\delta=0.5\sim0.75$。图 8-4-16 为 $\delta=0.6$ 时的性能曲线。

计算结果见表 8-4-9。

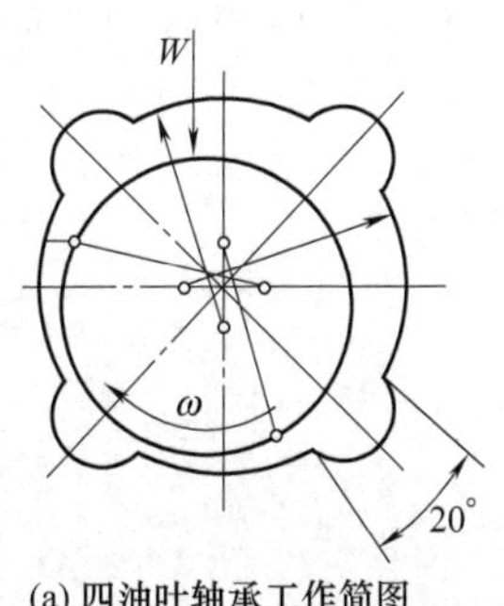

(a) 四油叶轴承工作简图

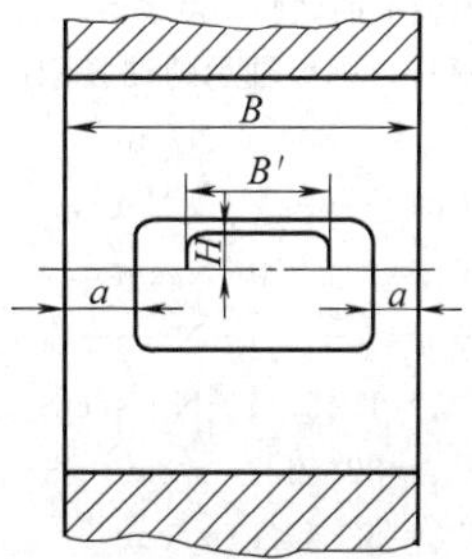

(b) 四油叶轴承供油槽结构简图

图 8-4-15　四油叶轴承的结构与工作简图

$B'=(0.3\sim0.6)B$；$H=(0.07\sim0.1)D$；$a=(0.05\sim0.06)D$

表 8-4-9 四油叶轴承设计计算步骤

已知参数	轴承载荷 $W=1200\text{N}$ 轴承直径 $D=10\text{cm}$ 工作转速 $n=10000\ \text{r/min}$ 进油温度 $T_{\text{in}}=60℃$
选定参数	轴承型式取为四油叶轴承 轴承的宽径比 $B/D=0.8$ 椭圆比 $\delta=0.6$ 间隙比 $\phi=0.006$ 润滑油为 ISO N32 号汽轮机油 平均油温 $t_{\text{m}}=70℃$ 在 t_{m} 下润滑油的黏度 $\eta=9.1\times10^{-7}\ \text{N}\cdot\text{s/cm}^2$ 轴颈表面粗糙度取 $Ra0.8\mu\text{m}$ 轴瓦表面粗糙度取 $Ra1.6\mu\text{m}$
计算参数	轴承宽度 $B=(B/D)\times D=8\text{cm}$ 轴颈角速度 $\omega=2\pi n/60=628.3\text{rad/s}$ 侧隙 $c=\psi\times D/2=0.03\text{cm}$ 平均压强 $p_{\text{m}}=\dfrac{W}{BD}=15\text{N/cm}^2$ 轴承承载能力系数 $C_{\text{p}}=\left(\dfrac{2p_{\text{m}}\psi^2}{\eta\omega}\right)=1.89$ 轴承的偏心率 $\varepsilon=0.21$，根据 C_{p} 查图 8-4-16(a)得出 无量纲最小油膜厚度 $h_{\min}=0.23$，根据轴承的偏心率 ε 查图 8-4-16(d)得出 轴颈表面不平度平均高度 $R_1=3.2\mu\text{m}$ 轴瓦表面不平度平均高度 $R_2=6.3\mu\text{m}$ 许用最小油膜厚度$[h_{\min}]=0.0014\text{cm}$，取 $S=1.5$ 由式(8-4-30)算出 最小油膜厚度 $h_{\min}=0.23\times0.03=0.0069\text{cm}$ 摩擦阻力系数 $C_{\text{f}}=7.1$，根据轴承的偏心率 ε 查图 8-4-16(b)得出 功耗 $N=\dfrac{C_{\text{f}}C_{\text{p}}\eta D^2\omega^2B}{4.08\times10^4\psi}=15.75\text{kW}$ 承载区流量系数 $k_{Q1}=0.031$，根据 B/D 和轴承的偏心率 ε 查图 8-4-16(c)得出 总流量 $Q=4.6\text{L/min}$，由式(8-4-16)算出 润滑油温升 $\Delta t=590\dfrac{N}{Q}=2.1℃$ 该轴承的油膜刚度系数 K_{xx}、K_{xy}、K_{yx}和 K_{yy}及油膜阻尼系数 C_{xx}、C_{xy}、C_{yx}和 C_{yy}，可根据 ε 查图 8-4-16(e)～(k)得出，则该轴承的油膜刚度系数和油膜阻尼系数为 $K_{xx}=7.8\times10^5\text{N/cm}$ $K_{xy}=-6.2\times10^5\text{N/cm}$ $K_{yx}=9.2\times10^5\text{N/cm}$ $K_{yy}=9.1\times10^5\text{N/cm}$ $C_{xx}=1.45\times10^2\text{N}\cdot\text{s/cm}$ $C_{xy}=82.54\text{N}\cdot\text{s/cm}$ $C_{yx}=82.54\text{N}\cdot\text{s/cm}$ $C_{yy}=1.96\times10^3\text{N}\cdot\text{s/cm}$
校核设计结果	要求条件 $h_{\min}\geqslant[h_{\min}]$，满足要求

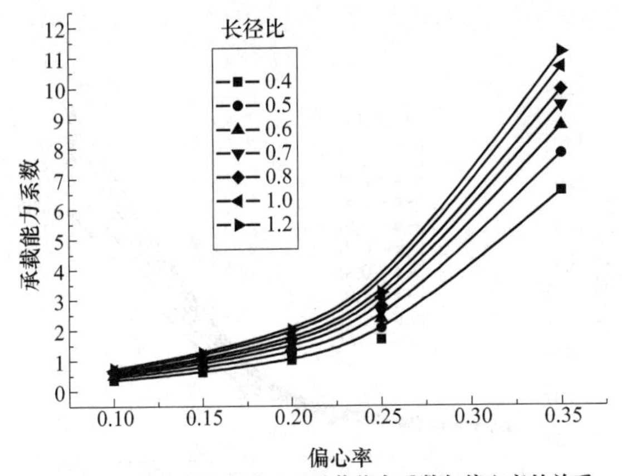

(a) 四油叶轴承(δ=0.6)承载能力系数与偏心率的关系

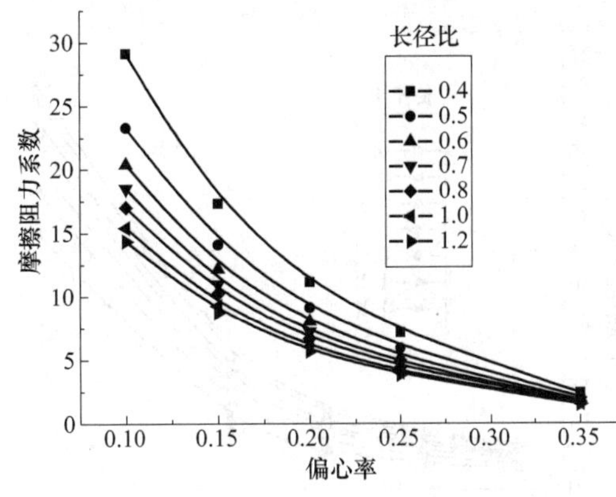

(b) 四油叶轴承(δ=0.6)摩擦阻力系数与偏心率的关系

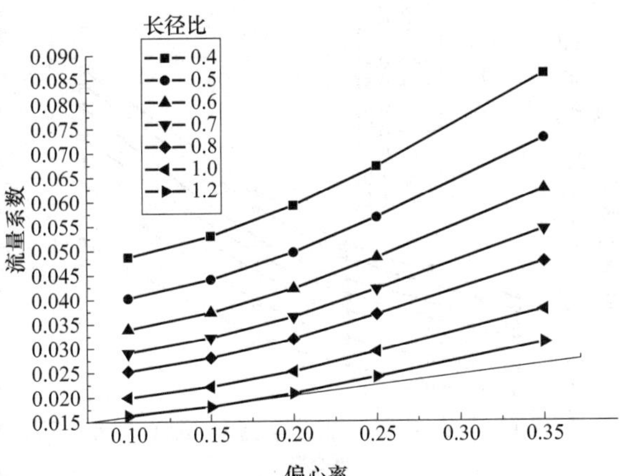

(c) 四油叶轴承(δ=0.6)流量系数与偏心率的关系

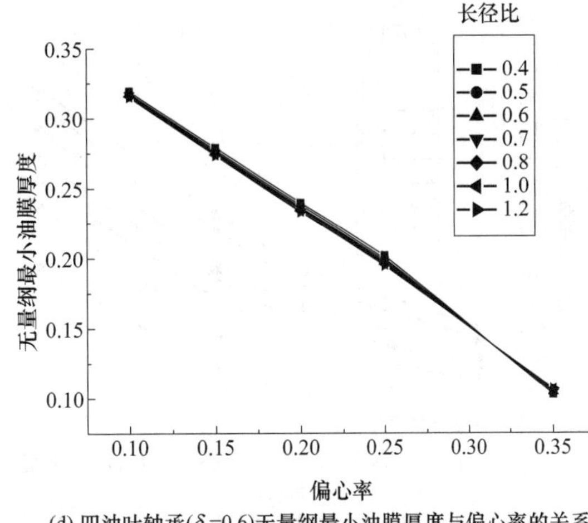

(d) 四油叶轴承(δ=0.6)无量纲最小油膜厚度与偏心率的关系

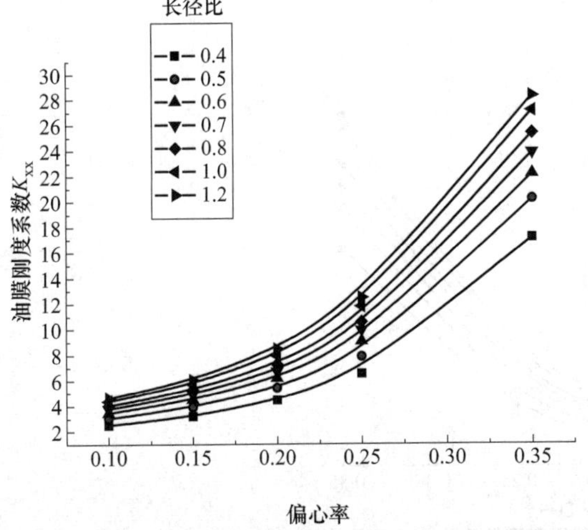

(e) 四油叶轴承(δ=0.6)油膜刚度系数K_{xx}与偏心率的关系

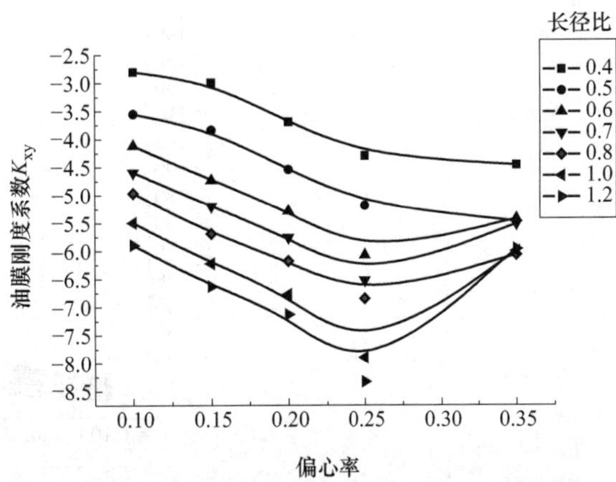

(f) 四油叶轴承(δ=0.6)油膜刚度系数K_{xy}与偏心率的关系

图 8-4-16

第 8 篇

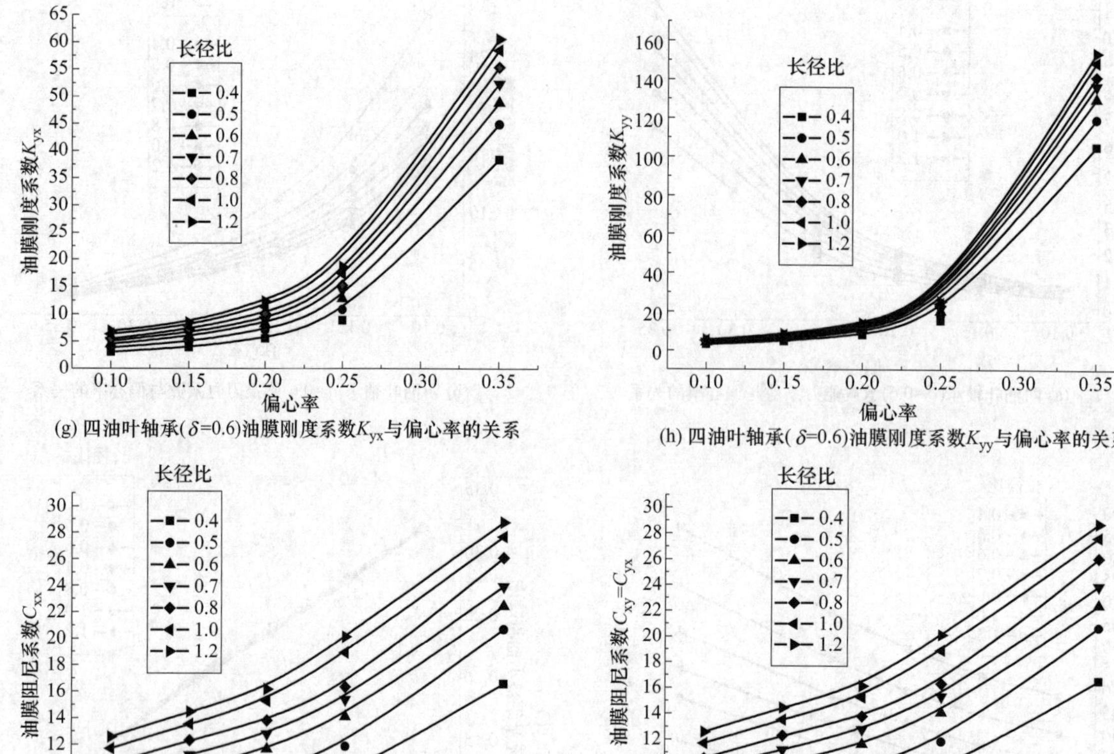

(g) 四油叶轴承(δ=0.6)油膜刚度系数K_{yx}与偏心率的关系

(h) 四油叶轴承(δ=0.6)油膜刚度系数K_{yy}与偏心率的关系

(i) 四油叶轴承(δ=0.6)油膜阻尼系数C_{xx}与偏心率的关系

(j) 四油叶轴承(δ=0.6)油膜阻尼系数$C_{xy}(C_{yx})$与偏心率的关系

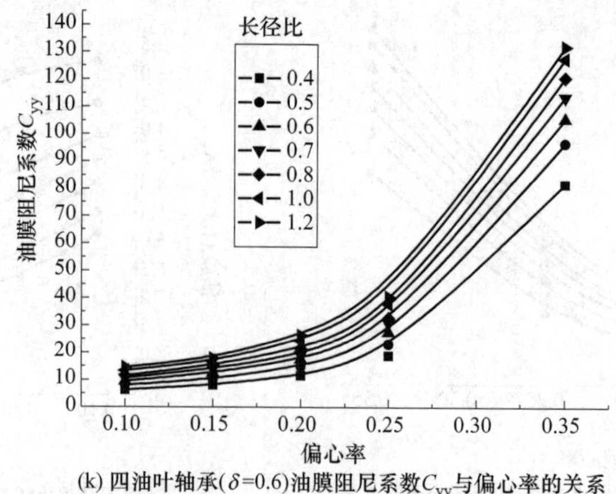

(k) 四油叶轴承(δ=0.6)油膜阻尼系数C_{yy}与偏心率的关系

图 8-4-16 椭圆比为 0.6 时四油叶轴承的性能曲线

(6) 可倾瓦轴承的性能计算

例 6　计算一鼓风机的五瓦可倾瓦径向轴承。已知：轴颈直径 $D=80\text{mm}$；转速 $n=11500\text{r/min}$；宽径比 $B/D=0.4$；相对间隙 $\psi=0.002$；转子重量 $W=1250\text{N}$。进油温度希望在 40℃左右，载荷作用在瓦间，各瓦的布置如图 8-4-17。

图 8-4-18 为间隙比 $\psi=0.002$，预负荷 $\delta=0$ 时五瓦可倾瓦轴承载荷作用在支点间时的轴承性能曲线。

计算结果见表 8-4-10。

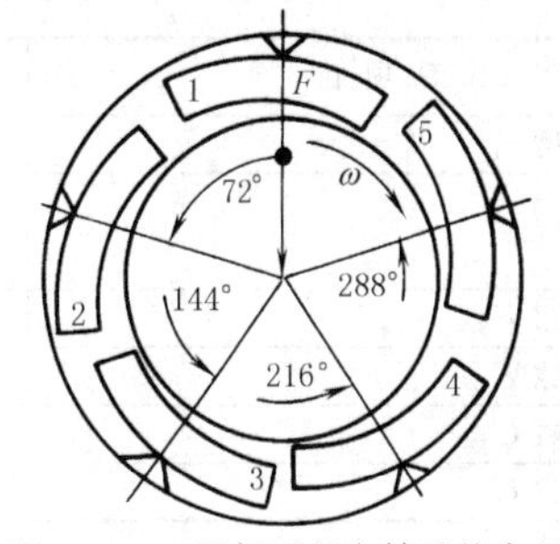

图 8-4-17　可倾瓦径向轴承的布置

表 8-4-10　**可倾瓦径向轴承的性能计算**

计算项目	单位	计算公式及说明	结果
载荷 W	N	已知	1250
转速 n	r/min	已知	11500
轴径 D	cm	已知	8
轴承宽径比 B/D		给定或选取	0.4
轴瓦宽 B	cm	$B=(B/D)D$	3.2
轴瓦数 Z		选取	5
填充系数 k		选取	0.7
每块瓦的瓦长 L	cm	$L=\dfrac{k\pi D}{Z}$	3.5
每块瓦占据角度 θ		$\theta=\dfrac{2L}{d}\times\dfrac{180°}{\pi}$	50°08′
径宽比 $\dfrac{L}{B}$		希望 $\dfrac{L}{B}\approx1$	1.094
角速度 ω	s^{-1}	$\omega=\dfrac{\pi n}{30}$	1200
间隙比 ψ		选取	0.002
加工间隙 c	cm	$c=\psi\dfrac{D}{2}$	0.008
润滑油牌号		选取	ISO-N32
轴承平均工作温度 t_m	℃	选取	50
在 t_m 下的油黏度 η	$N\cdot s/cm^2$	查有关资料	20×10^{-7}
轴承无量纲承载能力系数		$\left(\dfrac{2p_m\psi^2}{\eta\omega}\right)$	0.16
偏心率 ε		查图 8-4-18(a)	0.3
无量纲流量 K_Q		查图 8-4-18(b)	1.25
无量纲最小油膜厚度 K_h		查图 8-4-18(d)	0.75
平均压强 p_m	N/cm^2	$p_m=\dfrac{W}{Bd}$	48.8
最小油膜厚度的最小值 h_{2min}	cm	$h_{2min}=cK_h$	0.006
摩擦阻力系数 $\left(\dfrac{f}{\psi}\right)$		查图 8-4-18(c)	42
摩擦因数 f		$f=\left(\dfrac{f}{\psi}\right)\psi$	0.084
功耗 N	kW	$N=\dfrac{fW\omega D}{2}\times10^{-5}$	4.9
温升 Δt	℃	$\Delta t=590\dfrac{N}{Q}$	9.41

第 8 篇

续表

计算项目	单位	计算公式及说明	结果
校核进油温度 t_1	℃	$t_1=t_m-\Delta t$	40.6
流量 Q	cm^3/s	$Q=\dfrac{\omega d^2\psi B}{2}k_Q$	307.2
油膜刚度系数 K_{xx}	N/m	查图 8-4-18(e)	2.5×10^7
油膜刚度系数 K_{yy}	N/m	查图 8-4-18(f)	3.1×10^7
油膜阻尼系数 C_{xx}	N·s/m	查图 8-4-18(g)	4.1×10^4
油膜阻尼系数 C_{yy}	N·s/m	查图 8-4-18(h)	4.5×10^4

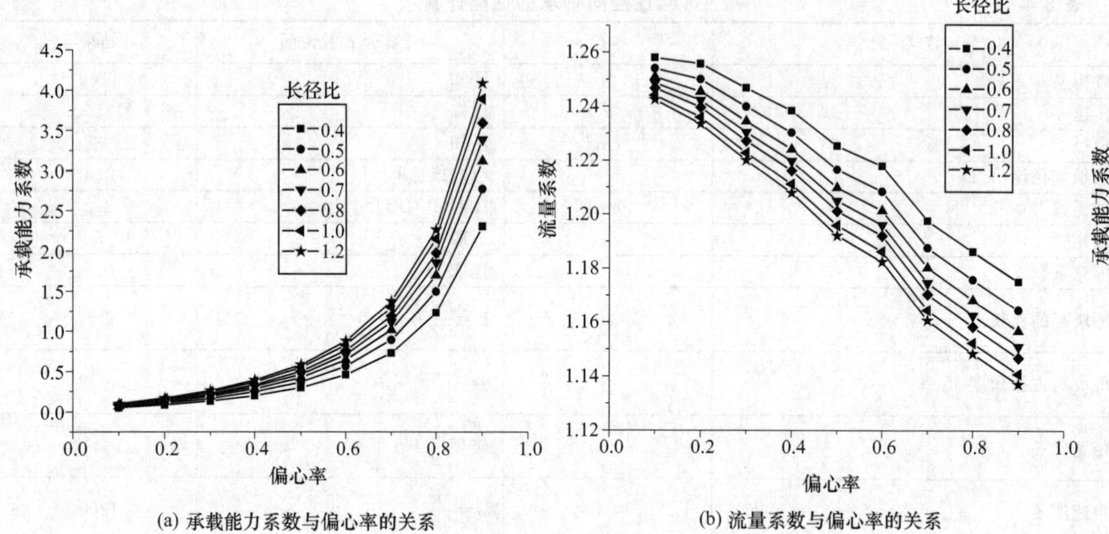

(a) 承载能力系数与偏心率的关系

(b) 流量系数与偏心率的关系

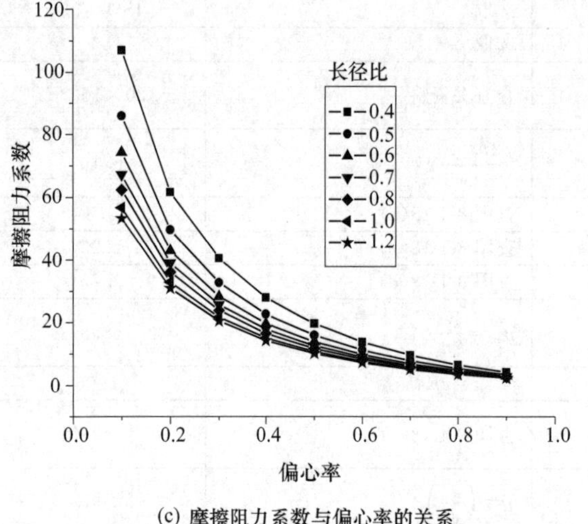

(c) 摩擦阻力系数与偏心率的关系

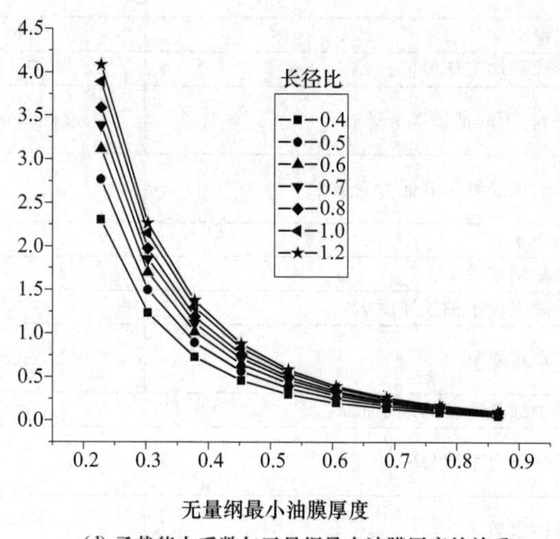

(d) 承载能力系数与无量纲最小油膜厚度的关系

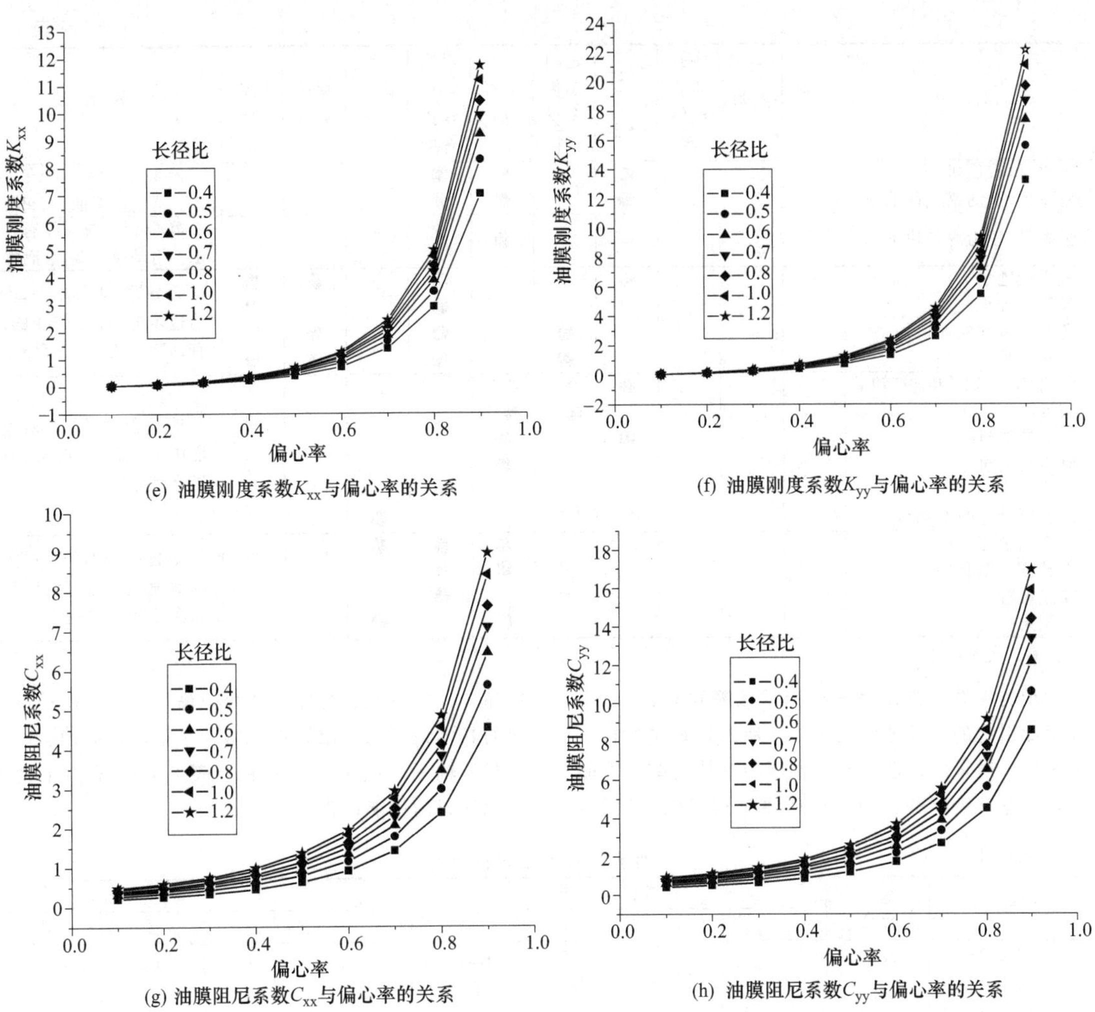

(e) 油膜刚度系数K_{xx}与偏心率的关系

(f) 油膜刚度系数K_{yy}与偏心率的关系

(g) 油膜阻尼系数C_{xx}与偏心率的关系

(h) 油膜阻尼系数C_{yy}与偏心率的关系

图 8-4-18　间隙比 $\psi=0.002$、预负荷 $\delta=0$ 时五瓦可倾瓦轴承载荷作用在支点间时的轴承性能曲线

4.4　轴承材料

轴承的有效工作或失效，与载荷、速度、润滑油与轴承几何参数的选择等有密切关系，但轴承材料的合理选用，对轴承能力的发挥将起着决定性作用。当然，轴承材料的选用，最重要的是“恰当”。表 8-4-11 给出了滑动轴承材料的推荐应用范围。

表 8-4-11　滑动轴承材料的应用范围

应用范围	人造碳	塑料	多孔质烧结轴承	巴氏合金	轧制铝复合材料	铅青铜	铅锡青铜和锡青铜	铝合金	特种黄铜	铝青铜	工作状态
杠杆、铰链、拉杆 精密加工技术（电气仪器、飞机附件等）	●	●	●	●		●	●	●	●	●	静载荷小，滑动速度低且为间歇性。不保养，一次润滑，有污物危害
端面轴承 凸轮轴轴承 止动片 涡轮机和涡轮驱动装置 燃气轮机 大型电机				● ● ● ● ● ●		● ● ● ● ●	● ●				静载荷很小，滑动速度中等到高，但是不变向。油润滑，且为压力润滑

续表

应用范围	人造碳	塑料	多孔质烧结轴承	巴氏合金	轧制铝复合材料	铅青铜	铅锡青铜和锡青铜	铝合金	特种黄铜	铝青铜	工作状态
轧钢机，锻压机				●		●	●				静载荷中等，且有冲击。滑动速度低，油润滑
机车轴承，活塞式压缩机				●		●	●				
齿轮箱，压力扇形块轴承						●					静载荷中等，且有冲击。滑动速度低，油润滑
轧辊颈轴承				●			●	●	●	●	载荷重，且有冲击，滑动速度低，且为交变的，有污物危害，缺少润滑
弹簧销轴承							●			●	
建筑机械和农业机械					●		●		●		
传送装置					●		●		●	●	
汽油机的主轴承和连杆轴承				●	●①	●①					动载荷中等，滑动速度中等到高，油润滑，有温升现象
柴油机					●①	●①					
大型柴油机				●		●					
制冷压缩机						●					
水泵							●				
轻金属壳体中的轴承								●			
活塞销轴套						●	●	●			动载荷重且有冲击，滑动速度低且为交变，二次油润滑，高温
翻转杠杆轴套						●	●				
操纵装置							●				
液压泵						●		●			

① 有三元减摩层。

轴承的失效，首先表现在轴承减摩材料的损坏，以及由此引起的相关零件的损坏。所以，减摩材料的合理选用、质量的保证以及减摩层与基体的结合性能等，都是非常重要的。轴承材料要有很好的抗磨损、抗黏合、抗腐蚀、抗疲劳及污染等性能。要视轴承工作的具体情况来选取轴承材料，对于负载启动、高速重载的轴承，应予高度重视，表 8-4-12 给出了常用轴承材料的性能以供参考。

表 8-4-12　轴承材料的工艺性能

材料		铅基巴氏合金	锡基巴氏合金 1	锡基巴氏合金 2	锡基巴氏合金 3	锡基巴氏合金 4	镉合金	青铜 1	青铜 2	青铜 3
化学成分（质量分数）/%	Pb	75.8	2	max0.06	max0.06	max0.06		11	13	15
	Sn	6	80	80.5	89	87.5		8	5	2.5
	Cd	1		1.2		1	93.4			
	Cu	1.2	6	5.6	3.5	3.5		77.5	79.0	79.5
	Sb	15	12	12	7.5	7.5				
	Ni	0.5		0.3		0.2	1.6	3.5	3	3
	As	0.5		0.5		0.3				
硬度和热硬度/(HB/N·mm^{-2})	20℃	25.6	27.4	35.0	22.6	28.0	34.0	51.3	67.5	86.3
	50℃	21.0	23.2	27.9	17.0	23.2	28.9	49.1	65.8	80.3
	100℃	14.2	13.3	17.3	10.4	15.6	19.7	46.6	64.9	78.6
	150℃	8.1	7.3	9.7	—	9.1	11.5	44.5	62.6	76.9
拉应力	屈服极限 $\sigma_{d0.2}$/MPa	28.4	61.8	84.4	46.1	65.7	78.5	84.4	120	163
	抗拉强度 σ_b/MPa	56.9	89.3	102	76.5	100.0	129	136	192	209
	伸长率 δ_5/%	1.2	3.0	1.5	11.2	8.4	17.0	6.4	6.4	2.1
	弹性模量 E/MPa	29900	55700	52500	56500	49500	54200	81500	84000	85100

续表

材料		铅基巴氏合金		锡基巴氏合金								镉合金		青铜					
				1		2		3		4				1		2		3	
		20℃	100℃	20℃	100℃	20℃	100℃	20℃	100℃	20℃	100℃	20℃	100℃	20℃	100℃	20℃	100℃	20℃	100℃
压应力	挤压极限 $\sigma_{d0.3}$/MPa	46.1	26.5	61.8	37.3	80.4	48.1	47.1	26.5	62.8	30.4	69.7	50.0	76.5	64.8	109	95.2	138	116
	抗压强度 σ_{bc}/MPa	35.3	53.9	87.3	68.7	122	80.4	75.5	45.1	103	59.8	119	86.3	133	113	175	165	232	215

4.5　轴承主要参数的选择

表 8-4-13　　轴承主要参数的选择

<table>
<tr><td>平均压强 p_m</td><td>在可能情况下(如一定的油膜厚度,合适的温升等),平均压强 p_m 宜取较高值,以保证运转的平稳性,减小轴承尺寸。但压强过高,油膜厚度过薄,对油质的要求将提高,且液体润滑易遭破坏,使轴承损伤
轴承平均压强 p_m 的一般设计值可取为(对轴承合金,下同;括号内数值为最高值):
轧钢机：1000～2000(2500)　N/cm²
风机：20～200(400)　N/cm²
汽轮机、发电机、机床：60～200(250)　N/cm²
齿轮变速装置、拖拉机：50～350(400)　N/cm²
铁路车辆：500～1500　N/cm²</td></tr>
<tr><td>宽径比 B/D</td><td>通常取 B/D=0.3～1.5。宽径比较小时,有利于增大压强,提高运转平稳性;增多流量,降低温升;减轻边缘接触现象。随着轴承宽度 B 的减小,功耗将降低,占用空间将减小,但轴承承载能力也将降低;压力分布曲线陡峭,易于出现轴承合金局部过热现象
高速重载轴承温升高,有边缘接触危险,B/D 宜取小值;低速重载轴承为提高轴承整体刚性,B/D 宜取大值;高速轻载轴承,如对轴承刚性无过高要求,可取小值;对转子挠性较大的宜取小值;需要转子有较大刚性的机床轴承,宜取较大值;在航空、汽车发动机上,受空间地位限制的轴承,B/D 可取小值。一般机器常用的 B/D 值为:
汽轮机、风机、电动机、发电机、离心泵：0.4～1.0
齿轮变速装置：0.6～1.5
机床、拖拉机：0.8～1.2
轧钢机：0.6～0.9</td></tr>
<tr><td>间隙比 ψ</td><td>一般取 ψ=0.001～0.003。ψ 值主要应根据载荷和速度选取。速度越高,ψ 值应越大;载荷越大,ψ 值则越小。此外,直径大、宽径比小、调心性能好、加工精度高时,ψ 可取小值;反之取大值
间隙比 ψ 大时,流量大,温升低,承载能力低
间隙大小对转子轴承系统稳定性有较大影响。一般压强小的轴承,减小间隙比可提高系统稳定性;压强大的则增大间隙比可提高工作平稳性
一般机器常用的轴承间隙比 ψ 为:
汽轮机、电动机、发电机：0.001～0.002
轧钢机、铁路车辆：0.0002～0.0015
内燃机：0.0005～0.001
风机、离心泵、齿轮变速装置：0.001～0.003
机床：0.0001～0.0005</td></tr>
<tr><td>最小油膜厚度 h_{min}</td><td>为确保轴承在液体润滑条件下安全运转,应使最小油膜厚度大于轴颈、轴瓦工作表面平面度与轴颈挠度之和
$h_{min} \geqslant [h_{min}] = S(R_1+R_2+y_1+y_2)$　(8-4-30)
式中　S——裕度,对一般机械的轴承取 S=1.1～1.5,对轧钢机轴承取 S=2～3
R_1,R_2——对颈和轴瓦表面平面度平均高度</td></tr>
</table>

续表

最小油膜厚度 h_{min}	y_1——轴颈在轴承中的挠度[图(a)中(ⅰ)] y_2——轴颈偏移量[图(a)中(ⅱ)] 端轴颈的轴颈挠度可按下式计算 $$y_1=16\times10^{-8}p_mD\left[\left(\frac{B}{D}\right)^4+1.81\left(\frac{B}{D}\right)^2\right] \quad (8\text{-}4\text{-}31)$$ 当 $p_m\leqslant30\text{W/cm}^2$ 时，y_1 可忽略不计，y_2 为轴颈在轴承中因轴的弯曲变形和安装误差引起的偏移量 $$y_2=\frac{B}{2}\tan\beta \quad (8\text{-}4\text{-}32)$$ 对自动调心轴承 $y_2=0$ 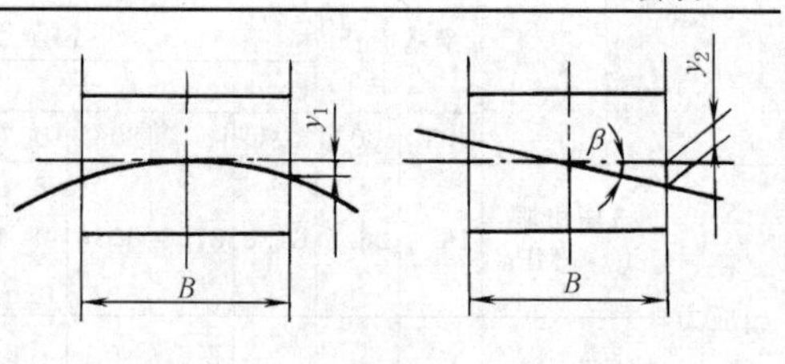 (ⅰ) (ⅱ) 图(a) 轴颈在轴承中的挠曲和偏移示意图
油温和瓦温	轴承性能计算根据热平衡状态下轴承平均工作温度(即端泄油平均温度)进行 一般取进油温度 $t_1=30\sim45℃$，平均油温 $t_m\leqslant75℃$，温升 $\Delta t\leqslant30℃$ 作为设计依据之一的瓦温，一般以强度急剧下降时金属的软化点作为控制值，对轴承合金常取 $t_{max}=90\sim100℃$
油楔数 Z	如图所示椭圆轴承的稳定区比单油楔圆筒轴承的大；三油楔轴承的又比椭圆轴承的大，且在各个方向上的油膜刚度也较均匀。但并非油楔数愈多，稳定区一定愈大 油楔数的增多，一般减小了承载能力 选取油楔数时，要兼顾稳定区和承载能力两方面的要求。为了提高多油楔轴承的承载能力，可以采用不等长的多油楔 油楔数还影响结构，偶数油楔便于采用剖分结构 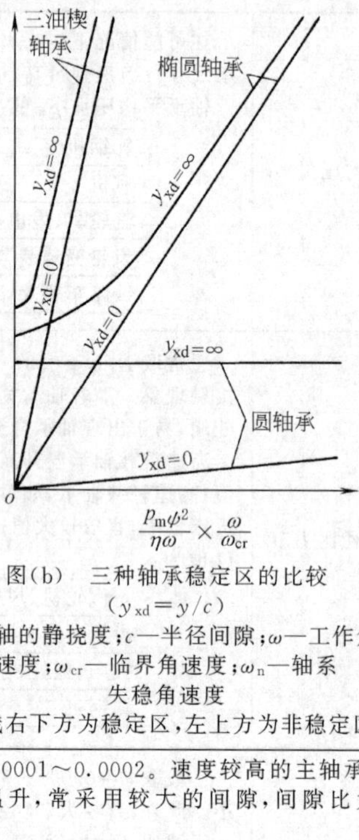 图(b) 三种轴承稳定区的比较 ($y_{xd}=y/c$) y—轴的静挠度；c—半径间隙；ω—工作角速度；ω_{cr}—临界角速度；ω_n—轴系失稳角速度 曲线右下方为稳定区，左上方为非稳定区
最小半径间隙(间隙比) C^*	高精度机床主轴承常采用 2～10μm 以下的最小半径间隙，间隙比为 0.0001～0.0002。速度较高的主轴承，如汽轮机、发电机、离心式压缩机和水轮机等，为了减小功耗、降低温升，常采用较大的间隙，间隙比为 0.001～0.0025
楔形度(椭圆度) Ψ/Ψ^*	楔形度主要取决于油楔偏心距 S。S 愈大，楔形愈大，即油楔的楔愈大 楔形度过大，即油楔起始端开口过大，有可能在楔形空间的起始段形不成承载油膜，使承载油膜减短，同时还增大轴承的摩擦因数 楔形度过小，轴承的承载能力很低，在工艺上也难于实现，当轴颈位移之后，有的油楔形成的承载油膜也太短 根据理论分析，最佳楔形度在 2～3 范围内。对于要求很小间隙的多油楔($Z\geqslant3$)轴承，实现这样的楔形度在工艺上有困难。同时，对于轴颈偏心矩较大的轴承，为了在轴颈位移后形成的承载油膜不致太短，宜采用较大的楔形度。推荐取楔形度 $\Psi/\Psi^*\geqslant5$，即油楔偏心距 $S\geqslant4C^*$
安装间隙	可倾瓦轴承的瓦块弧面半径与轴颈半径 r 之差称为加工间隙，它由轴颈和瓦块的尺寸所决定，瓦块装入轴承后，实际形成的间隙为 C_a，称为安装间隙，通常 C_a 可以调整，C/C_a 通常在 1～2 之间，不得小于 1
支点位置	可倾瓦轴承支点位置影响瓦块的承载能力，承载能力最大时的支点位置与瓦块的几何尺寸 L/B 有关，可从图中查出，L_c 为进油边到支点的瓦弧长，L 为瓦的整个弧长，轴颈需要反向转动时，应取 $\frac{L_c}{L}=0.5$
填充系数	可倾瓦轴承各块瓦的弧长总和 ZL 与轴颈圆周长 πd 之比，称为填充系数 K，即 $$K=\frac{ZL}{\pi d}$$ 通常取 $K=0.7\sim0.8$。由于 K 与功耗成正比，当载荷较小时可取更低的填充系数(如 $K=0.5$)以降低温升

4.6 液体动压推力轴承

液体动压推力轴承的构成简图如图 8-4-19 所示，一般有 3 个以上的扇形瓦块，瓦块与推力环之间可形成一定厚度的承载油膜。

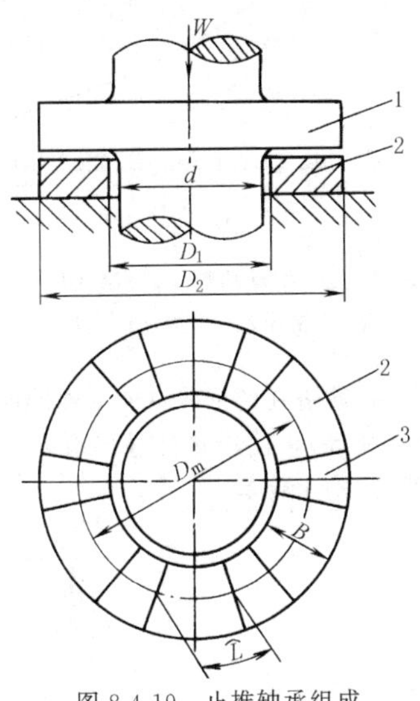

图 8-4-19 止推轴承组成

1—推力环；2—扇形瓦；3—油沟

4.6.1 参数选择

表 8-4-14 液体动压推力轴承的参数选择

瓦数 z	最少 $z=3$，一般 $z=6\sim12$，z 与比值 D_2/D_1 和 B/L 有关。D_2/D_1 愈小，B/L 愈大，则 z 愈大。瓦数少，易使轴承温升高；瓦数多，则不利于安装调整，且使承载能力下降
宽长比 B/L	L 为瓦面平均圆周长，可取 $B/L=0.7\sim2$，取 $B/L=1$ 时可获得最大的承载能力
内外径比 D_2/D_1	通常 $D_2/D_1=1.5\sim3$，内径 D_1 略大于轴颈。可取 $D_1=(1.1\sim1.2)d$
填充系数 K	一般取 $K=0.7\sim0.85$。K 不宜过大，以免造成相邻瓦之间的热影响，使瓦温和油温升高
平均压强 p_m	通常取 $p_m=1.5\sim3.5$MPa，若有良好的瓦均载措施并能有效控制进油温度，允许 $p_m=6.0\sim7.0$MPa
最小油膜厚度 h_2	从制造工艺和安全运转考虑，应取 $h_2\geqslant25\sim50\mu$m，中等尺寸的轴承取最小值，大型轴承取大值
油温	一般取平均温度 $t_m=40\sim55$℃，进油温度控制在 $t_1=30\sim40$℃左右，出油温度 $t_2\leqslant75$℃。计算轴承性能时按平均温度进行。推力轴承润滑方式有浸油润滑和压力供油两种，高速轴承为避免过大的搅油损失，不宜采用浸油润滑
瓦块坡高 β	$\beta=h_1-h_2$，通常选择坡高比 $\beta/h_2=3$ 时，轴承有较好的工作性能
推力盘厚度 H	通常取 $H=(0.3\sim0.5)L$

4.6.2 斜-平面推力轴承

斜-平面推力轴承常用于工况稳定的小型轴承。瓦的形状如图 8-4-20 所示，当斜面长度 $L_1=0.8L$ 时，轴承承载能力最大。

表 8-4-15 斜-平面推力轴承性能计算公式

名 称	计算公式
平均压强 p_m/Pa	$p_m=W/(zBL)$
平均圆周速度 v/m·s^{-1}	$v=\pi D_m n$
最小油膜厚度 h_2/m	按推荐值取 $\beta/h_2=3$，$B/L=1$ 时 $h_2=0.5(\eta nD_mB/p_m)^{\frac{1}{2}}$
润滑膜功耗 N/kW	$9.1\beta nD_mF/B$
流量 Q/m^3·s^{-1}	$1.38nD_mB\beta z$
温升 Δt/℃	$\Delta t=5.9\times10^{-4}N/Q$

例 7 设计一斜-平面推力轴承。已知：最大轴向 $F=25480$N，轴颈直径 $d=0.135$m，转速 $n=50$r/s。要求进油温度 $t_1=45$℃，出油温度 $t_2\leqslant70$℃。计算结果见表 8-4-16。

表 8-4-16 例 7 解题步骤及结果

计算项目	计算公式及说明	结果
载荷 W/N	已知	25480
转速 n/r·s^{-1}	已知	50
轴承内径 D_1/m	$D_1=(1.1\sim1.2)d$	0.15
外内径比 $\overline{R}$	选取	1.5
轴承外径 D_2/m	$D_2=\overline{R}D_1=1.5\times0.15$	0.225
平均直径 D_m/m	$D_m=(D_1+D_2)/2$ $=(0.15+0.225)/2$	0.1875
轴承宽度 B/m	$B=(D_2-D_1)/2$ $=(0.225-0.15)/2$	0.0375
宽长比 B/L	选取	1
瓦平均周长 L/m	$L=B/(B/L)=0.0375/1$	0.0375
瓦块数 z	根据 D_2/D_1 值由图 8-4-21 查得	12
填充系数 K	5/6	0.83
轴瓦包角 α/rad	$K\times2\pi/Z$	0.436
平均压强 p_m/Pa	$25480/(12\times0.0375^2)$	1.51×10^6
平均圆周速度 /m·s^{-1}	$v=\pi D_m n$ $=3.14\times0.1875\times50$	29.43
润滑油牌号	选取	ISO-N32
平均油温 t_m/℃	选取	65
t_m 下油的黏度 η/Pa·s		0.0155
最小油膜厚度 h_2/m	$0.5(\eta nD_mB/p_m)^{\frac{1}{2}}$	0.03×10^{-3}
斜面坡高/m	$\beta=3h_2$	9×10^{-5}
搅动功耗系数 K_N	根据雷诺数查图 8-4-22	0.03
浸油润滑时的搅动功耗 N_j/kW	$N_j=K_N\rho n^3D_t^5\left(1+\frac{4H}{D_t}\right)$	4.23
功耗 N/kW	$9.1\beta nD_nF/B+N_j$	9.97
流量 Q/m^3·s^{-1}	$1.38nD_mB\beta Z$	5.77×10^{-4}
温升 Δt/℃	$5.9\times10^{-4}\times$ $9.97/5.77\times10^{-4}$	10.2

第 8 篇

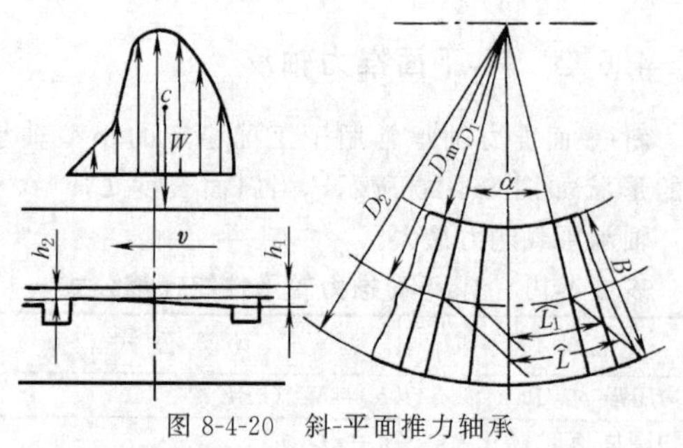

图 8-4-20 斜-平面推力轴承

L_1—斜面长度；$L-L_1$—平面长度

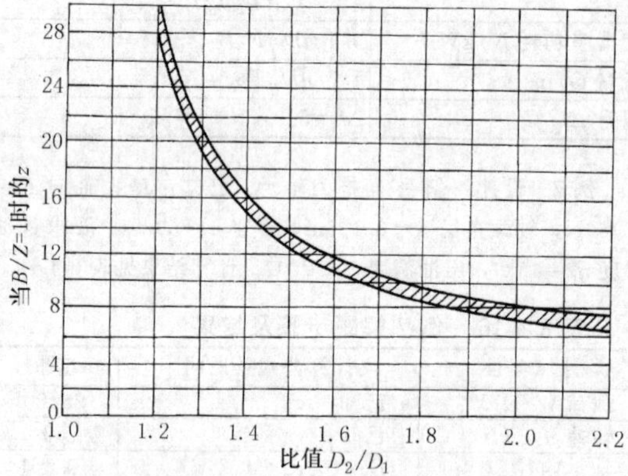

图 8-4-21 固定瓦推力轴承的瓦块数

4.6.3 可倾瓦推力轴承

可倾瓦推力轴承用于工况经常变化的大中小型轴承。各瓦能随工况变化自动调节倾斜度，最小油膜厚度 h_2 随之改变，但比值 h_2/h_1 不变，见图 8-4-23。

可倾瓦的支承方式有多种，如表 8-4-17 所示，瓦块支承应使各瓦受载尽可能均匀。为降低温升，可适

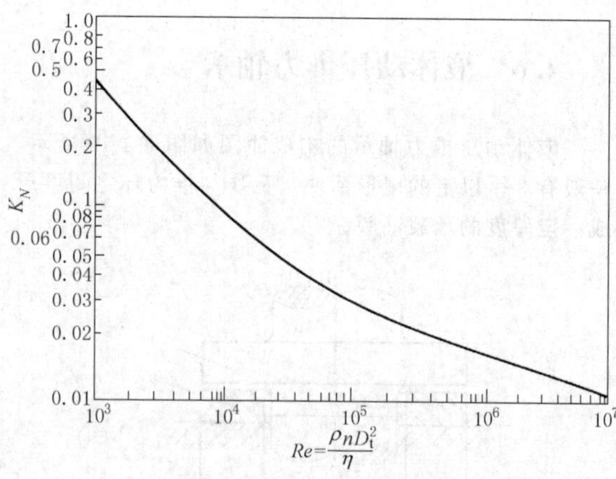

图 8-4-22 搅动功耗与雷诺数的关系

（Re 为雷诺数，ρ 为流体密度）

当增大瓦面距，改进瓦的形状（如沿油的流向切去瓦角，采用圆形瓦等），使冷热油进出流畅，还可设置喷油管或循环冷却水管等。

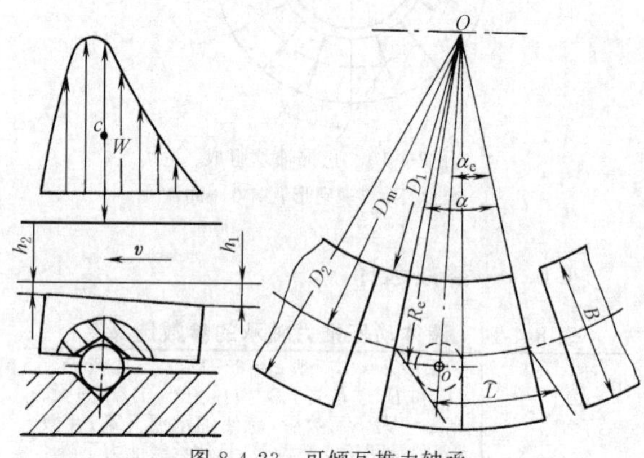

图 8-4-23 可倾瓦推力轴承

表 8-4-17 可倾瓦推力轴承支承方式

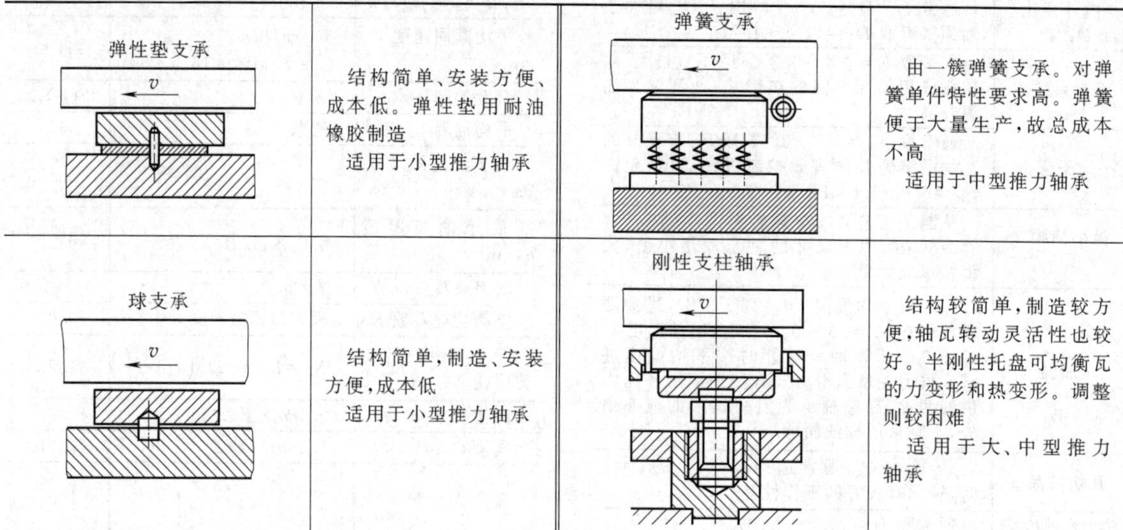

支承方式	说明	支承方式	说明
弹性垫支承	结构简单、安装方便、成本低。弹性垫用耐油橡胶制造 适用于小型推力轴承	弹簧支承	由一簇弹簧支承。对弹簧单件特性要求高。弹簧便于大量生产，故总成本不高 适用于中型推力轴承
球支承	结构简单，制造、安装方便，成本低 适用于小型推力轴承	刚性支柱轴承	结构较简单，制造较方便，轴瓦转动灵活性也较好。半刚性托盘可均衡瓦的力变形和热变形。调整则较困难 适用于大、中型推力轴承

续表

平衡块支承 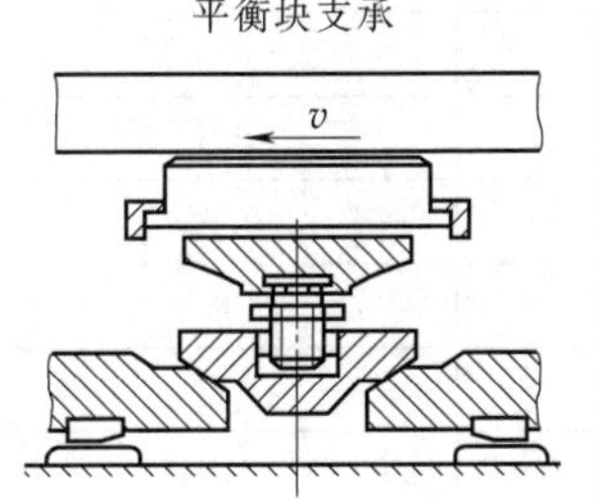	应用铰支梁杠杆原理自动平衡瓦间载荷，安装较方便，加工费用较弹性油箱支承低。因受平衡措施的限制。宜用于转速不很高的大型轴承	鼓形油箱支承 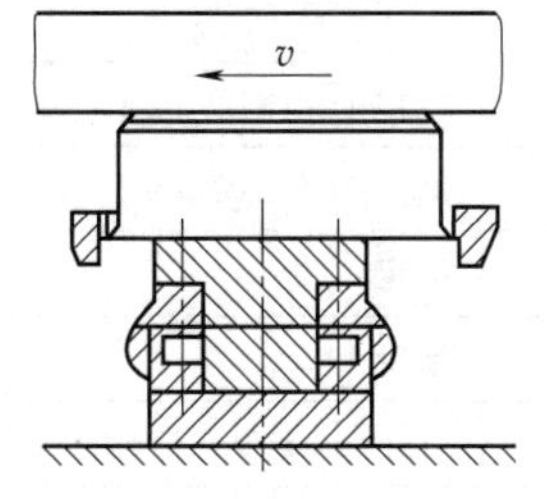	又称单波纹式。均衡载荷的能力较弹性油箱差，不均匀度约为 3%～5%，但加工较弹性油箱方便得多 适用于大型推力轴承
弹性油箱支承 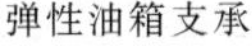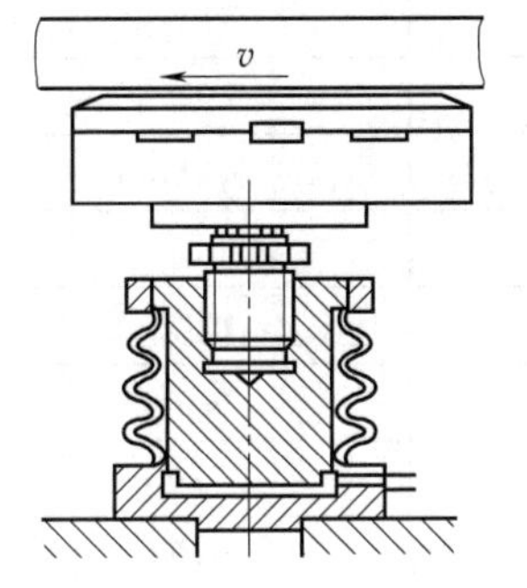	多弹性油箱间构成一连通器，能自动调整瓦载荷，不均匀度可达 3%以下，长期运行稳定可靠。油箱制造复杂，费用较低 适用于大型推力轴承		

可倾瓦推力轴承性能计算公式见表 8-4-18。

表 8-4-18　　可倾瓦推力轴承性能计算公式

名　　称	计 算 公 式	名　　称	计 算 公 式
最小油膜厚度 h_2/m	$h_2=\left(\overline{W}_m\dfrac{\eta\omega B^4}{F_m}\right)^{\frac{1}{2}}$，$F_m$ 为每块瓦上的载荷	温升 Δt/℃	$\Delta t=5.9\times10^{-4}N/Q$
功耗 N/kW	$N=ZK_N\overline{W}_m\dfrac{\eta\omega^2B^4}{h_2}$	径向偏置距 e	$e=(0.015\sim0.06)B$，偏向瓦外侧

例 8　设计可倾瓦推力轴承。已知载荷 $W=1.69\times10^5$N，轴颈转速 $n=50$r/s，直径 $d=0.27$m，进油温度 $t_1=45$℃，润滑油牌号为 ISO-N32 直接润滑。计算步骤及结果见表 8-4-19。

表 8-4-19　　例 8 解题步骤及结果

计 算 项 目	计算公式及说明	结　　果
载荷 W/N	已知	1.69×10^5
转速 n/r·s^{-1}	已知	50
平均压强 p_p/Pa	选取	2×10^6
瓦块总面积 A/m^2	$A=\dfrac{F}{p_p}$	0.084
轴瓦内径 D_1/m	$D_1=(1.1\sim1.2)d$	0.3
轴瓦外径 D_2/m	$D_2=\left(A\times\dfrac{4}{3}\times\dfrac{4}{\pi}+D_1^2\right)^{\frac{1}{2}}$	0.5
外内径比 $\overline{R}$	$\overline{R}=D_2/D_1=0.5/0.3$（通常取 $\overline{R}=1.5\sim3$）	1.67

续表

计算项目	计算公式及说明	结　果
平均直径 D_m/m	$D_m=(D_1+D_2)/2=(0.5+0.3)/2$	0.4
轴承宽度 B/m	$B=(D_2-D_1)/2=(0.5-0.3)/2$	0.1
填充系数 K	选取	0.75
轴瓦包角 α/(°)	$\alpha=K\times 360/Z$	30
宽长比 B/L	选取 $B/L=1$	1
瓦平均周长 L/m		0.1
瓦块数	根据 $\overline{R}$ 由图 8-4-24 查得	10
实际平均压强 p_m/Pa	$p_m=W/(ZBL)=1.69\times 10^5/(10\times 0.1\times 0.1)$	1.695×10^6
润滑油牌号	给定	ISO-N32
平均油温 t_m/℃	给定	55
t_m 下油膜黏度 η/Pa·s		0.0145
无量纲内径 $\overline{R}_1$	$\overline{R}_1=R_1/B=0.15/0.1=1.5$	1.5
偏支系数 θ_z/θ_0	选取	0.6
偏支参数 $\overline{R}_2-\overline{R}_1$	选取	0.53
θ_p/θ_0	根据 $\overline{R}_2-\overline{R}_1$，$\theta_z/\theta_0$ 值查图 8-4-25	1.0
G_{sa}	根据 $\overline{R}_2-\overline{R}_1$，$\theta_z/\theta_0$ 值查图 8-4-25	1.3
$\overline{W}_m$	根据 θ_p/θ_0，G_{sa} 值查图 8-4-26	0.145
最小油膜厚度 h_2/m	$h_2=\left(\dfrac{\overline{W}_m\eta\omega B^4}{F_m}\right)^{\frac{1}{2}}$	0.000062
功耗系数 k_N	查图 8-4-27	0.21
功耗 N/kW	$N=Zk_N\overline{W}_m\dfrac{\eta\omega^2B^4}{h_2}=3.2\times 10^6\times 23.1\times 2.62\times\sqrt{0.0275\times 23.1/(3.97\times 10^6\times 0.192)}/1020$	69.8
流量系数 k_Q	查图 8-4-28	1.89
总流量/$m^3\cdot s^{-1}$	$Q=Zk_Q\omega B^2h_2$	37.07×10^{-4}
温升 Δt/℃	$\Delta t=k_N/k_Q\times W/(1.7\times 10^6B^2Z)$	11.06

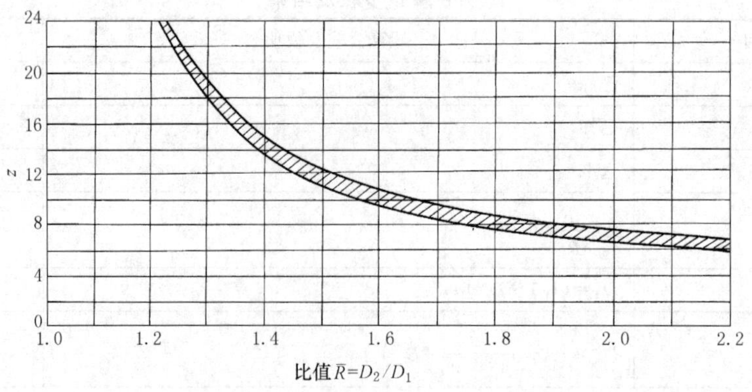

图 8-4-24　可倾瓦推力轴承的瓦块数

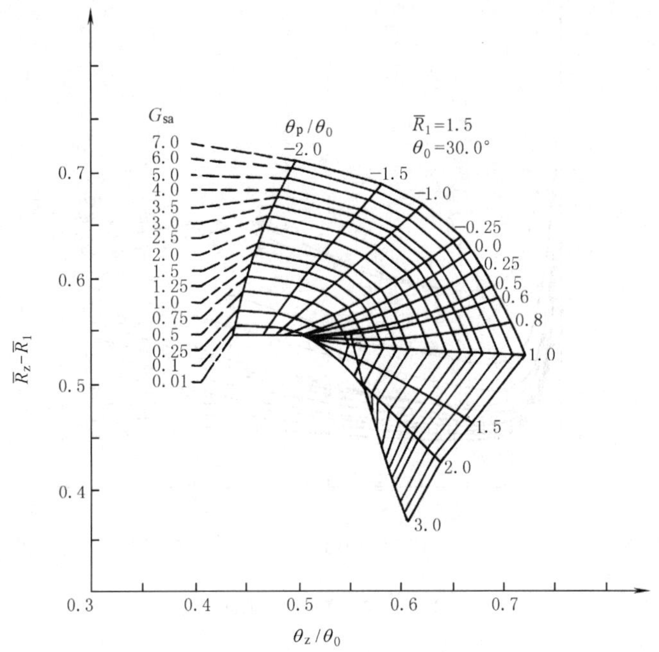

图 8-4-25　θ_z/θ_0 值选取

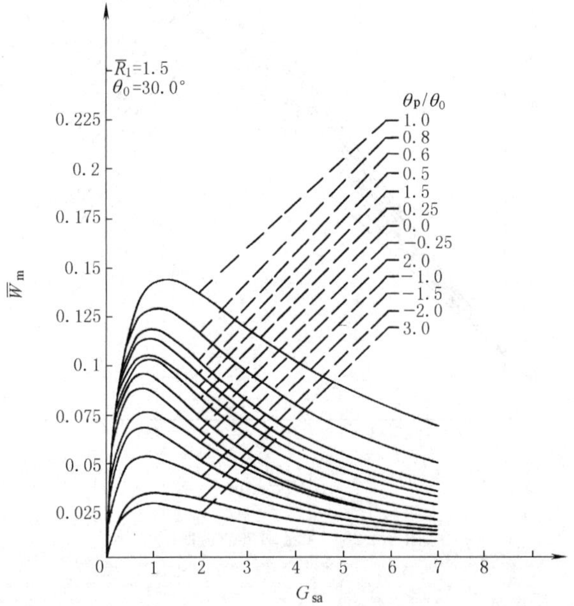

图 8-4-26　承载能力曲线

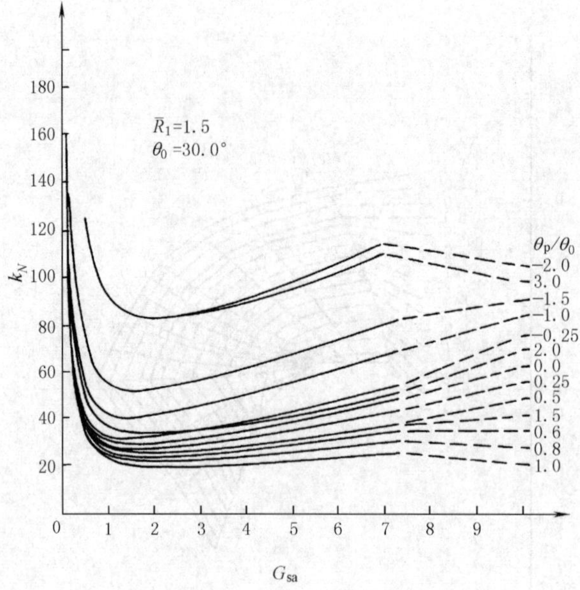

图 8-4-27　摩擦因数曲线

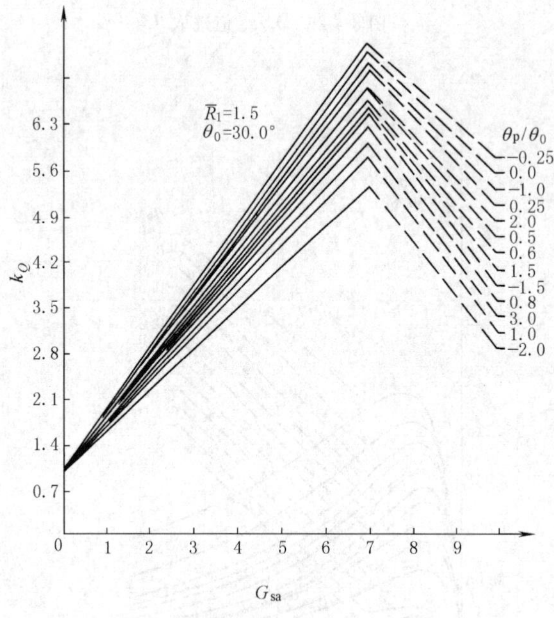

图 8-4-28　无量纲进油量曲线

4.7　计算程序简介

流体润滑轴承性能计算通常用数值法求解，经过离散化处理雷诺方程所得的线性代数方程组，得到各节点上的压力分布、温度分布等，然后进行数值积分和运算可得出轴承的各项性能参数。

图 8-4-29 给出了用有限元法求解雷诺方程的主程序框图。

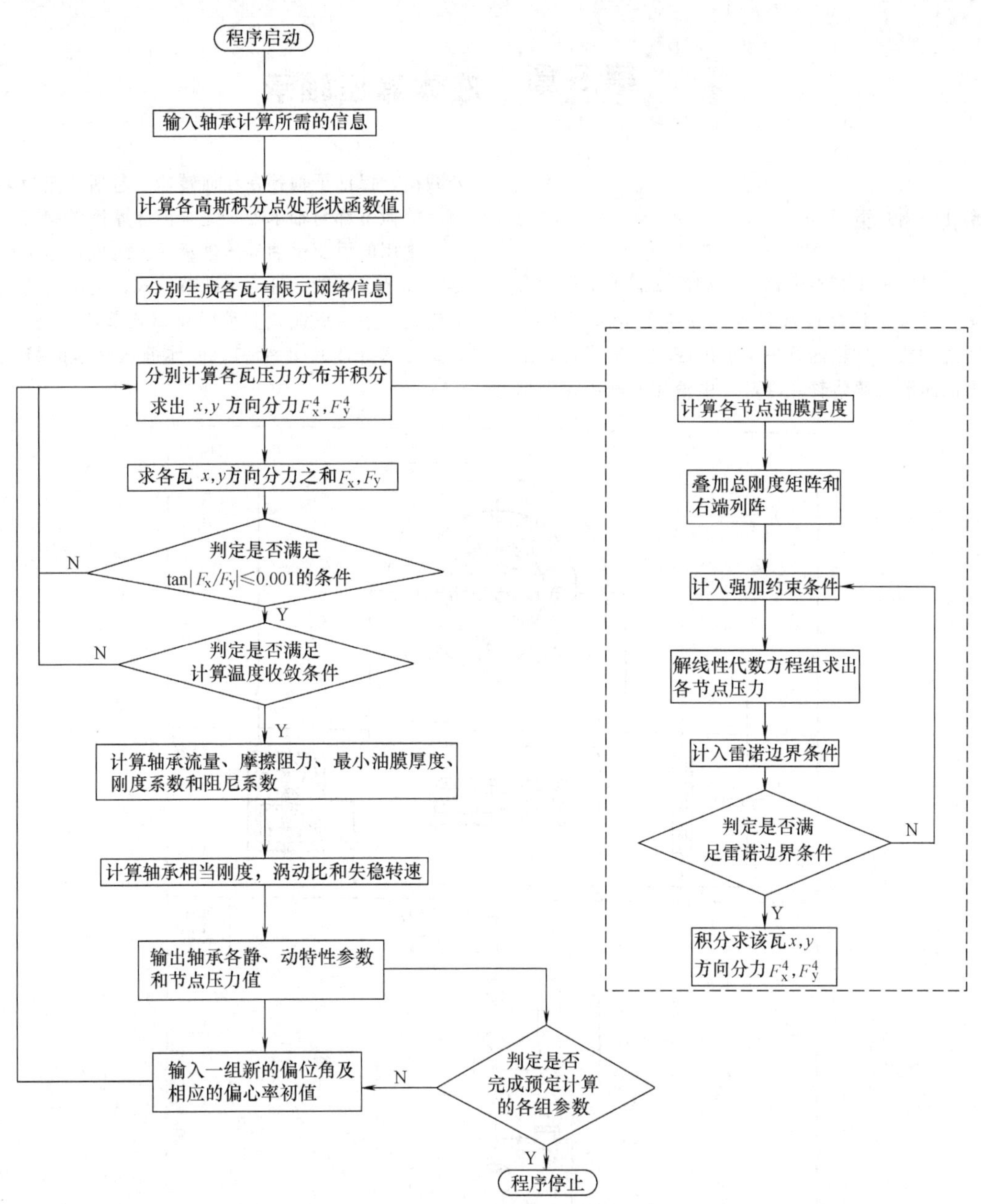
程序启动
输入轴承计算所需的信息
计算各高斯积分点处形状函数值
分别生成各瓦有限元网络信息
分别计算各瓦压力分布并积分
求出 x,y 方向分力F_x^4,F_y^4
求各瓦 x,y方向分力之和F_x,F_y
判定是否满足
$\tan|F_x/F_y|\leqslant 0.001$的条件
N
Y
判定是否满足
计算温度收敛条件
N
Y
计算轴承流量、摩擦阻力、最小油膜厚度、
刚度系数和阻尼系数
计算轴承相当刚度，涡动比和失稳转速
输出轴承各静、动特性参数
和节点压力值
输入一组新的偏位角及
相应的偏心率初值
N
判定是否
完成预定计算
的各组参数
Y
程序停止
计算各节点油膜厚度
叠加总刚度矩阵和
右端列阵
计入强加约束条件
解线性代数方程组求出
各节点压力
计入雷诺边界条件
判定是否满
足雷诺边界条件
N
Y
积分求该瓦x,y
方向分力F_x^4,F_y^4

图 8-4-29　主程序框图

第5章　液体静压轴承

5.1　概述

液体静压轴承是在液体静力润滑状态下工作的滑动轴承。通常是依靠外部供油系统向轴承供给压力油，通过补偿元件输送到轴承的油腔中，形成具有足够压力的润滑油膜将轴颈浮起，由液体的静压力支承外载荷，保证了轴颈在任何转速（包括转速为零）和预定载荷下都与轴承处于完全液体摩擦的状态。

常用的恒压供油静压轴承系统组成，包括径向和推力轴承、补偿元件（小孔节流式、毛细管式、内部节流式、滑阀反馈式和薄膜反馈式节流器等）、供油装置三部分，见图8-5-1。液体静压轴承的特点见表8-5-1。

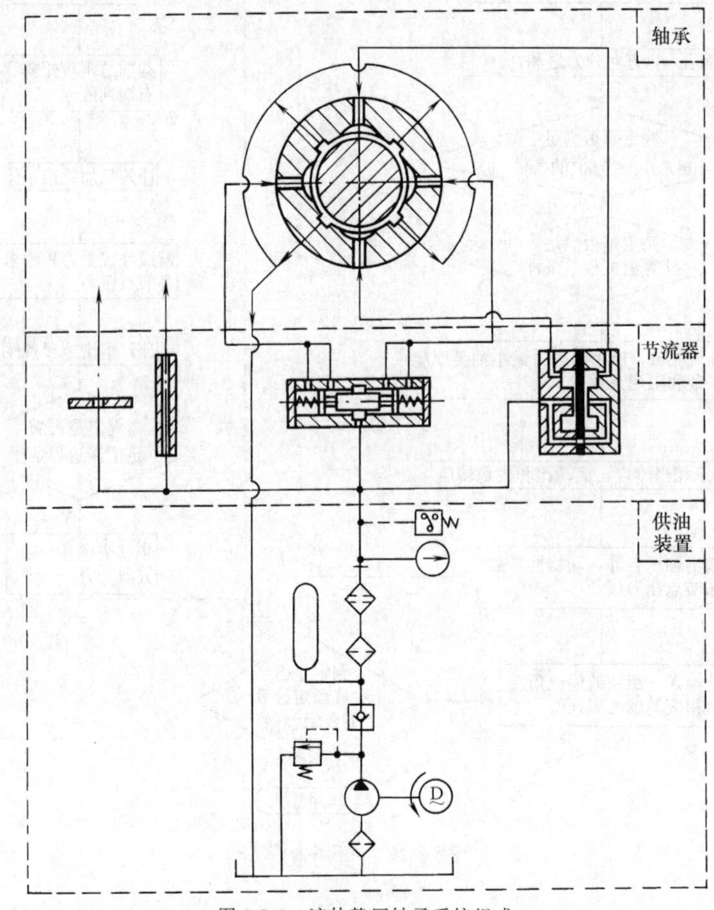

图8-5-1　液体静压轴承系统组成

表8-5-1　　液体静压轴承的特点

特点	①静压轴承始终处于纯液体润滑状态下，摩擦阻力小，主轴启动功率小，传动效率高 ②正常运转和频繁启动时，都不会发生金属之间的直接接触造成的磨损，精度保持性好，使用寿命长 ③由于轴颈的浮起是依靠外部供油的压力来实现的，因此，在各种相对运动速度下，都具有较高的承载能力，速度变化对油膜刚度影响小 ④润滑油膜具有良好的抗振性能，轴运转平稳 ⑤油膜具有均化误差的作用，能减少轴与轴承本身制造误差的影响，轴的回转精度高 ⑥设计静压轴承时，只要选择合理的设计参数，如主轴与轴承之间的间隙、封油面尺寸、节流器形式、供油压力、节流比等，就能使轴承的承载能力、油膜刚度、温升等满足从轻载到重载、低速到高速、小型到大型的各种机械设备的要求 ⑦需要一套过滤效果非常好而且可靠的供油装置。在高速场合，还需安装油冷却装置，保证控制润滑油温度在一定范围内

5.2　液体静压轴承的分类

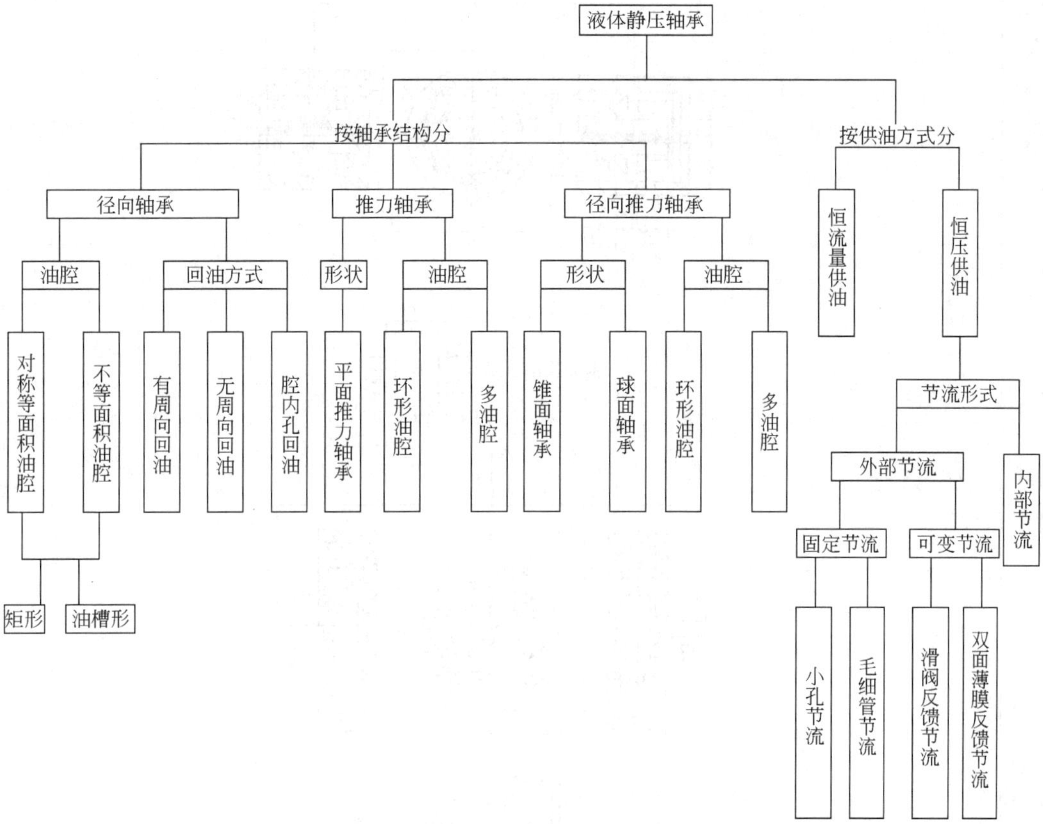

- 液体静压轴承
  - 按轴承结构分
    - 径向轴承
      - 油腔
        - 对称等面积油腔
        - 不等面积油腔
        - （矩形、油槽形）
      - 回油方式
        - 有周向回油
        - 无周向回油
        - 腔内孔回油
    - 推力轴承
      - 形状
        - 平面推力轴承
      - 油腔
        - 环形油腔
        - 多油腔
    - 径向推力轴承
      - 形状
        - 锥面轴承
        - 球面轴承
      - 油腔
        - 环形油腔
        - 多油腔
  - 按供油方式分
    - 恒流量供油
    - 恒压供油
      - 节流形式
        - 外部节流
          - 固定节流
            - 小孔节流
            - 毛细管节流
          - 可变节流
            - 滑阀反馈节流
            - 双面薄膜反馈节流
        - 内部节流

5.3　液体静压轴承的原理

表 8-5-2　　液体静压轴承的原理

分类		原　理
有周向回油	固定节流	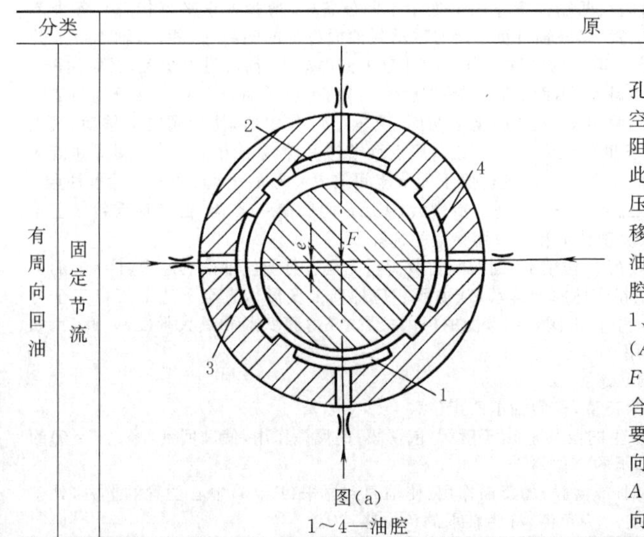 图(a) 1～4—油腔 从供油系统供给具有一定压力的润滑油，通过各个小孔节流器（或毛细管节流器），进入相应的轴承油腔内。空载时由于各油腔对称等面积分布，各个节流器的节流阻力相同，使轴浮起在轴承的中心位置（忽略轴自重）。此时，轴承封油面各处的间隙（h_0）相同，轴承各油腔内的压力（p_0）相等。当轴受载荷 F 后，轴向下产生微小的位移 e，使油腔 1 处的间隙减小到（h_0-e），油流阻力增大，油腔 2 处的间隙增大到（h_0+e），油流阻力减小，因而油腔 1 的压力 p_1 升高，油腔 2 的压力 p_2 降低。所以油腔 1、油腔 2 便形成压力差 Δp（$\Delta p=p_1-p_2$）。当 $A_e\Delta p$（A_e 为轴承一个油腔的有效承载面积）同载荷 F 平衡，即 $F=A_e\Delta p$ 时，轴便不再往下移动，处于平衡状态。选择合理的轴承和节流器参数，能使轴产生的位移满足设计要求。如果载荷不是正对油腔，可将载荷分解为垂直方向和水平方向的载荷，分别由上下油腔和左右油腔的 $A_e\Delta p$ 与之平衡，故四个油腔的轴承已能承受来自任意方向的径向载荷

续表

分类		原理
有周向回油	可变节流	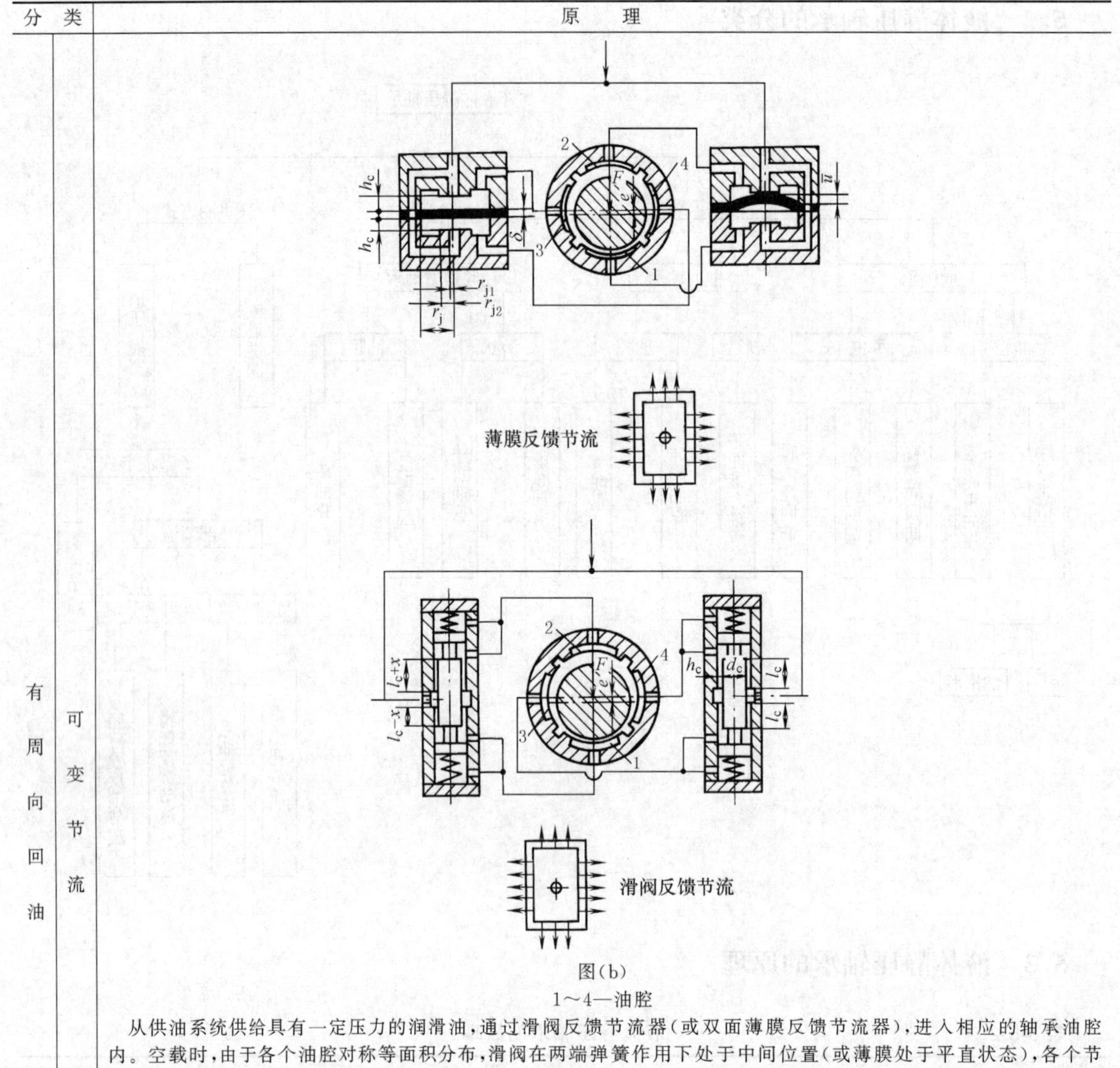 图(b) 1～4—油腔 从供油系统供给具有一定压力的润滑油，通过滑阀反馈节流器（或双面薄膜反馈节流器），进入相应的轴承油腔内。空载时，由于各个油腔对称等面积分布，滑阀在两端弹簧作用下处于中间位置（或薄膜处于平直状态），各个节流器的节流阻力相同，使轴浮起在轴承的中心位置（忽略轴自重），此时轴承封油面各处的间隙 h_0 相同，轴承各油腔内的压力 p_0 相等。当轴受载荷 F 后，轴向下产生微小的位移 e，使油腔1处的间隙减小，油流阻力增大，因而油腔1的压力 p_1 升高；油腔2处的间隙增大，油流阻力减小，因而油腔2处的压力 p_2 降低，由于油腔1、油腔2分别与滑阀两端连接（或与薄膜两面的上下油腔连接），滑阀两端面（或薄膜上下两面）受 p_1、p_2 作用后，使滑阀向上移动 x（或薄膜向上凸起变形量 $\overline{u}$），于是滑阀上边的节流长度增大为 l_c+x（或薄膜上面节流间隙减小为 $h_c-\overline{u}$），润滑油流入轴承油腔2的阻力增大，滑阀下边的节流长度减少为 l_c-x（或薄膜下面节流间隙增大为 $h_c+\overline{u}$），油流入轴承油腔1的阻力减小，造成油腔1、油腔2的压力差 $\Delta p(\Delta p=p_1-p_2)$ 进一步增大，$A_e\Delta p$ 同载荷 F 平衡，促使轴重新向上浮起，使轴保持在新的位置。轴浮起量的大小，取决于轴承和节流器参数的选择 如果轴承和节流器的参数选择合理，在某个载荷 F 作用下（例如额定载荷），完全有可能使轴回到原来（$F=0$）的中心位置，处于平衡状态。当 F 不断增加、滑阀便相应地向上移动（或薄膜相应地向上变形），直至下边节流口完全打开，上边节流口完全封闭（或薄膜同圆面接触），此时，滑阀移到最上的极限位置（或薄膜变形到最大限度）。此后，如果 F 再继续增加，滑阀（或薄膜）不再起控制作用 轴在载荷 F 作用下产生的位移 e 有三种不同状态： ① 轴位移 e 的方向与载荷 F 的方向相同，e 为正值，称为轴承的正位移 ② 轴在某个载荷 F 作用下（例如额定载荷）产生的位移 e，由于滑阀（或薄膜）的反馈作用，使轴回到原来（$F=0$）的中心位置（$e=0$），处于平衡状态，e 为零，称为轴承的零位移 ③ 轴在载荷 F 作用下产生的位移 e，由于滑阀（或薄膜）的反馈作用，使轴回到原来（$F=0$）中心位置的上方，处于平衡状态，轴位移 e 的方向与载荷 F 的方向相反，e 为负值，称为轴承的负位移

续表

分类		原理
无周向回油	固定节流及可变节流	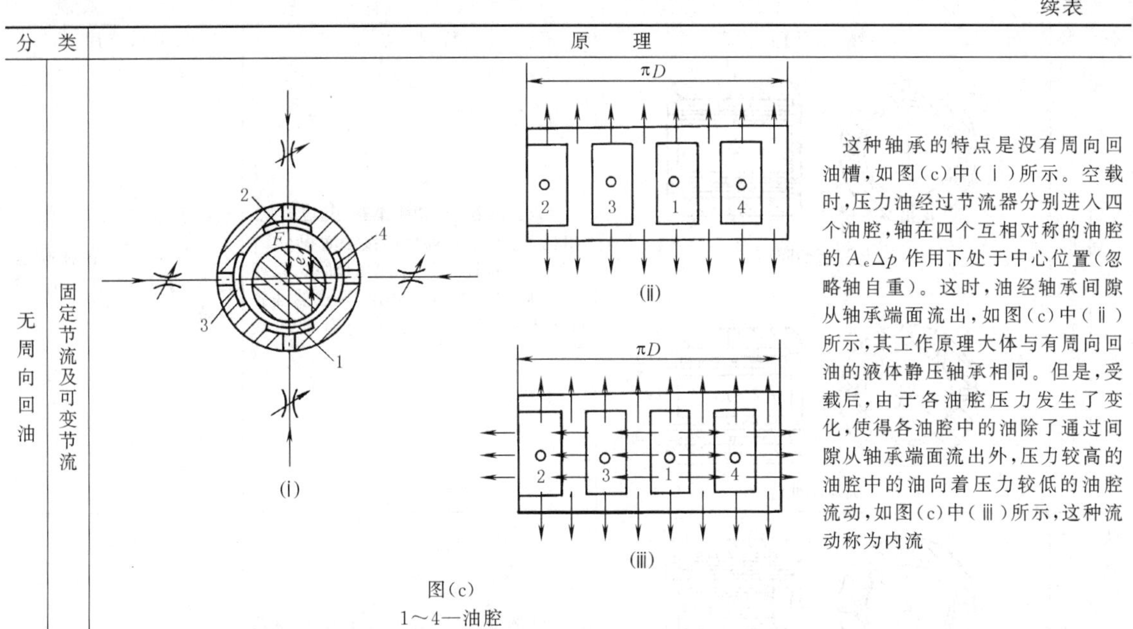 这种轴承的特点是没有周向回油槽，如图(c)中(ⅰ)所示。空载时，压力油经过节流器分别进入四个油腔，轴在四个互相对称的油腔的 $A_e\Delta p$ 作用下处于中心位置(忽略轴自重)。这时，油经轴承间隙从轴承端面流出，如图(c)中(ⅱ)所示，其工作原理大体与有周向回油的液体静压轴承相同。但是，受载后，由于各油腔压力发生了变化，使得各油腔中的油除了通过间隙从轴承端面流出外，压力较高的油腔中的油向着压力较低的油腔流动，如图(c)中(ⅲ)所示，这种流动称为内流 图(c) 1～4—油腔 这种轴承的优点是流量较小，缺点是当采用固定节流器时，由于有内流，使其油膜刚度低于有周向回油的轴承(当采用可变节流器时，若参数选择合理，其油膜刚度并不比有周向回油的轴承低)

5.4　液体静压轴承的结构设计

5.4.1　径向液体静压轴承结构、特点与应用

表 8-5-3　　径向液体静压轴承结构、特点与应用

分类		结构	特点	应用
按回油方式分	有周向回油		①润滑油通过轴与轴承间隙，从轴向、周向封油面流出 ②流量较大 ③相对于同一种固定节流器无周向回油槽的静压轴承，具有较大的静刚度 ④高速转动时，若回油槽宽度和深度太大，容易将空气从回油槽卷入轴承油腔内	广泛应用于各种机床和设备
	无周向回油		①空载时，润滑油通过轴与轴承间隙，只从轴向封油面流出 ②流量较小 ③轴在载荷作用下，油腔内的压力油互相流动产生内流现象	固定节流用于对静刚度要求不高，而流量要求小的设备；可变节流用于流量要求小的重型设备
	腔内孔式回油		①每个油腔设有单排或双排回油孔 ②各油腔间可有周向回油槽或无周向回油槽 ③油膜刚度可提高 40%以上 ④高速下，动压效应明显 ⑤结构比较复杂	正在广泛推广

续表

分类		结构	特点	应用
按油腔形状分	矩形油腔	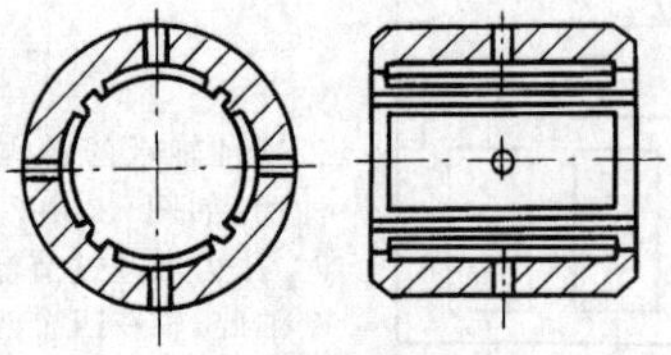 等深度油腔 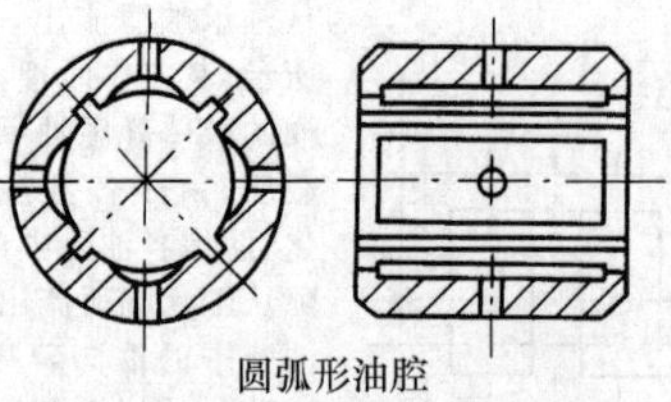 圆弧形油腔	①摩擦面积小,功率消耗小,温升低 ②静止时轴与轴承的接触面积小 ③同一直径、同一宽度的轴承,只要轴向、周向封油面尺寸相等,虽然油腔形状不同,仍具有相等的有效承载面积	广泛应用于各种高速轻载的中小型机床和设备
	油槽形油腔	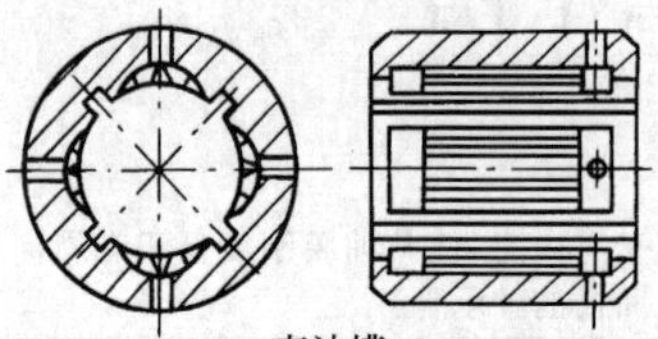 直油槽 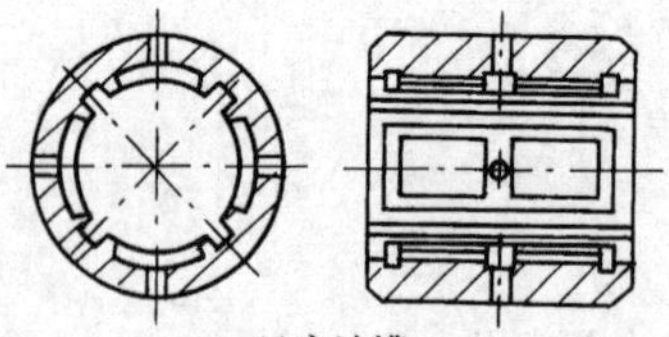 日字油槽	①摩擦面积大,驱动主轴的功率消耗大 ②静止时,轴与轴承的接触面积大(比压较小),起保护油腔封油面的作用。在没有建立油腔压力,即轴颈支承在轴承表面时,不易影响轴承精度;若供油装置发生故障,能减少磨损 ③抗振性好,油膜挤压力大	应用于速度较低及轴系统自重较大的机床和设备
按油腔面积	对称等面积	见矩形油腔结构图	①各油腔有效承载面积相等,并对称分布 ②承载能力和刚度方向性小 ③若略去主轴自重、空载时主轴浮在轴承中心	广泛应用
	不等面积	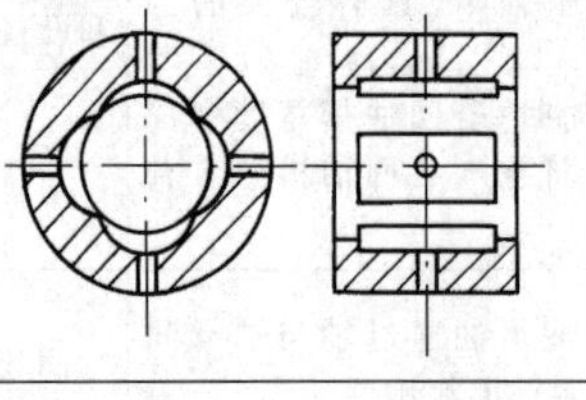	①各油腔有效承载面积不相等 ②允许载荷方向的变化较小,油腔面积大的承载能力大,而油腔面积小的承载能力小 ③可以提高某一方向的承载能力,并且可节省油泵功耗 ④只有在设计载荷下轴才浮在中心	适用于自重较大或载荷方向恒定的机床设备
按油腔数量	三油腔	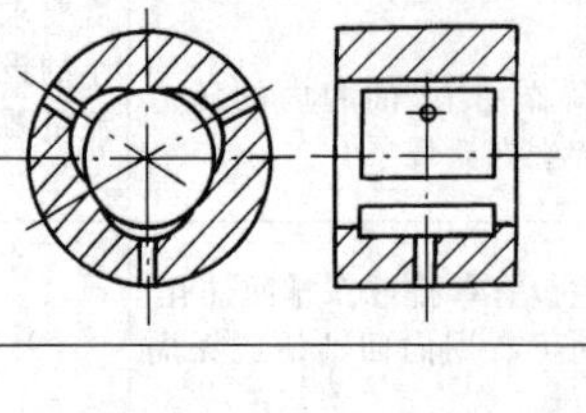	①沿圆周方向均匀分布三个油腔 ②能承受任意方向的径向力,但承载能力及刚度的方向性较大(即不同的载荷方向、刚度和承载能力的差别较大)。正对油腔的承载能力及刚度最大	适用于轴承直径小于40mm的机床设备
	四油腔	见有周向回油、无周向回油及矩形油腔图	①沿圆周方向均匀分布四个油腔 ②若是对称等面积四油腔结构,承载能力及刚度的方向性较小,可承受任意方向的载荷;若是不等面积四油腔结构,大油腔承载能力大,小油腔承载能力小	广泛应用

续表

分类		结构	特点	应用
按油腔数量	六油腔		①沿圆周方向均匀分布六个油腔 ②承载能力和刚度的方向性很小，主轴回转精度高 ③结构复杂，节流器数目较多	适用于高精度机床和设备
按轴承的开闭分	开式		轴瓦为半瓦，载荷方向作用在垂直位置内且变动范围较小	重型机床的附加支承或大型机床工件的托架
	闭式	除开式结构外均为闭式	整体轴承，在大多数情况下，允许载荷变化的方向较大	广泛应用于各种机床

5.4.2　径向液体静压轴承的结构尺寸及主要技术数据

表 8-5-4　径向液体静压轴承的结构尺寸及主要技术数据

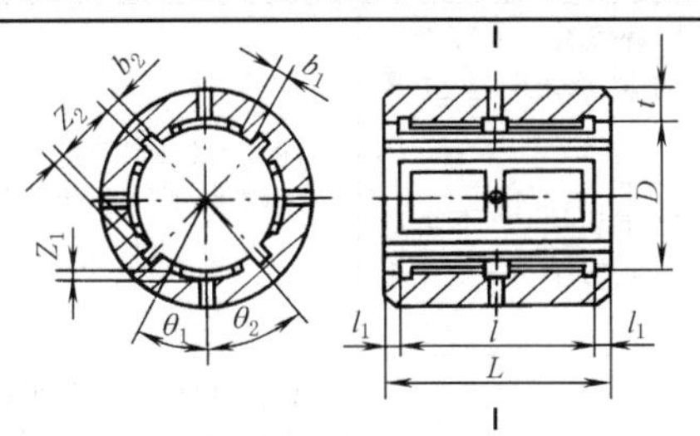

项目	推荐数据	说明
轴承直径 D	参考同类产品的动压轴承轴颈或按经验公式估算 $D \geqslant \sqrt{1.8F}$ F——外载荷，N D——轴直径，mm	承载的能力 F 与 D^2 成正比；摩擦功耗与 D^4 成正比；D 增大，系统刚度增大，因此，要综合考虑来确定 D 值
轴承宽度 L/mm	$L=(0.8 \sim 1.5)D$	L 增大时，轴承油膜刚度及承载能力相应增加，油腔封油面积及流量增加，轴承摩擦功率及泵功率都成比例增加，同时工艺因素（如同轴度、椭圆度、圆柱度等）的不良影响加大；L 过大，轴的挠度增大，引起轴系统刚度下降
轴向封油面宽度 l_1/mm 周向封油面宽度 b_1/mm	对有周向回油：$l_1=b_1=0.1D$ 对无周向回油：$l_1=0.1D$，$b_1=D\sin(\theta_3/2)$，$\theta_3=24°$	l_1 值及 b_1 值较小时，油腔的有效承载面积大，承载能力大，油膜刚度高，但泵功率及流量增大。若 l_1 及 b_1 小于 $0.1D$，则承载能力增大不显著，但流量有所增加。从最小功率消耗出发，满足摩擦功率/泵功率 $=1 \sim 3$，则高速时宜用窄的封油面以减少摩擦功耗，低速时宜用宽封油面以降低泵功耗
轴与轴承配合的直径间隙 $2h_0$/mm	$D \approx \phi 50$ 以下 $2h_0 \approx (0.0004 \sim 0.0007)D$ $D \approx \phi 50 \sim 100$ $2h_0 \approx (0.0005 \sim 0.0008)D$ $D \approx \phi 100 \sim 200$ $2h_0 \approx (0.0006 \sim 0.0010)D$	h_0 小，油膜刚度高，流量和油泵功率小，摩擦功率大，只要选择合适的润滑油黏度，总功率损耗也较小。h_0 过小，工艺性差，摩擦功率增加，且节流器容易堵塞，温升高。另外 h_0 的选择还要考虑主轴挠曲变形 对于中小型机床和设备，一般应满足： $h_0 > 3f_M$ 式中　f_M——轴承宽度范围内的最大挠度，mm 对于重型机床和设备，由于箱体床身等变形很复杂，不易计算准确，当采用随动附加支承或在轴承一端的下面刮去一部分等措施后，轴挠度值可大于轴承半径间隙的 1/3，但在空载和额定载荷作用下，应保证轴与轴承无金属接触

续表

<table>
<tr><th>项　目</th><th colspan="3">推荐数据</th><th>说　明</th></tr>
<tr><td>油腔深度 Z_1/mm</td><td colspan="3">$Z_1 \approx (30 \sim 60)h_0$</td><td>$Z_1$ 太小，摩擦功率损耗大；Z_1 太大，油腔内流体的体积大，影响动态特性</td></tr>
<tr><td rowspan="5">回油槽深度 Z_2 及宽度 b_2/mm</td><td>D</td><td>b_2</td><td>Z_2</td><td rowspan="5">回油槽尺寸既要保证回油畅通，又要保持充满润滑油，并具有微小压力，以防止主轴回转时由回油槽引入空气而降低轴承动态刚度，严重时会使轴承失去稳定性</td></tr>
<tr><td>$\phi 40 \sim 60$</td><td>3</td><td>0.6</td></tr>
<tr><td>$\phi 70 \sim 100$</td><td>4</td><td>0.8</td></tr>
<tr><td>$\phi 110 \sim 150$</td><td>5</td><td>1.0</td></tr>
<tr><td>$\phi 160 \sim 200$</td><td>6</td><td>1.2</td></tr>
<tr><td rowspan="5">轴承壁厚 t/mm</td><td>D</td><td colspan="2">t</td><td rowspan="5">根据机床和设备的箱体结构，t 可适当增减；D 小，选取较大的 t；D 大，选取较小的 t</td></tr>
<tr><td>$<\phi 40$</td><td colspan="2">$(0.4 \sim 0.35)D$</td></tr>
<tr><td>$\phi 40 \sim 100$</td><td colspan="2">$(0.35 \sim 0.2)D$</td></tr>
<tr><td>$\phi 100 \sim 200$</td><td colspan="2">$(0.2 \sim 0.125)D$</td></tr>
<tr><td>$>\phi 200$</td><td colspan="2">$(0.125 \sim 0.1)D$</td></tr>
<tr><td>轴与轴承的配合间隙 $2h_0$ 的公差 Δh_0</td><td colspan="3">$\Delta h_0 = \left(\frac{1}{10} \sim \frac{1}{5}\right)h_0$</td><td>公差过大，节流比 β 的误差大，影响油膜刚度。Δh_0 为正值时，流量增加，油膜刚度下降；Δh_0 为负值时，流量减小</td></tr>
<tr><td>轴与轴承的几何精度 Δ/mm</td><td colspan="3">$\Delta \leqslant \left(\frac{1}{10} \sim \frac{1}{3}\right)h_0$</td><td>高精度轴系，取高的几何精度（包括圆度、圆柱度、同轴度等）；一般轴系，可取较低的几何精度</td></tr>
<tr><td>轴承外圆与箱体孔的配合/mm</td><td colspan="3">一般多采用静配合。对于 $D=\phi 40 \sim 200$ 的轴承，其过盈量为 $\frac{D}{10000}$
对于重型机床和设备，不会造成油腔压力互通的结构，允许用间隙配合</td><td>配合太松时，可能引起各油腔压力油互通，影响油膜刚度和系统刚度，发生过大变形</td></tr>
<tr><td>轴与轴承工作表面的表面粗糙度 Ra/μm</td><td colspan="3">通常为 0.8～0.1</td><td>高精度轴系，取较低的表面粗糙度；一般精度的轴系取较高的表面粗糙度。对于同一配合表面的轴颈，可取较低的粗糙度，而轴承可取较高的粗糙度</td></tr>
<tr><td>轴承外圆和箱体孔的表面粗糙度 Ra/μm</td><td colspan="3">轴承外圆为 0.4
箱体孔为 1.6～0.8</td><td></td></tr>
</table>

5.4.3　径向液体静压轴承的系列结构尺寸

表 8-5-5　　径向轴承的 D、L/D、L、l_1、l 尺寸　　cm

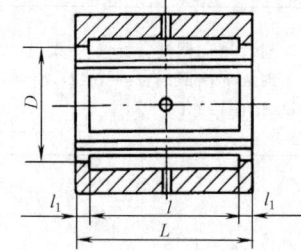

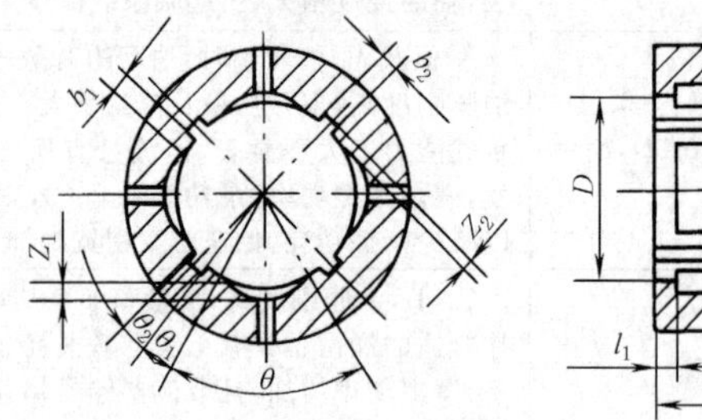

D	L/D	L	l_1/D 0.1 l_1	0.1 l	0.2 l_1	0.2 l	D	L/D	L	l_1/D 0.1 l_1	0.1 l	0.2 l_1	0.2 l
3	0.6	1.8	0.3	1.2	0.6	0.6	4	0.6	2.4	0.4	1.6	0.8	0.8
	1.0	3.0	0.3	2.4	0.6	1.8		1.0	4.0	0.4	3.2	0.8	2.4
	1.5	4.5	0.3	3.9	0.6	3.3		1.5	6.0	0.4	5.2	0.8	4.4

续表

D	L/D	L	l_1/D 0.1		0.2		D	L/D	L	l_1/D 0.1		0.2	
			l_1	l	l_1	l				l_1	l	l_1	l
5	0.6	3.0	0.5	2.0	1.0	1.0	12	0.6	7.2	1.2	4.8	2.4	2.4
	1.0	5.0	0.5	4.0	1.0	3.0		1.0	12.0	1.2	9.6	2.4	7.2
	1.5	7.5	0.5	6.5	1.0	5.5		1.5	18.0	1.2	15.6	2.4	13.2
6	0.6	3.6	0.6	2.4	1.2	1.2	14	0.6	8.4	1.4	5.6	2.8	2.8
	1.0	6.0	0.6	4.8	1.2	3.6		1.0	14.0	1.4	11.2	2.8	8.4
	1.5	9.0	0.6	7.8	1.2	6.6		1.5	21.0	1.4	18.2	2.8	15.4
7	0.6	4.2	0.7	2.8	1.4	1.4	15	0.6	9.0	1.5	6.0	3.0	3.0
	1.0	7.0	0.7	5.6	1.4	4.2		1.0	15.0	1.5	12.0	3.0	9.0
	1.5	10.5	0.7	9.1	1.4	7.7		1.5	22.5	1.5	19.5	3.0	16.5
8	0.6	4.8	0.8	3.2	1.6	1.6	16	0.6	9.6	1.6	6.4	3.2	3.2
	1.0	8.0	0.8	6.4	1.6	4.8		1.0	16.0	1.6	12.8	3.2	9.6
	1.5	12.0	0.8	10.4	1.6	8.8		1.5	24.0	1.6	20.8	3.2	1.67
9	0.6	5.4	0.9	3.6	1.8	1.8	18	0.6	10.8	1.8	7.2	3.6	3.6
	1.0	9.0	0.9	7.2	1.8	5.4		1.0	18.0	1.8	14.4	3.6	10.8
	1.5	13.5	0.9	11.7	1.8	9.9		1.5	27.0	1.8	23.4	3.6	19.8
10	0.6	6.0	1.0	4.0	2.0	2.0	20	0.6	12.0	2.0	8.0	4.0	4.0
	1.0	10.0	1.0	8.0	2.0	6.0		1.0	20.0	2.0	16.0	4.0	12.0
	1.5	15.0	1.0	13.0	2.0	11.0		1.5	30.0	2.0	26.0	4.0	22.0

表 8-5-6　径向轴承的 n、D、θ、θ_1、θ_2、Z_1、Z_2 尺寸

回油形式	D/cm	n	l_1/D 0.1 θ/(°)	0.1 θ_1/(°)	0.2 θ/(°)	0.2 θ_1/(°)	θ_2/(°)	Z_1/cm	Z_2/cm	θ_3/(°)	r_1/cm	r_2/cm	N_0
有周向回油	3～5	3	87	12	69	21	9	$(30\sim60)h_0$	0.06				
		4	57	12	39	21	9						
	6～12	4	60	12	42	21	6						
		6	30	12	12	21	6						
	14～20	4	63	12	45	21	3		0.12				
		6	33	12	15	21	3						
无周向回油	3～20	3	96	24	78	42							
		4	66	24	48	42							
		6	36	24	18	42							
无周向回油、有腔内孔式回油	3～20	3	96	24	78	42					0.2	0.4	2
		4	66	24	48	42					0.2	0.4	2
		6	36	24	18	42					0.2	0.4	2

注：1. 本表 θ_1、θ_2 分别为径向轴承周向封油边及回油槽的夹角。

2. 若要得周向封油边宽 b_1，则 $b_1=D\sin\dfrac{\theta_1}{2}$。

3. 若要得回油槽宽度 b_2，则 $b_2=D\sin\dfrac{\theta_2}{2}$。

4. 无周向回油、有腔内孔式回油型式中，若 $N_0=2$ 为两排回油孔，则当 $n=3$，$l_1/D=0.2$ 时，D 应为 4～5cm；$n=4$，$l_1/D=0.1$ 时，D 应为 4～20cm；$l_1/D=0.2$ 时，D 应为 6～20cm；$n=6$，$l_1/D=0.1$ 时，D 应为 8～20cm；$l_1/D=0.2$ 时，D 应为15～20cm。

5. θ_3 为径向轴承腔内孔式回油孔中心至油腔中心线间的夹角。

6. r_1 为径向轴承腔内孔式回油孔内半径；r_2 为径向轴承腔内孔式回油孔外半径。

7. n 为油腔数；N_0 为一个油腔内孔个数。

表 8-5-7　　**径向轴承三油腔的 D、L/D、l_1/D、A_e 尺寸**

D /cm	L/D	有周向回油		无周向回油		无周向回油腔内孔式回油	
		l_1/D					
		0.1	0.2	0.1	0.2	0.1	0.2
		A_e/cm^2					
3	0.6	3.40	2.44	3.93	3.04	3.92	
	1.0	6.13	4.97	7.14	6.31	7.13	
	1.5	9.55	8.14	11.15	10.42	11.15	
4	0.6	6.03	4.33	6.99	5.40	6.96	5.34
	1.0	10.89	8.83	12.69	11.22	12.67	11.20
	1.5	16.97	14.46	19.82	18.53	19.81	18.52
5	0.6	9.43	6.77	10.92	8.44	10.87	8.35
	1.0	17.02	13.80	19.84	17.53	19.81	17.50
	1.5	26.51	22.59	30.98	28.95	30.96	28.93

注：A_e 为轴承一个油腔的有效承载面积。本表的 A_e 值为偏心率 $\varepsilon=0$ 时的量纲值。

表 8-5-8　　**径向轴承四油腔的 D、L/D、l_1/D、A_e 尺寸**

D /cm	L/D	l_1/D	有周向回油	无周向回油	无周向回油腔内孔式回油	D /cm	L/D	l_1/D	有周向回油	无周向回油	无周向回油腔内孔式回油
			A_e/cm^2						A_e/cm^2		
4	0.6	0.1	4.65	5.75	5.72	9	0.6	0.1	23.55	29.15	29.00
		0.2	3.13	4.20				0.2	15.85	21.26	20.96
	1.0	0.1	8.40	10.51	10.49		1.0	0.1	42.56	53.24	53.15
		0.2	6.45	8.86				0.2	32.69	44.85	44.76
	1.5	0.1	13.10	16.46	16.45		1.5	0.1	66.32	83.35	83.29
		0.2	10.61	14.73				0.2	53.73	74.59	74.53
5	0.6	0.1	7.26	8.99	8.95	10	0.6	0.1	29.07	35.99	35.80
		0.2	4.89	6.56				0.2	19.57	26.25	25.87
	1.0	0.1	13.13	16.43	16.40		1.0	0.1	52.55	65.73	65.61
		0.2	10.09	13.84				0.2	40.36	55.38	55.26
	1.5	0.1	20.47	25.72	25.70		1.5	0.1	81.88	102.90	102.82
		0.2	16.58	23.02				0.2	66.34	92.08	92.01
6	0.6	0.1	10.46	12.95	12.89	12	0.6	0.1	41.86	51.82	51.56
		0.2	7.04	9.45	9.31			0.2	28.18	37.81	37.26
	1.0	0.1	18.91	23.66	23.62		1.0	0.1	75.67	94.65	94.49
		0.2	14.52	19.93	19.89			0.2	58.11	79.74	79.58
	1.5	0.1	29.47	37.04	37.01		1.5	0.1	117.91	148.18	148.07
		0.2	23.88	33.15	33.12			0.2	95.53	132.60	132.49
7	0.6	0.1	14.24	17.63	17.54	14	0.6	0.1	56.98	70.54	70.18
		0.2	9.59	12.86	12.68			0.2	38.36	51.46	50.72
	1.0	0.1	25.74	32.20	32.15		1.0	0.1	102.99	128.83	128.61
		0.2	19.77	27.13	27.08			0.2	79.10	108.54	108.32
	1.5	0.1	40.12	50.42	50.38		1.5	0.1	160.49	201.68	201.54
		0.2	32.50	45.12	45.08			0.2	130.03	180.49	180.34
8	0.6	0.1	18.60	23.03	22.91	15	0.6	0.1	65.42	80.98	80.56
		0.2	12.52	16.80	16.56			0.2	44.03	59.08	58.22
	1.0	0.1	33.63	42.06	41.99		1.0	0.1	118.23	147.89	147.64
		0.2	25.83	35.44	35.37			0.2	90.81	124.60	124.35
	1.5	0.1	52.40	65.85	65.80		1.5	0.1	184.24	231.53	231.36
		0.2	42.46	58.93	58.88			0.2	149.27	207.19	207.02

续表

D/cm	L/D	l_1/D	有周向回油 A_e/cm^2	无周向回油 A_e/cm^2	无周向回油腔内孔式回油 A_e/cm^2
16	0.6	0.1	74.43	92.14	91.66
		0.2	50.10	67.22	66.25
	1.0	0.1	134.52	168.26	167.98
		0.2	103.32	141.77	141.48
	1.5	0.1	209.62	263.43	263.23
		0.2	169.84	235.74	235.55
18	0.6	0.1	94.20	116.61	116.01
		0.2	63.41	85.07	83.84
	1.0	0.1	170.26	212.96	212.60
		0.2	130.76	179.43	179.06
18	1.5	0.1	265.30	333.40	333.16
		0.2	214.95	298.36	298.12
20	0.6	0.1	116.30	143.96	143.22
		0.2	78.28	105.03	103.51
	1.0	0.1	210.20	262.92	262.47
		0.2	161.44	221.52	221.07
	1.5	0.1	327.54	411.61	411.31
		0.2	265.38	368.35	368.05

表 8-5-9　径向轴承六油腔的 D、L/D、l_1/D、A_e 尺寸

D/cm	L/D	有周向回油		无周向回油		无周向回油腔内孔式回油	
		l_1/D					
		0.1	0.2	0.1	0.2	0.1	0.2
		A_e/cm^2					
6	0.6	6.33	3.58	9.29	6.16		
	1.0	11.48	7.65	17.14	13.43		
	1.5	17.92	12.74	26.95	22.63		
7	0.6	8.62	4.88	12.65	8.38		
	1.0	15.63	10.42	23.33	18.28		
	1.5	24.39	17.34	36.68	30.81		
8	0.6	11.25	6.37	16.52	10.95	16.40	
	1.0	20.41	13.61	30.47	23.87	30.40	
	1.5	31.86	22.65	47.91	40.24	47.86	
9	0.6	14.25	8.07	20.91	13.86	20.76	
	1.0	25.84	17.23	38.57	30.21	38.48	
	1.5	40.33	28.67	60.63	50.93	60.57	
10	0.6	17.59	9.96	25.82	17.11	25.63	
	1.0	31.90	21.27	47.62	37.30	47.50	
	1.5	49.79	35.39	74.86	62.88	74.78	
12	0.6	25.33	14.35	37.18	24.64	36.91	
	1.0	45.94	30.63	68.57	53.72	68.41	
	1.5	71.70	50.97	107.80	90.54	107.69	
14	0.6	34.48	19.53	50.61	33.54	50.24	
	1.0	62.53	41.69	93.33	73.12	93.11	
	1.5	97.59	69.37	146.72	123.24	146.58	
15	0.6	39.58	22.42	58.10	38.50	57.67	37.60
	1.0	71.78	47.86	107.14	83.94	106.89	83.68
	1.5	112.03	79.64	168.43	141.48	168.27	141.30
16	0.6	45.03	25.51	66.10	43.80	65.62	42.78
	1.0	81.67	54.45	121.90	95.50	121.61	95.21
	1.5	127.47	90.61	191.64	160.97	191.45	160.77
18	0.6	57.00	32.29	83.66	55.44	83.05	54.15
	1.0	103.37	68.92	154.29	120.87	153.92	120.50
	1.5	161.33	114.68	242.55	203.73	242.30	203.48
20	0.6	70.37	39.87	103.29	68.45	102.53	66.85
	1.0	127.62	85.08	190.48	149.23	190.02	148.77
	1.5	199.18	141.58	299.44	251.52	299.14	251.21

5.4.4 推力液体静压轴承结构、特点与应用

表 8-5-10 推力液体静压轴承结构、特点与应用

分类			结构	特点	应用
按油腔形状分	环形油腔		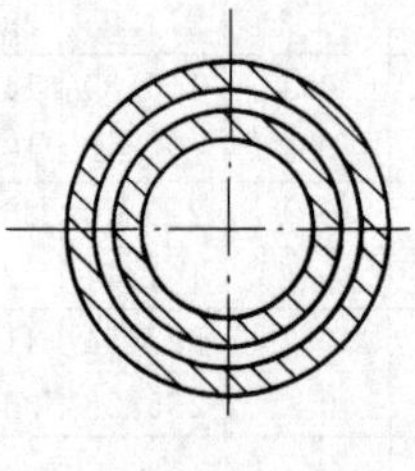	①结构简单，加工方便 ②可用固定节流和可变节流 ③这种油腔只能承受轴向载荷，不能承受轴向载荷偏离轴线所产生的倾覆力矩和径向载荷所产生的倾覆力矩，由于推力轴承和径向轴承往往是联合使用，上述倾覆力矩可由径向轴承承受	广泛应用于各种机床和设备
	扇形油腔	无回油槽	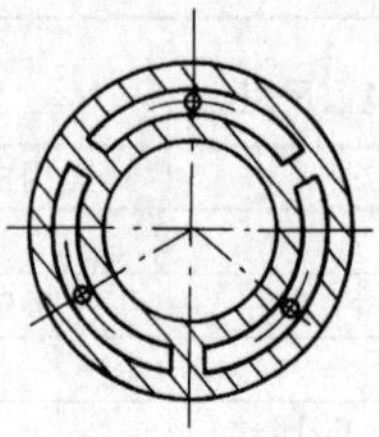	①有较好的抵抗倾覆力矩的作用 ②油腔加工不方便，每个油腔需用一个节流器，结构复杂	适用于承受大偏心载荷和倾覆力矩的大型机床和设备
		有回油槽	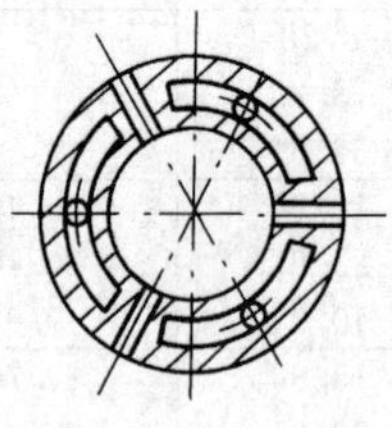	①各油腔之间有回油槽分开 ②有较好的抵抗倾覆力矩的作用 ③结构复杂，加工不便，且每个油腔需用一个节流器	适用于承受大偏心载荷和倾覆力矩的大型机床与设备或高精度机床上
按止推方式分	位于径向前轴承前端		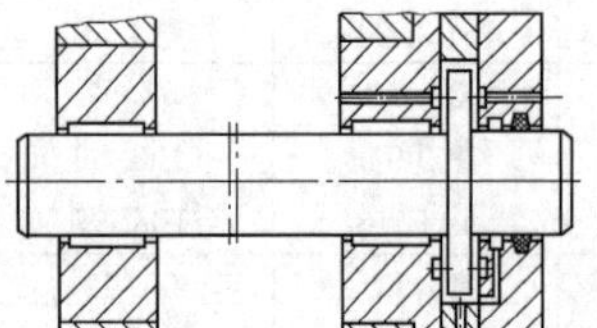	①采用单独节流器 ②油腔开在轴承和端盖上，也可开在轴肩上 ③改变调整垫片尺寸，调整轴向间隙，精度较高 ④径向轴承的周向回油槽两端开通，使径向轴承和推力轴承一侧内端封油面流出的润滑油，经回油槽从非推力端排出。为了防止推力轴承从另一侧内端封油面流出的润滑油沿轴和端盖之间的缝隙渗漏，除了在端盖上有回油孔外，往往还需要有密封装置 ⑤对于水平放置的轴，在回油畅通的条件下，下列三种密封装置都能达到较好的密封效果： a. 轴上的挡环密封 b. 螺纹间隙密封，适用于转速较高而且是单方向转动的轴。螺纹的旋向，应使轴转动时不让润滑油沿轴和端盖之间的缝隙渗漏。对于有大量冷却液的工作环境，需相应采取其他措施，防止吸进冷却液而改变润滑油的性能 c. 密封圈密封，适用于转速较低的轴 对于垂直和倾斜放置的轴，一般采用密封圈密封，并利用专用的油泵将润滑油抽回油箱。采用抽油方法，应避免抽油油泵吸入空气，使润滑油产生气泡。有的立式轴，回油并无严格要求，允许自由流回油箱，无需抽油装置	用于轴向载荷较大的机床和设备

续表

分类		结　构	特　点	应　用
按止推方式分	位于径向前轴承两端	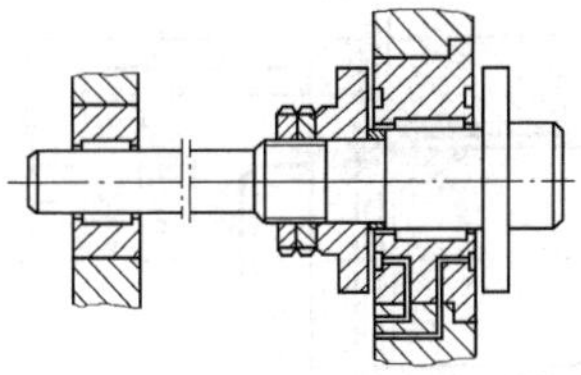	①可用单独节流器节流 ②油腔开在前轴承两端，或轴肩和止推环上 ③改变调整垫尺寸，调整轴向间隙。由于靠螺母紧固止推环，精度较差，紧固止推环的螺母应有锁紧装置，防止螺母松动改变轴向间隙 ④从径向轴承油腔和推力轴承油腔内端封油面流出的润滑油，通过回油槽上的径向孔回油。对于采用单独节流器的推力轴承，应将回油槽两端开通，使径向轴承油腔和推力轴承油腔内端封油面流出的润滑油，通过回油槽上的径向孔流出	适用于按径向前轴承前端布置有困难，而按位于径向前轴承前端和后轴承后端布置又有不良影响的机床和设备
	位于径向前轴承前端和后轴承后端	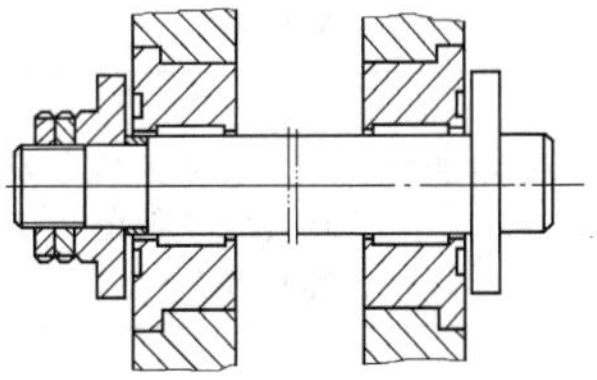	①用单独节流器节流 ②油腔开在前轴承前端和后轴承后端，也可开在轴肩和止推环上 ③改变调整垫尺寸，可调整轴向间隙。由于要锁紧止推环，精度较差。紧固止推环的螺母应有锁紧装置。防止螺母松动改变轴向间隙 ④如果轴很长，又在较高的工作温度下工作时，应考虑热变形对轴向间隙的影响 ⑤有节流器的推力静压轴承，回油槽两端开通，使较多的润滑油从非止推端流出 ⑥轴承转动后，推力油腔压力常较计算值为低，转速越高，降低也越严重，从而减少了轴承的承载能力和油膜刚度。造成油腔压力降低的原因：一是由于转动时的离心力使油外甩；二是由于热变形使轴承间隙增大。试验结果表明，推力轴承外圆的圆周速度 $v=14$ m/s 时，油腔压力将开始严重下降。为克服油腔压力降低，可采取如下措施： a. 增大外端封油面尺寸 b. 外端封油面处引入具有适当压力的润滑油 c. 改变润滑油的流出方向 d. 在外端封油面开反向螺旋槽 为了减轻轴向间隙增大的影响，推力轴承间距不宜过大，轴承温度不宜过高	用于轴承跨距较短，热变形对轴向间隙影响不大，或者按位于径向前轴承前端布置有困难的机床和设备
等面积推力轴承		参见按止推方式分类的三个图		常用
不等面积推力轴承		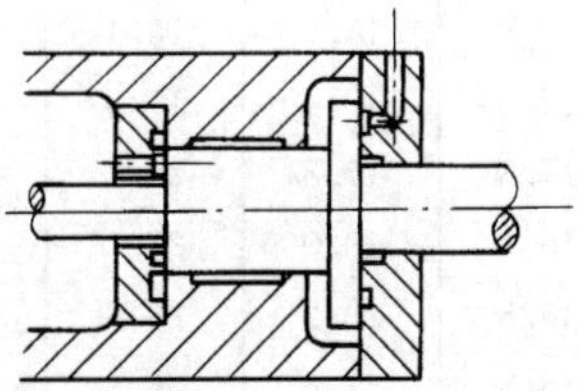	推力轴承的内、外封油边一般都大于径向轴承直径，使推力轴承的切线速度相应加大，采用不等面积推力轴承可以相应降低推力轴承的切线速度，减少摩擦功耗及温升	适用于对温升、功耗有要求的地方

5.4.5 推力液体静压轴承的结构尺寸及主要技术数据

表 8-5-11 推力液体静压轴承的结构尺寸及主要技术数据

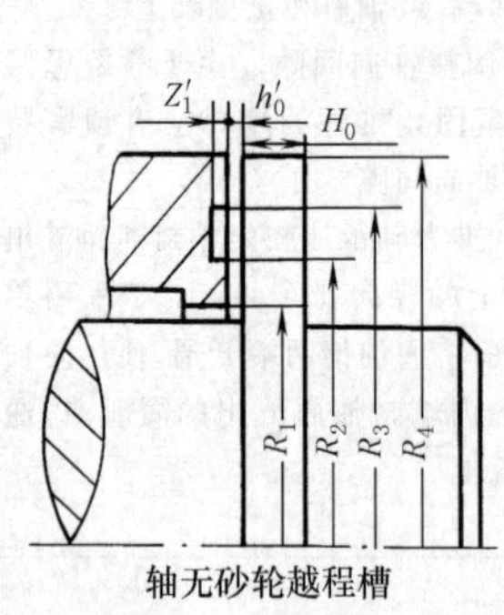

轴无砂轮越程槽

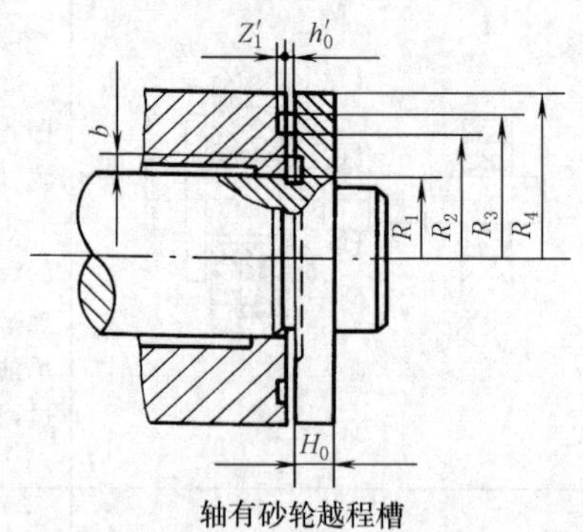

轴有砂轮越程槽

项目	推荐数据	项目	推荐数据
油腔结构尺寸 R_2、R_3、R_4/mm	$R_2=1.2R_1$ $R_3=1.4R_1$ $R_4=1.6R_1$	轴肩厚度 H_0/mm	一般取 $H_0>10$；当轴颈直径 $D\leqslant 50$ 时，$H_0\approx 10$；$D=50\sim 200$ 时，$H_0\approx 0.2D$
油腔深度 Z'_1/mm	$Z'_1\approx(30\sim 60)h'_0$	轴肩的垂直度 ΔH_0/mm	在轴肩范围内：$\Delta H_0\leqslant\frac{1}{5}h'_0$ （ΔH_0 值太大，影响节流比 β 及油膜刚度）
间隙 $2h'_0$ 的公差/mm	$\Delta h'_0\leqslant-\left(\frac{1}{7}\sim\frac{1}{10}\right)h'_0$	轴承配合表面的粗糙度 Ra/μm	0.8～0.1 （精密的机床及设备取较低的粗糙度；一般的机床和设备取较高的粗糙度）

第8篇

5.4.6 推力液体静压轴承的系列结构尺寸

表 8-5-12 推力轴承的 D、D_1（$=2R_1$）、D_2（$=2R_2$）、D_3（$=2R_3$）、D_4（$=2R_4$）、A_e 尺寸

油腔形状	轴颈直径 D /cm	主轴无砂轮越程槽					主轴有砂轮越程槽				
		D_1 /cm	D_2 /cm	D_3 /cm	D_4 /cm	A_e /cm²	D_1 /cm	D_2 /cm	D_3 /cm	D_4 /cm	A_e /cm²
环形油腔	3	3.0	3.6	4.2	4.8	7.35	3.6	4.3	5.0	5.8	10.58
	4	4.0	4.8	5.6	6.4	13.07	4.6	5.5	6.4	7.4	17.28
	5	5.0	6.0	7.0	8.0	20.42	5.6	6.7	7.8	9.0	25.62
	6	6.0	7.2	8.4	9.6	29.40	6.8	8.2	9.5	10.9	37.77
	7	7.0	8.4	9.8	11.2	40.02	7.8	9.4	10.9	12.5	49.70
	8	8.0	9.6	11.2	12.8	52.28	8.8	10.6	12.3	14.1	63.25
	9	9.0	10.8	12.6	14.4	66.16	9.8	11.8	13.7	15.7	78.45
	10	10.0	12.0	14.0	16.0	81.68	10.8	13.0	15.1	17.3	95.27
	12	12.0	14.4	16.8	19.2	117.62	12.8	15.4	17.9	20.5	133.83
	14	14.0	16.8	19.6	22.4	160.10	14.8	17.8	20.7	23.7	178.92
	15	15.0	18.0	21.0	24.0	183.78	15.8	19.0	22.1	25.3	203.91
	16	16.0	19.2	22.4	25.6	209.10	16.8	20.2	23.5	26.9	230.54
	18	18.0	21.6	25.2	28.8	264.65	18.8	22.6	26.3	30.1	288.70
	20	20.0	24.0	28.0	32.0	326.73	20.8	25.0	29.1	33.3	353.39

续表

油腔形状	轴颈直径 D /cm	主轴无砂轮越程槽					主轴有砂轮越程槽				
		D_1 /cm	D_2 /cm	D_3 /cm	D_4 /cm	A_e /cm^2	D_1 /cm	D_2 /cm	D_3 /cm	D_4 /cm	A_e /cm^2
扇形三油腔	6	6.0	7.2	8.4	9.6	9.80	6.8	8.2	9.5	10.9	12.59
	7	7.0	8.4	9.8	11.2	13.34	7.8	9.4	10.9	12.5	16.56
	8	8.0	9.6	11.2	12.8	17.42	8.8	10.6	12.3	14.1	21.08
	9	9.0	10.8	12.6	14.4	22.05	9.8	11.8	13.7	15.7	26.15
	10	10.0	12.0	14.0	16.0	27.23	10.8	13.0	15.1	18.3	35.95
	12	12.0	14.4	16.8	19.2	39.21	12.8	15.4	17.9	20.5	44.61
	14	14.0	16.8	19.6	22.4	53.36	14.8	17.8	20.7	23.7	59.64
	15	15.0	18.0	21.0	24.0	61.26	15.8	19.0	22.1	25.3	67.97
	16	16.0	19.2	22.4	25.6	69.70	16.8	20.2	23.5	26.9	76.85
	18	18.0	21.6	25.2	28.8	88.22	18.8	22.6	26.3	30.1	96.23
	20	20.0	24.0	28.0	32.0	108.91	20.8	25.0	29.1	33.3	117.80
扇形四油腔	10	10.0	12.0	14.0	16.0	20.42	10.8	13.0	15.1	17.3	23.82
	12	12.0	14.4	16.8	19.2	29.40	12.8	15.4	17.9	20.5	33.46
	14	14.0	16.8	19.6	22.4	40.02	14.8	17.8	20.7	23.7	44.73
	15	15.0	18.0	21.0	24.0	45.94	15.8	19.0	22.1	25.3	50.98
	16	16.0	19.2	22.4	25.6	52.28	16.8	20.2	23.5	26.8	57.63
	18	18.0	21.6	25.2	28.8	66.16	18.8	22.6	26.3	30.1	72.17
	20	20.0	24.0	28.0	32.0	81.68	20.8	25.0	29.1	33.3	88.35

5.4.7　液体静压轴承材料

表 8-5-13　液体静压轴承材料

<table>
<tr><td>轴承材料</td><td>①在正常工作情况下，轴承材料一般可采用组织均匀，无砂孔、缩孔、裂纹等的 HT200 或 HT250 铸铁，载荷较大的轴承可使用锑铜铸铁
②考虑到轴承工作过程中有可能瞬时超载、热变形和润滑油供给突然中断（例如突然停电，供油系统发生故障等因素），在短期内出现金属直接接触而损伤；或是在不工作时在主轴系统的自重作用下，封油面受损伤，轴承材料可用黄铜 ZCuZn38Mn2Pb2（ZHMn58-2-2）或锡青铜 ZCuSn6Zn6（ZQSn6-6-3）、ZCuSn8Pb4（ZQSn8-4）、铅青铜 ZCuPb30（ZQPb30）
③推力轴承的止推环材料，一般可用 40 钢，40HRC</td></tr>
<tr><td>许用压强 p_p /$N\cdot cm^{-2}$</td><td>需验算大型机床和机械设备、主轴系统（包括轴、卡盘、齿轮等）自重和工件重量引起的支承表面单位压力（轴承油腔没有压力油时），使其小于下列材料的许用值 p_p
<table>
<tr><th>材　料</th><th>p_p</th></tr>
<tr><td>未淬火钢（轴）-青铜（轴承）</td><td>196～343</td></tr>
<tr><td>淬火钢（轴）-青铜（轴承）</td><td>539～980</td></tr>
<tr><td>淬火钢（轴）-钢（轴承）</td><td>1470</td></tr>
<tr><td>淬火钢（轴）-铸铁（轴承）</td><td>≈490</td></tr>
</table></td></tr>
</table>

5.4.8 节流器的结构、特点与应用

表 8-5-14 节流器的结构、特点与应用

项目	固定节流		可变节流	
	小孔节流器	毛细管节流器	滑阀反馈节流器	薄膜反馈节流器
结构	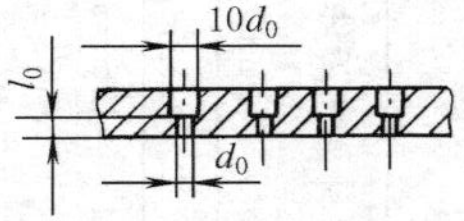 板式结构 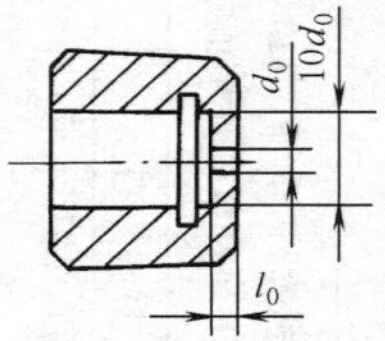 外锥式结构	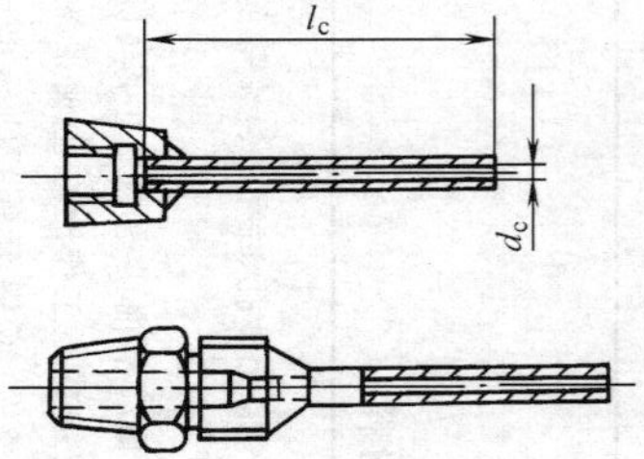 直通式 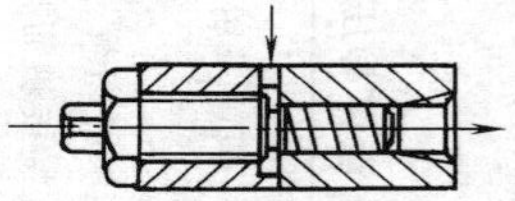 节流长度可调节式 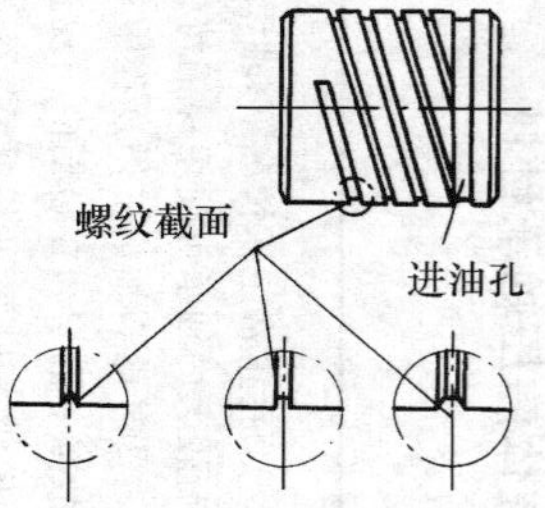 螺纹截面 进油孔 螺旋槽式	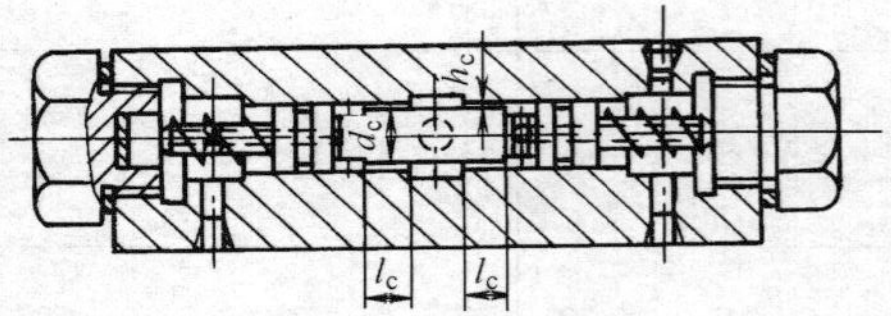 利用垫片调整式 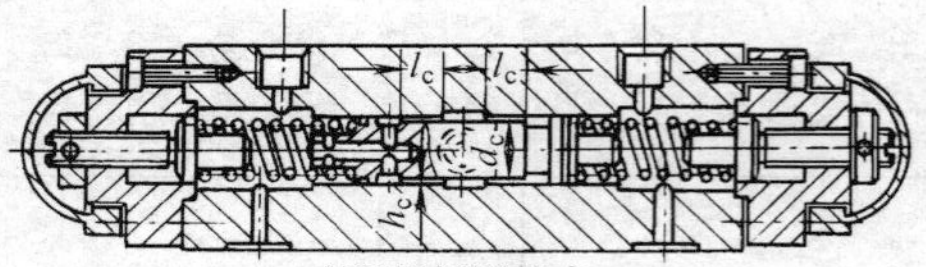 利用螺钉调整式	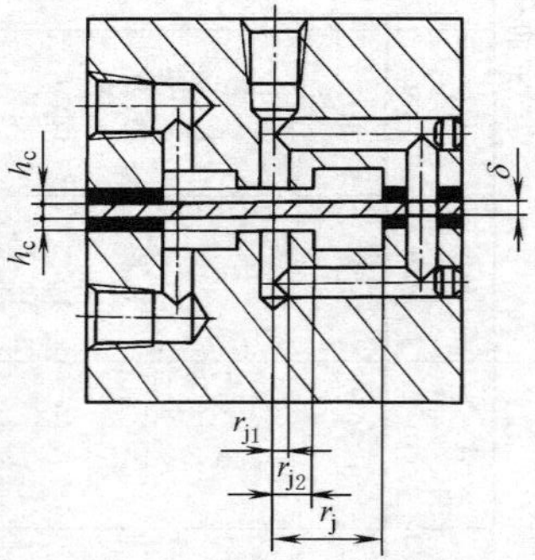 机械加工式 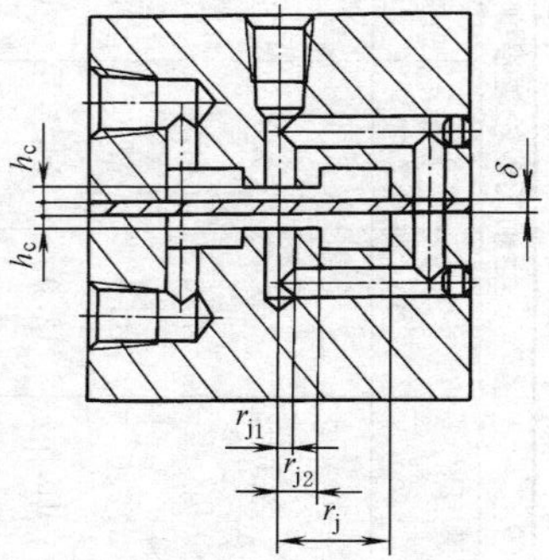 垫铜片式
油液的流态	紊流	层流	层流	层流

续表

项目		固定节流		可变节流	
		小孔节流器	毛细管节流器	滑阀反馈节流器	薄膜反馈节流器
特点	起节流作用的尺寸	小孔直径 d_0	毛细管直径 d_c 及长度 l_c	滑阀与阀体之间的间隙 h_c 和节流长度 l_c，利用滑阀移动改变两端 l_c 起反馈控制作用	薄膜与圆台之间的间隙 h_c 和 $(r_{j2}-r_{j1})$ 的圆盘形面，利用薄膜弹性变形，改变两面的 h_c 起反馈控制作用
	节流阻力与外载荷关系	节流阻力不随载荷变化而变化		节流阻力随载荷变化而变化	
	油腔承载压差的形成条件	必须在载荷作用下轴产生一定的位移		在载荷作用下，既可依靠滑阀移动或薄膜弹性变形，又可能是因为轴产生一定的位移。在载荷作用下，轴回到原来的中心位置。处于新的平衡状态，此时油腔承载压力差的形成，是依靠滑阀移动或薄膜弹性变形	
	轴心位置与载荷的关系	与载荷的方向相同		可能出现与载荷方向相同、相反或保持原位不变的三种状态	
	油膜刚度	小	较小	很大，只要参数选择合适，理论上在额定载荷下能趋于无限大	
	机械阻塞的可能性	最易	易	较不易	较不易
	使用调整	易	易	较易	较易
	节流器结构	简单	简单	复杂	复杂
	突加（阶跃）载荷作用下的过渡特点	无超位移现象	无超位移现象	过渡过程的超位移量较大，过渡时间较长	过渡过程的超位移量较小，过渡时间较短，在最佳参数的条件下，能接近无超位移现象
	润滑油黏度变化对油膜刚度的影响	有	有	润滑油在层流状态下工作时无影响	润滑油在层流状态下工作时无影响
应用		精密、高转速的轻载荷机床和设备	精密、转速较低、轻载荷或载荷变化不大的机床和设备	重载荷或载荷变化范围大的重型机床和设备	重载荷或载荷变化范围大的精密、重型设备和机床

5.4.9　节流器的结构尺寸及主要技术数据

表 8-5-15　　节流器的结构尺寸及主要技术数据　　mm

项目	固定节流		可变节流	
	小孔节流器	毛细管节流器	滑阀反馈节流器	薄膜反馈节流器
主要结构尺寸	小孔长度 l_0，一般取 $l_0=1\sim3$	毛细管节流常用的注射针管直径： 内径　外径 0.46　0.8 0.56　0.9 0.71　1.1 0.84　1.2 1.07　1.4	滑阀节流长度 l_c，一般取 $l_c=10$ 滑阀直径 d_c，一般取 $d_c=12$ 或 16	节流器体壳尺寸，一般取 $r_j=16$，$r_{j1}=2$，$r_{j2}=6$
	小孔直径 d_0，一般取 $d_0\geqslant0.45$	毛细管长度 l_c，一般取 $l_c<500$	滑阀节流半径间隙 h_c，一般取 $h_c\geqslant0.03$	薄膜与圆台的间隙 h_c，一般取 $h_c\geqslant0.04$
主要技术数据	外锥与内锥孔配合，接触面积不少于70%	螺旋毛细管同箱体孔配合的直径间隙，一般取0.006～0.012	滑阀导向部分与阀体配合间隙(不是节流间隙)，一般取0.01～0.02	薄膜直线度公差为0.01
			滑阀锥度不大于0.003，圆度、同轴度公差为0.003	体壳同轴度公差为0.05
			阀体圆度公差为0.005	体壳两端面平行度公差为0.005
表面粗糙度 Ra /μm	板式结构：两端面0.4，其余6.3 外锥式结构：外锥面0.8，两端面1.6，其余为6.3	螺旋槽截面1.6～0.8	滑阀工作表面0.1；滑阀其余部分为6.3；阀体与滑阀接触表面0.2；阀体的其余部分为6.3	薄膜工作表面1.6，其余部分为6.3；体壳与薄膜接触面0.4；体壳两端面1.6；圆台为0.8
节流器材料	板式结构用35钢 外锥式结构用H62黄铜或45钢	直通式常用医疗上的注射针管 螺旋槽式用45钢 体壳用HT200铸铁	滑阀用40Cr或45钢，45～50HRC 阀体用HT200	薄膜用65Mn弹簧钢，42～45HRC 体壳用45钢或HT200

注：结构见表 8-5-14 中各图。

5.5　液体静压轴承计算的基本公式

表 8-5-16　　液体静压轴承计算的基本公式

项目		公式	说明
平面及径向油垫	油垫流量	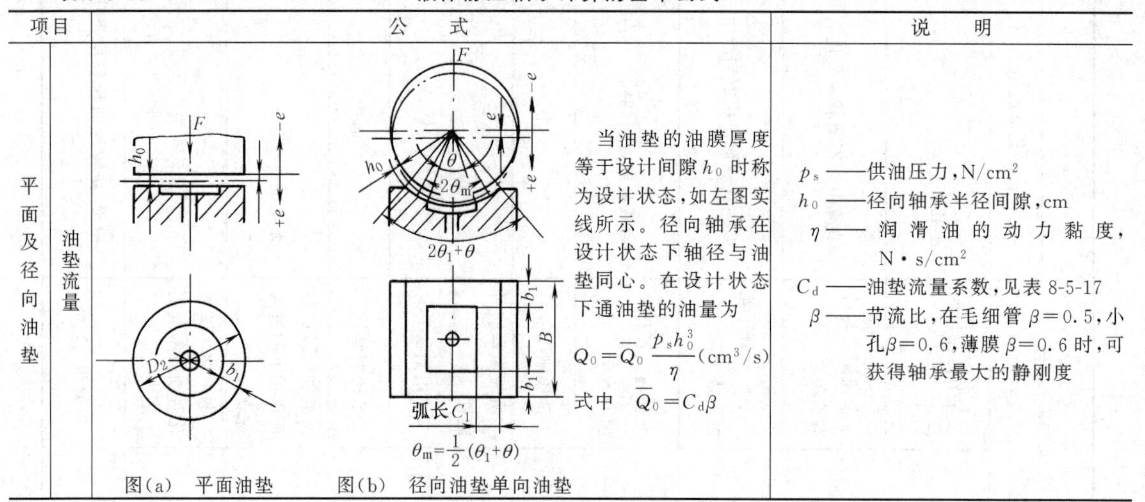 图(a)　平面油垫　　图(b)　径向油垫单向油垫 当油垫的油膜厚度等于设计间隙 h_0 时称为设计状态，如左图实线所示。径向轴承在设计状态下轴径与油垫同心。在设计状态下通油垫的油量为 $Q_0=\overline{Q}_0\dfrac{p_sh_0^3}{\eta}$ (cm³/s) 式中　$\overline{Q}_0=C_d\beta$	p_s——供油压力，N/cm² h_0——径向轴承半径间隙，cm η——润滑油的动力黏度，N·s/cm² C_d——油垫流量系数，见表8-5-17 β——节流比，在毛细管 $\beta=0.5$，小孔 $\beta=0.6$，薄膜 $\beta=0.6$ 时，可获得轴承最大的静刚度

续表

项目		公式	说明
平面及径向油垫	油膜刚度	油膜刚度为载荷相对于位移的变化率。在设计状态下的油膜刚度 $G_0=\overline{G}_0\dfrac{p_sA_e}{h_0}$ (N/cm) 径向轴承时 $A_e=\overline{A}_eDL$ 推力轴承时 $A_e=\overline{A}_eD_1^2$	$\overline{G}_0$——在设计状态下的刚度系数,见表8-5-18 A_e——油腔的有效承载面积,cm^2 $\overline{A}_e$——有效承载面积系数
	承载能力	F h p pA_e p_2A_{e2} p_2 2 h_2 e F 1 h_1 p_1 p_1A_{e1} 图(a) 单向油垫 图(b) 对向油垫 1—受载油垫;2—背载油垫 单向油垫和对向油垫如左图所示。其承载能力为 $F_n=\overline{F}_n\overline{A}_eDBp_s$ 单向油垫 $F_n=pA_e$ 对向油垫 $F_n=p_1A_{e1}-p_2A_{e2}$ 对向油垫的承载能力为受载油垫与背载油垫承载能力之差,故不如单向油垫大,但位移受到上下油垫的约束,故其油膜刚度要比单向油垫高得多	$\overline{F}_n$——轴承承载系数,见表8-5-19 p,p_1,p_2——分别为油腔压力,N/cm^2 A_{e1},A_{e2}——分别为有效承载面积,cm^2 D——轴承直径 B——轴承宽度
节流器	节流器流量 Q_{j0}	$Q_{j0}=\overline{Q}_{j0}\dfrac{p_sh_0^3}{\eta}$ (cm^3/s) 对于毛细管及薄膜反馈节流 $\overline{Q}_{j0}=C_d\beta=\dfrac{C_j}{h_0^3}(1-\beta)$ 毛细管节流 $C_j=(\pi d_c^4)/(128l_c)$ 薄膜反馈节流 $C_j=(\pi h_{j0}^3)\Big/\left(6\ln\dfrac{d_{j2}}{d_{j1}}\right)$ 对于小孔节流 $\overline{Q}_{j0}=C_d\beta=\dfrac{C_j\eta}{h_0^3}\sqrt{\dfrac{1-\beta}{\rho p_s}}$ $C_j=\dfrac{\pi d_0^2}{4}\sqrt{2}a$	d_c——毛细管直径,cm l_c——毛细管长度,cm d_{j1},d_{j2}——薄膜工作范围直径,cm d_0——小孔直径,cm ρ——润滑油密度,kg/cm^3 a——小孔节流器流量系数,$a=0.6\sim0.7$ β——节流比
	节流器尺寸	尺寸代号参见表 8-5-14 各图 ①毛细管节流器尺寸 $\dfrac{l_c}{d_c}=\dfrac{\pi(1-\beta)}{128C_d\beta}\left(\dfrac{d_c}{h_0}\right)^3$ 核算层流条件 $Re=\dfrac{Q_{j0}d_c\rho}{A_e\eta}\leqslant2000$ 毛细管起始长度 $l_{jc}=0.065d_cRe<l_c$ ②小孔节流器尺寸 $d_0=\sqrt{\dfrac{2\sqrt{2}h_0^3C_d}{\pi a\eta}\sqrt{\dfrac{\rho p_s\beta^2}{1-\beta}}}$ (cm) ③薄膜节流器尺寸 $h_{j0}=h_0\sqrt[3]{\dfrac{6\ln\dfrac{d_{j2}}{d_{j1}}C_d\beta}{\pi(1-\beta)}}$ (cm)	①当毛细管为圆形截面时: $d_c\geqslant0.05$cm,注射管内径有0.056cm,0.071cm,0.084cm,0.107cm $l_c/d_c>20$ 当毛细管为非圆截面时, $d_c=\dfrac{4A_e}{S}$ A_e——截面积,cm^2 S——湿周长度,cm d_c——当量直径,cm Re——雷诺数 ②$d_0\geqslant0.045$cm p_s——油腔压力,N/cm^2 ③h_{j0}——节流间隙,cm,$h_{j0}\geqslant0.003$cm d_j——薄膜直径,$d_j=2.5\sim3.5$cm $\dfrac{d_{j2}-d_{j1}}{2}\geqslant0.3\sim0.4$cm

5.5.1　油垫流量系数 C_d、有效承载面积系数 $\overline{A}_e$、周向流量系数 γ 和腔内孔流量系数 ω

表 8-5-17　油垫流量系数 C_d、有效承载面积系数 $\overline{A}_e$、周向流量系数 γ 和腔内孔流量系数 ω

油垫名称			油垫形状及压力分布	C_d、$\overline{A}_e$、γ、ω
平面油垫	圆环形		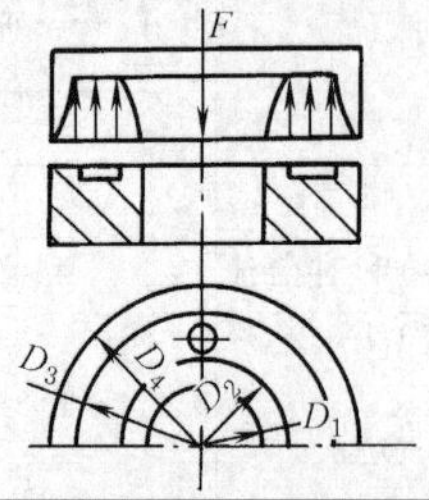	$C_d=\frac{\pi}{6}\times\frac{\ln\frac{D_2D_4}{D_1D_3}}{\ln\frac{D_2}{D_1}\ln\frac{D_4}{D_3}}$ $\overline{A}_e=\frac{\pi}{8D_1^2}\left(\frac{D_4^2-D_3^2}{\ln\frac{D_4}{D_3}}-\frac{D_2^2-D_1^2}{\ln\frac{D_2}{D_1}}\right)$
	扇形块		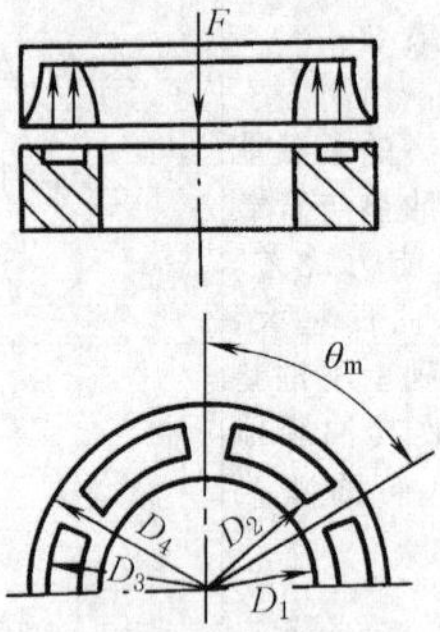	$C_d=\frac{\theta_m}{6}\times\frac{\ln\frac{D_2D_4}{D_1D_3}}{\ln\frac{D_2}{D_1}\ln\frac{D_4}{D_3}}$ $\overline{A}_e=\frac{\theta_m}{8D_1^2}\left(\frac{D_4^2-D_3^2}{\ln\frac{D_4}{D_3}}-\frac{D_2^2-D_1^2}{\ln\frac{D_2}{D_1}}\right)$
径向油垫	有周向回油	无腔内孔回油	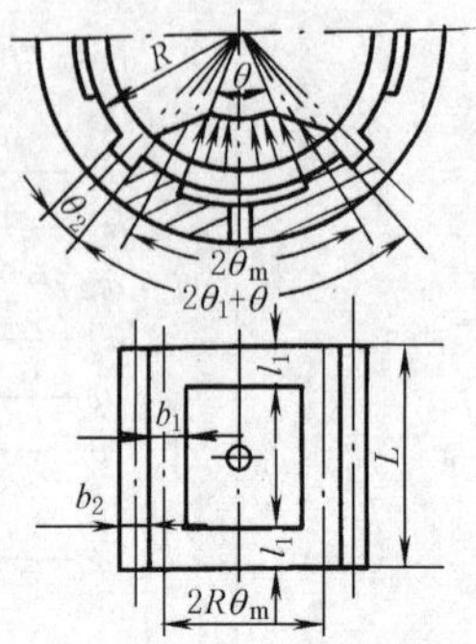	$C_d=\frac{1}{6}\left(\frac{L-l_1}{b_1}+\frac{D\theta_m}{l_1}\right)$ $\overline{A}_e=\frac{L-l_1}{L}\sin\theta_m$ $\gamma=\frac{nl_1(L-l_1)}{b_1(\pi D-nb_1-nb_2)}$
		有腔内孔回油	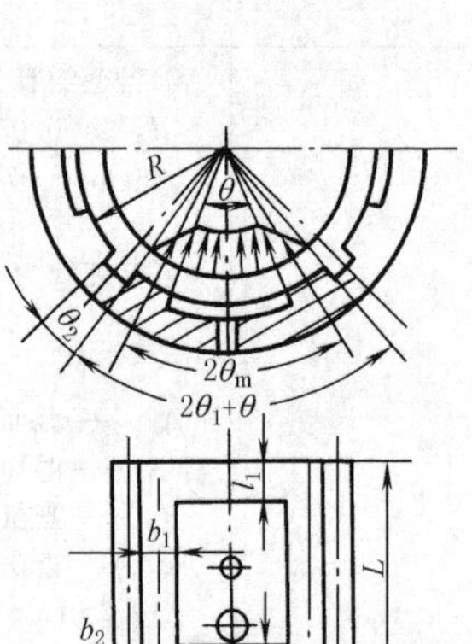	$C_d=\frac{1}{6}\left(\frac{L-l_1}{b_1}+\frac{D\theta_m}{l_1}+\frac{N_0\pi}{\ln\frac{r_2}{r_1}}\right)$ $\overline{A}_e=\frac{L-l_1}{L}\sin\theta_m-\frac{N_0\pi}{DL}\left\{r_2^2-\frac{1}{2\ln\frac{r_2}{r_1}}\left[r_1^2-r_2^2\left(1-2\ln\frac{r_2}{r_1}\right)\right]\right\}\cos\theta_m$ $\gamma=\frac{nl_1(L-l_1)}{b_1(\pi D-nb_1-nb_2)}$ $\omega=\frac{nl_1N_0\pi}{(\pi D-nb_1-nb_2)\ln\frac{r_2}{r_1}}$ 式中　N_0——一个油腔内孔个数 n——油腔数 r_1——径向轴承腔内孔或回油管的内孔半径 r_2——径向轴承腔内孔或回油管的外孔半径

续表

油垫名称			油垫形状及压力分布	C_d、$\overline{A}_e$、γ、ω
径向油垫	无周向回油	无腔内孔回油	(图：R、θ、$2\theta_m$、θ_1、b_1、l_1、L、$2R\theta_m$)	$C_d=\dfrac{D\theta_m}{6l_1}$ $\overline{A}_e=\dfrac{L-l_1}{L}\sin\theta_m$ $\gamma=\dfrac{nl_1(L-l_1)}{\pi Db_1}$
		有腔内孔回油	(图：R、θ、$2\theta_m$、θ_1、b_1、l_1、L、$2R\theta_m$)	$C_d=\dfrac{1}{6}\left(\dfrac{D\theta_m}{l_1}+\dfrac{N_0\pi}{\ln\dfrac{r_2}{r_1}}\right)$ $\overline{A}_e=\dfrac{L-l_1}{L}\sin\theta_m-\dfrac{N_0\pi}{DL}\left\{r_2^2-\dfrac{1}{2\ln\dfrac{r_2}{r_1}}\left[r_1^2-r_2^2\left(1-2\ln\dfrac{r_2}{r_1}\right)\right]\right\}\cos\theta_m$ $\gamma=\dfrac{nl_1(L-l_1)}{\pi Db_1}$ $\omega=\dfrac{nl_1N_0}{D\ln\dfrac{r_2}{r_1}}$

5.5.2 刚度系数$\overline{G}_0$

表 8-5-18　　刚度系数$\overline{G}_0$

类型型式				油腔数 3	油腔数 4	油腔数 6	油腔数 n	备注
				$\overline{G}_0$				
毛细管节流静压轴承	径向轴承	有周向回油	有腔内孔	$4.5BK'$	$6BK'$	$9BK'$	$1.5nBK'$	$A=\beta(1-\beta)$ $B=\dfrac{A}{1+\omega+\gamma}$ $C=\dfrac{A}{1+\gamma}$ $D=(1-\beta)\gamma$ $E=\dfrac{D}{1+\omega}$ $K=\dfrac{\sin\theta_m}{\theta_m}+\gamma\cos\theta_m$
			无腔内孔	$4.5CK$	$6CK$	$9CK$	$1.5nCK$	
		无周向回油	有腔内孔	$\dfrac{3.72A}{1+1.5E}$	$\dfrac{5.40A}{1+E}$	$\dfrac{8.59A}{1+0.5E}$	$\dfrac{1.5nA\dfrac{\sin\theta_m}{\theta_m}}{1+E\left(1-\cos\dfrac{2\pi}{n}\right)}$	
			无腔内孔	$\dfrac{3.72A}{1+1.5D}$	$\dfrac{5.40A}{1+D}$	$\dfrac{8.59A}{1+0.5D}$	$\dfrac{1.5nA\dfrac{\sin\theta_m}{\theta_m}}{1+D\left(1-\cos\dfrac{2\pi}{n}\right)}$	
	平面轴承	扇形块	单向	$9A$	$12A$	$18A$	$3nA$	$K'=\dfrac{\sin\theta_m}{\theta_m}(1+\omega)+\gamma\cos\theta_m$ γ 及 ω 见表 8-5-17
			对向	$18A$	$24A$	$36A$	$6nA$	
		环形	单向	$3A$				
			对向	$6A$				

续表

类型型式				油腔数				备注
				3	4	6	n	
				$\overline{G}_0$				
小孔节流静压轴承	径向轴承	有周向回油	有腔内孔	$9CK'$	$12CK'$	$18CK'$	$3nCK'$	$A=\beta(1-\beta)$ $B=2-\beta$ $C=\dfrac{A}{B(1+\omega+\gamma)}$ $D=\dfrac{A}{B(1+\gamma)}$ $E=(1-\beta)\gamma$ $F=\dfrac{E}{1+\omega}$ $K=\dfrac{\sin\theta_m}{\theta_m}+\gamma\cos\theta_m$ $K'=\dfrac{\sin\theta_m}{\theta_m}(1+\omega)+\gamma\cos\theta_m$
			无腔内孔	$9DK$	$12DK$	$18DK$	$3nDK$	
		无周向回油	有腔内孔	$\dfrac{7.44A}{B+3F}$	$\dfrac{10.8A}{B+2F}$	$\dfrac{17.19A}{B+F}$	$\dfrac{3nA\dfrac{\sin\theta_m}{\theta_m}}{B+2F\left(1-\cos\dfrac{2\pi}{n}\right)}$	
			无腔内孔	$\dfrac{7.44A}{B+3E}$	$\dfrac{10.8A}{B+2E}$	$\dfrac{17.19A}{B+E}$	$\dfrac{3nA\dfrac{\sin\theta_m}{\theta_m}}{B+2E\left(1-\cos\dfrac{2\pi}{n}\right)}$	
	平面轴承	扇形块	单向	$\dfrac{18A}{B}$	$\dfrac{24A}{B}$	$\dfrac{36A}{B}$	$\dfrac{6nA}{B}$	
			对向	$\dfrac{36A}{B}$	$\dfrac{48A}{B}$	$\dfrac{72A}{B}$	$\dfrac{12nA}{B}$	
		环形	单向	$\dfrac{6A}{B}$				
			对向	$\dfrac{12A}{B}$				
薄膜节流静压轴承	径向轴承	有周向回油	有腔内孔	$4.5CK'$	$6CK'$	$9CK'$	$1.5CK'n$	$A=\beta(1-\beta)$ $B=1-\dfrac{3A}{\overline{K}_j}$ $C=\dfrac{A(1+\omega)}{B(1+\omega+\gamma)}$ $D=\dfrac{A}{B(1+\gamma)}$ $E=(1-\beta)\gamma$ $F=\dfrac{E}{1+\omega}$ $K=\dfrac{\sin\theta_m}{\theta_m}+\gamma\cos\theta_m$ $K'=\dfrac{\sin\theta_m}{\theta_m}(1+\omega)+\gamma\cos\theta_m$
			无腔内孔	$4.5DK$	$6DK$	$9DK$	$1.5DKn$	
		无周向回油	有腔内孔	$\dfrac{3.72A}{B+1.5F}$	$\dfrac{5.40A}{B+F}$	$\dfrac{8.59A}{B+0.5F}$	$\dfrac{1.5nA\dfrac{\sin\theta_m}{\theta_m}}{B+F\left(1-\cos\dfrac{2\pi}{n}\right)}$	
			无腔内孔	$\dfrac{3.72A}{B+1.5E}$	$\dfrac{5.40A}{B+E}$	$\dfrac{8.59A}{B+0.5E}$	$\dfrac{1.5nA\dfrac{\sin\theta_m}{\theta_m}}{B+E\left(1-\cos\dfrac{2\pi}{n}\right)}$	
薄膜反馈节流静压轴承	平面轴承	扇形块	单向	$\dfrac{9A}{B}$	$\dfrac{12A}{B}$	$\dfrac{18A}{B}$	$\dfrac{3nA}{B}$	单头薄膜： $\overline{K}_j=\dfrac{h_{j0}}{p_s m}$ 双头薄膜： $\overline{K}_j=\dfrac{h_{j0}}{2p_s m}$ $m=\dfrac{3(1-\mu^2)\left(\dfrac{d_{j2}^2}{4}-\dfrac{d_{j1}^2}{4}\right)^2}{16Et^3}$ 式中 μ——材料的泊松比 E——材料的弹性模量，N/cm² t——薄膜厚度，cm 薄膜反馈节流器的薄膜刚度系数$\overline{K}_j$的取法是按轴承油膜刚度达到无穷大的条件进行选择的，所以在径向轴承与止推轴承中有周向回油时的薄膜刚度系数 $\overline{K}_j=3\beta(1-\beta)$ 无周向回油而有腔内孔时 $\overline{K}_j=\dfrac{3\beta(1-\beta)}{1+\omega+\gamma(1-\beta)\left(1-\cos\dfrac{2\pi}{n}\right)}$ 无周向回油无腔内孔时 $\overline{K}_j=\dfrac{3\beta(1-\beta)}{1+\gamma(1-\beta)\left(1-\cos\dfrac{2\pi}{n}\right)}$
			对向	$\dfrac{18A}{B}$	$\dfrac{24A}{B}$	$\dfrac{36A}{B}$	$\dfrac{6nA}{B}$	
		环形	单向	$\dfrac{3A}{B}$				
			对向	$\dfrac{6A}{B}$				
薄膜最大平均变形量				$\delta_{max}=m\dfrac{F_{max}}{A_e}$				

注：由于滑阀反馈节流型式应用较少，特别在中小型机床中，故未编入滑阀节流静压轴承的参数及公式。

5.5.3　承载系数 $\overline{F}_n$ 或偏心率 ε

表 8-5-19　承载系数 $\overline{F}_n$ 或偏心率 ε

节流型式		回油型式		公式或数据
固定节流静压轴承	毛细管节流	有周向回油	有腔内孔	$\overline{F}_n = AB\beta\sum_{i=1}^{n}\frac{\cos\theta_i}{AB-EK'}$
			无腔内孔	$\overline{F}_n = AC\beta\sum_{i=1}^{n}\frac{\cos\theta_i}{AC-EK}$
		无周向回油	有腔内孔	$\overline{F}_n = AD\beta\sum_{i=1}^{n}\frac{\cos\theta_i}{AD+F-EK'}$
			无腔内孔	$\overline{F}_n = A\beta\sum_{i=1}^{n}\frac{\cos\theta_i}{A+F-EK_1}$
	小孔节流	有周向回油	有腔内孔	$\overline{F}_n = \frac{B\beta}{2}\sum_{i=1}^{n}\cos\theta_i\frac{-AB\beta+\sqrt{A[B^2\beta^2A+4(B-EK')^2]}}{B-EK'}$
			无腔内孔	$\overline{F}_n = \frac{C\beta}{2}\sum_{i=1}^{n}\cos\theta_i\frac{-AC\beta+\sqrt{A[C^2\beta^2A+4(C-EK)^2]}}{C-EK}$
		无周向回油	有腔内孔	$\overline{F}_n = \frac{D\beta}{2}\sum_{i=1}^{n}\cos\theta_i\frac{-AD\beta+\sqrt{A[D^2\beta^2A+4(D+F-EK'_1)^2]}}{D+F-EK'_1}$
			无腔内孔	$\overline{F}_n = \frac{\beta}{2}\sum_{i=1}^{n}\cos\theta_i\frac{-A\beta+\sqrt{A[\beta^2A+4(1+F-EK_1)^2]}}{1+F-EK_1}$
薄膜反馈节流静压轴承	单面薄膜反馈节流	有周向回油	有腔内孔	$\overline{F}_n = \frac{H}{B}\sum_{i=1}^{n}[-(B-EK'+ABG)+\sqrt{(B-EK'+ABG)^2+B^2I}]$
			无腔内孔	$\overline{F}_n = \frac{H}{C}\sum_{i=1}^{n}[-(C-EK+ACG)+\sqrt{(C-EK+ACG)^2+C^2I}]$
		无周向回油	有腔内孔	$\overline{F}_n = \frac{H}{D}\sum_{i=1}^{n}[-(D+F-EK'_1+ADG)+\sqrt{(D+F-EK'_1+ADG)^2+D^2I}]$
			无腔内孔	$\overline{F}_n = H\sum_{i=1}^{n}[-(1+F-EK_1+AG)+\sqrt{(1+F-EK_1+AG)+1}]$
双薄膜反馈节流静压轴承	双面薄膜反馈节流	有周向回油	有腔内孔	$\varepsilon = \frac{2(2J-L+AM+1)B}{3n(J-RL)}\times\frac{\overline{F}_n}{K'}$
			无腔内孔	$\varepsilon = \frac{2(2AJ-AL+A^2M+1)C}{3n(J-RL)A}\times\frac{\overline{F}_n}{K}$
		无周向回油	有腔内孔	$\varepsilon = \frac{2[2AD(D+FJ-ADL)+(D+F)^2+A^2D^2M]}{3nAD(J-RL)}\times\frac{\overline{F}_n}{K'_1}$
			无腔内孔	$\varepsilon = \frac{2[2A(1+FJ-AL)+(1+F)^2+A^2M]}{3nA(J-AL)}\times\frac{\overline{F}_n}{K_1}$

备注：

对固定节流 $A=1/(1-\beta)$

对薄膜反馈节流 $A=\frac{\beta}{1-\beta}$

$B=1+\omega+\gamma$

$C=1+\gamma$

$D=1+\omega$

$E=3\varepsilon\cos\theta_i$

$\varepsilon=e/h_0$

$F=\gamma\left(1-\cos\frac{2\pi}{n}\right)$

$K=\frac{\sin\theta_m}{\theta_m}+\gamma\cos\theta_m$

$K'=(\sin\theta_m/\theta_m)(1+\omega)+\gamma\cos\theta_m$

$K_1=(\sin\theta_m/\theta_m)+\gamma\cos\theta_m\left(1-\cos\frac{2\pi}{n}\right)$

$K'_1=\frac{\sin\theta_m}{\theta_m}(1+\omega)+\gamma\cos\theta_m\left(1-\cos\frac{2\pi}{n}\right)$

$G=1-3/\overline{K}_j$

$H=\overline{K}_j/6A$

$I=12A^2/\overline{K}_j$

$J=1+3[(2\overline{F}_n)/(n\overline{K}_j)]^2$

$L=\frac{1}{\overline{K}_j}\left[3+\left(\frac{2\overline{F}_n}{n\overline{K}_j}\right)^2\right]$

$M=\left[1-\left(\frac{2\overline{F}_n}{n\overline{K}_j}\right)^2\right]^2$

$R=(8\overline{F}_n)/n^2$

γ、ω 见表 8-5-17，β 见表 8-5-16

5.5.4　功率消耗计算

表 8-5-20　　**功率消耗计算**

项目	公　　式	符　　号
油泵输入功率	$N_p=\dfrac{p_sQ}{6120\eta}$	N_p——油泵输入功率,kW p_s——油泵输出压力,N/cm² Q——油泵输出流量,L/min η——油泵总效率
轴回转摩擦功率	径向轴承: $N_f=9.8\times10^{-2}\eta v^2\left(\dfrac{A}{h_0}+\dfrac{A_1}{h_0+Z_1}\right)$ 推力轴承: $N_f=9.8\times10^{-2}\eta v'\left(\dfrac{A'}{h_0'}+\dfrac{A_1'}{h_0'+Z_1'}\right)$ 由于 $Z_1=(30\sim60)h_0$ 和 $Z_1'=(30\sim60)h_0'$,在一般情况下$\dfrac{A_1}{h_0+Z_1}$和$\dfrac{A_1'}{h_0'+Z_1'}$两项很小,可忽略不计	N_f——一个径向和一侧推力轴承的摩擦功率,kW v——径向轴承轴颈线速度,cm/s A——轴与径向轴承可接触表面的摩擦面积,cm² A_1——径向轴承油腔挖空部位面积,cm² A'——轴肩(或止推环)与推力平面可接触表面的摩擦面积。对于环形油腔即是外端和内端封油面的面积,cm² A_1'——推力轴承油腔挖空部位的面积,cm² v'——近似取推力轴承推力平面上平均线速度,cm/s Z_1——径向轴承油腔深度,对于圆弧形油腔,油腔深度取$\dfrac{1}{2}Z_1$,cm Z_1'——推力轴承油腔深度,cm
功耗比	$K_n=N_f/N_p$	K_n——功耗比,按功耗最小原则设计时,经分析表明,最佳值在 1～3 范围内根据 $N_f=K_nN_p$ 的关系,可计算出润滑油的黏度。当 $K_n=1$ 时,具有最佳的润滑油黏度。在实际应用中,当受润滑油黏度过稀的限制时,不得不选用较大的 K_n 值
径向轴承总功耗	$N=N_f+N_p=(1+K_n)N_p$	N——一个径向轴承的总功耗,kW
润滑油流经轴承时的温升	$\Delta t=P/(c_p\rho q)=\dfrac{(1+K_n)p_s}{(c_p\rho)}$	Δt——不计热传导、辐射等热损失时润滑油流经轴承时的温升,℃ c_p——油的比定压热容,通常取 $c_p=2120$J/(kg·℃) ρ——油的密度,kg/m³;密度平均值取 $\rho=855$kg/cm³ p_s——供油压力,Pa

5.6　供油系统设计及元件与润滑油的选择

5.6.1　供油方式、特点与应用

表 8-5-21　　**供油方式、特点与应用**

方式	结　　构	特　　点	应　用
恒压供油	见图 8-5-1	轴承的各个油腔采用一个泵,油泵输出的恒定压力的润滑油先通往节流器,然后进入轴承各油腔,利用节流器调节油腔压力。前面所述的液体静压轴承均属恒压供油方式,结构简单,调整方便 供油压力的选择原则是:保证满足轴承最大承载能力和足够油膜刚度的条件下,使供油系统中的油泵功率消耗最小,既有利于降低轴承系统温度,又能改善轴承的动态性能。当严格要求控制润滑油温度时,应装设换热器或恒温装置 一般取供油压力 $p_s\geqslant1$MPa	国内外广泛应用

续表

方式	结　构	特　点	应　用
恒流量供油	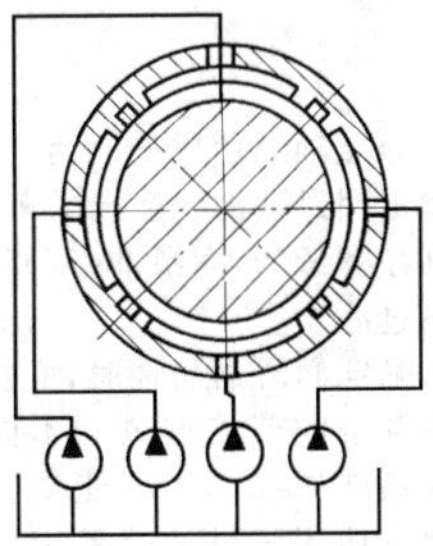	轴承的每个油腔各有一个流量相同的油泵(或阀),油泵将恒流量的润滑油直接输送到轴承油腔,它的优点是: ①工作可靠,不存在节流器堵塞的问题 ②轴承的油膜刚度大于固定节流静压轴承的油膜刚度 ③油泵功率损耗较小,温升较低 它的缺点是: ①若用多个流量相同的油泵,则所需油泵的数量多;若用多供油点的油泵,则油泵制造精度要求高 ②油膜刚度、油膜厚度受温度的影响大	因结构复杂,国内外用于特殊场合,如大型及重型机床等

5.6.2　供油系统、特点与应用

表 8-5-22　　供油系统、特点与应用

系　统	结　构　及　特　点			应　用
具有蓄能器的供油系统	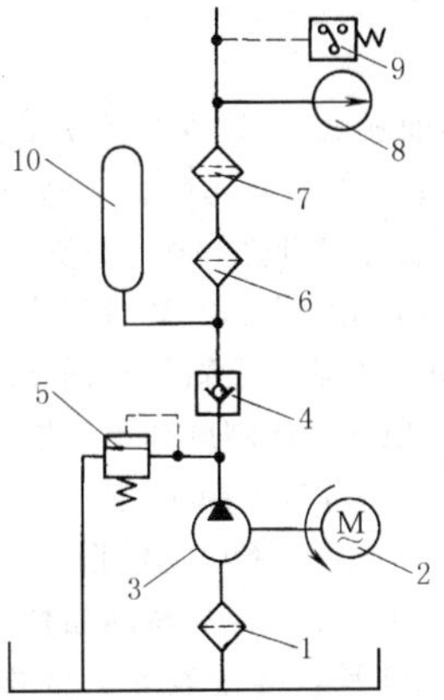	1—粗过滤器,用铜丝布制成;2—电动机;3—油泵;4—单向阀;5—溢流阀;6—粗过滤器,可用线隙式滤油器;7—精滤油器,用纸质过滤器等;8—压力表;9—压力继电器,用以保证轴承中的油液在建立一定压力后,才能启动轴;10—蓄能器	能保证突然停电或油泵等发生故障时,仍然把具有一定压力的润滑油供给轴承,以保证在轴转动惯性大的情况下,不致发生轴和轴承磨损或烧坏	适用于轴转速高、轴系统惯性较大的机床和设备的轴承
没有蓄能器的供油系统	此种系统基本与具有蓄能器的供油系统相同,所不同的只是没有蓄能器及单向阀(对于重型机床和设备,最好保留单向阀,以防止油泵停止供油后润滑油倒流),因为当突然停电或油泵等发生故障以及刹车时,在轴惯性小的情况下,不至于使轴磨损及烧坏,而且轴承中多少还有些油能起润滑作用			适用于轴转速低,轴系统惯性小的机床和设备

5.6.3　元件的选择

液体静压轴承供油系统的元件(如油泵、单向阀、溢流阀、滤油器、蓄能器、压力继电器以及油箱等)的选择,参见“液压传动与控制”篇。

5.6.4　润滑油的选择

表 8-5-23　　静压轴承推荐使用的润滑油

轴承型式	润　滑　油	备　注
小孔节流式静压轴承	①轴颈线速度 $v \geqslant 15\text{m/s}$ 时,使用 L-FC5 或 50%L-FC2+50% L-FC5 轴承油(SH/T 0017—1998,下同) ②轴颈线速度 $v \geqslant 15\text{m/s}$ 时,使用 L-FC2 或 L-FC 3 轴承油(SH 0017—1990)	静压轴承使用的润滑油,除了满足润滑油的一般要求外,应特别注意清洁,润滑油必须经过严格过滤 确定润滑油品种时,应根据静压轴承的节流型式和不同的工作条件选择。尽可能使轴回转摩擦功率与供油装置中的油泵功率消耗之和为最小

续表

轴承型式	润滑油	备注
毛细管节流式静压轴承	①高速轻载时,使用 L-FC 7 或 L-FC 10 轴承油(SH 0017—1990) ②低速重载时,使用 L-FC 15、L-FC 22 或 L-FC 32 轴承油(SH 0017—1990)	静压轴承使用的润滑油,除了满足润滑油的一般要求外,应特别注意清洁,润滑油必须经过严格过滤 确定润滑油品种时,应根据静压轴承的节流型式和不同的工作条件选择。尽可能使轴回转摩擦功率与供油装置中的油泵功率消耗之和为最小
滑阀反馈节流式及薄膜反馈节流式静压轴承	①高速轻载时,使用 L-FC 15 或 L-FC 22 轴承油(SH 0017—1990) ②中速中载时,使用 L-FC 32 或 L-FC 46 轴承油(SH 0017—1990) ③低速重载时,使用 L-FC 46 或 L-FC 68 轴承油(SH 0017—1990)	

注:1. 允许采用黏度与性能相近的其他牌号的润滑油。

2. 常用轴承油的运动黏度值请参见 SH 0017—1990,不同的黏度指数的润滑油在各种温度下所具有的相应运动黏度值请参见 GB/T 3141—1994 的有关表。

5.7 液体静压轴承设计计算的一般步骤及举例

5.7.1 液体静压轴承系统设计计算的一般步骤

液体静压轴承系统的设计包括合理选择轴承、节流器、液压系统的结构型式和确定各有关参数。

设计的原始条件为:轴承的最大载荷 F_{max},主轴转速 n,要求的油膜刚度(或允许主轴在最大载荷作用下的最大位移 e)。此外,对于精密机床往往还限制轴承的最高温度。

静压轴承的设计可有不同的方法,一般步骤如下。

1)选择轴承的结构型式:根据机床类型、外载荷的性质及设计的具体要求,按表 8-5-3 选择。

2)确定主轴支承数目:进行受力分析并计算支承反力。

3)选择节流器的结构型式:根据机床类型、所需的油膜刚度,按表 8-5-14 选择。

4)设计计算。

① 确定轴承的结构尺寸。按具体条件查表 8-5-4 选择轴承的直径 D、宽度 L、轴向封油面长度 l_1、周向封油面宽度 b_1、回油槽宽度 b_2 和轴承半径间隙 h_0 等各项。

② 计算油腔的有效承载面积 A_e。根据不同的轴承结构,由表 8-5-8、表 8-5-9、表 8-5-12、表 8-5-15~表 8-5-20 中查得有关的计算公式,代入相应的参数。

③ 选择节流比 β。各种不同节流型式的节流比见表 8-5-16。

④ 选择供油压力 p_s。在满足承载能力的前提下,不宜选用过高的供油压力。一般推荐供油压力 $p_s \geqslant 1\text{MPa}$。在设计时预选一个 p_s 值作为原始条件,计算油膜刚度和承载能力等。如果不能满足设计要求时,则可修改此压力值,重新计算油膜刚度及承载能力。必要时可以根据油膜刚度和承载能力来计算所需的供油压力 p_s 值并取较大的 p_s 值。

⑤ 选择润滑油。选择时应根据不同的节流型式和机床的工作条件等来确定润滑油品种。对于常用的四油腔径向静压轴承,可按表 8-5-23 中推荐的润滑油品种选用。但对于功耗和温升要求较高的场合,润滑油的黏度 η 应按最小功率消耗和最低温升的条件来计算,可根据表 8-5-20 中 $N_f = K_n N_p$ 的关系,计算润滑油的最佳黏度 η。

⑥ 计算轴承流量。按表 8-5-16 及表 8-5-17 中的流量公式计算单个油腔的流量 q_0,再乘以油腔数得到总流量。

⑦ 设计计算节流器,并验算层流条件。

⑧ 承载能力或油膜刚度等的验算。

⑨ 计算油泵功率 N_p。

⑩ 计算摩擦功率 N_f。

⑪ 计算温升 Δt。

⑫ 选择油泵规格,设计供油系统。

5.7.2 毛细管节流径向液体静压轴承设计举例

已知:径向轴承直径 $D = 6\text{cm}$,要求径向轴承的油膜刚度 $G_0 = 148\text{N}/\mu\text{m}$,设计毛细管节流有周向回油四油腔对称等面积径向轴承。计算结果见表 8-5-24。

表 8-5-24　毛细管节流径向液体静压轴承设计

项　目		单　位	公 式 及 结 果
确定轴承结构尺寸	轴承宽度 L	cm	根据轴承直径 $D=6\text{cm}$,选择 $L/D=1$,$l_1/D=0.1$,按表 8-5-5 及表 8-5-6 得：
	油腔宽度 l	cm	6
	轴向封油面宽度 l_1	cm	4.8
	油腔夹角 θ	(°)	0.6
	周向封油面夹角 θ_1	(°)	60
	回油槽夹角 θ_2	(°)	12
	回油槽深度 Z_2	cm	6
	周向封油面宽度 b_1	cm	0.06
	回油槽宽度 b_2	cm	$b_1=D\sin(\theta_1/2)=6\times\sin(12°/2)=0.63$
	油腔有效夹角 θ_m	(°)	$b_2=D\sin(\theta_2/2)=6\times\sin(6°/2)=0.31$
			$\theta_m=\theta/2+\theta_1/2=60°/2+12°/2=36°$
确定轴承其他参数	轴承有效承载面积 A_e	cm^2	根据表 8-5-17 公式 $\overline{A}_e=\dfrac{L-l_1}{L}\sin\theta_m=\dfrac{6-0.6}{6}\times\sin36°=0.529$ $A_e=\overline{A}_eDL=0.529\times6\times6=19.04$
	润滑油		根据表 8-5-23 的推荐,毛细管节流静压轴承选择 AN32 号全损耗系统用油。AN32 号全损耗系统用油在 50℃时的动力黏度 η_{50} 和运动黏度 γ_{50} 分别为 $\eta_{50}=193\text{N}\cdot\text{s/cm}^2$,$\gamma_{50}=0.22\text{cm}^2/\text{s}$
	节流比 β		$\beta=0.5$ 时,轴承具有最佳刚度,故选择 $\beta=0.5$
	供油压力 p_s	N/cm^2	供油压力的选择原则是：满足轴承最大承载能力和足够刚度条件下,使供油装置功率消耗最小 一般选择 $p_s\geqslant98$,现取 $p_s=147$
	轴承半径间隙 h_0	cm	根据表 8-5-18　$\overline{G}_0=6CK=\dfrac{6\beta(1-\beta)K}{1+\gamma}$ 式中　$\gamma=\dfrac{nl_1(L-l_1)}{b_1(\pi D-nb_2-nb_1)}=\dfrac{4\times0.6\times(6-0.6)}{0.63\times(\pi\times6-4\times0.31-4\times0.63)}$ $=1.363$ $K=\dfrac{\sin\theta_m}{\theta_m}+\gamma\cos\theta_m=\dfrac{\sin36°}{0.628}+1.363\times\cos36°=2.039$ 由表 8-5-16 公式　$G_0=\overline{G}_0\dfrac{p_sA_e}{h_0}$ 故　$h_0=\dfrac{\overline{G}_0}{G_0}p_sA_e$ 取　$G_0=176.5\text{N/cm}$ 将以上各项代入得：$h_0=\dfrac{1.294}{176.5\times10^4}\times147\times19.04=2.05\times10^{-3}$ 取　$h_0=2\times10^{-3}$

续表

项目		单位	公式及结果
确定轴承其他参数	毛细管直径 d_c 毛细管长度 l_c	cm	根据表 8-5-16 公式 $C_j=\frac{\beta}{1-\beta}C_d h_0^3$ 及 $C_j=(\pi d_c^4)/(128l_c)$ 又根据表 8-5-17 公式 $C_d=\frac{1}{6}\left(\frac{L-l_1}{b_1}+\frac{D\theta_m}{l_1}\right)$ 整理后得 $\frac{d_c^4}{l_c}=\frac{128\beta h_0^3}{6\pi(1-\beta)}\left(\frac{L-l_1}{b_1}+\frac{D\theta_m}{l_1}\right)$ $=\frac{128\times0.5\times(2\times10^{-3})^3}{6\pi(1-0.5)}\times\left(\frac{6-0.6}{0.63}+\frac{6\times0.628}{0.6}\right)$ $=8.07\times10^{-7}$ 若 $d_c=0.056$，则 $l_c=12.18$ $d_c=0.071$，则 $l_c=31.48$ 最后取 $d_c=0.056$，$l_c=12.18$
	油腔深度 Z_1	cm	根据表 8-5-4 $Z_1=(30\sim60)h_0$ $=(30\sim60)\times2\times10^{-3}=0.06\sim0.12$ 取 $Z_1=0.1$
	轴承流量 $4Q_0$	cm^3/s	根据表 8-5-16 中公式 $\overline{Q}_0=C_d\beta$ 查表 8-5-17 $C_d=\frac{1}{6}\left(\frac{L-l_1}{b_1}+\frac{D\theta_m}{l_1}\right)$ $\overline{Q}_0=\frac{1}{6}\left(\frac{6-0.6}{0.63}+\frac{6\times0.628}{0.6}\right)\times0.5=1.238$ 又 $Q_0=\overline{Q}_0\frac{p_s h_0^3}{\eta}=1.238\times\frac{147\times(2\times10^{-3})^3}{193\times10^{-8}}=0.754$ 故 $4Q_0=4\times0.754=3.016$ 若有两个结构、参数相同的径向轴承，则 $Q_{径总}=2\times4Q_0=2\times3.016=6.032$
	油泵额定流量 $Q_{泵}$	cm^3/s	根据推荐，油泵额定流量应为计算流量的 1.5～2 倍，则 $Q_{泵}=(1.5\sim2)Q_{计总}=(1.5\sim2)(Q_{径总}+Q_{推总})$
	验算毛细管层流条件		根据表 8-5-16 公式 $Re=\frac{Q_{j0}d_c\rho}{A_c\eta}=\frac{0.754\times0.056\times84\times10^{-7}}{\frac{\pi\times0.056^2}{4}\times193\times10^{-8}}$ $=74.67<2000$ 毛细管长径比 $l_c/d_c=12.18/0.056=217.5>20$ 毛细管层流起始段长度 $l_{jc}=0.065d_cRe=0.065\times0.056\times74.67=0.27<12.18$，满足层流条件

续表

项目	公式及结果
工作图	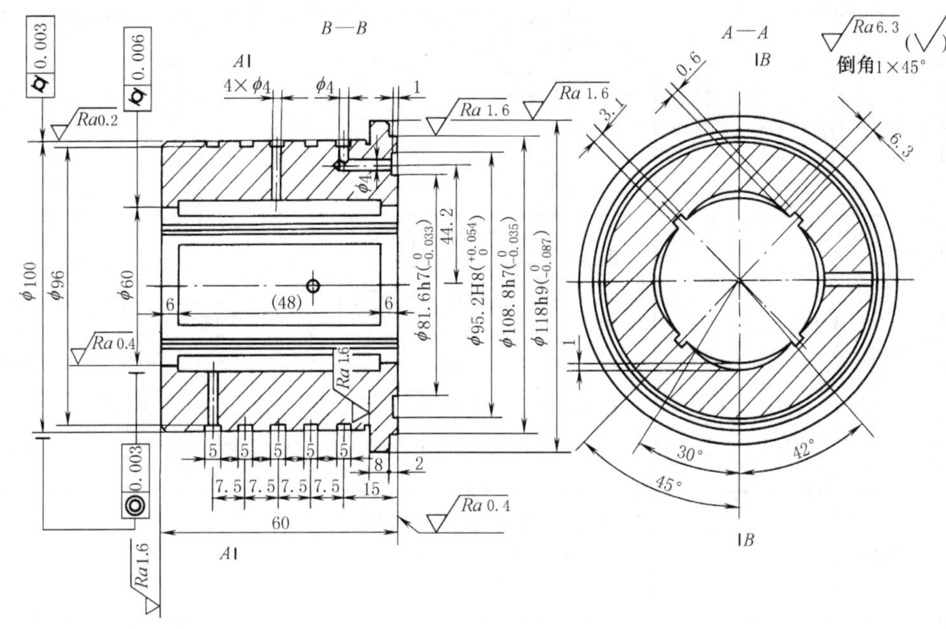 技术要求 1. 材料为锡青铜 ZCuSn6Zn6（ZQSn6-6-3） 2. ϕ60 内孔和主轴配合半径间隙 0.022±0.002 3. ϕ100 外圆和箱体孔配合过盈 0.006±0.002 4. 四个油腔及四个回油槽对称分布 5. 锐边倒钝（包括油腔和回油槽） 轴承工作图 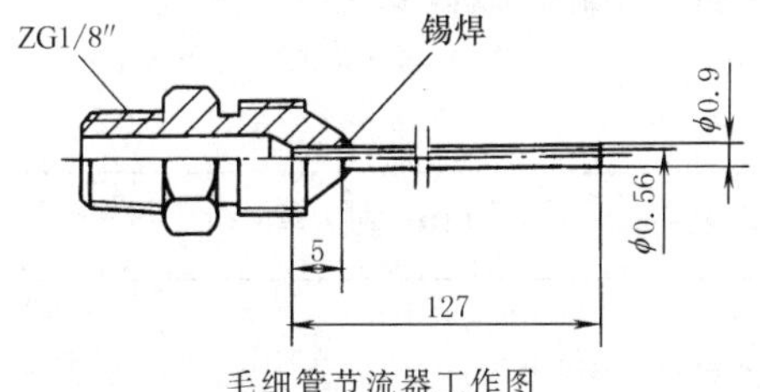 毛细管节流器工作图 技术要求 1. 注射针管和管接头焊接牢固，不得漏油 2. 同一轴承各节流器在相同温度下的流量允差 10%

5.7.3 毛细管节流推力液体静压轴承设计举例

已知：推力轴承直径 $D=6$cm，要求推力轴承的油膜刚度 $G_0=588$N/μm，设计毛细管节流环形油腔推力轴承。计算结果见表 8-5-25。

表 8-5-25 **毛细管节流推力液体静压轴承设计**

	项 目	单 位	公 式 及 结 果
确定推力轴承结构尺寸	油腔结构尺寸 D_1 D_2 D_3 D_4	cm	采用推力轴承位于前轴承前端的布置型式，并采用主轴有砂轮越程槽的环形油腔结构。根据表 8-5-12 得 6.8 8.2 9.5 10.9
确定轴承其他参数	推力轴承油腔有效承载面积 A_e	cm^2	根据表 8-5-17 $\overline{A_e}=\frac{\pi}{8D_1^2}\left(\frac{D_4^2-D_3^2}{\ln\frac{D_4}{D_3}}-\frac{D_2^2-D_1^2}{\ln\frac{D_2}{D_1}}\right)=\frac{\pi}{8\times6.8^2}\times\left(\frac{10.9^2-9.5^2}{\ln\frac{10.9}{9.5}}-\frac{8.2^2-6.8^2}{\ln\frac{8.2}{6.8}}\right)$ $=0.812$ 根据表 8-5-16 公式 $A_e=\overline{A_e}D_1^2=0.812\times6.8^2=37.5$
	润滑油		选 AN32 号全损耗系统用油 $\eta_{50}=193\times10^{-3}\text{N}\cdot\text{s/cm}^2$ $\gamma_{50}=0.22\text{cm}^2/\text{s}$
	节流比 β		选 $\beta=0.5$
	供油压力 p_s	N/cm^2	选 $p_s=147$
	推力轴承单边间隙 h_0	cm	根据表 8-5-18 及表 8-5-16 公式 $\overline{G_0}=6A=6\beta(1-\beta)=6\times0.5\times(1-0.5)=1.5$ $G_0=\overline{G_0}\times\frac{p_sA_e}{h_0}$ 则 $h_0=\frac{\overline{G_0}p_sA_e}{G_0}=\frac{1.5\times147\times37.5}{588\times10^4}=1.4\times10^{-3}$
	毛细管节流器尺寸： 直径 d_c 长度 l_c	cm	与前径向轴承选择相同的毛细管节流器，则 $d_c=0.056$ $l_c=12.7$
	油腔深度 Z_1'	cm	$Z_1'=(30\sim60)h_0=(30\sim60)\times1.4\times10^{-3}$，取 $Z_1'=0.08$
	轴承流量 $2Q_0$	cm^3/s	根据公式 $\overline{Q_0}=C_d\beta$，由表 8-5-17 公式 $C_d=\frac{\pi}{6}\times\frac{\ln\frac{D_2D_4}{D_1D_3}}{\ln\frac{D_2}{D_1}\ln\frac{D_4}{D_3}}=6.79$ $\overline{Q_0}=6.79\times0.5=3.395$ 所以 $Q_0=\overline{Q_0}\frac{p_sh_0^3}{\eta}=3.395\times\frac{147\times(1.4\times10^{-3})^3}{193\times10^{-8}}=0.71$ 则 $2Q_0=2\times0.71=1.42$

续表

项目		单位	公式及结果
确定轴承其他参数	油泵额定流量 $Q_{泵}$	cm^3/s	与前径向轴承同
	验算层流条件		

5.7.4 小孔节流径向液体静压轴承设计举例

已知：径向轴承直径 $D=6cm$，要求径向轴承的油膜刚度 $G_0=314N/\mu m$，设计小孔节流无周向回油腔内孔式回油、四油腔对称等面积径向轴承。计算结果见表 8-5-26。

表 8-5-26 小孔节流径向液体静压轴承设计

项目		单位	公式及结果
确定轴承结构尺寸	轴承宽度 L 油腔宽度 l 轴向封油面宽度 l_1	cm	根据轴承直径 $D=6cm$，选择 $L/D=1.5$，$l_1/D=0.1$，根据表 8-5-5 及表 8-5-6 得 9 7.8 0.6
	油腔夹角 θ 周向封油面夹角 θ_i 油腔有效夹角 θ_m 回油孔中心至油腔中心夹角 θ_3	(°)	66 24 45 16.5
	周向封油面宽度 b_1 回油孔半径 r_1 回油圆台外圆半径 r_2	cm	$b_1=D\sin\frac{\theta_1}{2}=6\times\sin\frac{24°}{2}=12.5$ 0.2 0.4
	回油孔数 N_0	个	2
确定轴承其他参数	轴承油腔有效承载面积 A_e	cm^2	根据表 8-5-17 公式及表 8-5-16 公式 $\overline{A_e}=\frac{L-l_1}{L}\sin\theta_m-\frac{N_0\pi}{DL}\left\{r_2^2-\frac{1}{2\ln\frac{r_2}{r_1}}\left[r_1^2-r_2^2\left(1-2\ln\frac{r_2}{r_1}\right)\right]\right\}\cos\theta_m$ $=\frac{9-0.6}{9}\times\sin45°-\frac{2\pi}{6\times9}\times\left\{0.4-\frac{1}{2\times\ln\frac{0.4}{0.2}}\times\left[0.2^2-0.4^2\times\left(1-2\times\ln\frac{0.4}{0.2}\right)\right]\right\}\times\cos45°$ $=0.65$ $A_e=\overline{A_e}DL=0.65\times6\times9=35.1$
	润滑油		根据表 8-5-23 推荐，选用 50%2 号主轴油＋50%5 号主轴轴承油的混合油，润滑油在 50℃、20℃时的密度 ρ 和动力黏度 η 如下： 20℃时：$\eta_{20}=57\times10^{-8}N\cdot s/cm^2$，$\rho_{20}=84\times10^{-7}N\cdot s^2/cm^4$ 50℃时：$\eta_{50}=25\times10^{-8}N\cdot s/cm^2$，$\rho_{50}=82\times10^{-7}N\cdot s^2/cm^4$

续表

项目		单位	公式及结果
确定轴承其他参数	节流比 β		$\beta=0.585$ 时，轴承具有最佳刚度。对于供油系统有恒温控制装置，并要求轴承温度控制在20℃左右工作时，取 $\beta=0.585$，如果供油系统无恒温控制装置，由于 β 随着 η 的改变而变化，因此应满足油温在20～60℃范围内变化时，保持 $\beta=0.333\sim0.667$ 之间。本例取润滑油在50℃时，$\beta_{50}=0.4$
	供油压力 p_s	N/cm²	根据推荐 $p_s\geqslant98$，现取 $p_s=147$
	轴承间隙 h_0 及节流小孔直径 d_0	cm	根据表8-5-18公式 $\overline{G}_0=\dfrac{10.8A}{B+2F}=\dfrac{10.8\beta(1-\beta)(1+\omega)}{(2-\beta)(1+\omega)+2\gamma(1-\beta)}$ 式中 $\gamma=\dfrac{\pi l_1(L-l_1)}{\pi D b_1}=\dfrac{4\times0.6\times(9-0.6)}{\pi\times6\times1.25}=0.86$ $\omega=\dfrac{nl_1N_0}{D\ln\dfrac{r_2}{r_1}}=\dfrac{4\times0.6\times2}{6\times\ln\dfrac{0.4}{0.2}}=1.154$ 将各值代入 $\overline{G}_0$ 式，则 $\overline{G}_0=\dfrac{10.8\times0.4\times(1-0.4)\times(1+1.154)}{(2-0.4)\times(1+1.154)+2\times0.86(1-0.4)}=1.25$ 根据表8-5-17公式 $C_d=\dfrac{1}{6}\left(\dfrac{D\theta_m}{l_1}+\dfrac{N_0\pi}{\ln\dfrac{r_2}{r_1}}\right)=\dfrac{1}{6}\left(\dfrac{6\times0.785}{l_1}+\dfrac{2\pi}{\ln\dfrac{0.4}{0.2}}\right)=2.819$ 若取 $d_0=0.05$，根据表8-5-16公式 $G_0=\overline{G}_0\dfrac{p_sA_e}{h_0}$ 则 $h_0=\overline{G}_0\dfrac{p_sA_e}{G_0}=1.25\times\dfrac{147\times35.1}{314\times10^4}=2.054\times10^{-3}$ 满足设计要求，取 $d_0=0.05$，$h_0=0.002$
	油腔深度 Z_1	cm	根据表8-5-4，$Z_1=(30\sim60)h_0=(30\sim60)\times0.002=0.06\sim0.12$ 取 $Z_1=0.1$
	轴承流量 $4Q_0$	cm³/s	根据表8-5-16公式 $\overline{Q_0}=C_d\beta=2.819\times0.4=1.128$ $Q_0=\dfrac{p_sh_0^3}{\eta}\overline{Q_0}=\dfrac{147\times(2\times10^{-3})^3}{24.6\times10^{-8}}\times1.128=5.39$ 故 $4Q_0=4\times5.39=21.56$ 若有两个结构参数相同的径向轴承，则径向轴承的总流量为 $Q_{径总}$ $Q_{径总}=2\times4Q_0=2\times21.56=43.12$
	油泵额定流量 $Q_泵$	cm³/s	根据推荐 $Q_泵=(1.5\sim2)Q_{径总}$ $=(1.5\sim2)\times43.12=64.68\sim86.24$

续表

项目	公式及结果
工作图	技术要求 1. 材料为锡青铜 ZCuSn6Zn6(ZQSn6-6-3)；铸件不得有砂眼、缩孔和疏松缺陷，应时效处理 2. ϕ60 内孔和主轴配合半径间隙 0.022±0.002 3. ϕ100 外圆和箱体孔配合过盈 0.006±0.002 4. 四个油腔对称分布 5. 锐边倒钝 轴承工作图(按带推力轴承结构) 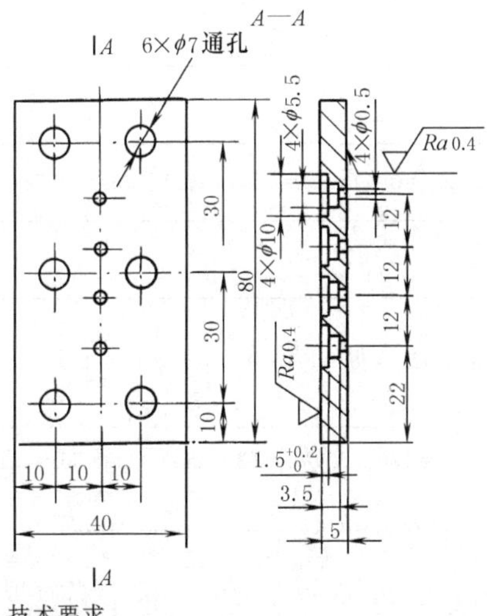 技术要求 1. 材料为 35 钢板 2. ϕ0.5 四个小孔的流量允差 10% 3. 锐边倒钝 图(a)　板式结构 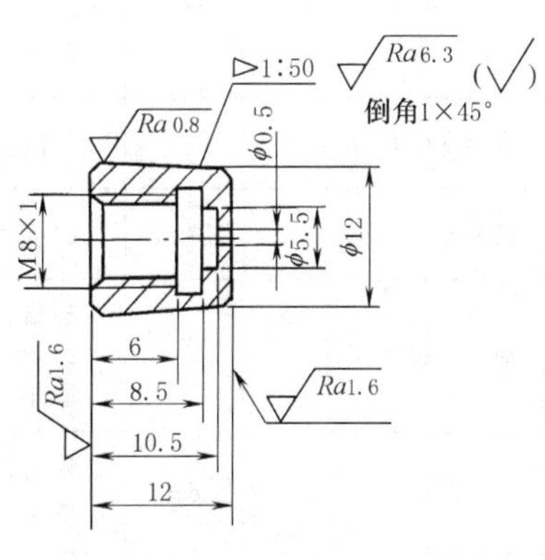 技术要求 1. 材料为黄铜 ZCuZn38(ZH62) 2. 同一轴承各节流器的流量允差 10% 3. 同内锥孔配合，接触表面不少于 70% 图(b)　外锥式结构 小孔节流器工作图

5.7.5 薄膜反馈节流径向液体静压轴承设计举例

已知：径向轴承直径 $D=14\text{cm}$，径向轴承的最大载荷 $F_{max}=5880\text{N}$。设计双面薄膜反馈节流有周向回油、四油腔对称等面积径向轴承。计算结果见表 8-5-27。

表 8-5-27 薄膜反馈节流径向液体静压轴承设计

项目		单位	公式及结果
确定轴承结构尺寸	轴承宽度 L	cm	根据轴承直径 $D=14\text{cm}$，选择 $L/D=1$，$l_1/D=0.1$，根据表 8-5-5 及表 8-5-6 得 14
	油腔长度 l	cm	11.2
	轴向封油面宽度 l_1	cm	1.4
	油腔夹角 θ	(°)	63
	周向封油面夹角 θ_1	(°)	12
	油腔有效夹角 θ_m	(°)	$\theta_m=\frac{1}{2}(\theta_1+\theta)=\frac{1}{2}(12+63)=37.5$
	回油槽夹角 θ_2	(°)	取 3
	周向封油面宽度 b_1	cm	$b_1=D\sin\frac{\theta_1}{2}=14\times\sin\frac{12°}{2}=1.46$
	回油槽宽度 b_2	cm	$b_2=D\sin\frac{\theta_2}{2}=14\times\sin\frac{3°}{2}=0.366$
	回油槽深度 Z_1	cm	取 0.06
确定轴承其他参数	轴承油腔有效承载面积 A_e	cm^2	根据表 8-5-17 公式 $\overline{A}_e=\frac{L-l_1}{L}\sin\theta_m=\frac{14-1.4}{14}\times\sin37.5°=0.548$ 故 $A_e=\overline{A}_eDL=0.548\times14\times11.2=107.48$
	润滑油		根据表 8-5-23 推荐，选用 AN46 号全损耗系统用油。润滑油温度在 50℃时的动力黏度 $\eta_{50}=265\times10^{-8}\text{N}\cdot\text{s/cm}^2$
	节流比 β		取 $\beta=0.5$
	薄膜刚度系数 K_j		根据表 8-5-18 公式 $K_j=3\beta(1-\beta)=3\times0.5(1-0.5)=0.75$
	供油压力 p_s	N/cm^2	取 $p_s=196$
	轴承半径间隙 h_0	cm	根据表 8-5-4 推荐 $2h_0=(0.0004\sim0.0007)D=(0.0004\sim0.0007)\times14=0.0056\sim0.0098$ 取 $h_0=0.0035$
	油腔深度 Z_1	cm	根据表 8-5-4 推荐 $Z_1=(30\sim60)h_0=(30\sim60)\times0.0035=0.105\sim0.21$ 取 $Z_1=0.15$
	双面薄膜反馈节流尺寸： d_j、d_{j1}、d_{j2}	cm	选取 $d_j=3.2$ $d_{j1}=0.4$ $d_{j2}=1.6$
	节流间隙 h_{j0}	cm	根据表 8-5-16 公式及表 8-5-17 公式 $h_{j0}=h_0\sqrt[3]{\frac{6\ln\frac{d_{j2}}{d_{j1}}C_d\beta}{\pi(1-\beta)}}$

续表

项目		单位	公式及结果
确定轴承其他参数	节流间隙 h_{j0}	cm	式中 $C_d=\frac{1}{6}\left(\frac{L-l_1}{b_1}+\frac{D\theta_m}{l_1}\right)=\frac{1}{6}\times\left(\frac{14-1.4}{1.46}+\frac{14\times0.654}{1.4}\right)=2.528$ $h_{j0}=0.0035\times\sqrt[3]{\frac{6\times\ln\frac{1.2}{0.4}\times2.258\times0.5}{\pi(1-0.5)}}=0.0061$
	薄膜厚度 t	cm	根据表 8-5-18 公式 $t=\sqrt[3]{\frac{3(1-\mu^2)\left(\frac{d_{j2}^2}{4}-\frac{d_{j1}^2}{4}\right)^2}{16Em}}$ 又 $m=h_{j0}/(2p_s\overline{K}_j)=0.0061/(2\times196\times0.75)=2.07\times10^{-5}$ $\mu=0.28,E=20.6\times10^6$ $t=\sqrt[3]{\frac{3\times(1-0.28^2)\times\left(\frac{3.2^2}{4}-\frac{0.4^2}{4}\right)^2}{16\times20.6\times2.07\times10^{-5}\times10^6}}=0.137$
	验算薄膜最大变形量 δ_{max}	cm	根据表 8-5-18 $\delta_{max}=m\frac{F_{max}}{A_e}=2.07\times10^{-5}\times\frac{600}{107.48}=1.1556\times10^{-4}<h_{j0}=0.0061$
	验算刚度或承载能力		根据表 8-5-19 公式、表 8-5-17 和表 8-5-16 $\varepsilon=\frac{2(2AJ-LA+A^2M+1)C}{3nA(J-RL)}\times\frac{\overline{F}_n}{K}$ $=\frac{2(1+\gamma)}{n}\times\overline{F}_n\left\{\frac{2\beta}{1-\beta}\left[1+3\left(\frac{2\overline{F}_n}{n\overline{K}_j}\right)^2\right]-\frac{\beta}{(1-\beta)\overline{K}_j}\times\left[3+\left(\frac{2\overline{F}_n}{n\overline{K}_j}\right)^2\right]+1+\left(\frac{\beta}{1-\beta}\right)^2\times\left[1-\left(\frac{2\overline{F}_n}{n\overline{K}_j}\right)^2\right]^3\right\}\times\frac{1}{3\frac{\beta}{1-\beta}K}\times1\Big/\left\{1+3\left(\frac{2\overline{F}_n}{n\overline{K}_j}\right)^2-8\frac{\overline{F}_n}{n^2\overline{K}_j}\left[3+\left(\frac{2\overline{F}_n}{n\overline{K}_j}\right)^2\right]\right\}$ $\gamma=\frac{nl_1(L-l_1)}{b_1(\pi D-nb_1-nb_2)}=\frac{4\times1.4(14-1.4)}{1.46\times(14\times\pi-4\times1.46-4\times0.366)}=1.318$ $K=\frac{\sin\theta_m}{\theta_m}+\gamma\cos\theta_m=\frac{\sin37.5^\circ}{0.654}+1.318\times\cos37.5^\circ=1.976$ 将已知各参数代入，则$\overline{F}_n=0.3,\varepsilon=0.00818$ 又 $F=\overline{F}_nA_ep_s=0.3\times107.48\times196=6319\text{N}>5884\text{N}$，满足要求
	轴承流量 $4Q_0$	cm^3/s	由表 8-5-16 公式，$\overline{Q}_0=C_d\beta=2.528\times0.5=1.264$ 故 $Q_0=\overline{Q}_0\frac{p_sh_0^3}{\eta}=1.264\times\frac{196\times(3.5\times10^{-3})^3}{265\times10^{-3}}=4.01$ $4Q_0=4\times4.01=16.04$ 若有两个结构参数相同的径向轴承，则径向轴承总流量为 $Q_{径总}$ $Q_{径总}=2\times4Q_0=2\times16.04=32.08$
	油泵额定流量 $Q_{泵}$		推荐 $Q_{泵}=(1.5\sim2)Q_{计总}$ $=(1.5\sim2)(Q_{径总}+Q_{推总})$

续表

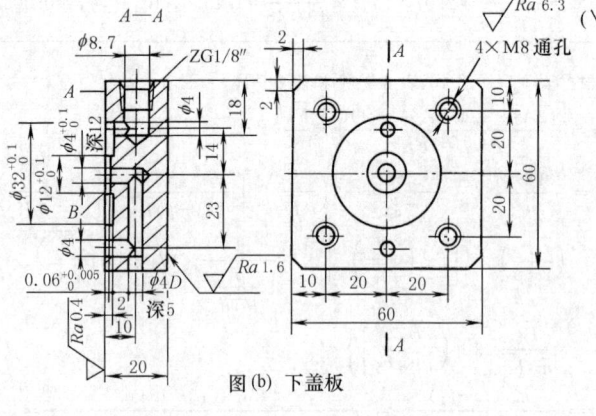

项目	公式及结果
双面薄膜反馈节流器主要零件工作图	技术要求 1. 材料为 45 钢，35～40HRC 2. $\phi4^{+0.1}_{0}$、$\phi12^{+0.1}_{0}$、$\phi32^{+0.1}_{0}$，同轴度公差为 0.05 3. 平面 A 对 B 的平行度公差为 0.005 4. $\phi4D$ 孔装配时用销堵死 5. 锐边倒钝 图(a) 上盖板 技术要求 1. 材料为 45 钢，35～40HRC 2. $\phi4^{+0.1}_{0}$、$\phi12^{+0.1}_{0}$、$\phi32^{+0.1}_{0}$ 同轴度公差为 0.05 3. 平面 A 对 B 的平行度公差为 0.005 4. $\phi4D$ 孔装配时用销堵死 5. 锐边倒钝 图(b) 下盖板 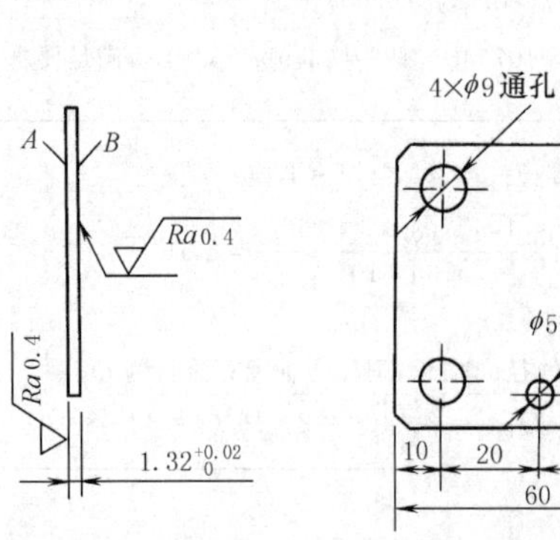 技术要求 1. 材料为 65Mn 弹簧钢，42～45HRC 2. 平面 A 和 B 的直线度公差为 0.01；平面 A 对平面 B 的平行度公差不大于 0.01 3. 锐边倒钝 图(c) 薄膜

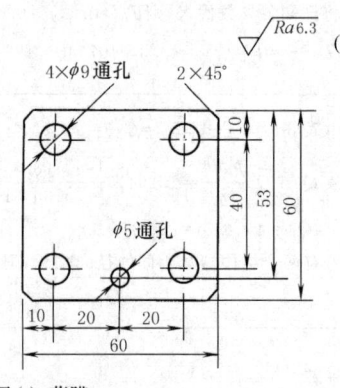

5.8　静压轴承的故障及消除的方法

表 8-5-28　静压轴承装配及使用中可能出现的故障及消除方法

故障类型	故障现象	故障原因	消除方法
纯液体润滑建立不起来	启动油泵后，若已建立了纯液体润滑，一般应能用手轻松地转动 若转不动或比不供油时更难转动，即表明纯液体润滑未建立	轴承某油腔的压力未能建立，或轴承装配质量太差，如： ①某油腔有漏油现象，致使轴被挤在轴承的一边 ②轴承某油腔无润滑油，加工和装配时各进油孔有错位现象，或节流器被堵塞 ③各节流器的液阻相差过大，造成某个油腔无承载能力 ④反馈节流器的弹性元件刚度太低，造成一端出油孔被堵住 ⑤向心轴承的同轴度太大，或推力轴承的垂直度太小，使主轴的抬起间隙太小	①检查各油腔的压力是否已建立。对漏油或无压力的油腔，找出具体原因，采取相应措施加以克服 ②调整各油腔的节流比，使之在合理的范围内 ③合理设计节流器 ④保持润滑油清洁 ⑤保证零件的制造精度和装配质量
压力不稳定	①当主轴不转时，开动油泵后，各油腔的压力都逐渐下降或某几个油腔的压力下降 ②主轴转动后，各油腔的压力有周期性的变化（若变化量大于 0.05～0.1MPa 时，必须检查原因） ③主轴不转时，各油腔因压力抖动（超过 0.05～0.1MPa 时应检查） ④当主轴转速较高时，油腔压力有不规则的波动	①各油腔压力都下降，表明滤油器逐渐被堵塞，若某油腔的压力单独下降，表明与该油腔相对应的节流器被杂质逐渐堵塞 ②由于主轴转动时有附加力作用于主轴上或因主轴圆度超差 ③由于油泵系统的脉动太大 ④由于空气被吸入油腔或动压力的干扰	①更换油液，清洗滤油器及节流器 ②检查轴及轴上零件是否存在较大的离心力，若是，则进行动平衡消除之；检查卸荷带是否有干扰力，减小卸荷带轮与主轴的同轴度误差 ③检查油泵及压力阀 ④改进油腔的型式
油膜刚度不足	主轴轴承的油膜刚度未达到设计要求	①节流比 β 值超差 ②供油压力 p_s 太低 ③轴承间隙太大 ④节流器设计不合理	按油膜刚度的调整进行
主轴拉毛或抱轴	当轴转动一段时间后，主轴可能发现有拉毛现象或在运转时发生抱轴现象	①油液不干净，过滤净度不够 ②轴承及油管内储存的杂质未清除 ③节流器堵塞 ④轴颈刚度不足，产生了金属接触 ⑤安全保护装置失灵	①检修滤油器 ②清洗零件 ③核算轴颈刚度 ④维修安全保护装置
油腔压力升高不足	节流器油液虽通畅，但油腔压力升高不足	①轴承配合间隙太大 ②油路有漏油现象 ③油泵不合格 ④润滑油黏度 η_t 太低	①测量配合间隙，若太大，则需重配主轴 ②消除漏油现象 ③更换油泵 ④选用合适的润滑油
轴承温升过高	当主轴运转 2h 左右后，油池或主轴箱体外壁温度超差	①轴承间隙过小 ②轴泵压力太高 ③润滑油黏度 η_t 太高 ④油腔摩擦面积太大	①加大轴承间隙 ②在承载能力与刚度允许的条件下，降低油泵压力 ③降低润滑油黏度 ④减小封油面宽度，但需使封油面宽度 a、b 均大于间隙的 40 倍（$40h_0$）并保证 $Re>2000$

第8篇

第6章 气体润滑轴承

6.1 气体润滑理论

6.1.1 气体力学基本方程式

为推导气体 Reynolds 方程，作出以下合理基本假设：

① 气体在接触界面无滑移；

② 润滑气膜的体积力忽略不计；

③ 因为气膜厚度方向尺寸较小，忽略膜厚方向的压力变化；

④ 轴承内表面曲率半径远大于气膜厚度，用气体平移速度代替转动速度；

⑤ 润滑气体为牛顿流体；

⑥ 忽略气体惯性力的影响；

⑦ 气膜内为层流流动，不存在涡流和湍流；

⑧ 气体黏度在气膜厚度方向不变。

(1) 运动方程

图 8-6-1 表示的是气膜微元体单元在 x 方向的受力分析。由于忽略了气体体积力和惯性力，因此单元体只受气膜压力 p 和剪切力 τ 的作用。其中，u、v、w 分别为 x、y、z 方向的速度分量；z 为气膜厚度方向，其数值远小于其他两个方向，速度梯度 $\partial u/\partial z$ 和 $\partial v/\partial z$ 远大于其他速度梯度项，因此前后两个 $\mathrm{d}x\mathrm{d}z$ 表面在 x 方向无剪切力作用。

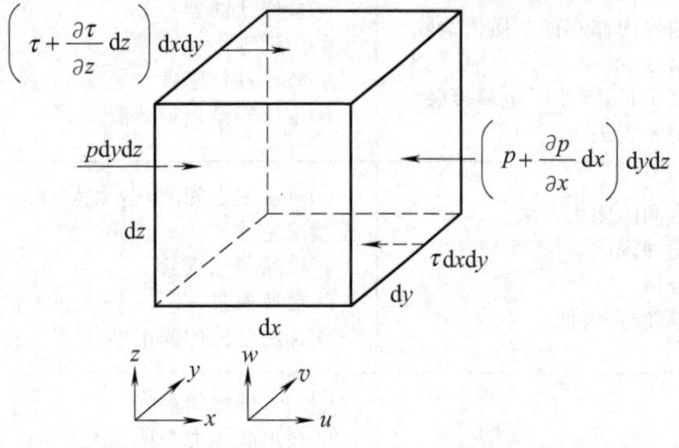

图 8-6-1 微元体 x 方向受力分析

由图 8-6-1 所示的受力分析，可以得到 x 方向的受力平衡方程：

$$p\,\mathrm{d}y\mathrm{d}z+\left(\tau+\frac{\partial\tau}{\partial z}\mathrm{d}z\right)\mathrm{d}x\mathrm{d}y=\left(p+\frac{\partial p}{\partial x}\mathrm{d}x\right)\mathrm{d}y\mathrm{d}z+\tau\mathrm{d}x\mathrm{d}y \tag{8-6-1}$$

化简得：

$$\frac{\partial p}{\partial x}=\frac{\partial\tau}{\partial z} \tag{8-6-2}$$

将牛顿黏性定律 $\tau=\eta\dfrac{\partial u}{\partial z}$ 代入上式，得：

$$\frac{\partial p}{\partial x}=\frac{\partial}{\partial z}\left(\eta\frac{\partial u}{\partial z}\right) \tag{8-6-3}$$

同理，可在 y 方向进行类似分析。综合前述基本假设③，最终得到气体的运动方程组：

$$\begin{cases}\dfrac{\partial p}{\partial x}=\dfrac{\partial}{\partial z}\left(\eta\dfrac{\partial u}{\partial z}\right)\\[2ex]\dfrac{\partial p}{\partial y}=\dfrac{\partial}{\partial z}\left(\eta\dfrac{\partial v}{\partial z}\right)\\[2ex]\dfrac{\partial p}{\partial z}=0\end{cases} \tag{8-6-4}$$

(2) 连续性方程

气体连续性方程是基于质量守恒定理推导而来。对于图 8-6-2 所示的微元体单元，其三边长分别为 $\mathrm{d}x$、$\mathrm{d}y$ 和 $\mathrm{d}z$。首先分析 x 方向的质量流量，单位时间内经面 $OABC$ 流入单元的质量为 $\rho u\mathrm{d}y\mathrm{d}z$，而经面 $DEFG$ 流出单元的质量为：$\left[\rho u+\dfrac{\partial(\rho u)}{\partial x}\mathrm{d}x\right]\mathrm{d}y\mathrm{d}z$，因此从 x 方向流出的总质量为：

$$\frac{\partial(\rho u)}{\partial x}\mathrm{d}x\mathrm{d}y\mathrm{d}z \tag{8-6-5}$$

同理，对于 y 方向和 z 方向具有类似分析结果，所以在单位时间内流出单元体的总质量可表示为：

$$\left[\frac{\partial(\rho u)}{\partial x}+\frac{\partial(\rho v)}{\partial y}+\frac{\partial(\rho w)}{\partial z}\right]\mathrm{d}x\mathrm{d}y\mathrm{d}z \tag{8-6-6}$$

图 8-6-2 连续性方程的推导

气体质量的流出将导致单元内气体密度的变化，因此单元内质量变化率为：$-\frac{\partial \rho}{\partial t}\mathrm{d}x\mathrm{d}y\mathrm{d}z$。根据质量守恒定理，单位时间内流出微元体的总质量等于微元体内的质量变化率，所以有如下关系：

$$\frac{\partial(\rho u)}{\partial x}+\frac{\partial(\rho v)}{\partial y}+\frac{\partial(\rho w)}{\partial z}=-\frac{\partial \rho}{\partial t} \tag{8-6-7}$$

上式即为气体的连续性方程，引入散度后，其又可表示为：

$$\frac{\partial \rho}{\partial t}+\operatorname{div}(\rho \vec{v})=0 \tag{8-6-8}$$

（3）状态方程

气体状态方程表征的是气体密度 ρ、压力 p 和温度 T 三者之间的关系：

$$\frac{p}{\rho}=RT \tag{8-6-9}$$

其中：R 为气体常数。

对于等温气体润滑工况，存在 $T=\text{const}$，所以上式可以表示为：

$$\frac{p}{\rho}=\frac{p_a}{\rho_a} \tag{8-6-10}$$

式中，p_a和 ρ_a分别指环境气体的压力和密度。

6.1.2　雷诺方程

（1）推导过程

由于气体在接触界面不会发生滑动，所以存在以下气流速度边界：

$$\begin{cases} z=0: & u=U_0, v=V_0, w=0 \\ z=h: & u=U_h, v=V_h, w=0 \end{cases} \tag{8-6-11}$$

将气体运动方程（8-6-4）对 z 进行两次积分，得到：

$$\begin{cases} u=\frac{z^2}{2\eta}\times\frac{\partial p}{\partial x}+C_1 z+C_2 \\ v=\frac{z^2}{2\eta}\times\frac{\partial p}{\partial y}+C_3 z+C_4 \end{cases} \tag{8-6-12}$$

代入式（8-6-11）中的速度边界，即可得到气体沿 x 方向和 y 方向的速度分量：

$$\begin{cases} u=\frac{1}{2\eta}\times\frac{\partial p}{\partial x}(z^2-zh)+\left(\frac{U_h-U_0}{h}\right)z+U_0 \\ v=\frac{1}{2\eta}\times\frac{\partial p}{\partial y}(z^2-zh)+\left(\frac{V_h-V_0}{h}\right)z+V_0 \end{cases} \tag{8-6-13}$$

然后将气体连续性方程沿 z 方向进行积分，即：

$$\int_0^h \frac{\partial \rho}{\partial t}\mathrm{d}z+\int_0^h \frac{\partial(\rho u)}{\partial x}\mathrm{d}z+\int_0^h \frac{\partial(\rho v)}{\partial y}\mathrm{d}z+\int_0^h \frac{\partial(\rho w)}{\partial z}\mathrm{d}z=0 \tag{8-6-14}$$

将式（8-6-13）代入上式，并经过积分、微分次序变换，忽略$\frac{\partial h}{\partial x}$、$\frac{\partial h}{\partial y}$和$\frac{\partial h}{\partial t}$后，即可以得到气体 Reynolds 方程的一般形式：

$$\frac{\partial}{\partial x}\left(\frac{\rho h^3}{\eta}\frac{\partial p}{\partial x}\right)+\frac{\partial}{\partial y}\left(\frac{\rho h^3}{\eta}\frac{\partial p}{\partial y}\right)=12\frac{\partial(\rho h)}{\partial t}+6\left\{\frac{\partial}{\partial x}[\rho h(U_0+U_h)]+\frac{\partial}{\partial y}[\rho h(V_0+V_h)]\right\} \tag{8-6-15}$$

将气体状态方程（8-6-10）代入上式消去气体密度 ρ：

$$\frac{\partial}{\partial x}\left(\frac{p h^3}{\eta}\frac{\partial p}{\partial x}\right)+\frac{\partial}{\partial y}\left(\frac{p h^3}{\eta}\frac{\partial p}{\partial y}\right)=12\frac{\partial(p h)}{\partial t}+6\left\{\frac{\partial}{\partial x}[p h(U_0+U_h)]+\frac{\partial}{\partial y}[p h(V_0+V_h)]\right\} \tag{8-6-16}$$

（2）边界条件

雷诺方程求解的压力边界如图 8-6-3 所示。

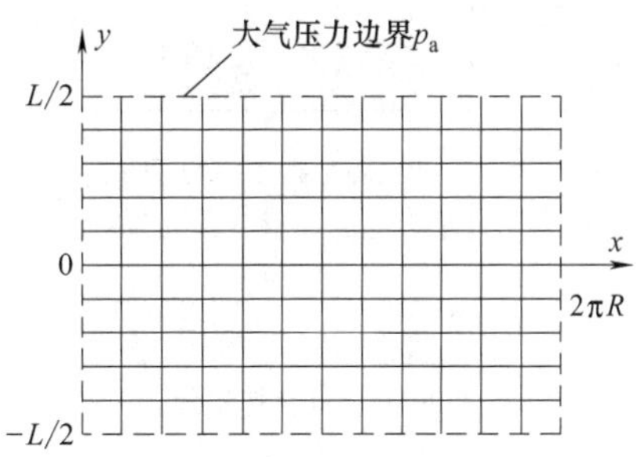

图 8-6-3　压力边界条件

（3）气体压力形成机理

气体雷诺方程的右端表示产生气膜压力的各种效应，如图 8-6-4 所示。

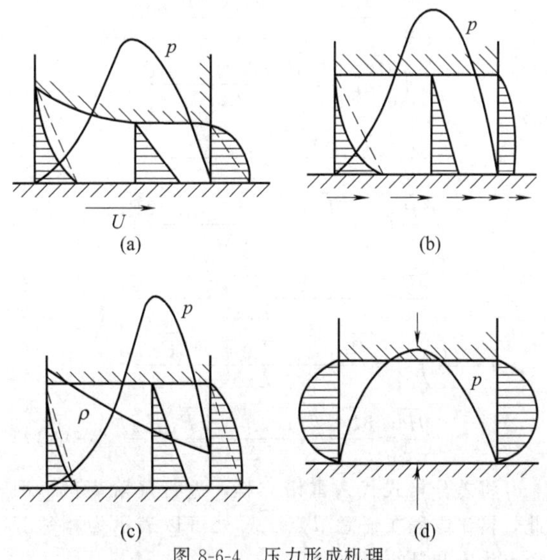

图 8-6-4　压力形成机理

(a) 动压效应——$U\rho\frac{\partial h}{\partial x}$，$V\rho\frac{\partial h}{\partial y}$

(b) 伸缩效应——$\rho h\frac{\partial U}{\partial x}$，$\rho h\frac{\partial V}{\partial y}$

(c) 变密度效应——$Uh\frac{\partial \rho}{\partial x}$，$Vh\frac{\partial \rho}{\partial y}$

(d) 挤压效应——$\rho\frac{\partial h}{\partial t}$

6.1.3 气体润滑计算的数值解法

在气体润滑计算中，有限差分法的应用最为广泛。

(1) 有限差分法

如图 8-6-5 所示，将计算域沿着 x，z 方向划分成等距或者不等距网格，沿 x 方向共有 N 个节点，沿 z 方向共有 M 个节点，节点数的选择根据精度要求确定。

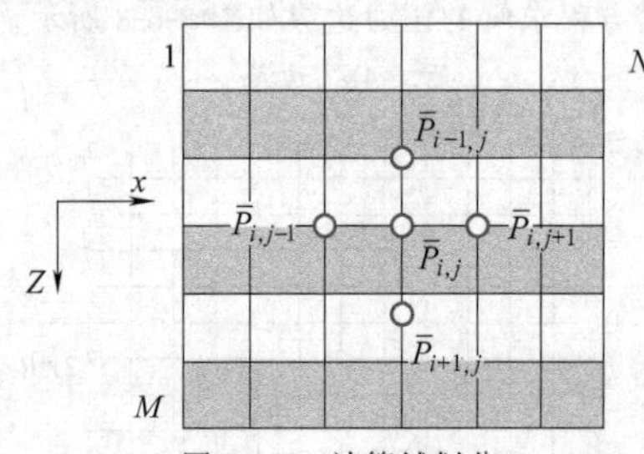

图 8-6-5 计算域划分

采用有限差分法，雷诺方程中任意节点压力 $\overline{P}_{i,j}$ 的一阶、二阶偏导数均可以用相邻节点表示：

$$\left(\frac{\partial \overline{P}}{\partial z}\right)_{i,j}=\frac{\overline{P}_{i+1,j}-\overline{P}_{i-1,j}}{2\Delta z}$$

$$\frac{\partial \overline{P}}{\partial z}=\frac{4\overline{P}_{i,j+1}-3\overline{P}_{i,j}-\overline{P}_{i,j+2}}{2\Delta z}$$

$$\left(\frac{\partial \overline{P}}{\partial x}\right)_{i,j}=\frac{\overline{P}_{i,j+1}-\overline{P}_{i,j-1}}{2\Delta x}$$

$$\frac{\partial \overline{P}}{\partial z}=\frac{3\overline{P}_{i,j}-4\overline{P}_{i,j-1}+\overline{P}_{i,j-2}}{2\Delta z}$$

$$\left(\frac{\partial^2 \overline{P}}{\partial z^2}\right)_{i,j}=\frac{\overline{P}_{i+1,j}+\overline{P}_{i-1,j}-2\overline{P}_{i,j}}{(\Delta z)^2}$$

$$\frac{\partial \overline{P}}{\partial x}=\frac{4\overline{P}_{i,j+1}-3\overline{P}_{i,j}-\overline{P}_{i,j+2}}{2\Delta x}$$

$$\left(\frac{\partial^2 \overline{P}}{\partial x^2}\right)_{i,j}=\frac{\overline{P}_{i,j+1}+\overline{P}_{i,j-1}-2\overline{P}_{i,j}}{(\Delta x)^2}$$

$$\frac{\partial \overline{P}}{\partial x}=\frac{3\overline{P}_{i,j}-4\overline{P}_{i,j-1}+\overline{P}_{i,j-2}}{2\Delta x} \quad (8\text{-}6\text{-}17)$$

将差分格式代入雷诺方程，进行降阶离散。因此，雷诺方程在任意节点 $\overline{P}_{i,j}$ 处可以表示为相邻五个点为未知量的函数为：

$$f_{i,j}(\overline{P}_{i-1,j},\overline{P}_{i,j},\overline{P}_{i+1,j},\overline{P}_{i,j-1},\overline{P}_{i,j+1})=0 \quad (8\text{-}6\text{-}18)$$

利用牛顿拉弗逊迭代法，将公式 (8-6-18) 改写为迭代形式：

$$A\overline{P}_{i-1,j}^{(n+1)}+B\overline{P}_{i,j}^{(n+1)}+C\overline{P}_{i+1,j}^{(n+1)}+D\overline{P}_{i,j-1}^{(n+1)}+E\overline{P}_{i,j+1}^{(n+1)}=-f_{i,j}^{(n)}+A\overline{P}_{i-1,j}^{(n)}+B\overline{P}_{i,j}^{(n)}+C\overline{P}_{i+1,j}^{(n)}+D\overline{P}_{i,j-1}^{(n)}+E\overline{P}_{i,j+1}^{(n)} \quad (8\text{-}6\text{-}19)$$

式中，$A=\frac{\partial f_{i,j}^{(n)}}{\partial \overline{P}_{i-1,j}}$，$B=\frac{\partial f_{i,j}^{(n)}}{\partial \overline{P}_{i,j}}$，$C=\frac{\partial f_{i,j}^{(n)}}{\partial \overline{P}_{i+1,j}}$，$D=\frac{\partial f_{i,j}^{(n)}}{\partial \overline{P}_{i,j-1}}$，$E=\frac{\partial f_{i,j}^{(n)}}{\partial \overline{P}_{i,j+1}}$，$n$ 表示上一轮迭代结果，$n+1$表示新一轮要求的压力值。

(2) 其他解法

①有限元法：适应性强，可处理各种定解条件，单元大小节点任意选取，计算精度高，但有限元的弱形式方程构成比较复杂。②边界元法：边界元法只需将边界划分单元，求解边界未知量，进而推算求解域内未知量，特点是代数方程少，计算精度高，同样构建数学计算方程十分困难。

6.1.4 气体轴承计算模型

以径向轴承为例，轴承宽度为 L，直径为 D。

(1) 长轴承模型

假设，L/D 趋向于无穷，则气膜压力在轴向方向上没有变化，即，$\partial p/\partial z=0$。因此，雷诺方程可以简化为，

$$\frac{\partial}{\partial x}\left(h^3\frac{\partial p}{\partial x}\right)=6U\eta\frac{\partial h}{\partial x} \quad (8\text{-}6\text{-}20)$$

无限长轴承模型一般适用于 $L/D>2$ 的情况。

(2) 短轴承模型

假设，L/D 趋向于为 0，则气膜压力在轴向方向上没有变化，即，$\partial \overline{P}/\partial x=0$。因此，雷诺方程可以简化为：

$$\frac{\partial}{\partial z}\left(h^3\frac{\partial p}{\partial z}\right)=6U\eta\frac{\partial h}{\partial x} \quad (8\text{-}6\text{-}21)$$

无限短轴承模型一般适用于 $L/D<0.5$，并且偏心率小于 0.75 的情况。

6.2 静压气体轴承

6.2.1 概述

气体静压轴承是在气体静压状态下工作的气体润滑轴承。按结构气体静压轴承分为推力轴承和径向轴承两大类。对于径向静压轴承，在利用静压气体进行

支撑的同时，又可以利用楔形间隙效应产生一定的承载能，即同时具有静压和动压两种润滑形式。

一个完整的静压轴承系统一般包括静压轴承和供气系统，其中静压轴承中的限制器是静压轴承的重要组成部分。通常需要外部供气系统向轴承提供具有一定压力的气体，并通过限制器将压缩气体输送到轴承的气膜间隙，形成足够的气膜压力。由于静压的支撑作用，轴颈可以在不转动的时候浮起，并且在低转速时可以自由转动，处于完全润滑状态。根据轴承中限制器的不同，可以将静压轴承的节流形式分为小孔节流、狭缝节流、毛细孔节流和多孔质节流。

6.2.2　气体静压轴承工作原理及其特点

(1) 气体静压轴承工作原理

气体静压轴承包括轴承套和限制器，压缩气体由外部气源输送达轴承套内部的气腔内，气体从气腔经过限制器进入轴与轴承之间形成的气膜间隙，然后沿轴向流动，并从轴承端部进入大气。在不考虑供气系统气路对气体压力的损失，轴承气腔内的气体压力与气源压力 P_s 相等。当气体通过限制器时压力开始下降，进入轴承间隙后气体压力降为 P_d，间隙内部气体在轴承端部进入大气后，气体压力为大气压力 P_a 如图 8-6-6 所示。

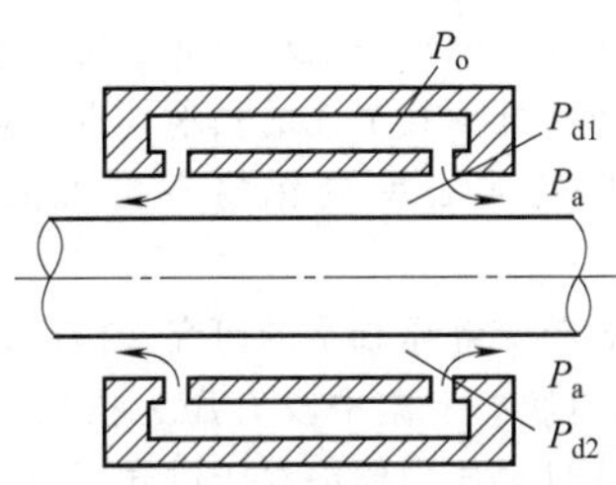

图 8-6-6　静压轴承工作原理图

对于轴承与轴的初始位置，此时轴承未供气，轴与轴承下表面接触。当对轴承进行供气时，轴的位置发生变化，由于轴自身的重量相当于垂直方向上向下的载荷，轴上部间隙会大于轴下部间隙。间隙上部的气体进入轴承间隙的阻力间隙，从而从轴承上部进入轴承间隙的气体将会增大，通过限制器的气体压降增大。由于从轴承下部对气体阻力较大，进入间隙的气体将会减少，通过限制器的气体压降将会减小。从而上部气膜间隙气体压力较小，下部气膜间隙压力较大。上部气膜间隙与下部气膜间隙的压力差作用在轴承，平衡轴的本身自重，从而保持在平和位置。外载荷的大小在轴承本身最大承载能力之内，轴都可以保持在某一特定平衡位置。

(2) 气体静压轴承特点

由于静压轴承的润滑介质是压缩气体，相对于油质润滑介质，具有无污染和黏度系数低等特点，并具有以下优点。

① 更适用于极高及极低速度场合。在极高速时，优于液体静压轴承的是不需考虑温升问题。在速度非常低时，普通轴承或导轨会存在蠕动或爬行现象，而气体润滑轴承或导轨不存在这种现象。

② 精度高。气体润滑装置本身的制造精度高，气膜又具有均化作用，故可以达到很高的旋转精度。

③ 极小的摩擦、磨损。因为气体黏度很低，故阻尼力矩小，涡流力矩小而稳定，摩擦低，功率损耗小。

④ 无污染。由于气体润滑更多的采用空气作为润滑剂，因此，气体润滑无需考虑密封问题，同时也不会造成环境的污染。

⑤ 寿命长。气体润滑面在正常工作时，无金属接触，理论上无磨损，即使考虑到其他条件的限制，装置寿命也很长，而且能始终保持精度不变。

同时静压轴承有以下缺点。

① 制造精度要求高。由于气体静压轴承的气膜厚度为几微米到几十微米左右，那么就对关键部件的尺寸公差及表面粗糙度要求都较高，制造精度的提高导致了制造成本的增加。

② 承载能力和静态刚度较低。由于气体的工作特点，气源压力不可能太高，故同尺寸的液体静压轴承比气体静压轴承的承载能力大。

③ 稳定性较差。由于气体的可压缩性，使气体润滑装置设计不当时易失稳，出现气锤振动或涡动现象。

6.2.3　气体静压轴承的设计

(1) 狭缝节流静压轴承

气体流经狭缝而形成压力降的节流装置称为狭缝式节流器。狭缝可以是连续的，也可以是不连续的。假定气体在轴承间隙中呈层流，气膜中气体黏性剪切作用造成压力损失。狭缝中气体流动状态可以近似为平板间的气体流动（图 8-6-7）。为了简化分析过程，对流体进行一定的假设：

① 由加速度引起的惯性力相对于由黏性剪切作用引起的摩擦力较小，可以忽略不计；

② 气膜中的气体流动都是层流；

③ 垂直于气体流动方向上的气体压力是恒定的，即气体在垂直流动方向上没有压力变化；

④ 在平板与气体之间的界面层不会发生气体的滑动。

通过气体连续性方程（navier stokes），即可以获得气体在 x 方向上压力梯度与 y 方向上气体速度分

第 8 篇

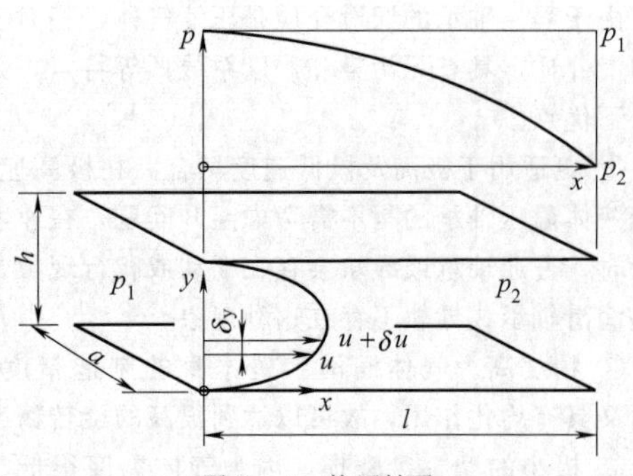

图 8-6-7 静压轴承

布之间的关系：

$$\frac{\partial^2 u}{\partial y^2}=\frac{1}{\mu}\times\frac{\partial p}{\partial x} \tag{8-6-22}$$

式中，u 为气体的速度；p 为气体的压力；μ 为气体的黏度系数。

对上式进行积分，可得：

$$u=\frac{1}{\mu}\times\frac{\mathrm{d}p}{\mathrm{d}x}\times\frac{y^2}{2}+Ay+B \tag{8-6-23}$$

式中，A、B 是积分常数，假设平板间隙为 h，那么当 $y=0$，$y=h$ 时，$u=0$，并代入上式，可得：

$$B=0$$

$$A=-\frac{1}{2\mu}\times\frac{\mathrm{d}p}{\mathrm{d}x}h \tag{8-6-24}$$

从而可得：

$$u=\frac{1}{\mu}\times\frac{\mathrm{d}p}{\mathrm{d}x}y(y-h) \tag{8-6-25}$$

上式表明，气流在平板间的速度分布为抛物线形。间隙的中间是速度最大处。流经宽度为 a 的平行板之间的气体流量可以由下式获得：

$$m=a\rho\int_0^h u\,\mathrm{d}y \tag{8-6-26}$$

式中，m 为气体的质量流量；ρ 为气体密度。

将速度公式代入上式，可得：

$$m=a\frac{\rho}{2\mu}\times\frac{\mathrm{d}p}{\mathrm{d}x}\int_0^h(y^2-yh)\mathrm{d}y \tag{8-6-27}$$

对上式进行积分可得：

$$m=-\frac{a\rho h^3}{12\mu}\times\frac{\mathrm{d}p}{\mathrm{d}x} \tag{8-6-28}$$

由上式整理可得：

$$\frac{\mathrm{d}p}{\mathrm{d}x}=-\frac{12\mu m}{a\rho h^3} \tag{8-6-29}$$

此式给出了质量流量与平板间沿气流流动方向上的压力梯度之间的关系。此式中假定气体沿 y 方向上的气体密度是恒定的，但是气体密度与气体压力有关。因此当压力沿 x 方向改变时，气体密度与压力之间存在一定的关系。假定气体是等温的，可以得到轴承间隙内气压与密度的关系：

$$-\frac{p}{\rho}=RT \tag{8-6-30}$$

式中，R 是气体常数，T 是绝对温度。

将式（8-6-30）代入式（8-6-29），则可得狭缝静压轴承的基本公式。

$$p_1^2-p_2^2=-\frac{24\mu mRTl}{a\rho h^3} \tag{8-6-31}$$

式中，l 为平板 x 方向的长度。从公式中可以知道，气体沿狭缝移动压力降与气体的质量流量、气体性能以及狭缝的尺寸有关。若狭缝为矩形可以将公式进行变形，假定狭缝长为 y，间隙为 z，则矩形狭缝中气体压力公式为

$$p_1^2-p_2^2=-\frac{24\mu mRTy}{a\rho z^3} \tag{8-6-32}$$

（2）小孔节流静压轴承

小孔节流静压轴承也是一种比较常见的静压轴承，气体流经小孔而形成压力降的节流装置称为小孔式节流器。按照节流截面形状的不同，小孔节流又可分为简单孔节流和环形孔节流，前者的节流截面是小孔横截面，它是通过设计气腔来保证小孔节流，其数值不受气膜厚度的影响。后者的节流截面是以气膜厚度为高度的小孔圆周形成的环形面。比较而言，简单孔节流的轴承比环形孔节流的轴承具有更高的工作刚度，即对同样的偏心率变化将有更大的承载能力变化。

针对小孔节流静压轴承的研究，作出如下假设。

① 在喷嘴喉部上游中没有压力损失，直至压缩气体流到喷嘴处，压力始终等于供气压力。

② 喷嘴出口压力等于喷嘴喉部压力。

根据以上假设，喷嘴喉部压力与供气压力的关系为：

$$\frac{p_\mathrm{d}}{p_\mathrm{s}}=\left[1-\frac{k-1}{2}\left(\frac{v}{a}\right)^2\right]^{\frac{k}{k-1}} \tag{8-6-33}$$

式中，p_d 为喉部静压力；v 为喉部速度；a 为供气条件下的声速；k 为气体比热比。

通过喷嘴的质量流量为：

$$m=C_\mathrm{d}\rho_\mathrm{d}Av \tag{8-6-34}$$

式中，C_d 为流量系数；ρ_d 为喉部气体密度；A 为喉部截面积。

对于等熵膨胀：

$$\rho_\mathrm{d}=\rho_0\left(\frac{p_\mathrm{d}}{p_\mathrm{s}}\right)^{\frac{1}{k}} \tag{8-6-35}$$

气体质量流量为：

$$m^2=C_d{}^2\rho_0{}^2A^2\left(\frac{p_d}{p_s}\right)^{\frac{2}{k}}v^2 \tag{8-6-36}$$

将供气压力关系代入上式，并整理得：

$$a=(kRT_0)^{\frac{1}{2}} \tag{8-6-37}$$

$$m=C_dA\rho_0(2RT)\left\{\frac{k}{k-1}\left[\left(\frac{p_d}{p_s}\right)^{\frac{2}{k}}-\left(\frac{p_d}{p_s}\right)^{\frac{k+1}{k}}\right]\right\}^{\frac{1}{2}} \tag{8-6-38}$$

(3) 多孔质静压轴承

多孔质节流是指利用多孔质材料作为气体静压轴承的轴承面或节流器。由于大量孔隙的存在，使得在性能方面和材质相同的致密材料有很大的区别。由于多孔质材料可以提供成千上万的微小的节流孔，这些节流孔均匀地分布在轴承表面，这样就可以产生均匀的压力分布以及非常高的承载能力。

在研究多孔质静压轴承时，假定多孔质材料是均匀的（图 8-6-8），气体在多孔质材料中流动是各向同性的。气体在多孔质内部流动满足 Darcy 定律，即多孔质气体流动速度与压力梯度有关。

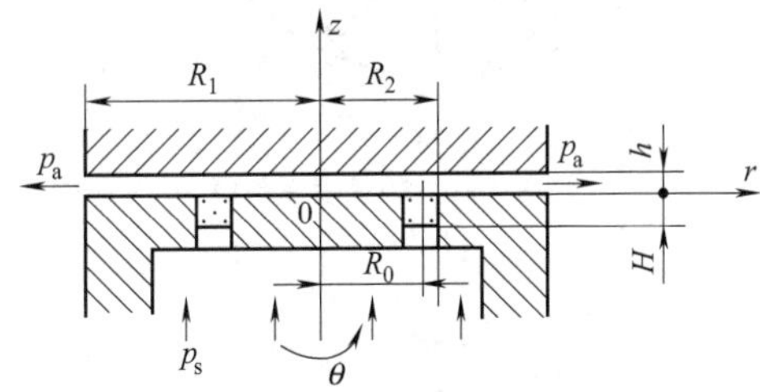

图 8-6-8 多孔质静压轴承

$$v=\frac{k_z}{\eta}\times\frac{\partial p}{\partial z} \tag{8-6-39}$$

式中，v 为多孔质内沿 z 方向的气体流速；p 为多孔质内部压力；k_z 为多孔质沿 z 方向的渗透系数。

气体在多孔质内流动的连续性方程为：

$$v=\frac{k_z}{\eta}\times\frac{\partial p}{\partial z} \tag{8-6-40}$$

气体在 z 方向的质量流量为：

$$m_z=-\rho\frac{k_z}{\eta}\times\frac{\partial p}{\partial z}r\,d\theta\,dr \tag{8-6-41}$$

6.3 气体动压轴承

6.3.1 动压气体轴承计算模型

动压气体轴承内部是典型的层流现象，由于其气模厚度小以及气体密度低，所以气体的雷诺数通常小于1。如图 8-6-9 所示为动压气体润滑理论模型。

两块表面构成的楔形间隙内的润滑气体认为是理想气体。假设整个润滑过程为恒温过程，气体常数以及气体温度不变，则用于描述轴承间隙内润滑气膜气压分布的雷诺方程在笛卡儿坐标系下的表示形式为：

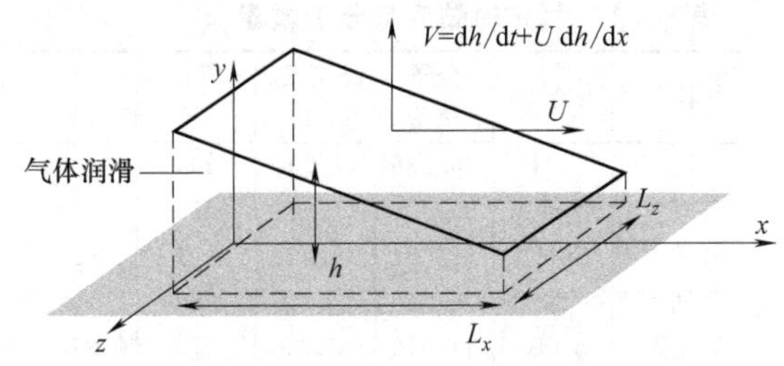

图 8-6-9 动压气体润滑理论模型

$$\frac{\partial}{\partial \overline{x}}\left(\overline{p}\,\overline{h}^3\frac{\partial \overline{p}}{\partial \overline{x}}\right)+\frac{\partial}{\partial \overline{z}}\left(\overline{p}\,\overline{h}^3\frac{\partial \overline{p}}{\partial \overline{z}}\right)=\Lambda\frac{\partial(\overline{p}\,\overline{h})}{\partial \overline{x}}+\sigma\frac{\partial(\overline{p}\,\overline{h})}{\partial \tau} \tag{8-6-42}$$

其中，无量纲参数为：

$$\overline{p}=\frac{p}{p_a},\overline{h}=\frac{h}{C},\overline{x}=\frac{x}{L},\overline{z}=\frac{z}{L},$$

$$\tau=\omega t,\Lambda=\frac{6\mu UL}{p_aC^2},\sigma=\frac{12\mu\omega L^2}{p_aC^2}$$

式中 p——气膜压力，Pa；
h——气膜厚度，m；
C——名义间隙，m；
x——轴承周向位置，m；
z——轴承轴向位置，m；
L——轴承长度，m；
U——转轴表面线速度，m/s；
μ——润滑气膜黏度系数，Pa·s；
p_a——环境气体压力，Pa；
$\overline{p}$——无量纲气膜压力；
$\overline{h}$——无量纲气膜厚度。

对于润滑气体，其黏度与温度的关系可以表示为：

$$\mu=\mu_0\frac{\left(1+\frac{T^*}{T_0}\right)}{\left(1+\frac{T^*}{T}\right)}\sqrt{\frac{T}{T_0}} \tag{8-6-43}$$

式中，T^* 和 T_0 是参考温度；$\mu_0=\mu(T_0)$。

气体轴承常用润滑气体的物理性质如表 8-6-1 所示。

6.3.2 气体动压径向轴承

(1) 刻槽径向轴承

刻槽径向轴承可以分为轴承表面刻槽和转轴表面刻槽。如图 8-6-10 为将槽刻在轴承上，随着转子的转动，轴承间隙内的气膜厚度在圆周上的分布特性将

表 8-6-1　气体的黏度与分子质量

气体	化学式	分子质量	黏度 μ_0 /μPa·s	T_0 /K	T^* /K
乙炔	C_2H_2	26.036	10.2	293	198
空气	O_2+N	29.000	17.1	273	124
氨气	NH_3	17.034	9.82	293	626
氩气	Ar	39.950	22.04	289	142
二氧化碳	CO_2	44.010	13.66	273	274
一氧化碳	CO	28.010	16.65	273	101
氯气	Cl_2	70.900	12.94	289	351
氯化氢	HCl	36.458	13.32	273	360
氦气	He	4.003	18.6	273	38
氢气	H_2	2.016	8.5	273	83
硫化氢	H_2S	34.086	12.51	290	331
甲烷	CH_4	16.042	10.94	290	198
氖气	Ne	20.180	29.73	273	56
氮气	N_2	28.020	16.65	273	103
一氧化氮	NO	30.010	17.97	273	162
一氧化二氮	N_2O	44.020	13.66	273	274
氧气	O_2	32.000	19.2	273	138
水蒸气	H_2O	18.016	12.55	372	673
二氧化硫	SO_2	64.070	11.68	273	416
氙气	Xe	131.300	21.01	273	220

注：气体常数为 8.314J/(mol·K)

只与槽的结构参数有关，而不会随着转子的转动而发生变化。如图 8-6-11 为将槽刻在转轴表面。当转子转动时，转轴表面的槽也是随着转轴沿着转轴旋转中心快速转动，导致轴承间隙内任意位置的气膜厚度都是随时间发生变化的。

图 8-6-10 中的轴承求解时，将坐标系直接固定在轴承上，则雷诺方程的形式与公式（8-6-42）相同。轴承间隙内的气膜厚度在有槽区域和无槽区域分别表示为公式（8-6-44）和公式（8-6-45）：

$$h=C+e_x\cos\Theta+e_y\sin\Theta+hg \tag{8-6-44}$$

$$h=C+e_x\cos\Theta+e_y\sin\Theta \tag{8-6-45}$$

由于转子的转动不会导致气膜厚度的变化，所以气膜厚度随时间的改变量可以表示为：

$$\frac{\partial h}{\partial t}=\dot{e}_x\cos\Theta+\dot{e}_y\sin\Theta \tag{8-6-46}$$

图 8-6-11 所示的轴承，其间隙内的气膜厚度会随转轴的转动时刻发生改变。为了便于求解，将坐标系固定在转轴上，使转轴不转，而轴承反向转动。基于该假设，轴承间隙内的气体雷诺方程修改为：

$$\frac{\partial}{\partial x}\left(\overline{p}\,\overline{h}^3\frac{\partial\overline{p}}{\partial\overline{x}}\right)+\frac{\partial}{\partial z}\left(\overline{p}\,\overline{h}^3\frac{\partial\overline{p}}{\partial\overline{z}}\right)=-\Lambda\frac{\partial(\overline{p}\,\overline{h})}{\partial\overline{x}}+\sigma\frac{\partial(\overline{p}\,\overline{h})}{\partial\tau} \tag{8-6-47}$$

公式（8-6-47）中，轴承数 Λ 前面的负号表示的是转轴不动而轴承反向转动。

由于轴承反向转动，则图 8-6-11 中的圆周坐标 Θ 将由转子的转动角速度和转动角度决定。具体表示为：

$$\Theta=\theta+\dot{\theta}t \tag{8-6-48}$$

同时，对应的气膜厚度变化率为：

$$\frac{\partial h}{\partial t}=\dot{e}_x\cos\Theta+\dot{e}_y\sin\Theta-\dot{\theta}e_x\sin\Theta+\dot{\theta}e_y\cos\Theta \tag{8-6-49}$$

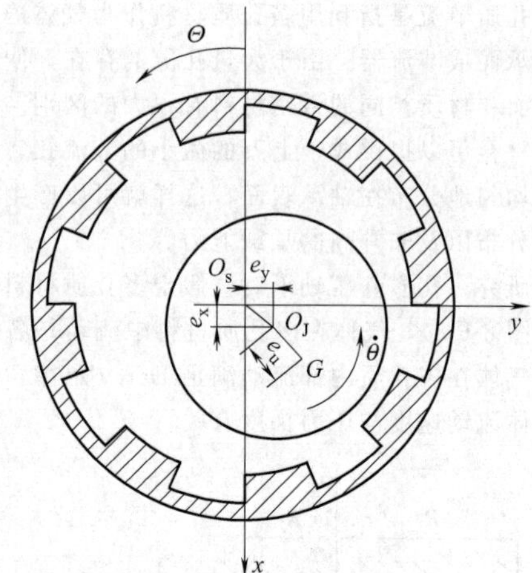

图 8-6-10　轴承表面刻槽

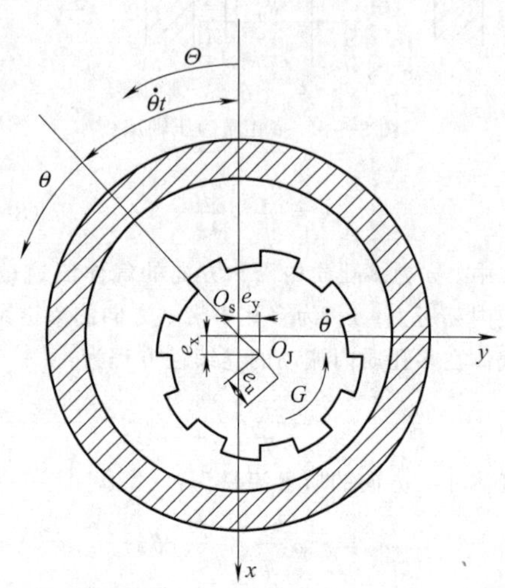

图 8-6-11　转轴表面刻槽

为了满足工程需要，多种结构类型的刻槽径向轴承被设计和加工出来。图 8-6-12 为使用最为广泛的单人字槽结构。图 8-6-13 为双人字槽结构。对于长轴承，将槽加工成双人字槽结构，可以有效地改变人字槽的角度，控制槽的密度，同时降低加工难度。

图 8-6-14 为正反双向旋转的人字槽气体动压径向轴承。它是在同一个轴承的工作表面上刻有正反两

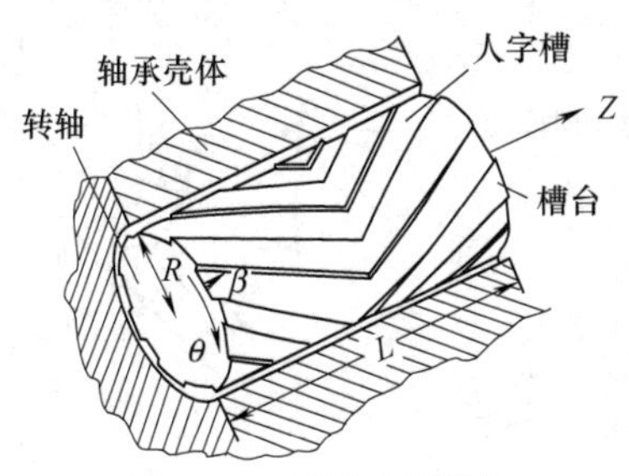

图 8-6-12 单人字槽结构

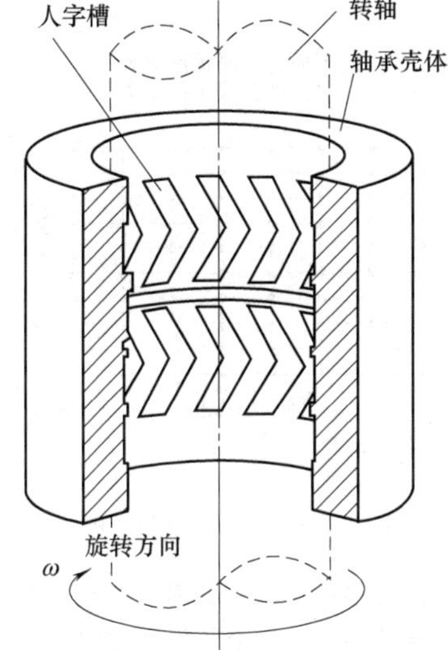

图 8-6-13 双人字槽结构

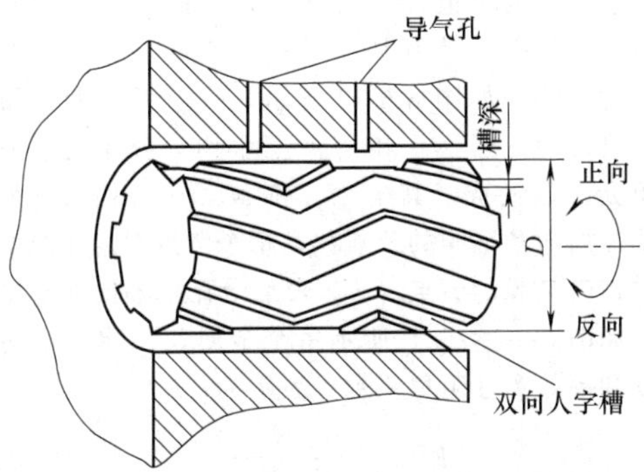

图 8-6-14 正反双向人字槽气体动压径向轴承

种旋向的人字槽形。该轴承克服了图 8-6-12 和图 8-6-13 所示结构的只能朝一个方向旋转的缺点。根据轴承的性能调整槽形参数，便可以实现在正反两个方向上均能提供承载力的综合效果。为了实现轴承双向承载的效果，需要在轴承上开设适当数目的通气孔，改善轴承间隙内的流场特性。

图 8-6-15 为对置式螺旋槽气体动压径向轴承。该种类型的槽只在轴承或者转子的端部加工设计了螺旋槽。整个轴承的工作表面是对称结构，中间部分光面，没有刻槽。这种加工方案可以使得气体动压径向轴承的整体性能得到大幅提升。

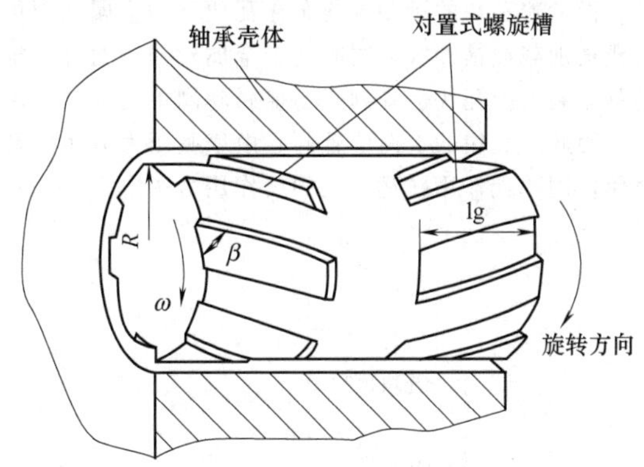

图 8-6-15 对置式螺旋槽气体动压径向轴承

（2）可倾瓦径向轴承

为解决动压轴承在加工精度、稳定性、承载能力等方面的缺点，柔性支承可倾瓦气体轴承正受到越来越多的关注。如图 8-6-16 所示，一种纯动压高阻尼柔性支承可倾瓦气体轴承，两个金属丝网环被塞入到轴承套两端预留的空隙中，每个金属丝网环通过一定的过盈安装在轴瓦块的外圈和轴承套的内圈之间，瓦块径向梁与金属丝网环相当于并联。该轴承可视为一层气膜与一层由柔性瓦和金属丝网环组成的弹性支承结构的串联，此时，整个轴承有效阻尼主要来自金属丝网环的库仑摩擦阻尼。其轴承套结构是由线切割加工而成的一体结构，不需要装配，从而消除了支点磨损以及装配过程中的累积误差。由于瓦块可随轴的振动自由摆动从而调整轴心的位置，轴承的交叉刚度几乎为零，因此轴承的稳定性极好。

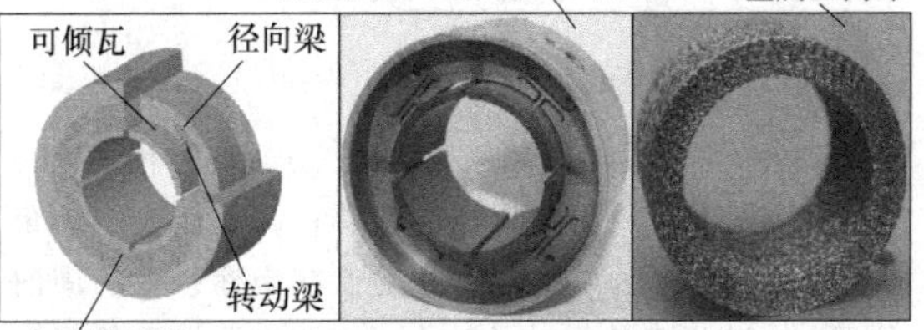

图 8-6-16 高阻尼柔性支承可倾瓦动压气体轴承

图 8-6-17 所示为高阻尼柔性支承可倾瓦气体轴承的理论模型原理图。瓦块与轴承套由一个柔性转动梁和一个柔性径向梁连接以确保瓦块可转动和径向运动。每块瓦的起点为 θ_s，终点为 θ_e。金属丝网环可视为均布在瓦块和轴承套之间的弹簧阻尼单元。由于转子的偏心和旋转，润滑气体被带入轴承和转子之间构成的楔形间隙，由于气体的动压效应，使得转子和

轴承间的气膜产生一定的压力。每一块瓦由于受到作用在其上的气膜压力，可以发生转动以及沿径向的运动，而随着瓦块的运动，均布在瓦块下的金属丝网单元或被加载或被卸载，同时由于金属丝网是通过一定的预紧装入，瓦块会受到来自金属丝网单元的反作用力。因此，瓦块的平衡位置同时由气膜压力分布以及金属丝网单元作用在瓦块上的反作用力决定。

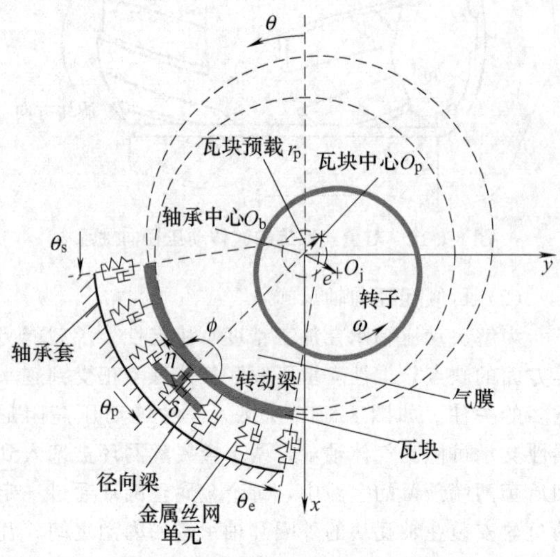

图 8-6-17　高阻尼柔性支承可倾瓦气体轴承理论模型原理图

转子与瓦块之间的气膜压力可以前文中的无量纲化气体雷诺方程表示，与普通气体箔片轴承气膜压力计算的区别在于，高阻尼柔性支承可倾瓦气体轴承考虑了瓦块的径向位移和瓦块的转动角度。在模型中，转子视为与轴承中心沿轴向完全平行，则由图 8-6-17 中的坐标系可得到轴承无量纲化气膜厚度的表达式：

$$H=1-r_g/C+\varepsilon_x\cos\theta+\varepsilon_y\sin\theta+(\delta/C-r_p)\cos(\theta-\theta_p)-\frac{R\phi}{C}\sin(\theta-\theta_p)\qquad(8\text{-}6\text{-}50)$$

式中，$\varepsilon_x=e_x/C$ 和 $\varepsilon_y=e_y/C$ 分别为轴沿 x 和 y 方向的偏心率；δ 为瓦块径向位移；ϕ 为瓦块转动角度；r_p为瓦块预载；θ_p为瓦块支点在坐标系中的周向位置；r_g表示高速旋转的轴由于离心力而导致的径向伸长量，该伸长量可由下列公式计算：

$$r_g=\frac{1}{E_r}\left[(1-\nu_r)R_{outer}C_0-(1+\nu_r)\frac{1}{R_{outer}}C_1-\frac{(1+\nu_r^2)}{8}\rho_r\omega^2R_{outer}^3\right]\qquad(8\text{-}6\text{-}51)$$

式中，$C_0=[(3+\nu_r)/8]\rho_r\omega^2(R_{outer}^2+R_{inter}^2)$，$C_1=-[(3+\nu_r)/8]\rho_r\omega^2R_{outer}^2R_{inter}^2$；$\rho_r$为转子材料密度；$E_r$为转子材料弹性模量；$\nu_r$为转子材料泊松比；$R_{inter}$和$R_{outer}$分别为转子内径和转子外径。

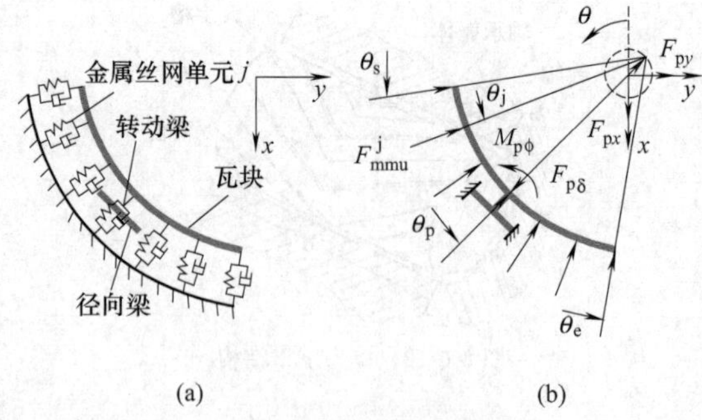

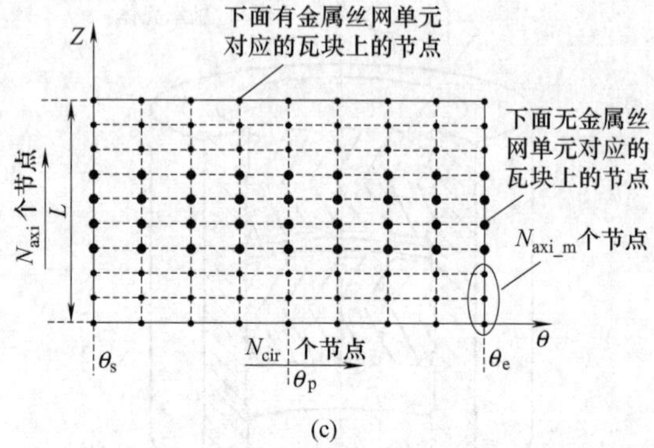

图 8-6-18　瓦块与金属丝网块的耦合模型

金属丝网材料由一层一层编织的金属细丝叠加起来并压制成设计的形状，金属丝网的刚度阻尼特性由其内部相互交错的均匀分布的金属丝的相互作用提供。金属丝网块被视为由 n 个瓦块的弧形金属丝网块组成，其中 n 为瓦块个数，忽略两块瓦之间金属丝网的影响。如图 8-6-18 所示，一个弧形的金属丝网块可视为一层 N_{cir} 和 N_{axi_m} 个均匀分布的金属丝网单元并联而成，其中 N_{cir} 和 N_{axi_m} 分别为金属丝网块沿周向和轴向的节点数，每个节点对应于求解雷诺方程时气膜的节点。N_{axi}表示沿瓦块轴向的总节点数。如图 8-6-18（a）所示每个金属丝网单元的等效刚度和等效黏性阻尼系数可表示为：

$$K_{mmu}=\frac{K_m}{N_{cir}N_{axi\_m}}\qquad(8\text{-}6\text{-}52)$$

$$C_{mmu}=\frac{C_m}{N_{cir}N_{axi\_m}}\qquad(8\text{-}6\text{-}53)$$

式中，K_m和 C_m 是分别是一个金属丝网微元的等效刚度系数和等效阻尼系数，金属丝网刚度模型详细的推导过程可以参照金属丝网轴承刚度的计算过程。

图 8-6-18（b）所示为作用在瓦块上的力，包括气膜压力和金属丝网环作用在瓦块上的反作用力。考虑到金属丝网环的引入，高阻尼柔性支承可倾瓦气体轴承瓦块的运动方程可表示为：

$$m_{\rm p}\ddot{\delta}+C_{\delta}\dot{\delta}+K_{\delta}\delta=F_{\rm p\delta}+F_{\rm m\delta} \quad (8\text{-}6\text{-}54)$$

$$I_{\rm p}\ddot{\delta}+C_{\phi}\dot{\delta}+K_{\phi}\delta=M_{\rm p\phi}+M_{\rm m\phi} \quad (8\text{-}6\text{-}55)$$

式中，$F_{\rm m\delta}$和$M_{\rm m\phi}$分别为金属丝网环作用在瓦块上的径向力和转矩，$F_{\rm m\delta}$和$M_{\rm m\phi}$可表示为：

$$F_{\rm m\delta}=-\sum_{j=1}^{m}K_{\rm mmu}^{j}\xi^{j}\cos(\theta^{j}-\theta^{p})-\sum_{j=1}^{m}C_{\rm mmu}^{j}\dot{\xi}^{j}\cos(\theta^{j}-\theta^{p}) \quad (8\text{-}6\text{-}56)$$

$$M_{\rm m\phi}=-\sum_{j=1}^{m}K_{\rm mmu}^{j}\xi^{j}R\cos(\theta^{j}-\theta^{p})-\sum_{j=1}^{m}C_{\rm mmu}^{j}\dot{\xi}^{j}R\cos(\theta^{j}-\theta^{p}) \quad (8\text{-}6\text{-}57)$$

式中，$j=1$，…，m，m 为每块瓦下金属丝网单元的个数；θ^{j} 为金属丝网单元 j 在圆周方向的坐标位置。图 8-6-18（b）中 $F_{\rm mmu}^{j}$（$F_{\rm mmu}^{j}=K_{\rm mmu}^{j}\xi^{j}+C_{\rm mmu}^{j}\dot{\xi}^{j}$）表示由金属丝网单元 j 作用在瓦块上的力，其中 ξ^{j} 为金属丝网单元 j 的变形量，其可表示为：

$$\xi^{j}=\delta\cos(\theta^{j}-\theta^{p})-R\phi\sin(\theta^{j}-\theta^{p}) \quad (8\text{-}6\text{-}58)$$

（3）高阻尼柔性支承可倾瓦气体轴承静态性能求解

图 8-6-19 所示为高阻尼柔性支承可倾瓦气体轴承静态性能计算程序的流程图。首先，初始化转子和每块瓦的位置，从而可以得到每块瓦上的气膜厚度以及每块瓦下金属丝网单元的变形量，进而可得到每个金属丝网单元作用在瓦块上的反作用力。然后采用有限差分法求解气体雷诺方程，可得到每块瓦上的气膜压力分布。如果气膜压力收敛条件没有满足，则可得到每块瓦新的平衡位置，从而可重新计算得到轴承新的气膜压力分布，进一步计算作用在瓦块上的力和转矩，这个迭代将不断重复直到满足收敛条件。一旦气膜压力收敛标准得到满足，则检查作用在轴上的气膜力和外界载荷是否平衡，如果方程没有得到满足，则调整轴的静态位置并重复上述计算过程直到满足方程。

（4）高阻尼柔性支承可倾瓦气体轴承动态系数计算

与传统的可倾瓦气体轴承转动刚度为 0 相比，柔性支承可倾瓦气体轴承瓦块由于具有一定的转动刚度，轴承稳定性需要进行适当的校核，因此精确地预测轴承的动态系数非常重要。带有金属丝网环的柔性支承可倾瓦气体轴承已被实验证实，在显著提高轴承有效阻尼的同时能够保持足够的柔性，以适应转子的

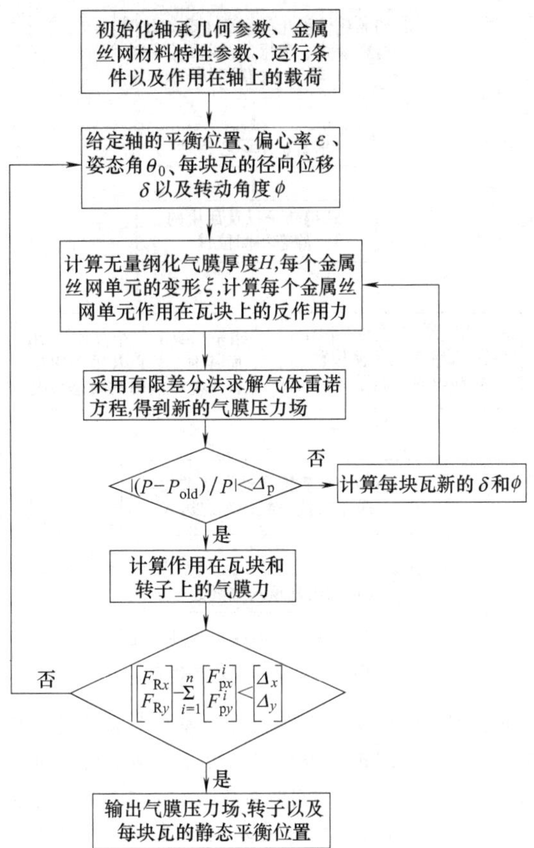

图 8-6-19　高阻尼柔性支承可倾瓦气体轴承静态特性计算流程图

不对中和因离心力或热膨胀导致的转子尺寸变化。精确地预测轴承的动态特性对于分析轴承-转子系统的稳定性至关重要。

图 8-6-20 所示为高阻尼柔性支承可倾瓦气体轴承动态系数计算的流程图。首先初始化轴承几何参数、金属丝网材料参数、轴承运行条件以及作用在轴承上的载荷等，然后对轴承的静态特性进行求解，得到转子以及各瓦块的静态平衡位置。进一步分别计算轴在平衡位置附近扰动而所有瓦块固定时的动态系数，类似地计算某一瓦块扰动而其他瓦块和轴固定时的动态系数。将所有计算结果带入到推导的转子单独扰动与瓦块单独扰动时引起的动态系数与轴承总动态系数的关系式中得到轴承的总动态系数。

（5）轴承性能预测算例

表 8-6-2 为轴承主要参数及运行条件；图 8-6-21 为不同转速下轴的静态偏心率和姿态角；图 8-6-22 为不同转速下轴承动态刚度及阻尼系数；图 8-6-23为轴静态偏心率和轴心静态位置与载荷之间的关系；图 8-6-24 为轴承动态系数与转速和金属丝网密度之间的

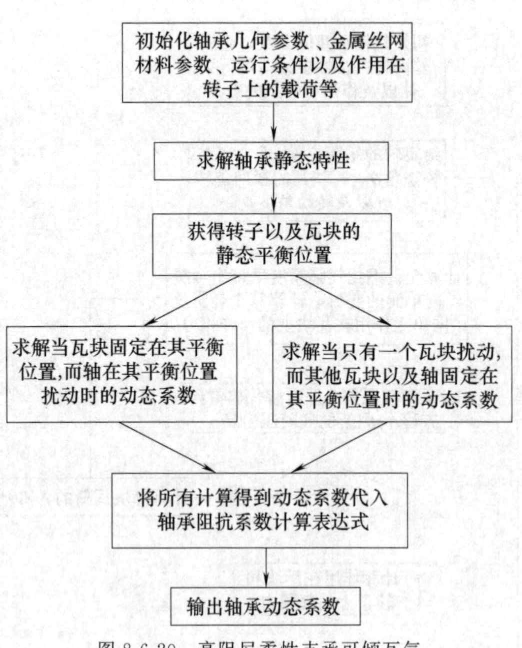

图 8-6-20　高阻尼柔性支承可倾瓦气体轴承动态系数计算流程图

关系；图 8-6-25 为支点平均气膜厚度与瓦块径向刚度、金属丝网环预紧量之间的关系，转子转速 8kr/min；图 8-6-26 为直接刚度系数 K_{xx} 和直接阻尼系数 C_{xx} 与瓦块径向刚度，金属丝网环预紧量之间的关系，转子转速 80kr/min；图 8-6-27 为轴承动态系数与名义间隙和瓦块预载之间的关系，转子转速 40kr/min。

表 8-6-2　轴承主要参数及运行条件

参　数	数值	单位
转子直径	28.5	mm
转子质量	0.827	kg
轴承名义间隙	30	μm
轴承轴向长度	33.2	mm
瓦块个数及弧长	4(72°)	
支点偏置	50%	
瓦块预载	0.4	
瓦块质量	10.85	g
瓦块转动惯量	0.253	kg·mm^2
转动梁转动刚度	20	N·m/rad
径向梁径向刚度	1×10^7	N/m
气体黏度	1.85×10^{-5}	Pa·s
环境压力	1.01×10^5	Pa
金属丝网环内径	34	mm
金属丝网环外径	50	mm
金属丝网环宽度	9.96	mm
金属丝网密度	24%	
金属丝材料	不锈钢	
金属丝直径	0.15	mm
金属丝网环径向预紧量	0.1	mm
激振幅值	5	μm
静态载荷(两瓦之间)	4.05	N

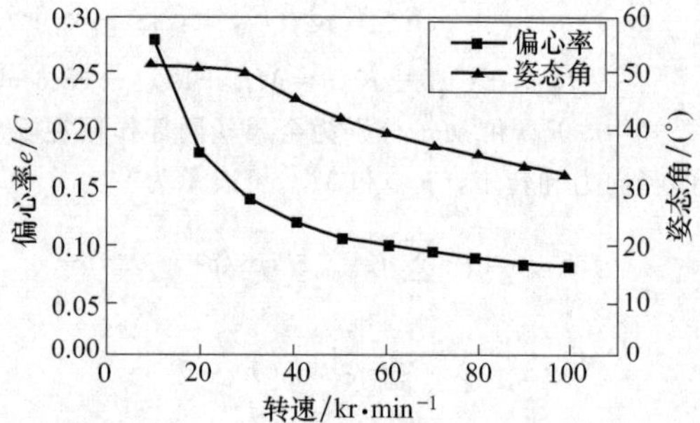

图 8-6-21　不同转速下轴的静态偏心率和姿态角

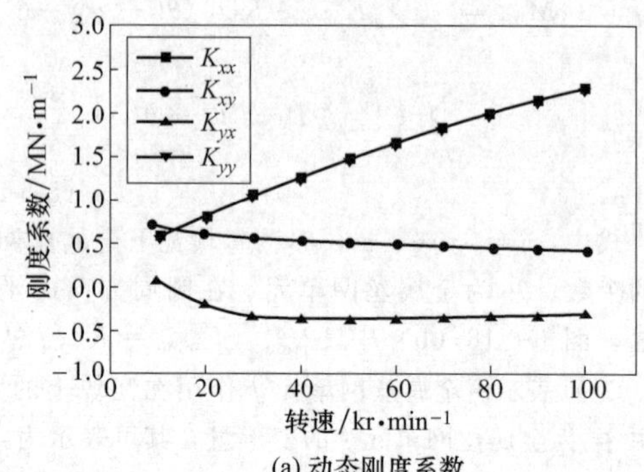

(a) 动态刚度系数

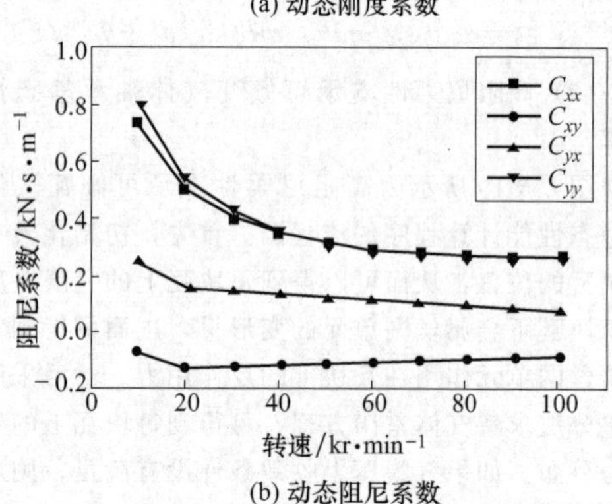

(b) 动态阻尼系数

图 8-6-22　不同转速下轴承动态刚度及阻尼系数

由于刻槽轴承会导致轴承间隙内气膜厚度不连续，使得气膜厚度以及气压分布出现突变，从而有可能导致程序难以收敛以及求解结果不准确。所以在对雷诺方程进行求解时，必须通过合理的数学处理来降低气膜厚度不连续对求解精度的影响。

6.3.3　气体动压刻槽推力轴承

刻槽推力轴承主要是指在圆形平板或环形平板表面刻上规律槽的止推轴承。通过对公式（8-6-42）进行坐标变换得到用于描述推力轴承间隙内润滑气膜气压分布的雷诺方程在圆柱坐标系下的表示形式为：

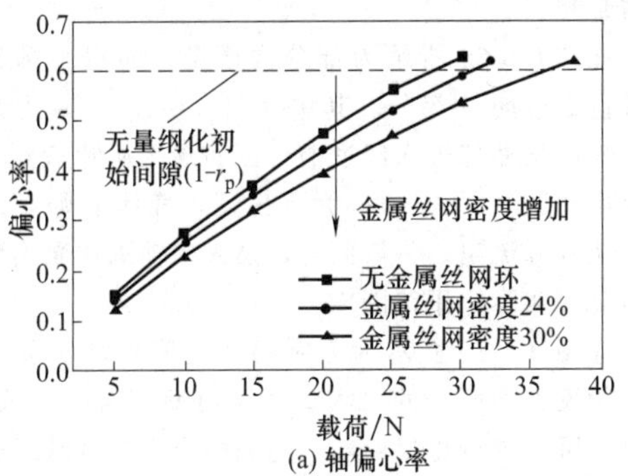

(a) 轴偏心率

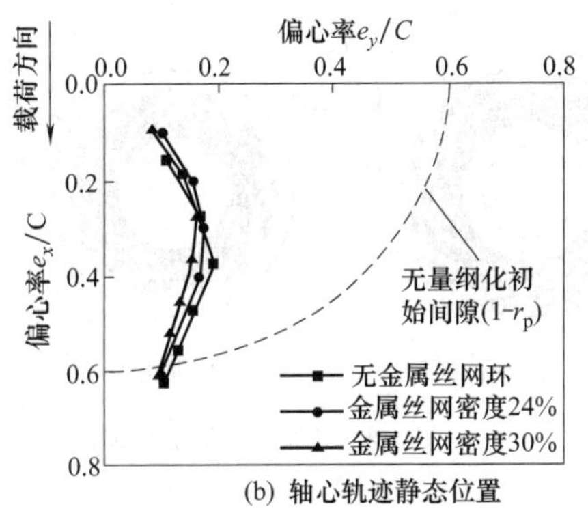

(b) 轴心轨迹静态位置

图 8-6-23 轴静态偏心率和轴心静态位置与载荷之间的关系

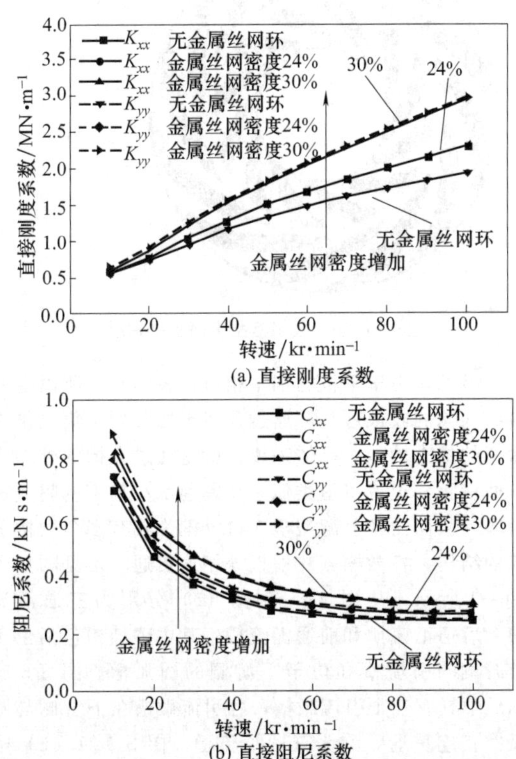

图 8-6-24 轴承动态系数与转速和金属丝网密度之间的关系

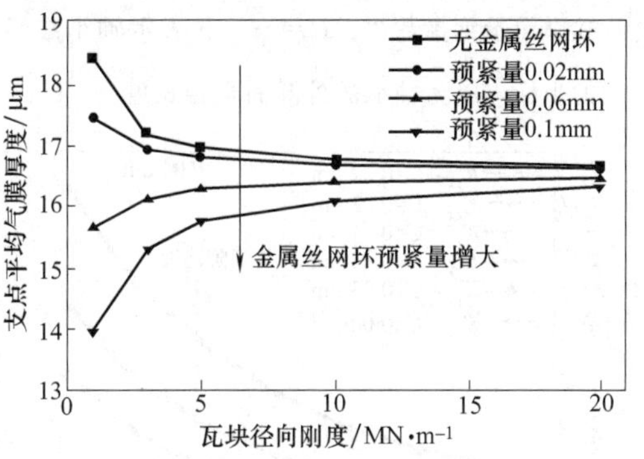

图 8-6-25 支点平均气膜厚度与瓦块径向刚度，金属丝网环预紧量之间的关系，转子转速 80kr/min

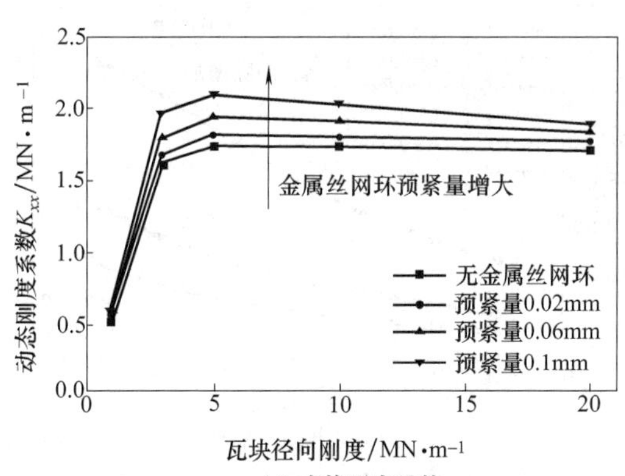

(a) 直接刚度系数

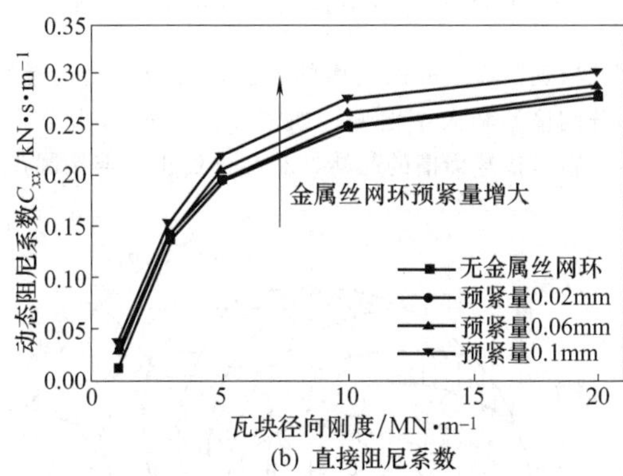

(b) 直接阻尼系数

图 8-6-26 直接刚度系数 K_{xx} 和直接阻尼系数 C_{xx} 与瓦块径向刚度，金属丝网环预紧量之间的关系，转子转速 80kr/min

$$\frac{\partial}{R\partial R}\left(\overline{p}\,\overline{h}^3 R\,\frac{\partial \overline{p}}{\partial R}\right)+\frac{\partial}{R^2\partial\theta}\left(\overline{p}\,\overline{h}^3\frac{\partial \overline{p}}{\partial\theta}\right)=\Lambda\,\frac{\partial(\overline{p}\,\overline{h})}{\partial\theta}+\sigma\,\frac{\partial(\overline{p}\,\overline{h})}{\partial\tau} \tag{8-6-59}$$

式中无量纲参数为：$R=\frac{r}{r_o}$，r 表示轴承在半径方向的坐标，r_o为轴承的外圆面半径长度。

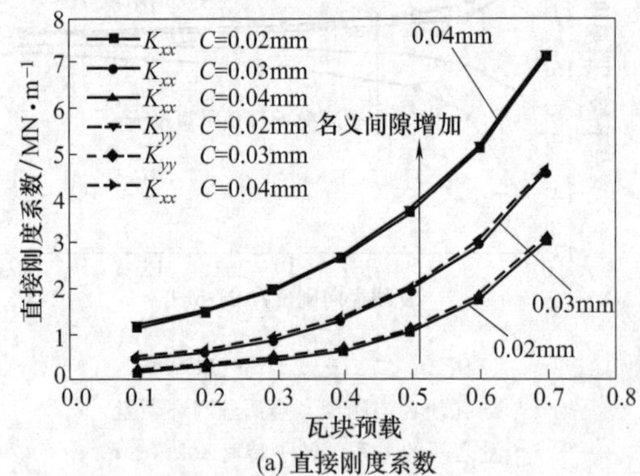

(a) 直接刚度系数

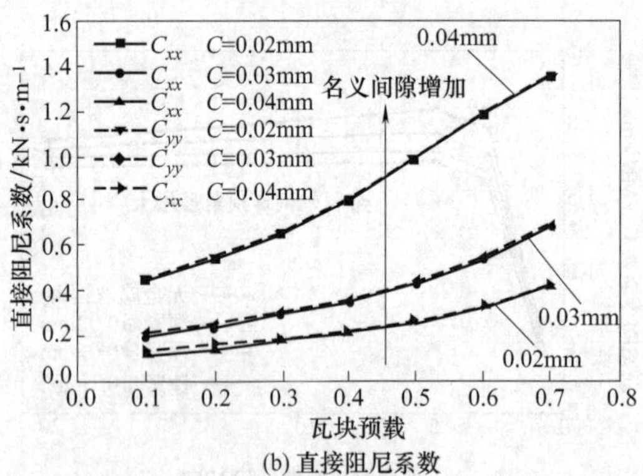

(b) 直接阻尼系数

图 8-6-27　轴承动态系数与名义间隙和瓦块预载之间的关系，转子转速 40kr/min

根据圆盘上的螺旋槽的开法，可分为全沟槽型、部分沟槽型和人字槽型。如图 8-6-28 所示为全沟槽型，它是指螺旋槽的起始处和终止处正好连接圆盘内外两个端。

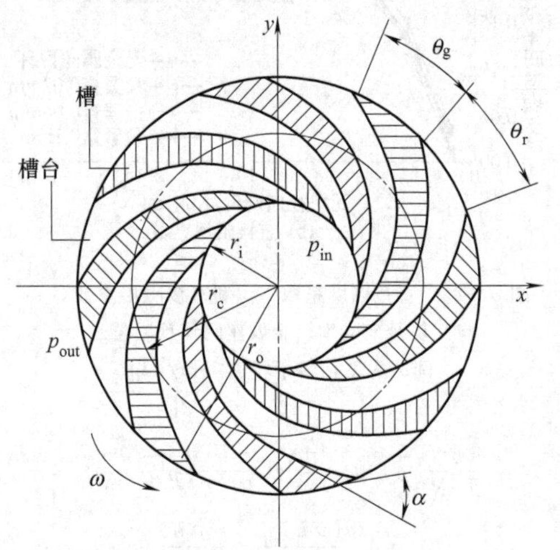

图 8-6-28　无横向流全螺旋槽止推轴承

如图 8-6-29 所示为部分沟槽型，即每个槽只占据圆盘面径向一部分。其中，图 8-6-29（a）为泵入型，气体从外部进入经过槽台区和槽区从圆盘旋转中心流出；图 8-6-29（b）为泵出型，气体从圆盘内部流入从外部流出。一般而言，泵入型轴承比泵出型承载力高，实际应用范围广。

如图 8-6-30 所示为人字槽型，该轴承实际是由沿着相反方向所开的泵入型和泵出型槽组合构成的，所以其可以进行正反旋转，达到两个方向旋转承载的效果。

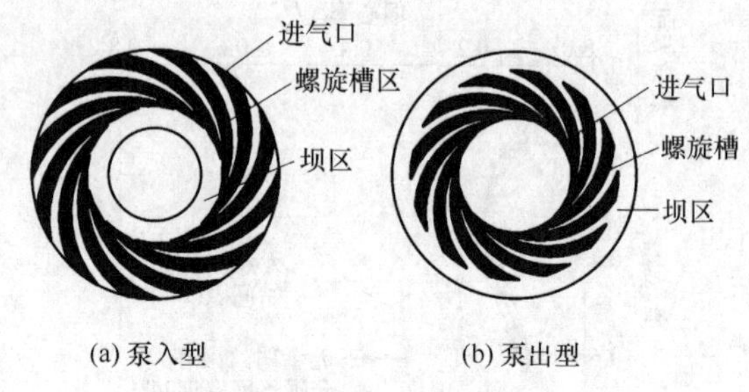

(a) 泵入型　(b) 泵出型

图 8-6-29　部分沟槽螺旋槽止推轴承

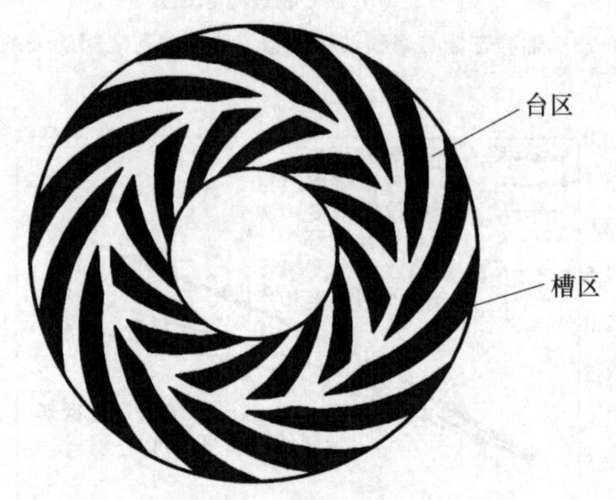

图 8-6-30　人字槽型平面止推轴承

另外，由于平板的加工相对比较容易，所以也有参照鸟翼的收敛形状，通过几何重构开发出集束仿生槽型的推力轴承。具体来说，就是通过在槽的外端入口处设置一道或多道类似于鸟翼前缘小翼羽的阻流密封堰，从而使其上游型槽入口分割为具有多个微槽引流的结构，各微槽族在槽根处相连贯通。常见的如图 8-6-31 所示，从图（a）到图（c）分别为三通汇流槽、后通汇流槽和前通汇流槽，其主体结构包括位于上游侧的引流槽和位于下游侧的圆弧槽。图 8-6-31（a）中具有三个引流微槽，各引流微槽在下游侧与圆弧槽相连贯通，称为三通汇流槽；图 8-6-31（b）中位于中间的引流微槽与逆着转速方向的第三个引流微

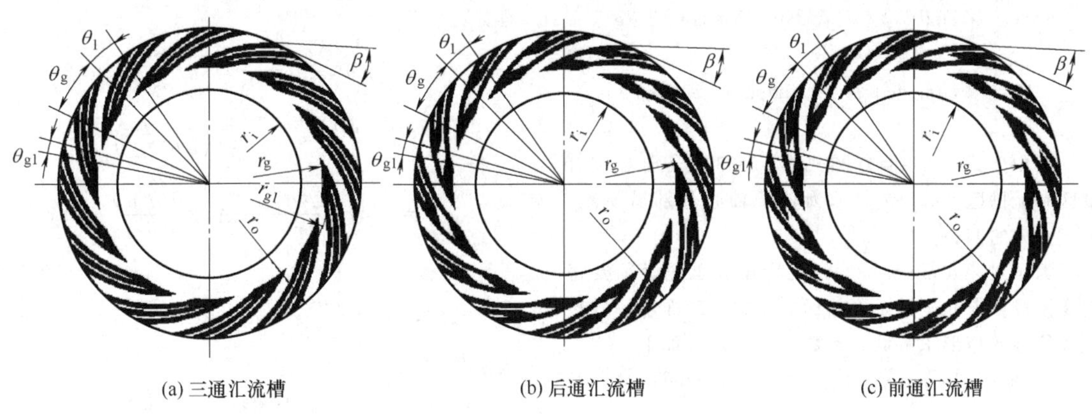

图 8-6-31　集束仿生槽衍生结构开槽端面几何结构示意图

槽连通，称为后通汇流槽；图 8-6-31（c）中位于中间的引流微槽与逆着转速方向的第一个引流微槽连通，称为前通汇流槽。为表征圆弧槽的径向开槽宽度比例，定义径向实际槽宽比 φ 为圆弧槽的径向开槽宽度与整槽径向开槽宽度的比值，则有：

$$\varphi=\frac{r_{g1}-r_g}{r_o-r_g} \tag{8-6-60}$$

为表征引流槽的周向开槽宽度比例，定义周向实际槽宽比 γ 为外径 r_o 处引流槽的周向实际开槽宽度与开槽区周向宽度的比值，则有：

$$\gamma=\frac{N_w-\theta_{g1}}{\theta_g} \tag{8-6-61}$$

式中，N_w 为单个槽组中引流槽的数量；θ_g 和 θ_{g1} 为单个槽组和单个引流槽在外径处的周向夹角。特别地，当 $\gamma=1$ 时则演变为普通螺旋槽。槽台宽比 δ 定义为一个周期中在外径 r_0 处开槽区周向宽度与对应两个槽组之间密封堰周向宽度的比值，则有：

$$\delta=\frac{r_o\theta_g}{r_o\theta_1}=\frac{\theta_g}{\theta_1} \tag{8-6-62}$$

可倾瓦推力轴承

6.3.4　气体动压刻槽球形轴承

球形轴承具有三个方向的自由度，它既能承受径向支撑又能提供轴向承载力。对于球轴承的建模分析既要考虑螺旋槽引起的气膜厚度不连续的影响，也要考虑球面复杂的曲面特性。图 8-6-32 所示为常见的半球型气体动压螺旋槽轴承。

建立球坐标系下无量纲的气体雷诺方程如下所示：

$$\sin\theta\frac{\partial}{\partial\theta}\left(\sin\theta\,\bar{p}\,\bar{h}^3\frac{\partial\bar{p}}{\partial\theta}\right)+\frac{\partial}{\partial\phi}\left(\bar{p}\,\bar{h}^3\frac{\partial\bar{p}}{\partial\phi}\right)=-\Lambda\frac{\partial(\bar{p}\,\bar{h})}{\partial\phi}+2\Lambda\gamma\frac{\partial(\bar{p}\,\bar{h})}{\partial\tau} \tag{8-6-63}$$

式中，θ 为子午线方向角度；ϕ 为圆周方向角度。

由于螺旋槽是刻在转子上的，所以建模时轴承数 Λ 前面的负号表示的是转子不动而轴承反向转动。

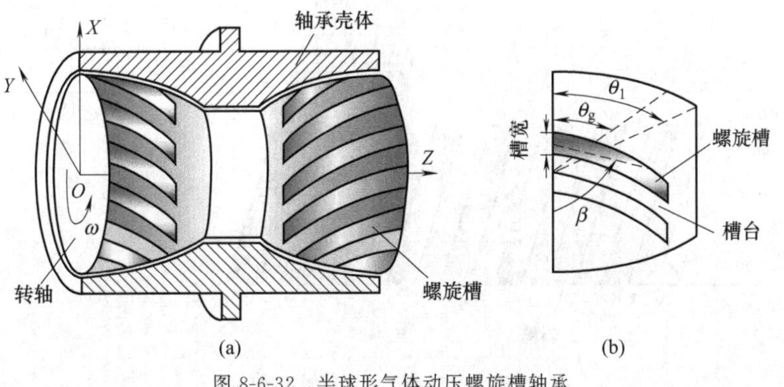

图 8-6-32　半球形气体动压螺旋槽轴承

对应的轴承间隙内气膜厚度表达式为：

$$h=C+e_x\sin\theta\cos\phi+e_y\sin\theta\sin\phi+e_z\cos\phi+hg \tag{8-6-64}$$

$$h=C+e_x\sin\theta\cos\phi+e_y\sin\theta\sin\phi+e_z\cos\phi \tag{8-6-65}$$

其中公式（8-6-64）和式（8-6-65）分别对应有槽区和无槽区，e_x，e_y，e_z为转子轴心分别沿 x，y 和 z 方向的偏心。

为了对公式（8-6-63）进行求解，首先必须要将其变换成笛卡儿坐标系下的标准形式，球面求解域转换成标准的矩形求解域。参数变换表达式如下：

$$\alpha=-\ln[\tan(\theta/2)],\mathrm{d}\alpha=-\mathrm{d}(\theta/\sin\theta) \tag{8-6-66}$$

最终得到笛卡儿坐标系下的标准形式为：

$$\frac{\partial}{\partial\alpha}\left(\overline{p}\,\overline{h}^3\frac{\partial\overline{p}}{\partial\alpha}\right)+\frac{\partial}{\partial\phi}\left(\overline{p}\,\overline{h}^3\frac{\partial\overline{p}}{\partial\phi}\right)=-\Lambda_1\frac{\partial(\overline{p}\,\overline{h})}{\partial\phi}+2\Lambda_1\gamma\frac{\partial(\overline{p}\,\overline{h})}{\partial\tau} \tag{8-6-67}$$

式中，$\Lambda_1=\dfrac{6\mu R^2\omega}{C^2p_a}[2e^{\alpha}(1+e^{2\alpha})]^2$。

经过公式（8-6-66）的参数变换后，球面求解域转换为矩形求解域，但是由于斜槽的存在，并且斜槽不与坐标轴平行，同样很难对求解域进行均匀的网格划分。因此，需要通过斜坐标变换，如图 8-6-33 所示，使坐标轴与斜槽平行，这样便可以将整个求解域进行均匀的网格划分。

斜坐标变换规则如下：

$$\begin{cases}\phi=x+y\cos\beta\\ \alpha=y\sin\beta\end{cases}\Leftrightarrow\begin{cases}x=\phi-\alpha\cot\beta\\ y=\alpha/\sin\beta\end{cases} \tag{8-6-68}$$

式中，ϕ、α 和 x、y 分别为直角坐标系和斜坐标系下坐标。

通过斜坐标变换后，得到变形后的气体润滑方程为：

$$\frac{\partial}{\partial x}\left(\overline{p}\,\overline{h}^3\frac{\partial\overline{p}}{\partial x}\right)+\frac{\partial}{\partial y}\left(\overline{p}\,\overline{h}^3\frac{\partial\overline{p}}{\partial y}\right)-\cos\beta\frac{\partial}{\partial x}\left(\overline{p}\,\overline{h}^3\frac{\partial\overline{p}}{\partial y}\right)-\cos\beta\frac{\partial}{\partial y}\left(\overline{p}\,\overline{h}^3\frac{\partial\overline{p}}{\partial x}\right)=-\Lambda_0\frac{\partial(\overline{p}\,\overline{h})}{\partial x}+2\Lambda_0\gamma\frac{\partial(\overline{p}\,\overline{h})}{\partial\tau} \tag{8-6-69}$$

式中，$\Lambda_0=\dfrac{6\mu R^2\omega}{C^2p_a}\sin^2\beta[2e^{y\sin\beta}(1+e^{2y\sin\beta})]^2$；$\beta$ 为旋角。

斜坐标系下的气膜厚度表达式如下。

槽内：

$$h=C+e_x\lambda\cos(x+y\cos\beta)+e_y\lambda\sin(x+y\cos\beta)+e_z\sqrt{1-\lambda^2}+hg \tag{8-6-70}$$

槽外：

$$h=C+e_x\lambda\cos(x+y\cos\beta)+e_y\lambda\sin(x+y\cos\beta)+e_z\sqrt{1-\lambda^2} \tag{8-6-71}$$

式中，$\lambda=\dfrac{2e^{y\sin\beta}}{1+e^{2y\sin\beta}}$。

通过前面的两次坐标变换之后，就可以通过有限差分法对公式（8-6-69）进行离散求解。求解域划分成 $m\times n$ 的网格，其中沿水平方向（x 轴方向）分为 $m+1$ 个节点，竖直方向（y 轴方向）分为 $n+1$ 个节点，则网格大小为 $\Delta x=2\pi/m$，$\Delta y=-\ln\left(\tan\dfrac{\theta_g}{2}\right)/(n\sin\beta)$。斜槽的存在导致气膜厚度在槽台边界处不连续，为了处理润滑方程中气膜厚度不连续的影响，

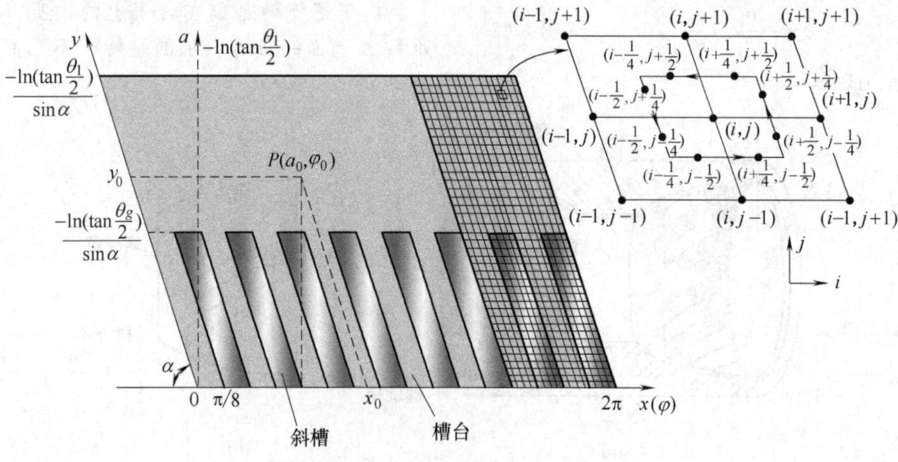

图 8-6-33　半球型气体动压螺旋槽轴承

本研究通过查阅大量国内外参考文献，提出采用八点离散法，对每一个网格单元进行局部面积分。网格结构如图 8-6-33 右上角所示，大黑点 • 代表节点，小黑点 · 代表八点离散网格上的控制点。

通过局部面积分得到流过每个单元网格的流体流量：

$$\iint_{\Omega i,j}\left[\frac{\partial}{\partial x}\left(\bar{p}\bar{h}^3\frac{\partial\bar{p}}{\partial x}\right)+\frac{\partial}{\partial y}\left(\bar{p}\bar{h}^3\frac{\partial\bar{p}}{\partial y}\right)-\cos\beta\frac{\partial}{\partial x}\left(\bar{p}\bar{h}^3\frac{\partial\bar{p}}{\partial y}\right)-\cos\beta\frac{\partial}{\partial y}\left(\bar{p}\bar{h}^3\frac{\partial\bar{p}}{\partial x}\right)\right]\mathrm{d}x\mathrm{d}y$$
$$=\iint_{\Omega i,j}\left[-\Lambda_0\frac{\partial(\bar{p}\bar{h})}{\partial\phi}+2\Lambda_0\gamma\frac{\partial(\bar{p}\bar{h})}{\partial\tau}\right]\mathrm{d}x\mathrm{d}y \tag{8-6-72}$$

式中，(Ωi，j) 为单元网格积分域。

应用格林理论便可将公式 (8-6-72) 中的面积分转换为线积分：

$$\oint_{Lij}\left(\bar{p}\bar{h}^3\frac{\partial\bar{p}}{\partial x}-\cos\beta\bar{p}\bar{h}^3\frac{\partial\bar{p}}{\partial y}\right)\mathrm{d}y-\oint_{Lij}\left(\bar{p}\bar{h}^3\frac{\partial\bar{p}}{\partial y}-\cos\beta\bar{p}\bar{h}^3\frac{\partial\bar{p}}{\partial x}\right)\mathrm{d}x$$
$$=-\oint_{Lij}\Lambda_0\bar{p}\bar{h}\mathrm{d}y+\iint_{\Omega i,j}2\Lambda_0\gamma\frac{\partial(\bar{p}\bar{h})}{\partial\tau}\mathrm{d}x\mathrm{d}y \tag{8-6-73}$$

式中，$Lij=\sum_{k=1}^{4}(Lij,k)$ 为单元求解域 (Ωi，j) 的边界线，积分路径沿逆时针方向。

应用中心差分法，可以将公式 (8-6-73) 的线积分近似为：

由于边界线 (Lij，2) 和 (Lij，4) 的投影为 0，则沿 (Lij，2) 和 (Lij，4) 的积分和为 0。

$$\oint_{Lij}\left(\bar{p}\bar{h}^3\frac{\partial\bar{p}}{\partial x}\right)\mathrm{d}y=\int_{Lij,1}\left(\bar{p}\bar{h}^3\frac{\partial\bar{p}}{\partial x}\right)\mathrm{d}y+\int_{Lij,2}\left(\bar{p}\bar{h}^3\frac{\partial\bar{p}}{\partial x}\right)\mathrm{d}y+\int_{Lij,3}\left(\bar{p}\bar{h}^3\frac{\partial\bar{p}}{\partial x}\right)\mathrm{d}y+\int_{Lij,4}\left(\bar{p}\bar{h}^3\frac{\partial\bar{p}}{\partial x}\right)\mathrm{d}y=\int_{Lij,1}\left(\bar{p}\bar{h}^3\frac{\partial\bar{p}}{\partial x}\right)\mathrm{d}y+$$
$$\int_{Lij,3}\left(\bar{p}\bar{h}^3\frac{\partial\bar{p}}{\partial x}\right)\mathrm{d}y=(\bar{p}_{i+1,j}-\bar{p}_{i,j})(\bar{p}_{i+1,j}+\bar{p}_{i,j})\left[\bar{h}^3_{i+(1/2),j-(1/4)}+\bar{h}^3_{i+(1/2),j+(1/4)}\right]\frac{\Delta y}{4\Delta x}-$$
$$(\bar{p}_{i,j}-\bar{p}_{i-1,j})(\bar{p}_{i,j}+\bar{p}_{i-1,j})\left[\bar{h}^3_{i-(1/2),j+(1/4)}+\bar{h}^3_{i-(1/2),j-(1/4)}\right]\frac{\Delta y}{4\Delta x} \tag{8-6-74}$$

将得到的气膜压力对整个区域进行积分，便可获得轴承的静态承载力，承载力表达式如下：

$$F=-\iint_{\Omega xy}(\bar{p}-1)p_aR^2\sin\theta\mathrm{d}\theta\mathrm{d}\varphi$$
$$=-\iint_{\Omega xy}(\bar{p}-1)p_aR^2\left[2\mathrm{e}^{y\sin\beta}(1+\mathrm{e}^{2y\sin\beta})\right]^2\sin\beta\mathrm{d}x\mathrm{d}y \tag{8-6-75}$$

沿坐标轴各分力的数值表达式为：

$$\begin{Bmatrix}F_x\\F_y\\F_z\end{Bmatrix}=-\iint_{\Omega xy}(\bar{p}-1)p_aR^2\left[2\mathrm{e}^{y\sin\beta}(1+\mathrm{e}^{2y\sin\beta})\right]^2\cdot\begin{Bmatrix}2\mathrm{e}^{y\sin\beta}/(1+\mathrm{e}^{2y\sin\beta})\cos x\\2\mathrm{e}^{y\sin\beta}/(1+\mathrm{e}^{2y\sin\beta})\sin x\\1-\left[2\mathrm{e}^{y\sin\beta}/(1+\mathrm{e}^{2y\sin\beta})^2\right]^{1/2}\end{Bmatrix}\sin\beta\mathrm{d}x\mathrm{d}y \tag{8-6-76}$$

采用小扰动法对公式 (8-6-69) 进行处理，得到轴承的动态雷诺方程，用以求解轴承的动态特性。这里假设转子在转速 ω 下稳定运转时，轴承在平衡位置的气膜压力和气膜厚度分别 $\bar{p}_0$ 和 $\bar{h}_0$。此时，给轴承一个微小扰动量，其小扰动位移和速度分别为 (Δx，Δy，Δz) 和 ($\Delta\dot{x}$，$\Delta\dot{y}$，$\Delta\dot{z}$)，定义小扰动的无量纲如下：

$$\Delta X=\frac{\Delta x}{c}=|\Delta X|\mathrm{e}^{i\tau}、\Delta Y=\frac{\Delta y}{c}=|\Delta Y|\mathrm{e}^{i\tau}、$$
$$\Delta Z=\frac{\Delta z}{c}=|\Delta Z|\mathrm{e}^{i\tau} \tag{8-6-77}$$

对上式求导得：

$$\Delta\dot{X}=|\Delta X|\mathrm{e}^{i\tau}=\Delta Xi、\Delta\dot{Y}=|\Delta Y|\mathrm{e}^{i\tau}=\Delta Yi、$$
$$\Delta\dot{Z}=|\Delta Z|\mathrm{e}^{i\tau}=\Delta Zi \tag{8-6-78}$$

将压力 $\bar{p}$、气膜厚度 $\bar{h}$ 在平衡位置 $\bar{p}_0$、$\bar{h}_0$ 处对各扰动量 Taylor 展开如下：

$$\bar{p}=\bar{p}_0+\sum_{\xi}\bar{p}_{\xi}\Delta\xi+\sum_{\dot{\xi}}\bar{p}_{\dot{\xi}}\Delta\dot{\xi},\xi=x,y,z$$
$$\bar{h}=\bar{h}_0+\Delta x\sin\theta\cos\phi+\Delta y\sin\theta\sin\phi+\Delta z\cos\theta \tag{8-6-79}$$

则气膜厚度变化率为：

$$\frac{\partial\bar{h}}{\partial\tau}=\frac{\partial\bar{h}_0}{\partial\tau}-\frac{1}{\gamma}(\Delta x\sin\theta\cos\phi+\Delta y\sin\theta\sin\phi)+\Delta\dot{x}\sin\theta\cos\phi+\Delta\dot{y}\sin\theta\sin\phi+\Delta\dot{z}\cos\theta \tag{8-6-80}$$

将上述各式统一转换到斜坐标系中，代入 Reynolds公式 (8-6-69) 即可得到动态运动方程组。

关于微小位移量 (Δx，Δy，Δz) 的动态特性方程：

$$\frac{\partial}{\partial x}\left(3\bar{p}_0\bar{h}^2\bar{h}_{\xi}\frac{\partial\bar{p}_0}{\partial x}\right)+\frac{\partial}{\partial x}\left(\bar{p}_{\xi}\bar{h}^3\frac{\partial\bar{p}}{\partial x}\right)+\frac{\partial}{\partial x}\left(\bar{p}_0\bar{h}^3\frac{\partial\bar{p}_{\xi}}{\partial x}\right)+\frac{\partial}{\partial y}\left(3\bar{p}_0\bar{h}^2\bar{h}_{\xi}\frac{\partial\bar{p}_0}{\partial y}\right)+$$
$$\frac{\partial}{\partial y}\left(\bar{p}_{\xi}\bar{h}^3\frac{\partial\bar{p}_0}{\partial y}\right)+\frac{\partial}{\partial y}\left(\bar{p}_0\bar{h}^3\frac{\partial\bar{p}_{\xi}}{\partial y}\right)-$$
$$\cos\beta\frac{\partial}{\partial x}\left(3\bar{p}_0\bar{h}^2\bar{h}_{\xi}\frac{\partial\bar{p}_0}{\partial y}\right)-\cos\beta\frac{\partial}{\partial x}\left(\bar{p}_{\xi}\bar{h}^3\frac{\partial\bar{p}_0}{\partial y}\right)-$$

$$\cos\beta\frac{\partial}{\partial x}\left(\overline{p}_0\overline{h}^3\frac{\partial\overline{p}_\xi}{\partial y}\right)-\cos\beta\frac{\partial}{\partial y}\left(3\overline{p}_0\overline{h}^2\overline{h}_\xi\frac{\partial\overline{p}_0}{\partial x}\right)-\cos\beta\frac{\partial}{\partial y}\left(\overline{p}_\xi\overline{h}^3\frac{\partial\overline{p}_0}{\partial x}\right)-\cos\beta\frac{\partial}{\partial y}\left(\overline{p}_0\overline{h}^3\frac{\partial\overline{p}_\xi}{\partial x}\right)=\begin{cases}-\Lambda\lambda^2\left(\dfrac{\partial(\overline{p}_\xi\overline{h}_0)}{\partial x}+\dfrac{\partial(\overline{p}_0\overline{h}_\xi)}{\partial x}\right)+2\Lambda\gamma\lambda^2\left(-\overline{p}_{\dot\xi}\overline{h}_0+\dfrac{\partial\overline{h}_0}{\partial\tau}\overline{p}_{\dot\xi}-\overline{p}_0\overline{h}_y/\gamma\right): \xi=x\\ -\Lambda\lambda^2\left(\dfrac{\partial(\overline{p}_\xi\overline{h}_0)}{\partial x}+\dfrac{\partial(\overline{p}_0\overline{h}_\xi)}{\partial x}\right)+2\Lambda\gamma\lambda^2\left(-\overline{p}_{\dot\xi}\overline{h}_0+\dfrac{\partial\overline{h}_0}{\partial\tau}\overline{p}_{\dot\xi}+\overline{p}_0\overline{h}_x/\gamma\right): \xi=y\\ -\Lambda\lambda^2\left(\dfrac{\partial(\overline{p}_\xi\overline{h}_0)}{\partial x}+\dfrac{\partial(\overline{p}_0\overline{h}_\xi)}{\partial x}\right)+2\Lambda\gamma\lambda^2\left(-\overline{p}_{\dot\xi}\overline{h}_0+\dfrac{\partial\overline{h}_0}{\partial\tau}\overline{p}_{\dot\xi}\right): \xi=x\end{cases}\tag{8-6-81}$$

关于微小速度量（$\Delta\dot{x}$，$\Delta\dot{y}$，$\Delta\dot{z}$）的动态特性方程：

$$\frac{\partial}{\partial x}\left(\overline{p}_{\dot\xi}\overline{h}^3\frac{\partial\overline{p}_0}{\partial x}\right)+\frac{\partial}{\partial x}\left(\overline{p}_0\overline{h}^3\frac{\partial\overline{p}_{\dot\xi}}{\partial x}\right)+\frac{\partial}{\partial y}\left(\overline{p}_{\dot\xi}\overline{h}^3\frac{\partial\overline{p}_0}{\partial y}\right)+\frac{\partial}{\partial y}\left(\overline{p}_0\overline{h}^3\frac{\partial\overline{p}_{\dot\xi}}{\partial y}\right)-\cos\beta\frac{\partial}{\partial x}\left(\overline{p}_{\dot\xi}\overline{h}^3\frac{\partial\overline{p}_0}{\partial y}\right)-\cos\beta\frac{\partial}{\partial x}\left(\overline{p}_0\overline{h}^3\frac{\partial\overline{p}_{\dot\xi}}{\partial y}\right)-\cos\beta\frac{\partial}{\partial y}\left(\overline{p}_{\dot\xi}\overline{h}^3\frac{\partial\overline{p}_0}{\partial x}\right)-\cos\beta\frac{\partial}{\partial y}\left(\overline{p}_0\overline{h}^3\frac{\partial\overline{p}_{\dot\xi}}{\partial x}\right)=\begin{cases}-\Lambda\lambda^2\dfrac{\partial(\overline{p}_{\dot\xi}\overline{h}_0)}{\partial x}+2\Lambda\gamma\lambda^2\left(\overline{p}_\xi\overline{h}_0+\dfrac{\partial\overline{h}_0}{\partial\tau}\overline{p}_{\dot\xi}+\overline{p}_0\overline{h}_\xi\right): \xi=x\\ -\Lambda\lambda^2\dfrac{\partial(\overline{p}_{\dot\xi}\overline{h}_0)}{\partial x}+2\Lambda\gamma\lambda^2\left(\overline{p}_\xi\overline{h}_0+\dfrac{\partial\overline{h}_0}{\partial\tau}\overline{p}_{\dot\xi}+\overline{p}_0\overline{h}_\xi\right): \xi=y\\ -\Lambda\lambda^2\dfrac{\partial(\overline{p}_{\dot\xi}\overline{h}_0)}{\partial x}+2\Lambda\gamma\lambda^2\left(\overline{p}_\xi\overline{h}_0+\dfrac{\partial\overline{h}_0}{\partial\tau}\overline{p}_{\dot\xi}+\overline{p}_0\overline{h}_\xi\right): \xi=x\end{cases}\tag{8-6-82}$$

运用有限差分法求解上述动态特性方程组可得压力参数 $\overline{p}_\xi$（$\xi=x$，y，z，$\dot{x}$，$\dot{y}$，$\dot{z}$），然后在整个求解域内积分可得轴承的动态刚度和阻尼，表达式如下：

$$\begin{bmatrix}K_{xx} & K_{xy} & K_{xz}\\ K_{yx} & K_{yy} & K_{yz}\\ K_{zx} & K_{zy} & K_{zz}\end{bmatrix}=\begin{bmatrix}\dfrac{\partial F_x}{\partial x} & \dfrac{\partial F_y}{\partial x} & \dfrac{\partial F_z}{\partial x}\\ \dfrac{\partial F_x}{\partial y} & \dfrac{\partial F_y}{\partial y} & \dfrac{\partial F_z}{\partial y}\\ \dfrac{\partial F_x}{\partial z} & \dfrac{\partial F_y}{\partial z} & \dfrac{\partial F_z}{\partial z}\end{bmatrix}=-\frac{p_aR^2}{c}\iint_\Omega\begin{bmatrix}\overline{p}_x\sin\theta\cos\varphi & \overline{p}_y\sin\theta\cos\varphi & \overline{p}_z\sin\theta\cos\varphi\\ \overline{p}_x\sin\theta\sin\varphi & \overline{p}_y\sin\theta\sin\varphi & \overline{p}_z\sin\theta\sin\varphi\\ \overline{p}_x\cos\theta & \overline{p}_y\cos\theta & \overline{p}_z\cos\theta\end{bmatrix}\sin^2\theta\,\mathrm{d}\theta\,\mathrm{d}\varphi\tag{8-6-83}$$

$$\begin{bmatrix}C_{xx} & C_{xy} & C_{xz}\\ C_{yx} & C_{yy} & C_{yz}\\ C_{zx} & C_{zy} & C_{zz}\end{bmatrix}=\begin{bmatrix}\dfrac{\partial F_x}{\partial\dot{x}} & \dfrac{\partial F_y}{\partial\dot{x}} & \dfrac{\partial F_z}{\partial\dot{x}}\\ \dfrac{\partial F_x}{\partial\dot{y}} & \dfrac{\partial F_y}{\partial\dot{y}} & \dfrac{\partial F_z}{\partial\dot{y}}\\ \dfrac{\partial F_x}{\partial\dot{z}} & \dfrac{\partial F_y}{\partial\dot{z}} & \dfrac{\partial F_z}{\partial\dot{z}}\end{bmatrix}=-\frac{p_aR^2}{c\omega\gamma}\iint_\Omega\begin{bmatrix}\overline{p}_{\dot{x}}\sin\theta\cos\varphi & \overline{p}_{\dot{y}}\sin\theta\cos\varphi & \overline{p}_{\dot{z}}\sin\theta\cos\varphi\\ \overline{p}_{\dot{x}}\sin\theta\sin\varphi & \overline{p}_{\dot{y}}\sin\theta\sin\varphi & \overline{p}_{\dot{z}}\sin\theta\sin\varphi\\ \overline{p}_{\dot{x}}\cos\theta & \overline{p}_{\dot{y}}\cos\theta & \overline{p}_{\dot{z}}\cos\theta\end{bmatrix}\sin^2\theta\,\mathrm{d}\theta\,\mathrm{d}\varphi\tag{8-6-84}$$

由于转轴上刻有螺旋槽，轴承表面没有固定的气膜形成和终止位置，雷诺边界条件不能用，所以在轴承的圆周方向上须应用连续性边界条件，即：

$$\overline{p}(\theta_1,\varphi)=\overline{p}(\pi/2,\varphi)=1;\quad \overline{p}_\xi(\theta_1,\varphi)=\overline{p}_\xi(\pi/2,\varphi)=1;\xi=x,y,z,\dot{x},\dot{y},\dot{z}\tag{8-6-85}$$

子午向方向的边界条件为：

$$\overline{p}(\theta,\varphi)=\overline{p}(\theta,\varphi+2\pi);\quad \overline{p}_\xi(\theta_1,\varphi)=\overline{p}_\xi(\pi/2,\varphi);\quad \xi=x,y,z,\dot{x},\dot{y},\dot{z}\tag{8-6-86}$$

根据表 8-6-3 所给参数，通过计算求解得到轴承的气压分布如图 8-6-34 所示；图 8-6-35 为间隙对轴承承载能力的影响；图 8-6-36 为槽深对承载能力的影响；图 8-6-37 为螺旋角对承载能力的影响；图 8-6-38为转速对直接刚度的影响；图8-6-39为槽深对直接刚度和直接阻尼的影响；图 8-6-40 为螺旋角对刚度和阻尼系数的影响。

表 8-6-3　半球型动压气浮轴承-转子系统计算参数

参数	值
半径 R	6 mm
气膜间隙 c	2～8μm
槽深 h_g	1～8μm
螺旋角 β	20°～60°
槽数 N_g	8
槽宽比 δ	0.5
有效刻槽角度 θ_g	45.56°
有效轴承面角度 θ_1	71.33°
气体运动黏度 μ	20.8×10⁻⁶Pa·s
环境压力 p_a	101.3/2×10⁻³MPa
工作转速 ω	30kr/min

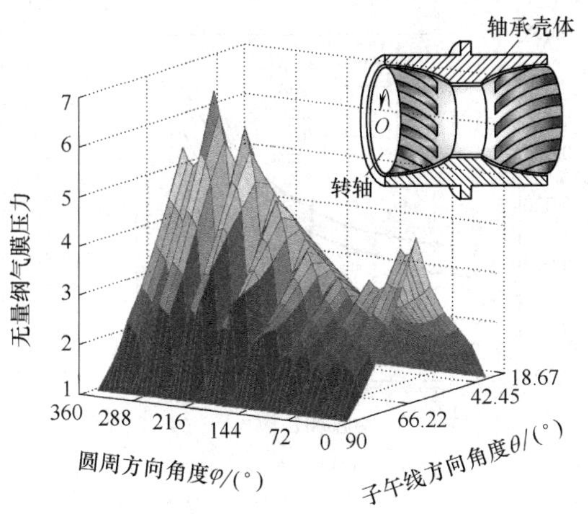

图 8-6-34　气压分布图

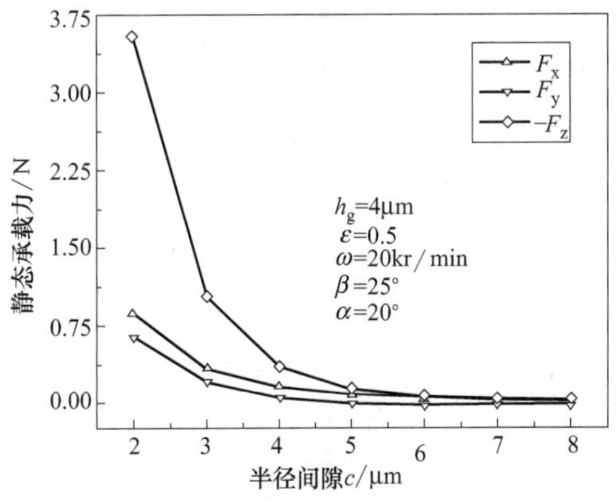

图 8-6-35　间隙对承载能力的影响

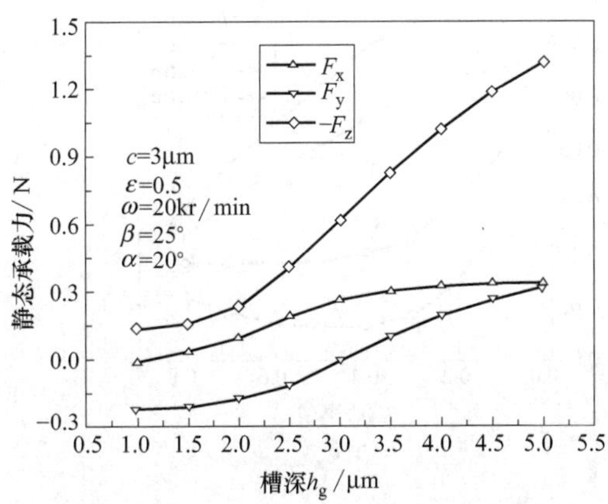

图 8-6-36　槽深对承载能力的影响

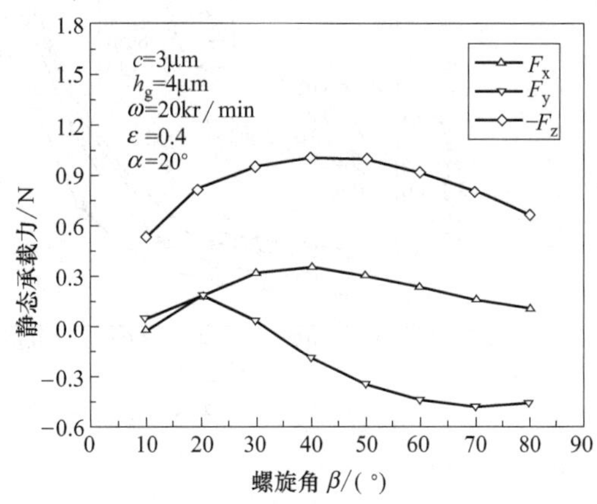

图 8-6-37　螺旋角对承载能力的影响

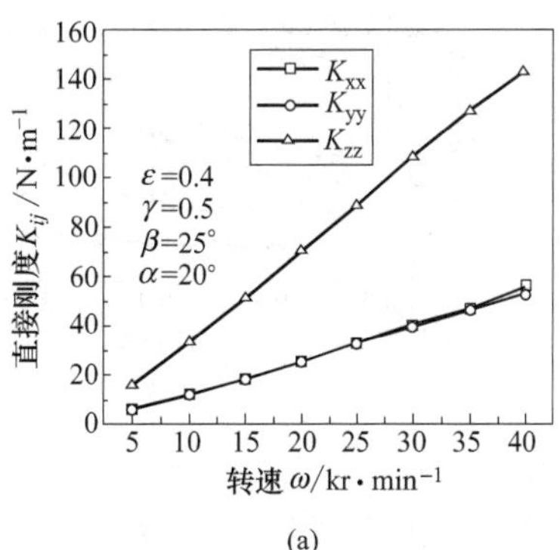

(a)

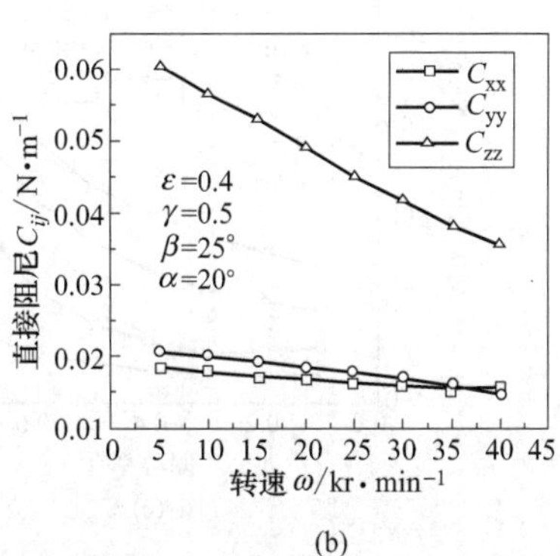

(b)

图 8-6-38　转速对直接刚度的影响

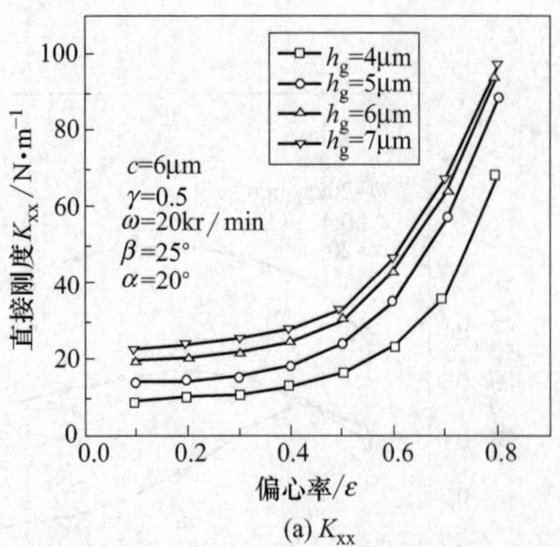

(a) K_{xx}

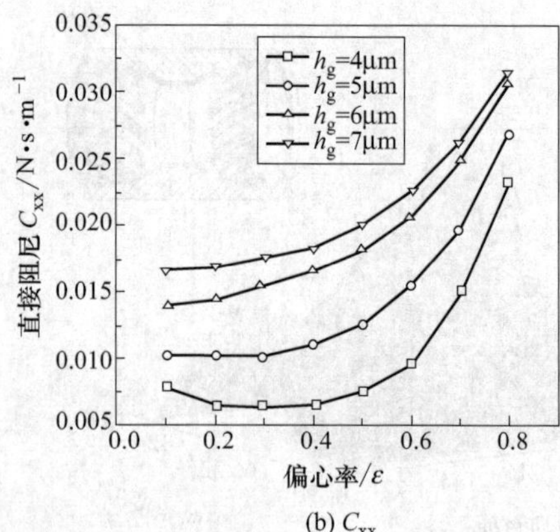

(b) C_{xx}

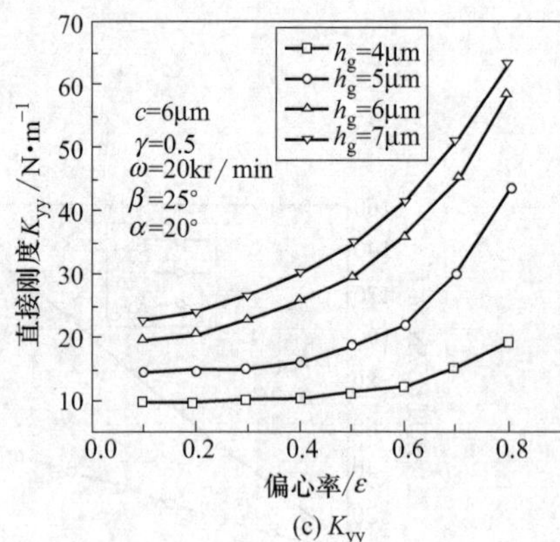

(c) K_{yy}

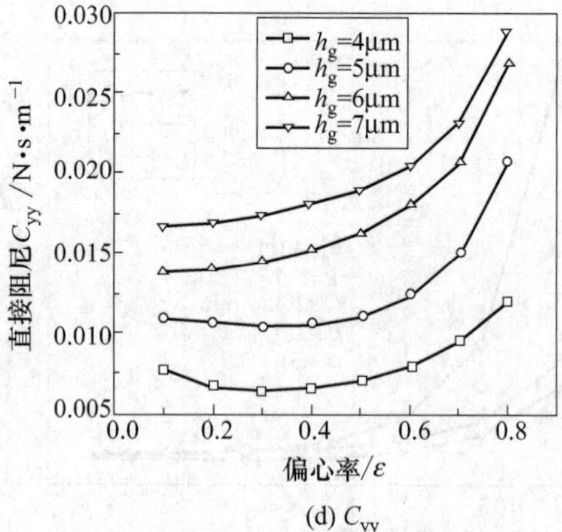

(d) C_{yy}

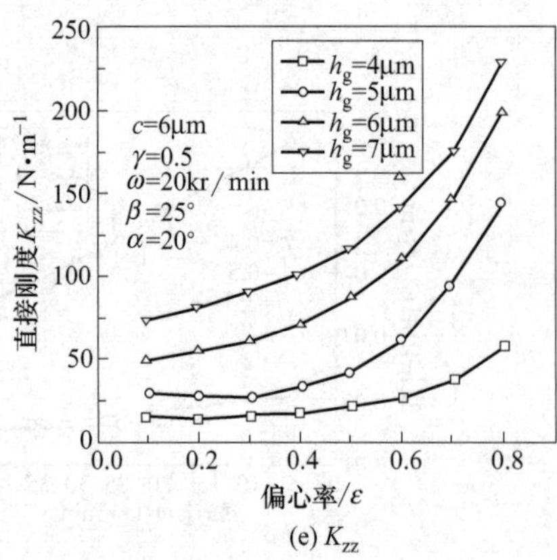

(e) K_{zz}

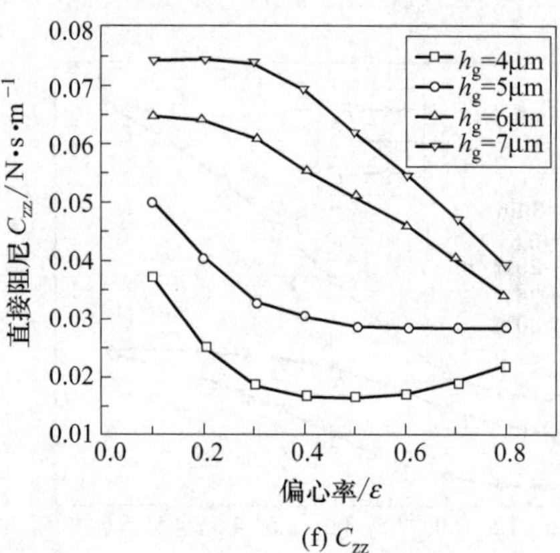

(f) C_{zz}

图 8-6-39　槽深对直接刚度和直接阻尼的影响

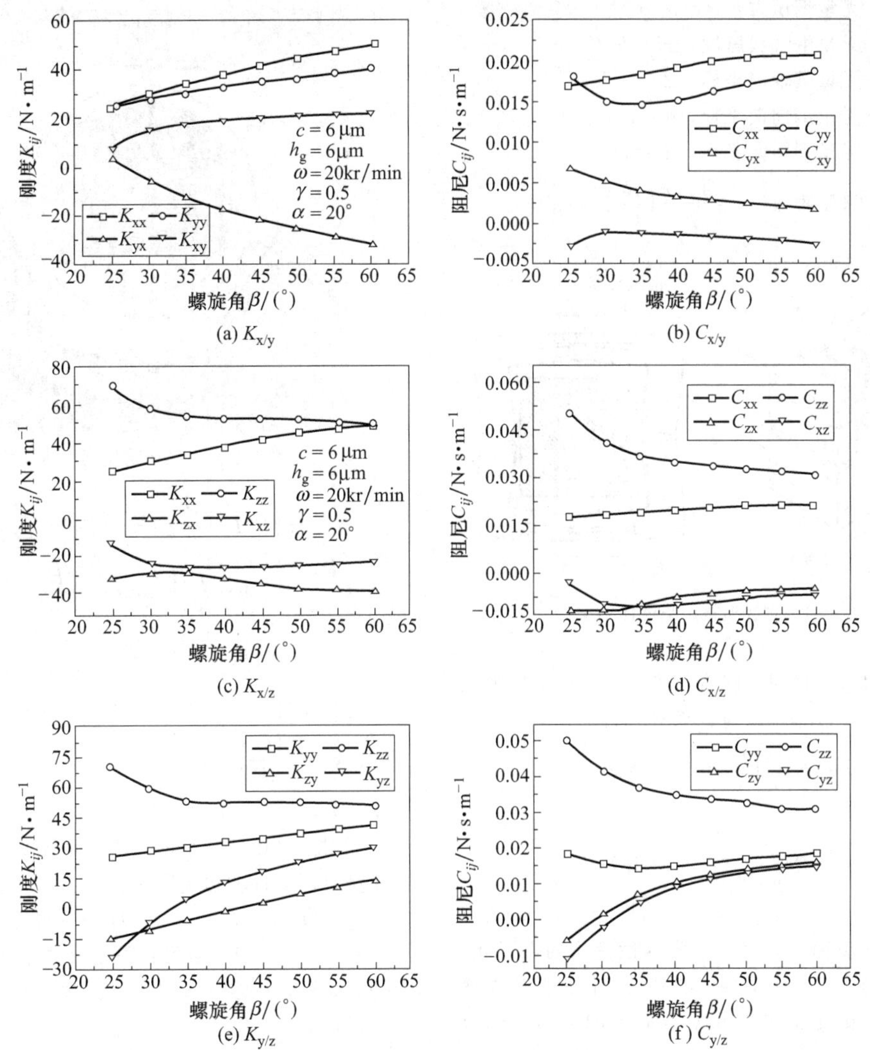

图 8-6-40　螺旋角对刚度和阻尼系数的影响

6.4　挤压膜气体轴承

6.4.1　挤压膜气体轴承的工作原理及特点

当辐射体以超声频率振动时，在辐射体表面会形成较强的声场和辐射压力，周期内的平均辐射压力高于外界环境压力，从而可以平衡被悬浮物体的重力，形成悬浮的状态和效果，这就是超声波悬浮技术。

挤压膜气体轴承又叫超声波轴承是在超声悬浮状态下工作的非接触轴承。相比于传统的非接触轴承，挤压膜气体轴承具有以下的优点。

① 低转速时无摩擦和磨损。在启动和停止阶段，挤压膜气体可以提供额外的支撑力。

② 较高的承载力。挤压运动可以增强高转速时轴承的承载力。

③ 较好的稳定性。挤压效果产生的压力可以有效抑制转子的振动，从而增强系统的稳定性。

④ 主动轴承。通过调节激励信号可以对挤压膜气体轴承进行有效的控制。

6.4.2　挤压膜气体轴承的分类及其计算方法

（1）直线型挤压膜气体轴承

如图 8-6-41 所示，该悬浮系统有直线导轨和直线型挤压膜气体轴承组成，在挤压膜压力的作用下，系统可以沿导轨方向移动。

此时，雷诺方程应为：

$$\frac{\partial}{\partial\theta}\left(PH^3\frac{\partial P}{\partial\theta}\right)+\frac{\partial}{\partial Z}\left(PH^3\frac{\partial P}{\partial Z}\right)=\sigma\frac{\partial(PH)}{\partial T}\tag{8-6-87}$$

式中 P——无量纲压力，$P=p/p_a$；

H——无量纲气膜厚度，$H=h/C$；

Z——无量纲轴向坐标，$Z=z/R$；

θ——无量纲周向坐标，$\theta=x/R$；

T——无量纲周向坐标，$T=\omega\tau$；

σ——挤压膜数，$\sigma=\dfrac{12\mu\omega}{p_a}\left(\dfrac{R}{C}\right)^2$。

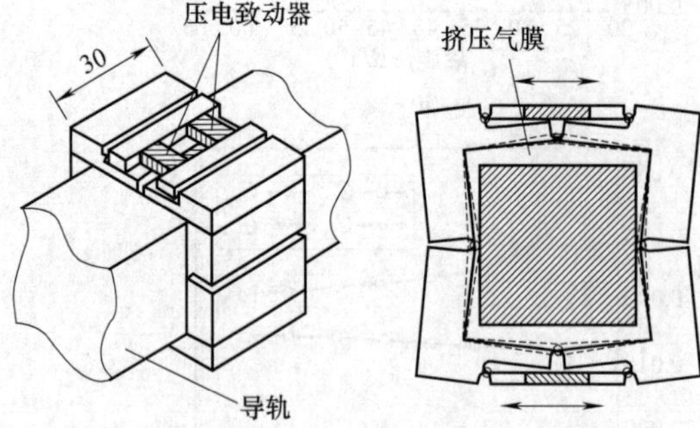

图 8-6-41 直线型挤压膜气体轴承

采用有限差分法对上式进行求解，可获得气膜压力分布，则挤压膜轴承瞬时的承载力为：

$$F_x=-p_aR\int_0^{l_0}\int_0^{l_0}(P-1)\cos\theta R\,d\theta dZ \tag{8-6-88}$$

$$F_y=-p_aR\int_0^{l_0}\int_0^{l_0}(P-1)\sin\theta R\,d\theta dZ \tag{8-6-89}$$

由于挤压膜轴承承载力是周期性变化的，因此，常采用稳定悬浮后一个周期内的平均力作为挤压膜轴承的承载力，则在 x 方向和 y 方向上的平均承载力分别为：

$$F_{mx}=\frac{1}{2\pi}\int_0^{2\pi}F_x dT \tag{8-6-90}$$

$$F_{my}=\frac{1}{2\pi}\int_0^{2\pi}F_y dT \tag{8-6-91}$$

(2) 径向挤压膜气体轴承

如图 8-6-42 所示，是一种新型的挤压膜气体径向轴承。该轴承在压电陶瓷作用下产生周期性的径向挤压运动。同时转子可作高速旋转，故无量纲化后的雷诺方程为：

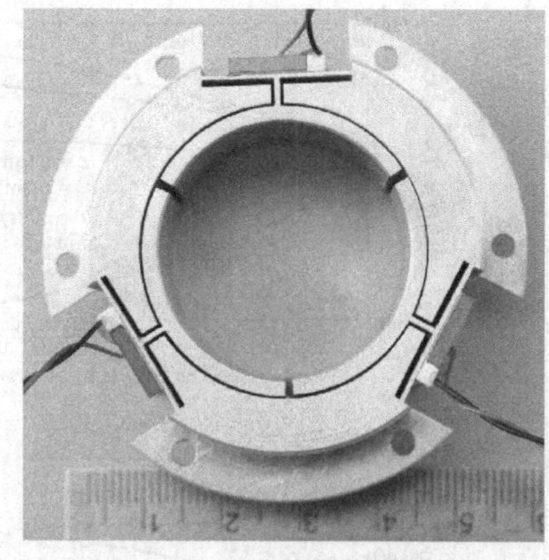

图 8-6-42 径向挤压膜气体轴承

$$\frac{\partial}{\partial\theta}\left(PH^3\frac{\partial P}{\partial\theta}\right)+\frac{\partial}{\partial Z}\left(PH^3\frac{\partial P}{\partial Z}\right)=\Lambda\frac{\partial(PH)}{\partial\theta}+\sigma\frac{\partial(PH)}{\partial T} \tag{8-6-92}$$

式中 Λ——轴承数，$\Lambda=\dfrac{6\mu\Omega}{p_a}\left(\dfrac{R}{C}\right)^2$。

边界条件为：$P(\theta=\theta_s,Z)=1$，$P(\theta=\theta_e,Z)=1$，$P\left(\theta,\ Z=\pm\dfrac{L}{2R}\right)=1$

式中 θ_s，θ_e——瓦片起始角，瓦片终止角。

同时，挤压膜轴承内的气压是周期性变化的，故需要满足周期性的边界条件

$$P|_T=P|_{T+2\pi},\quad H|_T=H|_{T+2\pi}$$

将式 (8-6-92) 采用有限差分法求解，并带入以上边界条件，则求得气膜压力。对压力进行积分可得瞬时承载力

$$F_{Px}^i=-p_aR\int_{-L/(2R)}^{L/(2R)}\int_{\theta_s^i}^{\theta_e^i}(P-1)\cos\theta R\,d\theta dZ \tag{8-6-93}$$

$$F_{Py}^i=-p_aR\int_{-L/(2R)}^{L/(2R)}\int_{\theta_s^i}^{\theta_e^i}(P-1)\sin\theta R\,d\theta dZ \tag{8-6-94}$$

式中 i——瓦片的个数。

同理，挤压膜气体径向轴承平均承载力为

$$F_{mPx}^i=\frac{1}{2\pi}\int_0^{2\pi}F_{Px}^i dT \tag{8-6-95}$$

$$F_{mPy}^i=\frac{1}{2\pi}\int_0^{2\pi}F_{Py}^i dT \tag{8-6-96}$$

第 7 章　气体箔片轴承

7.1　气体箔片轴承的工作原理和轴承类型

气体箔片轴承是一种自适应的动压轴承，其工作原理是利用环境气体作为润滑介质，通过动压效应在轴承表面产生气膜压力使转子悬浮。气体箔片轴承中的弹性支承结构通过弹性变形和库仑摩擦为轴承提供了刚度和阻尼。气体箔片轴承具有加工精度要求低、承载能力高、耐高温、稳定性好等一系列优势，被广泛应用于飞机空气循环机、高速无油空压机/鼓风机、微型燃气轮机以及涡轮发电机等。气体箔片轴承在启停阶段轴承和轴处于干摩擦状态，在反复启停多次之后，尤其在高温的运行环境下，轴承有磨损失效的危险，这会大大降低轴承的寿命，因此开发耐高温耐磨的固体润滑剂是提高气体箔片轴承寿命的关键。同时，由于承载能力的限制，气体箔片轴承目前主要的应用还集中在几十千瓦到数百千瓦的设备中，更大功率的应用只能通过多台设备的并联来实现，通过优化轴承弹性支承结构刚度分布，可大大提高轴承的承载能力，因此优化轴承弹性支承结构刚度分布是扩大气体箔片轴承应用范围的关键。随着转速的提高，气膜涡动以及转子振荡使得转子的次同步振动加剧，从而限制了转速的进一步提高，通过优化轴承结构，引入黏弹性材料等可适当提高气体箔片轴承-转子系统的稳定性，以达到更高 DN 值。气体箔片轴承自被提出以来，为提高其承载能力、稳定性和寿命等发展出了多种不同的结构，气体箔片轴承的结构见表 8-7-1。

表 8-7-1　　气体箔片轴承结构

类型	结构组成	径向轴承简图	推力轴承简图
张紧型气体箔片轴承	主要部件为轴承套、平箔片、调整螺钉、张紧销和导向销。利用张紧销和导向销拉紧平箔片并调整箔片和转轴表面之间的张紧配合程度	轴承套 转轴 箔片 张紧销 导向销 调整螺钉	
多叶型气体箔片轴承	内表面由多块独立的箔片依次交错排列搭接组成。每片箔片的一端固定在轴承套内表面的矩形槽中，另一端叠加在相邻箔片上表面，形成完整的轴承柔性内表面	叶型箔片 轴承套 转轴	

续表

类型	结构组成	径向轴承简图	推力轴承简图
平箔型气体箔片轴承	柔性平箔片分多层环绕在轴承套内，并在转轴外形成一个封闭的轴承表面。在多层平箔片之间，大量细铜丝按一定规律沿圆周方向和轴向排布，为平箔片提供径向刚度支承	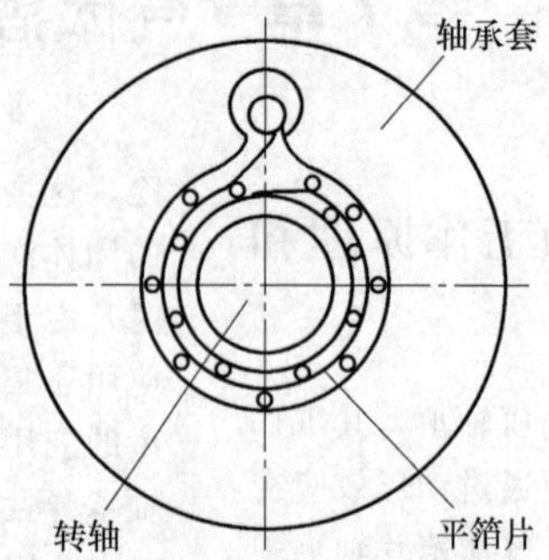 轴承套 转轴 平箔片	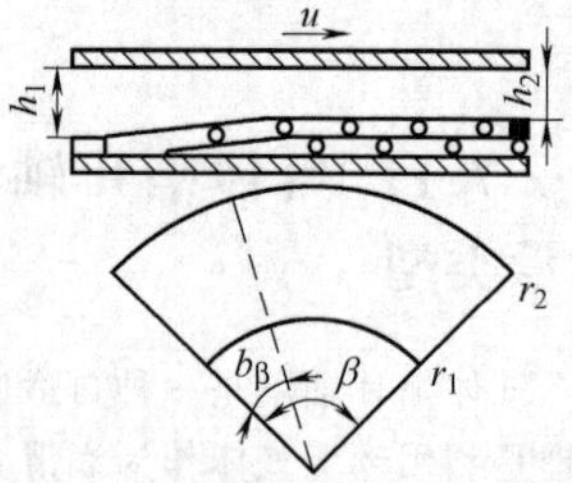 u h_1 h_2 r_2 b_β β r_1
鼓泡型气体箔片轴承	鼓泡型气体箔片轴承的柔性支承结构由一条部分区域带鼓泡凸起的箔片缠绕并固定在轴承套内构成	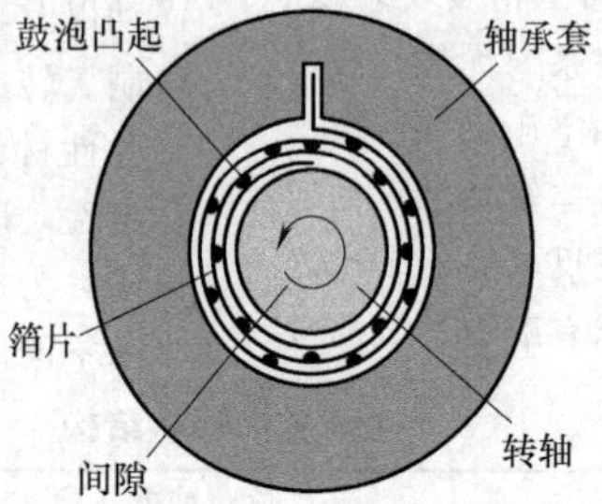 鼓泡凸起 轴承套 箔片 转轴 间隙	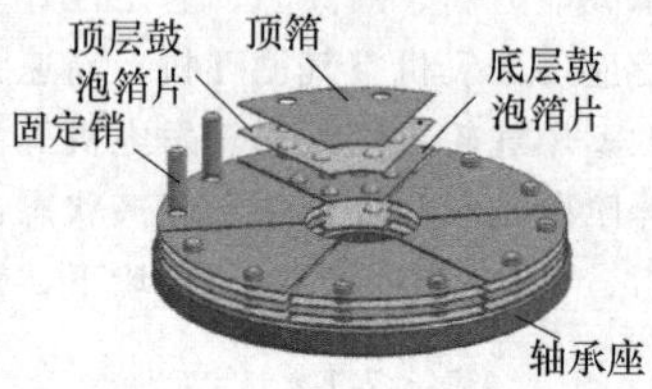 顶层鼓泡箔片 顶箔 底层鼓泡箔片 固定销 轴承座
缠绕型气体箔片轴承	弹性箔片被预弯曲为准多边形结构并被卷曲装入轴承套内，形成箔片轴承的多层柔性支承结构。多边形的箔片靠张力与轴承套内表面贴近，内层箔片与转轴表面接触并形成多个楔形间隙	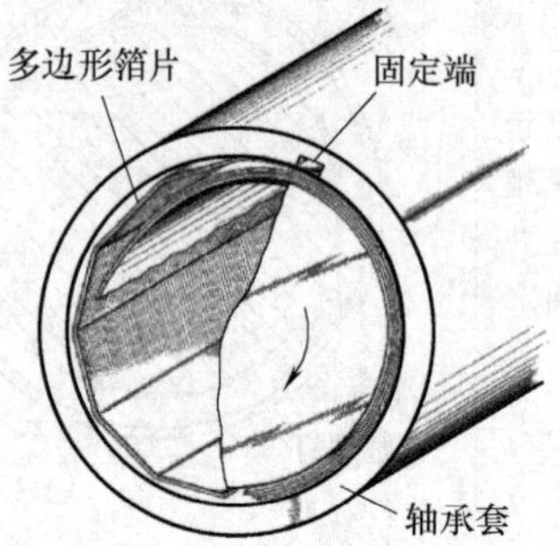 多边形箔片 固定端 轴承套	
波箔型气体箔片轴承	主要结构部件：顶箔、波箔和轴承套。顶箔和波箔位于轴承套内，相互配合形成圆弧形的柔性表面，为轴承提供结构刚度和阻尼性能	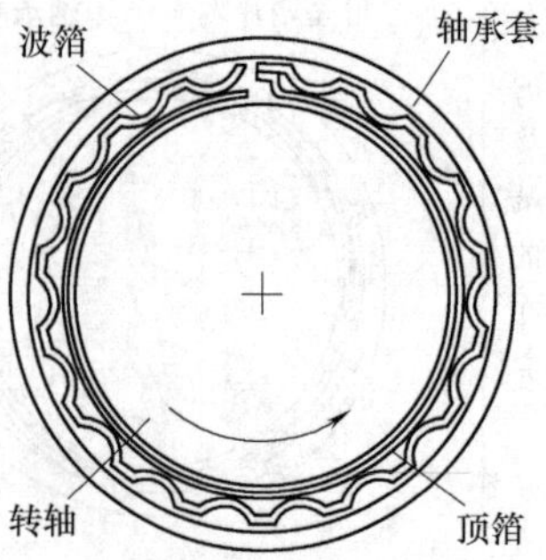 波箔 轴承套 转轴 顶箔	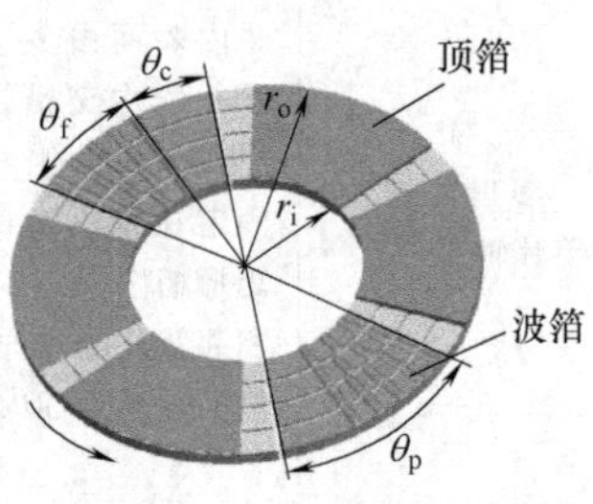 θ_c θ_f r_o 顶箔 r_i 波箔 θ_p

第8篇

续表

类型	结构组成	径向轴承简图	推力轴承简图
弹簧型气体箔片轴承	螺旋弹簧被放置在沿轴承套圆周方向分布的轴向通孔中，其突出轴承套内表面部分与顶箔接触，起到支承轴承内表面的作用	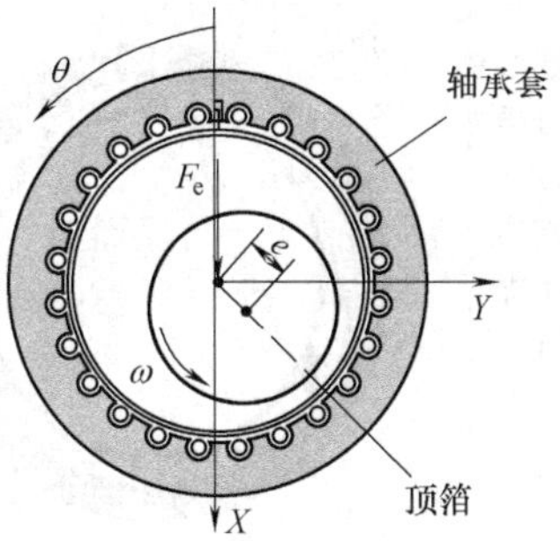	
黏弹性气体箔片轴承	轴承的弹性支承结构由一层顶箔和一层高阻尼耐高温的黏弹性材料构成	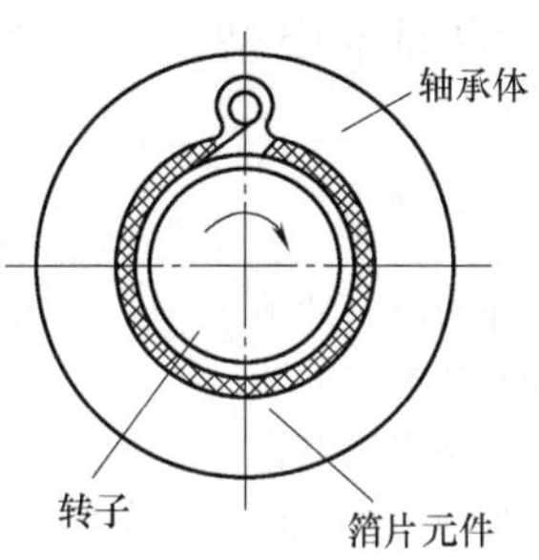	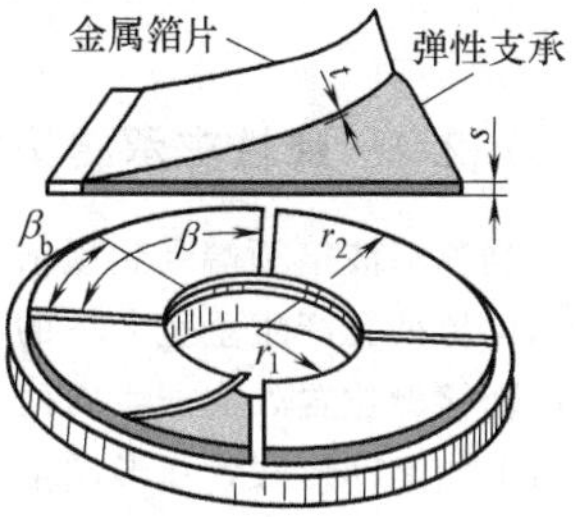
金属丝网型气体箔片轴承	以环形金属丝网材料取代传统轴承中的箔片结构作为弹性支承，顶箔固定在金属丝网环的内侧	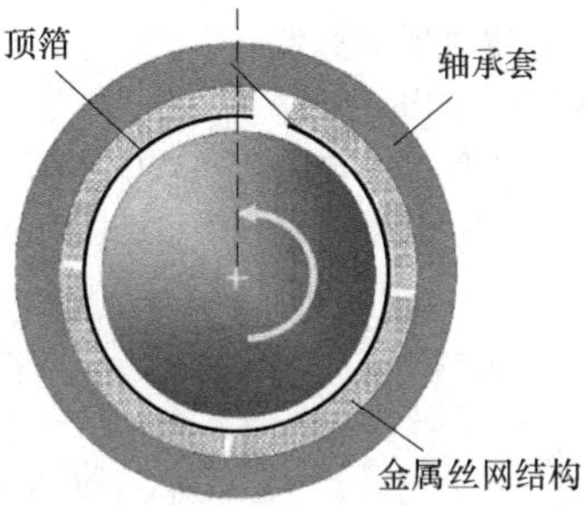	
波箔金属丝网混合轴承	轴承弹性支承结构由波箔和金属丝网块构成。波箔被设计成弧形和梯形相邻，轴承套内表面上具有沿圆周方向均匀分布的矩形通槽，金属丝网被装配入矩形槽和梯形箔片形成的空间内	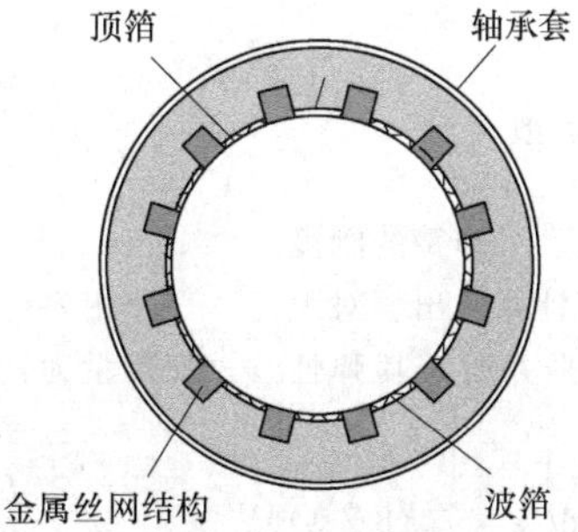	

第8篇

续表

类型	结构组成	径向轴承简图	推力轴承简图
多悬臂型气体箔片轴承	底层支承箔片上经线切割得到一系列均匀排列的悬臂型凸起，并在凸起的自由端中间位置切割出矩形通槽。三片支承箔片被放置在顶箔和波箔之间并由顶箔上的矩形凸起固定位置	顶箔　轴承套　箔片	

7.2　波箔型气体箔片轴承的理论模型

7.2.1　弹性支承结构模型

当弧形波箔顶端受到顶箔沿径向的压力时，波箔顶端位置处会产生垂直向下的位移，同时波箔底部与轴承套接触位置处会产生向两侧的滑动。基于波箔在压力下的运动形式，弧形波箔可以被简化为两个刚性连杆和一个等效水平弹簧的组合。两个刚性连杆的一端相互连接，另一端与水平弹簧的顶端连接，如图8-7-1所示。在波箔的最顶端位置处，两个连杆的连接点可自由转动。顶箔上的压力经连杆传递到水平弹簧，使其产生弹性变形。由于连杆为刚性结构，所以水平弹簧的变形和波箔顶端垂直方向的位移有确定的关系。因此，连杆-弹簧结构可以进一步简化为具有等效垂直刚度的弹簧。

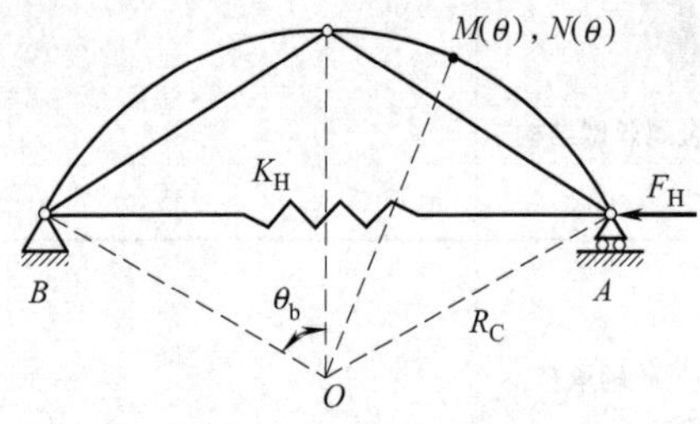

图 8-7-1　波箔的连杆-弹簧模型

在波箔的变形位移较小时，等效水平弹簧的刚度可以通过波箔的具体结构和卡氏定理计算得出。对弧形波箔，当箔片的一端 A 点受到水平力时，其弹性变形能为：

$$U=\int_0^l\left(\frac{M^2}{2DL}+\frac{N^2}{2SE}\right)\mathrm{d}l \tag{8-7-1}$$

式中　U——波箔结构的弹性变性能，J；

M——箔片截面弯矩，N·m；

N——箔片截面轴力，N；

D——箔片弯曲刚度，N·rad^{-1}；

L——箔片轴向长度，m；

S——箔片横截面积，m^2；

E——箔片杨氏弹性模量，GPa；

l——箔片横截面曲线长度，m。

弧形波箔截面弯矩、轴力、弯曲刚度和横截面积等参数由其结构和材料常数得出，可表示为：

$$S=t_\mathrm{b}L$$

$$l=R_\mathrm{b}\theta$$

$$D=Et_\mathrm{b}^2/[12(1-\nu^2)]$$

$$N=F_\mathrm{H}\cos(\theta_\mathrm{b}-\theta)$$

$$M=F_\mathrm{H}R_\mathrm{b}[\cos(\theta_\mathrm{b}-\theta)-\cos\theta_\mathrm{b}] \tag{8-7-2}$$

式中　t_b——波箔材料厚度，m；

R_b——弧形波箔半径，m；

F_H——作用于等效水平弹簧的水平力，N；

θ——波箔截面位置角度，rad；

θ_b——波箔半角，rad。

将式 (8-7-2) 代入式 (8-7-1) 并整理可得弧形箔片的弹性变形能为：

$$U=\frac{R_\mathrm{b}}{2DL}\alpha_1+\frac{R_\mathrm{b}}{2SE}\alpha_2 \tag{8-7-3}$$

式中：

$$\alpha_1=F_\mathrm{H}^2\left[2R_\mathrm{b}^2\theta_\mathrm{b}+R_\mathrm{b}^2\theta_\mathrm{b}\cos(2\theta_\mathrm{b})-\frac{3}{2}R_\mathrm{b}^2\sin(2\theta_\mathrm{b})\right]$$

$$\alpha_2=F_\mathrm{H}^2\left[\theta_\mathrm{b}+\frac{1}{2}\sin(2\theta_\mathrm{b})\right] \tag{8-7-4}$$

由 $\delta=\partial U/\partial F_\mathrm{H}$ 可得弧形波箔的等效水平弹簧的变形量为：

$$\delta=\frac{R_\mathrm{b}^3}{DL}\left[2\theta_\mathrm{b}+\theta_\mathrm{b}\cos(2\theta_\mathrm{b})-\frac{3}{2}\sin(2\theta_\mathrm{b})\right]$$

$$F_\mathrm{H}+\frac{R_\mathrm{b}}{SE}\left[\theta_\mathrm{b}+\frac{1}{2}\sin(2\theta_\mathrm{b})\right]F_\mathrm{H} \tag{8-7-5}$$

由 $K_H=F_H/\delta$，可得等效水平弹簧的刚度系数为：

$$K_H=\left\{\frac{R_b^3}{2DL}[4\theta_b+2\theta_b\cos(2\theta_b)-3\sin(2\theta_b)]+\frac{R_b}{2SE}[2\theta_b+\sin(2\theta_b)]\right\}^{-1} \tag{8-7-6}$$

弧形箔片的水平位移（ΔL）和竖直位移（Δh）之间的关系，可以由箔片的几何尺寸计算得出，如图 8-7-2 所示。因此水平位移可表示为：

$$\Delta L=2\left\{\frac{h-\Delta h}{\tan\{\arcsin[(h-\Delta h)/(h/\sin\theta_b)]\}}-h\cot\theta_b\right\} \tag{8-7-7}$$

弧形箔片的等效垂直刚度系数由连杆和水平弹簧的几何关系计算得到，可表示为：

$$K_V=4K_H\tan\theta_b\frac{\Delta L}{\Delta h} \tag{8-7-8}$$

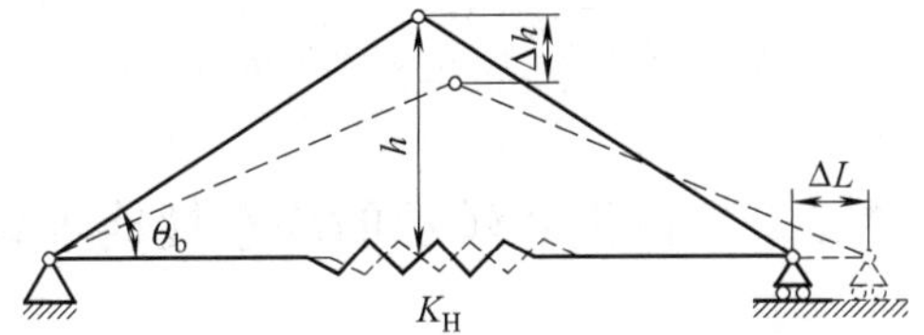

图 8-7-2　波箔水平位移和垂直位移之间的关系

气体箔片轴承理论模型中顶箔采用三维壳单元有限元模型，顶箔内薄膜力和弯曲均考虑在该模型中。根据虚功原理，每个节点的变形可通过式 $\{F\}=\{K_f\}\{\delta\}$ 得到，其中 $\{K_f\}$ 为波箔和顶箔的总刚度矩阵。波箔刚度与顶箔的耦合关系如图 8-7-3 所示，每一个波箔对应顶箔上的一个节点，从而波箔的等效刚度与顶箔进行耦合得到支承结构的总刚度 $\{K_f\}=\{K_{top}\}+\{K_v\}$。

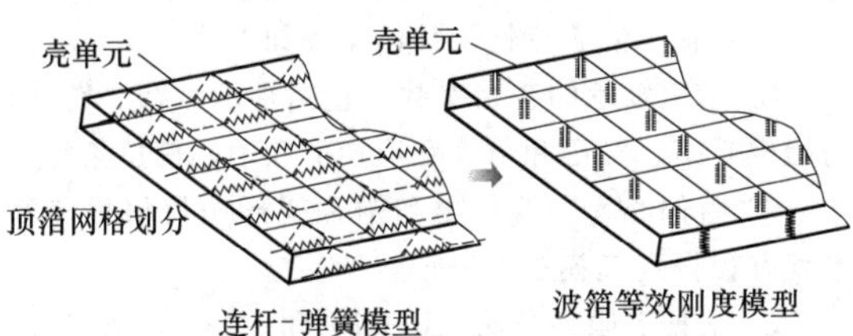

图 8-7-3　气体箔片轴承支承结构刚度模型

7.2.2　气体箔片轴承的气弹耦合润滑模型

由质量守恒定律导出的描述可压缩流体稳定流动的连续性方程可表示为：

$$\frac{\partial(\rho u)}{\partial x}+\frac{\partial(\rho v)}{\partial y}+\frac{\partial(\rho w)}{\partial z}=0 \tag{8-7-9}$$

描述黏性流体动量守恒的 Navier-Stokes 方程可表示为：

$$\begin{cases}\rho\left[u\dfrac{\partial u}{\partial x}+v\dfrac{\partial u}{\partial y}+w\dfrac{\partial u}{\partial z}\right]=\\-\dfrac{\partial p}{\partial x}+\mu\left[\dfrac{\partial^2 u}{\partial x^2}+\dfrac{\partial^2 u}{\partial y^2}+\dfrac{\partial^2 u}{\partial z^2}\right]\\\rho\left[u\dfrac{\partial v}{\partial x}+v\dfrac{\partial v}{\partial y}+w\dfrac{\partial v}{\partial z}\right]=\\-\dfrac{\partial p}{\partial y}+\mu\left[\dfrac{\partial^2 v}{\partial x^2}+\dfrac{\partial^2 v}{\partial y^2}+\dfrac{\partial^2 v}{\partial z^2}\right]\\\rho\left[u\dfrac{\partial w}{\partial x}+v\dfrac{\partial w}{\partial y}+w\dfrac{\partial w}{\partial z}\right]=\\-\dfrac{\partial p}{\partial z}+\mu\left[\dfrac{\partial^2 w}{\partial x^2}+\dfrac{\partial^2 w}{\partial y^2}+\dfrac{\partial^2 w}{\partial z^2}\right]\end{cases} \tag{8-7-10}$$

可压缩气体的状态方程为：

$$\frac{p}{\rho}=\frac{p_a}{\rho_a} \tag{8-7-11}$$

考虑到气体箔片轴承的结构尺寸和气膜厚度等特点，为了简化箔片轴承中狭小间隙中流体的复杂流动，这里引入以下假设：

① 忽略沿气膜厚度方向上的压力梯度；

② 忽略润滑气体的惯性力；

③ 气体在与顶箔和转轴表面交界面处无滑移，即与交界面速度相等；

④ 气体是绝热的。

基于以上假设，结合连续性方程、Navier-Stokes 方程和气体状态方程并进行简化处理，消去速度和密度项，不考虑气体沿轴承轴向的速度，得到气体箔片轴承稳态 Reynolds 方程的一般形式：

$$\frac{\partial}{\partial x}\left(ph^3\frac{\partial p}{\partial x}\right)+\frac{\partial}{\partial z}\left(ph^3\frac{\partial p}{\partial z}\right)=6U\frac{\partial(ph)}{\partial x} \tag{8-7-12}$$

建立新型气体箔片轴承静态特性计算坐标系，如图 8-7-4 所示。在特定的轴承载荷和转速下，轴心在气膜力作用下具有一定的偏心率和偏位角。基于以上坐标系，可压缩气体稳态 Reynolds 方程的无量纲形式为：

$$\frac{\partial}{\partial\theta}\left(\overline{p}\,\overline{h}^3\frac{\partial\overline{p}}{\partial\theta}\right)+\frac{\partial}{\partial\overline{z}}\left(\overline{p}\,\overline{h}^3\frac{\partial\overline{p}}{\partial\overline{z}}\right)=\Lambda\frac{\partial(\overline{p}\,\overline{h})}{\partial\theta} \tag{8-7-13}$$

其中无量纲参数为：

$$\overline{p}=\frac{p}{p_a},\overline{h}=\frac{h}{C},\theta=\frac{x}{R},\overline{z}=\frac{z}{R},\Lambda=\frac{6\mu\Omega}{p_a}\left(\frac{R}{C}\right)^2$$

式中　p——气膜压力，Pa；

h——气膜厚度，m；

C——名义间隙，m；

x——轴承周向位置，m；

z——轴承轴向位置，m；

R——轴承半径，m；

第8篇

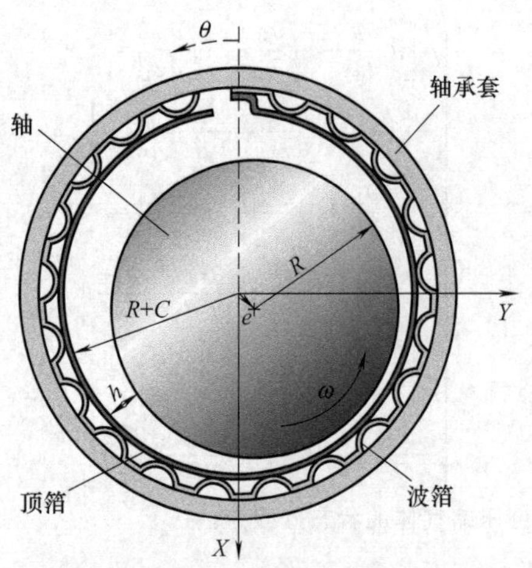

图 8-7-4 气体箔片轴承结构原理图及其坐标

U——转轴表面线速度，m/s；

μ——润滑气膜黏度系数，Pa·s；

Ω——转轴转速，rad/s；

p_a——环境气体压力，Pa；

$\overline{p}$——无量纲气膜压力；

$\overline{h}$——无量纲气膜厚度；

θ——无量纲轴承周向位置；

$\overline{z}$——无量纲轴承轴向位置。

当气体箔片轴承工作时，轴承中的气膜厚度取决于以下四个变量：初始气膜厚度、偏心率、偏位角和弹性支承结构的变形量。气体箔片轴承的无量纲气膜厚度方程可表示为：

$$\overline{h}=1+\varepsilon\cos(\theta-\theta_0)+\overline{\delta}(\theta,\overline{z}) \tag{8-7-14}$$

式中 θ_0——轴心偏位角，rad；

ε——轴心偏心率；

$\overline{\delta}$——无量纲支承结构变形。

气体润滑稳态 Reynolds 方程的求解必须结合箔片轴承的结构和润滑气膜分布状况给定封闭的边界条件。在箔片轴承的轴向两端，润滑气膜边界直接与大气相通，其压力与大气压力相同，如图 8-7-5 所示。

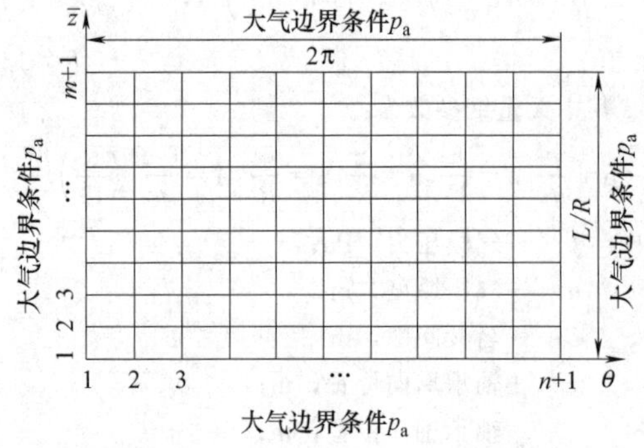

图 8-7-5 气膜网格划分及边界条件

则轴承轴向两端区域，Reynolds 方程边界条件的表达形式为：

$$p=p_a,\quad z=\pm L/2 \tag{8-7-15}$$

在箔片轴承顶箔的固定端位置，顶箔的缺口使气膜的入口和出口处气膜厚度远大于润滑气膜。在此区域，气膜压力等于大气压力。同理，气膜出口和入口处的边界条件的表达形式为：

$$p=p_a,\quad \theta=0,\ 2\pi \tag{8-7-16}$$

值得注意的是，在箔片轴承中，由于顶箔与波箔在轴承径向为非刚性连接，顶箔刚度较小且容易产生弯曲变形，所以在气膜厚度的发散区域将不会出现负压区。在箔片轴承的整周范围内，将气膜压力和单元面积的乘积沿轴向和周向积分，并求出其沿 x 轴和 y 轴方向的气膜力，可表示为：

$$\begin{cases} F_x=\int_0^L\int_0^{2\pi}(p-p_a)\cos\theta\,\mathrm{d}\theta\,\mathrm{d}z \\ F_y=\int_0^L\int_0^{2\pi}(p-p_a)\sin\theta\,\mathrm{d}\theta\,\mathrm{d}z \end{cases} \tag{8-7-17}$$

7.3 气体箔片轴承的静态性能求解

由于箔片轴承的弹性支承结构在气膜压力下产生变形，影响气膜厚度分布并进一步影响气膜压力分布，所以气体箔片轴承静态特性的求解属于气弹耦合润滑计算范畴。通过对气膜 Reynolds 方程和支承结构变形方程的迭代求解能够得到气压和箔片变形的静态的收敛解，具体流程如图 8-7-6 所示。当轴承-转子系统稳定运转时，轴承的负载一般为转子及其附件自重，所以在程序计算中，采取给定固定载荷和转速同时不断迭代偏心率和偏位角的方法来获取轴承中轴心的实际位置，并得到相应位置下的气压和箔片变形数据。求解轴承静态特性的具体流程如下。

① 给定轴承的初始参数，包括轴承载荷、转速、初始偏心率、气压和箔片变形初值和轴心偏位角等。

② 由偏心率、偏位角和箔片变形初值根据气膜厚度方程得到气膜厚度分布。

③ 根据有限差分法（FDM）和 Newton-Raphson 数值迭代方法求解稳态 Reynolds 方程，根据收敛判断条件得到气膜压力分布。

④ 根据箔片变形初值计算波箔的刚度，将波箔刚度和顶箔的刚度进行组装，得到整个轴承弹性支承结构的整体刚度矩阵。

⑤ 由气膜压力的收敛解和轴承整体刚度矩阵得到支承结构变形新值。

⑥ 根据给出的收敛判断条件判断气膜压力和箔片变形是否同时收敛。如果满足条件，进入下一步计

算。如果不满足条件，计算得到的箔片变形新值将进入下一循环，直到气膜压力和箔片变形同时收敛为止。

⑦ 判断轴承气膜力与轴承载荷是否平衡。如果不满足平衡条件，调整偏心率和偏位角，重新计算。如果满足平衡条件，则输出计算结果，轴承静态气弹耦合润滑求解计算结束。

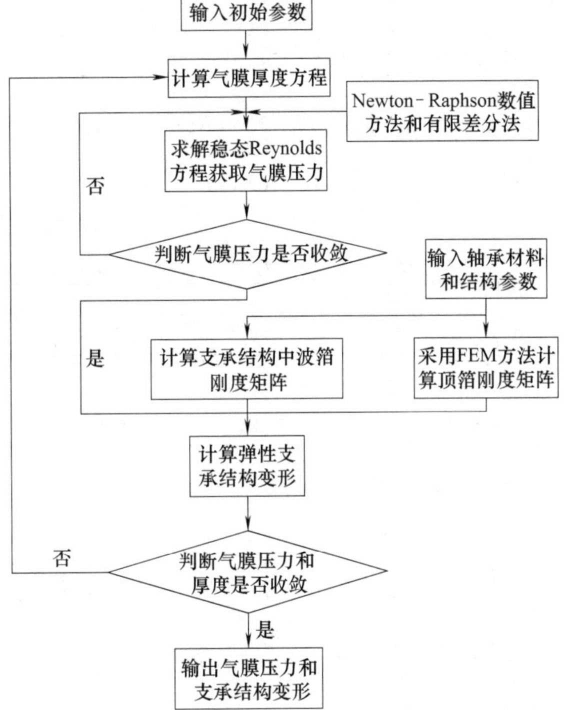

图 8-7-6　稳态雷诺方程的气弹耦合计算流程图

7.4　气体箔片轴承的动态性能求解

当转轴转速和载荷恒定，假设轴颈在轴承中平衡位置点受到具有特定位移和速度的小扰动时，轴心会在平衡位置附近小幅振动。由于扰动足够小，轴承动态刚度和阻尼系数在小扰动范围内可以被认为是线性的。通过耦合求解瞬态 Reynolds 方程和支承结构的动态运动方程，可以得到在此平衡位置处的轴承线性动态系数。当轴颈在平衡位置附近振动时箔片轴承中气膜的动态 Reynolds 方程的无量纲形式为：

$$\frac{\partial}{\partial\theta}\left(\bar{p}\,\bar{h}^3\,\frac{\partial\bar{p}}{\partial\theta}\right)+\frac{\partial}{\partial\bar{z}}\left(\bar{p}\,\bar{h}^3\,\frac{\partial\bar{p}}{\partial\bar{z}}\right)=\Lambda\,\frac{\partial(\bar{p}\,\bar{h})}{\partial\theta}+2\Lambda\gamma\,\frac{\partial(\bar{p}\,\bar{h})}{\partial\bar{t}}\qquad(8\text{-}7\text{-}18)$$

无量纲参数为：

$$\bar{p}=\frac{p}{p_a},\bar{h}=\frac{h}{C},\theta=\frac{x}{R},\bar{z}=\frac{z}{R},$$

$$\Lambda=\frac{6\mu\Omega}{p_a}\left(\frac{R}{C}\right)^2,\bar{t}=\upsilon t,\gamma=\frac{\upsilon}{\Omega}$$

上式中，υ 为外部激励频率，Ω 为轴颈转速，则 γ 为外部激励频率和轴颈转速的频率之比。与稳态 Reynolds 方程相同，在轴承两端区域，动态 Reynolds 方程的边界条件的表达形式为：

$$p=p_a,\quad z=\pm L/2\qquad(8\text{-}7\text{-}19)$$

在轴承顶箔的固定端位置附近，气膜出口和入口处的边界条件的表达形式为：

$$p=p_a,\quad \theta=0,2\pi\qquad(8\text{-}7\text{-}20)$$

在动态的气膜压力作用下，箔片轴承弹性支承结构的运动方程的无量纲形式可表示为：

$$\bar{p}=K_e\bar{\delta}+\gamma B_e\dot{\bar{\delta}}\qquad(8\text{-}7\text{-}21)$$

上式中无量纲参数为：

$$K_e=\frac{KC}{p_a},B_e=\frac{BC\Omega}{p_a}$$

$\bar{p}$ 为无量纲化气膜压力，K 为支承结构的刚度系数，B_e 为支承结构的结构阻尼系数。$\bar{\delta}$ 和 $\dot{\bar{\delta}}$ 分别为支承结构的变形位移和速度。

当轴承稳定运转在平衡位置时，轴承气膜力在载荷方向与外载荷大小相同，在载荷的法向方向其大小为零。当轴颈受到小扰动时，在平衡位置处新的气膜力可展开为泰勒级数形式，表示为：

$$\begin{Bmatrix}F_x\\F_y\end{Bmatrix}=\begin{Bmatrix}F_x\\F_y\end{Bmatrix}+\frac{\partial}{\partial x}\begin{Bmatrix}F_x\\F_y\end{Bmatrix}\Delta x+\frac{\partial}{\partial y}\begin{Bmatrix}F_x\\F_y\end{Bmatrix}\Delta y+\frac{\partial}{\partial\dot{x}}\begin{Bmatrix}F_x\\F_y\end{Bmatrix}\Delta\dot{x}+\frac{\partial}{\partial\dot{y}}\begin{Bmatrix}F_x\\F_y\end{Bmatrix}\Delta\dot{y}+O(\Delta x^2,\Delta y^2,\Delta\dot{x}^2,\Delta\dot{y}^2)\qquad(8\text{-}7\text{-}22)$$

上式中，O 为高阶小量，当扰动项 Δx、Δy、$\Delta\dot{x}$、$\Delta\dot{y}$ 趋于零时该高阶小量可以忽略，则式（8-7-18）被简化为线性方程。因此，在稳态平衡位置处轴承的线性动态刚度系数和线性阻尼系数可由轴承力的偏微分形式得到，表示为：

$$\begin{bmatrix}K_{xx}&K_{xy}\\K_{yx}&K_{yy}\end{bmatrix}=\begin{bmatrix}\frac{\partial F_x}{\partial x}&\frac{\partial F_x}{\partial y}\\\frac{\partial F_y}{\partial x}&\frac{\partial F_y}{\partial y}\end{bmatrix},$$

$$\begin{bmatrix}C_{xx}&C_{xy}\\C_{yx}&C_{yy}\end{bmatrix}=\begin{bmatrix}\frac{\partial F_x}{\partial\dot{x}}&\frac{\partial F_x}{\partial\dot{y}}\\\frac{\partial F_y}{\partial\dot{x}}&\frac{\partial F_y}{\partial\dot{y}}\end{bmatrix}\qquad(8\text{-}7\text{-}23)$$

式中　$\begin{bmatrix}K_{xx}&K_{xy}\\K_{yx}&K_{yy}\end{bmatrix}$——动态刚度系数矩阵；

$\begin{bmatrix} C_{xx} & C_{xy} \\ C_{yx} & C_{yy} \end{bmatrix}$——动态阻尼系数矩阵。

当轴承中轴颈位于稳态平衡位置时，由于轴颈在两个方向的扰动位移和速度下轴心轨迹为圆形，则将小扰动 Δx、Δy、$\Delta\dot{x}$、$\Delta\dot{y}$ 无量纲化并用复数形式表示为：

$$\begin{cases} \Delta X=\dfrac{\Delta x}{C}=|\Delta X|\,\mathrm{e}^{i\bar{t}} \\ \Delta\dot{X}=\dfrac{\partial\Delta X}{\partial\bar{t}}=i\Delta X \\ \Delta\ddot{X}=\dfrac{\partial\Delta\dot{X}}{\partial\bar{t}}=-\Delta X \end{cases},\quad \begin{cases} \Delta Y=\dfrac{\Delta y}{C}=|\Delta Y|\,\mathrm{e}^{i\bar{t}} \\ \Delta\dot{Y}=\dfrac{\partial\Delta Y}{\partial\bar{t}}=i\Delta Y \\ \Delta\ddot{Y}=\dfrac{\partial\Delta\dot{Y}}{\partial\bar{t}}=-\Delta Y \end{cases} \tag{8-7-24}$$

根据式（8-7-24）将无量纲的气膜压力、气膜厚度和结构变形展开为与扰动位移和速度相关的泰勒级数为：

$$\begin{cases} \bar{p}=\bar{p}_0+\bar{p}_x\Delta X+\bar{p}_{\dot{x}}\Delta\dot{X}+\bar{p}_y\Delta Y+\bar{p}_{\dot{y}}\Delta\dot{Y} \\ \bar{h}=\bar{h}_0+\bar{h}_x\Delta X+\bar{h}_{\dot{x}}\Delta\dot{X}+\bar{h}_y\Delta Y+\bar{h}_{\dot{y}}\Delta\dot{Y} \\ \bar{\delta}=\bar{\delta}_0+\bar{\delta}_x\Delta X+\bar{\delta}_{\dot{x}}\Delta\dot{X}+\bar{\delta}_y\Delta Y+\bar{\delta}_{\dot{y}}\Delta\dot{Y} \end{cases} \tag{8-7-25}$$

无量纲气膜厚度和支承结构变形位移的关系为：

$$\begin{cases} \bar{h}_x=\bar{\delta}_x+\cos\theta,\quad \bar{h}_{\dot{x}}=\bar{\delta}_{\dot{x}} \\ \bar{h}_y=\bar{\delta}_y+\sin\theta,\quad \bar{h}_{\dot{y}}=\bar{\delta}_{\dot{y}} \end{cases} \tag{8-7-26}$$

将式（8-7-26）中气膜压力的泰勒级数展开形式代入轴承气膜力中，并结合动态刚度和阻尼表达式，可得箔片轴承刚度和阻尼系数矩阵的无量纲形式为：

$$\begin{bmatrix} \bar{K}_{xx} & \bar{K}_{xy} \\ \bar{K}_{yx} & \bar{K}_{yy} \end{bmatrix}=\frac{C\Omega}{p_a R^2}\begin{bmatrix} K_{xx} & K_{xy} \\ K_{yx} & K_{yy} \end{bmatrix}=\int_0^{L/R}\int_0^{2\pi}\begin{bmatrix} \bar{p}_x\cos\theta & \bar{p}_y\cos\theta \\ \bar{p}_x\sin\theta & \bar{p}_y\sin\theta \end{bmatrix}\mathrm{d}\theta\,\mathrm{d}\bar{z} \tag{8-7-27}$$

$$\begin{bmatrix} \bar{C}_{xx} & \bar{C}_{xy} \\ \bar{C}_{yx} & \bar{C}_{yy} \end{bmatrix}=\frac{C\Omega}{p_a R^2}\begin{bmatrix} C_{xx} & C_{xy} \\ C_{yx} & C_{yy} \end{bmatrix}=\int_0^{L/R}\int_0^{2\pi}\begin{bmatrix} \bar{p}_{\dot{x}}\cos\theta & \bar{p}_{\dot{y}}\cos\theta \\ \bar{p}_{\dot{x}}\sin\theta & \bar{p}_{\dot{y}}\sin\theta \end{bmatrix}\mathrm{d}\theta\,\mathrm{d}\bar{z} \tag{8-7-28}$$

在已知 $\bar{p}_x$、$\bar{p}_{\dot{x}}$、$\bar{p}_y$ 和 $\bar{p}_{\dot{y}}$ 的情况下，根据式（8-7-27）和式（8-7-28）即可计算得到轴承的动态刚度和阻尼系数。将式（8-7-26）和式（8-7-27）代入瞬态 Reynolds 方程（8-7-28）和支承结构运动方程（8-7-22）中，合并同类项并整理可得以下方程组：

$$\begin{cases} \dfrac{\partial}{\partial\theta}\left(\bar{p}_0\bar{h}_0{}^3\dfrac{\partial\bar{p}_0}{\partial\theta}\right)+\dfrac{\partial}{\partial\bar{z}}\left(\bar{p}_0\bar{h}_0{}^3\dfrac{\partial\bar{p}_0}{\partial\bar{z}}\right) \\ =\Lambda\dfrac{\partial(\bar{p}_0\bar{h}_0)}{\partial\theta} \\ \bar{p}_0-K_e[\bar{h}_0-(1+\bar{x}\cos\theta+\bar{y}\sin\theta)]=0 \end{cases} \tag{8-7-29}$$

$$\begin{cases} \dfrac{\partial}{\partial\theta}\left(\bar{p}_0\bar{h}_0{}^3\dfrac{\partial\bar{p}_x}{\partial\theta}+\bar{p}_x\bar{h}_0{}^3\dfrac{\partial\bar{p}_0}{\partial\theta}+3\bar{p}_0\bar{h}_0{}^2\bar{h}_x\dfrac{\partial\bar{p}_0}{\partial\theta}\right)+ \\ \dfrac{\partial}{\partial\bar{z}}\left(\bar{p}_0\bar{h}_0{}^3\dfrac{\partial\bar{p}_x}{\partial\bar{z}}+\bar{p}_x\bar{h}_0{}^3\dfrac{\partial\bar{p}_0}{\partial\bar{z}}+3\bar{p}_0\bar{h}_0{}^2\bar{h}_x\dfrac{\partial\bar{p}_0}{\partial\bar{z}}\right) \\ =\Lambda\dfrac{\partial}{\partial\theta}(\bar{p}_x\bar{h}_0+\bar{p}_0\bar{h}_x)-2\Lambda\gamma(\bar{p}_{\dot{x}}\bar{h}_0+\bar{p}_0\bar{h}_x) \\ \bar{p}_x-K_e\bar{h}_x+\gamma C_e\bar{h}_{\dot{x}}=-K_e\cos\theta \end{cases} \tag{8-7-30}$$

$$\begin{cases} \dfrac{\partial}{\partial\theta}\left(\bar{p}_0\bar{h}_0{}^3\dfrac{\partial\bar{p}_{\dot{x}}}{\partial\theta}+\bar{p}_{\dot{x}}\bar{h}_0{}^3\dfrac{\partial\bar{p}_0}{\partial\theta}+3\bar{p}_0\bar{h}_0{}^2\bar{h}_{\dot{x}}\dfrac{\partial\bar{p}_0}{\partial\theta}\right)+ \\ \dfrac{\partial}{\partial\bar{z}}\left(\bar{p}_0\bar{h}_0{}^3\dfrac{\partial\bar{p}_{\dot{x}}}{\partial\bar{z}}+\bar{p}_{\dot{x}}\bar{h}_0{}^3\dfrac{\partial\bar{p}_0}{\partial\bar{z}}+3\bar{p}_0\bar{h}_0{}^2\bar{h}_{\dot{x}}\dfrac{\partial\bar{p}_0}{\partial\bar{z}}\right) \\ =\Lambda\dfrac{\partial}{\partial\theta}(\bar{p}_{\dot{x}}\bar{h}_0+\bar{p}_0\bar{h}_{\dot{x}})+2\Lambda\gamma(\bar{p}_x\bar{h}_0+\bar{p}_0\bar{h}_x) \\ \bar{p}_{\dot{x}}-K_e\bar{h}_{\dot{x}}-\gamma C_e\bar{h}_x=-\gamma C_e\cos\theta \end{cases} \tag{8-7-31}$$

$$\begin{cases} \dfrac{\partial}{\partial\theta}\left(\bar{p}_0\bar{h}_0{}^3\dfrac{\partial\bar{p}_y}{\partial\theta}+\bar{p}_y\bar{h}_0{}^3\dfrac{\partial\bar{p}_0}{\partial\theta}+3\bar{p}_0\bar{h}_0{}^2\bar{h}_y\dfrac{\partial\bar{p}_0}{\partial\theta}\right)+ \\ \dfrac{\partial}{\partial\bar{z}}\left(\bar{p}_0\bar{h}_0{}^3\dfrac{\partial\bar{p}_y}{\partial\bar{z}}+\bar{p}_y\bar{h}_0{}^3\dfrac{\partial\bar{p}_0}{\partial\bar{z}}+3\bar{p}_0\bar{h}_0{}^2\bar{h}_y\dfrac{\partial\bar{p}_0}{\partial\bar{z}}\right) \\ =\Lambda\dfrac{\partial}{\partial\theta}(\bar{p}_y\bar{h}_0+\bar{p}_0\bar{h}_y)-2\Lambda\gamma(\bar{p}_{\dot{y}}\bar{h}_0+\bar{p}_0\bar{h}_{\dot{y}}) \\ \bar{p}_y-K_e\bar{h}_y+\gamma C_e\bar{h}_{\dot{y}}=-K_e\sin\theta \end{cases} \tag{8-7-32}$$

$$\begin{cases} \dfrac{\partial}{\partial\theta}\left(\bar{p}_0\bar{h}_0{}^3\dfrac{\partial\bar{p}_{\dot{y}}}{\partial\theta}+\bar{p}_{\dot{y}}\bar{h}_0{}^3\dfrac{\partial\bar{p}_0}{\partial\theta}+3\bar{p}_0\bar{h}_0{}^2\bar{h}_{\dot{y}}\dfrac{\partial\bar{p}_0}{\partial\theta}\right)+ \\ \dfrac{\partial}{\partial\bar{z}}\left(\bar{p}_0\bar{h}_0{}^3\dfrac{\partial\bar{p}_{\dot{y}}}{\partial\bar{z}}+\bar{p}_{\dot{y}}\bar{h}_0{}^3\dfrac{\partial\bar{p}_0}{\partial\bar{z}}+3\bar{p}_0\bar{h}_0{}^2\bar{h}_{\dot{y}}\dfrac{\partial\bar{p}_0}{\partial\bar{z}}\right) \\ =\Lambda\dfrac{\partial}{\partial\theta}(\bar{p}_{\dot{y}}\bar{h}_0+\bar{p}_0\bar{h}_{\dot{y}})+2\Lambda\gamma(\bar{p}_y\bar{h}_0+\bar{p}_0\bar{h}_y) \\ \bar{p}_y-K_e\bar{h}_{\dot{y}}-\gamma C_e\bar{h}_y=-\gamma C_e\sin\theta \end{cases} \tag{8-7-33}$$

在以上五组方程中，式（8-7-29）为 Reynolds 方程的稳态解。采用有限差分法求解瞬态 Reynolds 方程并耦合支承结构运动方程，得到箔片轴承线性动态系数的流程如图 8-7-7 所示，主要步骤如下。

① 输入轴承的结构、材料和运行参数，包括转速、载荷等。

② 采用有限差分法求解 Reynolds 方程，耦合支承结构变形方程进行迭代，并根据收敛判断条件得到稳态平衡位置处的气膜压力和气膜厚度结果。

③ 输入激励频率比 γ 并采用有限差分法求解 $\overline{p}_{x}$、$\overline{h}_{x}$、$\overline{p}_{\dot{x}}$、$\overline{h}_{\dot{x}}$，判断计算结果是否满足收敛条件，如果收敛则进入下一步计算，如果不收敛则继续迭代。

④ 采用有限差分法求解 $\overline{p}_{y}$、$\overline{h}_{y}$、$\overline{p}_{\dot{y}}$、$\overline{h}_{\dot{y}}$，判断计算结果是否满足收敛条件，如果收敛则进入下一步计算，如果不收敛则继续迭代。

⑤ 根据动态刚度和阻尼系数表达式对以上计算结果进行处理，输出动态刚度和阻尼系数。

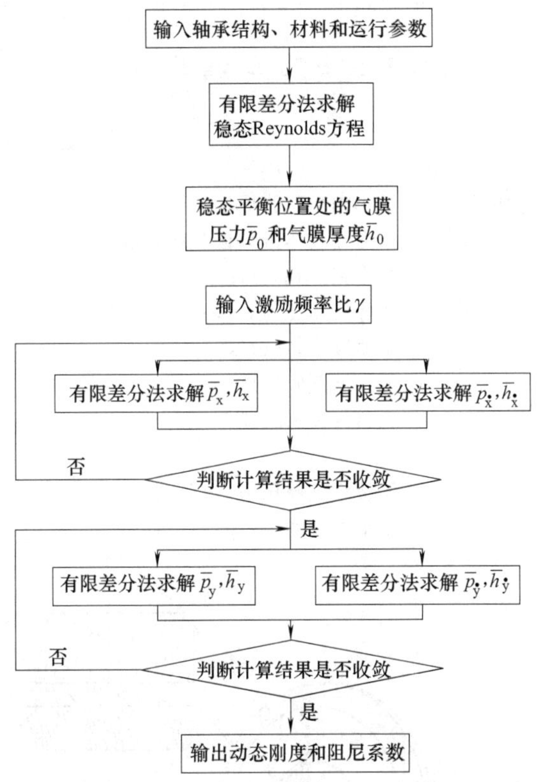

图 8-7-7　轴承动态系数求解流程图

7.5　气体箔片轴承的静动态性能预测结果

算例：气体箔片轴承的几何参数如表 8-7-2 所示。图 8-7-8 所示为不同载荷和径向间隙下轴承的最小气膜厚度；图 8-7-9 所示为不同摩擦因数和载荷下轴承的最小气膜厚度；图 8-7-10 为不同轴承间隙和转速下轴承的承载能力；图 8-7-11 和图 8-7-12 分别为基于小扰动法预测的轴承动态刚度及阻尼系数。

表 8-7-2　气体箔片轴承几何参数

轴承半径	19.05mm
轴承长度	38.1mm
名义间隙	31.8mm
顶箔和波箔厚度	101.6mm
波箔节距	4.572mm
波箔半长	1.778mm
波箔高度	0.508mm
波箔个数	26
杨氏模量	214GPa
箔片泊松比	0.29

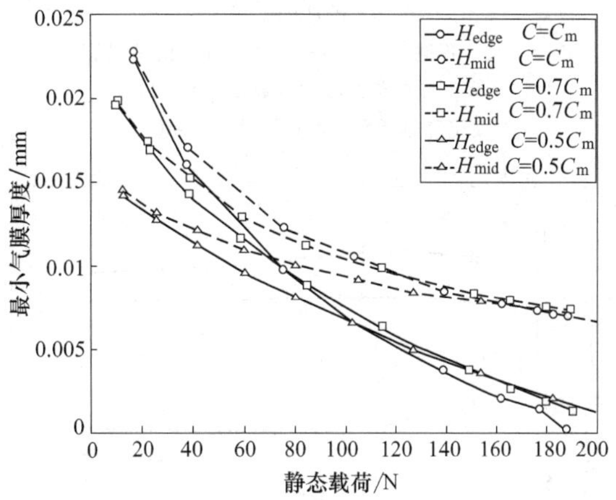

图 8-7-8　不同载荷和径向间隙下轴承的最小气膜厚度，转速为 45kr/min，顶箔和波箔的摩擦因数 $\eta=0.1$，波箔和轴承套的摩擦因数 $\mu=0.1$

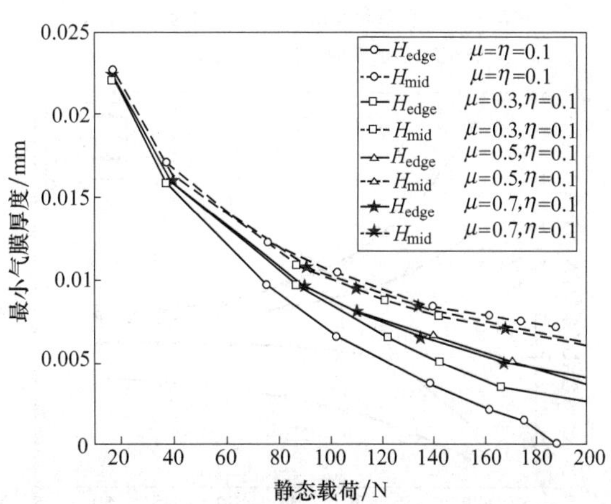

图 8-7-9　不同摩擦因数和载荷下轴承的最小气膜厚度，转速为 45kr/min，顶箔和波箔的摩擦因数为 η，波箔和轴承套的摩擦因数为 μ

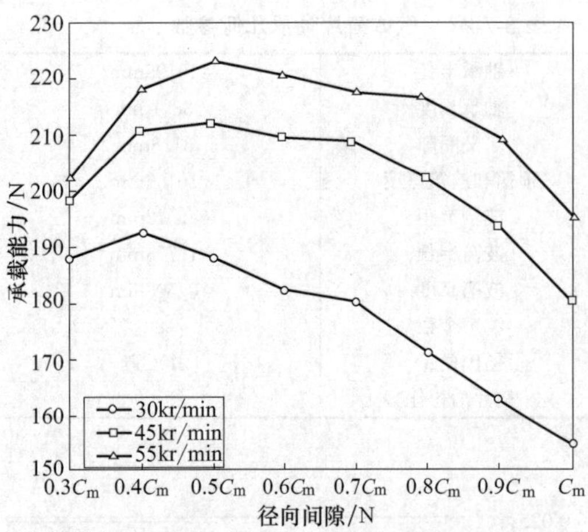

图 8-7-10　不同轴承间隙和转速下轴承的承载能力，顶箔和波箔的摩擦因数为 $\eta=0.1$，波箔和轴承套的摩擦因数为 $\mu=0.1$

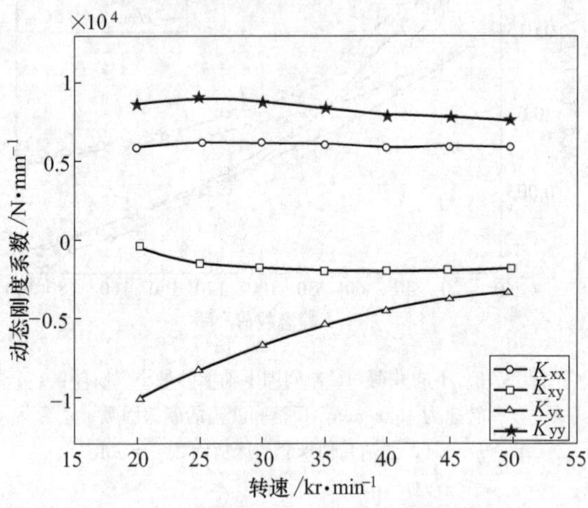

图 8-7-11　不同转速下轴承的动态刚度系数，载荷 50N，顶箔和波箔的摩擦因数为 $\eta=0.1$，波箔和轴承套的摩擦因数为 $\mu=0.1$

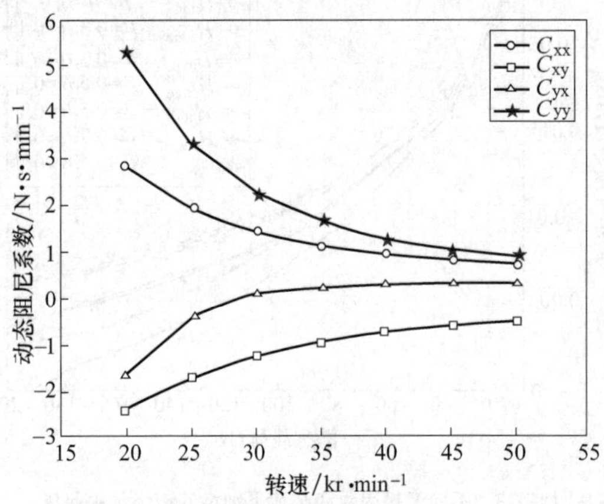

图 8-7-12　不同转速下轴承的动态阻尼系数，载荷 50N，顶箔和波箔的摩擦因数为 $\eta=0.1$，波箔和轴承套的摩擦因数为 $\mu=0.1$

7.6　推力气体箔片轴承的静动态性能预测

推力气体箔片轴承主要用来承受轴向推力，其结构如图 8-7-13 所示，推力气体箔片轴承的结构参数如图 8-7-14 所示。在等温理想气体假设条件下，可压缩气体的无量纲 Reynolds 方程：

$$\frac{1}{\bar r}\frac{\partial}{\partial \bar r}\left(\bar r\bar h^3\bar p\frac{\partial \bar p}{\partial \bar r}\right)+\frac{1}{\bar r^2}\frac{\partial}{\partial\theta}\left(\bar h^3\bar p\frac{\partial \bar p}{\partial\theta}\right)=\Lambda\frac{\partial(\bar p\bar h)}{\partial\theta}+2\gamma\Lambda\frac{\partial(\bar p\bar h)}{\partial\bar t}\tag{8-7-34}$$

式中

$$\bar h=\frac{h}{h_2},\bar h_1=\frac{h_1}{h_2},\bar r=\frac{r}{r_o},\bar p=\frac{p}{p_a},\bar t=\nu t\tag{8-7-35}$$

$$\Lambda=\frac{6\mu_0\omega R_0{}^2}{p_a h_2{}^2}\tag{8-7-36}$$

式中　h_2——最小初始气膜厚度，m；
h_1——推力瓦气体进口区膜厚，m；
r_o——推力瓦外径，m；
p_a——环境气体压力，Pa；
ν——激振频率，rad/s；
$\bar h$——无量纲气膜厚度；
$\bar h_1$——入口区无量纲膜厚；
$\bar r$——无量纲半径；
$\bar p$——无量纲气膜压力；
$\bar t$——无量纲时间。

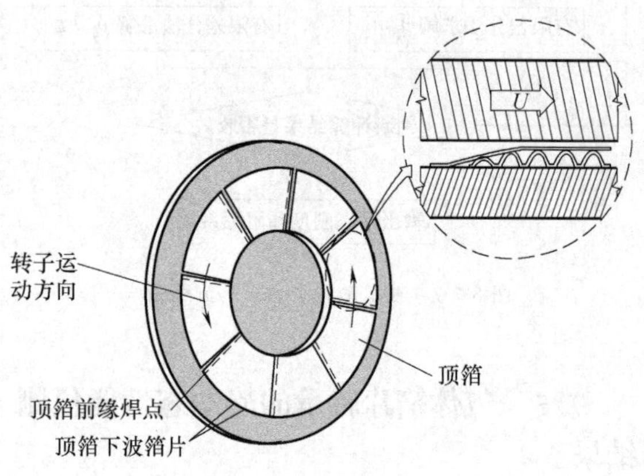

图 8-7-13　推力气体箔片轴承结构

气体动压推力轴承由多个呈圆周均匀分布的推力瓦结构组成。当转子推力盘没有发生倾斜时，每扇形推力瓦的气膜压力和气膜间隙分布相同。弹性箔片气体动压推力轴承的气膜厚度，由转子静止情况下轴承

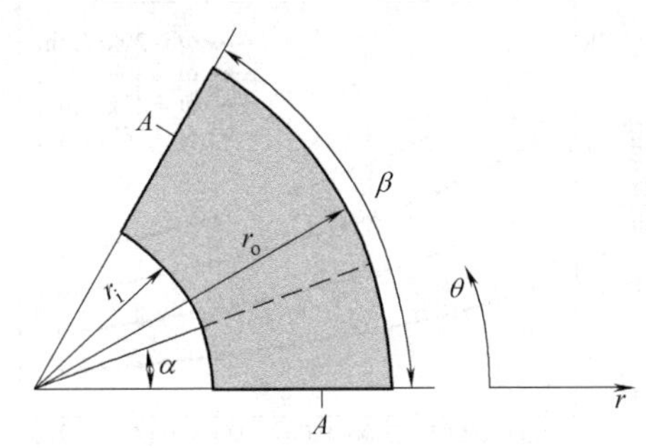

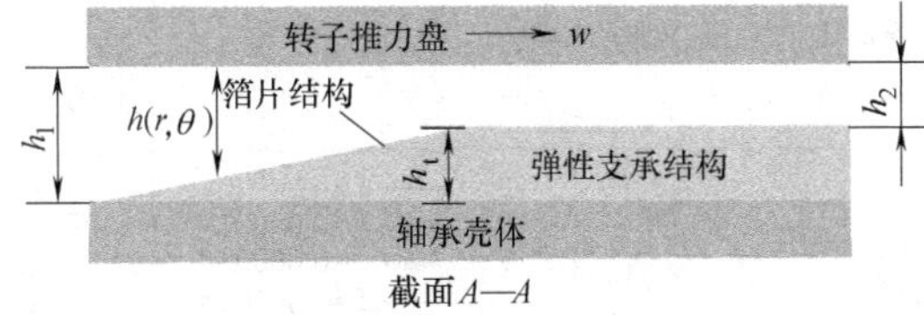

图 8-7-14　推力气体箔片轴承结构参数

表面和推力盘表面的间隙 $h=h_2+g(r,\theta)$ 以及在工作状况下轴承柔性表面的变形 $\delta(r,\theta)$ 两部分组成。因此，弹性箔片气体动压轴承的气膜厚度方程为：

$$h=h_2+g(r,\theta)+\delta(r,\theta) \tag{8-7-37}$$

式中，初始情况下的轴向间隙 $g(r,\theta)$ 为

$$g=(h_1-h_2)[1-\theta/(b\beta)],0\leqslant\theta<b\beta$$
$$g=0,b\beta\leqslant\theta\leqslant\beta \tag{8-7-38}$$

式中，β 为扇形推力瓦张角；b 为顶箔的倾斜平面占扇形推力瓦的比例，又称为节距比。

将 $\bar{h}=\dfrac{h}{h_2}$，$\bar{g}=\dfrac{g}{h_2}$，$\bar{\delta}=\dfrac{\delta}{h_2}$，代入式（8-7-37），得到无量纲气膜厚度方程：

$$\bar{h}=1+\bar{g}(\bar{r},\theta)+\bar{\delta}(\bar{r},\theta) \tag{8-7-39}$$

其中，

$$\bar{g}=(\bar{h}_1-1)[1-\theta/(b\beta)],0\leqslant\theta<b\beta$$
$$\bar{g}=0,b\beta\leqslant\theta\leqslant\beta \tag{8-7-40}$$

推力气体箔片轴承的波箔采用与径向气体箔片轴承一样的弹簧-连杆单元模型，顶箔采用三维壳单元模型。在计算中，波形箔片和顶箔采用相同的网格划分方式，如图 8-7-15 所示。将每个波形箔片单元的刚度 K_v 加入到顶箔的相应节点，获得箔片结构的整体刚度矩阵 $[K_f]=[K_v]+[K_{top}]$。箔片结构的变形会直接影响转子表面和轴承表面之间的气膜厚度。因此，箔片结构的变形对轴承的性能有很大的影响。根据虚功原理，通过直接刚度法 $\{F\}=[K_f]\{\delta\}$ 进行计算，可获得箔片结构的变形 δ。

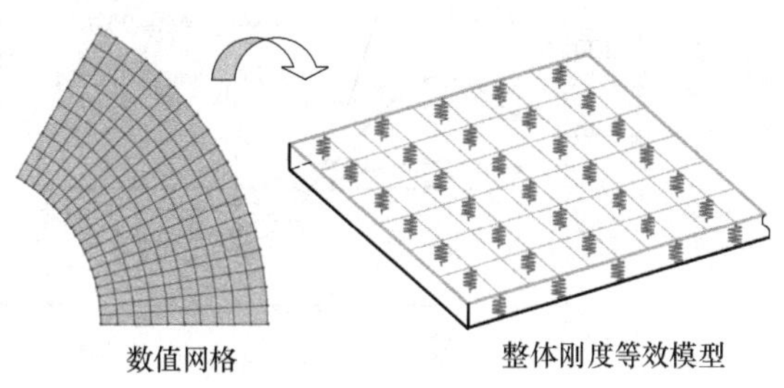

图 8-7-15　箔片结构整体刚度矩阵

算例：推力气体箔片轴承的几何参数如表 8-7-3 所示。图 8-7-16 所示为不同转速下初始最小气膜厚度对轴承承载力和摩擦转矩的影响；图 8-7-17 所示为推力盘倾斜对不同瓦块承载力和摩擦转矩的影响；图 8-7-18 所示为不同转速下最小气膜厚度对推力气体箔片轴承动态刚度及阻尼特性的影响。

表 8-7-3　　推力气体箔片轴承的几何参数和材料参数

参数	值	参数	值
内径 r_i	25.4mm	波形突起半宽 l_b	0.9mm
外径 r_o	50.8mm	波形突起高度 h_b	0.4mm
推力瓦块数 N_p	6	顶箔厚度 t_f	0.1524mm
顶箔展角 β	60°	波箔片厚度 t_b	0.1016mm
波箔片展角 β	60°	推力盘厚度 t_{disc}	5mm
倾斜平面展角 α	30°；$\alpha/\beta=0.5$	推力板厚度 t_{plate}	2mm
波形突起数目 N_b	12	弹性模量 E	214GPa
波形突起角距 θ_b	5°	泊松比 ν_p	0.29

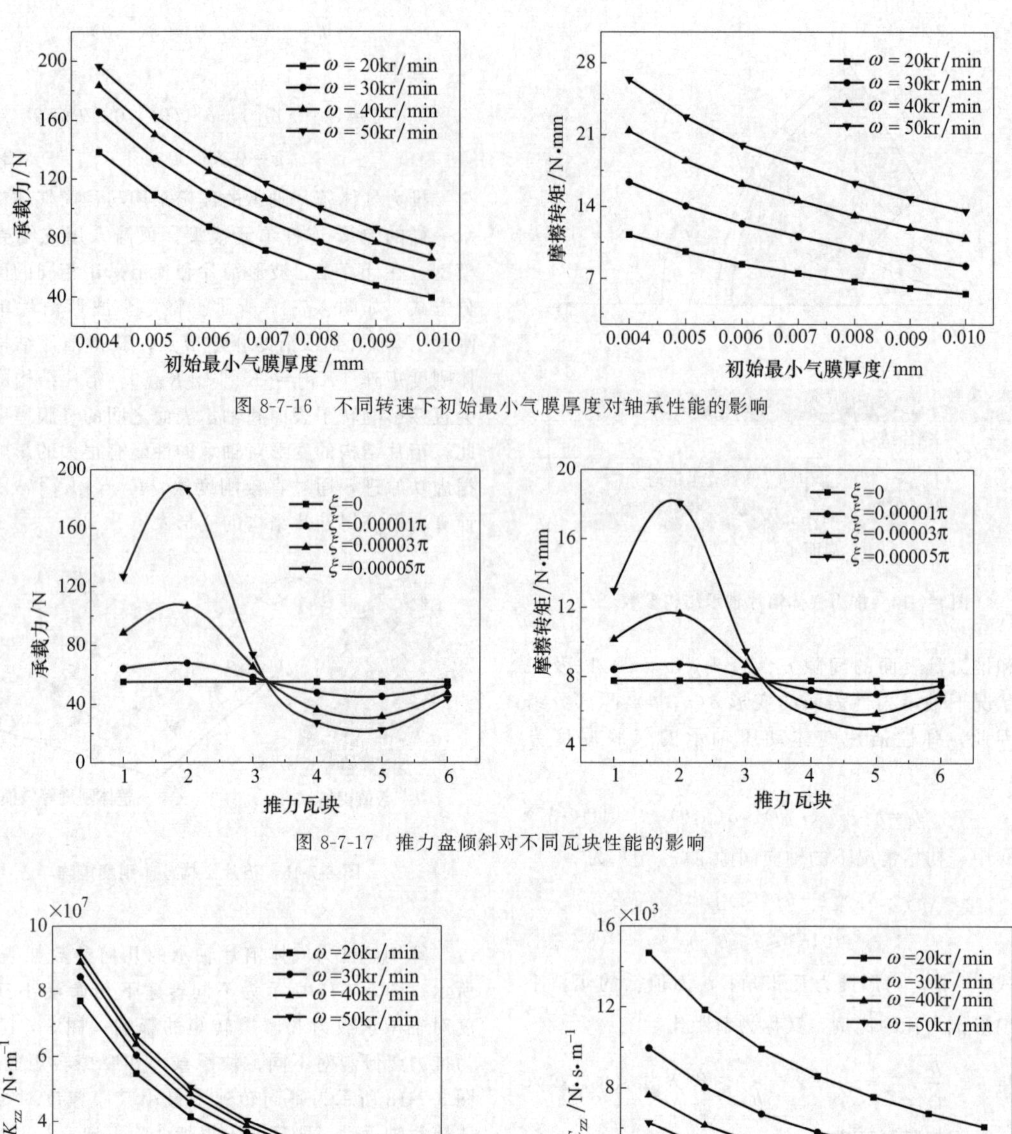

图 8-7-16　不同转速下初始最小气膜厚度对轴承性能的影响

图 8-7-17　推力盘倾斜对不同瓦块性能的影响

图 8-7-18　不同转速下最小气膜厚度对推力轴承动态特性

第 8 章　流体动静压润滑轴承

8.1　工作原理及特性

在轴颈旋转时油腔式静压润滑轴承，即是典型的动静压轴承，由于轴的旋转可在封油面上产生动压效应，该动压效应和油腔的静压效应共同承受外载荷，并使轴承的承载能力有所提高，在静压油腔较浅时，即油腔深度 h_q 等于轴承间隙 C 时或油腔面积与轴瓦总面积之比较小时的静力润滑轴承都是严格意义上的动静压润滑轴承。

典型的动静压润滑轴承包括浅油腔式、螺旋槽油腔式、隙缝式、小孔式、无腔式和阶梯轴承动静压润滑轴承，动静压润滑轴承可适用于高速重载的工况和频繁启动或停机时要求具有一定的润滑油膜，以及防止磨损的场合，它还可适用于载荷不断变化及有瞬时过载的工况。同时适当的静压设计还可以提高轴承的动力学稳定性。

8.2　动静压轴承的结构型式

动静压轴承的结构型式主要有以下几类：螺旋槽油腔，主要用于同时有径向和轴向载荷的情况；无腔动静压轴承，该结构是近年研究较多的一类结构，动压效应大，但缺乏静压支撑，须在大偏心下工作，因此主轴回转精度低；浅油腔动静压轴承，高速精密主轴多用此类轴承；环槽阶梯轴承，是阶梯腔轴承的一种改良结构，具有流量大、温升低的特点，其他性能与阶梯腔轴承类似。动静压轴承的结构型式见表 8-8-1。

第 8 篇

表 8-8-1　动静压轴承的结构型式

结构型式	示　意　图	特　　点
螺旋槽油腔	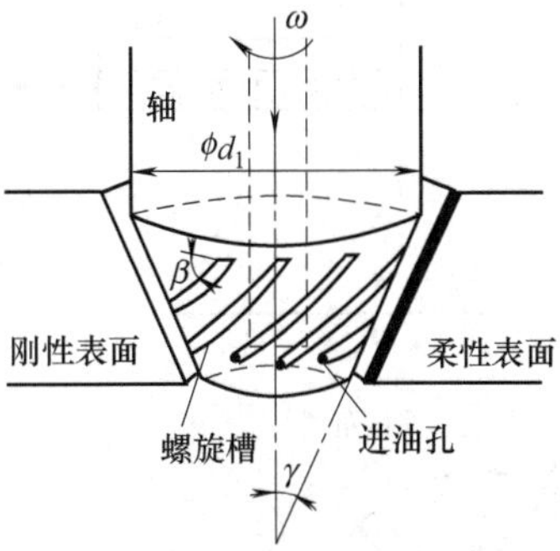	可以承受径向及轴向载荷，单向旋转
无腔动静压轴承	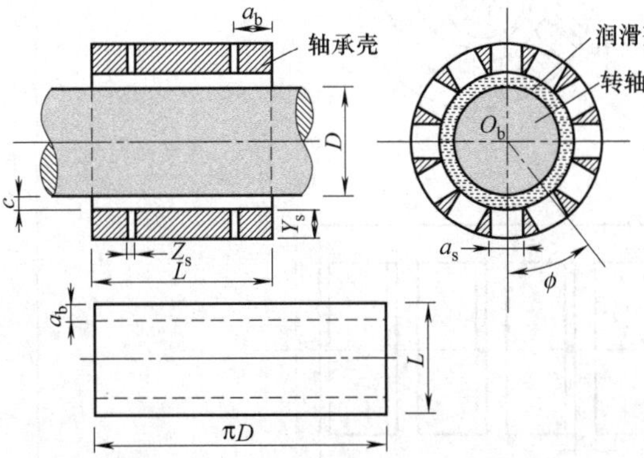 狭缝节流型	可以充分利用旋转面的动压作用

续表

结构型式		示意图	特点
无腔动静压轴承		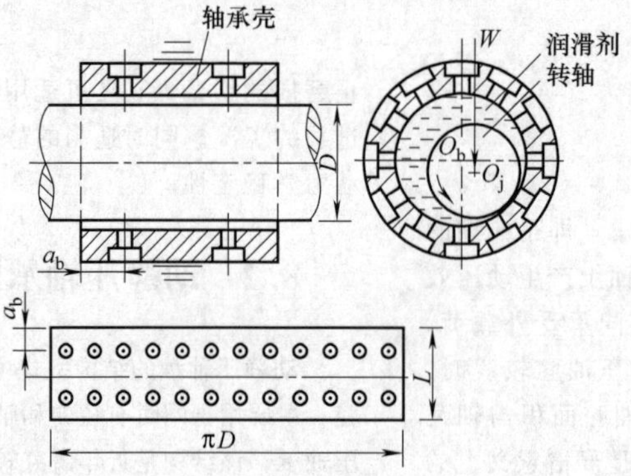 轴承壳　润滑剂　转轴　W　D　O_b　O_j　a_b　L　πD 小孔节流型	可以充分利用旋转面的动压作用
等深浅油腔动静压轴承		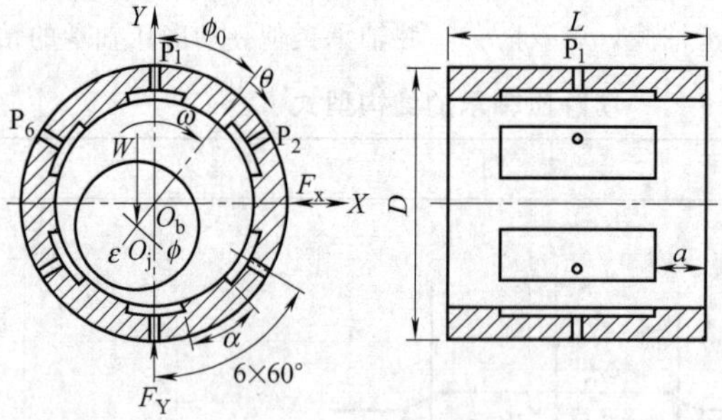 Y　ϕ_0　P_1　θ　P_6　P_2　ω　W　F_x　X　O_b　ε　O_j　ϕ　α　$6\times60°$　F_Y　L　D　a	静压作用显著
阶梯轴承	普通阶梯轴承	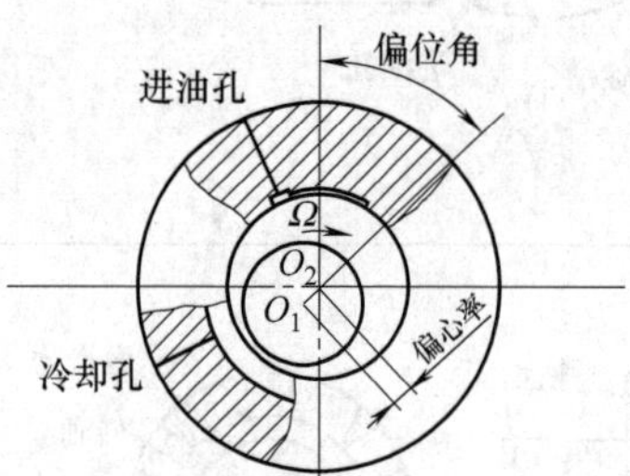 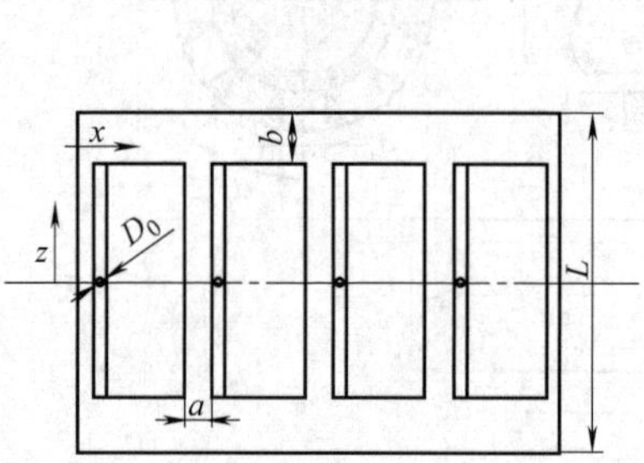 偏位角　进油孔　Ω　O_2　O_1　偏心率　冷却孔　x　b　z　D_0　L　a	可充分发挥动静压的作用,结构较复杂

续表

结构型式		示　意　图	特　　点
阶梯轴承	具有环槽的阶梯轴承	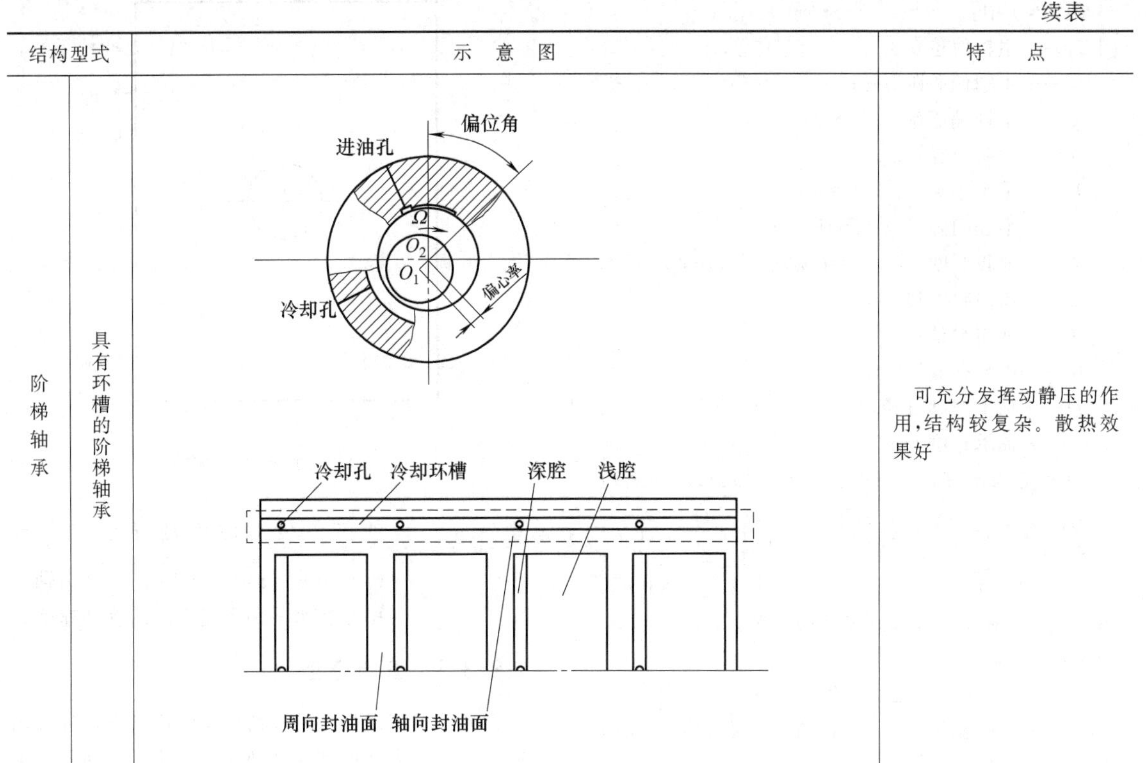	可充分发挥动静压的作用，结构较复杂。散热效果好

8.3　动静压轴承设计的基本理论与数值方法

8.3.1　基本公式

动静压轴承设计的基本方程是在如下假设条件下得到的：

① 轴承转子系统处于热平衡状态；

② 油膜中的热传导作用与输运作用忽略不计，沿膜厚度方向温度变化忽略不计；

③ 流体的惯性力忽略不计；

④ 系统的热变形和弹性变形忽略不计；

⑤ 润滑介质是牛顿流体，其黏度只与温度有关；

⑥ 主轴扰动对温度分布影响忽略不计。

8.3.2　雷诺方程

由 Navier-Stokes 方程组推导的雷诺方程可用于求解滑动轴承压力分布，由压力分布可得到轴承流场流态和静动特性。轴承的静特性可通过求解静态雷诺方程得到；轴承的动特性可通过小扰动法，将动态雷诺方程对小扰动量求导然后求解导数方程得到。

常用的动静压轴承示意如图 8-8-1 所示。

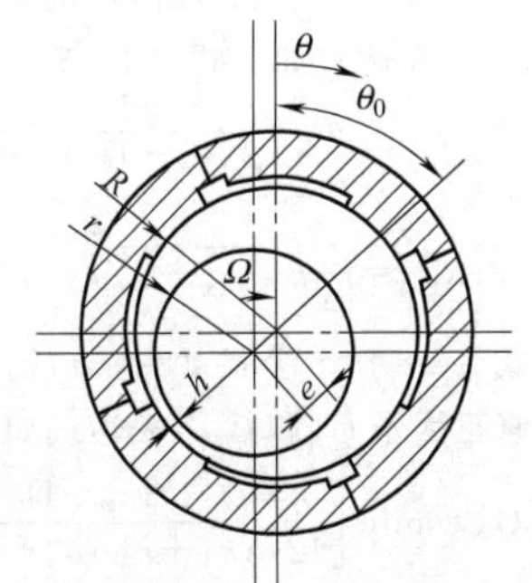

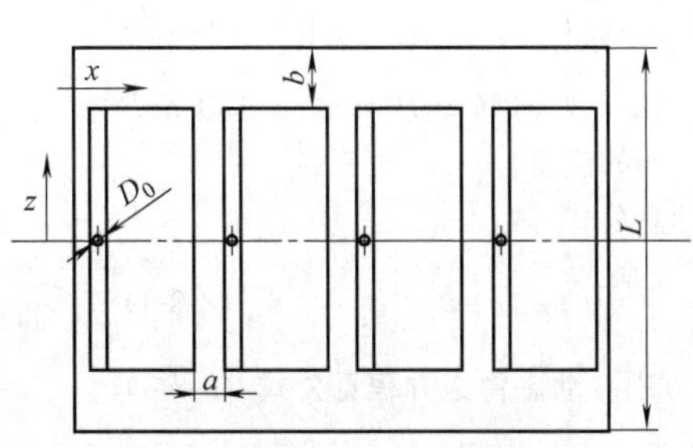

图 8-8-1　动静压轴承工作示意

图 8-8-1 中：

θ_0——主轴偏位角；

e——主轴偏心距，m；

ε——主轴偏心率，$\varepsilon=e/c$；

r——轴颈半径，m；

R——轴瓦半径，m，$R\approx r$；

c——半径间隙，m，$c=R-r$；

h——油膜厚度，m，$h=h_{油腔}+c+e\cos(\theta-\theta_0)$；

a——周向封油边，m；

b——轴向封油边，m；

D_0——进油孔直径，m；

D——轴承内圆直径，m；

L——轴承长度，m。

1）静态雷诺方程 静态雷诺方程如公式（8-8-1）

$$\frac{\partial}{\partial x}\left(\frac{G_x}{\mu}h^3\times\frac{\partial p}{\partial x}\right)+\frac{\partial}{\partial z}\left(\frac{G_z}{\mu}h^3\times\frac{\partial p}{\partial z}\right)=\frac{U}{2}\times\frac{\partial h}{\partial x} \tag{8-8-1}$$

式中 x——轴承周向展开方向的坐标，m；

z——轴承轴向坐标，m；

μ——润滑介质动力黏度，Pa·s；

G_x，G_z——紊流修正因子，由流场流态和紊流模型决定；

p——油膜压力，Pa；

U——轴颈线速度，$m\cdot s^{-1}$。

沿油膜厚度方向平均的速度表达式见公式（8-8-2）

$$\begin{cases}v_x=U/2-G_x\dfrac{h^2p_s}{r\mu}\times\dfrac{\partial P}{\partial\theta}\\ v_z=-G_z\dfrac{h^2}{\mu}\times\dfrac{\partial p}{\partial z}\end{cases} \tag{8-8-2}$$

式中 v_x——流场沿膜厚方向平均的周向速度，$m\cdot s^{-1}$；

v_z——流场沿膜厚方向平均的轴向速度，$m\cdot s^{-1}$。

x 方向和 z 方向的流量计算表达式如公式（8-8-3），流量计算示意图见图 8-8-2。

$$q_x=\int_\Gamma v_x h\rho \mathrm{d}l \quad q_z=\int_\Gamma v_z h\rho \mathrm{d}l \tag{8-8-3}$$

式中 q_x，q_z——在 x 方向和 z 方向上经过边界 Γ 面的流量。

轴承泄流量计算公式

$$q=\int_0^{2\pi r}v_z h\rho\mathrm{d}x\bigg|_{z=\pm L/2} \tag{8-8-4}$$

2）动态雷诺方程 动态雷诺方程见公式（8-8-5）

$$\frac{\partial}{\partial x}\left(\frac{G_x}{\mu}h^3\times\frac{\partial p}{\partial x}\right)+\frac{\partial}{\partial z}\left(\frac{G_z}{\mu}h^3\times\frac{\partial p}{\partial z}\right)=\frac{U}{2}\times\frac{\partial h}{\partial x}+\frac{\partial h}{\partial t} \tag{8-8-5}$$

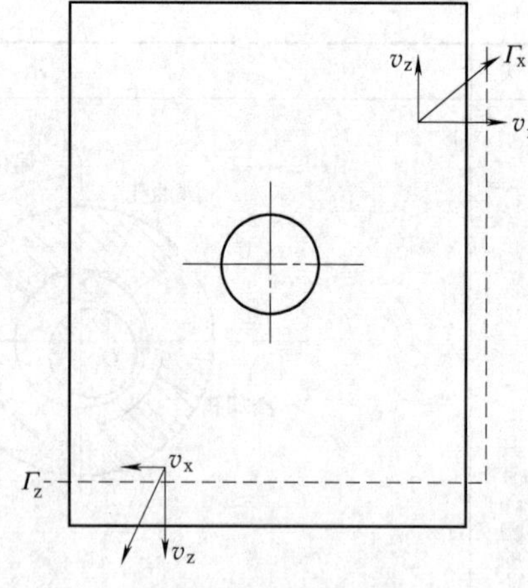

图 8-8-2 流量计算示意图

式中 $\dfrac{\partial h}{\partial t}$——油膜厚度对时间的导数，$\dfrac{\partial h}{\partial t}=v_\xi\sin\theta+v_\eta\cos\theta$，$v_\xi$ 和 v_η 分别为轴颈中心在水平和竖直方向的扰动速度。

8.3.3 紊流模型

通常情况下动静压轴承都是高转速运行，其流场具有很大的压力梯度和速度梯度，因此，在动静压轴承应考虑紊流状态。

压力梯度表达式如公式（8-8-6）

$$\begin{cases}\dfrac{\partial p}{\partial x}=-\dfrac{\mu}{2h^2}\left[(k_J+k_B)v_x-k_JU\right]\\ \dfrac{\partial p}{\partial z}=-\dfrac{\mu}{2h^2}(k_J+k_B)v_z\end{cases} \tag{8-8-6}$$

k_J 和 k_B 分别为轴颈和轴瓦的剪切系数，和表面状态有关。根据整体流理论，剪切系数计算表达式如公式（8-8-7）

$$\begin{cases}k_J=f_JRe_J=0.066{Re_J}^{0.75}\\ k_B=f_BRe_B=0.066{Re_B}^{0.75}\end{cases} \tag{8-8-7}$$

式中 f_J——轴颈的摩擦因数，$f_J=0.066{Re_J}^{-0.25}$；

f_B——轴瓦的摩擦因数，$f_B=0.066{Re_B}^{-0.25}$；

Re_J，Re_B——分别为轴颈和轴瓦的雷诺数，其计算表达式如公式（8-8-8）

$$\begin{cases}Re_J=\dfrac{\rho}{\mu}h\sqrt{(v_x-\Omega r)^2+{v_z}^2}\\ Re_B=\dfrac{\rho}{\mu}h\sqrt{v_x^2+v_z^2}\end{cases} \tag{8-8-8}$$

将公式（8-8-6）～公式（8-8-8）代入公式（8-8-3）得到紊流修正因子 G_x 和 G_z，表达式如公式（8-8-9）

$$\begin{cases}G_x=\min\left[\dfrac{1}{12};\dfrac{2v_x-\Omega r}{(k_J+k_B)v_x-k_J\Omega r}\right]\\ G_z=\min\left[\dfrac{1}{12};\dfrac{2}{k_J+k_B}\right]\end{cases} \tag{8-8-9}$$

8.3.4 能量方程

轴承功耗主要来自于剪切流和压力流，可分别称为剪切流功耗和压力流功耗，其表达式如公式（8-8-10）

$$\begin{cases} P_{剪切流} = \int_A U\tau_{xy}\big|^h \mathrm{d}A \\ P_{压力流} = \int_A -\left(v_x - \dfrac{U}{2}\right)\tau_{xy}\big|_0^h - v_z\tau_{zy}\big|_0^h \mathrm{d}A \end{cases} \tag{8-8-10}$$

式中　$\tau_{xy}|^h$——轴颈上受到的剪切流引起的剪应力 τ_{xy}，$\tau_{xy}|^h = \dfrac{h}{2}\times\dfrac{\partial p}{\partial x} + \dfrac{\mu}{4h}\left\{\left(v_x - \dfrac{U}{2}\right)k_B - \left[\left(v_x - \dfrac{U}{2}\right) - U\right]k_J\right\}$；

$\tau_{xy}|_0^h$——轴瓦在 x 方向上受到的压力流引起的剪应力 τ_{xy}，$\tau_{xy}|_0^h = -\dfrac{\mu}{h}\left[k_x\left(v_x - \dfrac{U}{2}\right) - k_J\dfrac{U}{2}\right]$；

$\tau_{zy}|_0^h$——轴瓦在 z 方向上受到的压力流引起的剪应力 τ_{zy}，$\tau_{zy}|_0^h = -\dfrac{\mu}{h}(k_z v_z)$；

k_x——x 方向壁面剪切系数，$k_x = \dfrac{1}{G_x}$；

k_z——z 方向壁面剪切系数，$k_z = \dfrac{1}{G_z}$。

因此，二维绝热能量方程为

$$C_p\left[\rho h v_x \frac{\partial(T)}{\partial x} + \rho h v_z \frac{\partial(T)}{\partial z}\right] = U\tau_{xy}\big|^h - \left(v_x - \frac{U}{2}\right)\tau_{xy}\big|_0^h - v_z\tau_{zy}\big|_0^h \tag{8-8-11}$$

式中　T——流场沿膜厚方向平均温度，℃；

C_p——润滑介质在流场中沿膜厚方向平均比热容，$\mathrm{J\cdot kg^{-1}\cdot ℃^{-1}}$。

动静压轴承表面有油腔，在油腔边缘处油膜厚度不连续，油膜厚度方向上具有一定的流速，两侧油膜厚度方向的平均温度出现阶跃。为了准确获得平均温度场，按照油膜厚度分区求解能量方程，在油膜厚度不连续处根据热流量守恒原理和流场的平均流动方向确定边界，边界确定方法见 8.3.5。

当轴承表面结构过于复杂，没有必要精确计算时，也可以采用等温情况简化设计，其温度计算如公式（8-8-12）

$$C_p T\int_A(\rho h v_x + \rho h v_z)\mathrm{d}A = \int_A U\tau_{xy}\big|^h - \left(v_x - \frac{U}{2}\right)\tau_{xy}\big|_0^h - v_z\tau_{zy}\big|_0^h \mathrm{d}A \tag{8-8-12}$$

式中　A——轴瓦表面面积，$\mathrm{m^2}$。

8.3.5 边界条件处理

动静压轴承边界包括对称边界、循环边界、泄油边边界和节流器出口边界，如图 8-8-3 所示。

8.3.6 环面节流器边界条件

动静压轴承的润滑膜具有环面节流的作用，也可称为环面节流器。环面节流器的边界条件包括节流器出口压力、出口温度和出口黏度，以及出口压力对主轴扰动量的导数。由于环面节流器是外部节流器，其出口边界条件不能直接通过雷诺方程计算，须根据流量守恒确定。

（1）静态边界条件

对于环面节流器，节流器出口压力 p_{in} 计算表达式如公式（8-8-13）

$$p_{in} = p_s - \left(\frac{q_{in}}{\rho\lambda}\right)^2\frac{\rho}{2} \tag{8-8-13}$$

式中　p_s——外界供油压力，Pa；

q_{in}——节流器质量流量，$q_{in} = \int_{\Gamma_1} v_n h\rho \mathrm{d}l$，$\Gamma_1$ 为包围节流器出口的控制体（上游边界、下游边界和侧泄边界），积分边界为 $\Gamma = \begin{cases}上游边界\\侧泄边界，v_n为外法向速度；\\下游边界\end{cases}$

λ——节流参数 $\lambda = A\alpha$，A 为节流面面积，$A = \min\left(2\pi h D_0, \dfrac{\pi D_0{}^2}{4}\right)$，$\alpha$ 为节流系数，与流场流态有关，一般取 0.5～0.9，具体取值需通过仿真计算或实验数据确定。

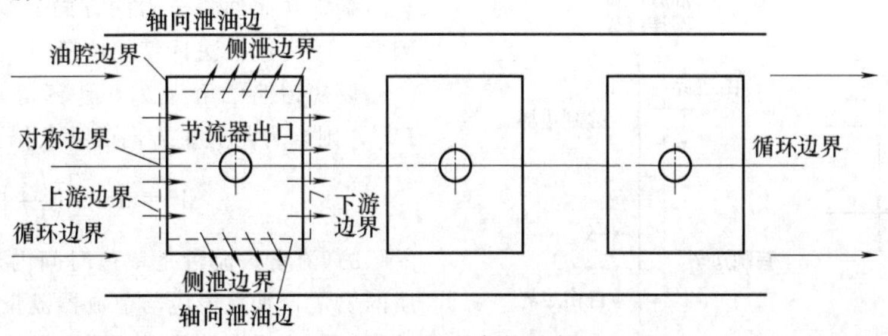

图 8-8-3　边界条件示意

能量方程节流器出口边界条件如公式（8-8-14）

$$\begin{cases}T_{in}=T_0\\ \mu_{in}=\mu(T_{in})\end{cases} \tag{8-8-14}$$

式中　T_0——节流器入口处润滑介质的温度；

T_{in}——节流器出口处润滑介质的温度；

μ_{in}——节流器出口处润滑介质的黏度。

（2）动态边界条件

节流器动态边界为压力对扰动的导数，即

$$\frac{\partial p}{\partial s}=\frac{\partial p_{in}}{\partial s} \tag{8-8-15}$$

式中，s 为主轴扰动量；$\frac{\partial p_{in}}{\partial s}$为节流器出口压力对扰动量的导数，其计算表达式见公式（8-8-16）

$$\frac{\partial p_{in}}{\partial s}=\frac{\partial\left[p_s-\left(\frac{q_{in}}{\rho\lambda}\right)^2\frac{\rho}{2}\right]}{\partial s}=-\left(\frac{q_{in}}{\lambda}\right)\left(\frac{1}{\lambda}\times\frac{\partial q_{in}}{\partial s}-\frac{q_{in}}{\lambda^2}\times\frac{\partial\lambda}{\partial s}\right) \tag{8-8-16}$$

式中　$\frac{\partial\lambda}{\partial s}$——节流参数对扰动量的导数。

对于 ε 和 θ_0，$\frac{\partial\lambda}{\partial s}$表达式如公式（8-8-17）

$$\begin{cases}2\pi D_0\left(\alpha\dfrac{\partial h}{\partial s}+h\dfrac{\partial\alpha}{\partial s}\right) & 2\pi hD_0\leqslant\dfrac{\pi D_0^2}{4}\\ \dfrac{\pi D_0^2}{4}\times\dfrac{\partial\alpha}{\partial s} & 2\pi hD_0>\dfrac{\pi D_0^2}{4}\end{cases} \tag{8-8-17}$$

对于 v_ξ 和 v_η，其表达式如公式（8-8-18）

$$\begin{cases}2\pi D_0\dfrac{\partial\alpha}{\partial s} & 2\pi hD_0\leqslant\dfrac{\pi D_0^2}{4}\\ \dfrac{\pi D_0^2}{4}\times\dfrac{\partial\alpha}{\partial s} & 2\pi hD_0>\dfrac{\pi D_0^2}{4}\end{cases} \tag{8-8-18}$$

8.3.7　能量方程油腔边缘边界条件

如图 8-8-4 所示，在油膜厚度不连续处根据热流量守恒原理，有公式（8-8-19）

$$T_0C_{p0}v_0h_0=T_1C_{p1}v_1h_1 \tag{8-8-19}$$

根据边界处的流场方向，若为流出边界，则为自由边界，由边界内部温度分布确定，无需另给边界条件；若为流入边界，则为强制边界，其温度边界确定如公式（8-8-20）

$$T_1=\frac{T_0C_{p0}v_0h_0}{C_{p1}v_1h_1} \tag{8-8-20}$$

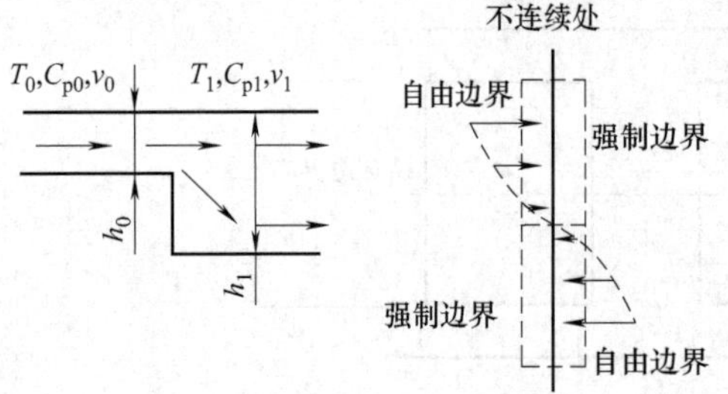

图 8-8-4　油膜厚度不连续处流场示意图

8.3.8　其他边界条件

泄油边界条件

$$\begin{cases}p=0\\ \dfrac{\partial p}{\partial s}=0\end{cases} \tag{8-8-21}$$

循环边界条件

$$\begin{cases}p(\theta)=p(\theta+2\pi)\\ \dfrac{\partial p(\theta)}{\partial s}=\dfrac{\partial p(\theta+2\pi)}{\partial s}\\ T(\theta)=T(\theta+2\pi)\\ \mu(\theta)=\mu(\theta+2\pi)\end{cases} \tag{8-8-22}$$

对称边界条件

$$\begin{cases}p(z)=p(-z)\\ \dfrac{\partial p(z)}{\partial s}=\dfrac{\partial p(-z)}{\partial s}\\ T(z)=T(-z)\\ \mu(z)=\mu(-z)\end{cases} \tag{8-8-23}$$

8.4　动静压轴承性能计算

轴承性能计算包括承载力、偏位角、端泄量和摩擦功耗等静特性，和刚度、阻尼、等效刚度和界限涡动比平方等动特性。

8.4.1　静特性计算

1）承载力　承载力是轴承静特性的重要指标，假设主轴受载方向为竖直向下，则承载力计算公式为

$$W=\int_A p\cos\theta \mathrm{d}A \tag{8-8-24}$$

A 为存在油膜的轴瓦表面。

2）偏位角　由于偏位角是受载方向为竖直方向时油膜合力与轴心偏心距的夹角，因此必须通过轴膜合力确定，而油膜合力的方向又受到偏位角的影响，因此，采用迭代法计算偏位角。

设初始偏位角为 θ_0，计算得到油膜合力 $[F_\xi\ F_\eta]$，则合力与竖直方向的夹角修正值可表示为

$$\mathrm{d}\theta=\arctan\left(\frac{F_\xi}{F_\eta}\right) \tag{8-8-25}$$

3）流量　流量是单位时间内通过轴承的润滑介质的质量，其数值应与节流器流量之和相等。通过对油膜轴向流速在轴承泄油边上积分来计算端泄量，设

有限元网格在 x 方向有 m 个单元，在 y 方向有 n 个单元，$i=n$ 的单元为泄油边。端泄量计算表达式为

$$q=2\sum_{j=1\sim m}\sum_{k=7\sim 9}g_{\mathrm{k}}v_{\mathrm{y}i,j,k}h_{i,j,k}\rho l_{i,j}\quad (i=n) \tag{8-8-26}$$

式中　$v_{\mathrm{y}i,j,k}$——润滑介质平均速度在轴向上的分量，$\mathrm{m\cdot s^{-1}}$；

$h_{i,j,k}$——油膜厚度，m；

$l_{i,j}$——单元周向长度，m。

4）摩擦功耗　摩擦功耗为表征轴承发热量的性能指标。通过油膜厚度方向平均摩擦功率在轴瓦表面积分可以得到轴承的摩擦功耗。其计算表达式为

$$P_{\mathrm{f}}=\sum_{j=[1,n\times m]}\sum_{k=[1,9]}g_{\mathrm{k}}\left(U\tau_{\mathrm{xy}}\big|^{h}-\left(v_{\mathrm{x}}-\frac{U}{2}\right)\tau_{\mathrm{xy}}\big|_{0}^{h}-v_{\mathrm{z}}\tau_{\mathrm{zy}}\big|_{0}^{h}\right) \tag{8-8-27}$$

5）等温假设下的轴承温升　等温假设认为轴承间隙中油膜的温升均匀，油膜温升等于出口温升，因此，由公式（8-8-19）得温升的计算公式为

$$T=\frac{\sum\limits_{i=1\sim n}\sum\limits_{j=1\sim m}\sum\limits_{k=1\sim 9}g_{\mathrm{k}}\left[U\tau_{\mathrm{xy}}\big|^{h}-\left(v_{\mathrm{x}}-\frac{U}{2}\right)\tau_{\mathrm{xy}}\big|_{0}^{h}-v_{\mathrm{z}}\tau_{\mathrm{zy}}\big|_{0}^{h}\right]A_{i,j,k}}{C_{\mathrm{p}}Q} \tag{8-8-28}$$

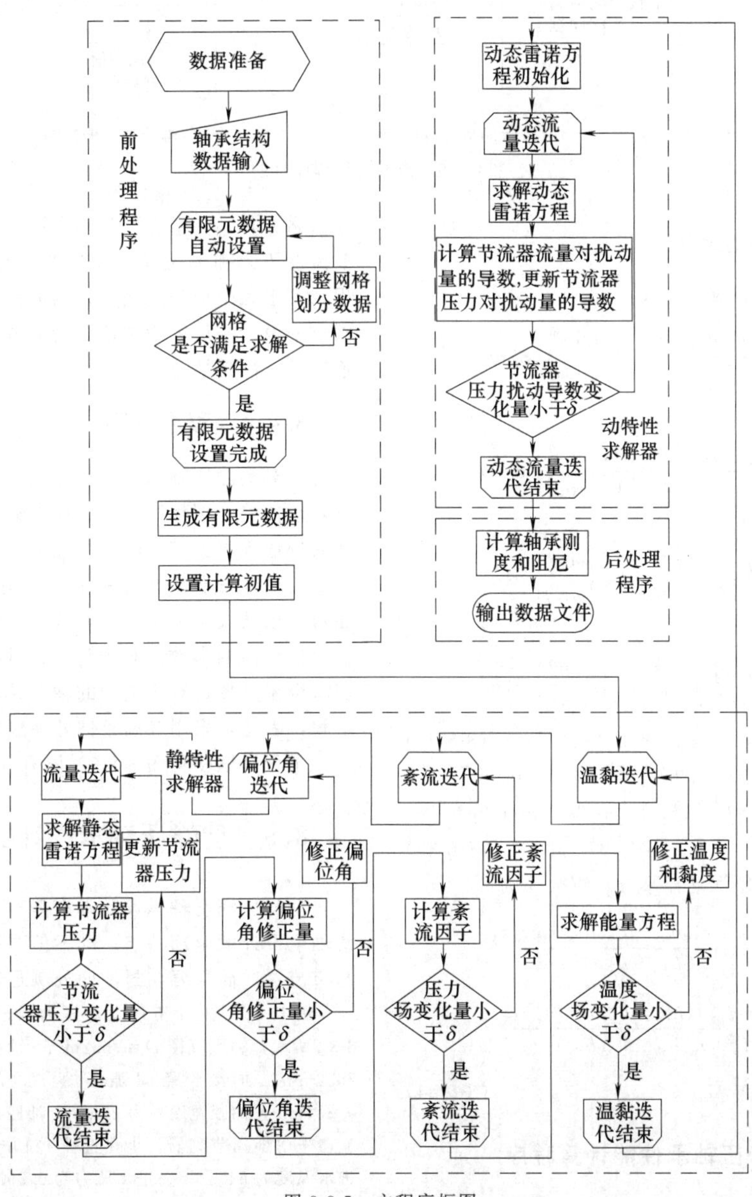

图 8-8-5　主程序框图

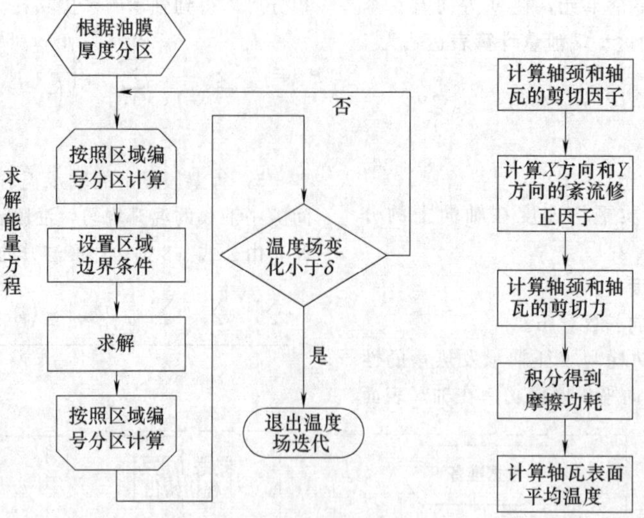

(a) 求解能量方程框图　　(b) 等温边界处理框图

图 8-8-6　温升计算程序框图

8.4.2　动特性计算

刚度和阻尼的计算公式为

$$\begin{Bmatrix} k_{x\varepsilon} \\ k_{y\varepsilon} \end{Bmatrix} = -\frac{p_s rL}{2c}\int_0^{2\pi}\int_{-1}^{1} P_\varepsilon \begin{Bmatrix} \sin\theta \\ \cos\theta \end{Bmatrix} d\lambda d\theta \tag{8-8-29}$$

$$\begin{Bmatrix} k_{x\theta} \\ k_{y\theta} \end{Bmatrix} = -\frac{p_s rL}{2c}\int_0^{2\pi}\int_{-1}^{1} \frac{P_\theta}{\varepsilon} \begin{Bmatrix} \sin\theta \\ \cos\theta \end{Bmatrix} d\lambda d\theta \tag{8-8-30}$$

$$\begin{Bmatrix} b_{xx} \\ b_{yx} \end{Bmatrix} = -\frac{p_s rL}{2c\Omega}\int_0^{2\pi}\int_{-1}^{1} P_{dx} \begin{Bmatrix} \sin\theta \\ \cos\theta \end{Bmatrix} d\lambda d\theta \tag{8-8-31}$$

$$\begin{Bmatrix} b_{xy} \\ b_{yy} \end{Bmatrix} = -\frac{p_s rL}{2c\Omega}\int_0^{2\pi}\int_{-1}^{1} P_{dy} \begin{Bmatrix} \sin\theta \\ \cos\theta \end{Bmatrix} d\lambda d\theta \tag{8-8-32}$$

$$\begin{bmatrix} k_{xx} & k_{yx} \\ k_{xy} & k_{yy} \end{bmatrix} = \begin{bmatrix} k_{x\varepsilon} & k_{x\theta} \\ k_{y\varepsilon} & k_{y\theta} \end{bmatrix} \begin{bmatrix} \sin\theta_0 & \cos\theta_0 \\ \cos\theta_0 & -\sin\theta_0 \end{bmatrix} \tag{8-8-33}$$

等效刚度和界限涡动比平方计算公式为

$$\begin{cases} k_{eq} = \dfrac{k_{xx}b_{yy}+k_{yy}b_{xx}+k_{xy}b_{yx}+k_{yx}b_{yx}}{b_{xx}+b_{yy}} \\ \gamma^2 = \dfrac{(k_{eq}-k_{xx})(k_{eq}-k_{yy})-k_{xy}k_{yx}}{\Omega^2(b_{xx}b_{yy}+b_{xy}b_{yx})} \end{cases} \tag{8-8-34}$$

8.4.3　动静压轴承性能计算程序

为了得到动静压轴承的动、静特性，须求解出静态雷诺方程、能量方程和动态雷诺方程，同时须确定节流器压力和偏位角。而这些方程是二阶偏微分方程，由于无法得到上述方程的解析解。因此，动静压轴承的设计一般采用数值分析的方法来得到动静压轴承的动、静特性。

8.4.4　程序框图

针对动静压轴承结构的复杂性，将程序分为四部分，包括前处理程序、静特性求解器、动特性求解器和后处理程序。其中的静特性求解器和动特性求解器由于需要处理非线性方程组，采用多重迭代的方法，在每一层迭代中求解一个非线性方程或修正具有非线性变化规律的参数。对于简单轴承结构，通过能量方程求得温度场；对于复杂的轴承结构，能量方程无法求解，因此，采用等温条件处理温黏关系。

主程序框图见图 8-8-5，温升计算程序见图8-8-6。

8.5　动静压轴承设计实例

动静压润滑轴承设计具有静压润滑轴承和动压润滑轴承设计的全部特点，既不但要设计静压油路系统与节流器，而且要在封油面处满足动力润滑的要求。

例 1　设计一个五腔动静压轴承，其结构示意图如图 8-8-7所示，轴颈直径 $D=76.2$mm，轴承有效工作长度 $L=76.2$mm，轴承半径间隙 C 为 0.0762mm，油腔深度 0.254mm，油腔宽度 b 为 27mm，油腔长度 l 为 27mm，节流器采用小孔节流器，小孔直径 1.49mm，润滑剂为纯水，进水温度为 54.44℃、进水压力为 6.89MPa。设计工作转速为 10000r/min。

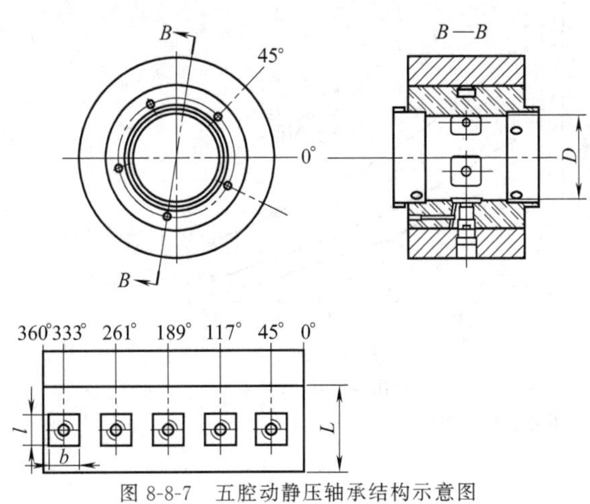

图 8-8-7　五腔动静压轴承结构示意图

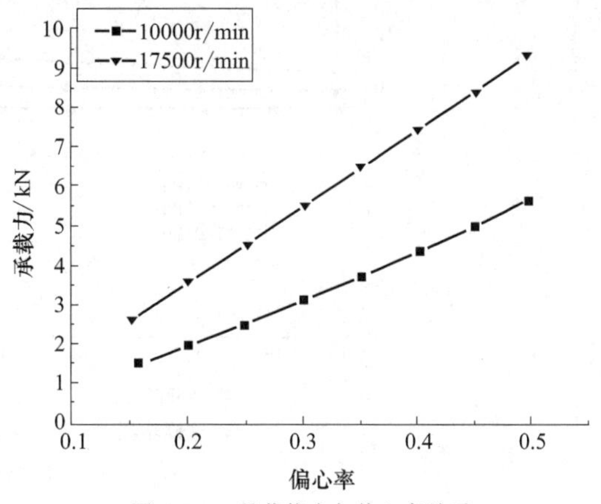

图 8-8-8　承载能力与偏心率关系

根据图 8-8-8 查得工作转速为 10000r/min、偏心率为 0.3 时，该动静压轴承的承载力为 2.8kN，在工作转速为 10000r/min 到 17500r/min 之间时可根据图 8-8-8 进行插值求得。

例 2　设计一个四腔动静压轴承，其结构示意图如图 8-8-9所示，取轴颈直径 $D=50$mm，轴承有效工作长度 $L=50$mm，工作转速 30000r/min，半径间隙 15μm。进油孔直径 $D_0=1.5$mm，冷却孔直径$D_c=1$mm，冷却油槽轴向槽宽 1mm，冷却油槽周向槽宽 4mm，冷却油槽槽深为 0.15mm，动静压油腔轴向长度为 35mm，动静压油腔周向长度为 23.6mm，油腔深度为 23μm，采用等温假设，设计供油压力为 6MPa。

由图 8-8-10 查得，该轴承的承载能力为 1.5kN，所需的流量为 13L/min，摩擦功耗为 9.6kW，润滑剂平均温升为 10℃。

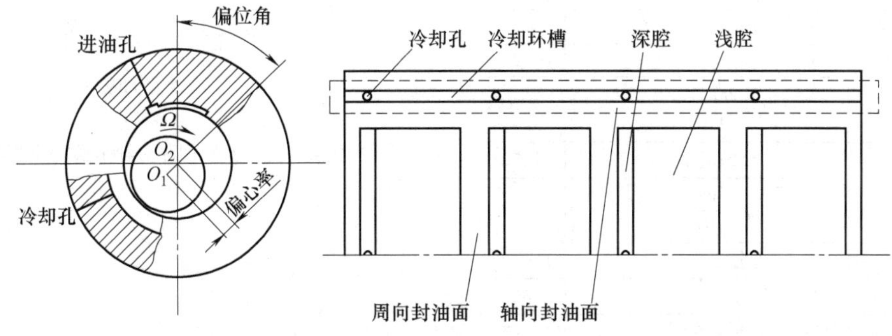

图 8-8-9　四腔动静压轴承结构示意

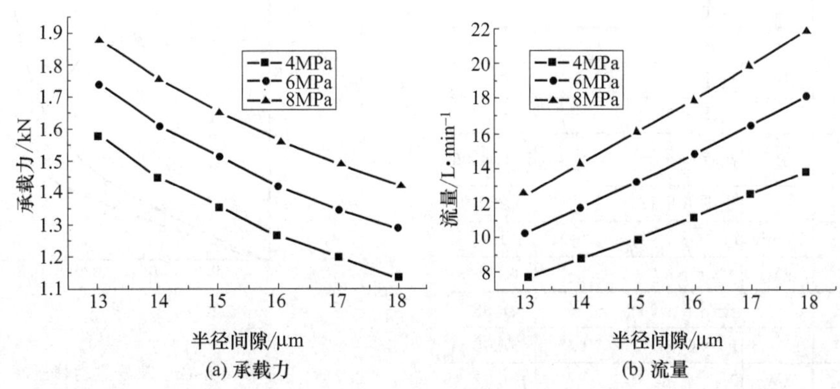

图 8-8-10

第 8 篇

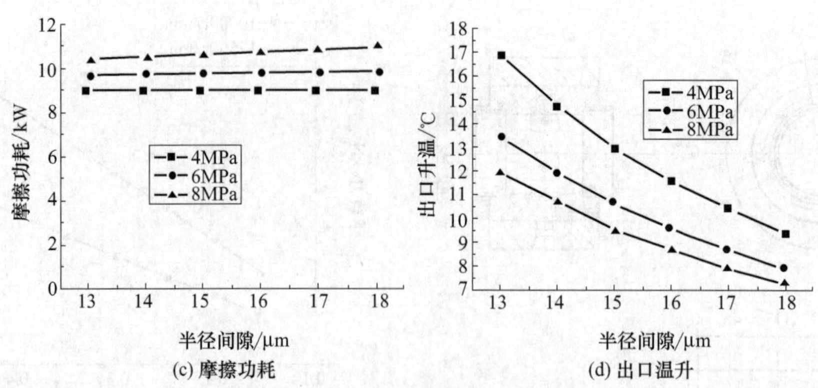

(c) 摩擦功耗 (d) 出口温升

图 8-8-10 半径间隙对轴承静特性的影响

由图 8-8-11 查得，轴承等效刚度为 12.2×10^{8} N·m^{-1}。

例 3 设计某磨床的隙缝动静力润滑轴承。

隙缝动静力润滑轴承设计步骤见表 8-8-2。

表 8-8-2 隙缝动静力润滑轴承设计步骤

计算项目	单位	计算公式及说明	结果
轴承载荷	N	已知	340
轴承直径 D	cm	已知	3
轴颈转速 n	r/min	已知	11000
宽径比 B/D		选定	1.0
半径间隙 C	cm	选定	0.0022
轴向封油面长度 l_a	cm	选定	0.75
周向封油面长度 l_t	cm	选定	0.47
相对间隙 ψ		$\psi=\dfrac{2C}{D}$	0.00147
角速度 ω	1/s	$\omega=2\pi n/60$	1152
压强 p_m	N/cm^2	$p_m=\dfrac{W}{BD}$	37.8
润滑油牌号		选定	HU-22
平均油温 t_m	℃	预选	50
在 t_m 下油黏度 η	Pa·s	查有关资料	19×10^{-4}
油腔数 N_s		选定	8
压力比 $\overline{p}_0$		选定	0.58
功耗比 K		选定	3
隙缝宽 Z_s	cm	选定	0.003
最大位移率 ε_{max}		选定	0.3
载荷系数 $\overline{W}$		查图 8-8-12	0.28
供油压力 p_s	Pa	$p_s=\dfrac{p_m}{\overline{W}}$	1.4×106
流量系数 $\overline{Q}$		查图 8-8-13	2.2
流量 Q	L/min	$Q=\overline{Q}p_sC^3/\eta\times6\times10^{-2}$	1.0
泵功耗 N_f	kW	$N_p=p_sQ$	0.023
摩擦数 C_f		查图 8-8-14	0.98
摩擦力矩 F_t		$F_t=C_f\eta D^2B\omega\times10^{-6}$	0.06
摩擦功耗 N_f	kW	$N_f=F_t\omega$	0.07
总功耗 N	kW	$N=N_p+N_f$	0.093

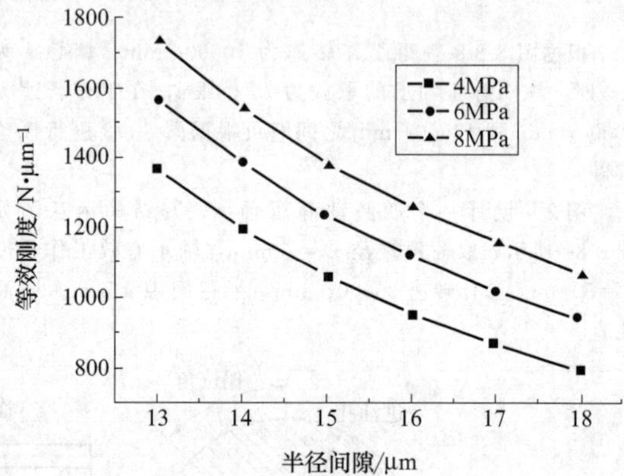

图 8-8-11 半径间隙对轴承动特性的影响

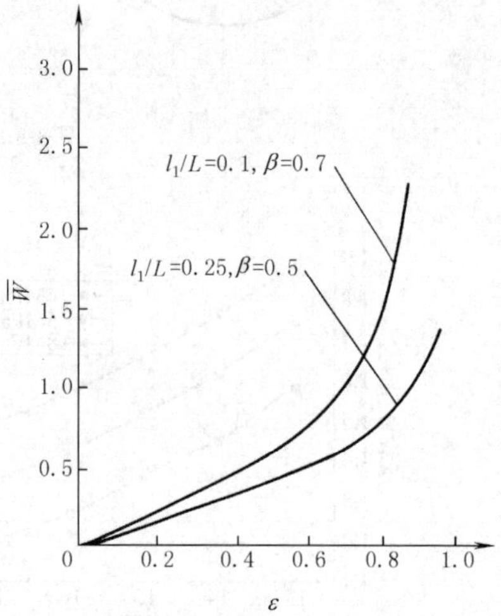

图 8-8-12 隙缝式动静压润滑轴承承载曲线（$K=1.0$）

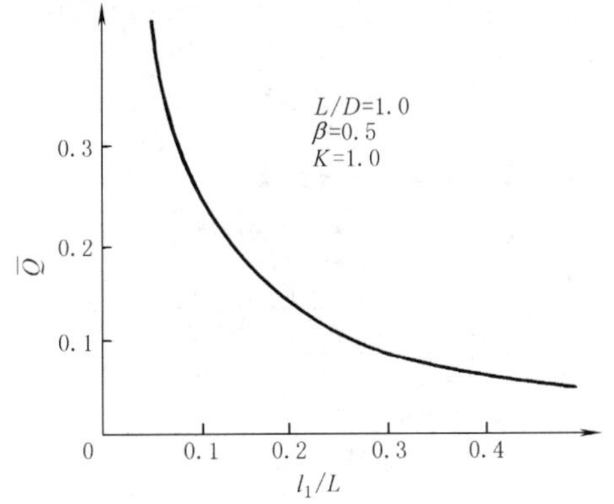

图 8-8-13　隙缝式动静压润滑轴承流量曲线

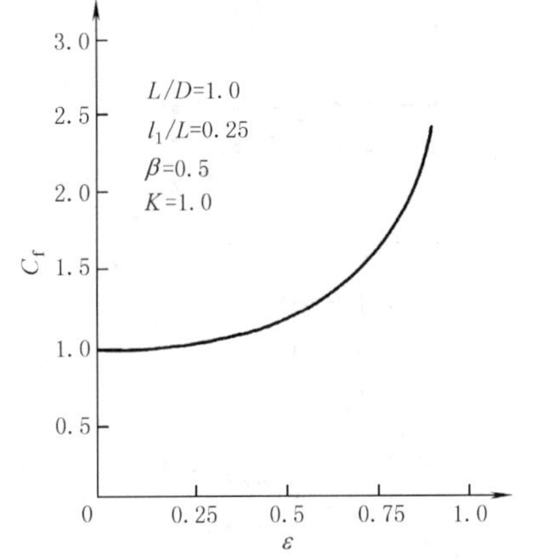

图 8-8-14　隙缝式动静力润滑轴承摩擦力矩曲线

8.6　动静压轴承主要参数选择与确定

影响动静压轴承性能的设计参数和运行参数很多，各参数对轴承性能的影响大小各异。轴承的主要参数有两类，分别为结构参数和运行参数。结构参数是轴承设计尺寸，轴承加工完成后无法改变；运行参数只在运行过程中才会体现出来，在轴承使用中可以改变。结构参数包括半径间隙、梯槽深度、浅腔深度和浅腔形状等，运行参数主要有供油压力、供油温度、偏心率和转速等。为了设计方便，现分别在两组参数中各确定一个对轴承性能影响最大的主要参数。

8.6.1　结构参数中的主要参数选择

由于动静压轴承轴瓦表面结构复杂，设计参数很多，其中，半径间隙、梯槽深度和浅腔深度对轴承性能影响最显著，同时，这三个参数还与轴承的可加工性关系密切，其值越小，加工难度越大。

以某四腔动静压轴承为例，说明半径间隙、梯槽深度和浅腔深度对动静压轴承性能的影响。

图 8-8-15 给出了这三个参数与轴承性能的关系。在相同的改变量下，半径间隙对大部分轴承性能参数有很大的影响，相对于半径间隙，槽深和腔深的影响较小，因此，半径间隙是设计参数中具有很大影响的参数。

动压效应与轴承半径间隙关系非常紧密，油楔厚决定了动压效应的大小；静压效应由环面节流器产生，其节流效果对节流器出口油膜厚度非常敏感，因此半径间隙对静压效应也有很大影响，因此，半径间隙是结构参数中的主要参数。

8.6.2　运行参数中的主要参数选择

运行参数中的主要参数是供油压力。

(1) 不同供油压力情况下半径间隙的影响

对于四腔梯槽阶梯轴承，设轴承内圆直径 $D=50\text{mm}$，轴承长度 $L=50\text{mm}$，工作转速 30000r/min，进油孔直径 $D_0=1.5\text{mm}$，冷却孔直径 $D_c=1\text{mm}$，轴向槽宽 1mm，周向槽宽 4mm，槽深为 10 倍半径间隙，轴向长度为 35mm，周向长度为 23.6mm，浅腔深度为 1.5 倍半径间隙，通入 30℃纯水，采用等温假设。

由图 8-8-16 可见，静特性与半径间隙的关系基本上是线性的。承载力随半径间隙增大而迅速下降，流量随半径间隙增大迅速增大，功耗与半径间隙关系不大，出口温升随半径间隙增大而快速下降。

由图 8-8-16 得出半径间隙与各轴承性能参数的关系图，如图 8-8-17 所示。

(2) 不同半径间隙情况下供油压力的影响

动静压滑动轴承的功耗分为剪切流功耗和压力流功耗，剪切流功耗主要由轴承的润滑介质黏度和轴颈线速度决定，由主轴电机承担，压力流功耗主要由轴承供油压力和结构决定，由供油系统承担。轴承流量主要由供油压力决定，供油压力较大时，轴承流量也会增大。

对于四腔梯槽阶梯轴承，设轴承内圆直径 $D=50\text{mm}$，轴承长度 $L=50\text{mm}$，工作转速 30000r/min，进油孔直径 $D_0=1.5\text{mm}$，冷却孔直径 $D_c=1\text{mm}$，轴向槽宽 1mm，周向槽宽 4mm，槽深为 10 倍半径间隙，轴向长度为 35mm，周向长度为 23.6mm，浅腔深度为 1.5 倍半径间隙，通入 30℃纯水，采用等温假设。半径间隙分别给定为 13μm、15μm 和 17μm 时轴承的性能。

供油压力对轴承静特性的影响如图 8-8-18 所示。供油压力的增大对承载力、等效刚度、出口温升和稳定性有积极影响，同时也会导致流量和压力流功耗增大。因此，供油压力一方面提高轴承的流量，另一方面，又会增大轴承压力流功耗，由于压力流功耗只占轴承功耗的一小部分，总体来讲，提高供油压力会降低轴承温升。

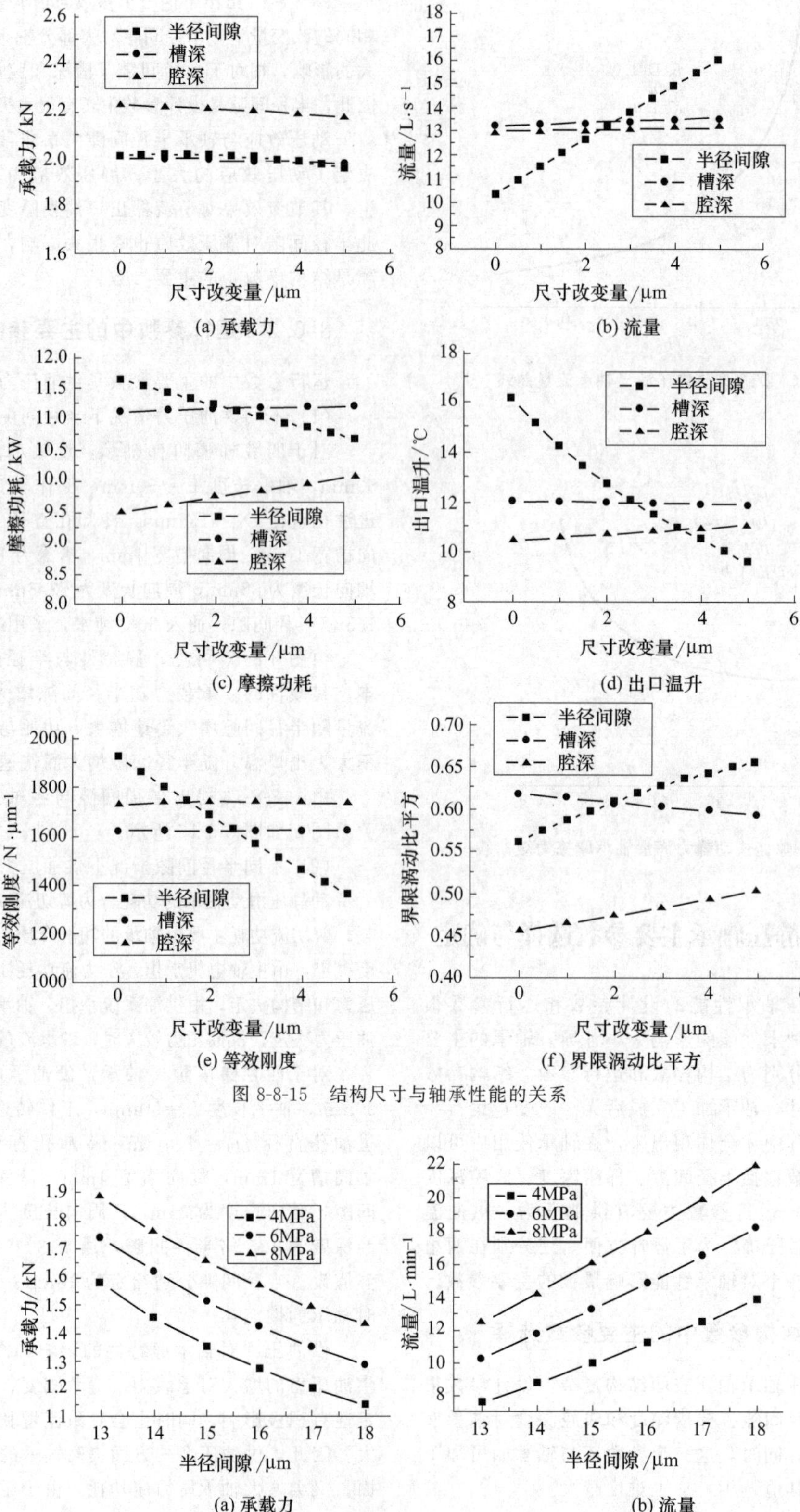

图 8-8-15　结构尺寸与轴承性能的关系

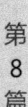

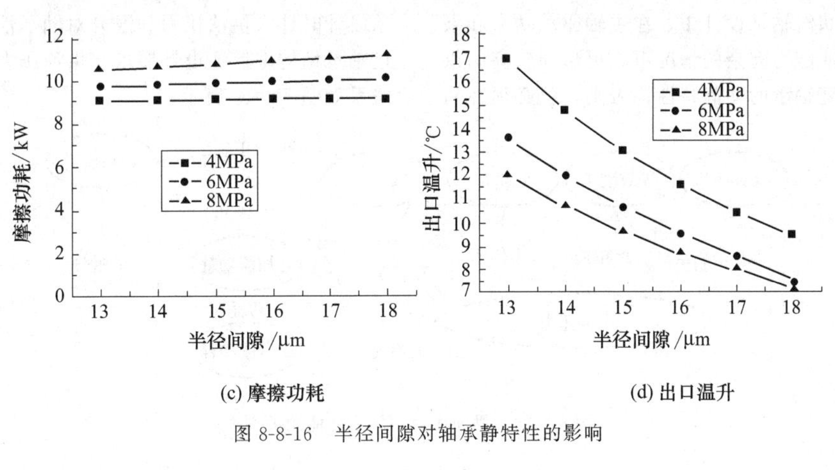

(c) 摩擦功耗　　(d) 出口温升

图 8-8-16　半径间隙对轴承静特性的影响

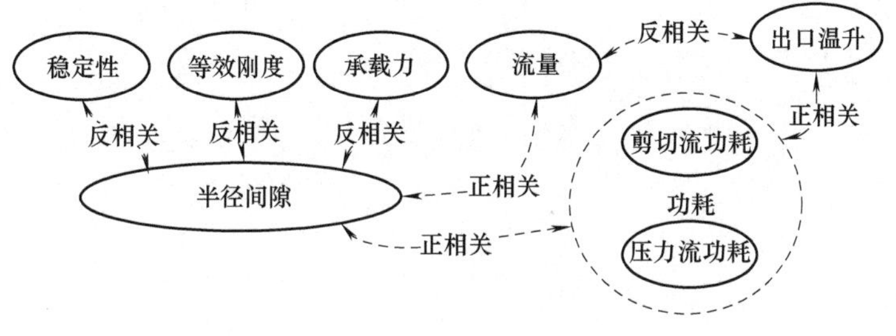

图 8-8-17　半径间隙与轴承动静特性的关系

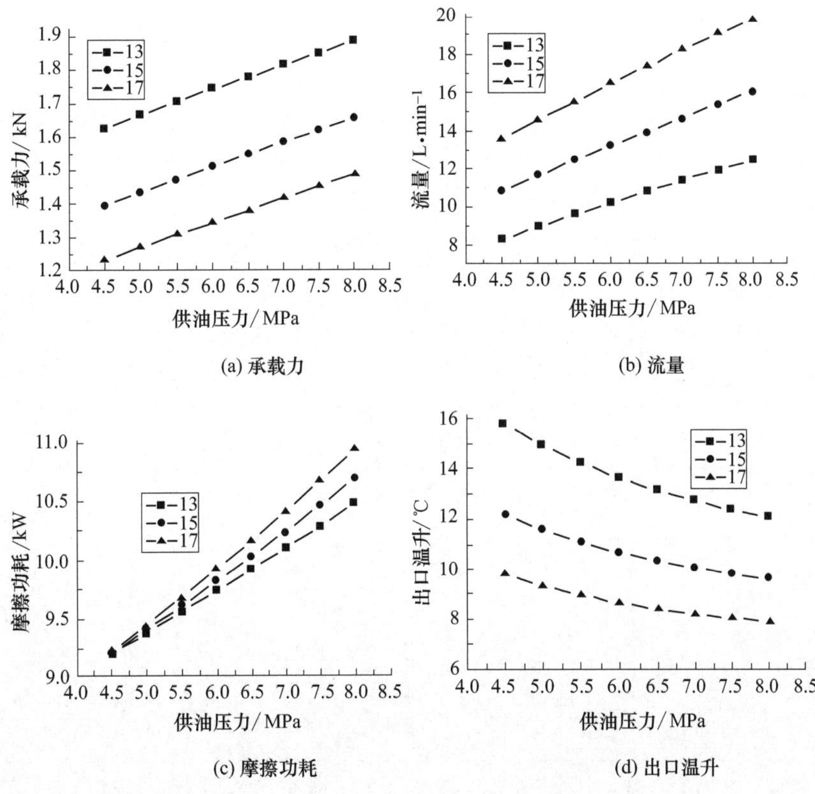

图 8-8-18　供油压力对轴承静特性的影响（图例中 13、15、17 分别是指半径间隙为 13μm、15μm 和 17μm）

在动静压润滑轴承设计中，在主轴驱动功率和泵功率充足、供油能力有余的情况下，可选择较高的供油压力，以提高轴承的动静特性；否则，就必须在初始设计时计入供油压力和温升对轴承性能的影响，通过轴承结构来保证设计要求。供油压力与轴承性能的关系如图 8-8-19 所示。

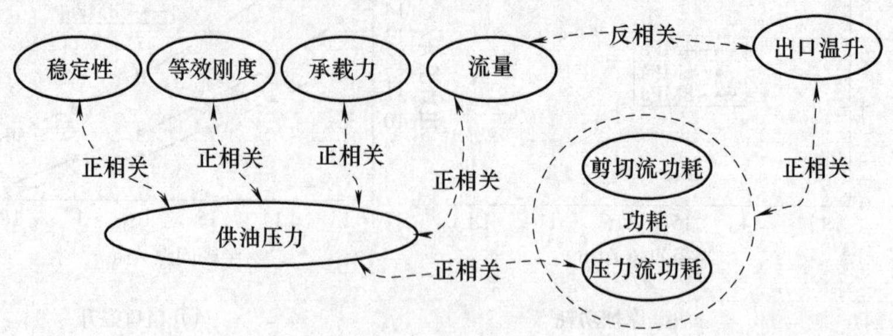

图 8-8-19 供油压力与轴承性能的关系

第9章　电磁轴承

利用电场力或磁场力使轴悬浮的轴承统称为电磁轴承。其中靠电场力使轴悬浮的轴承称为静电轴承；靠磁场力使轴悬浮的轴承称为磁力轴承或磁悬浮轴承。

电磁轴承是典型的机械电子产品。伴随着现代科学技术的进步和多学科相互融合、渗透的过程，电磁轴承综合了包括机械学、动力学、控制工程、电磁学、电子学和计算机科学等多领域的最新成果，从而成为现代支承技术中最有前景的高新技术。

电磁轴承使被支承的转子无接触地悬浮起来，这一独特性能是其他支承型式无法媲美的。电磁轴承技术的应用在支承技术领域具有革命性的意义，具有无接触、无磨损、性能可靠、工作转速高、功耗小、使用寿命长、不需要维修、无润滑剂污染等特点。

电磁轴承的另一个突出优点是可对振动进行主动控制。通过在线参数识别和调整、自动不平衡补偿等，使对转子系统的控制达到很高的精度。另外转子系统的运行状态和振动信息可以同时由其中的控制、测量环节得到，并可极为方便地融入旋转机械装备的工况监测及故障诊断系统之中。

目前，电磁轴承中以磁力轴承应用较多。在国外，磁力轴承已被成功地应用于数百种产品中，在国内，磁力轴承的应用已开始进入实用阶段。

9.1　静电轴承

利用电场力使轴悬浮的滑动轴承称为静电轴承，又称为电悬浮轴承。这是一种 20 世纪 50 年代出现的新型滑动轴承。它结构紧凑、功耗小，有害力矩（对精密仪表有影响）远比磁力轴承小。但是，即使有相当高的电场强度，产生的支承力仍比较小，所以一般只用于一些微型的精密仪器中，例如静电陀螺仪、静电加速度表和超高真空规等。

9.1.1　静电轴承的基本原理

轴和轴承相当于两个电极，电极间有一个很小的间隙（轴承间隙），形成一个电容，见图 8-9-1。在电极上施加电压就会产生静电力。由于间隙 h_0 和轴径 d 之比极小，可以按平板电容器公式来计算其电容 C 和静电力 F。

$$C=\varepsilon_0\varepsilon_r A/h_0 \tag{8-9-1}$$

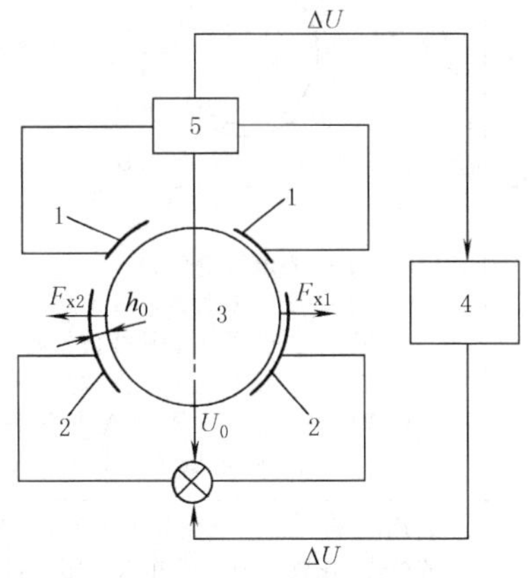

图 8-9-1　静电轴承原理

1—测量电极；2—加力电极；3—转子；4—放大线路；5—位移传感器

$$F=-\frac{1}{2}\varepsilon_0\varepsilon_r A(U/h_0)^2 \tag{8-9-2}$$

式中　ε_0——真空的介电常数，$\varepsilon_0=8.85\times10^{-12}$ F/m；

ε_r——电极间物质的相对介电常数；

A——电极面积；

h_0——轴承间隙；

U——电压。

式中负号表示静电力为吸力，计算时常略去。若为单电极轴承，则轴承承载能力即为该电极吸力的反向等值载荷。和其他轴承一样，若沿轴的圆周设置 Z 个电极，则轴承的承载能力是这些电极吸力矢量和的反向等值载荷，即

$$F=\sum_{i=1}^{Z}F_i$$

9.1.2　静电轴承的分类

静电轴承按控制方式分为无源型和有源型两种。由伺服控制使轴承稳定运转的属有源型；靠自身电磁参数调谐，或者采用非调谐的电桥电路，使轴承稳定运转的，属无源型，LC 调谐回路与有源型控制回路原理图和特点见表 8-9-1。静电轴承根据轴颈几何形状可分为平面型、圆柱型、圆锥型和球型。

9.1.3　静电轴承的常用材料与结构参数

静电轴承常用材料及结构参数见表 8-9-2。

表 8-9-1 两种静电轴承的比较

线路名称	LC 调谐回路	有源型控制回路
典型线路	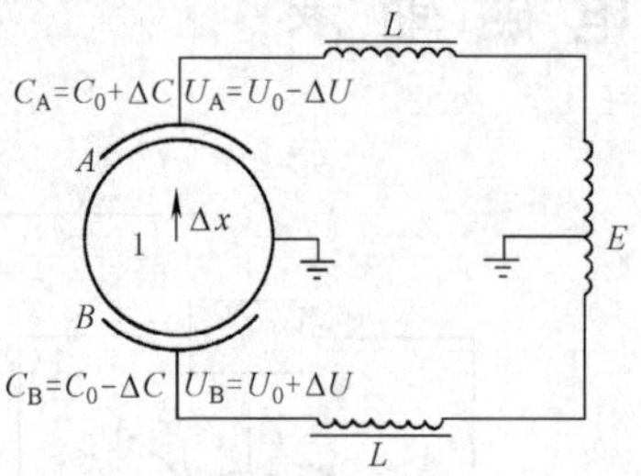 $C_A=C_0+\Delta C$ $U_A=U_0-\Delta U$；$C_B=C_0-\Delta C$ $U_B=U_0+\Delta U$；A；B；1；Δx；L；E E——电源电压，V； L——谐振电感，H； C_0——转子处于平衡位置时的电容量，F； U_0——转子处于平衡位置时的谐振电压，V； ΔC，ΔU——由于转子位置变化量 Δx 引起的电容、电压变化量	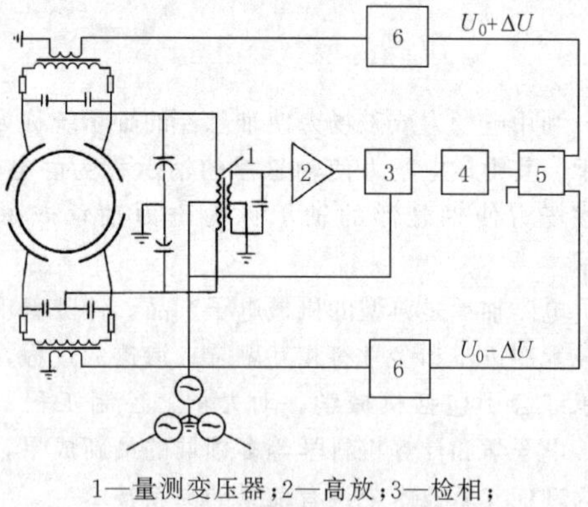 $U_0+\Delta U$；$U_0-\Delta U$；1；2；3；4；5；6 1—量测变压器；2—高放；3—检相；4—校正；5—差放；6—调制功放
特点	利用转子与支承电极间的电容 C 随间隙变化而变化的特点，在线路中串或并入电感 L，构成谐振回路	通常使用电容电桥位移传感器测量转子的位移。在测量变压器输出端得到正比于转子位移的信号，经放大、检相为直流电压，由差放分为两路并调制成交流信号，再经功放和高压变压器将电压加到支承电极

表 8-9-2 静电轴承常用材料及结构参数

参数名称		荐用值	附注
电参数	外加电压/V 电场强度/MV·m^{-1}	2000～4000 40～50	受击穿场强限制
几何参数	轴承相对间隙/m 形状误差 表面粗糙度参数 Ra/μm	$(2\sim10)\times10^{-4}$ 小于间隙值的 1/100～1/10 <0.1	按电压和加工精度确定 按仪器要求精度确定最小误差 影响击穿场强
环境参数	真空度/Pa	常在真空环境，真空度高于 1.33×10^{-4}	真空度低，击穿场强也低
常用材料			
壳体或定子 电极 转子		金属、陶瓷（Al_2O_3、BeO 等） 钢、铜、铝、镍等 铝、铍、石英等	

9.1.4 静电轴承的设计与计算

设计步骤大致如下：①选择轴承结构型式及轴承材料；②根据承载能力和刚度要求，确定轴承尺寸和极板总面积；③确定极板数（一般 2～12 极）和轴承间隙，计算初始电参数；④选择电源（交流或直流）决定控制方式；⑤建立转子动力方程，设计控制系统参数；⑥核算承载能力和刚度，如不满足要求需重新确定参数，直至满足为止；⑦进行系统动态分析；⑧进行电子线路设计。

平面型、谐振式回路控制的止推静电轴承的承载能力和刚度计算见表 8-9-3。

9.1.5 应用举例——静电轴承陀螺仪

静电轴承陀螺仪是静电轴承最重要的应用实例，静电轴承陀螺仪结构见图 8-9-2。主要由下列几部分组成。

1）球形转子　有空心薄壁球和实心球两种结构。空心球的典型外径为 50mm 或 38mm，壁厚为 0.4～0.6mm，在赤道处加厚，使极轴成为唯一稳定的惯量主轴。通常采用铍材料制成半球，由真空电子束焊成球形，然后在专用设备上精研，使球度误差小于 0.2μm，表面粗糙度参数 $Ra<0.05\sim0.012\mu$m。实心球的典型外径为 10mm，球度误差小于 0.05μm。

2）壳体与电极　通常采用氧化铝（Al_2O_3）或氧化钡（BaO）陶瓷材料制成密闭球腔，球腔内壁镀上电极，电极有 6 块、8 块和 12 块等几种。电极腔和转子之间隙约为50～100μm。

3）光电角度传感器　用来检测静电陀螺仪壳体相对于自转轴的角度，在极轴方向和赤道上各装一只。

表 8-9-3　**平面型、谐振式支承回路静电轴承的性能计算**

回　路	示　意　图		计　算　公　式
并联谐振	绝缘层 C_2 C_1 h,A h,A L R R L I U,ω	承载能力 /N	$F=\dfrac{3.67\varepsilon_r AU^2(Q^2-Q_0Q+1)\varepsilon}{h_0^2\{[Q+(Q_0-Q)\varepsilon^2]^2+(1-\varepsilon^2)^2\}}\times10^{-12}$ $F=\dfrac{14.68\varepsilon_r AI^2}{h_0^2G_e^2}\times\dfrac{(Q^2-Q_0Q+1)\varepsilon\times10^{-12}}{\{[Q_0-(Q_0-Q)(1-\varepsilon)]^2+(1-\varepsilon)^2\}}\times\dfrac{1}{\{[Q_0-(Q_0-Q)(1-\varepsilon)]^2+(1+\varepsilon)^2\}}$
		刚度 /N·m^{-1}	$K=\dfrac{3.67\varepsilon_r AU^2(Q^2-Q_0Q+1)}{h_0^3(Q^2+1)^2}\times10^{-12}$ $K=\dfrac{14.68\varepsilon_r AI^2(Q^2-Q_0Q+1)}{h_0^3G_e^2(Q^2+1)^2}\times10^{-12}$
串联谐振	绝缘层 C_2 C_1 R h,A h,A R L L I U,ω	承载能力 /N	$F=\dfrac{14.68\varepsilon_r AU^2[(Q_e-Q)^2+1]\varepsilon}{h_0^2\{[Q_0-(Q_0-Q)(1-\varepsilon)]^2+(1-\varepsilon^2)^2\}}\times\dfrac{(Q^2-Q_0Q+1)\varepsilon\times10^{-12}}{\{[Q_0-(Q_0-Q)(1-\varepsilon)]^2+(1-\varepsilon)^2\}}$ $F=\dfrac{3.67\varepsilon_r AI^2(Q^2-Q_0Q+1)\varepsilon\times10^{-12}}{h_0^2G_e^2\{[Q_cQ+(Q_c-Q_0)(Q_0-Q)\varepsilon^2]^2+[Q_c-(Q_c-Q_0)\varepsilon^2]^2\}}$
		刚度 /N·m^{-1}	$K=\dfrac{14.68\varepsilon_r AU^2[(Q_c-Q)^2+1][Q^2-Q_0Q+1]}{h_0^3(Q^2+1)^2}\times10^{-12}$ $K=\dfrac{3.67\varepsilon_r AI^2(Q^2-Q_0Q+1)}{h_0^3G_e^2Q_c^2(Q^2+1)}\times10^{-12}$
备注	$Q_c=\dfrac{\omega(C_0+C_e)}{2G_e}$　$Q_L=\dfrac{1}{2\omega L_eG_e}$　$Q=Q_c-Q_L$　$Q_0=\dfrac{\omega C_0}{2G_e}$ $C_0=8.85\dfrac{\varepsilon_r A}{h_0}\times10^{-12}$　$\omega=2\pi f$ C_0——一个电极在无偏心时的电容，F；ω——角频率，rad/s；f——电源频率，Hz；L_e——等效并联电感，H；G_e——等效并联电导，S；ε——偏心率；h_0——转子无偏心时的间隙，m；ε_r——相对介电常数，对真空 $\varepsilon_r=1$；A——电极面积，m^2；I——电流，A；U——电压，V		

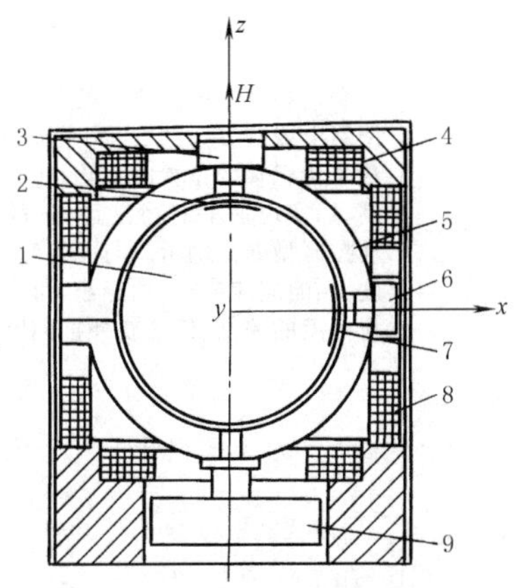

图 8-9-2　静电轴承陀螺仪结构

1—转子；2—顶端刻线；3—顶端光电传感器；4—阻尼线圈；5—陶瓷电极；6—侧向光电传感器；7—侧向刻线；8—旋转线圈；9—钛离子泵

4）钛离子泵　用来吸收球腔内的残余气体分子，以保证静电陀螺仪陶瓷腔体内的真空度不低于 0.133×10^{-3} Pa。

5）旋转线圈和力矩器　在陶瓷壳体外部安装按正六面体分布的三对线圈，它们产生的磁场相互正交。转子自转方向为 z 轴，在 x 轴和 y 轴方向的线圈中通以两相交流电，就会产生一个 z 轴方向的旋转磁场，使转子转动。给 x、y、z 三个线圈分别通以直流电，用三个直流磁场可以控制动量矩向量的运动。

通常，静电陀螺仪的漂移误差为 10^{-6}(°)/h，为其他类型轴承支承的陀螺仪的 1/1000，在失重低温状态下，最精密的静电轴承支承的陀螺仪，预期其漂移误差可小到 10^{-3}(″)/a。

9.2　磁力轴承

磁力轴承是利用磁场力使轴悬浮的轴承，故又称为磁悬浮轴承。它无需任何润滑剂，无机械接触，因而无磨损，功耗也小，约为普通滑动轴承的 1/100～1/10。通过电子控制系统可控制轴的位置，调节轴承的阻尼和刚度，使转子具有良好的动态稳定性能。它能在真空、低温、高温、低速、高速等各种特殊环境下工作。

随着电子控制技术的进步，磁性材料、电子器件、超导技术、微处理机和大规模集成电路，过去因技术复杂、价格昂贵，仅用于特殊场合；现价格下降，应用范围逐步扩大，可靠性不断提高。

9.2.1　磁力轴承的分类与应用

磁力轴承的分类见表 8-9-4。

无源型轴承不可能在空间坐标三个方向上都稳定，至少在一个方向上要采用有源型。有源型磁力轴承的主要特点是具有敏感偏心变化的位置传感器和反馈系统或伺服控制系统，有交流激励型和直流激励型两种。

有源交流激励型磁力轴承的信号反馈方法，通常采用电感-电容电桥电路、电感-电阻电桥电路、差动变压器、求和电阻、相位漂移电路和比较时间滞后效应等。有源交流激励型磁力轴承的控制方式分为脉冲式和时分式两种。两种控制方式都用轴承励磁线圈交替地作为位移传感器和力发生器，不同之处在于：前者是将预定幅值和宽度的恒定脉冲电流馈入线圈，从而产生承载力，脉冲数越多，承载能力越大；后者是改变线圈中直流电流大小，从而产生大小不同的承载力，电流越大，承载能力越大。

有源直流激励型磁力轴承应用较多，其控制方法包括磁通控制、位移控制以及无传感器轴承中所采用的电感控制等，控制手段分数字控制和模拟控制两种，控制策略包括 PID 控制、LQG 控制、H_∞ 控制及 μ 综合、时间延迟控制、模糊控制、自适应控制、滑模控制等。整个闭环系统由传感器、控制器、功率放大器、轴承-转子系统构成。

表 8-9-4　　**磁力轴承的分类**

名称		简图	特点
按控制方式	无源型磁力轴承	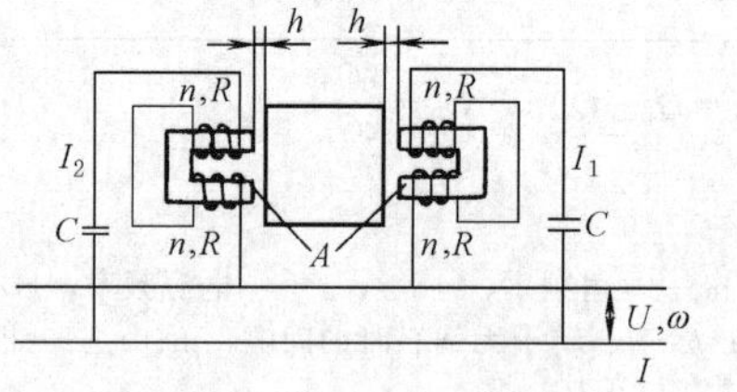	利用调整本身励磁参数的方法，实现轴承的稳定运转，故又称被动稳定型磁力轴承。结构简单，但刚度小，损耗较大
	有源型磁力轴承	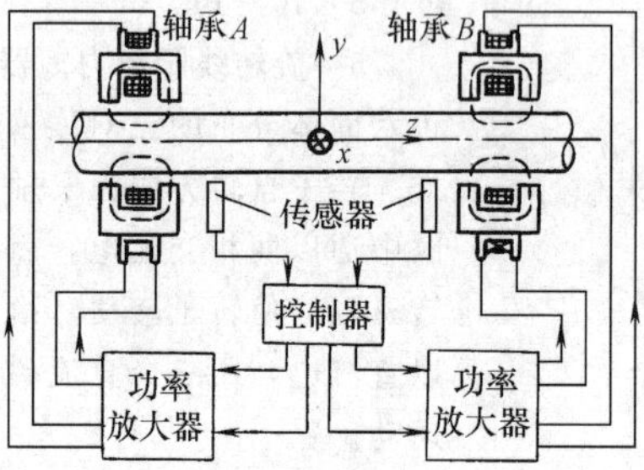	利用各种电的或机械的传感器、桥式网络电或磁参数的变化、光束或其他方法来传感轴的位置的变化，进行伺服控制，以实现轴承的稳定运转，故又称主动控制型磁力轴承。与无源型比较，刚度大、响应速度快、功耗小，可实现 5 个自由度的控制，但需要外控回路
	有源无源混合型磁力轴承	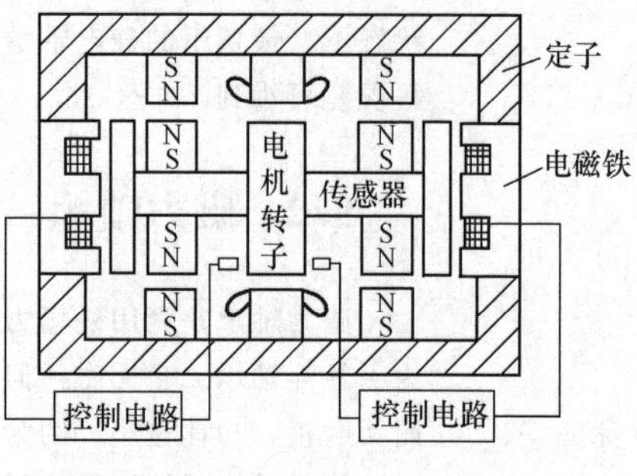	兼有有源型和无源型磁力轴承的特点

续表

名称		简图	特点
按磁能来分	永磁型磁力轴承	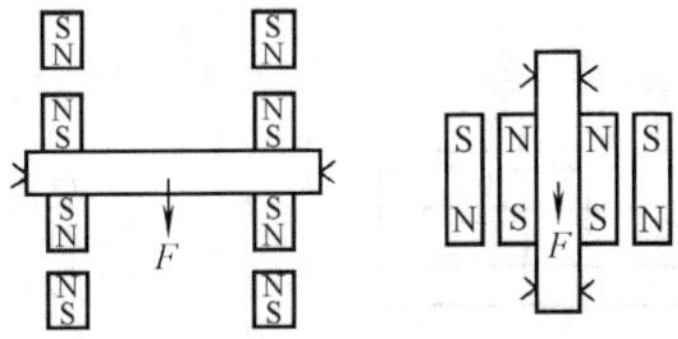	结构简单，无控制系统和调谐电路，功耗小。但刚度小，稳定性差，采用一般的永磁材料有退磁作用，配合不当还会出现反转。大型轴承装配困难
	激励型磁力轴承	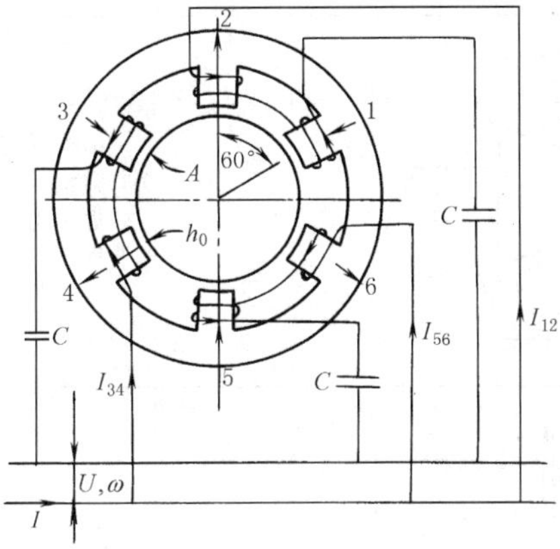	利用电磁铁原理，配有控制系统或调谐电路。结构多样，承载能力和刚度大，稳定性好，应用广泛。但体积大，功耗高
	激励永磁混合型磁力轴承	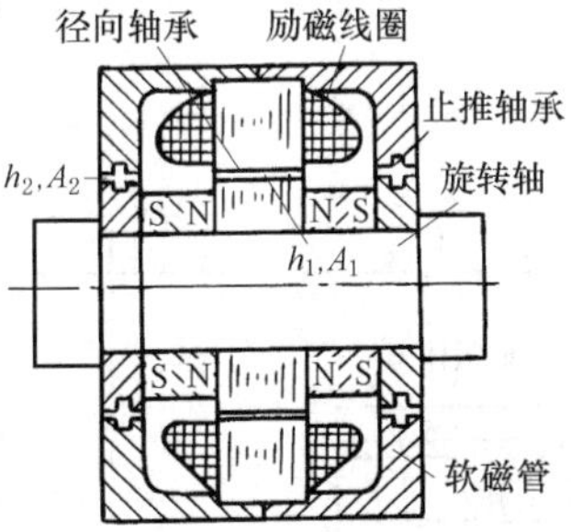 径向轴承 励磁线圈 止推轴承 旋转轴 软磁管 h_2, A_2 h_1, A_1	兼有永磁型和激励型磁力轴承的特点，应用广泛
	超导体型磁力轴承	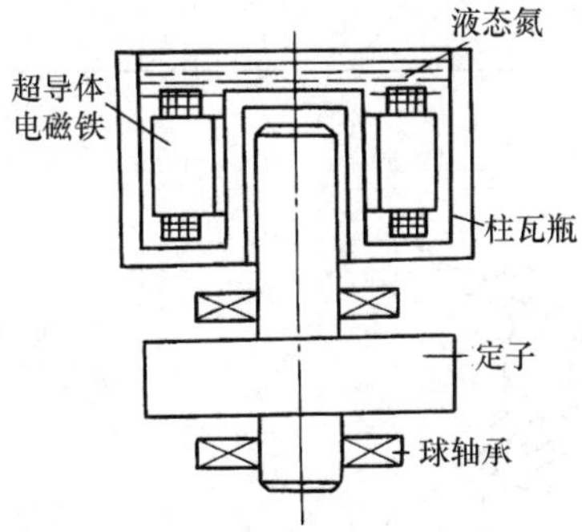 液态氮 超导体电磁铁 柱瓦瓶 定子 球轴承	电磁铁激励线圈为超导体线圈（置于液氮中），可使磁场强度提高十几倍甚至更高，承载能力极高
按结构型式	径向轴承	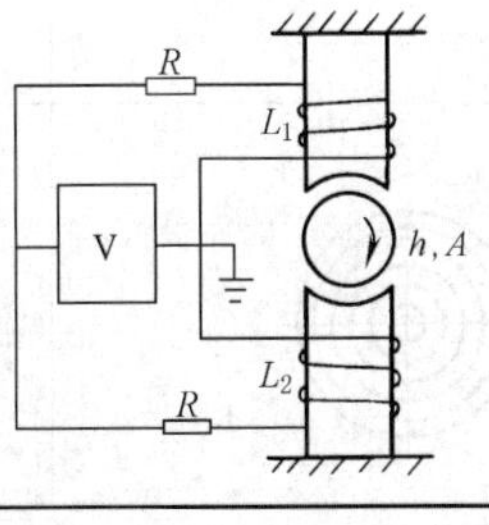	提供径向承载力

续表

名称			简图	特点
按结构型式	止推轴承		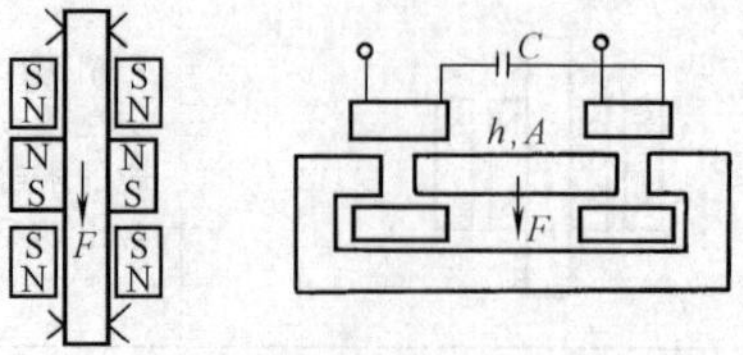 S N / N S / S N / F / C / h,A / F	只能提供轴向承载力
	组合轴承	锥型轴承	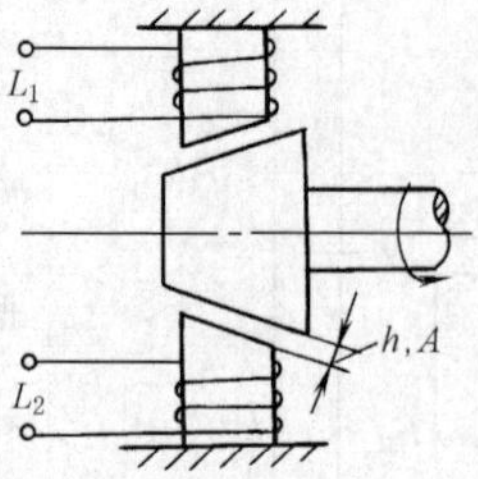 L_1 / L_2 / h,A	结构紧凑，可靠性高。能同时提供径向和轴向承载能力。但轴向和径向位移都相当大时会产生轴向和径向耦合干扰
		T型轴承	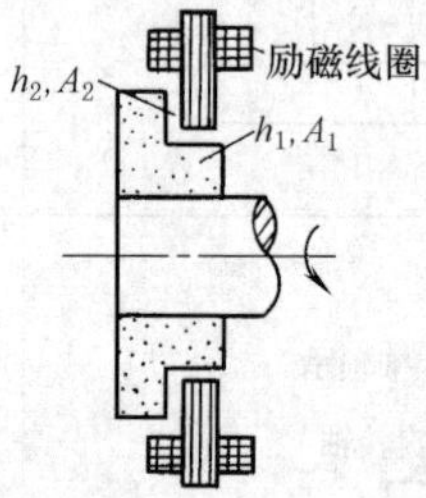 励磁线圈 / h_2,A_2 / h_1,A_1	容易加工，可靠性高，轴向和径向耦合干扰比锥型轴承小。磁通垂直于叠片平面，所以工作频率受到限制
		阶梯型轴承	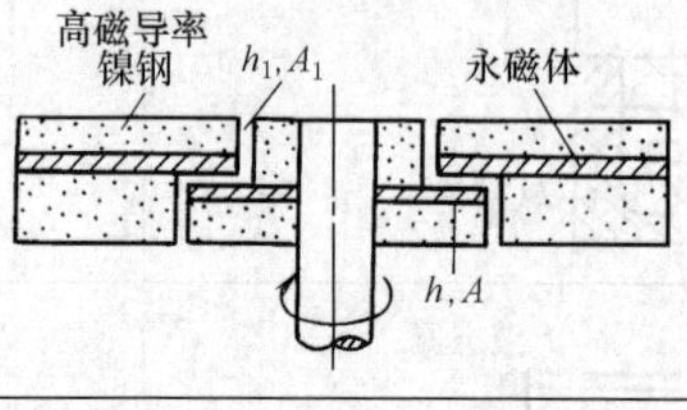 高磁导率镍钢 / h_1,A_1 / 永磁体 / h,A	结构紧凑，工艺性好，可以利用多种磁性材料组合，以适应使用要求
		球型轴承	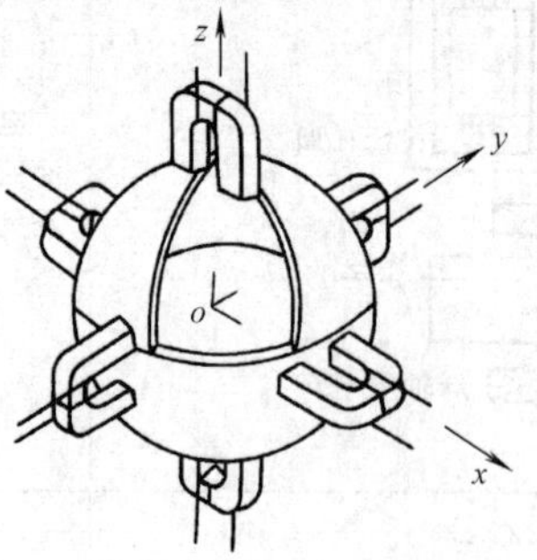 z / y / o / x	可提供三向承载能力，多用于陀螺仪等仪表
		边缘磁场型轴承	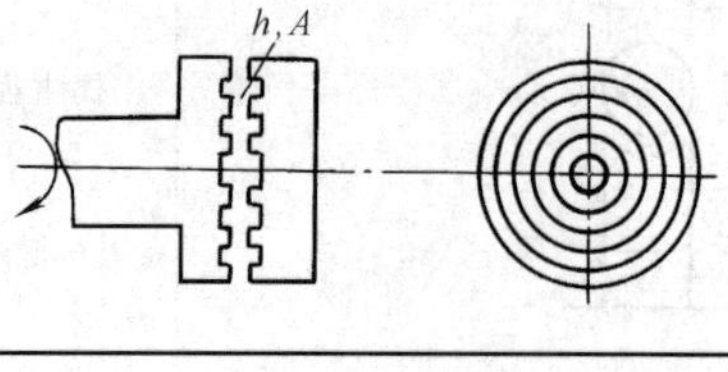 h,A	当轴径向偏移时，齿出现偏移，边缘磁通产生径向力使轴回复原位

磁力轴承主要应用于精密陀螺仪、加速度计、空间飞行器姿态飞轮、密度计、流量计、同步调相机、精密电流稳定器、振动阻尼器、真空泵、功率表、钟表、超高速离心机、金属提纯设备、超高速磨头、精密机床、水轮发电机、大型电动机、发电机、汽轮机、气体压缩机、抽风机等。

9.2.2　磁力轴承的性能计算

永磁型磁力轴承的承载能力和刚度取决于永磁材料的种类，磁极的布置，磁极的面积、形状和厚度，轴承间隙以及软磁钢部分的尺寸。因此要进行理论计算比较困难。最简单的方法是实验相似法，借助几种用实验已测定出承载能力的结构，对相同的材料和结构，只要设计轴承的尺寸和间隙具有和实验轴承同样的比值，则其承载能力与磁铁任一线性尺寸的平方成正比。

任何一种材料和结构的永磁型磁力轴承都有一最大尺寸，在此尺寸上，轴承就不能支承其本身质量。

永磁型径向轴承和止推轴承的承载能力估算公式见表8-9-5。交流激励型磁力轴承的承载能力和刚度估算公式见表8-9-6。直流激励型磁力轴承的承载能力和刚度估算公式见表8-9-7。

表 8-9-5　永磁型轴承的承载能力计算公式

轴承类别	止推轴承	径向轴承
结构示意图	S N N S　ξ=1.0；S N N S / S N N S　ξ=1.7	y, x, A, β, R_1, R_2, $\vec{e}_y$, O, e, α, p, r_2, r_1, O'
承载能力公式	$F=1/16\xi\mu_0\mu_r H_c^2 A\times\left\{1-\dfrac{h/\delta}{[1-(h/\delta)^2]^{\frac{1}{2}}}\right\}^{1.35}$	$F=(1-\xi)\times10^{-7}\int_{R1}^{R2}\int_{r1}^{r2}\int_0^{2\pi}\int_0^{2\pi}\dfrac{(M_1 n)(M_2 n)Rr(r\cos\alpha-e-R\cos\beta)}{[(r\sin\alpha-R\sin\beta)^2+(r\cos\alpha-e-R\cos\beta)^2]^{\frac{3}{2}}}\times dR\,dr\,d\alpha\,d\beta$ $\xi=\dfrac{R_1+R_2+r_1+r_2}{4\sqrt{(R_1+R_2+r_1+r_2)^2+(4\beta)^2}}$
备注	ξ——结构型式系数；H_c——永磁材料的矫顽力，A/m；μ_0——真空磁导率，H/m；$\mu_0=4\pi\times10^{-7}$ H/m；μ_r——相对磁导率；A——轴承面积，m²；h——轴承间隙，m；δ——永磁铁厚度，m	ξ——轴承宽度系数；M_1,M_2——外内磁环材料的磁化强度，A/m；n——磁环介质表面单位外法线矢量；R_1,R_2——外磁环内外半径，m；r_1,r_2——内磁环内外半径，m；α——内磁环中心O'到磁元p的矢径与y轴的夹角；β——外磁环中心O到磁元A的矢径与y轴的夹角；e——偏心距，m

表 8-9-6　交流激励型磁力轴承承载力与刚度公式

轴承类型	径向轴承	双向止推轴承	
		串联调谐	并联调谐
示意图	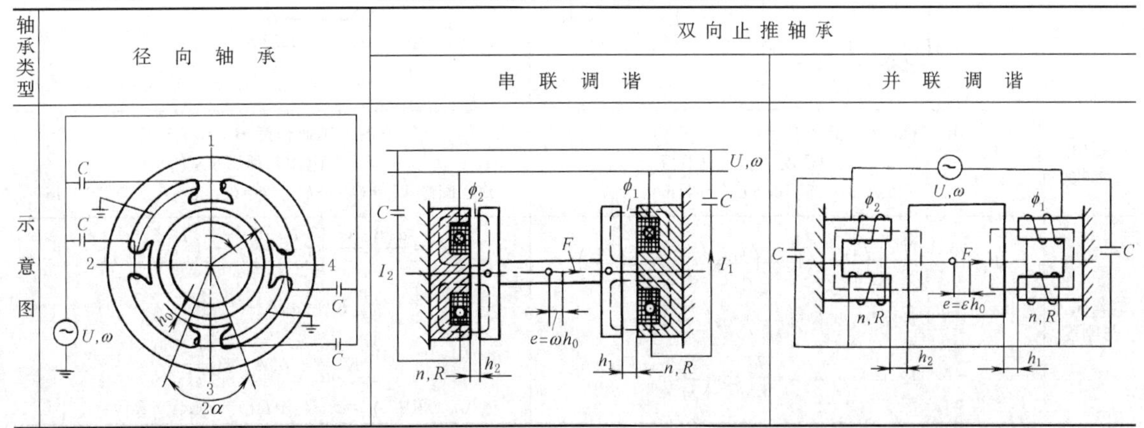		

续表

轴承类型	径向轴承	双向止推轴承	
		串联调谐	并联调谐
荐用参数	气隙磁通密度 $B_a=(0.05\sim0.3)$T 铁芯磁通密度 $B_e\leqslant0.6B_s$T $\dfrac{铁损等值电阻}{线圈直流电阻}=0.8\sim1.2$ 励磁频率 $f>400$Hz $h_0=(0.25\sim0.5)\times10^{-3}$m	品质因数 $Q_0>10$、$Q\approx1$ 气隙最大磁通密度 $B_{am}\leqslant0.8B_s$T，$\dfrac{气隙最大磁阻 R_{am}}{铁芯最大磁阻 R_{cm}}\approx25$ B_s 为饱和磁通密度，T；轴承间隙 $h_0=(h_1+h_2)/2=(0.25\sim0.5)\times10^{-3}$m 励磁频率 $f=400\sim13000$Hz	
承载能力与刚度	$F=4K_mZ^2I^2\mu_0\mu_r\alpha DB\dfrac{Q_0-2}{h_0^3}\varepsilon\times\cos\left(\dfrac{\pi}{m}\right)$ $K=4K_mZ^2I^2\mu_0\mu_r\alpha DB\dfrac{Q_0-2}{h_0^3}\varepsilon\times\cos\left(\dfrac{\pi}{m}\right)$	$F=\dfrac{Z^2I^2\mu_0\mu_rA(Q^2-QQ_0+1)\varepsilon}{4h_0^2\{[Q+(Q_0-Q)\varepsilon^2]^2+(1-\varepsilon^2)^2\}}$ $K=\dfrac{Z^2I^2\mu_0\mu_rA(Q^2-QQ_0+1)}{4h_0^3(Q^2+1)}$	$F=\dfrac{Z^2I^2\mu_0\mu_rA}{h_0^2\omega^2C^2R^2}\times\dfrac{\varepsilon(Q^2-Q_0Q+1)}{[Q_0-(Q_0-1)(1-\varepsilon)]^2+(1-\varepsilon)^2}\times\dfrac{1}{[Q_0-(Q_0-1)(1-\varepsilon)]^2+(1+\varepsilon)}$ $K=\dfrac{Z^2I^2\mu_0\mu_rA(Q_L-Q)^2(Q^2-Q_0Q+1)}{h_0^3(Q^2+1)^2}$
功耗	$2.83IU$	$1.41IU$	
备注	K_m——磁极系数，不超过8级为1；Q_0——品质因数，$Q_0=\dfrac{n^2\mu_0\mu_rA\omega}{(R+R_c)h_0}$；$Q_L$——考虑漏感时线圈品质因数；$Q_c$——电容器品质因数；$Q=Q_L-Q_c$；$m$——磁极数；$\omega$——电源频率，Hz；$R$——线圈直流电阻，Ω；$C$——调谐电容，F；$Z$——线圈匝数；$U$——电压有效值，V；$I$——电流有效值，A；$A$——轴承面积，m²；$\varepsilon$——偏心率；$\mu_0$——真空磁导率，H/m，$\mu_0=4\pi\times10^{-7}$H/m；$\mu_r$——相对磁导率；$\alpha$——极靴包角，rad；$D$——轴承直径，m；$B$——轴承宽度，m		

表 8-9-7　直流激励型磁力轴承的承载能力和刚度估算公式

轴承类型	径向轴承	止推轴承
示意图	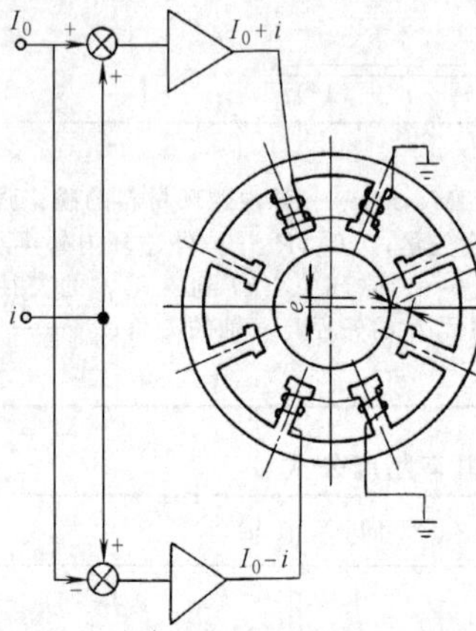	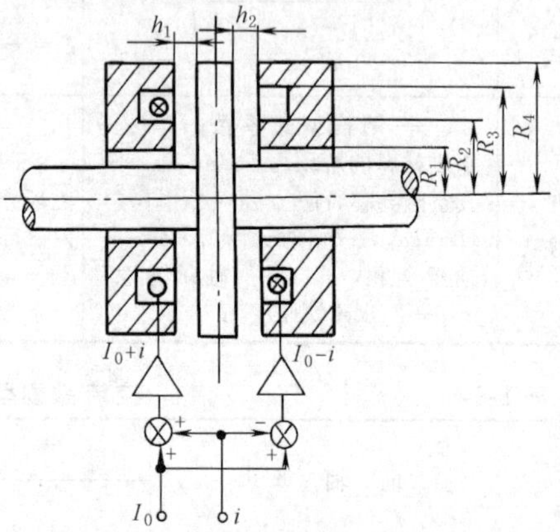
荐用参数	气隙磁通密度 $B_a=0.05\sim0.3$T 铁芯磁通密度 $B_e\leqslant0.6B_s$T $h_0=(0.25\sim0.5)\times10^{-3}$m	气隙最大磁通密度 $B_{am}\leqslant0.8B_s$T B_s 为饱和磁通密度，T； 轴承间隙 $h_0=(h_1+h_2)/2=(0.25\sim0.5)\times10^{-3}$m
承载能力与刚度	$F=\dfrac{\mu_0A_aN^2}{4}\left[\left(\dfrac{I_0-i}{h_0-e}\right)^2-\left(\dfrac{I_0+i}{h_0+e}\right)^2\right]\cos\left(\dfrac{\pi}{m}\right)$ $K_s=\mu_0A_aN^2\left(\dfrac{I_0^2}{h_0^3}\right)\cos\left(\dfrac{\pi}{m}\right)$ $K_{si}=-\mu_0A_aN^2\dfrac{I_0}{h_0^2}\cos\left(\dfrac{\pi}{m}\right)$	$F=\dfrac{\mu_0A_aN^2}{4}\left[\left(\dfrac{I_0-i}{h_0-e}\right)^2-\left(\dfrac{I_0+i}{h_0+e}\right)^2\right]$ $K_s=\mu_0A_aN^2\dfrac{I_0^2}{h_0^3}$ $K_{si}=-\mu_0A_aN^2\dfrac{I_0}{h_0^2}$ 其中 $A_a=\pi(R_2^2-R_1^2)=\pi(R_4^2-R_3^2)$

续表

轴承类型	径 向 轴 承	止 推 轴 承
功耗	I_0U	I_0U
备注	m——磁极数；N——线圈匝数；U——电压有效值，V；I_0——直流偏磁，A；A_a——磁路有效截面积，m^2；e——位移，m；μ_0——真空磁导率，H/m，$\mu_0=4\pi\times10^{-7}$H/m；h_0——转子处于中间位置时的间隙，m；K_s——位移刚度系数，$N\cdot m^{-1}$；K_{si}——电流刚度系数，$N\cdot A^{-1}$；i——由于转子位移引起的控制电流，A	

9.2.3 磁力轴承的材料

表 8-9-8 磁力轴承常用材料

材料类别	永 磁 材 料	软 磁 材 料	超 导 材 料
名称	铁氧体 铝镍钴合金 稀土钴 钕铁硼合金	高硅合金 硅镍铁合金 镍铁合金 坡莫合金 铁铝合金 软磁铁氧体	钡镧铜氧系列 钇钡铜氧系列 铋锶钙铜氧系列 铊钡钙铜氧系列
性能要求	磁能积高 抗去磁性好 温度稳定性好 磁性能稳定 可加工性好	磁导率高 铁损耗低 磁对形变不敏感 力学稳定性好 可加工性好	临界温度高

表 8-9-9 永磁材料性能

材料名称	代号	磁性能			密度 ρ /$g\cdot cm^{-3}$	剩磁温度系数/$℃^{-1}$	特 性
		剩余磁感应强度 B_r/T	矫顽力 H_c /$kA\cdot m^{-1}$	磁能积 $(BH)_{max}$/$kJ\cdot m^{-3}$			
铁氧体	H10	≥0.2	127～159	6.4～9.5	4.5～4.8	约 0.18%	各项同性
	H35	0.38～0.42	159～215	26～29	4.0～5.2	约 0.18%	各项异性
铝镍钴合金	AlNiCo5	1.14～1.20	44.6～46.2	35～39.8	7.4	—	各项同性
	AlNiCo8	0.75～1.10	95.5～107	31.8～71.6	7.4	—	各项异性
稀土钴	XH40	0.35～0.45	199～318	23.9～39.8	7.8～8.4	约 0.04%	—
	XH100	0.55～0.80	279～557	59.7～99.5	7.8～8.4	约 0.04%	—
	XH150	0.75～0.90	358～537	99.5～139	7.8～8.4	约 0.04%	—
	XH200	0.85～1.00	477～716	139～179	7.8～8.4	约 0.04%	—
钕铁硼合金	—	1.00～1.25	577～916	191～287	—	约 0.12%	—

第10章　智能轴承

智能轴承是一种集成轴承、传感器、信号处理和控制系统的新型装置。智能轴承可以利用传感器探测到的位移、速度、力、振动和温度等信号，通过信号处理模块对轴承或转子的运行状态进行实时监测，并根据探测信号经过控制系统的判断与决策，进而调节轴承参数，改变轴承或转子运行状态，使其趋于理想状态。

10.1　智能轴承的分类

智能轴承从摩擦的基本性质上可以分为滚动轴承领域的智能轴承和滑动轴承领域的智能轴承。在滑动轴承领域所提出的具有主动控制功能的状态可调、行为可控智能轴承，按照控制对象的不同，分为几何形状可变轴承、主动润滑可倾瓦轴承和支撑结构可变轴承；按照控制方式的不同，分为机电系统控制的智能轴承、液压系统控制的智能轴承、应用新材料（特殊材料）控制的智能轴承以及主动磁轴承。

10.2　滚动智能轴承

滚动轴承领域所提出的智能轴承，其本质是将微型传感器集成到传统滚动轴承之中，对轴承运行状态进行实时在线监测和故障诊断。智能轴承系统组成主要包括四大部分：经过改进的传统滚动轴承；微型传感器；信号传输模块；信号处理与故障诊断分析模块。微型传感器探测经过改进的轴承在运行过程中的振动、温度、速度以及力等信号，通过信号传输模块，将信号发送到信号处理和故障诊断模块。滚动轴承领域的智能轴承提出意义在于，实时在线监测轴承的运行状态，在轴承出现故障的前期进行报警，以防止因轴承故障或失效而引起重大事故。

通常滚动轴承和传感器的集成方式分为两种：外挂式和内嵌式。外挂式是指传感器附在轴承外而不破坏轴承形态，如图 8-10-1 所示。内嵌式是指传感器嵌入集成到滚动轴承内，如内、外圈，滚动体以及保持架，如图 8-10-2 所示。

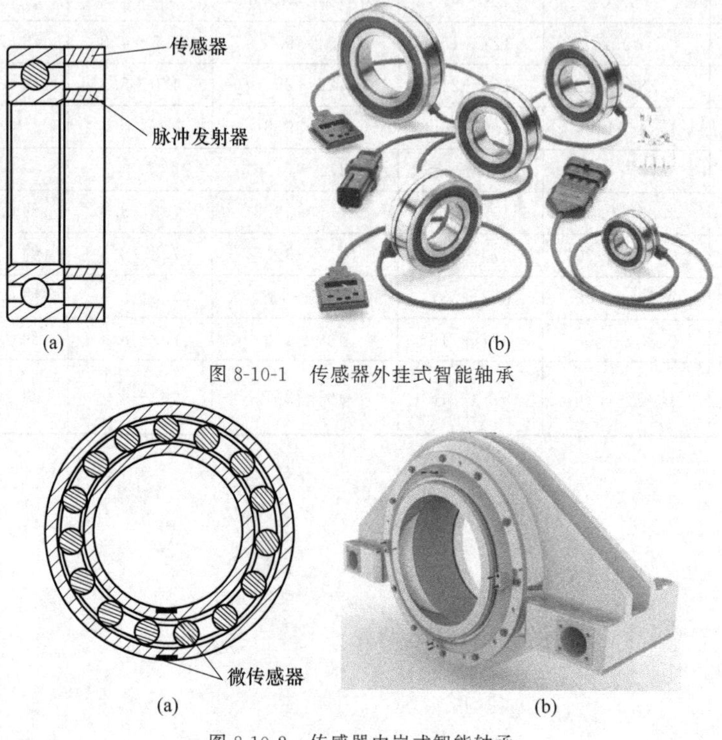

图 8-10-1　传感器外挂式智能轴承

图 8-10-2　传感器内嵌式智能轴承

10.3　滑动智能轴承

滑动轴承领域所提出的智能轴承是一种具有主动控制功能的状态可调、行为可控的滑动轴承，其可根据不同工况自主改变轴承润滑状态和转子的振动状态以适应不同工况的变化。智能轴承系统组成主要包括四大部分：状态可调滑动轴承，传感器，控制器和执行机构。传感器探测轴承或转子的信号，如位移、速度、力、振动以及温度等；控制器对探测到的信号进行信号处理和判断决策；执行器收到控制器的动作信号后调整滑动轴承状态，从而改变轴承或转子的运行状态。

10.3.1　几何形状可变轴承

几何形状可变轴承通过控制油膜间隙的几何形状，一方面可以控制油膜力的大小和施加在轴径的预负荷，从而控制轴径旋转的精度和轴心轨迹形状；另一方面油膜间隙的主动调节可以控制油膜的刚度和阻尼，进而控制转子的振动状态。几何形状可变的智能轴承的主要形式可分为径向轴承和推力轴承两种。径向智能轴承主要结构类型为：状态可调椭圆轴承、压电陶瓷驱动的智能椭圆轴承、状态可调错位轴承、支点可变可倾瓦轴承、柔性轴套轴承、可控径向油膜轴承和几何形状可变轴承等。

10.3.1.1　状态可调椭圆轴承

状态可调椭圆轴承主要由一个可以绕转轴旋转的可移动轴瓦和一个固定轴瓦构成，如图 8-10-3 所示。可移动轴瓦通过调节绕转轴的旋转角度，从而改变油膜间隙的大小和形状。状态可调椭圆轴承所使用的传感器为电涡流位移传感器，两个传感器呈相对 90°安装在轴径附近，以探测轴径或主轴的振幅。状态可调椭圆轴承的执行器为伺服电机带动丝杠旋转，丝杠驱动楔形块横向移动，楔形块通过斜面与可移动轴瓦配合从而推动可移动轴瓦绕转轴旋转。

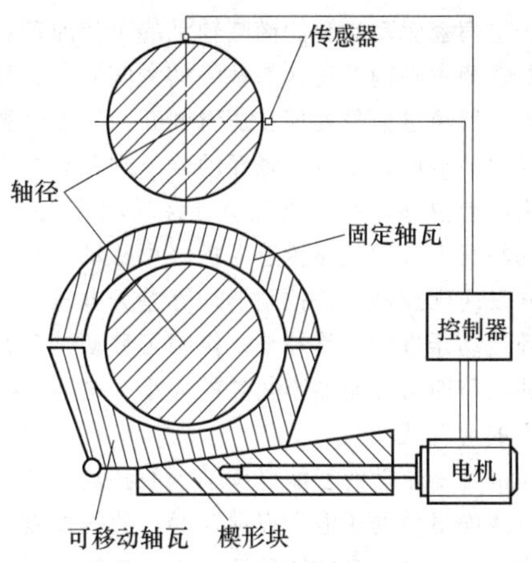

图 8-10-3　状态可调椭圆轴承

状态可调椭圆轴承的工作原理：位移传感器探测轴径的位移信号并发送给控制器；控制器通过信号处理给伺服电机发出控制电流；伺服电机驱动楔形块平移从而推动可移动轴瓦旋转；可移动轴瓦的旋转改变了轴承油膜间隙进而改变了轴心轨迹和转子振幅。

状态可调椭圆轴承的特点：可移动轴瓦绕转轴转动时，油膜间隙的大小和楔形油膜间隙的形状均有变化。伺服电机驱动楔形块的控制方式更加注重于轴径的旋转精度和轴承转子系统长期运转的稳定性，而不是转子振动的实时控制。

10.3.1.2　压电陶瓷驱动的智能椭圆轴承

压电陶瓷驱动的智能椭圆轴承主要由一个可在竖直方向平移的可移动轴瓦和一个固定轴瓦构成，如图 8-10-4 所示。可移动轴瓦通过调节竖直方向的位移而改变椭圆轴承的顶隙。压电陶瓷驱动的智能椭圆轴承在轴径附近呈 90°安装两个灵敏度很高的电容传感器，以探测轴径和转子的振动。电涡流位移传感器安装于可移动轴瓦下方，用以探测可移动轴瓦在竖直方向的位移。调节可移动轴瓦位移量的执行器为响应速度快、出力大的压电陶瓷促动器。

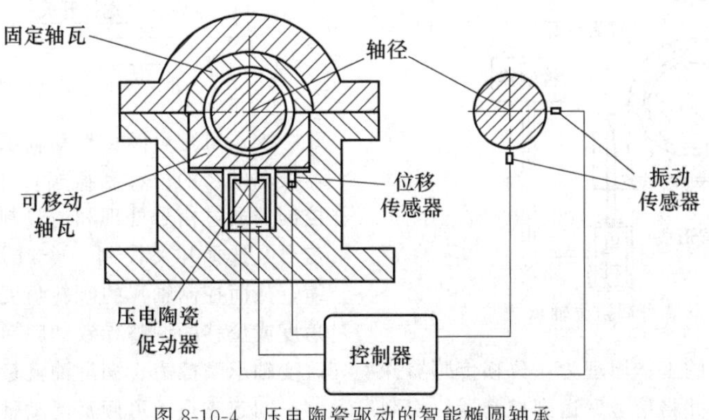

图 8-10-4　压电陶瓷驱动的智能椭圆轴承

压电陶瓷驱动的智能椭圆轴承的工作原理：振动传感器探测主轴的振动状态并将信号实时发送到控制器；控制器经过信号处理和逻辑判断为压电陶瓷促动器发送驱动电压；压电陶瓷促动器收到驱动电压信号后做出响应位移，推动或拉动可移动轴瓦上下移动；可移动轴瓦下方的位移传感器探测可移动轴瓦的位移信号并发送到控制器；控制器计算差分电压并驱动压电陶瓷促动器进行位移补偿；控制可移动轴瓦在竖直方向的位移即可控制油膜间隙的大小，进而控制轴径和转子的运行状态。

压电陶瓷驱动的智能椭圆轴承的特点：选择执行器响应速度更快的压电陶瓷促动器，使得控制系统可以实现实时控制。在主轴转速低于临界转速时，对智能轴承的实时控制可以应对各种时变工况，如载荷阶跃、不平衡载荷以及瞬态冲击；在主轴运行在临界转速附近时，智能可以调节油膜刚度阻尼以达到减振的目的；在轴承转子系统发生共振时，智能轴承对主轴施加反共振激励，从而控制转子振幅。

10.3.1.3 状态可调错位轴承

状态可调错位轴承主要由一个可在水平方向平移的可移动轴瓦和一个固定瓦构成，如图 8-10-5 所示。可移动轴瓦可以在水平方向平移，而改变错位轴承横向的油膜间隙大小和楔形油膜形状。状态可调错位轴承所使用的传感器为电涡流位移传感器，两个传感器呈相对 90°安装在轴径附近，以探测轴径或主轴的振幅。状态可调错位轴承的执行器为伺服电机带动丝杠旋转，丝杠驱动楔形块移动，楔形块通过斜面与可移动轴瓦配合从而推动可移动轴瓦在横向平移。复位弹簧为可移动轴瓦施加预载荷，在伺服电机驱动楔形块向下移动时，复位弹簧可以使可移动轴瓦回到初始位置。

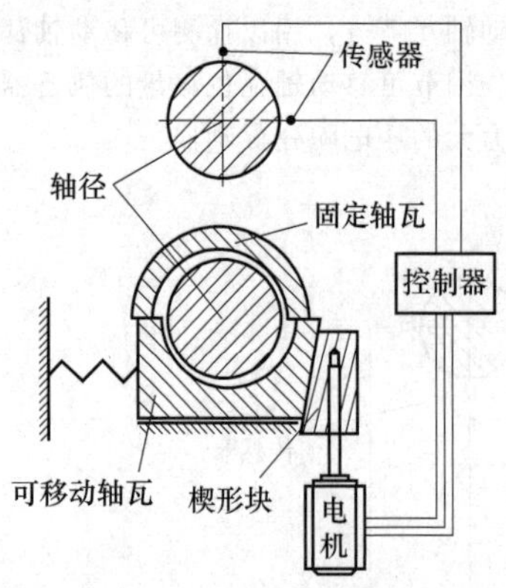

图 8-10-5 状态可调错位轴承

状态可调错位轴承的工作原理为：位移传感器探测轴径的位移和振幅，并将信号发送到控制器；控制器通过信号处理给伺服电机发出控制电流；伺服电机驱动楔形块移动从而推动可移动轴瓦平移；可移动轴瓦的移动改变了轴承油膜间隙，进而改变了轴心轨迹和转子振幅。

状态可调椭圆轴承的特点：可移动轴瓦平移时，油膜间隙的大小和楔形油膜间隙的形状均有变化。油膜间隙可调的错位瓦轴承在控制轴径和转子的横向振动方面效果突出，在载荷变化的时变工况下，在抑制转子振动方面，状态可调错位轴承比状态可调椭圆轴承更有优势。

10.3.1.4 支点可变可倾瓦轴承

支点可变可倾瓦滑动轴承由支点可变的径向可倾瓦块、支撑单元和轴承壳体组成。每一个轴瓦在一组支点的作用下，通过选择不同的支点不但轴瓦可调角度范围增大，轴瓦在径向的位移也可通过多支点控制。支点可变可倾瓦轴承所使用的传感器为电涡流位移传感器，两个传感器呈相对 90°安装在轴径附近，以探测轴径或主轴的振幅。支点可变可倾瓦轴承的执行器为四组压电陶瓷致动器，每组五个。选择开关根据控制器发出的信号控制每组压电陶瓷致动器中的一个或某几个动作。如图 8-10-6 所示。

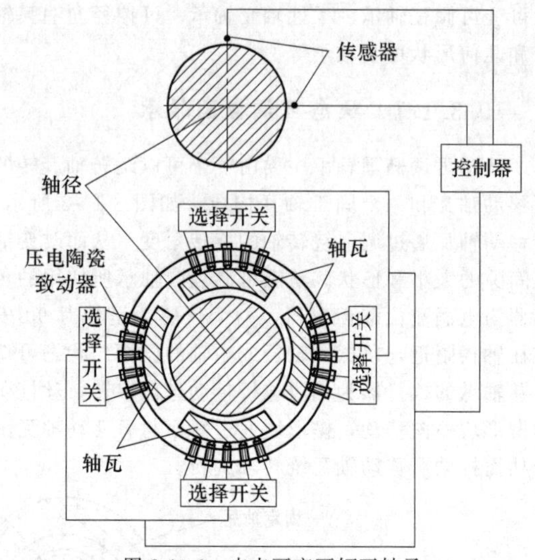

图 8-10-6 支点可变可倾瓦轴承

支点可变可倾瓦滑动轴承的工作原理：位移传感器探测轴径的位移和振幅，并将信号发送到控制器；控制器通过信号处理和逻辑判断给选择开关发出控制信号；选择开关控制一个或几个压电陶瓷致动器伸缩，从而控制轴瓦的倾斜角度或径向位移；由于轴瓦角度或位移的调整导致油膜形状和大小的变化，进而改变轴承摩擦力、润滑油流量以及油膜动力学参数。

固定支点的可倾瓦滑动轴承本身对工况的变化具

有一定的适应能力，但受限于瓦块倾斜角度的限制，油膜间隙的可调范围有限，其适应能力有限。而支点可变可倾瓦轴承不仅增大了轴瓦倾斜的角度，还可通过各个支点的联合作用调节轴瓦径向位置，使楔形油膜间隙的角度和厚度均可调可控。通过改变可倾瓦块支点的分布情况及可倾瓦块的径向位置，达到改善减小轴承摩擦功耗、降低温升、控制振动的目的，从而可以实时调整径向可倾瓦滑动轴承的工作状态以适应不同工况的工作要求。

10.3.1.5　液压控制柔性轴瓦轴承

液压控制的可变形柔性轴瓦轴承主要由柔性轴瓦、液压油腔和阻尼孔组成的可控部分，油膜和油腔由挠性板与柔性密封隔离，压力可调的油液经阻尼孔进入液压油腔。轴颈与柔性轴瓦的平衡位置取决于负载和液压油腔工作压力，当油压改变时，挠性板将发生变形，由于轴承的动态特性取决于油膜的几何形状和厚度，因此调节油压将达到转子系统振动控制的目的。挠性板在平衡点附近的振动导致油液经阻尼孔流动，该流体的阻尼作用将对轴承的动特性产生影响。液压控制柔性轴瓦轴承使用四个电涡流传感器，分别在水平和竖直方向上个安装两个，以探测轴径的振幅。液压控制柔性轴瓦轴承的执行器为液压泵、伺服阀、液压油腔以及可变形柔性轴瓦。

液压控制柔性轴瓦轴承的工作原理：柔性轴瓦的变形量由液压油腔的压力控制；液压油腔的压力由系统的伺服阀（图 8-10-7）控制；通过油腔压力的调节，

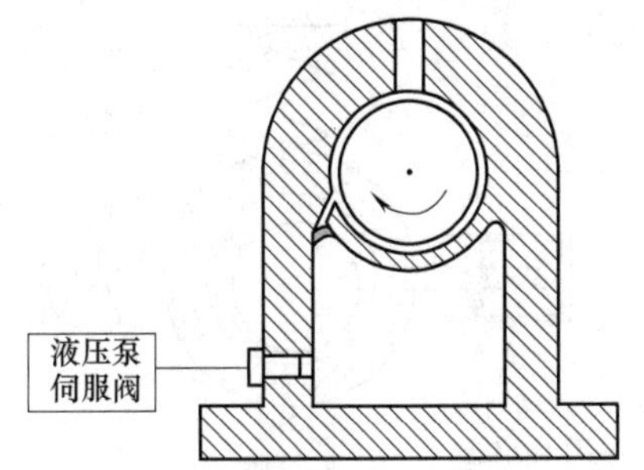

图 8-10-7　液压控制系统柔性轴瓦轴承

可以控制可变性轴瓦的变形量；进而改变油膜的形状和厚度，在不停机的情况下控制转子系统的动力学特性。由于伺服阀可以动态调节液压油腔的压力，因此，主动轴颈轴承可以通过油膜向转子传递动态控制力，通过开环方式或反馈方法控制转子的强迫振动。如图 8-10-8 所示。

液压控制柔性轴瓦轴承通过调整合适的液压油腔压力，可以改善转子系统的稳定性。但液压系统控制的可变形轴瓦的响应速度较慢，在面对时变工况时可能效果不佳。

10.3.1.6　可控径向油膜轴承

可控径向油膜轴承主要由两个超磁致伸缩器和两个复位弹簧共同作用在一个可移动的圆轴承轴瓦上所构成，如图 8-10-9 所示。其中一个超磁致伸缩器和一个复位弹簧作用在圆轴承的水平方向；另一个超磁致伸缩器和复位弹簧作用在圆轴承的竖直方向。弹簧一直处于压缩状态，一方面给超磁致伸缩器提供预载

第8篇

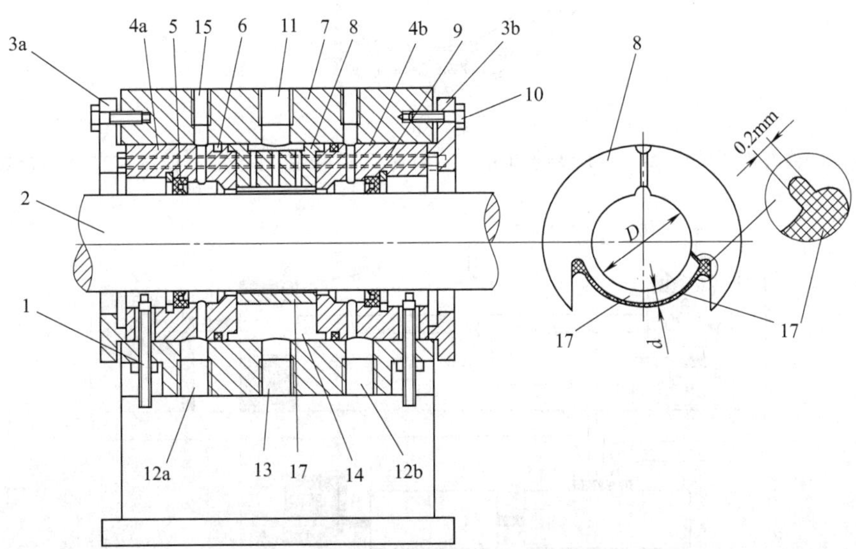

图 8-10-8　液压控制柔性轴瓦轴承结构图

1—电涡流传感器；2—轴径；3—法兰；4—轴瓦；5—唇密封；6—O 形密封圈；7—外壳；8—轴瓦；9，10—螺栓；11—进油口；12—出油口；13—高压油腔入口；14—高压油腔；15—气道；16—柔性密封胶；17—可变形轴套

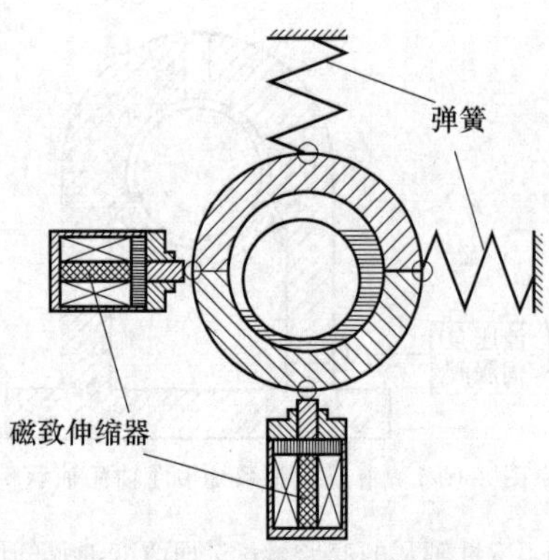

图 8-10-9 可控径向油膜轴承

荷，另一方面保证轴瓦与超磁致伸缩器在转子振动时不发生分离。

可控径向油膜轴的工作原理：位移传感器探测轴径在水平方向和竖直方向的轴心位移；控制器为超磁致伸缩器发送与主轴旋转频率相同频率的电流；在超磁致伸缩器的作用下，圆轴承的轴瓦与主轴产生相对位移，从而改变的油膜的形状和预负荷的方向；油膜力的变化起到调整转子位置及抑制转子振动的功能。

可控油膜轴承具有很强的定心能力和调心能力，而且能够有效地抑制转子振动，提高系统的稳定性。

10.3.1.7 几何形状可变轴承

几何形状可变滑动轴承主要由上半轴瓦、下半轴瓦、可移动轴瓦、弹簧以及油腔阻尼器等构成，其原理图和实物图分别如图 8-10-10 和图 8-10-11 所示。当油膜力超过某一特定值时，轴承的可移动轴瓦向下产生一定的位移从而产生附加油膜，在不连续弹簧特性和阻尼器的作用下，对轴径的振动产生抑制作用。几何形状可变轴承的主要目的在于，当转速接近临界转速时改变系统的有效阻尼和刚度。这一原理的重要特点是，有效的系统刚度和阻尼的变化是由一个附加的油膜区域造成的，并不是简单地由外部刚度和阻尼变化造成的。

几何形状可变滑动轴承的工作原理：电机驱动转子加速或减速通过共振频率时，由于转子的振动增大导致油膜力增大；当油膜力达到某一设定值时，附加油腔打开，可移动轴瓦向下移动，阻尼器也同时工作；在附加油膜刚度、阻尼以及液压油腔阻尼器的作

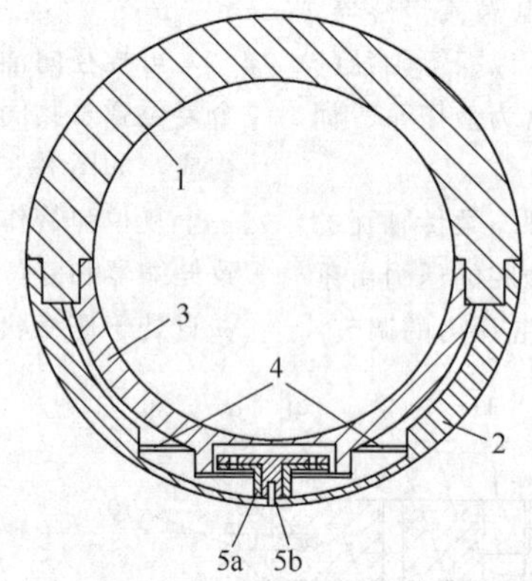

1—上半环；2—下半环；3—可移动轴承部分；4—弹簧；5a—阻尼器固定部分；5b—阻尼器可动部分

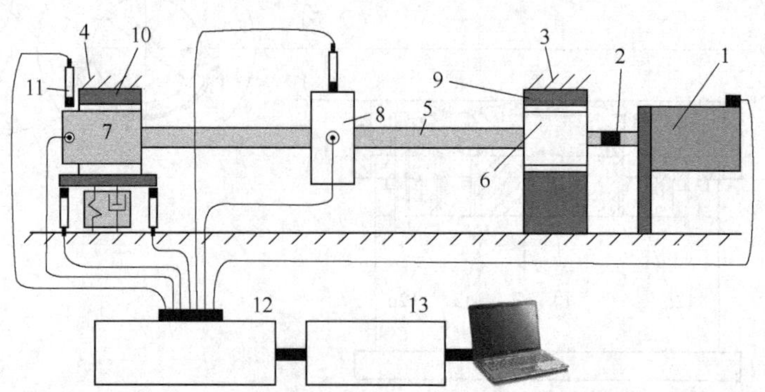

1—交流电机；2—联轴器；3,4—轴承盖；5—主轴；6,7—轴径；8—圆盘；9—常规油膜轴承；
10—几何形状可调轴承；11—位移传感器（6个）；12—信号变送器；13—AD转换器

图 8-10-10 几何形状可变轴承

图 8-10-11　几何形状可变滑动轴承实物图

1—轴承座；2—可移动轴瓦部分；3—传感器测量板；4—刚度、阻尼调节旋钮

用下，转子在第一临界转速的振幅将被抑制。在几何形状可变滑动轴承中，位移传感器一共使用 6 个，其中 2 个位移传感器测量质量盘在水平、竖直方向的位移，2 个位移传感器测量轴径在水平、竖直方向的位移，2 个位移传感器测量可移动轴瓦的位移。在几何形状可变滑动轴承中并没有控制器和执行器，可移动轴瓦的移动依赖于设定的油膜力临界值和弹簧刚度的大小。

几何形状可变滑动轴承仅在转子通过第一临界转速时产生作用。通过调节可移动轴瓦的附加支撑刚度和阻尼，在转子过第一临界转速时对振幅的抑制和传统滑动轴承相比高达到 60%～70%。该轴承在不损失轴承承载能力且转子轴向不增加附加装置的前提下，对转子振动的抑制效果良好。

10.3.1.8　轴向止推智能轴承

轴向止推智能轴承主要由可移动推力瓦、推力盘、超磁致伸缩器、控制系统以及温度传感器构成，如图 8-10-12 所示。每一个推力瓦块分别支撑在一个超磁致伸缩器的顶端，超磁致伸缩器固定于底座上。每个推力瓦块上安装一个温度传感器，所有温度传感器的输出温度信号接入一个控制器。控制器通过信号处理对各个超磁致伸缩器输出控制电流，使超磁致伸缩器做出伸缩位移，从而调整各个推力瓦块与推力盘之间的间隙。

轴向止推智能轴承的工作原理：安装于各个推力瓦块的温度传感器探测各承载瓦块的温度；控制器接受各个温度传感器的信号后进行对比，并确定哪一个瓦块温度较高，说明该瓦块受载荷较大；控制器为相应的超磁致伸缩器发出控制电流，以增大温度较高瓦块与推力盘之间的间隙。

轴向止推智能轴承使用超磁致伸缩器为执行器，在线自动调整各个推力瓦块和推力盘之间的油膜间隙，可以防止推力轴承发生偏载，实现各个推力瓦的温度均匀分布。

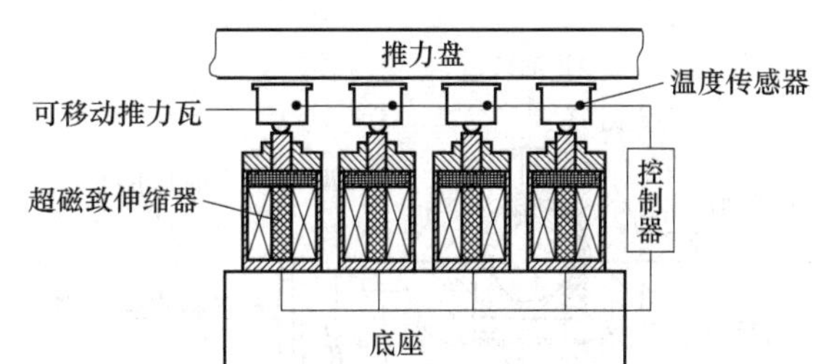

图 8-10-12　轴向止推智能轴承

10.3.2　支撑结构可变轴承

支撑结构可变轴承为多支承系统，其主要由两个固定瓦轴承和一个状态可调轴承构成。支撑结构可变轴承系统中所使用的传感器为两个电容式位移传感器，两个传感器分别测量转子在竖直方向和水平方向的振动。支撑结构可变轴承系统中所使用的执行器为压电陶瓷致动器。如图 8-10-13 所示。

支撑结构可变轴承的工作原理：通过传感器探测轴径和转子的运动状态；控制器通过信号处理给压电陶瓷致动器发送控制电流；压电陶瓷致动器根据控制电流改变伸缩位移；可调轴承通过位移的变化，改变油膜间隙；通过控制油膜间隙来调整可调轴承位置施加在转子上的载荷的大小和方向，改变转子在各个支撑位置的预负荷，从而控制转子的振动状态。

支撑结构可变轴承的三轴承支承系统，通过压电陶瓷致动器调节轴承位置，重新分配转子系统中各个轴承的预负荷，可以实现对高速旋转机械稳定性的实时控制。

10.3.3　机电系统控制的智能轴承

机电系统控制的智能轴承是用机械机构或电气系统来控制可调轴承的工作状态，如图 8-10-14 所示。

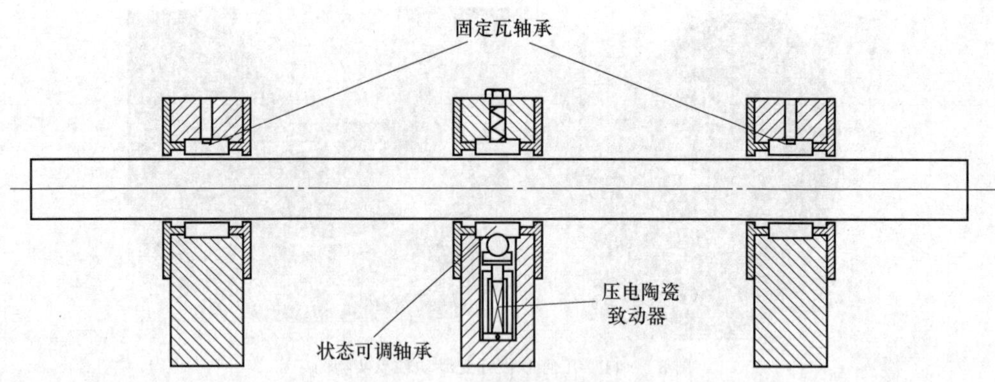

图 8-10-13 支撑结构可变轴承

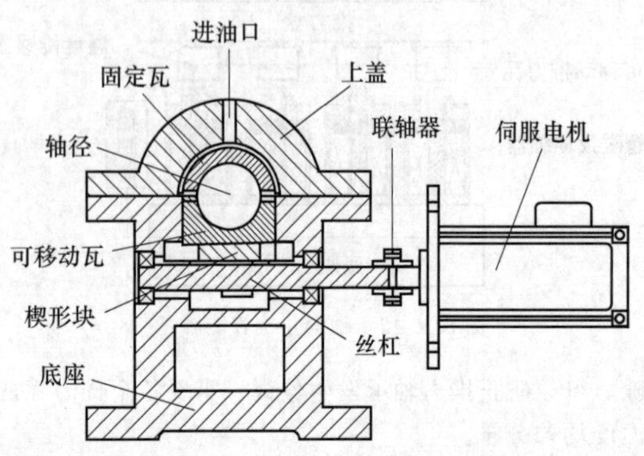

图 8-10-14 机电系统控制的智能轴承

如图 8-10-15 所示，为一种机电系统控制的状态可调椭圆轴承，其执行器或执行系统的工作原理：伺服电机通过联轴器驱动丝杠旋转；丝杠带动楔形块平移；楔形块通过斜面配合与轴承可移动瓦贴合，楔形块的平移推动可移动瓦产生竖直方向的位移；可移动瓦产生的位移使轴承油膜间隙发生变化，从而达到控制轴心位移和转子振动的目的。

前述所提到的状态可调椭圆轴承、状态可调错位轴承以及几何形状可变轴承均是机电系统控制的智能轴承。

10.3.4 液压系统控制的智能轴承

10.3.4.1 主动润滑可倾瓦轴承（以液压系统作为轴承润滑系统）

主动润滑可倾瓦轴承主要由带有液压油腔和小孔节流的可倾瓦块和电液伺服系统构成，如图 8-10-16 所示。主动润滑可倾瓦轴承本质上是一种动静压混合润滑的油膜轴承，通过闭环电液伺服系统控制可倾瓦块与轴径间润滑油的压力和流量，从而改变可倾瓦轴承瓦块上的油膜力的分布情况，抑制转子振动。主动润滑可倾瓦轴承系统中所使用的传感器为加速度传感器，执行器为电液伺服阀。

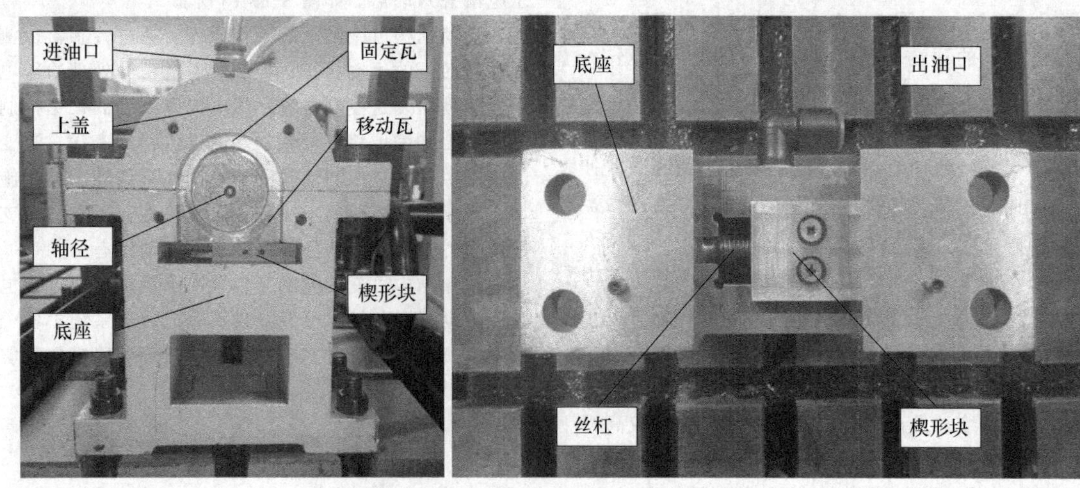

图 8-10-15 椭圆度可调智能轴承实物图

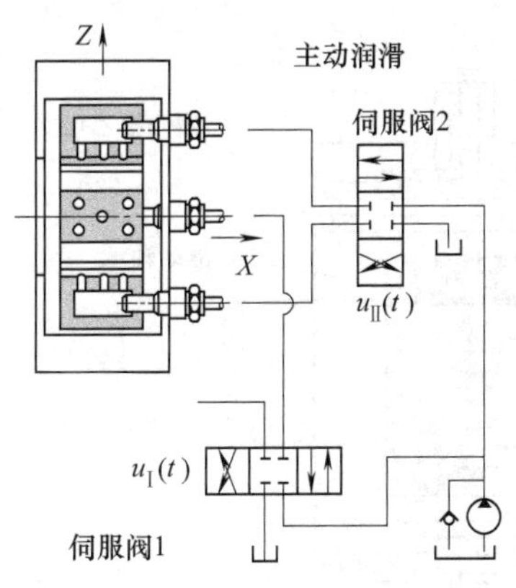

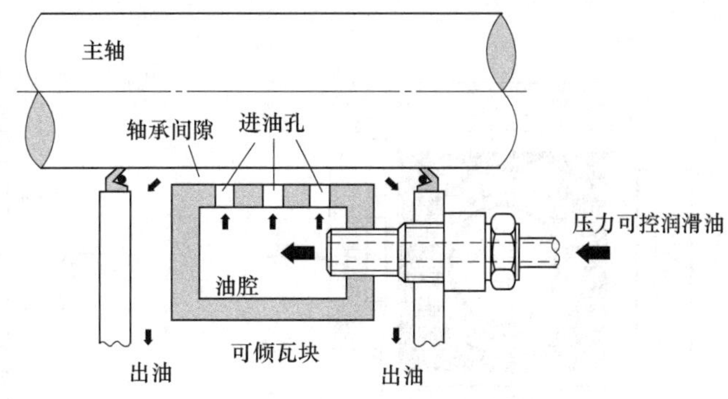

图 8-10-16　主动润滑可倾瓦轴承

主动润滑可倾瓦轴承的工作原理为：传感器探测轴径和转子的振动状态；控制器尽心信号处理并为电液伺服阀发出控制信号；电液伺服阀根据控制信号，控制射入可倾瓦油腔的润滑剂压力和流量；可控压力和流量的润滑剂通过小孔流入轴承油膜间隙形成润滑油膜；润滑油膜压力和流量的变化引起轴承转子系统振动状态的变化。如图 8-10-17 所示。

图 8-10-17　主动润滑可倾瓦轴承实物图
1，2—位移传感器；3—加速度传感器；4，5—伺服阀；6—进油口；7—油槽；8，9—高压油路

研究结果表明，主动润滑可倾瓦轴承在电液伺服控制系统下，可以控制轴承旋转精度，有效抑制轴承-转子系统的振动，提高系统稳定性，拓宽系统稳定工作的频率范围。

10.3.4.2　可控挤压油膜阻尼轴承（以液压系统作为控制执行器或执行机构）

可控挤压油膜阻尼轴承主要由椎体、可移动油膜外环以及高（低）压油腔构成，如图 8-10-18 所示。通过电液伺服阀控制高（低）压油腔产生压差，推动油膜外环沿轴向移动。油膜外环的移动改变了油膜厚度，从而影响转子系统的稳定性。可控挤压油膜阻尼轴承使用两个电涡流位移传感器，分别测量主轴的径向和轴向振动。可控挤压油膜阻尼轴承的执行器为液压泵和电液伺服阀控制的可移动油膜外环。

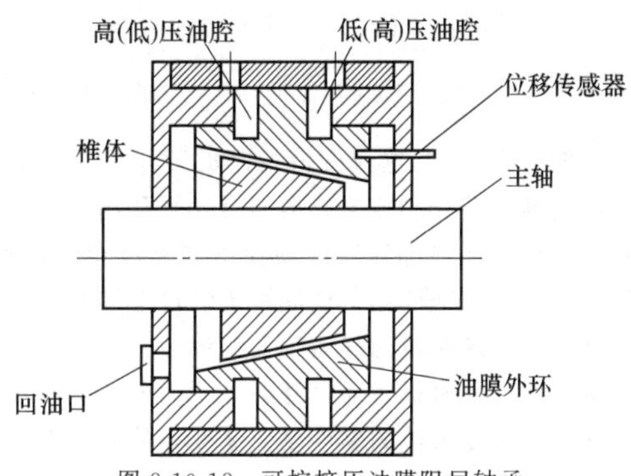

图 8-10-18　可控挤压油膜阻尼轴承

可控挤压油膜阻尼轴承的工作原理：电液伺服阀工作时，高压油腔与低压油腔的油压产生压差。当油压差足够克服摩擦阻力，推动油膜外环产生轴向移动，从而调节可控挤压油膜阻尼器的油膜间隙大小，提供所需的油膜力控制转子系统振动。油膜间隙的大小通过位移传感器测得的油膜外环轴向移动量经换算得到。

可控挤压油膜阻尼轴承通过调节油膜厚度，能有效地抑制转子系统振动，在航空发动机等高速旋转机械上得到应用并取得良好的减振效果。

10.3.5　应用新材料（特殊材料）控制的智能轴承

(1) 应用电流变液控制的轴承

电流变液控制的轴承的工作原理是将电流变液作为滑动轴承或挤压油膜阻尼器的润滑剂，电流变液在外加电场的作用下其流体黏度发生变化，甚至可以从液态瞬变为固态。利用电流变液的特性控制轴承润滑油膜的刚度和阻尼以达到系统抑振的目的。许多研究表明电流变液阻尼器轴承可以减少柔性转子系统的不平衡激振；可以有效地抑制转子系统临界转速附近的振动以及瞬时不平衡响应。

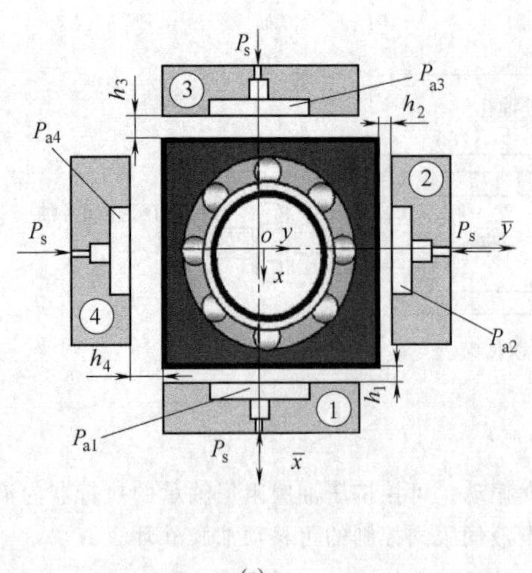

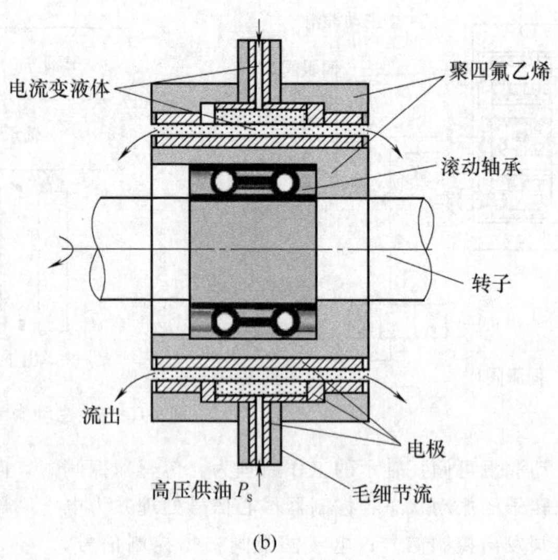

图 8-10-19　电流变液控制静压轴承

如图 8-10-19 为电流变液控制的静压轴承，其由四个固定静压轴瓦和一个方形的可动平瓦构成，其中方形的可动平瓦内部安装滚动轴承并支撑转子运行。其原理为：电流变液体由供油系统经过毛细节流高压射入聚四氟乙烯制成的静压轴瓦的油腔，聚四氟乙烯静压轴瓦内嵌入电极。通过外部电源为电极提供不同的电场，电流变液体的黏度发生突变，从而改变静压油膜的刚度和阻尼系数，从而控制转子的振动。

（2）应用磁流变液控制的轴承

磁流变液控制的轴承的工作原理与应用电流变液控制的轴承的原理十分类似。利用磁流变液体在外加磁场的作用下流体黏度发生变化，从而控制轴承转子系统的振动。研究表明通过控制挤压油膜阻尼器的刚度和阻尼，可以减小临界转速的振幅，抑制转子振动。

如图 8-10-20 为磁流变液控制的阻尼器轴承。其主要结构由旋转主轴、滚动轴承、支撑套筒、磁流变液体、橡胶密封圈、线圈、阻尼腔、固定杆和连接盘组成。其工作原理为：连接盘和固定杆保持支撑套筒与阻尼油腔之间不发生相对转动。线圈嵌入阻尼腔内由外部电源调控磁力大小。磁流变液体密封于支撑套筒和阻尼腔之间。支撑套筒安装于滚动轴承外圈，主轴安装于滚动轴承内圈。外部电源调控线圈的磁力大小，从而改变密封的磁流变液体的黏度特性，进而改变阻尼腔的支撑刚度和阻尼，最终控制转子的振动。

（3）应用形状记忆合金控制的轴承

应用形状记忆合金控制的轴承是利用具有形状记忆效应的合金，在加热之后可以恢复到原有形状的特性来改变轴承的支撑刚度，从而控制转子系统振动。

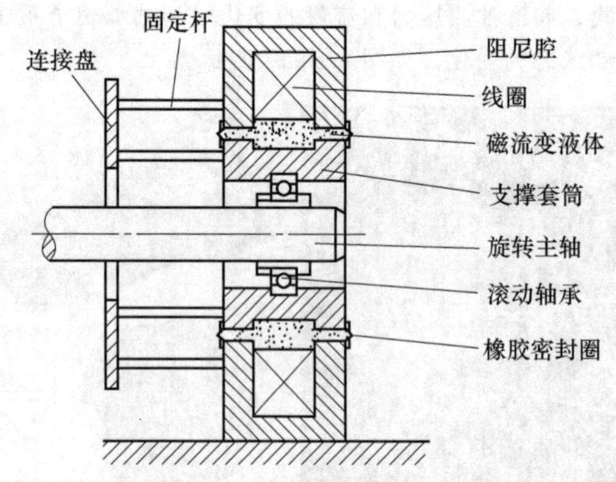

图 8-10-20　磁流变液控制的阻尼器轴承

研究表明，智能支撑变刚度系统可以有效抑制高速转子的振动。

如图 8-10-21 为带有形状记忆合金控制器的转子系统。形状记忆合金丝周向分布于弹性支撑座的周围，利用其记忆特性，通过控制电流使合金丝升温变形，从而改变刚度。以此来控制转子系统的振动状态。

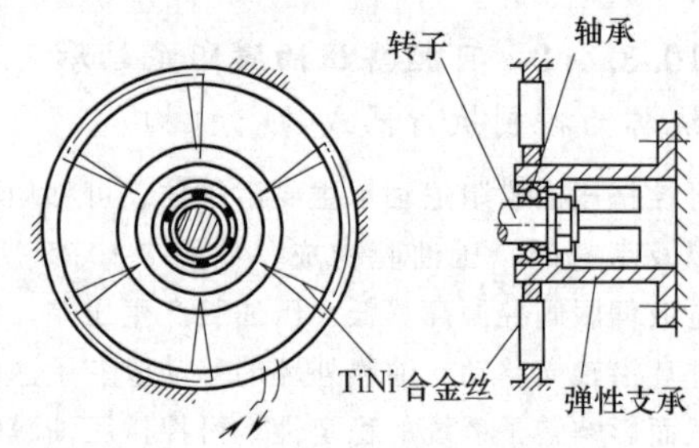

图 8-10-21　带有形状记忆合金控制器的转子系统

（4）应用压电陶瓷致动器控制的轴承

压电陶瓷致动器控制的轴承是利用特殊材料压电陶瓷的压电效应，对其施加一定电压的情况下，可以产生相应的位移和力。由于压电陶瓷致动器的伸缩范围为几十微米，与滑动轴承的有膜厚度相当，且具有分辨率高、线性度好等优点。压电陶瓷致动器已经作为执行器应用到智能轴承的控制当中。如图 8-10-22 所示。

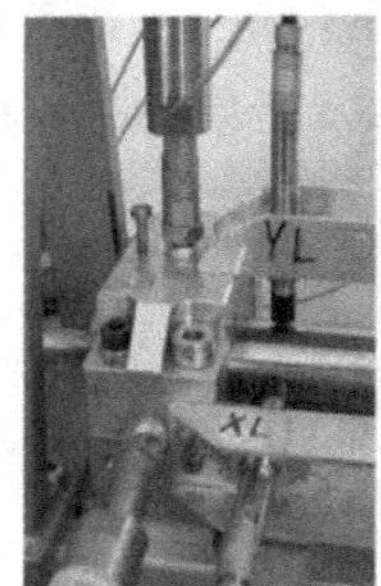

图 8-10-22　压电陶瓷驱动的智能轴承装置

10.3.6　主动磁轴承

磁轴承，是一种新型高性能轴承。与传统滚珠轴承、滑动轴承以及油膜轴承相比，磁轴承不存在机械接触，转子可以达到很高的运转速度，具有机械磨损小、能耗低、噪声小、寿命长、无需润滑、无油污染等优点，特别适用在高速、真空、超净等特殊环境，可广泛用于机械加工、涡轮机械、航空航天、真空技术、转子动力学特性辨识与测试等领域，被公认为极有前途的新型轴承。

主动磁轴承是利用电磁铁产生可控的电磁拉力，使主轴稳定悬浮，通过控制电磁拉力的大小，抑制转子周期性振动，提高支撑精度。在基于滑模变结构扰动观测器的磁轴承主动振动控制方法中，控制器有效地实现了对不平衡扰动的补偿，很大程度上减少了主轴的同频振动。如图 8-10-23 所示。

在一些研究中，用油膜轴承支撑转子运行，用电磁轴承作为控制器或执行器来控制轴承-转子系统的振动，并得到良好的抑振效果。

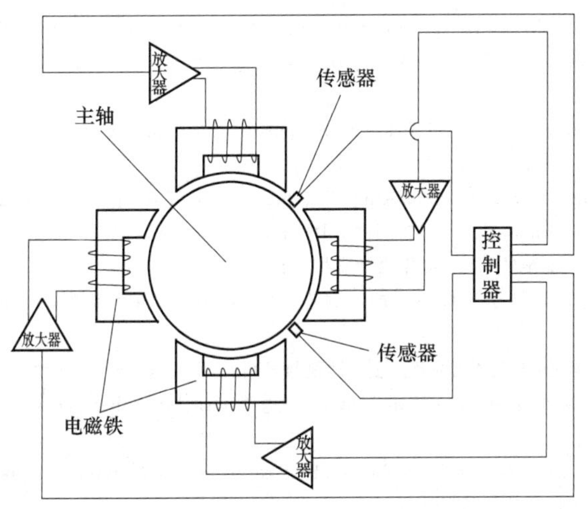

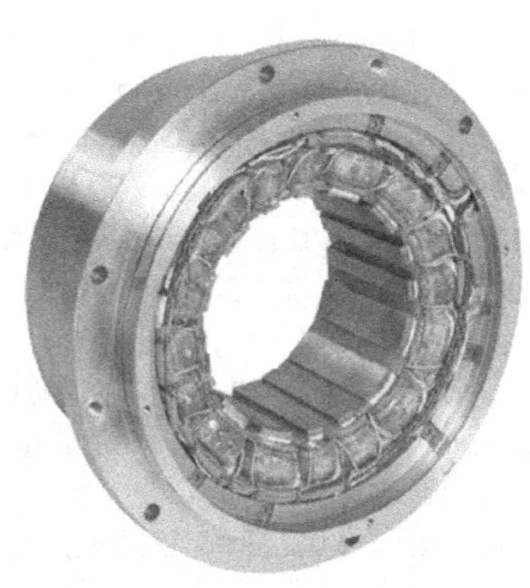

图 8-10-23　主动磁轴承

参考文献

[1] 高航，吕青，Robert X. Gao. 基于微传感器的智能轴承技术［J］. 中国机械工程，2003，14（21）：1883-1885.

[2] 杜迎辉，程俊景. 带有集成传感器的轴承单元［J］. 轴承，2002（5）：39-40.

[3] 徐华，裴世源. 一种智能型状态可调椭圆滑动轴承装置［P］. 陕西：CN102022430A，2011-04-20.

[4] 张胜伦，徐华. 一种压电陶瓷驱动的智能椭圆轴承装置［P］. 陕西：CN106763149A，2017-05-31.

[5] 徐华，张胜伦. 一种智能型状态可调错位滑动轴承装置［P］. 陕西：CN201610718100.7，2016-11-09.

[6] 徐华，周夕维，熊显智，等. 一种可变支点智能型径向可倾瓦滑动轴承装置［P］. 陕西：CN103075420A，2013-05-01.

[7] 岑豫皖，Krodkiewski J M，Sun L. 应用新型可控轴承改善转子系统稳定性的研究［J］. 机械科学与技术，1998（2）：255-257.

[8] Sun L，Krodkiewski J M. Experimental Investigation of Dynamic Properties of an Active Journal Bearing［J］. Journal of Sound & Vibration，2000，230（5）：1103-1117.

[9] 吴超. 具有主动控制功能的油膜轴承研究［D］. 上海大学，2008.

[10] Chasalevris A，Dohnal F. Vibration Quenching in a Large Scale Rotor-bearing System Using Journal Bearings with Variable Geometry［J］. Journal of Sound & Vibration，2014，333（7）：2087-2099.

[11] Chasalevris A，Dohnal F. A Journal Bearing with Variable Geometry for the Suppression of Vibrations in Rotating Shafts：Simulation，Design，Construction and Experiment［J］. Mechanical Systems & Signal Processing，2015，s 52-53：506-528.

[12] Tuma J，Šimek J，Škuta J，et al. Active Vibrations Control of Journal Bearings with the Use of Piezoactuators［J］. Mechanical Systems & Signal Processing，2013，36（2）：618-629.

[13] 王鹏飞. 参数可调椭圆轴承动力学性能的理论及实验研究［D］. 西安交通大学，2016.

[14] Santos I F，Nicoletti R，Scalabrin A. Feasibility of Applying Active Lubrication to Reduce Vibration in Industrial Compressors［C］// ASME Turbo Expo 2003，collocated with the 2003 International Joint Power Generation Conference. American Society of Mechanical Engineers，2004：481-489.

[15] Jorge G. Salazar，Ilmar F. Santos. Active Tilting-pad Journal Bearings Supporting Flexible Rotors：Part Ⅰ—The Hybrid Lubrication［J］. Tribology International，2017，107：94-105.

[16] Salazar J G，Santos I F. Active Tilting-pad Journal Bearings Supporting Flexible Rotors：Part Ⅱ—The Model-based Feedback-controlled Lubrication［J］. Tribology International，2017，107：106-115.

[17] 顾家柳，王强. 可控挤压油膜轴承主动控制转子系统振动［J］. 应用力学学报，1990（2）：41-47.

[18] 骆志明，冯庚斌，任兴民，等. 可控挤压油膜阻尼器-转子系统主动控制试验［J］. 振动，测试与诊断，1999（04）：33-36，70.

[19] 徐华，孙铁绳，陈刚. 挤压油膜阻尼器对滑动轴承-转子系统的影响［J］. 润滑与密封，2007，32（6）：19-22.

[20] Nikolajsen J L，Hoque M S. An Electroviscous Damper for Rotor Applications［J］. Journal of Vibration & Acoustics，1990，112（4）：440-443.

[21] Ehrgott R C，Masri S F. Modeling the Oscillatory Dynamic Behaviour of Electrorheological Materials in Shear［J］. Smart Materials & Structures，1992，volume 1（1）：275-285（11）.

[22] Bouzidane A，Thomas M. An Electrorheological Hydrostatic Journal Bearing for Controlling Rotor Vibration［J］. Computers & Structures，2008，86（3-5）：463-472.

[23] Wang J，Meng G，Feng N，et al. Dynamic Performance and Control of Squeeze Mode MR Fluid Damper Rotor System［J］. Smart Materials & Structures，2004，14（4）：529-539（11）.

[24] Zhu C，Robb D A，Ewins D J. A magneto-Rheological Fluid Squeeze Film Damper for Rotor Vibration Control［J］. Spie Proceedings，2006，17（4）.

[25] 阎晓军，聂景旭. 用于高速转子振动主动控制的智能变刚度支承系统［J］. 航空动力学报，2000，15（1）：63-66.

[26] 竺致文. 用形状记忆合金对转子系统进行主动控制［D］. 天津大学，2003.

[27] Yogaraju R，Ravikumar L，Saravanakumar G，et al. Feasibility and Performance Studies of a Semi Active Journal Bearing［J］. Procedia Technology，2016，25：1154-1161.

[28] 苏文军，孙岩桦，虞烈. 可控磁悬浮系统的转子周期性振动抑制［J］. 西安交通大学学报，2010，44（7）：55-58.

[29] 韩邦成，崔华，汤恩琼. 基于滑模扰动观测器的磁轴承主动振动控制［J］. 光学精密工程，2012，20（3）：563-570.

[30] Kasarda M，Mendoza H，Kirk R G，et al. An Experimental Investigation of the Effect of an Active Magnetic Damper on Reducing Subsynchronous Vibrations in Rotating Machinery［J］. Asme Turbo Expo Power for Land Sea & Air，2005：

801-806.
[31] El-Shafei A，Dimitri A S. Controlling Journal Bearing Instability Using Active Magnetic Bearings [J]. Journal of Engineering for Gas Turbines & Power，2010，132 (1).
[32] 沈庆崇. 基于电磁激励的滑动轴承轴心轨迹主动控制研究 [D]. 山东大学，2011.
[33] 虞烈著. 可控磁悬浮转子系统. 北京：科学出版社，2003.
[34] 卜炎主编. 实用轴承技术手册. 北京：机械工业出版社，2004.
[35] 晏磊，刘光军著. 静电悬浮控制系统. 北京：国防工业出版社，2001.
[36] 《机械工程标准手册》编委会编. 机械工程标准手册：轴承卷. 北京：中国标准出版社，2002.
[37] 中国机械工业集团公司洛阳轴承研究所编. 最新国内外轴承代号对照手册. 第 2 版. 北京：机械工业出版社，2006.
[38] 吴宗泽主编. 机械设计师手册：下册. 第 2 版. 北京：机械工业出版社，2009.
[39] 张展主编. 机械设计通用手册. 北京：机械工业出版社，2008.
[40] 成大先主编. 机械设计手册. 第六版. 单行本. 轴承. 北京：化学工业出版社，2017.